AutoCAD 2018 中文版 全能一本通

德胜书坊 | 编 著

中国青年出版社

图书在版编目（CIP）数据

中文版AutoCAD 2018全能一本通／德胜书坊编著.
— 北京：中国青年出版社，2018.9
ISBN 978-7-5153-5134-6
I.①中…　II.①德…　III. ①AutoCAD软件　IV. ①TP391.72
中国版本图书馆CIP数据核字（2018）第109462号

策划编辑　张　鹏
责任编辑　张　军
封面设计　彭　涛

中文版AutoCAD 2018全能一本通
德胜书坊／编著

出版发行：中国青年出版社
地　　址：北京市东四十二条21号
邮政编码：100708
电　　话：（010）50856188／50856189
传　　真：（010）50856111
企　　划：北京中青雄狮数码传媒科技有限公司
印　　刷：山东百润本色印刷有限公司
开　　本：787 x 1092　1/16
印　　张：40
版　　次：2019年8月北京第1版
印　　次：2019年8月第1次印刷
书　　号：ISBN 978-7-5153-5134-6
定　　价：99.80元
（附赠独家秘料，含语音视频教学+案例素材文件+3ds Max掌中宝手册+SketchUp掌中宝手册+海量辅助设计资源）

本书如有印装质量等问题，请与本社联系
电话：（010）50856188 / 50856189
读者来信：reader@cypmedia.com
投稿邮箱：author@cypmedia.com
如有其他问题请访问我们的网站：http://www.cypmedia.com

前言

AutoCAD是美国Autodesk公司于1982年推出的一款辅助设计软件，是计算机辅助设计领域最受欢迎的软件之一。现被广泛应用于机械、建筑、电子、航天、石油、化工、园林绿化等领域。随着软件的不断更新与升级，其功能也越来越强大。目前最新版本为AutoCAD 2018。

本书特色

全书共22章，分为6个学习阶段，遵循由局部到整体、由理论知识到实际应用的写作原则，对AutoCAD软件进行了全方位的阐述，包括基础入门篇、提高进阶篇、三维建模篇、系统设置篇、二次开发篇、实战应用篇。其特点如下：

（1）在旧版本的基础上增加了新功能和新特性，同时注意基础内容的系统性和完整性。

（2）详细介绍了AutoCAD软件的绘图流程、规范和标准，以及在绘图过程中所应用到的命令。

（3）书中包含大量的“工程师点拨”体例，向读者提供有效的绘图经验和技巧。

（4）为了营造更好的学习氛围，在每章开始位置安排了业内优秀的绘图作品供读者欣赏。

（5）为了巩固所学的知识，在每章的结尾提供“强化练习”和“工程技术问答”。

（6）本书结构清晰，思路明确，内容丰富，语言简练，解说详略得当，既有鲜明的基础性，也有很强的实用性。

附赠资源

随书附赠资料中包含大量的学习资源，从而降低了学习难度，增加学习的趣味性，方便读者学习使用。

（1）本书基础操作＋强化练习原始/最终文件；

（2）相关练习案例语音教学视频；

（3）海量的CAD图块与图框，极大提高绘图效率，真正做到物超所值；

（4）赠送大量的工程图纸，以供读者练习使用；

获取更多资源的其他方式：

（1）联系作者获取百度云盘链接；

（2）通过微信公众平台自助查询，首先通过微信搜索DSSF007微信公众号，关注后回复2018关键字即可。

加为好友

扫码关注

内容概括

全书共6篇22章，分别为基础入门篇、提高进阶篇、三维建模篇、系统设置篇、二次开发篇、实战应用篇。

篇　名	章　节	内容概述
基础入门篇	第1~3章	主要讲解了AutoCAD的基础操作、绘制与编辑二维图形的操作。通过这些章节读者可以掌握AutoCAD的工作环境、二维绘图命令、二维图形的编辑命令等知识
提高进阶篇	第4~8章	主要讲解了图形特性与图层的设置、图形图案填充与信息查询、图块的创建与编辑、外部参照的应用、文字与表格，以及尺寸标注的创建与编辑操作。通过这些章节的学习使读者更加快速的绘制出美观与规范的图形
三维建模篇	第9~12章	主要讲解了三维空间的设置、三维模型的绘制与编辑、三维模型的渲染操作。通过这些章节的学习，可以掌握三维模型的创建与编辑方法
系统设置篇	第13~14章	主要讲解了设计中心的应用和系统设置、图形的输出与打印操作。通过这些章节的学习，不仅能提高绘图效率，而且可以将图纸打印输出进行分享与交流
二次开发篇	第15~18章	主要讲解了Auto LISP的应用、Visual LISP程序的运行、Auto LISP函数编写程序的操作。通过这些章节的学习、读者可以通过自身的专业需求进行定制
实战应用篇	第19~22章	以综合案例的形式，讲解了AutoCAD软件在机械制图、室内设计、景观园林、建筑设计中的应用

适用读者群体

本书面向广大的初、中、高级用户，不仅可作为轻松掌握AutoCAD软件的最佳途径，还可作为提高用户设计和创新的指导。本书适用于以下读者使用：

（1）高等院校相关专业学生的教学用书；

（2）室内设计、景观园林设计以及机械设计行业从业人员的参考用书；

（3）社会各类AutoCAD培训班的学习用书；

（4）对AutoCAD软件感兴趣并自学的首选教材；

真诚希望本书能够对读者有一定的帮助，在各自领域崭露头角，为行业的发展贡献微薄之力。本书力求严谨，但时间有限，疏漏之处在所难免，望广大读者予以指正。如果您在阅读本书时遇到疑问，可随时与我们联系。

编　者

AutoCAD知识导图

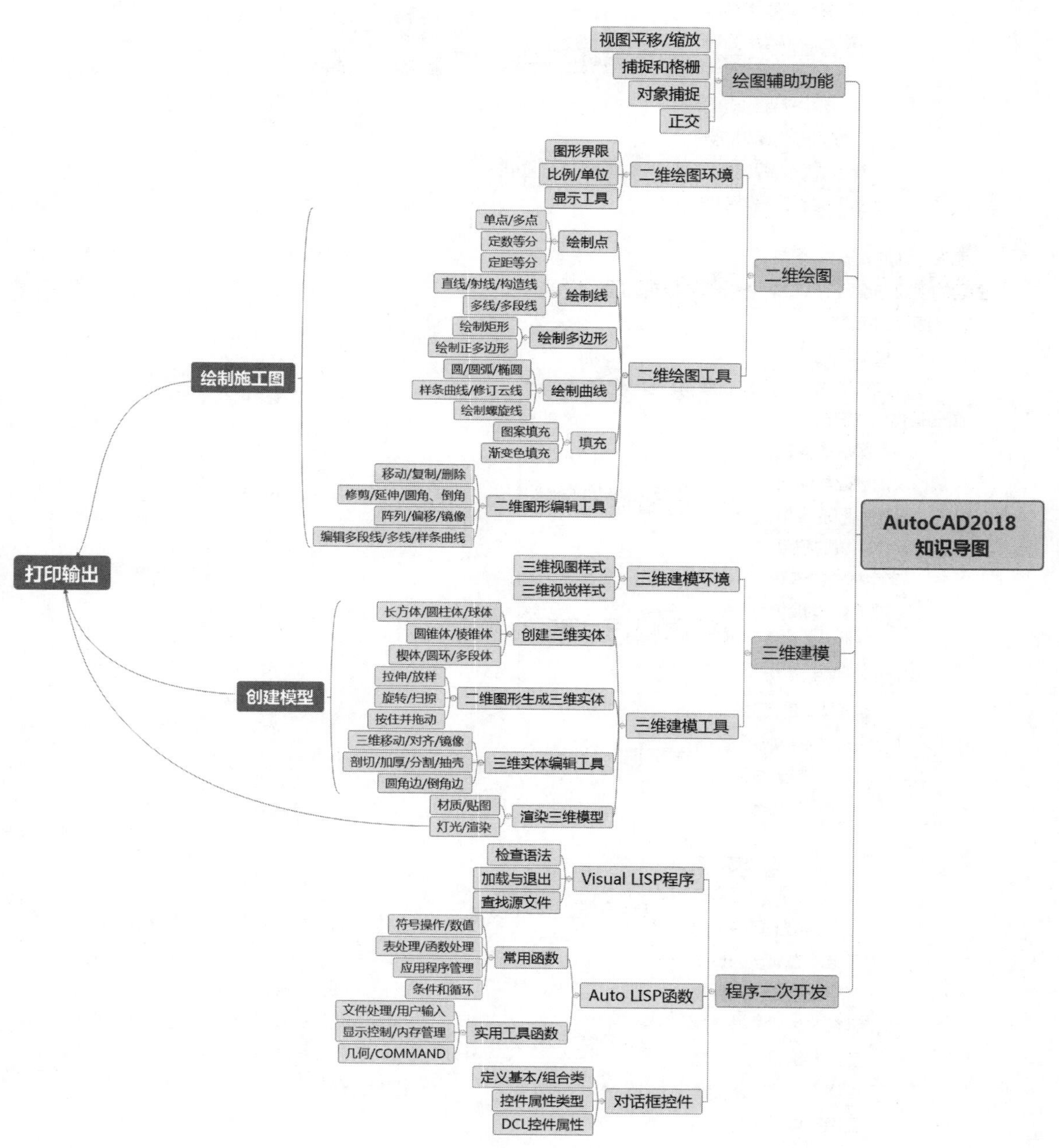

本书知识体系

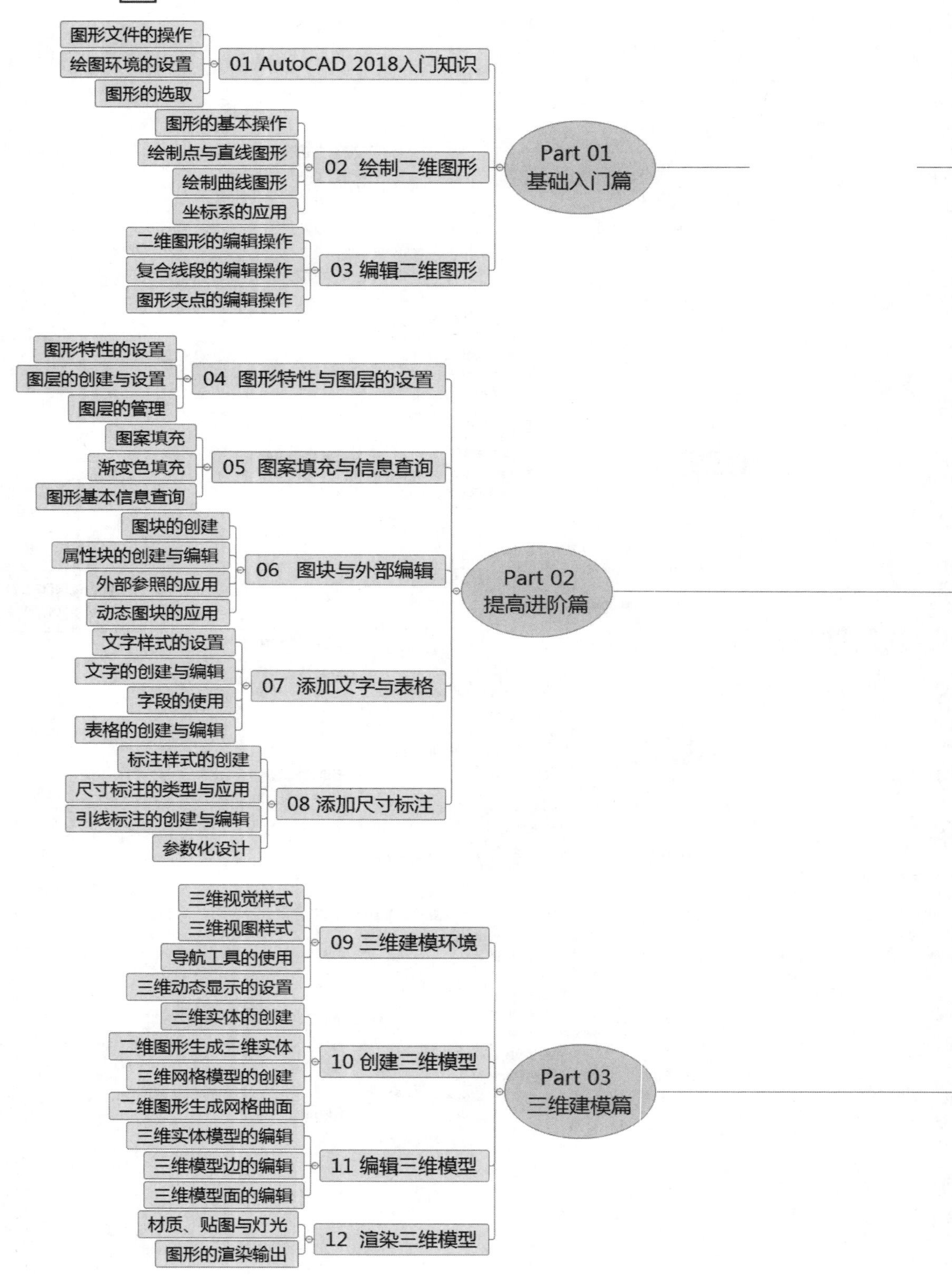

图形文件的操作
绘图环境的设置
图形的选取
01 AutoCAD 2018入门知识
图形的基本操作
绘制点与直线图形
绘制曲线图形
坐标系的应用
02 绘制二维图形
二维图形的编辑操作
复合线段的编辑操作
图形夹点的编辑操作
03 编辑二维图形
Part 01
基础入门篇
图形特性的设置
图层的创建与设置
图层的管理
04 图形特性与图层的设置
图案填充
渐变色填充
图形基本信息查询
05 图案填充与信息查询
图块的创建
属性块的创建与编辑
外部参照的应用
动态图块的应用
06 图块与外部编辑
文字样式的设置
文字的创建与编辑
字段的使用
表格的创建与编辑
07 添加文字与表格
标注样式的创建
尺寸标注的类型与应用
引线标注的创建与编辑
参数化设计
08 添加尺寸标注
Part 02
提高进阶篇
三维视觉样式
三维视图样式
导航工具的使用
三维动态显示的设置
09 三维建模环境
三维实体的创建
二维图形生成三维实体
三维网格模型的创建
二维图形生成网格曲面
10 创建三维模型
三维实体模型的编辑
三维模型边的编辑
三维模型面的编辑
11 编辑三维模型
材质、贴图与灯光
图形的渲染输出
12 渲染三维模型
Part 03
三维建模篇

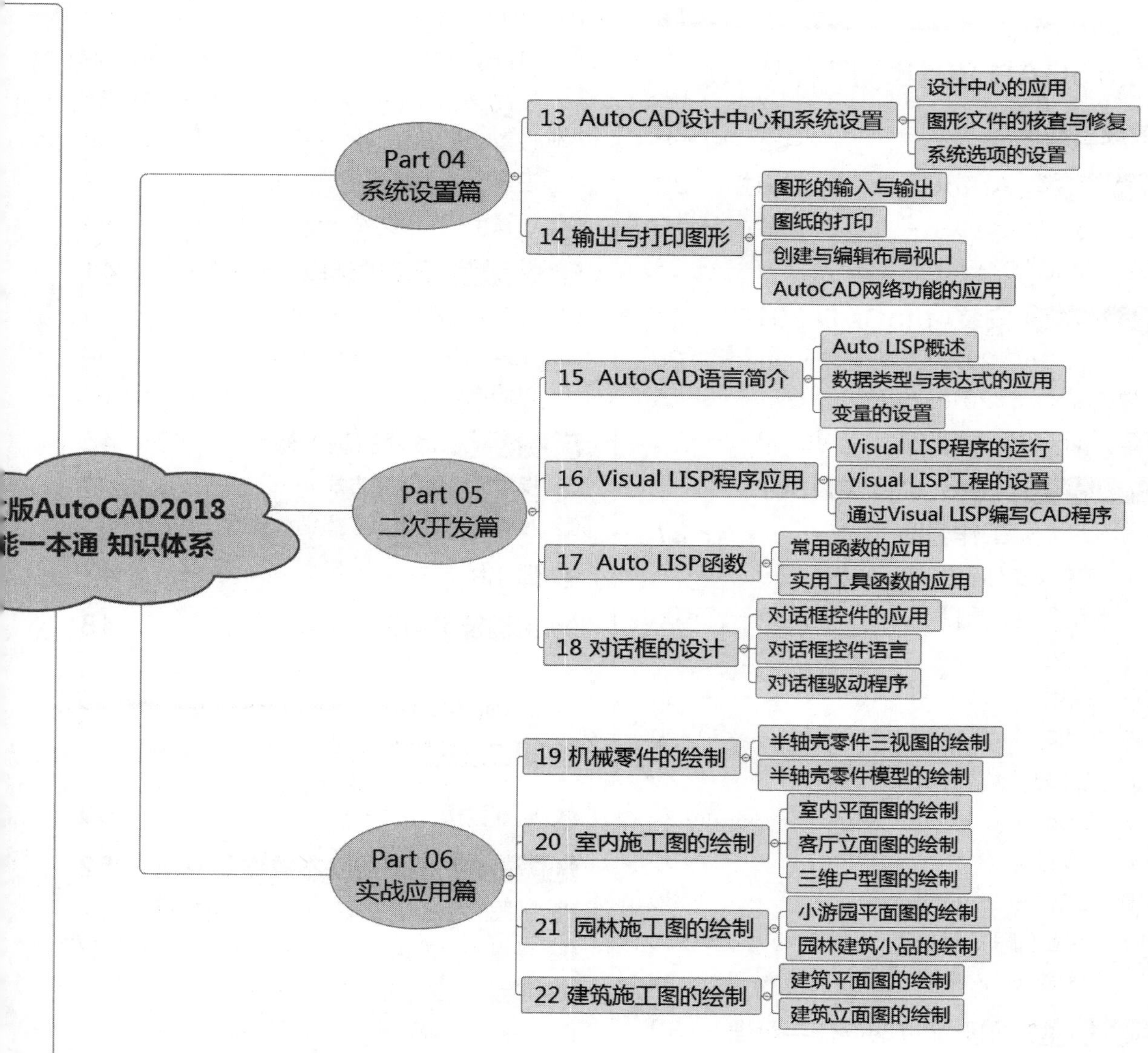

版AutoCAD2018
能一本通 知识体系
Part 04
系统设置篇
13 AutoCAD设计中心和系统设置
设计中心的应用
图形文件的核查与修复
系统选项的设置
14 输出与打印图形
图形的输入与输出
图纸的打印
创建与编辑布局视口
AutoCAD网络功能的应用
Part 05
二次开发篇
15 AutoCAD语言简介
Auto LISP概述
数据类型与表达式的应用
变量的设置
16 Visual LISP程序应用
Visual LISP程序的运行
Visual LISP工程的设置
通过Visual LISP编写CAD程序
17 Auto LISP函数
常用函数的应用
实用工具函数的应用
18 对话框的设计
对话框控件的应用
对话框控件语言
对话框驱动程序
Part 06
实战应用篇
19 机械零件的绘制
半轴壳零件三视图的绘制
半轴壳零件模型的绘制
20 室内施工图的绘制
室内平面图的绘制
客厅立面图的绘制
三维户型图的绘制
21 园林施工图的绘制
小游园平面图的绘制
园林建筑小品的绘制
22 建筑施工图的绘制
建筑平面图的绘制
建筑立面图的绘制

目录

Part 01 基础入门篇

Chapter 03
编辑二维图形

Part 02 提高进阶篇

餐桌

Part 03 三维建模篇

Part 04 系统设置篇

Part 05 二次开发篇

Part 01
基础入门篇

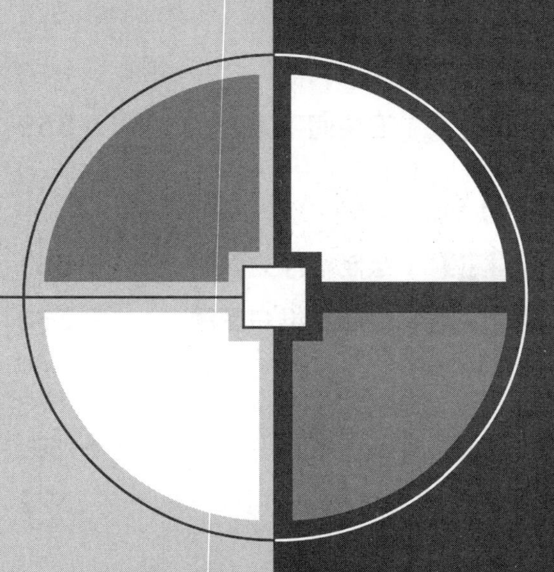

Chapter 01

AutoCAD 2018 入门知识

AutoCAD是由美国Autodesk公司开发的一种绘图程序软件，它是目前使用最广泛的计算机辅助绘图和设计软件，自推出后一直受到各行业设计人员的青睐。本章将向用户介绍新版本AutoCAD 2018软件的一些新增功能、图形基本操作以及绘图环境的设置等基础知识。

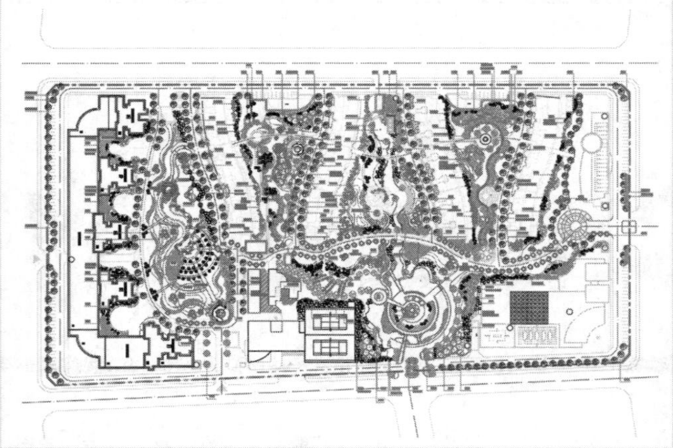

01 小区景观规划图

在绘制小区景观规划图时，从整体到局部的进行设计考虑到每个功能区域之间的联系。该图纸运用“直线”、“偏移”、“图案填充”、“插入”、“样条曲线”等命令绘制完成的。

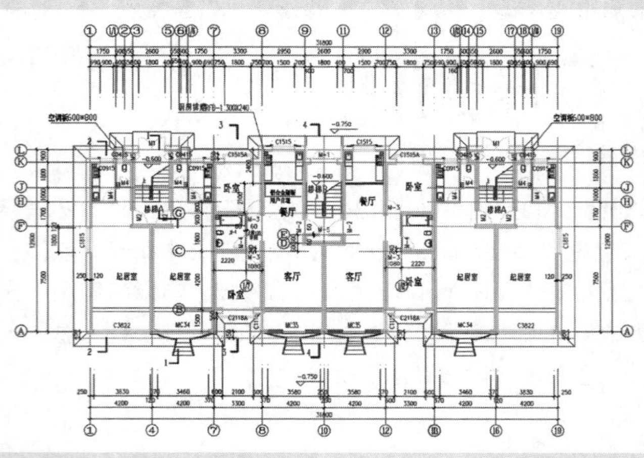

02 建筑平面图

建筑平面图是将建筑物的墙、门窗、地面及内部功能布局等情况，按照一定比例进行绘制。该图纸运用了“多线”、“偏移”、“修剪”、“镜像”等命令绘制完成的。

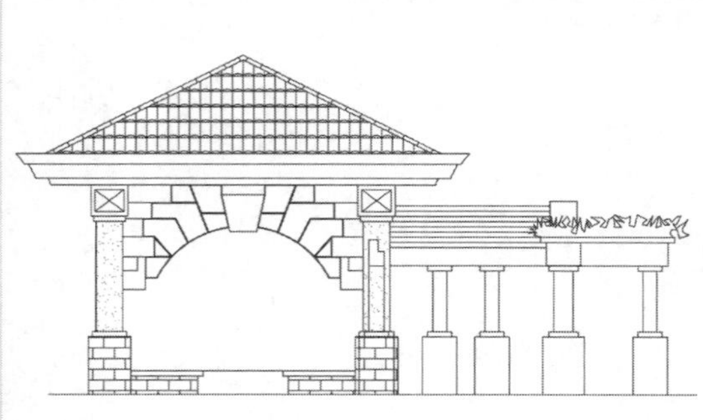

03 凉亭立面图

凉亭因为造型轻巧，选材不拘，布设灵活而被广泛应用在园林建筑中。凉亭立面图反应了它的外貌及所需材料等信息。运用“复制”、“镜像”等命令，可轻松完成图形的绘制。

04 围栏立面图

围栏的用途十分广泛，根据其用途不同所需材料也不同。通过运用“矩形”、“镜像”、“阵列”等基本命令，完成该立面图的绘制。

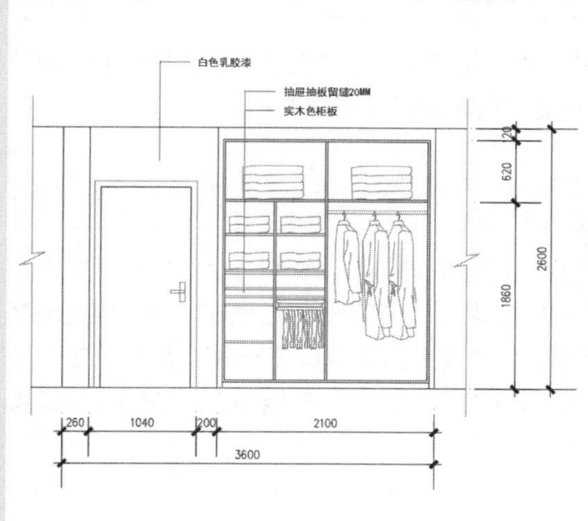

05 衣柜立面图

在绘制衣柜立面时，需要根据实际尺寸进行绘制。而立面图反应了内部的空间结构。该图纸主要运用AutoCAD软件中的“矩形”、“偏移”、“修剪”等命令绘制完成的。

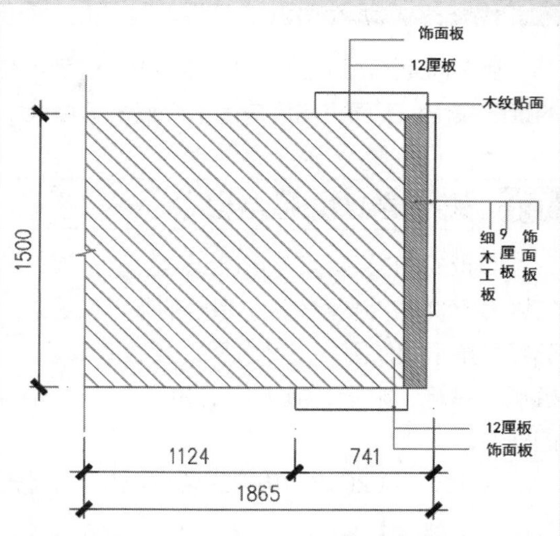

06 门套截面详图

截面详图主要表现的是门套内部的构造以及明确建筑构件的安装方法。该图纸主要运用“矩形”、“图案填充”、“标注”等命令绘制而成的。

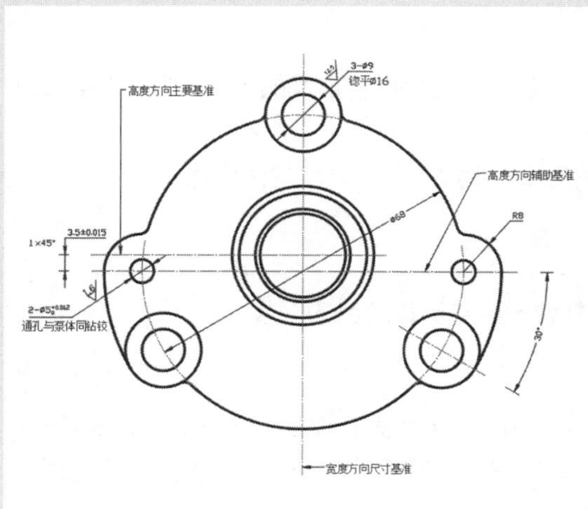

07 泵盖平面图

泵盖在实际加工过程中会存在误差，所以标注方式与其他图纸有所不同。该图纸是运用AutoCAD软件中的“直线”、“圆”、“修剪”等基本命令绘制完成的。

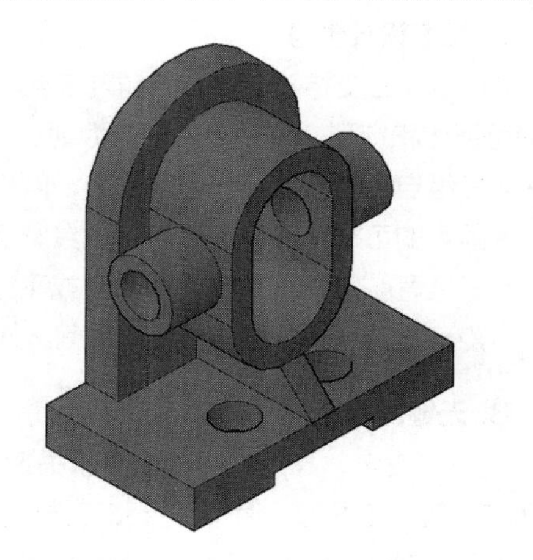

08 轴支座模型

轴支座是用来固定轴承外圈，这就要求表面粗糙度和安装精度较高。该模型主要运用AutoCAD软件中的“长方体”、“圆柱体”、“拉伸”以及“差集”等命令绘制完成的。

Lesson 01 AutoCAD2018概述

目前AutoCAD最新版本为2018，该版本在以往的基础上又增加了不少新功能，更加方便了用户的绘图操作。下面将向用户简单介绍一下AutoCAD2018软件的应用及新增功能。

01 关于AutoCAD

AutoCAD是美国Autodesk公司于1982年推出的自动计算机辅助设计软件，是计算机辅助设计领域最受欢迎的绘图软件。早期的版本只是二维绘图的简单工具，绘制图形的过程非常慢。但是现在已经是集平面作图、三维造型、数据库管理、渲染着色、互联网通信等功能于一体，并广泛应用于机械、建筑、电子、航天、石油、化工、园林绿化等领域，是目前世界上使用最为广泛的计算机绘图软件。

AutoCAD 2018的功能主要表现在以下几个方面。

1. 加速文档编制

AutoCAD强大的文档编制工具，可加速项目从概念到完成绘制的过程。自动化、管理和编辑工具能够最大限度地减少重复性工作，提升工作效率。AutoCAD中种类丰富的工具集可以帮助用户在任何一个行业的绘图和文档编制流程中提高效率。

- 参数化绘图：定义对象间的关系。有了参数化绘图工具，设计修订变得轻而易举。
- 图纸集：有效的管理图纸。
- 动态块：使用标准的重复组件，显著节约时间。
- 标注比例：节约用于确定和调整标注比例的时间。

2. 探索设计创意

AutoCAD支持灵活地以二维和三维方式探索设计创意，并且提供了直观的工具帮助用户实现创意的可视化和造型，将创新理念变为现实。

- 三维自由形状设计：使用曲面、网格和实体建模工具自由探索并改进用户的创意。
- 强大的可视化工具：让设计更具影响力。
- 三维导航工具：在模型中漫游或飞行。
- 点云支持：将三维激光扫描图导入AutoCAD，加快改造和重建项目的进展。

3. 无缝沟通

用户可安全、高效、精确地共享关键设计数据。DWG是世界上使用最为广泛的设计数据格式。借助支持演示的图形、渲染工具和三维打印功能，用户可明确的表现设计意图，并与他人进行沟通。

- 原始DWG支持：支持原始格式，而非转换或编译。
- PDF导入/导出：轻松共享和重复使用设计。
- DWF支持：毫不费力地收集关于设计的详细反馈。
- 照片级真实感渲染效果：创建丰富多彩、令人心动的出色图像。
- 三维打印：在线连接服务提供商。

02 AutoCAD 2018新特性

AutoCAD 2018与旧版本相比，还增加了一些新功能和新特性，比如PDF导入、外部文件参照、文本转换、对象选择等。下面将分别其功能进行介绍。

1. PDF导入

在AutoCAD 2018中，用户可将PDF格式文件输入AutoCAD中，包括其中的二维几何图形、SHX字体、填充、光栅图像和TrueType文字，如下左图所示。通过功能区“插入”选项卡上的“识别SHX文字”工具可以将SHX文字的几何对象转换成文字对象，如下右图所示。

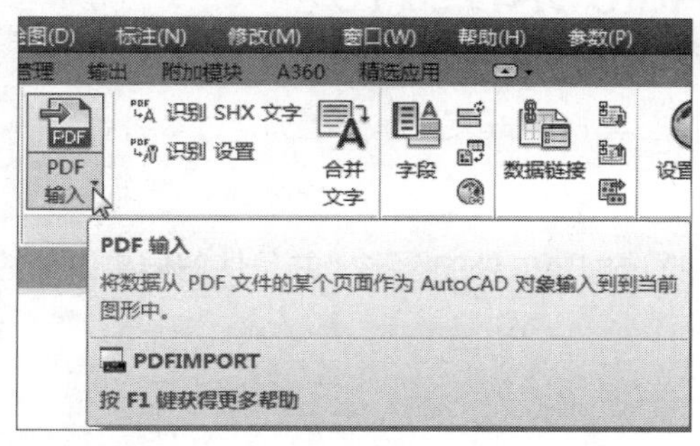

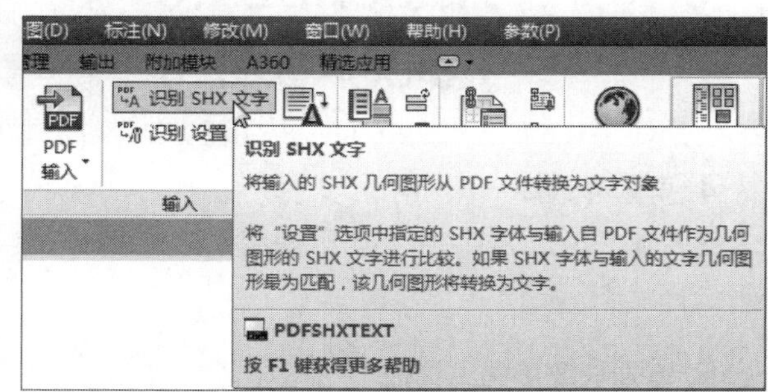

2. 外部参照路径

在AutoCAD 2018中，将外部文件附着到AutoCAD图形时，默认路径类型被设为“相对路径”，如下左图所示。在旧版本中，如果宿主图形未命名（未保存），则无法指定参照文件的相对路径。在新版本中用户可指定文件的相对路径，即使宿主图形未命名也可以指定。

在没有找到的参照文件上单击鼠标右键时，“外部参照”选项板将提供两种选项：“选择新路径”和“查找和替换”，如下右图所示。“选择新路径”选项允许用户浏览到缺少的参照文件的新位置（修复一个文件），然后提供可将相同新位置应用到其他缺少的参照文件（修复所有文件）的选项。“查找和替换”选项可从选定的所有参照（多项选择）中找出使用指定路径的所有参照，并将该路径的所有匹配项替换为指定的新路径。

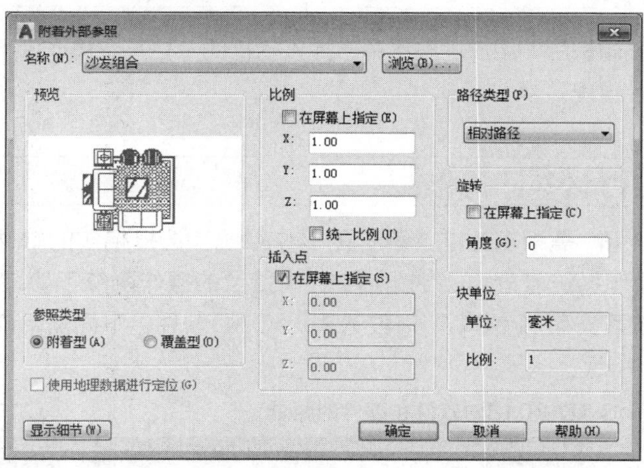

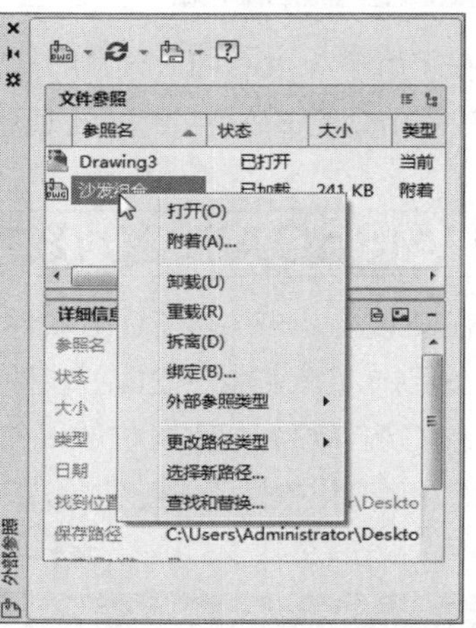

如果在“外部参照”选项板中已卸载的参照上单击鼠标右键，选择“打开”选项将不再禁用，从而让用户可以快速打开已卸载的参照文件。

3. 文本转换为多行文本

AutoCAD 2018新增加了“合并文字”功能，可将多个文本对象转换为单个多行文本对象。该操作在识别并将输入的PDF文件转换为SHX文字后效果明显，如下图所示为合并文字前后的对比效果。

AutoCAD2010
AutoCAD2012
AutoCAD2014
AutoCAD2016
AutoCAD2018

AutoCAD2010
AutoCAD2012
AutoCAD2014
AutoCAD2016
AutoCAD2018

4. 屏幕外选择

在AutoCAD 2018中，可以使用平移或缩放功能，框选屏幕以外的图形，并且保留屏幕以外的图形选择状态。

5. 增强快速访问工具栏

AutoCAD 2018中的快速访问工具栏的菜单中，增加了一项“图层”选项。尽管该选项默认处于关闭状态，但可轻松将其设为与其他常用工具一同显示在“快速访问工具栏”中。

6. 高分辨率（4K）监视器支持

光标、导航栏和 UCS 图标等用户界面元素可正确显示在高分辨率（4K）显示器上。对大多数对话框、选项板和工具栏进行了适当调整，以适应Windows显示比例。为了获得最佳效果，用户可以使用Windows10系统及支持DX11的图形卡。

Lesson 02 安装AutoCAD 2018

在了解了AutoCAD软件的一些相关知识后，用户需熟悉并掌握该软件的一些基本操作。下面将向用户简单介绍该软件的运行环境和安装过程。

01 AutoCAD 2018的运行环境

在安装AutoCAD 2018软件时，用户需根据当前计算机的操作系统来选择相应的软件运行环境。目前AutoCAD 2018软件按操作系统可分为32位和64位。32位的操作系统不能装64位的AutoCAD软件，但64位的操作系统可安装32位以及64位的AutoCAD软件。下面简单介绍下AutoCAD2018软件所需配置，如表1-1所示。

表1-1 AutoCAD 2018对软件和硬件的要求

AutoCAD2018的系统要求	
操作系统	Microsoft Windows7 SP1（32位和64位） Microsoft Windows8.1的更新KB2919355（32位和64位） Microsoft Windows10（仅限64位）

（续表）

AutoCAD2018的系统要求	
浏览器	Windows Internet Explorer11或更高版本
处理器	支持1千兆赫（GHz）或更快的32位处理器 支持1千兆赫（GHz）或更快的64位处理器
内存	32位系统：2GB（建议使用4GB） 64位系统：4GB（建议使用8GB）
显示屏分辨率	常规显示： 1360×768（建议1920×1080），真彩色 高分辨率和4K显示： 分辨率达3840×2160，支持Windows10、64位系统（使用的显卡）
显卡	Windows显示适配器1360×768真彩色功能和DirectX9.建议使用与DirectX11兼容的显卡
用于大型数据集、点云和三维建模的其他要求	
内存	8G或更大RAM
磁盘空间	6GB可用硬盘空间（不包括安装所需的空间）
显卡	1920×1080或更高的真彩色视频显示适配器，128MB VRAW或更高，Pixel Shader3.0或更高版本，支持Direct3D的工作站级图形卡

02 AutoCAD 2018的安装

在学习AutoCAD 2018软件之前，用户需要学会安装该软件。下面向用户介绍如何安装AutoCAD 2018软件。

STEP 01 在安装软件之前，需下载好AutoCAD 2018安装包，然后，双击该安装包，进入解压对话框，设置解压路径，如下图所示。

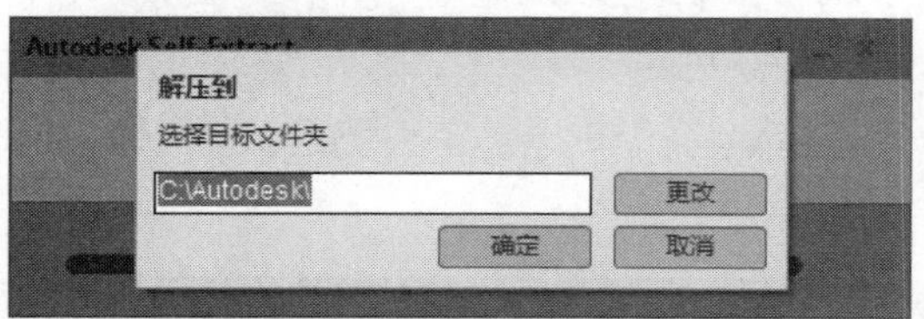

STEP 02 单击“确定”按钮，开始解压安装包，如下图所示。

STEP 03 解压完毕后，进入安装界面。在打开的安装界面中单击“安装”超链接按钮，如右图所示。

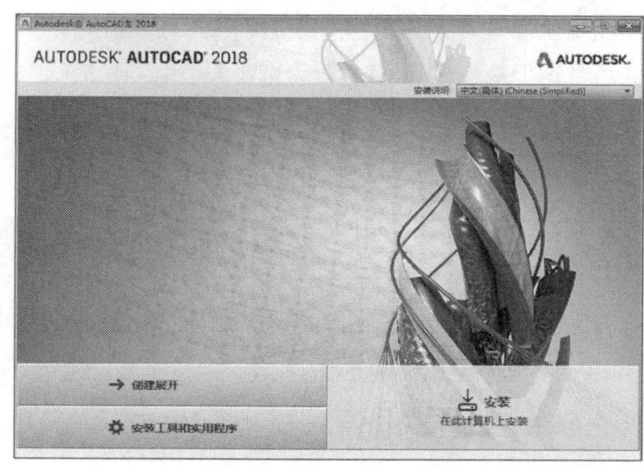

STEP 04 在“许可协议”对话框中，单击“我接受”单选按钮，再单击“下一步”按钮，如下图所示。

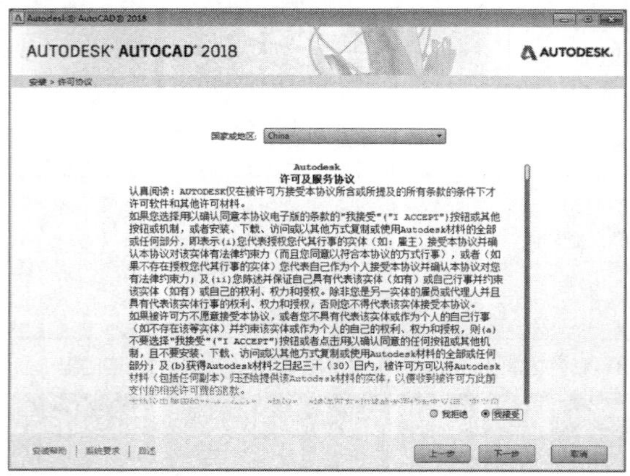

STEP 05 在打开的“配置安装”对话框中，根据用户需要，勾选相应的插件选项并设置安装路径，其后单击“安装”按钮，如下图所示。

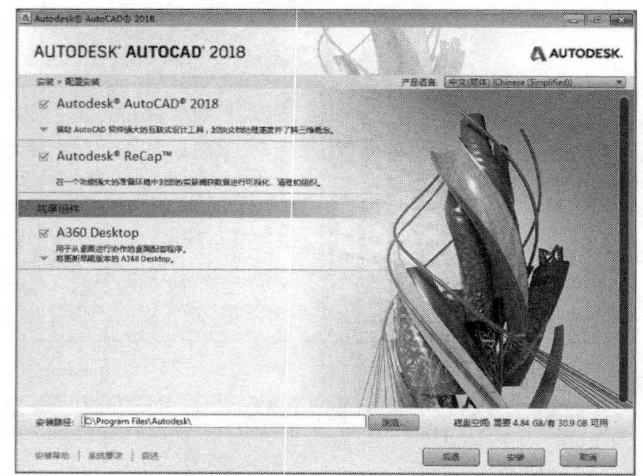

STEP 06 在“安装进度”对话框中，显示程序正在安装，用户需稍等片刻，如下图所示。

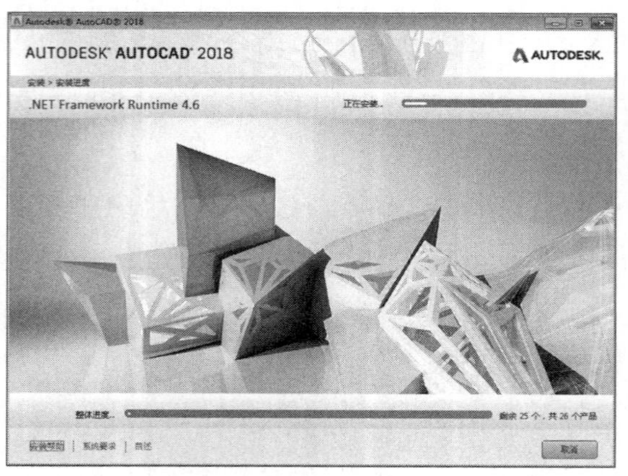

STEP 07 安装完成后，对话框中会提示“您已成功安装选定的产品。请查看任何产品信息警告”，且主程序和插件前端会显示绿色的“√”，表示所有程序都已成功安装，如下图所示。

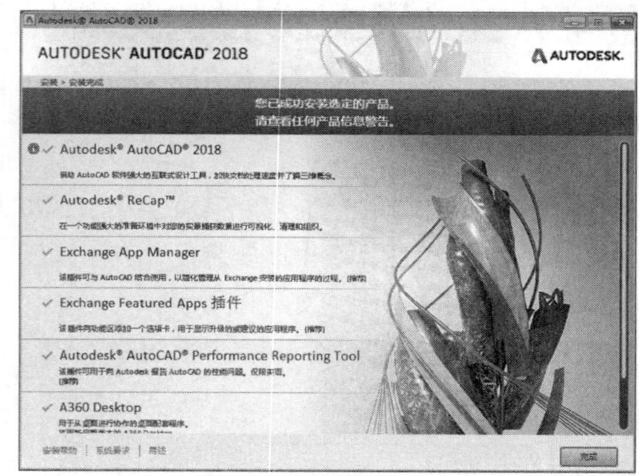

工程师点拨 | 64位系统环境

64位软件要求电脑必须有64位的CPU，并装上64位的操作系统才能运行。64位的系统指的是CPU一次能处理64位的数据，AutoCAD软件运算量较大，用64位的软件能发挥出更好的效能。64位软件与32位软件在软件操作上没有不同，只是软件内部处理数据的位数不同。

03 AutoCAD 2018的启动与退出

成功安装AutoCAD 2018后，系统会在桌面上创建AutoCAD 2018的快捷启动图标，并在程序文件夹中创建AutoCAD程序组。用户可以通过下列方式启动AutoCAD 2018应用程序：

- 执行“开始>所有程序>Autodesk>AutoCAD 2018-简体中文（Simplified Chinese）>

AutoCAD 2018-简体中文（Simplified Chinese）”命令。

- 双击桌面上的AutoCAD快捷启动图标。
- 双击任意一个AutoCAD图形文件。

绘图完毕并保存图形之后，用户可以通过下列方式退出AutoCAD 2018应用程序。

- 执行“文件>退出”命令。
- 单击“菜单浏览器”按钮，在弹出的列表中执行“退出Autodesk AutoCAD 2018”命令。
- 单击标题栏中的“关闭”按钮。
- 按Ctrl+Q组合键。

Lesson 03 AutoCAD 2018的工作界面

启动AutoCAD 2018软件后，用户会发现该版本融合了早期版本的操作界面风格，但工作界面又与早期版本略有所不同。另外，该版本还可以轻松地在不同工作空间之间进行切换。

AutoCAD 2018的工作界面主要包括“菜单浏览器”按钮、标题栏、快速访问工具栏、菜单栏、功能区、绘图窗口、命令行和状态栏等，如下图所示。

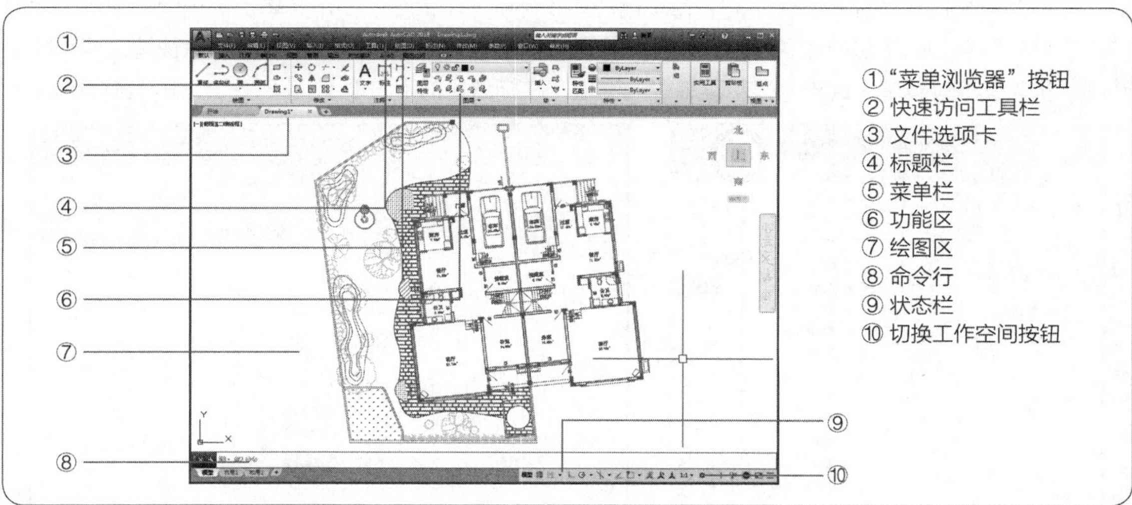

01 “菜单浏览器”按钮

“菜单浏览器”按钮位于AutoCAD 2018工作界面的左上角，单击该按钮即可打开应用程序菜单列表。该菜单中提供了快速的文件管理、图形打印与发布以及选项设置的快捷按钮，如下左图所示。用户通过“菜单浏览器”能创建、打开、保存、打印和发布AutoCAD文件、将当前图形做为电子邮件附件发送以及制作电子传送集等。此外，还可执行图形维护，例如查核和清理，并关闭图形。

利用“菜单浏览器”上的搜索工具，可以查询快速访问工具、应用程序菜单以及当前加载的功能区以定位命令、功能区面板名称和其它功能区控件。另外该按钮提供轻松访问最近或打开的文档，在最近文档列表中新增排序功能，它除了可按大小、类型和规则列表排序外，还可按照日期排序。

在该菜单列表中，单击任意选项后的三角按钮，可打开该选项的子菜单。用户可在子菜单中对图

形进行精确设置，如下右图所示。

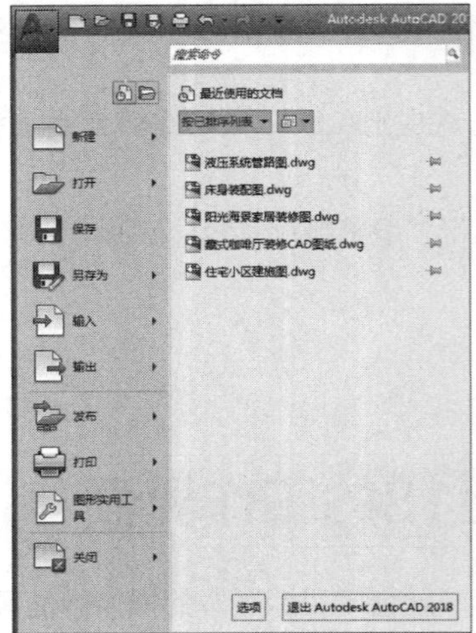

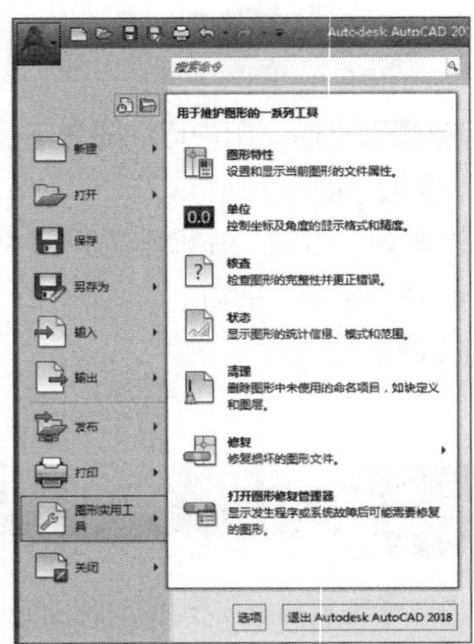

02 快速访问工具栏

由于工作性质和关注的领域不同，每个用户对软件中各个命令的使用频率也不相同。单击“快速访问工具栏”右侧的下拉按钮，在弹出的下拉菜单中可根据用户实际需要添加或移除快捷工具，如下左图所示。在下拉菜单中选择“显示菜单栏”选项，在标题栏的下方显示出菜单栏，如下右图所示。

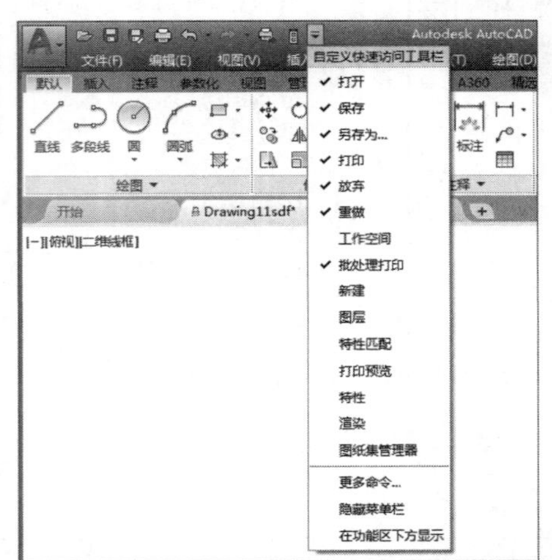

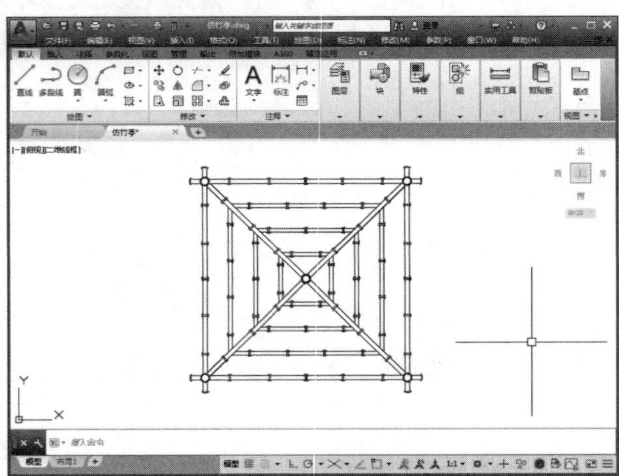

在该下拉菜单中，用户还可以选择快速访问工具栏的位置，如下左图所示为在功能区的上方显示，如下右图所示为在功能区的下方显示。

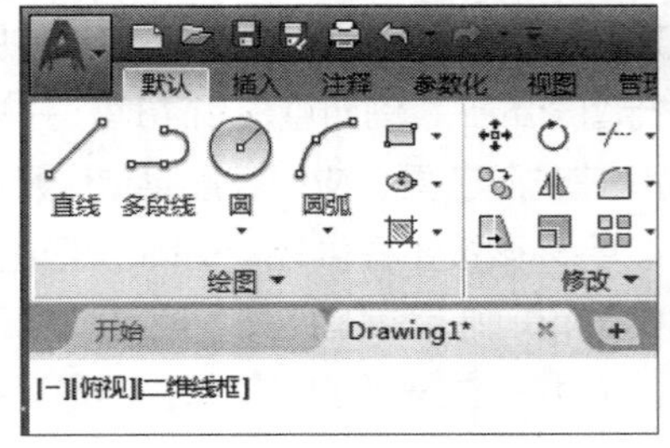

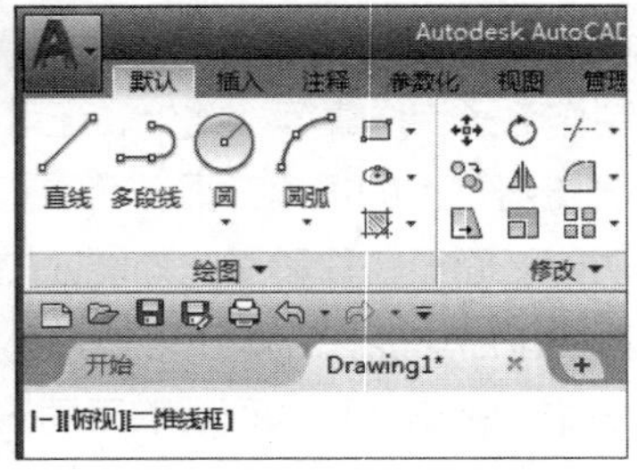

03 标题栏

标题栏位于工作界面的最上方，包括软件版本和当前已经打开的图形文件的名称，如下图所示。

04 菜单栏

菜单栏位于快速访问工具栏及标题栏的下方，包括“文件”、“编辑”、“视图”、“插入”、“格式”、“工具”、“绘图”、“标注”、“修改”、“参数”、“窗口”以及“帮助”共12个主菜单，如下图所示。用户只需在菜单栏中单击任意一个选项，即可在其下方打开相应的功能列表。

05 功能区

功能区是一种选项面板，用于显示工作空间中基于任务的按钮和控件，当前工作空间相关的操作都与菜单栏中的命令一一对应。使用功能区时无需显示多个工具栏，它通过单一紧凑的工作界面使应用程序变得简洁有序，使绘图窗口变得更大。功能区位于绘图窗口的上方、标题栏的下方。在功能区面板中单击下拉按钮将弹出隐藏的命令，单击“最小化为面板标题”按钮可以将面板最小化，如下图所示。

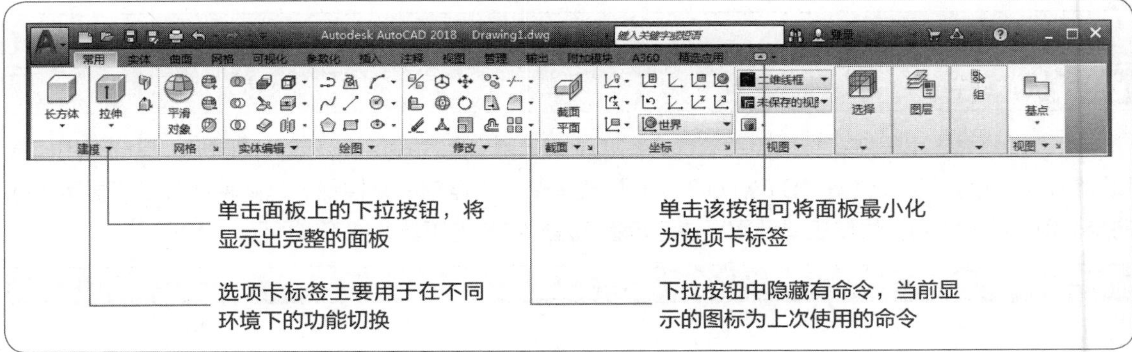

06 文件选项卡

“文件”选项卡位于功能区下方，默认新建选项卡会以Drawing1的形式显示。再次新建选项卡时，名字便会命名为Drawing2，该选项卡有利于用户寻找需要的文件，方便使用，如下图所示。

07 绘图区

绘图窗口是最主要的操作区域，所有图形的绘制都是在该区域完成的。绘图窗口位于功能区的下方，命令窗口的上方。绘图窗口的左下方为用户坐标系（UCS），默认情况下世界坐标系（WCS）与用户坐标系是重合在一起的，如下图所示。

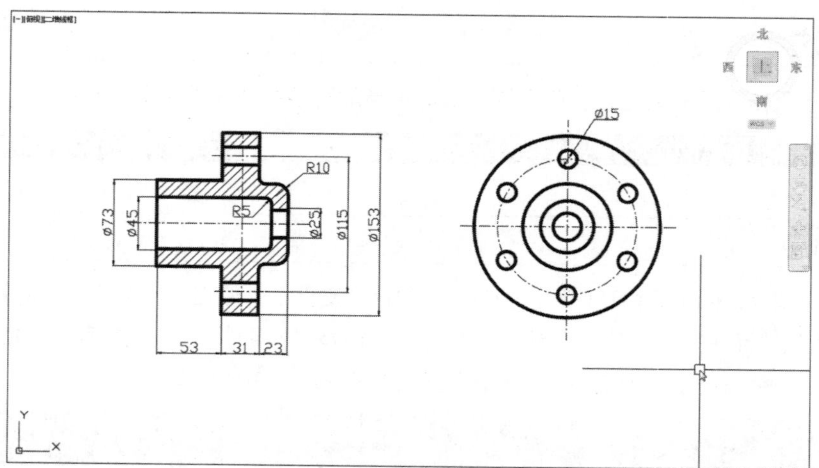

08 命令行

命令行是在执行操作时输入命令的窗口，同时也会提示用户进行下一步的操作。用户可以调整命令窗口的大小，以及更改命令窗口中的文字大小和字体样式等。命令行中输入的命令及显示的提示内容如下图所示。

指定下一点或 [放弃(U)]:
指定下一点或 [放弃(U)]:
指定下一点或 [闭合(C)/放弃(U)]:
指定下一点或 [闭合(C)/放弃(U)]:
键入命令

09 状态栏

状态栏分为应用程序状态栏和图形状态栏两种，分别为用户提供打开或关闭图形工具的有用信息和按钮，可以通过系统变量“STATUSBAR”或者使用工作空间来控制。这两种状态栏可显示光标的坐标值、绘图工具、导航工具及用于快速查看和注释缩放的工具，如下图所示。

模型　布局1　布局2　+　　模型　1:1

10 工作空间

工作空间是用户在绘制图形时使用到的各种工具和功能面板的集合。AutoCAD2018软件提供了3种工作空间，分别为“草图与注释”、“三维基础”、“三维建模”，其中“草图与注释”为默认工作空间。

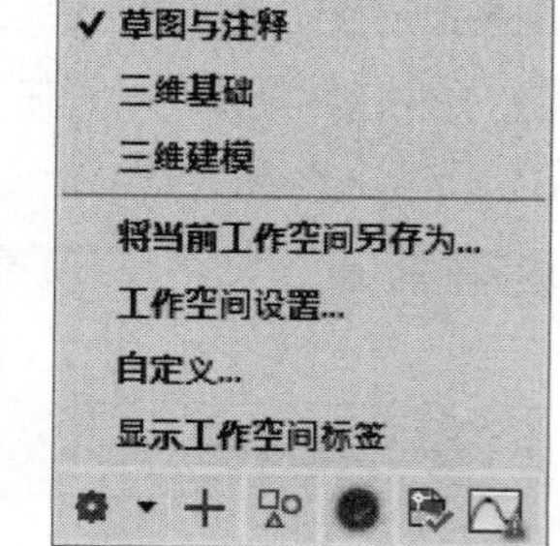

在状态栏中单击“切换工作空间”下拉按钮，即可在打开的列表中进行切换，如右图所示。

“草图与注释”工作空间主要用于绘制二维草图，是最常用的空间，在该工作空间中，系统提供了常用的绘图工具、图层、图形修改等各种功能面板。

“三维基础”工作空间只限于绘制三维模型，用户可运用系统所提供的建模、编辑、渲染等各种命令，创建出三维模型。

“三维建模”工作空间与“三维基础”相似，但其功能中增添了“网格”和“曲面”建模，而在该工作空间中，也可运用二维命令来创建三维模型。

在AutoCAD 2018软件中，除了3种默认空间外，用户还可自定义工作空间，操作如下：

STEP 01 启动AutoCAD2018软件，在状态栏中单击“切换工作空间”下拉按钮，在打开的列表中选择“将当前工作空间另存为”选项，如下图所示。

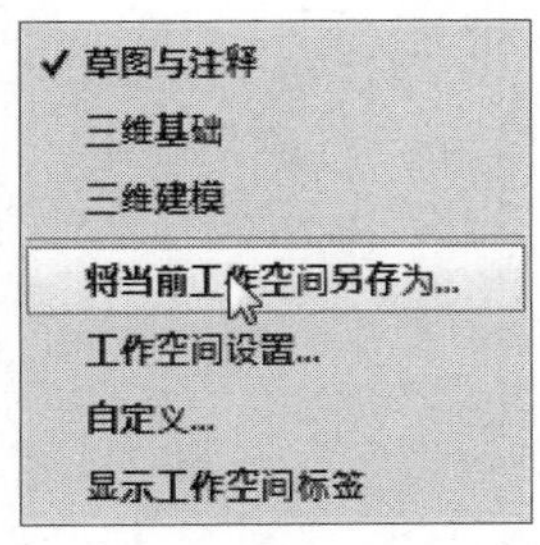

STEP 02 在打开的“保存工作空间”对话框中，输入所要保存的空间名称，其后单击“保存”按钮，即可保存完成，如下图所示。

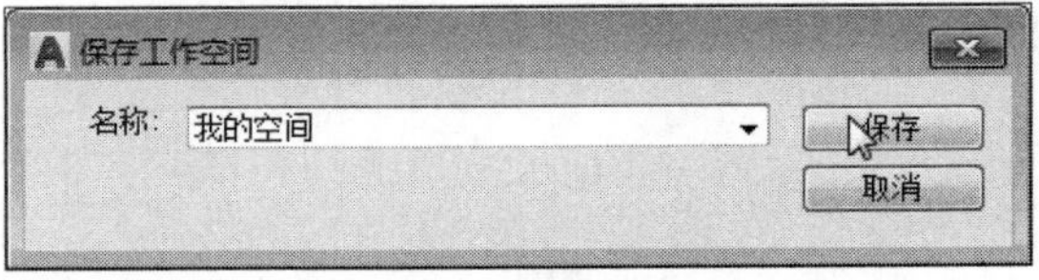

STEP 03 再次打开工作空间下拉菜单，即可看到刚保存的工作空间，如下图所示。

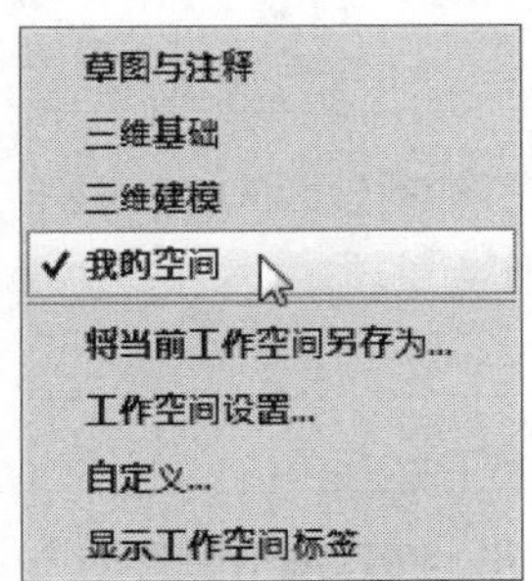

STEP 04 想将保存的工作空间删除，在工作空间列表中，单击“自定义”选项，如下图所示。

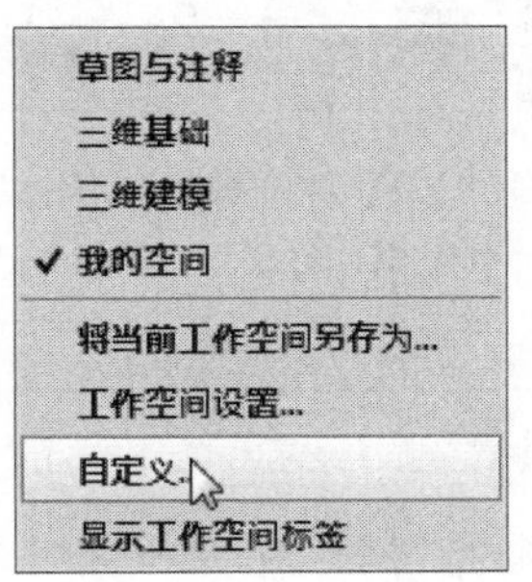

STEP 05 在“自定义用户界面”对话框中，右击“我的空间”选项，在打开的菜单中单击“删除”选项，如下图所示。

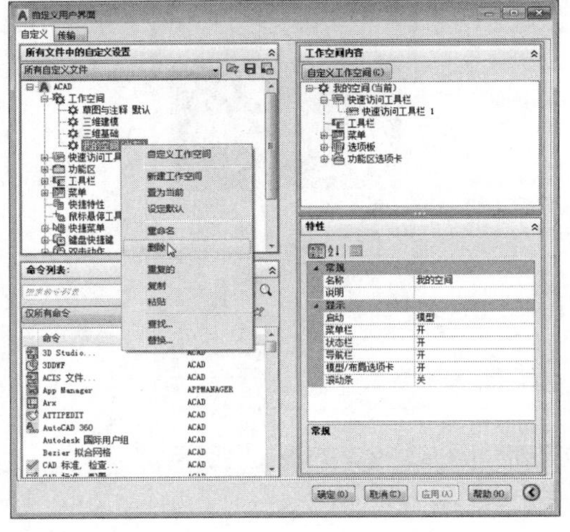

STEP 06 其后系统会弹出提示框，单击“是”按钮，即可完成删除操作，如下图所示。

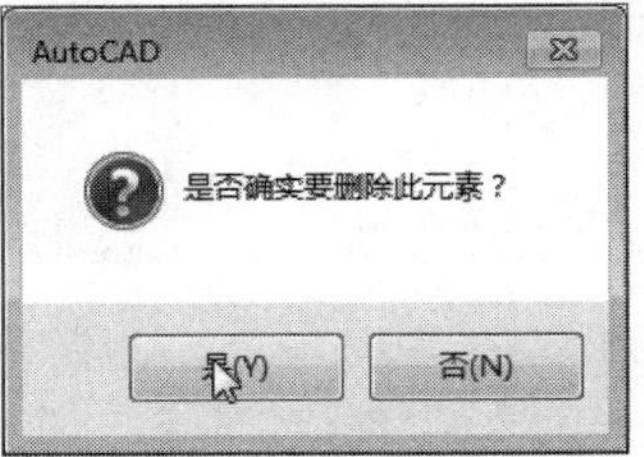

11 全屏显示

全屏显示功能可以隐藏功能区面板，将软件窗口最大化显示，这会使绘图窗口变得更加宽广。在菜单栏中执行“视图>全屏显示”命令，即可进入全屏显示模式，如下图所示。再次执行该命令将退出全屏显示模式。

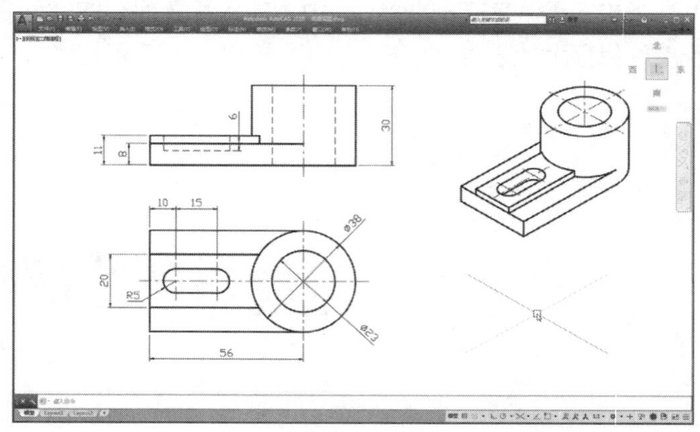

Lesson 04 图形文件的操作与管理

图形文件的管理是设计过程中的重要环节，为了避免操作失误导致图形文件的意外丢失，在操作过程中，需要随时对当前文件进行保存。下面将向用户介绍图形文件的基本操作与管理。

01 新建图形文件

启动AutoCAD 2018软件后，系统将自动从样板文件中新建一个图形文件。新建图形文件的方法有以下几种：

- 单击“菜单浏览器”按钮，在打开的程序菜单中执行“新建>图形”命令，打开“选择样板”对话框，在该对话框中，选择合适的样板文件，再单击“打开”按钮即可，如下图所示。

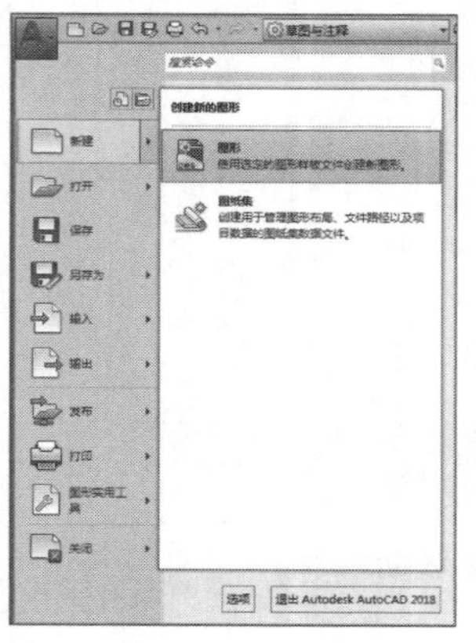

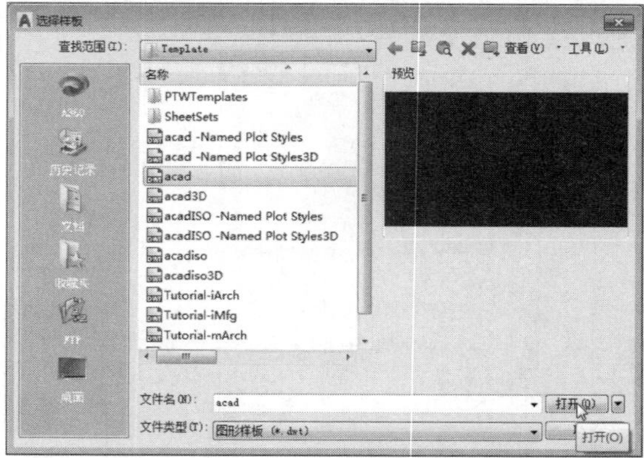

- 在“快速访问工具栏”中，单击“新建”按钮，也可新建图形文件，如下左图所示。
- 在菜单栏中执行“文件>新建”命令，如下右图所示。

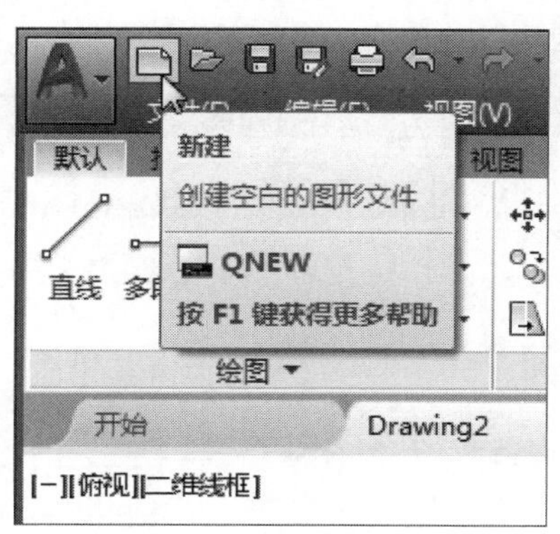

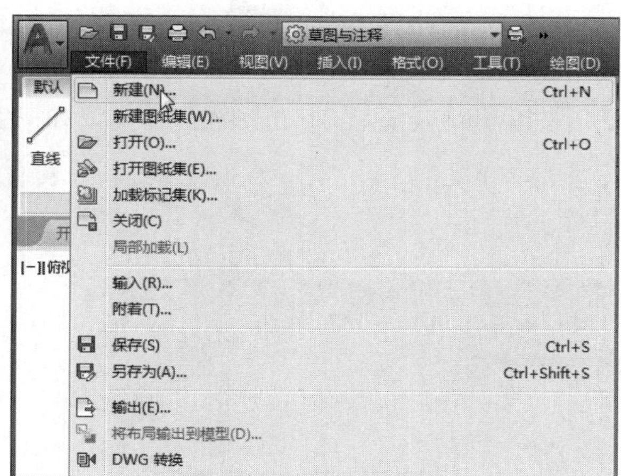

- 使用Ctrl+N组合键。
- 在命令窗口中输入NEW命令并按Enter键。

02 打开图形文件

在AutoCAD中，打开图形文件的方法有以下几种：

- 单击“菜单浏览器”按钮，在弹出的菜单列表中执行“打开>图形”命令，即可打开“选择文件”对话框，选择需要打开的图形文件再单击“打开”按钮即可。
- 在菜单栏中执行“文件>打开”命令。
- 单击快速访问工具栏的“打开”按钮。
- 在命令行输入OPEN命令并按Enter键。
- 按Ctrl+O组合键。
- 双击AutoCAD图形文件。

图形文件的打开形式有4种，分别为“打开文件”、“以只读方式打开”、“局部打开”以及“以只读方式局部打开”。启动AutoCAD 2018软件，在菜单栏中执行“文件>打开”命令，将弹出“选择文件”对话框，选中所需文件，单击“打开”按钮即可打开，如下左图所示。

用户也可以在“选择文件”对话框中，单击“打开”按钮右侧的下拉按钮，在弹出的下拉列表中选择使用所需的方式来打开图形文件，如上右图所示。

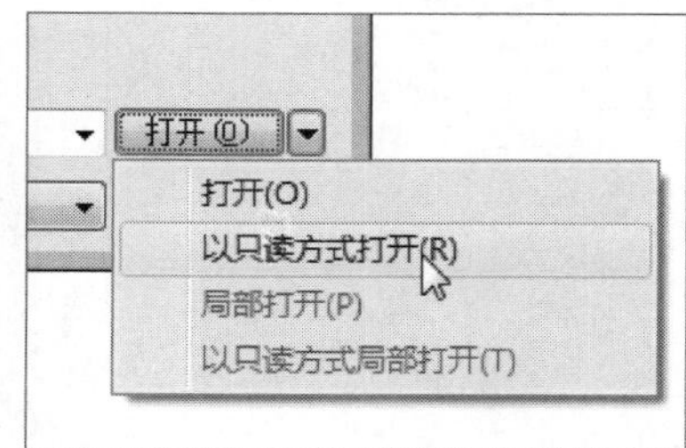

如果选择“局部打开”图形文件，将会弹出“局部打开”对话框，在“要加载几何图形的视图”列表框中选择一个视图，然后在“要加载几何图形的图层”列表框中勾选要加载的几何图层，单击“打开”按钮，程序自动打开所选择的图层对象，如下图所示。

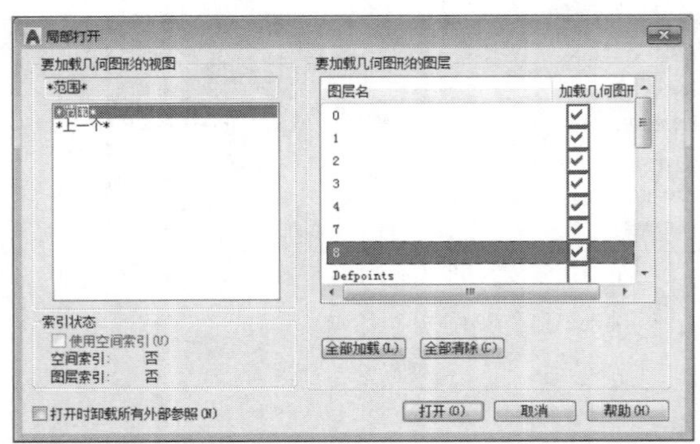

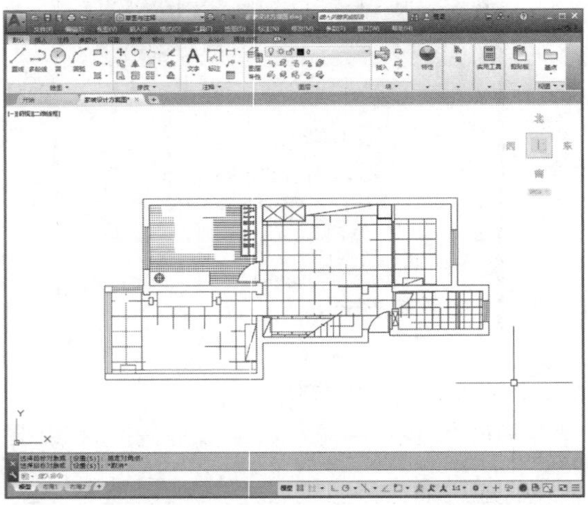

工程师点拨｜重复文件名提示框

如果输入的文件名在当前文件夹已经存在，那么系统将会弹出如下图所示的提示框。

03 保存图形文件

在AutoCAD 2018软件中，保存图形文件的方法有两种，分别为“保存”和“另存为”。

- 保存文件：对于新建的图形文件，在菜单栏中执行“文件>保存”命令，或在快速访问工具栏中单击“保存”按钮，将弹出“图形另存为”对话框，指定文件的名称和保存路径后单击“保存”按钮，即可将文件进行保存，如下图所示。

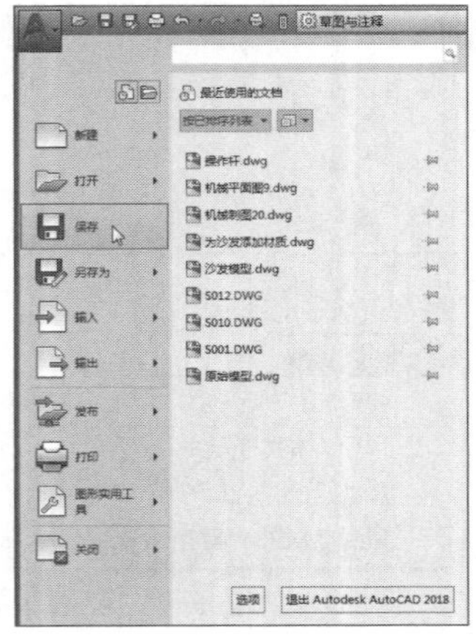

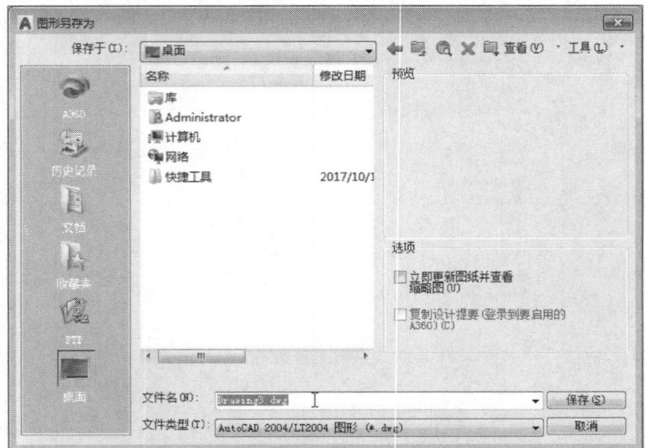

- 另存为文件：如果用户需要重新命名文件名称或者更改路径的话，就需要另存为文件。在菜单栏中执行“文件>另保存”命令，或在快速访问工具栏中单击“另存为”按钮，将弹出“图形另存为”对话框，指定文件的名称和保存路径后单击“保存”按钮，即可将文件进行保存，如下图所示。

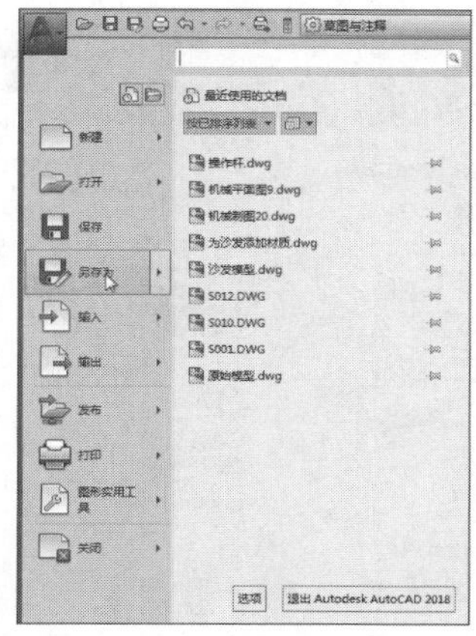

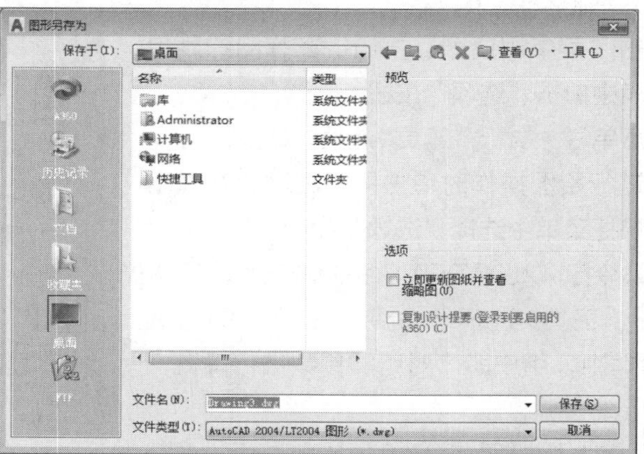

AutoCAD 2018支持中文、英文和阿拉伯数字组合成的图形名称。对于已经存在的图形文件在改动后只需在菜单栏中执行“文件>保存”命令，即可用当前的图形文件替换早期的图形文件。如果要保留原来的图形文件，可以在菜单栏中执行“文件>另存为”命令进行保存，此时将生成一个副本文件，副本文件为当前改动后保存的图形文件，原图形文件将保留。

工程师点拨 | 图形文件另存为

为了便于在AutoCAD早期版本中能够打开AutoCAD 2018创建的图形文件，在保存图形文件时，可以设置为较早版本的文件类型。在“图形另存为”对话框单击“文件类型”下拉按钮，在打开的下拉列表中包括12种类型的保存方式，选择其中一种较早的文件类型后单击“保存”按钮即可。

04 关闭图形文件

图形绘制完毕以后即可将其关闭，用户可以通过以下方法关闭文件：

- 单击“菜单浏览器”按钮，在弹出的菜单列表中执行“关闭>图形”命令。
- 在菜单栏中执行“文件>图形”命令。
- 在标题栏的右上角单击“关闭”按钮。
- 在命令行输入CLOSE命令并按Enter键。

如果文件并没有修改，可以直接关闭文件，如果是修改过的文件，再次保存时系统会提示是否保存文件或放弃已做的修改。

Lesson 05 绘图环境的设置

为了提高个人工作效率，在使用AutoCAD进行绘图之前，可以根据用户绘图习惯对AutoCAD的绘图环境进行设置。具体包括工作单位的设置、绘图边界的设置、绘图比例的设置等。

01 “选项”对话框

对于大部分绘图环境的设置，最直接的方法就是使用“选项”对话框设置图形显示的基本参数。在绘图前，对一些基本参数进行正确的设置，能够有效地提高制图效率。用户可以通过以下方法打开“选项”对话框：

- 单击“菜单浏览器”按钮，在弹出的菜单列表中单击“选项”按钮。
- 在菜单栏中执行“工具>选项”命令。
- 未进行绘图操作时单击鼠标右键，在弹出的快捷菜单中选择“选项”命令。
- 在命令行输入OPTIONS命令并按Enter键。

执行“工具>选项”命令，在打开的“选项”对话框中，用户即可对所需参数进行设置，如右图所示。

下面将对“选项”对话框中的各选项卡进行说明：

- 文件：该选项卡用于确定系统搜索支持文件、驱动程序文件、菜单文件和其他文件。
- 显示：该选项卡用于设置窗口元素、显示精度、显示性能、十字光标大小和参照编辑的颜色等参数。
- 打开和保存：该选项卡用于设置系统保存文件类型、自动保存文件的时间及维护日志等参数。
- 打印和发布：该选项卡用于设置打印输出设备。
- 系统：该选项卡用于设置三维图形的显示特性、定点设备以及常规等参数。
- 用户系统配置：该选项卡用于设置系统的相关选项，其中包括“window标准操作”、“插入比例”、“坐标数据输入的优先级”、“关联标注”、“超链接”等参数。
- 绘图：该选项用于设置绘图对象的相关操作，例如“自动捕捉”、“捕捉标记大小”、“AutoTrack设置”以及“靶框大小”等参数。
- 三维建模：该选项卡用于创建三维图形时的参数设置。例如“三维十字光标”、“三维对象”、“视口显示工具”以及“三维导航”等参数。
- 选择集：该选项卡用于设置与对象选项相关的特性。例如“拾取框大小”、“夹点尺寸”、“选择集模式”、“夹点颜色”以及“选择集预览”、“功能区选项”等参数。
- 配置：该选项卡用于设置系统配置文件的置为当前、添加到列表、重命名、删除、输入、输出以及配置等参数。
- 联机：在联机选项卡中选择登录后，可进行联机方面的设置，用户可将AutoCAD的有关设置保存到云上，这样无论在家庭或是办公室，则可保证AutoCAD设置总是相一致的，包括模板文件、界面、自定义选项等。

02 设置绘图单位

在进行绘图之前设置工作单位是必须的，这里的工作单位包括长度单位、角度单位、缩放单位、光源单位，以及方向控制等。

STEP 01 执行“格式>单位”命令，打开“图形单位”对话框，如下图所示。

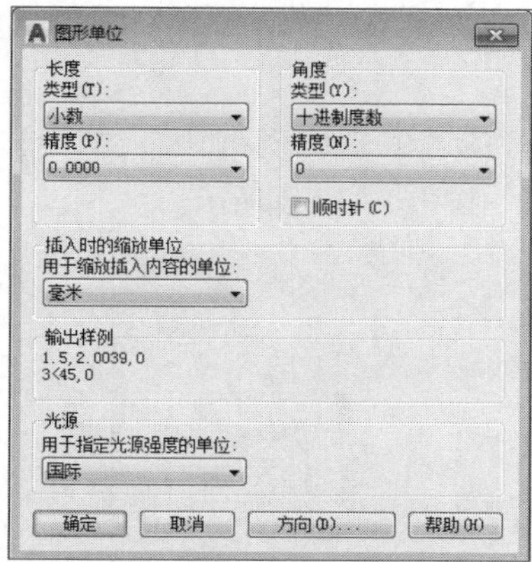

STEP 03 在“角度”选项组中设置“类型”为“十进制度数”，并设置精度，如下图所示。

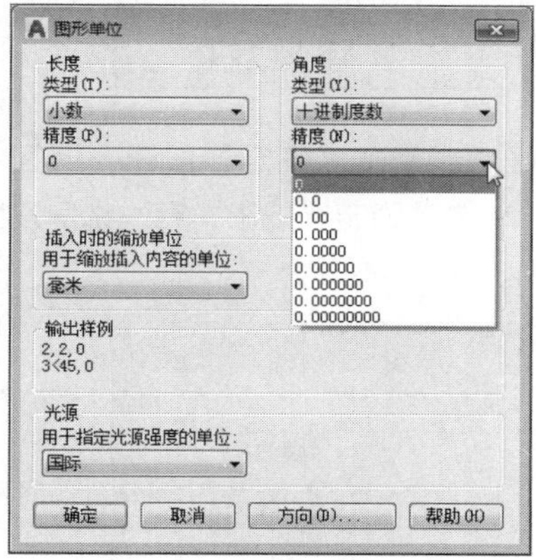

STEP 05 在“图形单位”对话框中，单击“方向”按钮，将会弹出“方向控制”对话框，如下图所示。

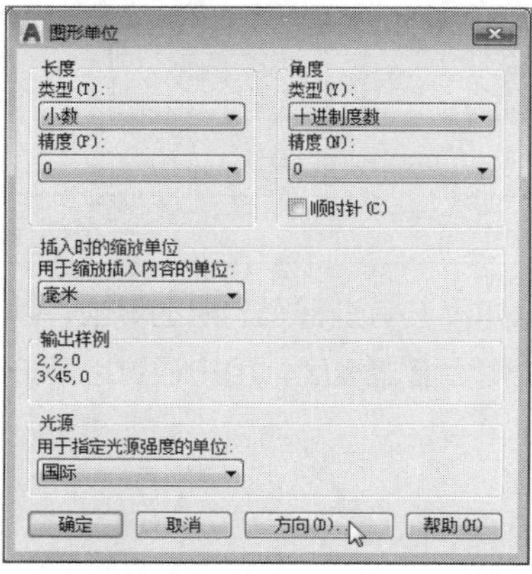

STEP 02 在该对话框的“长度”选项组中，设置“类型”为“小数”，并设置精度为0，如下图所示。

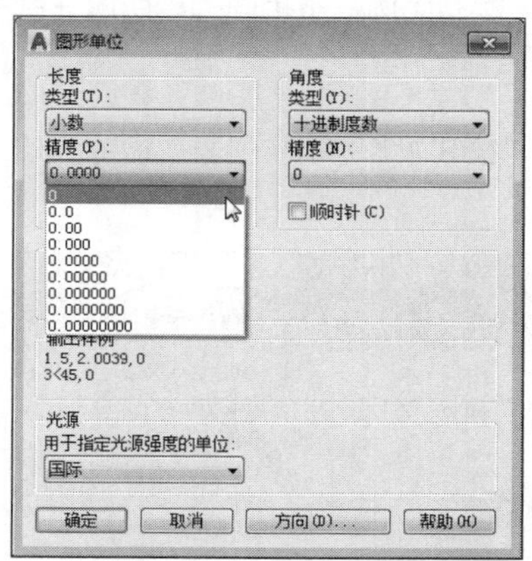

STEP 04 将“插入时的缩放单位”设为“毫米”，将“光源”选项置为“国际”，如下图所示。

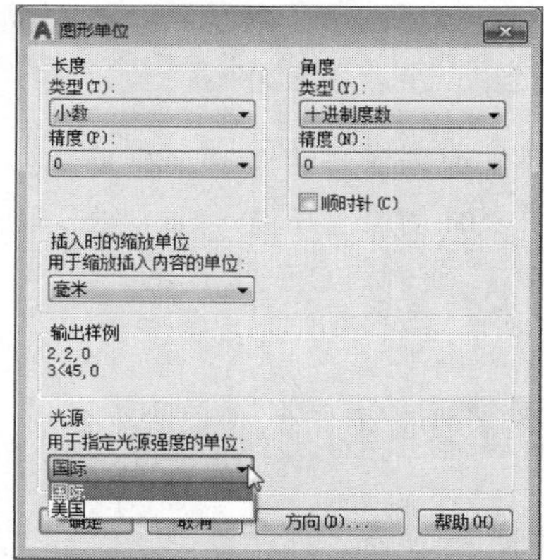

STEP 06 选中“东”单选按钮，单击“确定”按钮，返回上一层对话框，单击“确定”按钮，完成设置，如下图所示。

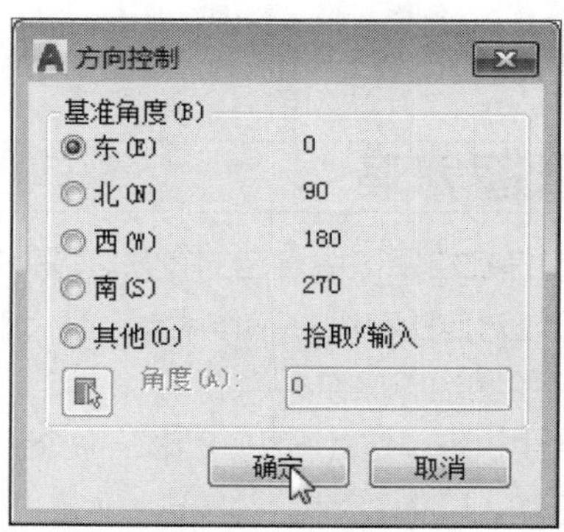

03 设置绘图比例

绘图比例的设置与所绘制图形的精确度有很大关系。比例设置的越大，绘图的精度则越精确。当然各行业领域的绘图比例是不相同的，所以在制图前，用户需要先调整好绘图比例值，其操作步骤介绍如下：

STEP 01 执行“格式>比例缩放列表”命令，如下图所示。

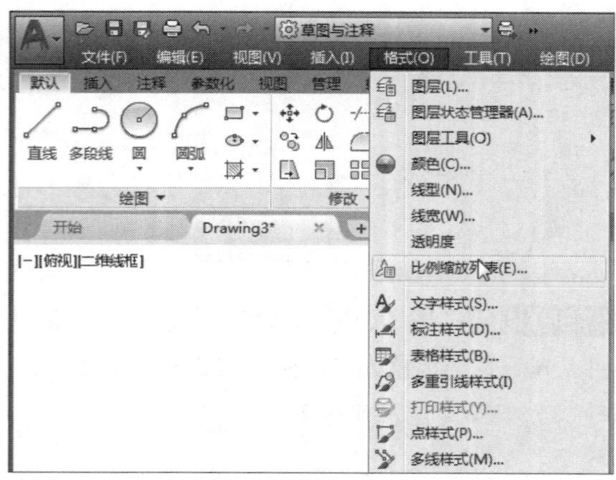

STEP 02 在打开的“编辑比例列表”对话框中，单击“添加”按钮，如下图所示。

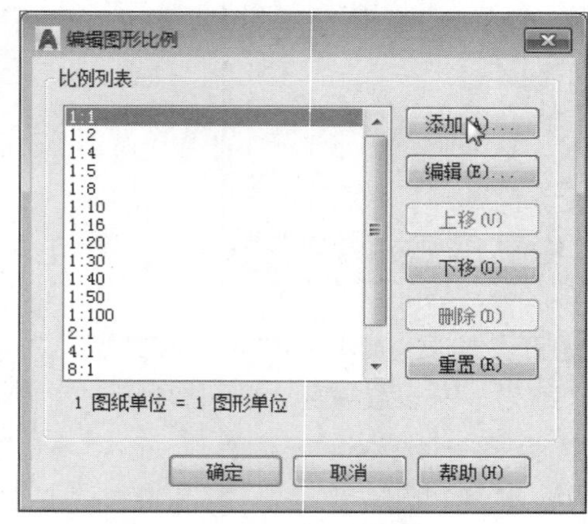

STEP 03 在“添加比例”对话框中，输入“显示在比例列表中的名称”，并输入好“图形单位”与“图纸单位”比例，如下图所示。

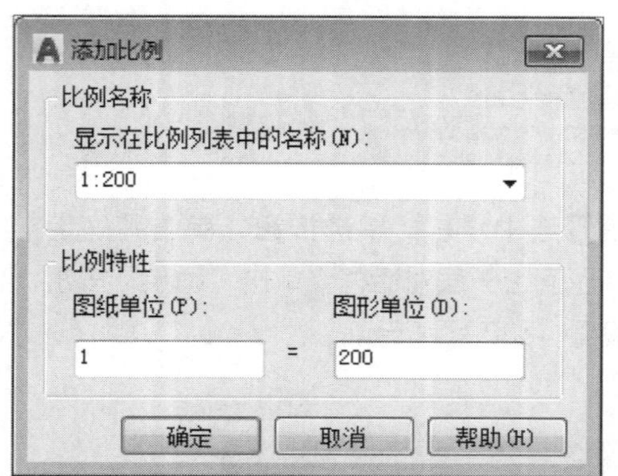

STEP 04 设置好后，单击“确定”按钮，返回上一层对话框，单击“确定”按钮，完成比例设置，如下图所示。

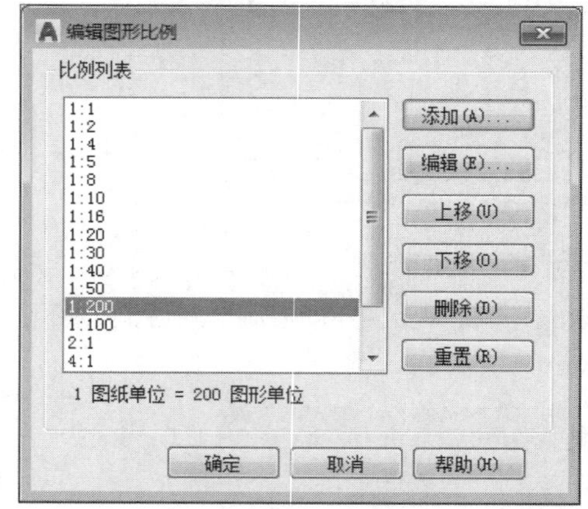

04 设置绘图界限

绘图界限是指在绘图区中设定的有效区域。在实际绘图过程中，如果没有进行设定绘图界限，那么AutoCAD系统对作图范围将不作限制，那么在打印和输出过程中就会增加难度。用户通过以下方法可以执行设置绘图边界操作：

- 从菜单栏中执行“格式>图形界限”命令。
- 在命令行输入LIMITS命令并按Enter键。

05 设置绘图背景色

默认情况下，AutoCAD工作界面绘图区的颜色是黑色，用户可根据个人工作习惯及喜好对其进行自定义。其具体设置操作介绍如下：

STEP 01 启动AutoCAD 2018应用程序，观察工作界面，可以看到默认的绘图区背景颜色是黑色，如下图所示。

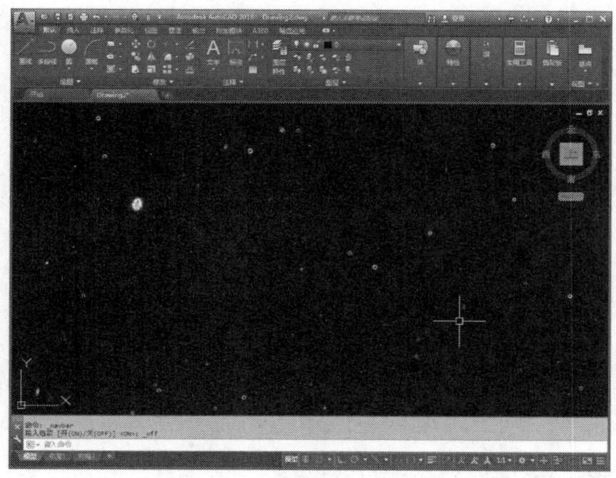

STEP 02 单击“菜单浏览器”按钮，在打开的菜单中单击“选项”按钮，打开“选项”对话框，切换到“显示”选项板，单击“配色方案”下拉按钮，选择“明”选项，如下图所示。

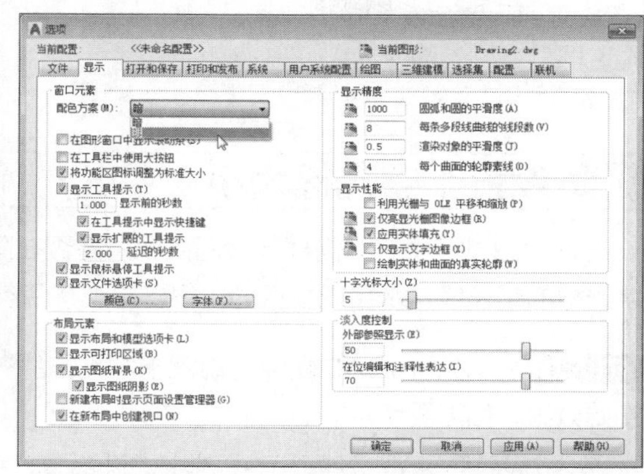

STEP 03 在“窗口元素”选项组中单击“颜色”按钮，如下图所示。

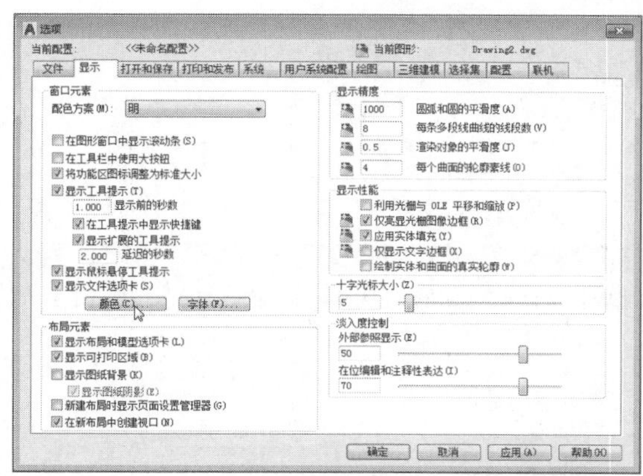

STEP 04 打开“图形窗口颜色”对话框，从中设置统一背景的颜色，在颜色列表中选择白色，如下图所示。

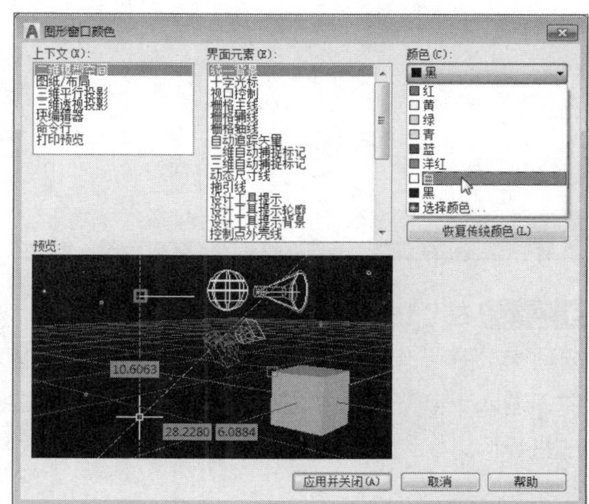

STEP 05 选择颜色后在预览区可以看到预览效果，如下图所示。

STEP 06 单击“应用并关闭”按钮，返回“选项”对话框再单击“确定”按钮即可更改工作界面及绘图区的颜色，如下图所示。

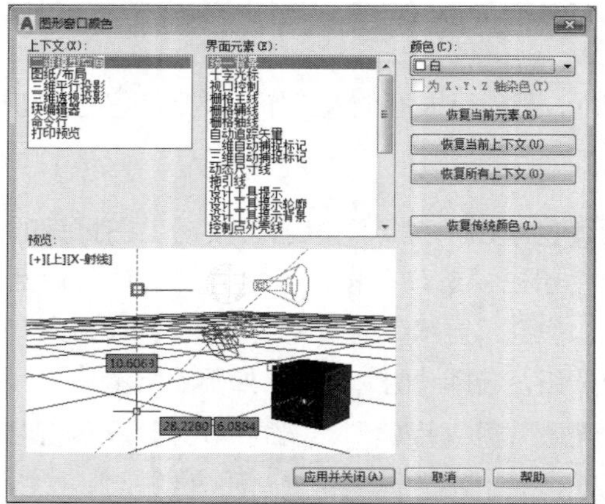

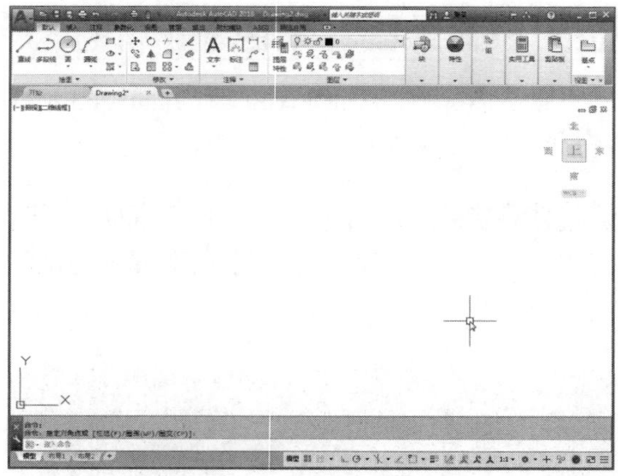

06 设置十字光标大小

在绘图过程中有时需要检验两条线段是否在同一直线上，这时十字光标就显得十分重要，因为十字光标的延长线是水平或垂直的，很容易观察两条线段是否在同一条直线上，其设置操作介绍如下：

STEP 01 打开AutoCAD软件，观察十字光标的初始效果，如下图所示。

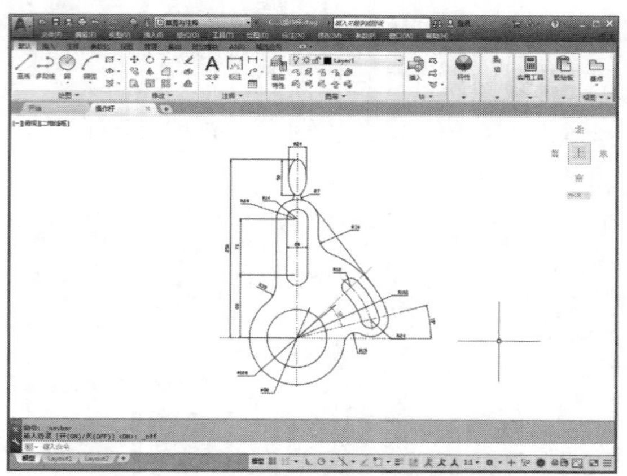

STEP 02 单击“菜单浏览器”按钮，在打开的菜单中单击“选项”按钮，如下图所示。

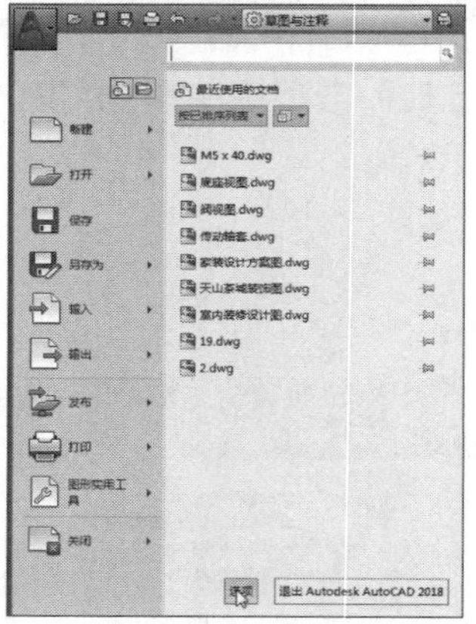

STEP 03 在“选项”对话框中切换到“显示”选项卡，在“十字光标大小”选项组的文本框中，输入十字光标大小的百分值为“100”，如右图所示。

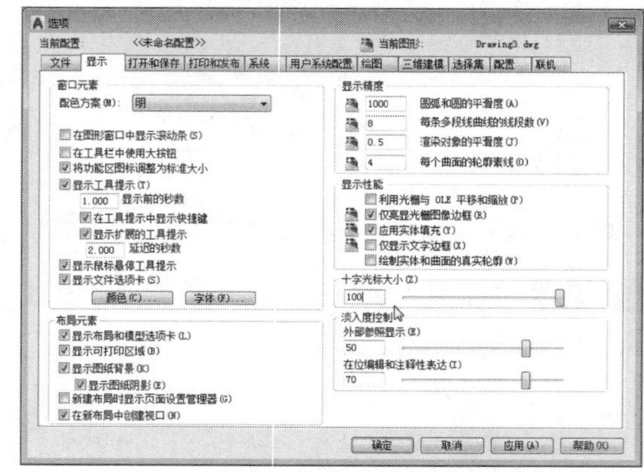

STEP 04 在该对话框中，单击“绘图”选项卡，拖动“靶框大小”选项组中的滑块，来调节靶框的大小，如下图所示。

STEP 05 设置完毕后，单击“确定”按钮，即可完成十字光标的大小的设置，如下图所示。

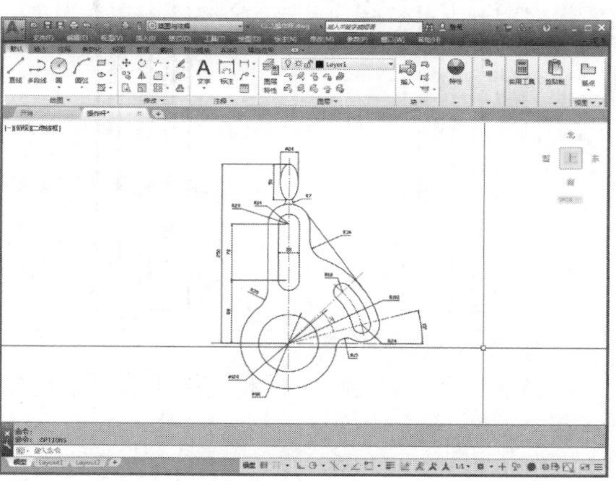

Lesson 06 图形的选取

在进行图形编辑操作时，先选择要编辑的图形。在AutoCAD软件中，选取图形有多种方法，如逐个选取、框选、围选快速选取以及过滤选取等。准确熟练地选择对象是编辑操作的基本前提。下面分别对它们进行介绍。

01 图形选取的方法

1. 逐个选取

当需要选择某对象时，用户在绘图区中直接单击该对象，当图形四周出现夹点形状时，即被选中，当然也可进行多选，如下图所示。

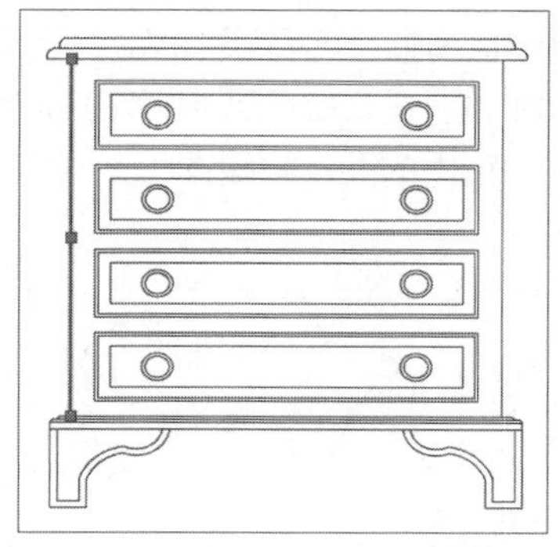

2. 框选

除了逐个选择的方法外，还可以进行框选。框选的方法较为简单，在绘图区中，单击一下鼠标左键，拖动鼠标，直到所选择图形对象已在虚线框内，再次单击鼠标左键，即可完成框选。

框选方法分为两种：从右至左框选和从左至右框选。当从右至左框选时，在图形中所有被框选到的对象以及与框选边界相交的对象都会被选中，如下图所示。

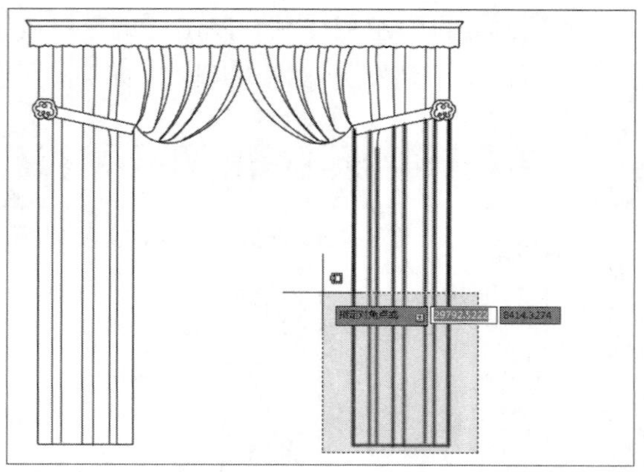

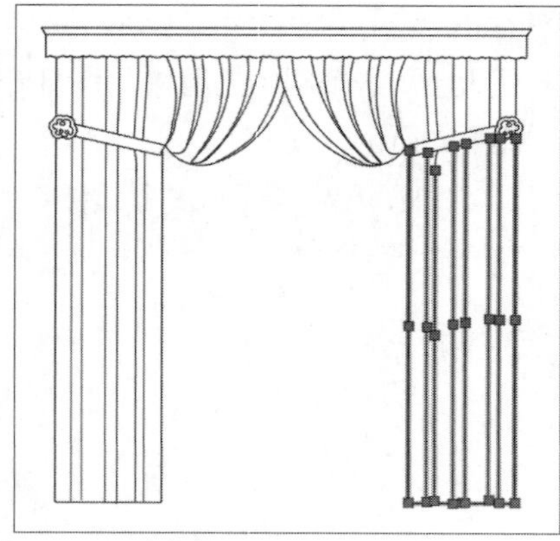

当从左至右框选时，所框选图形全部被选中，但与框选边界相交的图形对象则不被选中，如下图所示。

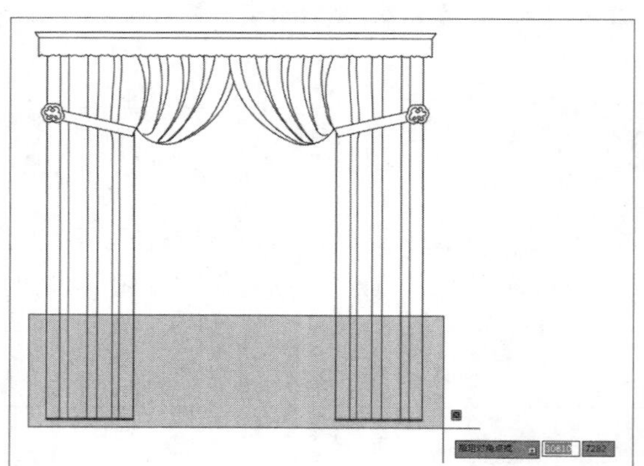

3. 围选

使用围选的方式来选择图形，其灵活性较大。它可通过不规则图形围选所需选择图形。而围选的方式可分为2种，分别为圈选和圈交。

（1）**圈选**。圈选是一种多边形窗口选择方法，其操作与框选的方式相似。用户在要选择图形任意位置指定一点，其后在命令行中，输入 WP 并按 Enter 键，并在绘图区中指定其他拾取点，通过不同的拾取点构成任意多边形，如下左图所示，而在该多边形内的图形将被选中，选择完成后，按 Enter 键即可，如下右图所示。

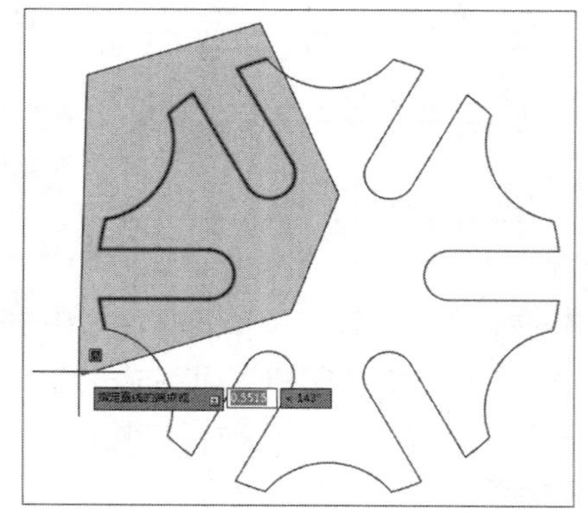

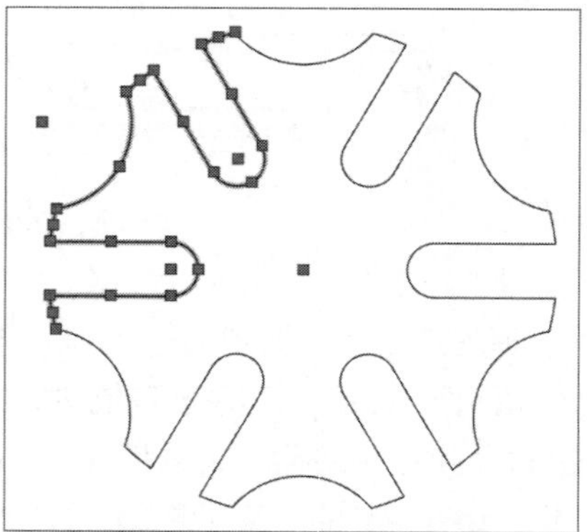

（2）**圈交**。圈交是绘制一个不规则的封闭多边形作为交叉窗口来选择图形对象的。其完全包围在多边形中的图形与多边形相交的图形将被选中。用户只需在命令行中，输入 CP 并按 Enter 键，即可进行选取操作，如下图所示。

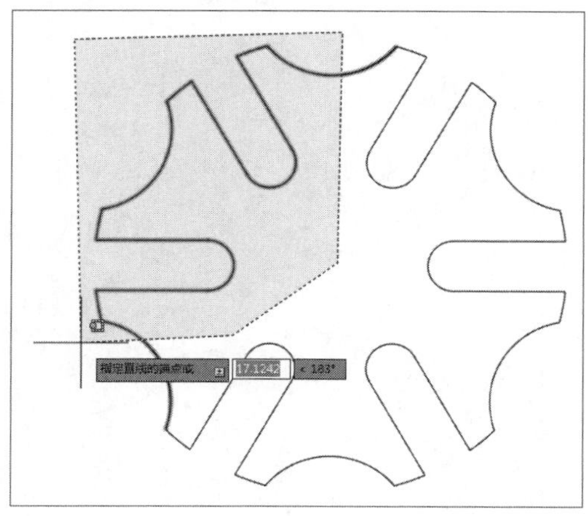
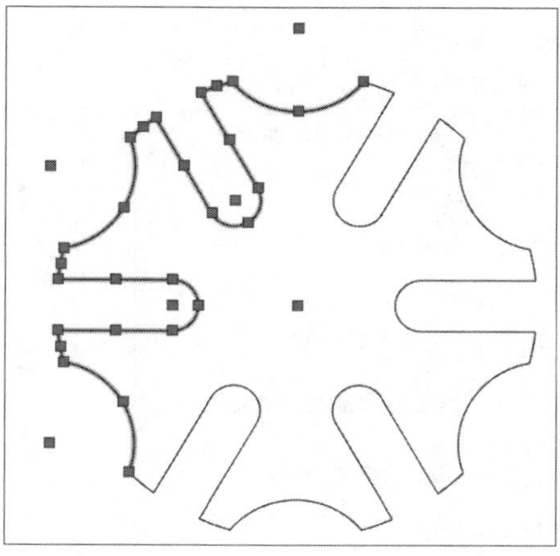

02 快速选取图形

在复杂图形中，图形太多，单一选择对象很浪费时间，如果图形的特性一致的，那么可以使用快速选择图形对象这一功能。在“快速选择”对话框中，根据图形对象的颜色、图案填充和类型来创建一个选项集。用户可以通过以下方法打开“快速选择”对话框：

- 在菜单栏中执行“工具>快速选择”命令。
- 在“默认”选项卡的“实用工具”面板中单击“快速选择”按钮。
- 在命令行输入QSELECT命令并按Enter键。

快速选取图形的具体操作如下：

STEP 01 执行“工具>快速选择”命令，打开“快速选择”对话框，如下图所示。

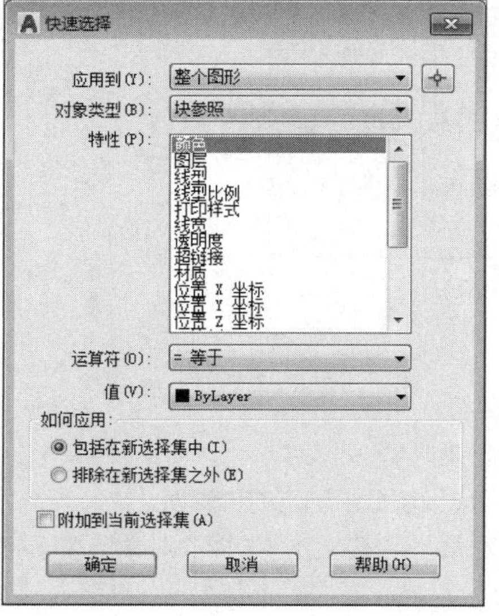

STEP 02 在“特性”列表框中单击“图层”选项，如下图所示。

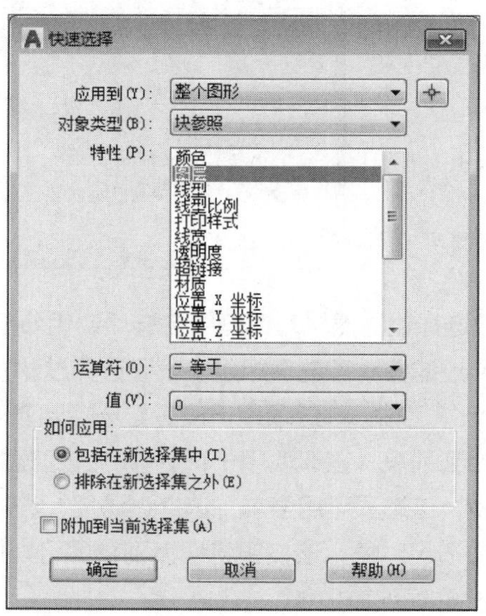

STEP 03 在“值”列表框中选择图层名称，如下图所示。

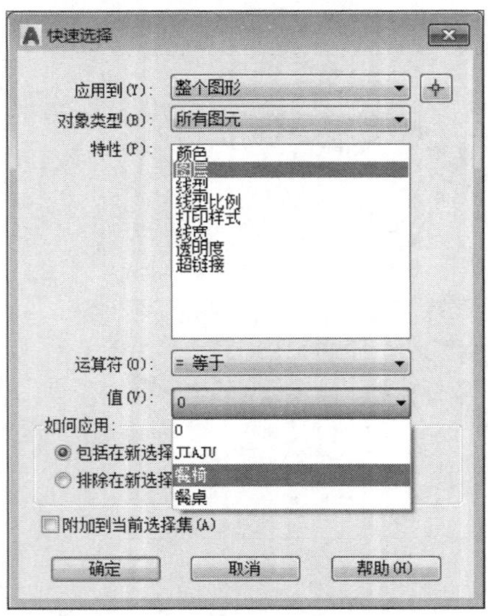

STEP 04 单击“确定”按钮即可选择相应的图形，如下图所示。

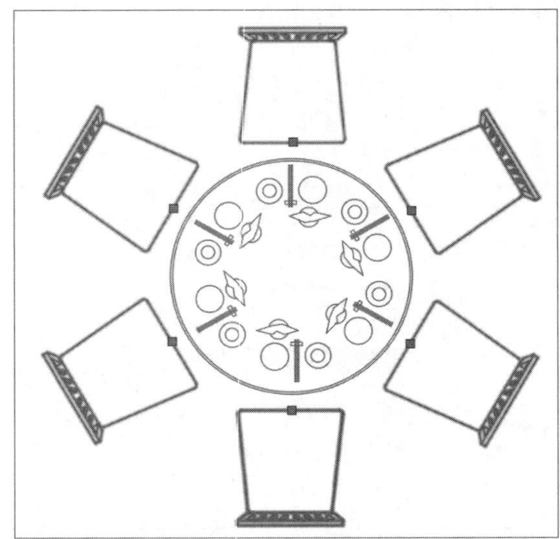

03 过滤选取图形

使用过滤选取功能可以使用对象特性或对象类型，将对象包含在选项集中或排除对象。用户在命令行中输入FILTER并按Enter键，打开“对象选择过滤器”对话框。在该对话框中以对象的类型、图层、颜色、线型等特性为过滤条件，过滤选择符合条件的图形对象，如下图所示。

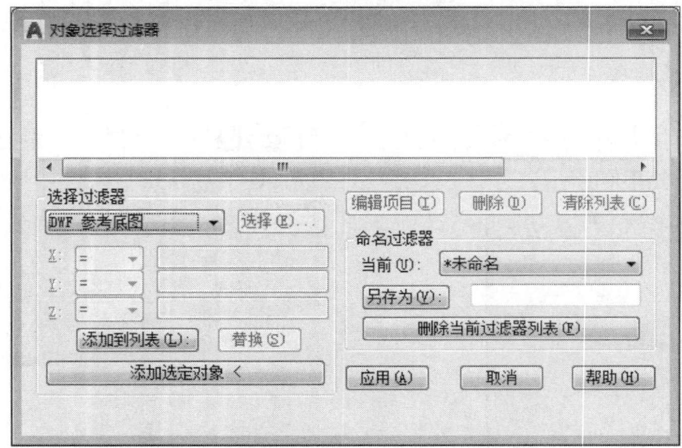

“对象选择过滤器”对话框中各选项说明如下：

- 选择过滤器：该选项组用于设置选择过滤器的类型。
- X、Y、Z轴：该选项用于设置与选择调节对应的关系运算符。
- 添加到列表：该选项用于将选择的过滤器及附加条件添加到过滤器列表中。
- 替换：该选项可用当前“选择过滤器”选项组中的设置替代列表框中选定的过滤器。
- 添加选定对象：该按钮将切换到绘图区，选择一个图形对象，系统将会把选择的对象特性添加到过滤器列表框中。

- 编辑项目：该选项用于编辑过滤器列表框中选定的项目。
- 删除：该选项用于删除过滤器列表框中选定的项目。
- 清除列表：该按钮用于删除过滤器列表框中选择的所有项目。
- 当前：该选项用于显示出可用的已命名的过滤器。
- 另存为：该按钮则可保存当前设置的过滤器。
- 删除当前过滤器列表：该按钮可从FILTER.NFL文件中删除当前的过滤器集。

工程师点拨 | 取消选取操作

用户在选择图形过程中，可随时按Esc键终止目标图形对象的选择操作，并放弃已选择的目标。在AutoCAD中，如果没有进行任何操作时，按Ctrl+A组合键，可以选择绘图区中的全部图形。

Lesson 07 命令的基本操作

命令的基本操作包括激活操作命令以及重复、撤销、重做操作命令，熟悉多种操作方法可以大幅度提高工作效率。

01 操作命令的激活方式

在使用AutoCAD进行绘图的过程中，使用鼠标输入、键盘输入以及在命令行中输入这几种操作方法是最为常用的。三种操作方法相互结合使用，可在很大程度上提高工作效率。

（1）**鼠标输入命令**。使用鼠标输入命令，就是利用鼠标单击功能面板中的命令按钮来启动绘图命令。例如，想绘制一条直线，则需要在“默认”选项卡中，单击“直线”按钮，然后在命令行中输入直线距离，按回车键后即可完成直线的绘制。

（2）**键盘输入命令**。大部分的绘图、编辑功能都需要使用键盘来辅助操作，通过键盘可以输入绘图命令、命令参数、系统坐标点以及文本对象等。例如，在键盘上按“L”键，即可启动“直线”命令。

（3）**使用命令行输入**。在命令行中可以输入命令、参数等内容。在命令行的空白处单击鼠标右键，在打开的快捷菜单中，可以选择“近期使用的命令”选项，其后在扩展列表中可选择相关命令，即可进行该命令的操作。

02 操作命令的重复、撤销、重做

在激活一个操作命令后，用户想终止该命令或者是在该命令操作完毕后再重复继续该命令，这就涉及到了命令的重复操作、撤销操作以及重做。

1. 重复操作命令

在执行过一个操作命令后，如果用户想重复操作该命令，可用以下几种方法：

- 按键盘上的空格键或者Enter键，即可重复该操作命令。
- 单击鼠标右键，在弹出的快捷菜单中选择“重复”命令，如下图所示。

2. 撤销操作命令

在执行过一个操作命令后，如果用户想撤销操作该命令，可用以下几种方法:

- 在快速访问工具栏中单击“放弃”按钮，即可撤销上一个动作。
- 在菜单栏执行“编辑>放弃”命令。
- 在绘图区单击鼠标右键，在弹出的快捷菜单中单击“放弃”命令，如下左图所示。
- 在键盘上按Ctrl+Z组合键。

3. 重做

该命令的操作前提是先使用了“放弃”命令，用户可以使用以下几种方法:

- 在快速访问工具栏中单击“重做”按钮，即可恢复上一个“放弃”命令所放弃的效果。
- 在菜单栏执行“编辑>重做”命令。
- 在绘图区单击鼠标右键，在弹出的快捷菜单中单击“重做”命令，如下右图所示。

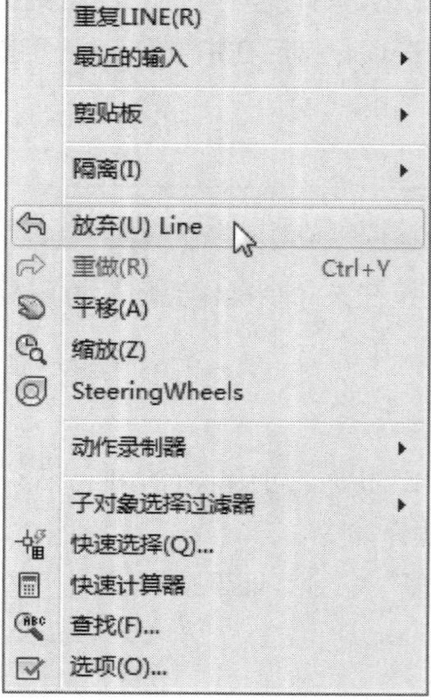

强化练习

通过本章的学习，读者对于AutoCAD2018的新特性、AutoCAD2018的安装与启动、AutoCAD2018的工作界面、图形文件的操作管理、绘图环境的设置以及图形的选取方式等知识有了一定的认识。为了使读者更好地掌握本章所学知识，在此列举几个针对本章知识的习题，以供读者练手。

1. 自定义右键功能

利用“选项”对话框设置鼠标右键单击功能。

STEP 01 执行“工具>选项”命令，打开“选项”对话框，切换到“用户系统配置”选项卡，在“Windows标准操作”选项组中单击“自定义右键单击”按钮，如下左图所示。

STEP 02 打开“自定义右键单击”对话框，从中进行相应的设置，如下右图所示。

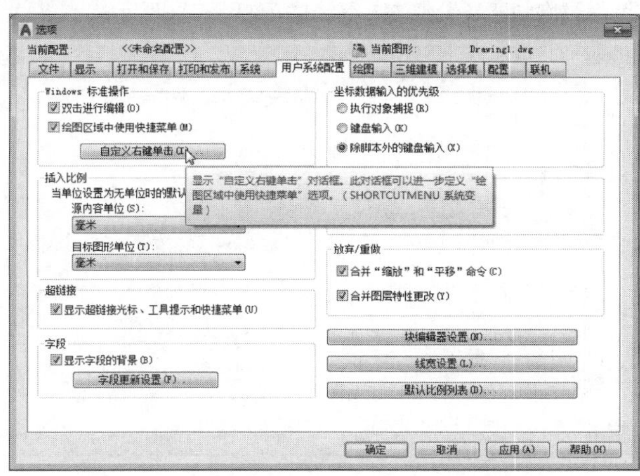

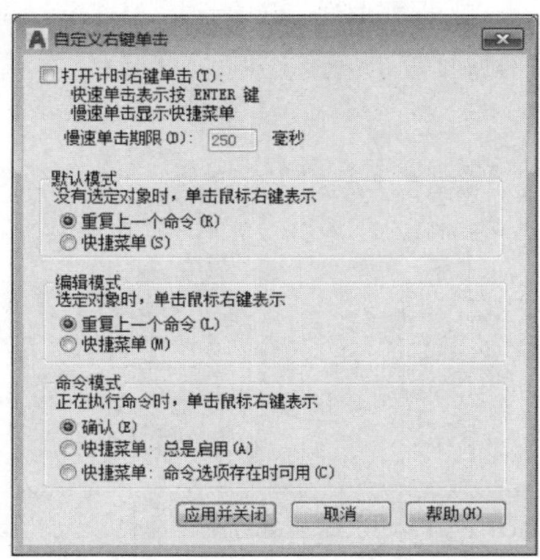

2. 利用图形颜色选取图形

通过“对象选择过滤器”对话框，以图形的颜色为过滤条件，选择符合条件的图形。

STEP 01 在命令行中输入FILTER并按Enter键，打开“对象选择过滤器”对话框，添加选定对象并删除多余项目，仅留“对象”和“图层”两个项目，如下左图所示。

STEP 02 单击“应用”按钮，框选图纸，即可根据筛选条件选择图形，如下右图所示。

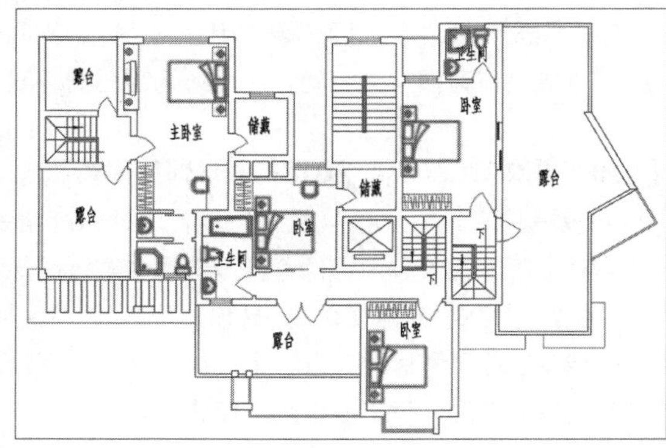

工程技术问答

本章主要对AtuoCAD 2018的工作界面、绘图环境的设置等知识进行介绍，在实际操作应用时难免会遇到一些疑问，下面将对常见问题及解决方法进行罗列，供用户参考。

Q 如何设置文件自动保存时间?

A 在绘图区中单击鼠标右键，在弹出的快捷菜单列表中选择“选项”命令，此时会弹出“选项”对话框，切换至“打开和保存”选项卡，在“文件安全措施”选项组中输入自动保存时间，然后单击“确定”按钮即可，如下左图所示。

Q 如何关闭AtuoCAD中的*.Bak文件?

A 每次关闭AtuoCAD软件后，都会出现“*.Bak”格式的备份文件，若想将其关闭，可在“选项”对话框“打开和保存”选项卡中取消勾选“每次保存时均创建备份副本”复选框，如下右图所示。

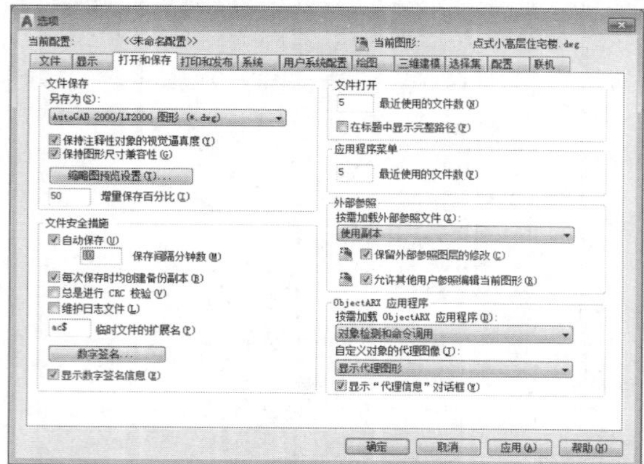

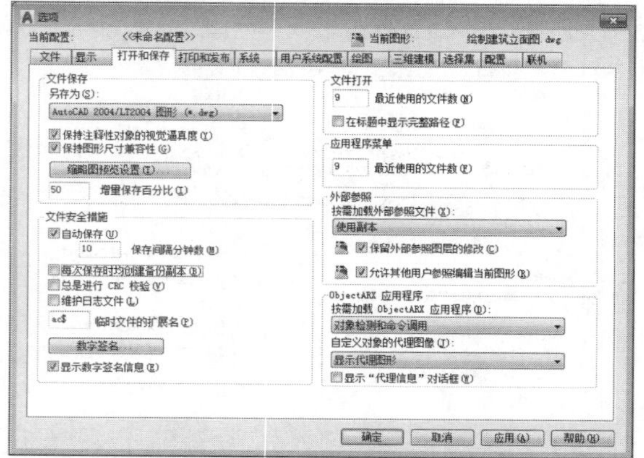

Q 是否每次绘图前都需要进行图形界限的设置?

A 在使用AutoCAD软件绘图前，用户可根据需要决定是否设置图形界限，以及是否设置图形界限的区域大小。系统默认未开启图形界限功能，可在绘图区域中的任意位置进行绘制操作。

Q 如果将Autodesk 360软件进行卸载，是否对AutoCAD 2018软件有影响?

A 卸载Autodesk 360软件对AtuoCAD 2018是没有任何影响的。Autodesk 360软件是CAD软件中自带的一个安全插件，若用户想使用联网功能，则需保留该软件；若用户不需联网，完全可将其卸载。因为该软件会占有很大的空间，从而影响绘图的速度。

Q 如何更改AtuoCAD 2018的默认保存格式?

A 一般情况下，AutoCAD 2018软件默认保存格式为AutoCAD 2018图形（*.dwg）格式。用户若想设置其他版本格式，可在保存类型选项中进行选择，具体操作如下：

- 执行“格式>选项”命令，打开“选项”对话框。
- 选择“打开和保存”选项卡，在“文件保存”选区中的“另存为”下拉列表中，选择保存格式。
- 选择完成后，单击“确定”按钮即可。

Chapter 02

绘图二维图形

在AutoCAD中，所有图形都是由点、线等基本元素构成的。AutoCAD提供了一系列绘图命令，利用这些命令可以绘制常见的图形。通过对本章内容的学习，使用户能够掌握一些制图的基本要领，同时为下面章节的学习打下了基础。

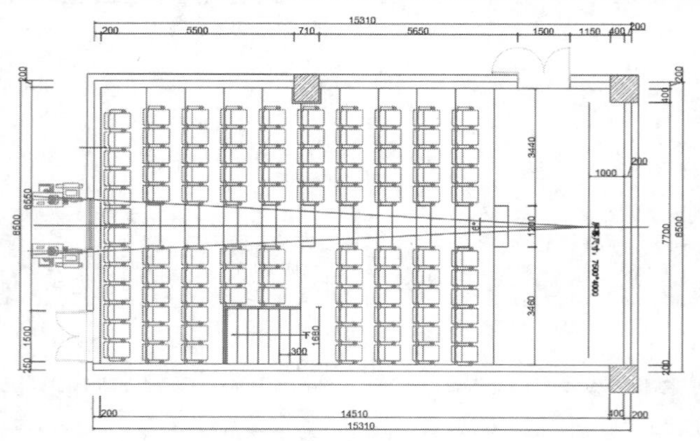

01 电影院平面图

电影院平面图在设计过程中应考虑到进出场，通道应顺畅，避免人流交叉和拥挤，内部设计也要符合消防要求。在绘制该图纸时，最常用到的是“插入块”和“阵列”命令能够大大提高绘图效率。

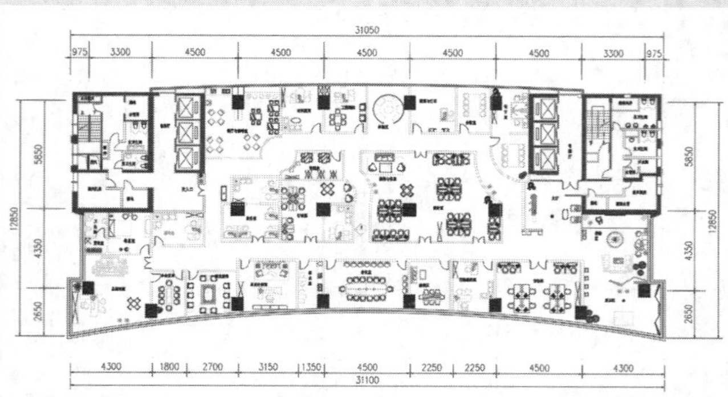

02 办公室平面图

在绘制办公室图纸时，需注意办公空间的划分，并且符合人们办公需求。该图纸主要运用“多线”、“修剪”、“插入块”等命令绘制完成的。

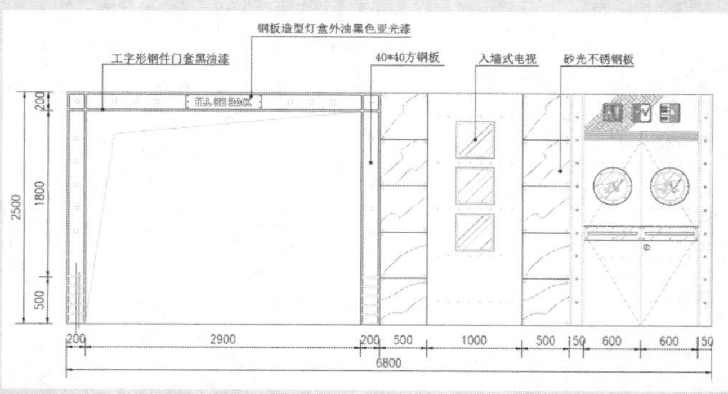

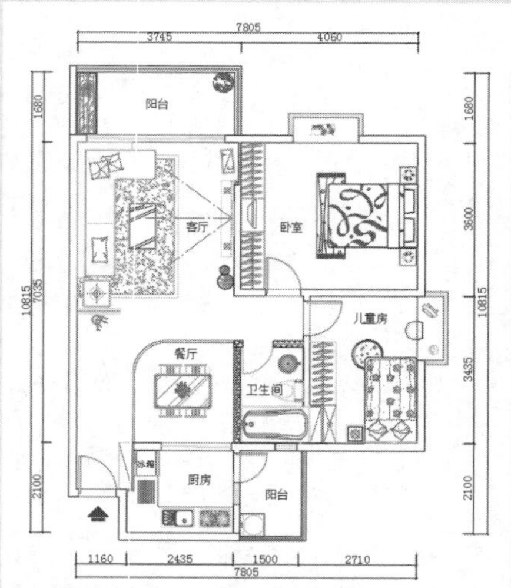

03 KTV立面图

在设计KTV立面图时，需要考虑到色彩基调、采光照明以及所用的装饰材料。该图纸主要是运用“直线”、“偏移”、“阵列”、“填充”等基本操作命令，来完成图纸的绘制。

04 两居室平面设计图

在室内平面设计的过程中，按照比例绘制墙体，家具的尺寸也要符合实际要求。该图纸主要是运用“图层”、“插入块”、“多段线”以及“线性”等命令完成的。

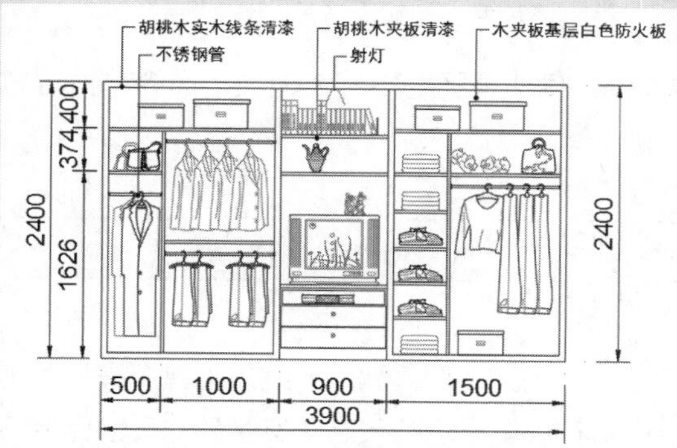

05 衣柜立面图

衣柜立面图主要表现了空间构造和每个空间的用途。该图纸主要是运用“矩形”、“偏移”、“插入块”等命令完成绘制的。

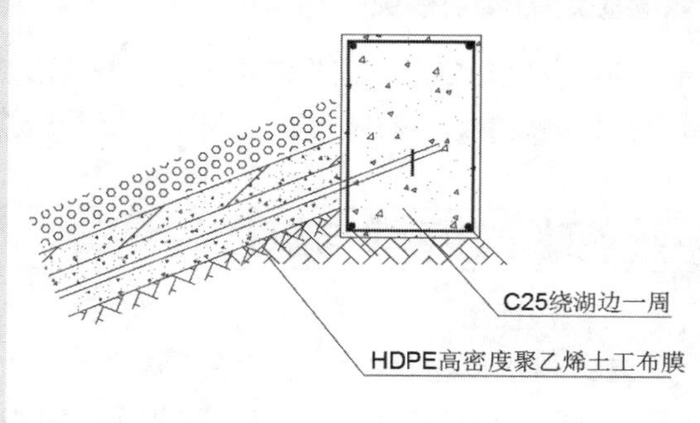

06 收口梁剖面图

剖面图展示的是内部构造，施工员通过剖面图可以了解到该造型的内部结构，以及所使用的材料和施工工艺。该图纸主要运用了“矩形”、“图案填充”、“直线”等命令绘制完成的。

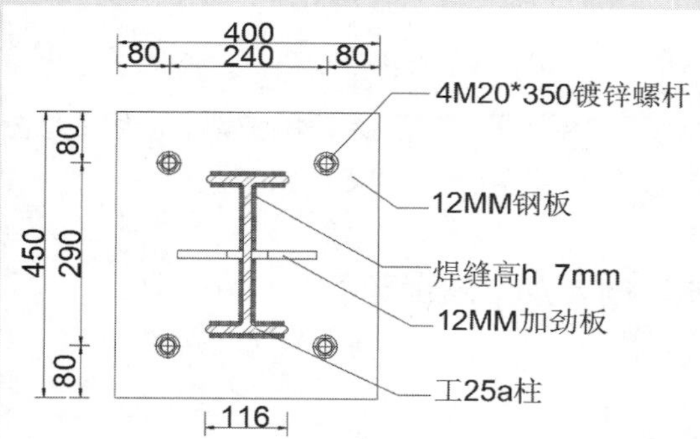

07 锚板大样图

在绘图过程中，有时需要通过大样图将某一特定区域进行特殊放大标注，并详细的表示出来。该图纸主要运用了“矩形”、“圆”、“图案填充”、“标注”等命令绘制完成的。

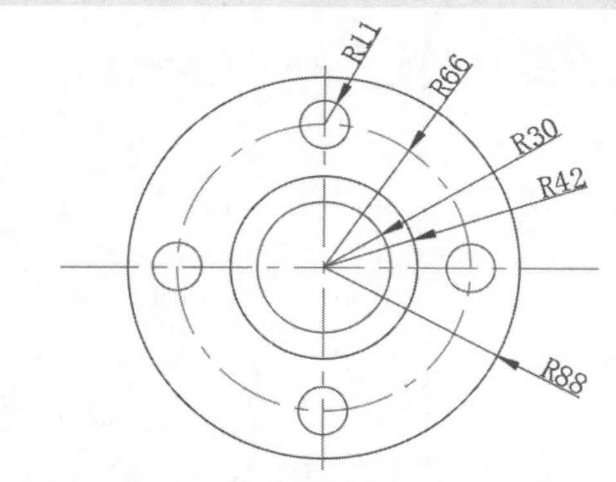

08 法兰盘平面图

法兰盘在管道工程中最为常见，并且都是成对出现的。机械制图与建筑制图的要求不同，机械制图在尺寸精度上要求比较高。该图纸主要运用了“圆”、“直线”、“标注”命令绘制完成的。

09 餐桌图块

餐桌按照材质可分为实木、钢才等。在设计餐桌时也要符合人体工程学。该图块主要是运用了“矩形”、“圆弧”、“阵列”、“修剪”、“偏移”等基本命令来绘制的。

Lesson 01 图形的基本操作

在绘制图形之前，首先需要了解一些图形的基本操作。例如视图的平移、缩放；命令的执行方式；鼠标键盘操作、对象捕捉设置以及视口设置等。

01 视图的平移与缩放

1. 缩放视图

在绘制图形局部细节时，通常会选择放大视图来显示，绘制完成后再利用“缩放工具”进行缩小视图，观察图形的整体效果。缩放图形可以增加或减少图形在屏幕显示的尺寸，其图形的尺寸保持不变。通过改变显示区域改变图形对象的大小，可以更准确、更清晰的进行绘制操作。

用户可以通过以下方式缩放视图：

- 执行“视图>缩放>放大/缩小”命令，如下左图所示。
- 执行“工具>工具栏>AutoCAD>缩放”命令，在弹出的工具栏中单击“放大”和“缩小”按钮。
- 在命令行输入ZOOM并按Enter键。

2. 平移视图

当图形的位置不利于用户观察和绘制时，可以平移视图，将图形平移到合适的位置。使用平移图形命令可以重新定位图形，方便查看。平移视图不改变图形的比例和大小，只改变位置。

用户可以通过以下方式平移视图：

- 执行“视图>平移>左”命令（也可以上、下和右方向），如下右图所示。
- 单击绘图区右侧工具栏中的“平移”按钮。
- 在命令行输入PAN并按Enter键。
- 按住鼠标滚轮进行拖动。

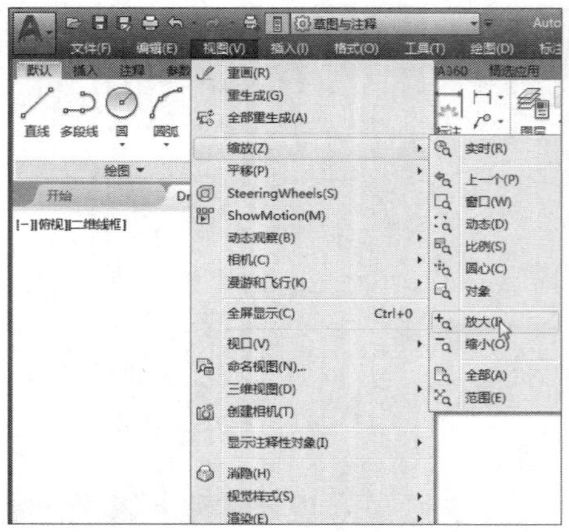

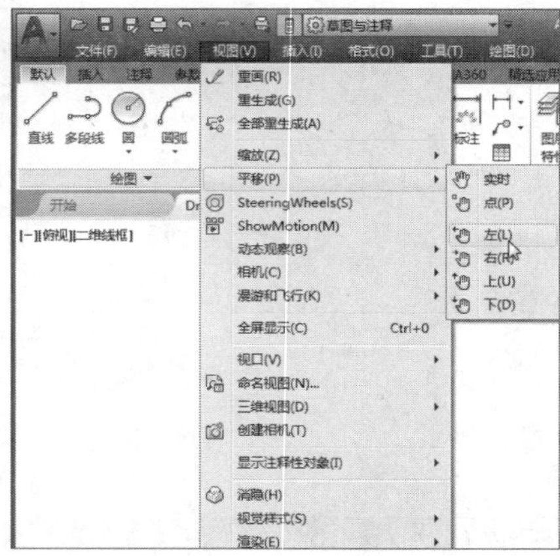

除了以上所述方法，用户还可以通过“实时”和“点”命令来平移视图。具体功能介绍如下：

- 实时：当使用实时后，鼠标会变成黑色手掌的形状，用户按照鼠标左键，将图形拖动到需要拖动的位置，释放鼠标后，将完成平移视图操作。
- 点：通过指定的基点和位移指定平移视图的位置。

02 绘图命令的执行方式

在AutoCAD中，命令的执行方式有三种，具体介绍如下：

1. 通过功能区面板来执行

在功能区中有各种面板，直接单击面板中的按钮即可执行相应的命令，如下图所示。

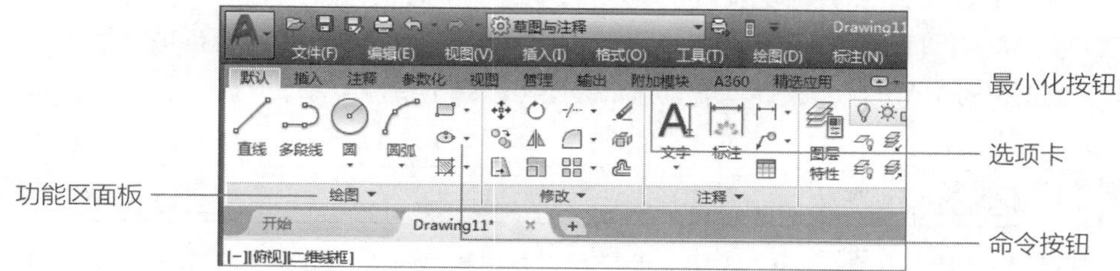

- 最小化按钮：该按钮具有将面板最小化的功能，可以最小化为面板标题或最小化为选项卡。单击该按钮，程序将功能区面板最小化为标题；再次单击该按钮，程序将功能区面板最小化为选项卡。
- 选项卡：在选项卡中包含各种与选项卡内容相关的面板，用户可在不同的选项卡间进行切换。
- 功能区面板：在功能区面板中包含与该面板相关的各种按钮和命令，功能区面板分为完整面板和隐藏面板，在功能区面板中单击三角形下拉按钮即可显示完整的面板。
- 命令按钮：在功能区面板上单击按钮即可执行相关的命令，单击按钮旁边的三角形下拉按钮即可显示隐藏的命令。

2. 通过菜单栏中的命令来执行

单击菜单栏中的任意菜单按钮，打开下拉菜单，即可选择需要的命令，如下左图所示。例如执行“格式>文字样式”命令，即可打开“文字样式”对话框，如下右图所示。

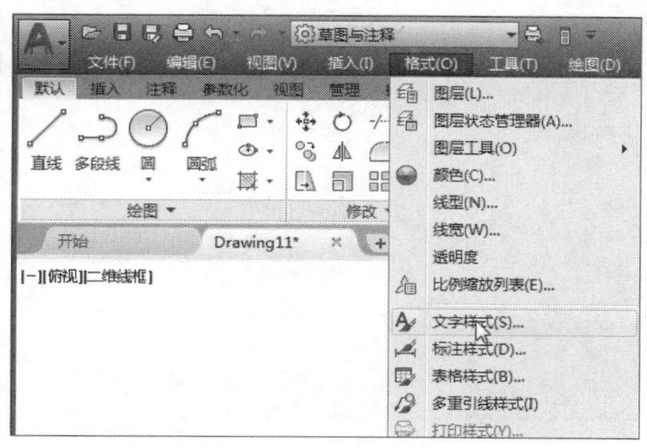

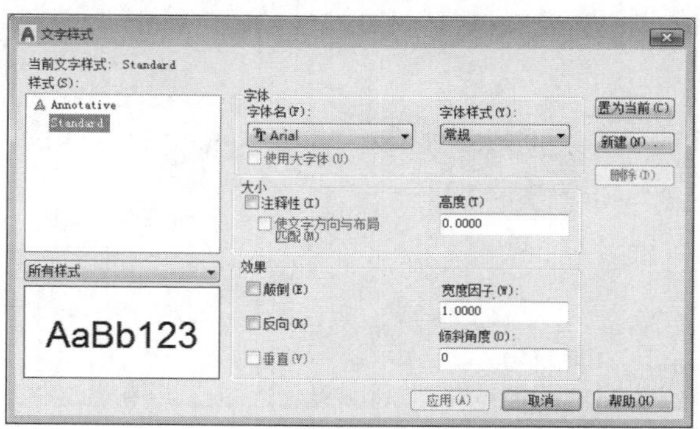

3. 通过在命令行输入命令来执行

该方法满足了部分习惯使用快捷键来绘图的用户的要求。在命令行中输入命令后，按Enter键确定，此时，在命令行中则会提示下一步的操作，用户只需按照提示，即可完成图形的绘制。

工程师点拨 | 快捷键的使用

灵活的使用快捷键可以提高绘图效率，缩短绘图时间。

03 键盘与鼠标的操作

键盘和鼠标是操作AutoCAD软件的必备工具。键盘是用来输入命令的，而大部分命令都需通过键盘在命令行中输入命令参数来进行操作的。

在进行图形设计的过程中，大部分操作是使用鼠标来完成的，如对象的选择、单击某个按钮或执行菜单命令、视图的控制、各种环境设置和属性设置。

按住鼠标中键进行拖动可以平移图形，双击鼠标中键可以将图像在绘图窗口中最大化显示，滚动鼠标中键可以对图形对象进行缩放，单击鼠标右键还可以弹出快捷菜单。

04 捕捉和栅格

使用捕捉工具，用户可创建一个栅格，使它可捕捉并约束光标只能定位在某一栅格点上。当栅格点阵的间距与光标捕捉点阵的间距相同时，栅格点阵就形象反映出光标捕捉点阵的形状，同时反映出绘图界限。

在状态栏中单击“栅格显示”按钮，将启用栅格显示功能，再次单击该按钮，则关闭栅格显示效果，用户也可按键盘上F7键，来开启或关闭栅格显示。选中“栅格显示”按钮，然后单击鼠标右键，在弹出的快捷菜单中，选择“设置”选项，在打开的“草图设置”对话框中，还可对栅格数量进行设置，如下左图所示。

在弹出的“草图设置”对话框中，勾选“启用栅格”与“启用捕捉”复选框，然后设置栅格X轴、Y轴的间距和每条主线之间的栅格数。设置完成后，单击“确定”按钮，如下右图所示。程序只将当前窗口中的图像显示为栅格，缩放图形后将会发生变化，绘图时鼠标会自动捕捉栅格点，以便于绘图。

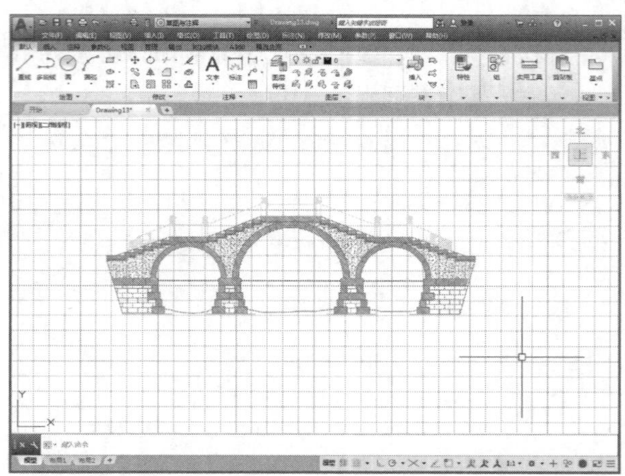

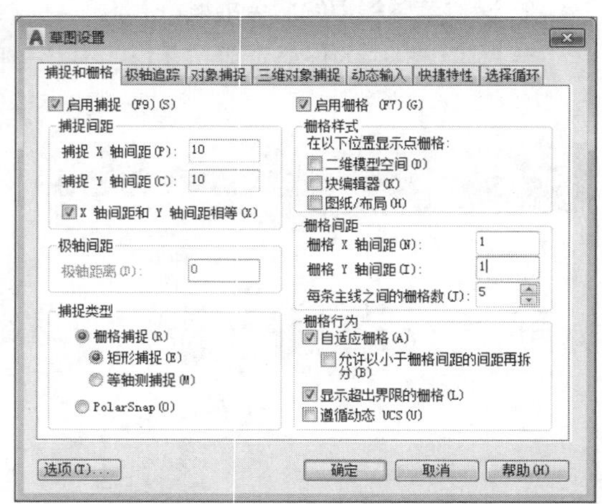

05 对象捕捉功能

使用对象捕捉功能可指定对象上的精确位置，用户可自定义对象捕捉的距离。例如，捕捉图形端点、圆心、切点、中点以及两个对象的交点等。当光标移动到对象的捕捉位置时，将显示标记和工具提示。启动对象捕捉功能的方法有以下2种：

- 单击状态栏中的“对象捕捉”按钮，在菜单中选择“对象捕捉设置”选项，打开“草图设置”对话框，选择“对象捕捉”选项卡，从中勾选所需捕捉功能即可启动，如下左图所示。

- 在状态栏中，单击“对象捕捉”右侧的下拉按钮，在打开的快捷菜单中，用户即可勾选需启动的捕捉选项，如下右图所示。

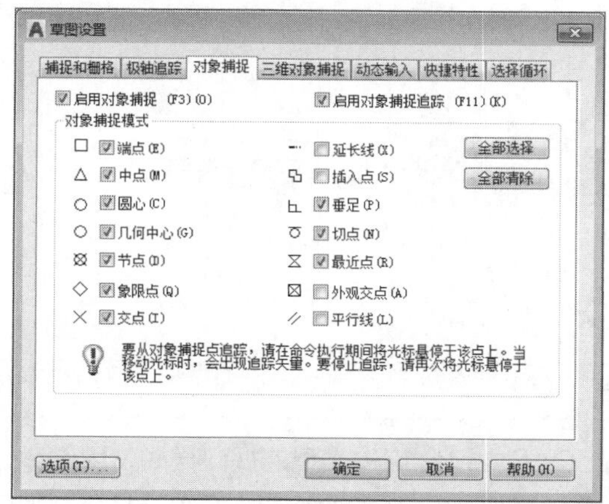
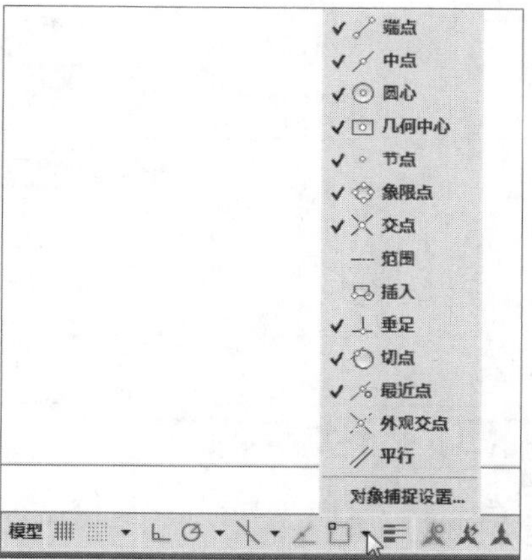

“对象捕捉”选项卡中各捕捉点功能介绍如表2-1所示。

表2-1 对象捕捉功能列表

名称	使用功能
端点	捕捉到线段等对象的端点
中点	捕捉到线段等对象的中点
圆心	捕捉到圆或圆弧的圆心
几何中心	捕捉到多段线、二维多段线和几何样条曲线的几何中心点
节点	捕捉到线段等对象的节点
象限点	捕捉到圆或圆弧的象限点
交点	捕捉到各对象之间的交点
范围	当光标经过对象的端点时，显示临时延长线或圆弧，以便用户在延长线或圆弧上指定点
插入	捕捉块、图形、文字或属性的插入点
垂足	捕捉到垂直于线或圆上的点
切点	捕捉到圆或圆弧的切点
最近点	捕捉拾取点最近的线段、圆、圆弧或点等对象上的点
外观交点	捕捉两个对象的外观的交点
平行	捕捉到与指定线平行的线上的点

06 正交模式

正交模式是在任意角度和直角之间进行切换，在约束线段为水平或垂直的时候可以使用正交模式。在状态栏中单击“正交模式”按钮，将启用正交模式，再次单击该按钮，则取消正交模式。正交模式只能沿水平或垂直方向移动，取消该模式，则可沿任意角度进行绘制，如下左图为正交模式，而下右图为非正交模式。

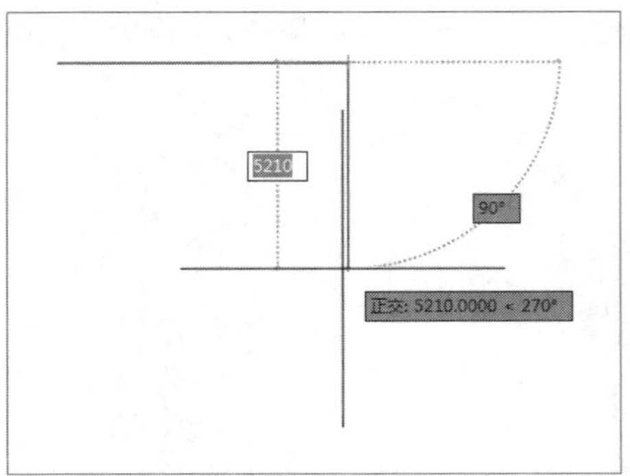

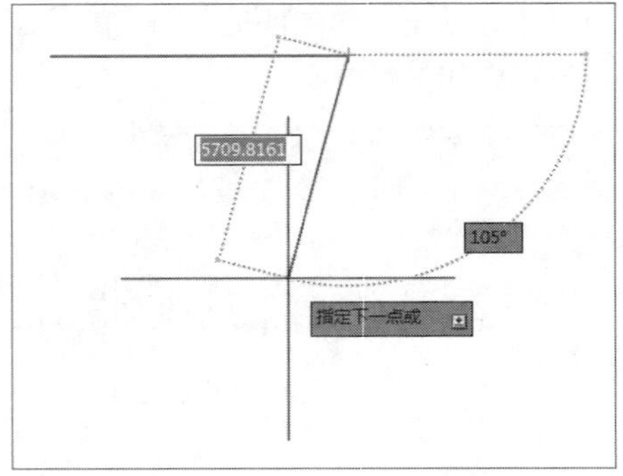

07 视口的分类与应用

视口是用于显示模型不同视图的区域，AutoCAD中包含12种类型的视口样式，用户可以选择不同的视口样式以便于从各个角度来观察模型。执行“视图>视口>新建视口”命令，打开“视口”对话框，如下图所示。

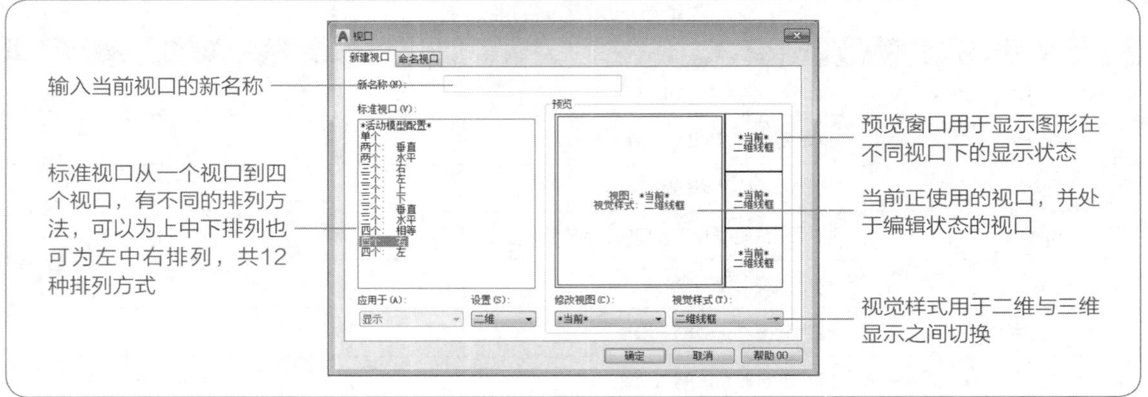

1. 新建视口

用户可根据需要创建视口，并将创建好的视口进行保存，以便下次使用。其操作如下：

STEP 01 执行“视图>视口>新建视口”命令，打开“视口”对话框，如下图所示。

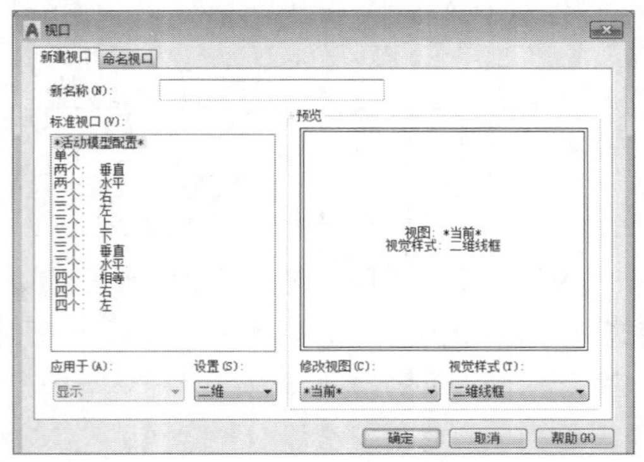

STEP 02 从中单击“新建视口”选项卡，输入视口的名称，并选择视口样式，例如选择“三个：下”选项，如下图所示。

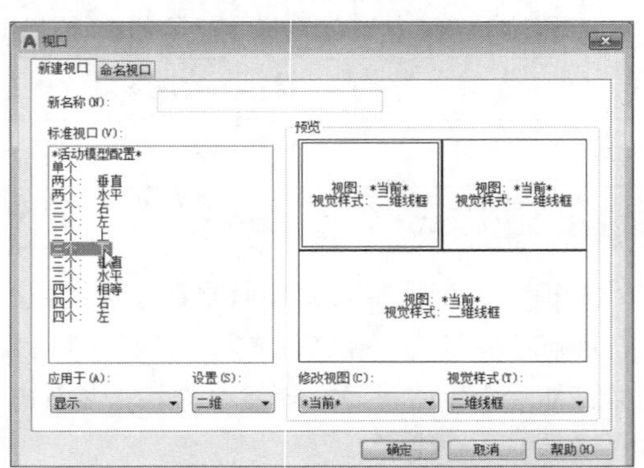

STEP 03 选择完成后，单击“确定”按钮，此时在绘图区中，系统将自动按照要求进行视口分隔，如下图所示。

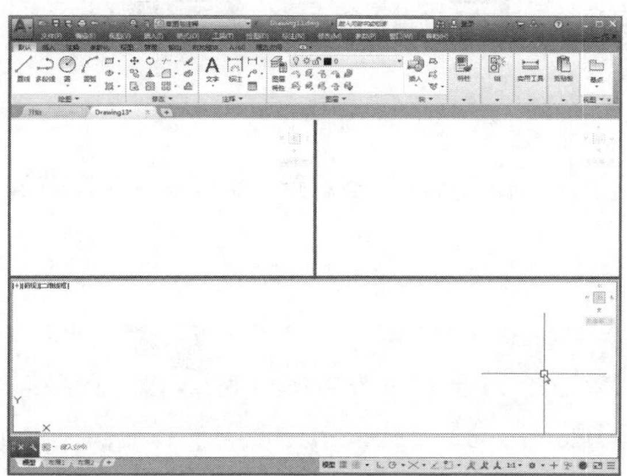

STEP 04 在绘图区中，单击各视口名称，则在打开的下拉菜单中，根据需要可更改当前视口名称，如下图所示。

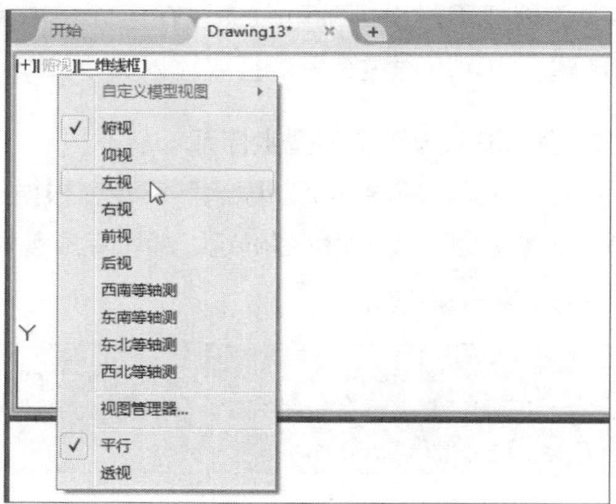

2. 合并视口

在AutoCAD软件中，可将多个视口进行合并。执行“视图>视口>合并”命令，在绘图区，选择两个所要合并的视口，即可完成合并，如下左图为合并前，下右图为合并后。

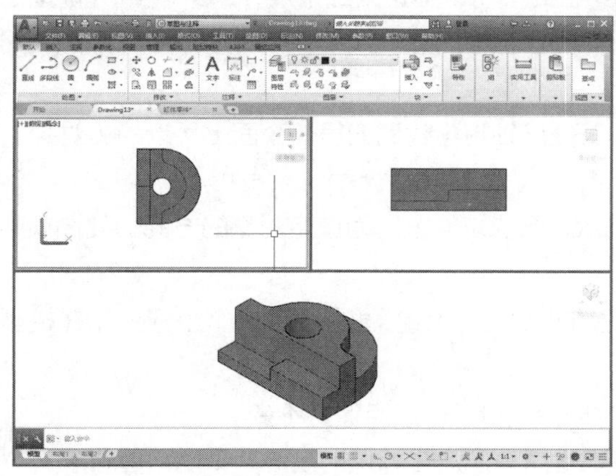

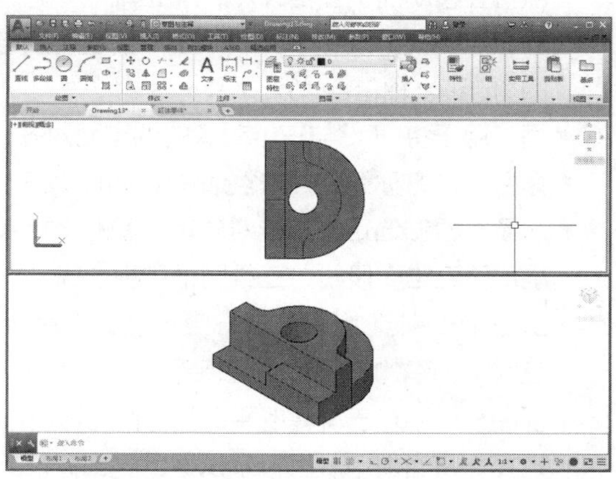

Lesson 02 坐标系的应用

AutoCAD坐标系分世界坐标系和用户坐标系，默认情况下为世界坐标系，用户可通过UCS命令进行坐标系的转换。

01 世界坐标系与用户坐标系

AutoCAD软件提供了一个虚拟的二维和三维空间，而世界坐标系就是这个空间的基准。世界坐标系也称为WCS坐标系，它是AutoCAD中默认的坐标系，不可以更改。在二维空间中，世界坐标系的X轴为水平方向，Y轴为垂直方向，世界坐标系的原点为X轴与Y轴的交点位置，如下左图所示。在三维空间中，Z轴为垂直方向，X轴和Y轴在Z轴两侧分别呈60° 夹角，如下右图所示。

有时候在世界坐标系下绘图并不是很方便，这是用户可以根据需要设置一个新的参考坐标系，也就是用户坐标系。用户坐标系也称为UCS坐标系，主要为绘制图形时提供参考。创建用户坐标系可以通过在菜单栏中执行相关命令来创建，也可以通过在命令行中输入命令UCS来创建。

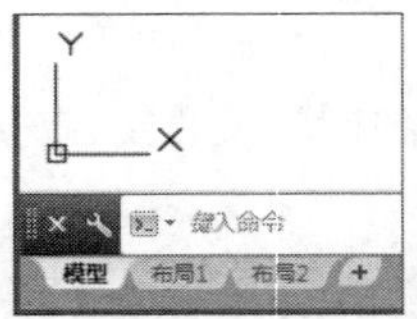

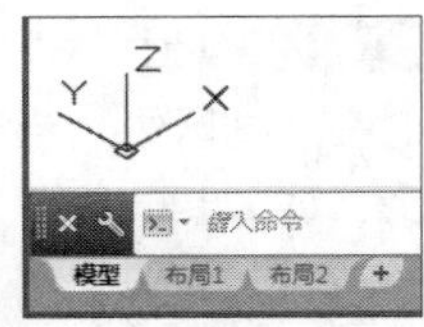

1. 通过输入原点来创建坐标系

执行“工具>新建UCS>原点”命令，根据命令行提示，在绘图区中指定新的坐标原点，并输入X、Y、Z坐标值，按Enter键确定，即可完成创建。

命令行提示内容如下：

```
命令：UCS
指定 UCS 的原点或 [面(F)/命名(NA)/对象(OB)/上一个(P)/视图(V)/世界(W)/X/Y/Z/Z 轴(ZA)] <世界>:
指定 X 轴上的点或 <接受>:
```

在命令行中，各选项的含义介绍如下：

- 指定UCS的原点：使用一点、两点或三点定义一个新的UCS。指定单个点后，命令提示行将提示“指定X轴上的点或<接受>：”，此时，按Enter键确定选择“接受”选项，当前UCS的原点将会移动而不会更改X、Y和Z轴的方向；如果在此提示下指定第二个点，UCS将绕先前指定的原点旋转，以使UCS的X正半轴通过该点；如果指定第三点，UCS将绕X轴旋转，以使UCS的Y的正半轴包含该点。
- 面：用于将UCS与三维对象的选定面对齐，UCS的X轴将与找到的第一个面上最近的边对齐。
- 命名：按名称保存并恢复通常使用的UCS坐标系。
- 对象：根据选定的三维对象定义新的坐标系。新UCS的拉伸方向为选定对象的方向。此选项不能用于三维多段线、三维网格和构造线。
- 上一个：恢复上一个UCS坐标系。程序会保留在图纸空间中创建的最后10个坐标系和在模型空间中创建的最后10个坐标系。
- 视图：以平行于屏幕的平面为XY平面建立新的坐标系，UCS原点保持不变。
- 世界：将当前用户坐标系设为世界坐标系。UCS是所有用户坐标系的基准，不能被重新定义。
- X/Y/Z：绕指定的轴旋转当前UCS坐标系。通过指定原点和正半轴绕X、Y或Z轴旋转。
- Z轴：用指定的Z的正半轴定义新的坐标系。选择该选项后，可以指定新原点和位于新建Z轴正半轴上的点；或选择一个对象，将Z轴与离选定对象最近的端点的切线方向对齐。

2. 通过三点来创建坐标系

该方法通过指定用户坐标系的原点，X轴上的点和Y轴上的点来定义用户坐标系，其具体操作方法如下：

STEP 01 在命令行中输入UCS后按Enter键确定，然后在绘图区中指定新的坐标原点，如下图所示。

STEP 02 确定好原点后，接着在绘图窗口中指定X、Y坐标轴的方向，即可创建操作，如下图所示。

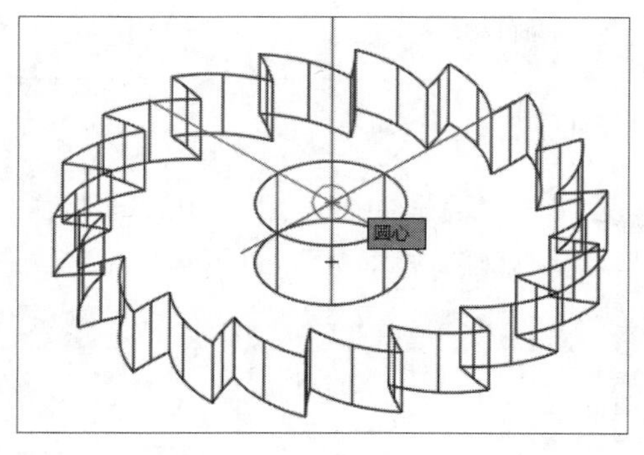

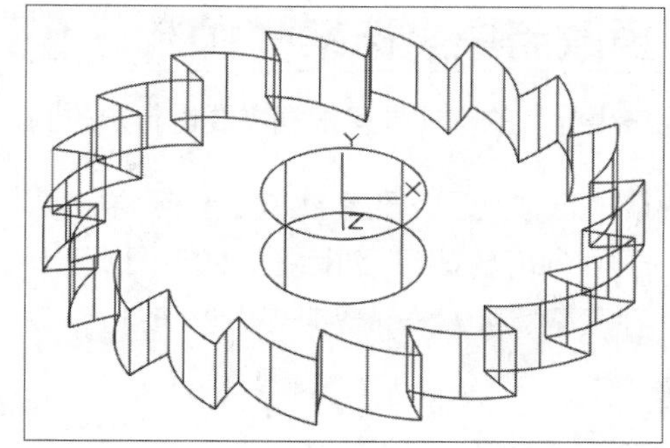

3. 通过对象的面来创建坐标系

该方法是选择实体上的一个面来作为要创建用户坐标系的面，用户可以更改X轴、Y轴的方向，其操作步骤如下：

STEP 01 执行“工具>新建UCS>面”命令，在绘图窗口中，指定一个面为用户坐标平面，如下图所示。

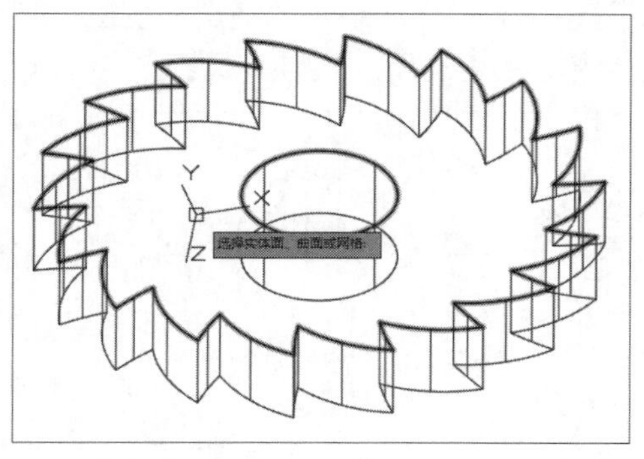

STEP 02 根据命令行提示，选择X、Y坐标轴方向，按Enter键确定，完成创建，如下图所示。

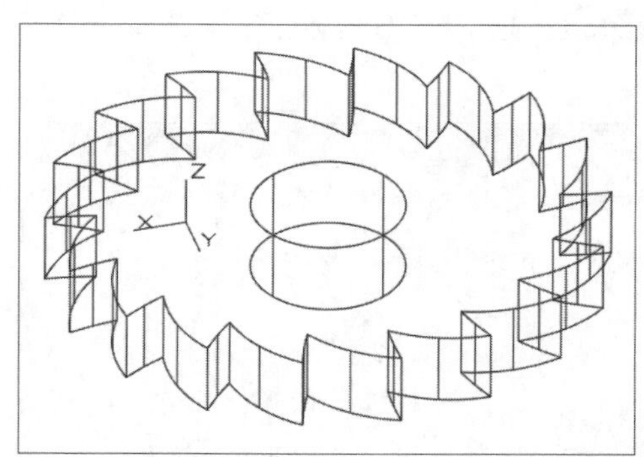

4. 通过指定Z轴矢量来创建坐标系

该方法通过指定用户坐标系的原点和指定Z轴上的点来创建用户坐标系，其操作如下：

STEP 01 执行“工具>新建UCS>Z轴矢量”命令，在绘图区中指定新原点，如下图所示。

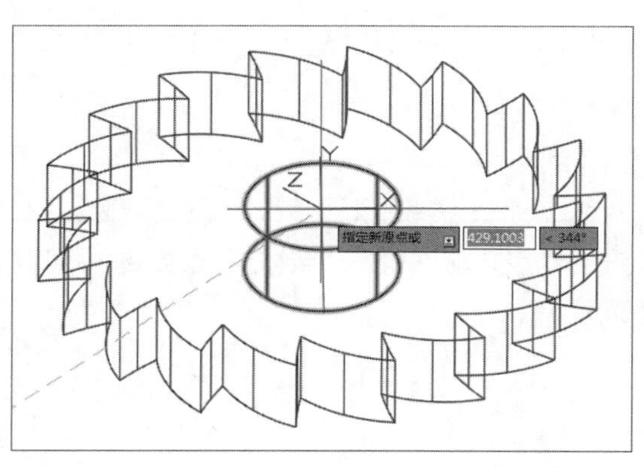

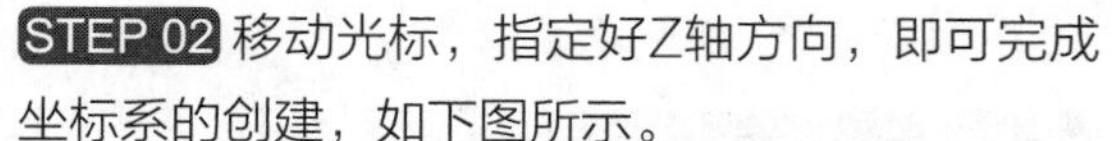
STEP 02 移动光标，指定好Z轴方向，即可完成坐标系的创建，如下图所示。

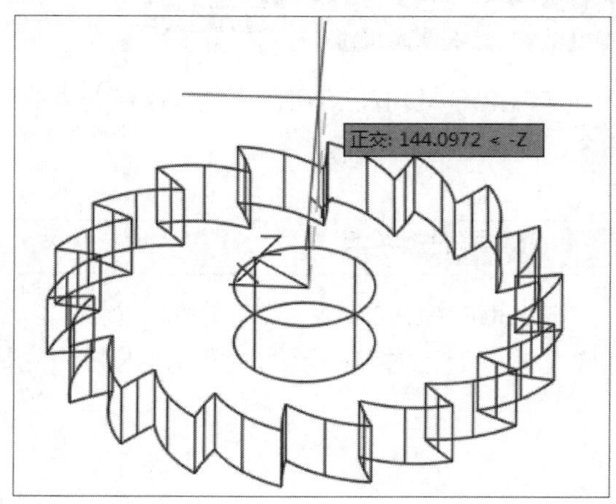

02 更改用户坐标系样式

用户坐标系的样式是可根据需要进行更改的，其具体操作如下：

STEP 01 执行“视图>显示>UCS图标>特性”命令，打开“UCS图标”对话框，如下图所示。

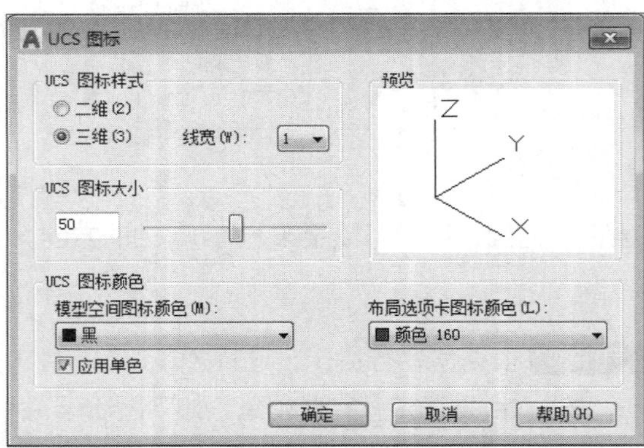

STEP 02 在该对话框中，设置“UCS图标大小”选项，例如输入70，如下图所示。

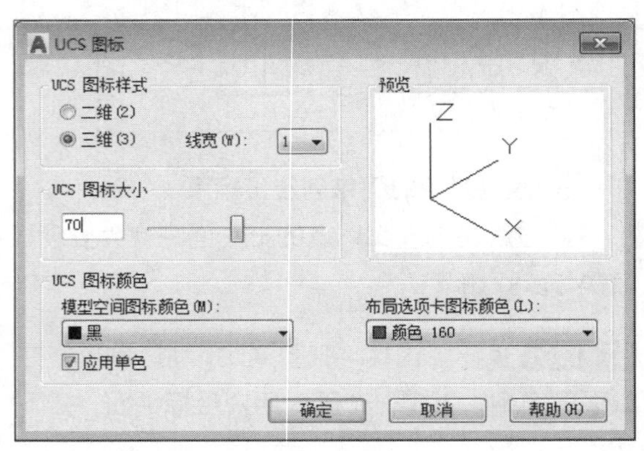

STEP 03 设置好“UCS图标颜色”选项，如下图所示。

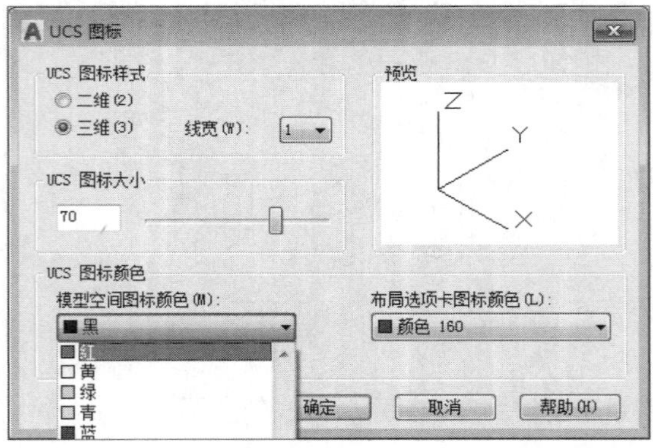

STEP 04 设置完成后，单击“确定”按钮，即可完成坐标系的更改，如下图所示。

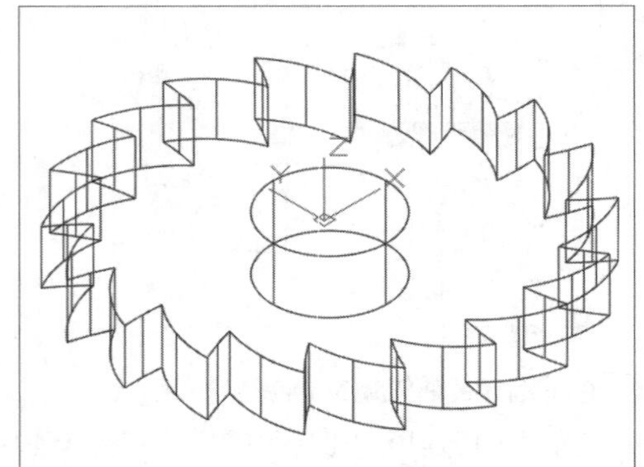

Lesson 03 绘制点

在AutoCAD中，点可用于捕捉绘制对象的节点或参照点，用户可利用这些点，并结合其他操作命令，绘制出相关图形。

01 设置点样式

在AutoCAD软件中，点可分为单个点和多个点。在绘制点之前，需在“点样式”对话框中对点的样式进行设置。打开“点样式”对话框的方法有以下几种：

- 在菜单栏中执行“格式>点样式”命令。
- 在命令行输入PTYPE命令并按Enter键。

点样式的设置步骤介绍如下：

STEP 01 执行“格式>点样式”命令，打开“点样式”对话框，如下图所示。

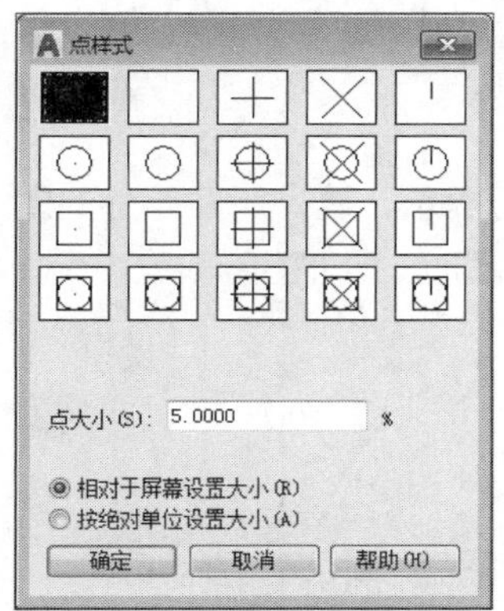

STEP 02 在该对话框中，选择合适的点样式，并设置好其大小值，如下图所示。

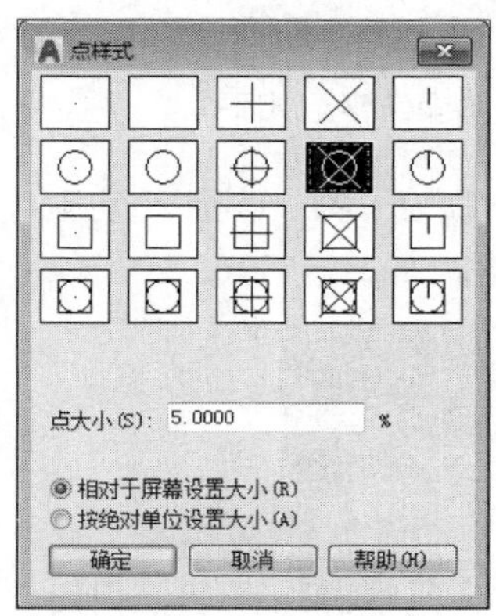

也可通过在命令行输入DDPTYPE命令并按Enter键，打开“点样式”对话框对其参数进行设置。

02 绘制单点和多点

点是组成图形的最基本的对象，用户可以通过以下几种方式绘制点：

- 在菜单栏中执行“绘图>点>单点/多点”命令。
- 在“默认”选项卡的“绘图”面板中单击“点”按钮▫。
- 在命令行输入POINT命令并按Enter键。

设置点样式后，执行“多点”命令，即可连续绘制多个点，其具体操作介绍如下：

STEP 01 在“默认”选项卡的“绘图”面板中单击“多点”按钮，如下图所示。

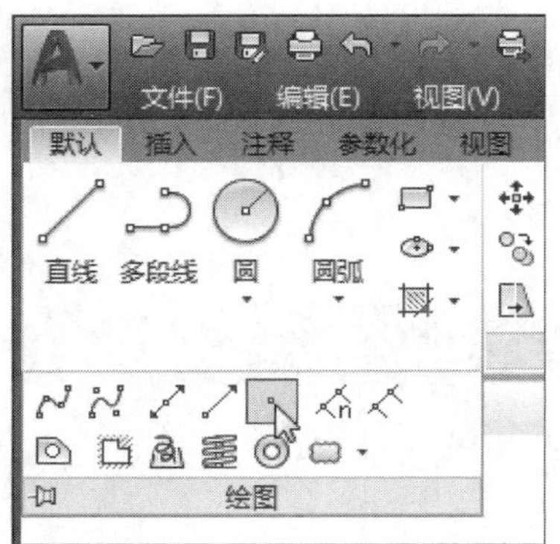

STEP 02 在绘图区中，指定好点的位置，则可绘制点，多次指定点位置，即可创建多点，如下图所示。

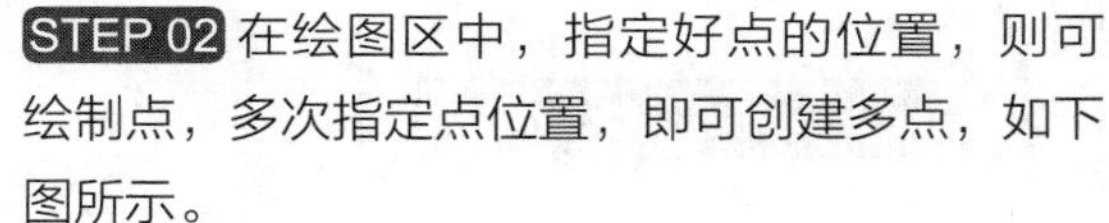

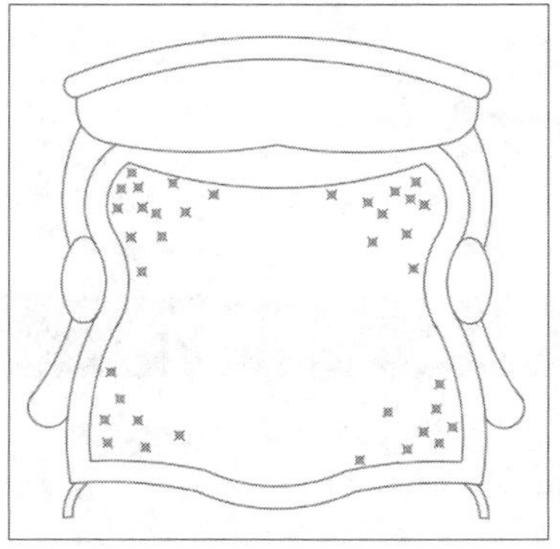

单点的绘制与多点绘制相同，只不过是执行“单点”命令后，一次只能创建一个点，而多点则是一次能创建多个点，直到按Esc键，完成操作。

03 绘制定数等分点

定数等分点是将选择的曲线或线段按照指定的段数进行平均等分，在对象上按照等分的位置放置点，用于绘图参考。用户可通过以下几种方式绘制定数等分点：

- 在菜单栏中执行“绘图>点>定数等分”命令。
- 在“默认”选项卡的“绘图”面板中单击“定数等分”按钮。
- 在命令行输入DIVIDE命令并按Enter键。

定数等分点的具体操作介绍如下：

STEP 01 在“默认”选项卡的“绘图”面板中单击“定数等分”按钮，如下图所示。

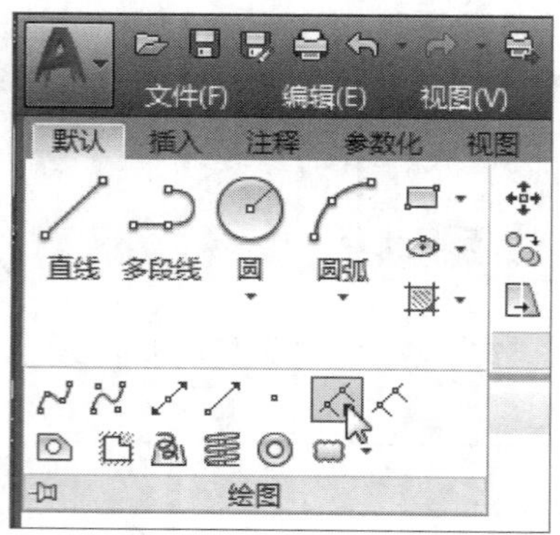

STEP 02 根据命令行提示，选择所要等分的图形对象，这里选择圆图形，如下图所示。

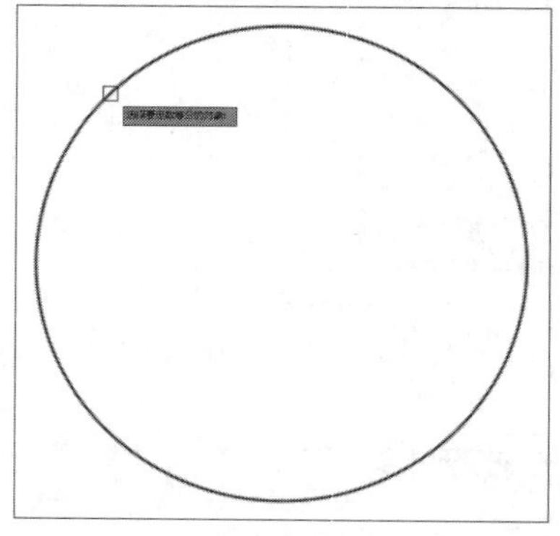

STEP 03 根据命令行提示，输入等分数目，例如输入“6”，如下图所示。

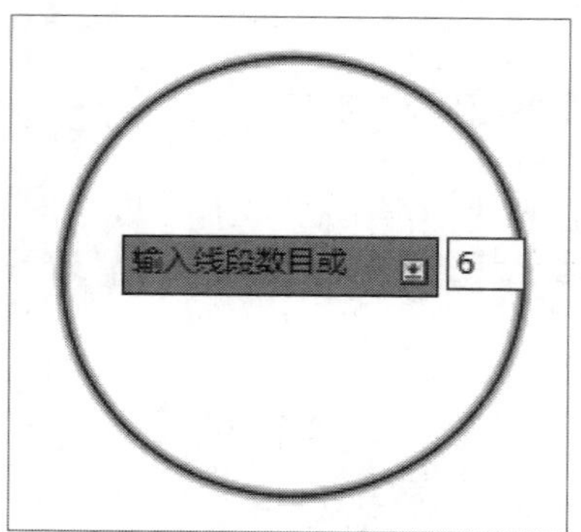

STEP 04 输入完毕后，按Enter键确定，即可将该圆等分，如下图所示。

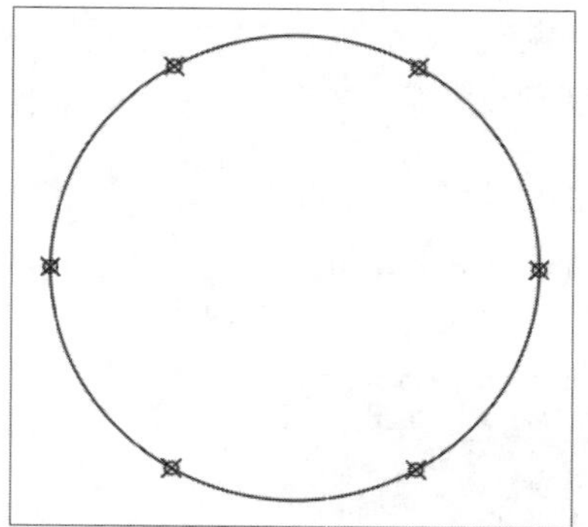

相关练习 | 绘制柜门

在绘图过程中，常常会使用“定数等分”命令，将图形等分为多份。下面将以衣柜门为例，来介绍衣柜门的绘制方法。

原始文件：实例文件\第2章\原始文件\衣柜立面.dwg
最终文件：实例文件\第2章\最终文件\多点衣柜立面.dwg

STEP 01 打开素材。启动AutoCAD软件，打开素材文件，如下图所示。

STEP 02 设置点样式。执行“格式>点样式”命令，在打开的对话框中选择合适的点样式，并设置其大小值，单击“确定”按钮，完成设置，如下图所示。

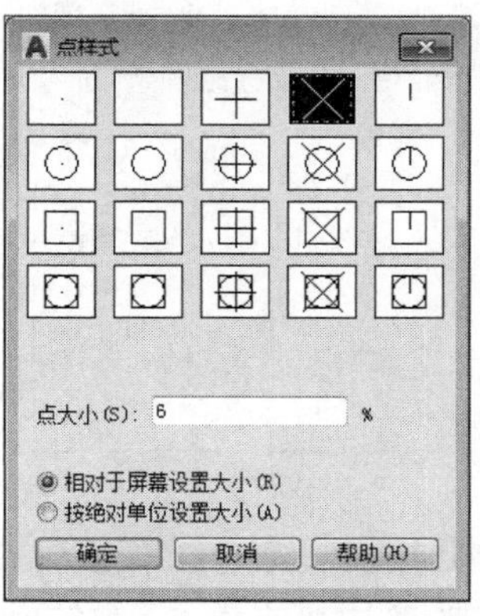

STEP 03 选择定数等分对象。执行“绘图>点>定数等分”命令，根据命令行提示选择要定数等分的对象，如下图所示。

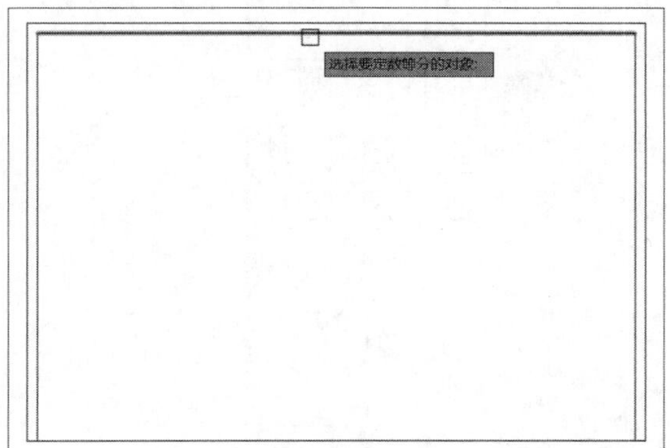

STEP 04 输入线段数目。单击鼠标左键，根据命令行提示输入线段数目，如下图所示。

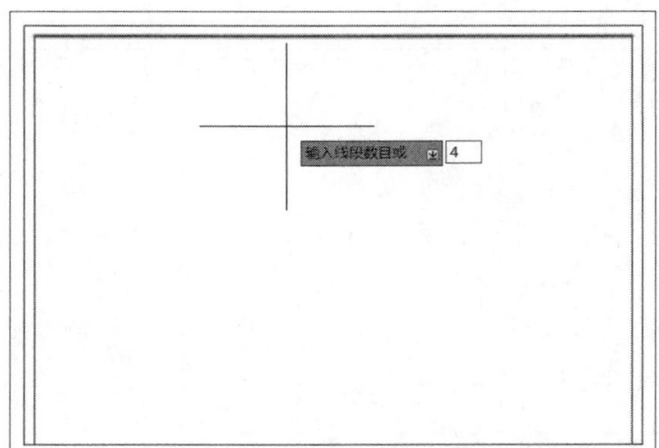

STEP 05 定数等分。按Enter键确定，将线段进行定数等分，如下图所示。

STEP 06 继续执行当前命令。继续执行当前命令，完成定数等分操作，如下图所示。

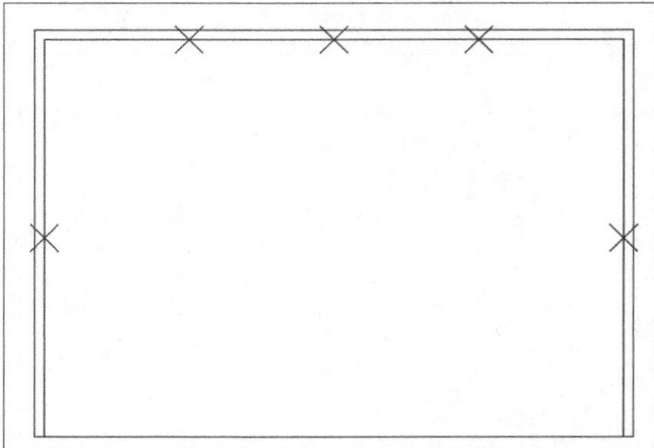

STEP 07 绘制直线。执行“绘图>直线”命令，绘制线段，如下图所示。

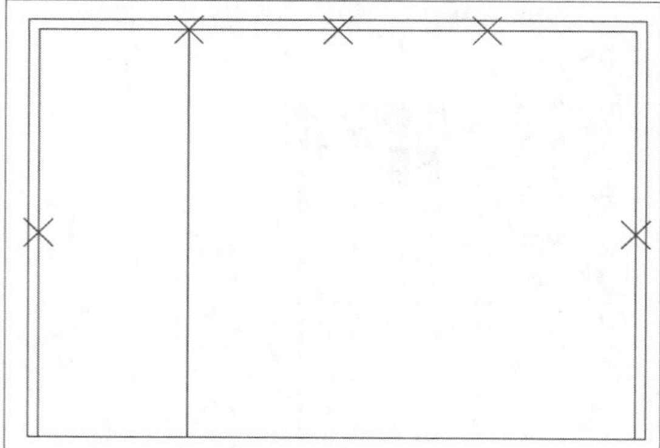

STEP 08 绘制其他线段。继续执行直线命令，绘制其余线段，如下图所示。

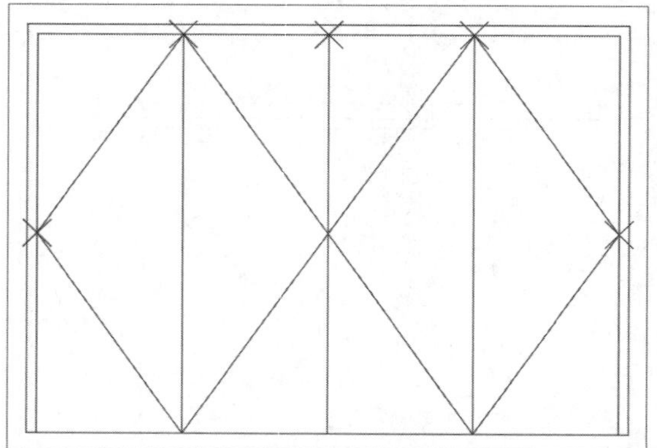

STEP 09 删除定数等分点。选择定数等分点，单击Delete键确定，删除定数等分点，如下图所示。

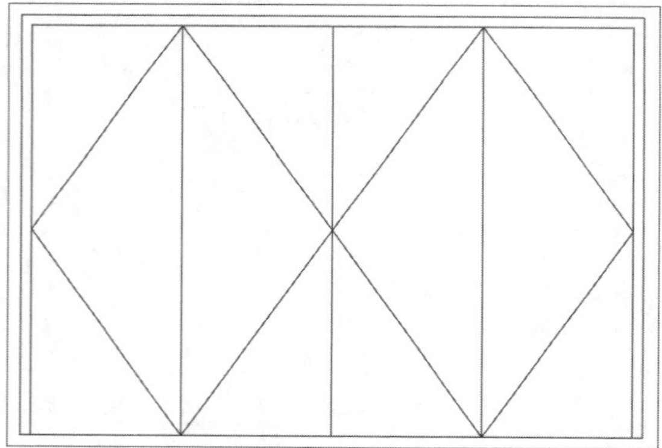

STEP 10 设置点样式。执行“格式>点样式”命令，在打开的对话框中，选择一款合适的点样式，并设置其大小值，单击“确定”按钮，完成设置，如下图所示。

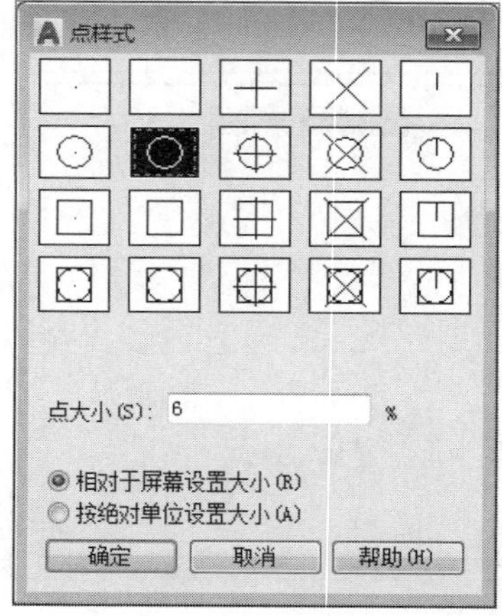

STEP 11 绘制点。执行“绘图>点>多点”命令，绘制点，如下图所示。

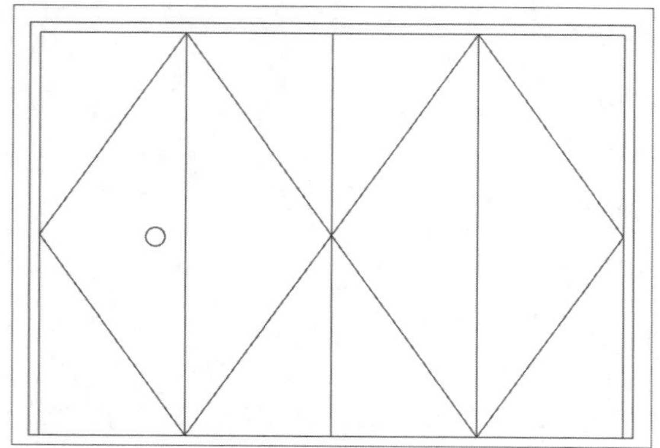

STEP 12 绘制完成。继续执行当前命令绘制其余点，完成衣柜立面图的绘制，如下图所示。

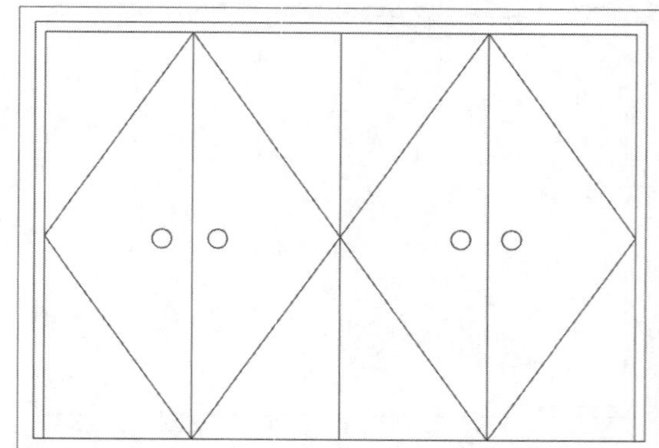

04 绘制定距等分点

定距等分是从某一端点按照指定的距离划分的点。被等分的对象在不可以被整除的情况下，等分对象的最后一段要比之前的距离短。用户可通过以下几种方式绘制定距等分点：

- 在菜单栏中执行“绘图>点>定距等分”命令。
- 在“默认”选项卡的“绘图”面板中单击“定距等分”按钮。
- 在命令行输入MEASURE命令并按Enter键。

定距等分点的具体操作介绍如下：

STEP 01 在“默认”选项卡的“绘图”面板下拉按钮中单击“定距等分”按钮，如下图所示。

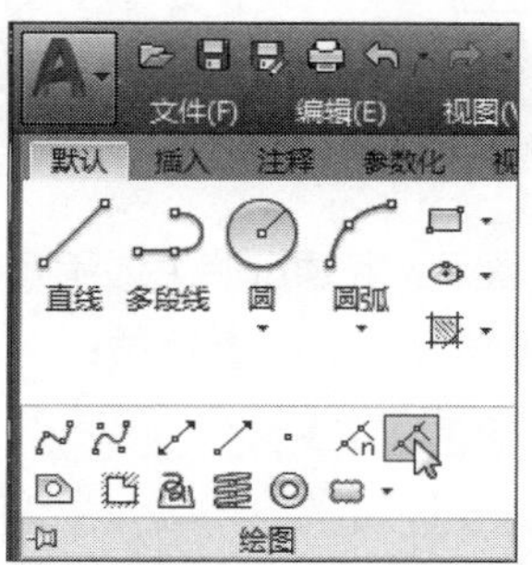

STEP 02 根据命令行提示，选择需要等分的图形对象，如下图所示。

STEP 03 选择完成后，根据命令行提示，输入线段长度距离值20，如下图所示。

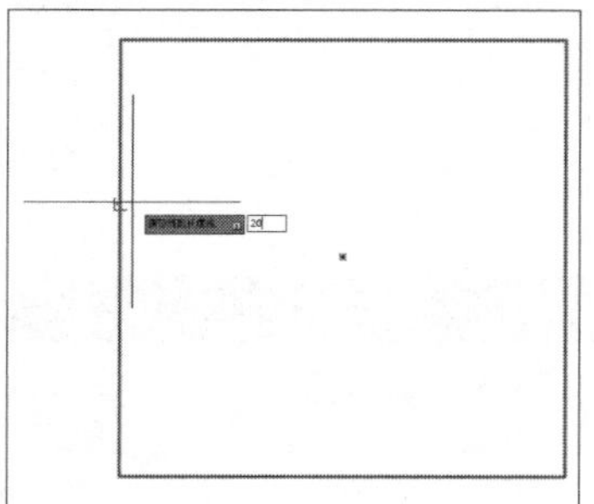

STEP 04 输入完毕后，按Enter键，即可将多边形以长度为5进行等分，如下图所示。

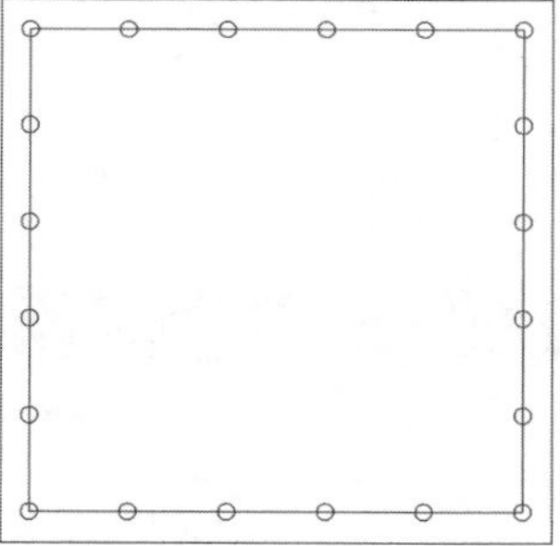

Lesson 04 绘制直线图形

在AutoCAD软件中，线条的类型有多种，如直线、射线、构造线、多线、多段线、样条曲线以及矩形等，这些都是绘图中基本的线段。

01 绘制直线

直线是各种绘图中最简单、最常用的一类图形对象。它既可以作为一条线段，也可以作为一系列相连的线段。绘制直线的方法非常简单，在绘图区内指定直线的起点和终点即可绘制一条直线。用户可以通过以下几种方式绘制直线：

- 在菜单栏中执行“绘图>直线”命令。
- 在“默认”选项卡的“绘图”面板中单击“直线”按钮。
- 在命令行输入LINE命令并按Enter键。

直线的绘制操作过程介绍如下：

STEP 01 执行“绘图>直线”命令后，根据命令行提示指定一点作为直线的起点，如下图所示。

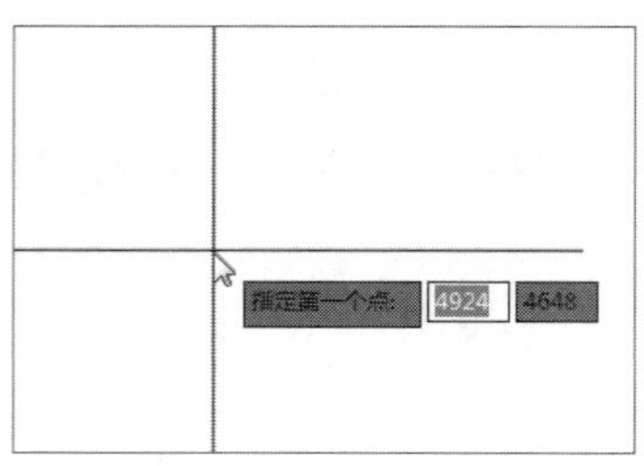

STEP 02 移动光标直接指定下一点，或者在动态输入框中输入距离为50mm，如下图所示。

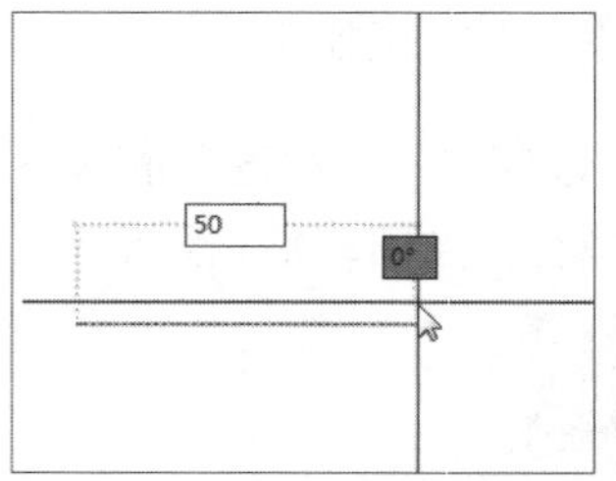

STEP 03 按Enter键确定，即可完成一段直线的绘制，继续沿Y轴移动光标，并在动态输入框中输入线段距离值为50mm，如下图所示。

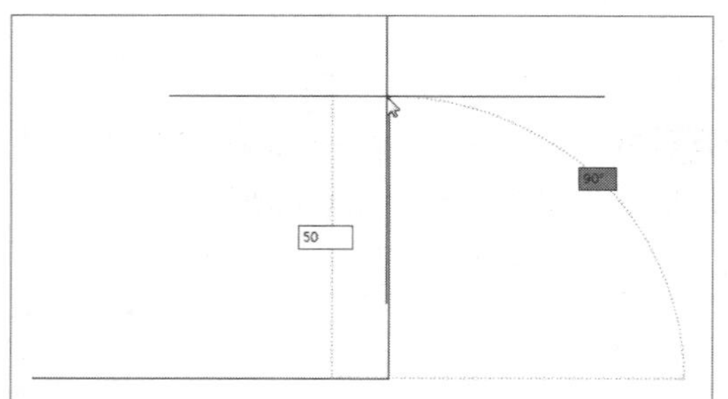

STEP 04 再按Enter键确定，继续按照上述步骤操作，直到完成正方形的绘制，如下图所示。

工程师点拨｜图纸的精准度

使用AuotoCAD绘制图形时，线段的精确度非常重要，有可能因为小小的失误，图纸需要重新绘制。

相关练习｜绘制办公桌

绘制办公桌的方法有多种，下面将运用“直线”命令，根据其测量的尺寸进行绘制。

原始文件：无
最终文件：实例文件\第2章\最终文件\绘制办公桌.dwg

STEP 01 指定起点，输入距离值。在命令行中输入L然后按Enter键确定，指定好线段起点，将光标向Y轴正方向移动，并在动态输入框中输入距离值为1650mm，如下图所示。

STEP 02 指定X轴正方向点。按Enter键确定，将光标移至X轴正方向，并在动态输入框中输入距离值为1650mm，如下图所示。

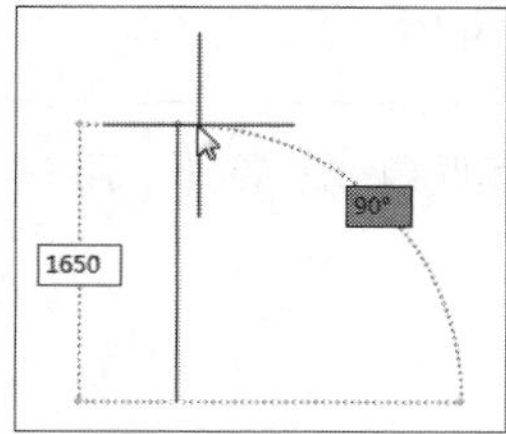

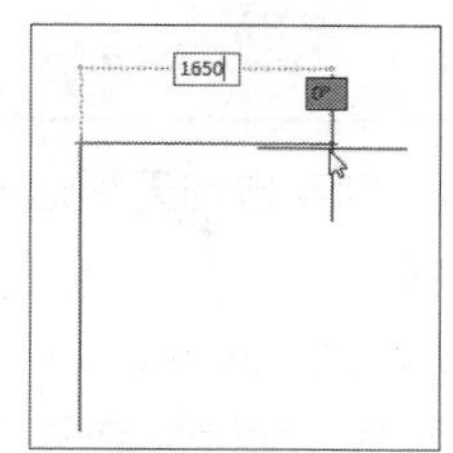

STEP 03 指定Y轴负方向点。按Enter键确定，将光标移至Y轴负方向，并在动态输入框中输入距离值为750mm，如下图所示。

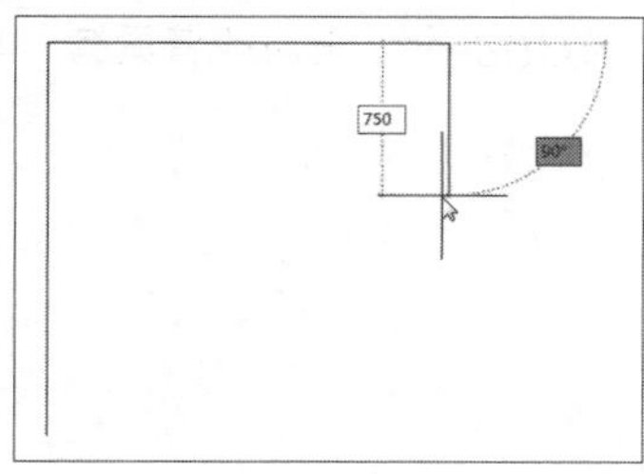

STEP 04 指定X轴负方向点。按Enter键确定，将光标移至X轴负方向，并在动态输入框中输入距离值为1200mm，如下图所示。

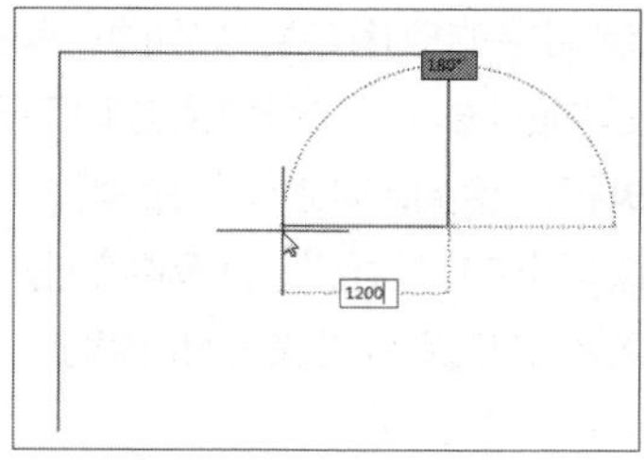

STEP 05 指定Y轴负方向点。按Enter键确定，将光标移至Y轴负方向，并在动态输入框中输入距离值为900，如下图所示。

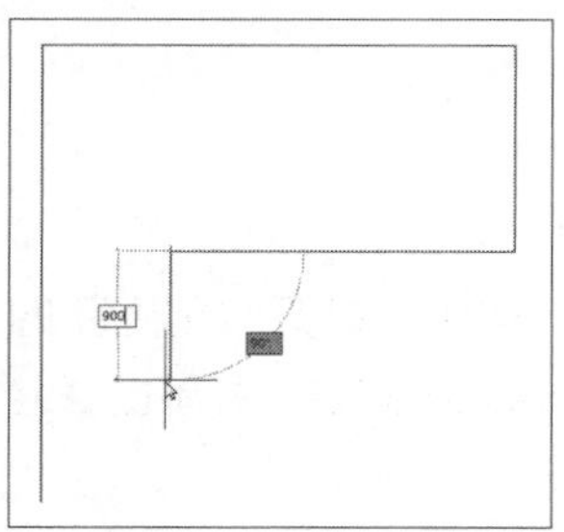

STEP 06 指定X轴负方向点。按Enter键确定，将光标移至X轴负方向，并在动态输入框中输入距离值为450，如下图所示。

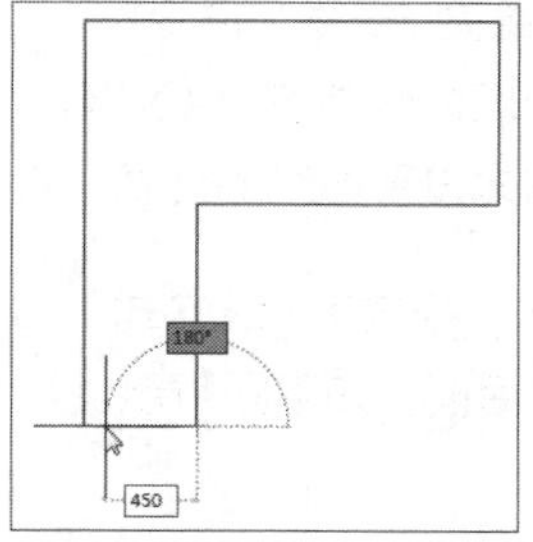

STEP 07 完成办公桌的绘制。按Enter键确定后，完成办公桌的绘制，如下图所示。

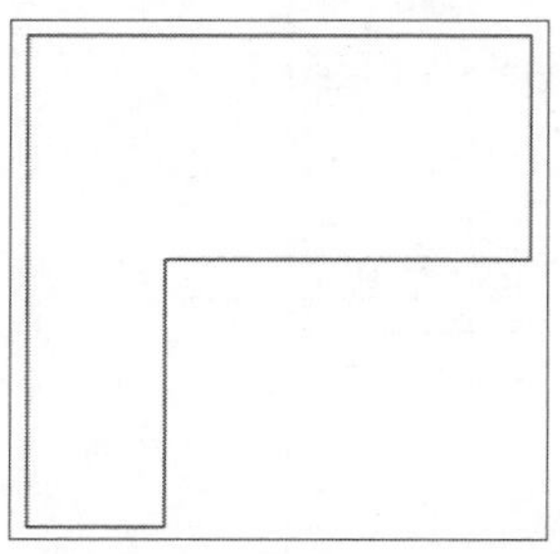

STEP 08 绘制办公椅。按照相同的方法绘制办公椅，并放在图中合适位置，尺寸如下图所示。

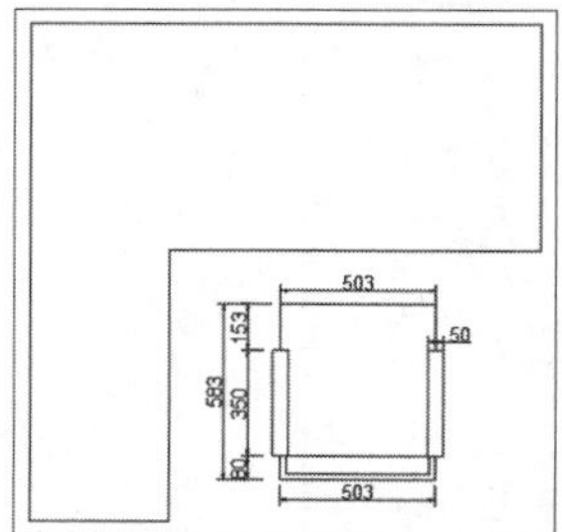

工程师点拨｜开启“正交”功能

在AutoCAD绘图过程中，开启“正交”功能后，可以快速地绘制水平或垂直的线段，如果要绘制斜线段，则应该关闭正交模式。

02 绘制射线

射线是以一个起点为中心，向某方向无限延伸的直线，一般用来作为创建其他直线的参照。用户可以通过以下几种方式绘制射线：

- 在菜单栏中执行“绘图>射线”命令。
- 在“默认”选项卡的“绘图”面板中单击“射线”按钮。
- 在命令行输入RAY命令并按Enter键。

03 绘制构造线

构造线在建筑制图中的应用与射线相同，都是用于辅助制图，可以创建出水平、垂直或者具有一定角度的两端无限延伸的线。用户可以通过以下几种方式绘制构造线：

- 在菜单栏中执行“绘图>构造线”命令。
- 在“默认”选项卡的“绘图”面板中单击“构造线”按钮。
- 在命令行输入XLINE命令并按Enter键。

04 绘制多线

多线一般是由多条平行线组成的对象，平行线之间的间距和数目是可以设置的。用户可以通过以下方式绘制多线：

- 在菜单栏中执行“绘图>多线”命令。
- 在命令行输入MLINE命令并按Enter键。

在绘制多线之前，需先设置多线的样式，其相关操作介绍如下：

STEP 01 执行菜单栏中的“格式>多线样式”命令，打开“多线样式”对话框，如下图所示。

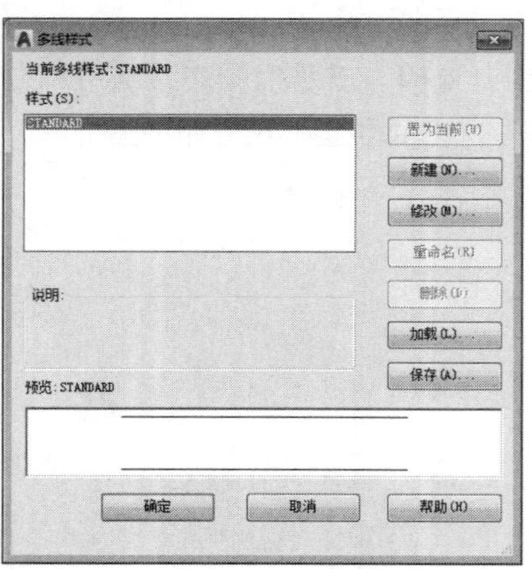

STEP 02 单击“新建”按钮，打开“创建新的多线样式”对话框，输入新样式名，并单击“继续”按钮，如下图所示。

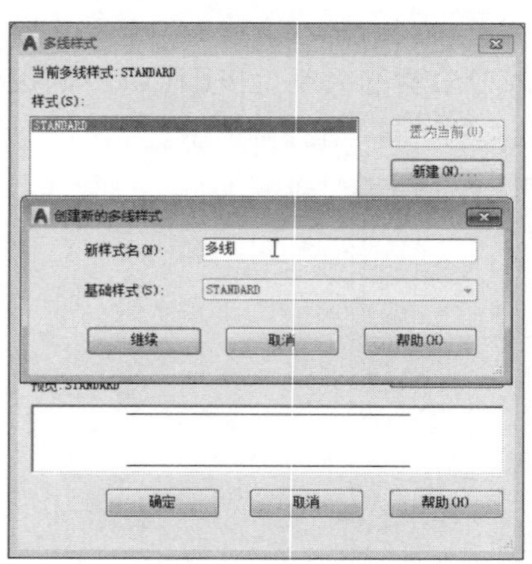

STEP 03 在打开的对话框中，勾选“封口”选项组的“起点”和“端点”复选框，如下图所示。

STEP 04 设置完成后，单击“确定”按钮，返回上一层对话框。单击“置为当前”按钮，然后单击“确定”按钮，完成设置，如下图所示。

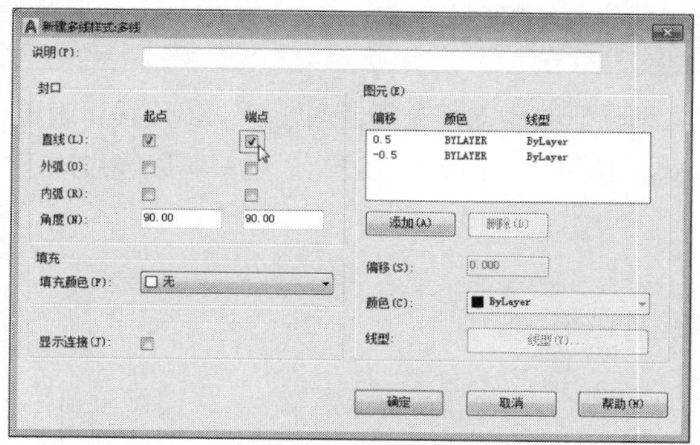

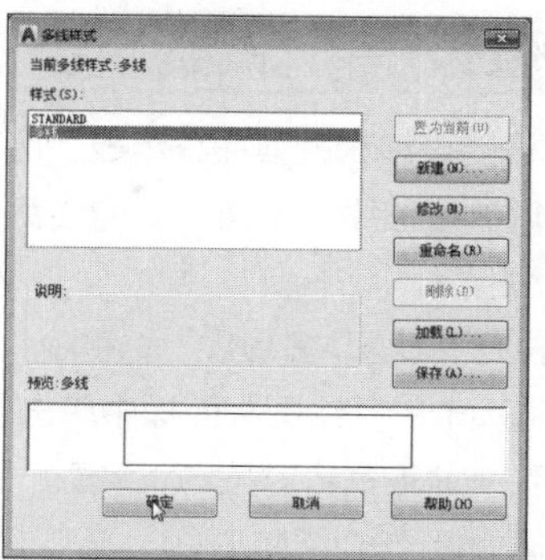

STEP 05 在命令行输入ML启动“多线”命令，如下图所示。

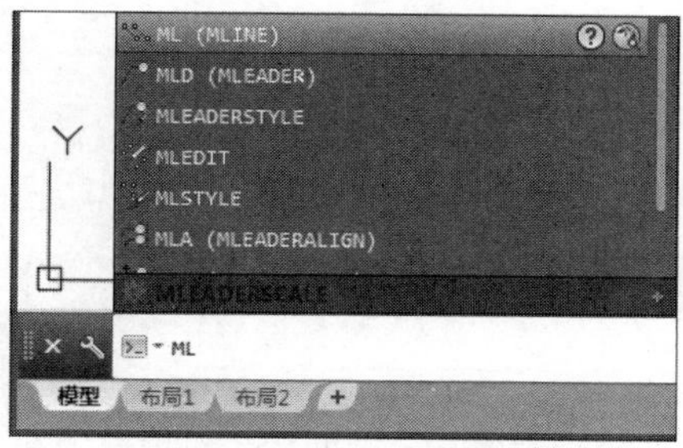

STEP 06 按Enter键确定，根据命令行提示，将“比例”设置为280，将“对正”设置为“无”，如下图所示。

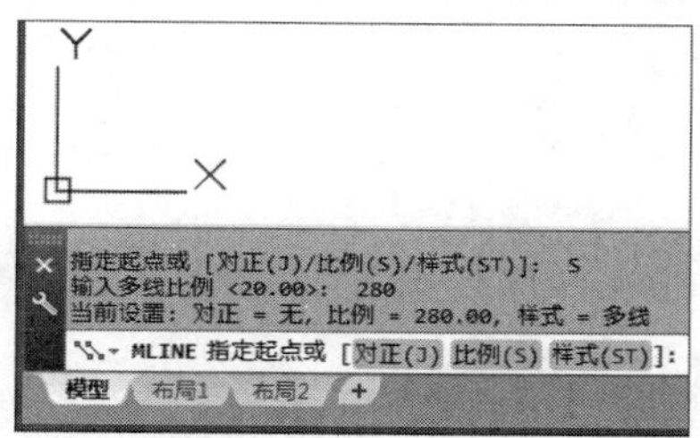

STEP 07 设置好后，按Enter键确定，在绘图区中指定多线的起点，如下图所示。

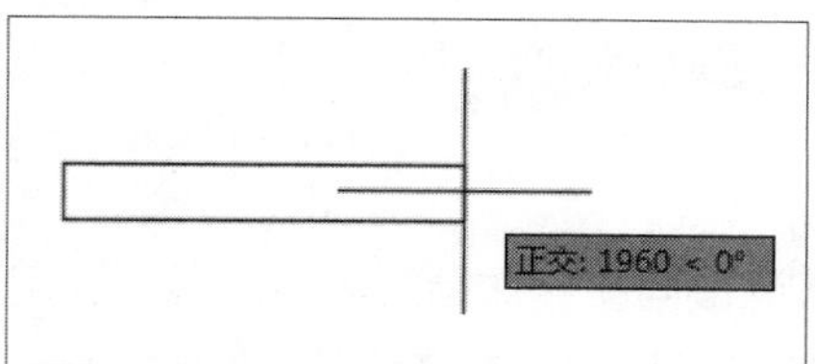

STEP 08 在动态输入框中输入长度值，按照同样的操作，完成多线的绘制，如下图所示。

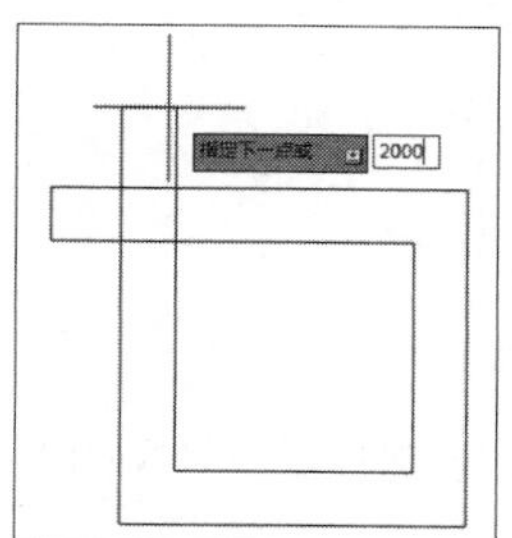

STEP 09 双击多线，打开“多线编辑工具”面板，如下图所示。

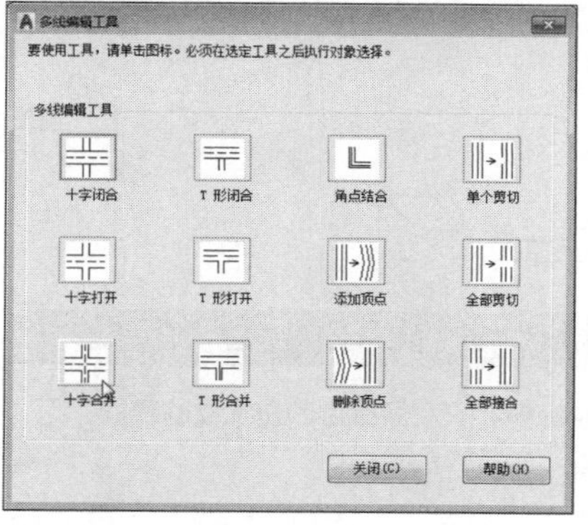

STEP 10 在对话框中选中“十字打开”工具，然后在绘图区中，修剪十字交叉的两端多线，效果如下图所示。

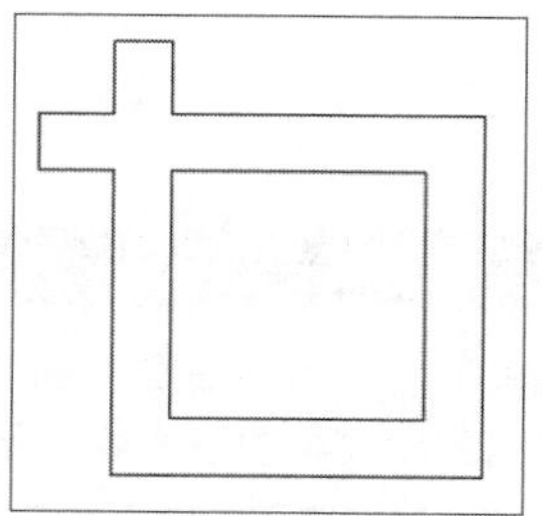

05 绘制多段线

多段线是由相连的直线和圆弧曲线组成，可在直线和圆弧曲线之间进行自由切换。多段线可设置其宽度，也可在不同的线段中，设置不同的线宽，并设置线段的始末端点的线宽。用户可以通过以下几种方式绘制多段线：

- 在菜单栏中执行“绘图>多段线”命令。
- 在“默认”选项卡的“绘图”面板中单击“多段线”按钮。
- 在命令行输入PLINE命令并按Enter键。

绘制多段线的具体操作介绍如下：

STEP 01 在“默认”选项卡的“绘图”面板中单击“多段线”按钮，如下图所示。

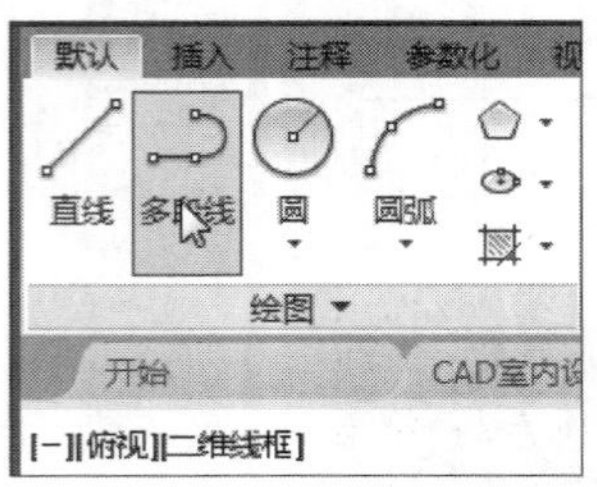

STEP 02 根据命令行提示，指定多段线起点。在动态输入框中，输入“W”，如下图所示。

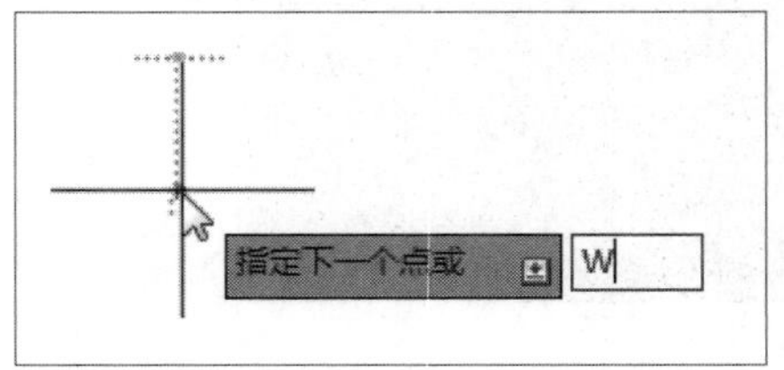

STEP 03 按Enter键确定，在动态输入框中，设置起点宽度值为0，端点宽度值为5，如下图所示。

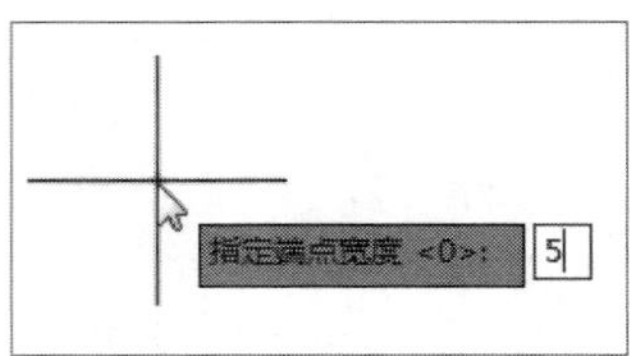

STEP 04 按Enter键确定，根据命令行提示，在动态输入框中，输入“A”，如下图所示。

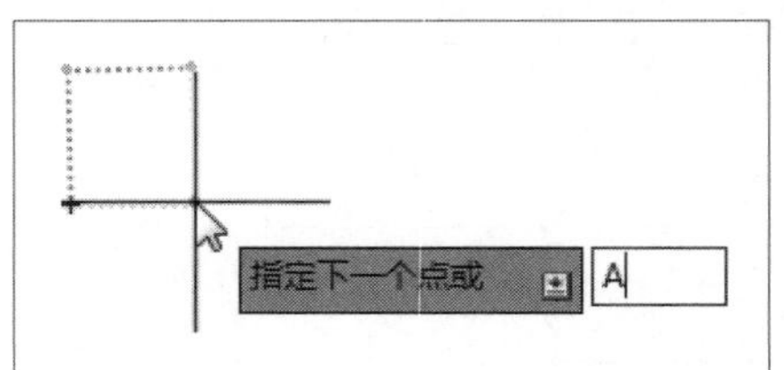

STEP 05 按Enter键确定，绘制圆弧，效果如下图所示。

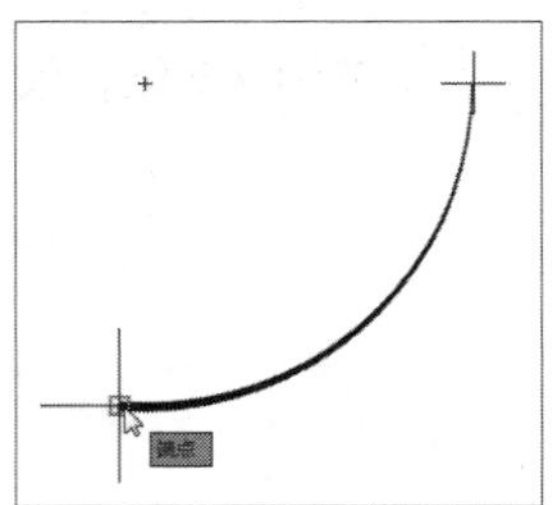

STEP 06 按照形同的方法绘制其他圆弧，利用夹点调整多段线的形状，完成云朵图形的绘制，如下图所示。

工程师点拨 | 直线与多段线的区别

“直线”命令和“多段线”命令都可以绘制首尾相连的线段。而它们的区别在于，直线所绘制的是独立的线段；而多段线则可在直线和圆弧曲线之间切换，并且绘制的段线是一条完整的线段。

06 绘制矩形

矩形是AutoCAD中最常用的几何图形，它是通过两个角点来定义的。用户可以通过以下几种方式绘制矩形：

- 在菜单栏中执行“绘图>矩形”命令。
- 在“默认”选项卡的“绘图”面板中单击“矩形”按钮。
- 在命令行输入RECTANG命令并按Enter键。

绘制矩形的具体操作介绍如下：

STEP 01 在“默认”选项卡的“绘图”面板中单击“矩形”按钮，如下图所示。

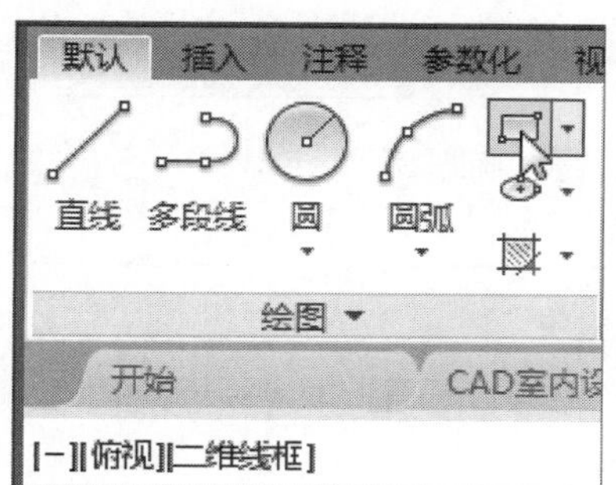

STEP 02 在绘图区中指定一个点作为矩形的起点，再指定第二个点作为矩形的对角点，即可创建出一个矩形，如下图所示。

07 绘制正多边形

正多边形是由多条边长相等的闭合线段组合而成的。各边相等，各角也相等的多边形叫做正多边形。在默认情况下，正多边形的边数为4。用户可以通过以下几种方式绘制正多边形：

- 在菜单栏中执行“绘图>多边形”命令。
- 在“默认”选项卡的“绘图”面板中单击“多边形”按钮。
- 在命令行输入POLYGON命令并按Enter键。

绘制正多边形的具体操作介绍如下：

STEP 01 在“默认”选项卡的“绘图”面板中单击“矩形”下拉按钮，单击“正多边形”按钮，如下图所示。

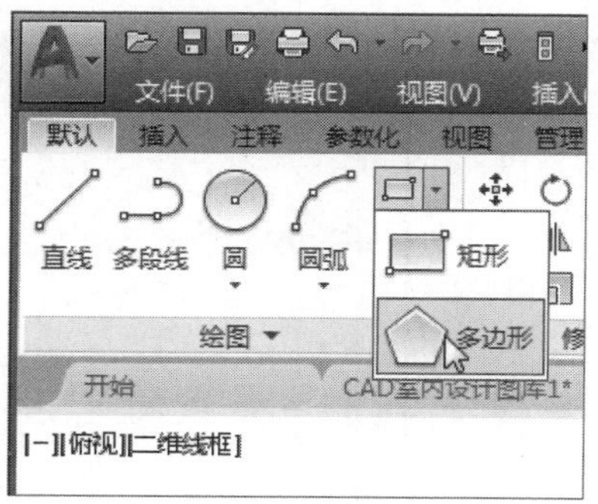

STEP 02 根据命令行提示，输入侧面数为6，如下图所示。

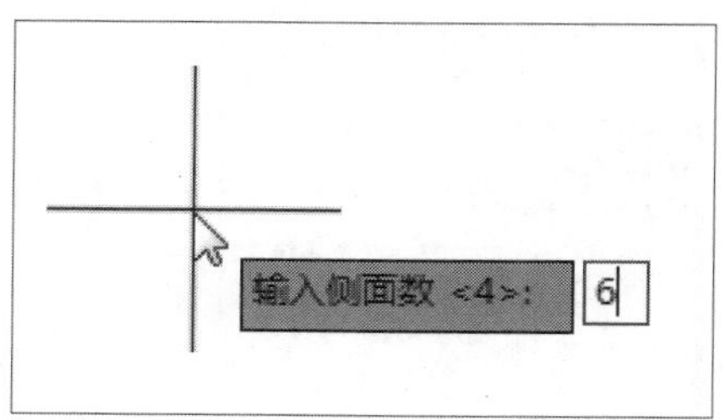

STEP 03 按Enter键确定，在绘图区中指定正多边形中心，然后根据需要选择类型选项，如下图所示。

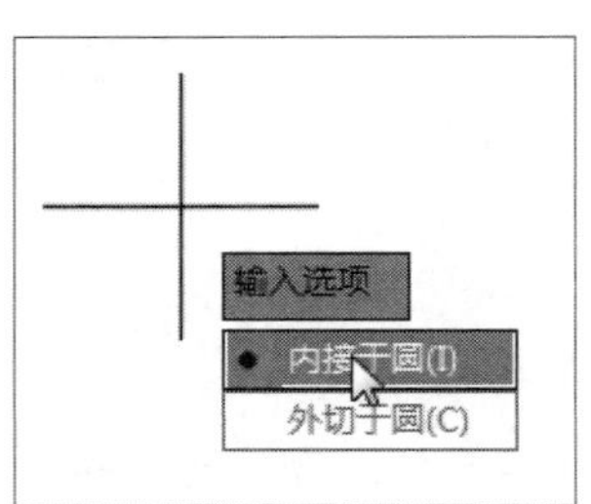

STEP 04 输入多边形半径数值。例如输入30，按Enter键确定，即可完成正六边形图形的绘制，如下图所示。

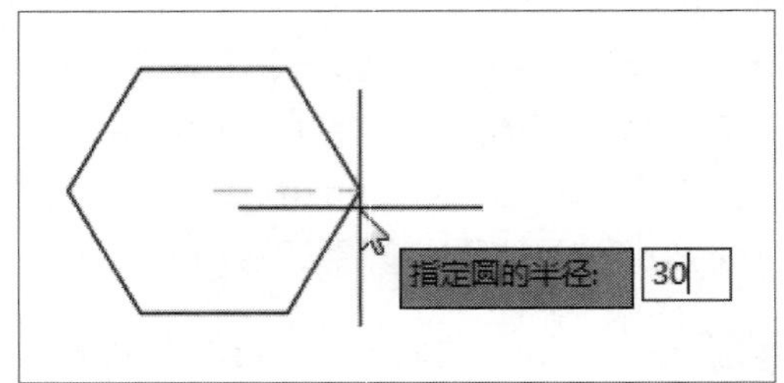

Lesson 05 绘制曲线图形

使用曲线绘图是常用的绘图方式之一。曲线类型主要包括圆弧、圆、椭圆等。

01 绘制圆

圆是常用的基本图形，要创建圆，可以指定圆心，输入半径值，也可以任意拉取半径长度绘制。用户可以通过以下几种方式绘制圆形：

- 在菜单栏中执行“绘图>圆”命令。
- 在“默认”选项卡的“绘图”面板中单击“圆”按钮。
- 在命令行输入CIECLE命令并按Enter键。

在AutoCAD软件中，圆的表现方式共有6种。

（1）**圆心、半径**。“圆心、半径”命令，是系统默认的创建圆的方式。该方式只需要指定圆的圆心点和圆的半径值，即可创建出圆形。

（2）**圆心、直径**。该方式是通过指定圆的圆心和直径来创建圆。其操作方法与“圆心、半径”的操作方法是一样的，只是在这里输入的数值是直径值。

（3）**两点**。该方式是通过指定两个点来绘制圆，它与“圆心、直径”命令不同的是，该方式是以直径的两个端点来确定圆。

（4）**三点**。该方式是通过指定三个点来创建圆，如下图所示。

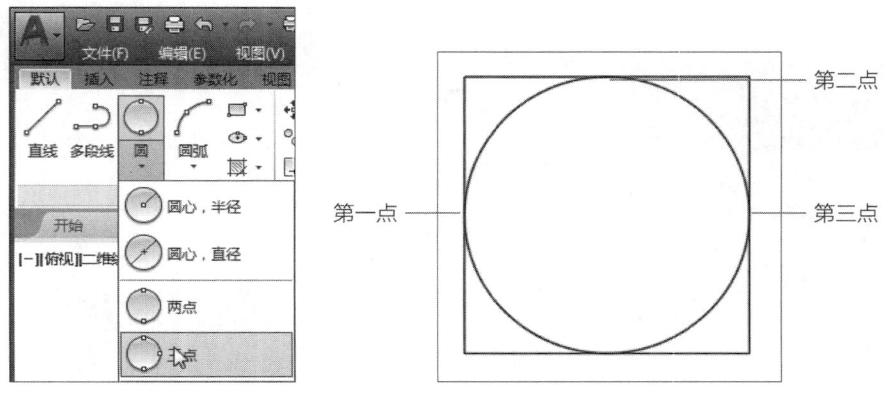

（5）**相切、相切、半径**。该方式是通过指定与已有对象相切的两个切点，并输入圆的半径来绘制圆，如下图所示。

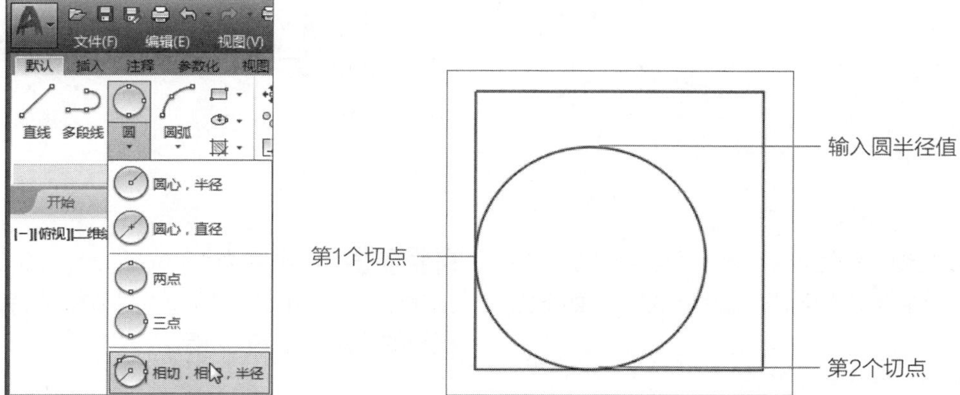

（6）**相切、相切、相切**。该方式是通过指定与已经存在的图形相切的三个切点来绘制圆。先在第1个图形上指定第1个切点，其后在第2个、第3个图形上分别指定切点后，即可完成创建，如下图所示。

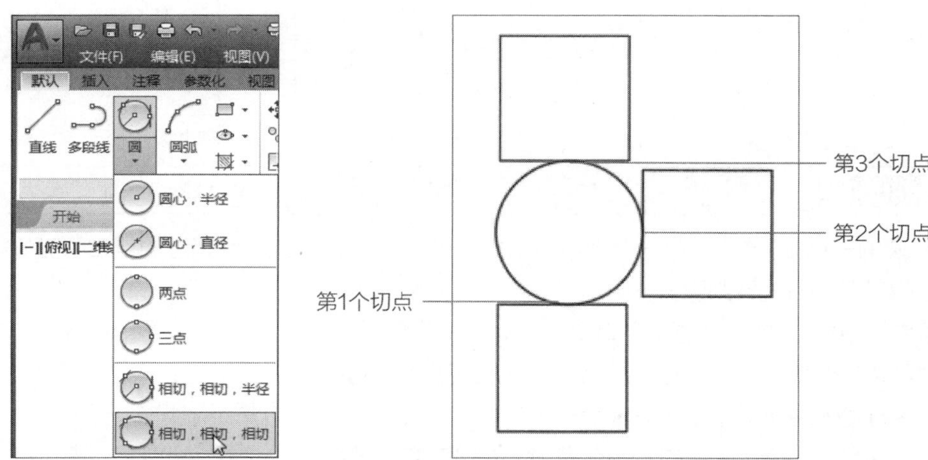

相关练习 | 绘制吊灯图形

吊灯样式有多种，例如有方形、圆形、三角形等。无论是什么样式都具有一定的欣赏价值和艺术价值。下面将运用“圆”命令，来绘制圆形吊灯图形。

原始文件：无
最终文件：实例文件\第2章\最终文件\吊灯图形.dwg

STEP 01 绘制长度为600mm的直线。执行“绘图>直线”命令，绘制两条长为600mm的相交直线，如下图所示。

STEP 02 绘制半径为150mm的圆。执行“绘图>圆”命令，捕捉直线的交点绘制半径为150mm的圆图形，如下图所示。

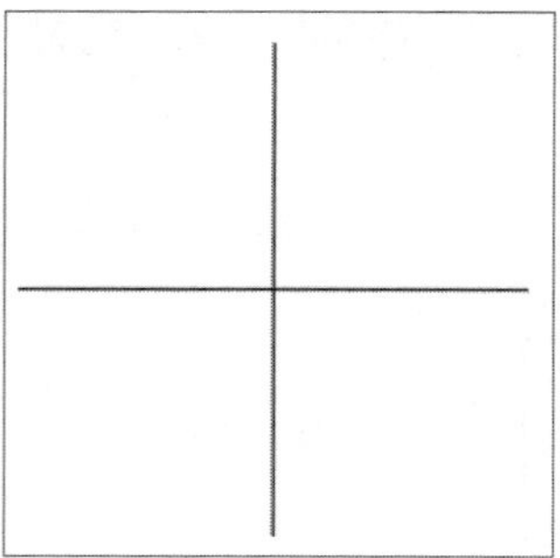

STEP 03 绘制半径为240mm的圆。继续执行当前命令，绘制半径为240mm的圆图形，如下图所示。

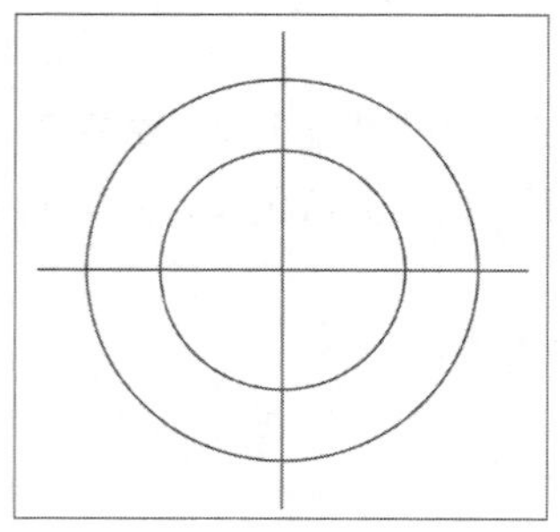

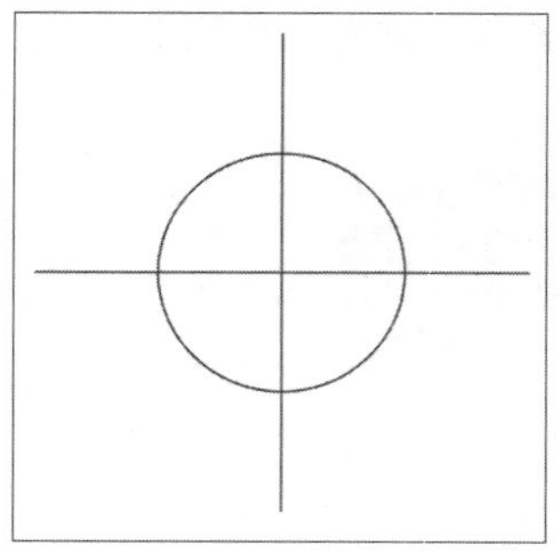

STEP 04 绘制半径为45mm的圆。继续执行当前命令，绘制半径为45mm的圆图形，完成吊灯图形的绘制，如下图所示。

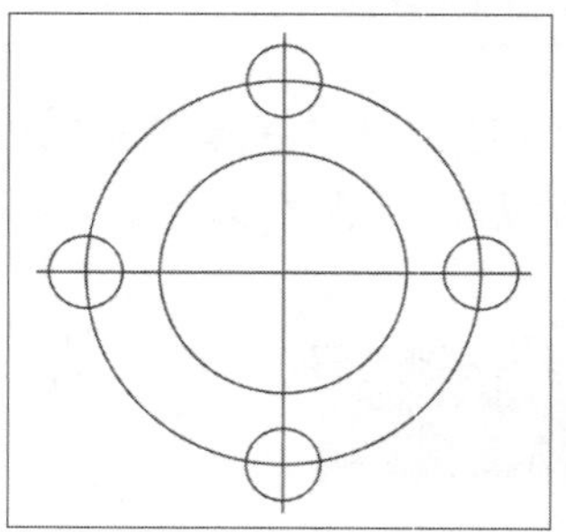

02 绘制圆弧

圆弧是圆的一部分，绘制圆弧一般需要指定三个点，圆弧的起点、圆弧上的点和圆弧的端点。用户可以通过以下几种方式绘制圆弧：

- 在菜单栏中执行“绘图>圆弧”命令。
- 在“默认”选项卡的“绘图”面板中单击“圆弧”按钮。
- 在命令行输入ARC命令并按Enter键。

在AutoCAD中，绘制圆弧的方法有多种，有“三点”、“起点、圆心、端点”、“起点、端点、角度”、“圆心、起点、端点”以及“连续”等，其中“三点”命令为系统默认绘制方式，如下图所示。

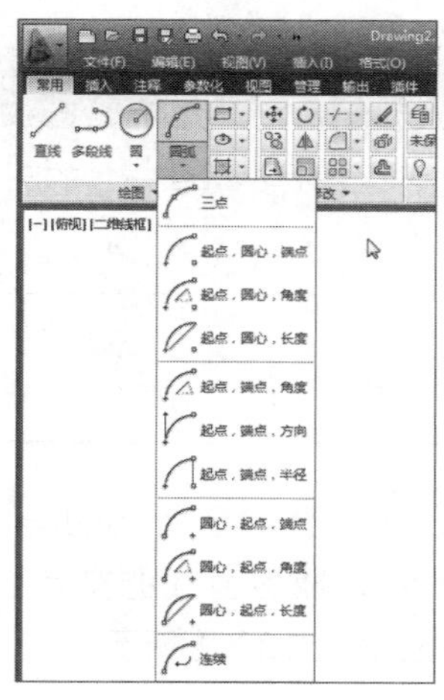

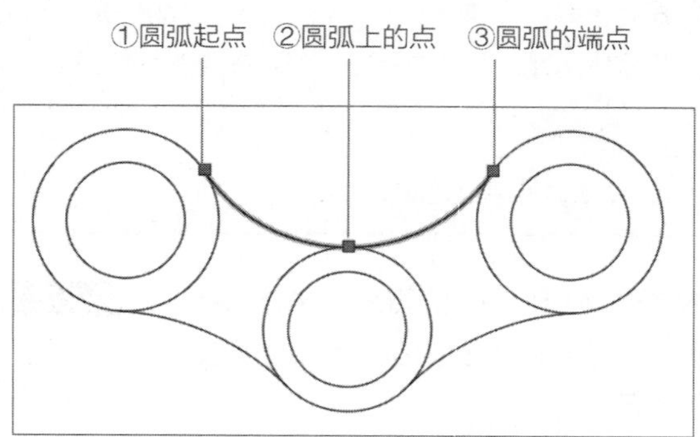

（1）**三点**。该方式是通过指定三个点来创建一条圆弧曲线，第一个点为圆弧的起点，第二个点为圆弧上的点，第三个点为圆弧的端点。

（2）**起点、圆心**。指定圆弧的起点和圆心。使用该方法绘制圆弧还需要指定它的端点、角度或长度。

（3）**起点、端点**。指定圆弧的起点和端点。使用该方法绘制圆弧还需要指定圆弧的半径、角度或方向。

（4）**圆心、起点**。指定圆弧的圆心和起点。使用该方法绘制圆弧还需要指定它的端点、角度或长度。

（5）**连续**。使用该方法绘制的圆弧将与最后一个创建的对象相切。

03 绘制圆环

圆环是由两个圆心相同、半径不同的圆组成的。用户可以通过以下几种方式绘制圆环：

- 在菜单栏中执行“绘图>圆环”命令。
- 在“默认”选项卡的“绘图”面板中单击“圆环”按钮◎。
- 在命令行输入DONUT命令并按Enter键。

绘制圆环时，应首先指定圆环的内径、外径，然后再指定圆环的中心点即可完成圆环的绘制，如下图所示。

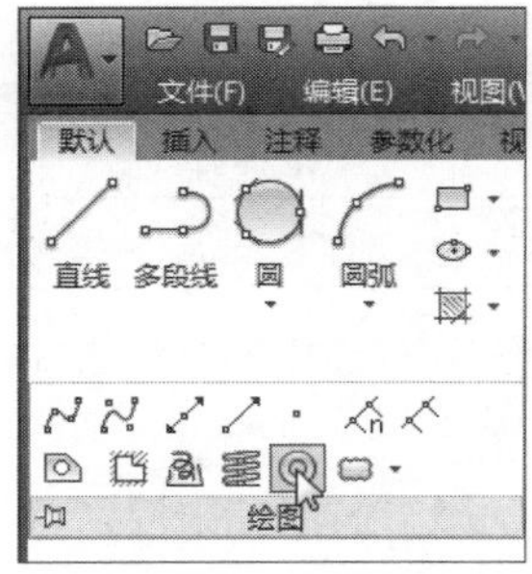

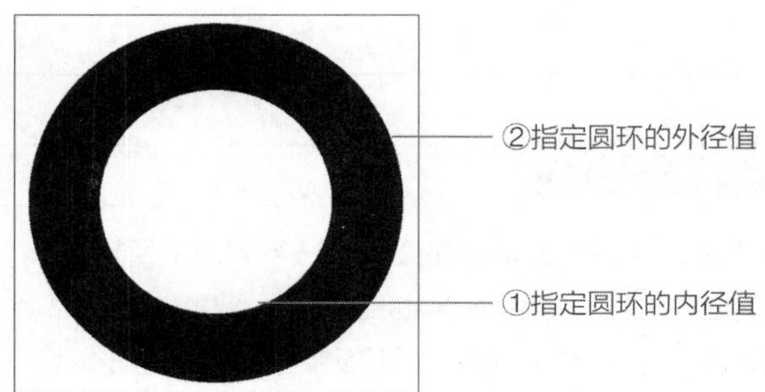

04 绘制椭圆

椭圆曲线有长半轴和短半轴之分，长半轴与短半轴的值决定了椭圆曲线的形状。用户可以通过以下几种方式绘制椭圆：

- 在菜单栏中执行“绘图>椭圆”命令。
- 在“默认”选项卡的“绘图”面板中单击“椭圆”按钮◎。
- 在命令行输入ELLIPSE命令并按Enter键。

用户通过设置椭圆的圆心以及长轴和短轴的长度或位置即可绘制椭圆，如下图所示。

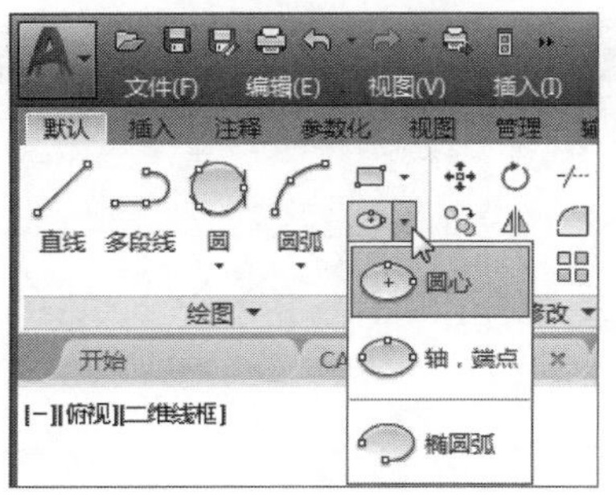

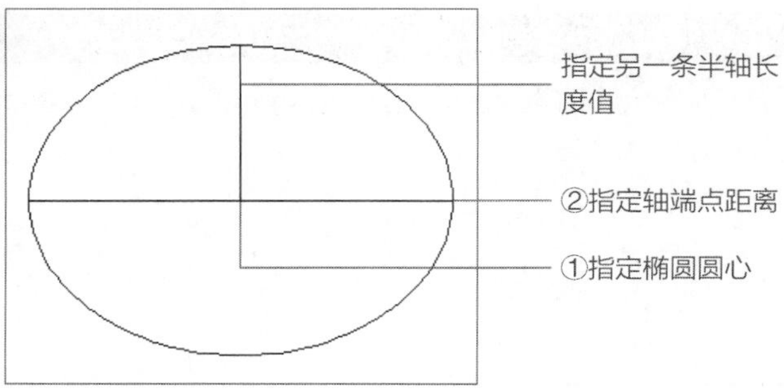

在AutoCAD软件中，绘制椭圆的方法有3种，分别为“圆心”、“轴、端点”和“圆弧”。其中“圆心”方式为系统默认绘制椭圆的方式。

（1）**圆心**。该方式是指定一个点作为椭圆曲线的圆心点，然后再分别指定椭圆曲线的长半轴长度和短半轴长度。

（2）**轴、端点**。该方式是指定一个点作为椭圆曲线半轴的起点，指定第二个点为长半轴（或短半轴）的端点，指定第三个点为短半轴（或长半轴）的半径点。

（3）**圆弧**。该方式的创建方法与轴、端点的创建方式相似，只是使用该方法创建的椭圆可以为完整的椭圆，也可以为其中的一段圆弧。

工程师点拨｜绘制椭圆弧

当使用“圆弧”命令绘制椭圆时，若指定的椭圆起始角度值>0，且<360°，椭圆的终止角度小于360°，则创建将是一个没有闭合的椭圆弧，如右图所示。

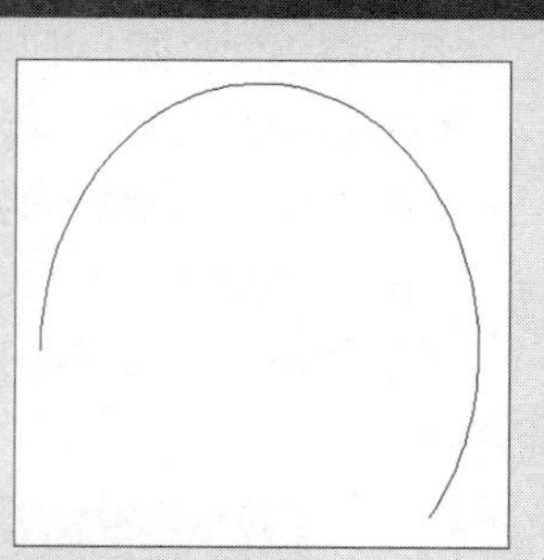

05 绘制样条曲线

样条曲线是经过或接近影响曲线形状一系列点的平滑曲线。用户可通过以下几种方式绘制椭圆：

- 在菜单栏中执行“绘图>样条曲线>拟合点/控制点”命令。
- 在“默认”选项卡的“绘图”面板单击“样条曲线拟合”按钮/“样条曲线控制点”按钮。
- 在命令行输入SPLINE命令并按Enter键。

绘制样条曲线分为样条曲线拟合和样条曲线控制点两种方式。如下左图所示为拟合绘制的曲线，如下右图所示为控制点绘制的曲线。

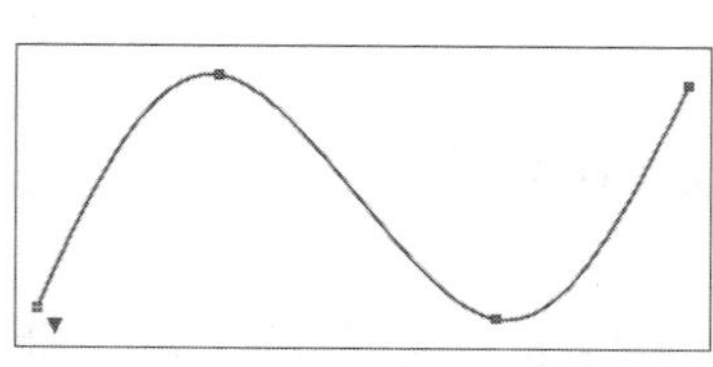

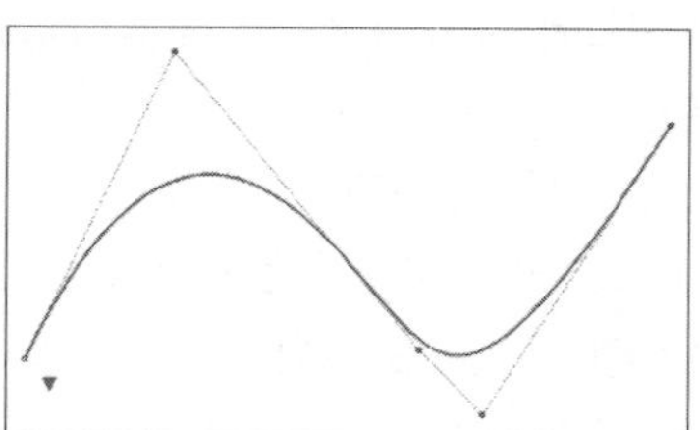

工程师点拨｜绘制样条曲线

选中样条曲线，在出现的夹点中可编辑样条曲线。单击夹点中三角符号可进行类型切换，如右图所示。

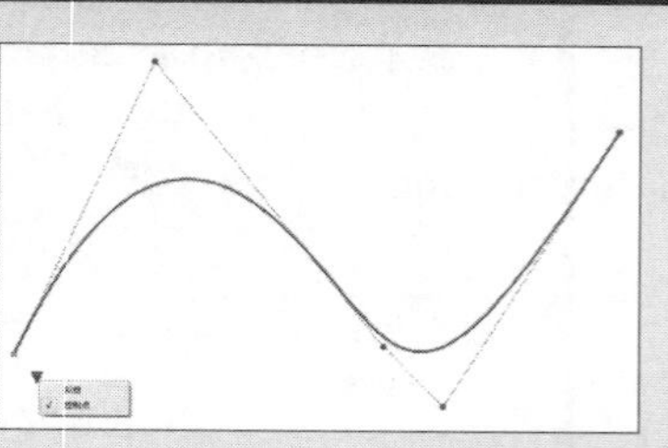

06 绘制修订云线

修订云线是由连续圆弧组成的多段线。在检查图形时，可以使用修订云线功能来标记以提高工作效率。用户可以通过以下几种方式绘制修订云线：

- 在菜单栏中执行“绘图>修订云线”命令。
- 在“默认”选项卡的“绘图”面板中单击“修订云线”按钮。
- 在命令行输入REVCLOUD命令并按Enter键。

执行“绘图>修订云线”命令，根据命令行提示，依次指定好云线点的位置，即可完成绘制，如下图所示。

命令行提示内容如下：

```
命令：revcloud
指定第一个点或 [弧长(A)/对象(O)/矩形(R)/多边形(P)/徒手画(F)/样式(S)/修改(M)] <对象>: *取消*
```

在此将对命令行中的部分提示信息说明如下：

- 弧长（A）：选择该选项可以为云线设置弧长，最大弧长不得超过最小弧长的3倍。
- 对象（O）：选择该选项，可以设置云线的弧方向。
- 样式（S）：选择该选项可以设置使用“普通”还是“手绘”方式来绘制云线。

工程师点拨 | 云线是多段线的一种

在执行“修订云线”命令时，可指定该线段沿途各点进行绘制，也可以通过拖动鼠标自动生成，而此时生成的线段则为多段线。

07 绘制螺旋线

螺旋线常被用来创建具有螺旋特征的曲线，其底面半径和顶面半径决定了螺旋线的形状，还可以控制螺旋线的圈间距。用户可以通过以下几种方式绘制螺旋线：

- 在菜单栏中执行“绘图>螺旋线”命令。
- 在“默认”选项卡的“绘图”面板中单击“螺旋线”按钮。
- 在命令行输入HELIX命令并按Enter键。

绘制螺旋线的具体操作过程如下：

STEP 01 在“默认”选项卡的“绘图”面板中单击“螺旋”按钮，如下图所示。

STEP 02 根据命令行提示，指定螺旋底面中心点，并输入底面半径值5，如下图所示。

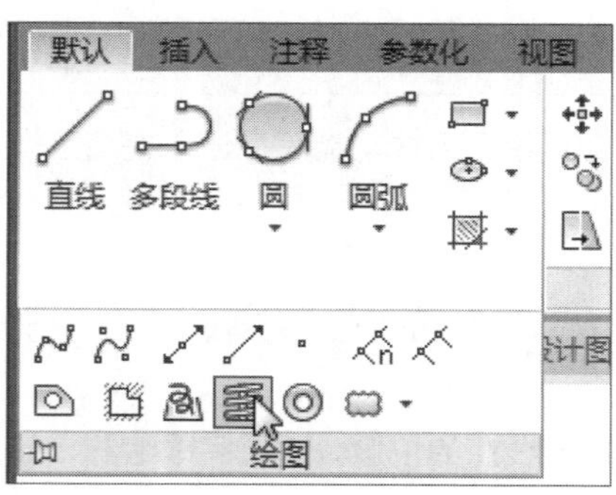

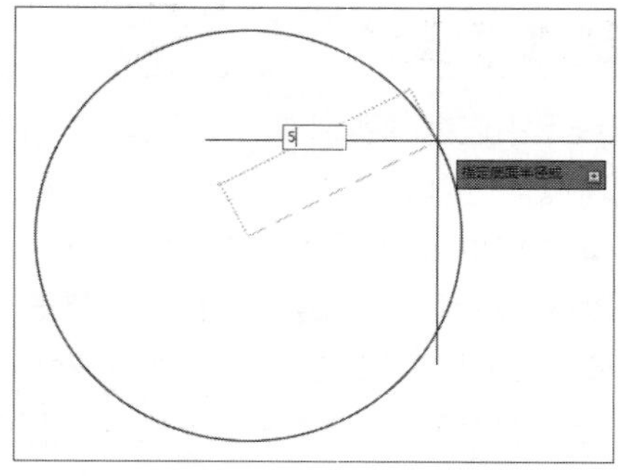

STEP 03 输入完成后，根据需要指定螺旋顶面半径值，这里输入10mm，如下图所示。

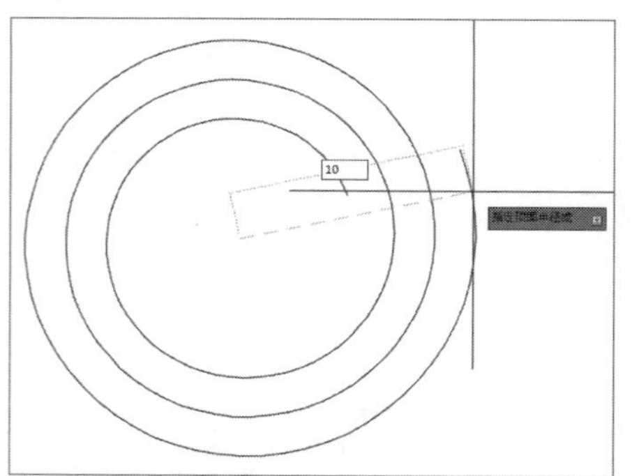

STEP 04 根据命令行提示，输入螺旋高度值为5mm，完成螺旋线的绘制，切换到西南等轴测视图即可看到螺旋效果，如下图所示。

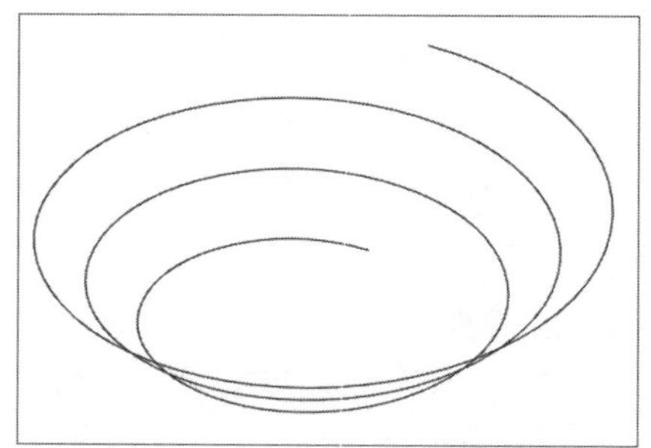

08 绘制面域

面域是具有一定边界的二维闭合区域。用户可以通过以下几种方式绘制面域：

- 在菜单栏中执行“绘图>面域”命令。
- 在“默认”选项卡的“绘图”面板中单击“面域”按钮。
- 在命令行输入REGION命令并按Enter键。

在“默认”选项卡的“绘图”面板中单击“面域”按钮，根据命令行提示，选中所要创建面域的线段，按Enter键确定，即可完成面域的创建，如下图所示。

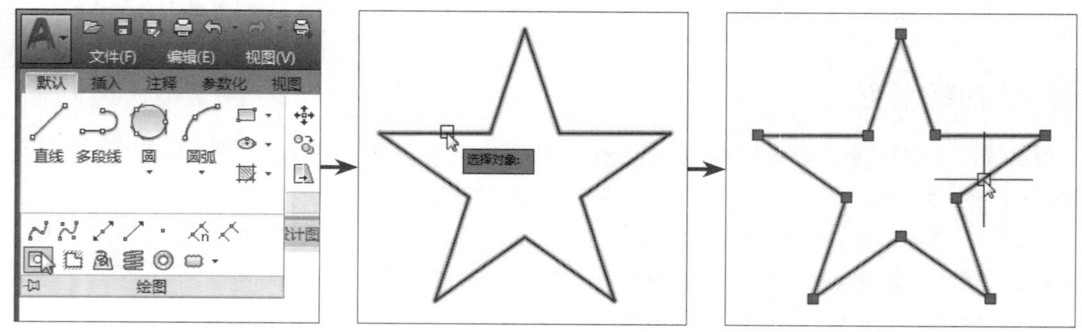

工程师点拨 | 创建面域需为封闭区域

若要创建面域，当前对象必须是一个封闭区域才可以创建面域。如果有线段交叉或重叠，则无法创建。

相关练习 | 为螺母平面图创建面域

本例将以螺母平面图为例，运用“面域”命令，为螺母平面图创建面域。

原始文件：实例文件\第2章\原始文件\螺母平面图.dwg
最终文件：实例文件\第2章\最终文件\创建螺母平面图面域.dwg

STEP 01 打开原始文件。执行“文件>打开”命令，打开“螺母平面”文件。

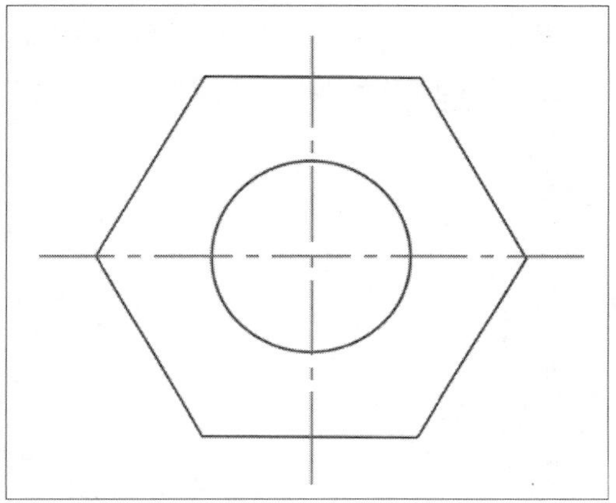

STEP 02 选择螺母轮廓线。执行“绘图>面域”命令，根据需要选择螺母轮廓线。

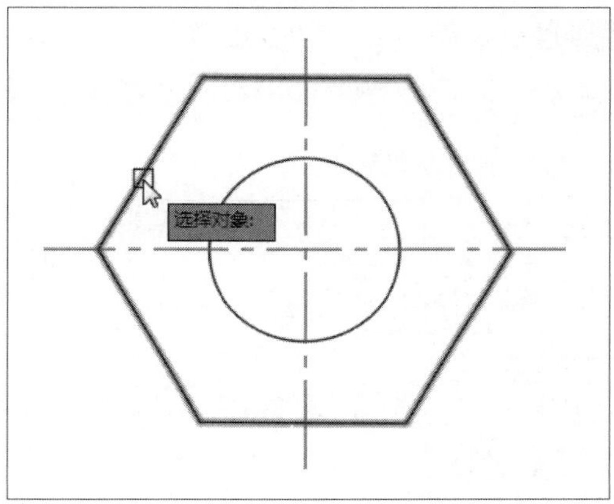

STEP 03 完成创建。选择完成后，按Enter键确定，即可创建完成。

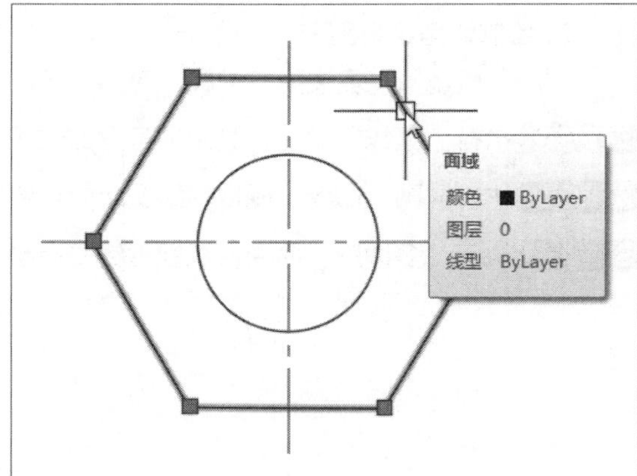

工程师点拨 | 创建面域的作用

通常创建面域图形的目的，则是将该面域拉伸成三维实体。该命令在制作三维实体模型时，经常被用到。当创建完面域后，将工作环境设置为“三维建模”空间，并执行“视图>三维视图>西南等轴测”命令，然后，执行“建模>拉伸”命令，根据命令行提示，选中所创建的面域，输入拉伸距离值，即可完成三维实体模型的创建。

强化练习

通过本章的学习，读者对于图形的基本操作、辅助功能的应用、坐标系的应用、点的绘制、直线与曲线的绘制等知识有了一定的认识。为了使读者更好地掌握本章所学知识，在此列举几个针对本章知识的习题，以供读者练手。

1. 自定义快捷键

在AutoCAD中有系统默认的快捷键，用户可根据自己的习惯来定义各命令的快捷键。

STEP 01 执行“工具>自定义>编辑程序参数”命令，打开“记事本”窗口，如下左图所示。

STEP 02 在该窗口中，找到快捷命令列表，选中所要修改的快捷键，将其修改即可，如下右图所示。

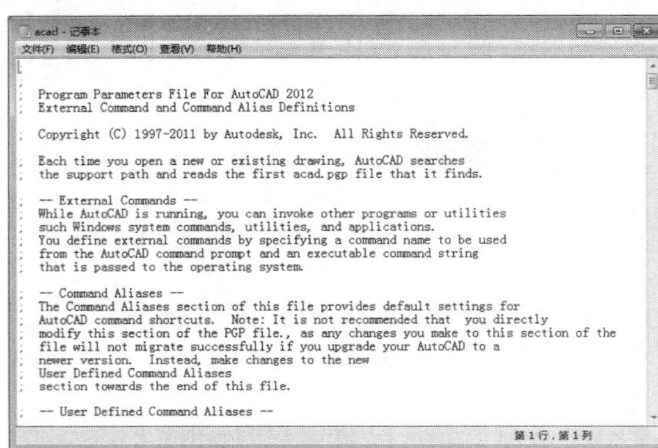

```
acad - 记事本
文件(F) 编辑(E) 格式(O) 查看(V) 帮助(H)
;
;  Program Parameters File For AutoCAD 2012
;  External Command and Command Alias Definitions

;  Copyright (C) 1997-2011 by Autodesk, Inc.  All Rights Reserved.

;  Each time you open a new or existing drawing, AutoCAD searches
;  the support path and reads the first acad.pgp file that it finds.

;  -- External Commands --
;  While AutoCAD is running, you can invoke other programs or utilities
;  such Windows system commands, utilities, and applications.
;  You define external commands by specifying a command name to be used
;  from the AutoCAD command prompt and an executable command string
;  that is passed to the operating system.

;  -- Command Aliases --
;  The Command Aliases section of this file provides default settings for
;  AutoCAD command shortcuts.  Note: It is not recommended that  you directly
;  modify this section of the PGP file., as any changes you make to this section of the
;  file will not migrate successfully if you upgrade your AutoCAD to a
;  newer version.  Instead, make changes to the new
;  User Defined Command Aliases
;  section towards the end of this file.

;  -- User Defined Command Aliases --
第1行，第1列
```

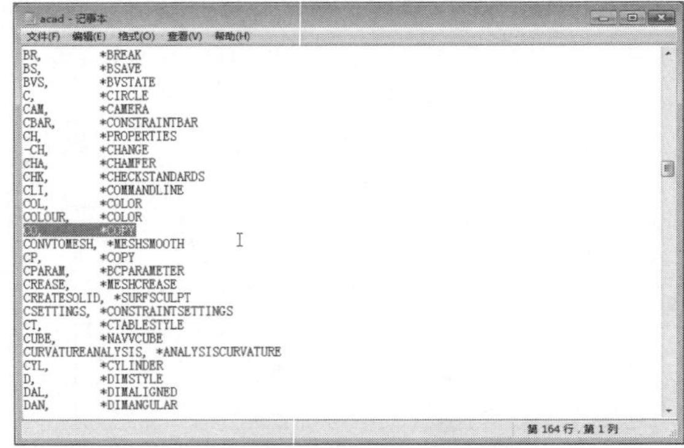

```
acad - 记事本
文件(F) 编辑(E) 格式(O) 查看(V) 帮助(H)
BR,         *BREAK
BS,         *BSAVE
BVS,        *BVSTATE
C,          *CIRCLE
CAM,        *CAMERA
CBAR,       *CONSTRAINTBAR
CH,         *PROPERTIES
-CH,        *CHANGE
CHA,        *CHAMFER
CHK,        *CHECKSTANDARDS
CLI,        *COMMANDLINE
COL,        *COLOR
COLOUR,     *COLOR
CO,         *COPY
CONVTOMESH, *MESHSMOOTH
CP,         *COPY
CPARAM,     *BCPARAMETER
CREASE,     *MESHCREASE
CREATESOLID, *SURFSCULPT
CSETTINGS,  *CONSTRAINTSETTINGS
CT,         *CTABLESTYLE
CUBE,       *NAVVCUBE
CURVATUREANALYSIS, *ANALYSISCURVATURE
CYL,        *CYLINDER
D,          *DIMSTYLE
DAL,        *DIMALIGNED
DAN,        *DIMANGULAR
第 164 行，第 1 列
```

2. 绘制六角螺母图形

利用“直线”、“多边形”、“圆”等命令绘制如下图所示的六角螺母图形。

STEP 01 执行“直线”命令，绘制相互垂的轴线，如下左图所示。

STEP 02 执行“圆”命令，捕捉轴线交点分别绘制圆和圆弧。

STEP 03 执行“多边形”命令，捕捉轴线交点绘制外切于圆的正六边形，如下右图所示。

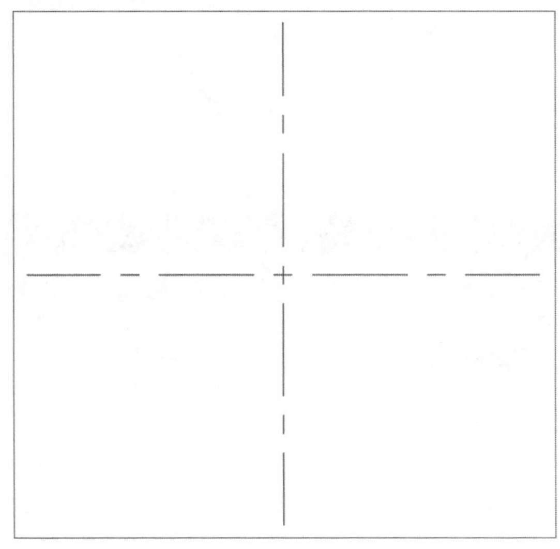

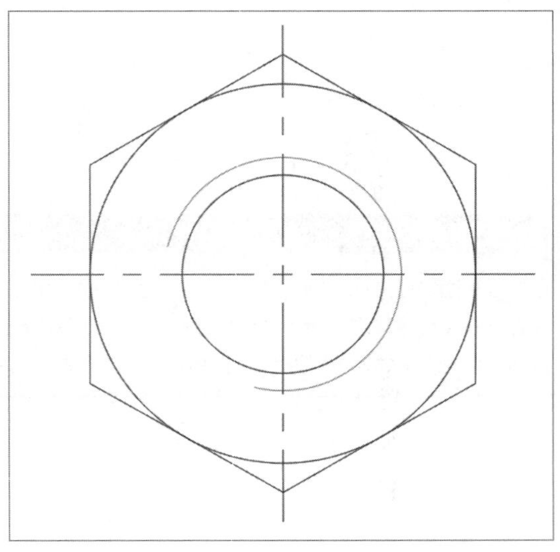

工程技术问答

本章主要对图形的基本操作、绘制点、直线、曲线图形等知识进行介绍。在使用相关知识绘图时难免会有些疑问，下面将对常见问题及解决方法进行汇总，供用户参考。

Q 在AutoCAD中有哪几种点坐标，它们的特点和定位方法是什么？

A 点的坐标分为绝对直角坐标、绝对极坐标、相对直角坐标和相对极坐标。绝对直角坐标和绝对极坐标都是从点（0，0）或（0，0，0）出发的位移，绝对直角坐标间是用逗号隔开，而绝对极坐标是控制距离和角点，之间用“>”符号隔开。相对直角坐标是指相对上一个坐标。和相对极坐标相同，坐标前需要加一个“@”符号，相对极坐标是指相对于某一特定点的位置和偏移角度。

Q 运用什么命令可迅速取消之前的操作命令，若一次次使用“撤回”命令或按Ctrl+Z组合键较为麻烦？

A 使用UNDO命令，可迅速取消之前的操作。用户在命令行中输入UNDO后，按Enter键确定，即可根据其提示进行操作。

命令行提示如下：

```
命令: UNDO 当前设置: 自动 = 开, 控制 = 全部, 合并 = 是, 图层 = 是
输入要放弃的操作数目或 [自动(A)/控制(C)/开始(BE)/结束(E)/标记(M)/后退(B)] <1>: 4
CIRCLE CIRCLE CIRCLE RECTANG
```

其中，“开始”和“结束”选项将若干操作定义为一组，“标记”和“返回”与放弃所有操作配合使用返回到预先确定点；如果使用“后退”或“数目”放弃多个操作，AutoCAD将在必要时重生成或重画图形。但UNDO命令会对一些命令和系统变量无效，包括用以打开、关闭或保存窗口或图形、显示信息、更改图形显示、重生成图形和以不同格式输出图形的命令及系统变量。

Q 是否每次绘图前都需要进行图形界限的设置？

A 在使用AutoCAD软件绘图前，用户可根据需要决定是否设置图形界限，以及是否设置图形界限的区域大小。系统默认未开启图形界限功能，可在绘图区域中的任意位置进行绘制操作。

Q 在AutoCAD中坐标系的用途是什么？

A 坐标系在设计过程中起到了精确定位点的作用。用户可以通过坐标系确定图形中两点的位置，以此绘制线段。

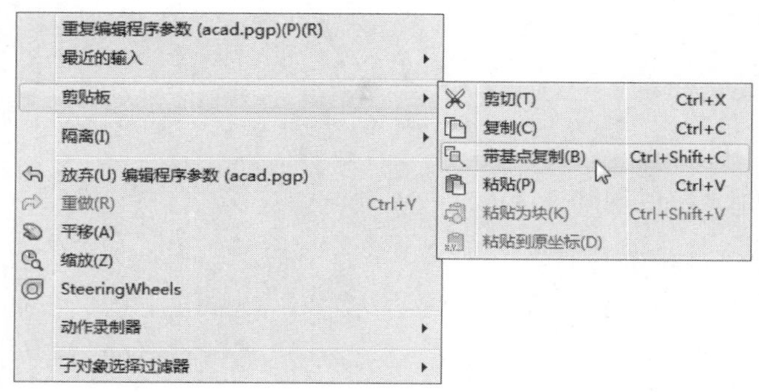

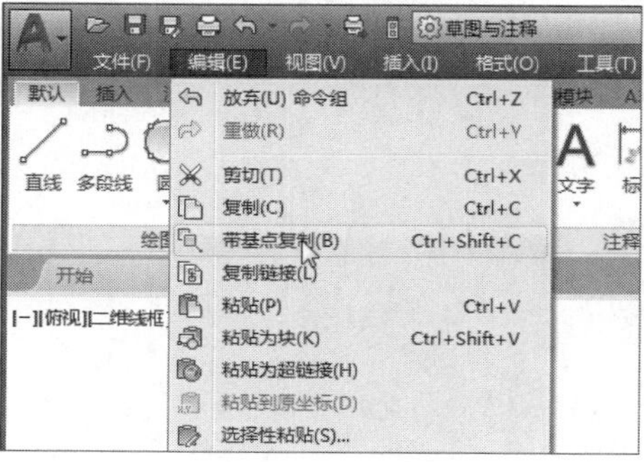

Chapter 03

编辑二维图形

二维图形绘制完成后，还需要对所绘制的图形进行编辑和修改，AutoCAD软件提供了多种编辑命令，其中包括图形的选取、镜像、旋转、阵列、偏移以及修剪等。特别是对于复杂的二维图形，可以通过各种编辑命令来进行操作。本章将向用户介绍各种编辑命令的操作方法。

01 湖中岛剖面图

湖中岛剖面图可以观察到湖底的内部结构，对湖底的设计也是至关重要的。该图纸主要运用了“镜像”、“拉伸”和“复制”等命令来绘制的。使用这些编辑命令，可使复杂的图形简单化。

02 建筑外立面图

建筑物的外立面不仅要美观，也要符合当地的天气情况。该图纸运用“复制”、“阵列”、“镜像”、“修剪”等命令来绘制的，这样绘制起来更加方便快捷。

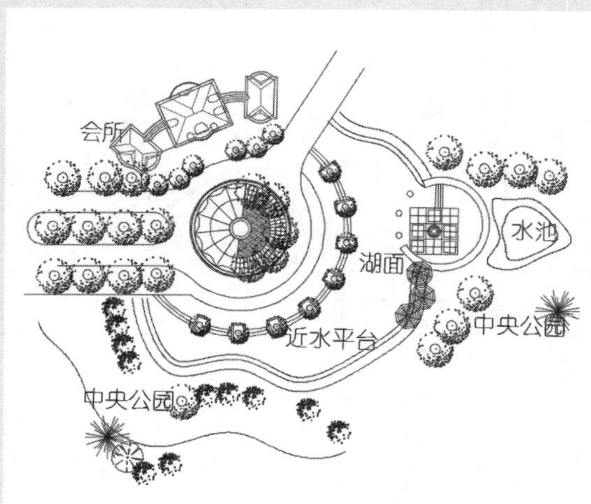

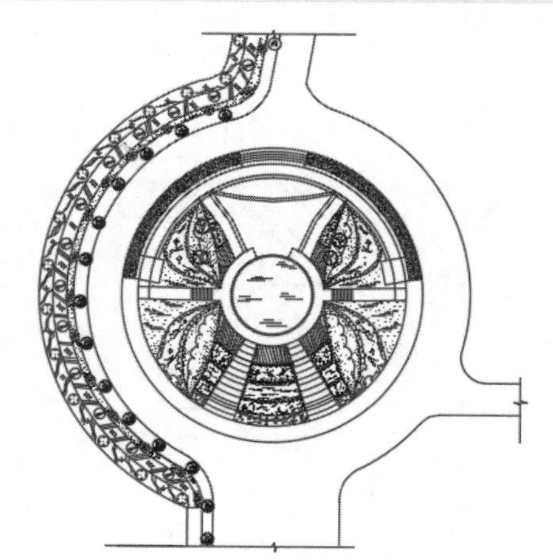

03 景观规划图

景观规划设计包括视觉景观形象，环境生态绿化，大众行为心理三个方面内容。该图纸主要运用“样条曲线”、“弧线”或“圆形”等命令来完成的。当绘制好一条弧线或曲线后，可使用相关编辑命令将其形状进行修改。

04 某花园平面图

不同的植物有不同的填充图案，丰富的图案使平面图看起来更加生动。该平面图层植物分布较为分明，一目了然，给人一种舒适的感觉。在绘制这类复杂的图纸时，通常对图层的管理分类要求较高。

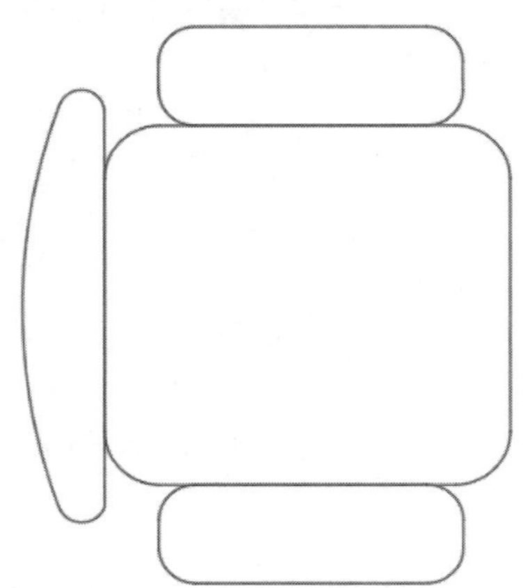

05 椅子平面图

椅子图形按照材质和使用类型分为很多种。绘制椅子平面图时，可使用“矩形”命令进行绘制，然后使用“圆角”等命令将其修剪。

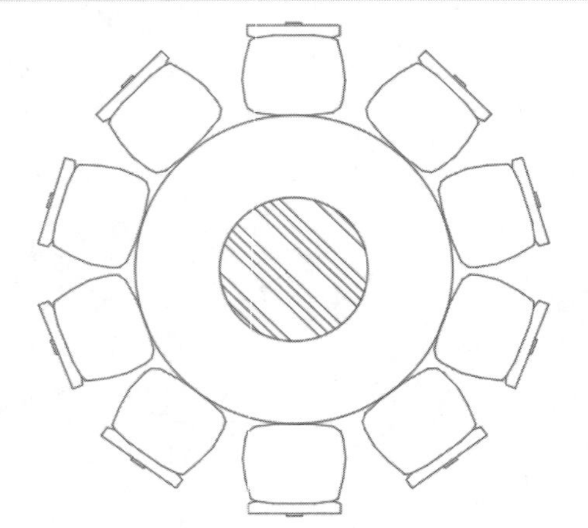

06 餐桌平面图

餐桌的风格、材质、用途分为很多种，可以根据自己的喜好进行设计。该平面图在绘制过程中，主要运用了“环形阵列”命令来绘制。

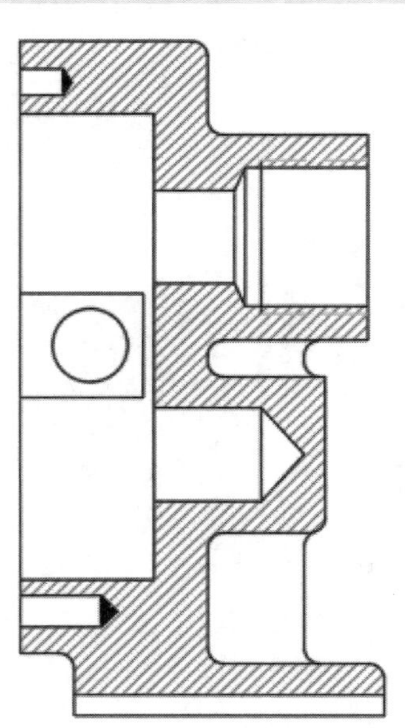

07 齿轮油泵装配图

绘制机械零件装配图是为了便于展示零件内部的安装结构，通常使用剖视图方法进行绘制。该图纸主要运用了“矩形”、“圆角”、“圆”、“图案填充”等命令绘制完成的。

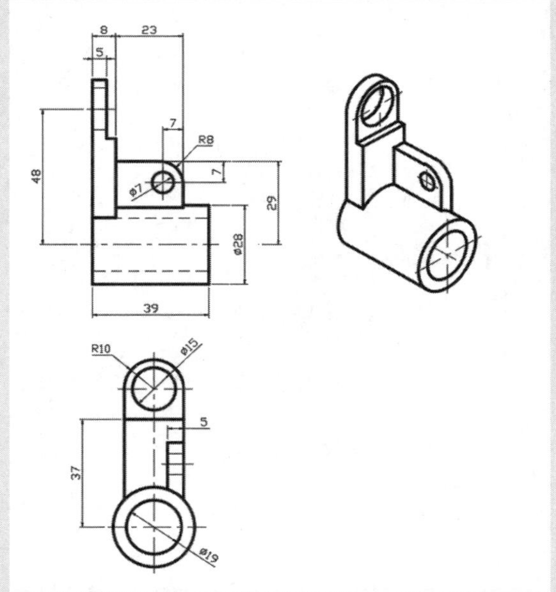

08 机械零件三视图

机械零件三视图是表达单个形状，大小和特征的图样，生产过程中根据零件三视图的技术要求进行生产准备，加工制造及检验，该图纸主要运用了“直线”、“圆角”、“标注”等命令绘制完成的。

Lesson 01 图形编辑的基本操作

二维图形绘制完成后，可能需要再对图形进行各种角度、比例及造型的调整，这就要借助图形的修改编辑功能。下面将向用户介绍几种常用的编辑工具，例如移动、复制、删除、旋转、修剪等。

01 移动图形

移动图形对象是指在不改变对象的方向和大小的情况下，从当前位置移动到新的位置。用户可以通过以下几种方式移动图形对象：

- 在菜单栏中执行“修改>移动”命令。
- 在“默认”选项卡的“修改”面板中单击“移动”按钮。
- 在命令行输入MOVE命令并按Enter键。

执行“修改>移动”命令，在绘图区中选择所要移动的图形对象，其后指定一个点为移动对象的基准点，即可完成操作，如下图所示。

02 复制图形

复制图形是将原对象保留，移动原对象的副本图形，复制后的对象将继承原对象的属性。用户可以通过以下几种方式复制图形对象：

- 在菜单栏中执行“修改>复制”命令。
- 在“默认”选项卡的“修改”面板中单击“复制”按钮。
- 在命令行输入COPY命令并按Enter键。

执行“修改>复制”命令，在绘图区中，选择好所要复制的图形对象，按Enter键确定，指定基点并移动鼠标指定新的目标位置，即可完成图形的复制，如下图所示。

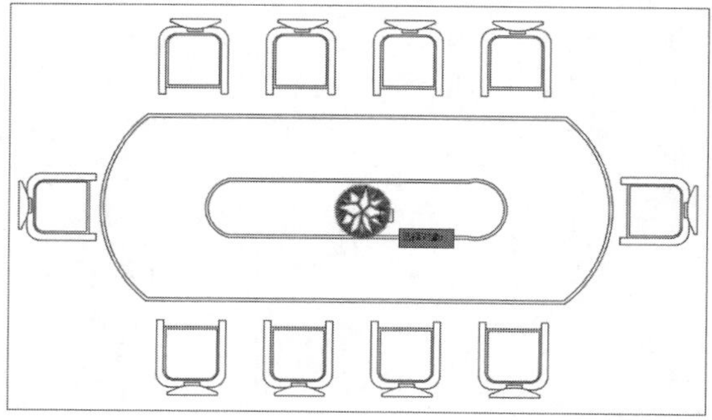
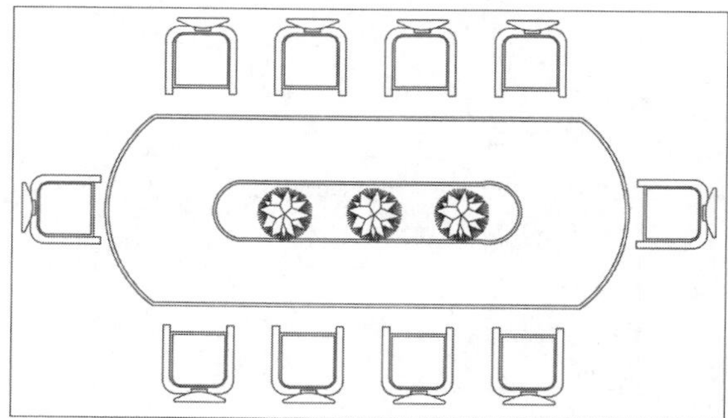

03 删除图形

删除图形对象操作是图形编辑操作中最基本的操作。用户可以通过以下几种方式删除图形对象：

- 在菜单栏中执行“修改>删除”命令。
- 在“默认”选项卡的“修改”面板中单击“删除”按钮。
- 在命令行输入ERASE命令并按Enter键。
- 在键盘上按DELETE键。

执行“修改>删除”命令，根据命令行提示选择删除图形对象，然后按Enter键即可删除图形，如下图所示。

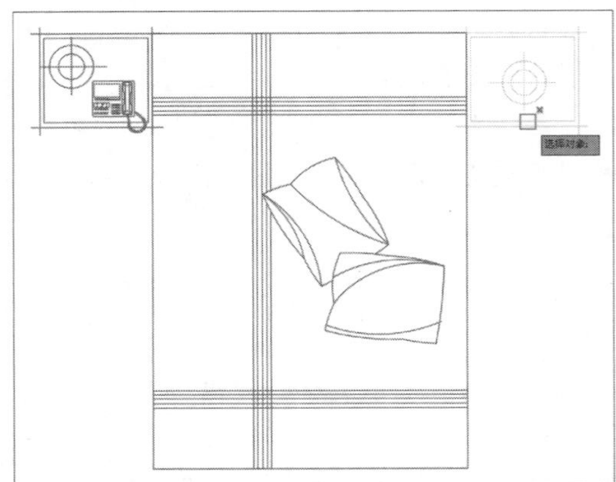

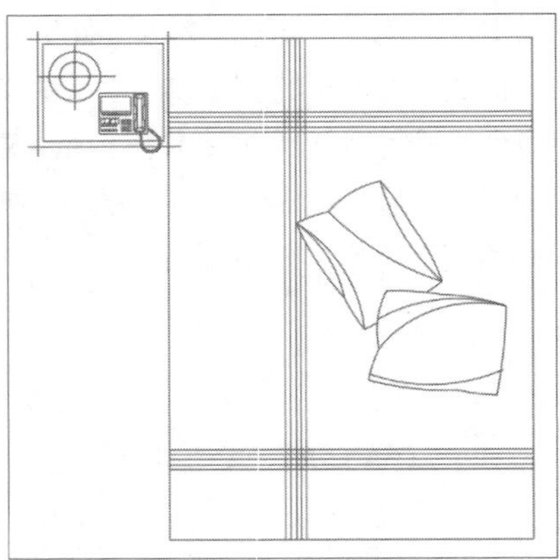

相关练习 | 复制办公椅图形

本例将以办公椅图块为例，来介绍“复制”命令的操作用法。

原始文件：实例文件\第3章\原始文件\办公椅.dwg
最终文件：实例文件\第3章\最终文件\复制办公椅.dwg

STEP 01 打开原始文件。启动AutoCAD218软件，打开“办公椅”图形文件，如下图所示。

STEP 02 选择复制图形。执行“修改>复制”命令，在绘图区中，选择办公椅图形，如下图所示。

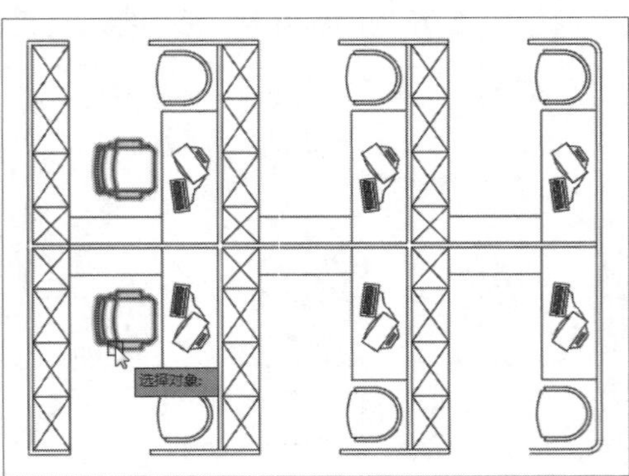

STEP 03 指定复制基点。根据命令行提示，捕捉图形一点作为复制基点，如下图所示。

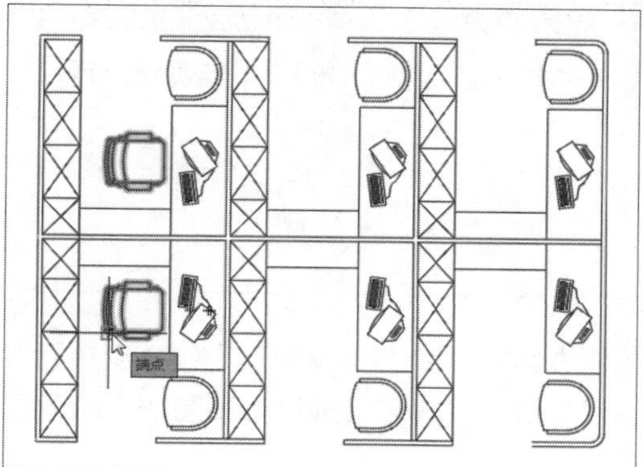

STEP 04 捕捉复制点。选择完成后，移动鼠标捕捉下一个复制点，如下图所示。

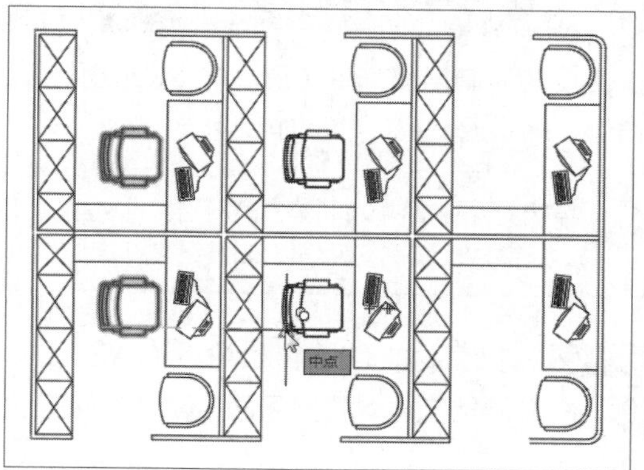

STEP 05 捕捉复制点。按照同样的操作方法，捕捉下一复制点，如下图所示。

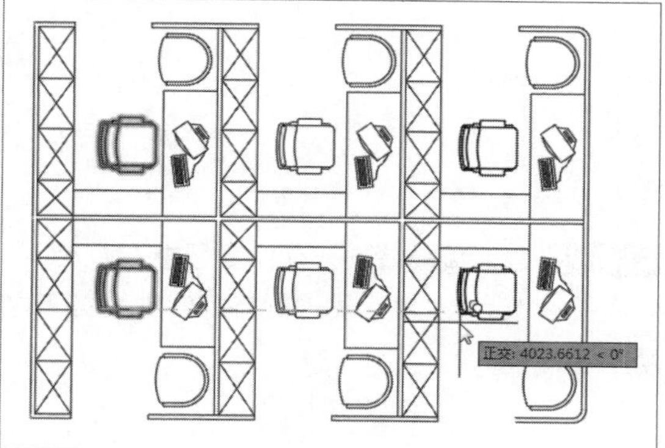

STEP 06 完成复制操作。捕捉完成后，按Enter键，即可完成复制操作，如下图所示。

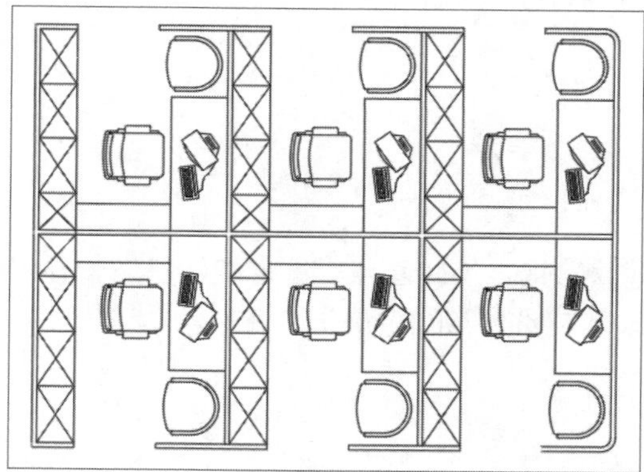

04 旋转图形

旋转图形是将选择的图形按照指定的点进行旋转，还可进行多次旋转复制。用户可以通过以下几种方式旋转图形对象：

- 在菜单栏中执行“修改>旋转”命令。
- 在“默认”选项卡的“修改”面板中单击“旋转”按钮。
- 在命令行输入ROTATE命令并按Enter键。

执行“修改>旋转”命令，在绘图区中选择要旋转的图形对象，其后指定好旋转基点，在命令行中输入所需旋转的角度，即可完成旋转操作，如下图所示。

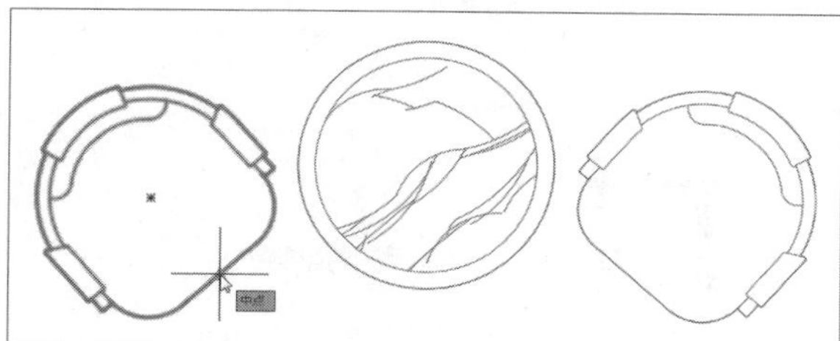

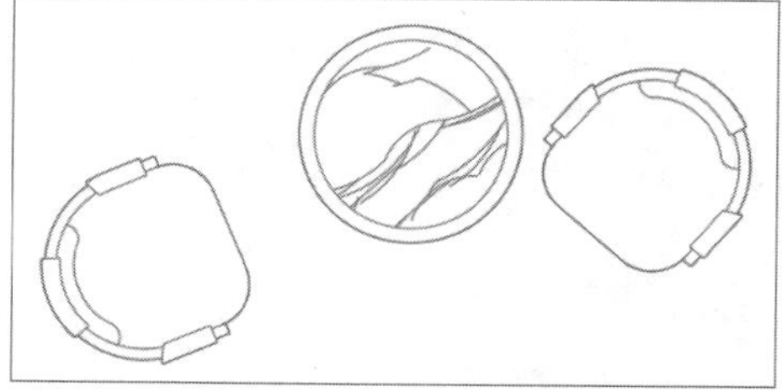

相关练习 | 复制旋转餐椅

旋转复制操作减少了复制命令的使用，在一定程度上也能够节省绘图时间。本实例将以餐椅为例，来介绍其具体的操作步骤。

原始文件：实例文件\第3章\原始文件\餐桌平面.dwg
最终文件：实例文件\第3章\最终文件\旋转餐椅.dwg

STEP 01 打开素材文件。启动AutoCAD2018软件，打开原始文件“餐桌平面.dwg”，如下图所示。

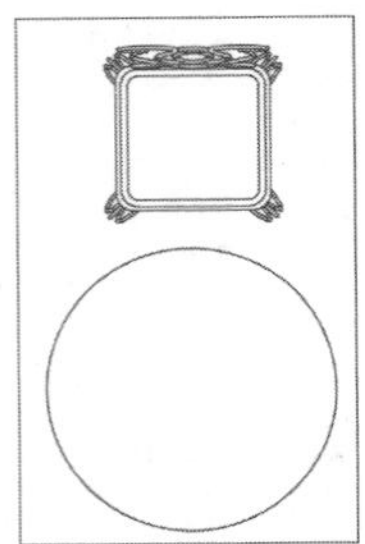

STEP 02 选择餐椅图块。执行“修改>旋转”命令，根据命令行提示，选择餐椅图块，如下图所示。

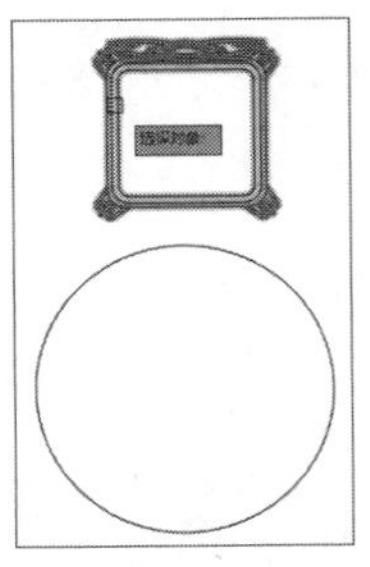

STEP 03 指定旋转基点。选择旋转基点，并将鼠标向下移动，如下图所示。

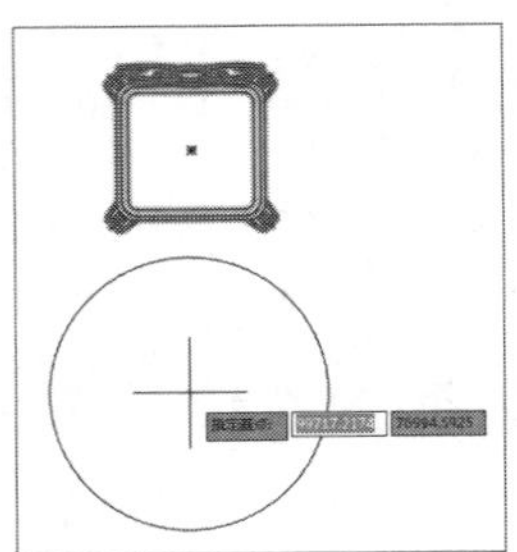

STEP 04 复制旋转餐椅。在命令行中，输入C命令，按Enter键，然后输入旋转角度90，如下图所示。

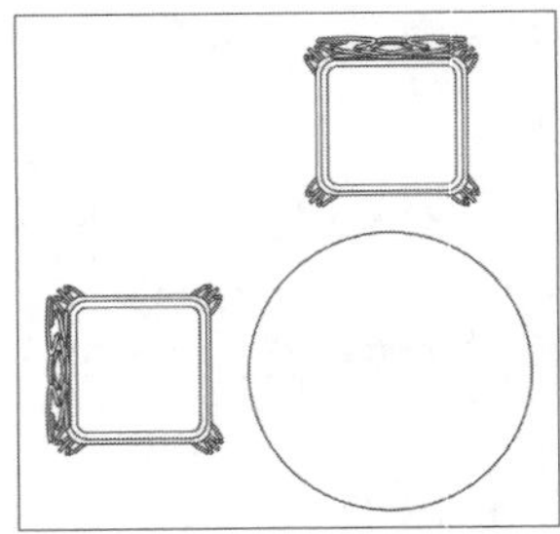

STEP 05 选择两个餐椅图形。再次执行“旋转”命令，选择刚旋转后两个餐椅图形，如下图所示。

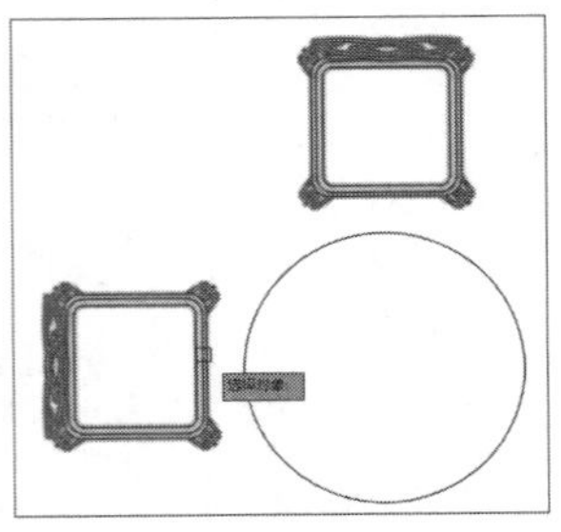

STEP 06 指定旋转基点。指定旋转基点A，并将光标向左移动，如下图所示。

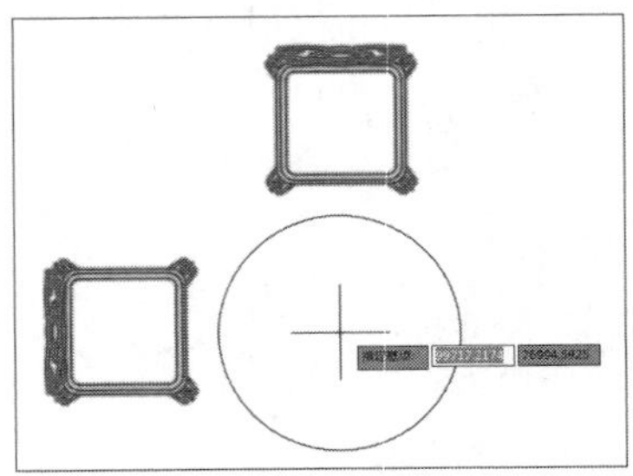

STEP 07 复制旋转操作。在命令行中，输入C命令，按Enter键，如下图所示。

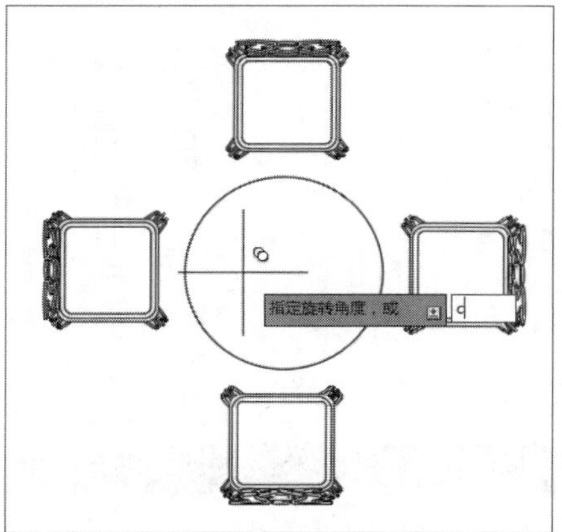

STEP 08 完成操作。按Enter键，即可完成餐椅旋转复制操作，如下图所示。

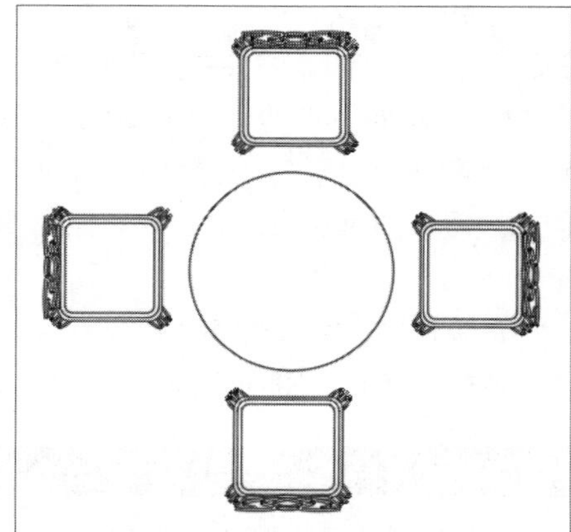

工程师点拨 | 旋转复制操作

如果在进行旋转图形操作时，既要将图形旋转，也要保留源文件的话，此时就需使用到旋转复制操作。

05 修剪图形

修剪图形是将线段按照一条参考线的边界进行终止，修剪的对象可以是直线、多段线、样条曲线、二维曲线等。修剪命令是编辑线段常用的方式之一。用户可通过以下几种方式修剪图形对象：

- 在菜单栏中执行“修改>修剪”命令。
- 在“默认”选项卡的“修改”面板中单击“修剪”按钮。
- 在命令行输入TRIM命令并按Enter键。

执行“修改>修剪”命令，在绘图区中，选择边界对象后，按Enter键，然后选择所要修剪的图形，单击鼠标左键即可完成图形的修剪操作，如下图所示。

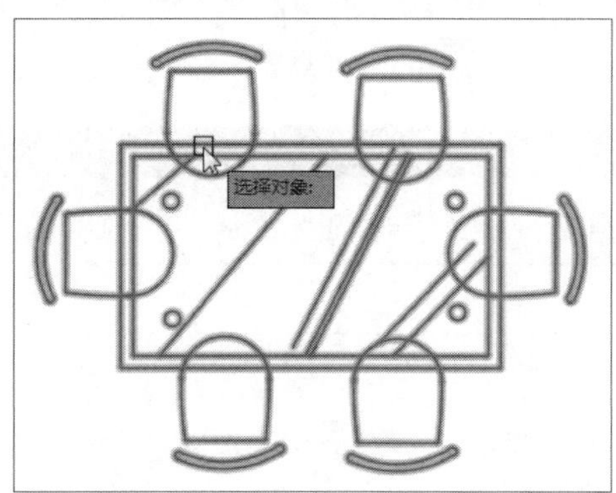

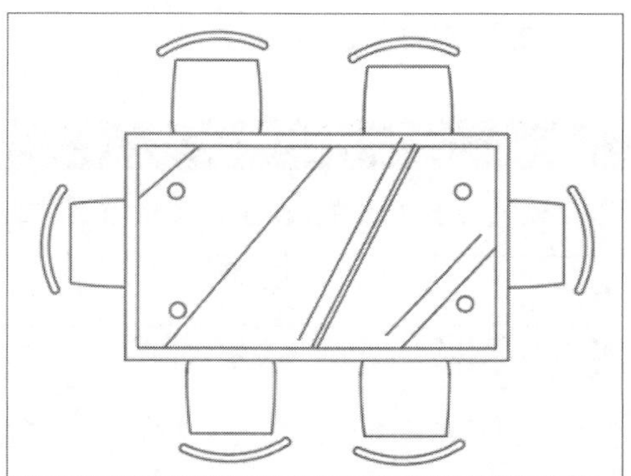

06 延伸图形

延伸图形是将指定的图形对象延伸到指定的边界，该命令与“修剪”命令相似。用户可以通过以下几种方式延伸图形对象：

- 在菜单栏中执行“修改>延伸”命令。
- 在“默认”选项卡的“修改”面板中单击“延伸”按钮。
- 在命令行输入EXTEND命令并按Enter键。

执行“修改>延伸”命令，根据命令行提示，选择所需延伸到的边界线，按Enter键。然后选择要延伸的线段，即可完成延伸操作，如右图所示。

当然，在命令行中，输入快捷命令EX命令，按Enter键，同样也可启动“延伸”命令。

工程师点拨｜多条线段延伸

延伸命令可一次性选择多条线段进行延伸操作。按Ctrl+Z组合键，可取消上一次延伸操作，而按Esc键，则结束延伸操作。

07 拉伸图形

拉伸图形是将对象沿指定的方向和距离进行延伸，拉伸后与原对象是一个整体，只是长度会发生改变。用户可以通过以下几种方式拉伸图形对象：

- 在菜单栏中执行“修改>拉伸”命令。
- 在“默认”选项卡的“修改”面板中单击“拉伸”按钮。
- 在命令行输入STRETCH并按Enter键。

执行“修改>拉伸”命令，在绘图区中选择要进行拉伸的位置，指定好拉伸的基点，在命令行中输入拉伸距离，或指定好拉伸的距离点，按Enter键，完成操作，如右图所示。

工程师点拨｜图块拉伸操作妙招

在进行拉伸操作时，用户需注意，图块不能被拉伸。若要将其拉伸，则需对当前图块分解后，再进行拉伸操作。

08 缩放图形

缩放图形是将选择的对象按照一定的比例来进行放大或缩小。用户可以通过以下几种方式缩放图形对象：

- 在菜单栏中执行“修改>缩放”命令。
- 在“默认”选项卡的“修改”面板中单击“缩放”按钮。
- 在命令行输入STRETCH命令并按Enter键。

执行“修改>缩放”命令，在命令行中根据提示，选择所要缩放的图形，其后在命令行中，输入比例因子，即可将该图形进行缩放操作，如下图所示为树木图形缩放前后的效果。

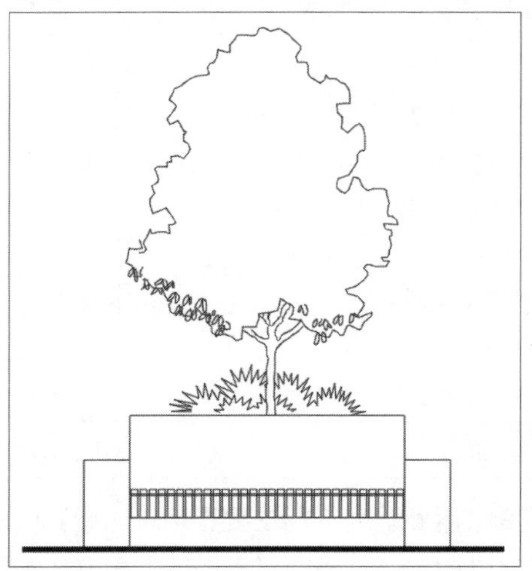

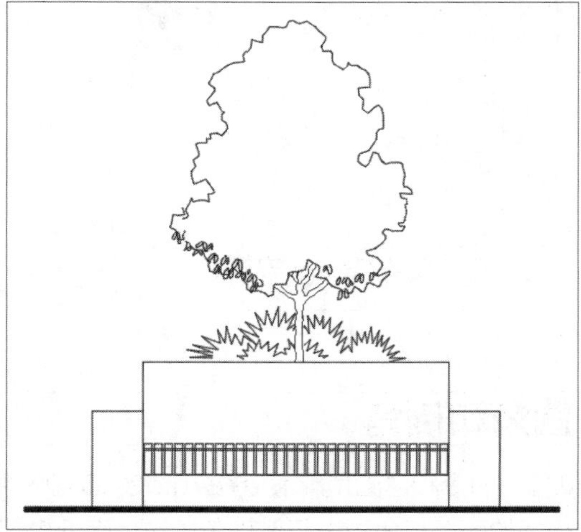

09 对齐图形

在AutoCAD中，利用对齐命令可将图形根据需要进行对齐操作。用户可以通过以下几种方式对齐图形对象：

- 在菜单栏中执行“修改>对齐”命令。
- 在“默认”选项卡的“修改”面板中单击“对齐”按钮。
- 在命令行输入ALIGN命令并按Enter键。

对齐图形的具体操作步骤如下：

STEP 01 在“默认”选项卡的“修改”面板中单击“对齐”按钮，在绘图区中，选择要对齐的图形对象，这里选择床头柜图形，如下图所示。

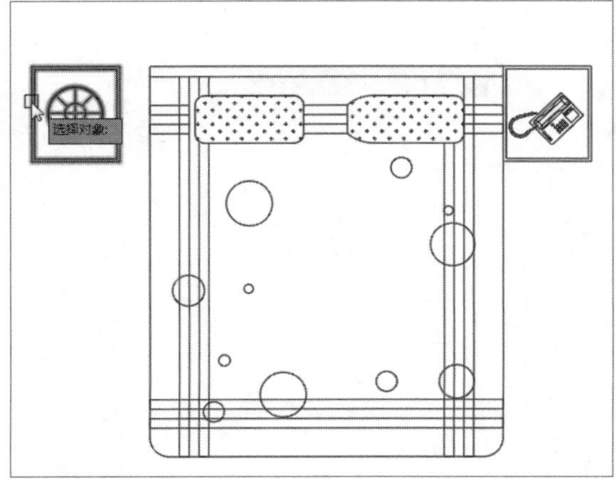

STEP 02 选择后，按Enter键，其后根据命令行的提示，选择床头柜图形的端点，如下图所示。

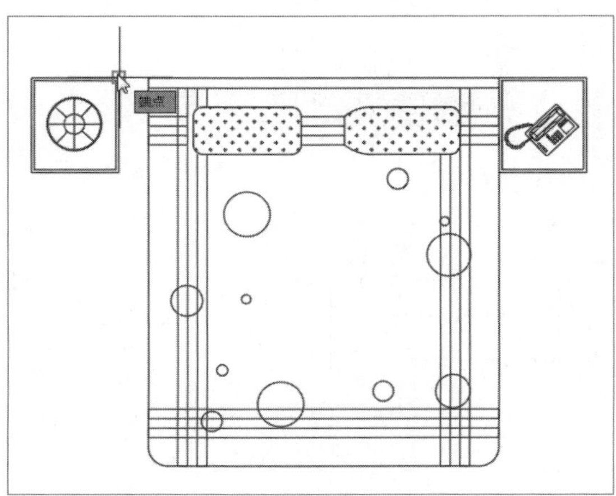

STEP 03 根据命令行提示，指定床图形左侧的端点，如下图所示。

STEP 04 指定完成后，按Enter键，即可完成该图形的对齐操作，如下图所示。

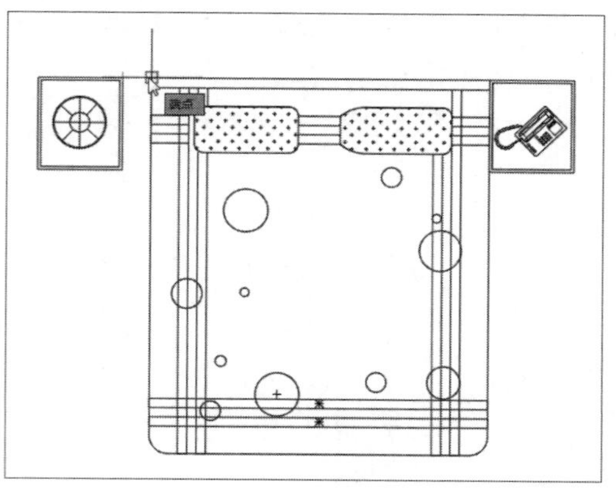

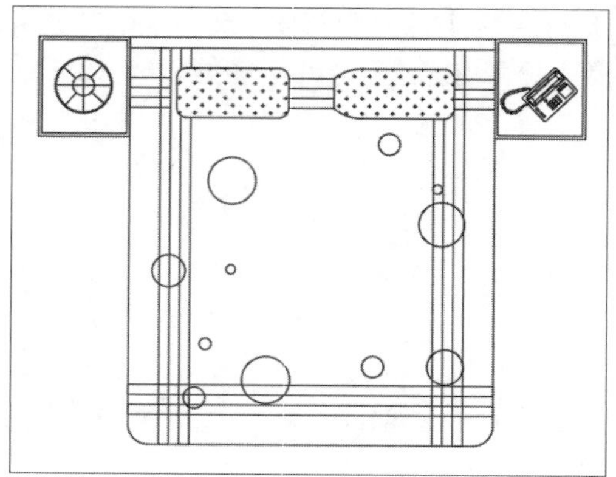

10 圆角和倒角

“倒角”命令和“圆角”命令在AutoCAD制图中经常被用到。而它们主要是用来对修饰图形。倒角是将相邻的两条直角边进行倒直角操作；而圆角则是通过指定的半径圆弧来进行圆角操作。用户需根据制图要求选择相关命令。

1. 倒角

用户可以通过以下几种方式对图形进行倒角操作：

- 在菜单栏中执行“修改>倒角”命令。
- 在“默认”选项卡的“修改”面板中单击“倒角”按钮。
- 在命令行输入CHAMFER命令并按Enter键。

执行“修改>倒角”命令，根据命令行提示，选择“距离（D）”选项，输入第一条直线的倒角距离，其次再输入第二条直线的倒角值，最后选择两条所需倒角的直线，即可完成倒角操作。其具体操作介绍如下：

STEP 01 执行“修改>倒角”命令，根据命令行中的提示选择D选项，如下图所示。

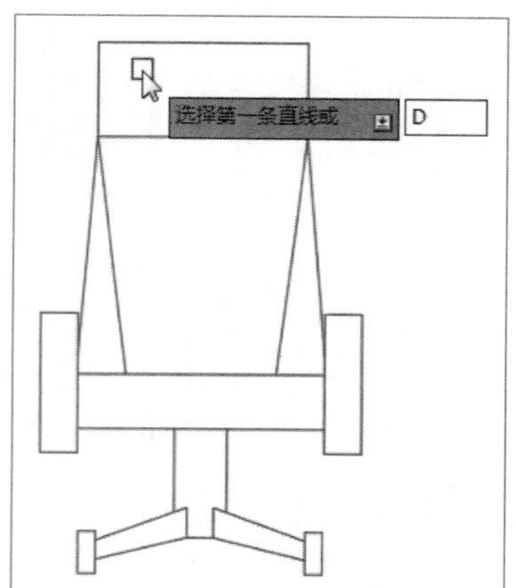

STEP 02 先指定第一个倒角距离值为150mm，如下图所示。

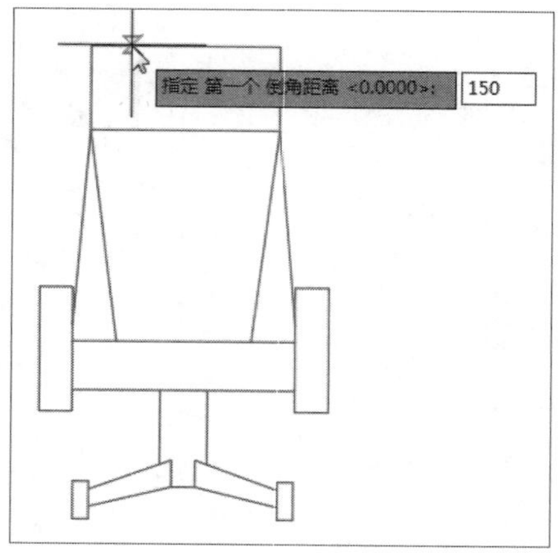

STEP 03 按Enter键指定第二个倒角距离值为50mm，如下图所示。

STEP 04 按Enter键，选择两条所需的倒角边，即可完成倒角操作，如下图所示。

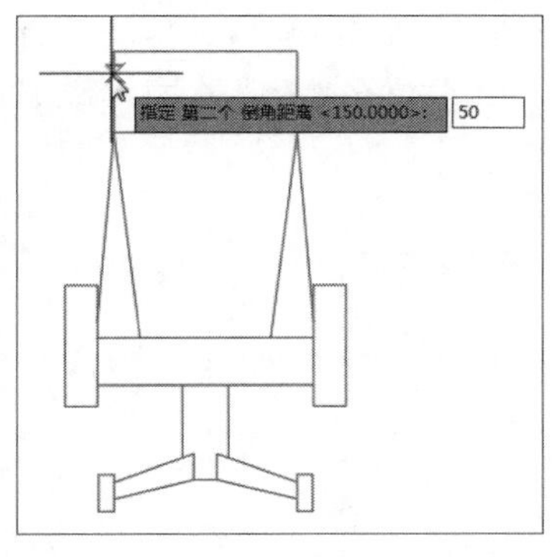

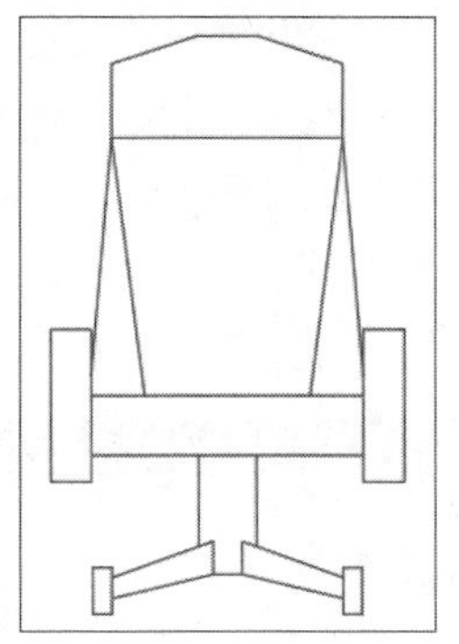

2. 圆角

用户可以通过以下几种方式对图形进行圆角操作：

- 在菜单栏中执行“修改>圆角”命令。
- 在“默认”选项卡的“修改”面板中单击“圆角”按钮。
- 在命令行输入FILLET命令并按Enter键。

执行“修改>圆角”命令，根据命令行提示，选择“半径（R）”选项，并输入半径数值，其后选择所需圆角边线，即可完成圆角操作，具体操作介绍如下：

STEP 01 执行“修改>圆角”命令，在命令行中，输入R命令，如下图所示。

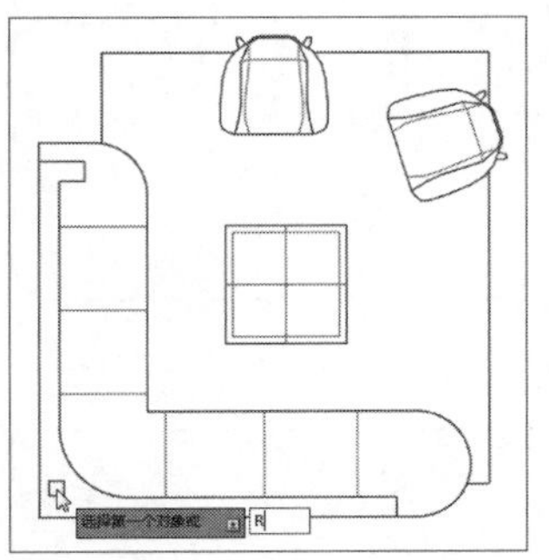

STEP 02 按Enter键，在命令行中，输入圆角半径值为3mm，按Enter键，选择要圆角的线段，即可完成。

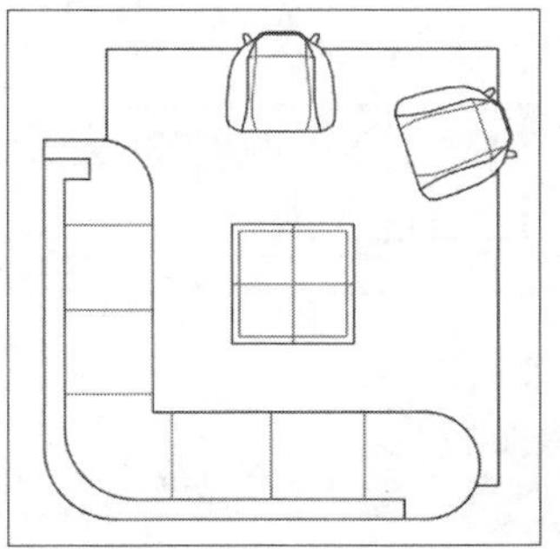

在AutoCAD软件中，圆角功能还可以分为平行线圆角和不修剪圆角两种。

（1）**平行线圆角**。使用“圆角”命令，可将两条相互平行的线段进行相交，其垂直距离则为圆的直径值。执行“修改 > 圆角”命令，在绘图区中，选择两条平行线，即可完成操作，如下图所示。

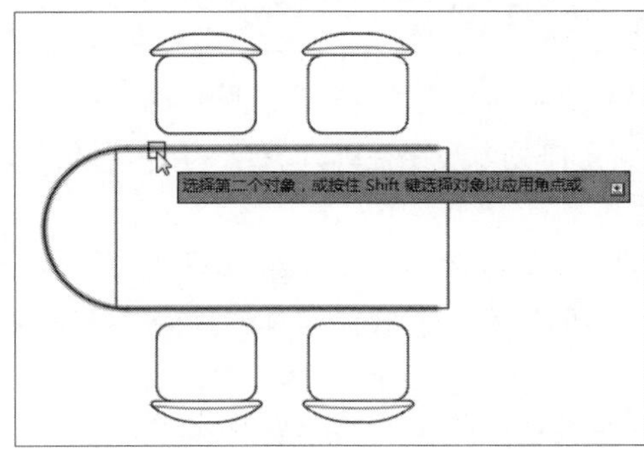

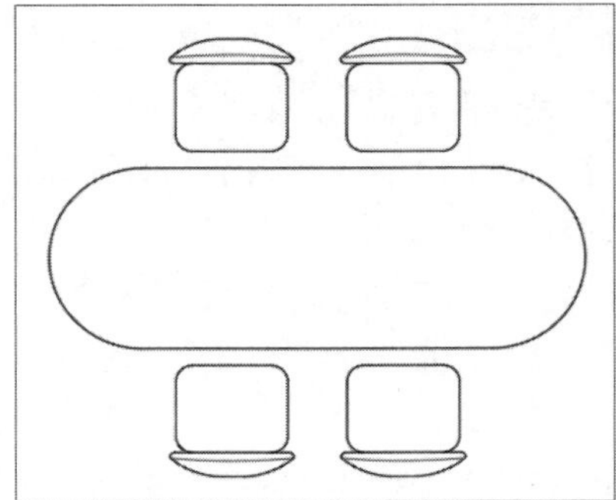

（2）**不修剪圆角。**执行“修改 > 圆角”命令，在命令行中输入 T 命令，按 Enter 键，然后，输入 N 命令，设置修剪类型为“不修剪”，按 Enter 键。在绘图区中选择要进行圆角的边，即可在保留原来边的情况下，生成圆角效果，如下图所示。

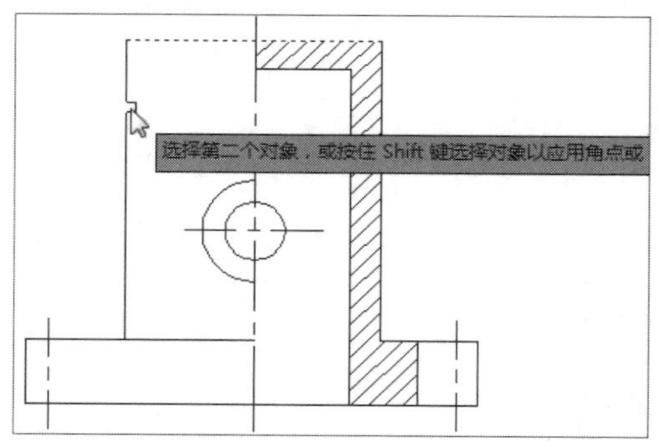

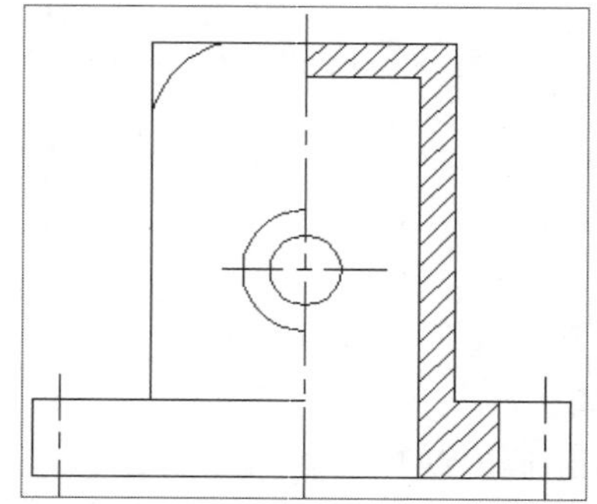

工程师点拨｜利用圆角命令将线段相交

“圆角”命令通常是用在图形圆角操作，其实除此之外还有妙用。当圆角半径为0时，可将两条没有相交的线段设置为相交。例如在对两条相互交叉的线段进行修剪时，可用“圆角”命令进行修剪。当启动“圆角”命令后，输入R命令，按Enter键，将其半径值设为0，其后在绘图区中选择两条需要修剪的线段，如下图所示。

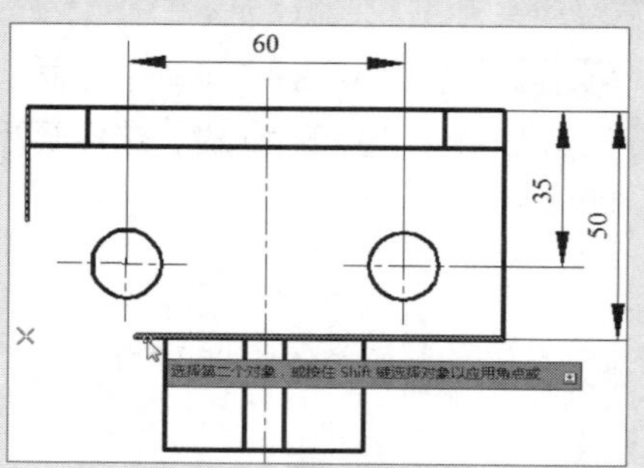

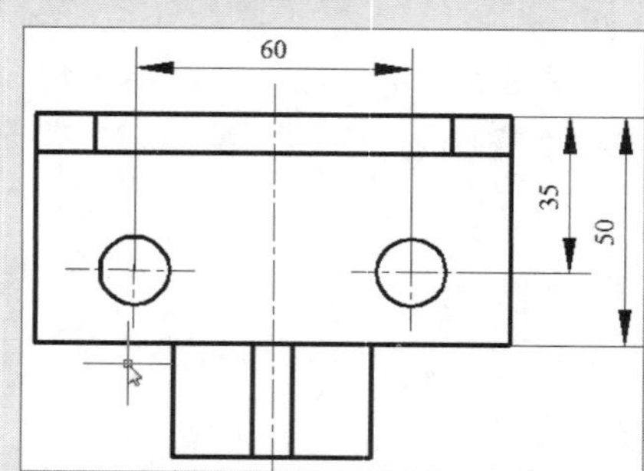

Lesson 02 图形编辑的高级操作

除了上述几项基本编辑命令之外，还有另外几项基本编辑命令，例如“阵列”、“镜像”、“偏移”、“合并”以及“打断”等命令。

01 阵列图形

“阵列”是一种有规则的复制命令，当用户需要绘制一些有规则分布的图形时，就可以使用该命令来解决。在AutoCAD中，阵列分为矩形阵列、环形阵列以及路径阵列3种。用户可以通过以下几种方式对图形进行阵列操作：

- 在菜单栏中执行“修改>阵列”命令，在打开的级联菜单中选择需要的阵列方式。
- 在“默认”选项卡的“修改”面板中单击“矩形阵列”按钮/“环形阵列”按钮/“路径阵列”按钮。
- 在命令行输入ARRAY命令并按Enter键，根据命令行提示选择需要的阵列方式。

1. 矩形阵列

矩形阵列是通过设置行数、列数、行偏移和列偏移来对选择的对象进行复制。具体操作介绍如下:

STEP 01 执行“修改>阵列>矩形阵列”命令，在绘图区中，选择需要阵列的图形，如下图所示。

STEP 02 选择完成后，在命令行中输入C命令并按Enter键，设置行数、列数及间距值，按两次Enter键，即可完成矩形阵列，如下图所示。

命令行提示如下:

```
命令: _arrayrect
选择对象: 找到 1 个
选择对象:
类型 = 矩形  关联 = 是
为项目数指定对角点或 [基点(B)/角度(A)/计数(C)] <计数>: a
指定行轴角度 <0>: 20
为项目数指定对角点或 [基点(B)/角度(A)/计数(C)] <计数>: c
输入行数或 [表达式(E)] <4>: 3
输入列数或 [表达式(E)] <4>: 2
指定对角点以间隔项目或 [间距(S)] <间距>:
按 Enter 键接受或 [关联(AS)/基点(B)/行(R)/列(C)/层(L)/退出(X)] <退出>:
```

工程师点拨 | 矩形阵列角度的应用

在进行“矩形阵列”操作时，用户也可以设置阵列角度。其操作为：选择好阵列图形后，在命令行中输入A命令后，按Enter键，指定好行轴角度值，并输入C命令，设置好阵列的行数、列数以及间距值，即可完成操作，如右图所示。

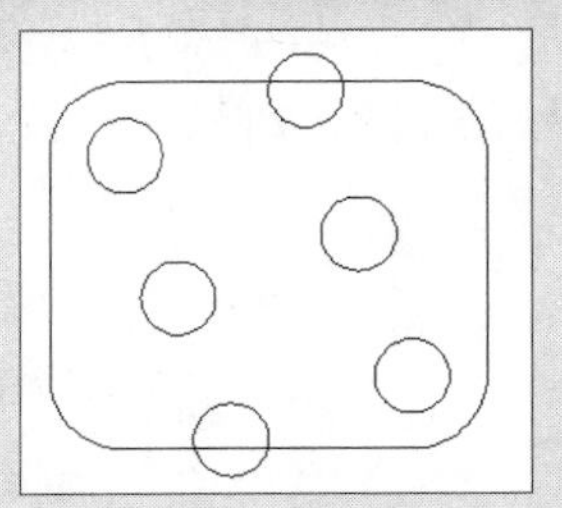

2. 环形阵列

环形阵列是指阵列后的图形呈环形。使用环形阵列时也需要设定有关参数，其中包括中心点、方法、项目总数和填充角度。与矩形阵列相比，环形阵列创建出的阵列效果更灵活。具体操作介绍如下:

STEP 01 执行“修改>阵列>环形阵列”命令，选择所要阵列的图形，如下图所示。

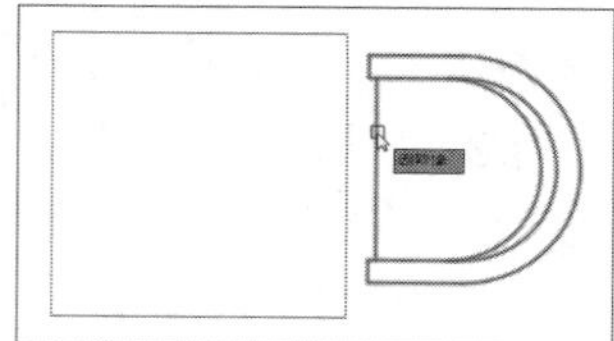

STEP 02 指定好阵列中心点，这里选择矩形图形的几何中心，如下图所示。

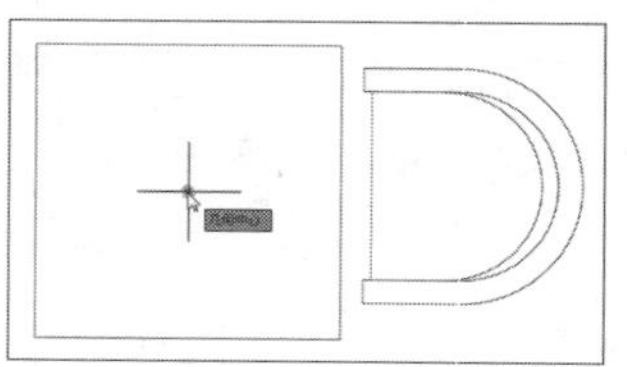

STEP 03 指定阵列点后，在动态输入框中，输入阵列数目值，这里设置为4，如下图所示。

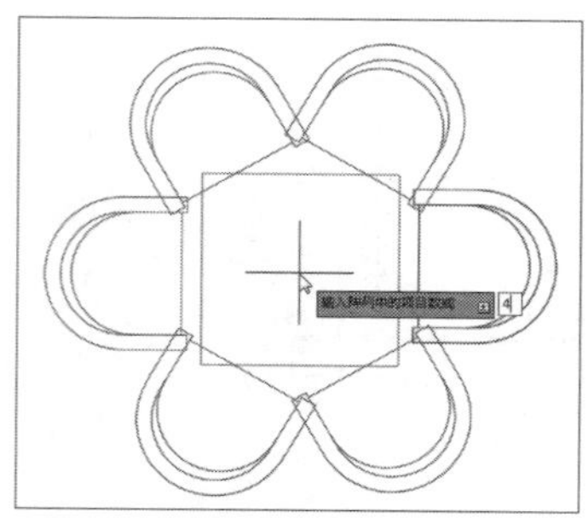

STEP 04 按Enter键，并在动态输入框中，输入阵列角度360，按两次Enter键，即可完成环形阵列操作，如下图所示。

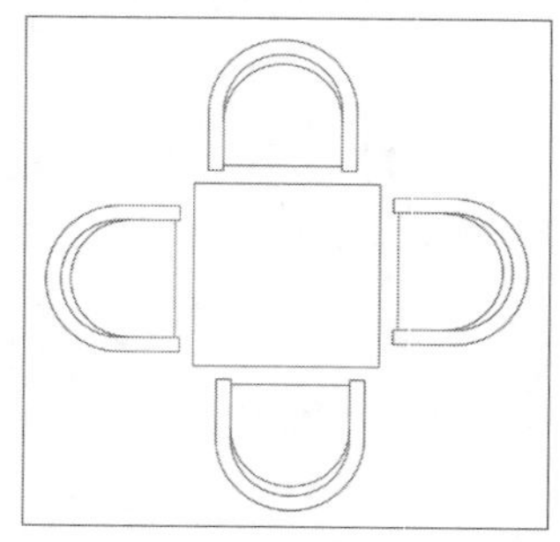

3. 路径阵列

路径阵列是根据所指定的路径进行阵列，例如曲线、弧线、折线等所有开放型线段。具体操作介绍如下:

STEP 01 执行“修改>阵列>路径阵列”命令，选择所要阵列的图形对象，如下图所示。

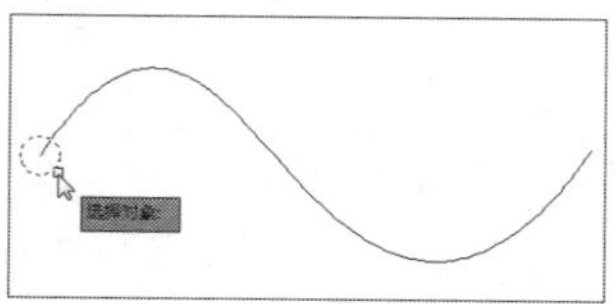

STEP 02 根据命令行提示，选择所要阵列的路径曲线，如下图所示。

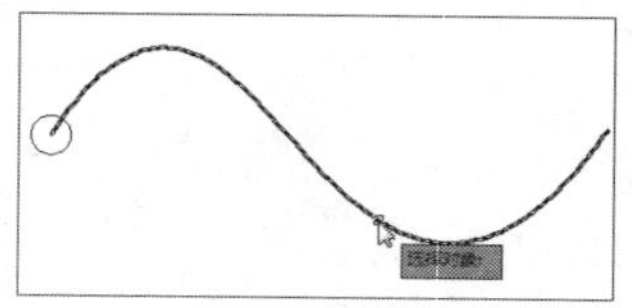

STEP 03 在命令行中，选择“表达式（E）”选项，按Enter键，输入所要阵列的数目，这里输入8，如下图所示。

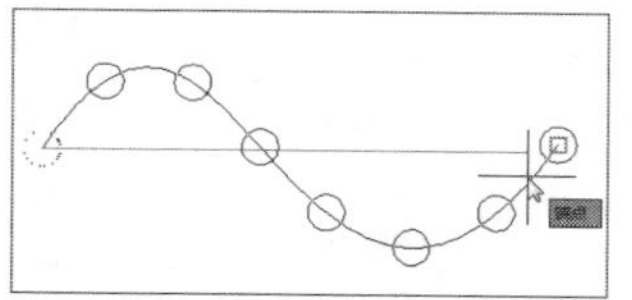

STEP 04 按Enter键，捕捉路径曲线终点，按Enter键，完成路径阵列操作，如下图所示。

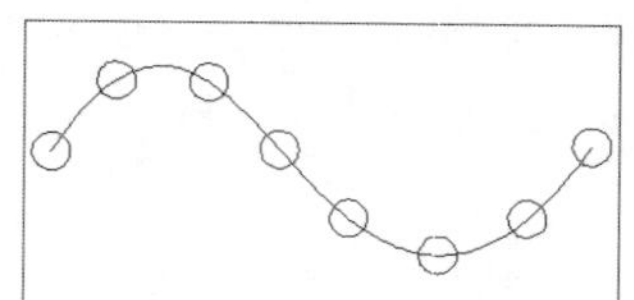

工程师点拨｜对阵列图形进行修改

用户可对阵列后的图形进行修改编辑。选择所需修改的阵列图形，此时在功能区中，则会显示“阵列”选项卡。在该选项卡中，用户可对其“类型”、“项目”、“行”、“级别”、“特性”以及“选项”进行操作。

02 偏移图形

偏移图形是指创建一个与选定对象相同的新对象，并将偏移的对象放置在离原对象一定距离位置上，同时保留原对象。偏移的对象可以为直线、圆弧、圆、椭圆、椭圆弧、二维多段线、构造线、射线和样条曲线组成的对象。用户可以通过以下几种方式偏移图形：

- 在菜单栏中执行“修改>偏移”命令。
- 在“默认”选项卡的“修改”面板中单击“偏移”按钮。
- 在命令行输入OFFSET命令并按Enter键。

偏移图形的具体操作介绍如下：

STEP 01 执行“修改>偏移”命令，根据命令行提示，输入要偏移的距离值，如下图所示。

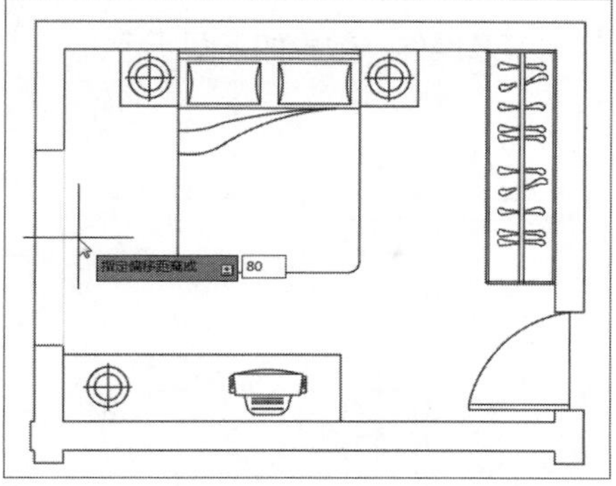

STEP 02 输入完毕后，按Enter键，在绘图区中，选择所要偏移的线段，如下图所示。

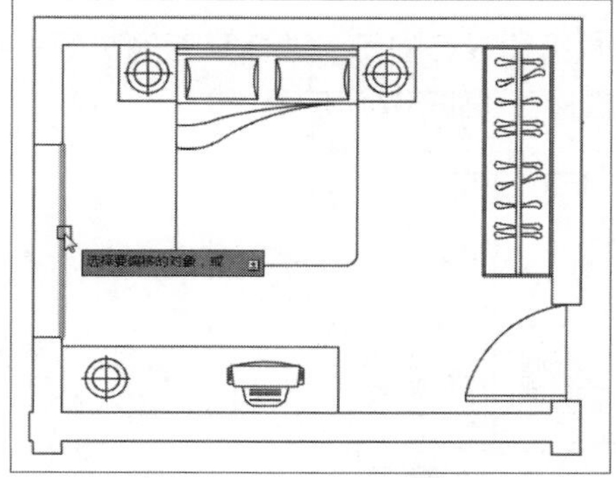

STEP 03 选择完成后，根据命令行提示，指定要偏移的一侧上的点，即可完成偏移操作，如下图所示。

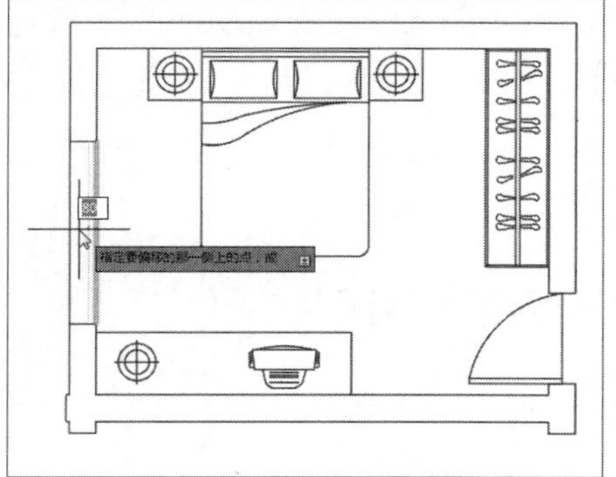

STEP 04 若要再次进行偏移操作，可继续选择要偏移的线段，进行偏移操作。直到按Enter键即可结束操作，如下图所示。

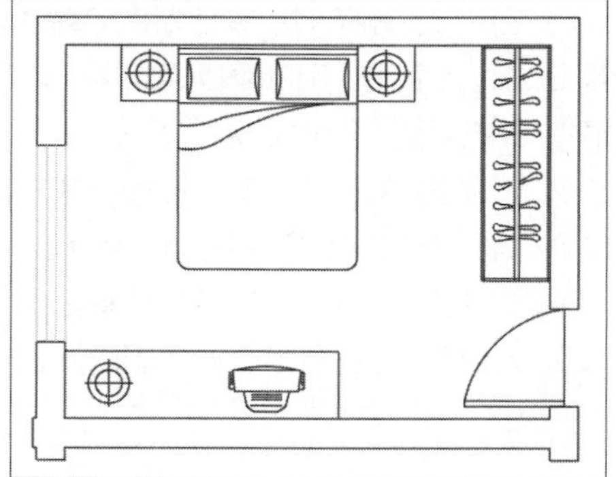

03 镜像图形

镜像对象是将选择的图形以两个点为镜像中心进行对称复制，镜像命令在AutoCAD中属于常用命令，并在很大程度上减少了重复操作的时间。用户可以通过以下几种方式镜像图形：

- 在菜单栏中执行“修改>镜像”命令。
- 在“默认”选项卡的“修改”面板中单击“镜像”按钮。

● 在命令行输入MIRROR命令并按Enter键。

镜像图形的具体操作介绍如下：

STEP 01 执行“修改>镜像”命令，选择所要镜像的图形对象，如下图所示。

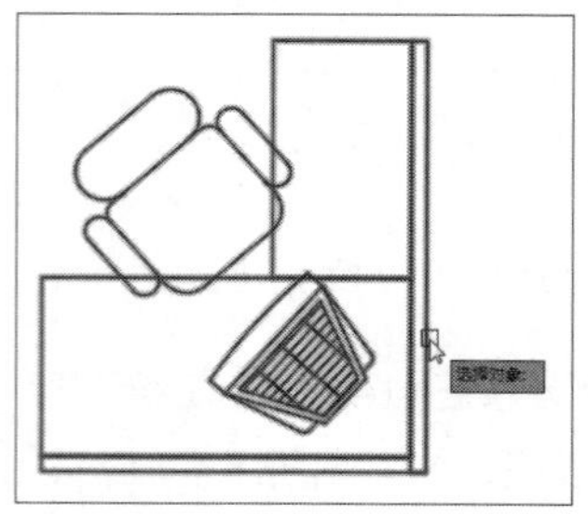

STEP 02 按Enter键，根据命令行提示，选择镜像线的起点和终点，如下图所示。

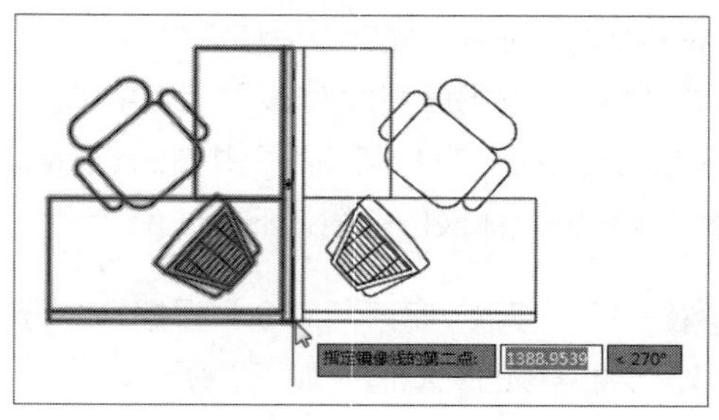

STEP 03 根据命令行提示，选择是否删除源对象，这里选择否，如下图所示。

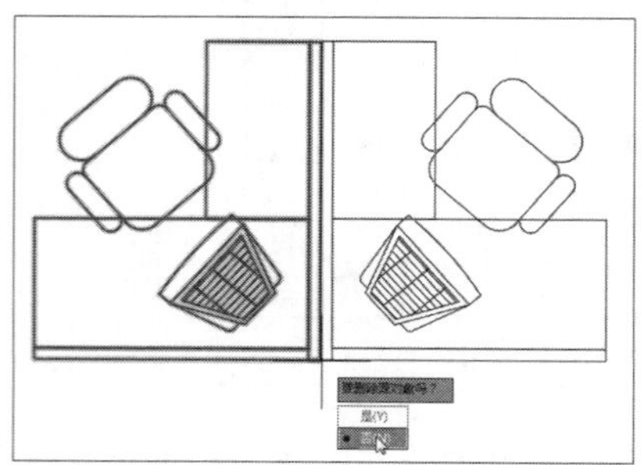

STEP 04 完成镜像操作，效果如下图所示。

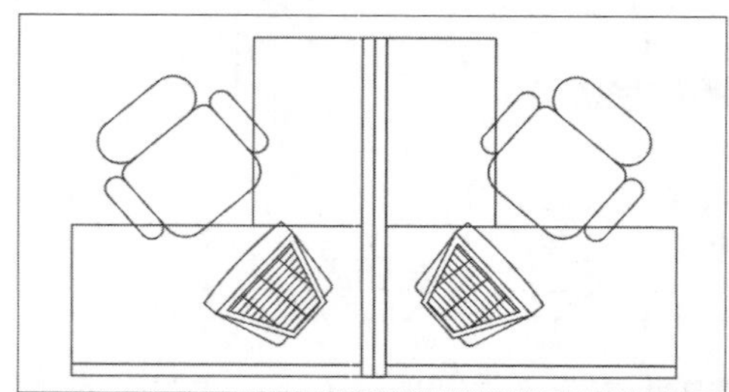

04 打断图形

打断图形是将部分删除对象或把对象分解成两部分。打断对象可以在一个对象上创建间距，使分开的两个部分之间有空间。用户可以通过以下几种方式打断图形：

● 在菜单栏中执行“修改>打断”命令。
● 在“默认”选项卡的“修改”面板中单击“打断”按钮。
● 在命令行输入BREAK命令并按Enter键。

执行“修改>打断”命令，然后在绘图区中，选择一条要打断的线段，并选择两点作为打断点，此时该线段则以打断点进行打断，如下图所示。

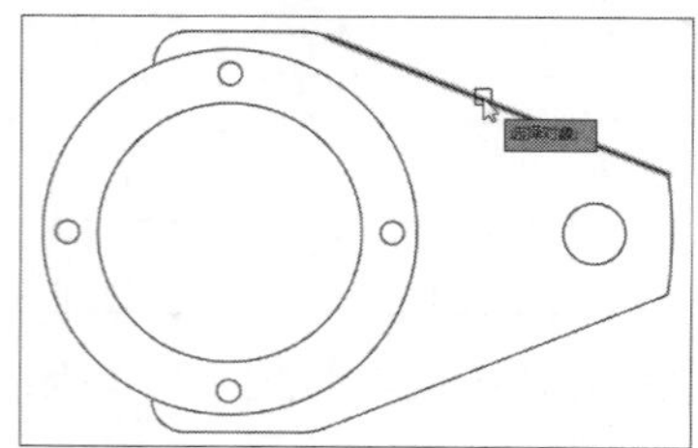

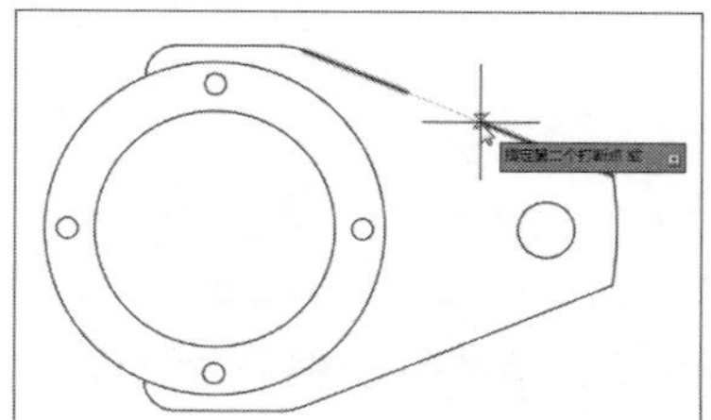

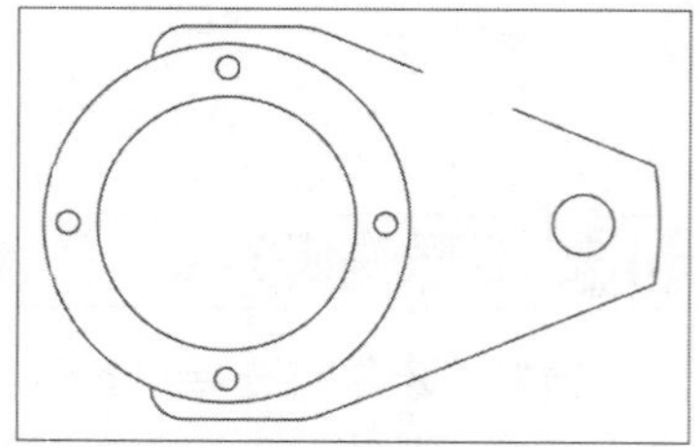

“打断于点”命令与“打断”命令相似，但前者是将线段在交点位置断开，线段中间没有间隙；而后者可根据需要设置断点间隙。

05 合并图形

合并对象是将相似的对象合并为一个对象，例如将两条断开的直线将其合并成一条线段，可使用“合并”命令。但合并的对象必须位于相同的平面上。合并的对象可以为圆弧、椭圆弧、直线、多段线和样条曲线。用户可以通过以下几种方式合并图形：

- 在菜单栏中执行“修改>合并”命令。
- 在“默认”选项卡的“修改”面板中单击“合并”按钮。
- 在命令行输入JOIN命令并按Enter键。

执行“修改>合并”命令，根据命令行提示，选择所要合并的线段，按Enter键，即可完成合并，如下图所示。

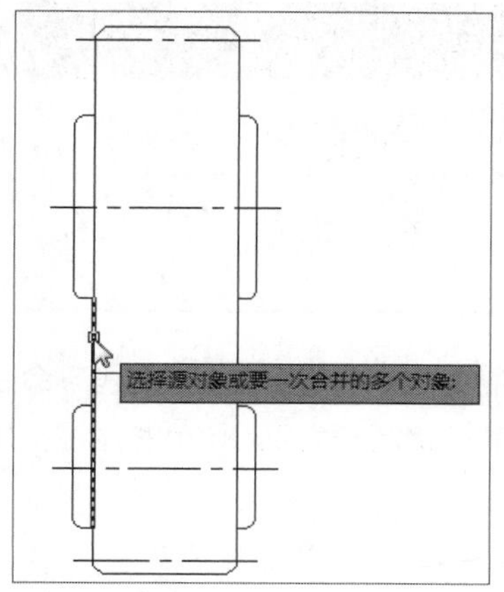

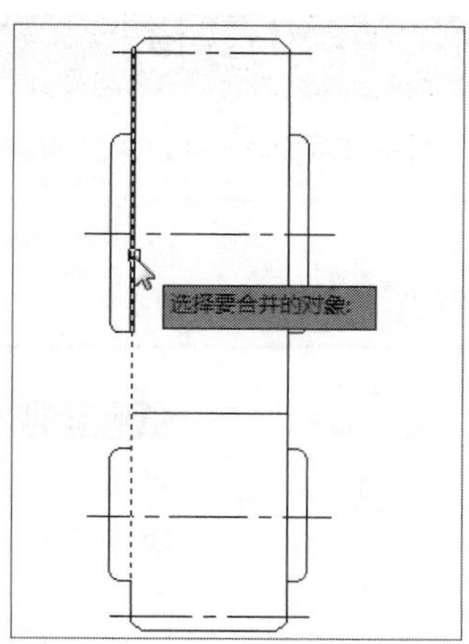

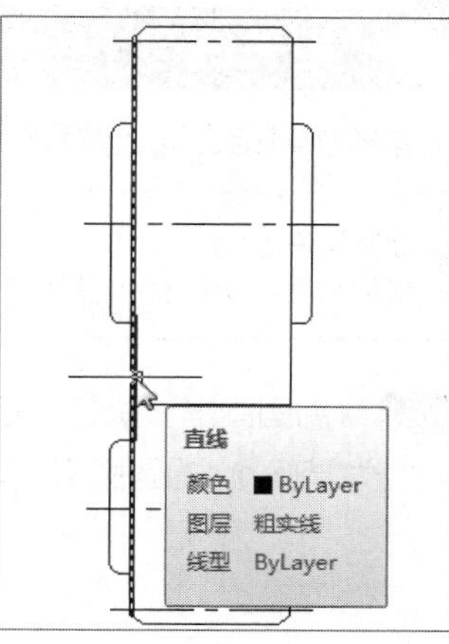

06 光顺曲线

“光顺曲线”命令是AutoCAD2018软件的新增命令。它是在两条开放的曲线之间，创建相切或平滑的样条曲线。用户可以通过以下几种方式创建光顺曲线：

- 在菜单栏中执行“修改>光顺曲线”命令。
- 在“默认”选项卡的“修改”面板中单击“光顺曲线”按钮。
- 在命令行输入BLEND命令并按Enter键。

在“默认”选项卡的“修改”面板中单击“圆角”下拉按钮，然后单击“光顺曲线”按钮，根据命令行提示，选择两条所需连接曲线，即可完成操作，如下图所示。

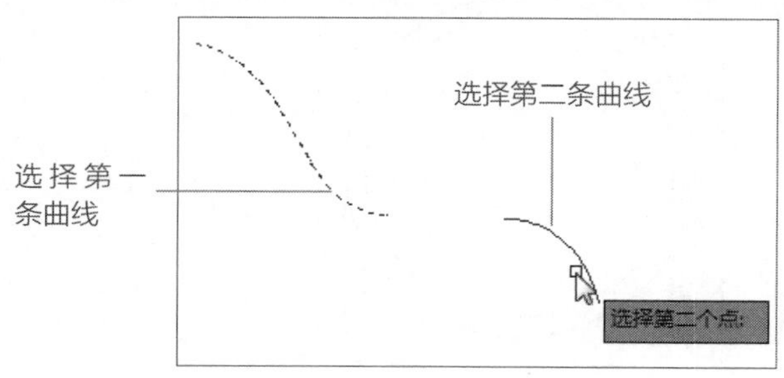

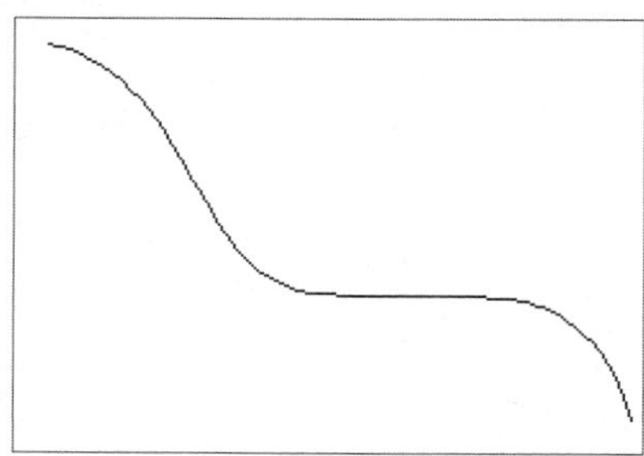

选择所绘制的连接曲线，并将光标放置曲线控制点上，在打开快捷菜单中，根据需要选择相关选项，即可对当前曲线进行修改编辑，如下图所示。

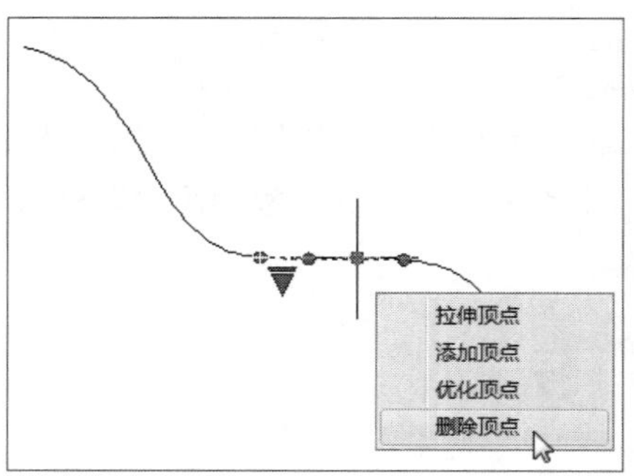

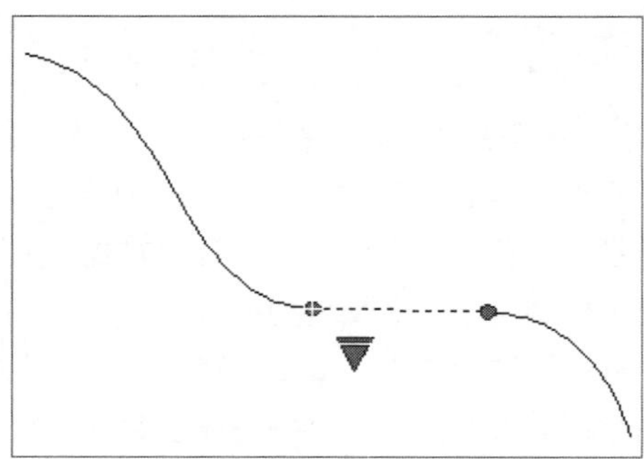

相关练习｜绘制休闲桌椅组合

本实例将结合以上做介绍的几项基本编辑命令，来绘制休闲桌椅组合图块。

原始文件：无
最终文件：实例文件\第3章\最终文件\休闲桌椅.dwg

STEP 01 绘制圆图形。执行“绘图>圆”命令，绘制半径为250mm的圆图形，如下图所示。

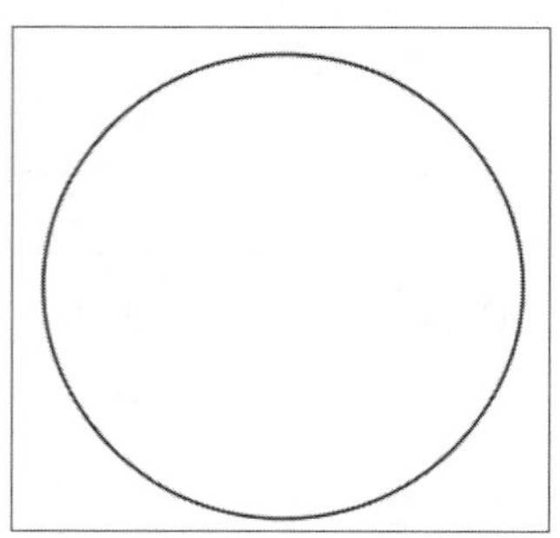

STEP 02 绘制直线。执行“绘图>直线”命令，捕捉圆边上的点绘制长为250mm的直线，如下图所示。

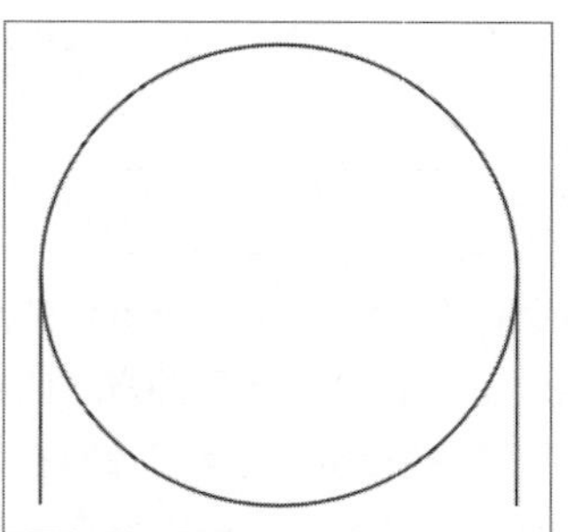

STEP 03 偏移图形。执行“修改>偏移”命令，将图形向外内偏移30mm，如下图所示。

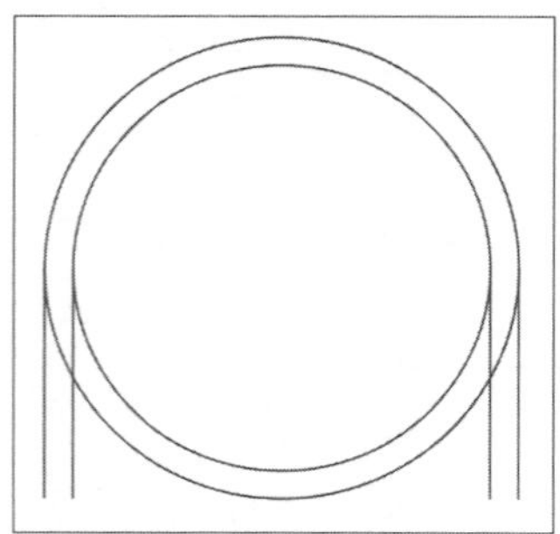

STEP 04 绘制圆图形。执行“绘图>圆”命令，绘制半径为15mm的圆图形，如下图所示。

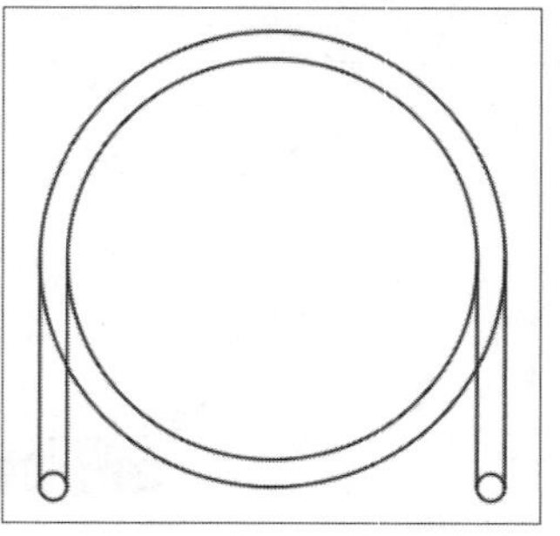

STEP 05 修剪图形。执行“修改>修剪”命令，修剪删除多余的图形，如下图所示。

STEP 06 绘制圆弧。执行“绘图>圆弧>三点”命令，绘制一条弧线，如下图所示。

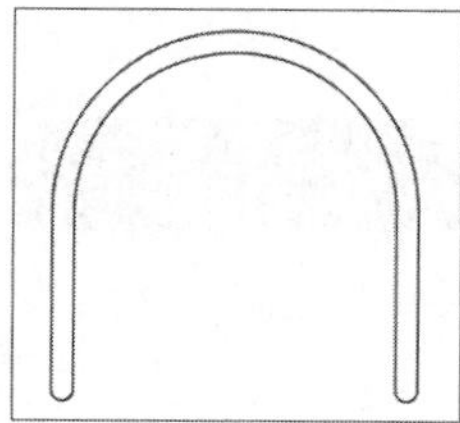

STEP 07 绘制直线。执行“绘图>直线”命令，捕捉绘制一条直线，如下图所示。

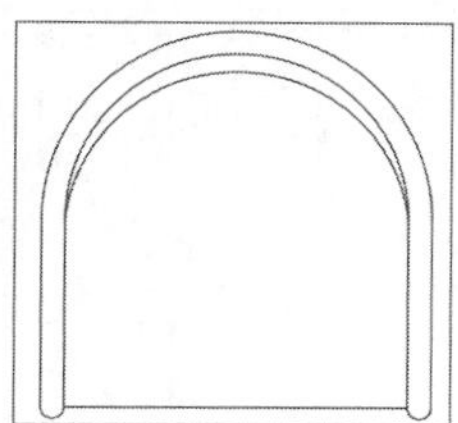

STEP 07 镜像图形。执行“修改>镜像”命令，将椅子图形进行镜像，如右图所示。

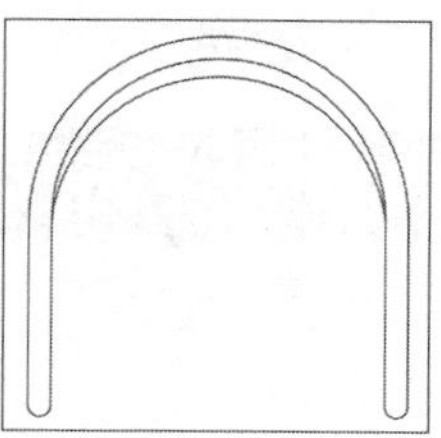

STEP 08 绘制圆图形。执行“绘图>圆”命令，绘制半径为140mm和150mm的同心圆图形，如下图所示。

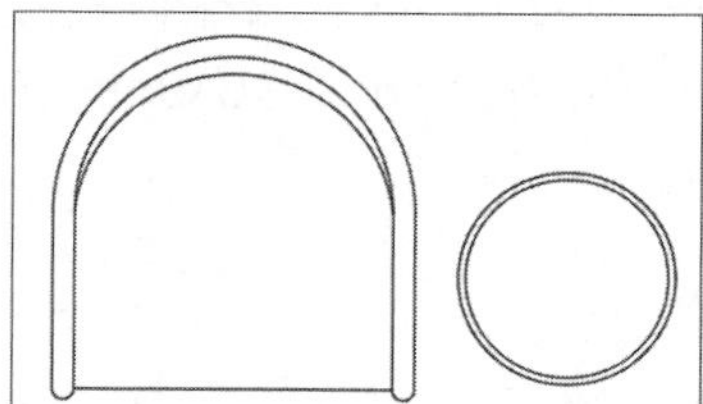

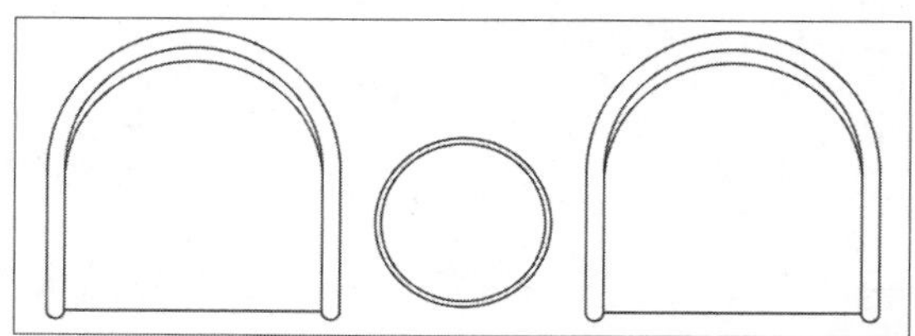

07 删除重复图形

在绘制复杂的图纸时，难免会出现多余重叠的线段和图形，这样一来大大增加了文件储藏容量。在AutoCAD软件中，使用“删除重复对象”命令，即可快速清除图纸中多余重叠的图形。用户可以通过以下几种方式删除重复图形：

- 在菜单栏中执行“修改>删除重复图形”命令。
- 在“默认”选项卡的“修改”面板中单击“删除重复图形”按钮。
- 在命令行输入OVERKILL命令并按Enter键。

在“默认”选项卡的“修改”面板中单击“删除重复对象”按钮，根据命令行提示，选择所需删除的图形，按Enter键，即可打开“删除重复对象”对话框，用户只需根据需要，勾选相关选项，完成清除操作，如下图所示。

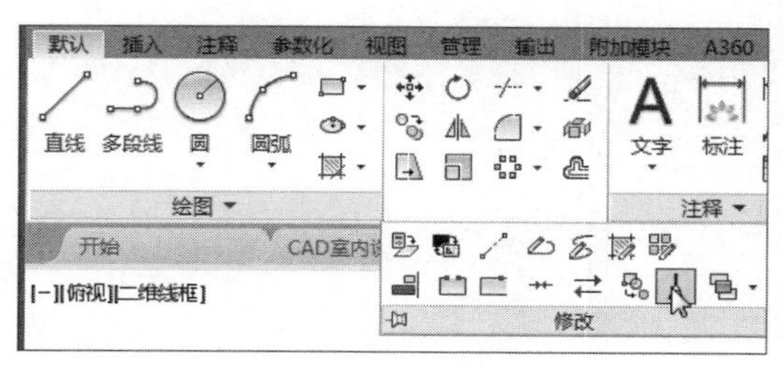

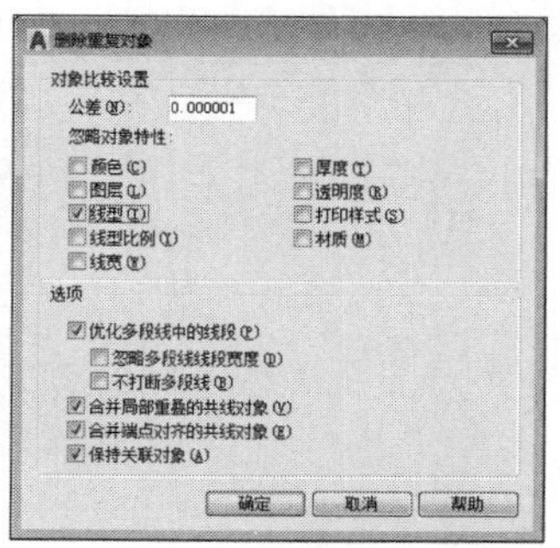

相关练习 | 绘制炉灶平面图

本实例将运用“矩形”、“圆”、“复制”、“旋转”、“倒圆角”等基本制图命令，来绘制炉灶平面图。

原始文件：无
最终文件：实例文件\第3章\最终文件\炉灶平面图.dwg

STEP 01 设置矩形圆角值。执行“绘图>长方形”命令，绘制一个长1010mm，宽610mm长方形，如下图所示。

STEP 02 圆角操作。执行“修改>圆角”命令，根据命令行提示，设置圆角半径为60mm，如下图所示。

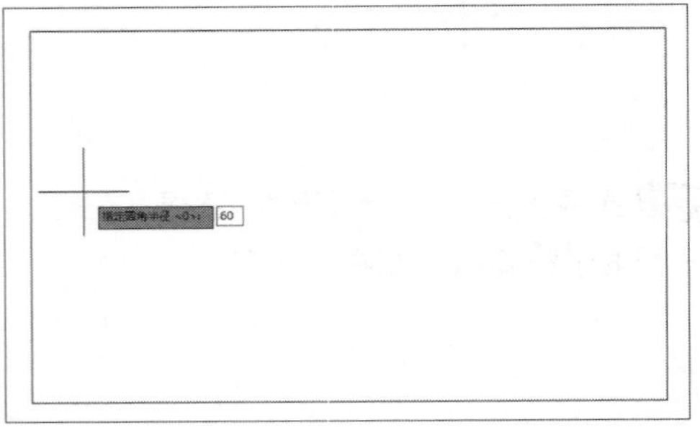

STEP 03 选择第一条边。按Enter键，根据命令行提示选择第一条边，如下图所示。

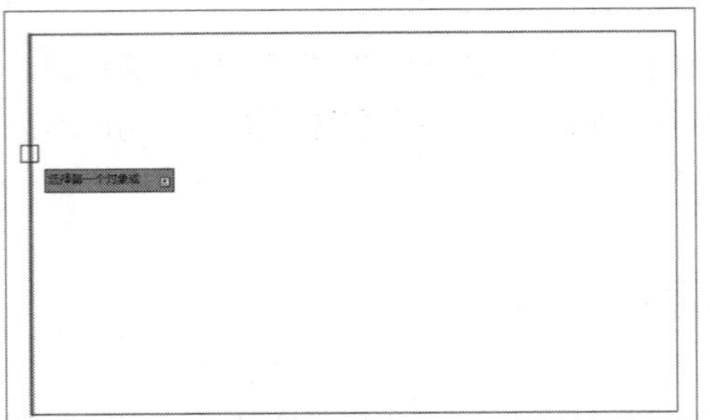

STEP 04 选择第二条边。单击鼠标左键，根据命令行提示选择第二条边，如下图所示。

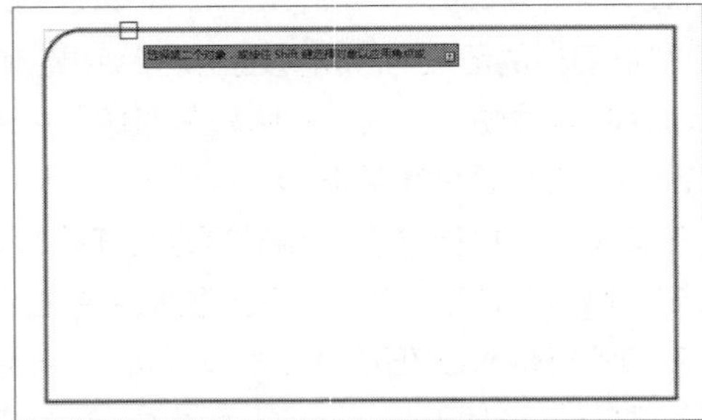

STEP 05 圆角操作。单击鼠标左键，退出圆角操作，如下图所示。

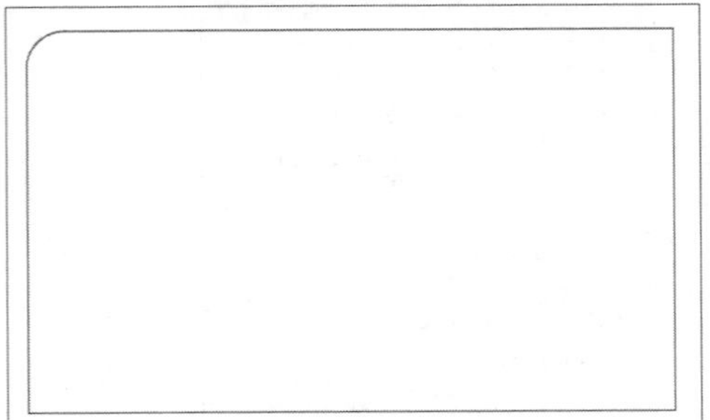

STEP 06 将其余边进行圆角操作。继续执行当前命令，对其余边进行圆角操作，如下图所示。

STEP 07 偏移操作。执行“修改>偏移”命令，将左侧垂直方向的线段向内偏移230mm、400mm，如下图所示。

STEP 08 偏移水平线段。继续执行当前命令，将上方水平方向的线段向下偏移305mm、500mm，如下图所示。

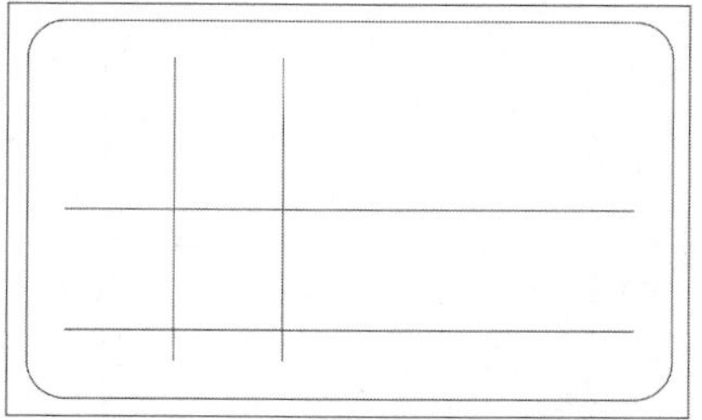

STEP 09 绘制圆图形。执行“绘图>圆”命令，捕捉偏移线段的交点绘制半径为150mm的圆图形，如下图所示。

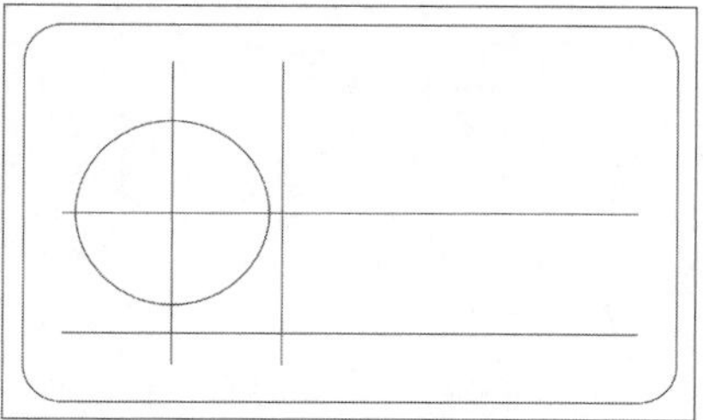

STEP 10 偏移图形。执行“修改>偏移”命令，将圆图形向内偏移130mm、100mm和40mm，如下图所示。

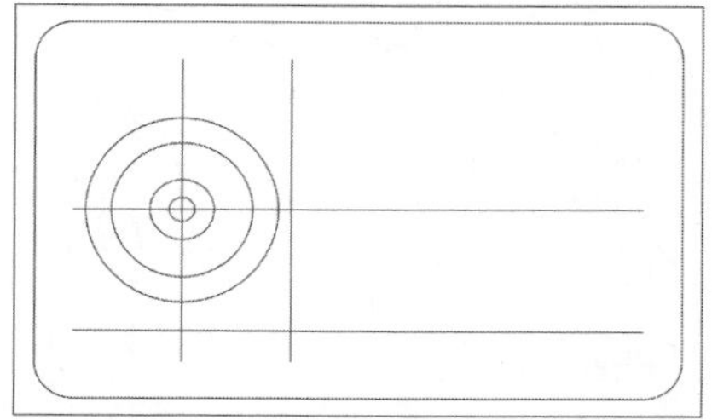

STEP 11 绘制矩形。执行“绘图>矩形”命令，绘制长为120mm、宽为10mm的矩形图形，放到图中合适位置，如下图所示。

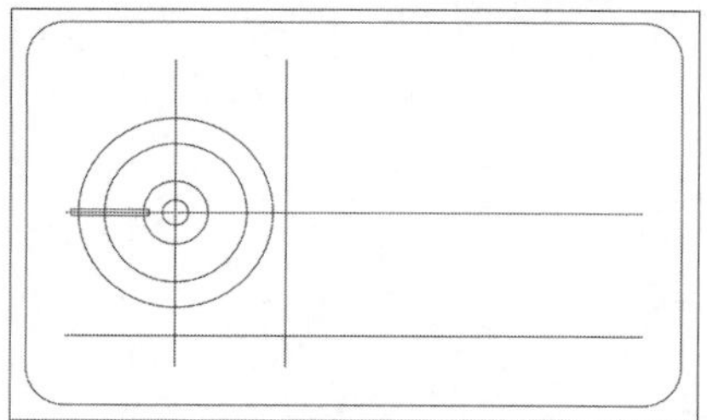

STEP 12 阵列图形。执行“修改>阵列>环形阵列”命令，根据命令行提示设置项目数为4，其余参数保持不变，如下图所示。

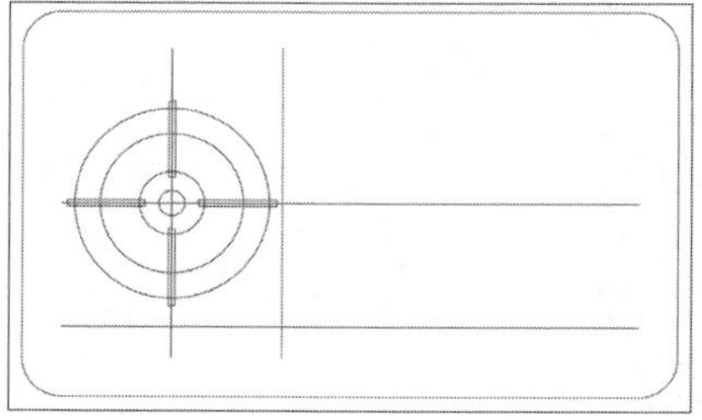

STEP 13 绘制圆图形。执行“绘图>圆”命令，绘制半径为30mm的圆，如下图所示。

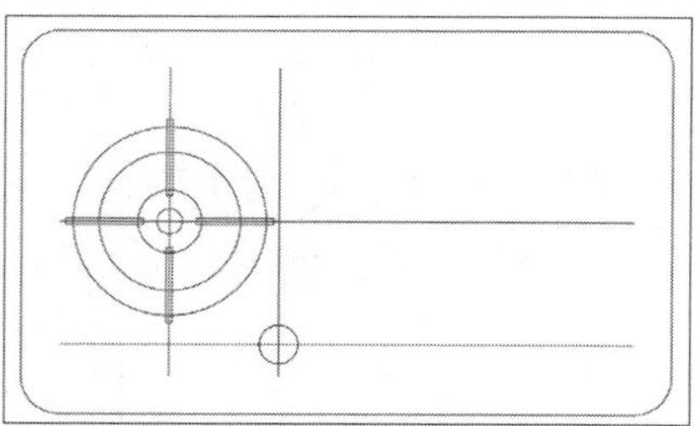

STEP 14 偏移圆图形。执行“修改>偏移”命令，将半径为30mm的圆图形向内偏移10mm，如下图所示。

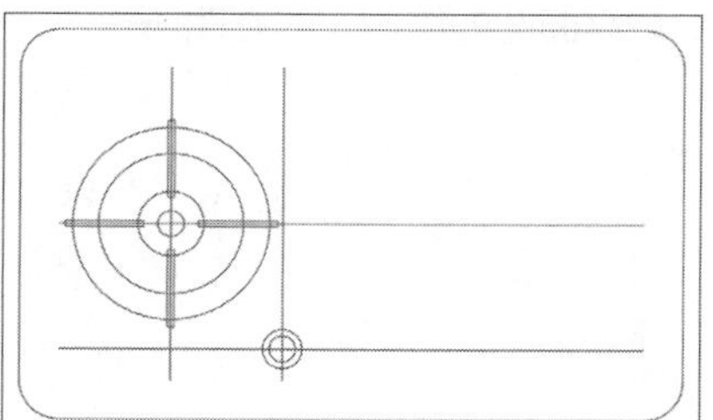

STEP 15 偏移线段。执行“修改>偏移”命令，将垂直的线段向左右两侧各偏移5mm，如下图所示。

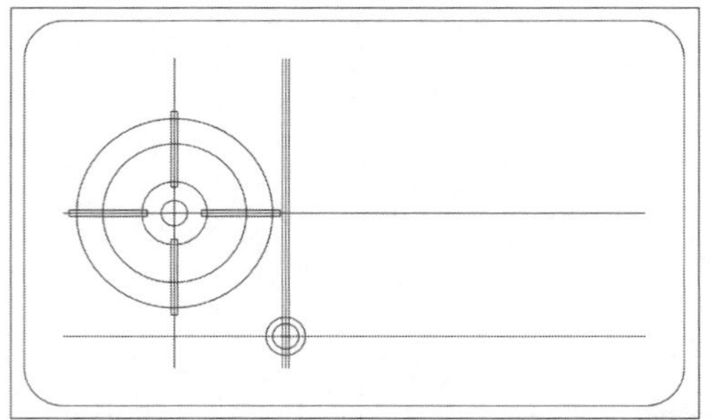

STEP 16 修剪图形。执行“修改>修剪”命令，修剪删除掉多余的线段，如下图所示。

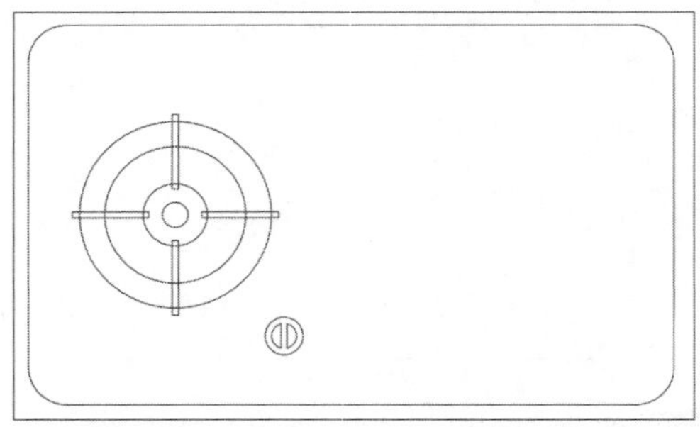

STEP 17 镜像图形。执行“修改>镜像”命令，根据命令行提示选择镜像对象，如下图所示。

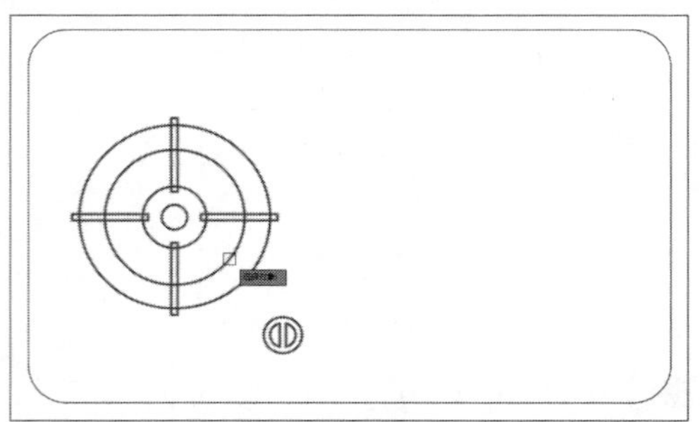

STEP 18 指定镜像第一点。按Enter键，根据命令行提示指定镜像第一点，如下图所示。

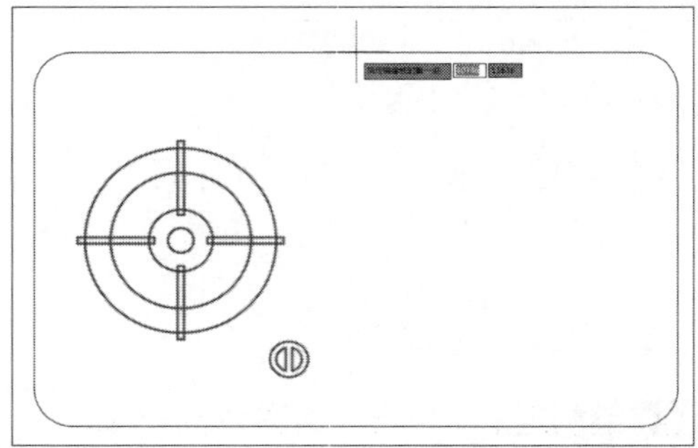

STEP 19 指定镜像第二点。单击鼠标左键，指定镜像第二点，如下图所示。

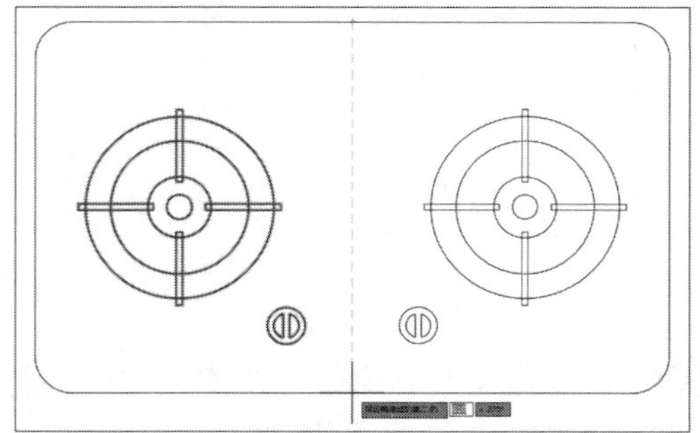

STEP 20 是否删除源对象。单击鼠标左键弹出快捷列表，如下图所示。

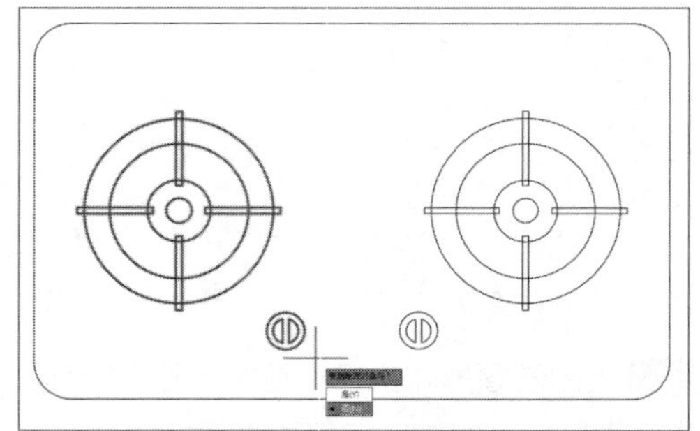

STEP 21 完成灶炉平面图的绘制。这里保留源对象，完成灶炉平面图的绘制，如右图所示。

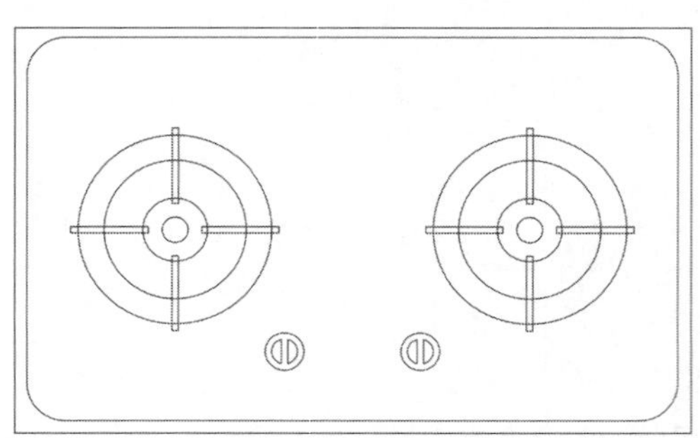

Lesson 03 复合线段的编辑操作

在AutoCAD软件中，除了可以使用各种编辑命令对图形进行修改外，也可以通过特殊的方式对特定的图形进行编辑，如多段线、多线、样条曲线等。

01 编辑多段线

编辑多段线的方式有多种，其中包括闭合、合并、线段宽度、以及移动或删除单个顶点来编辑多段线。用户可以通过以下几种方式编辑多段线：

- 在菜单栏中执行“修改>对象>多段线”命令。
- 在“默认”选项卡的“修改”面板中单击“编辑多段线”按钮。
- 在命令行输入PEDIT命令并按Enter键。
- 双击多段线对象。

执行“修改>对象>多段线”命令，选择图形，光标旁边会弹出一个选项列表，该列表包含了闭合、合并、宽度、编辑顶点、拟合等选项，如下右图所示。

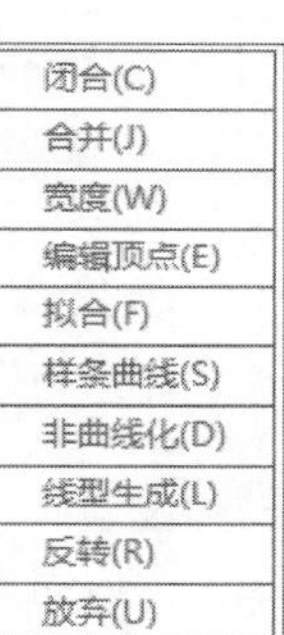

下面将对这几种选项进行介绍：

- 闭合：该选项用于闭合多段线。
- 合并：该选项用于合并直线、圆弧或多段线，使所选对象成为一条多段线。合并的前提则是各段对象首尾相连。
- 宽度：该选项用于多段线的线宽。
- 编辑顶点：编辑多段线的顶点。
- 拟合：该选项将多段线的拐角用光滑的圆弧曲线进行连接。
- 样条曲线：用样条曲线拟合多段线。系统变量SPLFRAME控制是否显示所产生的样条曲线的边框，当该变量为0时（默认值），只显示拟合曲线；当值为1时，同时显示拟合曲线和曲线的线框。
- 非曲线化：反拟合，即对多段线恢复到上述执行“拟合”或“样条曲线”选项之前的状态。
- 线型生成：该选项用于控制多段线的线型生成方式开关。
- 反转：可反转多段线的方向。
- 放弃：取消“编辑”命令的上一次操作。用户可重复使用该选项。

1. 闭合

闭合多段线是将多段线的首尾连接，生成一条封闭的多段线。在“默认”选项卡的“修改”面板中单击“编辑多段线”按钮，在绘图区中选择要编辑的多段线，在打开的快捷菜单中选择“闭合”选项，按Enter键，即可将当前多段线闭合，如右图所示。

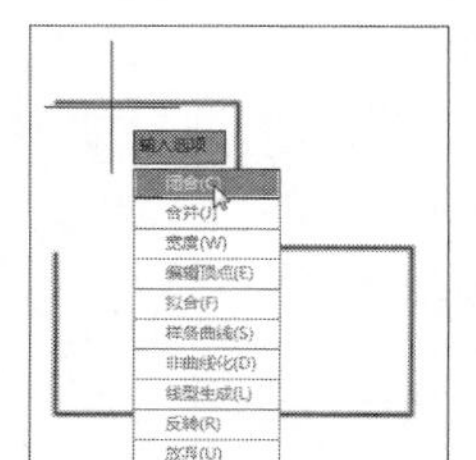

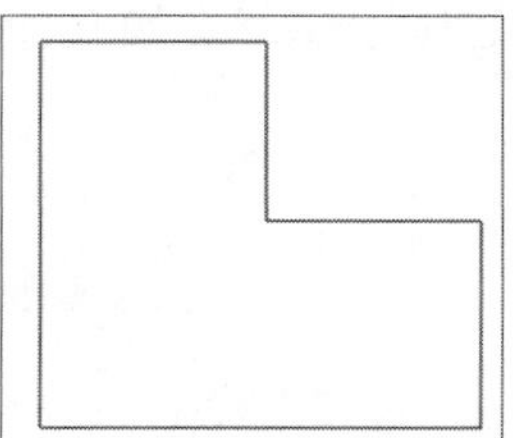

2. 合并

合并多段线是将两条或两条以上的多段线合并成一条多段线，其中包括直线、圆弧等线段。下面将对其具体操作进行介绍：

STEP 01 在“默认”选项卡的“修改”面板中单击“编辑多段线”按钮，根据命令行提示，选择需合并的线段，如下图所示。

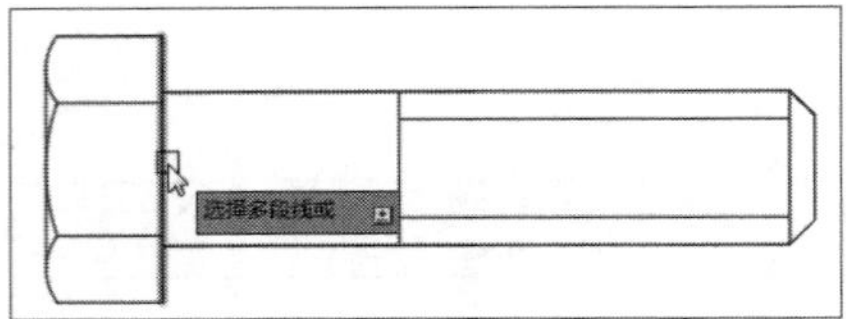

STEP 02 根据命令行提示，输入命令Y并按Enter键，即可进入下一操作，如下图所示。

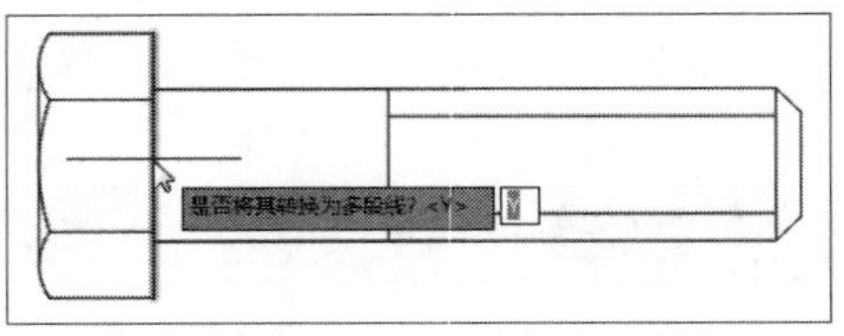

STEP 03 在打开的快捷菜单中，选择“合并”选项，如下图所示。

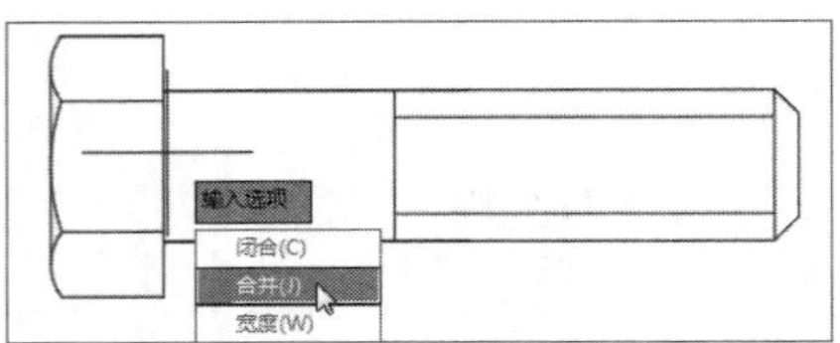

STEP 04 在绘图区中，选择剩余需要合并的线段，按两次Enter键，即可完成多段线的合并，如下图所示。

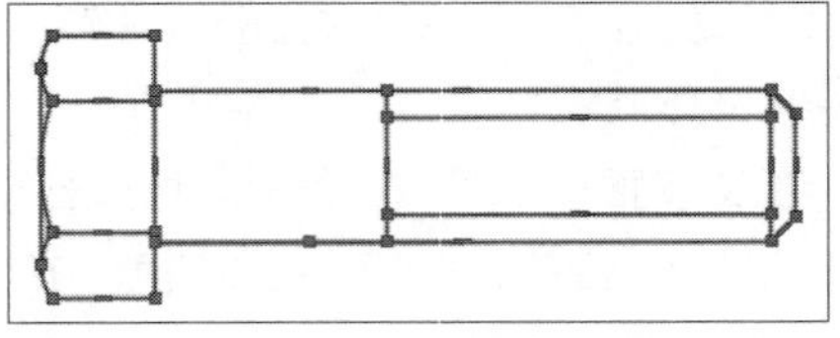

3. 宽度

用户可以根据需要来编辑多线段的宽度，而它的默认线宽为0，其具体操作介绍如下：

STEP 01 在“默认”选项卡的“修改”面板中单击“编辑多段线”按钮，根据命令行提示，选择所要编辑的多段线，如下图所示。

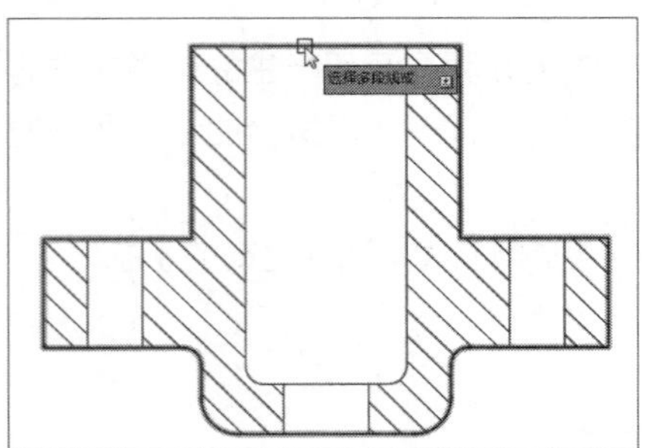

STEP 02 在打开的快捷菜单，或者在命令行中，选择“宽度”选项，如下图所示。

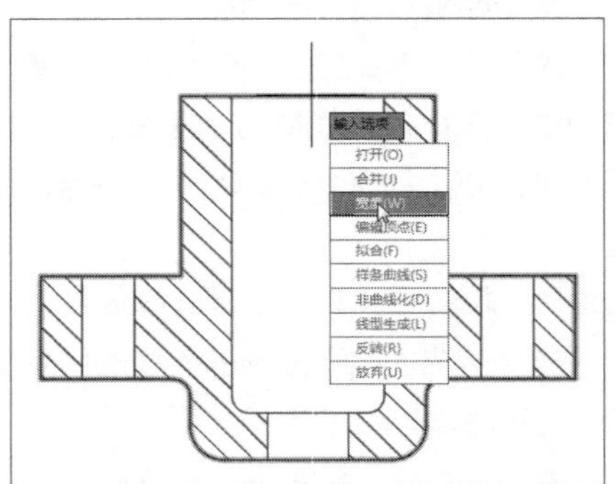

STEP 03 在动态输入框中输入线段新宽度值，这里输入0.5，如下图所示。

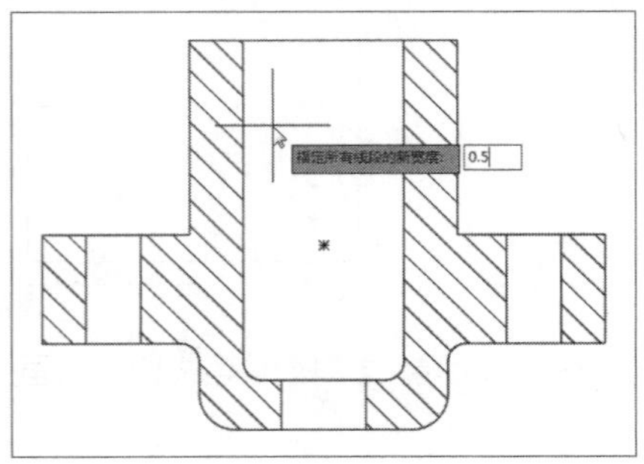

STEP 04 输入完毕后，按两次Enter键，即可完成线段宽度值的更改，如下图所示。

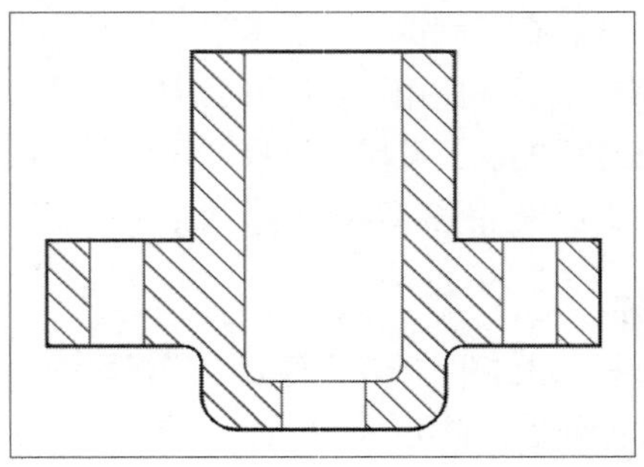

4. 编辑顶点

在AutoCAD软件中还可对多段线的顶点进行编辑，并可在上一个点和下一个点之间切换点的位置，其具体操作方法介绍如下：

STEP 01 在“默认”选项卡的“修改”面板中单击“编辑多段线”按钮，选择所需编辑的多段线，如下图所示。

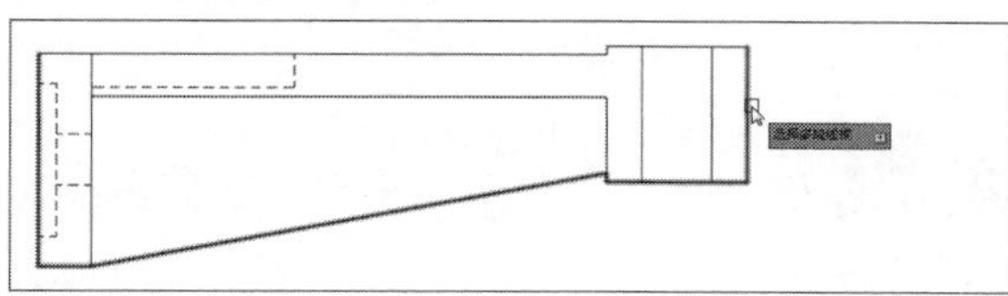

STEP 02 在打开的快捷菜单中，选择“编辑顶点”选项，如下图所示。

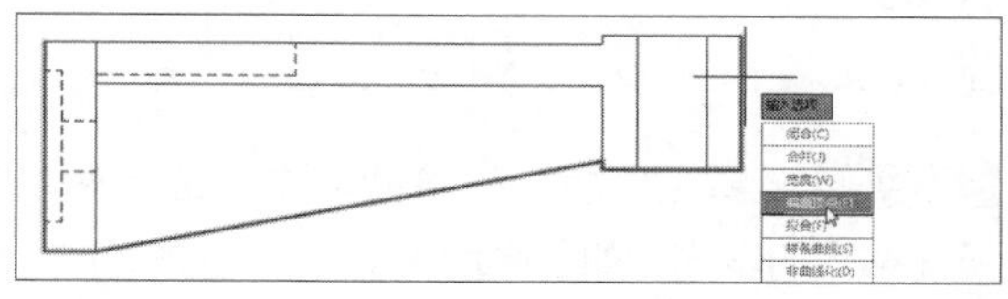

STEP 03 在动态输入框中，选择“宽度”选项，如下图所示。

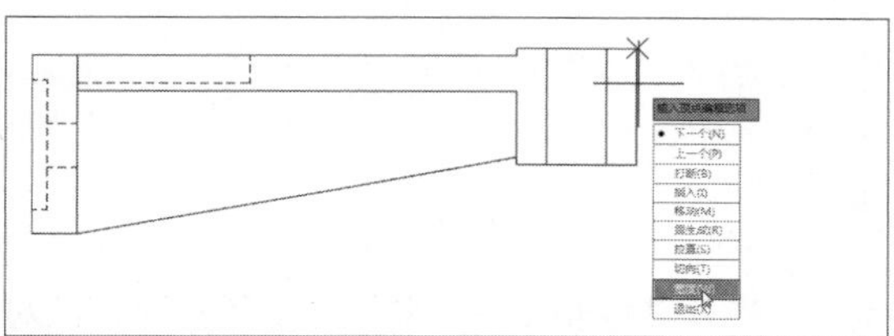

STEP 04 根据提示输入下一条线段起点的宽度值，这里输入0.5。

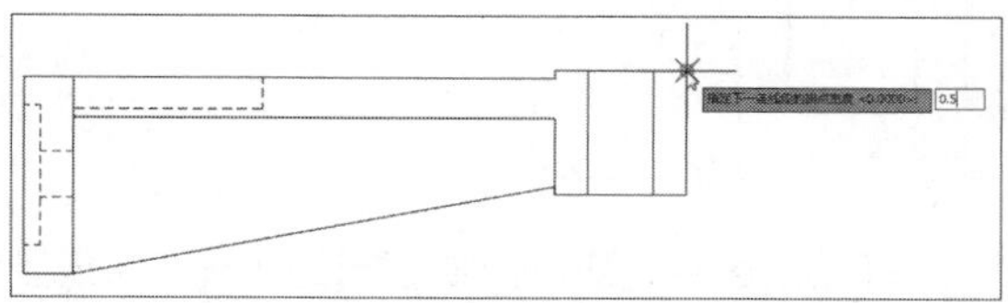

STEP 05 按照同样的操作方法，根据需求移动鼠标至合适位置，并输入下一条线段端点宽度值。

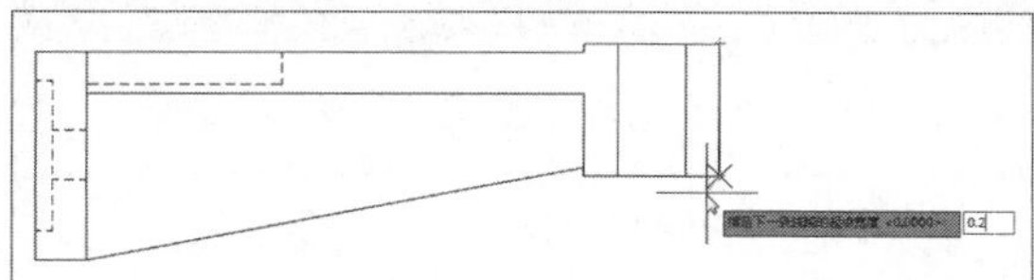

STEP 06 输入完毕后，按Enter键，即可设置下一顶点的宽度值，全部设置完成后，选择“退出”选项，结束操作。

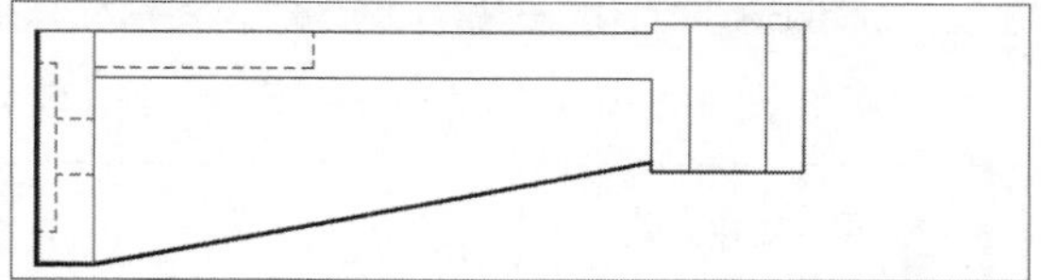

02 编辑多线

编辑多线是对多线进行编辑。在使用多线绘制图形时，其线段难免会有交叉、重叠的现象，此时用户只需要运用多线编辑工具，即可将线段进行修改编辑。用户可以通过以下几种方式打开“多线编辑工具”面板：

- 在菜单栏中执行“修改>对象>多线”命令。
- 在命令行输入MLEDIT命令并按Enter键。
- 双击多线对象。

编辑多项的具体操作介绍如下：

STEP 01 执行“修改>对象>多线”命令，如下图所示。

STEP 02 在打开的“多线编辑工具”面板中，根据需要选择所需编辑的选项，这里选择“角点结合”选项，如下图所示。

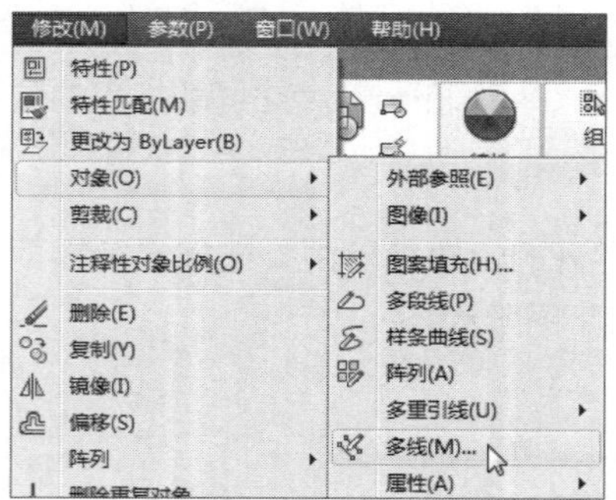

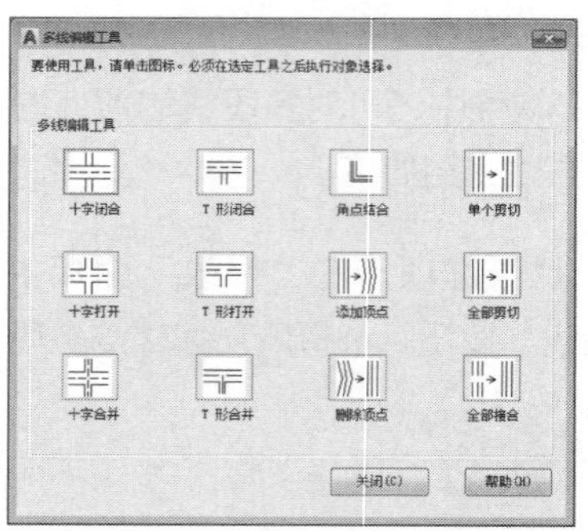

STEP 03 选择完成后，在绘图区中，选择两条所需编辑的多线，如下图所示。

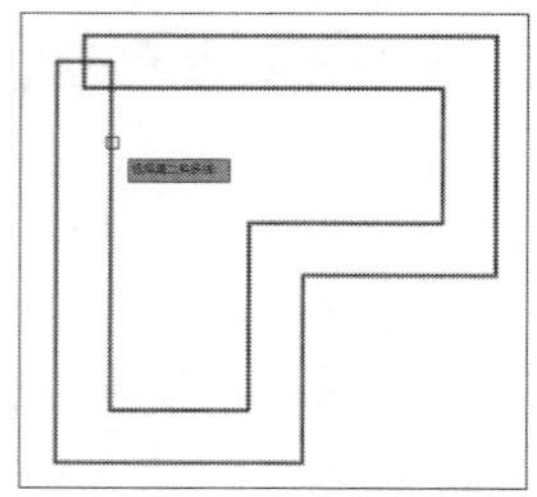

STEP 04 选择完成后，系统将自动修剪多线，如下图所示。

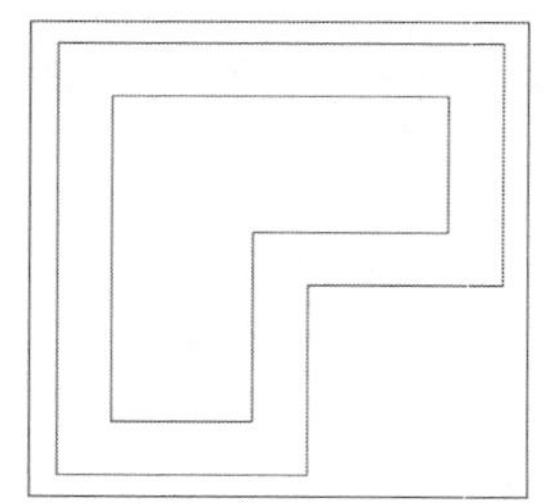

在绘图区中，双击所要编辑的多线，系统则会自动打开“多线编辑工具”对话框。用户可在该对话框中，选择合适的编辑工具进行操作。

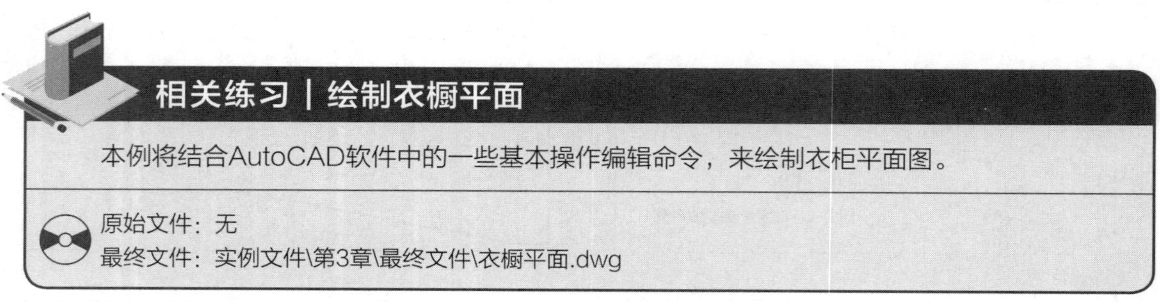

相关练习 | 绘制衣橱平面

本例将结合AutoCAD软件中的一些基本操作编辑命令，来绘制衣柜平面图。

原始文件：无

最终文件：实例文件\第3章\最终文件\衣橱平面.dwg

STEP 01 绘制长方形。执行“绘图>矩形”命令，绘制一个长1000mm，宽600mm的矩形，如下图所示。

STEP 02 偏移长方形。执行“修改>偏移”命令，将矩形向内偏移20mm，如下图所示。

STEP 03 绘制衣柜门。执行“矩形”命令，绘制一个长500mm，宽20mm的长方形，如下图所示。

STEP 04 旋转长方形。执行“修改>旋转”命令，将衣柜门图形向下旋转45度，并将其移至图形合适位置，如下图所示。

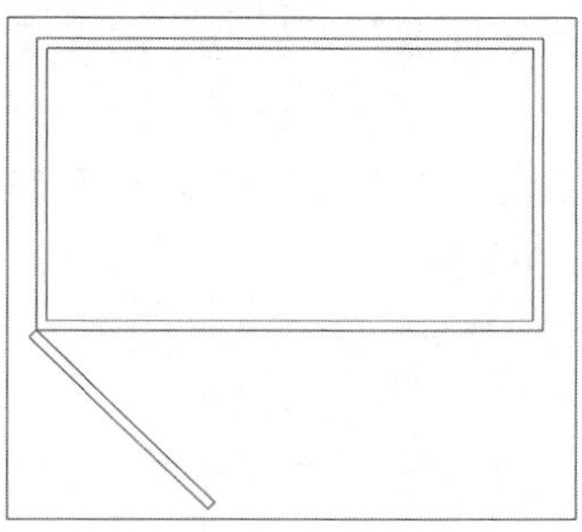

STEP 05 镜像衣柜门。执行“修改>镜像”命令，选择刚旋转的衣柜门图形，如下图所示。

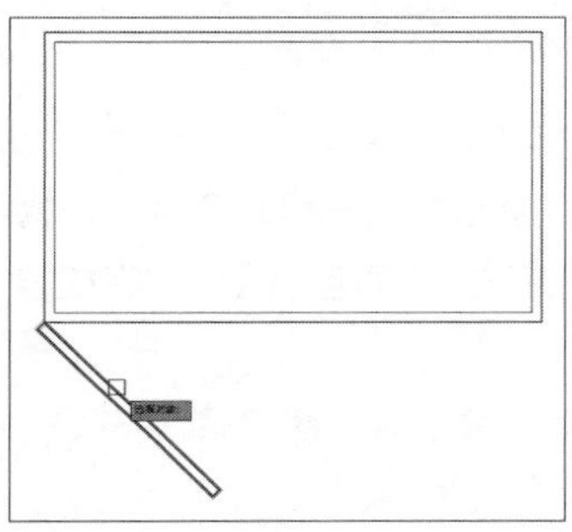

STEP 06 指定镜像第一点。根据命令行提示指定镜像第一点，如下图所示。

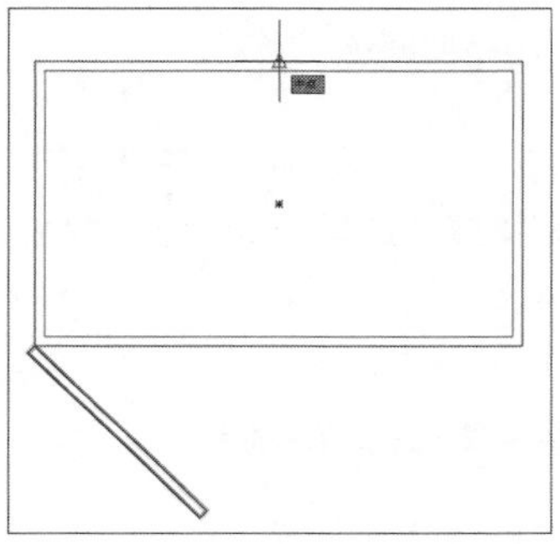

STEP 07 指定镜像第二点。单击鼠标左键，指定镜像第二点，如下图所示。

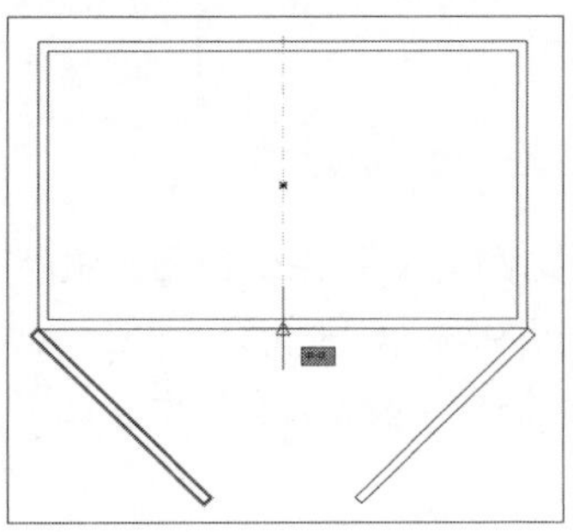

STEP 08 是否保留源对象。单击鼠标左键，在弹出的快捷列表中保留源对象，如下图所示。

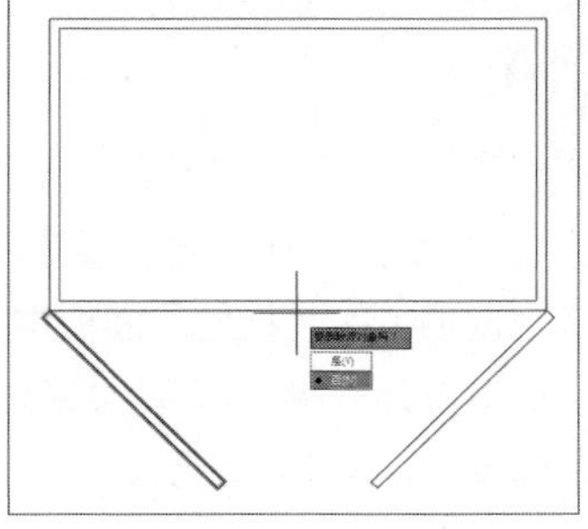

STEP 09 绘制挂衣杆。执行“直线”命令，捕捉衣橱两侧的中心点，并绘制直线，作为挂衣杆，如下图所示。

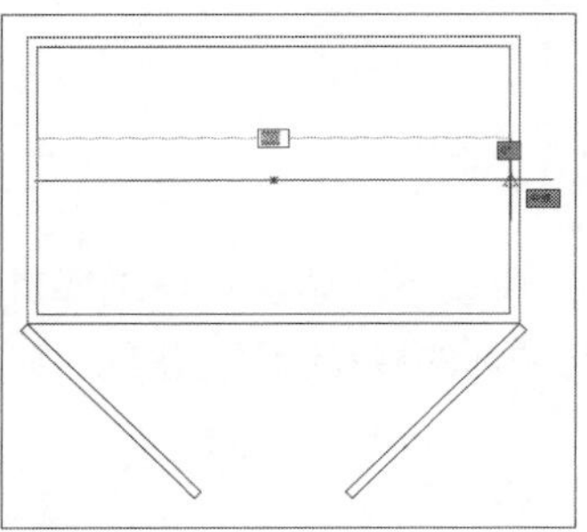

STEP 10 偏移挂衣杆。执行“修改>偏移”命令，将刚绘制的挂衣杆向上下两侧各偏移10mm，如下图所示。

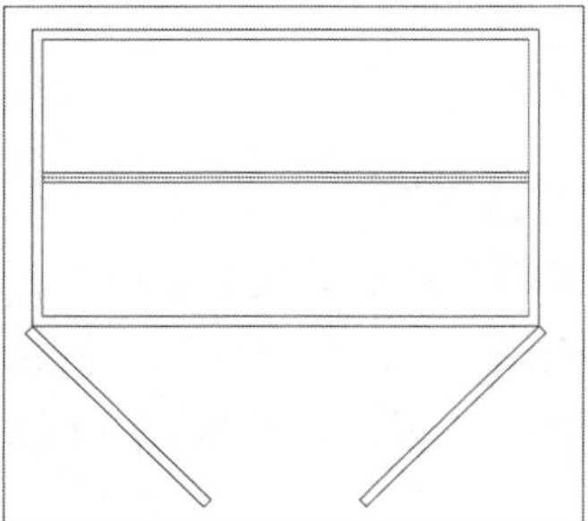

STEP 11 打开“线型管理器”对话框。选择任意一条偏移的线段，在“默认”选项卡的“特性”面板中单击“线型”按钮，打开 “线型管理器”对话框，如下图所示。

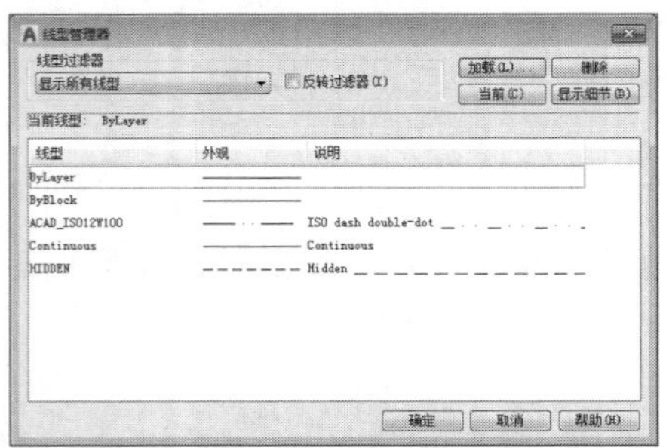

STEP 12 打开“加载或重载线型”对话框。在该对话框中，单击“加载”按钮，打开“加载或重载线型”对话框，如下图所示。

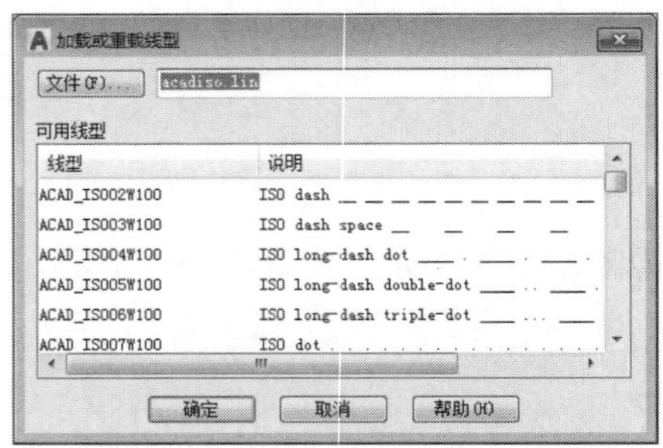

STEP 13 加载虚线线型。在该对话框中，根据需要选择合适的线型样式，这里选择虚线线型，如下图所示。

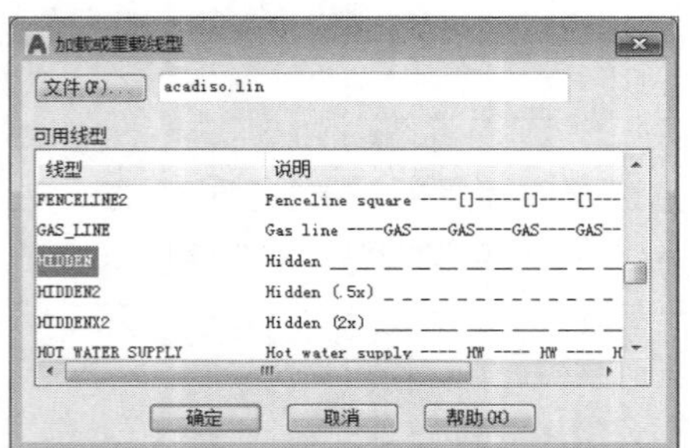

STEP 14 完成虚线样式的设置。选择完成后，单击“确定”按钮，返回至上一层对话框，选择刚设置的线型样式，单击“确定”按钮，完成设置，如下图所示。

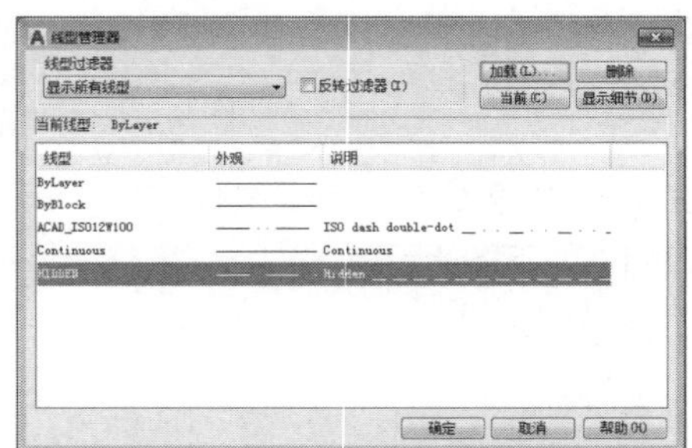

STEP 15 转换成虚线。在绘图区中，选择要转换的线型，在“默认”选项卡的“特性”面板中单击“线型”按钮，在下拉列表中，选择刚加载的虚线线型，即可完成转换，如下图所示。

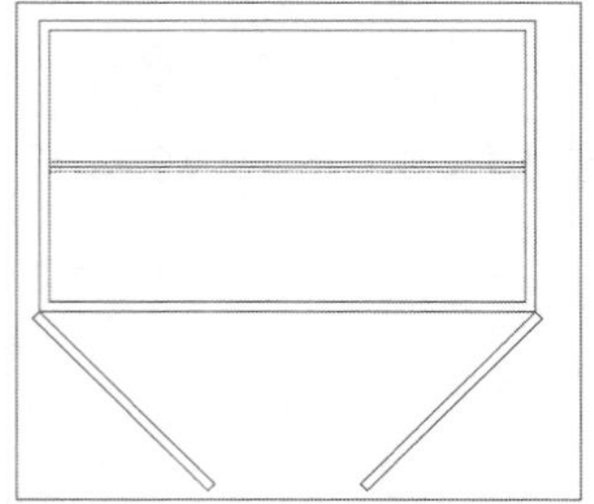

STEP 16 设置线型比例。设置完线型后，进行比例调整，在命令行中输入CH命令，按Enter键，在“特性”对话框中，设置线型比例，如下图所示。

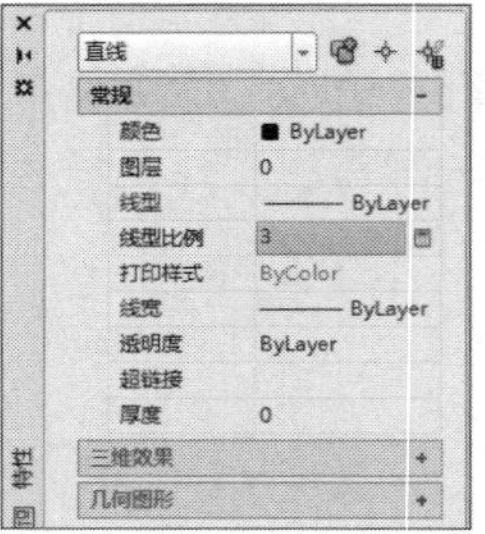

STEP 17 执行“格式刷”命令。在命令行中，输入MA命令，按Enter键，即可启动“格式刷”命令，在绘图区中，选择虚线线型，如下图所示。

STEP 18 将挂衣杆线段设置成虚线。再选择其他挂衣杆线段，即可快速的将其设置为虚线，如下图所示。

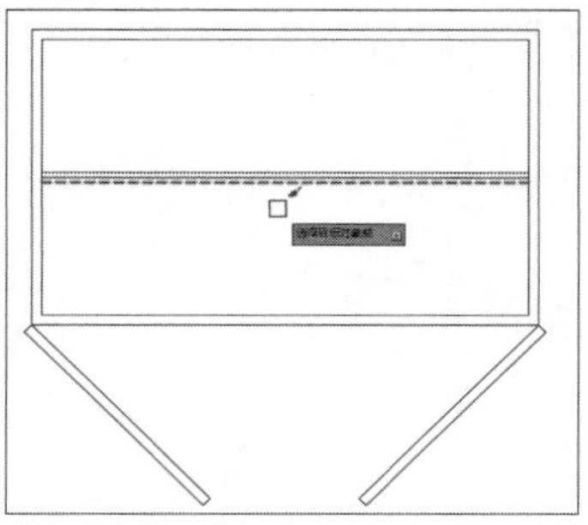

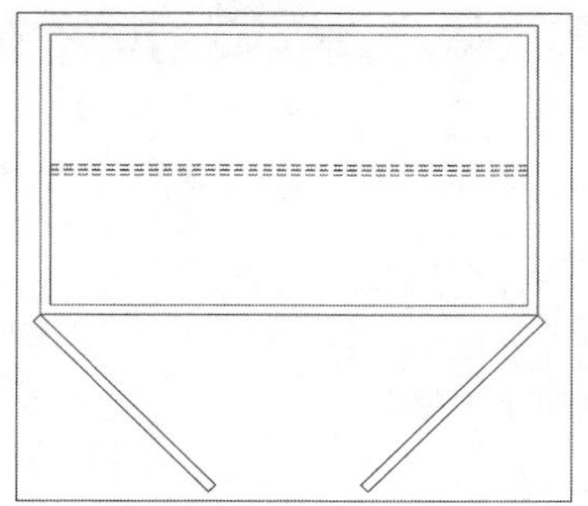

STEP 19 绘制长方形。执行“矩形”命令，绘制一个长500mm，宽20mm的长方形，作为衣架图形，如下图所示。

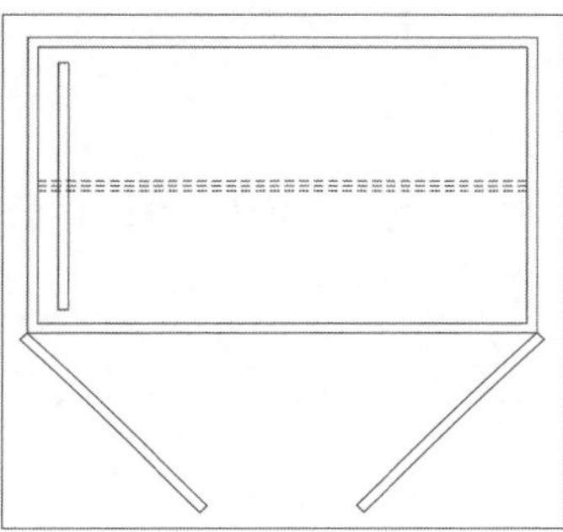

STEP 20 复制旋转衣架图形。将刚绘制的衣架图形进行旋转复制操作，其旋转参数适中即可，如下图所示。

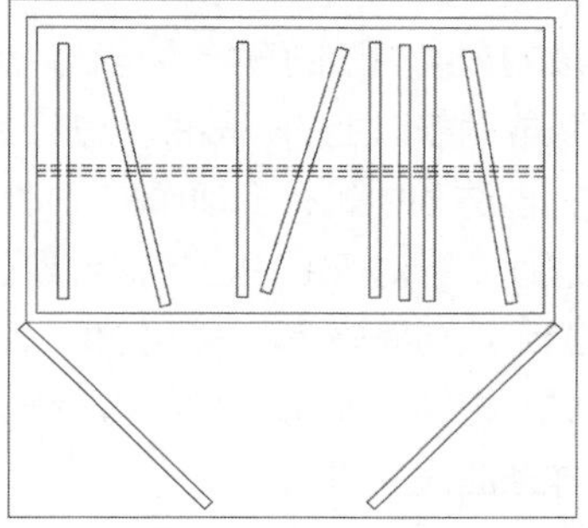

STEP 21 格式刷。执行“格式刷”命令，将衣架图形线段设置虚线，如下图所示。

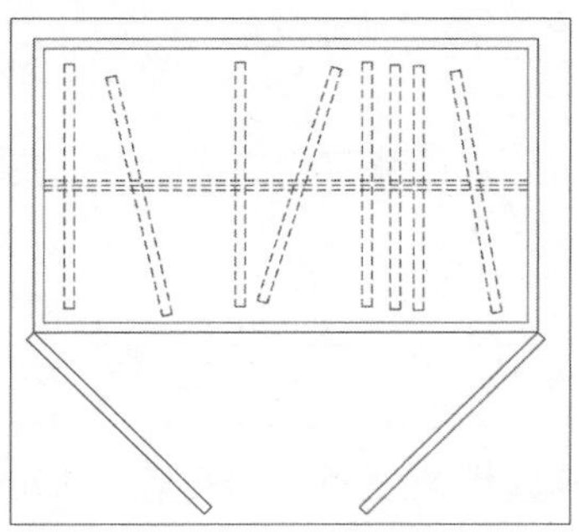

STEP 22 完成衣柜平面绘制。执行“绘图>弧线”命令，绘制衣柜门的弧线，完成衣柜的绘制，如下图所示。

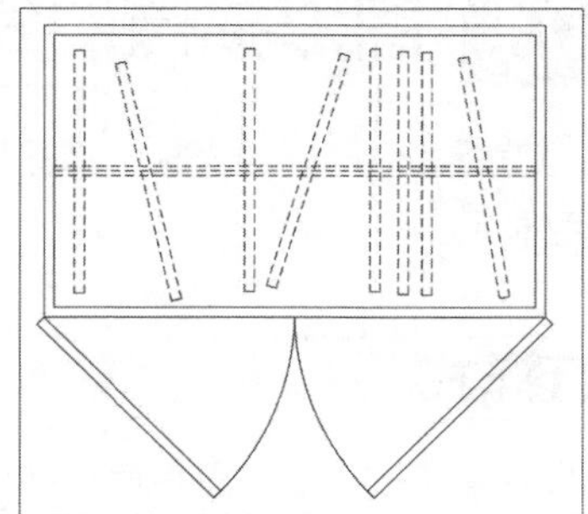

03 编辑样条曲线

在AutoCAD软件中，不仅可以对多段线进行编辑，也可以对绘制完成的样条曲线进行编辑。编辑样条曲线的方法有2种，下面将对其操作进行介绍。

1. 使用功能面板“编辑样条曲线”命令操作

在“默认”选项卡的“修改”面板中单击“编辑样条曲线”按钮，根据命令行提示，选择所需编辑的样条曲线，然后在打开的快捷菜单，或命令行中，选择相关操作，即可完成对样条曲线的编辑，如下图所示。

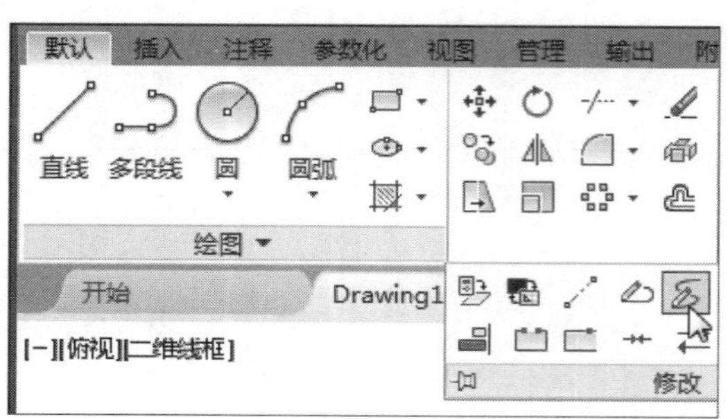
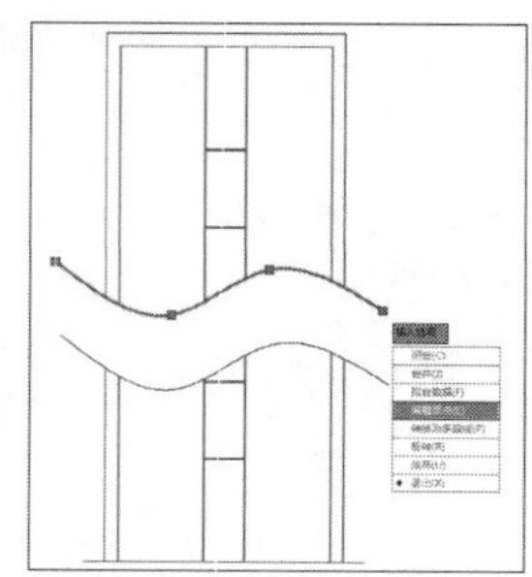

2. 双击样条曲线操作

在绘图区中，双击所需编辑的样条曲线，则会打开快捷菜单，用户可根据需要选择相应的操作选项，即可进行编辑。

快捷菜单各向操作命令说明如下：

- 闭合：将开放的样条曲线的开始点与结束点闭合。
- 合并：将两条或两条以上的开放曲线进行合并操作。
- 拟合数据：在该选项中，有多项操作子命令，例如添加、闭合、删除、扭折、清理、移动、公差等。这些选项是针对于曲线上的拟合点进行操作。
- 编辑顶点：其用法与编辑多段线中的相似。
- 转换为多段线：将样条曲线转换为多段线。
- 反转：反转样条曲线的方向。
- 放弃：放弃当前的操作，不保存更改。
- 退出：结束当前操作，退出该命令。

Lesson 04 图形夹点的编辑操作

在没有进行任何编辑命令时，当光标选择图形，就会显示出夹点；而将光标移动至夹点上时，被选中的夹点会以红色显示。

01 设置夹点样式

用户可根据需要对夹点的大小、颜色等参数进行设置。只需打开“选项”对话框，切换至“选项集”选项卡即可进行相关设置。

STEP 01 执行“工具>选项”命令，打开“选项”对话框，如右图所示。

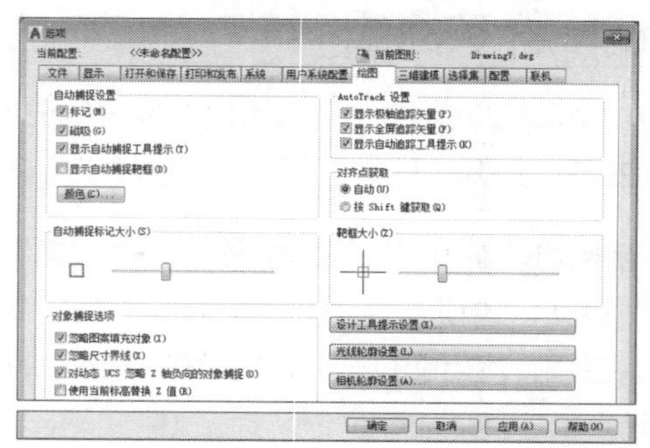

STEP 02 在打开的“选项”对话框中切换到“选项集”选项卡，如下图所示。

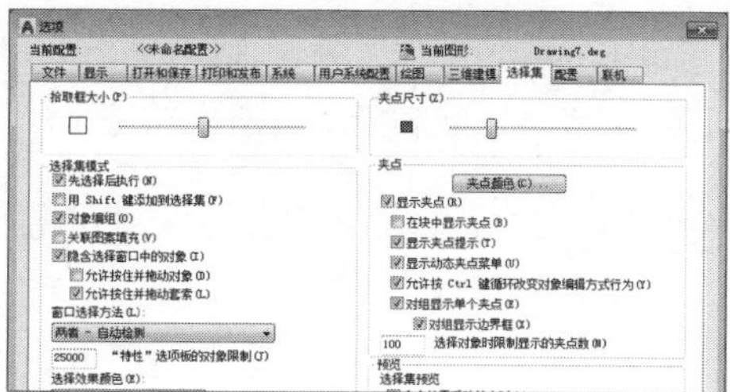

STEP 03 在“夹点尺寸”选项组中，拖动滑块即可调整夹点大小，如下图所示。

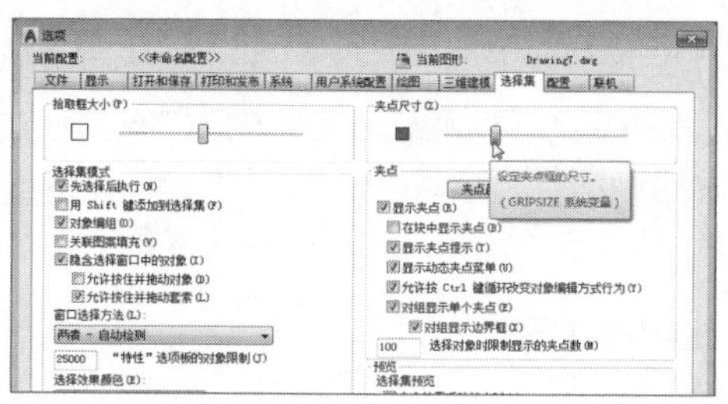

STEP 04 单击“夹点颜色”按钮，打开“夹点颜色”对话框，从中可以设置夹点的颜色，如右图所示。

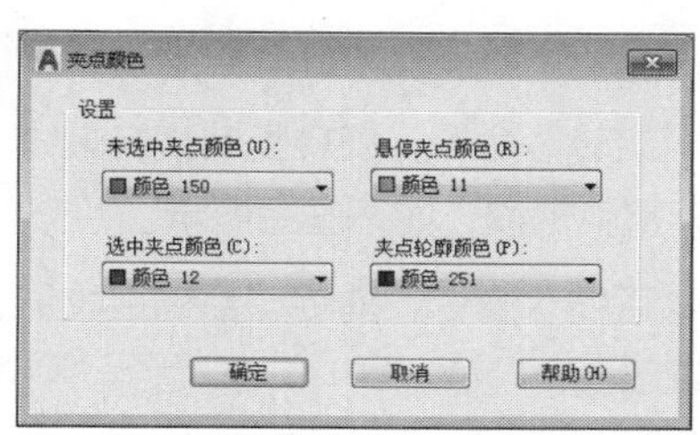

夹点设置各选项说明如下：

- 夹点尺寸：该选项用于控制显示夹点的大小。
- 夹点颜色：单击该按钮，打开“夹点颜色”对话框，选择相应的选项，然后在打开“选择颜色”对话框中选择所需颜色即可。
- 显示夹点：勾选该复选框，用户在选择图形时显示夹点。
- 在块中显示夹点：勾选该复选框时，系统将会显示块中每个对象的所有夹点；若取消该复选框，则被选择的块中显示一个夹点。
- 显示夹点提示：勾选该复选框，则光标悬停在自定义对象的夹点上时，显示夹点的特定提示。
- 选择夹点时限制显示夹点数：设定夹点显示数，其默认为100。若被选的对象上，其夹点数大于设定的数值，此时该对象的夹点将不显示、夹点设置范围为0-32767。

02 编辑图形夹点

当单击某一夹点后，单击鼠标右键，在打开的快捷菜单中选择相应命令，即可对夹点进行操作。在快捷菜单中的各命令说明如下：

- 拉伸：对于圆环、椭圆和弧线等实体，若启动的夹点位于圆周上，则拉伸功能等同于对半径进行比例夹点。
- 拉长：选择线段，并选择线段的端点，移动光标，即可将选择的图像进行拉长。
- 移动：该功能与移动命令的操作方法相同，它可以将选择的图形进行移动。
- 镜像：用于镜像图形，指定第二点连线镜像、复制镜像等编辑操作。
- 旋转：旋转的默认选项将把所选择的夹点作为旋转基准点并旋转物体。
- 缩放：缩放的默认选项，可将夹点所在形体以指定夹点为基准点等比例缩放。
- 基点：该选项用于先设置一个参考点，然后夹点所在形体以该点为基础。
- 复制：复制生成新的图形。
- 参照：通过指定参考长度和新长度的方法来指定缩放的比例因子。

用户可以使用多个夹点作为操作的基准点，在选择多个夹点时，选定夹点间对象的形状将保持原样，而按住Shift键，则会同时选择多个所需的夹点。

强化练习

通过本章的学习，读者对于图形编辑的基本操作、图形编辑的高级操作、复合线段的编辑操作以及图形夹点的编辑操作等知识有了一定的认识。为了使读者更好地掌握本章所学知识，在此列举几个针对本章知识的习题，以供读者练手。

1. 绘制零件图

利用“偏移”、“旋转”、“修剪”等命令绘制零件图。

STEP 01 执行“直线”命令，绘制三条轴线。执行“圆”命令，捕捉交点绘制圆。

STEP 02 执行“旋转”命令，旋转复制横向轴线，并设置旋转角度。执行“圆”命令，在斜轴线上绘制一个圆，再调整斜轴线，如下左图所示。

STEP 03 执行“直线”命令，捕捉切点链接图形，再执行“修剪”命令，修剪图形，完成零件图的绘制，如下右图所示。

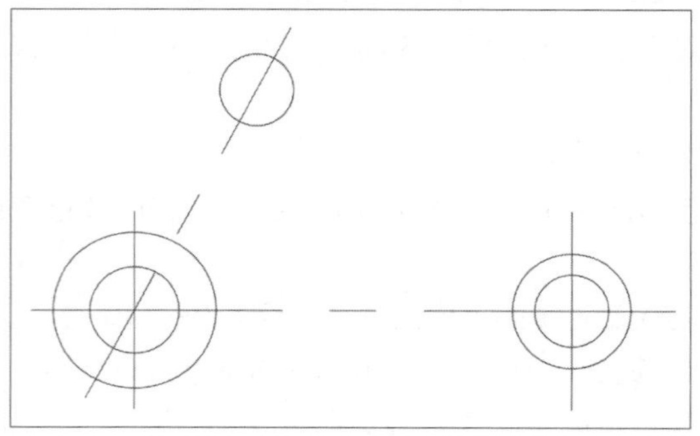

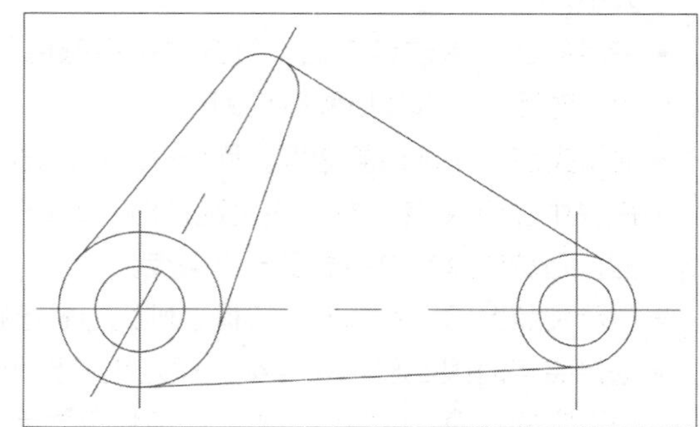

2. 绘制盘盖图形

利用“偏移”、“阵列”等命令绘制盘盖图形。

STEP 01 执行“直线”命令，绘制相互垂直的轴线，如下左图所示。

STEP 02 执行“圆”命令，捕捉轴线交点绘制圆，再执行“偏移”命令，将圆向内依次偏移，如下中图所示。

STEP 03 执行“圆”命令，捕捉圆与轴线的交点绘制圆，再执行“环形阵列”命令，阵列复制圆，完成盘盖图形的绘制绘制，如下右图所示。

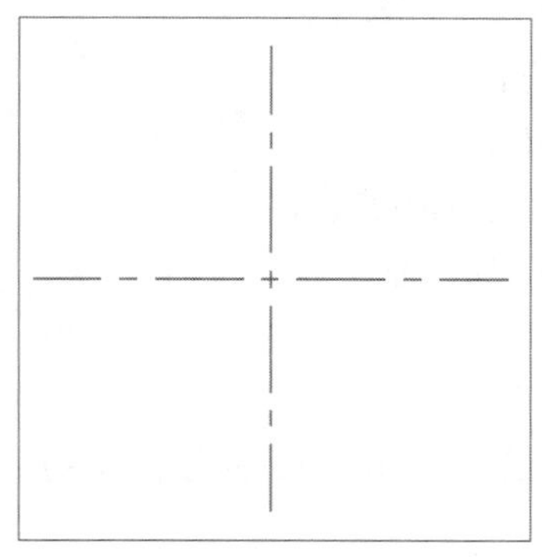

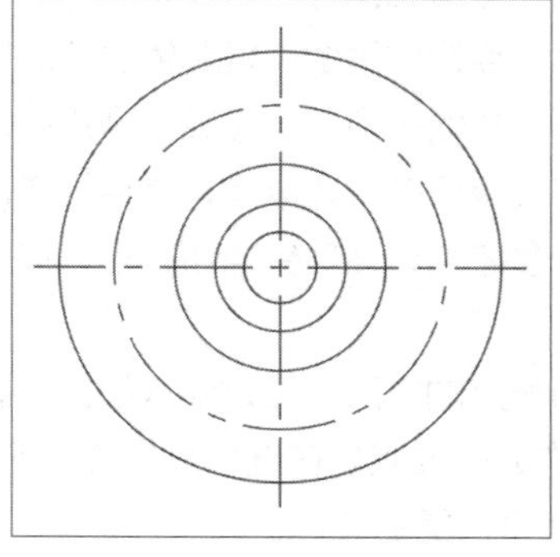

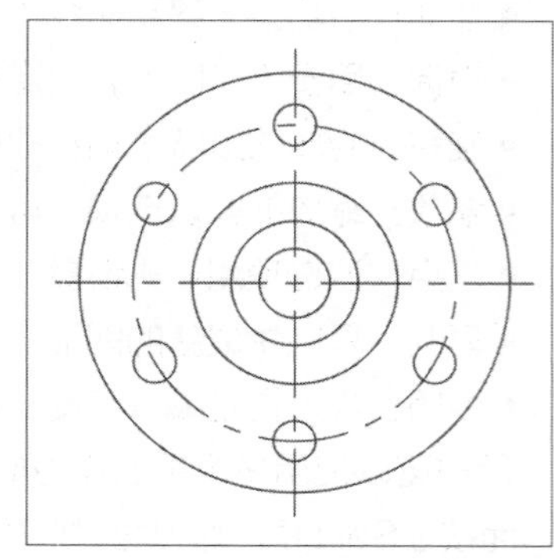

工程技术问答

本章主要对图形的编辑操作、复合线段以及图形夹点的编辑操作等知识进行介绍，在应用这些知识绘图时难免会有些疑问，下面将对常见的问题及解决方法进行汇总，供用户参考。

Q 如何快速移动或复制图形?

A AutoCAD 是以Windows为操作平台运行的，所以在Windows中的某些命令同样适用于该软件，例如可以使用快捷键Ctrl+C复制图形，Ctrl+V粘贴到新图纸文件中。使用Ctrl+A可以全部选择图纸中的对象。

Q 镜像图形中文字翻转了怎么办?

A 当在AutoCAD中选择图形进行镜像时，如果其中包含文字，通常希望文字保持原始状态，因为如果文字也反过来的话，就会不可读。所以AutoCAD针对文字镜像进行了专门的处理，并提供了一个变量控制。控制文字镜像的变量是MIRRTEXT，当变量值为0时，可保持镜像过来的字体不旋转，为1时，文字会按实际进行镜像。如下左图所示为变量为0的效果，如下右图所示为变量为1的效果。

Q 在进行偏移操作时，为什么有的线段可以偏移，而有点则无法偏移?

A 该问题很好解释，AutoCAD中不管是规则的弧或不规则的曲线都是可以偏移的，而要注意的是它们的偏移不像直线那样。弧线的每次偏移都会改变弧长。当其偏移量大过弧的半径时，那就无法偏移了。而不规则的曲线和弧线一样，同样有一个类似于半径的值。当其偏移量大于这个值时，则无法偏移。但向另一个方向偏移时，却可偏移。所以最主要的原因是设的偏移量大小的问题。

Q 如何快速修剪图形?

A 在进行修剪多条线段时，如果按照默认的修剪方式，则需选取多次才能完成，此时用户可使用“FENCE”选取方式进行操作。启动修剪命令，在命令行中输入F，其后在需修剪的图形中，绘制一条线段，按Enter键，此时被该线段相交的图形或线段将被全部修剪。

Q 如何快速改变线段的长短?

A 制图时，常常遇到绘制的线段太长或太短，尤其是绘制中心线时，此时若使用“延伸”命令，则必须先绘制出一条边界线，其后在进行延伸操作，该方法较为麻烦。此时用户可使用拉伸命令，选择拉伸图形的端点，任意拉长或缩短值所需位置。当然还可使用夹点功能，单击线段两侧任意夹点，同样可将其进行快速延伸或缩短操作。

Part 02

提高进阶篇

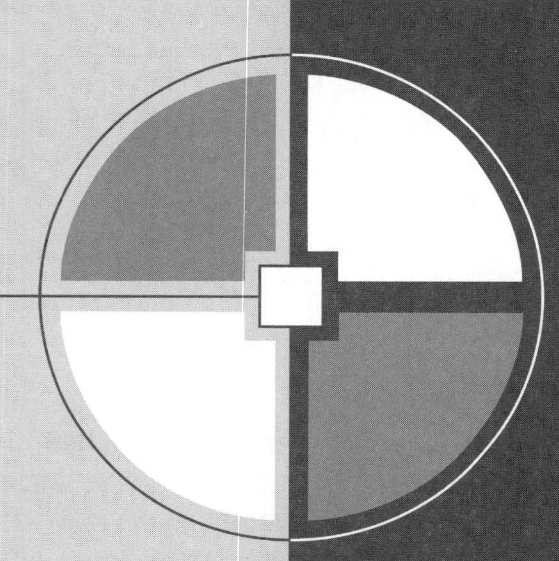

Chapter 04

图形特性与图层的设置

在使用AutoCAD制图时，通常需要创建不同类型的图层。用户可通过图层编辑和调整图形对象。不同线型、线宽所绘制的线段，其表达的意义也不同。而这在机械制图中足以体现。使用图层来绘制图形，不仅可以提高绘图效率，也可以更好地保证图形的质量。更将复杂的图形进行分层管理，使得图形易于观察。

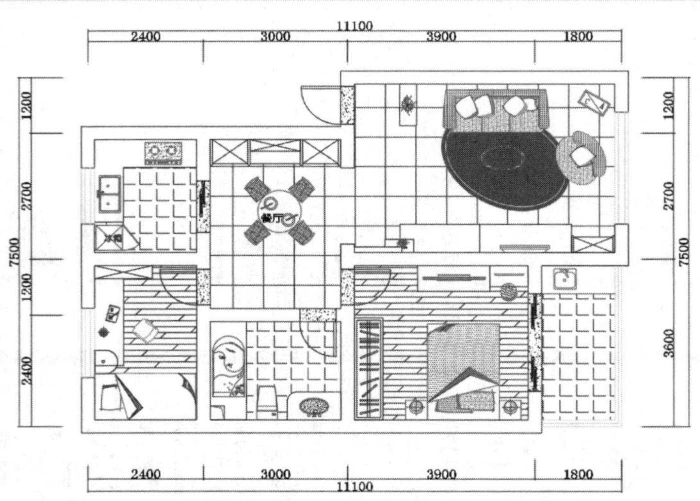

01 家装平面设计图

在开始绘制平面图时，需要将图纸进行分层设置。这样一来，若想将某图形暂时不显示，可选择相应的图层，将其设为隐藏。该图纸主要运用“图层”、“插入块”、“图案填充”、“多线”等命令绘制完成的。

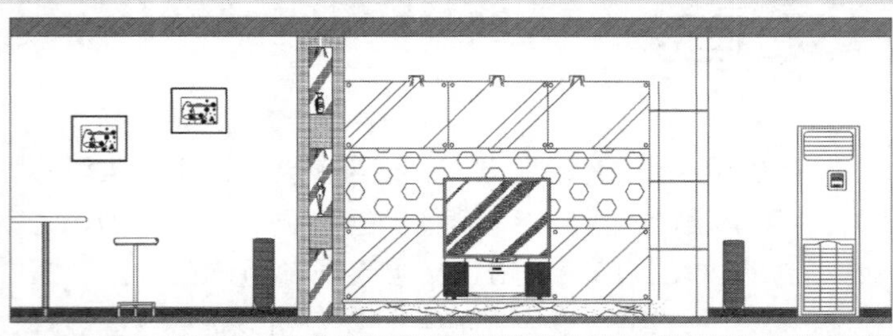

02 电视背景墙立面图

在绘制立面图时，可以先不考虑图形的分层操作，可在绘制完成后进行归类。该图纸主要运用了“直线”、“插入块”、“图案填充”等命令绘制完成的。

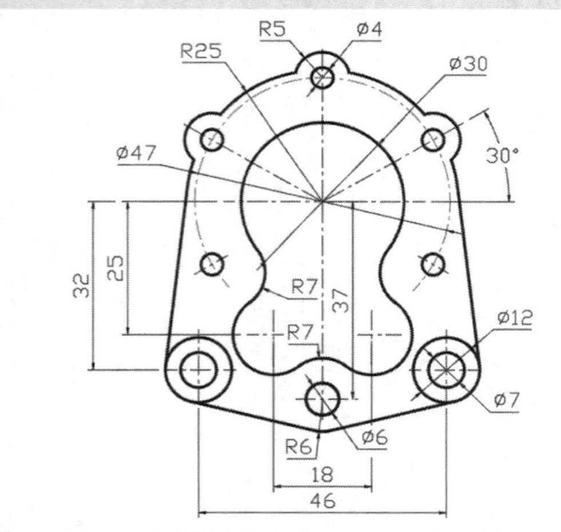

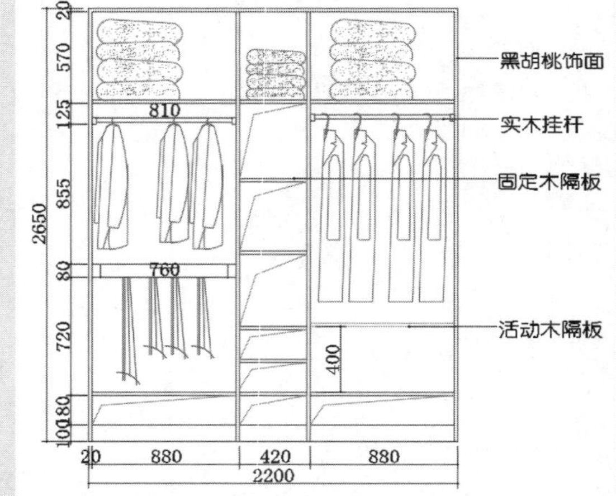

03 机械零件图

使用图层可以方便的将各个图形对象进行分类，方便用户察看图形。该图纸主要运用了“图层”、“直线”、“圆”、“标注”等命令绘制完成的。

04 衣柜立面图

在绘制该图纸时，首先进行图层分类，其后在其相应的图层中，再进行绘图。该图纸主要运用了“图层”、“直线”、“插入块”、“标注”等命令绘制完成的。

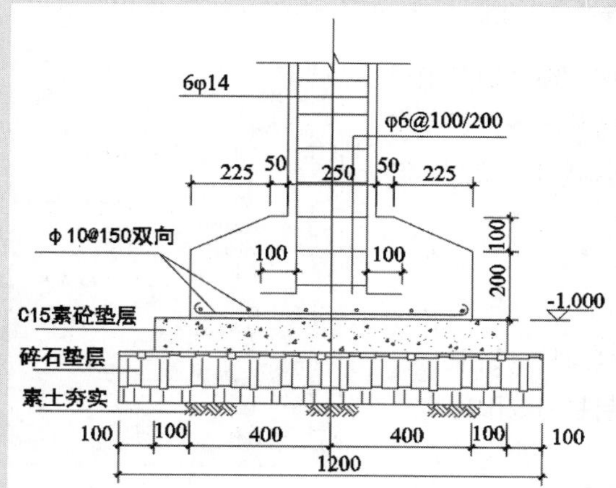

05 护栏剖面图

绘制剖面图看似非常简单，但如果不懂得其内部的构造与施工工艺是较难绘制的。图层的运用可以更加方便的察看图形，该图纸主要运用了“图层”、“矩形”、“图案填充”、“标注”等命令绘制完成的。

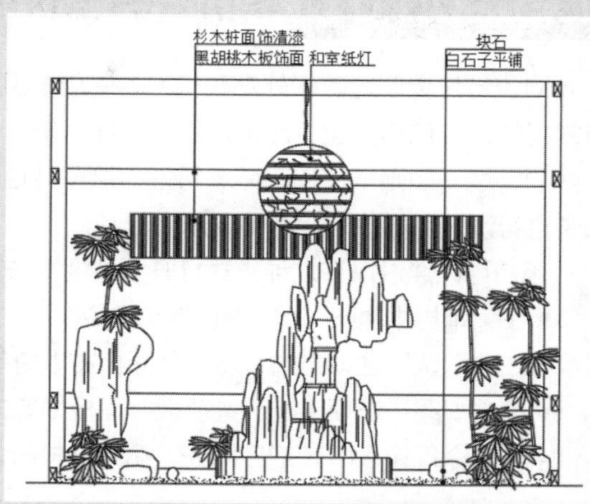

06 室内小景立面图

运用室内透图的设计手法为人们创造一个富有大自然气氛的环境。图纸中线段的属性设置不仅可使用线段“特性”命令来设置，也可以通过线段相应的图层来设置。该图纸主要运用了“图层”、“插入块”、“直线”等命令绘制完成的。

07 景观规划图

为了便于观察，用户可将剖面线、结构线以及辅助线进行区分。在绘制景观规划图时，可以根据用途创建图层，使图形方便管理。该图纸主要运用了“直线”、“圆弧”、“插入块”等命令绘制完成的。

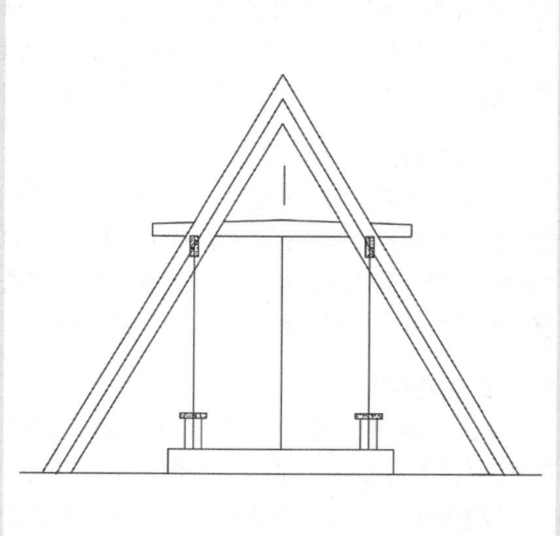

08 花架结构图

该结构主要表现花架的搭建关系，可使用“弧形”、“直线”、“偏移”以及设置线型属性等命令来完成。

Lesson 01 图形特性的设置

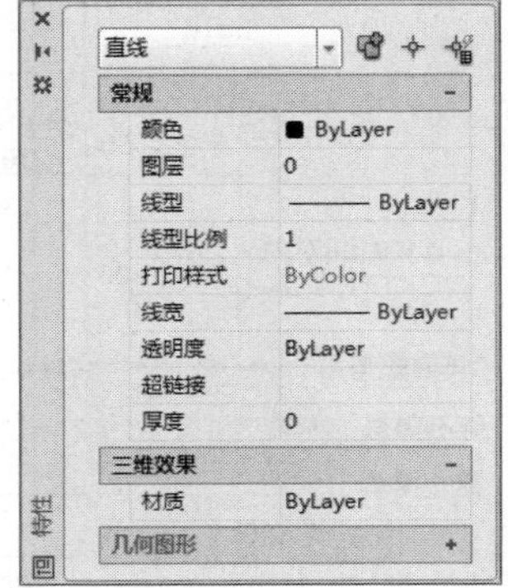

对象特性控制对象的外观和行为，并用于组织图形。每个对象都具有常规特性，包括图层、颜色、线型、线宽等。部分特殊图形还具有其特殊的特性，如圆半径和区域等特性。这些特性都可以通过“特性”选项卡进行设置和修改，如右图所示。

用户可以通过以下几种方式打开“特性”选项板：

- 在菜单栏中执行“修改>特性”命令。
- 在“默认”选项卡的“特性”面板右下角单击“特性”按钮。
- 在“视图”选项卡的“选项板”面板中单击“特性”按钮。
- 在命令行输入PROPERTIES命令并按Enter键。

01 设置图形颜色

在AutoCAD中，可将线段的颜色根据需要进行设置。在“默认”选项卡的“特性”选项板中单击“对象颜色”按钮，在下拉列表中，选择所需颜色即可。若在列表中，没有满意的颜色，可选择“选择颜色”选项，在打开的“选择颜色”对话框中，用户可根据需要来选择。

在“选择颜色”对话框中，有3种颜色选项卡，下面将分别对其进行介绍。

1. 索引颜色

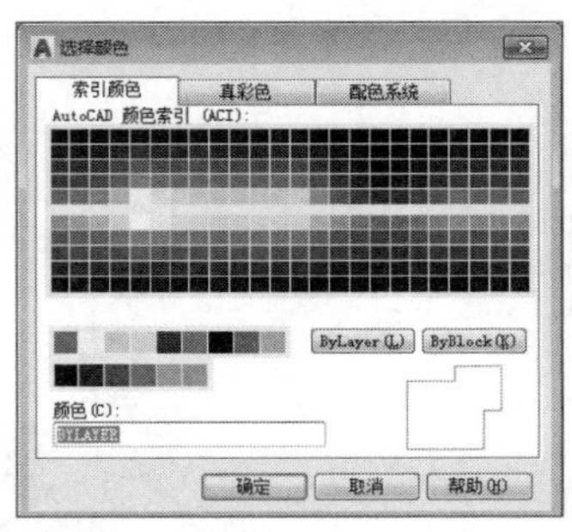

在AutoCAD 软件中使用的颜色都为ACI标准颜色。每种颜色用ACI编号（1～255之间）进行标识。而标准颜色名称仅适用于1～7号颜色，分别为：红、黄、绿、青、蓝、洋红、白/黑，如右图所示。

2. 真彩色

真彩色使用24位颜色定义显示1600多万种颜色。在选择某色彩时，可以使用RGB或HSL颜色模式。通过RGB颜色模式，可选择颜色的红、绿、蓝组合；通过HSL颜色模式，可选择颜色的色调、饱和度和亮度要素，如下左图为“HSL”颜色模式，而如下中图为“RGB”颜色模式。

3. 配色系统

AutoCAD包括多个标准Pantone配色系统。用户可以载入其他配色系统，例如DIC颜色指南或RAL颜色集。载入用户定义的配色系统可以进一步扩充可供使用的颜色选择，如下右图所示。

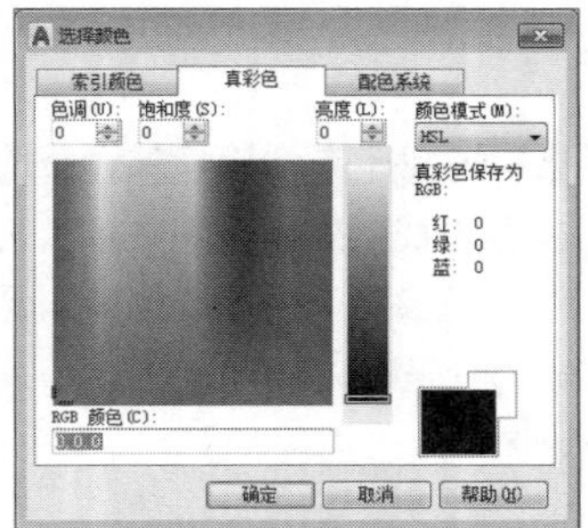

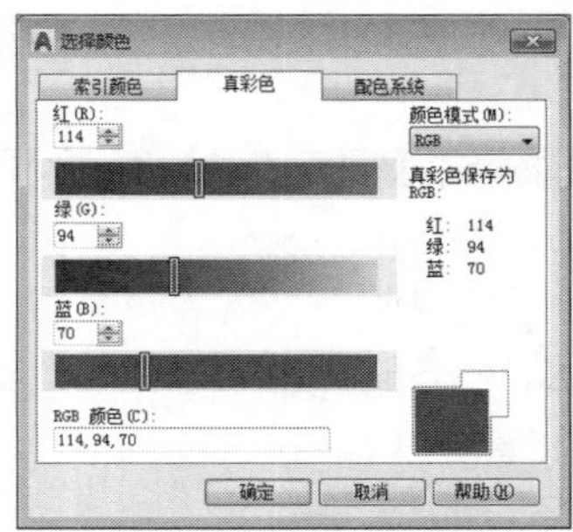

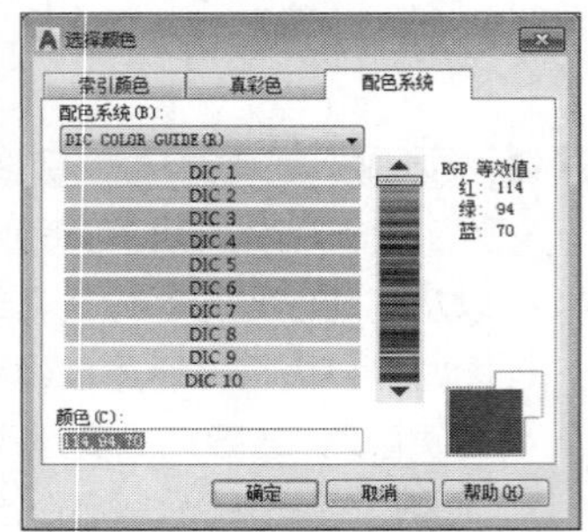

02 设置图形线型

用户可通过2种方法来进行线型的设置。分别为：通过图层来设置对象的线型；通过“特性”选项板中的“线型”按钮进行设置。下面将对其相关的操作方法进行介绍。

STEP 01 在“默认”选项卡的“特性”选项板中单击“线型”按钮，如下图所示。

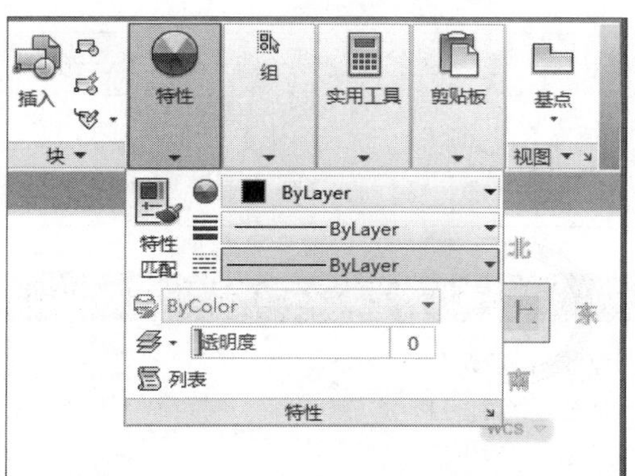

STEP 02 在打开的下拉菜单中，选择“其他”选项，如下图所示。

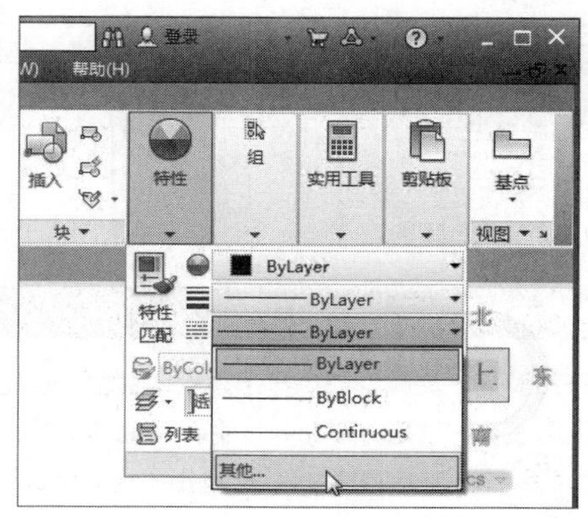

STEP 03 在“线型管理器”对话框中，单击“加载”按钮，如下图所示。

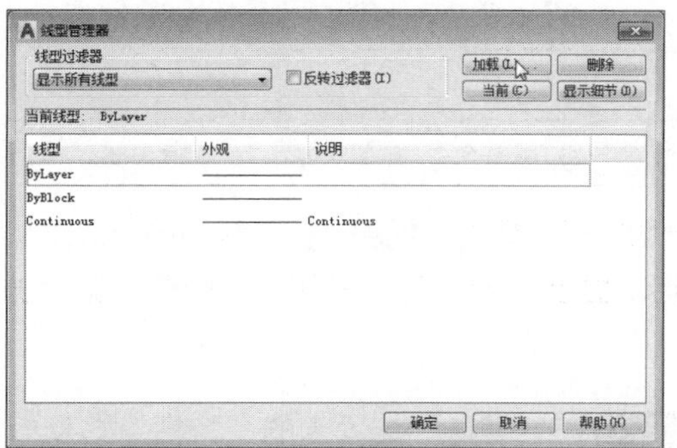

STEP 04 在“加载或重载线型”对话框中，根据需要，在“可用线型”选项列表中，选择所需的线型，如下图所示。

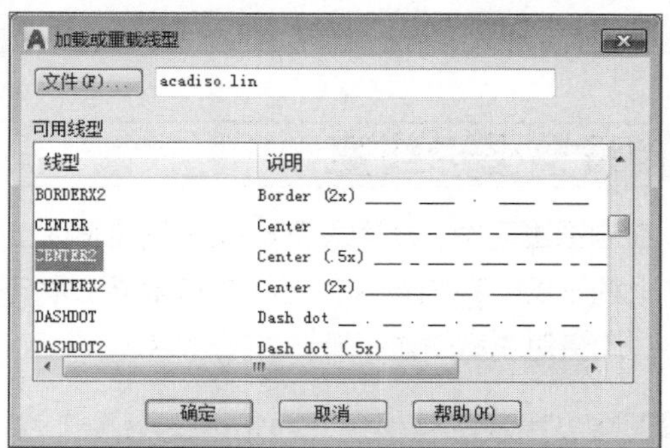

STEP 05 单击“确定”按钮，返回至上一层对话框，选择刚加载的点划线，单击“确定”按钮，关闭对话框，如下图所示。

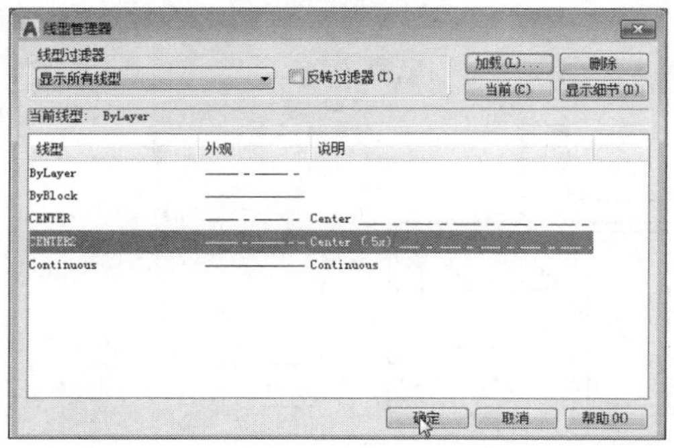

STEP 06 在绘图区中，选中所要更改的线型，如下图所示。

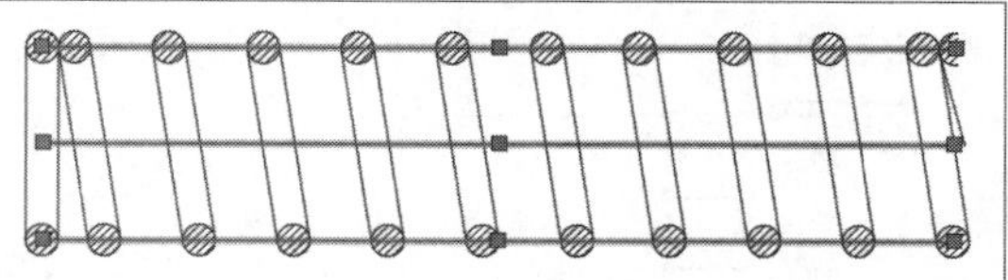

STEP 07 在“默认”选项卡的“特性”选项板中单击“线型”按钮，在打开的下拉列表中，选择刚加载的点划线，如下图所示。

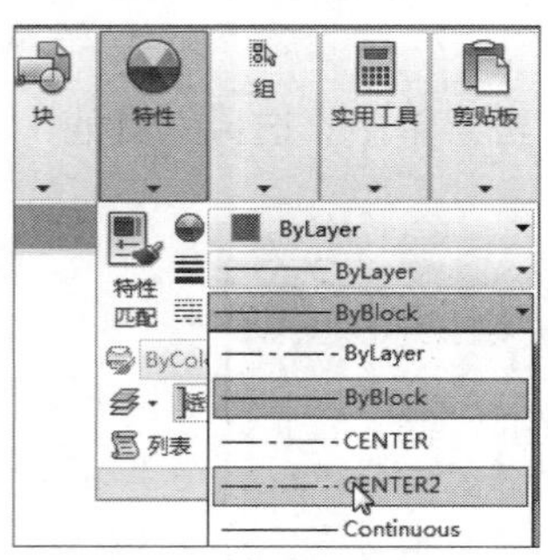

STEP 08 选择完成后，即可完成当前线型的更改，如下图所示。

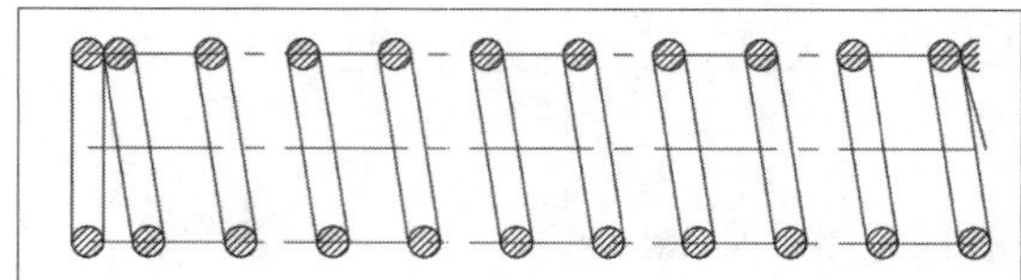

工程师点拨 | 设置线段比例

有时设置好线型后，其线型还是显示为默认线型，这是因为线型比例未进行调整所致。选中所需设置的线型，在命令行中，输入“CH”命令，然后按Enter键，打开“特性”选项板，用户在该选项板中，选择“线型比例”选项，并在其文本框中输入比例值，即可完成操作，如右图所示。

03 设置图形线宽

在制图过程中，使用线宽可以清楚地表达出截面的剖切方式、标高的深度、尺寸线、小标记以及细节上的不同。在执行线宽显示之前需要在状态栏中激活“显示/隐藏线宽”按钮，否则将不显示线宽。在此将对线宽的显示操作进行介绍。

STEP 01 单击状态栏中的“显示/隐藏线宽”按钮，将其设为显示状态，其后在绘图区中，选择所需设置的线段，如下图所示。

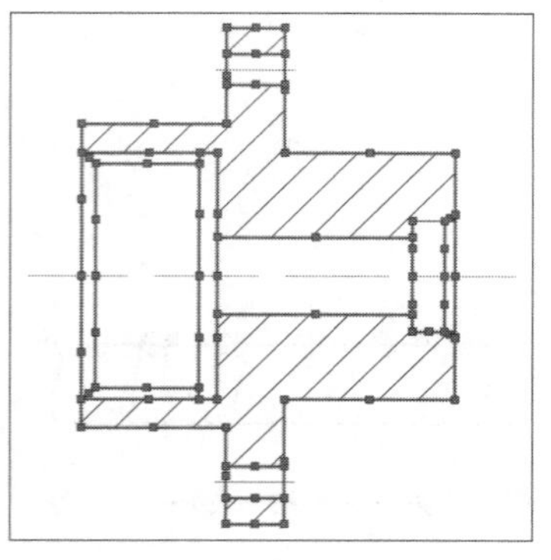

STEP 02 在“默认”选项卡的“特性”选项板中单击“线宽”按钮，在下拉菜单中，选择合适的线宽值，这里选择0.30mm，选择好后，即可完成线宽设置，如下图所示。

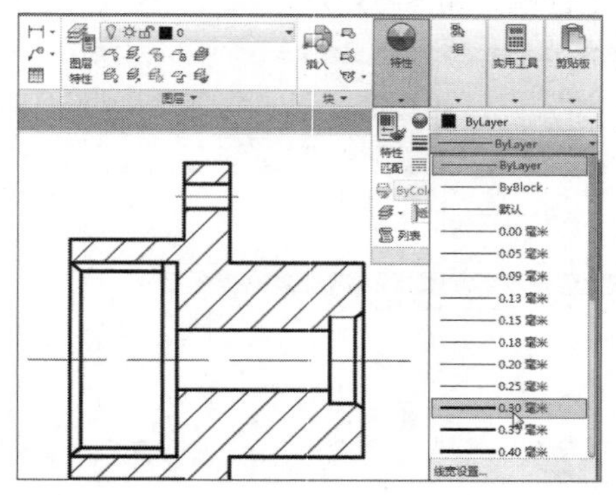

工程师点拨 | 用户可自定义线宽

若在线宽列表中，没有满意的线宽值，用户可在其列表中，单击“线宽”设置选项，在打开的“线宽设置”对话框中，可以根据需要选择线宽单位及线宽值等选项，单击“确定”按钮，即可完成设置，如右图所示。

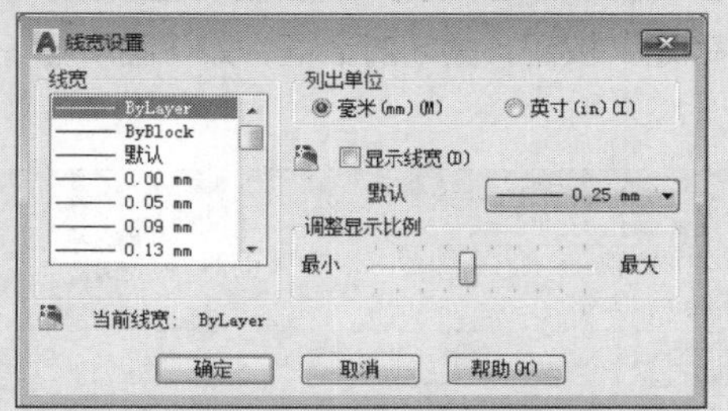

相关练习 | 绘制垫片平面图

本实例将运用矩形、圆形、圆角以及设置线型、线宽等命令来绘制垫片平面图。

原始文件：无
最终文件：实例文件\第4章\最终文件\垫片平面图.dwg

STEP 01 绘制中心线。执行“绘图>直线”命令，绘制两条长700mm和500mm相交的垂直中心线，如下图所示。

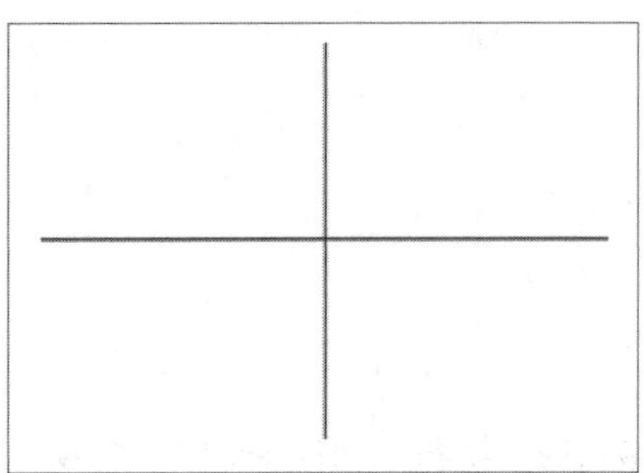

STEP 02 打开“线型管理器”对话框。在“默认”选项卡的“特性”选项板中单击“线型”按钮，在线型列表中选择“其他”选项，打开“线型管理器”对话框，如下图所示。

STEP 03 打开“加载或重载线型”对话框。单击“加载”按钮，打开“加载或重载线型”对话框，如下图所示。

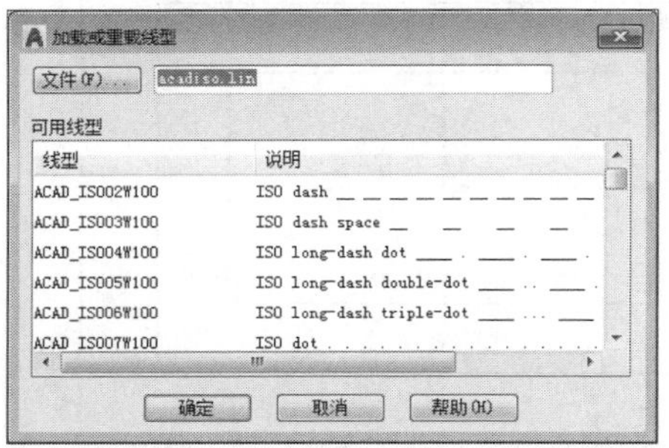

STEP 04 选择合适的线型。在该对话框中，选择合适的线型，如下图所示。

STEP 05 设置线型。单击“确定”按钮，返回上一层对话框，选择刚加载的虚线型，并单击“确定”按钮，关闭对话框，如下图所示。

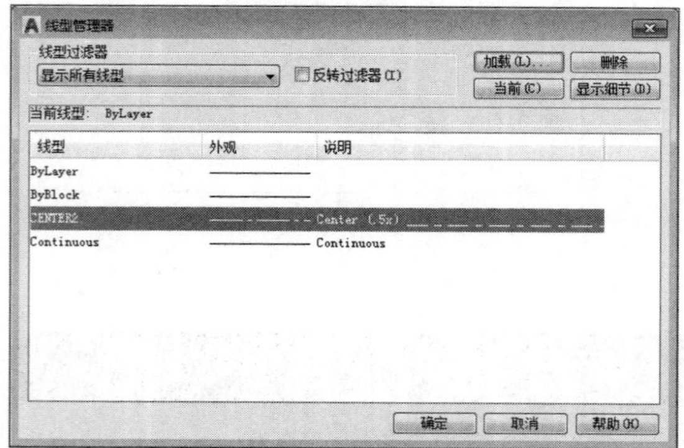

STEP 06 转换线型。选择“中心线”，在“默认”选项卡的“特性”选项板中单击“线型”按钮，在打开的下拉列表中选择刚加载的线型，效果如下图所示。

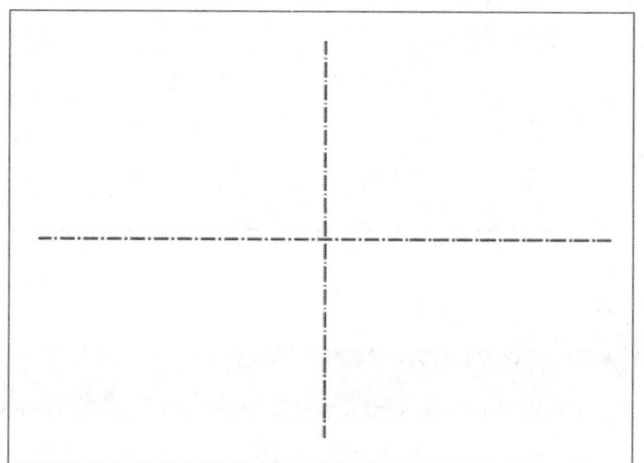

STEP 07 设置线型比例。选择中心线，单击鼠标右键，在打开的快捷菜单中选择“特性”选项，打开“特性”选项板，并设置线型比例为5，如下图所示。

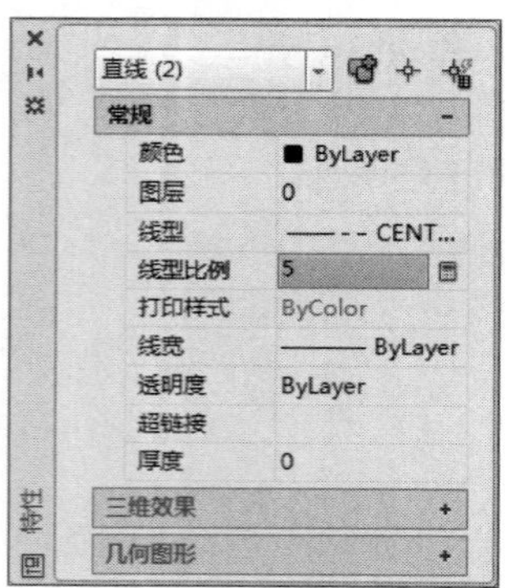

STEP 08 设置线型颜色。在“默认”选项卡的“特性”选项板中单击“对象颜色”按钮，在下拉列表中，选择合适的线型颜色。这里选择“红色”，即可更改当前线型颜色，如下图所示。

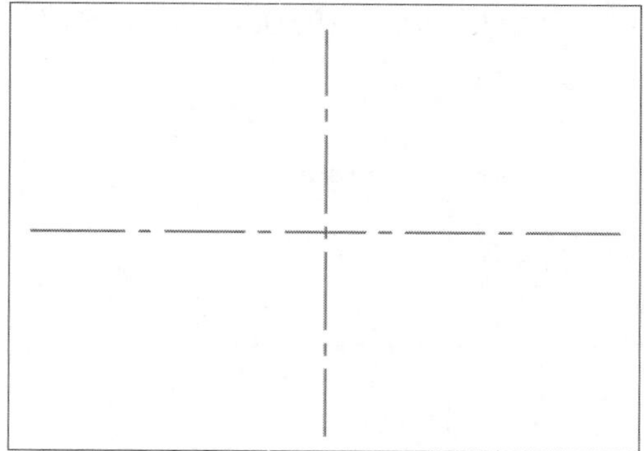

STEP 09 绘制矩形。执行“绘图>矩形”命令，捕捉中心线的交点，绘制长为600mm宽为400mm的矩形图形，如下图所示。

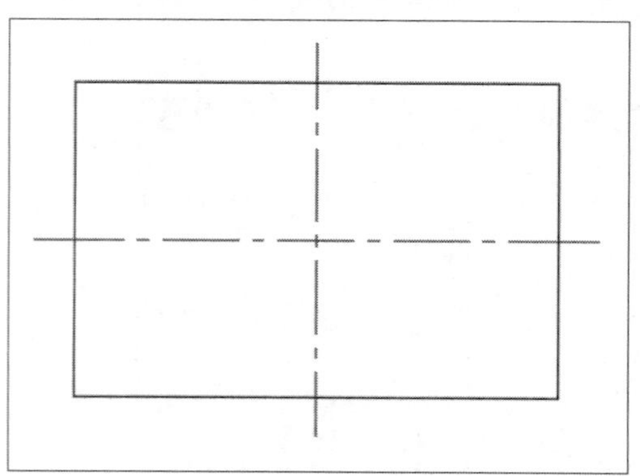

STEP 10 偏移图形。执行“修改>偏移”命令，将矩形图形向内偏移75mm，如下图所示。

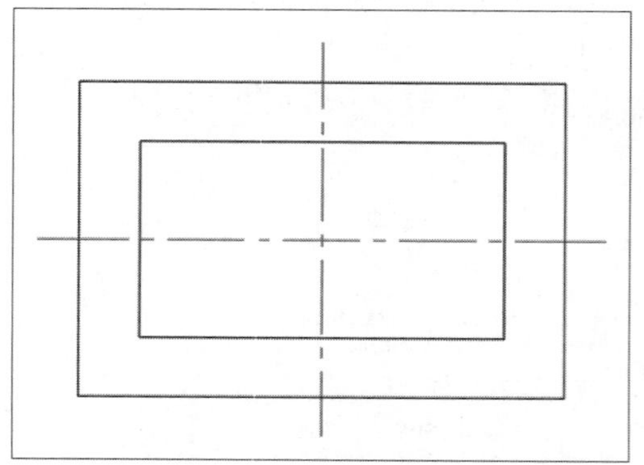

STEP 11 圆角操作。执行“修改>圆角”命令，设置圆角半径为50mm对矩形图形进行圆角操作，如下图所示。

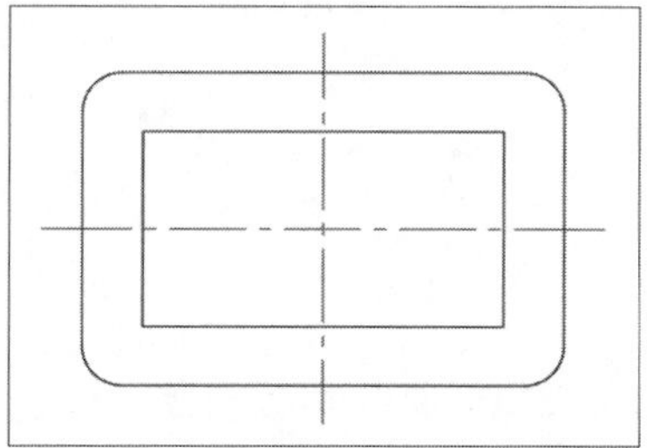

STEP 12 倒角操作。执行“修改>倒角”命令，设置倒角距离为20mm，对图形进行倒角操作，如下图所示。

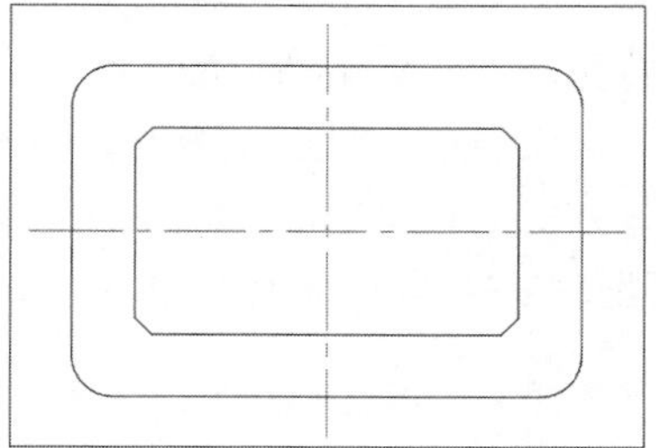

STEP 13 偏移中心线。执行“修改>偏移”命令，将中心线进行偏移操作，上下各偏移150mm，左右各偏移250mm，如下图所示。

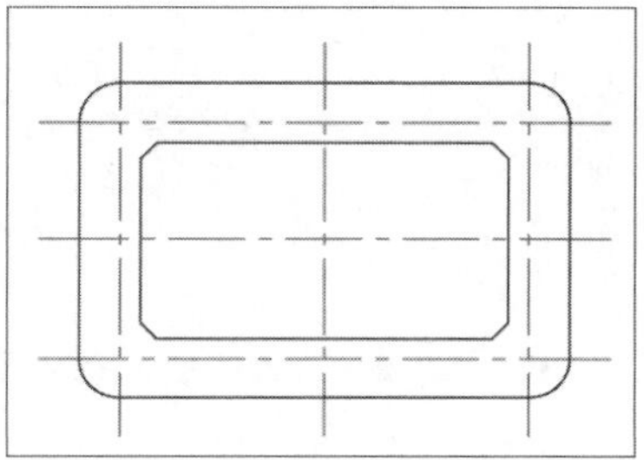

STEP 14 绘制圆形。执行“绘图>圆”命令，捕捉中心线的交点，绘制半径为21mm和25mm的同心圆，如下图所示。

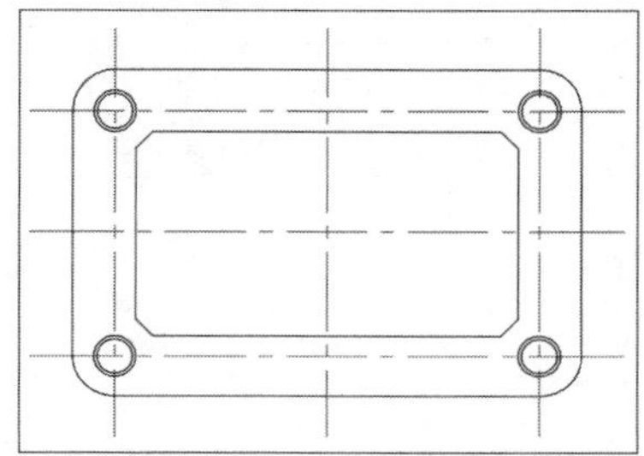

STEP 15 拉伸操作。执行“修改>拉伸”命令，将偏移的中心线进行拉伸操作，如下图所示。

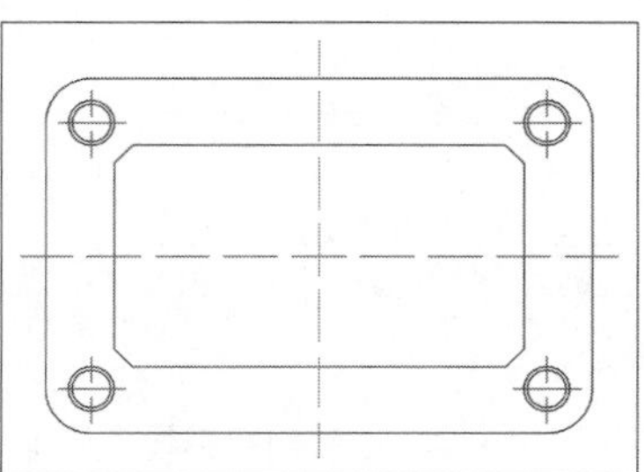

STEP 16 设置线宽。选择垫片图形，在“默认”选项卡的“特性”选项板中单击“线宽”按钮，在线宽列表中选择0.3mm，如下图所示。

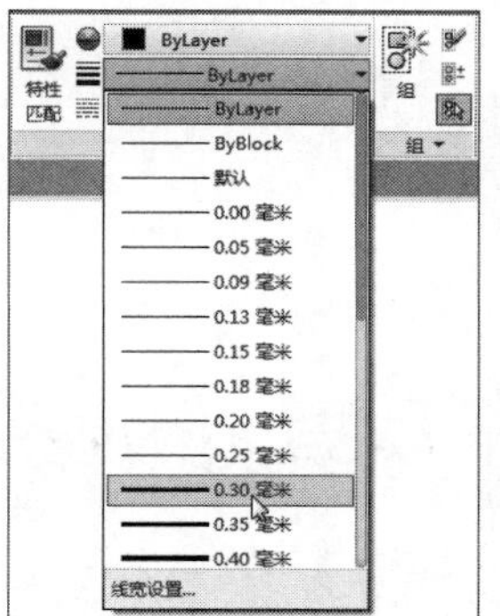

STEP 17 显示线宽。单击状态栏中的“显示\隐藏线宽”按钮，显示线宽，完成垫片图形的绘制，如右图所示。

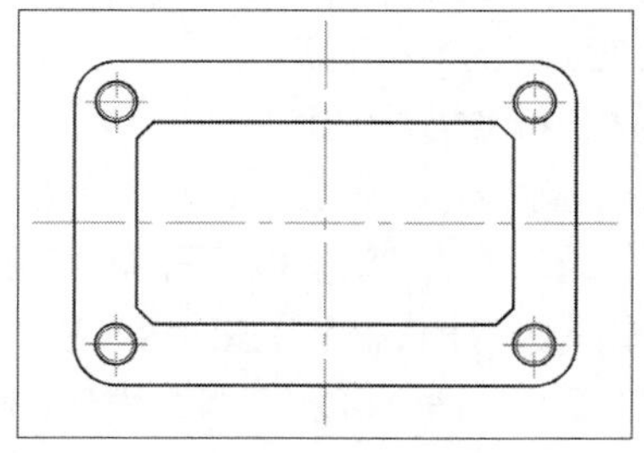

04 特性匹配

“特性匹配”命令是将一个图形对象的某些特性或所有特性复制到其他的图形对象上。可复制的特性包括颜色、图层、线型、线宽、厚度等特性。用户可通过以下几种方式调用“特性匹配”命令：

- 在菜单栏中执行“修改>特性匹配”命令。
- 在“默认”选项卡的“特性”面板中单击“特性匹配”按钮。
- 在命令行输入MATCHPROP命令并按Enter键。

关于特性匹配命令的使用方法介绍如下：

STEP 01 执行“修改>特性匹配”命令，选择源对象，如下图所示。

STEP 02 单击鼠标左键，选择目标对象，如下图所示。

STEP 03 选择后单击鼠标左键，即可完成图形特性匹配，如右图所示。

Lesson 02 图层的创建与设置

图层是用来控制对象线型、线宽和颜色等属性工具。在AutoCAD中，运用图层特性管理器功能，不仅可以用于显示图形特性，而且可以添加、删除、或重命名图层等。用户可以通过以下几种方式打开“图层特性管理器”选项板：

- 在菜单栏中执行“格式>图层”命令。
- 在“默认”选项卡的“图层”面板中单击“图层特性”按钮。
- 在“视图”选项卡的“选项板”面板中单击“图层特性”按钮。
- 在命令行输入LAYER命令并按Enter键。

执行“格式>图层”命令，打开“图层特性管理器”选项板，如下图所示。

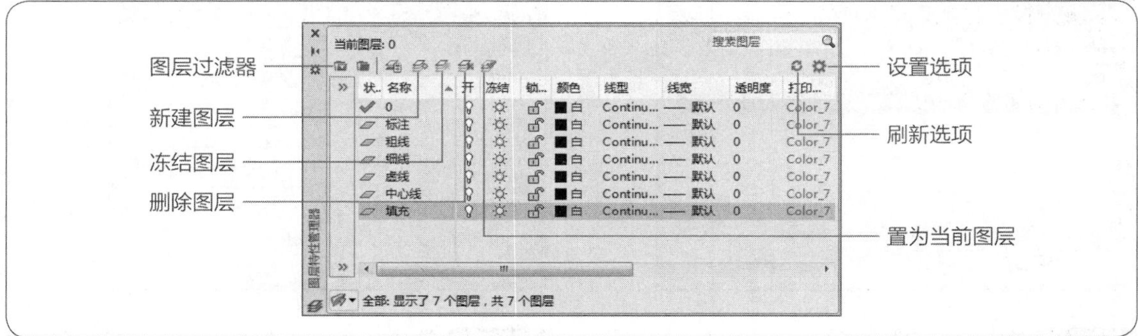

01 新建图层

通常在绘制图纸之前，需要创建新图层。图层可以单独设置颜色、线型和线宽。在绘制图形的时候会使用到不同的颜色和线型等，这就需要新建不同的图层来进行控制。

STEP 01 执行“格式>图层”命令，打开“图层特性管理器”选项板，单击“新建图层”按钮，如下图所示。

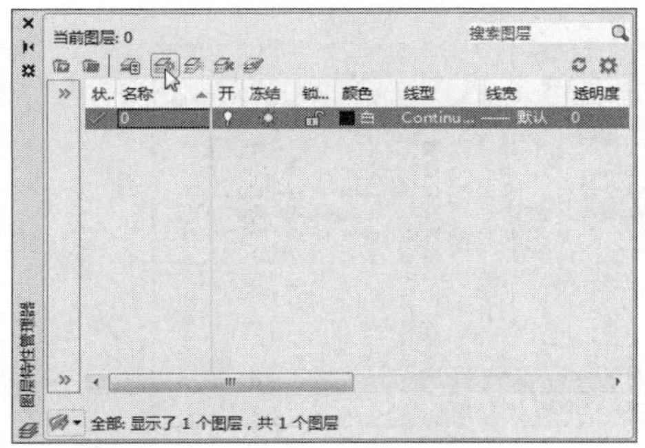

STEP 02 此时在图层列表中，即可显示新图层“图层1”，单击“图层1”名称，将其设为编辑状态，输入所需图层新名称，如下图所示。

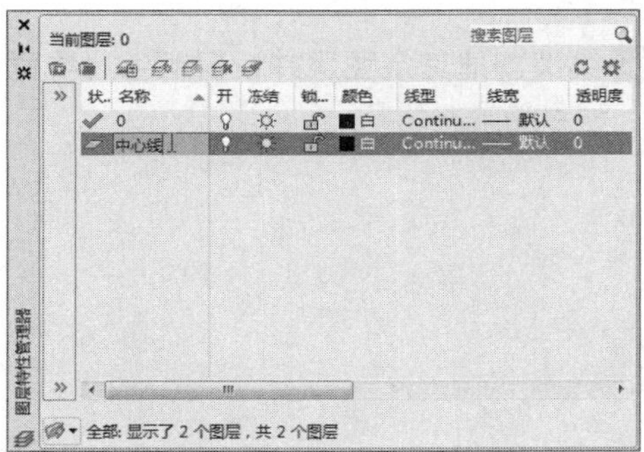

STEP 03 单击颜色图标，打开“选择颜色”对话框，并选择红色，如下图所示。

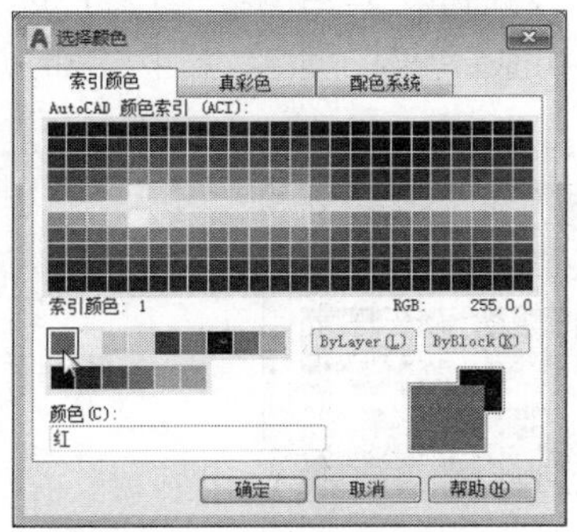

STEP 04 单击“确定”按钮，返回“图层特性管理器”选项板，如下图所示。

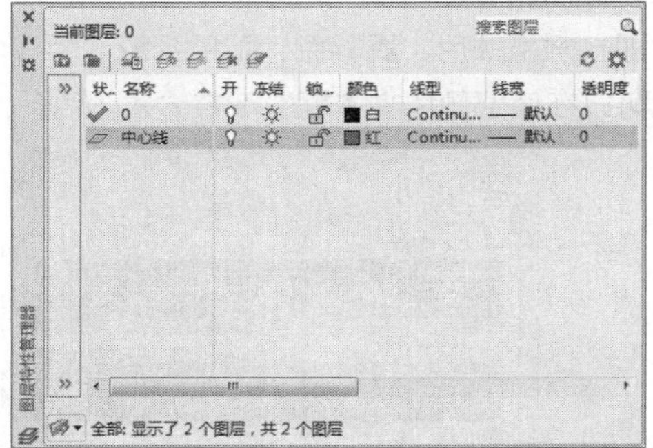

STEP 05 单击“线型”图标，打开“选择线型”对话框，如下图所示。

STEP 06 单击“加载”按钮，打开“加载或重载线型”对话框，并选择合适的线型，如下图所示。

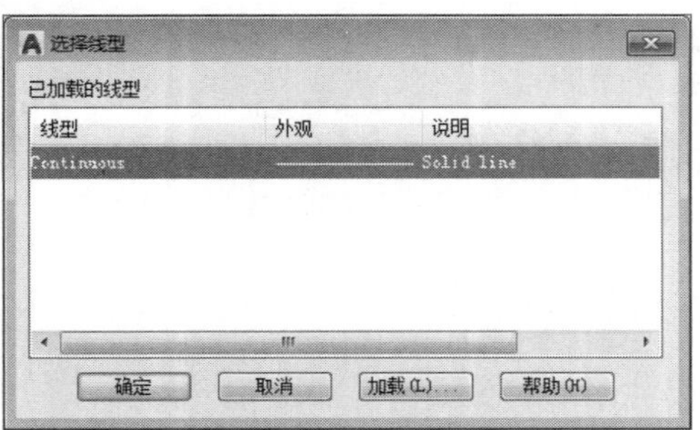

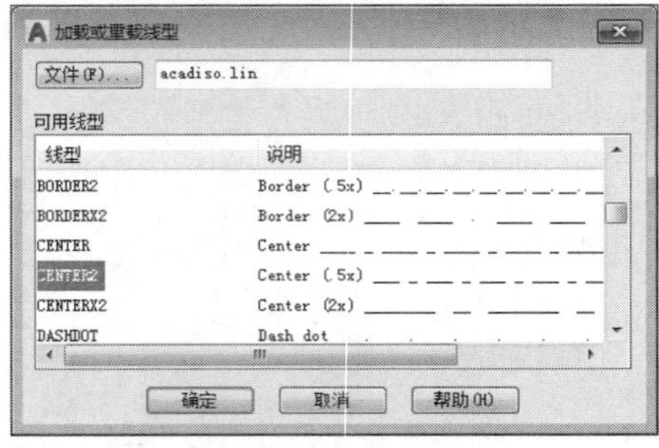

STEP 07 单击“确定”按钮，返回“选择线型”对话框，选择刚加载的线型，如下图所示。

STEP 08 单击“确定”按钮，返回“图层特性管理器”选项板，如下图所示。

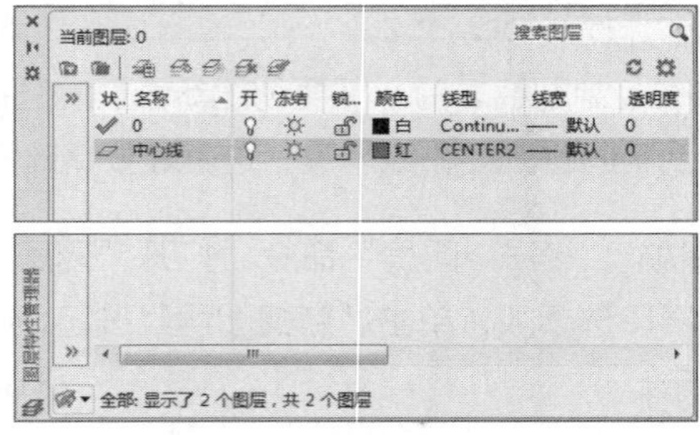

STEP 09 继续创建其余图层并设置颜色、线宽等参数，如右图所示。

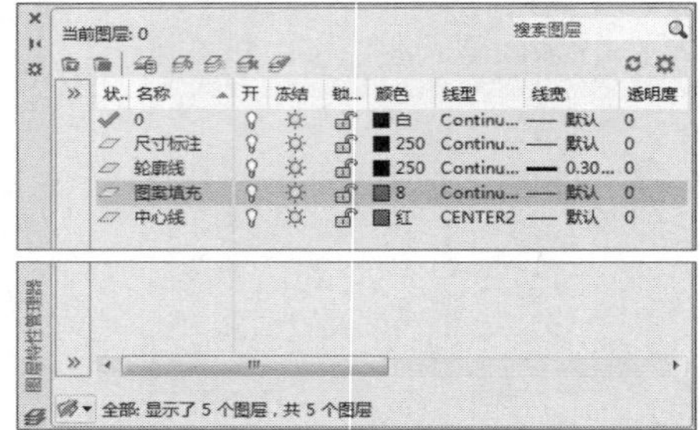

02 设置图层颜色

在“图层特性管理器”对话框中单击颜色图标，打开“选择颜色”对话框，其中包含三个颜色选项卡，即：索引颜色、真彩色、配色系统。用户可以在这三个选项卡中选择需要的颜色，如下左图所示，也可以在底部颜色文本框中下方输入颜色，如下右图所示。

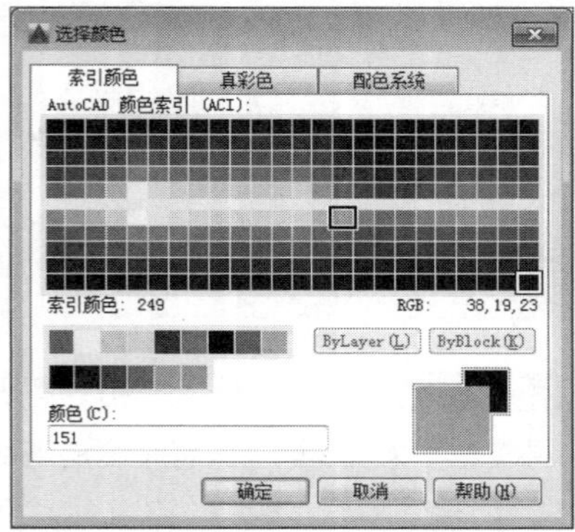

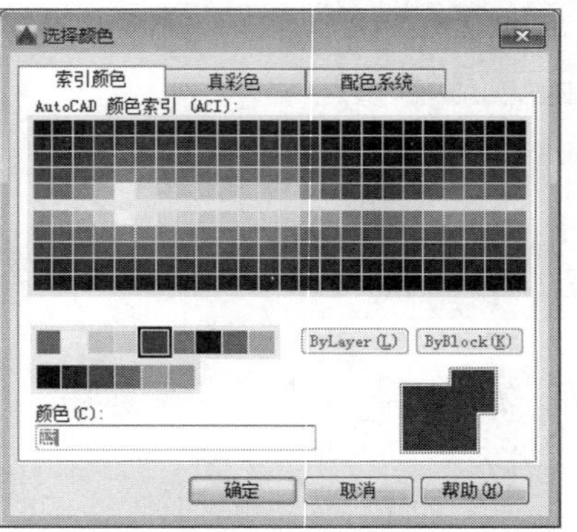

03 设置图层线型

线型分为虚线和实线两种，在绘图过程中，轴线是以虚线的形式表现，墙体则以实线的形式表现。用户可以通过以下方式设置线型：

STEP 01 在“图层特性管理器”选项板中单击“线型”图标，打开“选择线型”对话框，如下图所示。

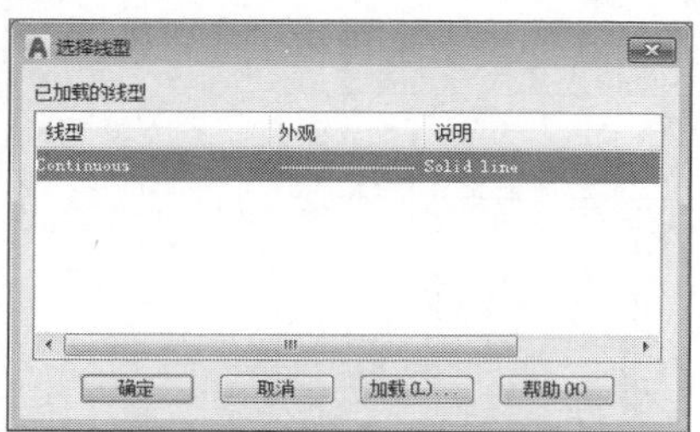

STEP 02 单击“加载”按钮，打开“加载或重载线型”对话框，如下图所示。

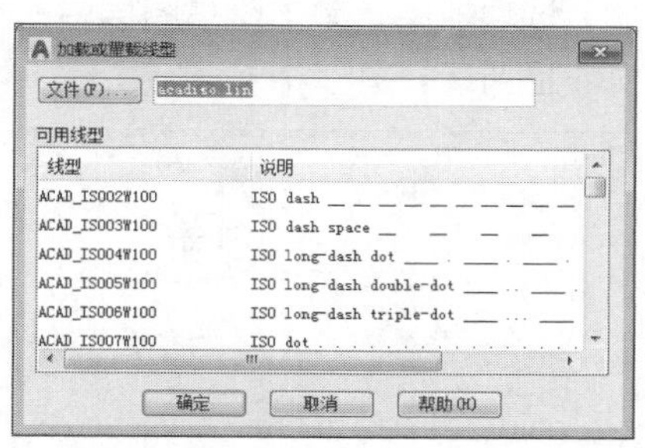

STEP 03 选择需要的线型，单击“确定”按钮，返回“选择线型”对话框，如下图所示。

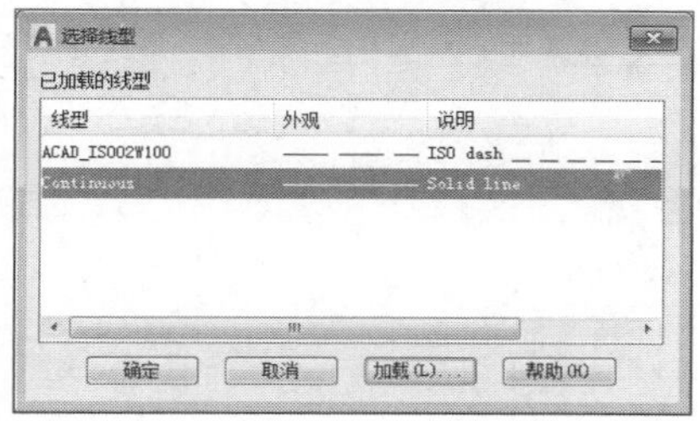

STEP 04 在该对话框中选择添加的线型，单击“确定”按钮，完成线型的设置，如下图所示。

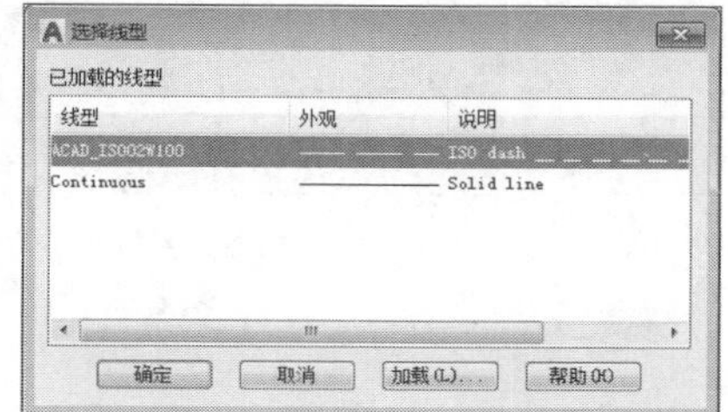

04 设置图层线宽

为了显示图形的作用，往往会将重要的图形用粗线宽表示，辅助的图形用细线宽表示。所以线宽的设置也是必要的。

在“图层特性管理器”选项板中单击“线宽”图标，打开“线宽”对话框，选择合适的线宽，单击“确定”按钮，如右图所示。返回“图层特性管理器” 选项板后，选项栏就会显示修改过的线宽。

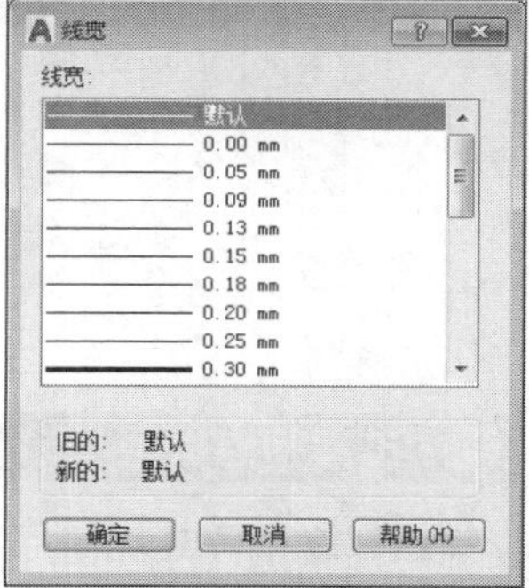

Lesson 03 图层的管理

在“图层特性管理器”选项板中，除了可创建图层并设置图层特性外，还可以对创建好的图层进行管理操作。例如图层的关闭、冻结、锁定，以及图层的复制、合并和保存等操作。

01 图层的打开与关闭

在AutoCAD中编辑图形时，由于图层比较多，一一选择也很浪费一些时间，这种情况下，用户可以隐藏不需要的图层，从而显示需要使用的图层。

具体操作如下：

STEP 01 执行“格式>图层”命令，在打开“图层特性管理器”选项板中，单击所需图层中的“开”图标，如下图所示。

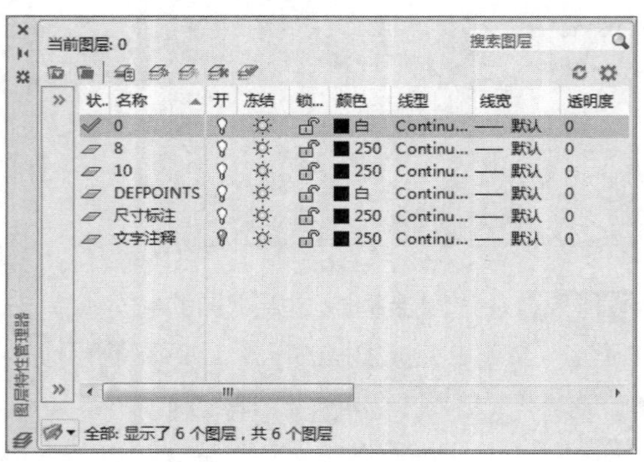

STEP 02 当文字注释层关闭后，此时在绘图区中，一些与文字注释层相关图形将不显示，如下图所示。

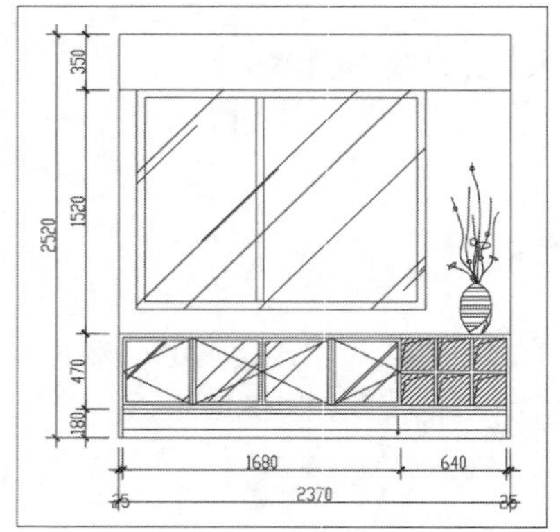

除了以上方法外，还可通过直接在“图层”功能选项板中，单击“图层”下拉按钮，并在其图层列表中，选择相关图层，进行关闭或打开操作，如下图所示。

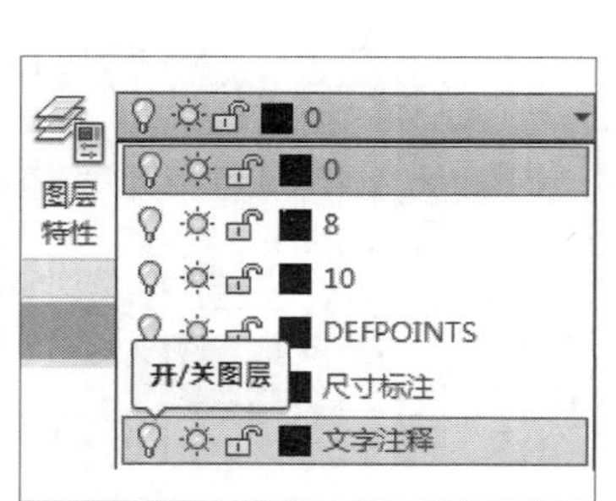

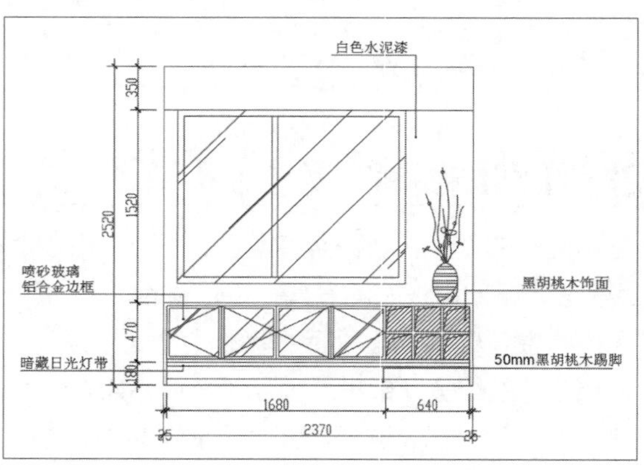

工程师点拨 | 关闭当前层

若想将当前图层进行关闭，则同样可执行以上操作，只是在操作过程中，系统会打开提示窗口，询问是否确定关闭当前层，用户只需选择“关闭当前图层”选项，即可。但需注意一点，当前层被关闭后，若要在该层中绘制图形，其结果将不显示，如右图所示。

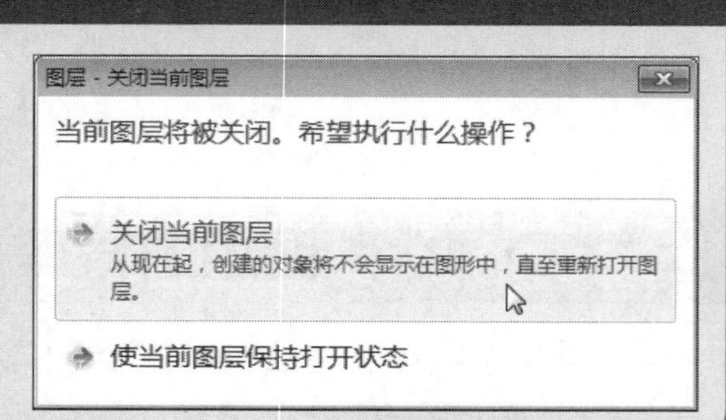

02 图层的冻结与解冻

冻结图层有利于减少系统重生成图形的时间，在冻结图层中的图形文件则不显示在绘图区中。在打开的“图层特性管理器”选项板中，选择所需的图层，单击“冻结☼”按钮，当其变成“雪花❄”图样，即可完成图层的冻结，如下左图所示。

在“图层”面板中，单击“图层”下拉按钮，在图层列表中，单击所需图层的“冻结”按钮，也可完成冻结操作，如下右图所示。若想解冻，同样单击该按钮，即可完成图层解冻操作。

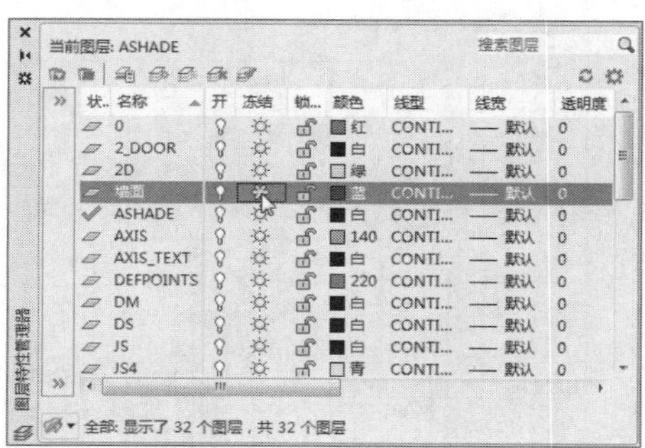

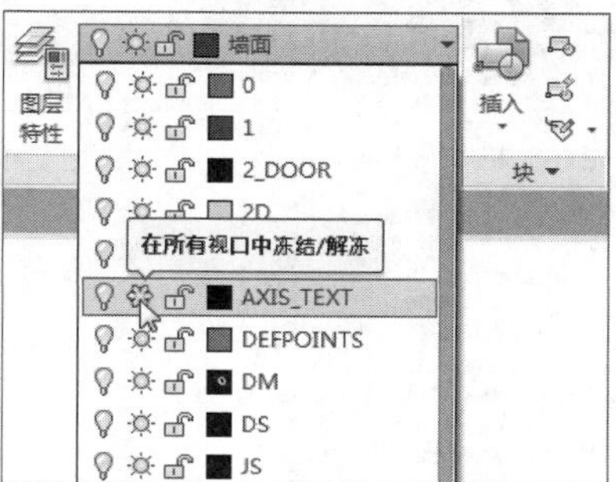

工程师点拨 | 当前层不能冻结

当前图层是无法冻结的，用户需将更换当前层，才可进行冻结操作，如右图所示。

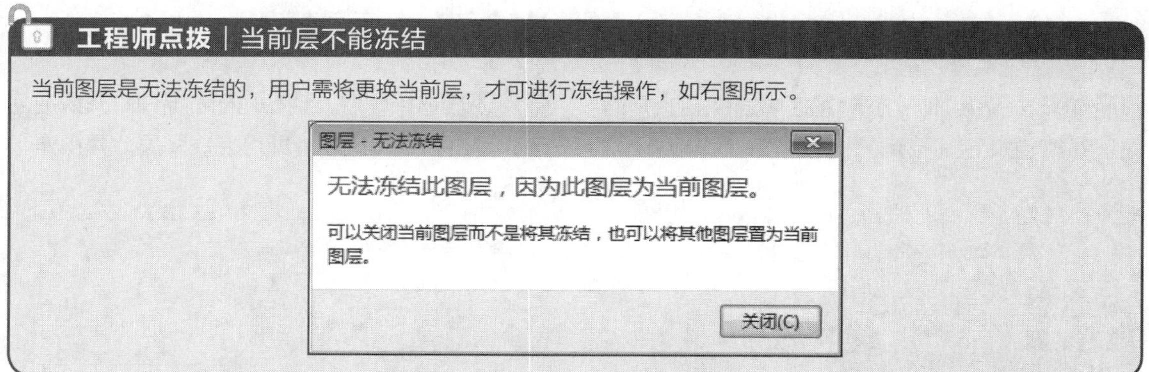

03 图层的锁定与解锁

将图层进行锁定后，在解锁该图层之前，将无法修改该图层上的所有对象。锁定图层可以降低意外修改对象的可能性。

当锁定某图层后，该图层颜色会比没有锁定之前要浅，而将光标移动到锁定的对象上将会出现锁定符号，同时被锁定的对象不能被选中也不能够进行编辑，如下图所示。

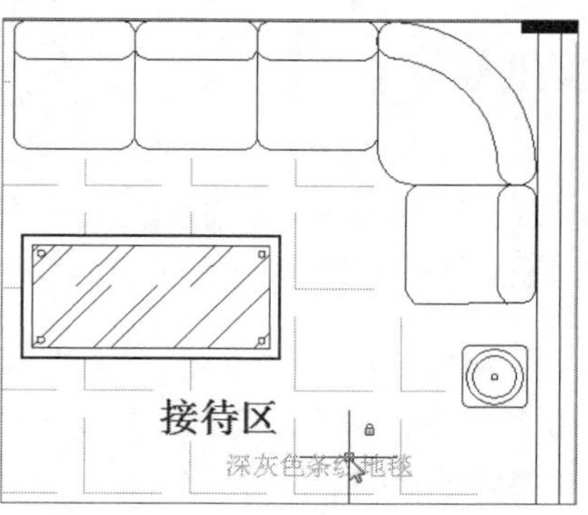

04 图层合并

图层合并是将选定图层合并到目标图层中，并将选定图层中的图形删除。合并图层的具体操作介绍如下：

STEP 01 执行“格式>图层工具>图层合并”命令，如下图所示。

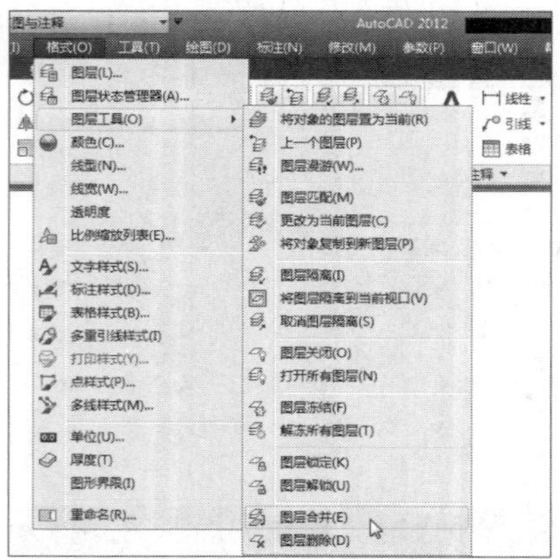

STEP 02 根据需要在绘图区中，选择所要合并的图层对象，如下图所示。

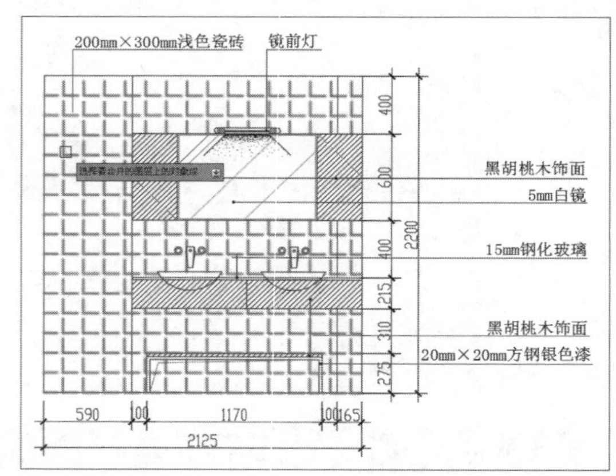

STEP 03 按Enter键，在绘图区中选择要合并的图层对象，如下图所示。

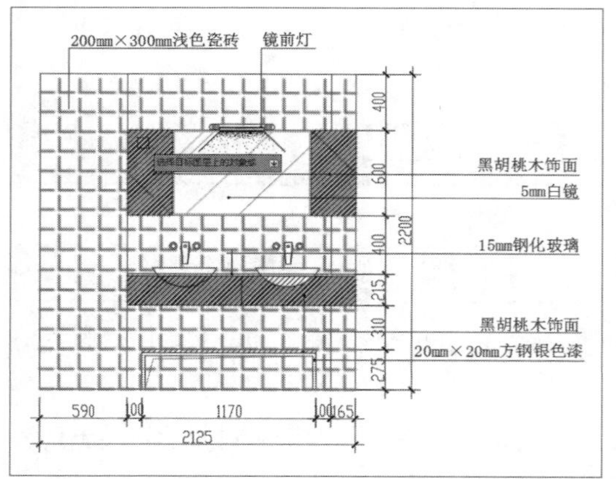

STEP 04 选择好后，会在光标右下角打开快捷列表，单击“是”选项，即可完成图层合并操作，如下图所示。

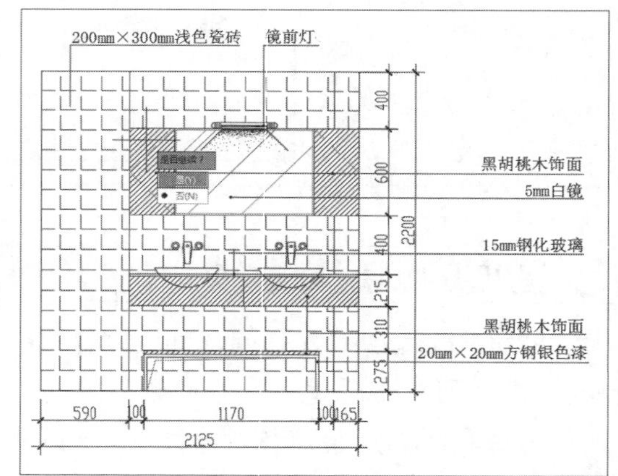

05 图层匹配

图层匹配是更改选定对象所在的图层，使其匹配目标图层。图层匹配就相当于一把格式刷可以将目标图层的特性进行继承，在进行图层匹配时先选择要进行匹配的对象，然后再选择要继承的对象，程序自动将匹配的图层继承目标图层的特性。

STEP 01 执行“格式>图层工具>图层匹配”命令，根据命令行提示，选中所需匹配的图形对象，这里选择餐桌图形，如下图所示。

STEP 02 随后按Enter键，根据需要选择目标图层上的图形对象（在此选择椅子图形），即可完成图层匹配操作，如下图所示。

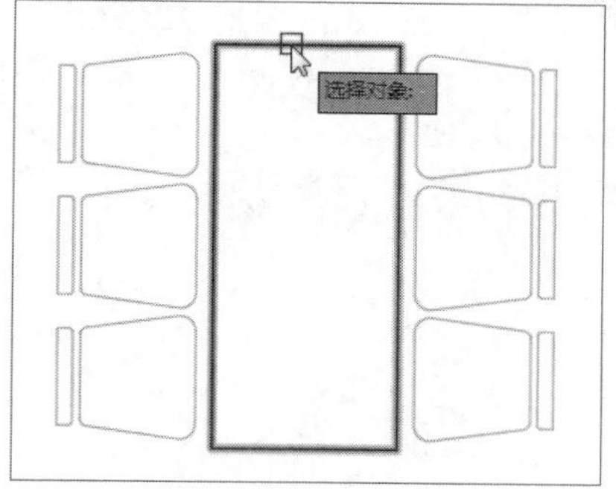

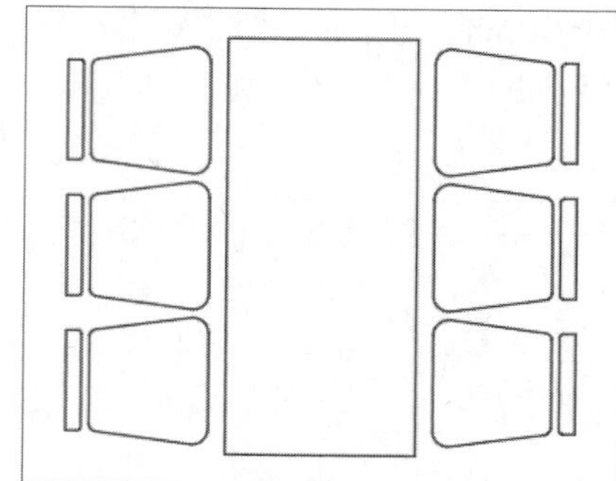

工程师点拨 | 图层特性将永久保留

图层的特性将会随图形文件一起被保存，将图层进行移动或复制后，图层的特性也不会消失，图层特性会永久被保留。但是将图层进行合并、删除后，原图层的特性将会发生改变。将图层移动或复制到一个新的图形文件后，图层的特性仍然会被保留。

06 图层隔离

图层隔离与图层锁定在用法上相似，都是为了降低在进行某图层操作时，其他图层受到意外修改可能性，其区别在于图层隔离只能将选中的图层进行修改操作，而其他未被选中的图层都为锁定状态，无法进行编辑；而锁定图层是将当前选中的图层进行锁定，图层中的所有图形无法编辑。

执行“格式>图层工具>图层隔离”命令，根据命令行提示，在绘图区中选中所要隔离的图层对象，按Enter键，即可将其隔离，如下图所示。

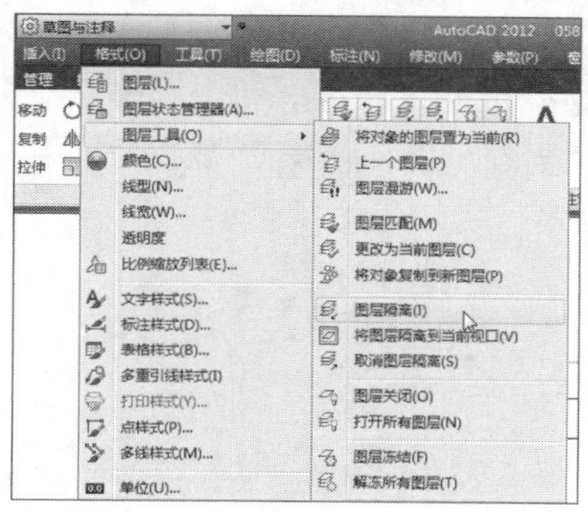

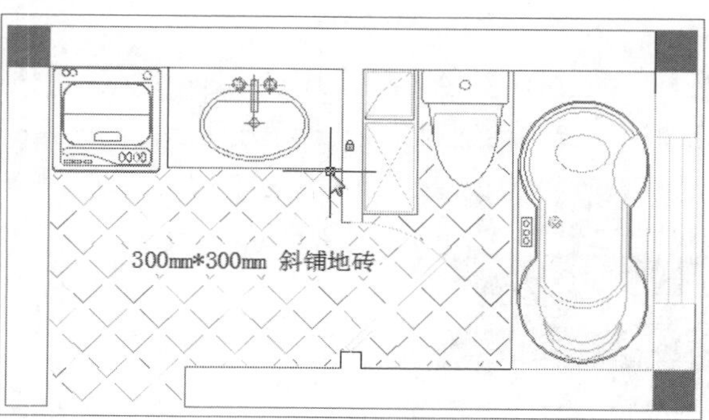

若想取消图层隔离，执行“格式>图层工具>取消图层隔离”命令，即可取消隔离操作。

相关练习 | 使用图层命令更改图形颜色、线段

在制图过程中，如果通过逐个选择的方式来选择对象很费时间，其实可以将该类对象移动到图层中，然后批量调整对象的某一特性，这样被选择的对象将全部被更改。

原始文件：实例文件\第4章\原始文件\办公室平面图.dwg
最终文件：实例文件\第4章\最终文件\更改图形属性.dwg

STEP 01 打开原始文件。启动AutoCAD软件，打开“办公室平面图.dwg”文件，如下图所示。

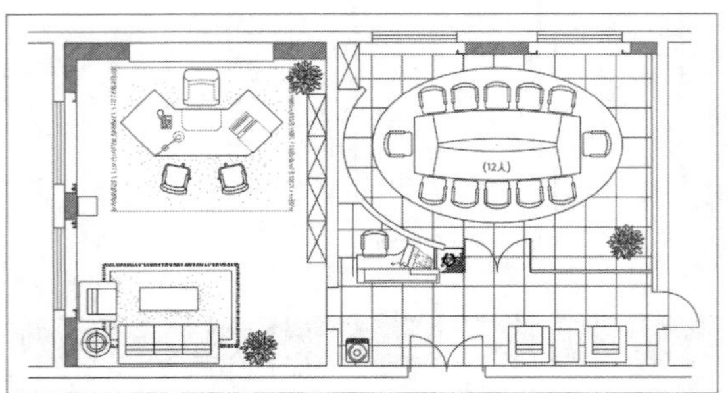

STEP 02 图层隔离设置。执行“格式>图层工具>图层隔离”命令，如下图所示。

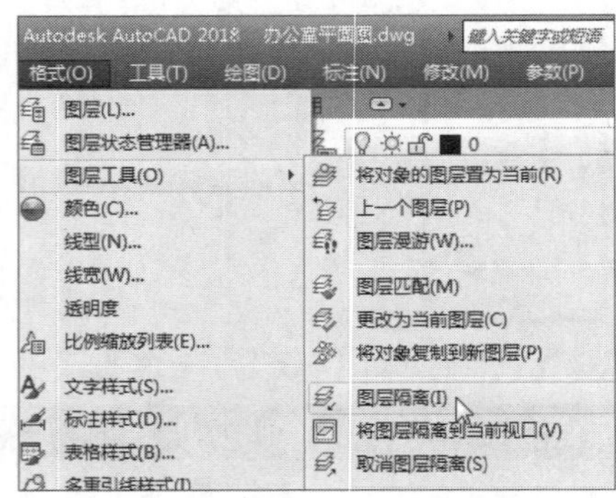

STEP 03 选择“填充”隔离层。根据命令行提示，在绘图区中选择“填充”层，按Enter键，完成该层隔离操作，如下图所示。

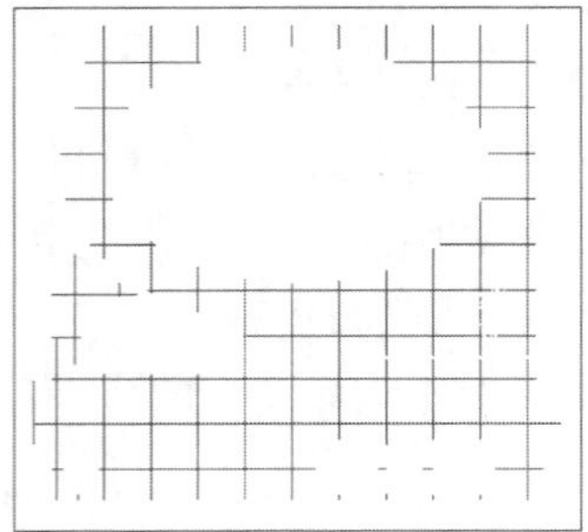

STEP 04 更改填充层颜色。执行“格式>图层”命令，在“图层特性管理器”选项板中，单击该层的“颜色”图标，如下图所示。

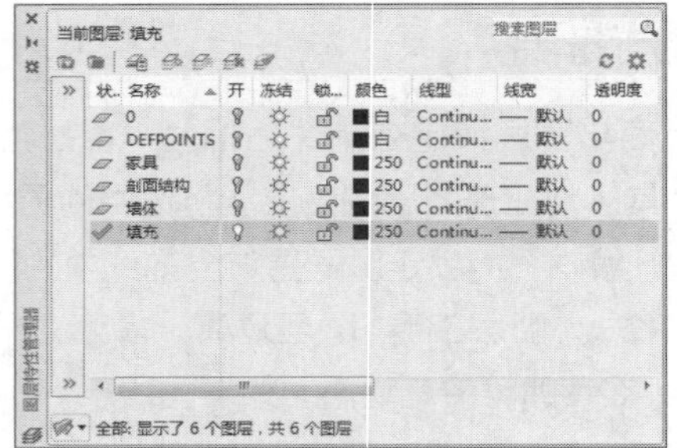

STEP 05 选择图层新颜色。在打开的“选择颜色”对话框中，选择合适的颜色，如下图所示。

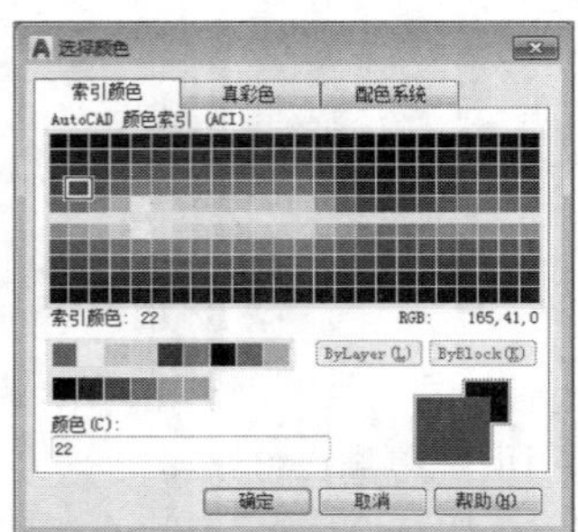

STEP 06 完成颜色设置。单击“确定”按钮，完成颜色更改，如下图所示。

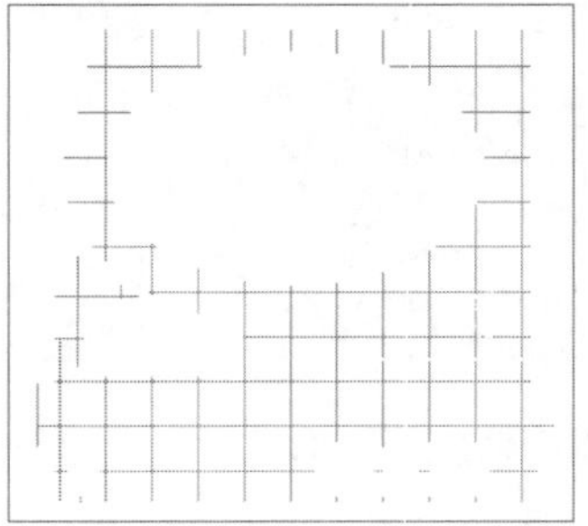

STEP 07 取消图层隔离操作。执行“格式>图层工具>取消图层隔离”命令，取消当前图层隔离操作，效果如右图所示。

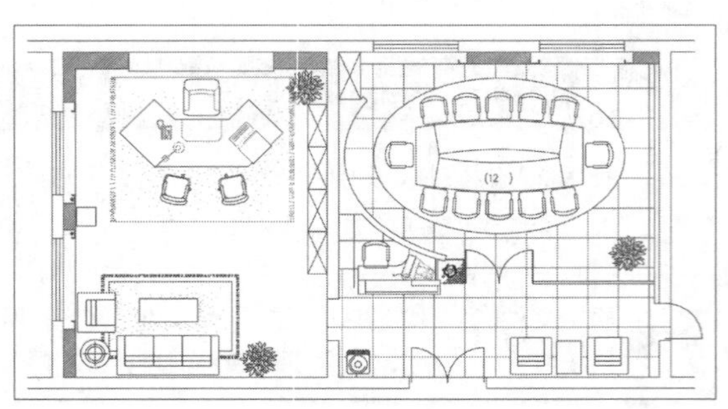

STEP 08 冻结图层。打开“图层特性管理器”选项板，冻结除“家具”图层外的所有图层，如下图所示。

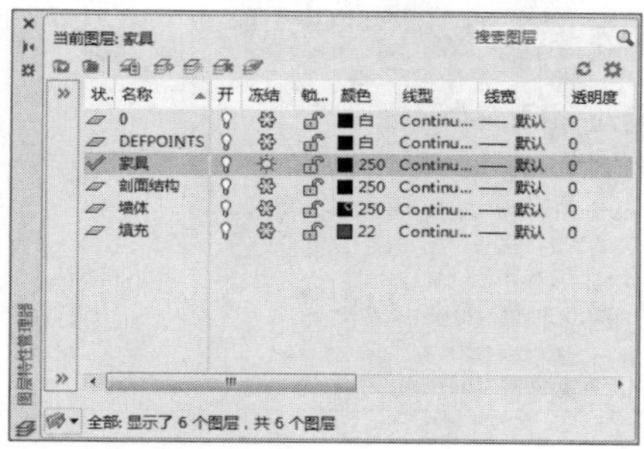

STEP 09 设置图层颜色。单击“家具”图层中的“颜色”图标，在打开的对话框中，选择一款合适的颜色，单击“确定”按钮，完成设置，如下图所示。

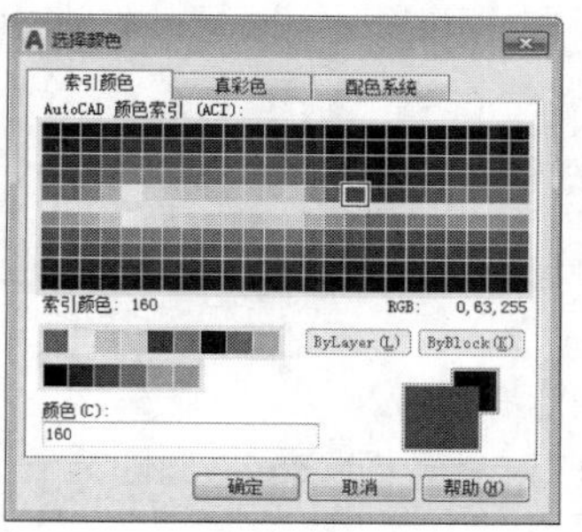

STEP 10 解冻图层。返回上一层对话框，解冻所有冻结的图层，关闭对话框，如下图所示。

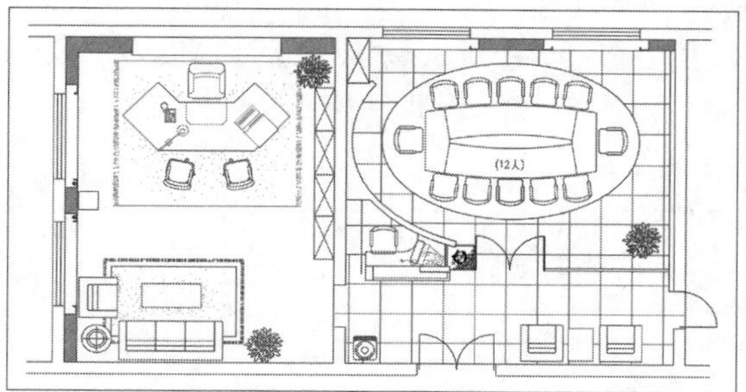

STEP 11 墙体线层线宽设置。在“图层特性管理器”选项板中，单击墙体层中的“线宽”图标，如下图所示。

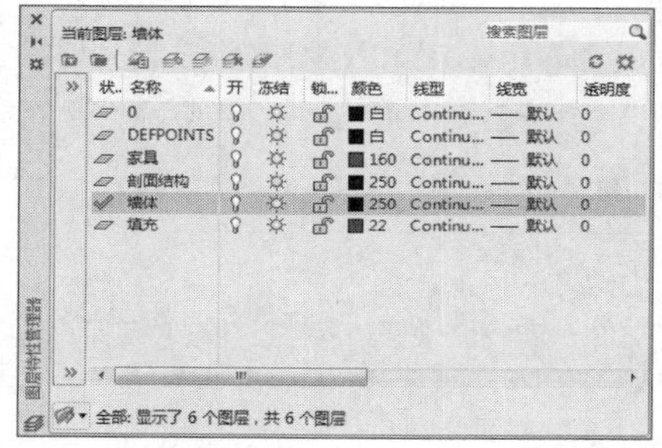

STEP 12 选择线宽。在“线宽”对话框中，选择合适的线宽并单击“确定”按钮，如下图所示。

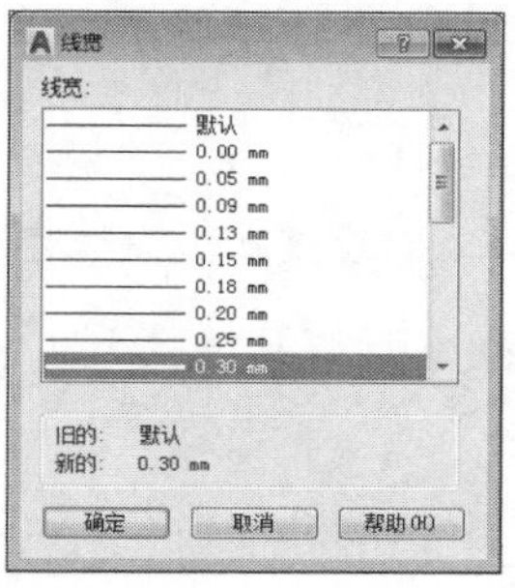

STEP 13 墙体线宽效果。关闭“图层特性管理器”选项板，在状态栏中单击“显示线宽”按钮，效果如下图所示。

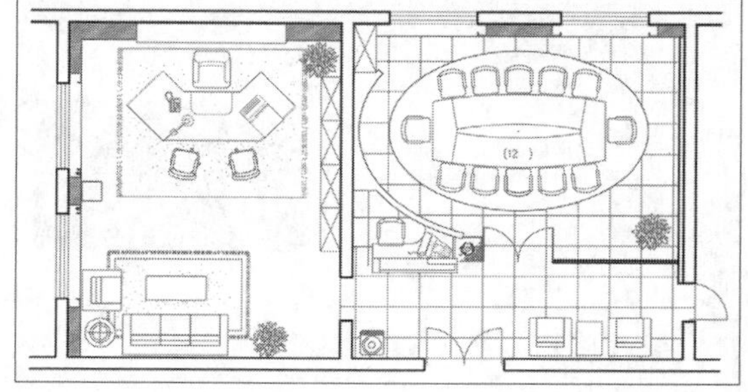

07 设为当前层

置为当前图层是将选定的图层设置为当前图层，并在当前图层上创建对象。设置当前层的方法有两种，下面将分别对其操作进行介绍。

方法1：执行“格式>图层”命令，在打开的“图层特性管理器”选项板中，双击所需图层，或

单击选项板上的“置为当前”按钮，即可设为当前层，如下左图所示。

方法2：在“默认”选项卡的“图层”选项板中单击“图层”下拉按钮，在打开的图层列表中，选择所需的图层选项，即可将其设置当前层，如下右图所示。

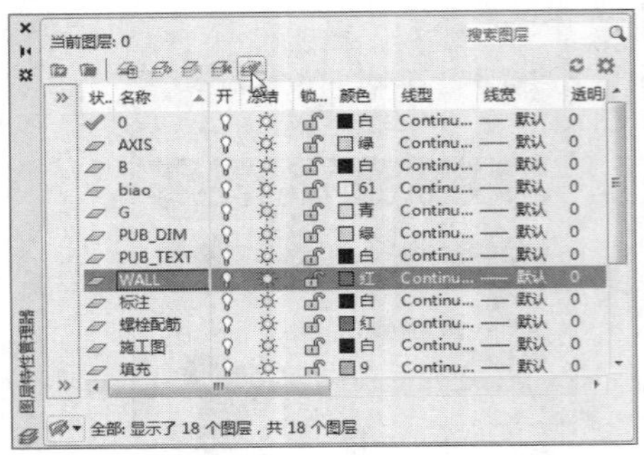

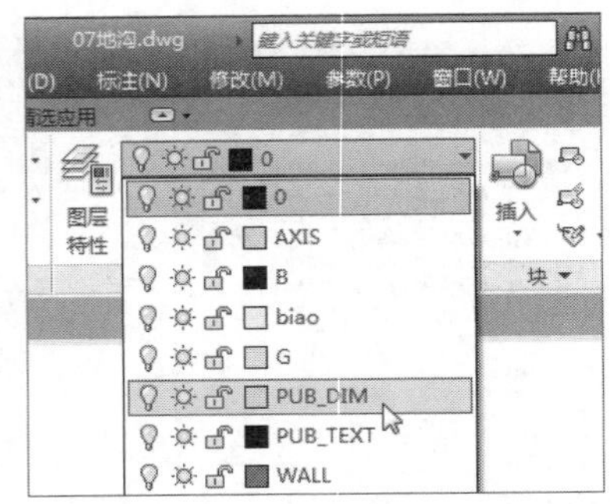

相关练习｜自定义样板文件

图层、线型、线宽这些设置只在当前文件中有效，若新建空白文档，其所有图层、线型等都需重新设置。AutoCAD 2018支持自定义样板文件，可以在图形中新建图层，然后在图层中分别设置线型、线宽和线条的颜色，完成后保存为样板文件。下次新建图形时直接打开样板文件，程序将自动加载图层。

原始文件：无
最终文件：实例文件\第4章\最终文件\自定义样板文件.dwt

STEP 01 新建样板文件。单击“菜单浏览器”按钮，选择“新建”选项，在打开的“选择样板”对话框中，选择所需的样板文件，单击“打开”按钮，如下图所示。

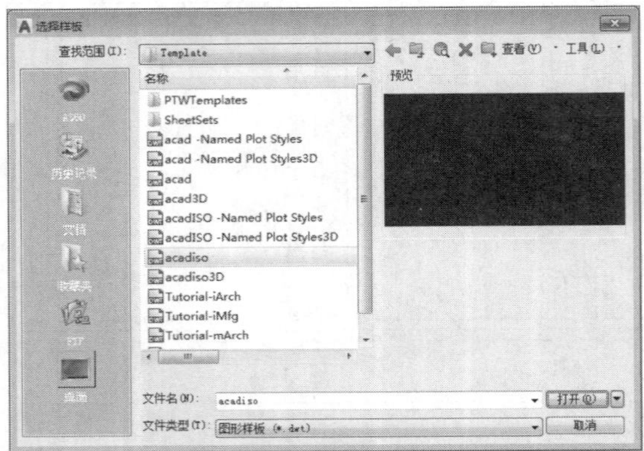

STEP 02 创建图层。执行“格式>图层”命令，在打开的“图层特性管理器”选项板，单击“新建图层”按钮，创建默认图层，如下图所示。

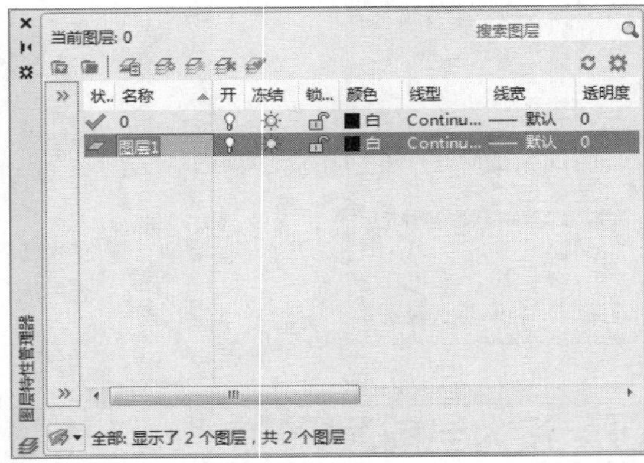

STEP 03 更改图层名称。将默认的“图层1”名称更改为“墙体线”，如下图所示。

STEP 04 更改图层线宽。单击“线宽”图标，在“线宽”对话框中，选择合适的线宽值，如下图所示。

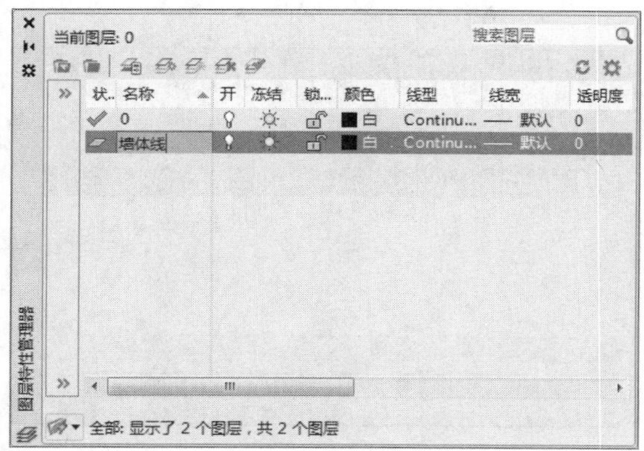

STEP 05 创建门窗图层。单击“新建图层”按钮，创建“门窗”图层，如下图所示。

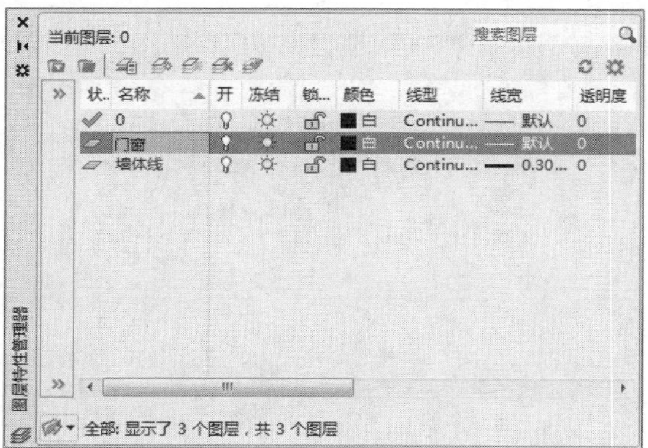

STEP 07 创建家具图层。单击“新建图层”按钮，创建“家具”图层，将该图层颜色设为红色，如下图所示。

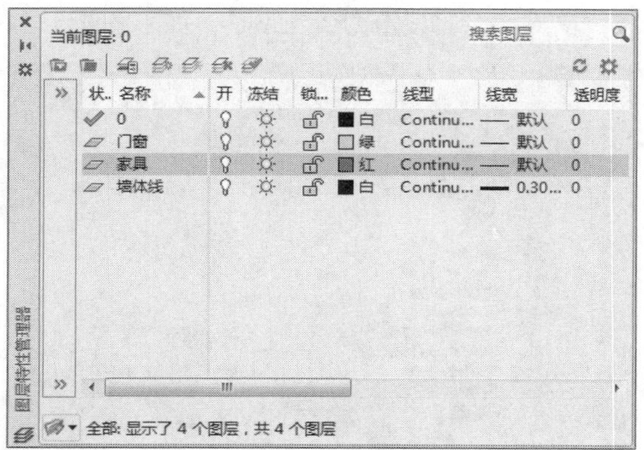

STEP 09 设置虚线图层颜色。单击“颜色”图标，在“选择颜色”对话框中，选择灰色，如下图所示。

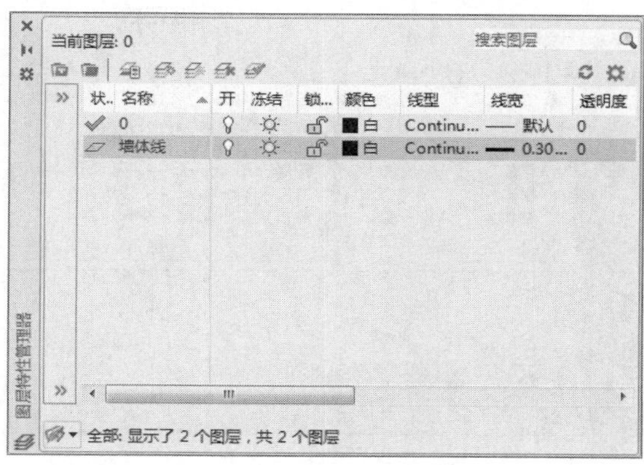

STEP 06 设置门窗层颜色。单击“颜色”图标，在打开的“选择颜色”对话框中，选择合适颜色，完成设置，如下图所示。

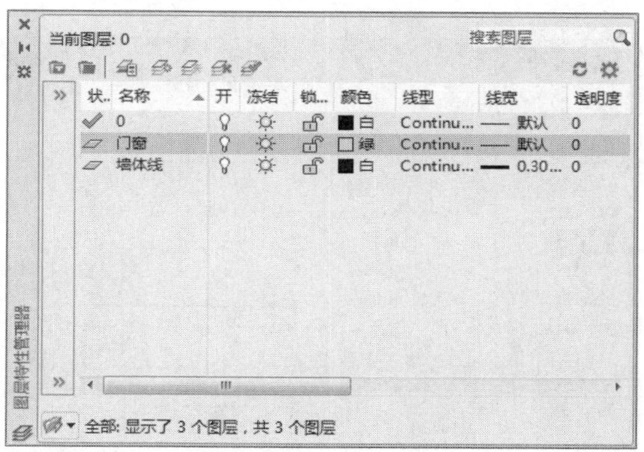

STEP 08 创建虚线图层。单击“新建图层”按钮，创建“虚线”图层，如下图所示。

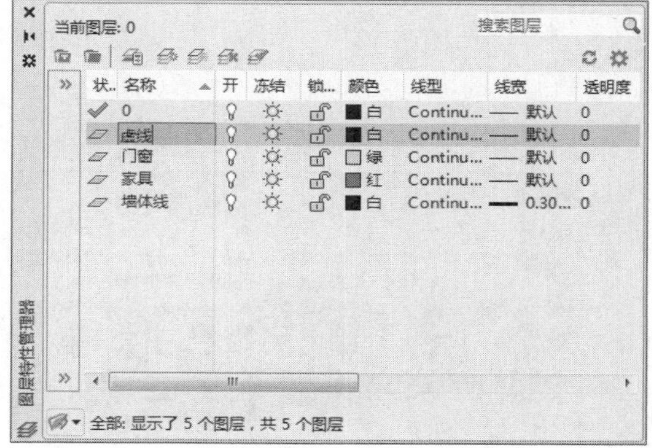

STEP 10 设置虚线层线型。单击“线型”图标，打开“选择线型”对话框，如下图所示。

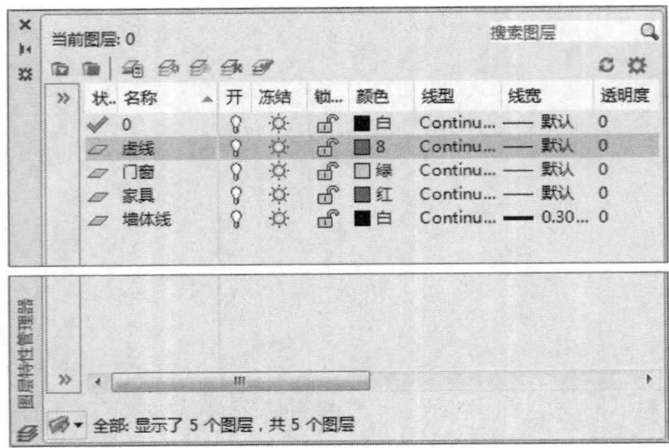

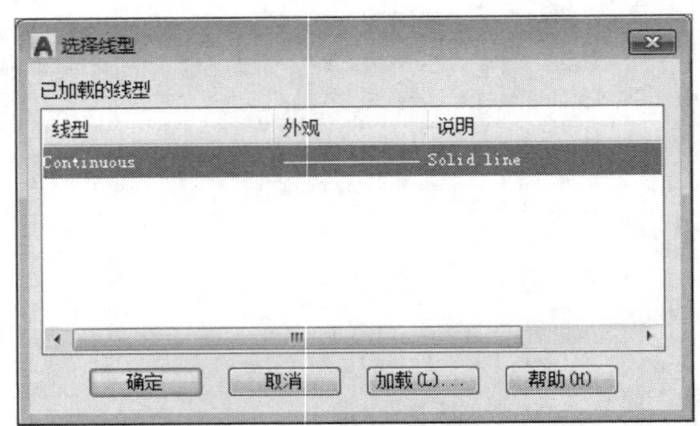

STEP 11 加载线型。单击“加载”按钮，在“加载或重载线型”对话框中，选择所需线型选项，单击“确定”按钮，如下图所示。

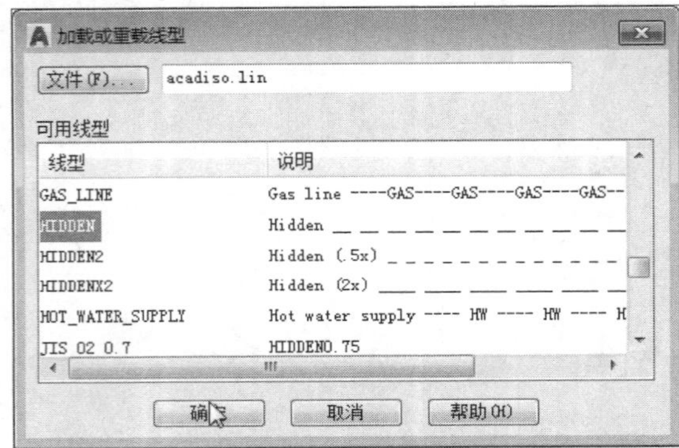

STEP 12 完成线型设置。单击“确定”按钮，返回“选择线型”对话框，单击“确定”按钮，返回“图层特性管理器”选项板，完成设置操作如下图所示。

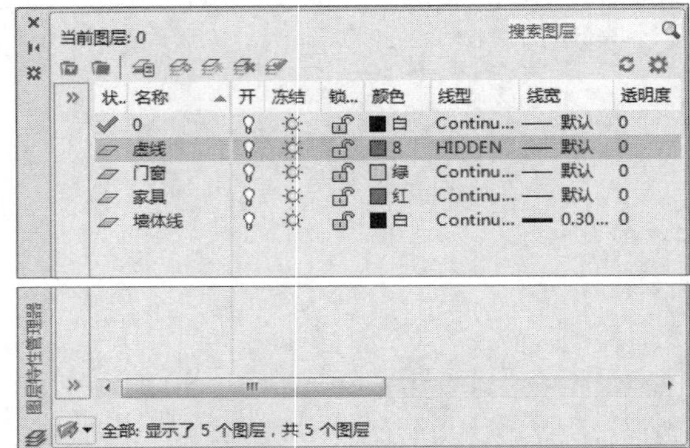

STEP 13 创建标注图层。创建标注图层，并将其图层颜色设置为深蓝，其他设置保持默认，如下图所示。

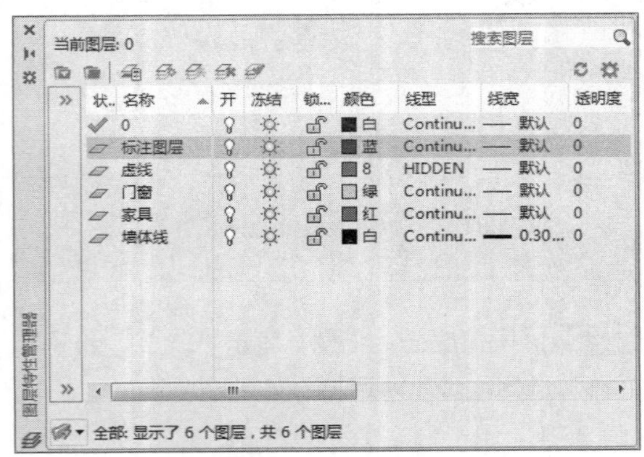

STEP 14 设置文件格式。关闭“图层特性管理器”选项板，单击“菜单浏览器”按钮，选择“另存为”选项，在打开的“图形另存为”对话框中，将“文件类型”设置为“*.dwt”，如下图所示。

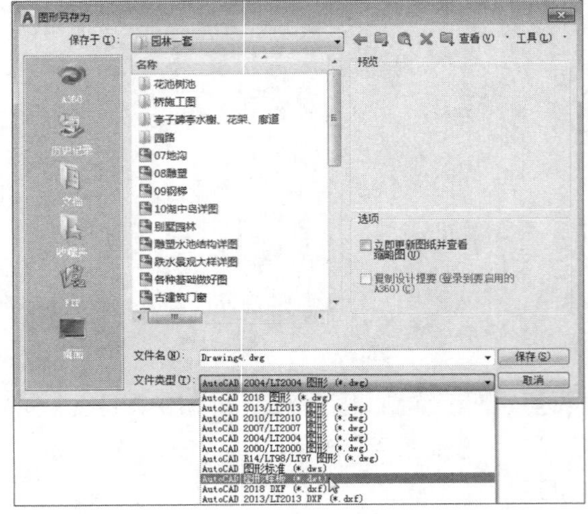

STEP 15 保存样板文件。在对话框中，命名样板文件名，再单击“保存”按钮，如下图所示。

STEP 16 设置样板单位。在打开的“样板选项”对话框中，将其“测量单位”设为“公制”，单击“确定”按钮，如下图所示。

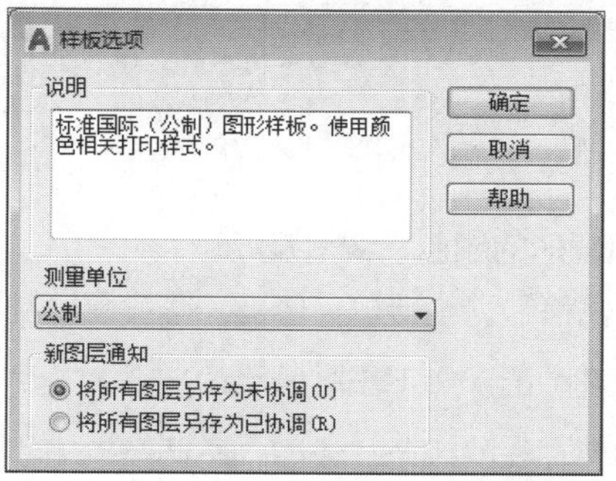

STEP 17 打开样板文件。执行“文件>新建”命令，在“选择样板”对话框中，选择刚保存的样板文件，单击“打开”按钮即可，如右图所示。

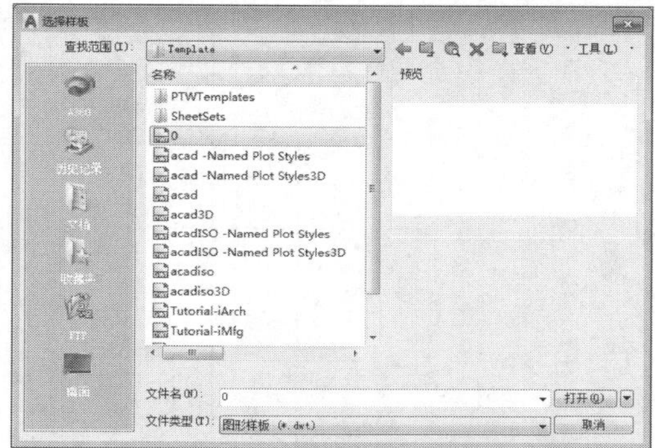

08 删除图层

若要删除多余的图层，可以使用“图层特性管理器”选项板中的“删除图层”按钮，将其删除。

STEP 01 在“图层特性管理器”选项板中，选中要删除的图层选项，如下图所示。

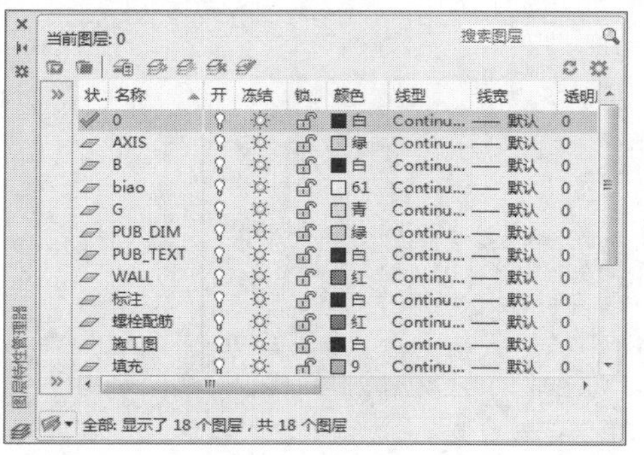

STEP 02 选择完成后，单击“删除”按钮，即可将该图层进行删除，如下图所示。

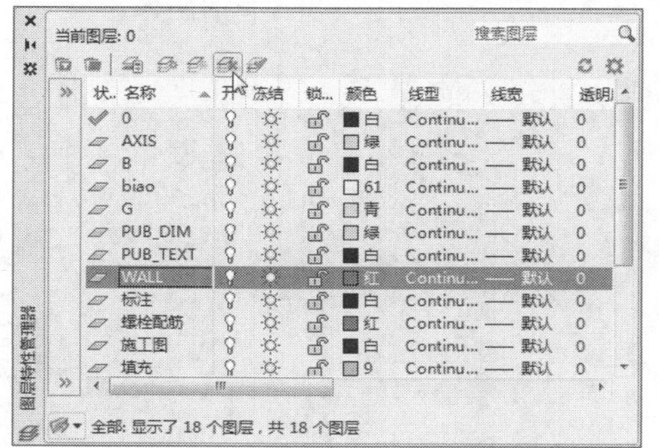

工程师点拨｜无法删除图层的类型

删除选定图层只能删除未被参照的图层。而被参照的图层则不能被删除，其中包括图层0、包含对象图层、当前图层，以及依赖外部参照的图层，还有一些局部打开图形中的图层也被视为已参照不能删除。

强化练习

通过本章的学习，读者对于图形特性、图层的创建与设置、图层的管理操作等知识有了一定的认识。为了使读者更好地掌握本章所学知识，在此列举几个针对本章知识的习题，以供读者练手。

1. 设置图形的颜色、线宽及线型

利用“偏移”、“旋转”、“修剪”等命令绘制零件图。

STEP 01 打开图形，如下左图所示。

STEP 02 调整轴线的颜色、线型，再调整轮廓线的线宽，如下右图所示。

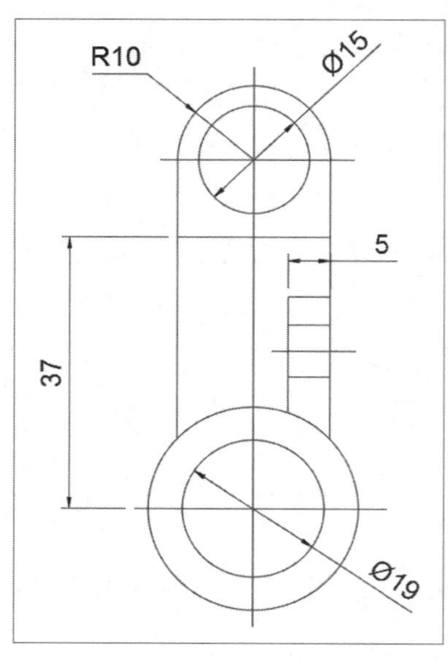

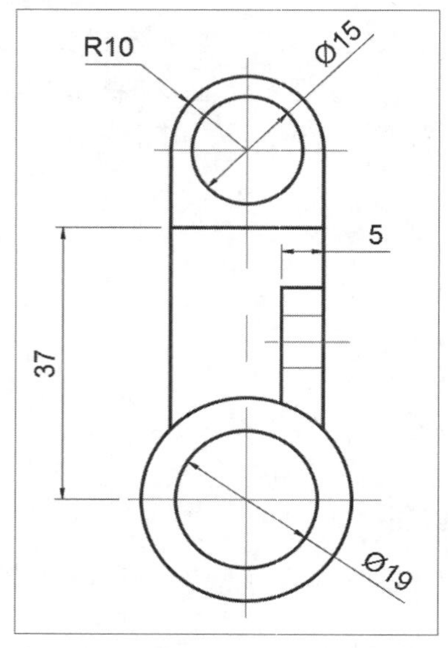

2. 创建园林施工图常用图层

创建如下图所示的园林施工图常用图层，包括轴线、网格、植物、小品、建筑、尺寸标注等。

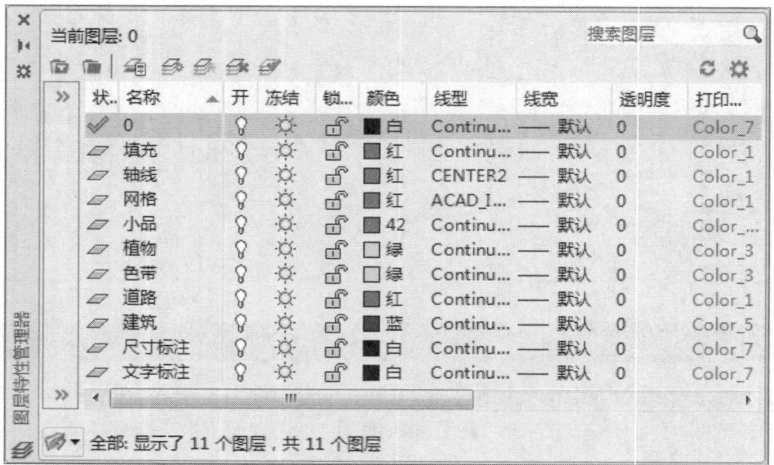

状..	名称	开	冻结	锁...	颜色	线型	线宽	透明度	打印...
✓	0				白	Continu...	—— 默认	0	Color_7
	填充				红	Continu...	—— 默认	0	Color_1
	轴线				红	CENTER2	—— 默认	0	Color_1
	网格				红	ACAD_I...	—— 默认	0	Color_1
	小品				42	Continu...	—— 默认	0	Color_...
	植物				绿	Continu...	—— 默认	0	Color_3
	色带				绿	Continu...	—— 默认	0	Color_3
	道路				红	Continu...	—— 默认	0	Color_1
	建筑				蓝	Continu...	—— 默认	0	Color_5
	尺寸标注				白	Continu...	—— 默认	0	Color_7
	文字标注				白	Continu...	—— 默认	0	Color_7

全部: 显示了 11 个图层，共 11 个图层

工程技术问答

本章主要对图形特性的设置、图层的创建与设置以及图层的管理知识进行介绍，在应用相关知识绘图时难免会遇到一些疑难，下面将对常见的问题及解决方法进行罗列，供用户参考。

Q 如何重命名图层?

A 首先打开“图层特性管理器”面板，在需要重命名的图层上单击鼠标右键，在弹出的快捷菜单列表中选择“重命名图层”选项，输入图层名称，按Enter键即可。

Q 为什么不能删除某些图层?

A 原因有很多种。当遇到无法删除图层的情况时，系统会提示无法删除的图层类型。Defpoints图层是进行标注时，系统自动创建的图层，该图层和图层0性质相同，无法进行删除。当需要删除图层而该图层为当前图层时，用户需要将其他图层置为当前，并且确定删除的图层中不包含任何对象，然后再次单击“删除”按钮，即可删除该图层。

Q 图层特性过滤器的作用是什么？如何操作?

A 在一些复杂的图纸中，一般都会有很多图层，控制好这些图层就需运用到图层特性过滤器功能，图层特性过滤器简化了图层操作。下面将以新建“特性过滤器”为例，来介绍其具体的操作步骤。

STEP 01 在“图层特性管理器”选项板中单击左侧上方“新建特性过滤器”按钮，打开“图层过滤器特性”对话框，如下图所示。

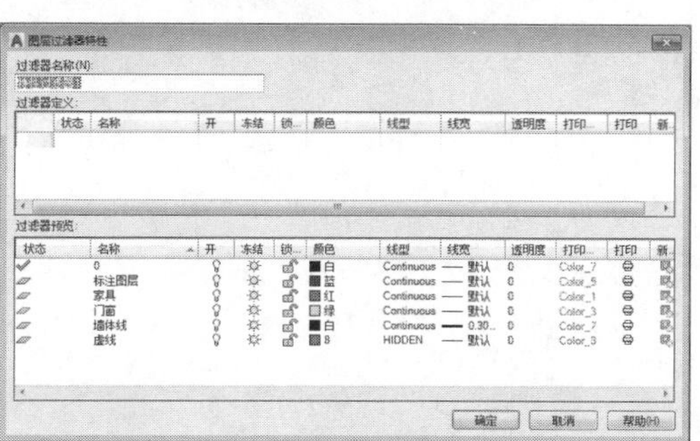

STEP 02 在“过滤器定义”选项组中选择“颜色”下拉按钮，从中选择红色，如下图所示。

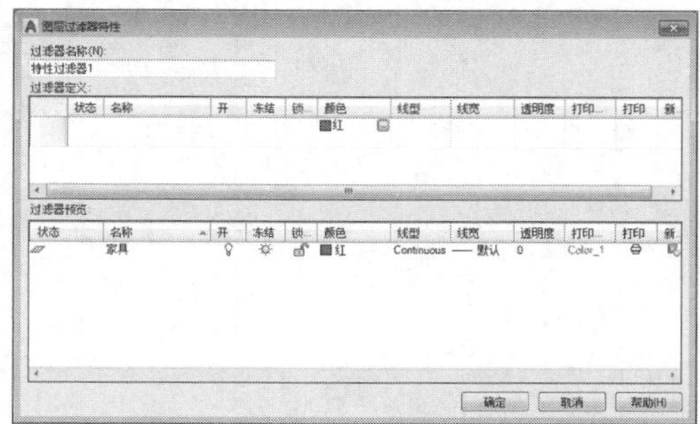

STEP 03 单击“确定”按钮，即可完成特性过滤器的创建，如下图所示。

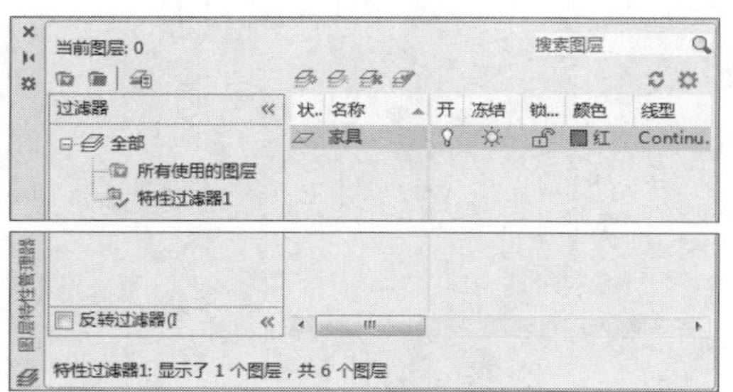

STEP 04 若勾选“反转过滤器”复选框，在图层列表中会显示未过滤的图层，如下图所示。

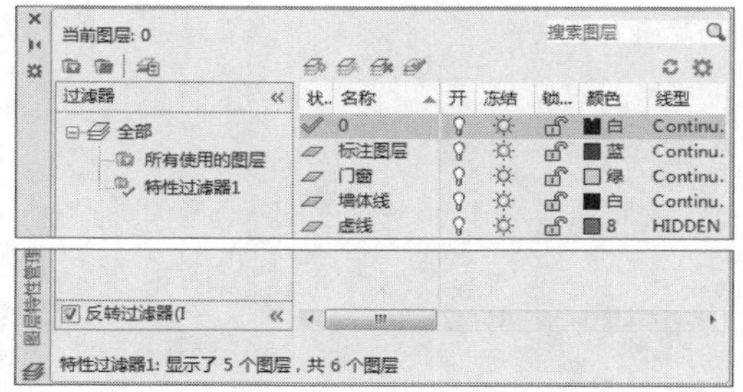

Chapter 05

图案填充与信息查询

在制图过程中，需要通过一定的图案来表示图形的意义。例如建筑、机械零件的切剖面、各种建筑构件等图形。在AutoCAD软件中，图案填充功能是使用线条或图案来填充指定的图形区域，这样可以清晰表达出指定区域的外观纹理。而学会使用信息查询功能，则可快速的读取图形的基本信息，例如图形的周长、面积、面域质量等。

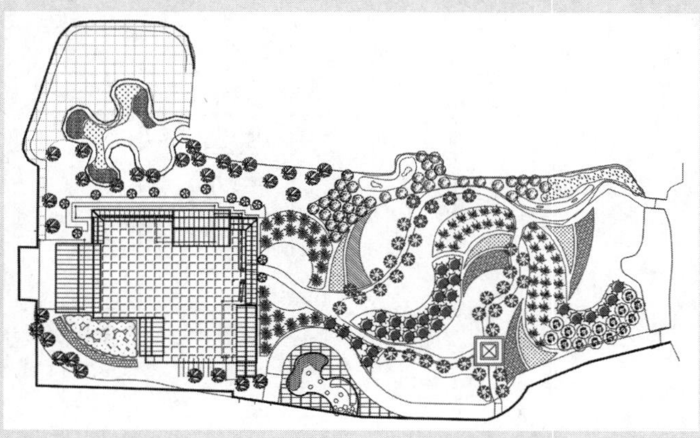

01 文化广场绿化图

通过填充道路、绿化带等不同区域的图案，可显示出绿化图的总体构造。该图纸主要运用了“图案填充”、“样条曲线”、“直线”等命令绘制完成的。

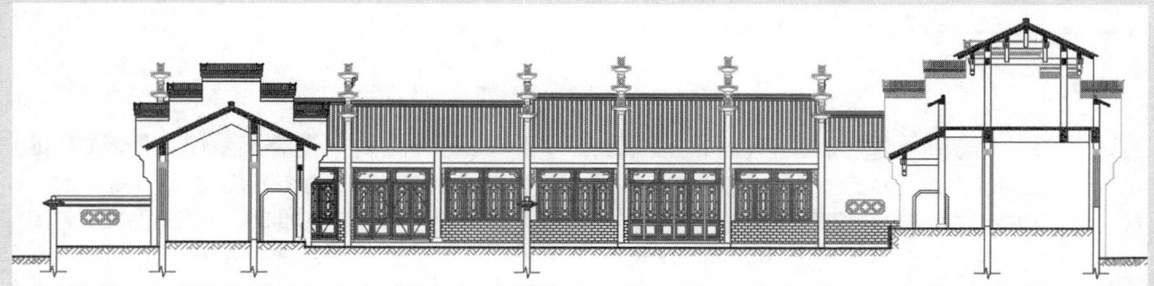

02 中式庭院外墙

不同建筑材质填充不同的图案，使画面有层次感。该图纸运用“直线”、“图案填充”等命令绘制完成的。

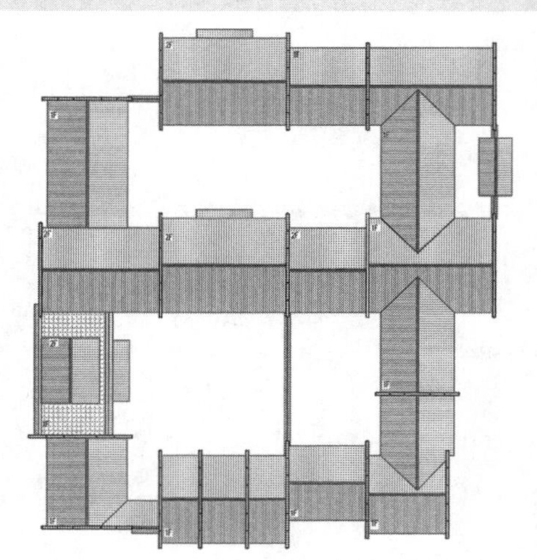

03 公园入口立面图

公园入口作为公园的标志性建筑之一，要具有一定的代表性。在该立面图中，对大门立柱、房屋墙体等图形进行填充，使整个图纸层次较为分明。

04 别墅屋顶平面图

通过平面图可预览别墅的占地面积，建筑风格等信息。该图纸利用“图案填充”命令，将所有屋顶与地面进行填充，使屋顶与地面、墙体能够很好的区分。

05 建筑物立面图

立面图主要反映了房屋的外貌和立面装修的做法。在对建筑物外观进行图案填充，选择类似屋面及墙面的填充图案，使其更形象、更美观。

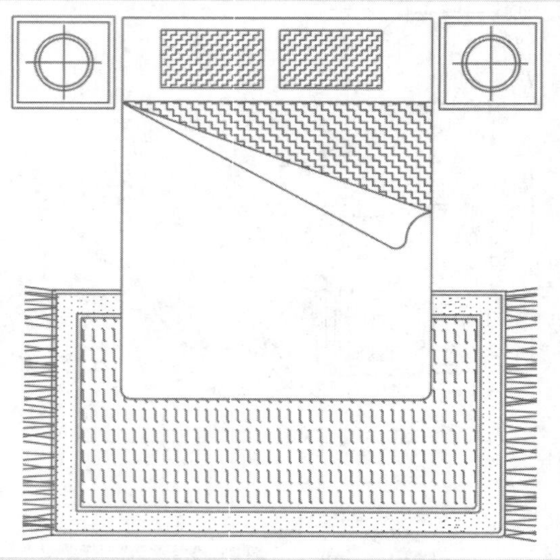

06 双人床平面

系统自带的填充图案满足不了需求时，用户可自定义加载一些填充图案。不同的图案代表着不同的材质。

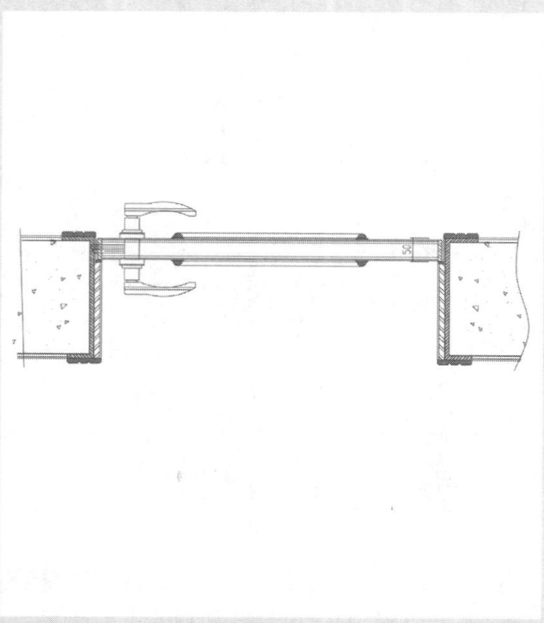

07 门套节点图

在该节点图中，对墙体、石材以及连接槽钢图形填充，使其能够更好的区分。

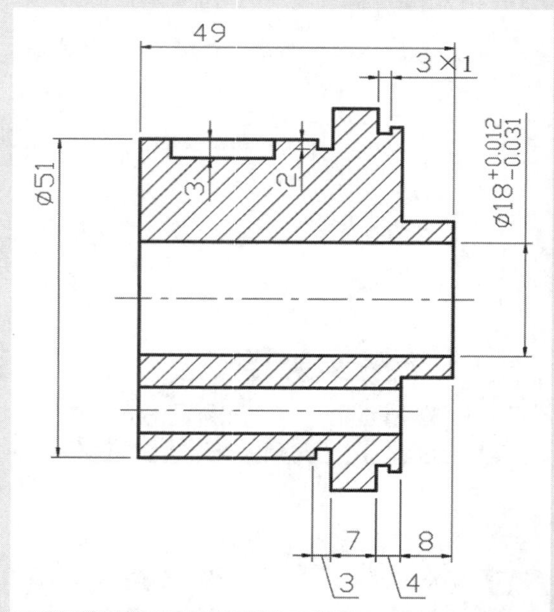

08 机械零件剖视图

对零件被剖开的部位进行图案填充，能够更好地区分内部结构。

Lesson 01 填充图案的创建与编辑

为了使绘制的图形更加丰富多彩，用户需要对封闭的图形进行图案填充。图案填充是一种使用图形图案对指定的图形区域进行填充的操作。用户除了使用图案进行填充以外，还可使用渐变色进行填充。填充完毕后，还可对填充的图形进行编辑。

01 图案填充

在填充图案的过程中，用户可以选择需要填充的图案。在默认情况下，这些图案的颜色和线型将使用当前图层的颜色和线型。用户也可以重新设置填充图案的颜色和线型。用户可以通过以下几种方式进行图案填充：

- 在菜单栏中执行“绘图>图案填充”命令。
- 在“默认”选项卡的“绘图”面板中单击“图案填充”按钮。
- 在命令行输入HATCH命令并按Enter键。

执行“绘图>图案填充”命令，在打开的“图案填充创建”选项卡中，根据绘图需要，设置相关参数，完成填充操作，如下图所示。

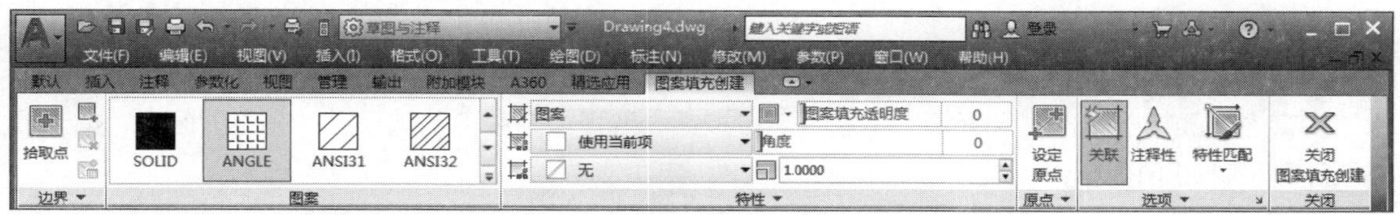

“图案填充创建”选项卡中常用命令说明如下：

- 边界：该命令是用来选择填充的边界点或边界线段。
- 图案：该命令在打开的下拉列表中，选择图案的类型，如下左图所示。
- 特性：在该命令中，用户可根据需要设置填充的方式、填充颜色、填充透明度、填充角度以及填充比例值等功能，如下中图所示为选择填充颜色。
- 原点：设置原点可使用用户在移动填充图形时，方便与指定原点对齐。
- 选项：在该命令中，可根据需要选择是否自动更新图案、自动视口大小调整填充比例值以及填充图案属性的设置等，如下右图为孤岛填充类型。
- 关闭：退出该选项卡。

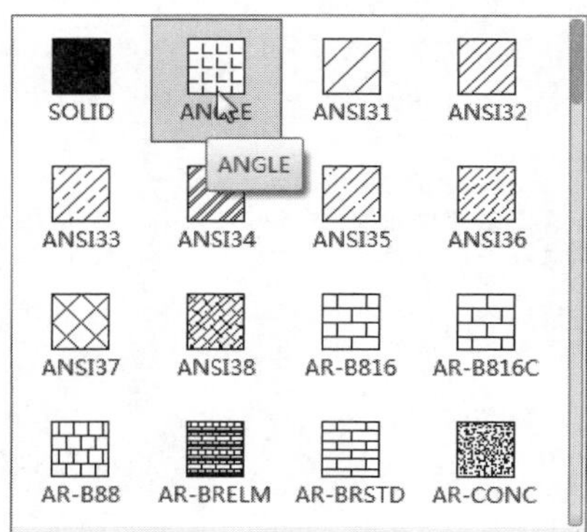

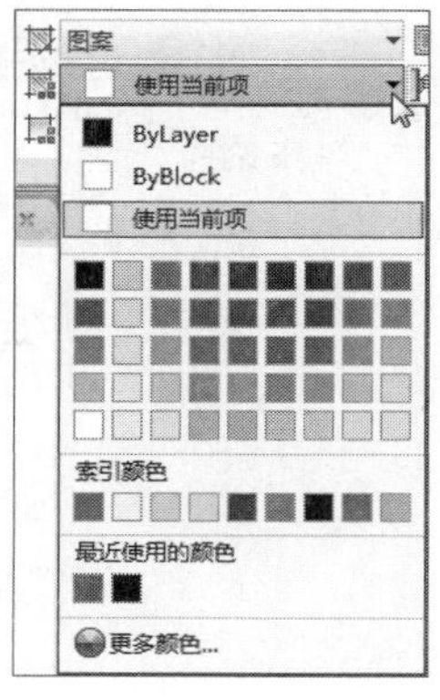

在进行图案填充时，无非是选择填充图案的类型、设置填充图案的属性以及选择好填充边界等几项操作。下面将分别对其进行讲解。

1. 填图案充类型

执行“绘图>图案填充”命令，在“图案填充创建”选项卡中的“特性”面板中单击“图案填充类型”下拉按钮，在打开的快捷菜单中，选择所需的填充类型。这里有4种类型，分别为：实体、渐变色、图案以及用户定义。

（1）**实体填充**。其填充的类型为纯色，系统默认为黑色，执行“绘图 > 图案填充”命令，在其选项卡中的“特性”面板中单击“图案填充类型”下拉按钮，选择“实体”选项，然后，在绘图区中指定所需填充的图形即可，如下图所示。

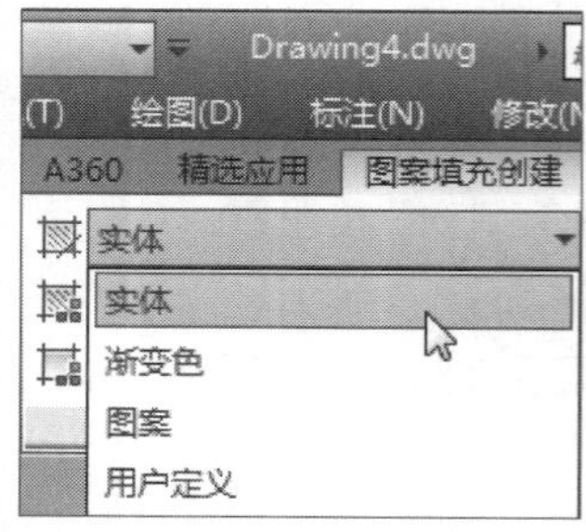

（2）**渐变色填充**。其填充的类型为渐变色，而系统默认为蓝黄色渐变，在“图案填充创建”选项卡的“特性”面板中单击“图案填充类型”下拉按钮，选择“渐变色”选项，并在绘图区中，指定填充图形即可，如下图所示。

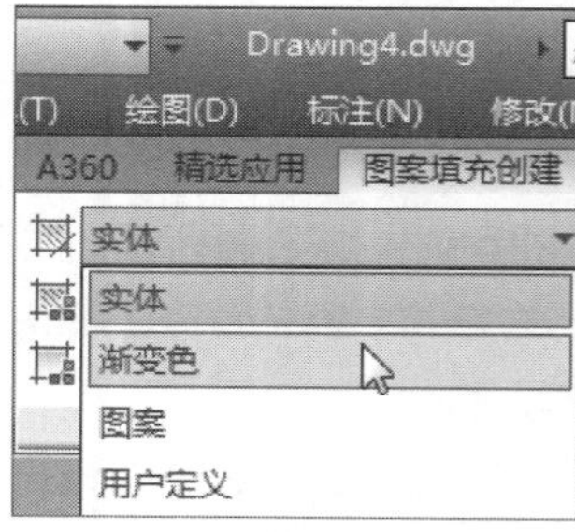

工程师点拨 | 更换渐变色

当选择“渐变色”选项进行填充时，用户可根据作图需要，设置填充的颜色。单击“渐变色1”下拉按钮，在打开的颜色列表中，选择第一种渐变色，然后单击“渐变色”下拉按钮，选择第二种所需的渐变颜色，即可修改填充颜色，如右图所示。

（3）**图案填充。**其填充的类型为各种图案形状，而系统默认为ANGLE，在“图案填充创建”选项卡中的“特性”面板中单击“图案填充类型”下拉按钮，选择“图案”选项，单击左侧“图案填充图案”按钮，在打开的图案列表中，选择合适的图案选项即可进行填充，如下图所示。

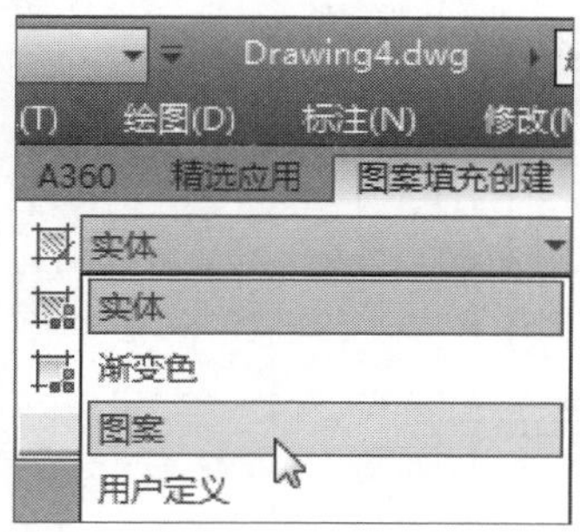

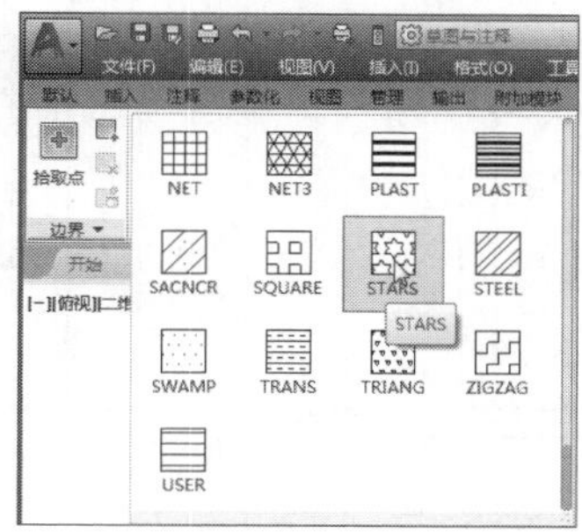

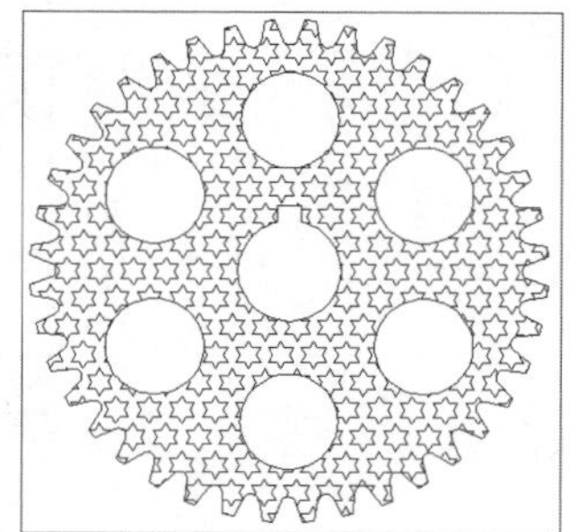

（4）**用户定义。**该填充类型则为用户自定义图案，若当前填充的图案无法满足用户的需求，则可考虑用该类型进行填充。

工程师点拨｜用户定义选项填充需注意

使用“用户定义”选项进行填充时，需要在软件中提前加载自定义填充图形，否则将以默认填充图案“user”进行填充。

2. 设置填充属性

填充的图案选择好后，用户可根据绘图需要，设置其图案属性。例如图案比例、图案角度、图案填充的颜色以及图案透明度设置等。

（1）**设置填充比例值。**在 AutoCAD 软件中，填充比例的默认比例值为 1，用户可根据需要调整该比例值。选择所填充的图案，在“图案填充创建”选项卡中的“特性”面板中单击“填充图案比例”文本框，输入所需的比例值即可完成调整，如下图所示。

工程师点拨｜填充比例设置注意点

填充比例是以当前图案为基准将图案进行放大或缩小来进行填充。比例值大于1将对图案进行放大处理，比例大于0小于1将对图案进行缩小处理。

（2）**设置填充角度。**图案填充之后，图案角度不符合要求，此时就需设置填充角度。在“图案填充创建”选项卡的“特性”面板中单击“图案填充角度”文本框，输入角度值，或拖动角度滑块即可完成角度设置，如下图所示。

（3）**设置填充透明度。**该功能可根据需要，调整当前填充图案的透明度。数值越大，透明度越高；相反，数值越小，透明度越低。在“图案填充创建”选项卡的“特性”面板中单击“图案填充透明度”文本框，输入所需数值即可，如下图所示。

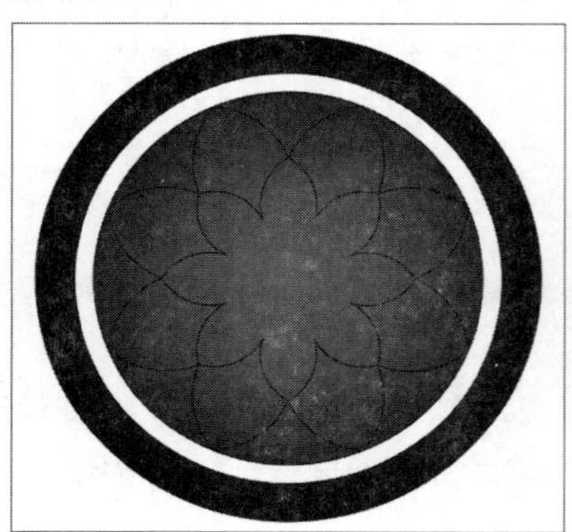

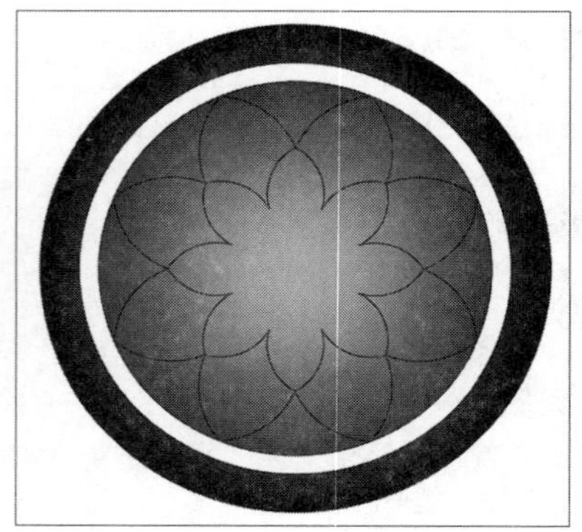

3. 设置填充边界

过界填充是指对某一封闭区域进行填充。在AutoCAD软件中，用户可通过两种方法来创建填充边界。

（1）**使用“拾取点”创建。**在“图案填充创建”选项卡的“边界”面板中单击“拾取点”按钮，在绘图区中指定填充点，按 Enter 键确定，即可完成创建，如下图所示。

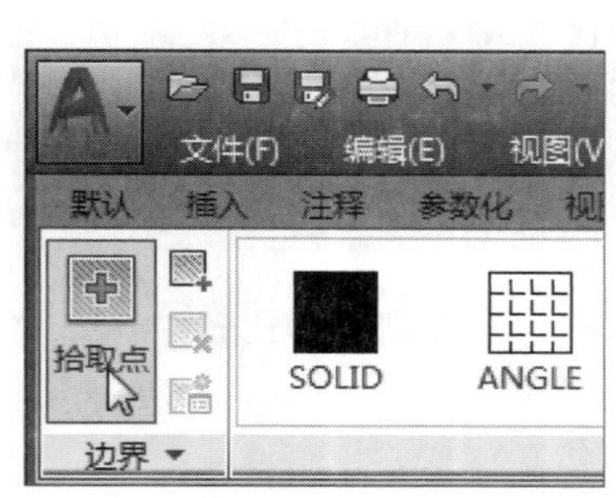

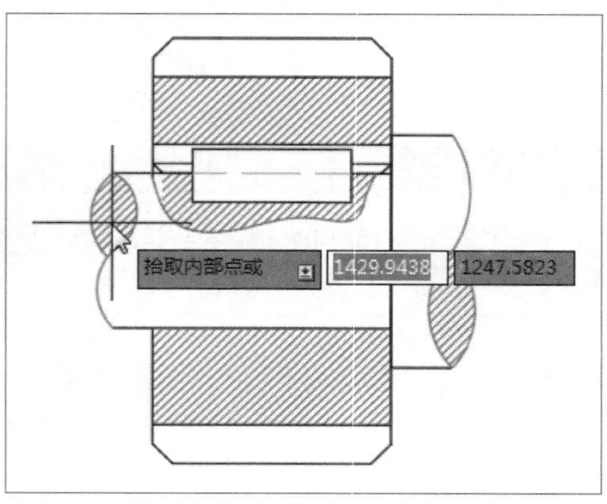

工程师点拨｜填充区域需闭合图形

在进行“拾取点”操作时，用户可一次选择多个填充区域，但每个区域必须为闭合图形，否则将无法填充。当指定的填充点位置不正确时，系统会打开提示框，提示用户拾取点出错，如右图所示。

(2) **使用“选择边界对象”创建**。在“边界”面板中单击“选择边界对象”按钮，选择所需填充的边界线段，按Enter键确定，即可进行填充，如下图所示。

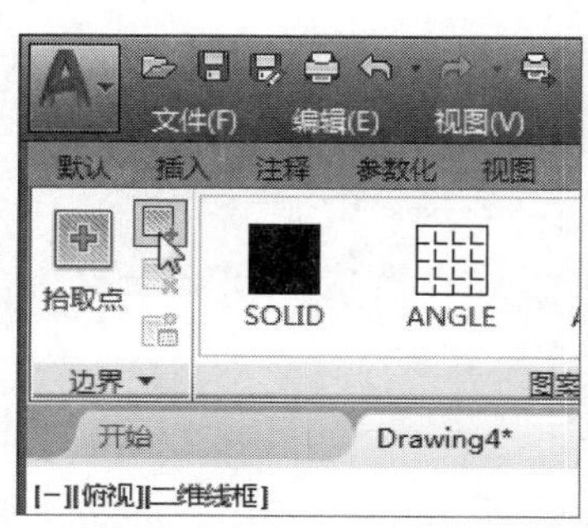

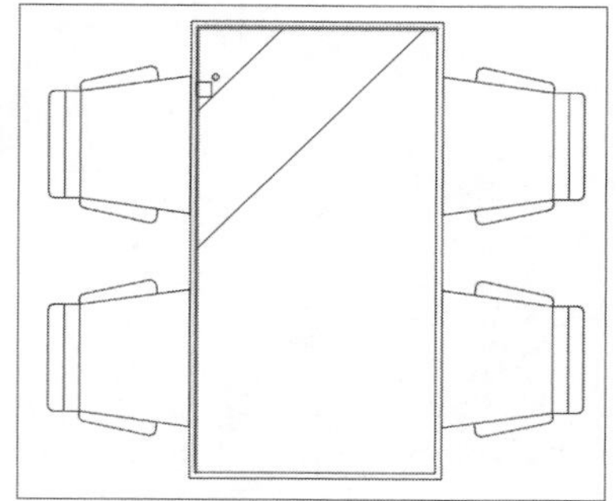

工程师点拨｜边界线段必须是独立的线段

在使用“选择边界对象”的方式来选择边界线段的时，其线段必须是独立的线段。如果线段不是独立的线段，在填充时，将会把所选线段区域一起进行填充。

4. 孤岛

孤岛填充方式属于填充方式中的高级功能。在AutoCAD软件中，在“图案填充创建”选项卡的“选项”面板中单击下拉按钮，在扩展列表中，选择“普通孤岛检测”选项，即可启动该功能。该功能分为4种类型，分别为“普通孤岛检测”、“外部孤岛检测”、“忽略孤岛检测”和“无孤岛检测”，其中“普通孤岛检测”为系统默认类型。

(1) **普通孤岛检测**。选择该选项是将填充图案从外向里填充，在遇到封闭的边界时不显示填充图案，遇到下一个区域时才显示填充，如下左图所示。

(2) **外部孤岛检测**。选择填充图案向里填充时，遇到封闭的边界将不再填充图案，如下中图所示。

(3) **忽略孤岛检测**。选择该选项填充时，图案将铺满整个边界内部，任何内部封闭边界都不能阻止，如下右图所示。

(4) **无孤岛检测**。选择该选项则是关闭孤岛检测功能，使用传统填充功能。

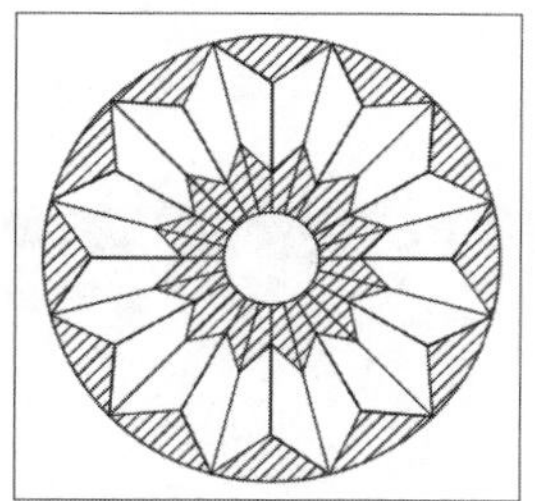

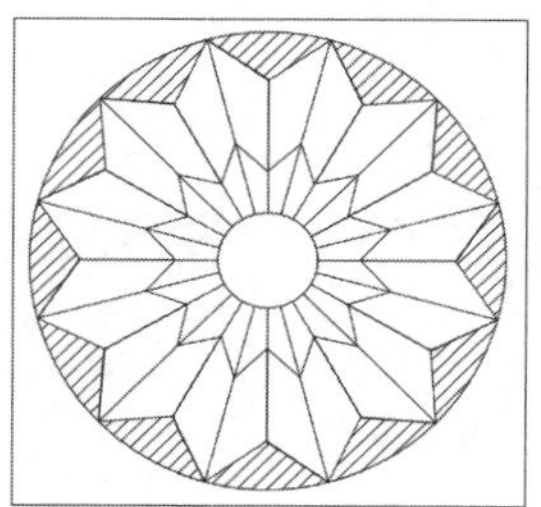

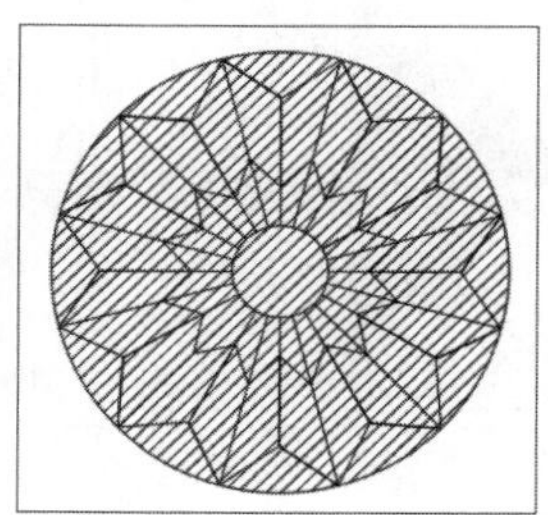

相关练习｜填充立面窗图形

下面将运用以上所介绍的填充类型的知识点，来将绘制好的立面窗户填充合适的图案。

原始文件：实例文件\第5章\原始文件\立面窗.dwg
最终文件：实例文件\第5章\最终文件\填充立面窗.dwg

STEP 01 打开原始文件。启动AutoCAD软件，打开原始文件“立面窗.dwg”，如下图所示。

STEP 02 选择填充图案。执行“绘图>图案填充”命令，在“图案填充创建”选项卡的“图案”面板中单击其下拉按钮，并选择合适图案，如下图所示。

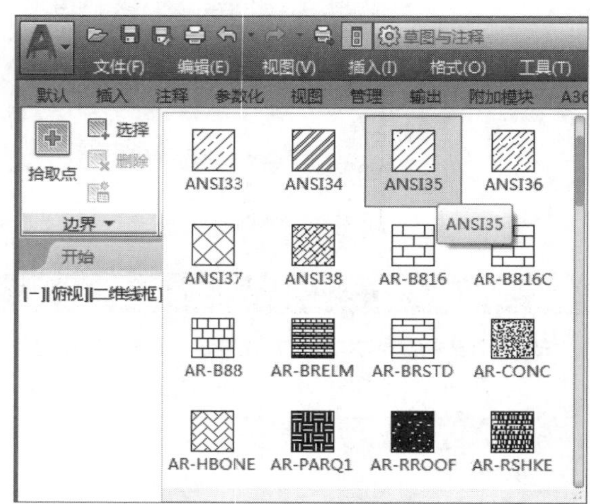

STEP 03 拾取内部点。在“边界”面板中单击“拾取点”按钮，在绘图区中，指定窗户图形内部一点，如下图所示。

STEP 04 修改填充比例。选择窗户填充图形，在“特性”面板中单击“填充图案比例”文本框，输入比例值，这里选择1000，如下图所示。

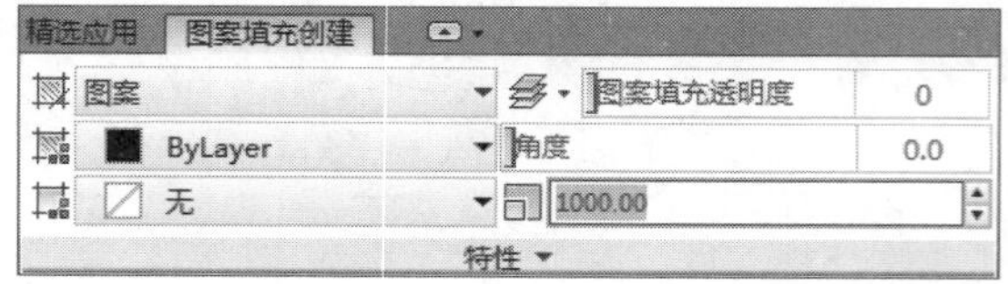

STEP 05 设置填充颜色。同样选择窗户填充图形，在“特性”面板中单击“图案填充颜色”下拉按钮，在颜色列表中，选择所需填充的颜色，如下图所示。

STEP 06 完成窗户图形的填充。选择完成后，即可完成窗户图形的填充，如下图所示。

STEP 07 填充其余窗户图形。继续执行当前命令，继续填充窗户立面图的填充，如下图所示。

STEP 08 完成图案填充。按Enter键退出当前操作，完成对窗户立面图的图案填充，如下图所示。

工程师点拨｜打开“图案填充和渐变色”对话框

如果部分用户习惯使用旧版本中的“图案填充”功能的话，在新版本中也可进行操作。打开“图案填充创建”选项卡，单击“选项”面板右侧箭头按钮，即可打开“图案填充和渐变色”对话框，如下图所示。

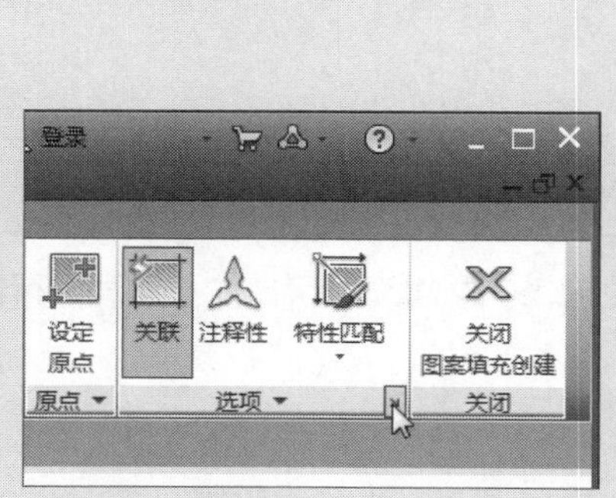

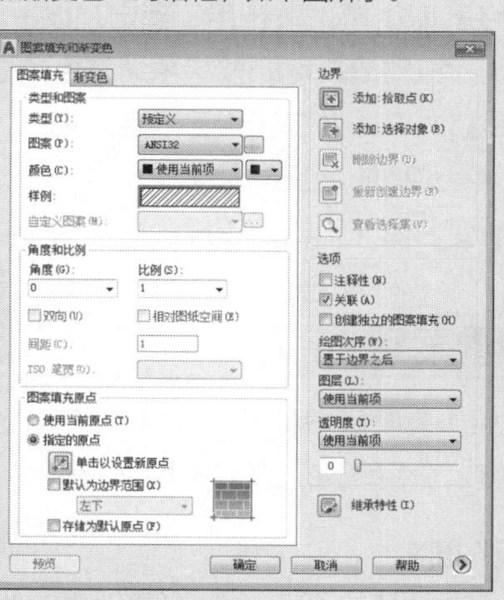

02 渐变色填充

渐变色填充是使用渐变颜色对指定的图形区域进行填充的操作，可创建单色或者双色渐变色。用户可以通过以下几种方式进行渐变色填充：

- 在菜单栏中执行“绘图>渐变”命令。
- 在“默认”选项卡的“绘图”面板中单击“渐变色”按钮。
- 在命令行输入GRADIENT命令并按Enter键。

要进行渐变色填充前，首先需要进行设置，用户既可以通过“图案填充”选项卡进行设置，如下图所示，也可以在“图案填充和渐变色”对话框中进行设置。

在命令行输入H命令，按Enter键，再输入T，打开“图案填充和渐变色”对话框，切换到“渐变色”选项卡，如下左图、下右图所示分别为单色渐变色的设置面板和双色渐变色的设置面板。下面将对渐变色选项卡中各选项的含义进行介绍：

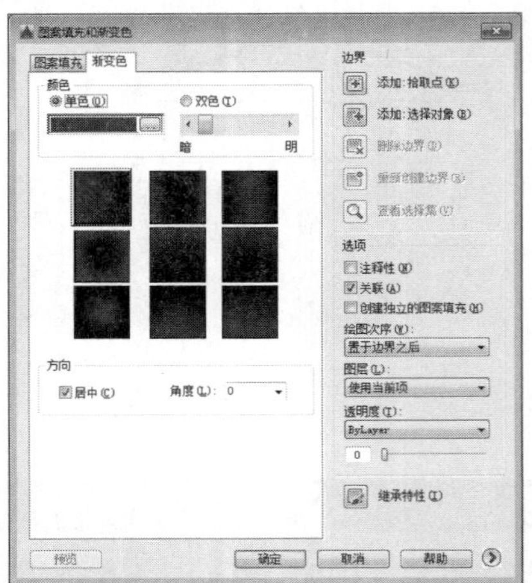

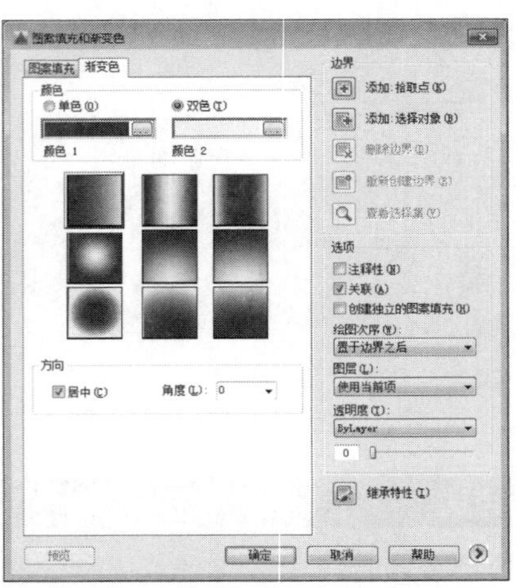

- 单色/双色：两个单选按钮用于确定是以一种颜色填充还是以两种颜色填充。
- 明暗滑块：拖动滑块可调整单色渐变色的搭配颜色的显示。
- 图像按钮：九个图像按钮用于确定渐变色的显示方式。
- 居中：指定对称的渐变配置。
- 角度：渐变色填充时的旋转角度。

03 编辑图案填充

图形填充后，有时用户觉得其效果不满意，则可通过图案填充编辑命令，对其进行修改编辑。例如更换填充图案、分解图案以及修剪图案等。

1. 修改填充图案

选择需要修改的填充图案，在“图案填充创建”选项卡中，单击“图案”按钮，在打开的图案列表中，选择所需更换的填充图案即可，如下图所示。

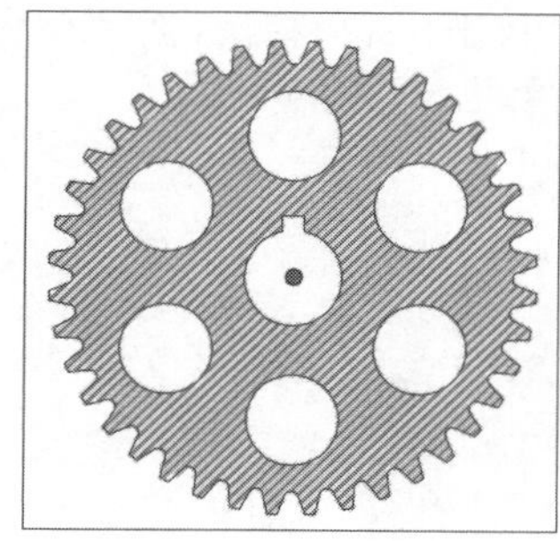

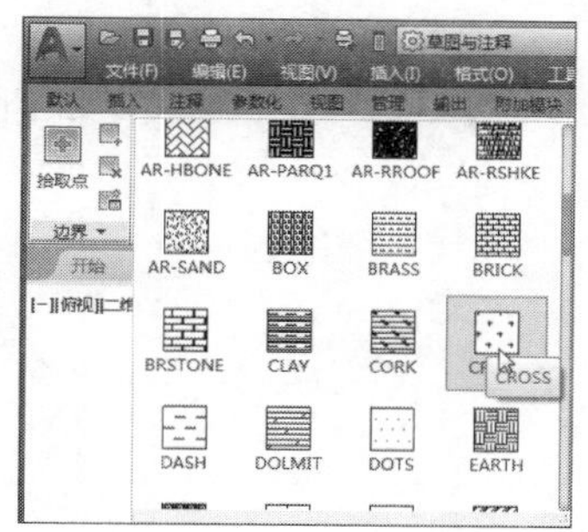

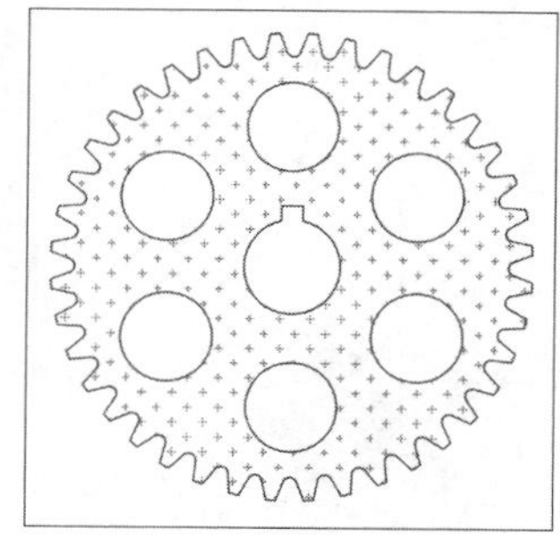

2. 分解图案

填充后的图案是以图块显示的，它是一个单独的图形对象。如需对填充的图形进行修剪，此时需要使用到“分解”命令。

STEP 01 选择所要修改的填充图案，执行“修改>分解”命令，将该图案进行分解操作，如下图所示。

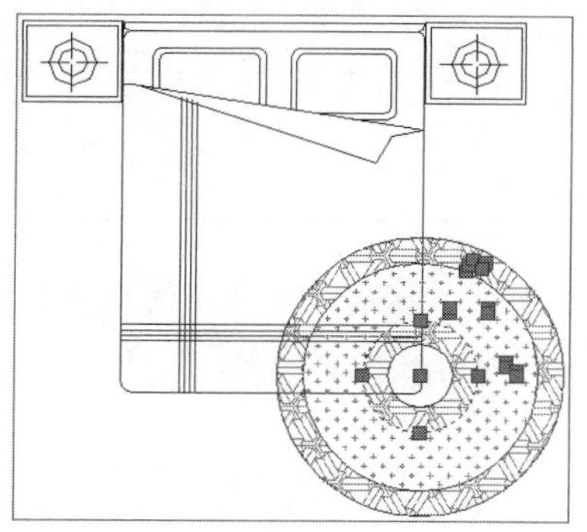

STEP 02 单击“修剪”命令，将分解后的填充图形进行修剪，如下图所示。

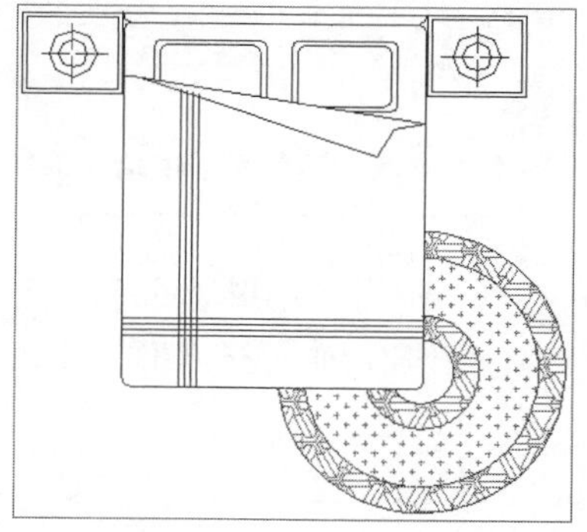

3. 修改渐变色填充图案

用户如想对填充的渐变色更改渐变方向，只需在“图案”下拉列表中，选择相应的渐变方向选项即可。在AutoCAD软件中，系统自带9种渐变类型，其中包括“由左至右渐变”、“由中间至两侧渐变”、“有上至下渐变”及“由内至外渐变”等。

STEP 01 在绘图区中，选择所需修改的渐变色图案，如下图所示。

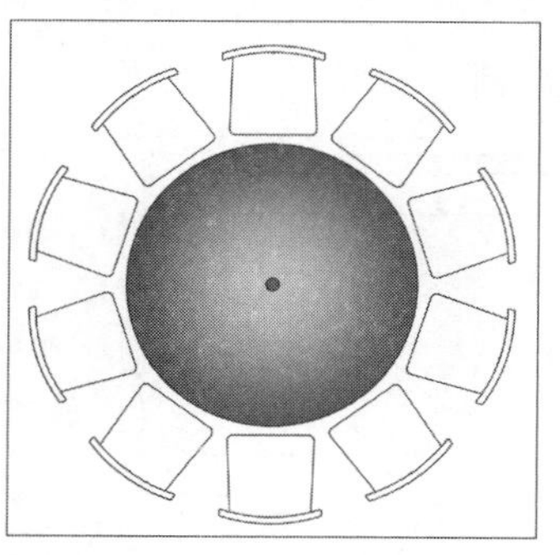

STEP 02 单击“图案”命令，选择所需的填充类型，如下图所示。

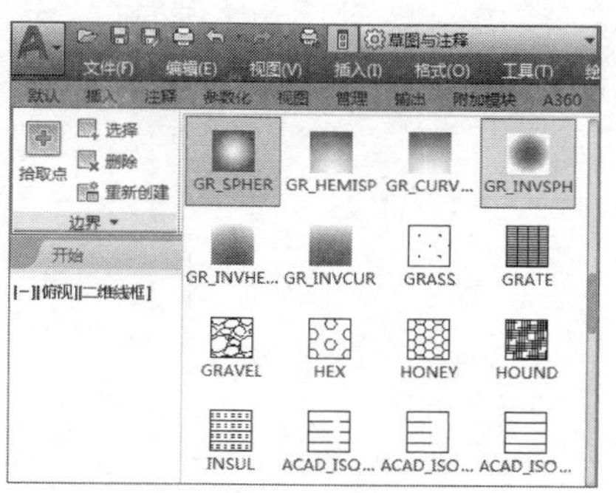

STEP 03 选择完成后，即可看到设置效果，如下图所示。

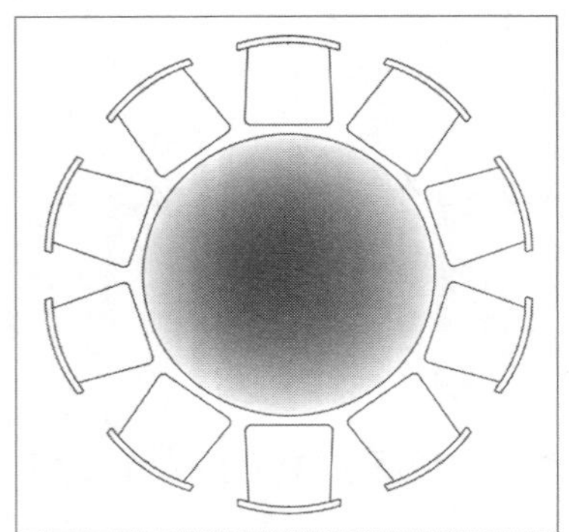

STEP 04 选择刚填充的图案，在“原点”面板中单击“居中”按钮，即可将渐变原点位置进行更换，如下图所示。

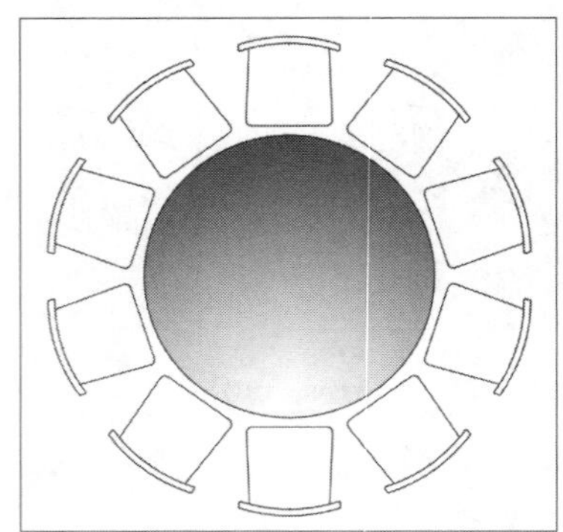

相关练习 | 绘制并填充茶几平面图

本实例以绘制茶几平面图为例，来介绍图形填充的操作步骤及技巧。

原始文件：无
最终文件：实例文件\第5章\最终文件\填充茶几平面.dwg

STEP 01 绘制长方形。执行“矩形”命令，绘制一个长1200mm，宽600mm的长方形，如下图所示。

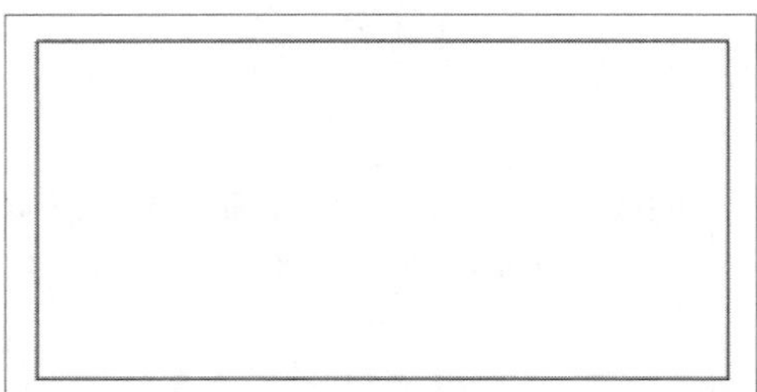

STEP 02 偏移长方形。执行“修改>偏移”命令，将长方形分别向内偏移30mm、100mm，如下图所示。

STEP 03 填充图案。执行“绘图>图案填充”命令，设置图案名为AR-CONC，比例为10，对茶几平面图进行图案填充，如下图所示。

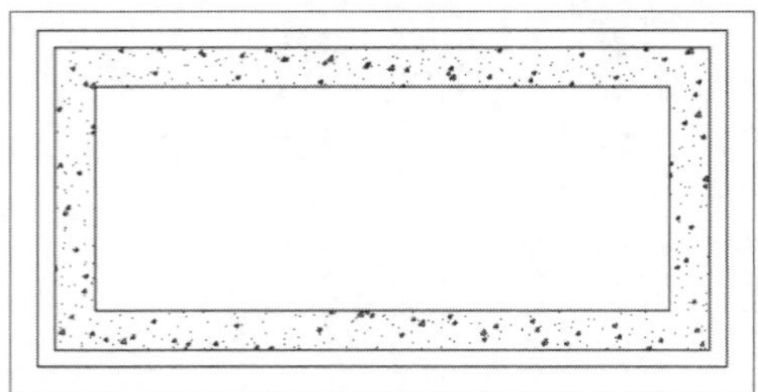

STEP 04 继续填充图案。继续执行当前命令，设置团名为ANSI36，比例为1000，完成茶几图形的图案填充，如下图所示。

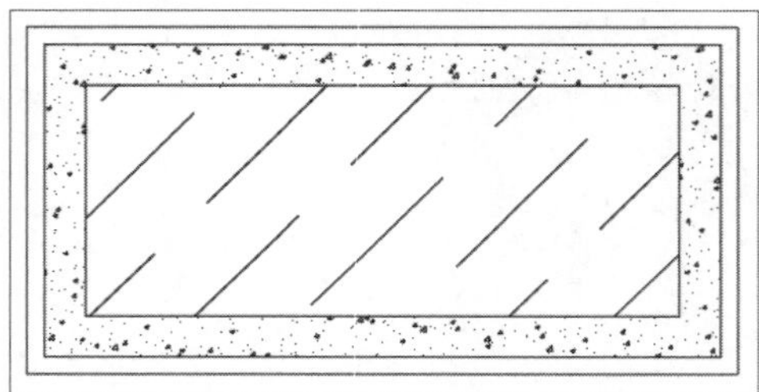

Lesson 02 图形基本信息查询

在AutoCAD中，使用查询工具查询图形的基本信息，例如面积、周长、距离以及面域/质量特性等。使用该功能可帮助用户了解当前绘制图形的相关信息，以便于对图形进行编辑操作。

01 查询距离

距离查询是测量两个点之间的长度值，距离查询是最常用的查询方式。在使用距离查询工具的时候，只需要指定要查询距离的两个端点，系统将自动显示出两个点之间的距离。用户可以通过以下几种方式查询距离：

- 在菜单栏中执行“工具>查询>距离”命令。
- 在“默认”选项卡的“实用工具”面板中单击“测量”下拉按钮，在打开的列表中选择“距离”选项。
- 在命令行输入MEASUREGEOM命令并按Enter键，根据命令行提示选择“距离”选项。

下面将对距离查询的具体操作进行介绍：

STEP 01 执行“工具>查询>距离”命令，选择所需查询图形的第一点，如下图所示。

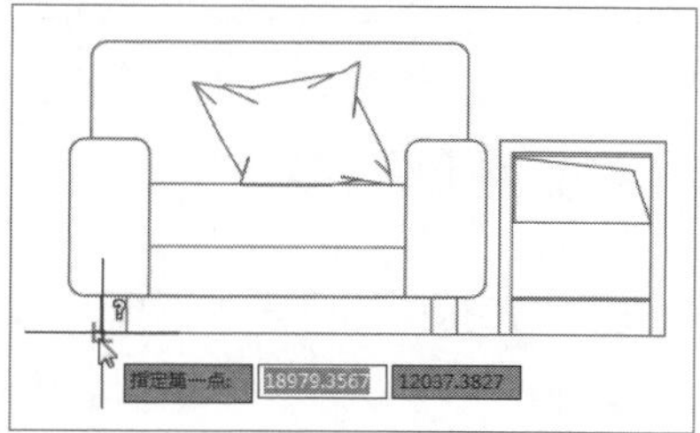

STEP 02 根据需要捕捉图形第二个测量点，如下图所示。

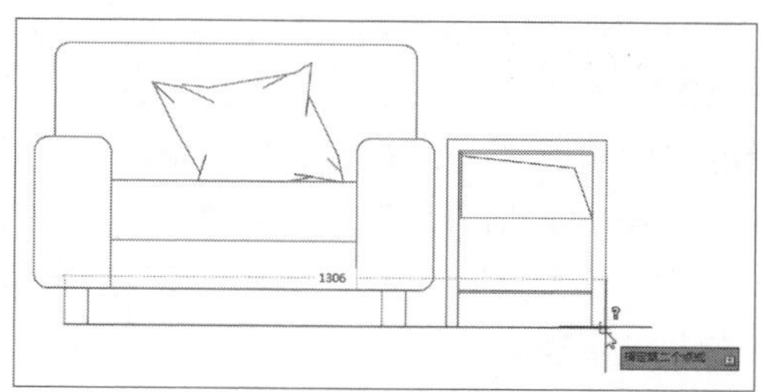

STEP 03 选择完成后，在光标右侧，系统将自动显示出两点之间的距离，如下图所示。

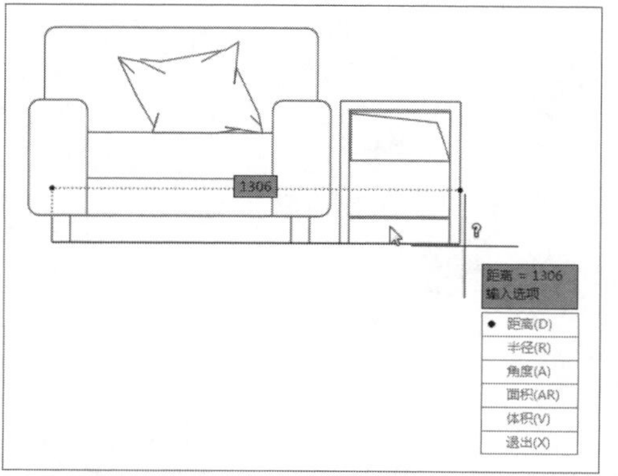

STEP 04 若没有启动“动态输入”功能，用户则可在命令行中，查看到距离值，如下图所示。

工程师点拨 | 距离查询快捷键

在命令行中输入DI命令，按Enter键，同样可启动“距离”查询功能，其操作方法与以上所介绍的相同。

02 查询半径

半径查询主要用于查询圆或圆弧的半径或直径值。用户可以通过以下几种方式查询半径：

- 在菜单栏中执行“工具>查询>半径”命令。
- 在“默认”选项卡的“实用工具”面板中单击“测量”下拉按钮，在打开的列表中选择“半径”选项。
- 在命令行输入MEASUREGEOM命令并按Enter键，根据命令行提示选择“半径”选项。

在“默认”选项卡的“实用工具”面板中单击“测量”下拉按钮，在打开的列表中选择“半径”选项，在绘图区中，选择要查询的圆或圆弧曲线，此时，系统自动查询出圆或圆弧的半径和直径值，如下图所示。

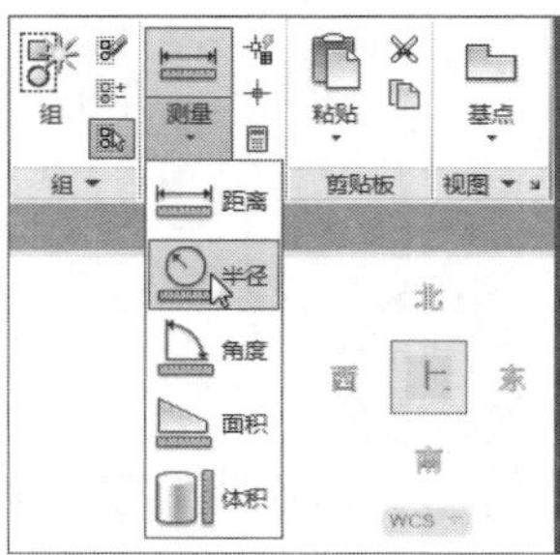

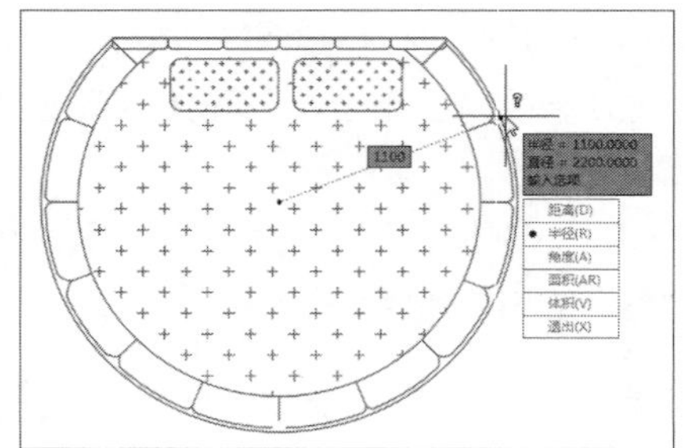

03 查询角度

角度查询用于测量两条线段之间的夹角度数。用户可以通过以下几种方式查询角度：

- 在菜单栏中执行“工具>查询>角度”命令。
- 在“默认”选项卡的“实用工具”面板中单击“测量”下拉按钮，在打开的列表中选择“角度”选项。
- 在命令行输入MEASUREGEOM命令并按Enter键，根据命令行提示选择“角度”选项。

在“默认”选项卡的“实用工具”面板中单击“测量”下拉按钮选择“角度”选项，在绘图区中，分别选择所要查询角度的两条线段，此时，系统将自动测量出两条线段之间的夹角度数，如下图所示。

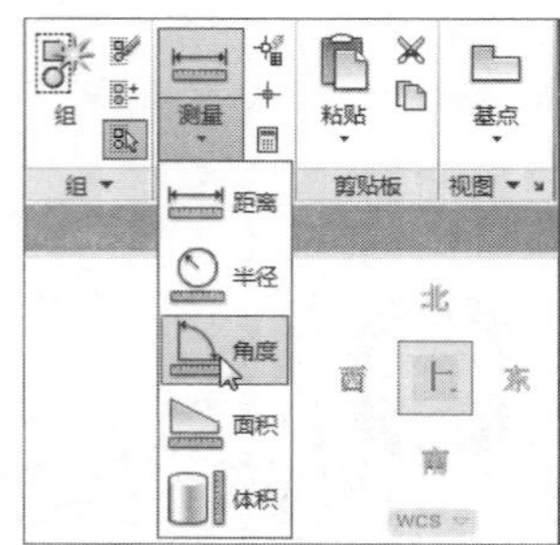

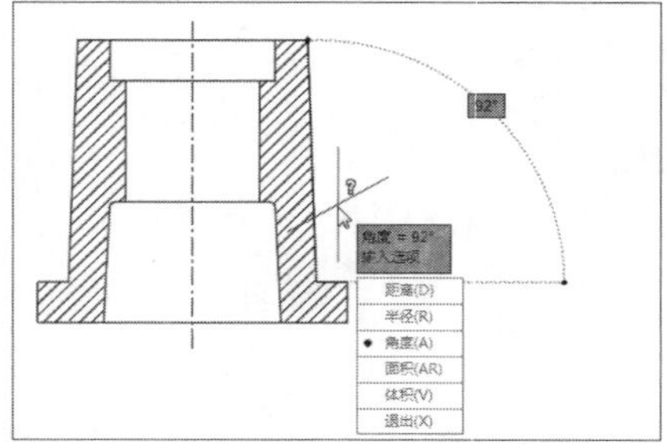

04 查询面积

面积查询可以测量出对象的面积和周长，在查询图形面积时，可以通过指定点来选择查询面积的区域。用户可以通过以下几种方式查询面积：

- 在菜单栏中执行“工具>查询>面积”命令。
- 在“默认”选项卡的“实用工具”面板中单击“测量”下拉按钮，在打开的列表中选择“面积”选项。
- 在命令行输入MEASUREGEOM命令并按Enter键，根据命令行提示选择“面积”选项。

下面将对面积查询的具体操作进行介绍：

STEP 01 执行“实用工具>测量>面积”命令，在绘图区中，选择所需测量图形的第一点，如下图所示。

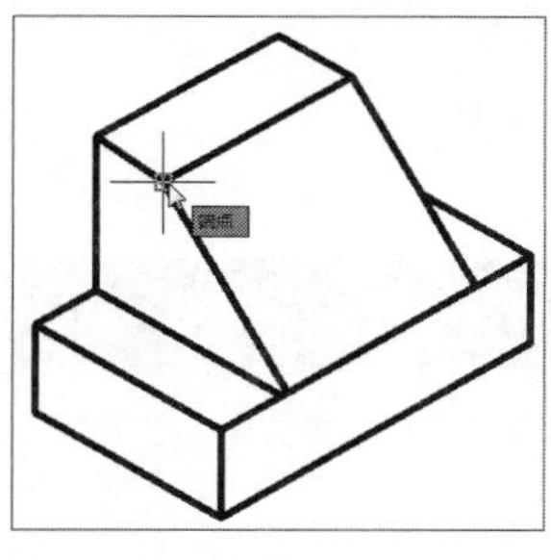

STEP 02 根据命令行提示，选择测量的第二点，如下图所示。

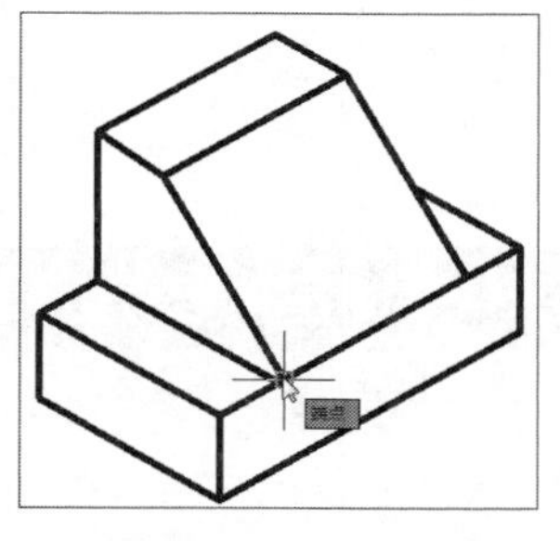

STEP 03 按照同样的操作方法，在图形中，选择下一测量点，如下图所示。

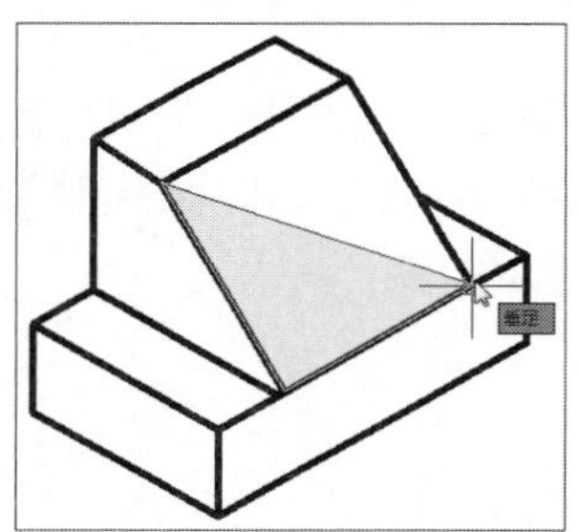

STEP 04 选择完所有测量点后，按Enter键，系统将自动计算出面积和周长，如下图所示。

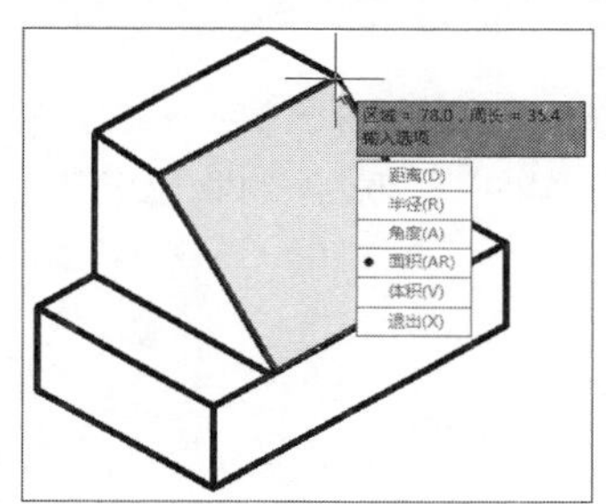

05 查询体积

体积查询可以测量出对象的体积。用户可以通过以下几种方式查询体积：

- 在菜单栏中执行“工具>查询>体积”命令。
- 在“默认”选项卡的“实用工具”面板中单击“测量”下拉按钮，在打开的列表中选择“体积”选项。
- 在命令行输入MEASUREGEOM命令并按Enter键，根据命令行提示选择“体积”选项。

06 查询面域/质量特性

在AutoCAD中，用户可以查询对象的面域及质量特性，并将信息显示在文本框中。用户可以通过以下几种方式查询面域/质量特性：

- 在菜单栏中执行“工具>查询>面域/质量特性”命令。
- 在命令行输入MASSPROP命令并按Enter键。

执行“工具>查询>面域/质量特性”命令，并选择所需查询的图形对象，按Enter键，在打开的文本窗口中，即可查看其具体信息，按Enter键，可继续读取相关信息，如下图所示。

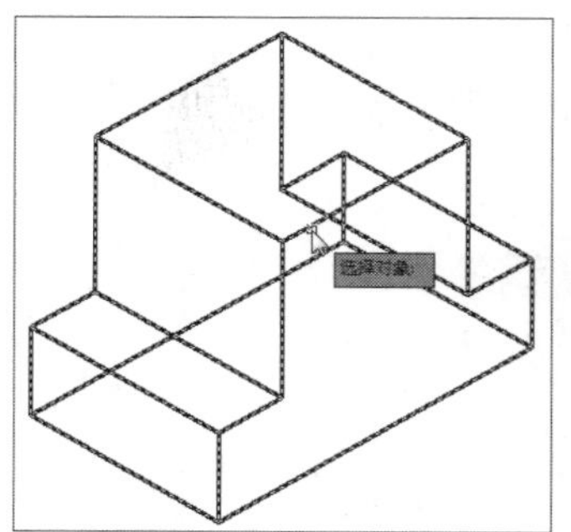

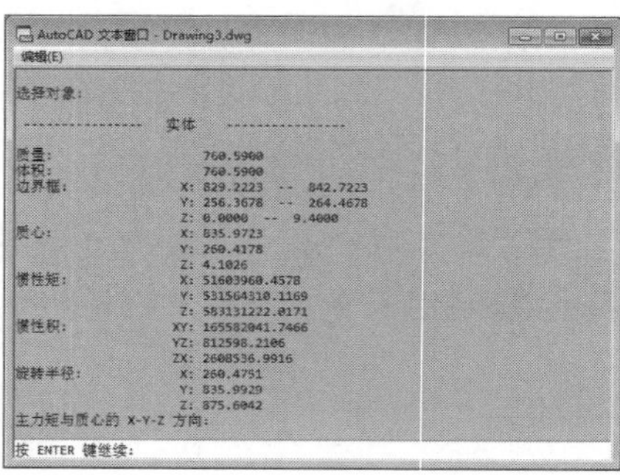

相关练习 | 查询室内各房间面积及周长

在室内装潢设计中，查询户型面积操作是经常被用到的。下面将以原始户型为例，使用“工具>查询>面积”命令，来介绍其面积和周长的计算方法。

原始文件：实例文件\第5章\原始文件\原始户型.dwg
最终文件：实例文件\第5章\最终文件\查询房间面积及周长.dwg

STEP 01 打开原始文件。启动AutoCAD2018软件，打开“别墅一层户型”原始文件，如下图所示。

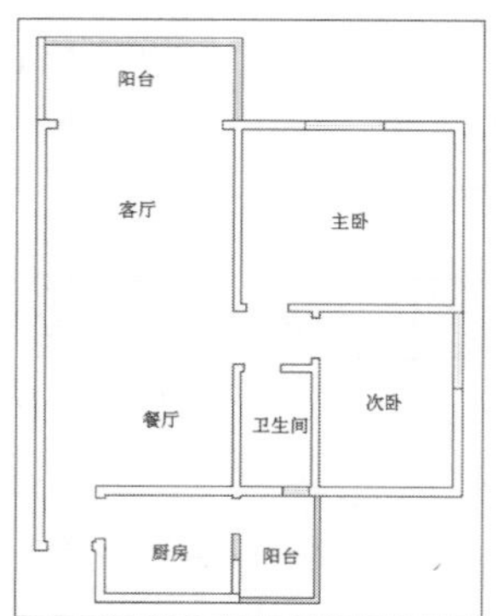

STEP 02 指定主卧第1测量点。执行“工具>查询>面积”命令，根据命令行提示，捕捉主卧第1个测量点，如下图所示。

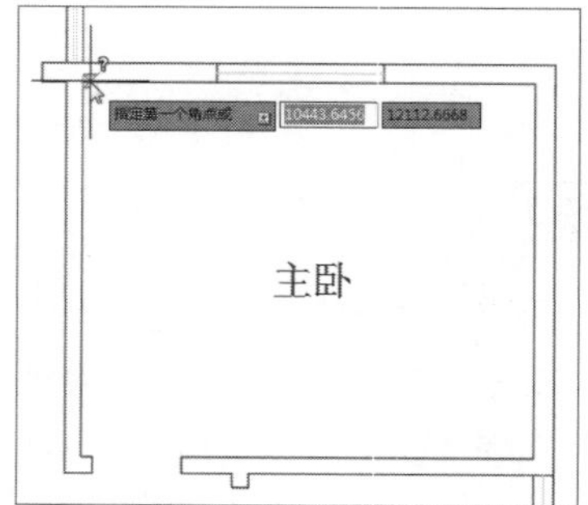

STEP 03 捕捉主卧第2测量点。根据命令行提示，捕捉车库第2测量点，如右图所示。

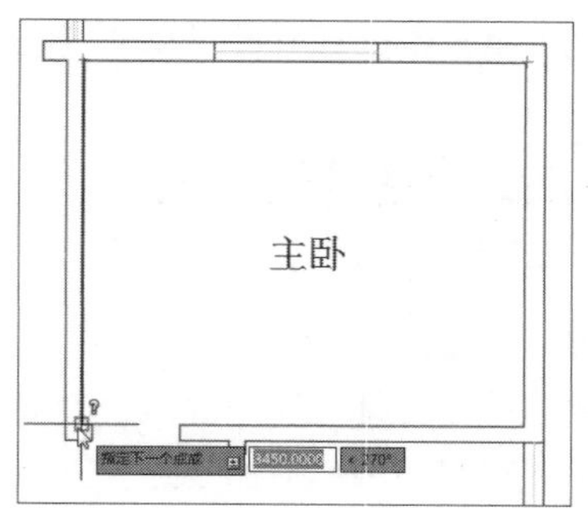

STEP 04 捕捉主卧第3测量点。根据命令行提示，捕捉主卧第3测量点，如下图所示。

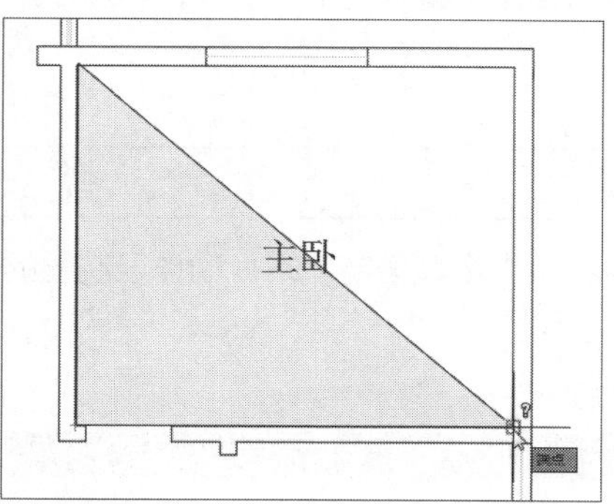

STEP 05 完成主卧面积、周长的计算。继续捕捉测量点捕捉完成后，按Enter键，系统将自动计算出面积及周长值，如下图所示。

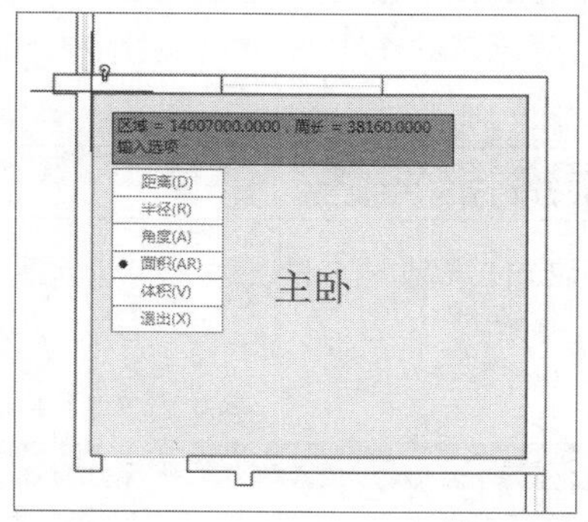

STEP 06 执行“多行文字”命令。执行“绘图>文字>多行文字”命令，在绘图区中，按住鼠标左键，拖拽出文字范围，如下图所示。

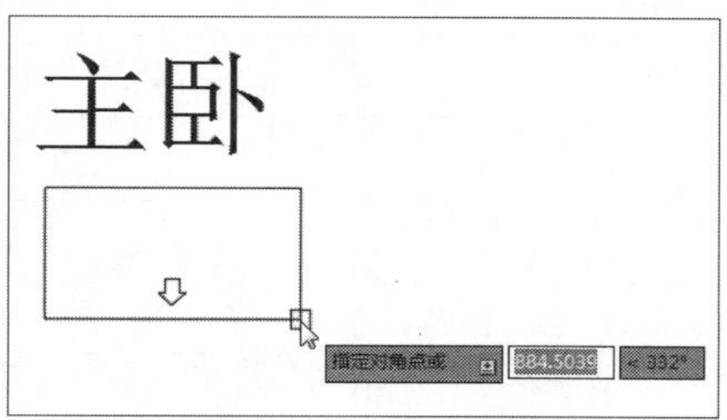

STEP 07 输入面积及周长值。在“文字编辑器”中，输入面积及周长值，如下图所示。

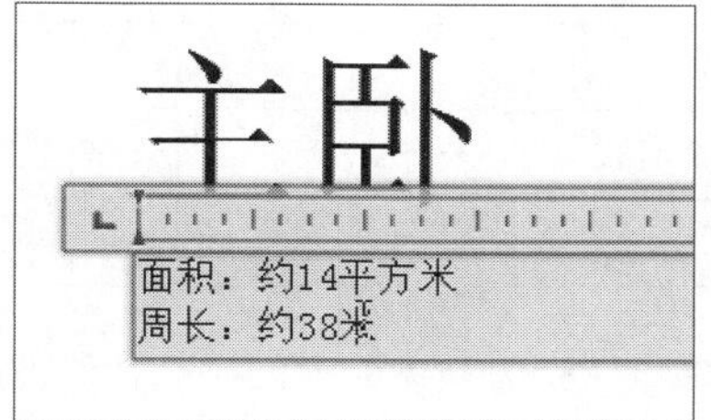

STEP 08 设置字体大小。选择文字，在“文字编辑器”选项卡的“格式”面板中单击注释性按钮，设置文字大小为100，如下图所示。

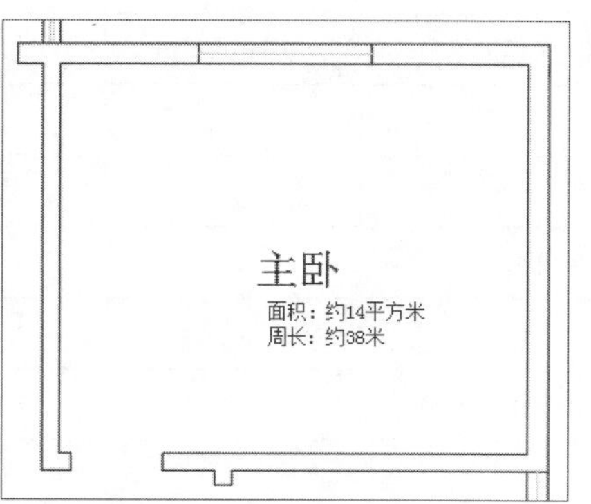

STEP 09 完成剩余空间面积、周长的计算。按照以上同样的操作方法，完成室内剩余空间面积、周长值的查询，如下图所示。

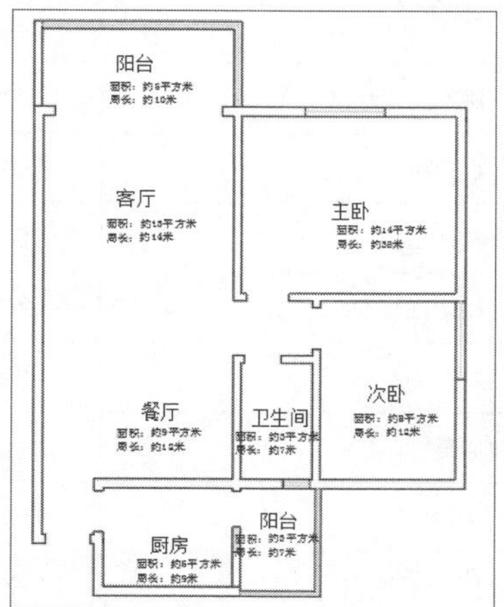

工程师点拨 | 计算面积、周长快捷键

除了使用选项卡中的“面积”命令外，还可在命令行中输入AA命令，按Enter键，同样也可进行面积、周长的计算。

Lesson 03 动作录制器

动作录制器主要用于创建自动化重复任务的动作宏，将用户的操作步骤录制下来。操作步骤中所产生的参数将会显示在动作树列表中，供用户随时调用。

01 动作录制器概述

用户在使用动作录制器的时候程序自动创建一个动作宏，并将操作步骤录制下来。动作录制器的操作范围如表5-1所示。

表5-1 动作录制器操作的动作范围

可录制的动作	不可录制的动作
工具栏、快速访问工具栏	在特性选项板中所做的一切参数值修改
应用程序菜单、图标、数字化仪菜单	在快捷菜单中执行的动作，但“附着为外部参照”和“插入为块”除外
功能区	在“联机设计中心”选项卡插入块
特性选项板	拖动命名的对象，例如图层和线型
工具选项板	
下拉菜单、快捷菜单	不是在状态栏中执行的动作
设计中心	

动作录制器处于录制状态时，每一个动作都由“动作树”中的一个节点表示。为了便于识别动作录制器在使用过程中的动作或输入的类型，在“动作树”上的每个节点旁边均显示一个图标。动作录制器的图标含义如表5-2所示。

表5-2 动作树中节点图标的含义

图标	动作节点名称	说明
	动作宏	顶层节点，其中包含与当前动作宏相关联的所有动作
	绝对坐标点	绝对坐标值，在录制期间获取的点
	选择结果	命令使用的最终选择集，它包含每个子选择所对应的节点
	输入边数	指定多边形的边数
	相对坐标点	相对坐标值，基于动作宏的前一个点
	观察更改	切换为三维动态调整时的图标
	距离	设置的距离值
	命令	节点，其中包含命令的所有录制的输入
	提示信息	命令行的提示信息
	特性选项板	表示通过特性选项板来进行更改
	选项设置	更改选项中的设置

（续表）

图标	动作节点名称	说明
	特性	通过特性选项板来更改特性
	UCS更改	将UCS坐标进行更改
	选择在宏中创建对象	仅选择在当前宏的对象

02 动作录制器的使用

在“管理”选项卡的“动作录制器”面板中单击“录制”按钮，在光标旁边将会出现红色圆形，则表示当前为录制状态，如下图所示。

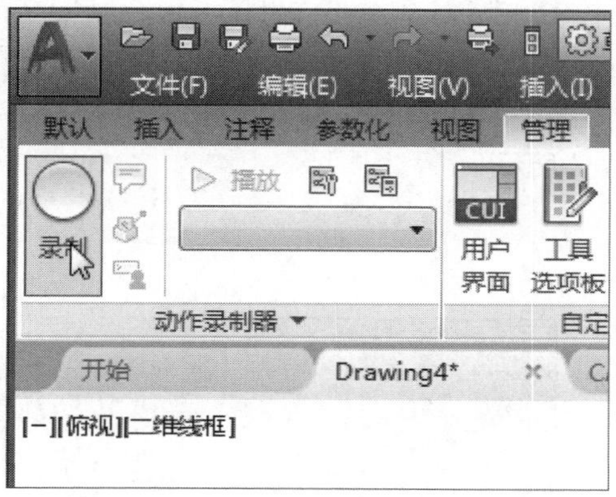

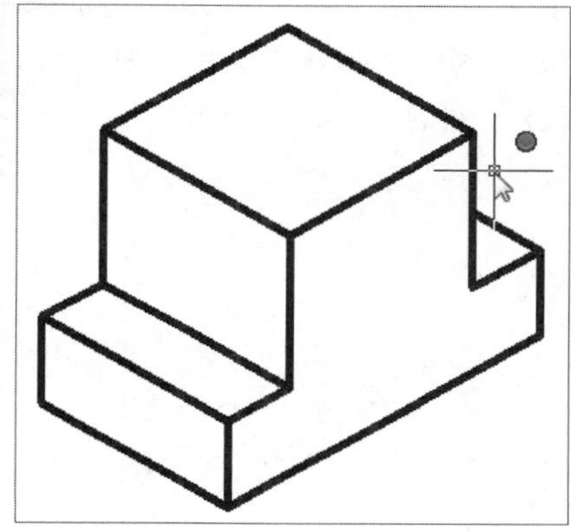

在“动作录制器”选项卡中，单击“首选项”按钮，此时，用户可在“动作录制器首选项”对话框中，设置相关动作录制选项，如下图所示。对话框中各选项含义如下：

- 回放时展开：可以在回放动作宏时展开“动作录制器”面板。
- 录制时展开：可以在录制动作宏时展开“动作录制器”面板。
- 提示输入动作宏名称：在停止录制动作宏时显示“动作宏”对话框，如果未勾选，则使用默认的名称保存录制的动作宏。

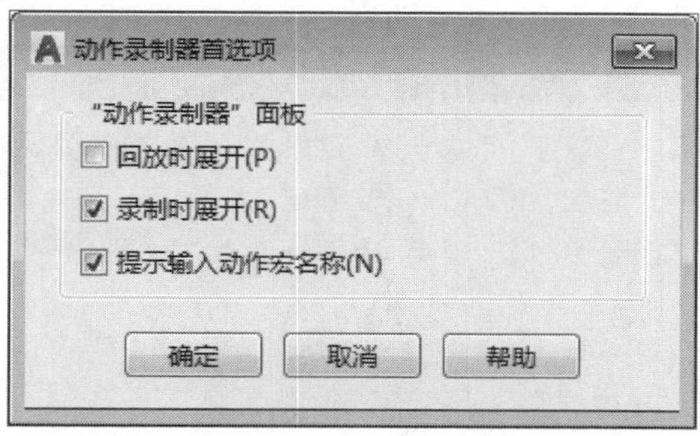

下面将具体介绍“动作录制器”的使用方法。

STEP 01 在“管理”选项卡的“动作录制器”面板中单击“录制”按钮，并执行“图案填充”命令，如下图所示。

STEP 02 在图案列表中选择合适的填充图案，并将其填充中图形中，如下图所示。

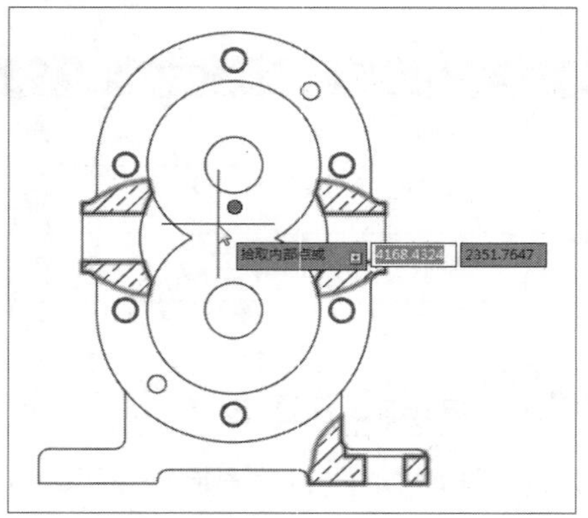

STEP 03 录制完成后，在“管理”选项卡的“动作录制器”面板中单击“停止”按钮，则会打开“动作宏”对话框，如下图所示。

STEP 04 在该对话框中，输入宏的路径和文件名，单击“确定”按钮，其后单击“可用动作宏”下拉列表，即可显示出所有动作宏，如下图所示。

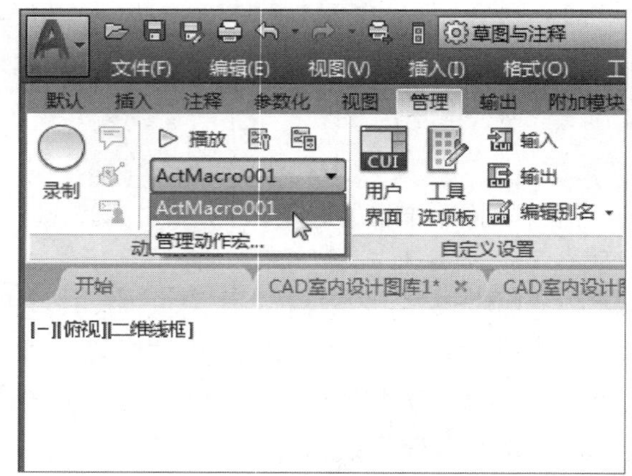

工程师点拨 | 删除动作宏

用户若对当前录制的宏不满意，可在“管理”选项卡的“动作录制器”面板中单击“管理动作宏”按钮，打开“动作宏管理器”对话框，在该对话框中，选择要删除的宏，单击“删除”按钮，即可。

当然除了可删除宏操作，也可对宏进行其他管理操作，如“复制”、“重命名”以及“修改”。用户可按作图需求进行相关选项的操作，如右图所示。

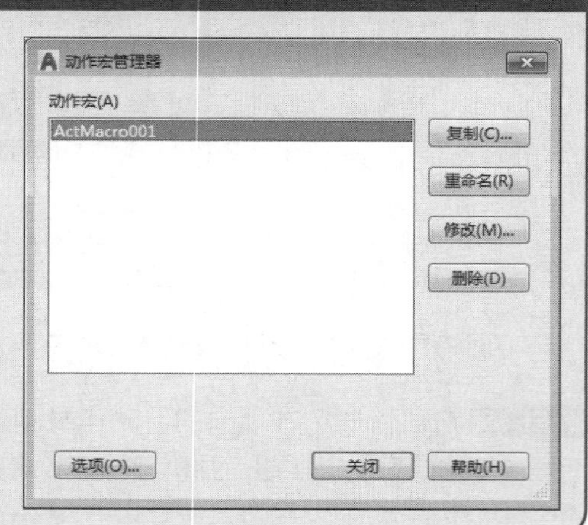

强化练习

通过本章的学习，读者对于图案填充、渐变色填充、图形基本信息的查询以及动作录制器的运用等知识有了一定的认识。为了使读者更好地掌握本章所学知识，在此列举几个针对本章知识的习题，以供读者练手。

1. 绘制树木图形

利用“修订云线”、“直线”、“图案填充”等命令绘制树木图形。

STEP 01 执行“直线”命令绘制树干，执行“修订云线”命令绘制树冠，如下左图所示。

STEP 02 执行“图案填充”命令填充树冠，再删除修订云线，如下左图所示。

2. 查询模型的质量特性

利用查询功能查询机械模型的质量特性，如下图所示。

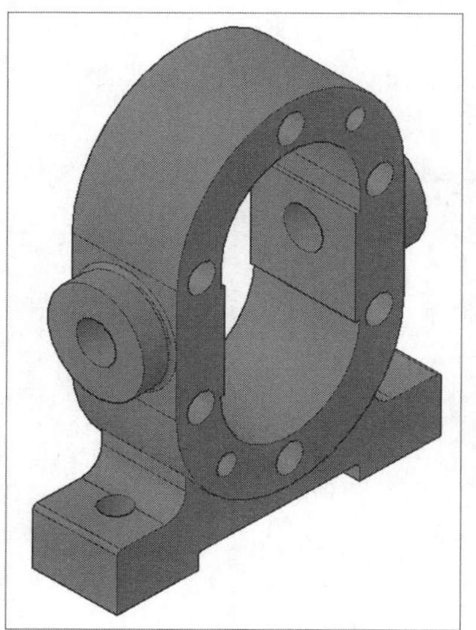

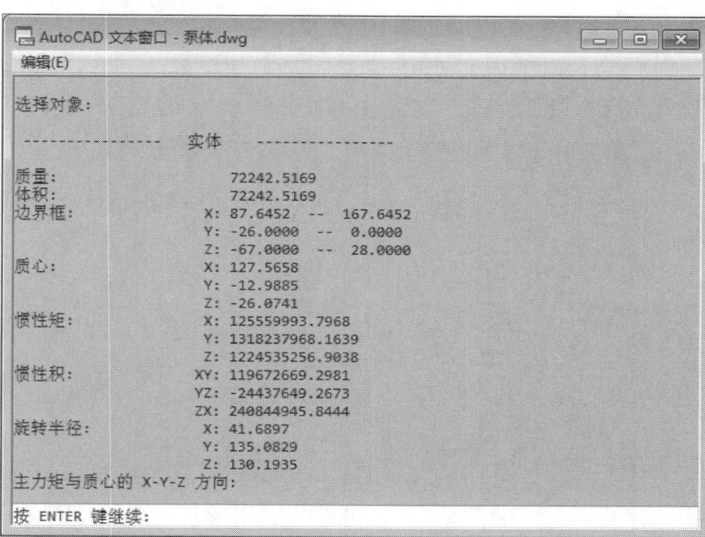

工程技术问答

本章主要对图案填充的创建与编辑、图形的基本信息查询等知识进行介绍，在应用相关知识绘图时难免会有些疑问，下面将对常见的疑问及解决方法进行汇总，供用户参考。

Q 为什么AutoCAD填充后看不到，标注箭头变成了空心？

A 这些都是因为填充显示的变量设置关闭了。执行“工具>选项”命令打开“选项”对话框，在“显示”选项卡“显示性能”选项组中勾选“应用实体填充”复选框，然后单击“确定”按钮，返回绘图区再次进行填充操作，即可显示填充效果。

Q AutoCAD中怎样用命令直接查询圆弧长度？

A 在命令行中，输入“List”命令，按Enter键，并根据需要选择所需查询的圆弧，按Enter键，即可计算出，如下图所示。

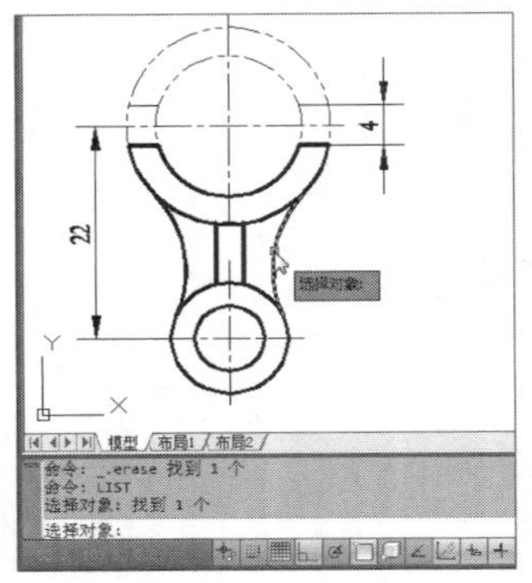

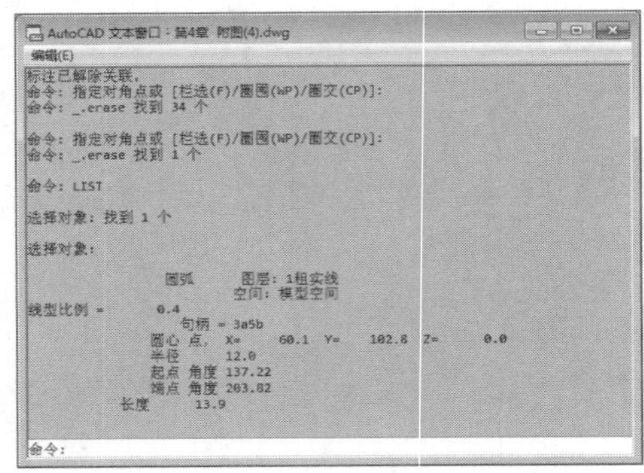

Q 如何自定义填充的图案？

A 在AutoCAD制图中，“图案填充”命令的使用较为频繁，系统自带的图案库虽然内容丰富，但有时仍然不能满足用户需要。此时，用户可以自定义图案来进行填充。

具体步骤为：将自定义填充图案文件复制到AutoCAD安装目录下的Support文件夹下。例如：D:\Program Files\AutoCAD 2018\Support；然后，打开AutoCAD 2018软件，并执行“图案填充”命令，启动“图案填充”对话框，并选择“类型>自定义”选项，即可，如下图所示。

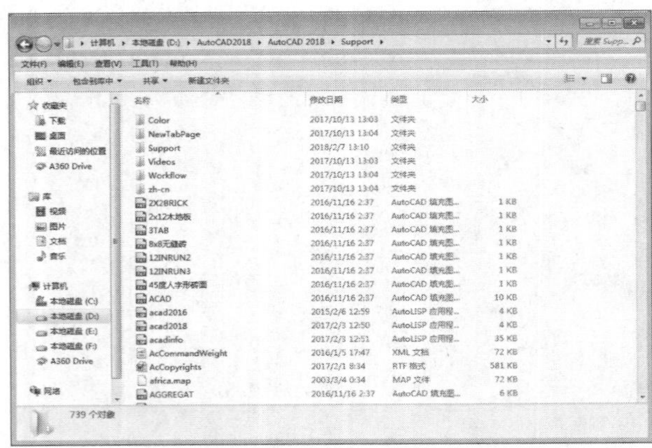

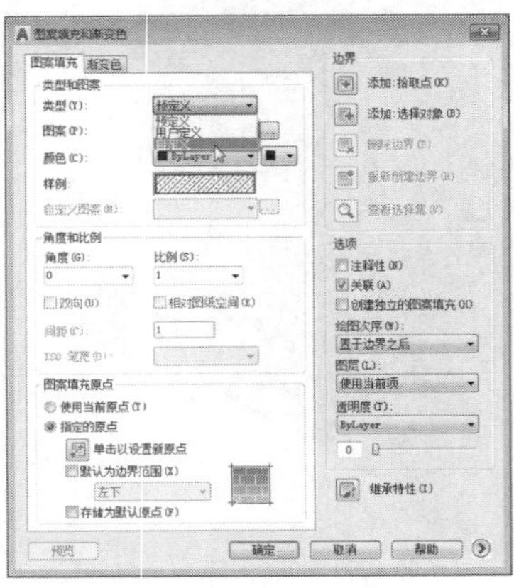

Chapter 06

图块与外部参照

在AutoCAD的制图过程中，经常会多次使用相同的对象，如果每次都重新绘制，则将花费大量的时间和精力。为了解决这个问题，可以使用定义块和插入块的方法提高绘图效率。本章将向用户介绍块对象的创建和插入方法，以及属性定义、动态块等相关知识和操作。

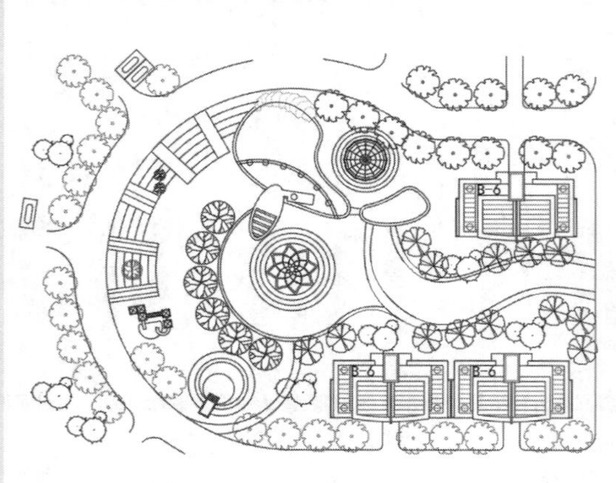

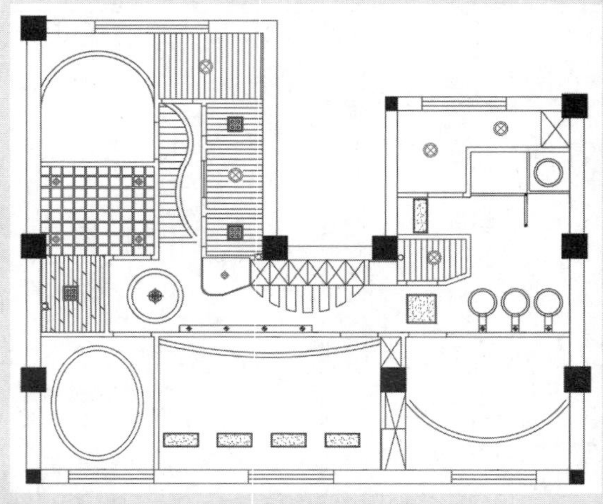

01 中心公园平面图

通常一些复杂的平面图，都需要运用图块命令来进行操作，这样可提高绘图效率。在该图纸中通过插入各种植物图块来快速的绘制图纸。

02 室内顶棚布置图

在绘制室内顶棚图时，通常在绘制完室内吊顶造型后，运用块命令，将灯具图块调入其中。

03 卧室立面图

在绘制完柜子、背景墙图形后，可适当添加一些卧室装饰品图块，使得整个画面看上去显得十分丰富。

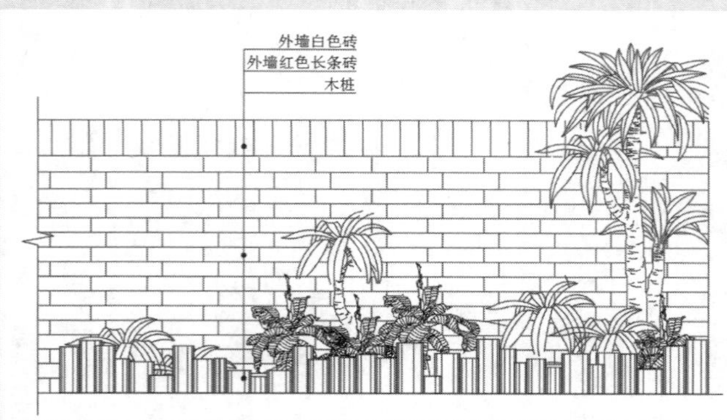

04 庭院立面图

利用一些植物立面图块来装饰庭院立面，可使整个图纸看起来较为生动。

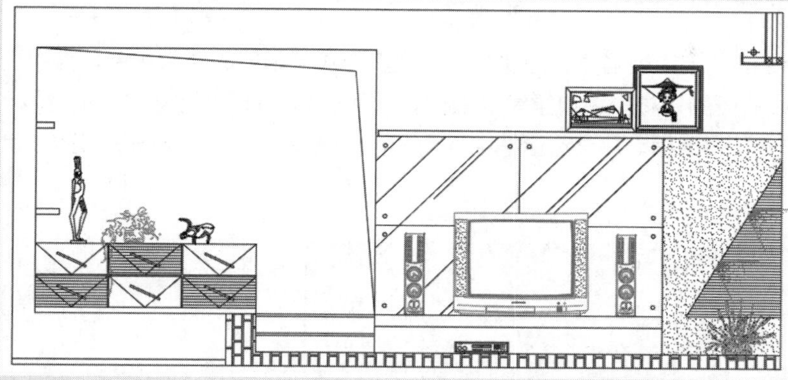

05 客厅立面图

一些复杂的立面图其实都是由一些简单的图块组织而成的。在该图纸中绘制完墙体轮廓后插入装饰品、电视机等图块完成图纸的绘制。

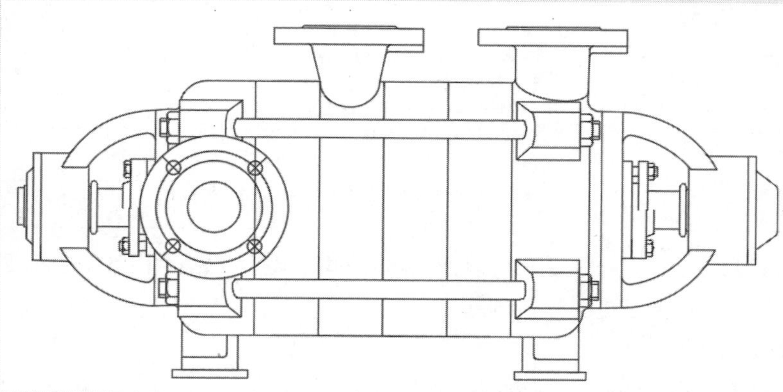

06 水泵装配图

从装配图中可以表达机器或部件的装配关系工作原理和技术要求等。在绘制结构图时，需经常运用块命令，将一些五金图块调入图形中。

07 阳台小景平面图

有时在绘制一些较为复杂的图形时，可将其创建成块，以便后期直接调用。

Lesson 01 图块的创建

在制图过程中，“图块”命令的使用率相当高。图块是一个或多个对象组成的对象集合，常用于绘制复杂、重复的图形。创建块的目的是减少大量重复的操作，从而提高设计和绘图的效率。执行“插入>块”命令，打开“块定义”对话框。在该对话框中，用户可根据其选项，设置图块名称、单位、拾取点等，如下图所示。

01 创建图块

创建图块则是将已有的图形定义成块的过程。用户可以创建自己的块，也可以使用设计中心和工具选项板提供的块。用户可以通过以下几种方式创建内部图块：

- 在菜单栏中执行“绘图>块>创建”命令。
- 在“插入”选项卡的“块定义”面板中单击“创建块”按钮。
- 在“默认”选项卡的“块”面板中单击“创建块”按钮。
- 在命令行输入BLOCK命令并按Enter键。

创建图块的具体操作方法介绍如下：

STEP 01 在“插入”选项卡的“块定义”面板中单击“创建块”按钮，如下图所示。

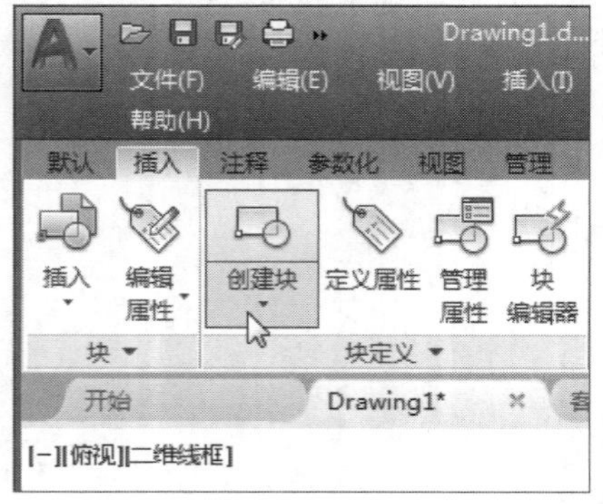

STEP 02 打开的“块定义”对话框中，单击“选择对象”按钮，如下图所示。

STEP 03 在绘图区中，框选所要创建的图块对象，如下图所示。

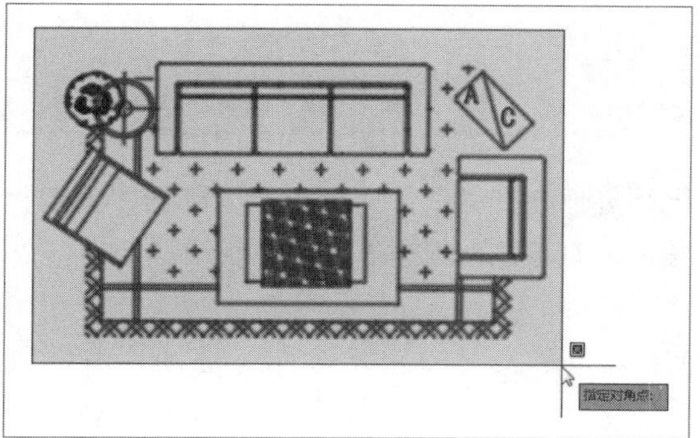

STEP 04 按Enter键确定，返回“块定义”对话框，输入块名称。随后单击“拾取点”按钮，如下图所示。

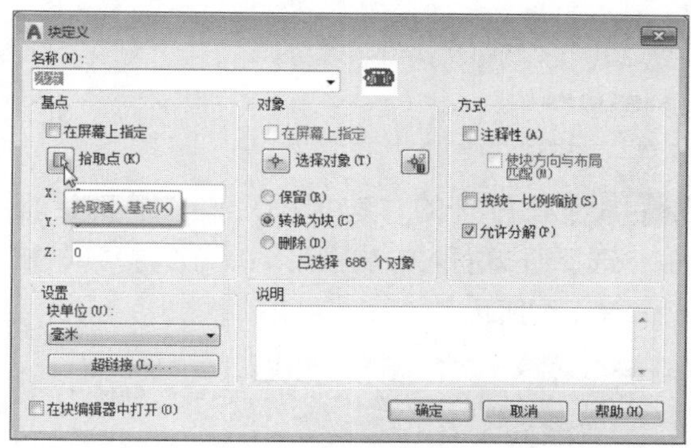

STEP 05 在绘图区中，指定图形一点为块的基准点，如下图所示。

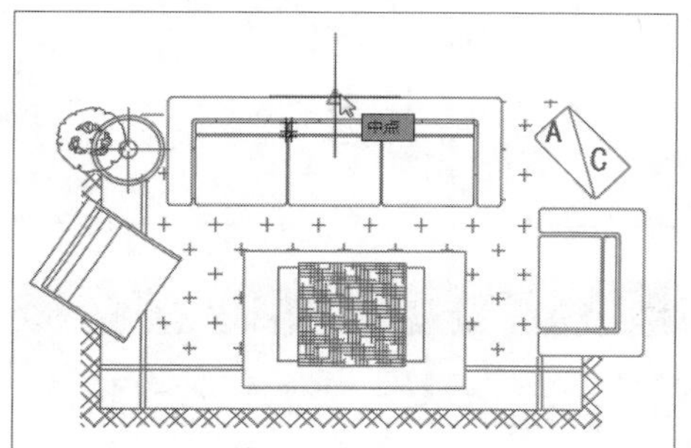

STEP 06 单击“确定”命令，即可完成图块的创建，如下图所示。

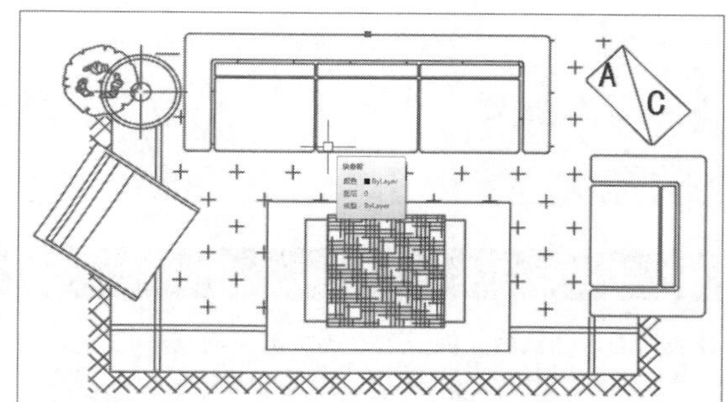

工程师点拨｜“创建图块”的使用范围

使用该方法创建的块只能在当前文件中使用，若打开其他图形文件，即无法找到该块。

02 插入图块

插入图块是指将定义的内部或外部图块插入到当前图形中。在“插入”对话框中，可指定块的旋转角度和插入比例，还可通过设置不同的X、Y和Z值指定块参照的比例。用户可以通过以下几种方式插入图块：

- 在菜单栏中执行“插入>块”命令。
- 在“插入”选项卡的“块”面板中单击“插入”按钮。
- 在“默认”选项卡的“块”面板中单击“插入”按钮。
- 在命令行输入INSERT命令并按Enter键。

插入块的具体操作方法介绍如下：

STEP 01 执行“插入>块”命令，如下图所示。

STEP 02 在打开的“插入”对话框中，单击“浏览”按钮，如下图所示。

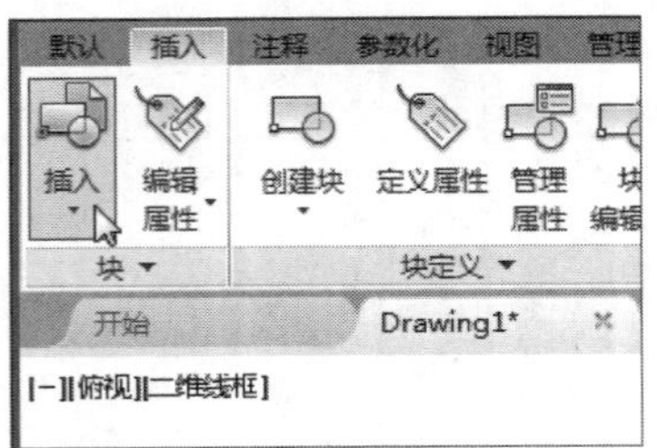

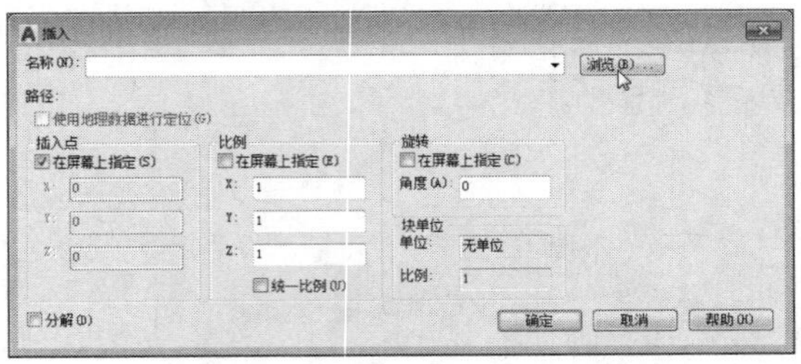

STEP 03 在打开的“选择图形文件”对话框中，选择所需插入的块图形，单击“打开”按钮，如下图所示。

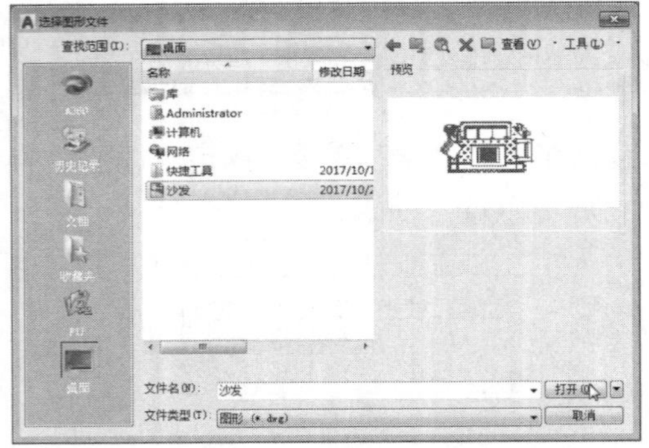

STEP 04 在“插入”对话框中，单击“确定”按钮，即可插入该图块，如下图所示。

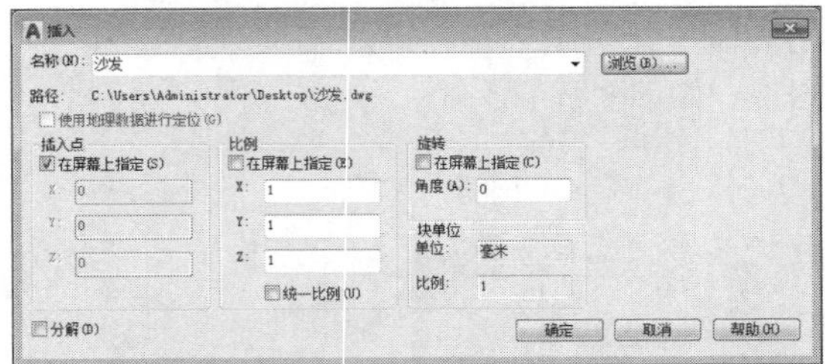

工程师点拨｜调整图块大小

通常插入图块后，由于插入图块与当前图形的比例不一致，很可能导致图块的太大或太小，此时就需要使用“缩放”命令，将图块缩放至合适位置即可。

03 写块

写块就是将文件中的块作为单独的对象保存为一个新文件，被保存的新文件可以被其他对象使用。用户可以通过以下几种方式创建写块：

- 在“插入”选项卡的“块定义”面板中单击“写块”按钮。
- 在命令行输入WBLOCK命令并按Enter键。

写块的具体操作方法介绍如下：

STEP 01 在命令行中输入WBLOCK命令，按Enter键确定即可打开“写块”对话框，如右图所示。

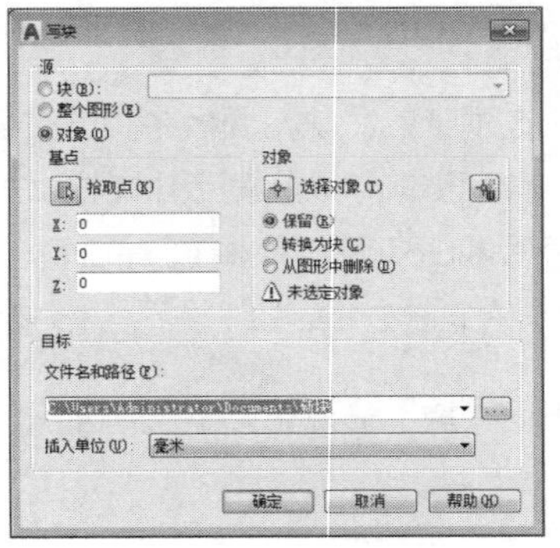

STEP 02 在该对话框中，单击“选择对象”按钮，在绘图区中，选择所需的图形对象，如下图所示。

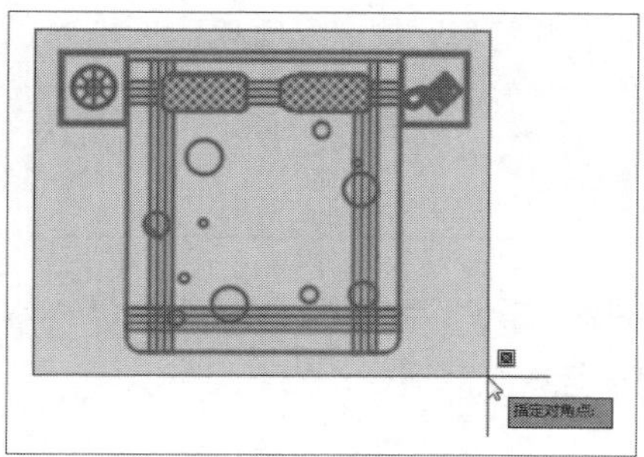

STEP 03 按Enter键确定，返回“写块”对话框。然后设置文件名和路径，如下图所示。

STEP 04 设置完成后，单击“拾取点”按钮，在绘图区中，指定图形一点作为块基准点，如下图所示。

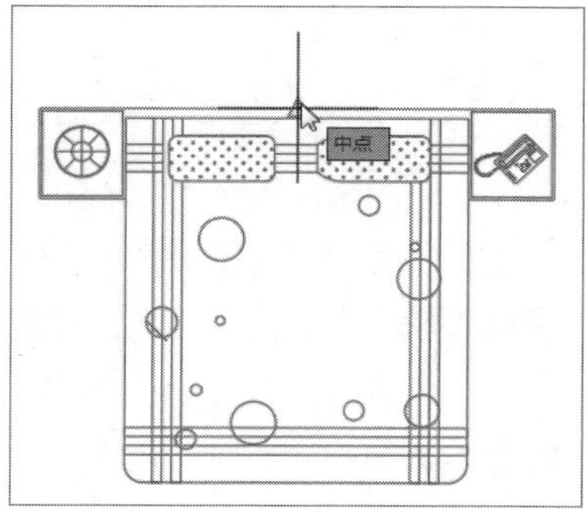

STEP 05 指定好后，系统自动返回“写块”对话框，单击“确定”按钮，即可完成创建，如下图所示。

STEP 06 执行“插入>块”命令，打开“插入”对话框，单击“浏览”按钮，打开“选择图形文件”对话框，选择刚创建的块图形，如下图所示。

STEP 07 单击“打开”按钮，返回“插入”对话框，单击“确定”按钮，即可将刚创建的块，插入至新图形中，如下图所示。

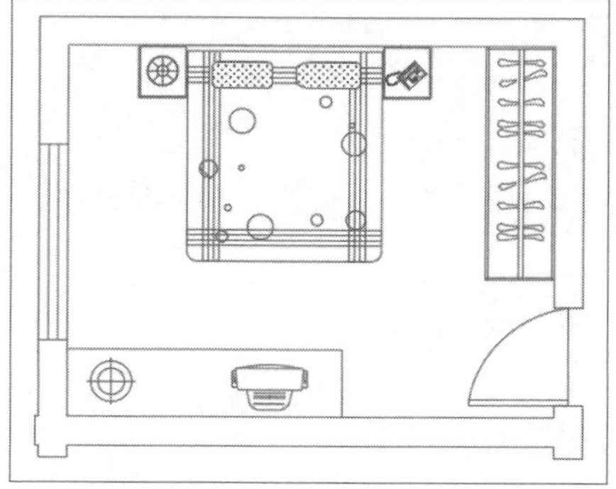

工程师点拨 | 定义块与写块的区别

“定义块”和“写块”都可以将对象转换为块对象，但是它们区别在于“定义块”创建的块对象只能在当前文件中使用；而“写块”创建的块对象可以用于其他文件。

相关练习｜插入灯具图块

下面以室内顶面布置图为例，介绍如何运用“插入块”命令，将灯具图块插入顶棚图形中。

原始文件：实例文件\第6章\原始文件\室内顶棚图.dwg
最终文件：实例文件\第6章\最终文件\插入灯具图形.dwg

STEP 01 打开原始文件。启动AutoCAD软件，打开原始文件“室内顶棚图”，如下图所示。

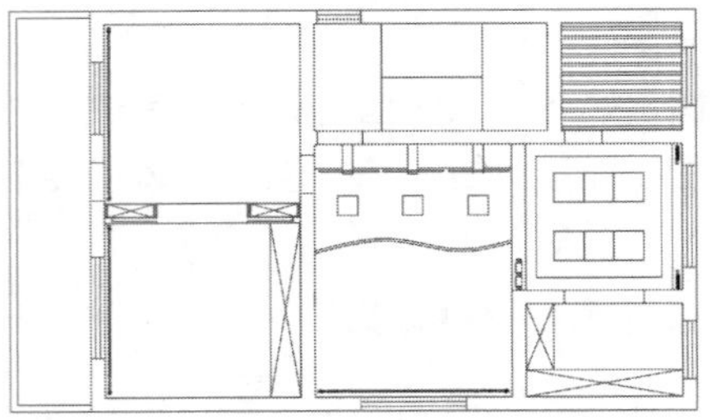

STEP 02 打开“插入”对话框。执行“插入>块”命令，打开“插入”对话框，如下图所示。

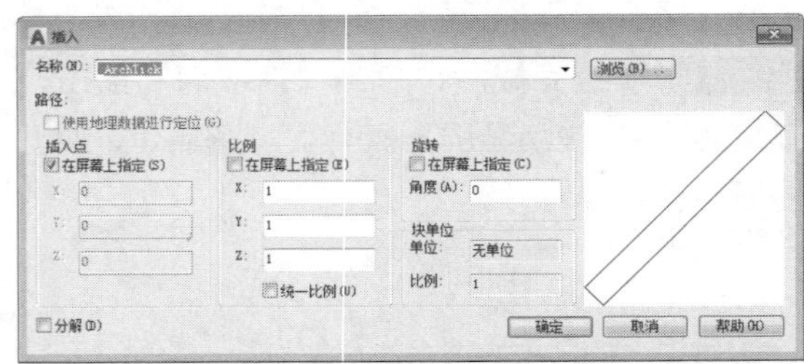

STEP 03 选择吊灯图块。在该对话框中，单击“浏览”按钮，在打开的“选择图形文件”对话框中，选择“吊灯”图块，如下图所示。

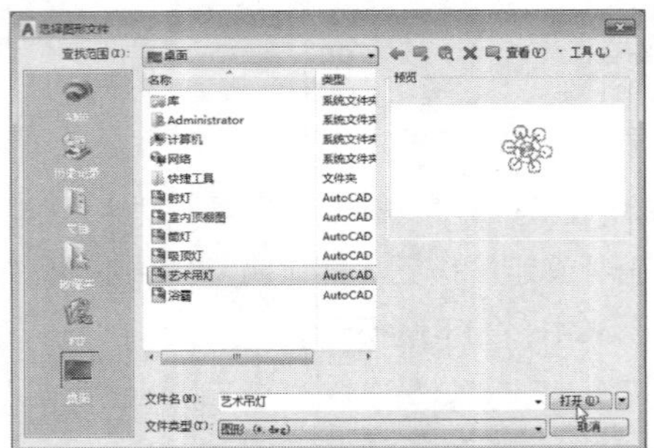

STEP 04 插入吊灯图块。单击“打开”按钮，返回至“插入”对话框，单击“确定”按钮，在绘图区中，指定吊顶图块位置，完成插入，如下图所示。

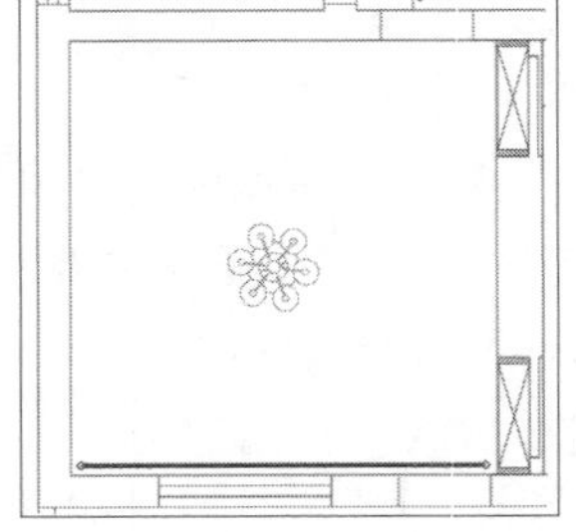

STEP 05 复制吊灯图块。执行“复制”命令，将吊灯图块复制到其他合适位置，如下图所示。

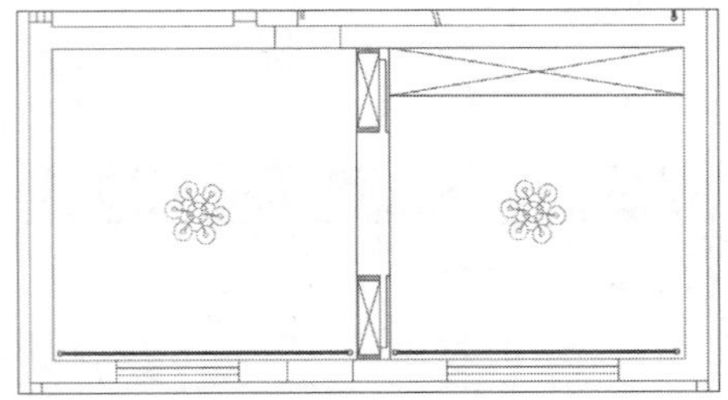

STEP 06 选择吸顶灯图块。在“插入”对话框中，单击“浏览”按钮，在打开的对话框中，选择“吸顶灯”图块，如下图所示。

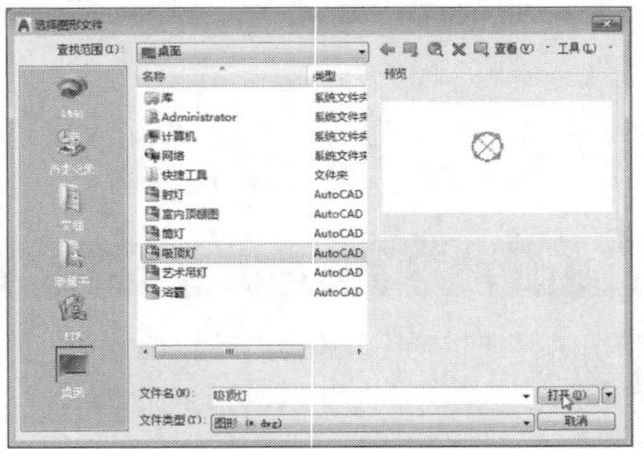

STEP 07 插入吸顶灯图块。单击“打开”按钮，返回“插入”对话框，单击“确定”按钮，在绘图区中指定插入点即可插入，如下图所示。

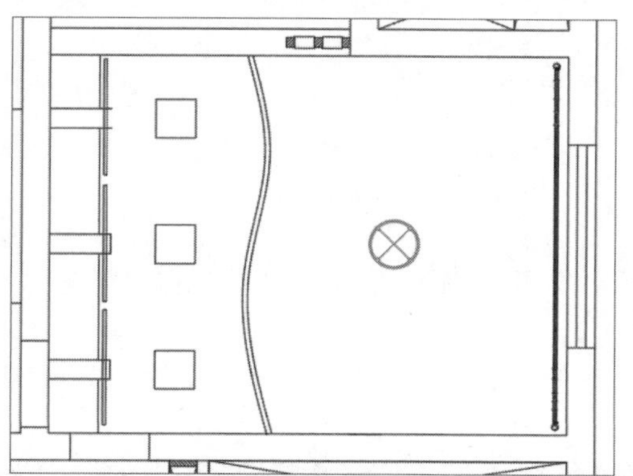

STEP 08 复制吸顶灯图块。将插入后的筒灯图块，复制粘贴至其他合适位置。按照相同的方法，插入射灯、浴霸图块，如下图所示。

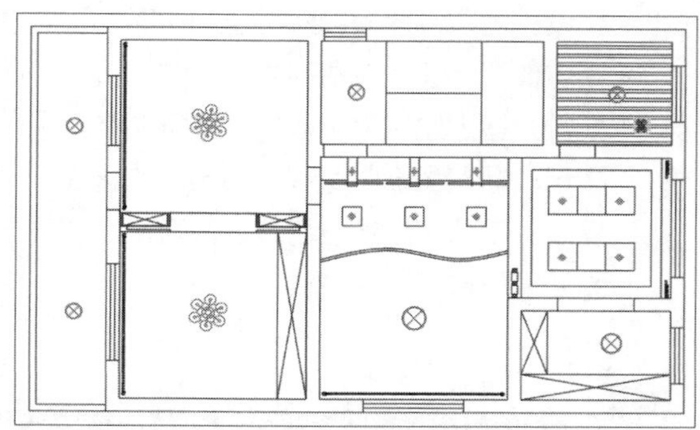

Lesson 02 属性块的创建与编辑

属性必须依赖于块而存在，当用户对块进行编辑时，包含在块中的属性也将被编辑。通常在定义块之前，要先定义该块的每个属性，然后将属性和图形一起定义成块。属性值即是可变的，也是不可变的。

01 定义块属性

创建块的属性需要定义属性模式、标记、提示、属性值、插入点和文字设置，这些参数可在“属性定义”对话框中设置。用户可以通过以下几种方式打开“属性定义”对话框：

- 在“默认”选项卡的“块”面板中单击“属性定义”按钮。
- 在“插入”选项卡的“块定义”面板中单击“属性定义”按钮。
- 在命令行输入ATTDEF命令并按Enter键。

在“插入”选项卡的“块定义”面板中单击“定义属性”按钮，打开“属性定义”对话框，如下图所示。用户可在该对话框中，根据提示创建块属性。

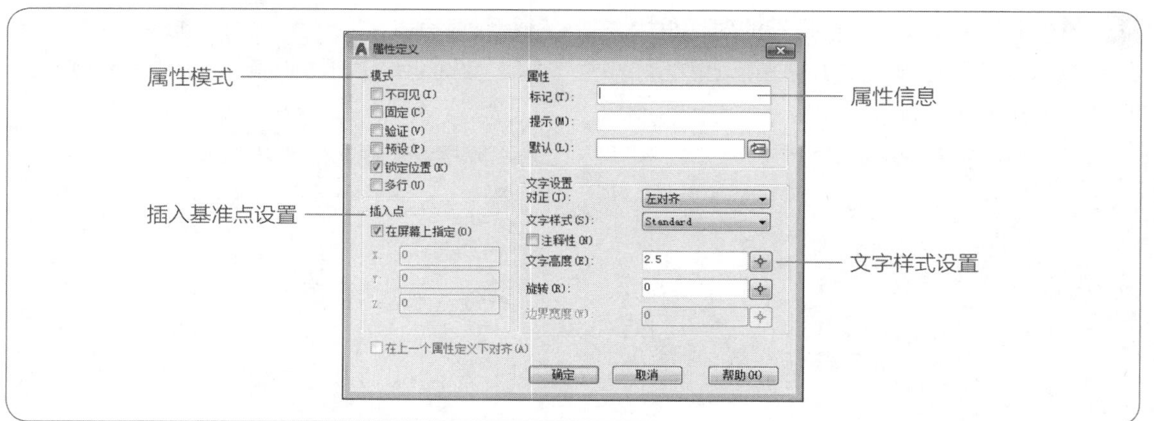

“属性定义”对话框中主要选项含义说明如下：

- 不可见：指定在插入时不显示或打印属性值。
- 固定：在插入时赋予属性固定值。
- 验证：插入块时提示验证属性值是否正确。
- 预设：插入包含预设属性值的块时，将属性设置为默认值。
- 锁定位置：锁定块参照中属性的位置。
- 多行：指定属性值可以包含多行文字。
- 标记：标识图形中每次都会出现的属性。
- 提示：设置在插入包含该属性定义的块时显示的提示。如果不输入提示，属性标记将用作提示。
- 默认：设置默认值属性。

相关练习 | 创建衣柜立面图图块属性

下面将以衣柜立面图为例，来介绍如何创建块属性的操作方法。

原始文件：实例文件\第6章\原始文件\衣柜立面图.dwg
最终文件：实例文件\第6章\最终文件\创建图块属性.dwg

STEP 01 打开原始文件。启动AutoCAD2018软件，打开原始文件“装饰墙立面.dwg”，如下图所示。

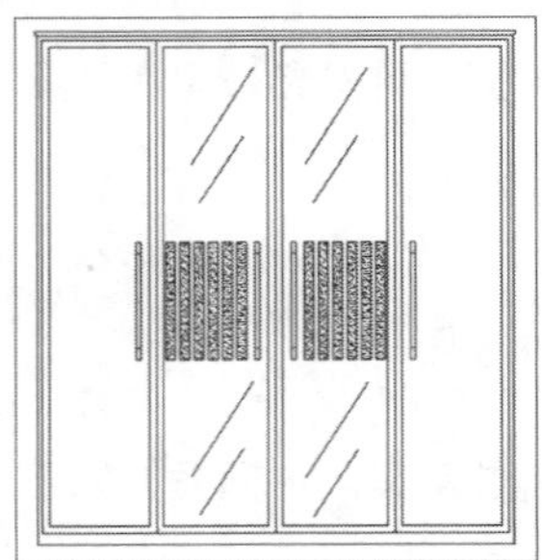

STEP 02 打开“属性定义”对话框。在“插入”选项卡的“块定义”面板中单击“定义属性”按钮，打开“属性定义”对话框，如下图所示。

STEP 03 输入属性标记。在打开的对话框中，选择“标记”后的文本框，并输入标记内容，如下图所示。

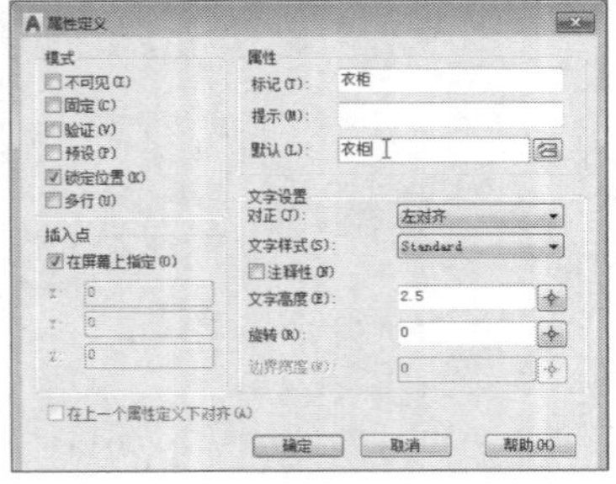

STEP 04 设置文字高度。输入完成后，在“文字高度”选项后，输入文字高度值，如下图所示。

STEP 05 指定文字插入点。单击“确定”按钮，在绘图区中指定好文字插入点，如下图所示。

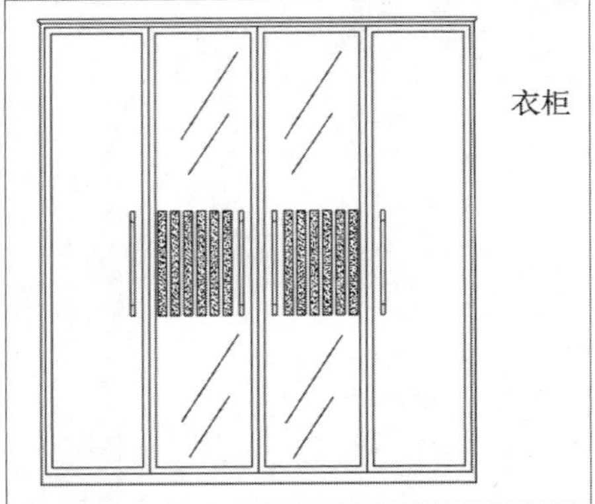

STEP 06 继续输入属性标记。按空格键，在打开“属性定义”对话框中，继续输入标记内容，如下图所示。

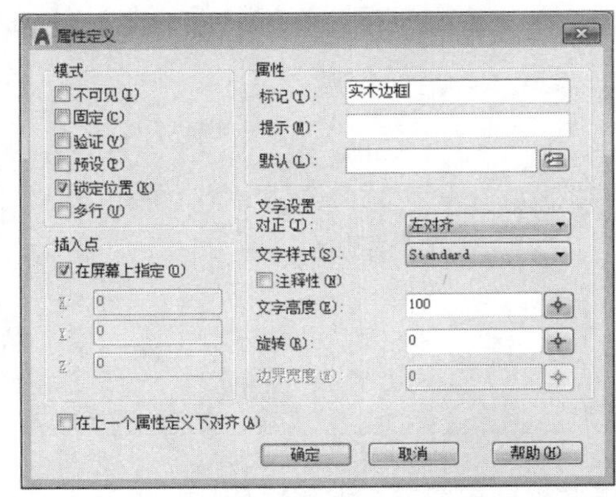

STEP 07 指定文字插入点。按“确定”按钮，指定文字插入点，如下图所示。

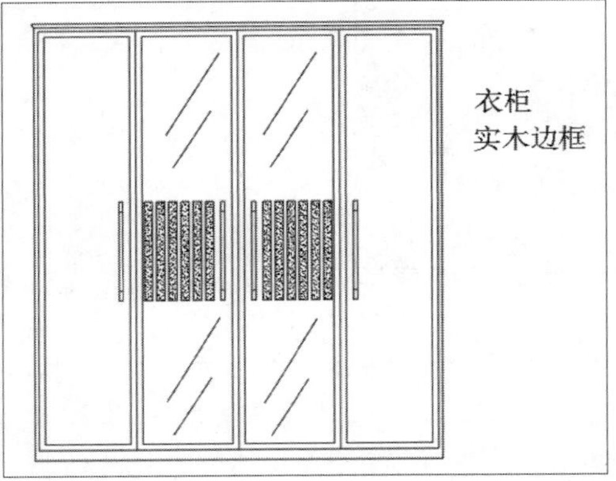

STEP 08 创建块。在“插入”选项卡的“块定义”面板中单击“创建块”按钮，打开“块定义”对话框，单击“选择对象”按钮，如下图所示。

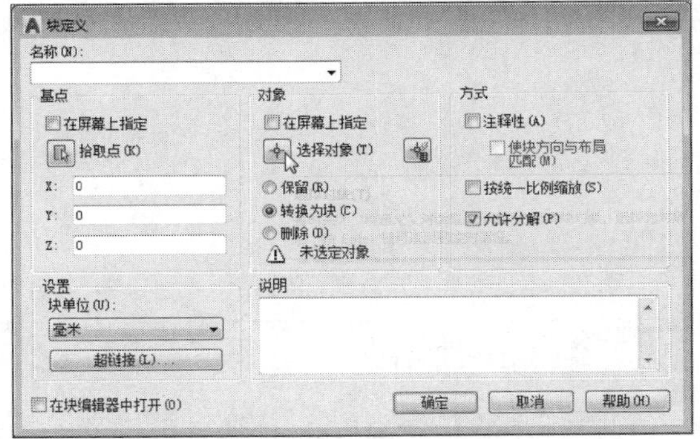

STEP 09 框选图块对象。在绘图区中，框选所有图形对象，如下图所示。

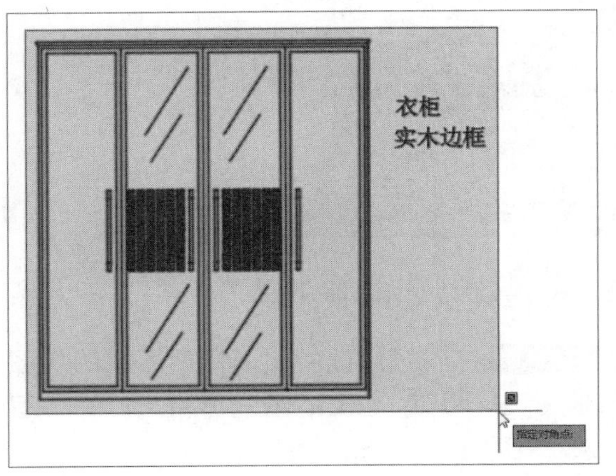

STEP 10 选择拾取点。按Enter键确定，在“块定义”对话框中，单击“拾取点”按钮，指定图形对象的基准点，如下图所示。

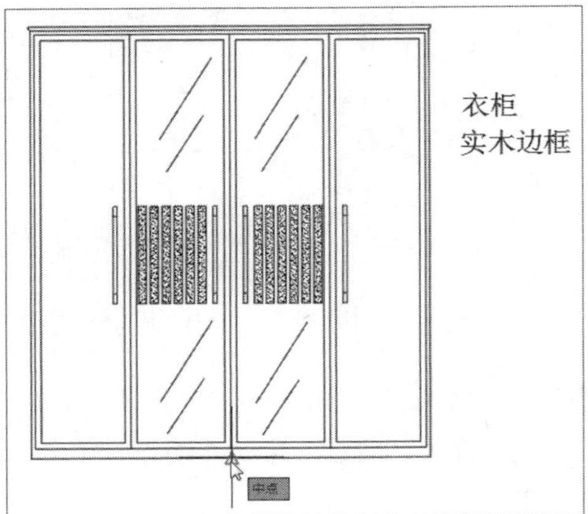

STEP 11 输入名称。返回“块定义”对话框，输入名称为衣柜，如下图所示。

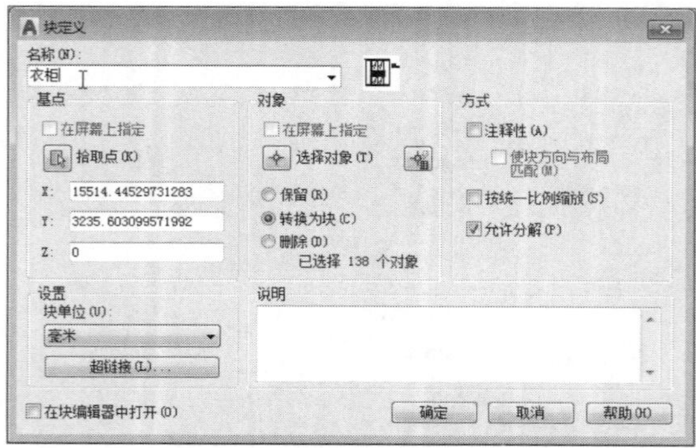

STEP 12 编辑属性。在“块定义”对话框中，单击“确定”按钮，打开“编辑属性”对话框。用户可对当前块的属性进行编辑，如下图所示。

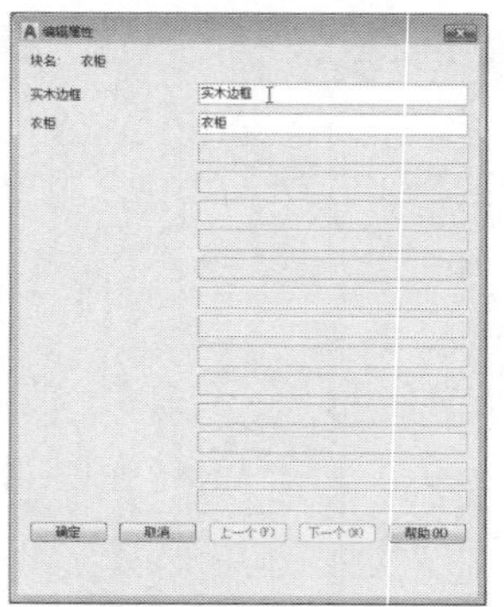

STEP 13 验证块对象。设置完成后，单击“确定”按钮，即可完成块的创建，如右图所示。

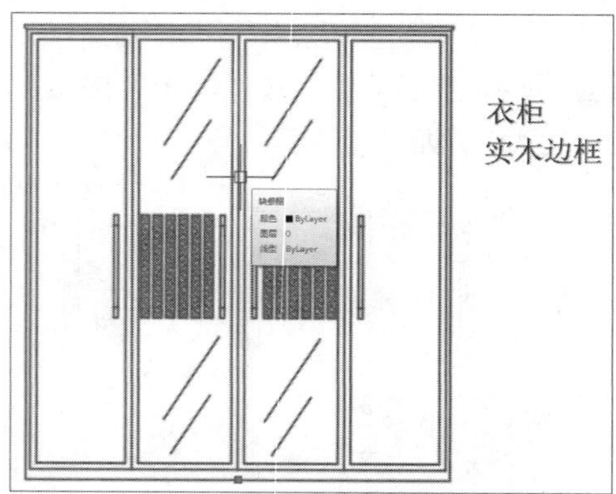

02 编辑块属性

使用块属性的编辑功能，可以对图块进行再定义。在AutoCAD中，每个图块都有自己的属性，如颜色、线型、线宽。在“插入”选项卡的“块”面板中单击“编辑属性”下拉按钮，打开的“增强属性编辑器”对话框中，选择属性后即可更改该属性值，如下图所示。

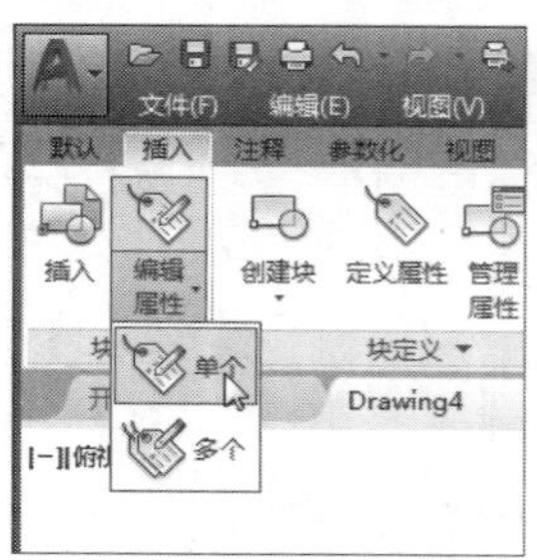

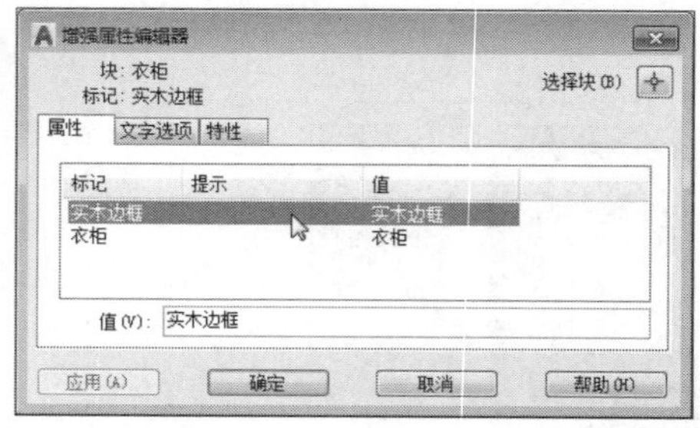

除了可以更改块的属性外，用户还可以更改块的定义，其具体操作方法介绍如下：

STEP 01 在“插入”选项卡的“块定义”面板中单击“块编辑器”按钮，打开“编辑块定义”对话框，如下图所示。

STEP 02 在该对话框中，选择要更改的块图形，单击“确定”按钮，系统则会打开“块编写选项板”，如下图所示。

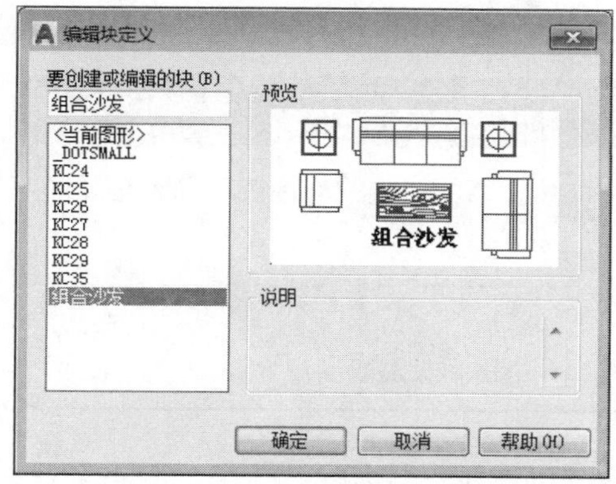

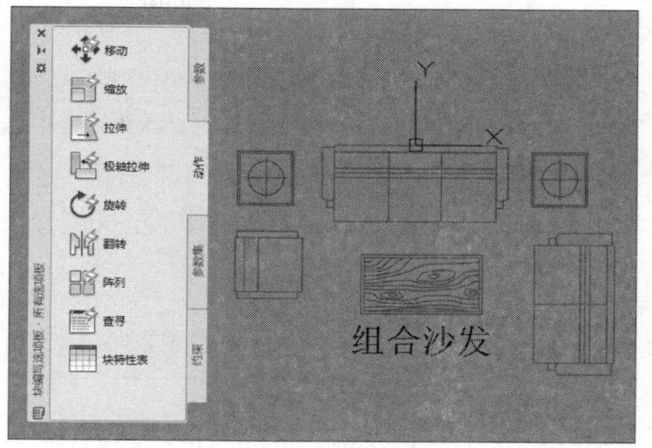

STEP 03 双击所要修改的图块属性，例如文字、图形颜色等。这里选择文字，在打开的文字编辑器中，输入所需的文字，如下图所示。

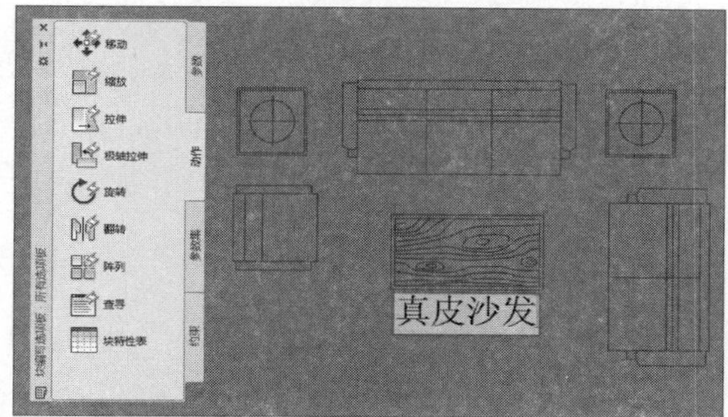

STEP 04 完成后，单击功能面板中的“关闭块编辑器”按钮，在打开的对话框中，选择“将更改保存到**”，即可完成操作，如下图所示。

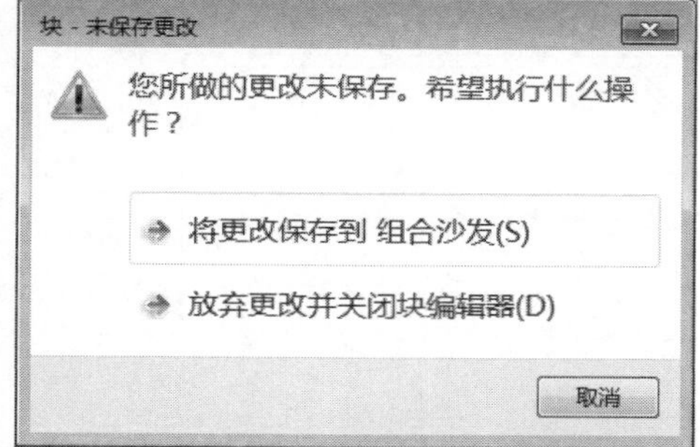

03 提取块属性

向块中添加了属性，则可以在一个或多个图形中查询此块的属性信息，并将其保存到当前文件或外部文件。通过数据提取可以直接生成数据图表或明细清单。在进行属性提取之前需要进行一些相应的设置。在命令行中输入ATTEXT命令，按Enter键确定，即可打开“属性提取”对话框，如下图所示。

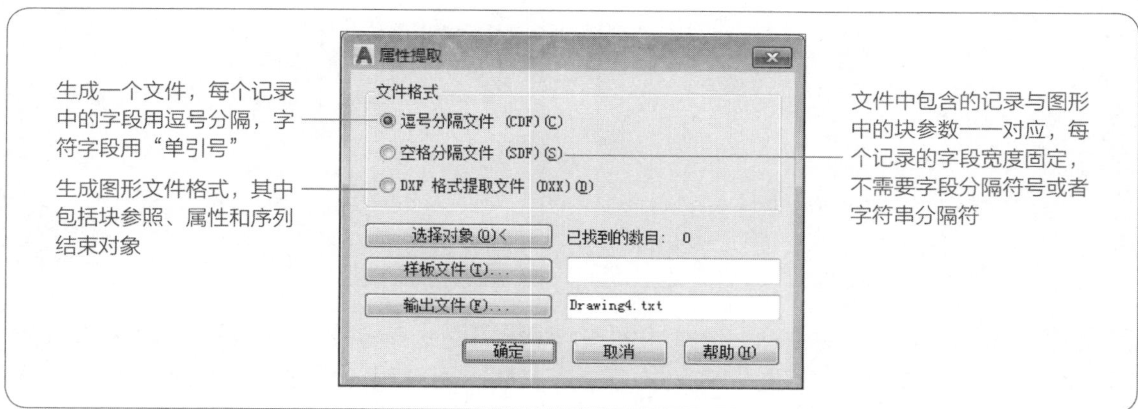

相关练习 | 提取图块属性

在AutoCAD2018软件中，可使用“提取图块属性”命令，将图块中的属性信息插入至图形中，也可将其导入其他软件中，例如Excel软件。

原始文件：实例文件\第6章\原始文件\餐厅立面图.dwg
最终文件：实例文件\第6章\最终文件\餐厅立面\餐厅立面图.xls、图块数据提取.dxe

STEP 01 打开原始文件。启动AutoCAD软件，面图”，如下图所示。在“插入”选项卡的“链接和提取”面板中单击“数据提取”按钮。

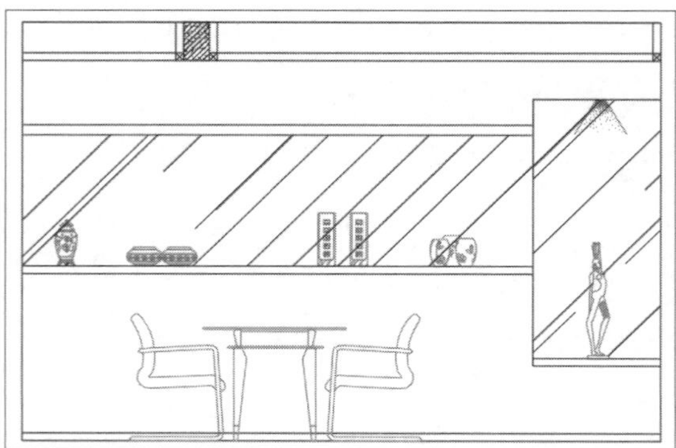

STEP 02 创建新数据提取。打开“数据提取”对话框，勾选“创新数据提取”单选按钮，单击“下一步”按钮，如下图所示。

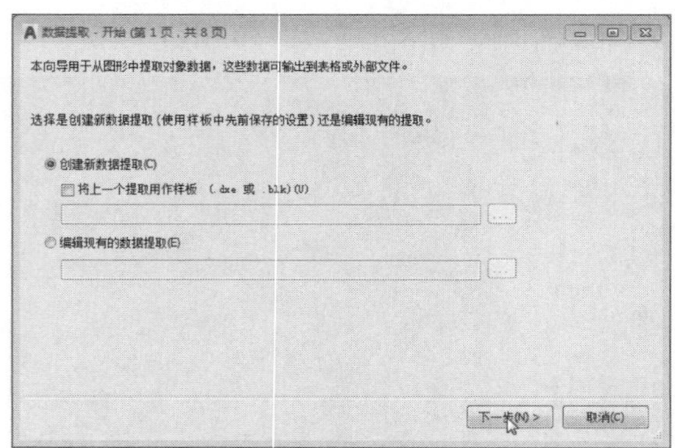

STEP 03 保存数据。在“将数据提取另存为”对话框中，选择保存路径及保存名称，单击“保存”按钮，如下图所示。

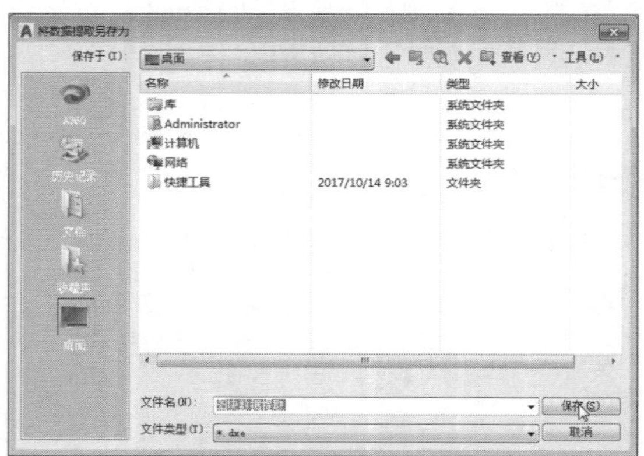

STEP 04 定义数据源。返回“数据提取-定义数据源”对话框中，勾选“图形/图纸集”单选按钮和“包括当前图形”复选框，单击“下一步”按钮，如下图所示。

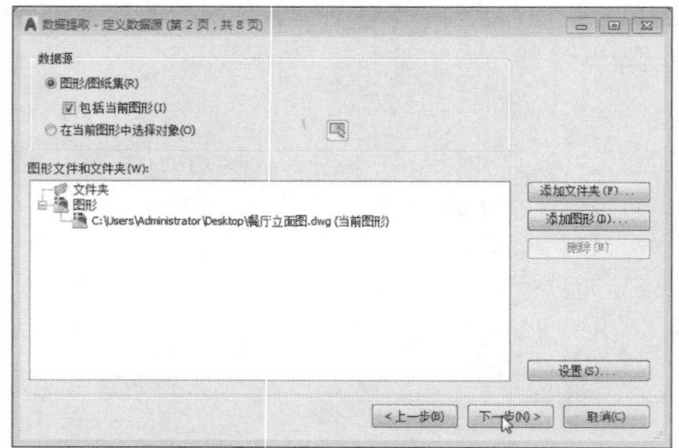

STEP 05 选择对象。在“数据提取-选择对象”对话框中，勾选全部对象，单击“下一步”按钮，如下图所示。

STEP 06 选择特性。在打开的“数据提取-选择特性”对话框中，勾选右侧“属性”复选框，单击“下一步”按钮，如下图所示。

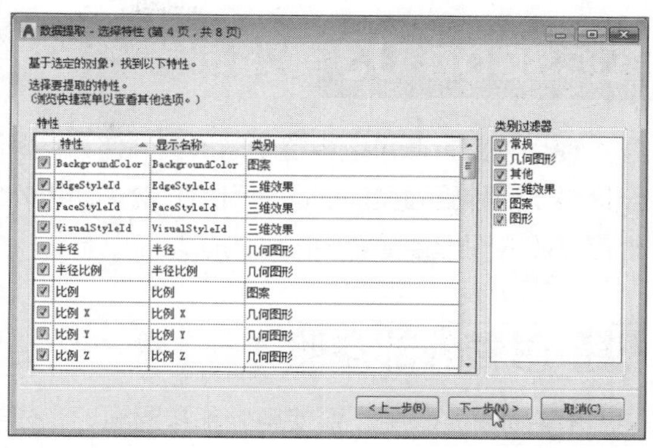

STEP 07 优化数据。在打开的“数据提取-优化数据”对话框中，单击“下一步”按钮，开始进行数据提取，如下图所示。

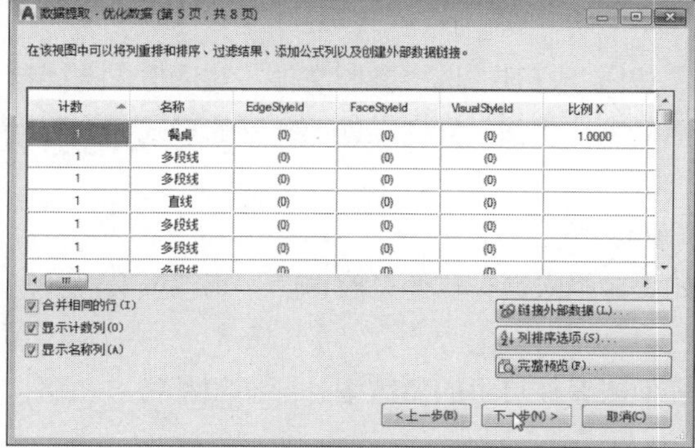

STEP 08 选择输出。勾选“将数据输出至外部文件”复选框，单击“浏览”按钮选择保存的路径，单击“下一步”按钮，如下图所示。

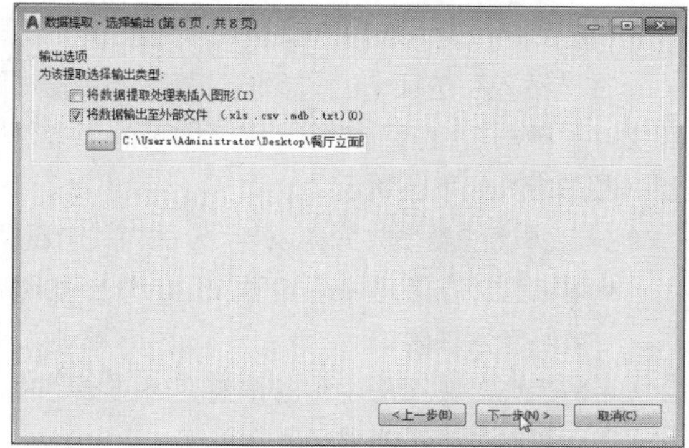

STEP 09 完成提取。在打开的“完成”对话框中，单击“完成”按钮，如下图所示。

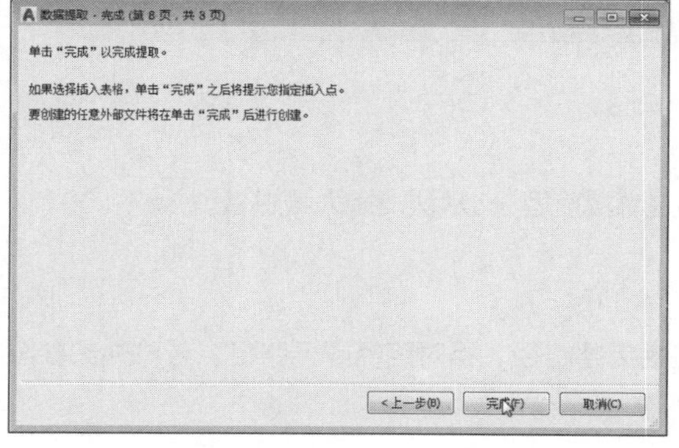

STEP 10 打开提取文件。启动Excel软件，并打开所提取的块属性文件，即可看到所提取的数据信息，如下图所示。

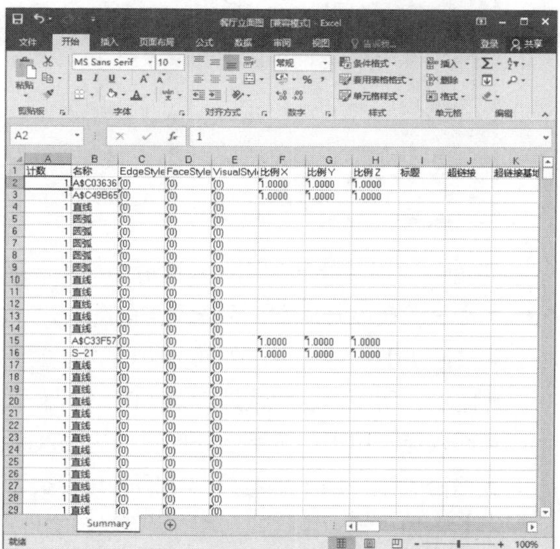

Lesson 03 外部参照

使用外部参照可以将整个图形文件作为参照图形附着到当前图形中。外部参照和块不同，外部参照提供了一种更为灵活的图形引用方法。使用外部参照可以将多个图形链接到当前图形中，并且作为外部参照的图形会随着原图形的修改而更新。

01 附着外部参照

在AutoCAD中，要使用外部参照图形，先要附着外部参照文件。用户可以通过以下几种方式附着外部参照：

- 在“插入”选项卡的“参照”面板中单击“附着”按钮。
- 在“外部参照”选项板的文件列表空白处单击鼠标右键，在弹出的快捷菜单中选择“附着DWG”选项。
- 在命令行输入ATTACH命令并按Enter键。

在“插入”选项卡的“参照”面板中单击“附着”按钮，打开“选择参照文件”对话框，选择参照文件，单击“打开”按钮，在“附着外部参照”对话框中，将图形文件以外部参照的形式插入到当前的图形中，如下图所示。

外部参照的类型共分为2种，分别为“附着型”、“覆盖型”。

- 附着型：在图形中附着附加型的外部参照时，如果其中嵌套有其他外部参照，则将嵌套的外部参照包含在内。
- 覆盖型：在图形中附着覆盖型外部参照时，则任何嵌套在其中的覆盖型外部参照都将被忽略，而且本身也不能显示。

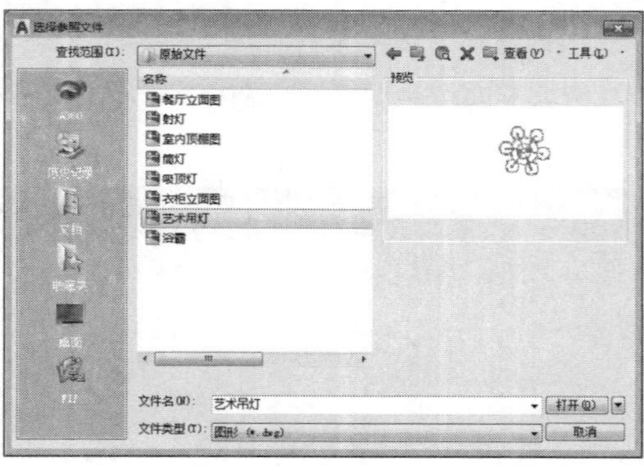

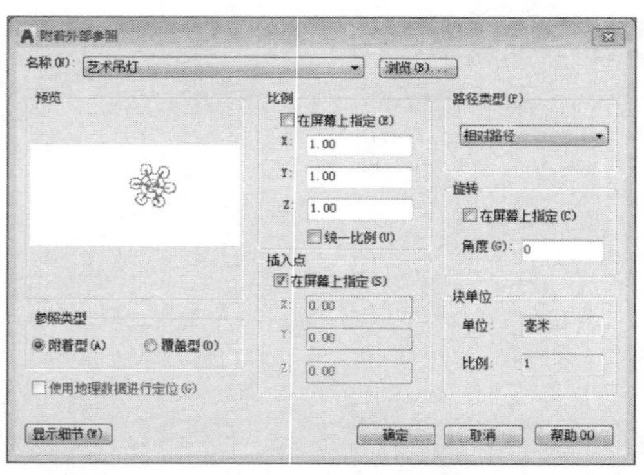

下面对“附着外部参照”对话框中相关选项进行说明。

- 预览：在该方框中，可显示当前图块。
- 参照类型：用于指定外部参照是“附着型”还是“覆盖型”，默认设置为“附着型”。
- 比例：用于指定所选外部参照的比例因子。
- 插入点：用于指定所选外部参照的插入点。
- 路径类型：用于指定外部参照的路径类型，包括完整路径、相对路径或无路径。若将外部参照指定为“相对路径”，需先保存当前文件。
- 旋转：为外部参照引用指定旋转角度。

- 块单位：显示图块的尺寸单位。
- 显示细节：单击该按钮，可显示“位置”和“保存路径”两选项，“位置”用于显示附着的外部参照的保存位置；“保存路径”用于显示定位外部参照的保存路径，该路径可以是绝对路径（完整路径）、相对路径或无路径。

02 编辑外部参照

外部参照图块在绘图区中以灰色显示，并且为一整块图形。若需对该参照图形进行编辑，可执行“在位编辑参照”命令即可。当外部参照更改后，参照文件也会随着发生改变。

STEP 01 在“插入”选项卡的“参照”面板中单击“附着”按钮，将所需添加的外部参照图块插入图形中，如下图所示。

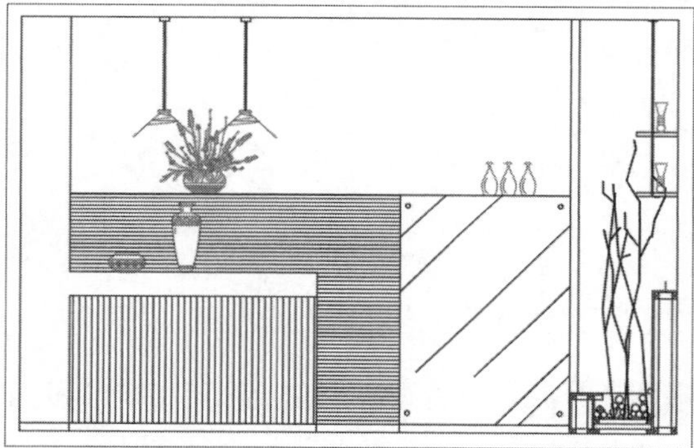

STEP 02 选择外部参照图形，在“外部参照”选项卡的“编辑”面板中单击“在位编辑参照”按钮，打开“参照编辑”对话框，如下图所示。

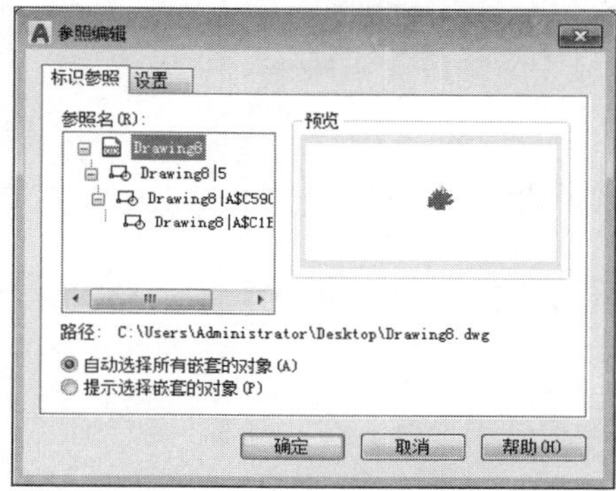

STEP 03 在“参照名”列表中，选择相对应的参照图形，单击“确定”按钮，在绘图区中，框选所需编辑的图形范围，如下图所示。

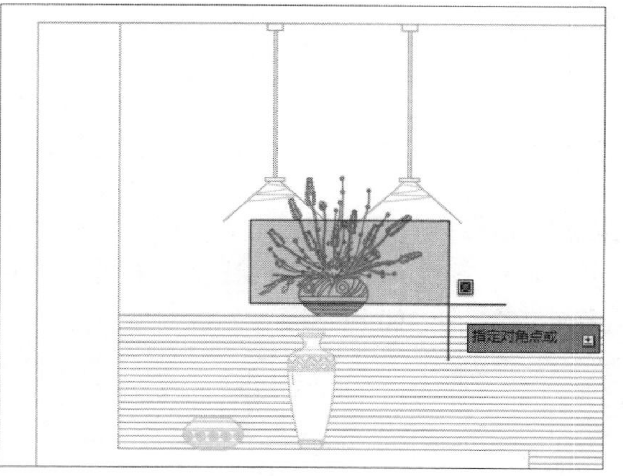

STEP 04 在框选的范围内，即可对其进行修改编辑。完成后，在“外部参照”选项卡的“编辑参照”面板中单击“保存修改”按钮，即可将其保存，如下图所示。

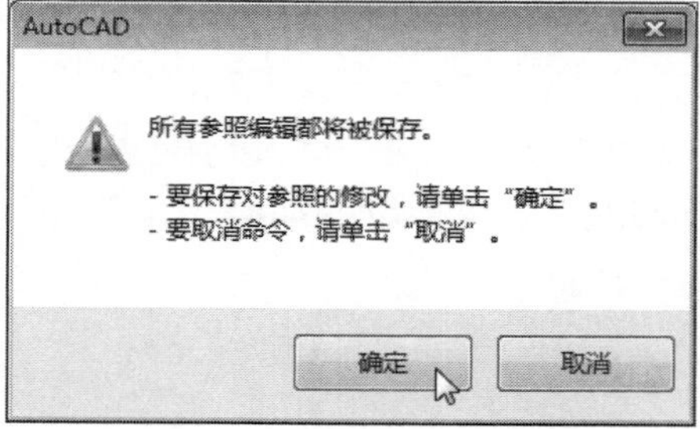

工程师点拨 | 不能编辑打开的外部参照

在编辑外部参照的时候，外部参照文件必须处于关闭状态，如果外部参照处于打开状态，程序会提示图形上已存在文件锁。保存编辑外部照后的文件，外部参照也会随着一起更新。

相关练习｜编辑外部参照图块

下面将以修改沙发外部图块为例，来介绍编辑外部参照图块的操作方法。

原始文件：实例文件\第6章\原始文件\客厅平面.dwg
最终文件：实例文件\第6章\最终文件\编辑外部参照图块.dwg

STEP 01 打开原始文件。启动AutoCAD软件，打开原始文件“客厅平面”，如下图所示。

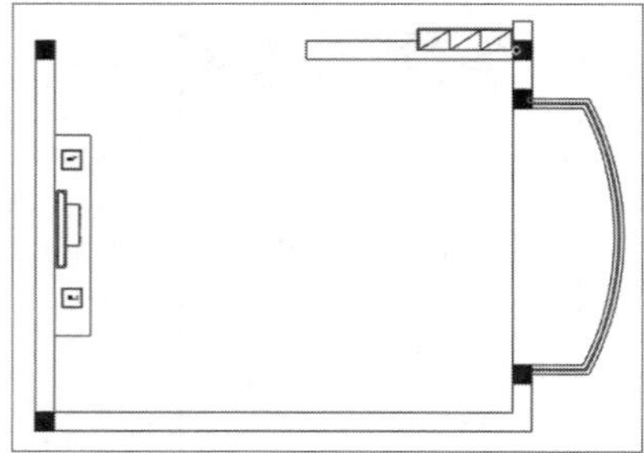

STEP 02 选择参照文件。在“插入”选项卡的“参照”面板中单击“附着”按钮，打开“选择参照文件”对话框，选择沙发图形，单击“打开”按钮，如下图所示。

STEP 03 附着外部参照。在“附着外部参照”对话框中，单击“确定”按钮，如下图所示。

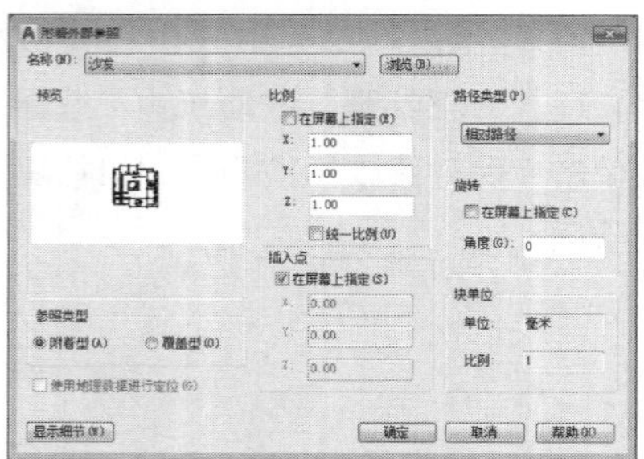

STEP 04 插入沙发图块。在绘图区指定沙发插入点，并调整沙发图形的位置，如下图所示。

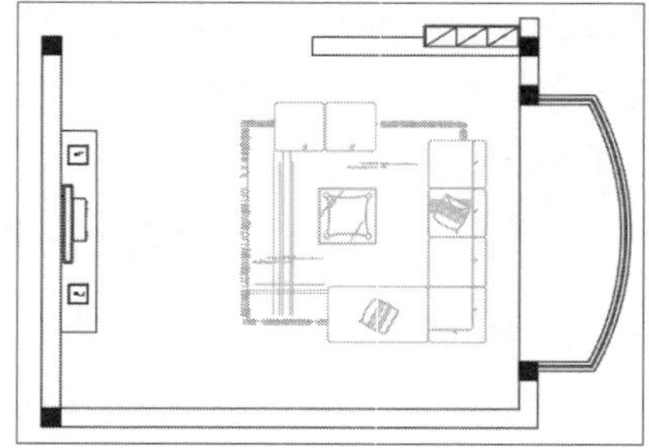

STEP 05 参照编辑。选择外部参照图形，在“外部参照”选项卡中单击“在位编辑参照”按钮，打开“参照编辑”对话框，如下图所示。

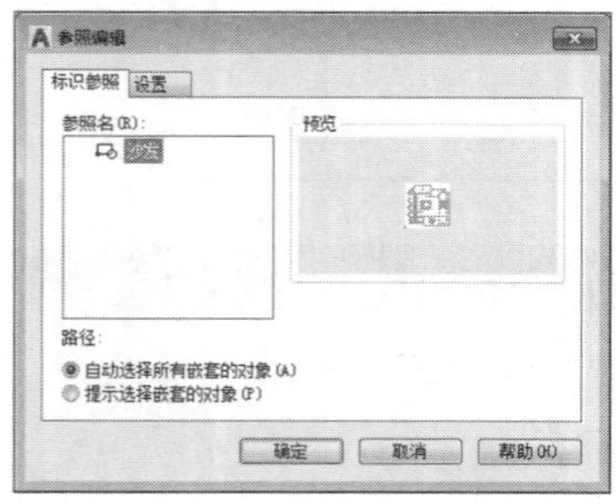

STEP 06 框选嵌套图形对象。选择“沙发”图形，单击“确定”按钮，在绘图区中框选沙发所需修改的部分，如下图所示。

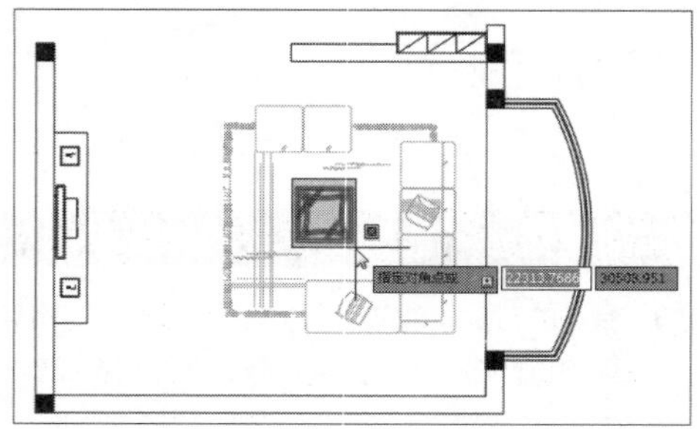

STEP 07 修改图形。按空格键即可对当前所选择的图形进行修改编辑了，如下图所示。

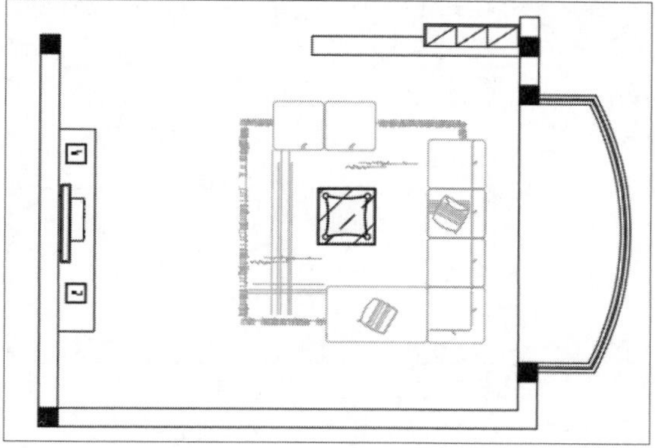

STEP 08 保存修改图形。修改完成后，在“外部参照”选项卡的“编辑参照”面板中单击“保存修改”按钮，在打开的系统提示框中，单击“确定”按钮完成保存，如下图所示。

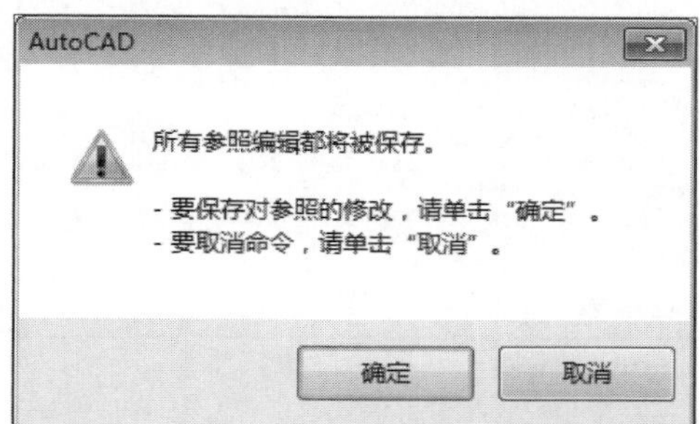

STEP 09 完成操作。退出参照的编辑状态，可以看到所有参照也随着更新了，如右图所示。

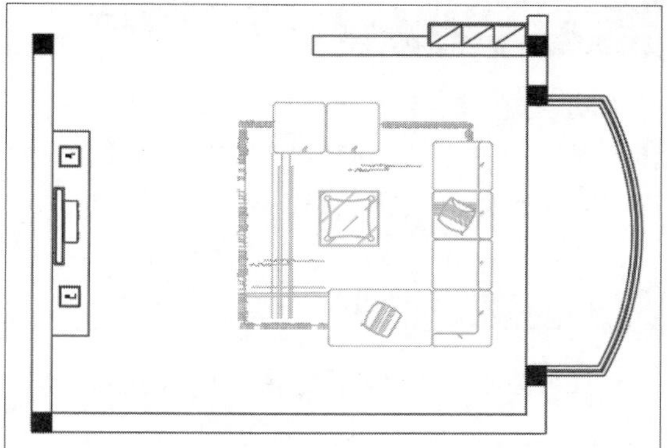

03 参照管理器

使用参照管理器用户可以查看附着到DWG文件的文件参照，也可以编辑附件的路径。参照管理器是一种外部应用程序，使用户可以检查图形文件可能附着的任何文件。参照管理器的特性包括：文件类型、状态、文件名、参照名、保存路径、找到路径、宿主版本等信息。

STEP 01 执行“开始>程序>Autodesk>AutoCAD2018-Simplifide chinese>参照管理器”命令，打开“参照管理器”对话框，效果如下图所示。

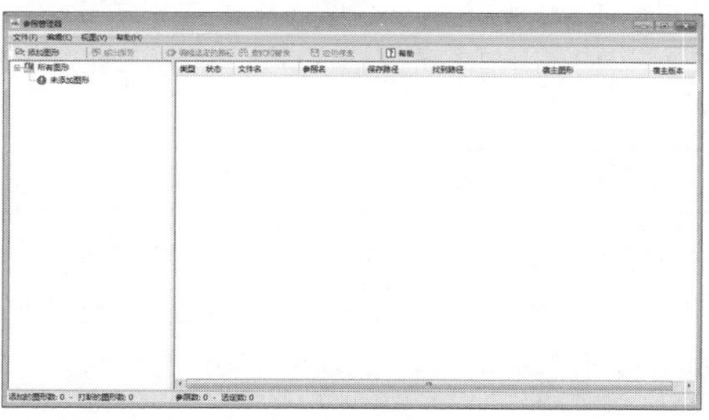

STEP 02 在该对话框中，单击“添加图形”按钮，并在“添加图形”对话框中，选择所要添加的图形文件，如下图所示。

STEP 03 单击“打开”按钮，在“参照管理器-添加外部参照”面板中，选择“自动添加所有外部参照，而不管嵌套级别”选项，如下图所示。

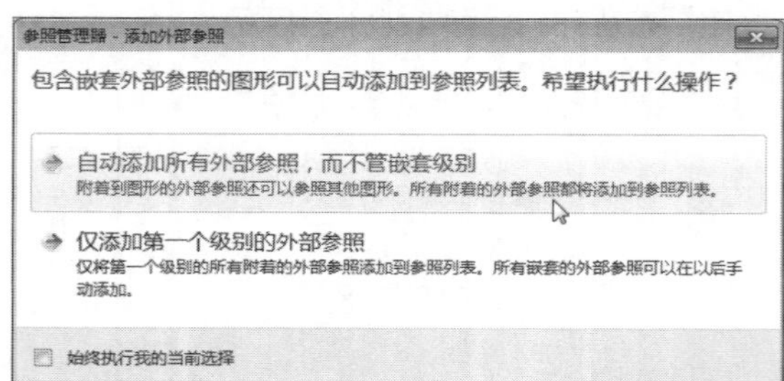

STEP 04 稍等片刻，系统将会自动显示出该图形所有参照图块来，如下图所示。

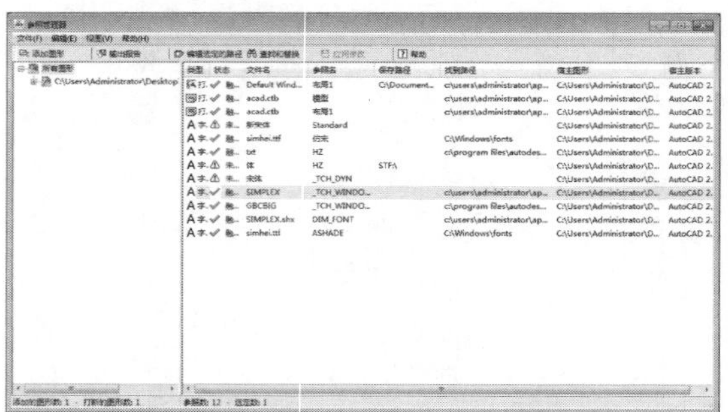

Lesson 04 动态图块

动态图块是带有一个或多个动作的图块，选择动态图块可以利用定义的移动、缩放、拉伸、旋转、翻转、陈列和查询等动作很方便地改变块中元素的位置、尺寸和属性而保持块的完整性不变，动态块可以反映出图块在不同方位的效果。

01 创建动态块

在创建动态块时，可选择现有的块为动态块，也可以新建动态块，下面将对新建动态块的相关知识进行介绍。

（1）**规划动态块的内容。**在创建动态块之前首先需要了解其外观以及在图形中的使用方式，确定当操作动态块参照时，块中的哪些对象会更改或移动。另外，还要确定这些对象将如何更改。

（2）**绘制几何图形。**创建动态块的几何图形可以自己绘制，也可以使用图形中的几何图形或图块。

（3）**了解元素如何共同作用。**在向块定义中添加参数和动作之前，应该了解它们之间以及它们与块中的几何图形的相关性。在添加动作时，需要将动作与参数以及几何图形的选择集相关联。

（4）**添加动态块的参数。**按命令提示向动态块中添加适当的参数。

（5）**向块中添加动作。**向动态块中添加适当的动作，按照命令提示进行操作，确保将动作与正确的参数和几何图形相关联。

（6）**定义动态块参照方式。**可以指定在图形中操作动态块参照的方式，也可以通过自定义夹点和特性来操作动态块参照。

（7）**保存并在图中进行测试。**保存动态块然后将动态块参照插入到一个图形中，并测试该块的功能。

02 使用参数

向动态块定义添加参数可定义块的自定义特性，指定几何图形在块中的位置、距离和角度。在“插入”选项卡的“块定义”面板中单击“块编辑器”按钮，打开“编辑块定义”对话框，在该对话框中选择一个要定义的块后，单击“确定”按钮，即可打开“块编辑器”选项卡，如下图所示。

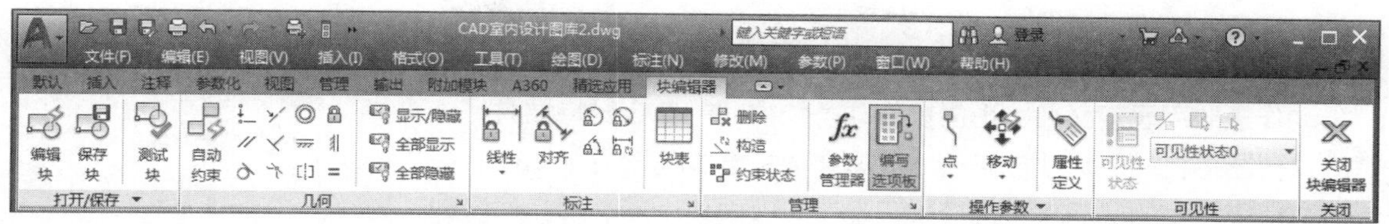

在打开的“块编写选项板”功能面板中，“参数”选项卡包括10种参数类型，如右图所示。具体的参数类型及说明如下：

- 点：在图形中定义一个X和Y位置。在块编辑器中，外观类似于坐标标注。
- 线性：线性参数显示两个目标点之间的距离，约束夹点沿预置角度移动。
- 极轴：极轴参数显示两个目标点之间的距离和角度，可以使用夹点和“特性”选项板来共同更改距离值和角度值。
- XY：XY参数显示距参数基准点的X距离和Y距离。
- 旋转：用于定义角度，在块编辑器中，旋转参数显示为一个圆。
- 对齐：用于定义X位置、Y位置和角度，对齐参数总是应用于整个块，并且无需与任何动作相关联。
- 翻转：用于翻转对象，在块编辑器中，翻转参数显示为投影线，围绕这条投影线翻转对象。
- 可见性：允许用户创建可见性状态并控制对象在块中的可见性，可见性参数总是应用于整个块，并且无需与任何动作相关联，在图形中单击夹点可显示块参照中所有可见性状态的列表。
- 查寻：用于定义自定义特性，用户可以指定或设置该特性，以便从定义的列表或表格中计算出某个值。
- 基点：在动态块参照中相对于该块中的几何图形定义一个基准点。

在向块中添加参数后，夹点将被添加到参数的相关位置，可以使用关键点操作动态块。向块中添加不同的参数将显示不同的夹点，动作和夹点之间的关系如6-1表所示。

表6-1 参数、动作和夹点之间的关系

参数类型	夹点类型	支持的动作
点		移动、拉伸
线性		移动、缩放、拉伸、阵列
极轴		移动、缩放、拉伸、阵列、极轴拉伸
XY		移动、缩放、拉伸、阵列
旋转		旋转
对齐		无
翻转		翻转
可见性		无
查询		查询
基点		无

03 使用动作

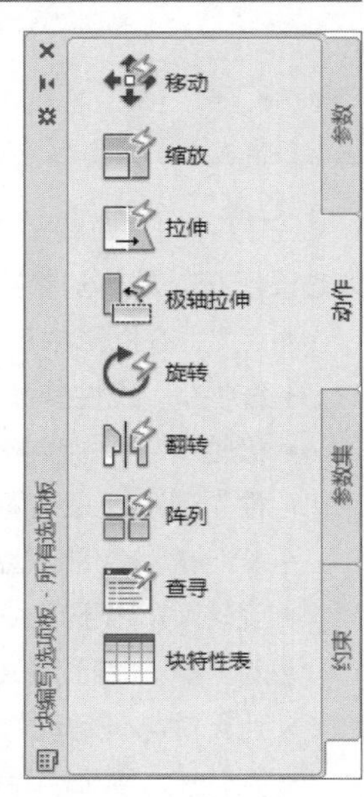

动作主要用于定义在图形中操作动态块参照的自定义特性时，该块参照的几何图形将如何移动或修改，动态块通常至少包含一个动作。在“块编写选项板”中的“动作”选项卡列举了可以向块中添加的动作类型，如右图所示。下面将分别对其动作类型进行说明。

- 移动：移动动作与点参数、线性参数、极轴参数或XY参数关联时，将该动作添加到动态块定义中。
- 缩放：缩放动作与线性参数、极轴参数或XY参数关联时，将该动作添加到动态块定义中。
- 拉伸：可以将拉伸动作与点参数、线性参数、极轴参数或XY 参数关联时，将该动作添加到动态块定义中，拉伸动作将使对象在指定的位置移动和拉伸指定的距离。
- 极轴拉伸：极轴拉伸动作与极轴参数关联时，将该动作添加到动态块定义中。当通过夹点或“特性”选项板更改关联的极轴参数上的关键点时，极轴拉伸动作将使对象旋转、移动和拉伸指定的角度和距离。
- 旋转：旋转动作与旋转参数关联时，将该动作添加到动态块定义中。旋转动作类似于ROTATE命令。
- 翻转：翻转动作与翻转参数关联时，将该动作添加到动态块定义中。使用翻转动作可以围绕指定的轴（称为投影线）翻转动态块参照。
- 阵列：阵列动作与线性参数、极轴参数或XY参数关联时，将该动作添加到动态块定义中。通过夹点或“特性”选项板编辑关联的参数时，阵列动作将复制关联的对象并按矩形的方式阵列。
- 查询：将查寻动作添加到动态块定义中并将其与查寻参数相关联，它将创建一个查寻表，可以使用查寻表指定动态块的自定义特性和值。

下面将对翻转动作的使用方法进行介绍。

STEP 01 在“块编写选项板”面板中，单击“动作”选项卡，选择“翻转”选项，结果如下图所示。

STEP 02 在绘图区中，选择翻转参数，按Enter键确定，如下图所示。

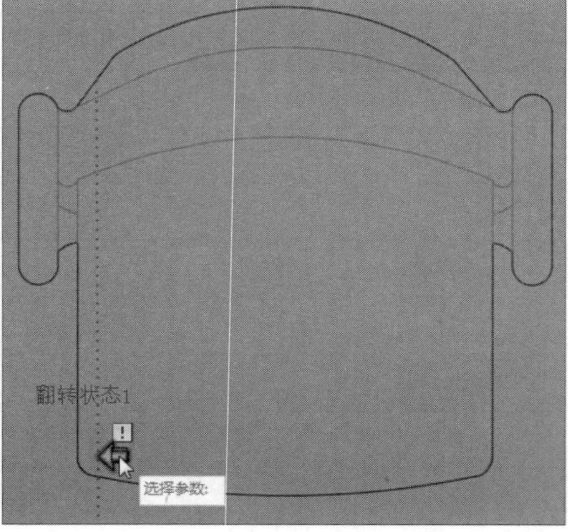

STEP 01 在绘图区中，选择要翻转的图形对象，如下图所示。

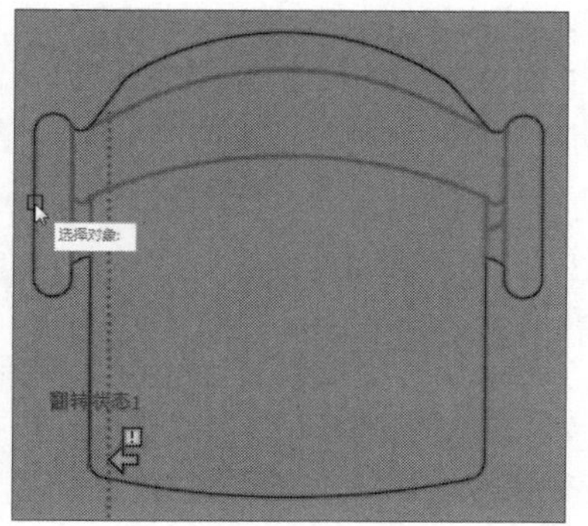

STEP 02 按Enter键确定，此时在图形下方将显示翻转动作标识，如下图所示。

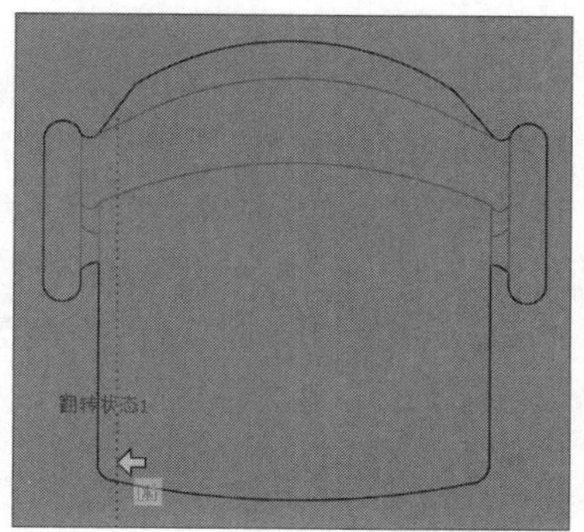

04 使用参数集

参数集是参数和动作的组合，在“块编写选项板”中的“参数集”标签中可以向动态块定义添加成对的参数和动作，其操作方法与添加参数和动作的方法相同。参数集中包含的动作将自动添加到块定义中，并与添加的参数相关联。

首次添加参数集时，每个动作旁边都会显示一个黄色警告图标。这表示用户需要将选择集与各个动作相关联。双击该黄色警示图标，然后按照命令提示将动作与选择集相关联，如右图所示。下面将分别对其参数集类型进行说明。

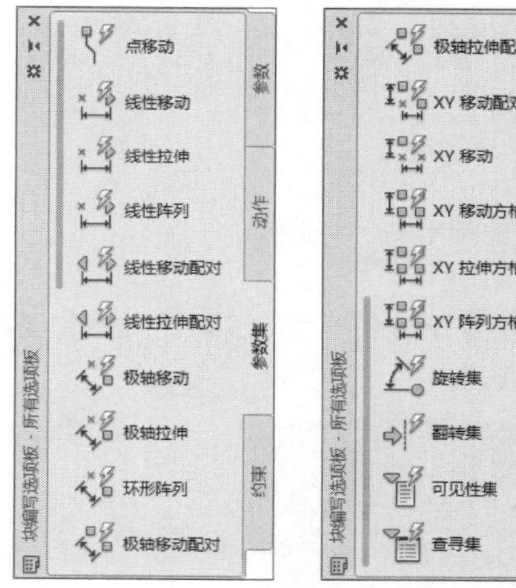

- 点移动：向动态块定义中添加一个点参数和相关联的移动动作。
- 线性移动：向动态块定义中添加一个线性参数和相关联的移动动作。
- 线性拉伸：向动态块定义中添加一个线性参数和关联的拉伸动作。
- 线性阵列：向动态块定义中添加一个线性参数和相关联的阵列动作。
- 线性移动配对：向动态块定义中添加一个线性参数，系统会自动添加两个移动动作，一个与基准点相关联，另一个与线性参数的端点相关联。
- 线性拉伸配对：向动态块定义添加带有两个夹点的线性参数和与每个夹点相关联的拉伸动作。
- 极轴移动：向动态块定义中添加一个极轴参数和相关联的移动动作。
- 极轴拉伸：将向动态块定义中添加一个极轴参数和相关联的拉伸动作。
- 环形阵列：向动态块定义中添加一个极轴参数和相关联的阵列动作。
- 极轴移动配对：向动态块定义中添加一个极轴参数，系统会自动添加两个移动动作，一个与基准点相关联，另一个与极轴参数的端点相关联。
- 极轴拉伸配对：向动态块定义中添加一个极轴参数，系统会自动添加两个拉伸动作，一个与基准点相关联，另一个与极轴参数的端点相关联。
- XY移动：向动态块定义中添加 XY 参数和相关联的移动动作。

- XY移动配对：向动态块定义添加带有两个夹点的XY参数和与每个夹点相关联的移动动作。
- XY移动方格集：向动态块定义添加带有四个夹点的XY参数和与每个夹点相关联的拉伸动作。
- XY阵列方格集：向动态块定义中添加 XY 参数，系统会自动添加与该 XY 参数相关联的阵列动作。
- 旋转集：选择旋转参数标签并指定一个夹点和相关联的旋转动作。
- 翻转集：选择翻转参数标签并指定一个夹点和相关联的翻转动作。
- 可见性集：添加带有一个夹点的可见性参数，无需将任何动作与可见性参数相关联。
- 查寻集：向动态块定义中添加带有一个夹点的查寻参数和查寻动作。

下面将对参数集的具体使用方法进行介绍。

STEP 01 在“块编写选项板”面板中，单击“参数集”选项卡，选择“可见性集”命令，如下图所示。

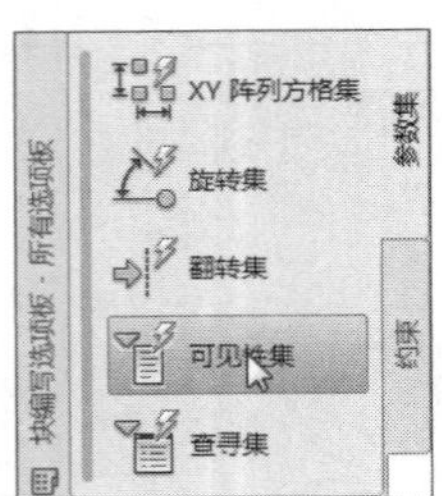

STEP 02 根据命令行提示，在绘图区中，指定参数位置点，如下图所示。

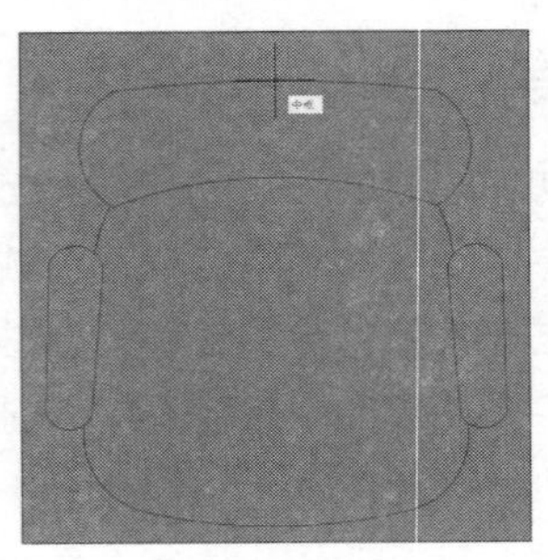

STEP 03 双击参考点的“可见性集”图标，如下图所示。

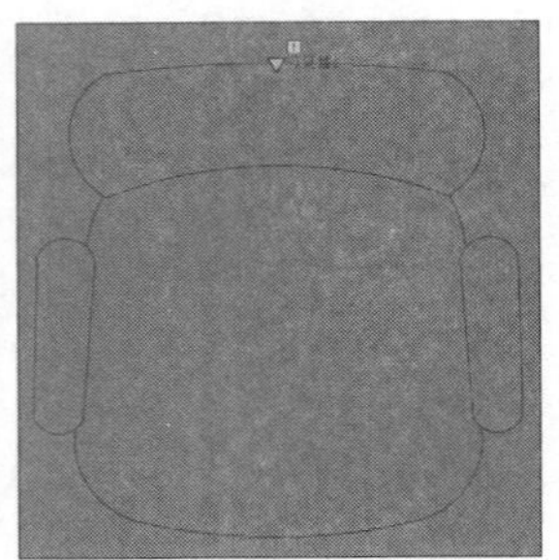

STEP 04 在打开的“可见性集”对话框中，单击“新建”按钮，如下图所示。

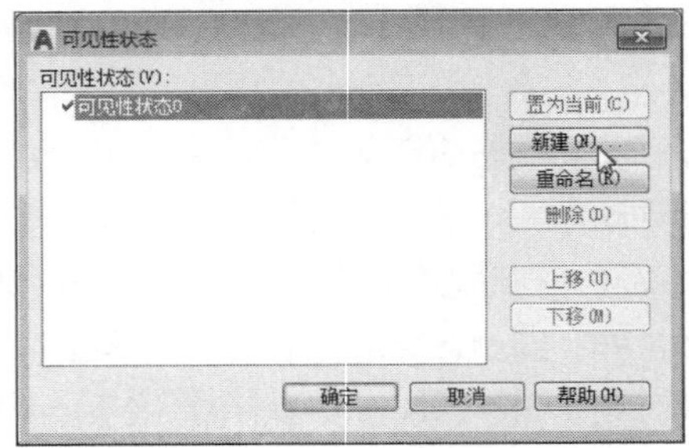

STEP 05 在打开的“新建可见性状态”对话框中，单击“在新状态中隐藏所有现有对象”单选按钮，然后单击“确定”按钮，如下图所示。

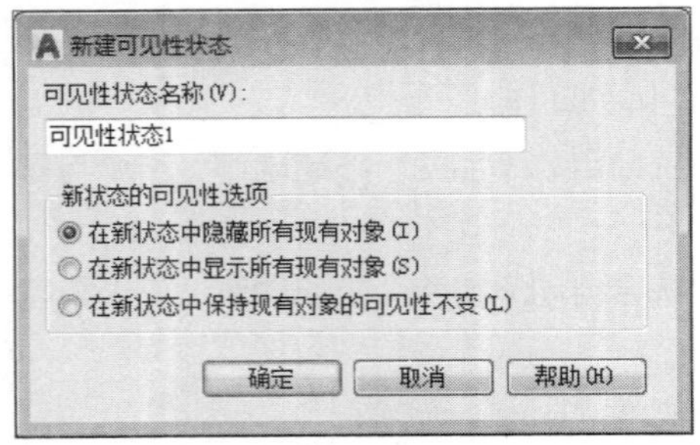

STEP 06 选择一个可见性状态，单击“确定”按钮，如下图所示。

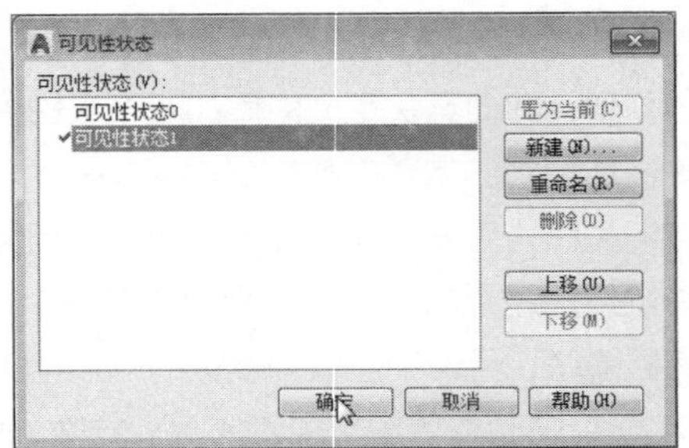

STEP 07 此时动态块将被隐藏，在“打开/保存”面板中单击“保存块”按钮，将当前参数集进行保存，如下图所示。

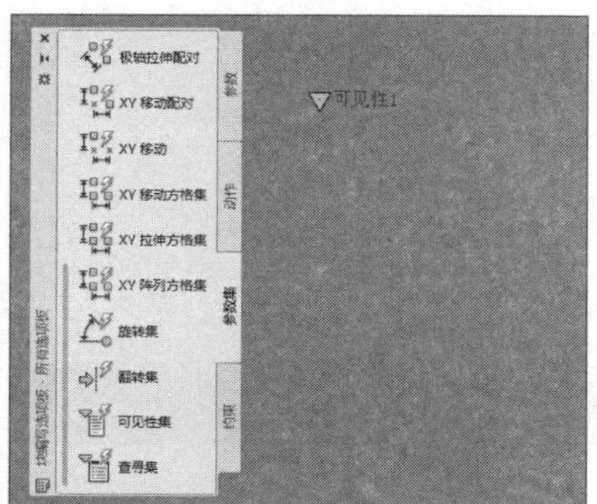

STEP 08 退出“块编辑器”，选择块对象，并单击可见性夹点，在下拉菜单中，用户即可选择可见性状态选项，如下图所示。

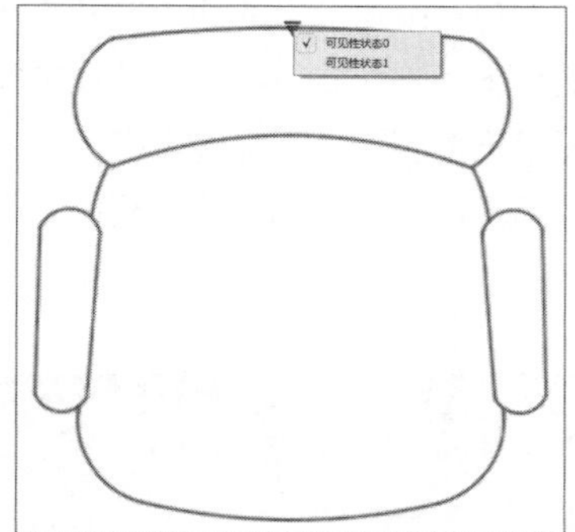

工程师点拨｜保存动态块

创建的动态块可以随文件一起被保存。在常规情况下“块编辑器”选项卡在功能区是不会显示出来的，只有在执行“块编辑器”命令的时候才会被激活。在“块编辑器”选项卡下的“打开/保存”面板中单击“保存块”按钮，程序将弹出提示警告，提醒用户是否要保存所做的更改。

05 使用约束

在“块编写选项板”中的“约束”标签中提供了几何约束和参数约束。几何约束主要是用于约束对象的形状以及位置的限制，如右图所示。下面将分别对其约束类型进行说明。

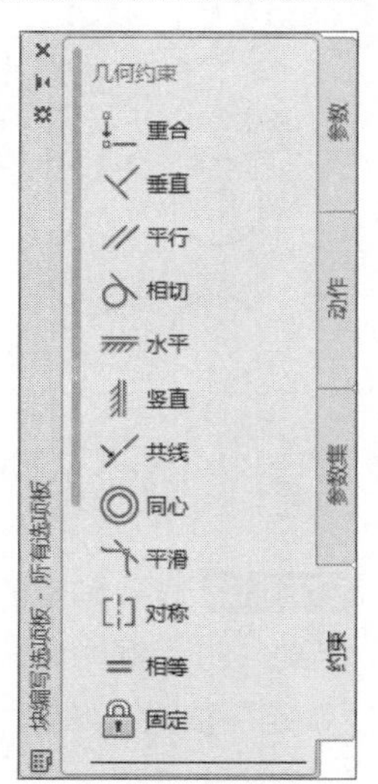

- 重合：将一个点移动到另一个点，两个点的位置是一样的。
- 垂直：强制将两条线段之间的夹角保持在90°。
- 平行：强制将两条线段保持平行状态，两条线段无交点或延伸的交点。
- 相切：强制将两条曲线保持相切或与其延长线保持相切。
- 水平：强制使一条直线或一对点与当前UCS的X轴保持平行。
- 竖直：强制使一条直线或一对点与当前UCS的Y轴保持平行。
- 共线：强制使两条直线位于同一条无限长的直线上。
- 同心：约束选定中心的圆弧或圆，使其保持同一中心点。
- 平滑：强制使一条样条曲线与其他样条曲线、直线、圆弧或多段线保持几何连续性。
- 对称：强制使对象上两条曲线或两个点与选定直线保持对称。
- 相等：强制使两条直线或多段线具有相同长度，或强制使圆弧具有相同半径值。
- 固定：强制使一个点或曲线固定到相对于坐标系的指定位置和方向上。

约束参数是将动态块中的参数进行约束，用户可以在动态块中使用标注约束和参数约束，但是只有约束参数才可以编辑动态块的特性。约束后的参数包含参数信息，可以显示或编辑参数值，如右图所示。下面将分别对约束参数

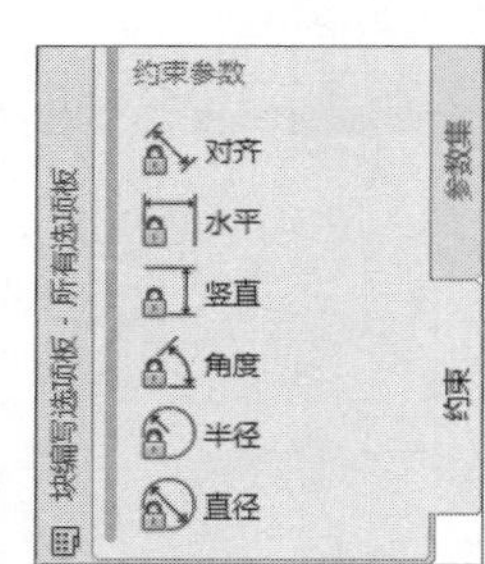

类型进行介绍。

- 对齐：用于控制一个对象上的两点、一个点与一个对象或两条直线段之间的距离。
- 水平：用于控制一个对象上的两点或两个对象之间的X方向距离。
- 竖直：用于控制一个对象上的两点或两个对象之间的Y方向距离。
- 角度：主要用于控制两条直线或多段线之间的圆弧夹角的角度值。
- 半径：主要用于控制圆、圆弧的半径值。
- 直径：主要用于控制圆、圆弧的直径值。

相关练习 | 创建动态图块

下面将以机械零件图为例，来介绍创建动态图块的操作步骤。

原始文件：实例文件\第6章\原始文件\机械零件图.dwg
最终文件：实例文件\第6章\最终文件\创建动态图块.dwg

STEP 01 打开原始文件。启动AutoCAD软件，打开原始文件“机械零件图.dwg”，结果如下图所示。

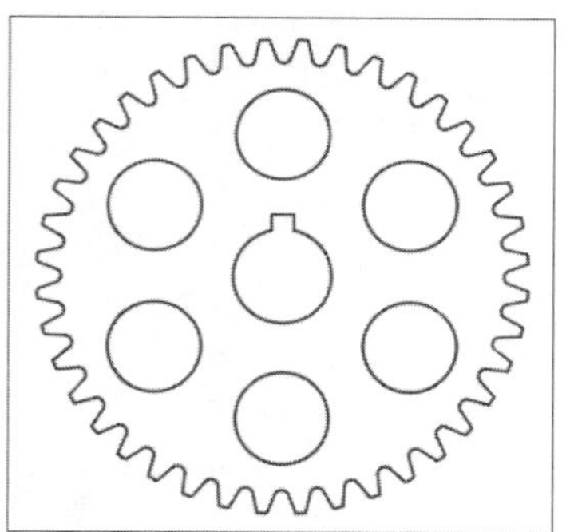

STEP 02 打开“编辑块定义”对话框。在“插入”选项卡的“块定义”面板中单击“块编辑器”按钮，打开“编辑块定义”对话框，如下图所示。

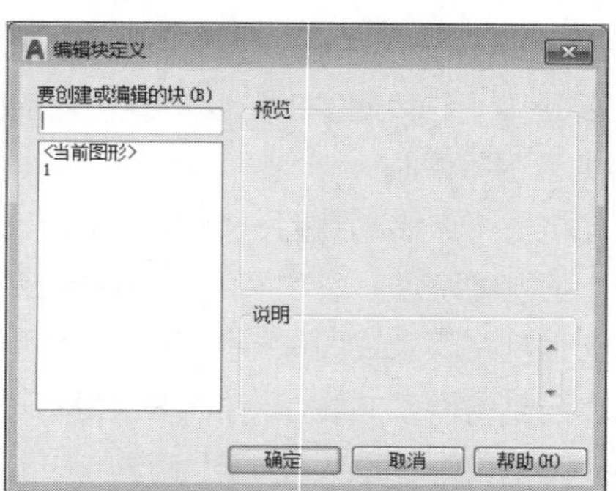

STEP 03 选择编辑的图块。在打开的“编辑块定义”对话框中，选择所需编辑的图块，单击“确定”按钮，如下图所示。

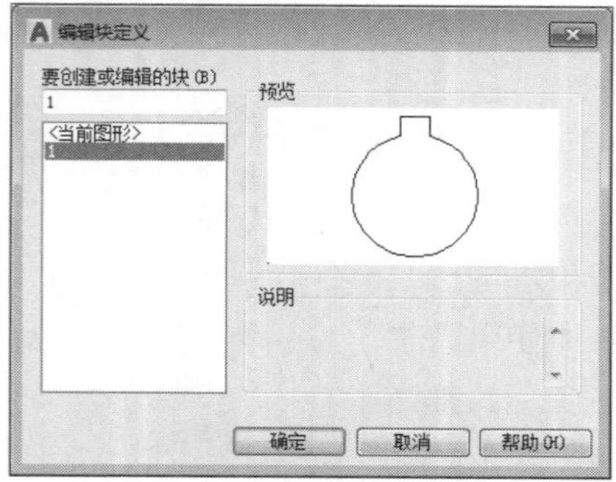

STEP 04 选择“旋转”命令。在打开的“块编写选项板”中，单击“参数”选项卡，并选择“旋转”命令，如下图所示。

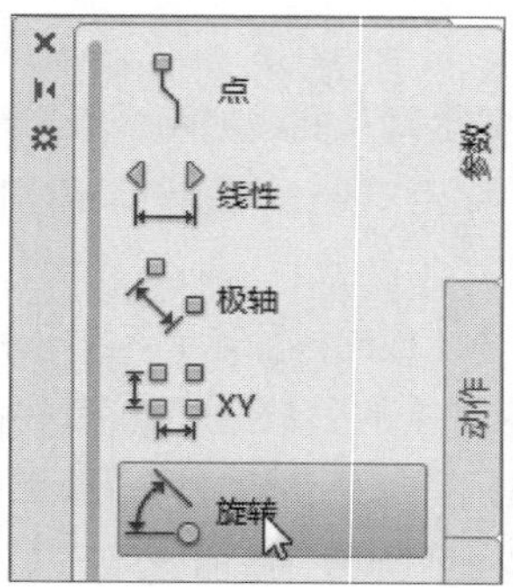

STEP 05 指定旋转基点。根据命令行提示，在绘图区中，指定图块的圆心点作为旋转基点，如下图所示。

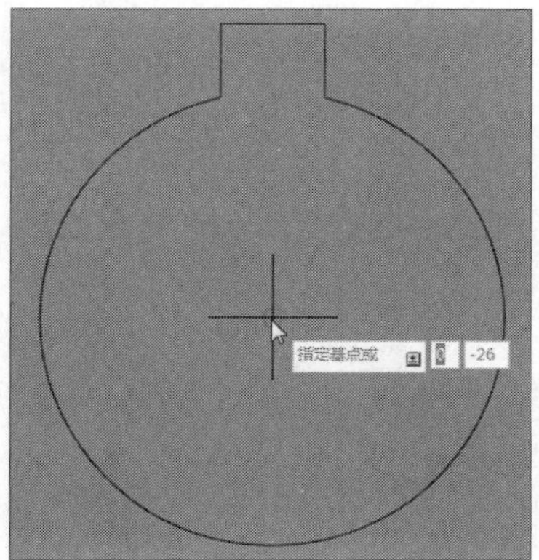

STEP 06 指定旋转半径。在绘图区中，指定好图块的旋转半径，其旋转角度为360度，并指定好半径夹点位置，如下图所示。

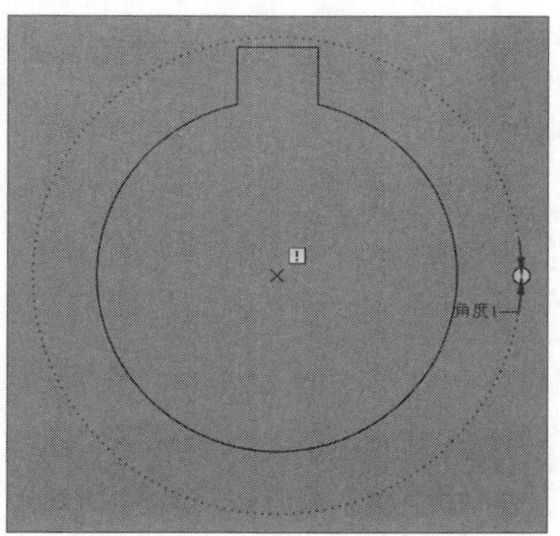

STEP 07 选择旋转参数。在绘图区中，选择旋转参数，如下图所示。

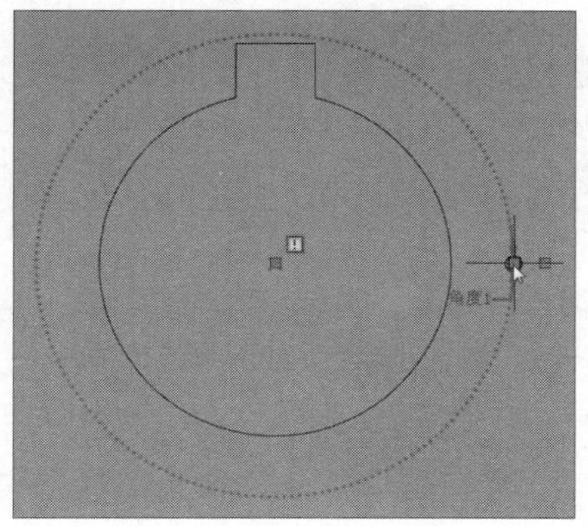

STEP 08 选择“特性”选项。单击鼠标右键，选择“特性”选项，如下图所示。

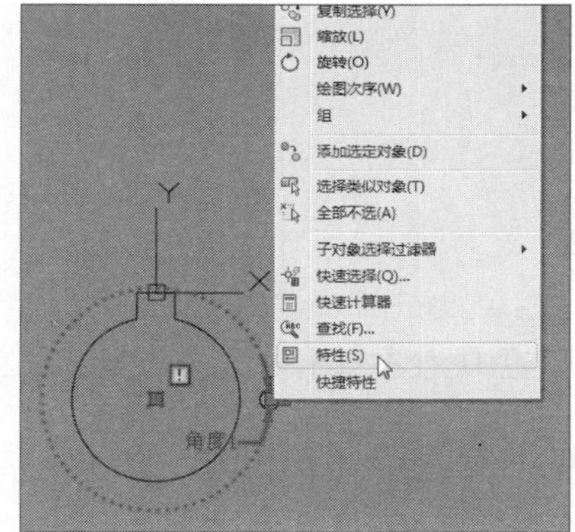

STEP 09 修改角度类型。在打开的“特性”面板中，选择“值集>角度类型”下拉按钮，选择“列表”选项，如下图所示。

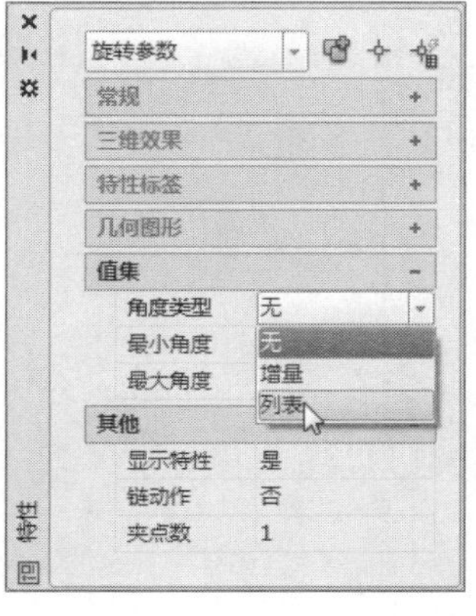

STEP 10 添加角度列表。单击“角度值列表”文本框，在“添加角度值”对话框中，输入所需添加的角度值，并单击“添加”按钮，将其添加到下方列表中，如下图所示。

STEP 11 选择"旋转"动作。单击"确定"按钮完成添加。然后在"块编写选项卡"面板中，单击"动作"选项卡，并选择"旋转"按钮，如下图所示。

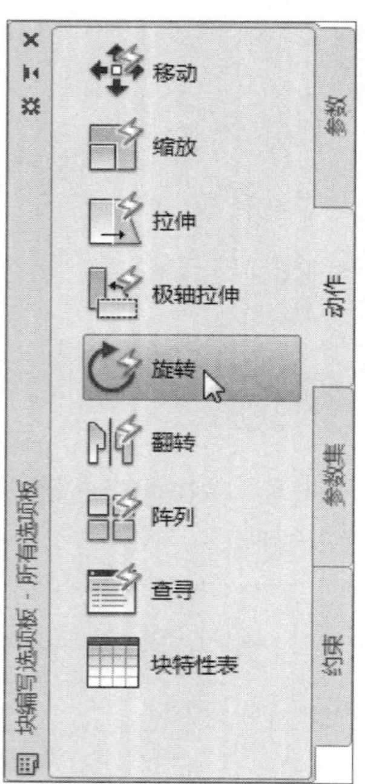

STEP 12 选择旋转参数。在绘图区中，选择图块的旋转参数，此时其参数以虚线显示，如下图所示。

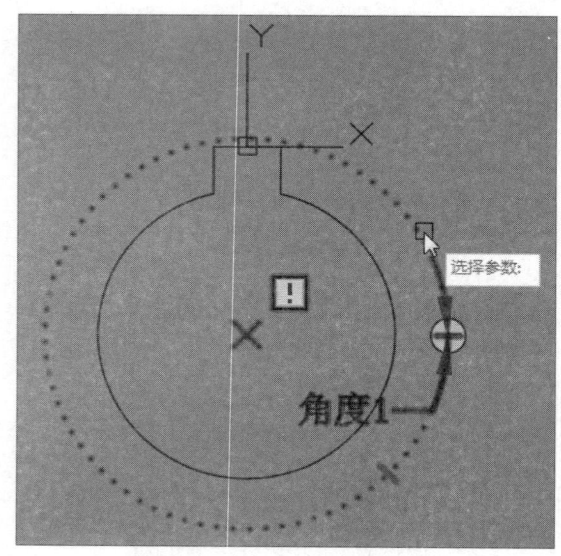

STEP 13 框选图块。按Enter键确定，并根据命令行提示，框选图块为选择对象，如下图所示。

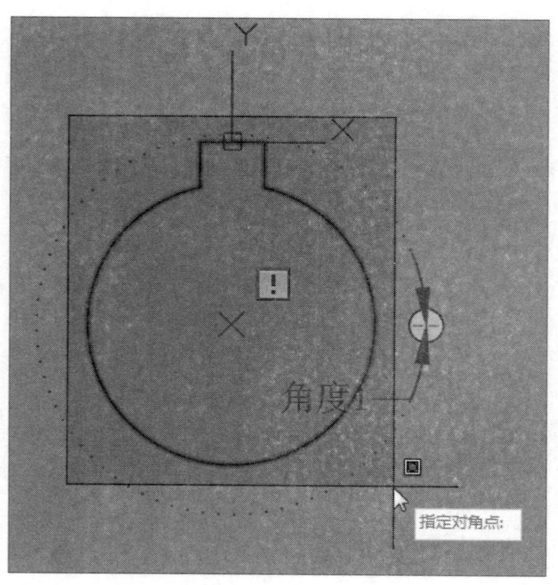

STEP 14 选择"查寻"命令。在"块编写选项板"中，单击"参数"选项卡中的"查寻"命令，如下图所示。

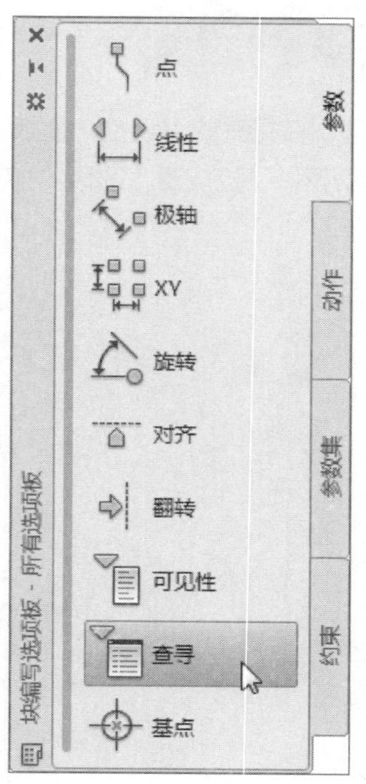

STEP 15 选择查寻参数。在绘图区中，指定图块中的一点为查寻基准点，如下图所示。

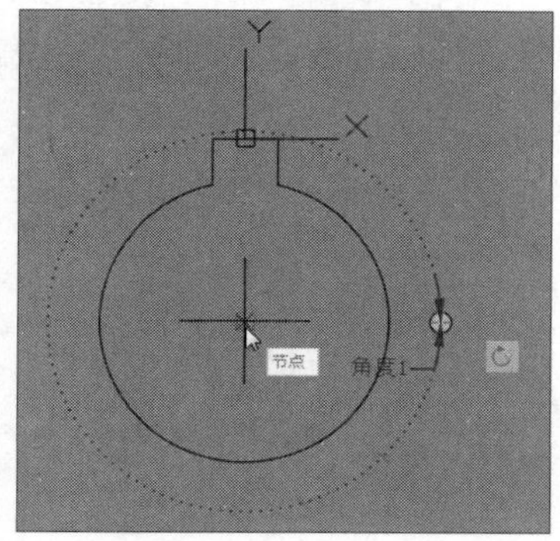

STEP 16 选择查寻动作。单击“动作”选项卡中单击“查寻”按钮，选择查寻参数符号，打开“特性查寻表”对话框中，单击“添加特性”按钮，如下图所示。

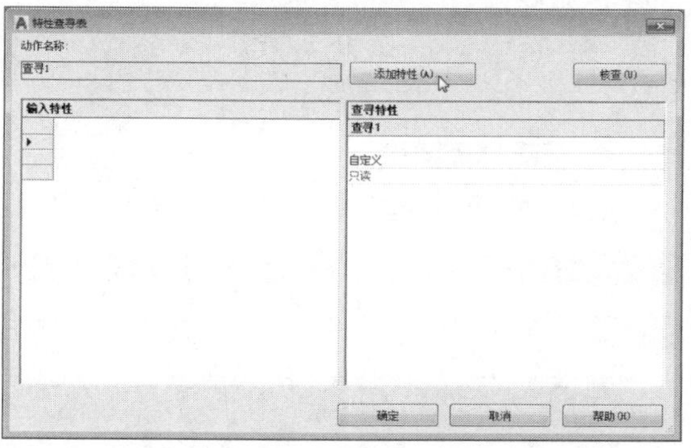

STEP 17 添加参数特性。在“添加参数特性”对话框中，勾选“添加输入特性“单选按钮，并单击“确定”按钮，如下图所示。

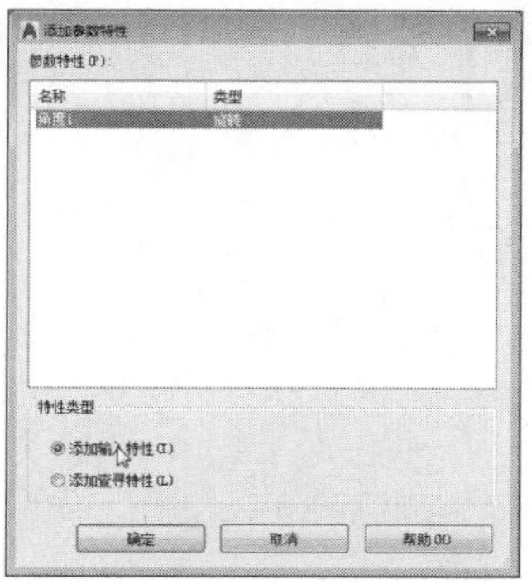

STEP 18 输入特性。单击“输入特性”激活文本框，在下拉列表中，将所有添加角度值，添加至此，如下图所示。

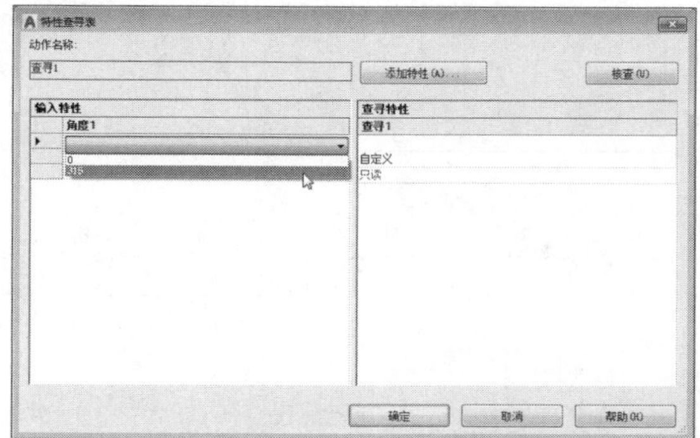

STEP 19 输入查寻特性。在“查寻特性”文本框中输入左侧旋转角度值，单击“确定”按钮，如下图所示。

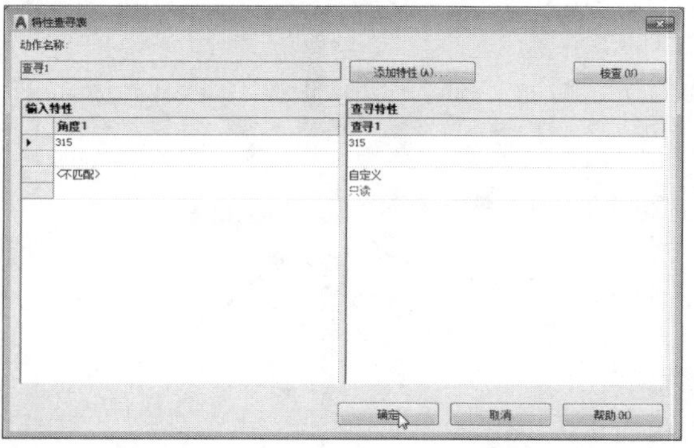

STEP 20 保存图块，完成创建。保存动态块，关闭“块编辑器”选项卡，选择刚创建的动态块，单击“查寻”夹点，在下拉列表中，选择角度值即可自动旋转，如下图所示。

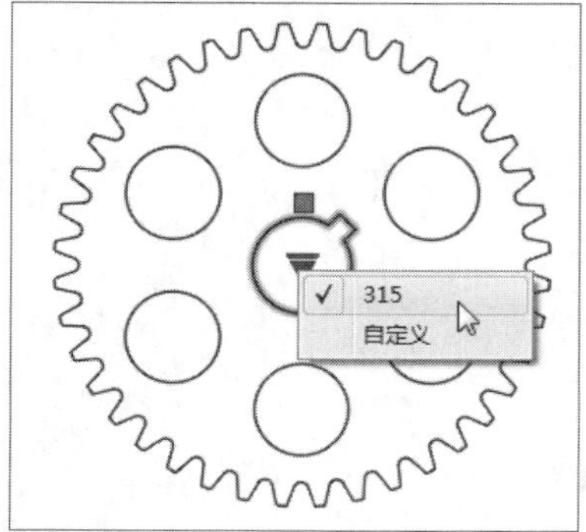

强化练习

通过本章的学习，读者对于图块的创建与插入、属性块的创建与编辑、外部参照的应用以及动态图块等知识有了一定的认识。为了使读者更好地掌握本章所学知识，在此列举几个针对本章知识的习题，以供读者练手。

1. 创建马桶图块

将马桶图形创建成块。

STEP 01 打开“块定义”对话框，选择马桶图形并指定拾取点，再输入块名称，如下左图所示。

STEP 02 单击“确定”按钮完成块的创建，如下右图所示。

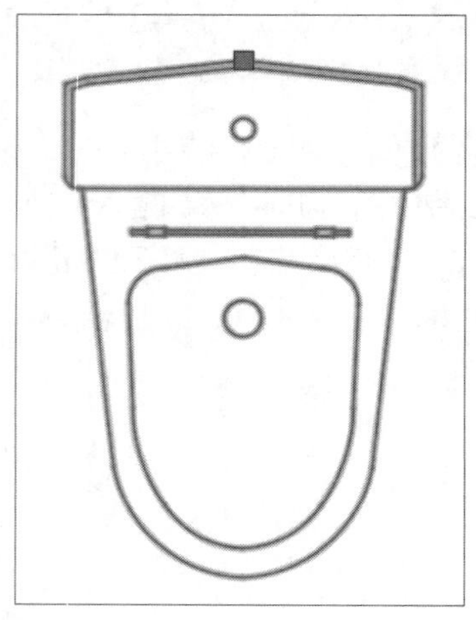

2. 创建指北针图块

为指北针图形定义块属性。

STEP 01 打开“属性定义”对话框，输入属性内容，再设置文字高度，如下左图所示。

STEP 02 为指北针图形添加属性并放置到合适的位置，如下右图所示。

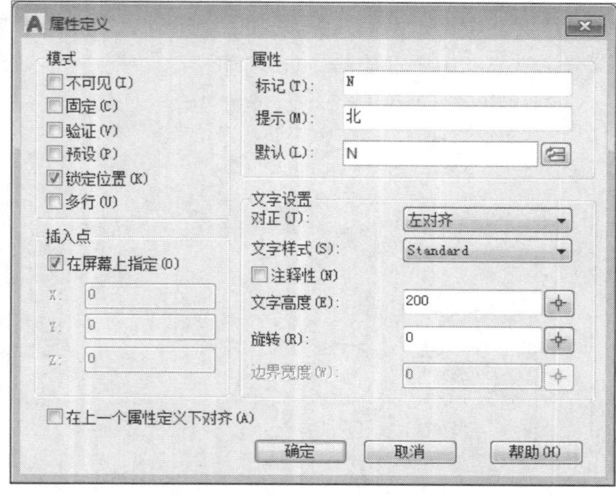

工程技术问答

本章主要对图块的创建、属性块的创建与编辑、外部参照等知识进行介绍，在应用相关知识绘图时难免会有些疑问，下面将对常见的问题及解决方法进行汇总，供用户参考。

Q 属性块中的属性文字不能显示，这是为什么？

A 如果打开一个图形文件，发现图块中的属性文字没有显示，首先不要怀疑图形出错了，而要检查一下变量的设置。如果ATTMODE变量为0时，图形中的所有属性都不显示，在命令行输入ATTMODE后，将参数设置为1就可以显示文字了。

Q 自己定义的图块，为什么插入图块时图形离插入点很远？

A 在创建图块时必须要设置插入点，否则在插入图块时不容易准确定位。定义图块的默认插入点为(0，0，0)点，如果图形离原点很远，插入图形后，插入点就会离图形很远，有时甚至会到视图外。“写块”对话框中的“拾取点”按钮，可以设置图块的插入点，如下左图所示。

Q 为什么打不开“外部参照”选项卡？

A 执行“插入>外部参照”命令，即可打开“外部参照”选项卡，如果还是打不开的话，可能是设置了自动隐藏，所以“外部参照”的选项板依附在绘图窗口两侧，如下右图所示。

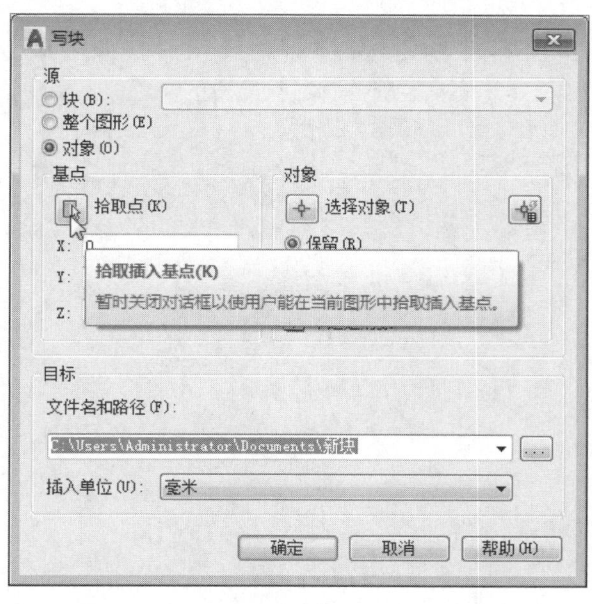

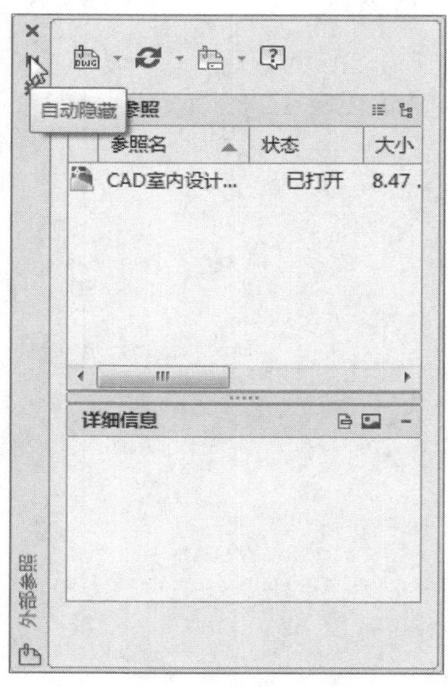

Q 如何删除外部参照？

A 想要完全删除外部参照，就需将其进行分解，在此可使用 “拆离”选项可删除外部参照和所有关联信息。执行“插入>参照”命令，打开“外部参照”面板，右击所需删除的文件参照，在打开的快捷菜单中，选择“拆离”选项即可。

Chapter 07

添加文字与表格

文字是AutoCAD图形中很重要的图形元素，它在图纸中是不可缺少的一部分。在一个完整的图纸中，利用注释可以将某些用几何图形难以表达的信息表示出来。在AutoCAD中，通过文字和表格能对注释进行充分的表达。本章将详细介绍这些功能，以方便用户操作。

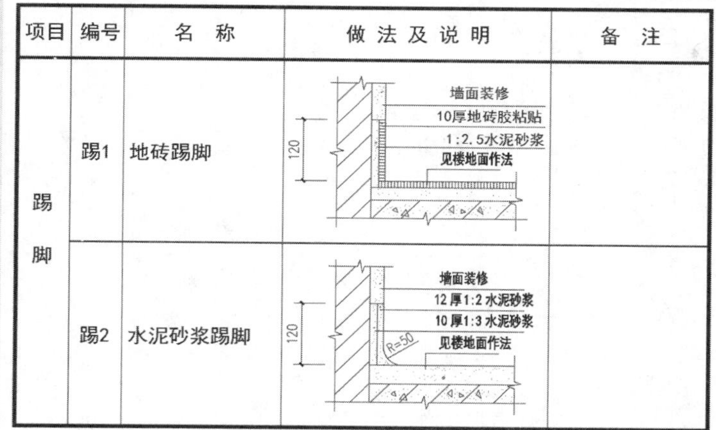

项目	编号	名　称	做 法 及 说 明	备　注
踢脚	踢1	地砖踢脚	墙面装修 10厚地砖胶粘贴 1:2.5水泥砂浆 见楼地面作法 120	
	踢2	水泥砂浆踢脚	墙面装修 12厚1:2水泥砂浆 10厚1:3水泥砂浆 见楼地面作法 R=50 120	

01 踢脚施工表

在一个完整的图纸中通常都需要一些文字注释来说明一些非图形信息。通过文字注释和表格的运用可以清楚地看到踢脚线的做法。

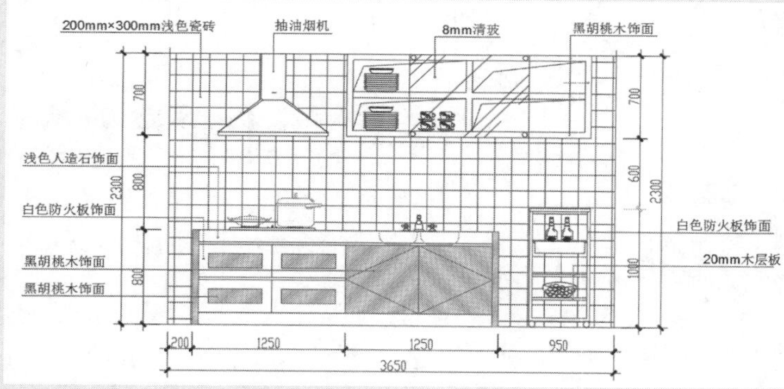

02 厨房立面图

通过文字注释可以了解到装修所需材料，让业主了解设计师的设计意图。

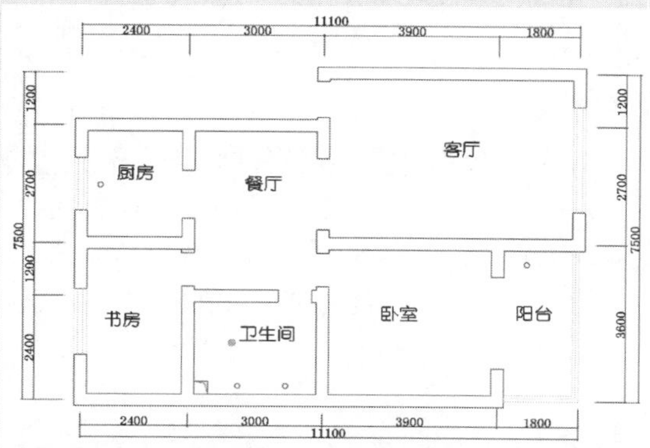

图　纸　目　录				共1页 第1页
序号	图　纸　名　称	图　号	页数	备注
1	图纸目录、门窗表、建筑施工图设计通用工程说明（一）	ZHD-AR001-NO-01	1/13	
2	建筑施工图设计通用工程说明（二）	ZHD-AR001-NO-02	2/13	
3	一层平面图	ZHD-AR001-PL-01	3/13	
4	二层平面图	ZHD-AR001-PL-02	4/13	
5	屋顶平面图	ZHD-AR001-PR-01	5/13	
6	Ⓐ-ⓓ立面图ⓓ-Ⓐ立面图	ZHD-AR001-EL-01	6/13	
7	①-⑰立面图⑰-①立面图	ZHD-AR001-EL-02	7/13	
8	1-1剖立面图、2-2剖立面图	ZHD-AR001-SE-01	8/13	
9	3-3剖立面图、4-4剖立面图	ZHD-AR001-SE-02	9/13	
10	5-51剖立面图、6-6剖立面图	ZHD-AR001-SE-03	10/13	
11	7-7剖立面图、8-8剖立面图	ZHD-AR001-SE-04	11/13	
12	楼梯1、楼梯2详图、门窗立面图	ZHD-AR001-DE-01	12/13	
13	卫生间放大平面图、节点详图	ZHD-AR001-DE-02	13/13	

03 原始户型图

为户型图添加文字注释，可让业主了解空间的分布情况。

04 图纸目录表格

图纸目录的制作，使阅读者能够快速的获取想要的图纸信息。

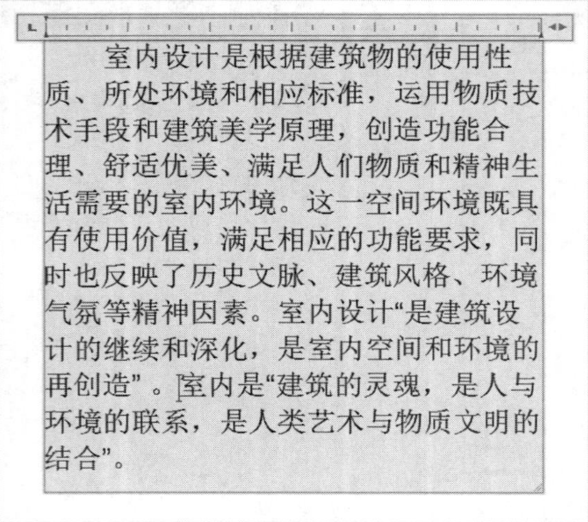
室内设计是根据建筑物的使用性质、所处环境和相应标准，运用物质技术手段和建筑美学原理，创造功能合理、舒适优美、满足人们物质和精神生活需要的室内环境。这一空间环境既具有使用价值，满足相应的功能要求，同时也反映了历史文脉、建筑风格、环境气氛等精神因素。室内设计“是建筑设计的继续和深化，是室内空间和环境的再创造”。室内是“建筑的灵魂，是人与环境的联系，是人类艺术与物质文明的结合”。

植被配置表			
名称	数量	名称	数量
白皮松	15	丁香	45
雪松	15	连翘	45
油松	18	碧桃	45
桧柏	28	海棠	45
云杉	15	五角枫	50
合欢	19	紫薇	30
黄杨球	20	玉兰	25

05 室内设计理念

通过复制粘贴功能，可以将外部文字调入到AutoCAD中，并进行编辑。

06 植被配置表

用户可执行“绘图>表格”命令，将外部表格调入到AutoCAD中，并进行编辑。

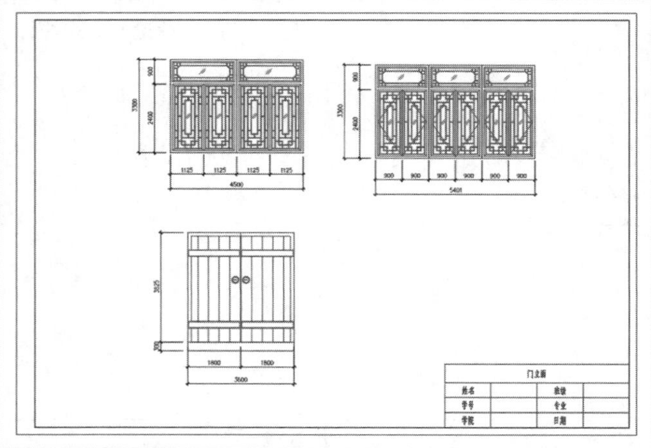
门立面

07 门立面图

在绘制表格时需要设置表格样式。为图纸添加表格不仅美观，而且还了解到其他信息。

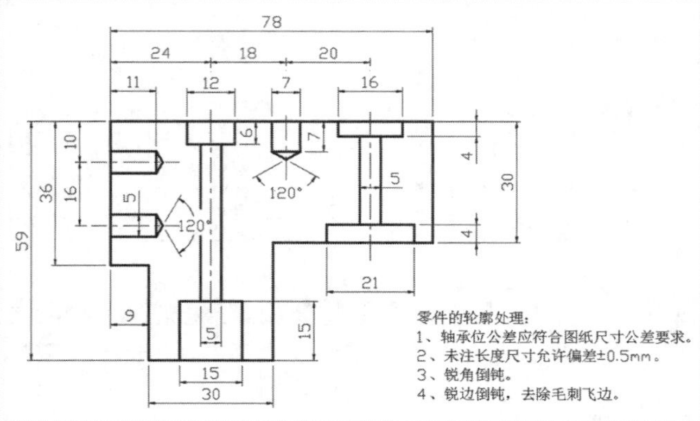
78
24
18
20
11
12
7
16
6
7
10
4
120°
5
30
36
16
5
120°
59
4
21
9
5
15
15
30
零件的轮廓处理：
1、轴承位公差应符合图纸尺寸公差要求。
2、未注长度尺寸允许偏差±0.5mm。
3、锐角倒钝。
4、锐边倒钝，去除毛刺飞边。

08 为机械零件图添加技术要求

对机械零件图进行文字注释时，根据要求设置文字样式。无法用图形表示的信息，就需要通过文字表示出来。

Lesson 01 文字样式的设置

在进行文字注释之前，应先对文字样式进行设置，从而方便、快捷地对图形对象进行标注，得到统一、美观、标准的文字。

AutoCAD图形中的所有文字都具有与之相关联的文字样式。默认情况下，系统提供的是Standard样式，用户可以根据需要进行修改或新建文字样式。

01 设置文字样式

在进行文字标注之前需要设置文字的样式。文字样式包括字体的选择、字体大小、字体效果、宽度因子、倾斜角度等，皆可在“文字样式”对话框中进行设置。用户可以通过以下几种方式打开“文字样式”对话框：

- 在菜单栏中执行“格式>文字样式”命令。
- 在“默认”选项卡的“注释”面板中单击“文字样式”按钮。
- 在命令行输入STYLE命令并按Enter键。

执行“格式>文字样式”命令，打开“文字样式”对话框，在该对话框中，用户可以设置标注文字的字体、高度、倾斜角度等参数，如下图所示。

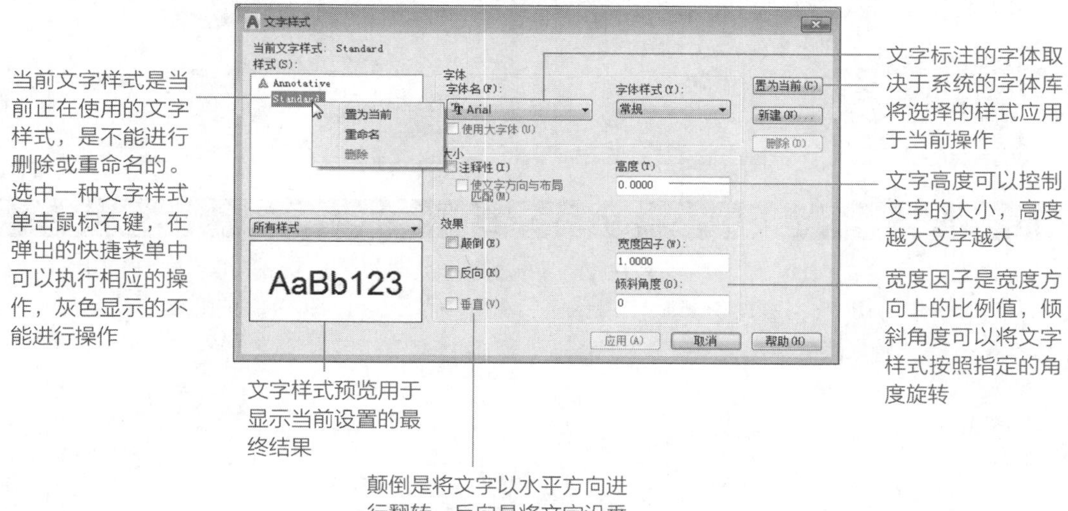

02 修改文字样式

创建好文字样式后，如果用户对当前的样式不满意，可对其进行编辑或修改操作。用户只需在“文字样式”对话框中，选择所要修改的文字样式，并按照需求修改其字体、大小值即可，如下左图所示。

除了以上方法外，用户也可在绘图区中双击输入的文字，此时在功能区中则会打开“文字编辑器”选项卡，在此，只需在“样式”和“格式”选项组中根据需要进行设置即可，如下右图所示。

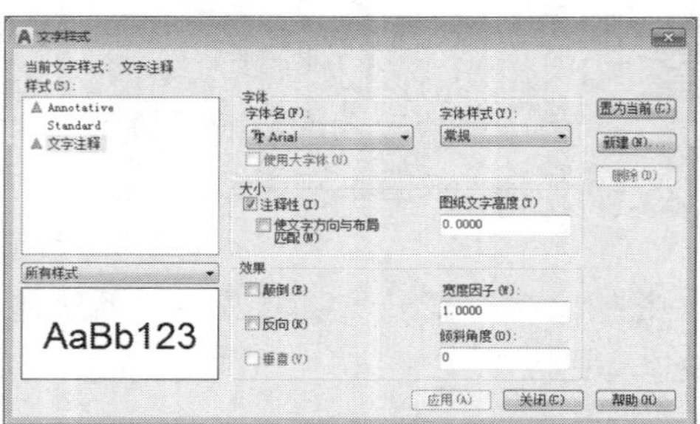

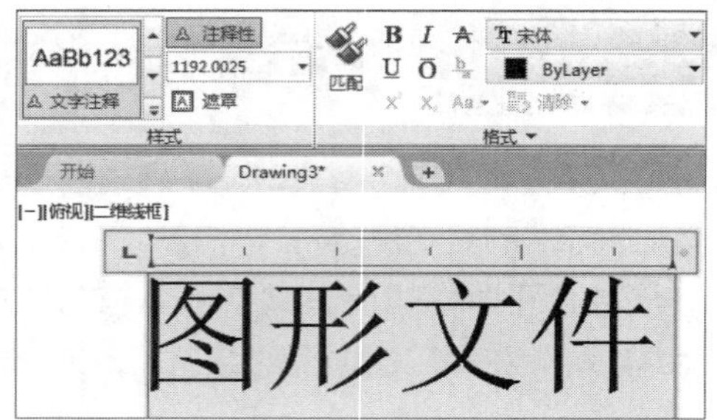

03 管理文字样式

如果在绘制图形时，创建的文字样式太多，这时就可以通过“重命名”和“删除”来管理文字样式。

执行“格式>文字样式”命令，打开“文字样式”对话框，在文字样式上单击鼠标右键，然后选择“重命名”选项，输入“文字注释”后按Enter键即可重命名，如下左图所示。选择“文字注释”样式名，单击“置为当前”按钮，即可将其置为当前，如下右图所示。

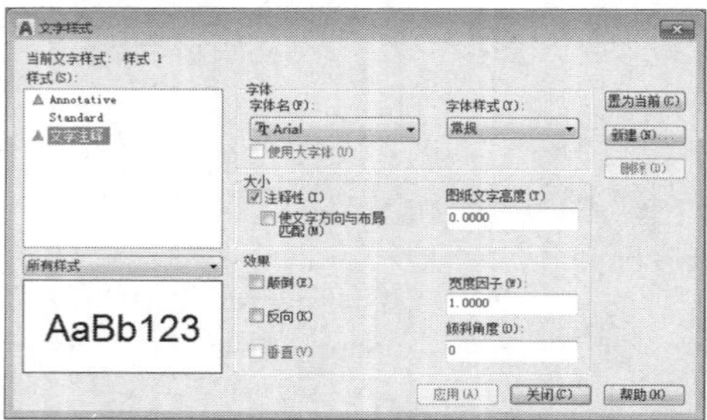

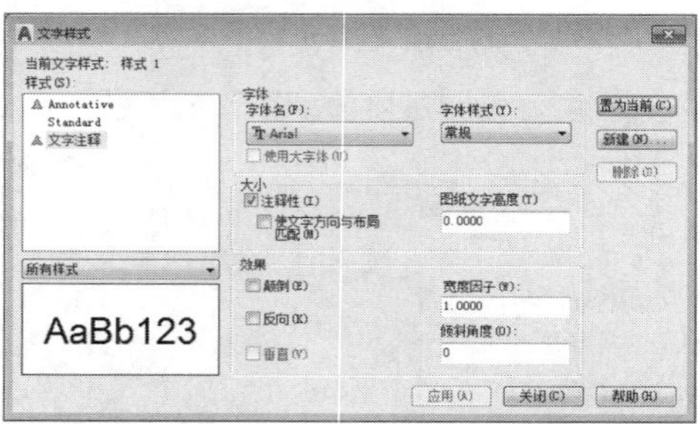

工程师点拨 | 删除文字样式

单击“文字注释”样式名，此时，“删除”按钮被激活，单击“删除”按钮，如下左图所示。在对话框中单击“确定”按钮，如下右图所示，文字样式将被删除，设置完成后单击“关闭”按钮，即可完成设置操作。

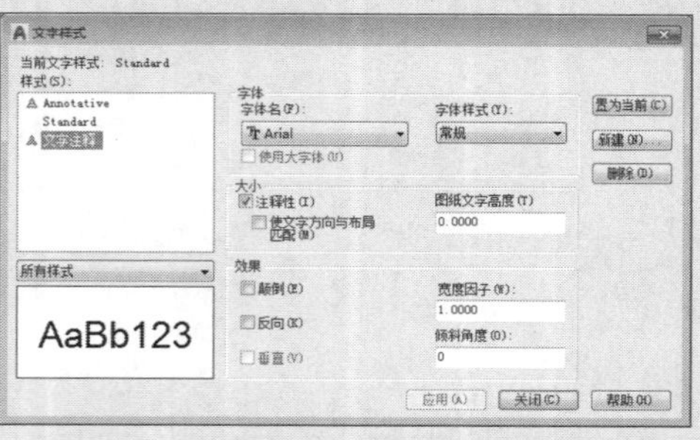

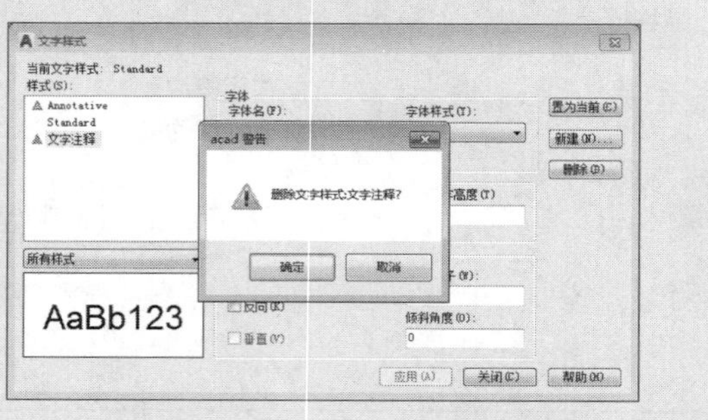

Lesson 02 单行文字的创建与编辑

AutoCAD中的单行文字主要用于创建简短的文字内容，按Enter键即可将单行文字分为两行，它的每一行都是一个文字对象，并可对每个文字对象进行单独的修改。

01 创建单行文字

“单行文字”命令可创建一行或多行文字注释，按Enter键，即可换行输入。但每行文字都是独立的对象。用户可以通过以下几种方式创建单行文字：

- 在菜单栏中执行“绘图>文字>单行文字”命令。
- 在“默认”选项卡的“注释”面板中单击“单行文字”按钮A。
- 在命令行输入TEXT命令并按Enter键。

下面将具体介绍单行文字的创建方法：

STEP 01 执行“格式>文字样式”命令，打开“文字样式”对话框，如下图所示。

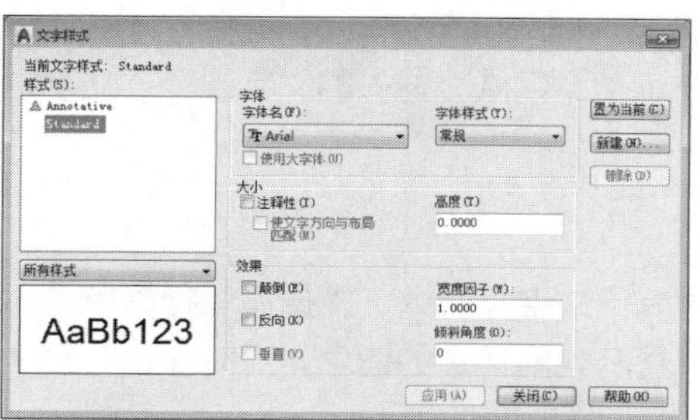

STEP 02 单击“新建”按钮，在弹出的“新建文字样式”提示框中输入样式名，这里输入文字注释，如下图所示。

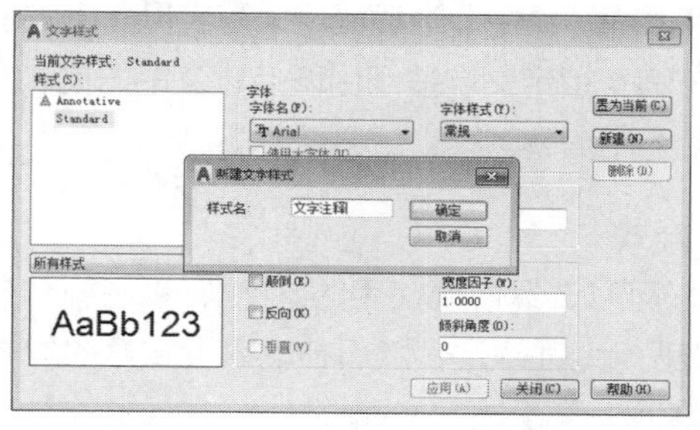

STEP 03 单击“确定”按钮返回“文字样式”对话框。设置字体名以及字体高度，如下图所示。

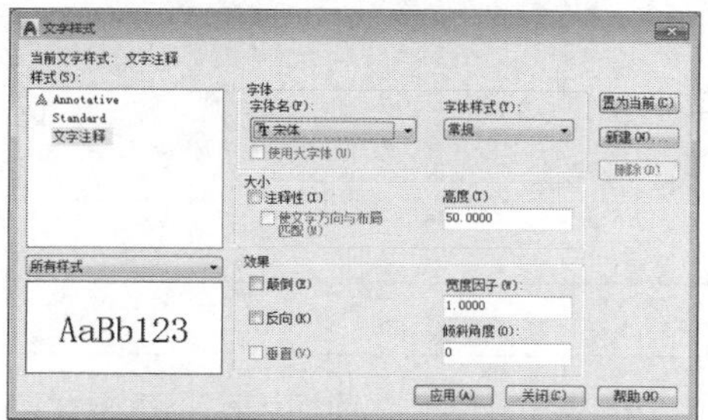

STEP 04 设置完毕后单击“应用”按钮再单击“置为当前”按钮，如下图所示。

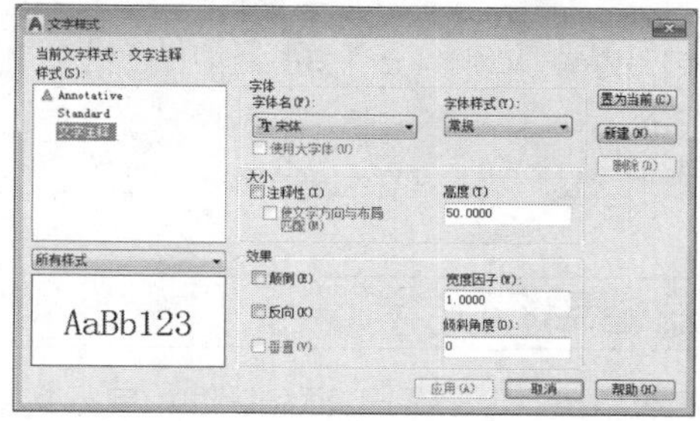

STEP 05 执行“绘图>文字>单行文字”命令，在绘图区中指定文字的起点，如下图所示。

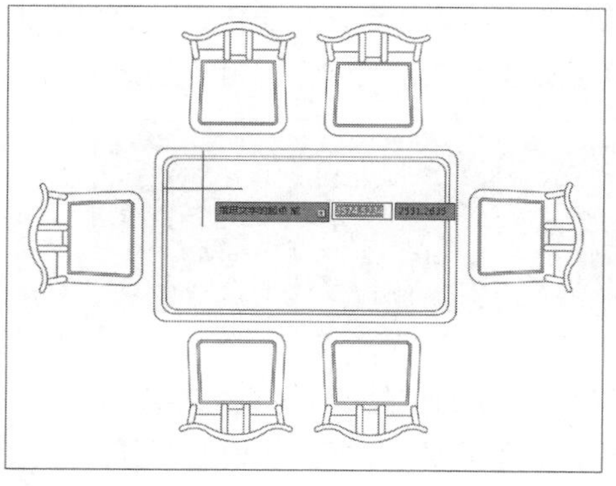

STEP 06 根据提示输入文字旋转角度，这里默认角度为0°。按Enter键，输入文字，如下图所示。

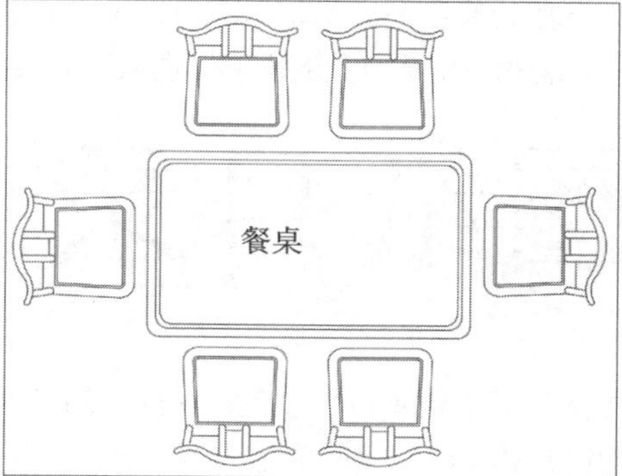

在执行“单行文字”命令时，命令行提示信息中各选项说明如下：

1. 对正

“对正”选项主要是对文字的排列方式和排列方向进行设置。根据提示输入J后，命令行提示如下：

```
输入选项 [左(L)/居中(C)/右(R)/对齐(A)/中间(M)/布满(F)/左上(TL)/中上(TC)/右上(TR)/左中(ML)/正中(MC)/右中(MR)/左下(BL)/中下(BC)/右下(BR)]:
```

- 居中：确定标注文字基线的中点，选择该选项后，输入后的文字均匀的分布在该中点的两侧。
- 对齐：指定基线的第一端点和第二端点，通过指定的距离，输入的文字只保留在该区域。输入文字的数量取决文字的大小。
- 中间：文字在基线的水平点和指定高度的垂直中点上对齐，中间对齐的文字不保持在基线上。“中点”选项和“正中”选项不同，“中间”选项使用的中点是所有文字包括下行文字在内的中点，而“正中”选项使用大写字母高度的中点。
- 布满：指定文字按照由两点定义的方向和一个高度值布满整个区域，输入的文字越多，文字之间的距离就越小。

2. 样式

用户可以选择需要使用的文字样式。执行“绘图>文字>单行文字”命令。根据命令行提示，输入S并按Enter键确定，然后在输入设置好的样式名称，即可显示当前样式的信息，这时，单行文字的样式将发生更改。

设置后命令行提示如下：

```
命令: _text
当前文字样式: "Standard"  文字高度: 100.0000  注释性: 否  对正: 布满
指定文字基线的第一个端点 或 [对正(J)/样式(S)]: s
输入样式名或 [?] <Standard>: 文字注释
当前文字样式: "Standard"  文字高度: 180.0000  注释性: 否  对正: 布满
```

02 编辑单行文字

用户可以执行TEXTEDIT命令编辑单行文字内容，还可以通过“特性”选项板修改对正方式和缩放比例等。

1. TEXTEDIT命令

输入好单行文字后，可对输入好的文字进行编辑。例如修改文字的内容、对正方式以及缩放比例。用户只需双击所需修改的文字，进入可编辑状态后，即可更改当前文字的内容，如下图所示。

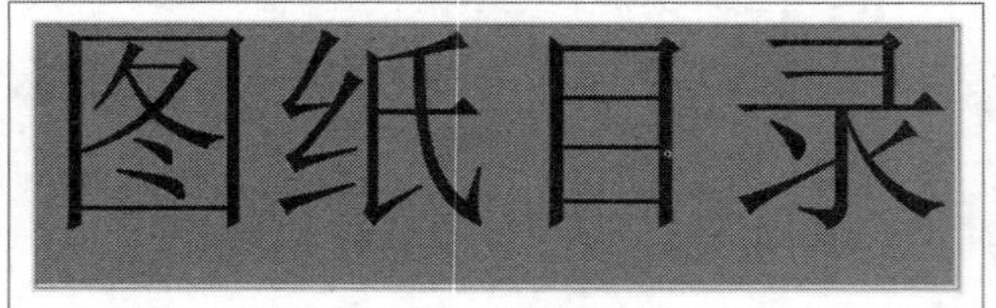

如果用户只需对单行文字进行缩放或对正操作。选择该文字，执行“修改>对象>文字”命令，在打开的级联菜单中，根据需要选择“比例”或“对正”选项，然后根据命令行提示设置即可。

2. “特性”选项板

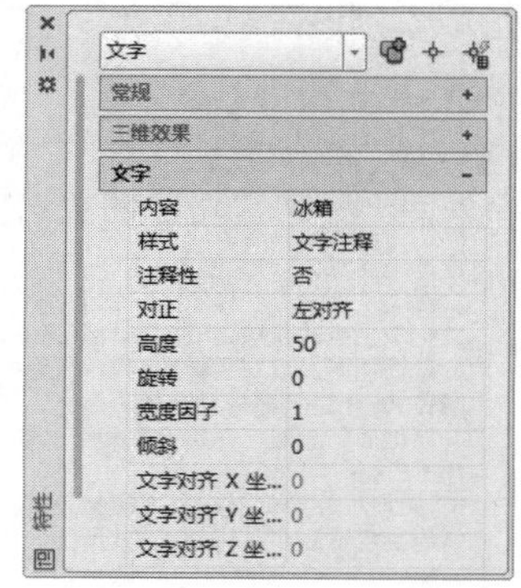

选择需要修改的单行文字，单击鼠标右键，在弹出的快捷菜单列表中单击“特性”选项。打开“特性”选项板，如右图所示。

其中，选项板中各选项的含义介绍如下：

- 常规：设置文字的颜色和图层。
- 三维效果：设置三维材质。
- 文字：设置文字的内容、样式、注释性、对正、高度、旋转、宽度因子和倾斜角度等。
- 几何图形：修改文字的位置。
- 其他：修改文字的显示效果。

03 输入特殊字符

在进行文字输入过程中，经常会输入一些特殊字符，例如直径、正负公差符号、文字的上划线、下划线等。而这些特殊符号一般不能由键盘直接输入，因此，AutoCAD提供了相应的控制符，以实现这些标注要求。

用户只需执行“单行文字”命令，设置文字的大小值，然后在命令行中输入特殊字符的代码，即可完成，如表7-1所示。

表7-1 特殊字符控制符

控制符	对应特殊字符	控制符	对应特殊字符
%%C	直径符号	%%D	度符号
%%O	上划线符号	%%P	正负公差符号
%%U	下划线符号	\U+2238	几乎相等符号
%%%	百分号（%）符号	\U+2220	角度符号
\U+E100	边界线符号	\U+2104	中心线符号
\U+0394	差值符号	\U+0278	电相角符号
\U+E101	流线符号	\U+2261	恒等于符号
\U+E200	初始长度符号	\U+E102	界碑线符号
\U+2260	不相等符号	\U+2126	欧姆符号
\U+03A9	欧米加符号	\U+214A	地界线符号
\U+2082	下标2符号	\U+00B2	平方符号
\U+00B3	立方符号		

04 合并文字

AutoCAD新增加了“合并文字”功能，可以将多个文字对象转换为单个多行文字对象。该操作在识别并将输入的PDF文件转换为SHX文字后效果明显。在“插入”选项卡的“输入”面板中单击“合并文字”按钮，根据命令行提示进行操作。下面将具体介绍其操作方法。

STEP 01 打开素材文件，任意选择文字信息，可以看到该段说明文字为多个单行文字，如下图所示。

施工说明：
1. 地面的地基处理见结构专业图纸。除注明外，地面
填土每层的压实系数应不小于0.94。地面有坡度时
应基土层找坡。
2. 在湿陷性黄土、膨胀土、软土、严寒地区尚应按有
关标准规范的要求采取相应的措施。
3. 地面垫层面沿柱距做切割缝，间距≤6米，缝宽5，
缝深30，环氧胶泥材料嵌缝。
4. 楼地面防潮层、各层卫生间防水层上翻高度应不
小于250mm
5. 楼地面、踢脚、墙面、顶棚装修应按国家和当地现
行有关标准规范进行施工和验收。

STEP 02 在“插入”选项卡的“输入”面板中单击“合并文字”按钮，根据命令行提示选择文字对象，如下图所示。

施工说明：
1. 地面的地基处理见结构专业图纸。除注明外，地面
填土每层的压实系数应不小于0.94。地面有坡度时
应基土层找坡。
2. 在湿陷性黄土、膨胀土、软土、严寒地区尚应按有
关标准规范的要求采取相应的措施。
3. 地面垫层面沿柱距做切割缝，间距≤6米，缝宽5，
缝深30，环氧胶泥材料嵌缝。
4. 楼地面防潮层、各层卫生间防水层上翻高度应不
小于250mm
5. 楼地面、踢脚、墙面、顶棚装修应按国家和当地现
行有关标准规范进行施工和验收。

STEP 03 按Enter键确定后，即可完成合并文字的操作，如下图所示。

施工说明： 1. 地面的地基处理见结构专业图纸。除注明外，地面 填土每层的压实系数应不小于0.94。地面有坡度时 应基土层找坡。 2. 在湿陷性黄土、膨胀土、软土、严寒地区尚应按有 关标准规范的要求采取相应的措施。 3. 地面垫层面沿柱距做切割缝，间距≤6米，缝宽5， 缝深30，环氧胶泥材料嵌缝。 4. 楼地面防潮层、各层卫生间防水层上翻高度应不 小于250mm 5. 楼地面、踢脚、墙面、顶棚装修应按国家和当地现 行有关标准规范进行施工和验收。

STEP 04 双击文字进入编辑状态，可以发现所有的说明文字已经合并为一段多行文字，如下图所示。

施工说明： 1. 地面的地基处理见结构专业图纸。除注明外，地面 填土每层的压实系数应不小于0.94。地面有坡度时 应基土层找坡。 2. 在湿陷性黄土、膨胀土、软土、严寒地区尚应按有 关标准规范的要求采取相应的措施。 3. 地面垫层面沿柱距做切割缝，间距≤6米，缝宽5， 缝深30，环氧胶泥材料嵌缝。 4. 楼地面防潮层、各层卫生间防水层上翻高度应不 小于250mm 5. 楼地面、踢脚、墙面、顶棚装修应按国家和当地现 行有关标准规范进行施工和验收。

STEP 05 调整段落格式，删除多余的空格，添加缺少的标点符号，完成操作，如右图所示。

施工说明：
1. 地面的地基处理见结构专业图纸。除注明外，地面填土每层的压实系数应不小于0.94。地面有坡度时应基土层找坡。
2. 在湿陷性黄土、膨胀土、软土、严寒地区尚应按有关标准规范的要求采取相应的措施。
3. 地面垫层面沿柱距做切割缝，间距≤6米，缝宽5，缝深30，环氧胶泥材料嵌缝。
4. 楼地面防潮层、各层卫生间防水层上翻高度应不小于250mm。
5. 楼地面、踢脚、墙面、顶棚装修应按国家和当地现行有关标准规范进行施工和验收。

Lesson 03 多行文字的创建与编辑

如果需要在图纸中输入文字内容较多时，这时就需要使用多行文字功能。每行文字都可以作为一个整体来处理，且每个文字都可以是不同的颜色和文字格式。在绘图区指定对角点即可形成创建多行文字的区域。

01 创建多行文字

“多行文字”标注包含一个或多个文字段落，可作为单一的对象处理。在输入文字之前需要先指定文字边框的对角点，文字边框用于定义多行文字对象中段落的宽度。多行文字对象的长度取决于文

字量，而不是边框的长度。用户可以通过以下几种方式创建多行文字：

- 在菜单栏中执行“绘图>文字>多行文字”命令。
- 在“默认”选项卡的“注释”面板中单击“多行文字”按钮A。
- 在命令行输入MTEXT命令并按Enter键。

下面将对多行文字的创建操作进行介绍：

STEP 01 执行“绘图>文字>多行文字”命令。在绘图区指定第一点并拖动鼠标，如下图所示。

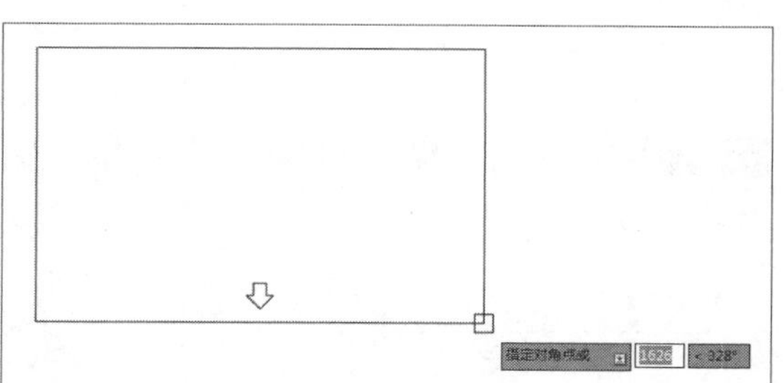

STEP 02 单击鼠标左键确定第二点，进入输入状态，如下图所示。

STEP 03 在文字框输入室内设计概述，如下图所示。

室内设计，是一种以居住在该空间的人为对象所从事的设计专业，需要工程技术上的知识，也需要艺术上的理论和技能。室内设计是从建筑设计中的装饰部分演变出来的。他是对建筑物 内部环境的再创造。室内设计可以分为公共建筑空间和居家两大类别。当我们提到室内设计时，会提到的还有动线、空间、色彩、照明、功能等相关的重要术语。

STEP 04 输入完成后在“文字编辑器”选项卡的“关闭”面板中单击“关闭文字编辑器”按钮，即可完成创建多行文字操作，如下图所示。

室内设计，是一种以居住在该空间的人为对象所从事的设计专业，需要工程技术上的知识，也需要艺术上的理论和技能。室内设计是从建筑设计中的装饰部分演变出来的。他是对建筑物 内部环境的再创造。室内设计可以分为公共建筑空间和居家两大类别。当我们提到室内设计时，会提到的还有动线、空间、色彩、照明、功能等相关的重要术语。

02 编辑多行文字

输入文字后，用户可对当前文字进行修改编辑。选择所要修改的文字，在“文字编辑器”选项卡中，根据需要选择相关命令进行操作即可。

“文字编辑器”选项卡是由“样式”、“格式”、“段落”、“插入”、“拼写检查”、“工具”、“选项”及“关闭”面板组成，如下图所示。

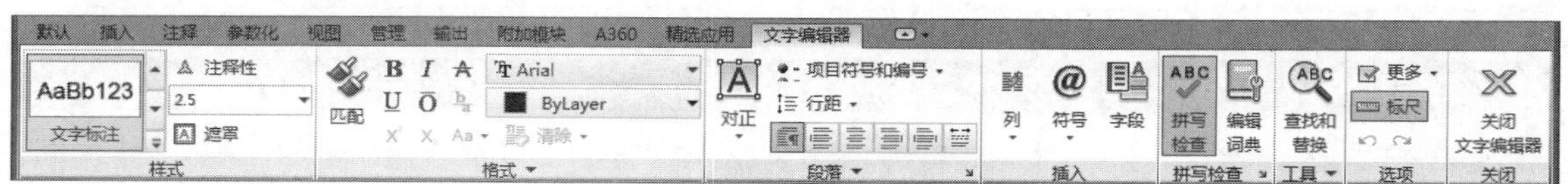

在“样式”面板中，单击“遮罩”按钮，在“背景遮罩”对话框中，勾选“使用背景遮罩”复选框，输入“边界偏移因子”后，设置一种填充颜色，单击“确定”按钮，如下左图所示。在绘图区中可以发现文本框的背景颜色已经被更改，如下右图所示。

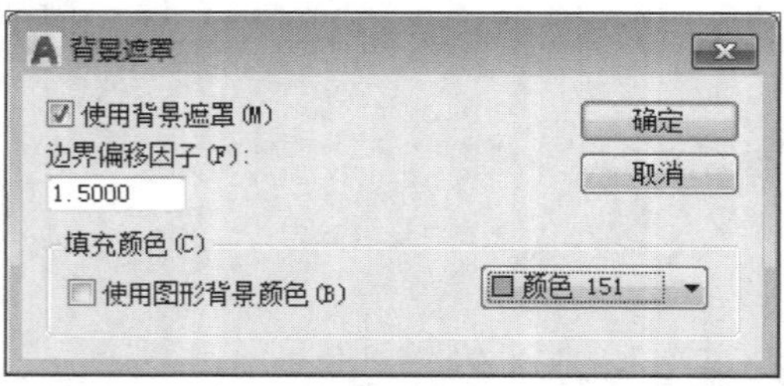

技术要求
1，焊接强度不低于300MPa；
2，组焊时接头孔须与图样一致；
3，焊后去除焊渣，焊瘤等飞溅物。

03 调用外部文字

在AutoCAD中用户可使用文字命令，输入所需文字内容，也可直接调用外部文字，极大方便了用户操作，下面将对其具体操作方法进行介绍：

STEP 01 执行“绘图>文字>多行文字”命令，在绘图区中框选出文字范围，并进入文字编辑状态，如下图所示。

STEP 02 单击鼠标右键，在快捷菜单中选择“输入文字”选项，如下图所示。

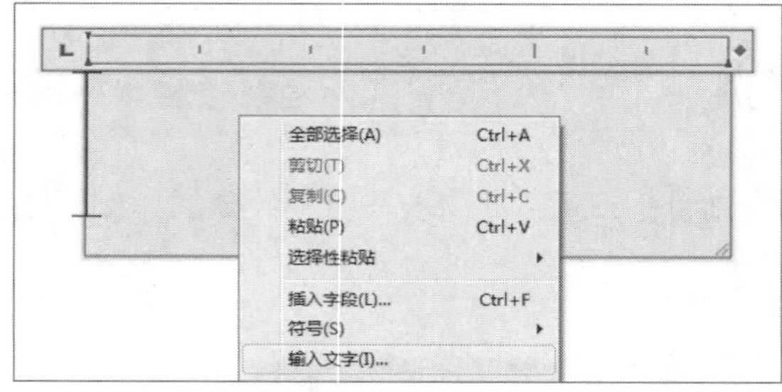

STEP 03 在“选择文件”对话框，选择所需插入的文字文件，如下图所示。

STEP 04 单击“打开”按钮，即可完成外部文字的插入，如下图所示。

装修材料分为两大部分：一部分为室外材料，一部分为室内材料。室内材料再分为实材，板材、片材、型材、线材五个类型。实材也就是原材，主要是指原木及原木制成。常用的原木有杉木、红松、榆木、水曲柳、香樟、椴木、比较贵重的有花梨木、榉木、橡木等。在装修中所用木方主要由杉木制成，其他木材主要用于配套家具和雕花配件。装修的材料选择一直以来除了设计师在设计装修时的考虑就是客户的爱好。首先要考虑的就是环保问题，需选择对人体无害的装修材料。

工程师点拨 | 调用文字格式

在调用外部文件时，其调用文字的格式是有限制的。只限于TXT和RTF格式的文字文件。

04 查找与替换文字

对文字较多，内容较为复杂的文本段落进行编辑操作时，可使用“查找与替换”功能来操作。这样可有效提高工作效率。

用户选择需要编辑的文字，在“文字编辑器”选项卡的“工具”面板中单击“查找和替换”按钮，在“查找和替换”对话框中，选择“查找”文本框，输入要查找的文字，然后在“替换”文本框中输入要替换的文字，单击“全部替换”按钮即可，如右图所示。

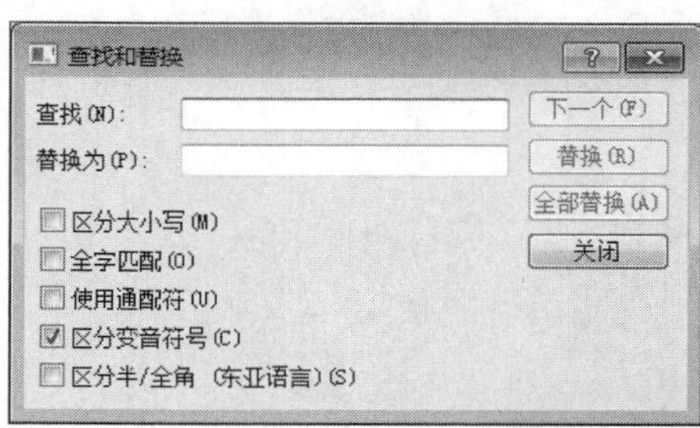

“查找和替换”对话框主要选项说明如下：

- 查找：该选项用于确定要查找的内容，再次可输入要查找的字符，也可以直接选择已存的字符。
- 替换为：该选项用于确定要替换的新字符。
- 替换：该按钮用于将当前查找的字符替换为指定的字符。
- 全部替换：该按钮用于对查找范围内所有匹配的字符进行替换。
- 搜索条件：勾选一系列查找条件，可以精确的定位所需查找文字。

Lesson 04 字段的使用

字段是包含说明的文字，该字段用于显示可能会在图形制作和使用过程中需要修改的数据。在制图过程中如果需要引用这些文字或数据，可以采用字段的方式引用。这样，当字段所代表的文字或数据发生变化时，就不需要手工去修改，字段会自动更新。下面将对其操作方法进行介绍。

01 插入字段

想要在文字中插入字段，双击文字，进入编辑状态，并将光标移至要显示字段的位置，然后单击鼠标右键，在快捷菜单中选择“插入字段”选项，在打开的“字段”对话框中，选择合适的字段即可，如下图所示。

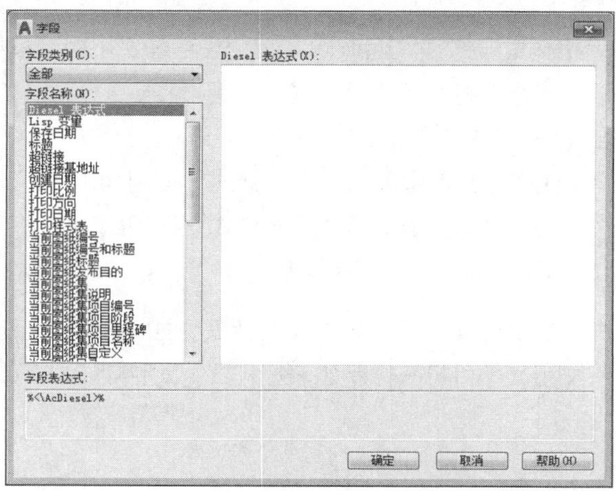

用户可单击“字段类别”下拉按钮，在打开的列表中选择字段类别，其中包括打印、对象、其他、全部等8个类别选项。任意选择其中的选项，则会打开与之相应的对话框，并对其进行设置，如下图所示。

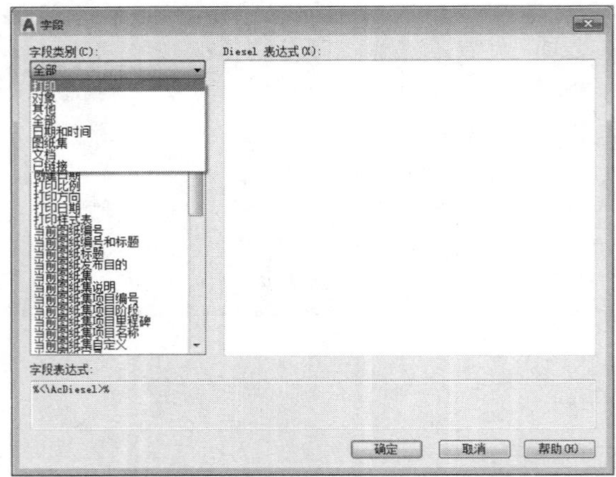

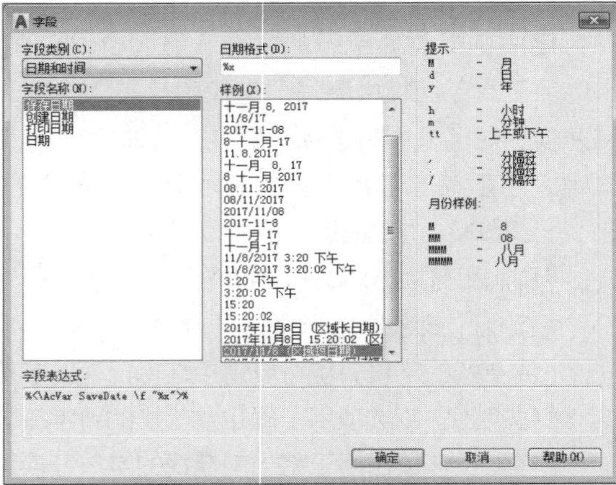

02 更新字段

字段更新时，将显示最新的值。在此可单独更新字段，也可在一个或多个选定文字对象中更新所有字段。用户可以通过以下几种方式更新字段：

- 双击文字进入编辑状态，选择文字并单击鼠标右键，在快捷菜单中选择“更新字段”选项。
- 在命令行中输入UPD后按Enter键确定，并根据提示选择需要更新的字段。

Lesson 05 表格的创建与编辑

在制图过程中，有的会使用到表格，例如标题栏和明细表都属于表格的应用。运用表格可以做一些简单的统计分析。用户也可以根据自己的需要创建符合自己需求的表格。

01 设置表格样式

在创建表格前要设置表格样式，方便之后调用。在“表格样式”对话框中可以选择设置表格样式的方式。用户可以通过以下几种方式打开“表格样式”对话框：

- 在菜单栏中执行“格式>表格样式”命令。
- 在“默认”选项卡的“注释”面板中单击“表格样式”按钮。
- 在“注释”选项卡的“表格”面板中单击“表格样式”按钮。
- 在命令行输入TABLESTYLE命令并按Enter键。

执行“格式>表格样式”命令打开“表格样式”对话框，如下左图所示。单击“新建”按钮，输入表格名称，单击“继续”按钮，即可打开“新建表格样式”对话框，如下右图所示。

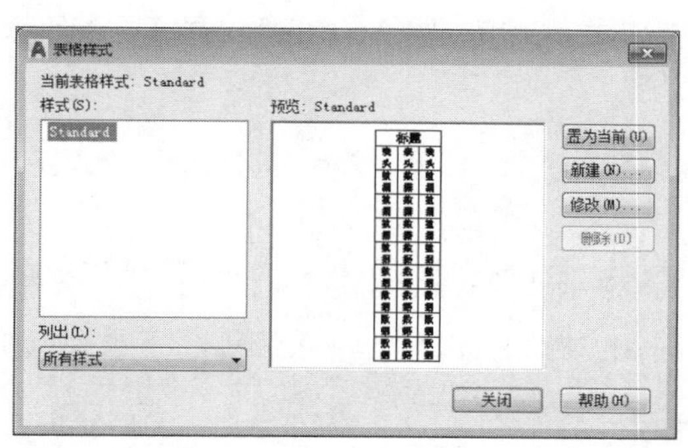

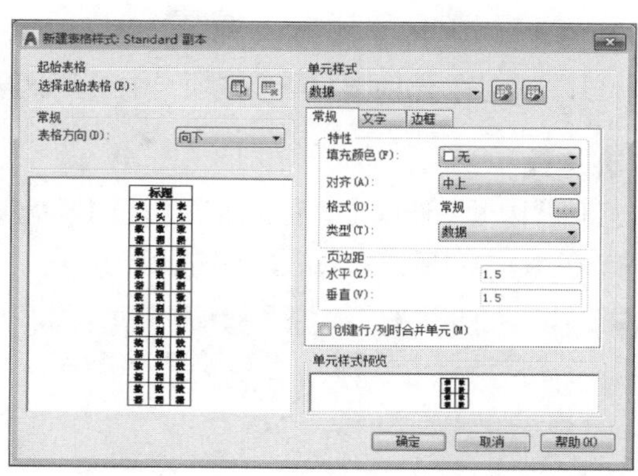

下面将对“表格样式”对话框中各选项的含义进行介绍：

- 样式：显示已有的表格样式。单击“所有样式”列表框右侧的三角符号，在弹出的下拉列表中，可以设置“样式”列表框是显示所有表格样式还是正在使用的表格样式。
- 预览：预览当前的表格样式。
- 置为当前：将选中的表格样式置为当前。
- 新建：单击“新建”按钮，即可新建表格样式。
- 修改：修改已经创建好的表格样式。
- 删除：删除选中的表格样式。

在“新建表格样式”对话框中，“单元样式”选项组的“标题”下拉列表框中包含“数据”、“标题”和“表头”3个选项，在“常规”、“文字”和“边框”3个选项卡中，可以分别设置“数据”、“标题”和“表头”的相应样式。

1. 常规

在常规选项卡中可以设置表格的颜色、对齐方式、格式、类型和页边距等特性。下面具体介绍该选型卡各选项的含义：

- 填充颜色：设置表格的背景填充颜色。
- 对齐：设置表格文字的对齐方式。
- 格式：设置表格中的数据格式，单击右侧的按钮，即可打开“表格单元格式”对话框，在对话框中可以设置表格的数据格式，如下左图所示。
- 类型：设置是数据类型还是标签类型。
- 页边距：设置表格内容距边线的水平和垂直距离，如下右图所示。

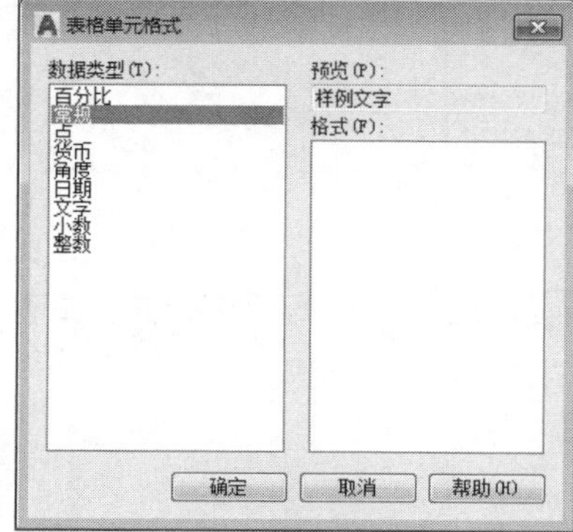

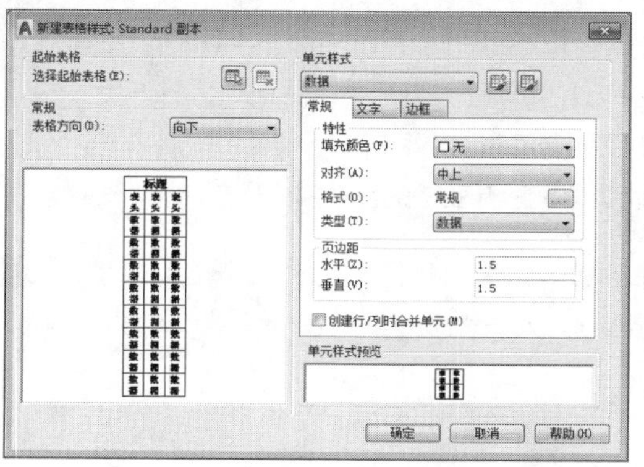

2. 文字

打开“文字”选项卡，在该选项卡中主要设置文字样式、高度、颜色、角度等，如下左图所示。

3. 边框

打开“边框”选项卡，在该选项卡可以设置表格边框的线宽、线型、颜色等选项。此外，还可以设置有无边框或是否是双线，如下右图所示。

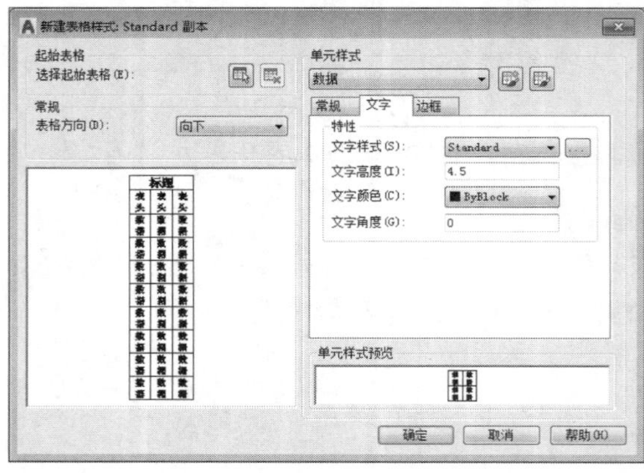

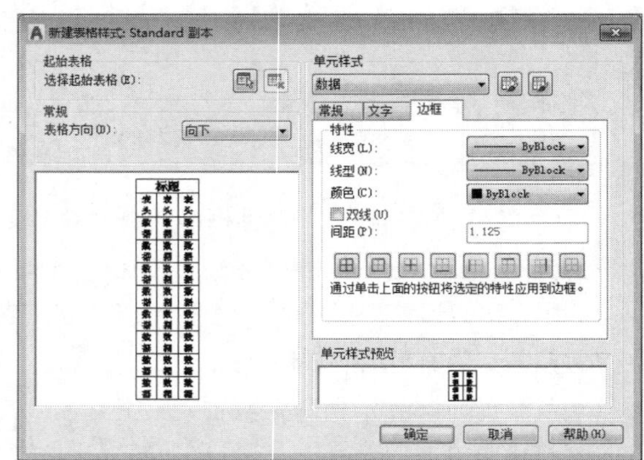

02 创建与编辑表格

工作任务的不同，用户对表格的具体要求也会不同。通过对表格的创建与编辑，可以对表格的行和列以及表格的单元样式等一系列参数进行设置，从而建立符合用户自己需求的表格。

1. 创建表格

在AutoCAD中可以直接创建表格对象，而不需要用直线绘制表格。创建表格后可以对其进行编辑操作。用户可以通过以下几种方式创建表格：

- 在菜单栏中执行“绘图>表格”命令。
- 在“默认”选项卡的“注释”面板中单“表格”按钮。
- 在“注释”选项卡的“表格”面板中单击“表格”按钮。
- 在命令行输入TABLE命令并按Enter键。

执行“绘图>表格”命令，打开“插入表格”对话框，如右图所示。从中设置列和行的相应参数，单击“确定”按钮，然后在绘图区指定插入点即可创建表格。

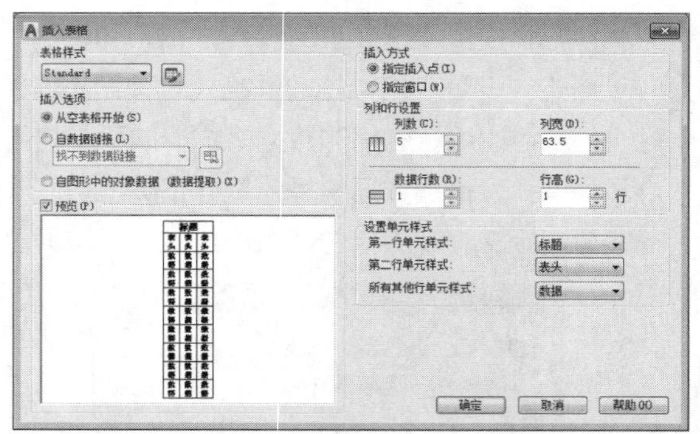

下面将具体介绍表格的创建操作：

STEP 01 执行“绘图>表格”命令，打开“插入表格”对话框，如下图所示。

STEP 02 设置列和行等相应参数，如下图所示。

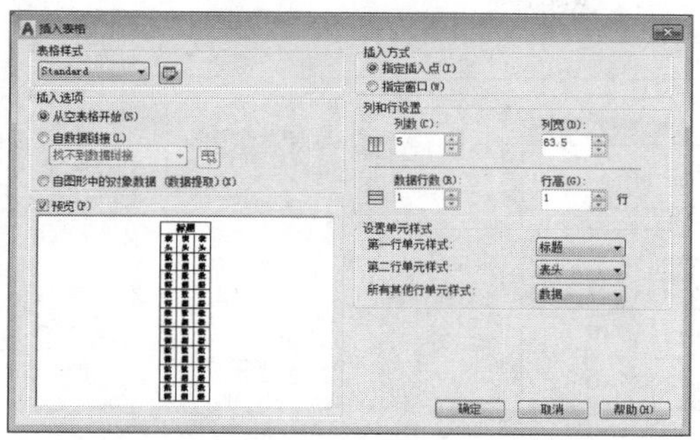

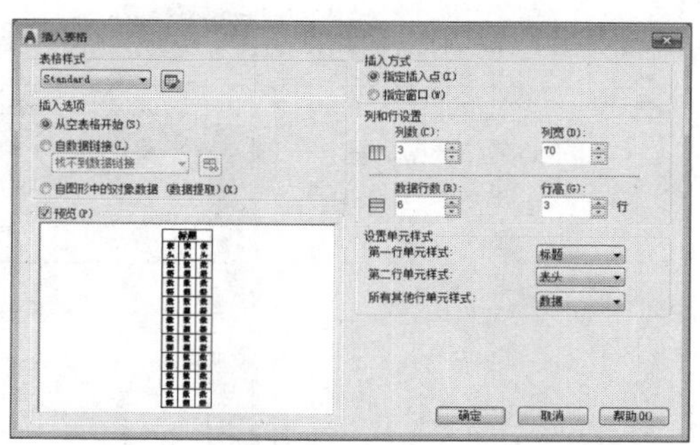

STEP 03 单击“确定”按钮，在绘图区指定插入点，进入标题单元格的编辑状态，输入标题文字，如下图所示。

	A	B	C
1	家居施工图目录		
2			
3			
4			
5			
6			
7			
8			

STEP 04 按Enter键进入表头单元格的编辑状态，输入表头文字，如下图所示。

	A	B	C
1	家居施工图目录		
2	序号	图纸名称	图号
3			
4			
5			
6			
7			
8			

STEP 05 输入表头文字后，按Enter键，可在下方单元格中输入相应的文字，按Esc键可退出编辑状态。双击空白单元格可继续输入文字，如下图所示。

	A	B	C
1	家居施工图目录		
2	序号	图纸名称	图号
3	1	原始户型图	P-01
4	2	平面布置图	P-02
5	3	天花布置图	P-03
6	4	客厅A立面图	E-01
7	5	客厅B立面图	E-02
8	6	节点详图	D-01

STEP 06 表格文字输入好后，单击“关闭文字编辑器”按钮，即可完成创建表格操作，如下图所示。

家居施工图目录		
序号	图纸名称	图号
1	原始户型图	P-01
2	平面布置图	P-02
3	天花布置图	P-03
4	客厅A立面图	E-01
5	客厅B立面图	E-02
6	节点详图	D-01

2. 编辑表格

当创建表格后，如果对创建的表格不满意，可以编辑表格，在AutoCAD中可以使用夹点、选项板进行编辑操作。

（1）夹点。大多情况下，创建的表格都需要进行编辑才可以符合表格定义的标准，在AutoCAD中，不仅可以对整体的表格进行编辑，还可以对单独的单元格进行编辑，用户可以单击并拖动夹点调整宽度或在快捷菜单中进行相应的设置。

单击表格，表格上将出现编辑的夹点，如下图所示。

	A	B	C
1	家居施工图目录		
2	序号	图纸名称	图号
3	1	原始户型图	P-01
4	2	平面布置图	P-02
5	3	天花布置图	P-03
6	4	客厅A立面图	E-01
7	5	客厅B立面图	E-02
8	6	节点详图	D-01

（2）**选项卡**。除了使用夹点外，在“特性”选项板中也可以编辑表格。

双击需要编辑的表格，就会弹出“特性”选项板，如右图所示。在“表格”卷展栏中用户可以设置表格样式、行数、列数、方向、表格宽度和表格高度。

03 调用外部表格

用户可利用“表格”命令创建表格，也可以从Microsoft Excel中直接复制表格，将其作为AutoCAD表格对象粘贴到图形中，也可以从外部直接导入表格对象，下面将举例介绍调用外部表格的方法：

原始文件：实例文件\第7章\原始文件\植被配置表.Excel
最终文件：实例文件\第7章\最终文件\植被配置表.dwg

STEP 01 执行“绘图>表格”命令，打开“插入表格”对话框，如下图所示。

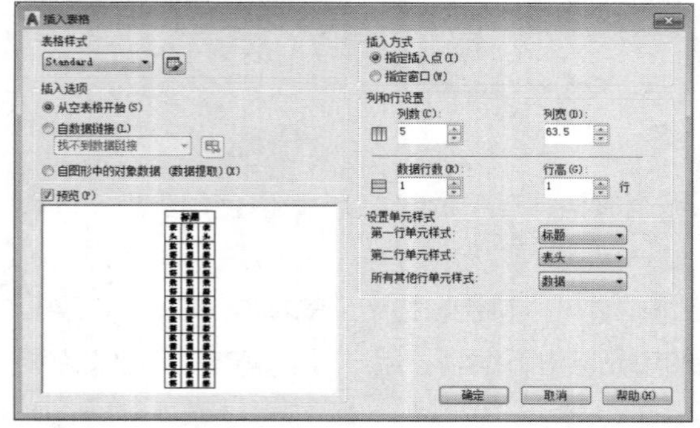

STEP 02 单击“自数据连接”右侧按钮，打开“选择数据连接”对话框，如下图所示。

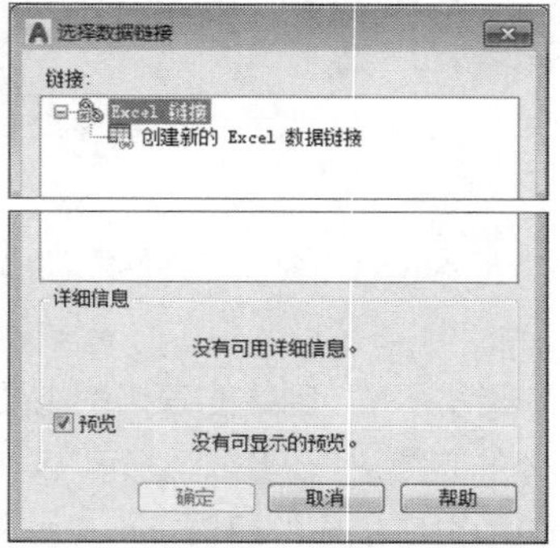

STEP 03 选择“创建新的Excel数据连接”选项，打开“输入数据连接名称”对话框，并输入表格名称，如下图所示。

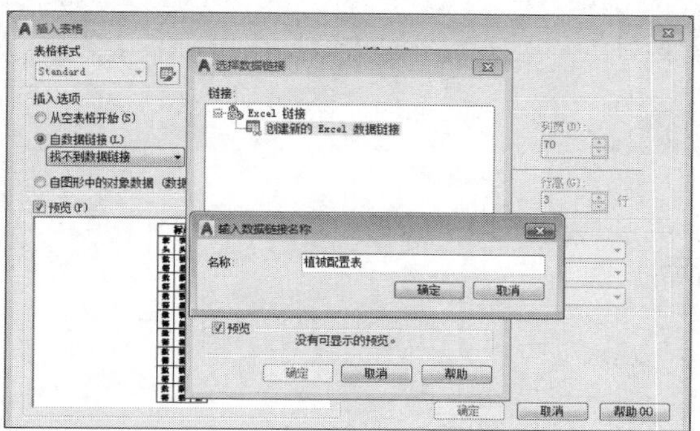

STEP 04 单击“确定”按钮，在“新建Excel数据连接”对话框中，单击“浏览文件”右侧按钮，如下图所示。

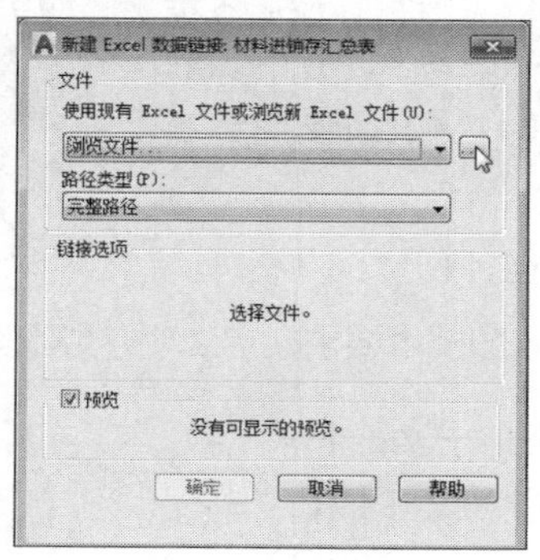

STEP 05 在打开“另存为”对话框中，选择调用的文件，如下图所示。

STEP 06 单击“打开”按钮，返回“新建Excel数据连接”对话框，如下图所示。

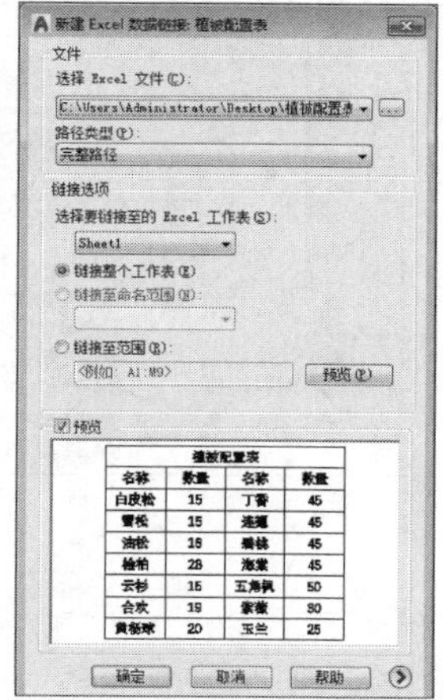

STEP 07 单击“确定”按钮，返回“选择数据连接”对话框，并依次单击“确定”按钮，关闭对话框，如下图所示。

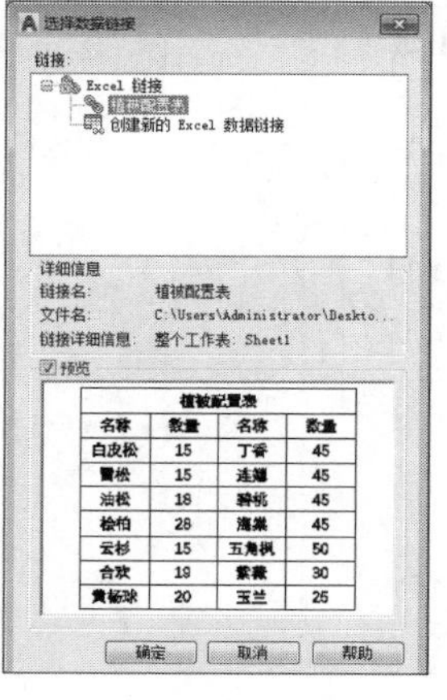

STEP 08 在绘图区指定插入点，即可完成调用外部表格的操作，如下图所示。

植被配置表			
名称	数量	名称	数量
白皮松	15	丁香	45
雪松	15	连翘	45
油松	18	碧桃	45
桧柏	28	海棠	45
云杉	15	五角枫	50
合欢	19	紫薇	30
黄杨球	20	玉兰	25

强化练习

通过本章的学习，读者对于文字样式的设置、单行文字与多行文字的创建、字段的使用以及表格的应用等知识有了一定的认识。为了使读者更好地掌握本章所学知识，在此列举几个针对本章知识的习题，以供读者练手。

1. 创建多行文字

为机械零件图添加技术要求文字说明，如下图所示。

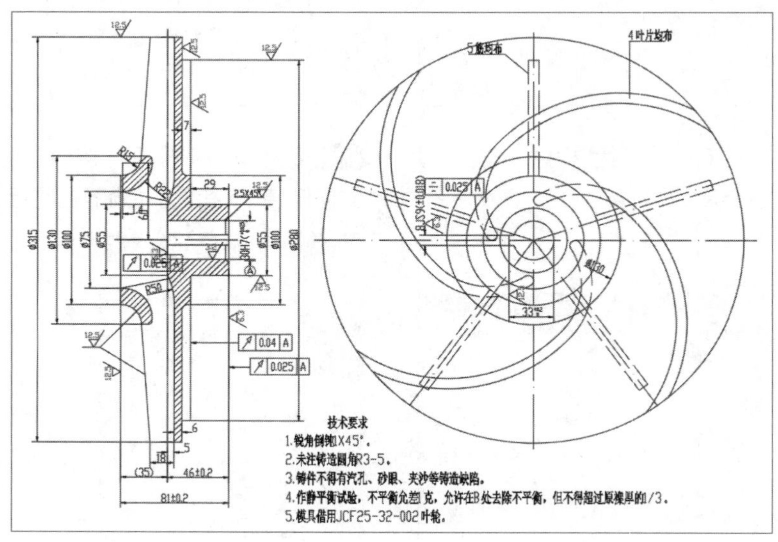

2. 创建设备材质表

创建如下图所示的设备材质表。

STEP 01 设置表格样式，如下左图所示。

STEP 02 创建表格并输入表格内容，调整表格长宽，如下左图所示。

设备材质表			
编号	名称	型号规格及材质	数量
1	不锈钢链接卡链	DN3	2个
2	织物增强橡胶软管	胶管内径2A PAO.6MPa	1根
3	盘插异径管	DN1×DN2	1个
4	球形污水止回阀	HQ41X-1.0 DN1	1个
5	液位自动控制装置	与潜水排污泵配套供给	1套
6	电源电缆	与潜水排污泵配套供给	1根
7	压力表	YTP-100 PNO~0.6MPa	1套

工程技术问答

本章主要对文字与表格的设置、创建以及编辑、字段的使用等知识进行介绍，在应用相关知识绘图时难免会有些疑问，下面将对常见的问题及解决方法进行汇总，供用户参考。

Q 为什么输入的文字是竖排的?

A WINDOWS系统中文字类型有两种：一种是前面带@的字体，一种是不带@的字体。这两种字体的区别就是一种是用于竖排文字，一种用于横排文字。如果这种字体是在文字样式里设置的，输入ST打开“文字样式”对话框，将字体调整成不带@的字体；如果这种字体是在多行文字编辑器里直接设置的，双击文字激活多行文字编辑器，选择所有文字，然后在字体下拉列表中选择不带@的字体。

Q 如何输入特殊符号?

A 在输入单行或多行文字后，功能区中将激活“文字编辑器”选项卡，在“插入”面板中单击@符号，在弹出的下拉列表中选择“其他”选项，打开“字符映射表”对话框，选择合适的符号，然后将其复制在文字中即可，如下图所示。

Q 在绘图过程中为什么文字写出来总是倒的?

A 在字体设置时不要选前面带@的字体，还有在输入字体角度时输入0即可。

STEP 01 打开“文字样式”，在选择字体名时注意是否带“@”，如下图所示。

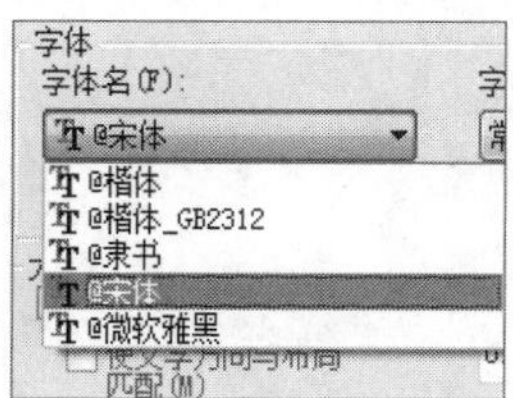

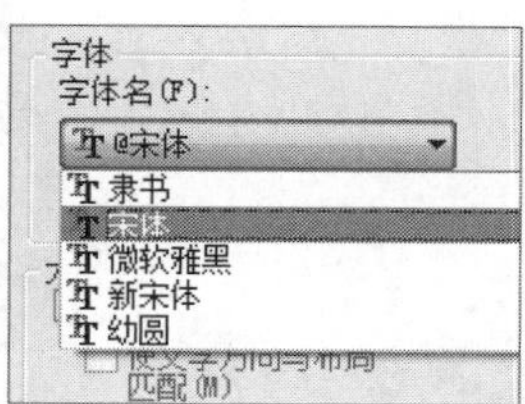

STEP 02 在命令编辑器中，文字的旋转角度是“0”，按两次Enter键即可，如下图所示。

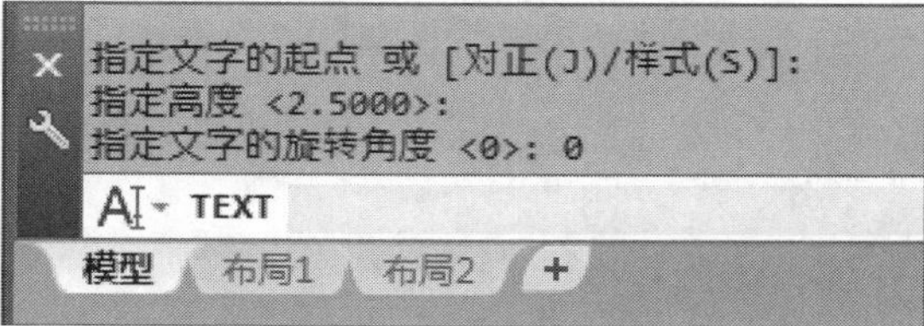

Chapter 08

添加尺寸标注

图形绘制完成后往往会添加文字到图形中用来表达各种信息，而尺寸标注能准确地反映物体的形状、大小和相互关系，它们是一张完整的设计图纸中不可少的重要组成部分。对图形进行标注前，需要对标注样式和文字样式进行设置。本章将向用户介绍尺寸标注的操作方法。

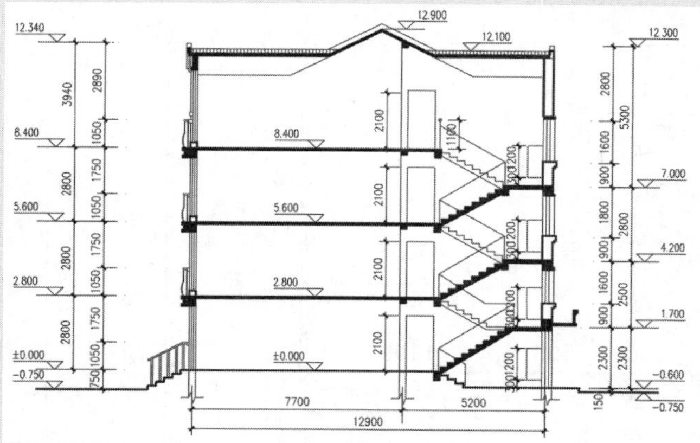

01 别墅尺寸标注

尺寸标注要符合行业的规范和要求，尺寸的准确性、美观性都会反映在尺寸标注上。通过添加尺寸标注可以显示图形的数据信息，使用户清晰有序的查看图形的真实大小和相互位置，以便施工。

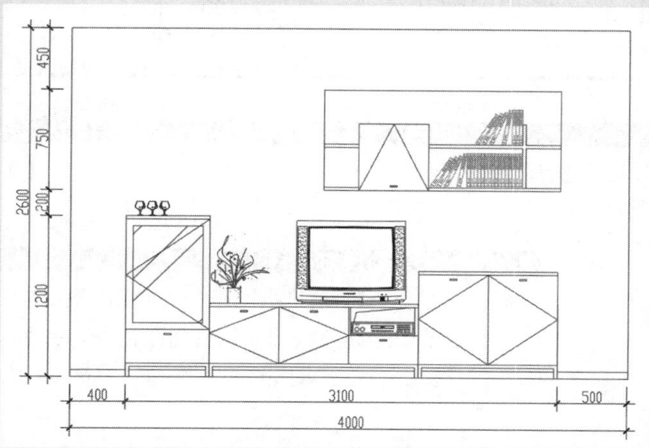

02 客厅立面尺寸标注

对客厅立面图进行尺寸标注是常见的一种尺寸标注，它比较直观的为用户展现出家居的各个尺寸，以便查看。

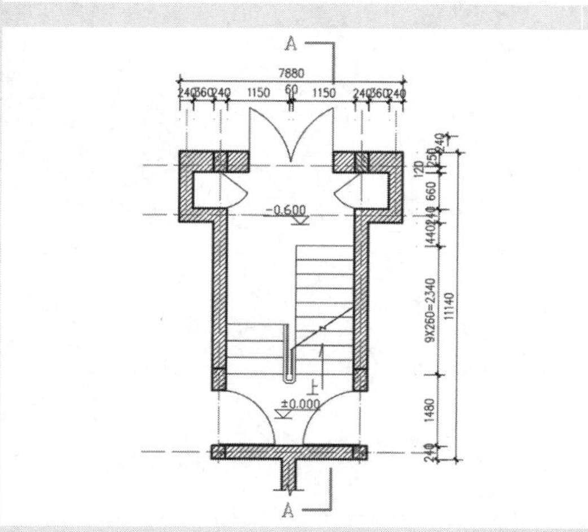

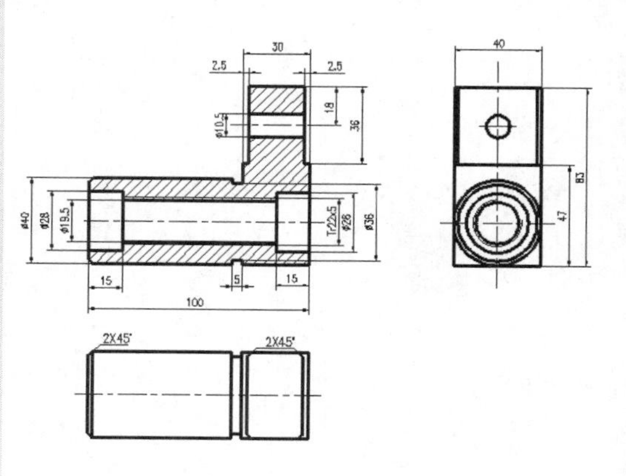

03 楼梯平面尺寸标注

尺寸标注较多时，特别的标注可以用醒目的颜色进行标注说明。

04 机械零件尺寸标注

尺寸标注是工程图样中不可缺少的重要内容，是零部件加工生产的依据，必须满足正确、完整、清晰的基本要求。此零件的三视图运用了“线性”和“多重引线”标注命令。

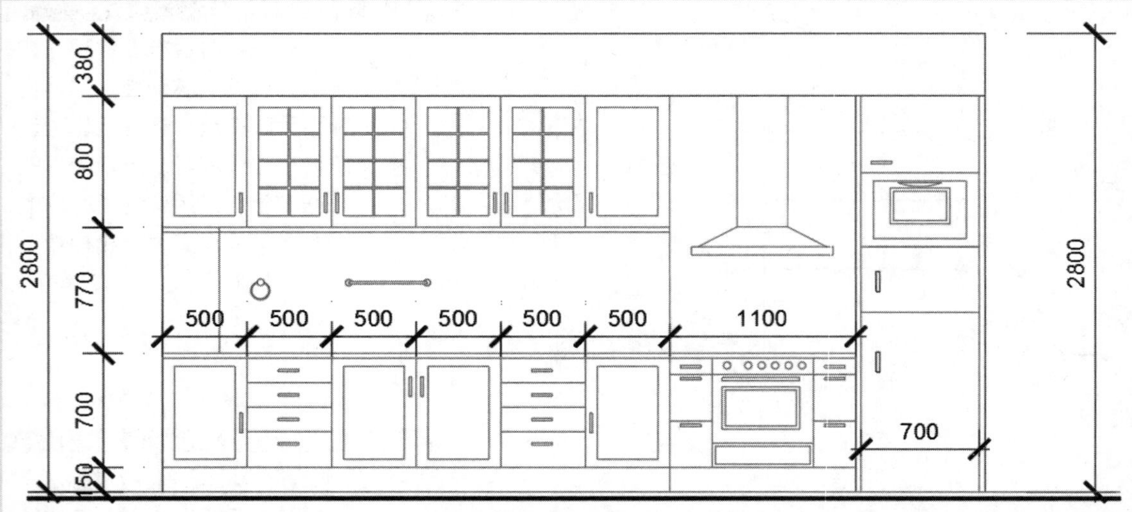

05 厨房立面图尺寸标注

该立面图运用到的标注命令有“线性”和“连续”标注。

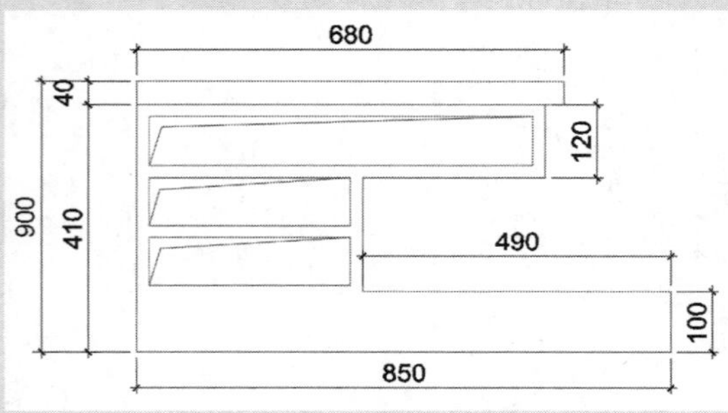

06 床头柜尺寸标注

对于家具设计图来说，尺寸标注是比较重要的环节，因为尺寸合不合理，会直接影响到该家具的使用率。

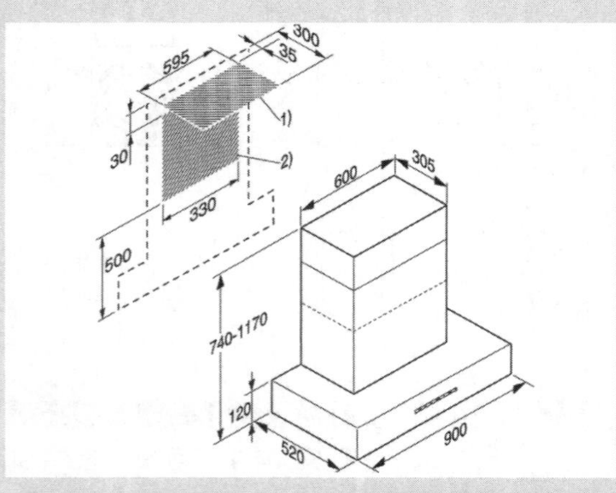

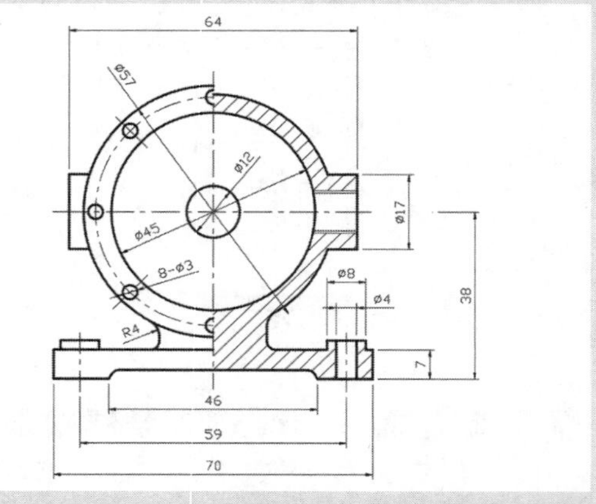

07 三维尺寸标注

立体图形也可以对其进行尺寸标注，但要避免凌乱。

08 特殊符号的标注

在对零件图进行标注时，有时需要在尺寸前添加特殊符号。

Lesson 01 尺寸标注的创建与设置

为图形添加尺寸标注是不可缺少的工作，尺寸标注能够直观地反映出图形尺寸。每个行业的尺寸标注的标准都不太相同。相对于机械行业来说，其尺寸标注要求尤为严格。

下面将以机械制图为例，来介绍其标注原则：

（1）图形按照1:1的比例与零件的真实大小是一样的，零件的真实大小应该以图形标注为准，与图形的大小和绘图的精确度无关。

（2）图形应以mm（毫米）为单位，不需要标注计量单位的名称和代号，如果采用其他单位，如°（度）、cm（厘米）、m（米），则需要注明标注单位。

（3）图形中标注的尺寸为零件的最终完成尺寸，否则需要另外说明。

（4）零件的每一个尺寸只标注一次，不能重复标注，并且应该标注在最能反映该结构的地方。

尺寸标注应该包含尺寸线、箭头、尺寸界线、尺寸文字。

01 新建尺寸样式

在标注之前，需要设置标注的样式，这样在标注尺寸时才能够统一。用户可以通过以下几种方式设置标注样式：

- 在菜单栏中执行“格式>标注样式”命令。
- 在“默认”选项卡的“注释”面板中单击“标注样式”按钮。
- 在“注释”选项卡的“标注”面板中单击“标注样式”按钮。
- 在命令行输入DIMSTYLE命令并按Enter键。

执行“格式>标注样式”命令，打开“标注样式管理器”对话框，在该对话框中，可以新建、删除现有的样式列表或进行修改和替换等，如下图所示。

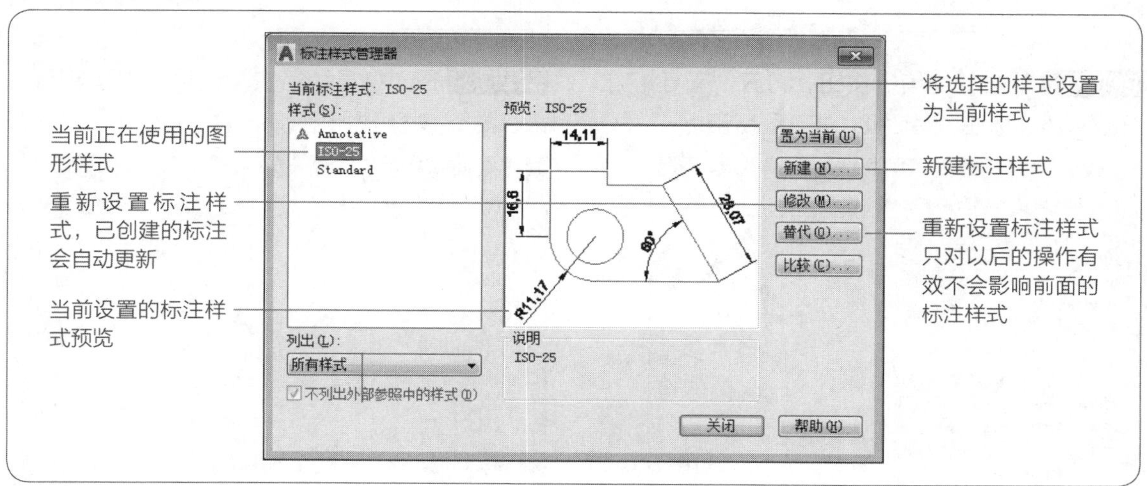

单击“新建”按钮，在打开的“创建新标注样式”对话框中，输入标注样式的名称，并单击“继续”按钮，即可创建新标注样式。在“新建标注样式”对话框中，用户可设置标注样式中的文字、线型、线宽以及箭头和符号等相关信息，如下图所示。

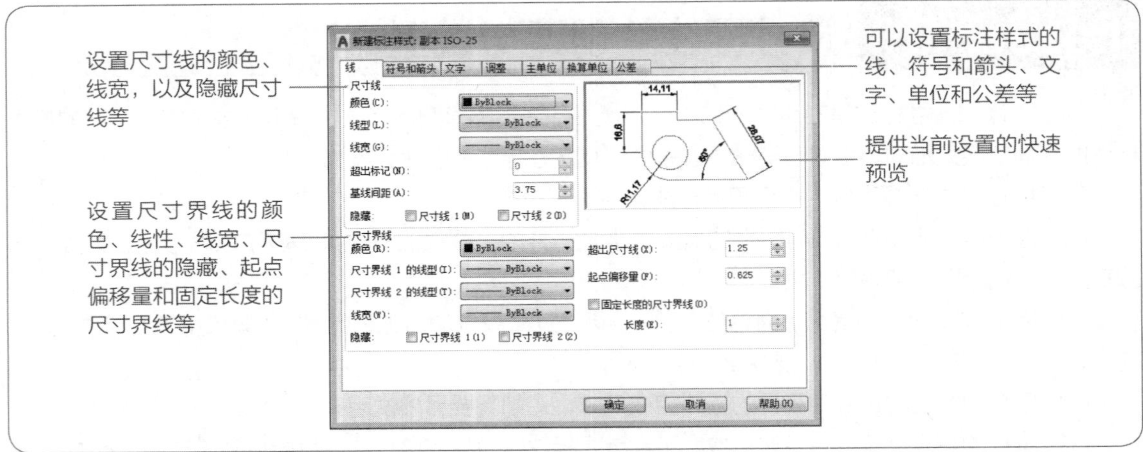

下面将对尺寸标注的创建操作进行介绍：

STEP 01 执行“格式>标注样式”命令，打开“标注样式管理器”对话框，如下图所示。

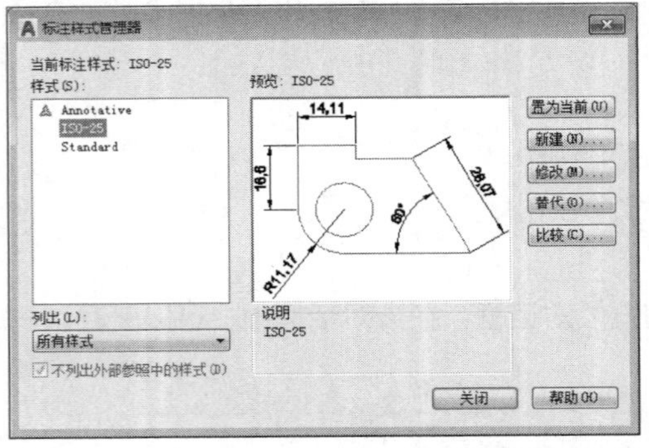

STEP 02 单击“新建”按钮，打开“创建新标注样式”对话框，并输入样式名，如下图所示。

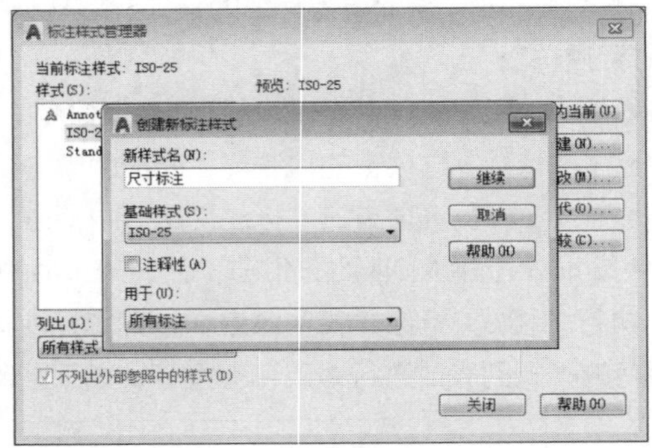

STEP 03 单击“继续”按钮，打开“新建标注样式：尺寸标注”对话框，如下图所示。

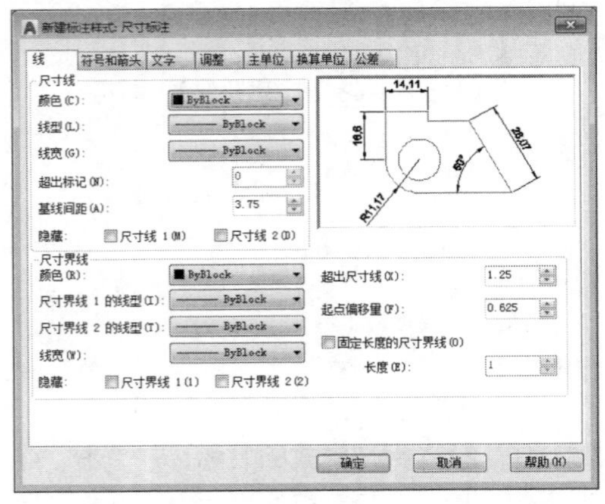

STEP 04 在“符号和箭头”选项卡中设置箭头大小为5，如下图所示。

STEP 05 在“文字”选项卡中设置文字高度为10，如下图所示。

STEP 06 在“主单位”选项卡中精度为0，如下图所示。

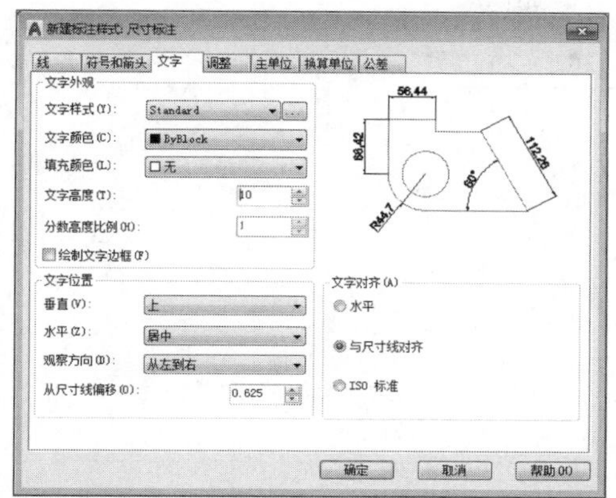

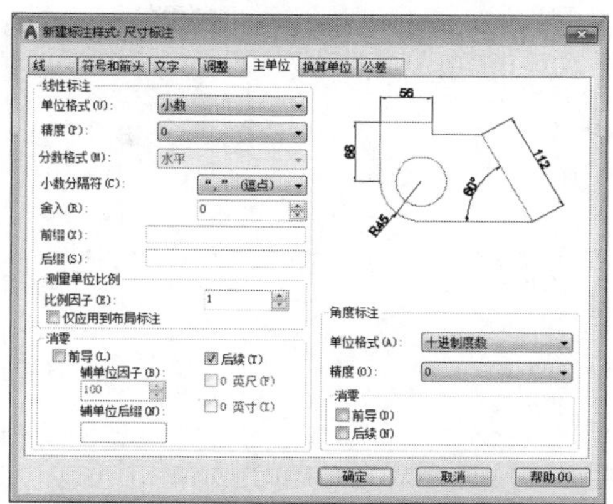

STEP 07 单击“确定”按钮，返回“标注样式管理器”对话框，单击“置为当前”按钮，并关闭对话框，完成尺寸标注的创建，如右图所示。

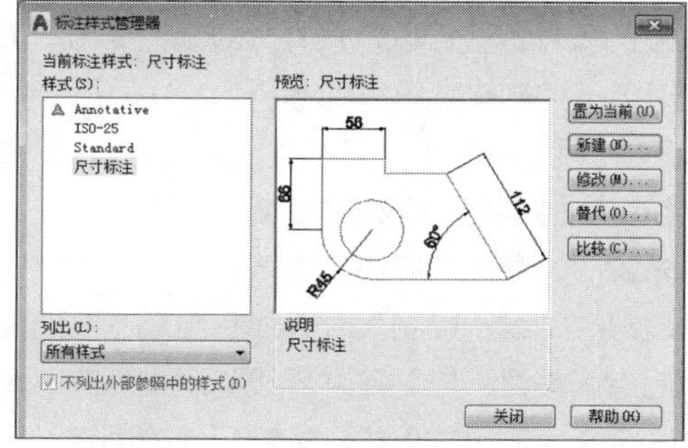

02 修改尺寸样式

在创建标注样式后，如果对其不满意，用户可以修改创建的标注样式，在“修改标注样式”对话框中可以对相应的选项卡进行编辑。该对话框由“线”、“符号”、“箭头”、“文字”、“调整”、“主单位”、“换算单位”、“公差”这7个选项卡组成。下面将对各选项卡的功能进行介绍：

1.“线”选项卡

“线”选项卡主要是用来设置尺寸线的颜色、线型、线宽、基线距离，以及延伸线的线型、线宽等信息，如右图所示。

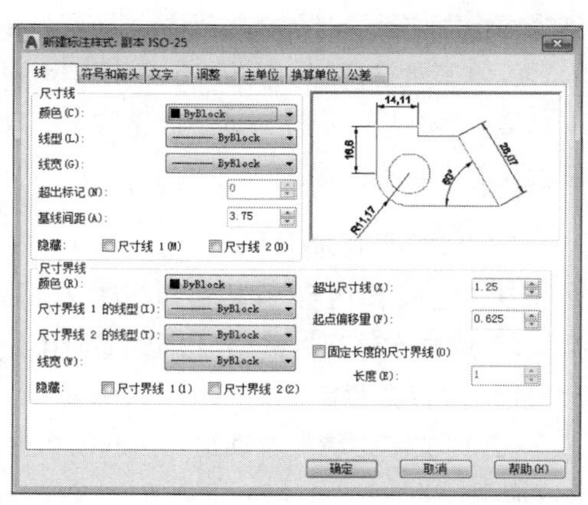

（1）**“尺寸线”选项组**。可以设置尺寸线的颜色、线型、线宽、超出标记、基线间距、控制是否隐藏尺寸线等，其各项参数的含义如下：

- 颜色：显示线型的颜色。
- 线型：控制尺寸线使用哪种线型。
- 线宽：控制尺寸线的宽度。
- 超出标记：控制使用倾斜、建筑标记状态下尺寸线延长到尺寸界线外面的长度。
- 基线间距：控制使用基线尺寸标注时，两条尺寸线之间的距离。
- 隐藏：控制尺寸线的可见性。即尺寸线被标注文字分成两部分，而标注文字不在尺寸线内，如下图所示为尺寸线隐藏和显示效果。

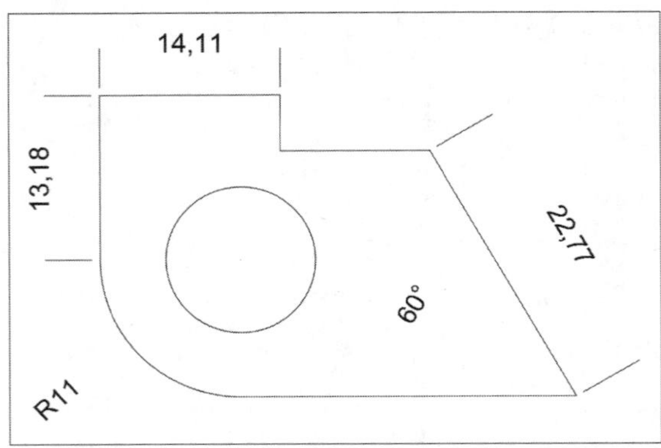

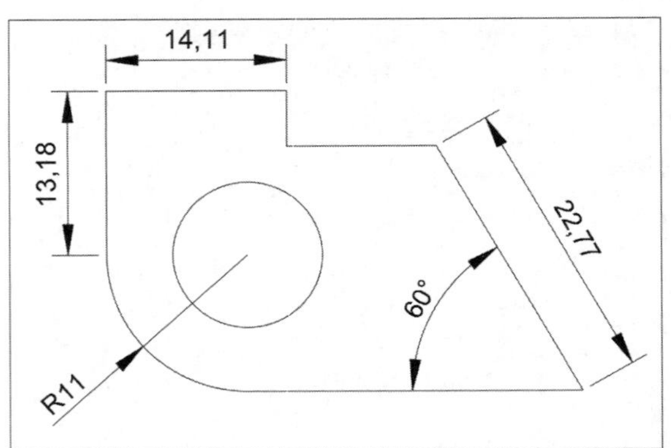

（2）**“尺寸界线”选项组**。用于设置尺寸界线的颜色、线型、线宽、超出尺寸线、起点偏移量、固定长度的尺寸界线，以及尺寸界线是否隐藏，其各项参数的含义如下：

- 颜色：控制尺寸界线的颜色。
- 尺寸界线1的线型、尺寸界线2的线型：分别控制尺寸界线的线型。
- 线宽：控制尺寸界线的宽度。
- 隐藏：控制尺寸界线的隐藏和显示。
- 超出尺寸线：控制尺寸界线超出尺寸线的距离。
- 起点偏移量：控制尺寸界线到定义点的距离，但定义点不会受到影响。
- 固定长度的尺寸界线：控制延伸的固定长度。

2.“符号和箭头”选项卡

“符号和箭头选项卡”主要是用于设置标注的箭头样式以及符号显示等相关信息的设置，如下左图所示。

（1）**“箭头”选项组**。该选项组主要是用于选择箭头和引线的样式，以及定义它们的尺寸大小。

（2）**“圆心标记”选项组**。该选项组主要是用于控制圆心标记的类型和大小。系统默认的类型为标记，只在圆心位置以短十字线标注。选择类型为直线时，表示标注圆心标注时标注线将延伸到圆外。选择类型为“无”时，将关闭中心标记。

（3）**其他选项组**。折断标注选项组可以设置折断大小。半径折弯标注选项组主要是用于控制折弯的角度。线性折弯标注选项组用于控制折弯标注时文字的高度比例因子。弧长符号选项组用于控制标注弧长时文字的位置。

3.“文字”选项卡

在该选项卡中用户可以设置标注文字的样式，如下右图所示。

（1）**“文字外观”选项组**。该选项组用于设置文字的文字样式、文字颜色、填充颜色、文字高度以及绘制文字边框等。

（2）**“文字位置”选项组**。该选项组主要是从各个方位来控制文字的位置，以及文字从尺寸线偏移的距离。

（3）**“文字对齐”选项组**。该选项组是控制文字对齐的样式。

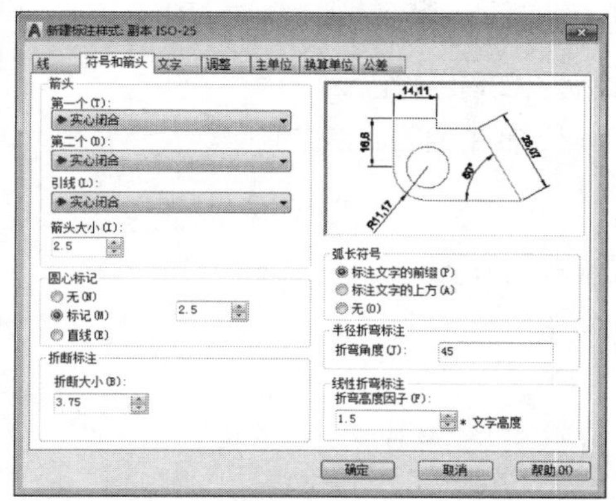

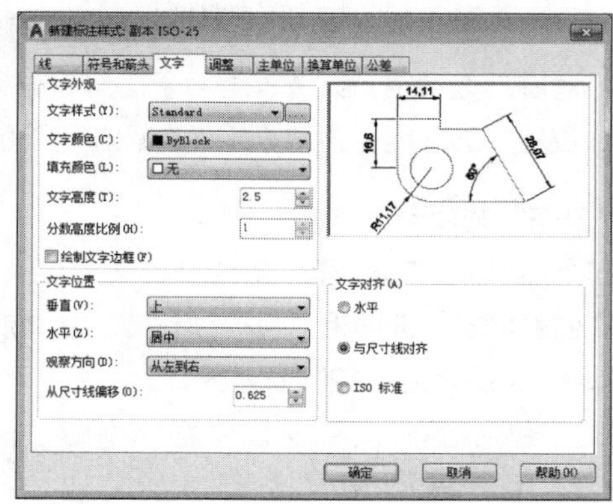

4.“调整”选项卡

该选项卡用来调整文字位置、标注特性比例和优化设置等，如下左图所示。

（1）**“调整”选项组**。该选项组用于调整文字和箭头的状态，选择任意选项将自动调整标注样式。

（2）**“文字位置”选项组**。该选项组用来设置文字的放置位置。

（3）**“标注特性比例”选项组**。该选项组用于设置全局比例显示效果。

（4）**“优化”选项组**。该选项组用于标注时的优化设置。

5.“主单位”选项卡

“主单位”选项卡主要用于设置单位长度、角度和比例的大小，如下右图所示。

（1）**“线性标注”选项组**。该选项组主要用于设置单位格式和单位的精确度，对于精密部件一般都要求精确到0.01。

（2）**“测量单位比例”选项组**。该选项组用于测量对象时显示的全局比例。

（3）**“消零”选项组**。该选项组是用于将整数对象中的零消除。

（4）**“角度标注”选项组**。该选项组用于设置标注对象的角度。

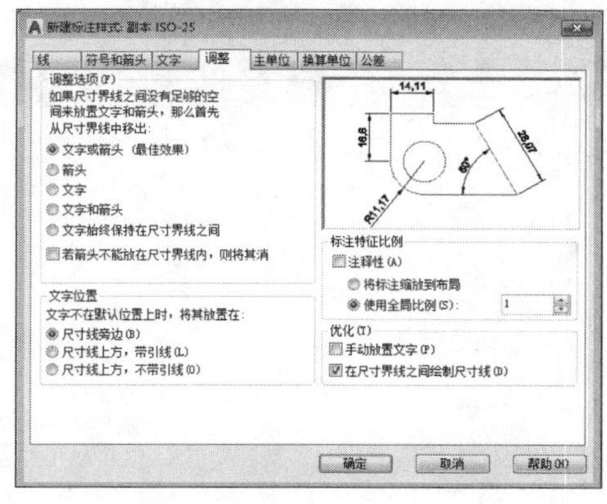

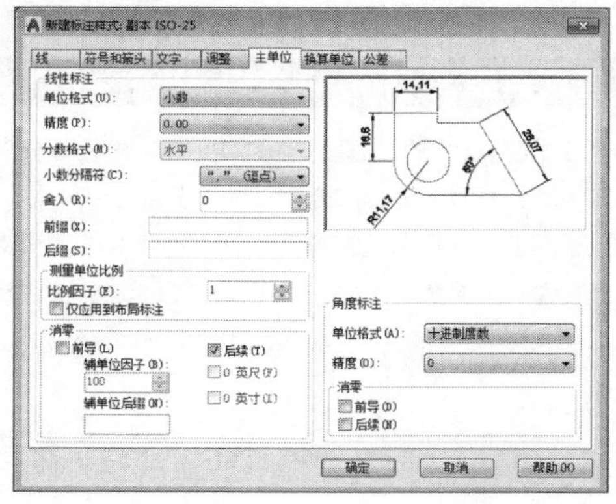

6.“换算单位”选项卡

该选项卡主要用于设置换算单位，勾选“显示换算单位”复选框后将激活换算单位选项组。在“消零”选项组中用户可以设置消零的位置，如下左图所示。

（1）**“换算单位”选项组**。单位格式：包含有科学、小数、工程、建筑堆叠、分数堆叠、建筑、分数、Windows桌面等格式。

- 精度：设置单位格式所对应的单位精度。

- 换算单位倍数：用来设置换算单位时当前值与换算单位的倍数。

（2）“消零”选项组。该选项组用于控制前导零或后续零是否输出。

（3）“位置”选项组。该选项组用来调整标注的位置是在主值后还是主值前。

7.“公差”选项卡

该选项卡可以用来设置标注尺寸的公差范围，如下右图所示。

（1）“公差格式”选项组。其各项参数的含义如下：

该选项组主要是用于控制公差格式。

- 方式：包含对称公差、极限偏差、极限尺寸和基本尺寸等方式。
- 精度：用于设置小数位数。
- 上偏差：设置最大公差值或上偏差值。
- 下偏差：设置最小公差值或下偏差值。
- 高度比例：设置当前公差的文字高度比例。
- 垂直位置：控制对称公差和极限公差文字的对齐方式。

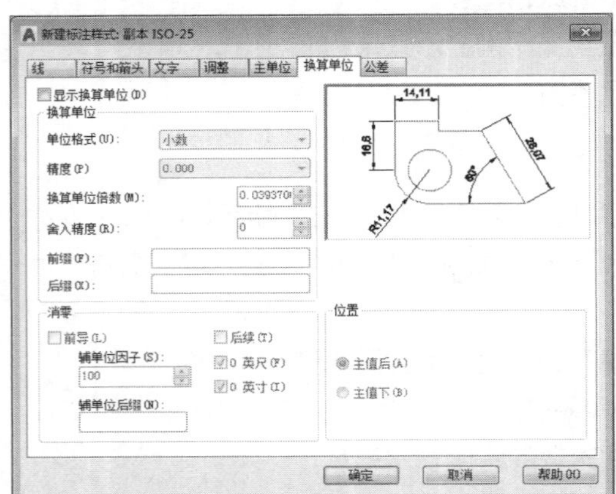

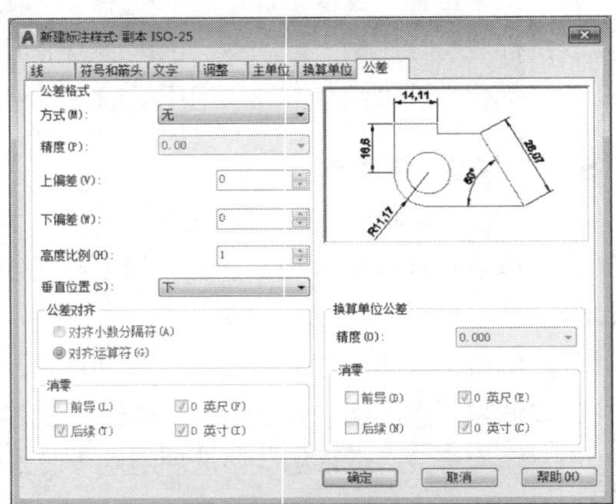

工程师点拨｜将图层保存为模板

在进行标注之前，还需要新建标注图层，然后再设置标注图层的颜色、线型、线宽，设置完成后再继续设置标注样式。

为了避免重复的操作可将设置好图层和标注样式的图形文件保存为模板文件。方便在下次直接调用模板文件，如右图所示。

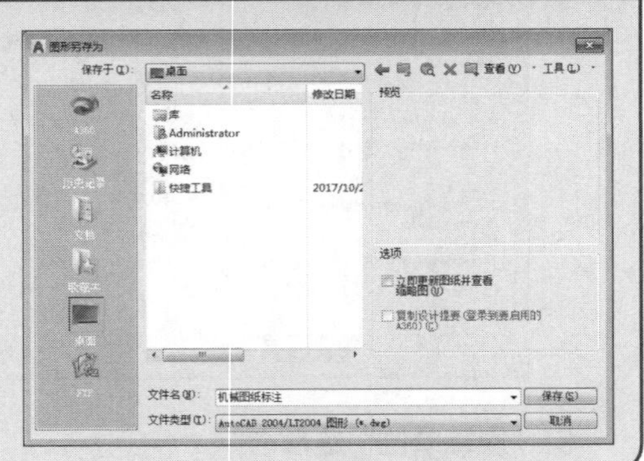

03 删除尺寸样式

若需要删除多余的尺寸样式，用户可在“标注样式管理器”对话框中进行删除操作。其具体操作方法如下：

STEP 01 执行“格式>尺寸标注”命令，打开“标注样式管理器”对话框，在“样式”列表框中，选择要删除的尺寸样式，如下图所示。

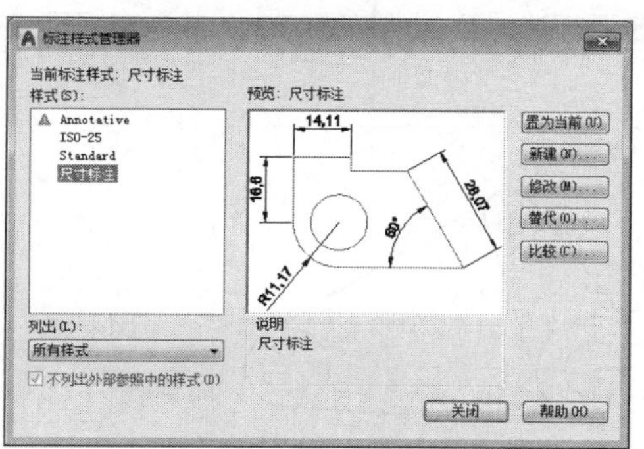

STEP 02 单击鼠标右键，在快捷菜单中选择“删除”选项即可，如下图所示。

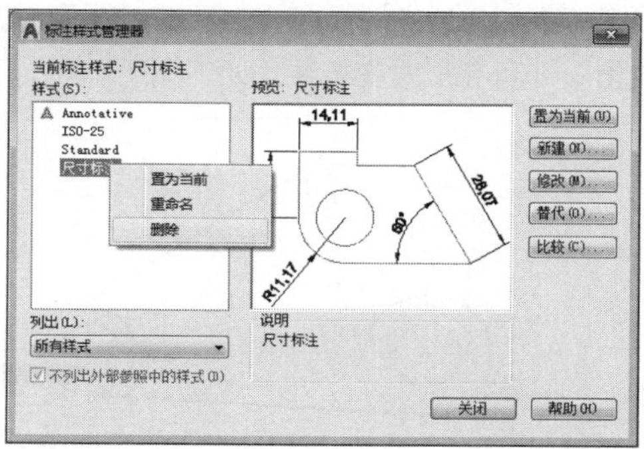

Lesson 02 尺寸标注的创建

尺寸标注分为线性标注、对齐标注、角度标注、弧长标注、半径标注、直径标注、折弯标注、坐标标注、快速标注、连续标注、基线标注、公差标注和引线标注等，下面将介绍各标注的创建方法。

01 线性标注

线性标注主要是用于标注水平方向和垂直方向的尺寸。用户可通过以下几种方式进行线性标注：

- 在菜单栏中执行“标注>线性”命令。
- 在“默认”选项卡的“注释”面板中单击“线性”按钮。
- 在“注释”选项卡的“标注”面板中单击“线性”按钮。
- 在命令行输入DIMLINEAR命令并按Enter键。

执行“标注>线性”命令，然后在绘图区中分别指定要进行标注的第一个和第二个点，如下左图所示。再指定尺寸线的位置，即可创建出线性标注，如下右图所示。

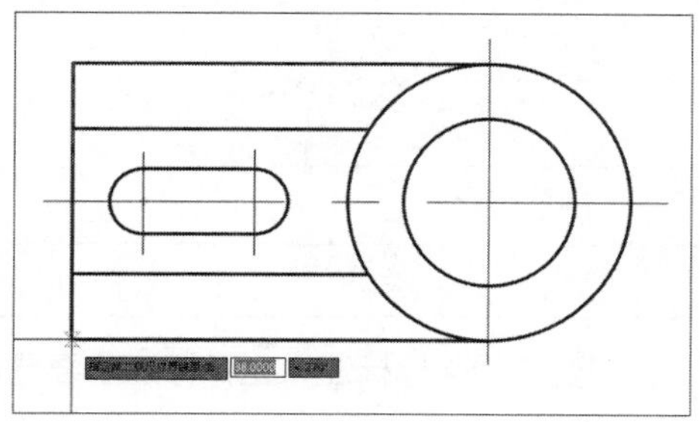

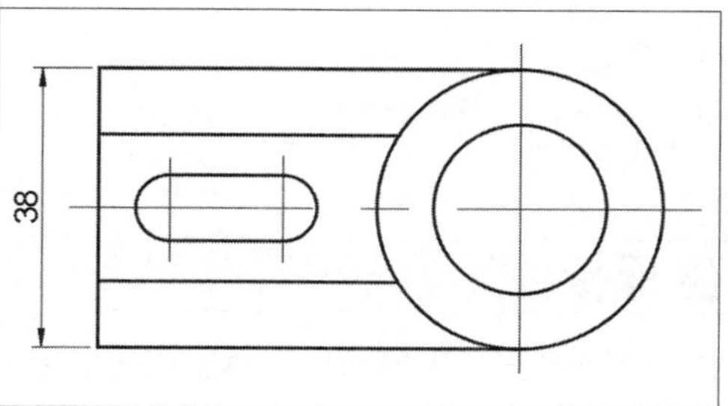

02 对齐标注

当标注一段带有角度的直线时，可能需要设置尺寸线与对象直线平行，这时就要用到对齐尺寸标注。用户可以通过以下几种方式进行对齐标注：

- 在菜单栏中执行“标注>对齐”命令。

- 在“默认”选项卡的“注释”面板中单击“对齐”按钮。
- 在“注释”选项卡的“标注”面板中单击“对齐”按钮。
- 在命令行输入DIMLIGEND命令并按Enter键。

执行“标注>对齐”命令，然后在绘图区中，分别指定要标注的第一点和第二点，并指定好尺寸标注位置，即可完成对齐标注，如下图所示。

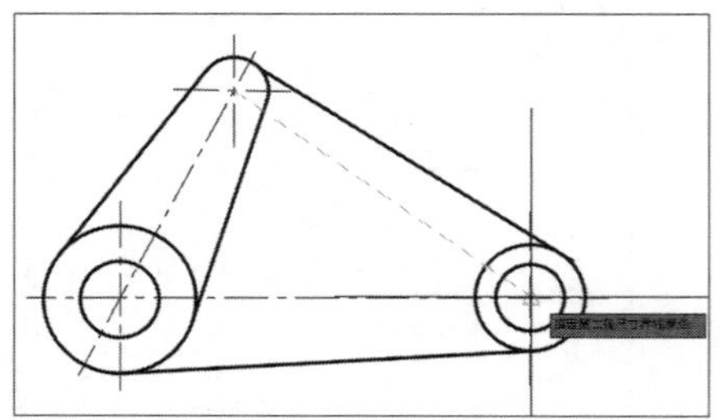

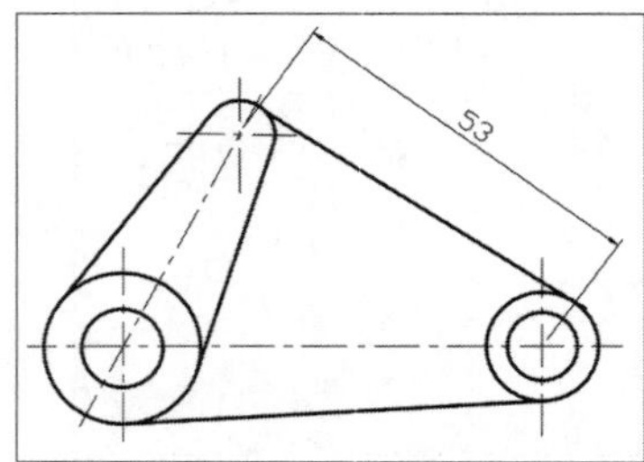

03 弧长标注

弧长标注主要用于测量圆弧或多段线的距离它可以标注圆弧和半圆的尺寸。用户可以通过以下几种方式进行弧长标注:

- 在菜单栏中执行“标注>弧长”命令。
- 在“默认”选项卡的“注释”面板中单击“弧长”按钮。
- 在“注释”选项卡的“标注”面板中单击“弧长”按钮。
- 在命令行输入DIMARC命令并按Enter键。

执行“标注>弧长”命令，根据命令行提示，选择所需测量的弧线即可，如下图所示。

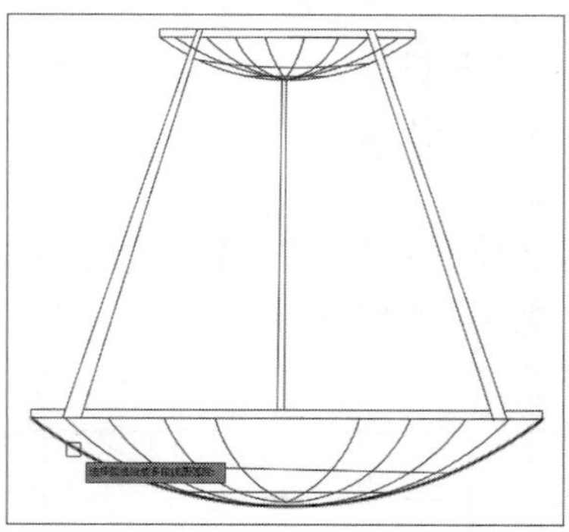

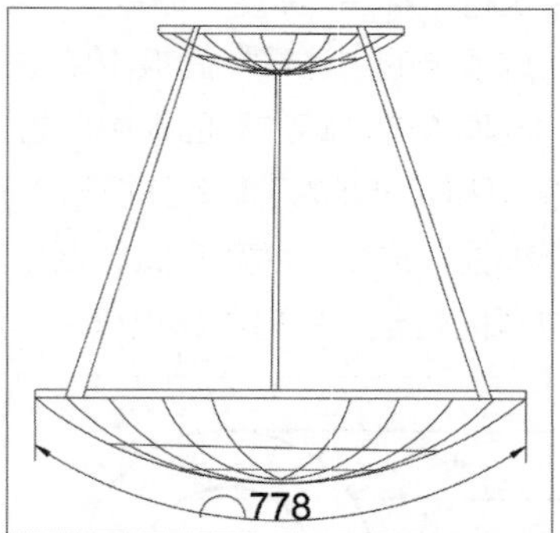

04 坐标标注

有时绘制的图形并不能直接观察出点的坐标，那么就需要使用坐标标注，坐标标注主要是标注指定点的X坐标或者Y坐标。用户可以通过以下几种方式进行坐标标注:

- 在菜单栏中执行“标注>坐标”命令。
- 在“默认”选项卡的“注释”面板中单击“坐标”按钮。
- 在“注释”选项卡的“标注”面板中单击“坐标”按钮。
- 在命令行输入DIMORDINATE命令并按Enter键。

执行“标注>坐标”命令，根据命令行提示，指定点坐标，再指定X轴和Y轴引线，如下图所示。

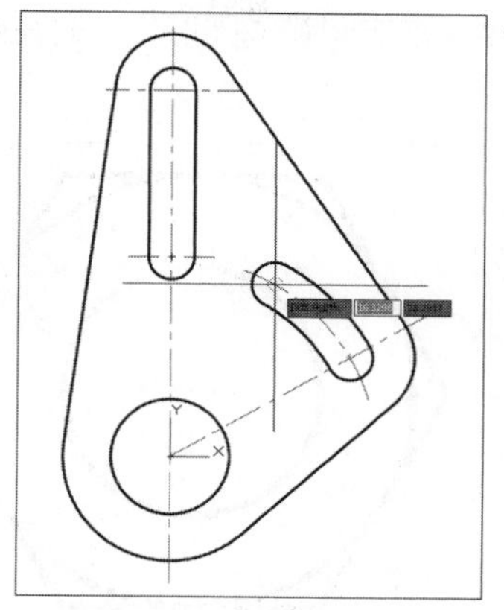

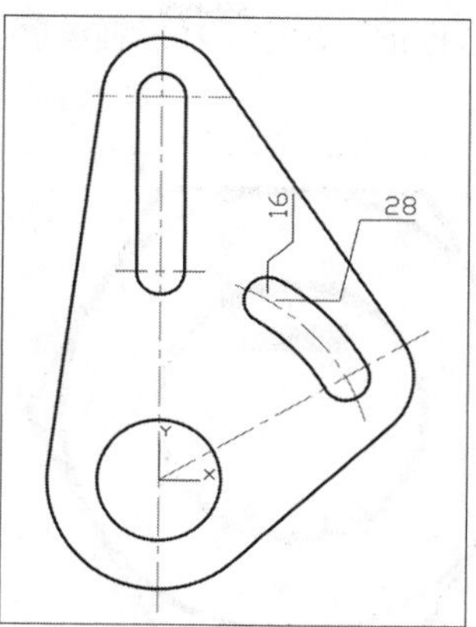

05 半径、直径标注

“半径”标注主要是用于标注图形中的圆弧半径，当圆弧角度小于180° 时可用采用半径标注，大于180° 将采用直径标注。用户可以通过以下几种方式进行半径标注：

- 在菜单栏中执行“标注>半径”命令。
- 在“默认”选项卡的“注释”面板中单击“半径”按钮。
- 在“注释”选项卡的“标注”面板中单击“半径”按钮。
- 在命令行输入DIMRADIUS命令并按Enter键。

执行“标注>半径”命令，在绘图区中选择所需标注的圆或圆弧，并指定好标注尺寸的位置，即可完成半径标注，如下左图所示。

“直径”标注的操作方法与半径的操作方法相同，执行“标注>直径”命令，在绘图区中，指定要进行标注的圆，并指定尺寸标注位置，即可创建出直径标注，如下右图所示。

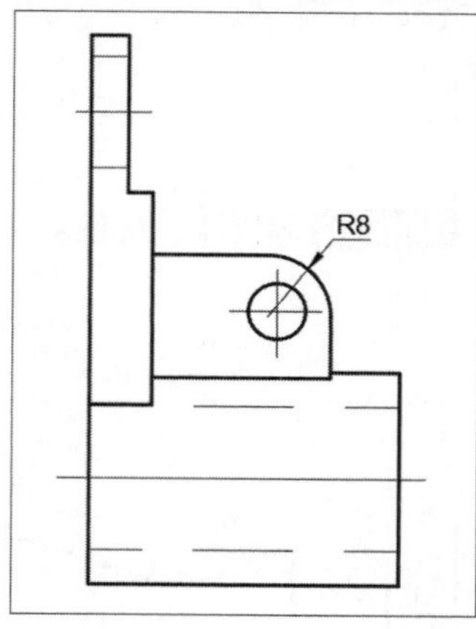

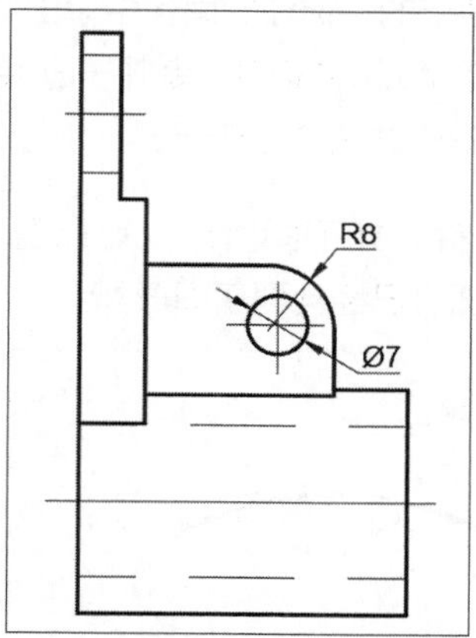

06 圆心标记

“圆心标记”主要是用于标注圆弧或圆的圆心，该命令使用户能够将十字标记放在圆弧或圆的圆心。用户可以通过以下几种方式进行圆心标记：

- 在菜单栏中执行“标注>圆心标记”命令。
- 在命令行输入DIMCENTER命令并按Enter键。

执行“标注>圆心标记”命令，然后在绘图区中，指定圆弧或圆形，此时在圆心位置将自动显示圆心点，如下图所示。

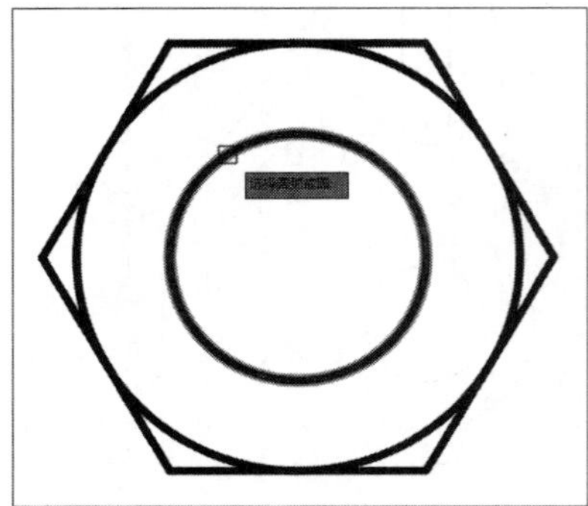

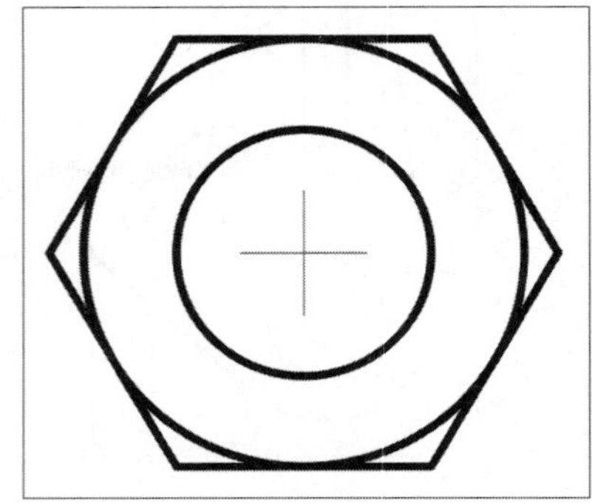

工程师点拨｜更改圆心标记

在使用“圆心标记”命令时，十字标记的尺寸可以在“修改标注样式”对话框中进行更改，用户可以设置圆心标记为无、标记或直线，还可以设置圆心标记的线段长度，如右图所示。

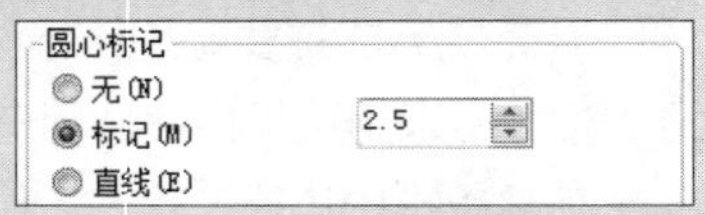

07 折弯标注

当圆弧或者圆的中心在图形的边界外，且无法显示在实际位置时，可以使用折弯标注，这称为中心位置替代。折弯标注主要是标注圆形或圆弧的半径尺寸。用户可通过以下几种方式进行折弯标注：

- 在菜单栏中执行“标注>折弯”命令。
- 在“默认”选项卡的“注释”面板中单击“折弯”按钮。
- 在“注释”选项卡的“标注”面板中单击“已折弯”按钮。
- 在命令行输入DIMJOGGED命令并按Enter键。

折弯标注的具体操作方法介绍所示：

STEP 01 打开素材文件，如下图所示。可以看到大圆弧的半径标注圆心已经标到了图形外。

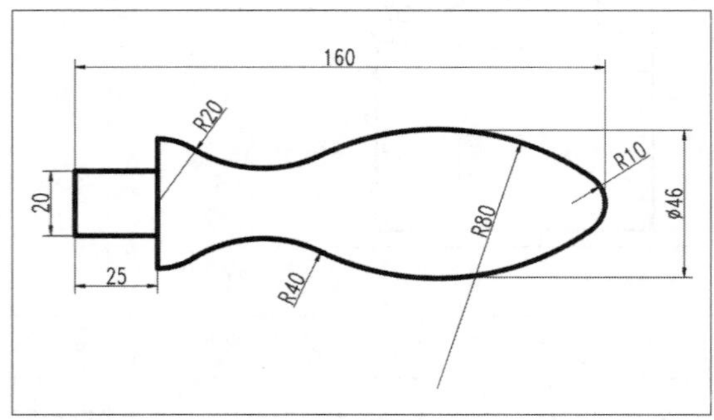

STEP 02 删除半径标注，如下图所示。

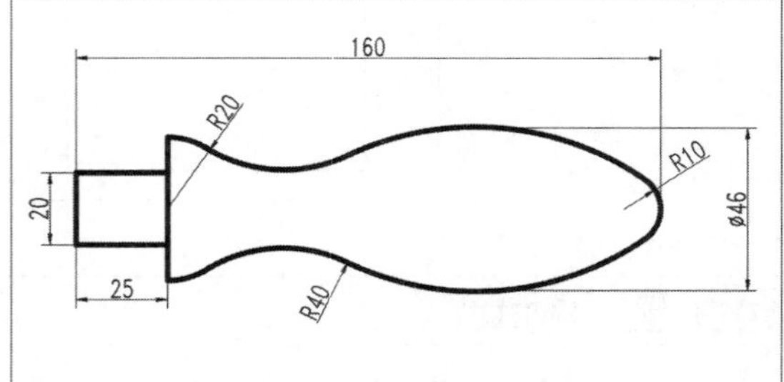

STEP 03 执行“标注>折弯”命令，根据命令行提示选择圆弧，如下图所示。

STEP 04 单击选择圆弧后再根据命令行提示指定图示中心位置，这里选择下方圆弧上的一点，如下图所示。

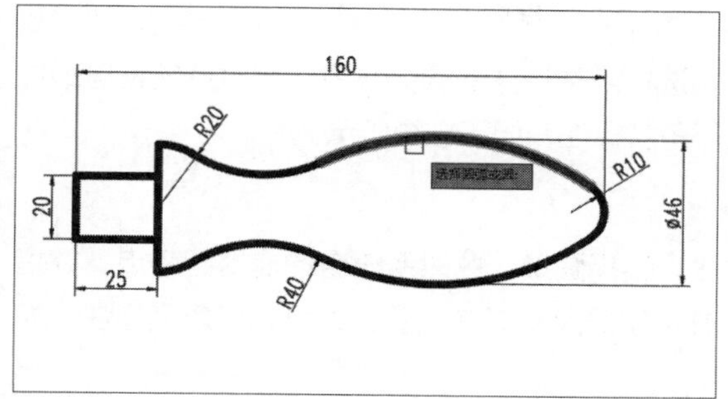

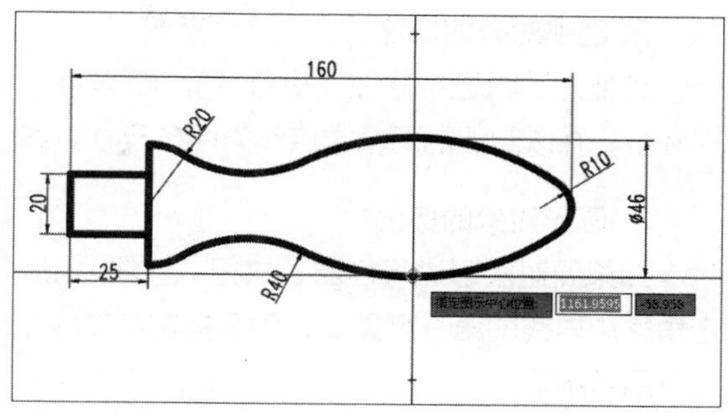

STEP 05 指定图示中心位置后，根据命令行提示指定尺寸线位置及折弯位置，如下图所示。

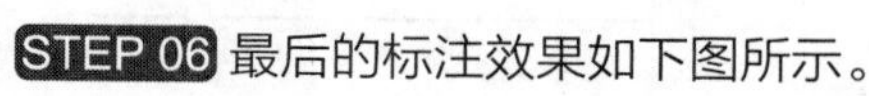

STEP 06 最后的标注效果如下图所示。

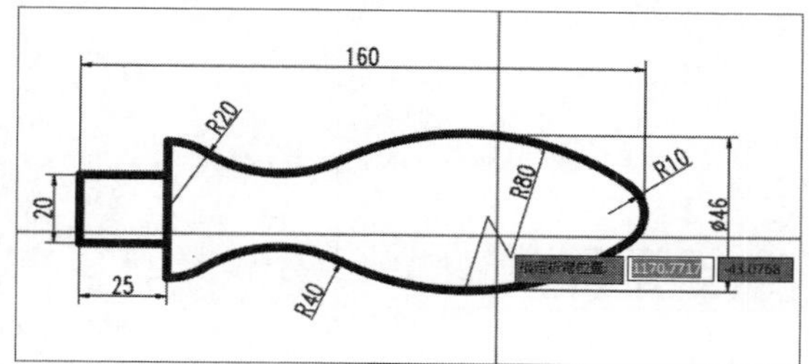

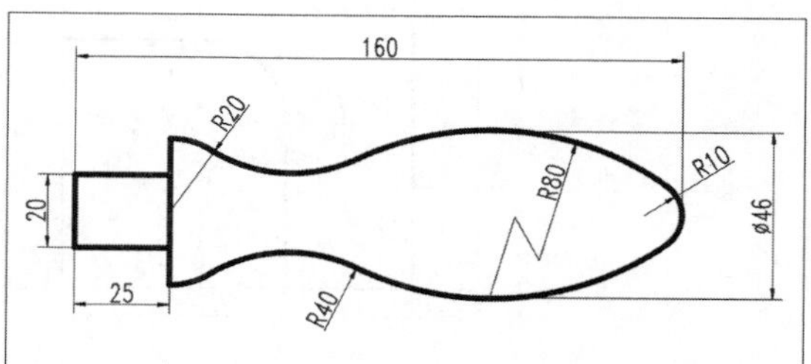

08 角度标注

在设计的过程中，使用“角度”命令可以准确测量出两条线段之间的夹角。角度标注默认的方式是选择一个对象，有四种对象可以选择：圆弧、圆、直线和点。用户可以通过以下几种方式进行角度标注：

- 在菜单栏中执行“标注>角度”命令。
- 在“默认”选项卡的“注释”面板中单击“角度”按钮。
- 在“注释”选项卡的“标注”面板中单击“角度”按钮。
- 在命令行输入DIMANGULAR命令并按Enter键。

1. 直线对象的标注

执行“标注>角度”命令，在绘图区中，分别指定两条测量线段，用这两条直线作为角的两条边，根据命令行提示，指定好尺寸标注位置，完成角度标注，如下左图所示。选择尺寸标注的位置也很重要，当尺寸标注放置当前测量角度之外，此时所测量的角度则是当前角度的补角，如下右图所示。

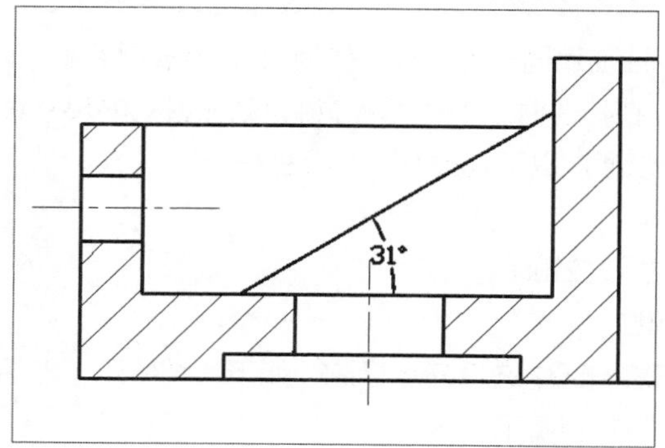

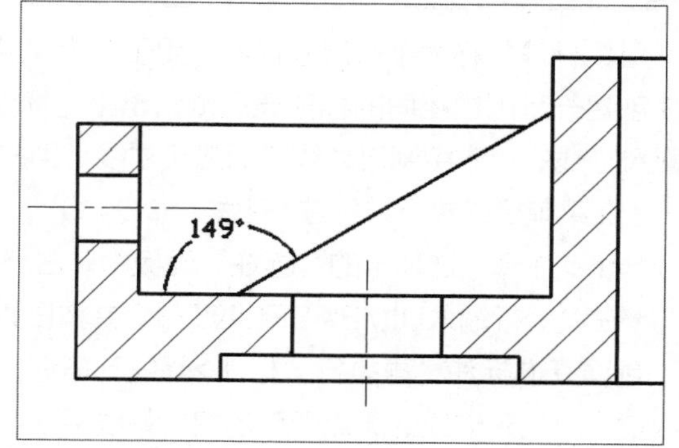

2. 圆弧对象的标注

若要对圆弧进行标注，执行“标注>角度”命令，选择所需标注的圆弧线段，此时系统将自动捕捉圆心，并以圆弧的两个端点作为两条尺寸界线，进行角度标注，如下左图所示。

3. 圆形对象的标注

如果要对圆形进行标注，执行“标注>角度”命令，选择圆形，此时系统自动捕捉圆心点，并指定角度边界线的第一测量点，然后指定第二测量点，并指定好尺寸标注位置，即可完成角度标注，如下右图所示。

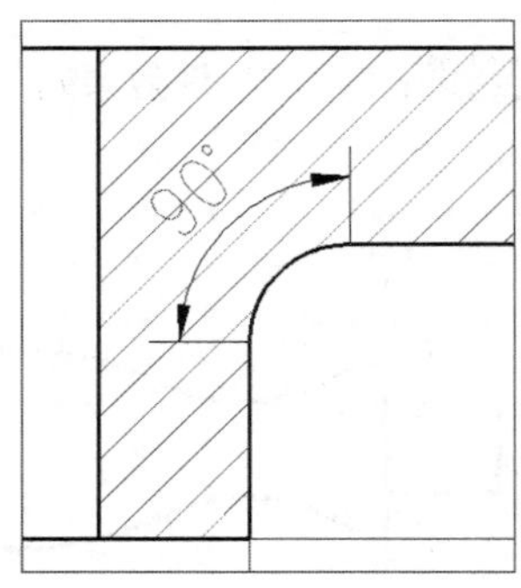

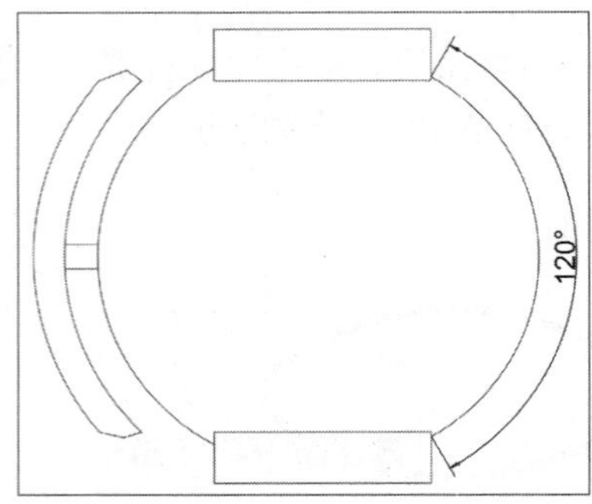

4. 通过三个点来标注

使用“角度”命令，不选择任何对象，按Enter键确定，系统将提示指定一个点作为角的顶点，如下左图所示。然后在绘图区中分别指定第一个端点和第二个端点，再选择一个点为角度的放置点即可进行三点标注，如下图所示。

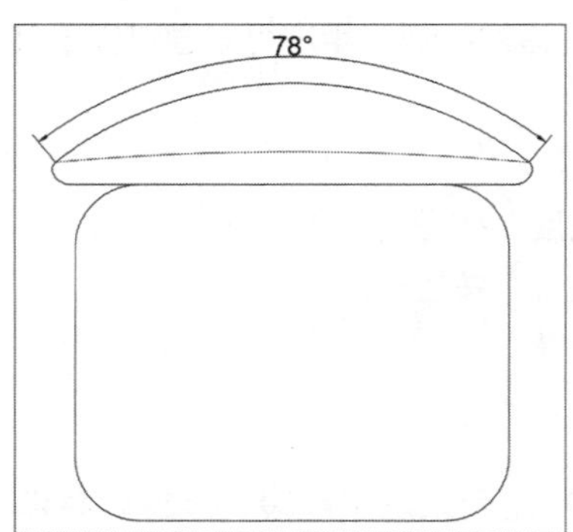

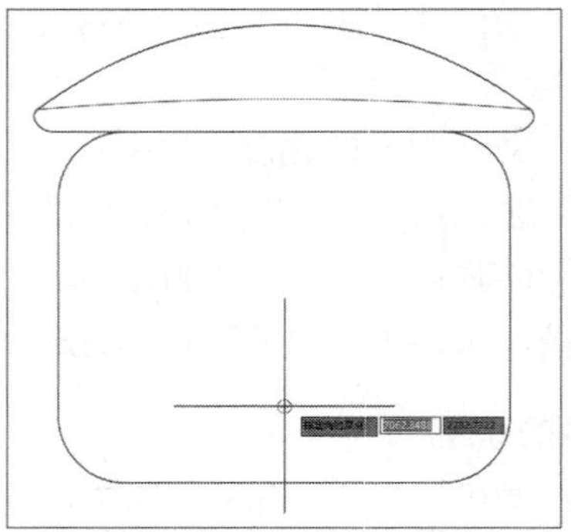

09 基线标注

基线标注又称为平行尺寸标注，用于多个尺寸标注使用同一条尺寸线作为尺寸界线的情况。基线标注创建一系列由相同的标注原点测量出来的标注，在标注时，AutoCAD将自动在最初的尺寸线或圆弧尺寸线的上方绘制尺寸线或圆弧尺寸线。用户可以通过以下几种方式进行基线标注：

- 在菜单栏中执行“标注>基线”命令。
- 在“注释”选项卡的“标注”面板中单击“基线”按钮。
- 在命令行输入DIMBASELINE命令并按Enter键。

创建基准标注，再执行“标注>基线”命令，在绘图区中选择基准标注，如下左图所示。然后再依次指定其他延伸线的原点即可创建出基线标注，如下右图所示。

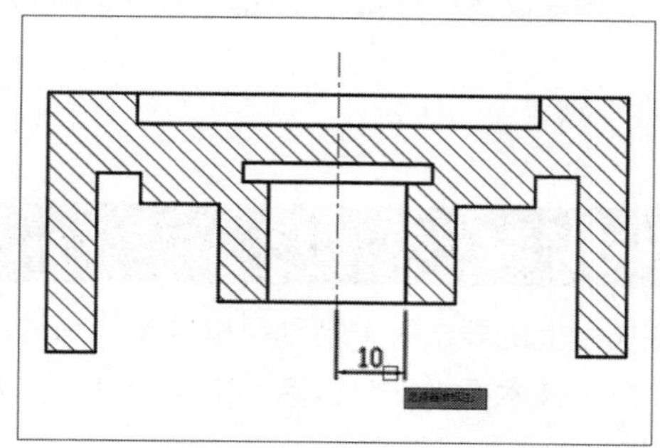

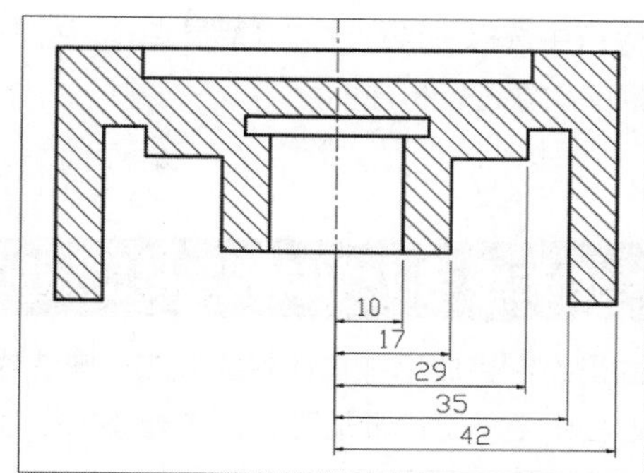

10 连续标注

连续标注用于绘制一连串尺寸，每一个尺寸的第二个尺寸界线的原点是下一个尺寸的第一个尺寸界线的原点，在使用“连续标注”之前要标注的对象必须有要有一段已经标注好的尺寸。用户可以通过以下几种方式进行连续标注：

- 在菜单栏中执行“标注>连续”命令。
- 在“注释”选项卡的“标注”面板中单击“连续”按钮。
- 在命令行输入DIMCONTINUE命令并按Enter键。

创建连续标注，首先需要执行“线性”标注，标注一段尺寸，然后执行“标注>连续”命令，在绘图区中依次指定要进行标注的点，即可进行连续标注，如右图所示。

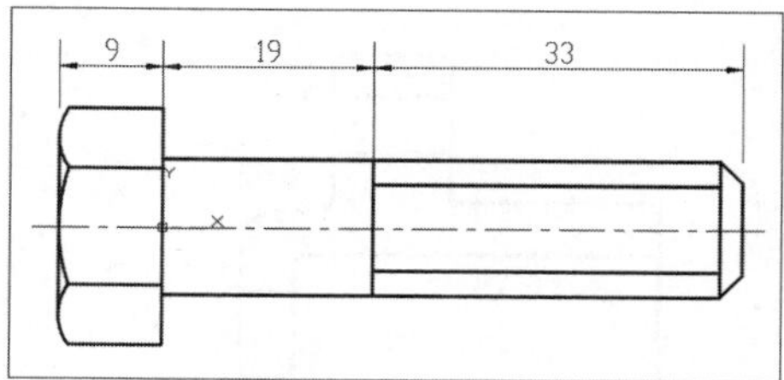

11 快速标注

快速标注可快速地创建一系列标注，它特别适合创建系列基线或连续标注，或为一系列圆弧创建标注。用户可以通过以下几种方式进行快速标注：

- 在菜单栏中执行“标注>快速标注”命令。
- 在“注释”选项卡的“标注”面板中单击“快速”按钮。
- 在命令行输入DIM命令并按Enter键。

执行“标注>快速标注”命令，选择要进行标注的图形，然后选择一条要进行标注的线段，单击鼠标右键，在命令行中将出现快速标注选项，各选项的含义介绍如下：

- 连续：创建一系列连续标注。
- 并列：创建一系列并列标注。
- 基线：创建一系列基线标注。
- 坐标：创建一系列坐标标注。
- 半径：创建一系列半径标注。
- 直径：创建一系列直径标注。
- 基准点：为基线和坐标标注设置新的基准点，这时系统要求用户选择新的基准点。
- 编辑：AutoCAD将提示用户从现有标注中添加或删除标注点。

在命令行中选择一种标注方式后，单击鼠标右键，在绘图区中指定一个点为标注的基准点，程序自动将选择的对象进行标注。

相关练习 | 为机械零件图添加尺寸标注

当图形绘制完成后往往还需要添加一些注释或技术上的要求等，特别是机械类的图纸，为在加工的过程中便于工程师加工，都需要添加技术要求，技术要求一般包括加工精确度、参考的标准、外观要求等。下面以机械零件图为例介绍添加技术要求的操作方法。

原始文件：实例文件\第8章\原始文件\零件剖视图尺寸标注.dwg
最终文件：实例文件\第8章\最终文件\零件剖视图添加尺寸标注.dwg

STEP 01 打开原始文件。打开原始文件，执行“格式>图层”命令，将尺寸标注层设为当前层，如下图所示。

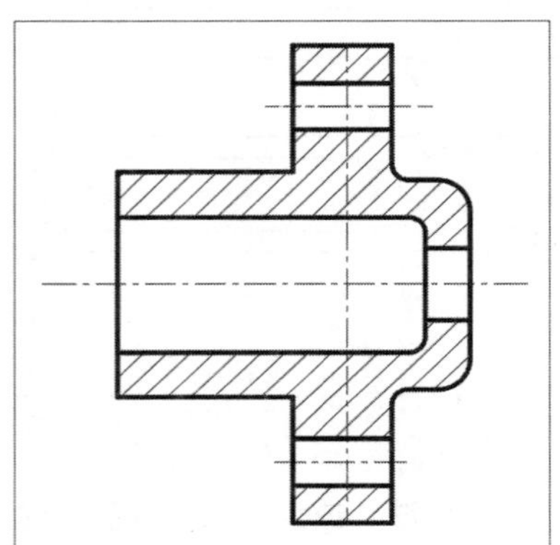

STEP 02 选择标注样式。执行“格式>标注样式”命令，打开“标注样式管理器”对话框中，如下图所示。

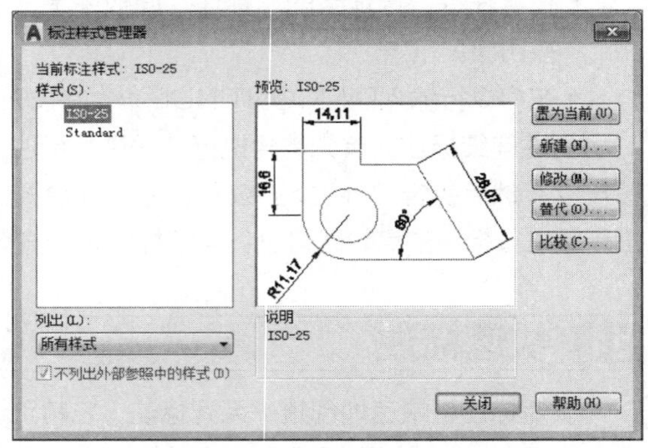

STEP 03 输入新样式名。单击“新建”按钮，输入新样式名为“尺寸标注”，如下图所示。

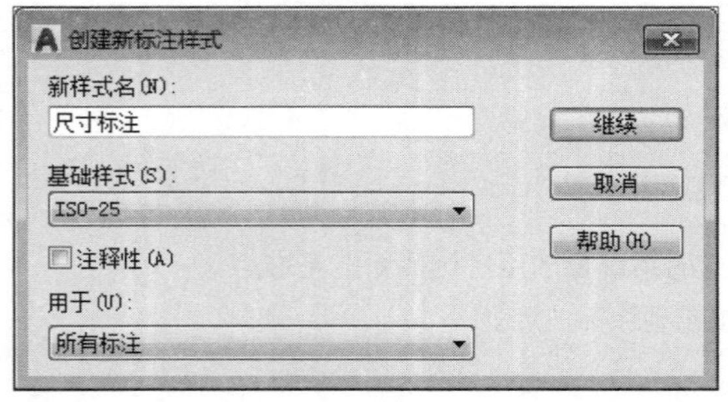

STEP 04 设置标注样式。打开“新建标注样式”对话框，设置主单位精度为0，文字高度为8，箭头大小为4，再设置尺寸界线参数，如下图所示。

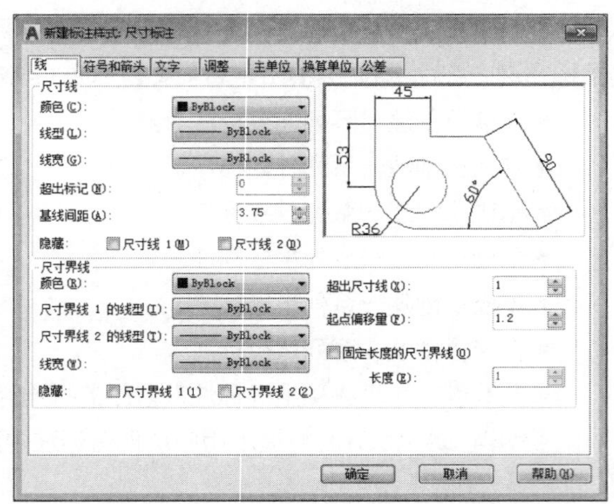

STEP 05 置为当前。单击“确定”按钮，返回“标注样式管理器”对话框，单击“置为当前”按钮，关闭对话框，如下图所示。

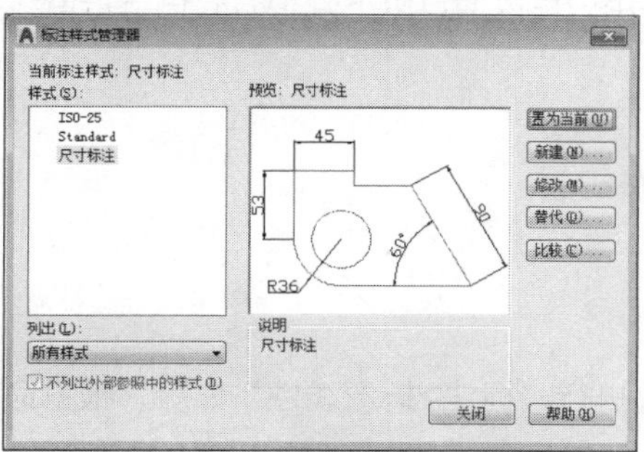

STEP 06 执行“线性”命令。执行“标注>线性”命令，在绘图区中指定标注线的第一点和第二点，并指定尺寸线位置，如下图所示。

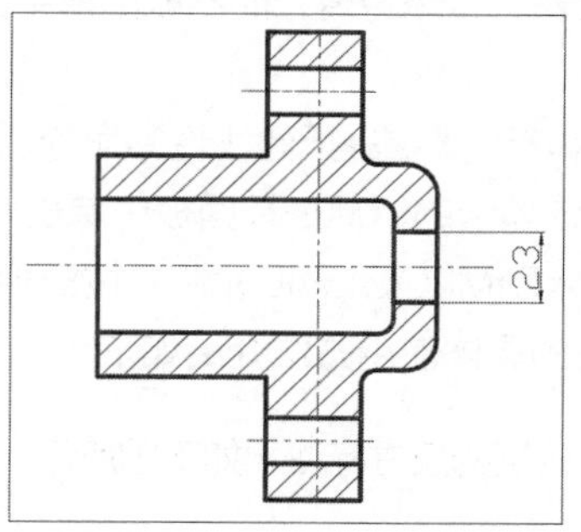

STEP 07 继续执行“线性”命令。继续执行“标注>线性”命令，根据命令行提示，标注其他尺寸，如下图所示。

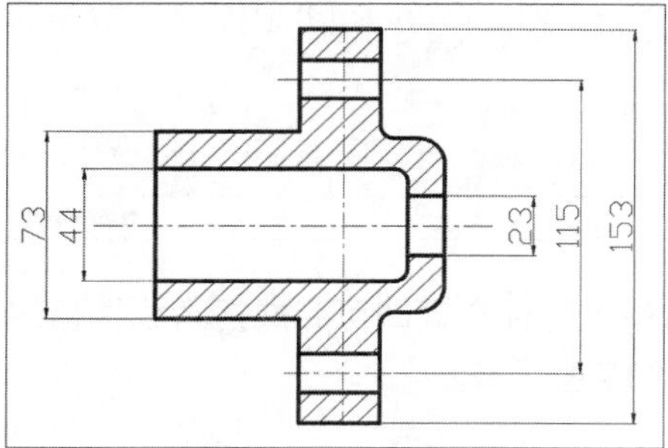

STEP 08 执行“半径”命令。执行“标注>半径”命令，标注半径尺寸，如下图所示。

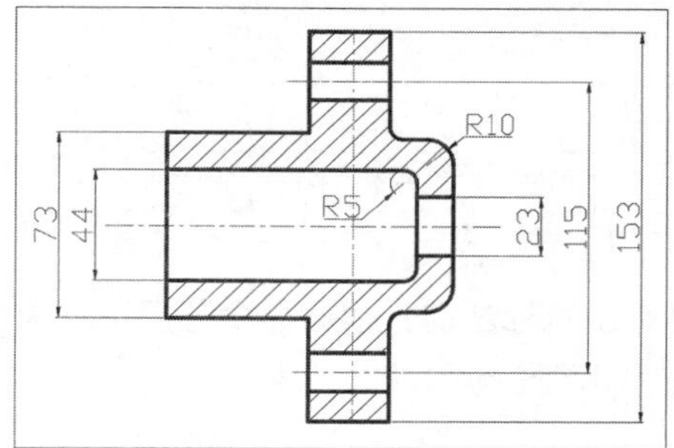

STEP 09 执行“线性”命令。执行“标注>线性”命令，对图形进行标注，如下图所示。

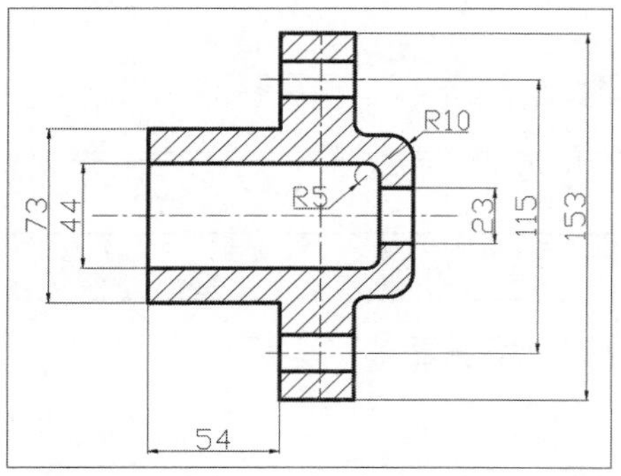

STEP 10 执行“连续”命令。执行“标注>连续”命令，继续标注剩余尺寸，完成操作，如下图所示。

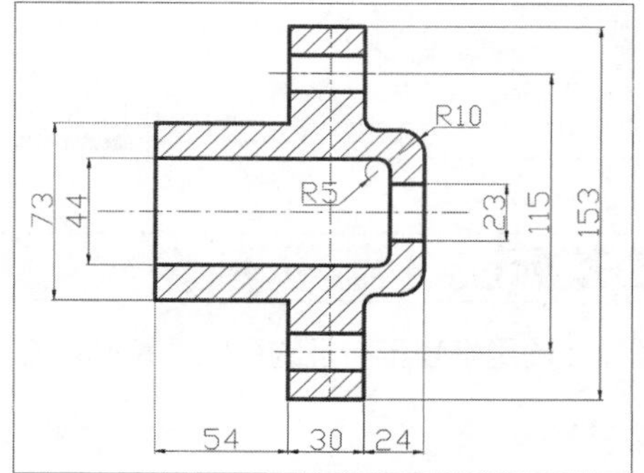

工程师点拨 | 捕捉点的设置

对于那些精确度较高的图纸来说，在选择标注对象的两个点时，可以按住Ctrl键的同时，单击鼠标右键，在快捷菜单中选择一种精确约束方式来约束点，然后在绘图区中选择点来限制对象的选择。用户也可以滚动鼠标中键来调节图形的大小，以便于选择对象捕捉点。

12 折弯线性标注

折弯线性标注是在线性标注或对齐标注上添加或删除折弯线。标注中的折弯线表示所标注的对象中的一段，标注值表示实际距离，而不是图形中的测量距离。用户可以通过以下几种方式进行折弯线性标注：

- 在菜单栏中执行“标注>折弯线性”命令。
- 在“注释”选项卡的“标注”面板中单击“折弯标注”按钮。
- 在命令行输入DIMJOGLINE命令并按Enter键。

折弯线性标注的具体使用方法介绍如下：

STEP 01 观察打断区域的尺寸标注，如下图所示。

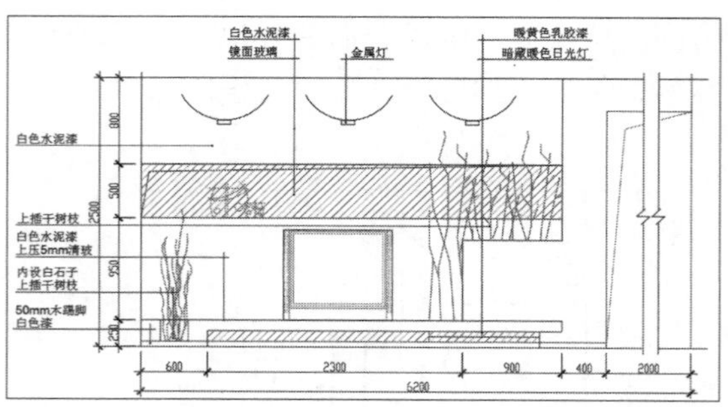

STEP 02 执行“标注>折弯线性”命令，根据命令行提示，选择要添加折弯的标注，如下图所示。

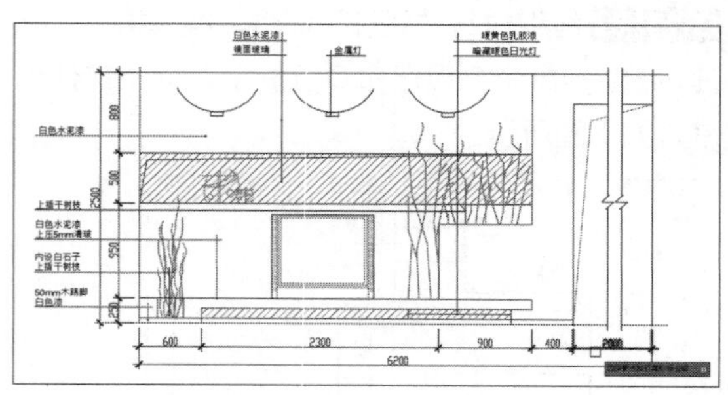

STEP 03 单击鼠标左键，根据命令行提示，指定折弯位置如下图所示。

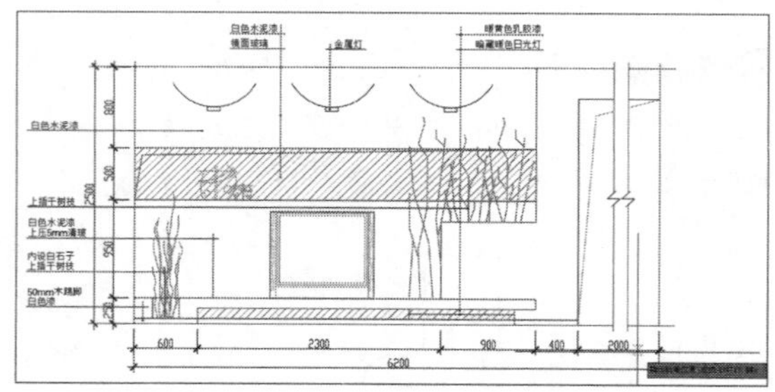

STEP 04 单击鼠标左键即可完成折弯线性标注的操作，如下图所示。

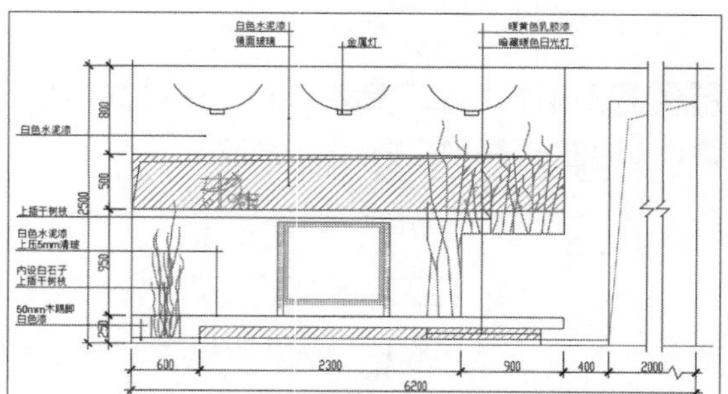

13 公差标注

公差标注是用来表示特征的形状、轮廓、方向、位置及跳动的允许偏差。

1. 公差符号

在AutoCAD中，可以通过特征控制框显示形位公差，下面介绍几种常用的公差符号，如下表8-1所示。

表8-1 公差符号

符号	含义	符号	含义	符号	含义
Ⓟ	投影公差	⌓	平面轮廓	—	直线度

（续表）

符号	含义	符号	含义	符号	含义
⌒	直线	⌯	对称	Ⓜ	最大包容条件
◎	同心/同轴	↗	圆跳动	Ⓛ	最小包容条件
○	圆或圆度	⌰	全跳动	Ⓢ	不考虑特征尺寸
⌖	定位	▱	平坦度	⌭	柱面性
∠	角	⊥	垂直	//	平行

2. 公差标注

在“形位公差”对话框中可以设置公差的符号和数值，如右图所示。用户可以通过以下方式打开“形位公差”对话框：

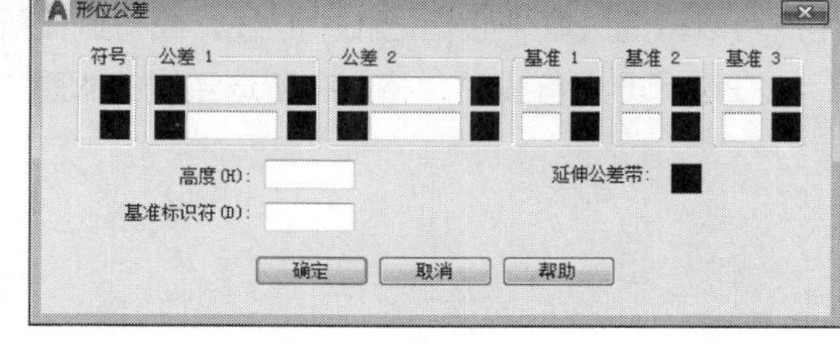

- 执行“标注>公差”命令。在“注释”选项卡“标注”面板中单击“公差”按钮。
- 在命令行输入TOLERANCE命令并按Enter键。

形位公差对话框中各选项的含义介绍如下：

- 符号：单击符号下方的■符号，会弹出“特征符号”对话框，其中可设置特征符号，如下左图所示。
- 公差1和公差2：单击该列表框的■符号，将插入一个直径符号，单击后面的黑正方形符号，将弹出“附加符号”对话框，在其中可以设置附加符号，如下右图所示。
- 基准1、基准2和基准3：该列表框可以设置基准参照值。
- 高度：设置投影特征控制框中的投影公差零值。投影公差带控制固定垂直部分延伸区的高度变化，并以位置公差控制公差精度。
- 基准标识符：设置由参照字母组成的基准标识符。
- 延伸公差带：单击该选项后的■符号，将插入延伸公差带符号。

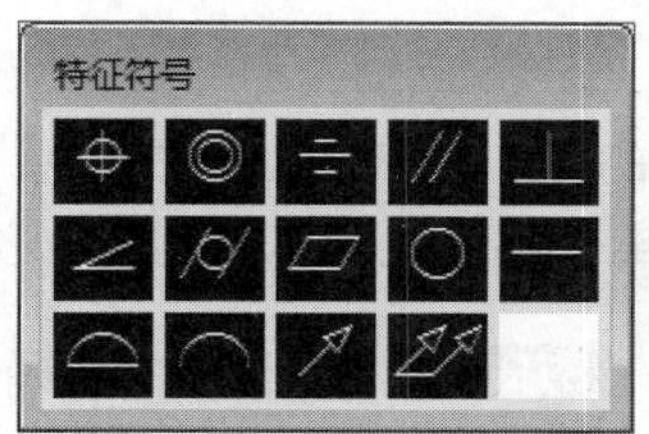

工程师点拨 | 公差标注解释说明

尺寸公差是指定标注可以变动的范围，通过指定生产中的公差，可以控制部件所需要的精度等级。

14 中心标记和中心线

中心标记和中心线是对孔中心和对称轴的尺寸标注参照。中心标记用于在选定圆、圆弧或多边形圆弧的中心处创建关联的十字形标记，如下左图所示。中心线用于创建与选定直线和多段线关联的指定线型的中心线几何图形，如下右图所示。在“注释”选项卡的“中心线”面板中单击“圆心标记”按钮或“中心线”按钮，即可调用这两种功能。

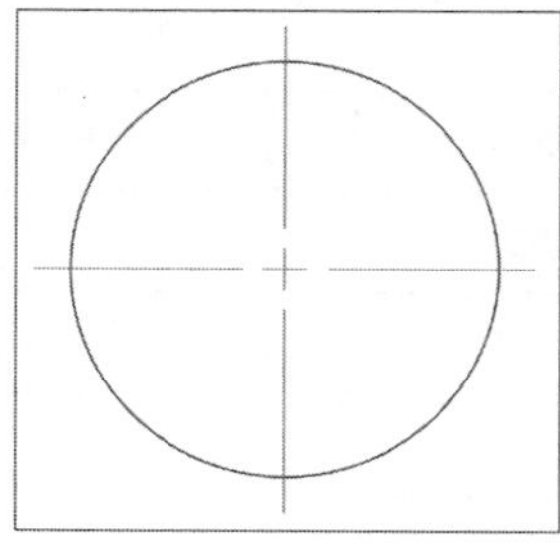
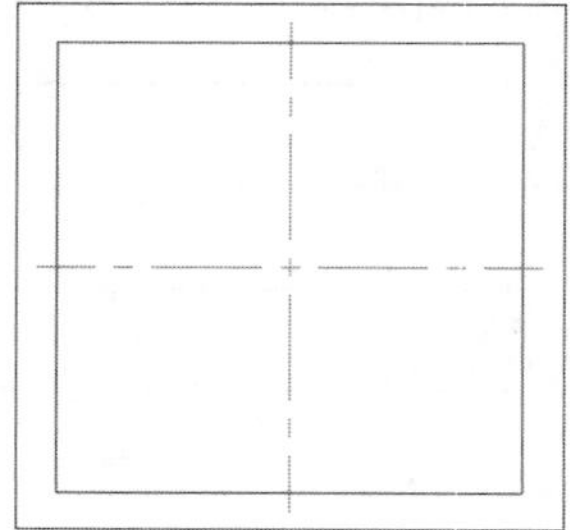

这两种图形都是关联对象，如果移动或修改关联对象，中心标记和中心线将会进行相应的调整。用户可以取消关联中心标记和中心线，或将其重新关联到选定对象。

在选择非平行线时，将会在所选直线的假想交点和结束点之间绘制一条中心线，如下图所示。

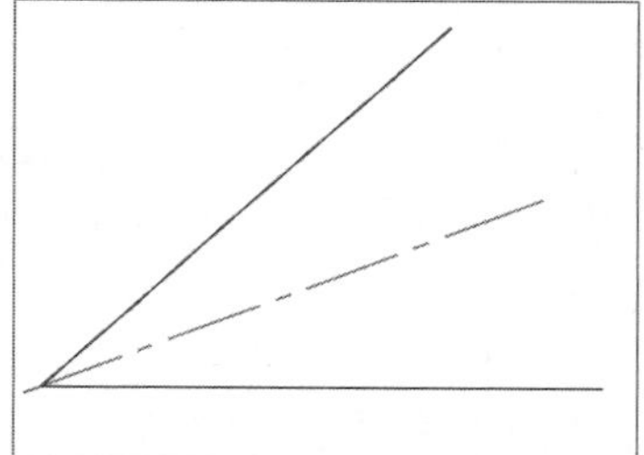
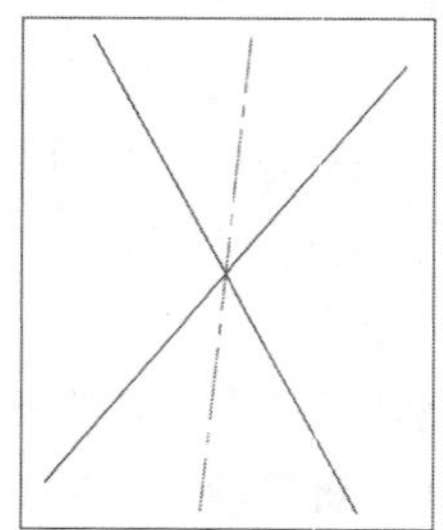

Lesson 03 尺寸标注的编辑

在AutoCAD软件中，可对创建好的尺寸标注进行修改编辑。尺寸编辑包括编辑尺寸样式、修改尺寸标注文本、调整标注文字位置等。

01 编辑尺寸标注文本

在尺寸标注中，只有标注出来的尺寸才是准确的尺寸。对于单边比较长或比较高的图形，可以将中间断开只标注其中的一部分，这样实际测量的距离就不准确了，需要将测量出的距离进行编辑。

STEP 01 执行“修改>对象>文字>编辑”命令，如下图所示。

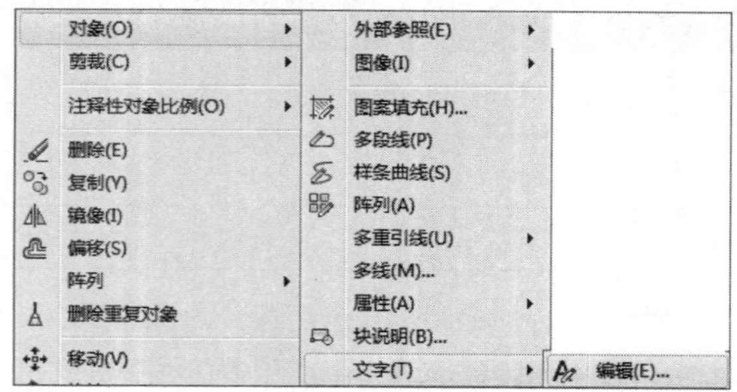

STEP 02 在绘图区中选择一个标注尺寸作为要进行编辑的尺寸，如下图所示。

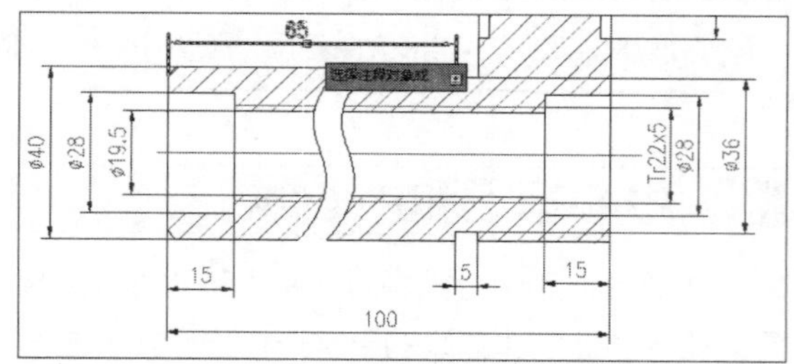

STEP 03 此时被选择的尺寸则显示为可编辑状态，如下图所示。

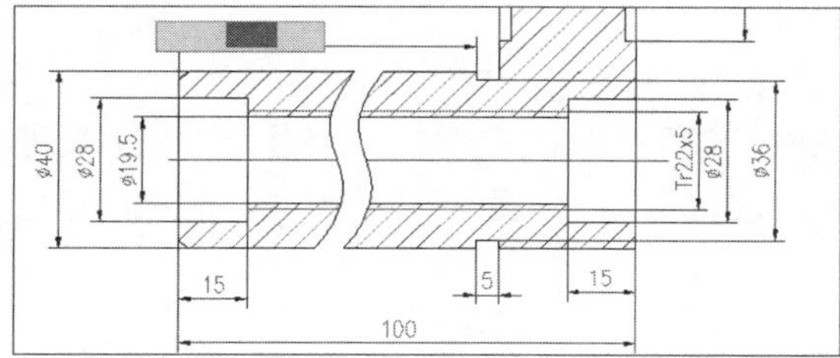

STEP 04 重新输入一个尺寸值，单击绘图区空白区域，即可完成尺寸的编辑，如下图所示。

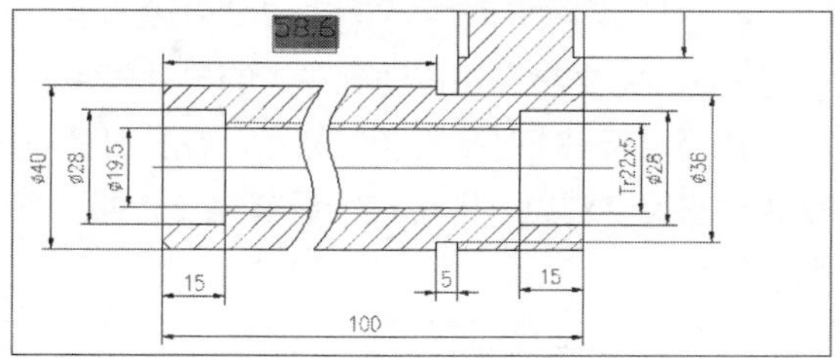

STEP 05 双击绘图区中选择要进行编辑的尺寸，如下图所示。

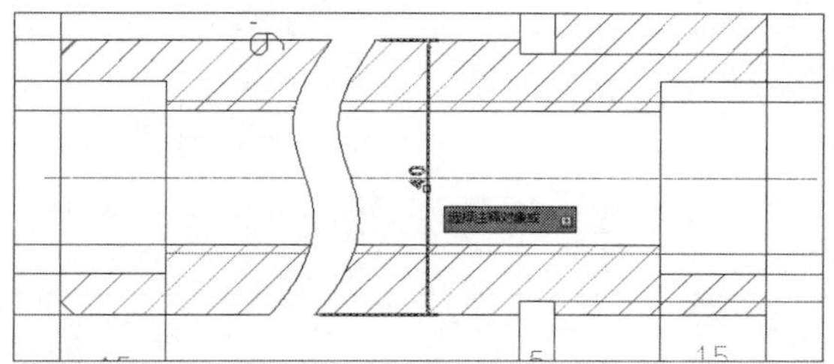

STEP 06 当尺寸为编辑状态时，在尺寸前面输入字符“%%C”，则显示出直径符号，如下图所示。

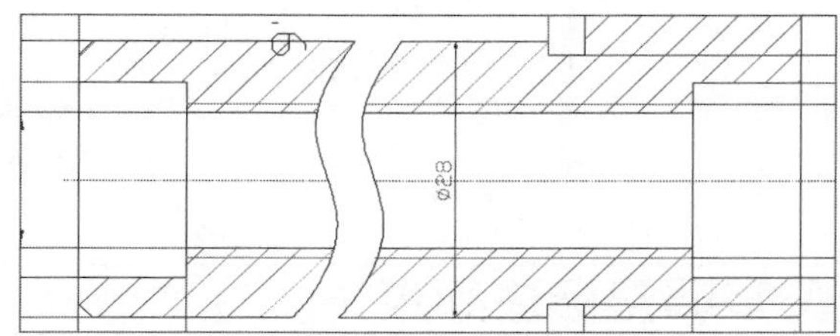

使用文字编辑命令不仅可以对尺寸标注进行编辑，还可以对文字进行编辑。使用文字编辑命令，在绘图区中选择要进行编辑的文字，如下左图所示。重新输入文字信息后即可对文字进行编辑，如下右图所示。

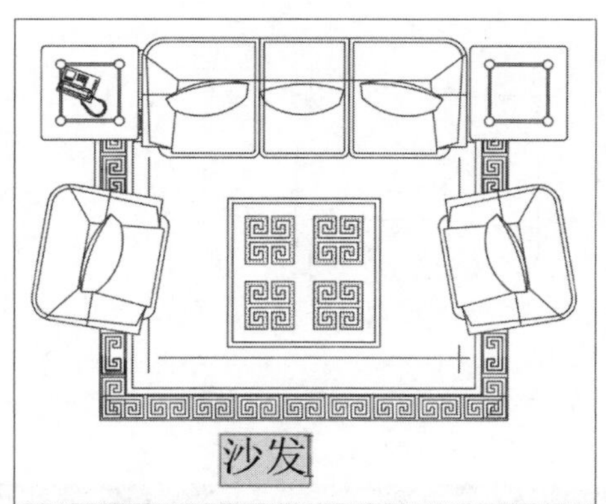

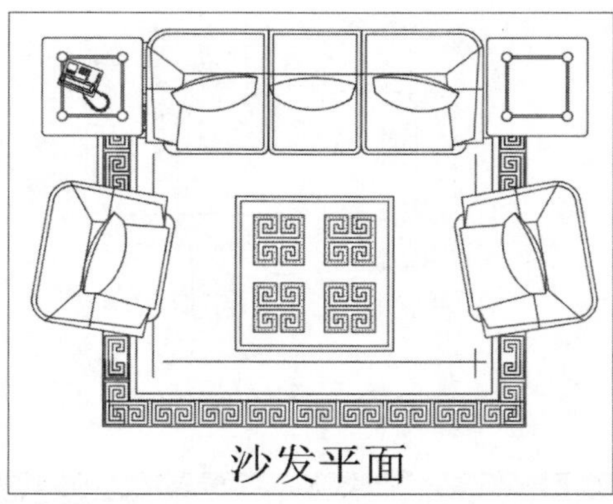

02 调整文本标注位置

调整文字标注位置就是将已经标注的文字位置进行调整，可以将文字调整到左边、中间、右边，还可以重新定义一个新的位置。

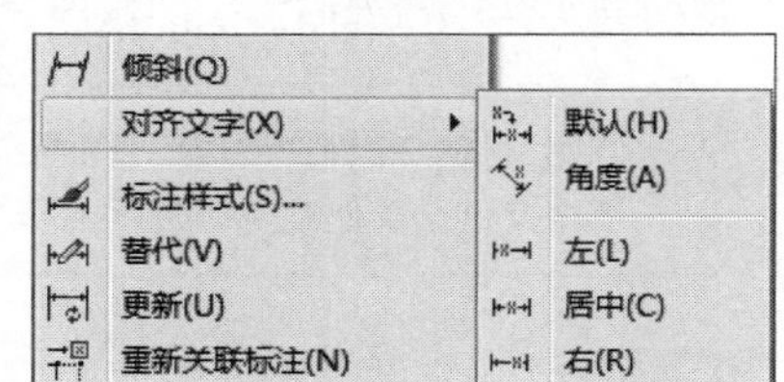

执行“标注>对齐文字”命令，在打开的下拉列表中，包含了5种文字位置的样式，如右图所示。

其各选项的含义介绍如下:

- 默认：将文字标注移动到原来的位置。

- 角度：改变文字标注的旋转角度。
- 左：将文字标注移动到左边的尺寸界线处，该方式适用于线性、半径和直径标注。
- 居中：将文字标注移动到尺寸界线的中心处。
- 右：将文字标注移动到右边的尺寸界线处。

执行“标注>对齐文字”命令，在打开的下拉列表中，选择一种对齐方式，在绘图区中选择要进行调整的尺寸对象，即可进行调整操作，如下左图所示为左对齐，下中图所示为居中，下右图所示为右对齐。

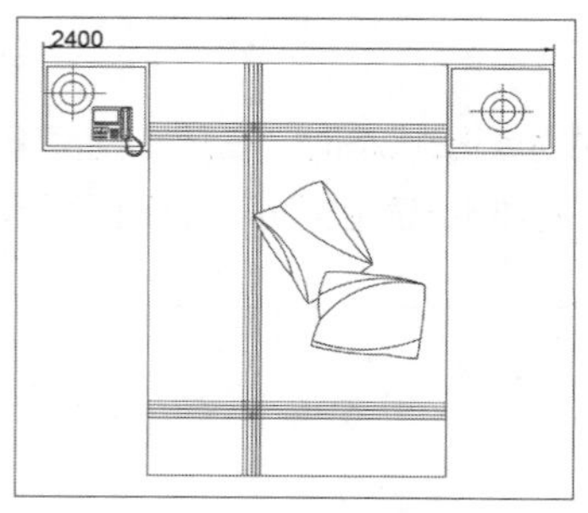

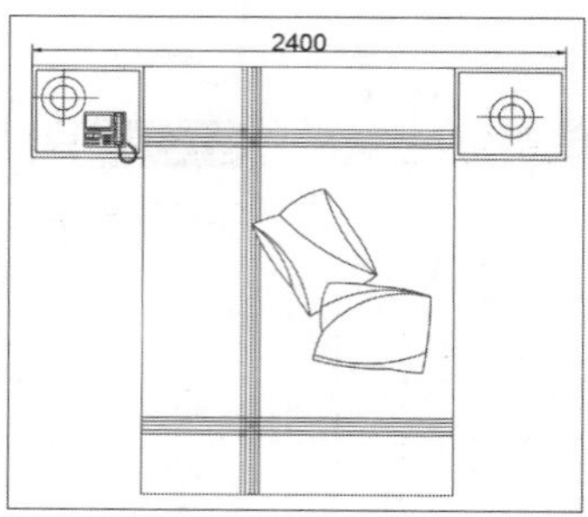

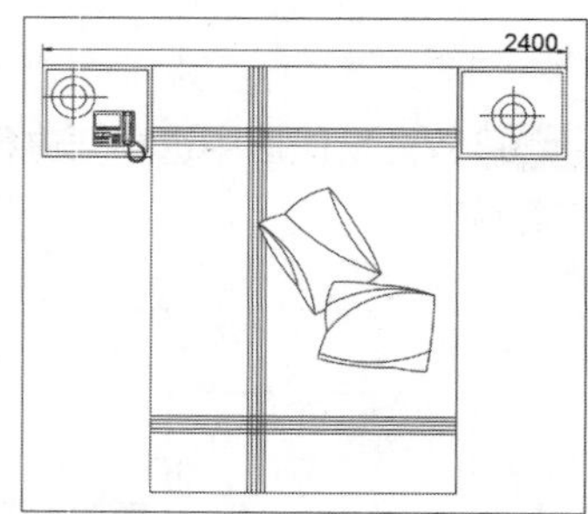

03 调整标注间距

调整标注间距可调整平行尺寸线之间的距离，使其间距相等或在尺寸线处相互对齐。在“注释”选项卡的“标注”面板中单击“调整间距”按钮，根据命令行提示选择基准标注，然后选择要产生间距的尺寸标注，如下图所示。

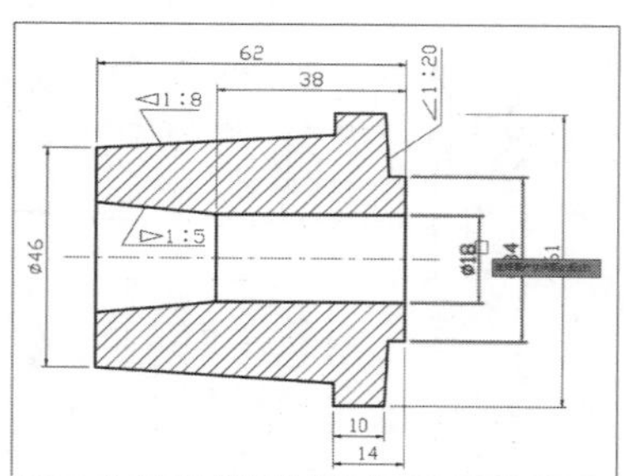

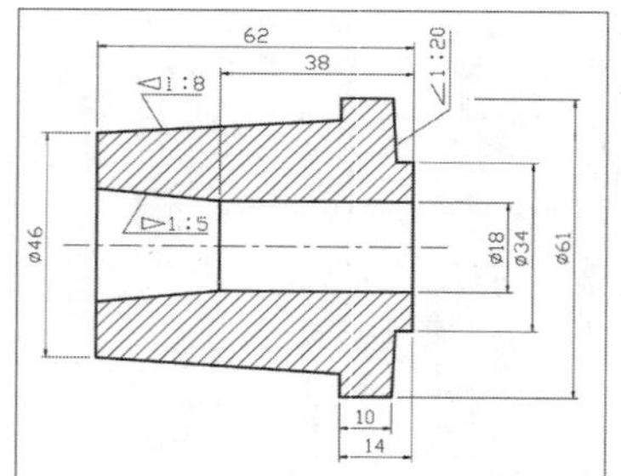

相关练习 | 编辑零件图尺寸标注

尺寸标注有时并不能表达出零件的意图，这时就需要对零件图的尺寸进行编辑，通过添加字符符号表达出零件所表达的意思。下面通过实例介绍编辑零件图尺寸标注的操作方法。

原始文件：实例文件\第8章\原始文件\阀剖面图尺寸标注.dwg
最终文件：实例文件\第8章\最终文件\阀剖面图尺寸标注.dwg

STEP 01 打开文件。打开原始文件“阀剖面图尺寸标注.dwg”文件，如下图所示。

STEP 02 执行文字编辑命令。执行“修改>对象>文字>编辑”命令，进入文字编辑状态，如下图所示。

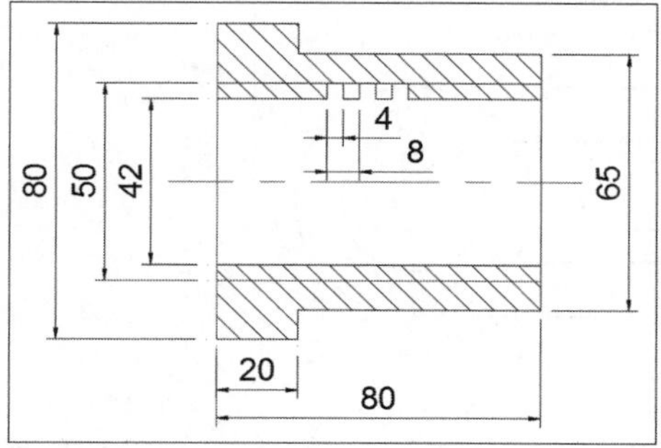

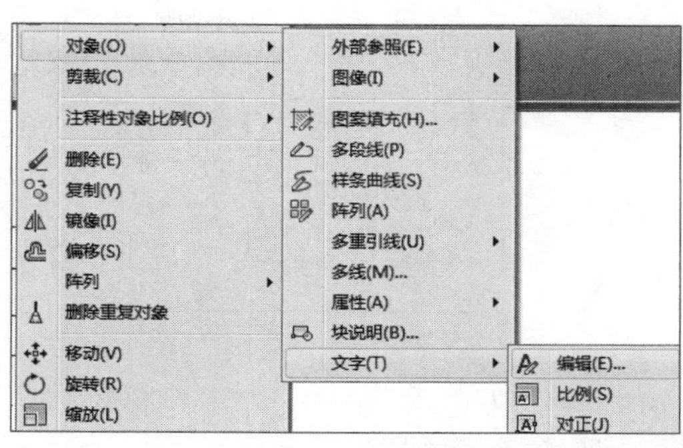

STEP 03 选择要编辑的尺寸。在绘图区中选择一个标注尺寸作为要进行编辑的尺寸，如下图所示。

STEP 04 添加直径符号。单击鼠标右键在打开的快捷菜单中选择“符号>直径”选项，效果如下图所示。

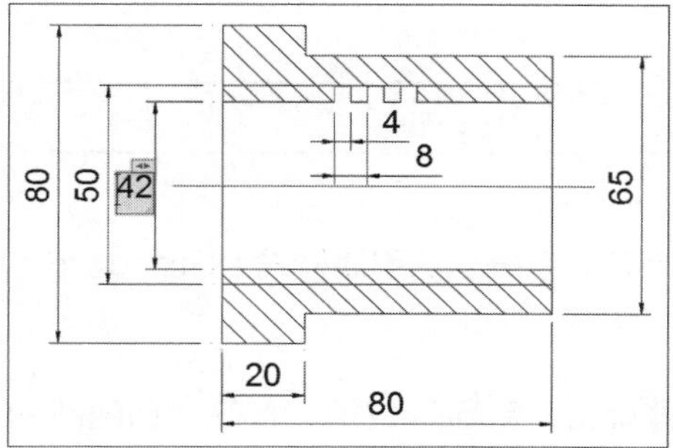

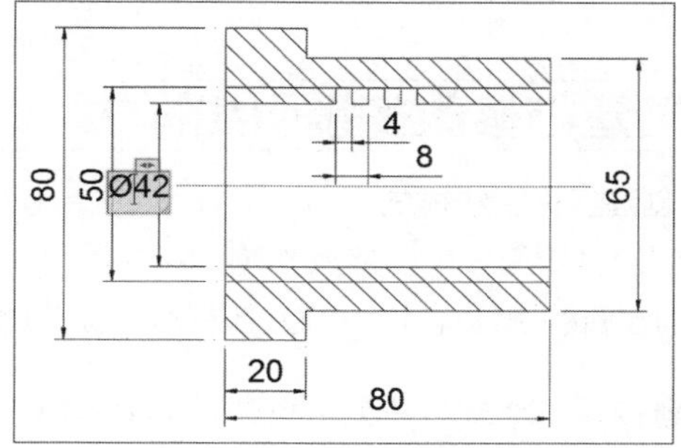

STEP 05 退出编辑状态。单击绘图区空白处退出编辑状态，如下图所示。

STEP 06 完成编辑。继续执行当前命令，完成编辑尺寸操作，如下图所示。

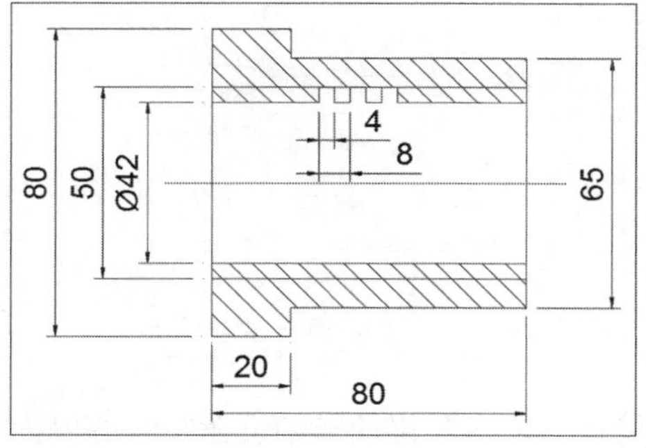

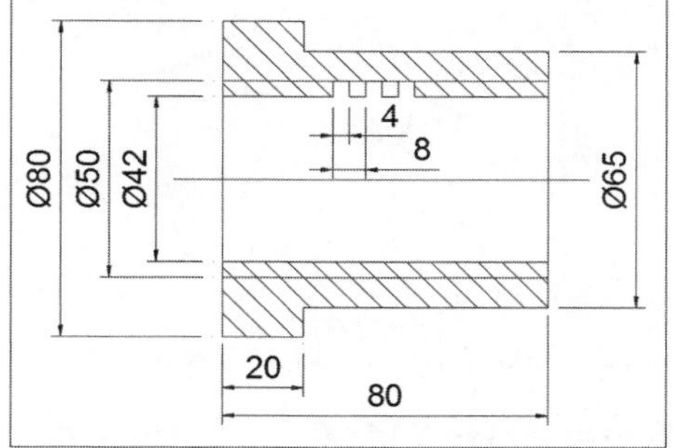

04 标注打断

标注打断是指在标注或延伸线与其他对象交叉处折断或恢复标注和延伸线，该功能可以将折断标注添加到线性标注、角度标注和坐标标注等。用户可以通过以下几种方式打断标注：

- 在菜单栏中执行“标注>标注打断”命令。
- 在“注释”选项卡的“标注”面板中单击“打断”按钮。
- 在命令行输入DIMBREAK命令并按Enter键。

执行“标注>标注打断”命令，根据命令行提示选择要添加折断的标注，然后再选择要折断标注的对象，即可完成操作，如下图所示。

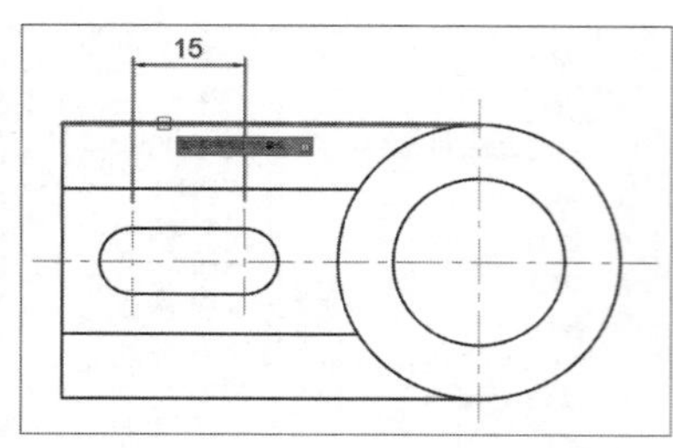

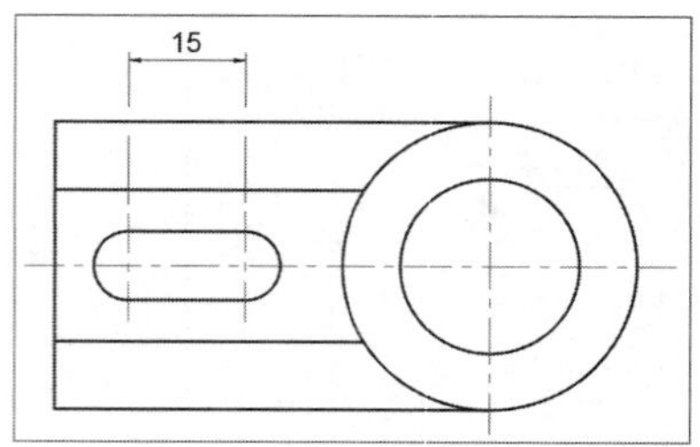

Lesson 04 引线标注

在绘图过程中，只有数值标注是仅仅不够的，在进行立面绘制时，为了清晰的标注出图形的材料和尺寸，用户可以需要利用引线标注进行实现。

01 创建与修改多重引线样式

1. 创建多重引线样式

在创建多重引线前，通常都需要对多重引线的样式进行创建，系统默认引线样式为Standard，如果要创建新的引线样式，可通过以下方式进行设置：

STEP 01 执行“格式>多重引线样式”命令，打开“多重引线样式管理器”对话框，结果如下图所示。

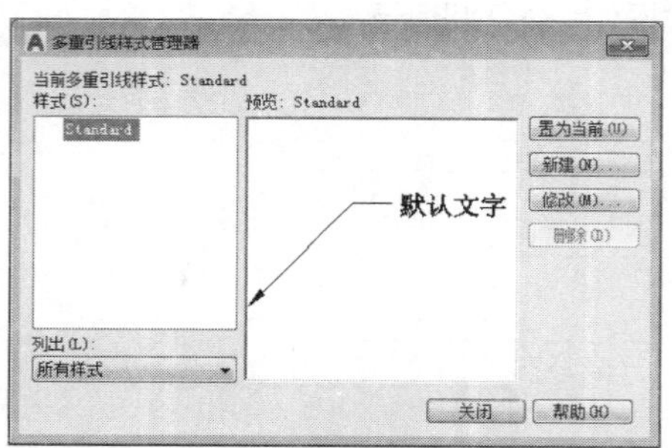

STEP 02 单击“新建”按钮，打开“创建新的多重引线样式”对话框，并输入新样式名，如下图所示。

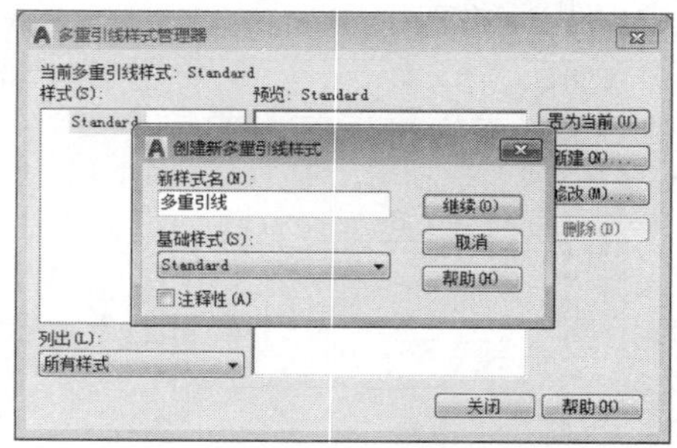

STEP 03 单击“继续”按钮，打开“修改多重引线样式：多重引线”对话框，在“引线格式”选项卡中设置箭头符号为小点、大小为10，如下图所示。

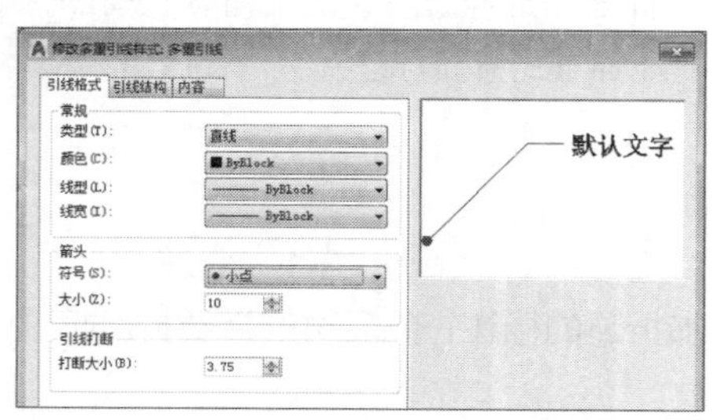

STEP 04 在“内容”选项卡中设置文字高度为20，如下图所示。

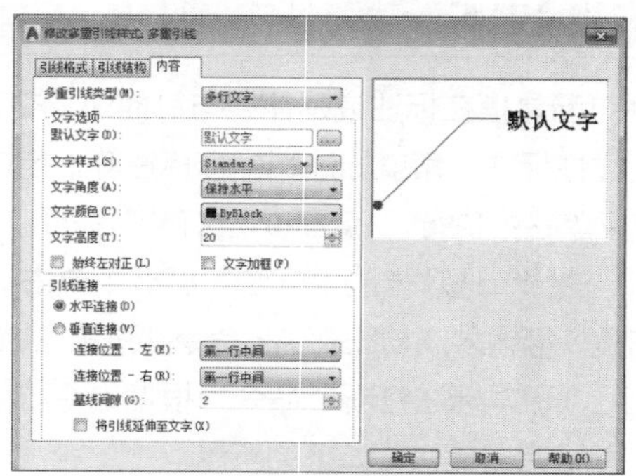

STEP 05 单击“确定”按钮，返回“多重引线样式管理器”对话框，并单击“置为当前”按钮，关闭对话框，完成多重引线样式的创建，如右图所示。

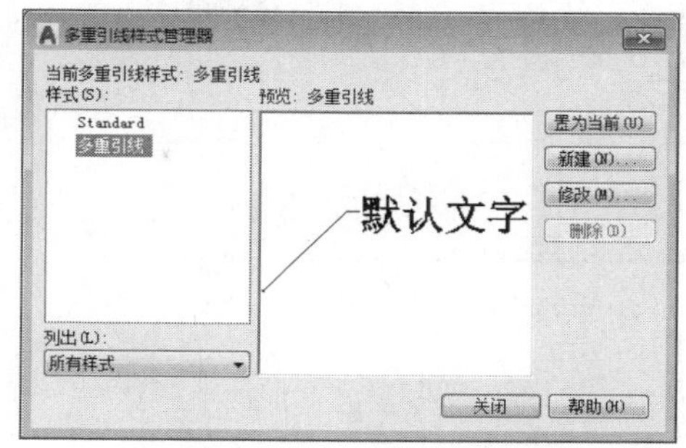

2. 编辑多重引线样式

如果新建的多重引线样式不符合需要可以对多重引线样式进行修改。

STEP 01 执行“格式>多重引线样式”命令，打开“多重引线样式管理器”对话框，结果如下图所示。

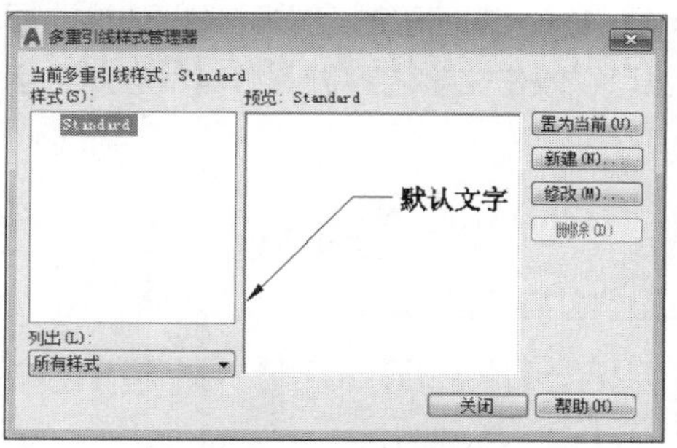

STEP 02 单击“修改”按钮，即可对其参数进行修改，修改完毕后单击“确定”按钮，完成多重引线样式的修改，如下图所示。

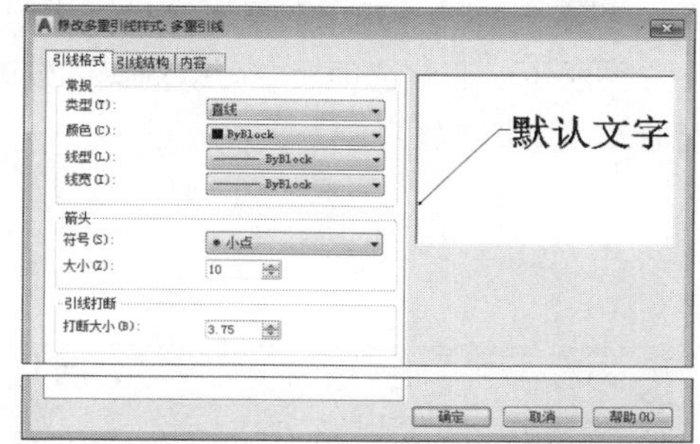

02 创建与编辑多重引线

1. 创建多重引线

多重引线样式设置完成后，即可进行多重引线的创建。执行“标注>多重引线”命令，根据命令行提示，指定引线的起点和引线方向，并输入注释内容即可，下面将举例介绍多重引线创建的方法。

STEP 01 执行“标注>多重引线”命令，指定引线箭头的位置，如下图所示。

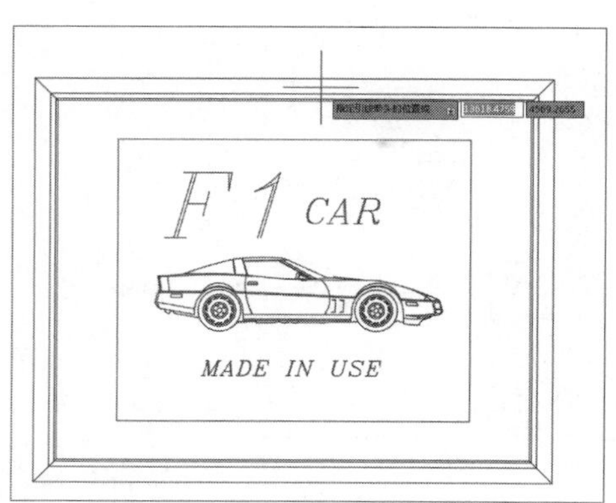

STEP 02 单击鼠标左键，移动鼠标指定引线基线的位置，如下图所示。

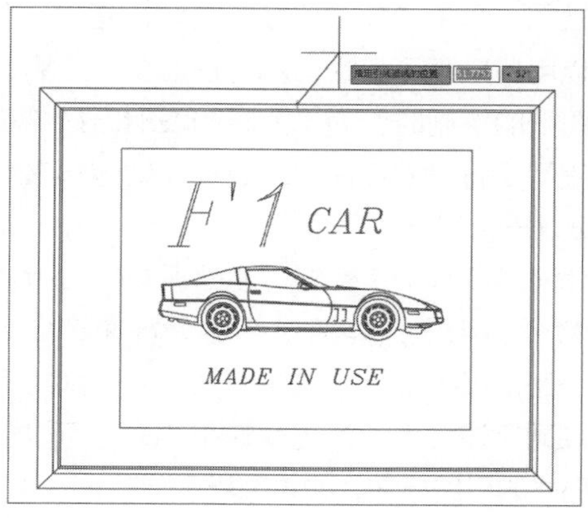

STEP 03 单击鼠标左键，即可输入文字内容，如下图所示。

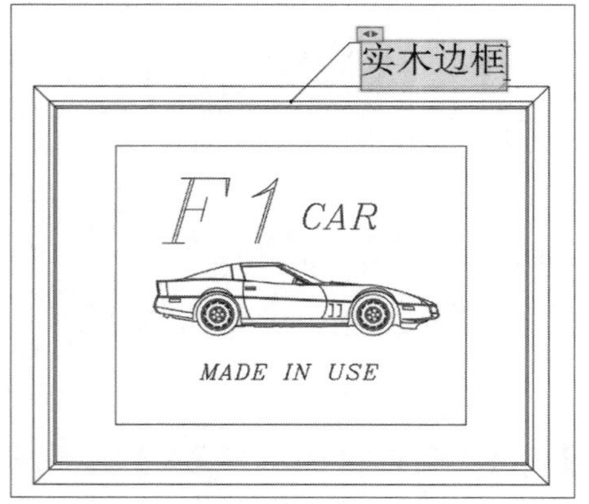

STEP 04 在绘图区空白处单击鼠标左键，完成多重引线的标注，如下图所示。

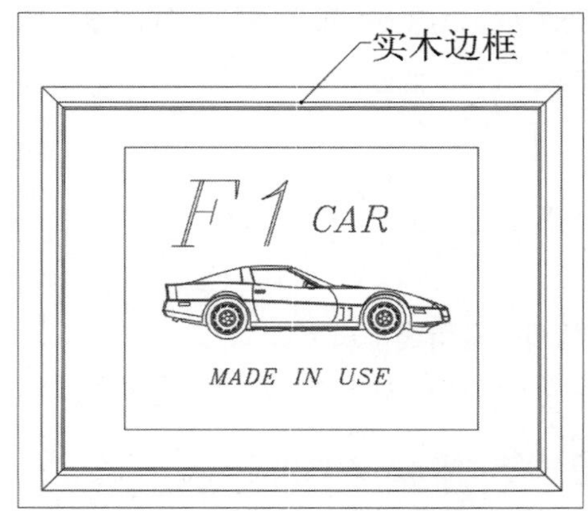

2. 编辑多重引线

在创建多重引线后，如果对其不满意，用户可以修改多重引线，鼠标双击多重引线打开其选项板，如下左图所示，在该选项板中可以对其参数进行设置，也可以双击文字内容进入编辑状态对文字内容进行修改，如下右图所示。

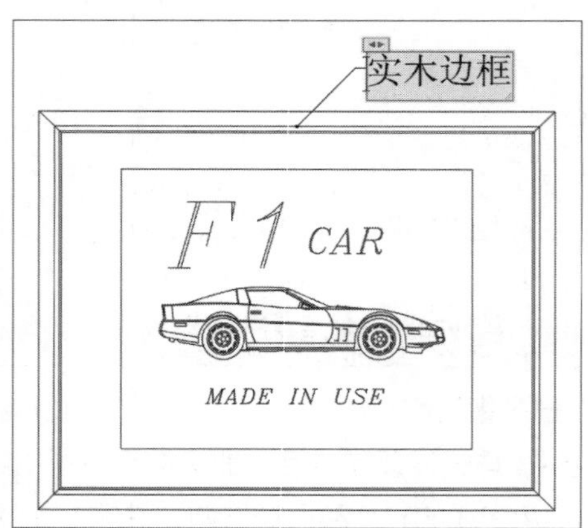

03 快速引线

在绘图过程中，除了尺寸标注外，还有一样工具的运用是必不可少的，就是快速引线工具。在进行图纸的绘制时，为了清晰的表现出材料和尺寸，就需要将尺寸标注和引线标注结合起来，这样图纸才一目了然。

AutoCAD的菜单栏与功能面板中并没有快速引线命令，用户只能通过在命令行输入命令QLEADER调用该命令，输入快捷键LE或QL命令也可以调用该命令。通过快速引线命令可以创建以下形式的引线标注，如右图所示。

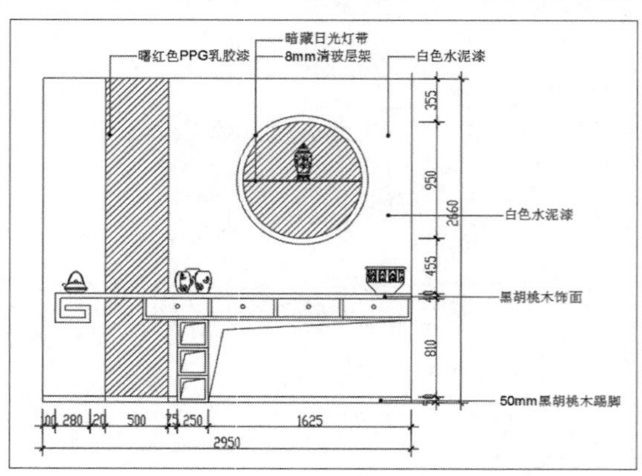

工程师点拨｜引线设置

快速引线的样式设置同尺寸标注，也就是说，在“标注样式管理器”中创建好标注样式后，用户就可以直接进行尺寸标注与快速引线标注了。另外也可以通过“引线设置”对话框创建不同的引线样式。调用快速引线命令，根据命令行提示输入命令S，按Enter键即可打开“引线设置”对话框，在“附着”面板中勾选“最后一行加下划线”复选框，如右图所示。

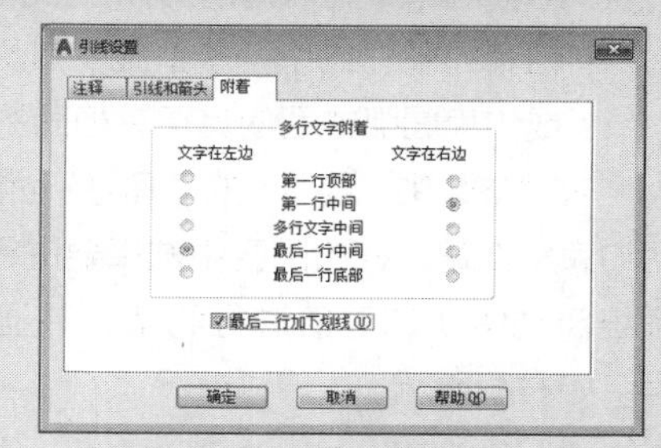

Lesson 05 参数化设计

参数化设计中有约束的概念。约束是指将选择的对象进行尺寸和位置的限制。参数化设计包括两方面的内容，几何约束和标注约束。

01 几何约束

几何约束用于限制二维图形或对象上点的位置，进行几何约束后对象具有关联性，在没有溢出约束前是不能进行位置的移动的。

在“参数化”选项卡下的“几何”面板中列出了所有几何约束的命令，如下图所示。

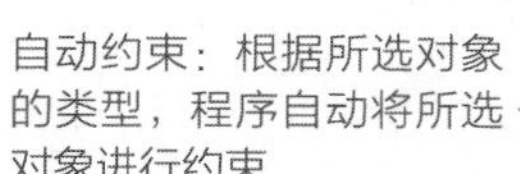

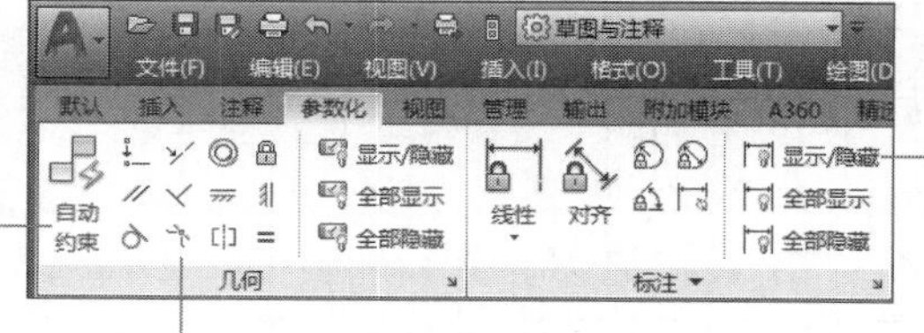

该面板中各命令的含义介绍如下：

- 自动约束：程序根据选择对象自动判断出约束的方式。
- 重合约束：将对象的一个点与已经存在的点重合。
- 共线约束：用于约束两条线段重合在一起。
- 同心约束：用于将两个圆或圆弧对象的圆心点重合在一起。
- 固定约束：将选择的对象固定在一个点上，不能进行移动。
- 平行约束：将选择的两组对象夹角约束为180°。
- 垂直约束：将选择的两组对象的夹角约束为90°。
- 水平约束：将选择的对象约束为与水平方向平行。
- 竖直约束：将选择的对象约束为与水平方向垂直。
- 相切约束：约束两条曲线使其彼此相切或延长线相切。

- 平滑约束：约束一条样条曲线，使其与其他样条曲线、直线之间保持平滑度。
- 对称约束：将选择的对象按照指定的直线或轴线为对称轴彼此对称。
- 相等约束：约束两条直线使其具有相同长度，或约束圆弧或圆使其具有相同的半径值。

在“参数化”选项卡的“几何”面板中，单击“自动约束”按钮，在绘图区中选择要进行约束的对象，系统自动将所选对象进行约束，并显示出约束的符号，如右图所示。

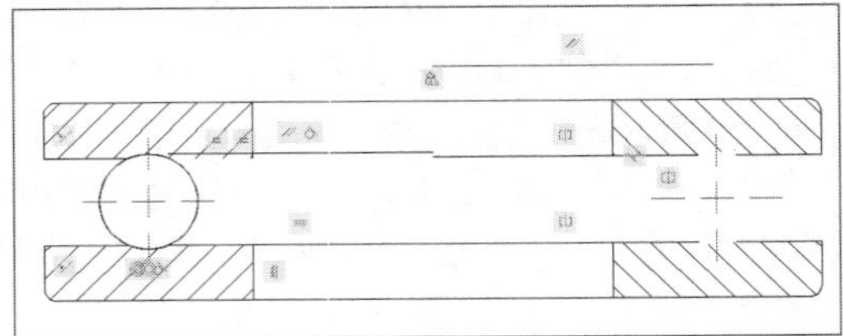

02 标注约束

标注约束用于将所选对象进行约束，通过约束尺寸达到移动线段位置的目的。标注约束的操作方法与尺寸标注大致相同，需要指定对象上的两个点，然后输入约束尺寸，程序即可将所选线段进行约束。该面板中各命令的含义介绍如下：

1.“线性”约束

线性约束可以将对象沿水平方向或竖直方向进行约束，如果所选对象的两个参考点是在同一直线上，那么只能沿水平或竖直方向进行移动，如下左图所示。只有所选对象的两个点不在同一直线上，尺寸线的方向才能沿水平和竖直方向移动，如下右图所示。

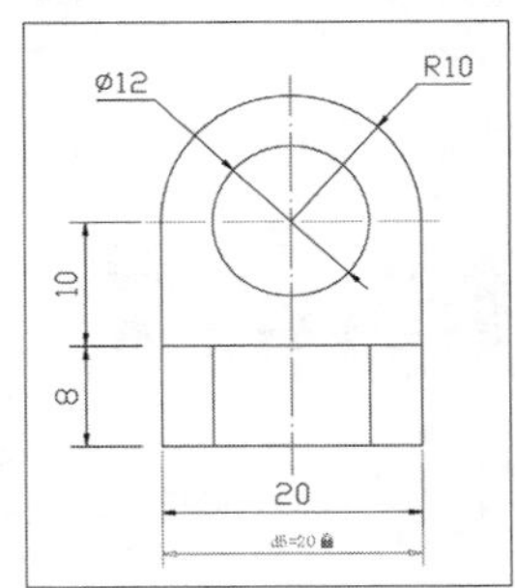

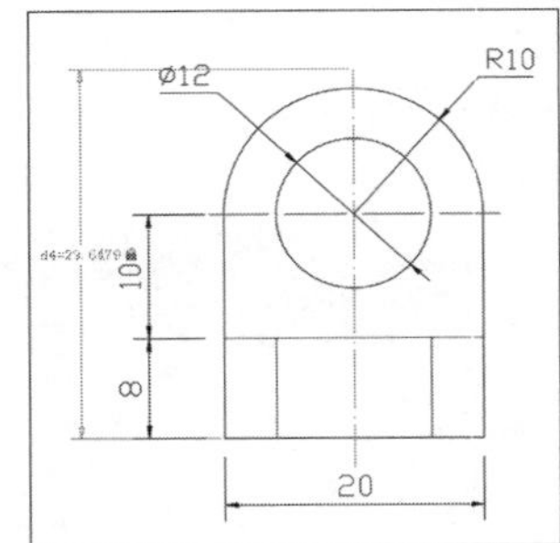

在选择约束对象的两个点后，指定一个方向为尺寸线放置的方向，此时尺寸为可编辑状态，并测量出当前的值，如下左图所示。重新输入尺寸值后按Enter键确定，程序自动将选择的对象进行锁定，并将对象进行移动，如下右图所示。

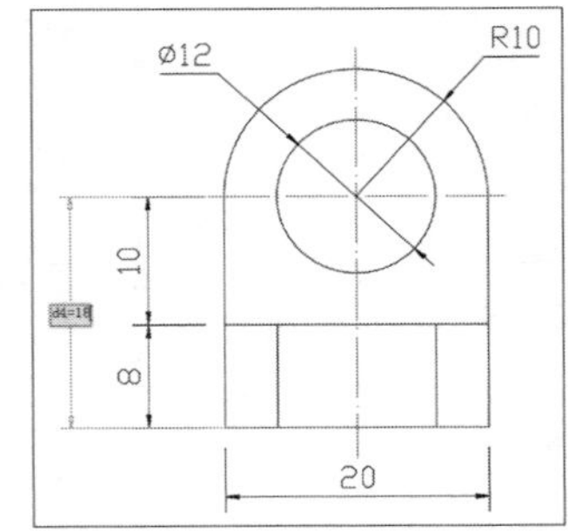

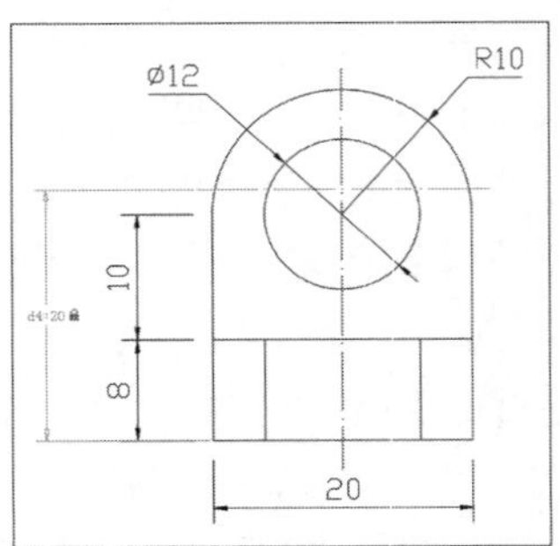

2.“水平”约束

水平约束可以将所选对象的尺寸线沿水平方向进行移动，不能沿竖直方向进行移动。

3.“竖直”约束

竖直约束与水平约束正好相反，只能将约束对象的尺寸线沿竖直方向进行移动，不能沿水平方向进行移动。

4.“对齐”约束

对齐约束主要用于不在同一直线上的两个点对象进行约束，如右图所示。

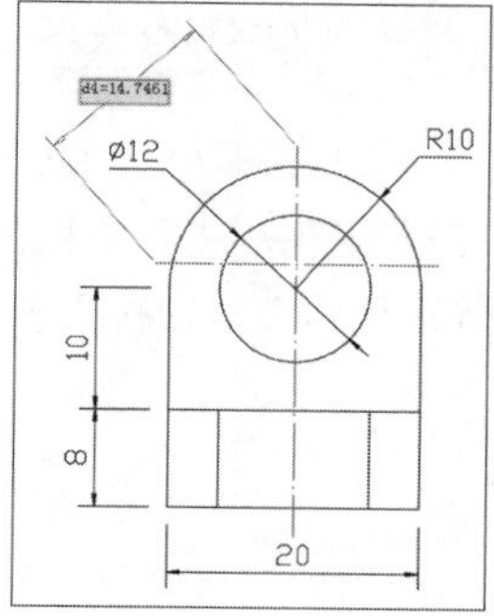

5.“直径、半径”约束

直径约束用于将圆的直径进行约束，如下左图所示。半径约束则是将圆或圆弧的半径值进行约束，如下右图所示。

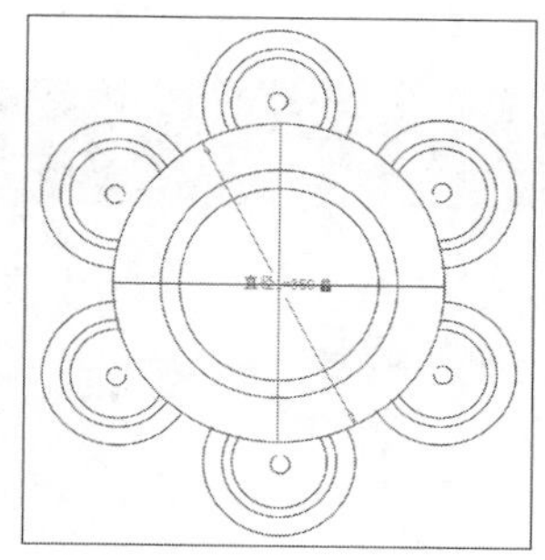

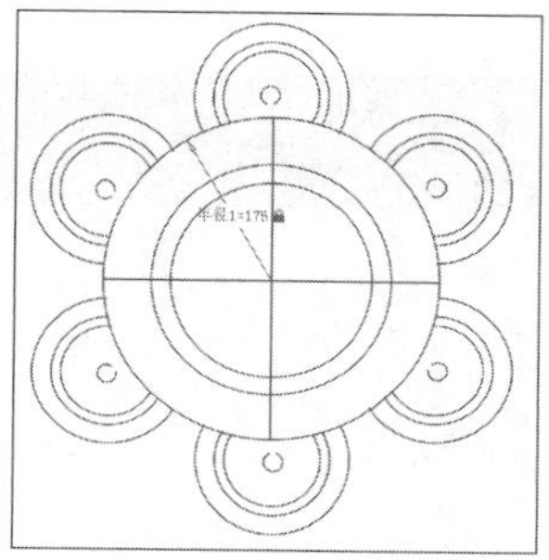

6.“角度”约束

角度约束用于将两条直线之间的角度进行约束，在绘图区中分别选择两条直线，程序自动将两条直线之间的角度进行约束，如下图所示。

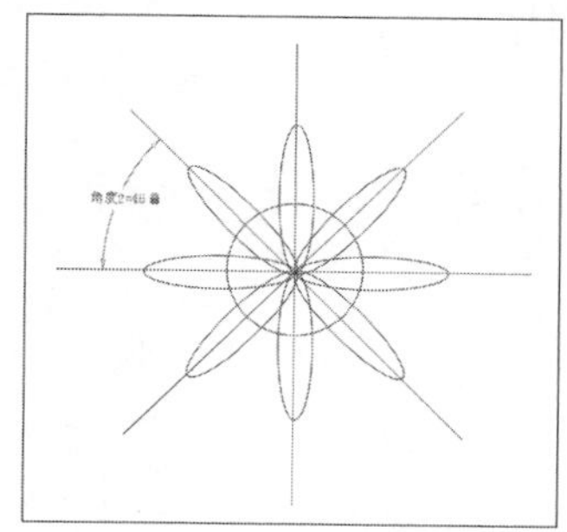

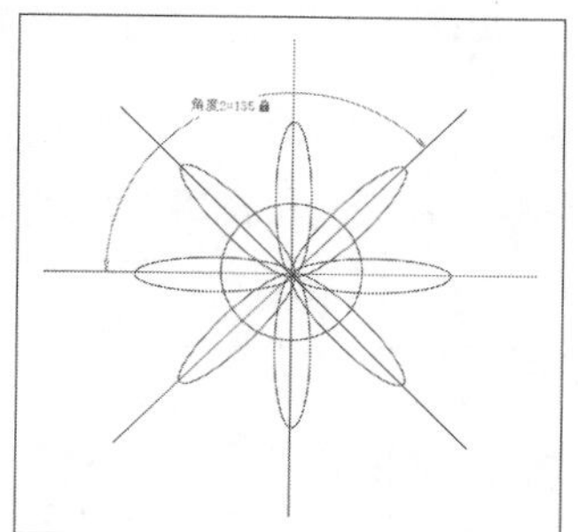

7.“转换”

将已经标注的尺寸转换为标注约束。在“参数化”选项卡的“标注”面板中单击“转换”按钮，然后在绘图区中选择一个要进行转换的尺寸，此时该尺寸为可编辑状态，如下左图所示。输入新尺寸后，按Enter键确定，即可完成标注尺寸的约束，如下右图所示。

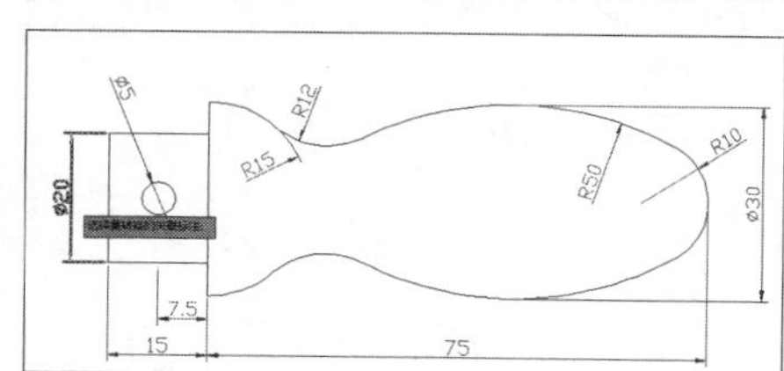

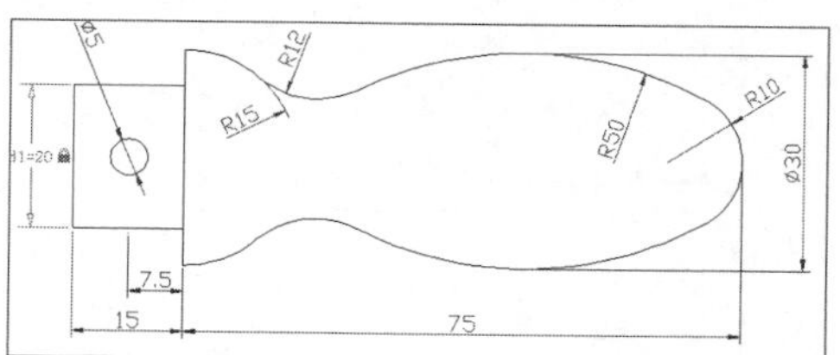

03 删除约束

要删除几何约束时，鼠标右键单击约束图标，在打开的快捷菜单中选择“删除”选项，即可删除几何约束，如右图所示。

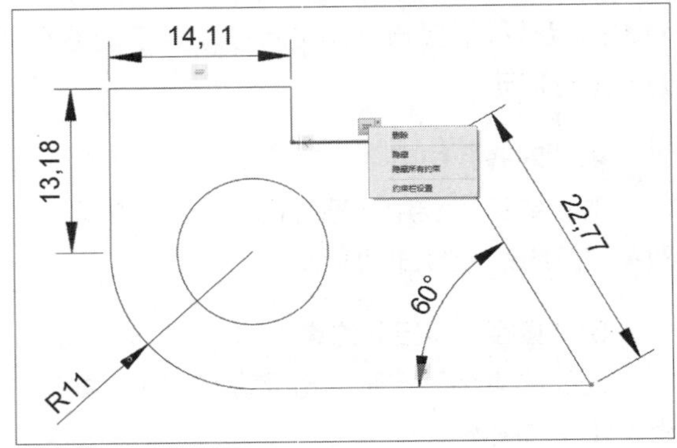

强化练习

通过本章的学习，读者对于尺寸样式的设置、尺寸的标注、尺寸标注的编辑以及参数化设计的应用等知识有了一定的认识。为了使读者更好地掌握本章所学知识，在此列举几个针对本章知识的习题，以供读者练手。

1. 标注玄关立面图

为玄关立面图添加尺寸标注以及引线标注，使其更加完善，如下左图所示。

STEP 01 利用“线性”、“连续”标注命令，为玄关立面图添加尺寸标注。

STEP 02 在命令行输入QL命令，为玄关立面图添加引线标注。

2. 标注机械零件图

利用“直径”、“线性”命令为机械零件图添加尺寸标注，如下右图所示。

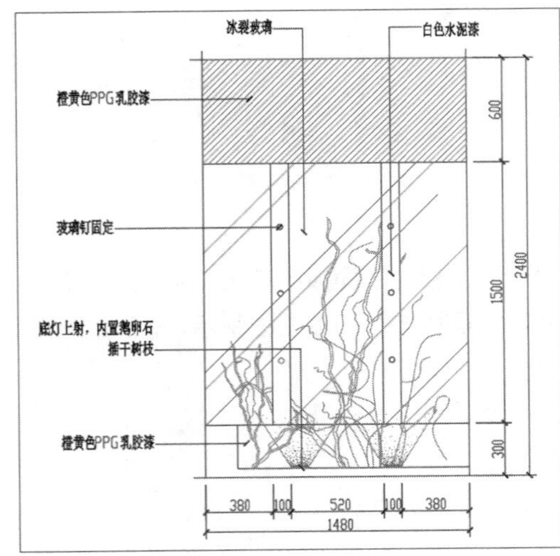

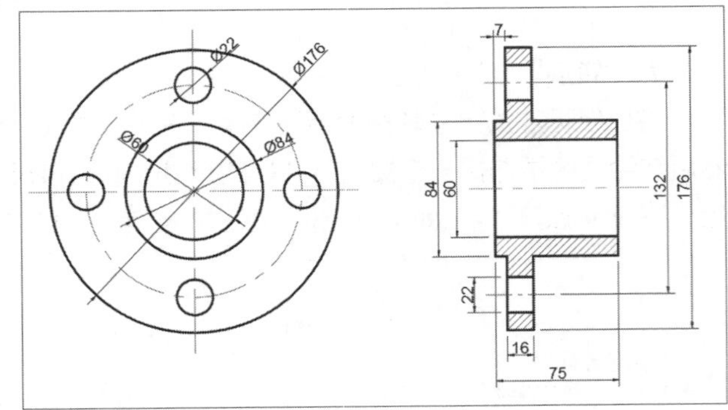

工程技术问答

本章主要对文字与表格的设置、创建以及编辑、字段的使用等知识进行介绍，在应用相关知识绘图时难免会有些疑问，下面将对常见的问题及解决方法进行汇总，供用户参考。

Q 如何修改尺寸标注的关联性?

A 改为关联：选择需要修改的尺寸标注，执行DIMREASSOCIATE命令即可。改为不关联：选择需要修改的尺寸标注，执行DIMDISASSOCIATE命令即可。

Q 怎样使标注与图有一定的距离?

A 设置尺寸界线的起点偏移量就可以使标注与图产生距离。执行“格式>标注样式”命令，打开“标注样式管理器”对话框，选择需要修改的标注样式，并在“预览”选项框右侧单击“修改”按钮，在“线”选项卡中设置起点偏移量，并单击“确定”按钮即可，如右图所示。

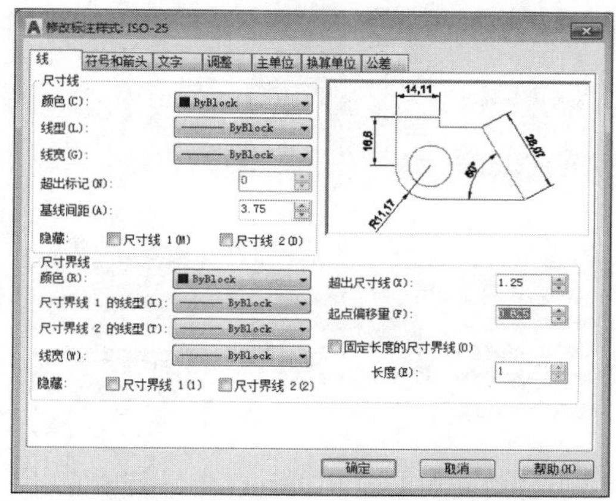

Q 在AutoCAD绘图时将一张图纸中的图复制到另一张图纸中去，有时复制过去却发现原来的尺寸界线错位了，标注的尺寸值也发生了改变这是为什么呢?

A 通常是这两张图纸的标注样式名称相同，但设置的参数却不同导致的。只要设置成相同的样式参数就可以了。

STEP 01 打开“标注样式管理器”对话框，选择标注样式，单击“替代”按钮，对标注样式进行设置，如下图所示。

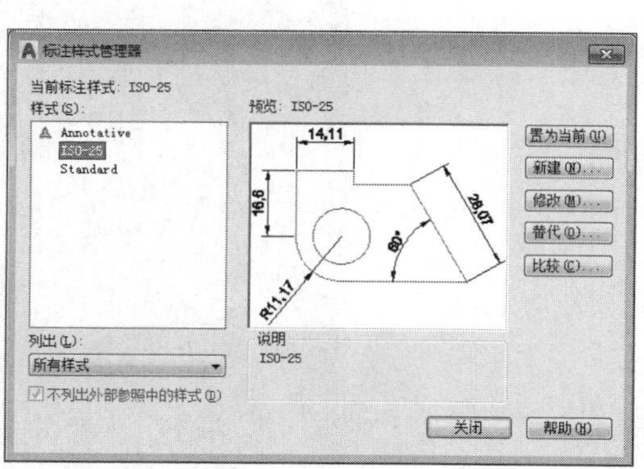

STEP 02 对于复制后尺寸发生变化的问题，可以在“主单位”中通过设置比例因子来解决。根据尺寸的变化比例来调整测量单位比例，如下图所示。

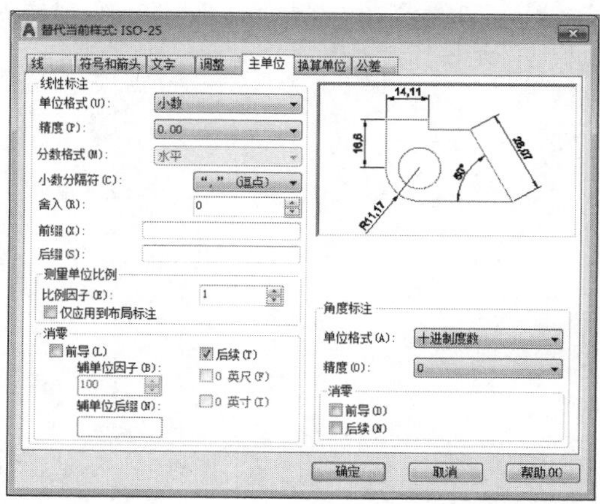

Part 03

三维建模篇

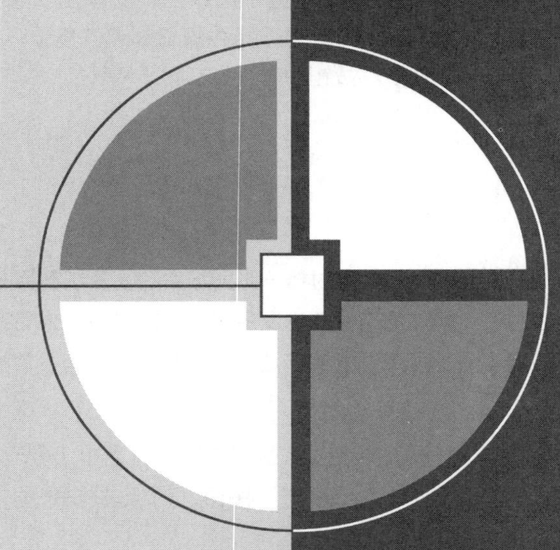

Chapter 09

三维建模环境

AutoCAD软件不仅能够绘制出漂亮的二维图形，还可以绘制出精美的三维模型。创建三维模型需要在三维建模空间中进行，与传统的二维草图环境相比，三维建模空间可以看到坐标系的Z轴。另外，利用导航工具用户还可以自由旋转三维模型，本章将介绍三维建模的基本操作。用户熟练掌握这些基本的三维操作，为以后绘制三维模型打下良好的基础。

01 数码相机模型

此模型在建立的时候大量运用到了长方体和圆柱建模命令，可以结合UCS命令在不同方向上建模。

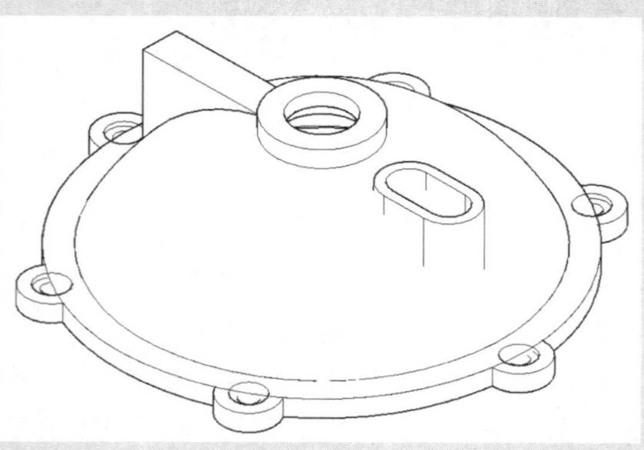

02 机械阀盖类模型

在三维建模空间中，系统提供了10种视觉样式，用户可以通过“视觉样式管理器”来管理视图的样式。

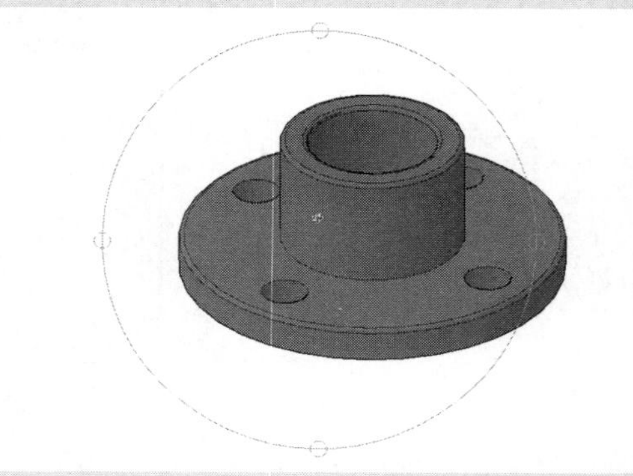

03 三维端盖类零件模型

用户可以通过自由动态观察对三维模型进行旋转，从不同角度查看对象的效果，不受观察角度的限制。

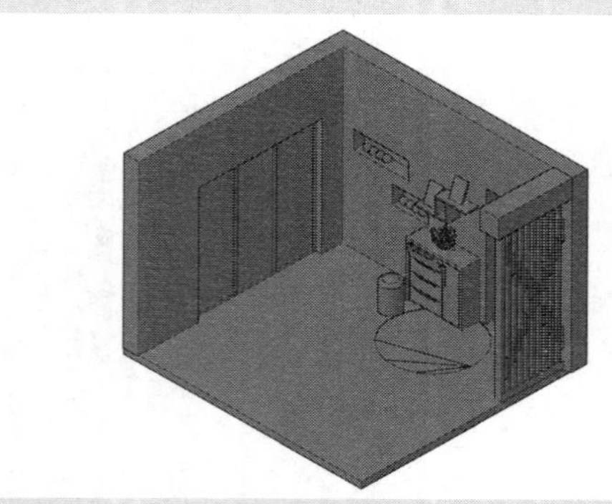

04 书房模型

在创建室内模型时，有必要将一些饰品一并建好或导入，这样会使得画面内容更丰富。

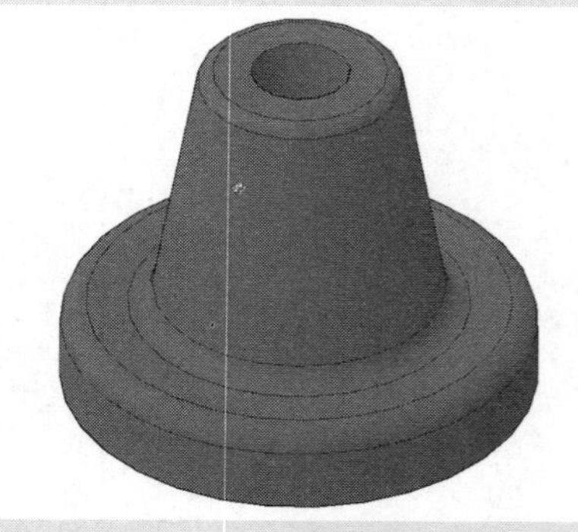

05 连续动态观察

指定一个方向为旋转方向，程序自动在自由状态下进行旋转。

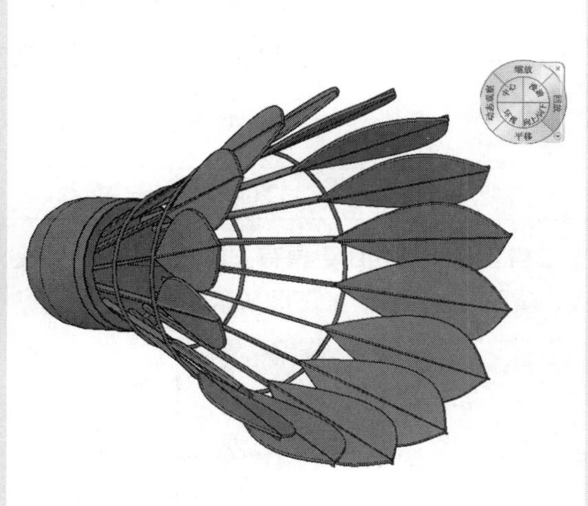

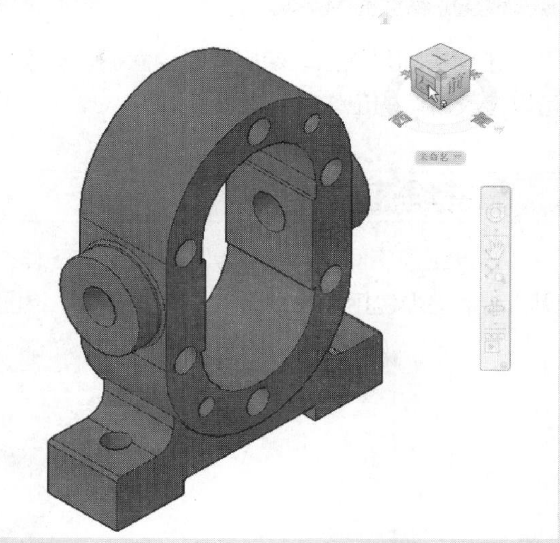

06 羽毛球三维模型图

在绘制三维模型时，使用SteeringWheels控制盘可将多个常用导航工具结合到一个单一界面上，方便用户操作。

07 ViewCube导航器

ViewCube是启用三维图形系统时显示的三维导航工具，用户可以在标准视图和等轴测视图间切换。

08 弹簧三维实体图

绘制弹簧三维实体图时，可使用“螺旋”、“扫掠”等命令进行绘制。

09 机械零件模型

在绘制该模型时主要运用了“圆柱体”、“环形陈列”、“差集”等命令。

Lesson 01 三维建模基础

工作空间是指当前使用的各种面板、选项板和功能区的集合。用户可以创建自己的工作空间，还可以修改默认的工作空间。

01 三维工作空间

三维工作空间是用于绘制三维模型的工作空间，与二维工作空间相比更具有立体感。三维工作空间的功能面板包括建模、网格、实体编辑、绘图、修改、截图、视图等，如下图所示。

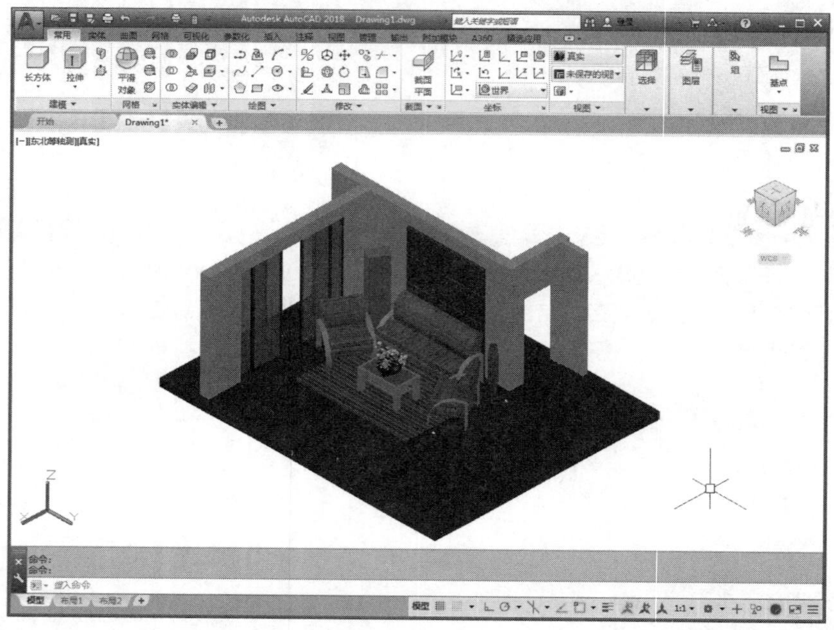

在状态栏中单击“切换工作空间”下拉按钮，在弹出的下拉列表框中选择“三维建模”命令，程序自动切换到三维工作空间。

02 设置三维视图控件

绘制三维模型时，由于模型有多个面，仅从一个角度不能观看到模型的其他面，因此，应根据情况选择相应的观察点。三维视图控件有多种，其中包括俯视、仰视、左视、右视、前视、后视、西南等轴测、东南等轴测、东北等轴测和西北等轴测。执行“视图>三维视图”命令，创建三维视图。

用户可以通过以下方法设置三维视图：

- 执行“视图>三维视图”命令中的子命令。
- 在“常用”选项卡的“视图”面板中单击“三维导航”下拉按钮，在打开的下拉列表中选择相应的视图选项。
- 在“可视化”选项卡的“视图”面板中，选择相应的视图选项，如下左图所示。
- 在绘图窗口中单击“视图控件”图标，在打开的快捷菜单中选择相应的视图选项，如下右图所示。

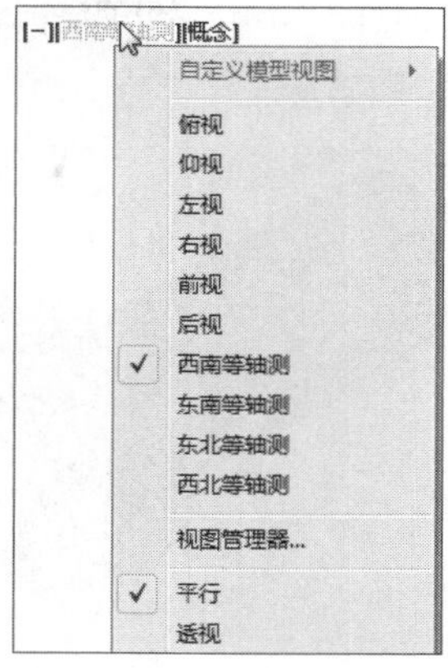

Lesson 02 视觉样式的设置

通过选择不同的视觉样式可以直观地从各个视角来观察模型的显示效果，从而帮助用户来修正模型。系统默认的视觉样式有10种，用户也可以自定义视觉样式。下面将分别对其功能进行介绍。

01 视觉样式的种类

在AutoCAD中系统提供了10种视觉样式，即二维线框、概念、隐藏、真实、着色、带边框着色、灰度、勾画、线框和X射线。

- 二维线框：显示用直线和曲线表示边界的对象，光栅和OLE对象均可见，如下左图所示。
- 概念：着色多边形平面间的对象，并使对象的边平滑化。着色使用冷色和暖色之间的过渡，如下右图所示。

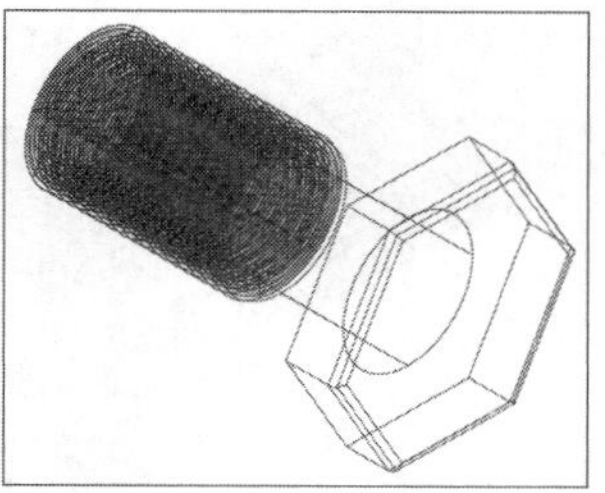

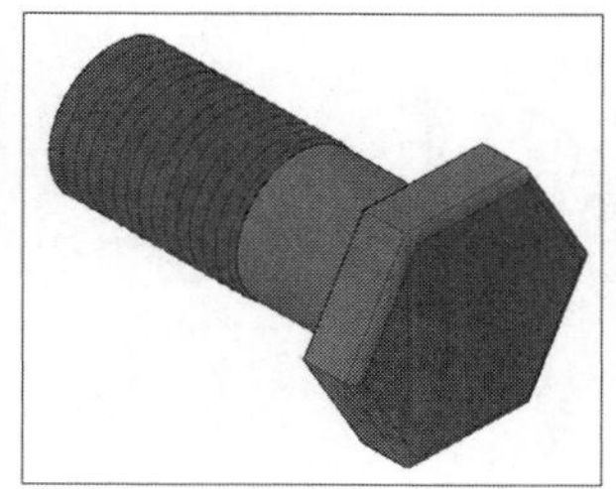

- 隐藏：显示用三维线框表示的对象并隐藏表示后向面的直线，如下左图所示。
- 真实：着色多边形平面间的对象，并使对象的边平滑化。将显示已附着到对象的材质，如下右图所示。

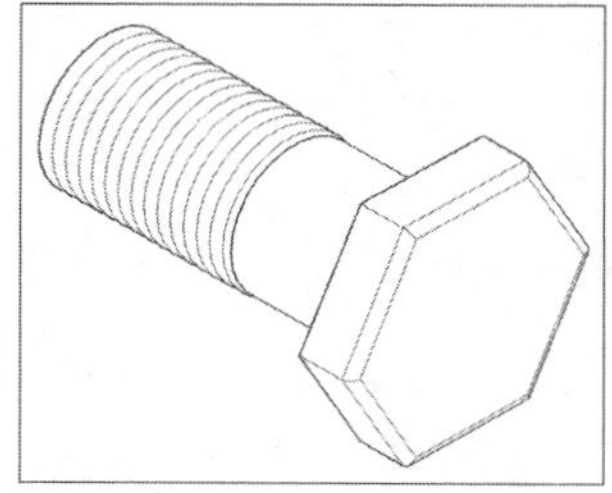

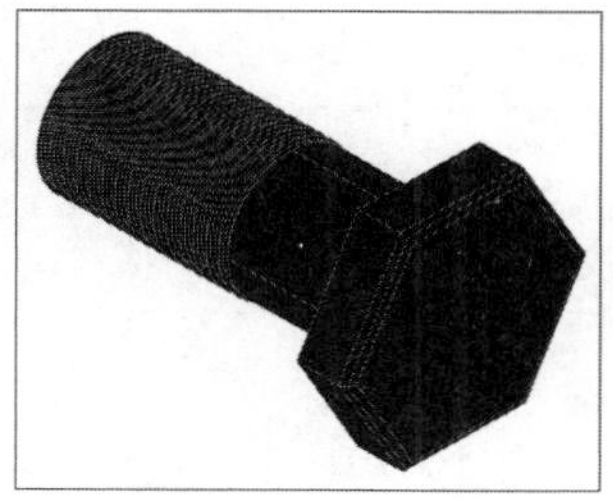

- 着色：产生平滑的着色模型，如下左图所示。
- 带边框着色：有平滑带有可见边的着色模型，如下右图所示。

- 灰度：使用单色面颜色模式产生灰色效果，如下左图所示。
- 勾画：使用外伸和抖动产生手绘效果，如下右图所示。

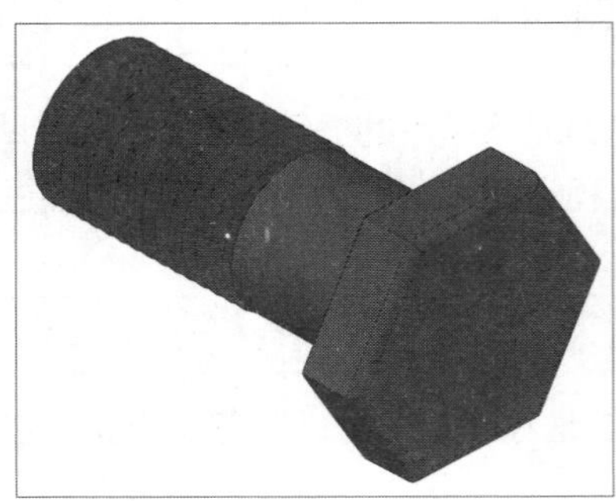
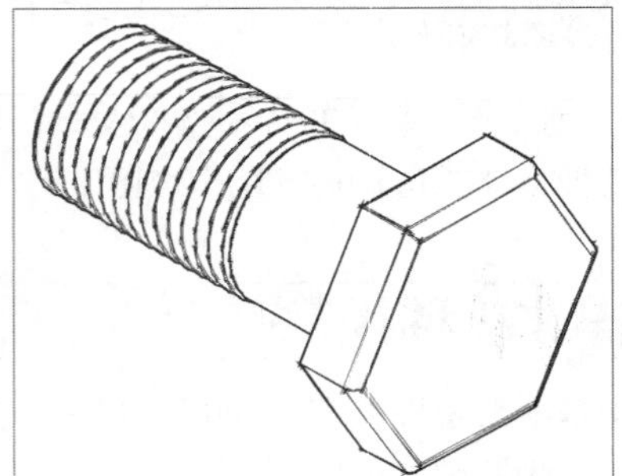

- 线框：显示用直线和曲线表示边界的对象。显示着色三维 UCS 图标，如下左图所示。
- X射线：更改面的不透明度使整个场景变成部分透明，如下右图所示。

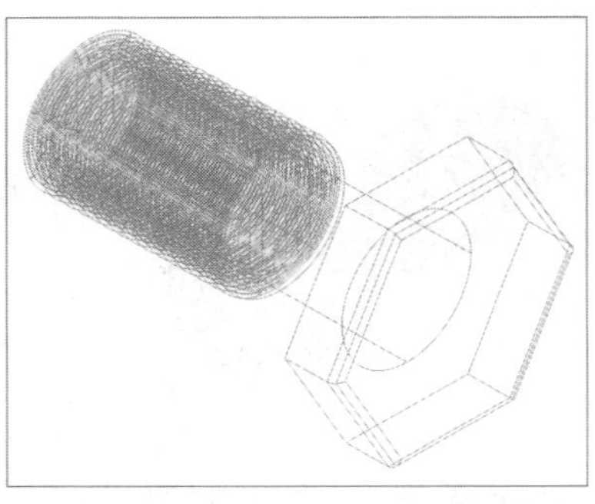
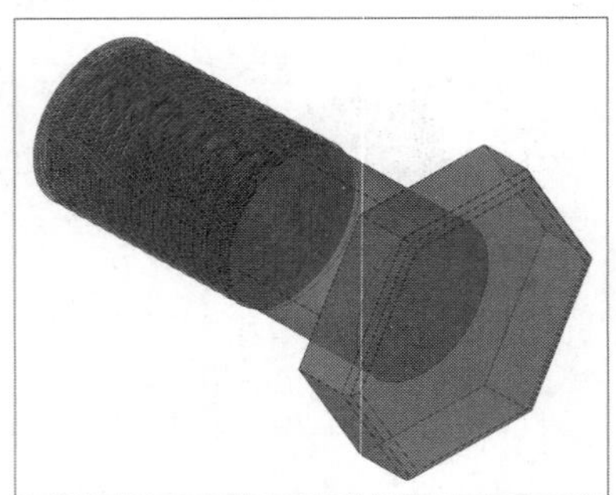

工程师点拨 | 视觉样式与灯光的关联

视觉样式只是在视觉上产生了变化，实际上模型并没有改变。在概念视觉模式下移动模型对象可以发现，跟随视点的两个平行光源将会照亮面。这两盏默认光源可以照亮模型中的所有面，以便从视觉上辨别这些面。

02 视觉样式管理器

除了使用系统提供的10种视觉样式外，用户还可以通过更改面设置和边设置并使用阴影和背景来创建自己的视觉样式。这些都可以在“视觉样式管理器”选项板中进行设置，如下图所示。

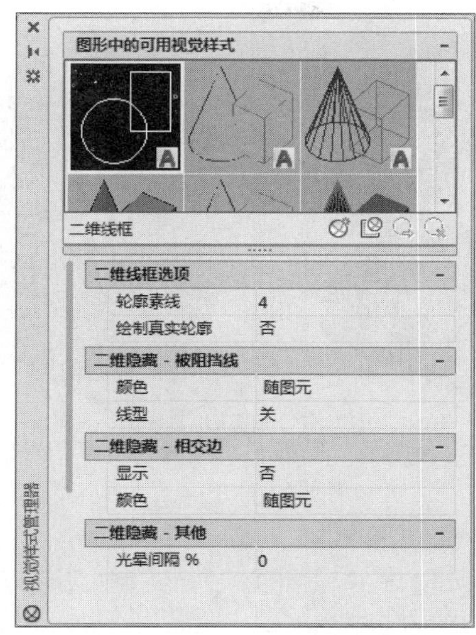

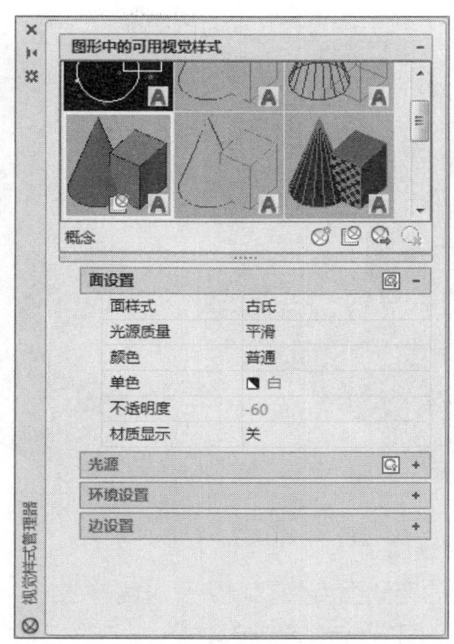

视觉样式管理器将显示可用的视觉样式的样例图像。选定的视觉样式用黄色边框表示，其设置显示在样例图像下方的面板中。

二维线框视觉样式的参数与三维视觉样式的参数设置有着明显的区别，而自定义的视觉样式只能是三维视觉样式。

在“视觉样式管理器”选项板中可以看到三维视觉样式主要包括四类参数设置，即面设置、光源、环境设置和边设置，下面将对其进行讲解。

1. 面样式

面样式用于定义面上的着色情况，真实面样式用于生成真实的效果。古氏面样式通过缓和加亮区域与阴影区域之间的对比，可以更好地显示细节，加亮区域使用暖色调，而阴影区域则使用冷色调。

将面样式设置为“无”时，不进行着色。如果在“边设置”下将“边模式”设置为“镶嵌面边”或“素线”，则仅显示边，如下图所示。

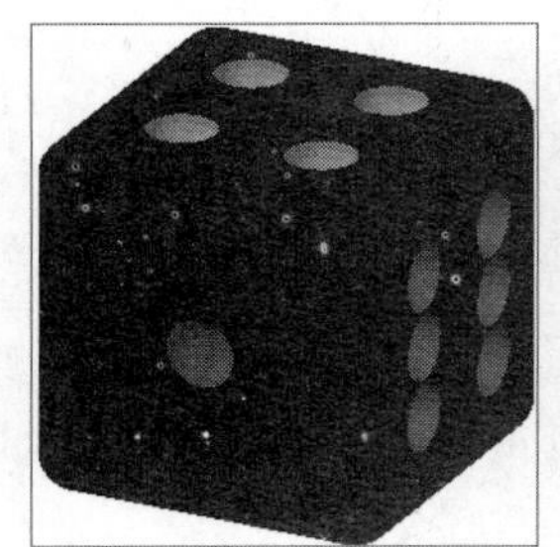

面样式：真实

面样式：古氏

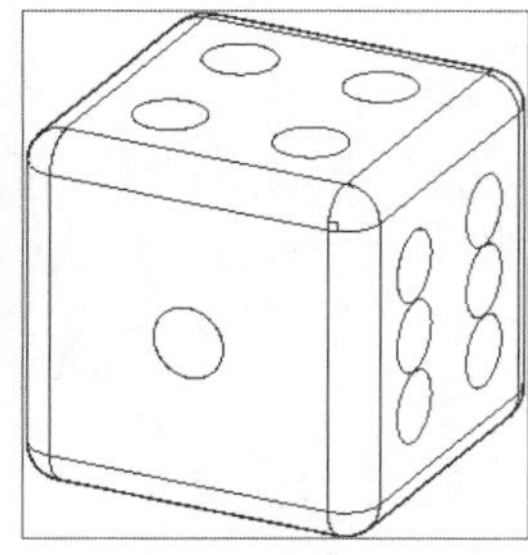

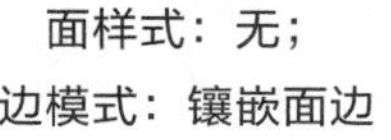

面样式：无；
边模式：镶嵌面边

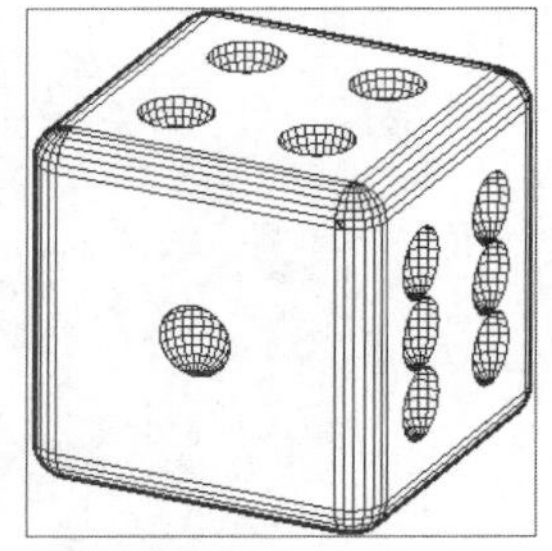

面样式：无；
边模式：素线

2. 光源质量

镶嵌面边光源会为每个面计算一种颜色，对象将显示得更加平滑。平滑光源是将多边形各面顶点之间的颜色计算为渐变色，可以使多边形各面之间的边变得平滑，从而使对象具有平滑的外观，如下左图所示为镶嵌面的、下中图所示为平滑、下右图所示为最平滑。

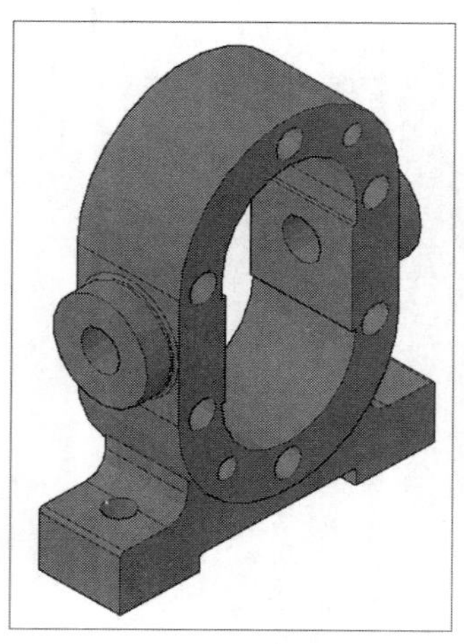
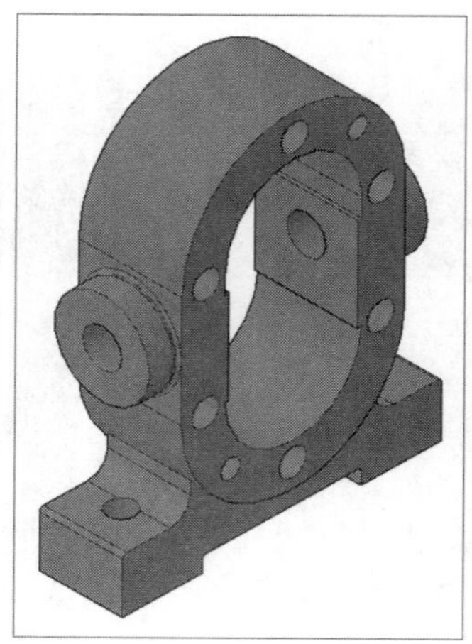
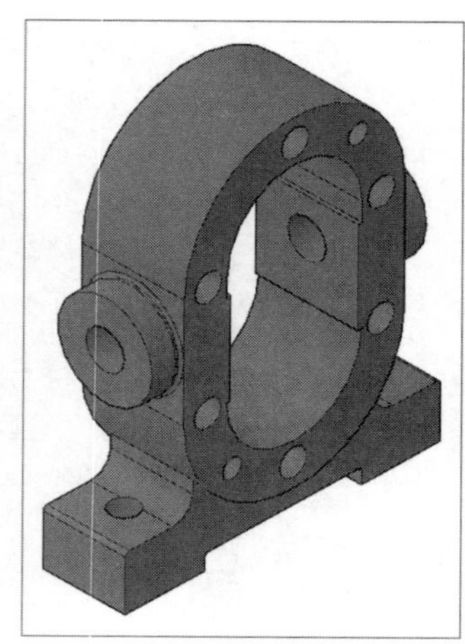

3. 亮显强度

对象上的亮显强度会影响到反光度的感觉。在视觉样式中设置的亮显强度不能应用于附着材质的对象，如下左图所示为亮显强度为20、下右图所示为亮显强度为80。

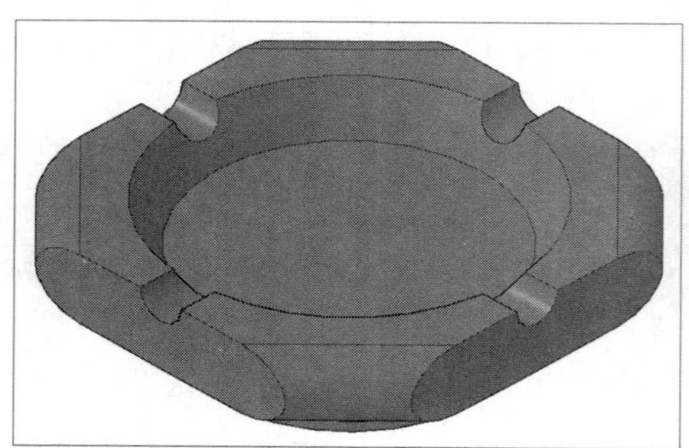
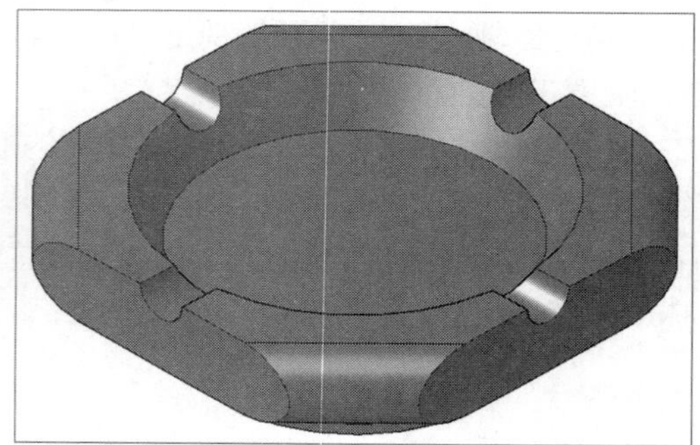

4. 不透明度

不透明度特性用于控制对象显示得透明程度，如下左图所示为不透明度为20、下右图所示为不透明度为70。

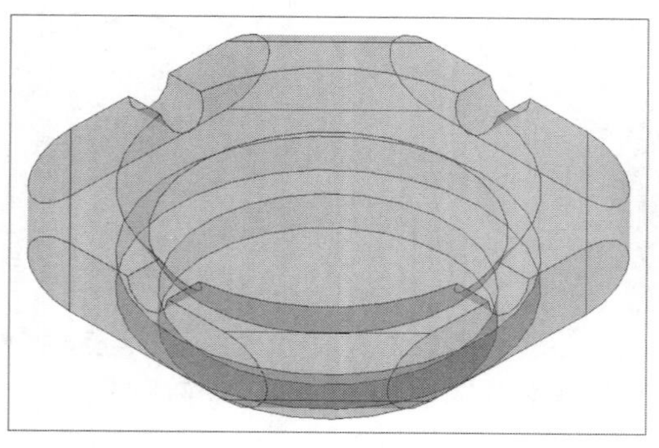
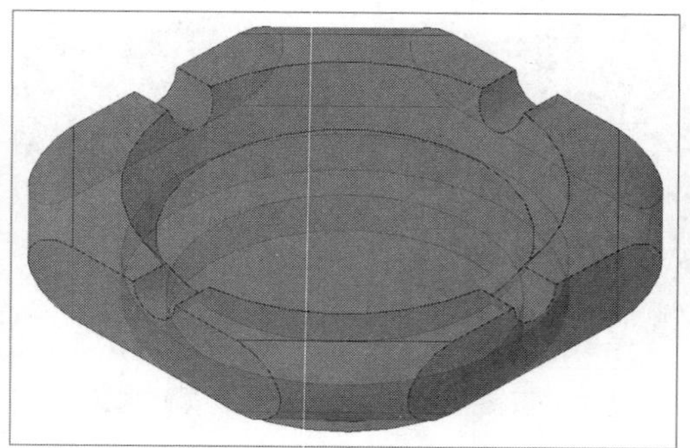

5. 面颜色模式

面颜色模式是用于显示面的颜色，单色将以同样的颜色和着色显示所有的面。染色使用相同的颜色通过更改颜色的色调值和饱和度值来着色所有的面。降饱和度模式可以缓和颜色的显示，如下图所示。

面颜色设置：普通

面颜色设置：单色 灰色

面颜色设置：明 青色

面颜色设置：降饱和度

6. 环境设置

使用颜色、渐变色填充、图像、阳光与天光作为任何三维视觉样式中视图的背景，即使不是着色对象。要使用背景，首先要创建一个带有背景的命名视图，然后将命名视图设置为当前视图。当前视觉样式中的“背景”设置为“开”时，将显示背景，如下左图所示。

7. 阴影显示

视图中的着色对象可以显示阴影。地面阴影是对象投射到地面上的阴影，全阴影是对象投射到其他对象上的阴影。视图中的光源必须来自用户创建的光源，或者来自阳光，阴影重叠的地方，显示较深的颜色，如下右图所示。

8. 边设置

不同类型的边可以使用不同的颜色和线型来显示。用户还可以添加特效，例如对边缘的抖动和外伸。

在着色模型或线框模型中，将边模式设置为“素线”，边修改器将被激活，分别设置外伸的长度和抖动的程度后，单击“外伸边”和“抖动边”按钮，将显示出相应的效果。外伸边是将模型的边沿四周外伸，抖动边将边进行抖动，看上去就像是用铅笔绘制的草图，如下中图所示为线延伸20、下右图所示为抖动为高。

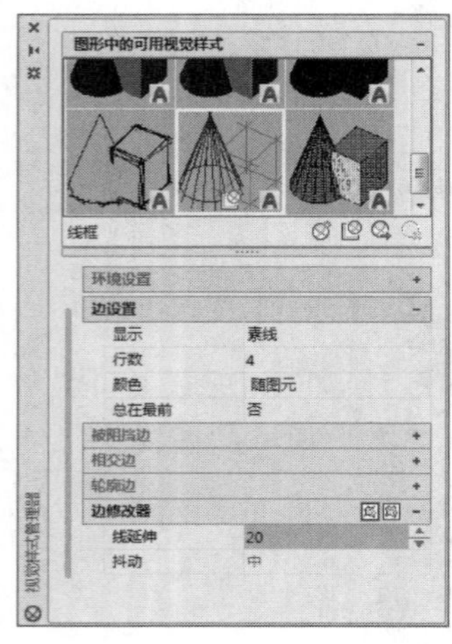

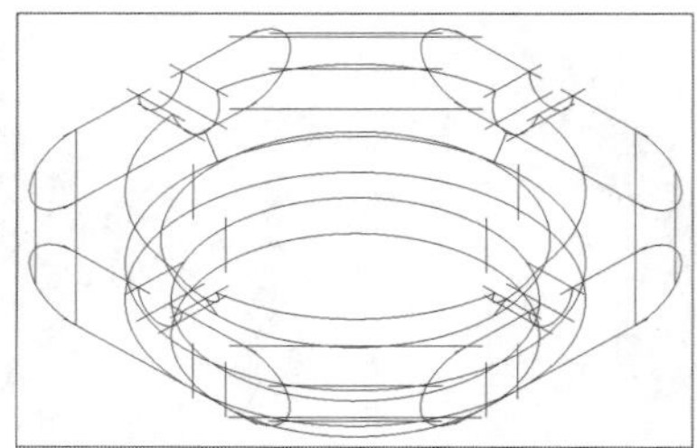

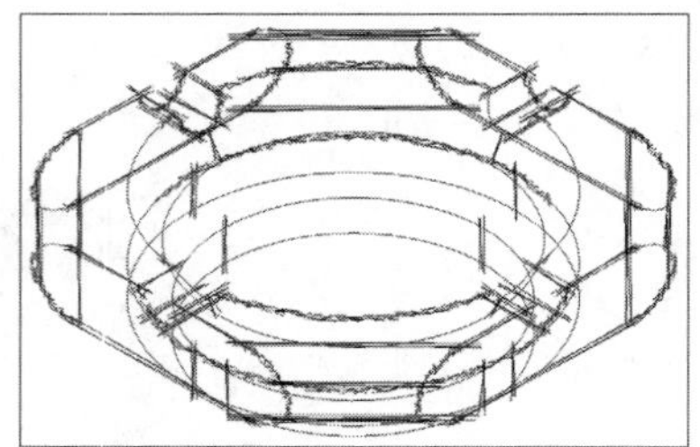

Lesson 03 导航工具的使用

导航工具可以用于更改模型的方向和视图，通过放大或缩小对象调整模型的显示细节，主要用于定义模型中某个区域的视图，还可以使用预设视图恢复已知视点和方向。新增的三维导航工具包括ViewCube和SteeringWheels提供了模型当前方向的直观反映，可以使用ViewCube调整模型的视点。SteeringWheels是追踪菜单，使用户可以通过单一工具来访问不同的二维和三维导航工具。ShowMotion主要用于创建和播放电影式相机动画的屏幕显示。

01 ViewCube导航器

ViewCube是启用三维图形系统时显示得三维导航工具。用户通过ViewCube可以在标准视图和等轴测视图间切换。

ViewCube显示后将以半透明、不活动状态显示在视图中的一角。指南针显示在ViewCube工具的下方并指向模型的北向。将光标悬停在ViewCube上方时，ViewCube将变为活动状态，如下左图所示。用户可以切换到可用预设视图之一，滚动当前视图或更改为模型的主视图，如下右图所示。

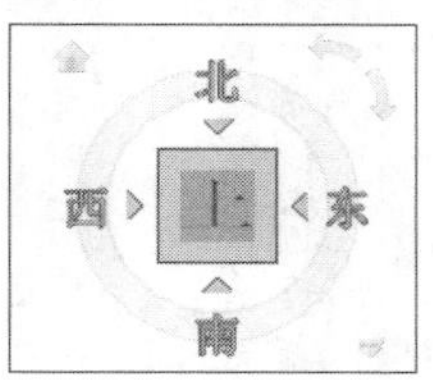

在ViewCube上任意位置单击鼠标右键，将弹出ViewCube快捷菜单，如下图所示。在该菜单中提供了多个选项用于定义ViewCube的主页、切换平行模式和透视模式、为模型定义主视图等。

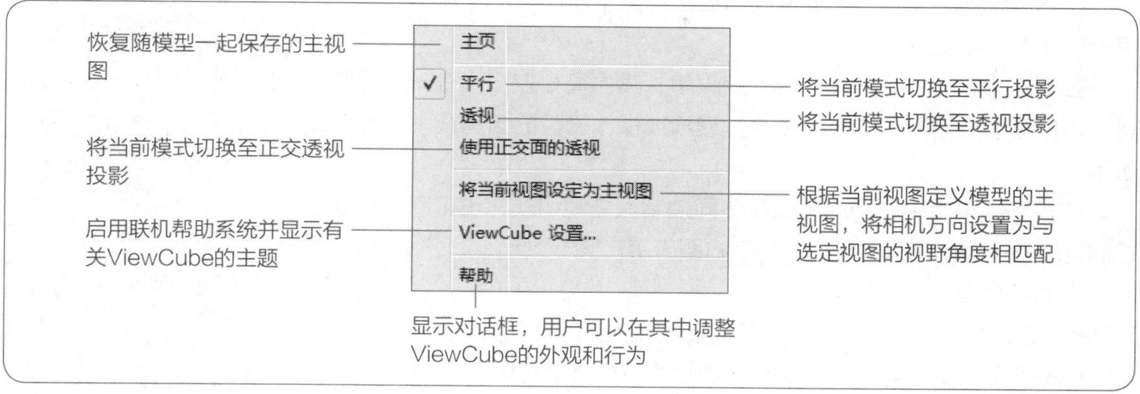

用户可以通过拖动ViewCube来更改模型的当前视图。

ViewCube提供了26个已定义区域，通过单击这些区域来更改模型的当前视图。这26个已定义区域按类别分为三组，即角、边和面。在这26个区域中有6个代表模型的标准正交视图，即上、下、前、后、左、右。通过单击ViewCube上的一个面设置正交视图，如下图所示。

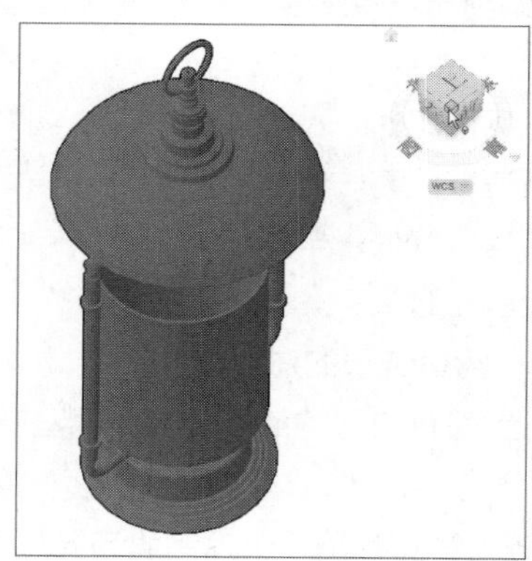

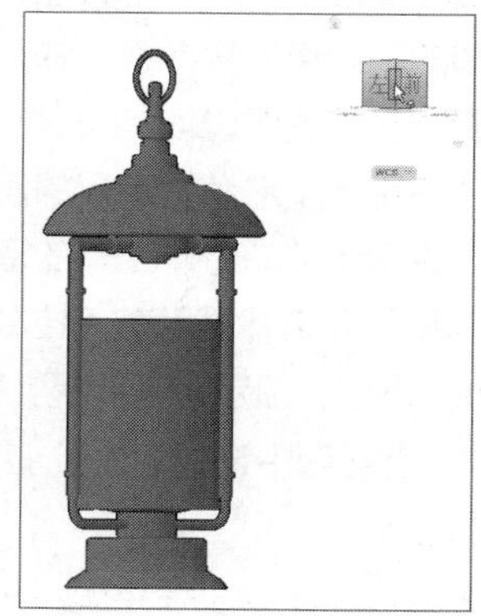

ViewCube支持两种不同的视图投影，即透视模式和平行模式。透视投影视图基于相机与目标点之间的距离进行计算。相机与目标点之间的距离越短，透视效果就越明显，如下左图所示。平行投影视图用来显示所投影的模型中平行于屏幕的所有点，如下右图所示。

透视模式

平行模式

02 SteeringWheels导航器

SteeringWheels（也称为控制盘）将多个常用导航工具结合到一个单一界面上，方便用户操作。

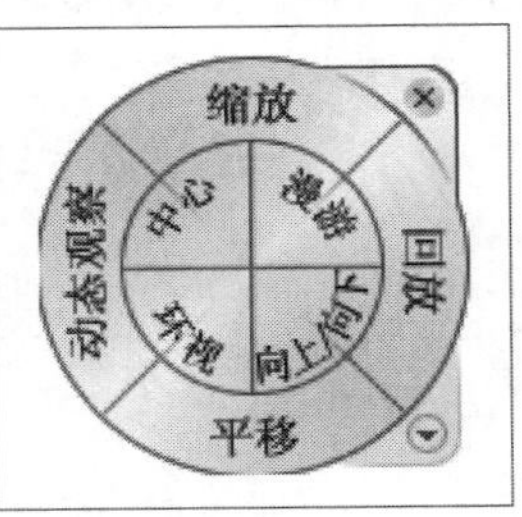

控制盘中划分为不同部分的追踪菜单，其中每个按钮代表一种导航工具。用户可以通过不同的方式平移、缩放或操作模型的当前视图，如右图所示。

在控制盘菜单中，用户可以在不同控制盘之间切换，也可以更改当前控制盘上一些导航工具的行为，如下右图所示。

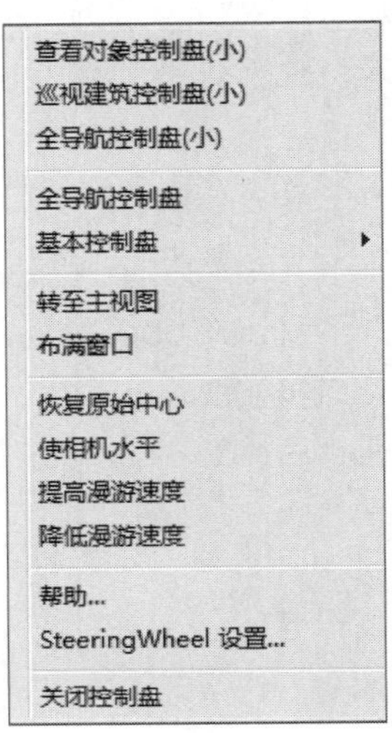

下面将介绍各选项的含义：

- 查看对象控制盘（小）：显示查看对象控制盘的小版本。
- 巡视建筑控制盘（小）：显示巡视建筑控制盘的小版本。
- 全导航控制盘（小）：显示全导航控制盘的小版本。
- 全导航控制盘：显示全导航控制盘的大版本。
- 基本控制盘：显示查看对象控制盘或巡视建筑控制盘的大版本。
- 转至主视图：恢复随模型一起保存的主视图。
- 布满窗口：调整当前视图大小并将其居中以显示所有对象。恢复原始中心：将视图的中心点恢复至模型的范围。
- 使相机水平：旋转当前视图以使其与 XY 地平面相对。
- 提高漫游速度：将用于“漫游”工具的漫游速度提高一倍。
- 降低漫游速度：将用于“漫游”工具的漫游速度降低一半。
- 帮助：启动联机帮助系统并显示有关控制盘的主题。
- SteeringWheels设置：显示可从中调整控制盘首选项的对话框。

用户可以从不同的控制盘中选择，每个控制盘都有自己的绘图主题。某些控制盘专用于二维导航，有些则适合三维导航。

控制盘有大版本和小版本，大控制盘每个按钮上都有标签，小控制盘与光标大小大致相同，控制盘按钮上不显示标签，二维导航控制盘仅有大版本。

1. 查看对象控制盘

查看对象控制盘用于三维导航，该控制盘包括动态观察三维导航工具。使用查看对象控制盘可以从外部观察三维对象，如右图所示。

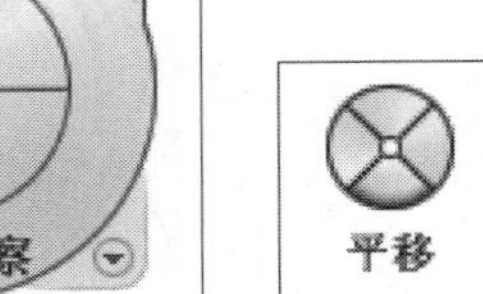

- 中心（仅大控制盘显示）：在模型上指定一个点以调整当前视图的中心，或更改用于某些导航工具的目标点。
- 缩放：调整当前视图的比例。
- 回放：恢复上一视图，用户可以在先前视图中向后或向前查看。
- 动态观察：绕固定的轴心点旋转当前视图。
- 平移（仅小控制盘显示）：通过平移重新放置当前视图。

2. 巡视建筑控制盘

巡视建筑控制盘用于三维导航，使用巡视建筑控制盘可以在模型内部导航，如右图所示。

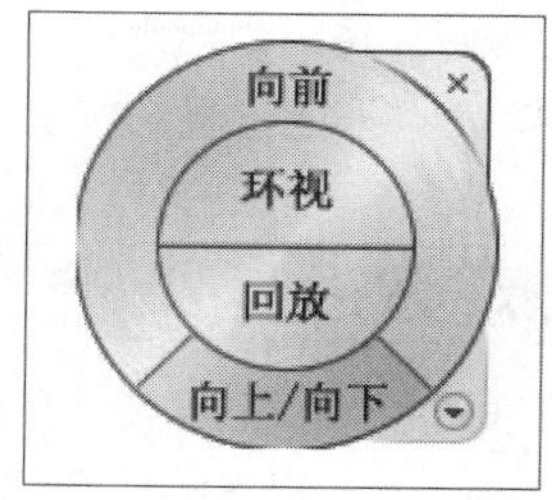

- 向前（仅大控制盘显示）：调整视图的当前点与所定义的模型轴心点之间的距离。
- 环视：回旋当前视图。
- 回放：恢复上一视图，用户可以在先前视图中向后或向前查看。
- 向上/向下：沿屏幕的Y轴滑动模型的当前视图。
- 漫游（仅小控制盘显示）：模拟在模型中的漫游。

03 ShowMotion导航器

执行“视图>ShowMotion”命令，可用于创建和播放电影式相机动画的屏幕显示，这些动画可用于演示或在设计中导航。用户可以录制多种类型的视图，随后可对这些视图进行更改或按序列放置，并且每种类型都是惟一的，如下图所示。

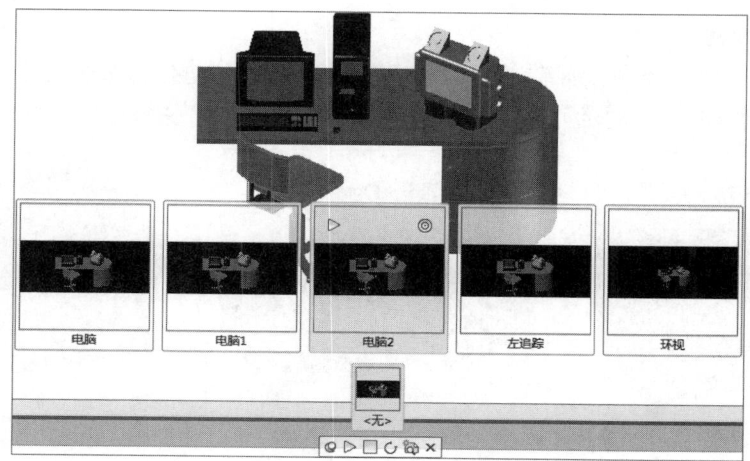

使用ShowMotion可向捕捉到的相机位置添加移动和转场，与在电视广告中所见到的相类似，这些动画视图称为快照。

在屏幕显示板中单击“新建视图/快照特性”按钮，在“新建视图/快照特性”对话框中用户可以设置视图的类型。在“视图类型”下拉列表中包含三种类型，分别为静止、电影式和录制的漫游。

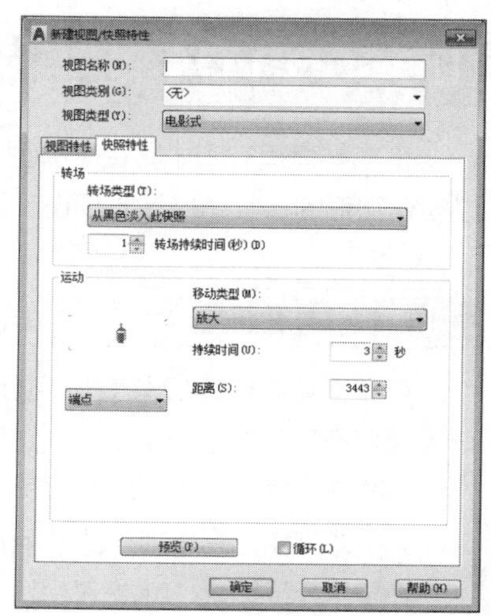

- 静止：将ShowMotion设置为“静止”类型，在视图中播放快照时视图将显示静止的快照画面，在“新建视图/快照特性”对话框中，还可以设置画面停留的时间，如右图所示。
- 电影式：将ShowMotion设置为“电影式”类型，在视图中播放快照时视图可以按照“新建视图/快照特性”对话

框中设置的运动时间、方式和距离，以模拟电影镜头运动的方式进行显示。

- 录制的漫游：将ShowMotion设置为“录制的漫游”类型后，需要在“新建视图/快照特性”对话框中单击“开始记录”按钮，返回到视图中进行漫游路径的记录。

04 动态观察

在三维空间中要观察对象除了使用ViewCube来旋转模型外，还可以使用动态观察来调整三维模型的位置和方位。动态观察包含3种样式的观察方式。

1. 受约束的动态观察

相机位置（或视点）移动时，视图的目标将保持静止。目标点是视口的中心，而不是正在查看的对象的中心。在菜单中选择“视图>动态观察>受约束的动态观察”命令，可以在当前视口中激活三维动态观察视图，如下左图所示。

2. 自由动态观察

在菜单中选择“视图>动态观察>自由动态观察”命令将会出现一个圆形的空间，用户可以在该圆形空间范围内自由旋转或移动模型，如下中图所示。

3. 连续动态观察

在菜单中选择“视图>动态观察>连续动态观察”命令，可以连续查看模型运动状态下的情况。使用该命令，然后指定一个方向为旋转方向，程序自动在自由状态下进行旋转，如下右图所示。

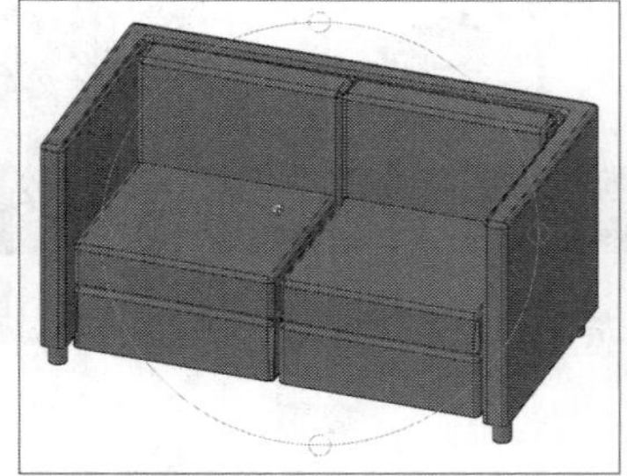

Lesson 04 三维动态显示的设置

在三维建模空间中，由于模型有很多面，需要创建相机和动态显示来观察三维模型。动态显示可以观察图形的每个角度，方便设计和修改。

01 使用相机

如果需要在固定的角度观察图形，那么可以使用相机观察。用户先要创建相机，然后通过相机视角来观察模型，并进行编辑。通过以下方式创建相机：

- 执行“视图>创建相机”命令。
- 在“可视化”选项卡的“相机”面板中单击“创建相机”按钮。
- 在命令行输入CAMERA命令并按Enter键确定。

相关练习 | 使用相机视图观察三维模型

下面将以雨伞模型为例介绍如何使用相机视图观察三维模型的方法。

原始文件：实例文件\第9章\原始文件\雨伞模型.dwg
最终文件：实例文件\第9章\最终文件\相机使用观察雨伞模型.dwg

STEP 01 打开原始文件。执行“文件>打开”命令，打开雨伞模型，如下图所示。

STEP 02 创建相机。执行“视图>创建相机”命令，根据命令行提示指定并调整相机的位置，如下图所示。

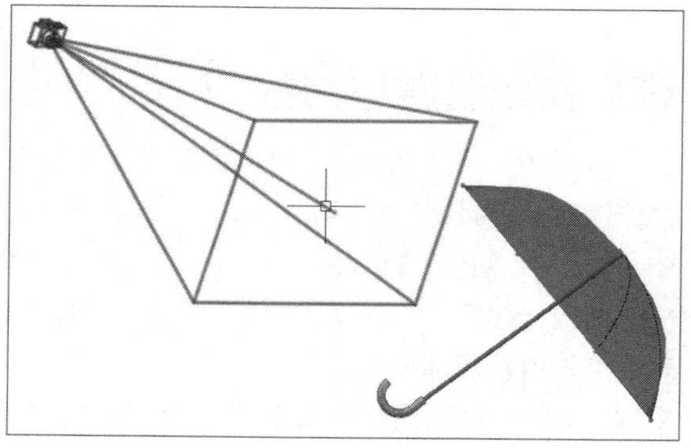

STEP 03 预览模型。设置完成后，单击相机图形，在弹出的“相机预览”对话框中，可以在相机视口中预览模型，如下图所示。

STEP 04 调整焦距。单击其显示的夹点并拖动鼠标，可以调整相机的焦距，如下图所示。

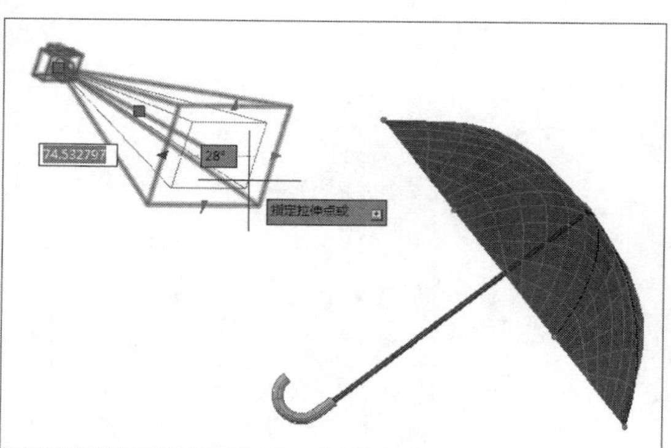

STEP 05 查看效果。更改完成后，在“相机预览”对话框中可以看到调整焦距后的效果，如下图所示。

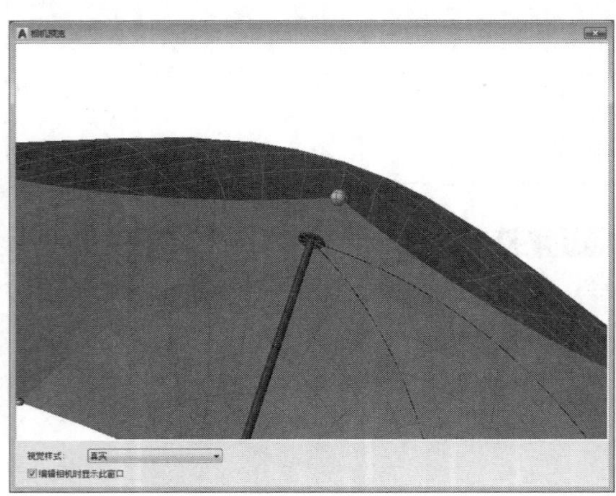

STEP 06 切换到相机视图效果。在“常用”选项卡的“视图”面板中单击“三维导航”下拉按钮，在打开的列表中选择“相机1”选项，在绘图区中会切换到相机视图效果，如下图所示。

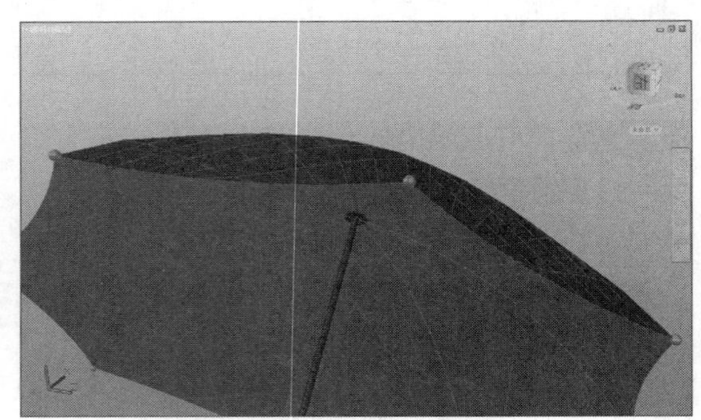

02 使用漫游与飞行

在AutoCAD软件中，用户可在漫游或飞行模式下，通过键盘和鼠标来控制视图显示。使用漫游功能查看模型时，其视平面将沿着XY平面移动；而使用飞行功能时，其视平面将不受XY平面约束。

执行“视图>漫游和飞行”命令，在级联菜单中，执行“漫游”命令，在打开的提示框中，单击“修改”按钮，打开“定位器”面板，将光标移至缩略视图中后，光标已变换成手型，此刻用户可对视点位置及目标视点位置进行调整，如下左图所示。调整好后，利用鼠标滚轮上下滚动或使用键盘中的方向键，即可对当前模型进行漫游操作。

“飞行”功能的操作与“漫游”的相同，其区别就在于查看模型的角度不一样而已。

执行“视图>漫游和飞行>漫游和飞行设置”命令，在打开的“漫游和飞行设置”对话框中，用户可对定位器、漫游/飞行步长以及每秒步数进行设置，如下右图所示。其中“漫游/飞行步长”和“每秒步数”数值越大，视觉滑行的速度越快。

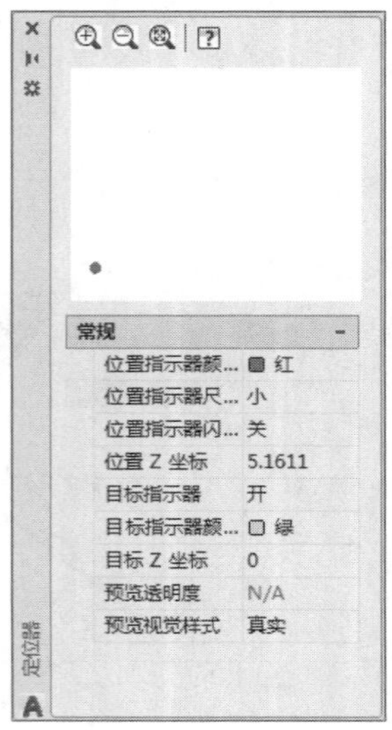

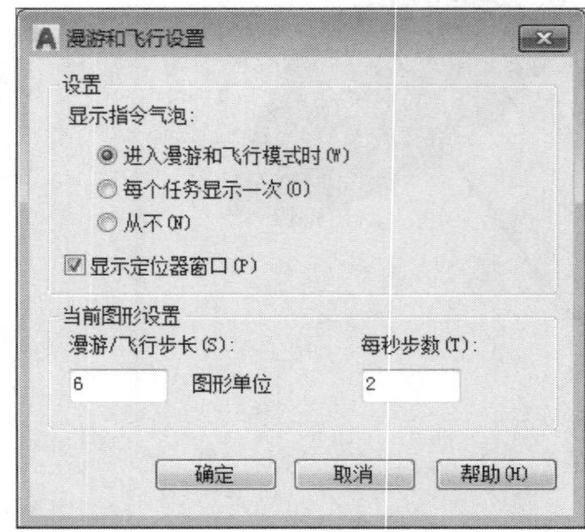

强化练习

通过本章的学习，读者对于三维视图样式、视觉样式、导航工具以及相机的创建等知识有了一定的认识。为了使读者更好地掌握本章所学知识，在此列举几个针对本章知识的习题，以供读者练手。

1. 观察模型

设置模型视觉样式并使用自定义视图观察模型。

STEP 01 切换视觉样式为隐藏，观察模型，如下左图所示。

STEP 02 切换视觉样式为概念，再使用自定义视图观察模型下方造型，如下右图所示。

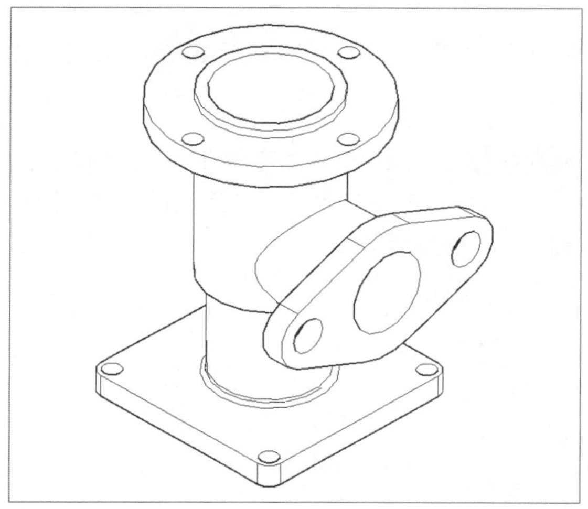

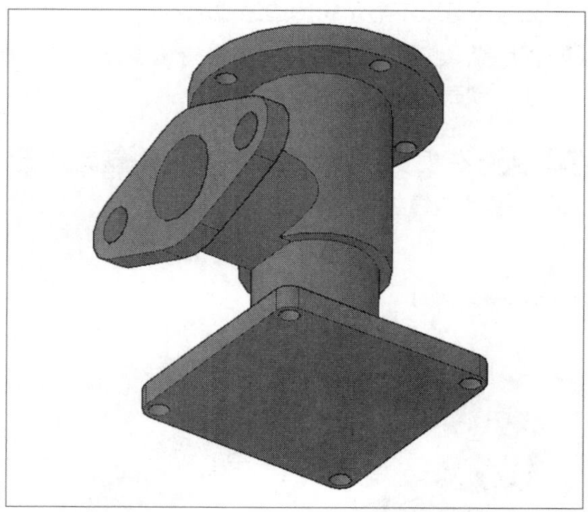

2. 自由动态观察模型

自由动态观察模型，如下图所示。

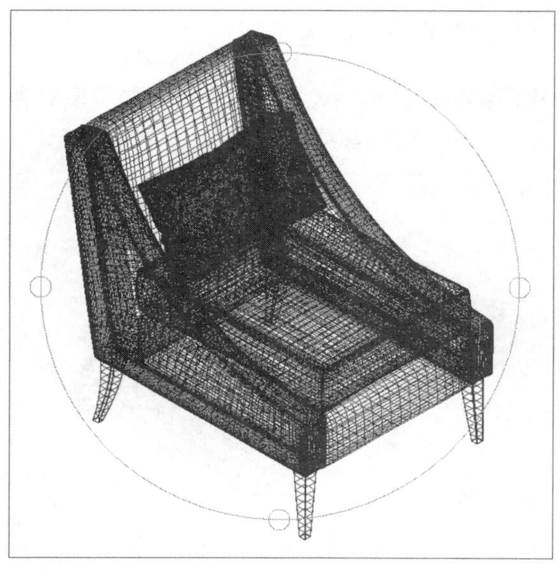

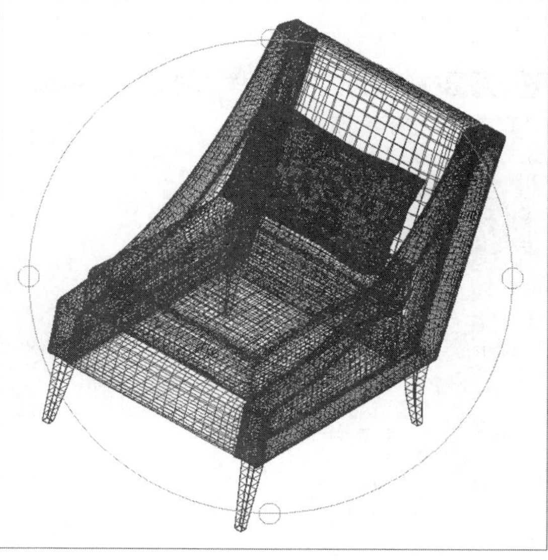

工程技术问答

本章主要对尺寸标注的创建与编辑、引线标注以及参数化设计等知识进行介绍，在应用相关知识绘图时难免会有些疑问，下面将对常见的问题及解决方法进行汇总，供用户参考。

Q 如何在状态栏中显示“将UCS捕捉到活动实体平面”按钮?

A 状态栏中如果没有“将UCS捕捉到活动实体平面”按钮，用户可以单击状态栏右侧的“自定义”按钮，打开自定义列表，在其中选择“动态UCS”选项，即可将该命令以按钮的形式添加到状态栏中。

Q 三维模型在显示的时候，轮廓的边缘有线型显示，在进行渲染的时候严重影响了模型的美观，有没有什么方法可以不显示轮廓边缘线呢?

A 程序默认的三维视觉样式是带有线型显示的，看起来像是轮廓线，如果为了渲染效果美观可以将其关闭，其具体操作方法如下：

STEP 01 在视觉样式中将模型样式设置为“真实”，模型边缘将显示线型，如下图所示。

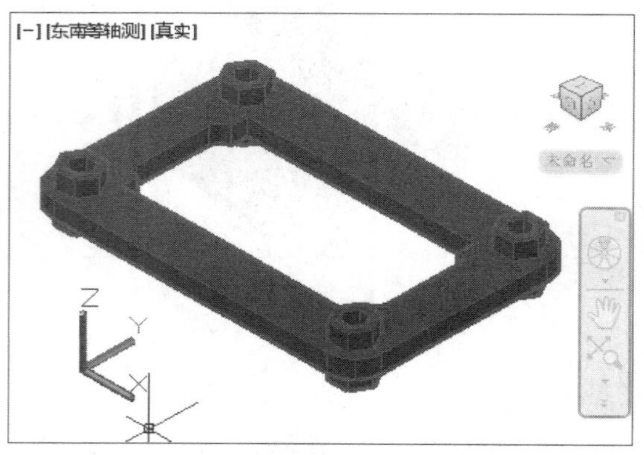

STEP 02 在绘图区左上方单击“视觉样式控件”，在弹出的下拉菜单中选择“视觉样式管理器”，如下图所示。

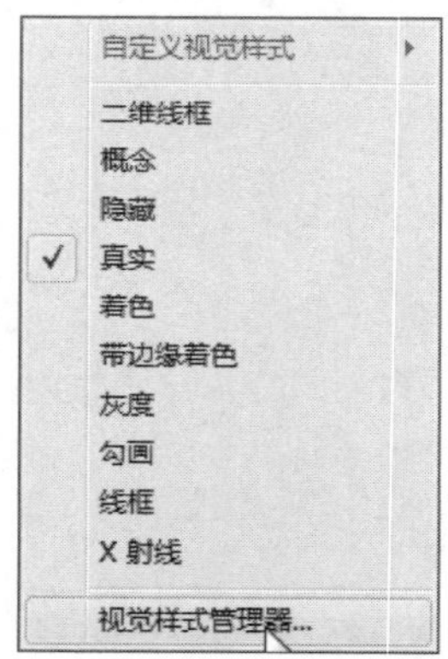

STEP 03 在弹出的“视觉样式管理器”中选择“真实”，如下图所示。

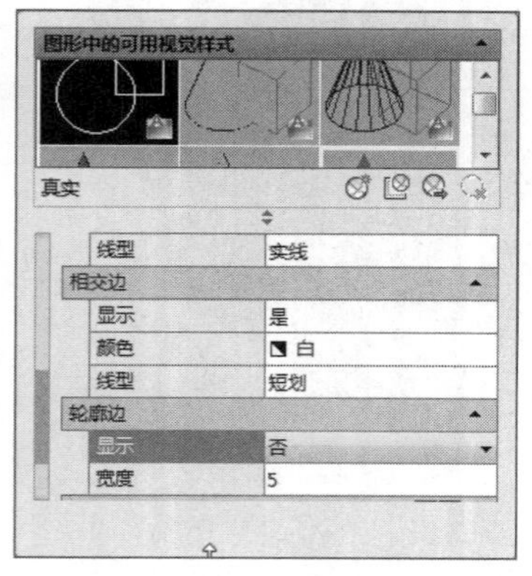

STEP 04 在“轮廓边”卷栏中设置显示模式为“否”，三维模型将隐藏线轮廓，如下图所示。

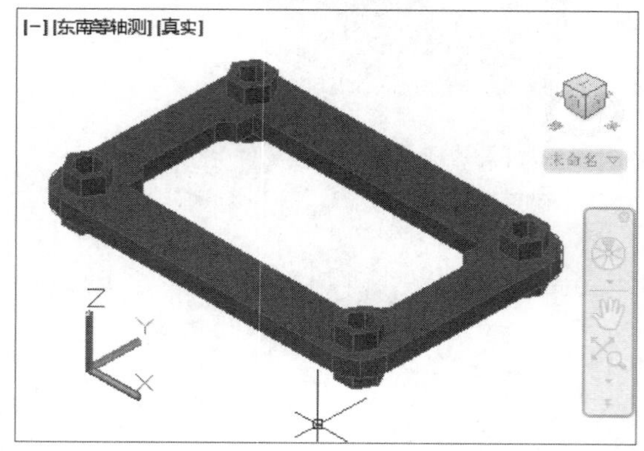

Chapter 10

创建三维模型

在熟悉了三维建模环境后，接下来用户就可以使用三维各种建模工具来创建三维实体模型了。本章将向用户介绍基本三维体、复合三维体以及网格三维体的创建操作。

01 铰链模型

铰链又称合页，主要用于门窗、橱柜等家具上，其特点是在柜门关闭时带来缓冲功能，减小物体碰撞发出的噪音。该模型运用了“差集”、“扫掠”、“长方体”、圆柱体等命令来进行绘制的。

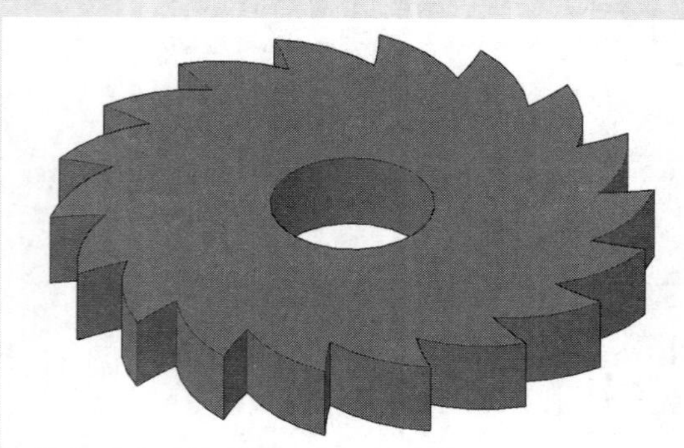

02 棘轮零件图

棘轮是组成棘轮机构的重要构件，这种棘轮只能向一个方向旋转，而不能倒转。该图纸主要是以拉伸、布尔运算命令来完成的。

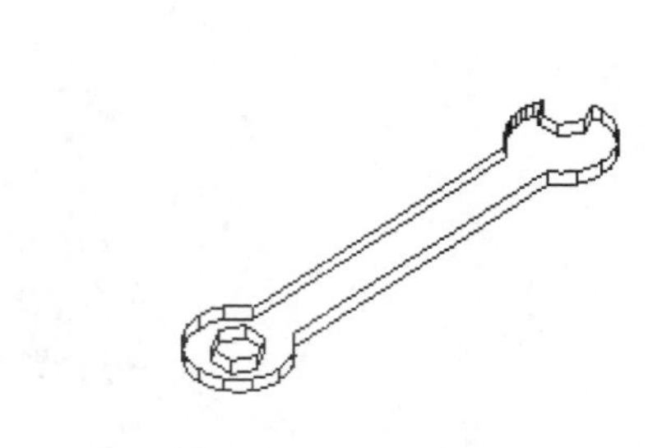

03 机械扳手图

该图纸为常见的机械扳手，可以通过按住并拖动或挤压命令来完成的。

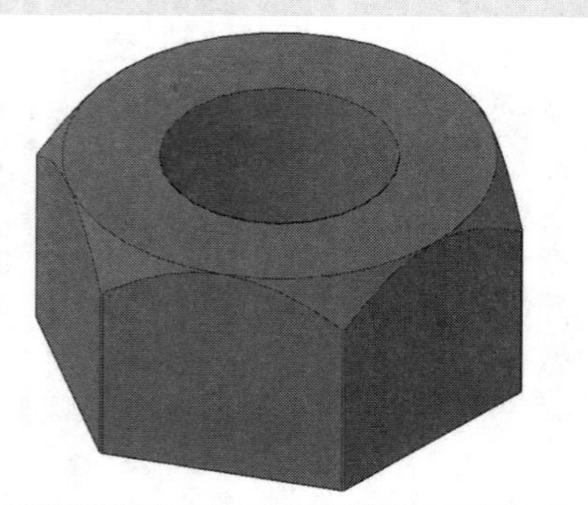

04 六角螺母模型

六角螺母与螺柱、螺钉配合使用，起连接紧固件作用。该模型主要运用了拉伸、差集等命令绘制出来。

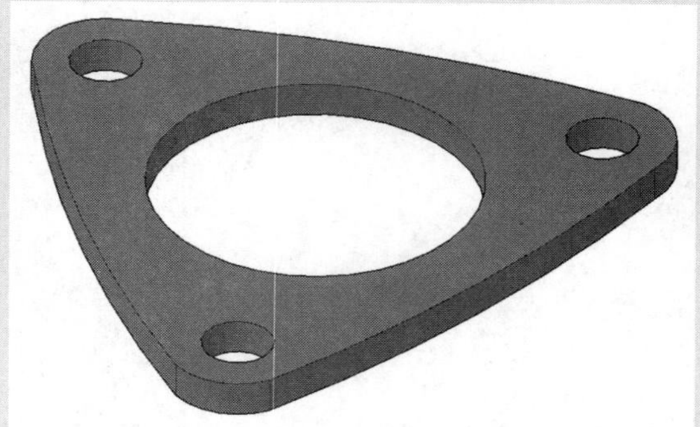

05 三角垫片实体模型

该模型主要运用拉伸、差集命令绘制出三角垫片模型。

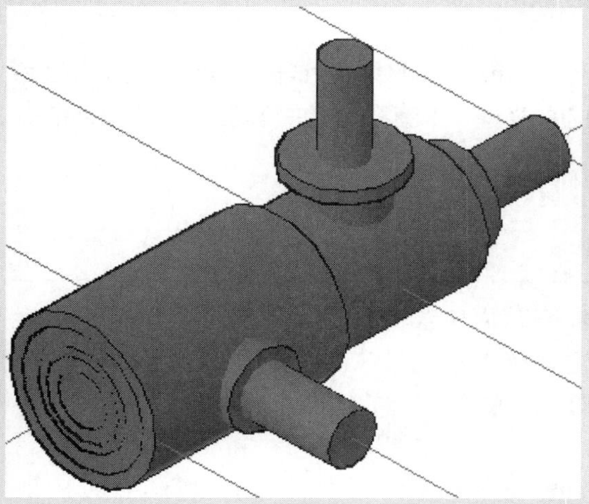

06 泵体三维模型

泵是输送流体或使流体增压的机械，根据用途不同性质也不同。该模型主要运用了圆柱体、更改用户坐标和拉伸等命令绘制出来的。

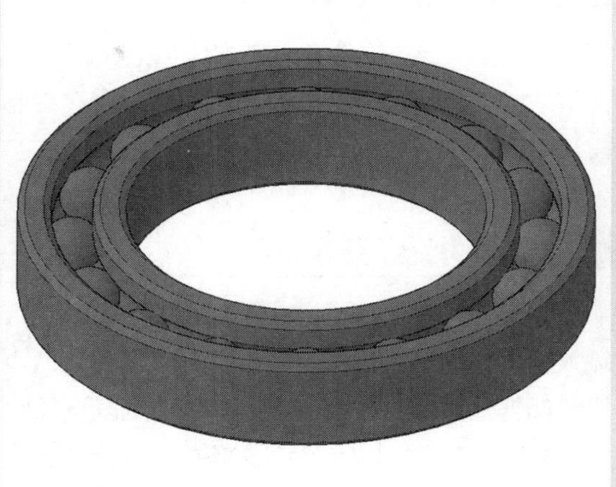

07 球轴承三维模型

球轴承是确定两个零件的相对位置和保证其自由旋转。该三维模型运用了三维环形阵列、倒角边、差集等命令绘制完成的。

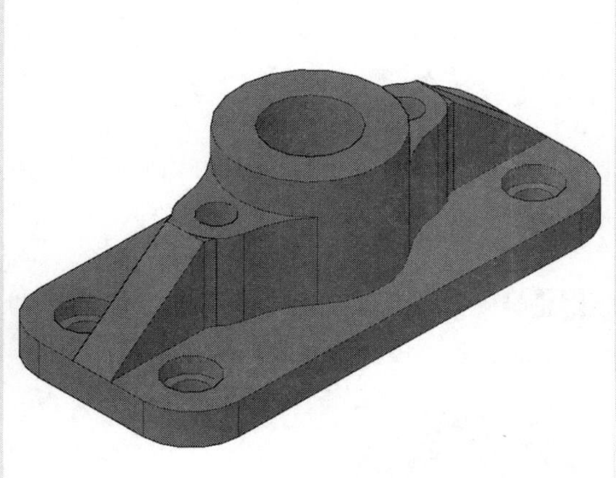

08 轴承支座三维模型

该模型主要运用了拉伸、圆角边、圆柱体、差集、并集等命令完成模型的绘制。

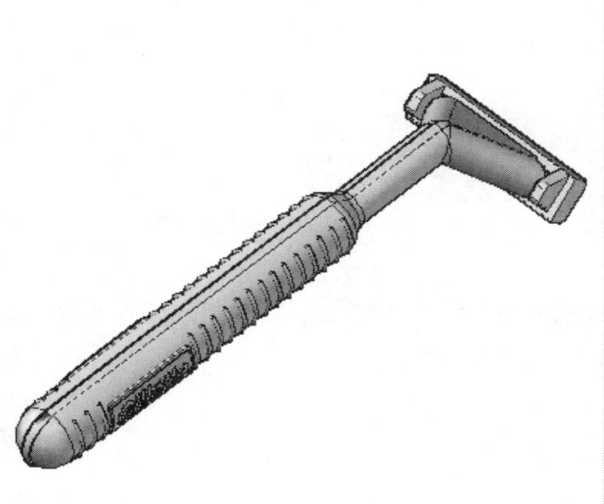

09 刮胡刀三维模型

该模型为生活中常见的刮胡刀，该模型主要运用了扫琼、倒圆角、球体、并集、差集、三维镜像等命令进行绘制的。

Lesson 01 创建三维基本实体

在AutoCAD软件中，基本体包括长方体、圆柱体、圆锥体、球体、棱锥体、楔体、圆环和多段体等三维实体。用户可以使用这些命令直接绘制出相应的模型，下面将向用户介绍这些基本体的操作方法。

01 绘制长方体

绘制长方体时先设定好长方体底面的长度和宽度，该底面与当前UCS坐标的XY平面平行，然后输入长方体的高度值即可。其高度可以是正值也可以是负值。为了便于观察，用户可以在绘制长方体之前调整坐标系的位置。用户可以通过以下几种方式调用“长方体”命令：

- 在菜单栏中执行“绘图>建模>长方体”命令。
- 在“常用”选项卡的“建模”面板中单击“长方体”按钮。
- 在“实体”选项卡的“图元”面板中单击“长方体”按钮。
- 在命令行输入BOX命令并按Enter键。

1. 基于两个点和高度创建实心长方体的步骤

该方法是分别指定长方体的两个角点，这两个角点为对角线上的点，然后再指定长方体的高度即可创建出长方体。具体操作如下：

STEP 01 执行“绘图>建模>长方体”命令，在绘图区中指定角点，如下图所示。

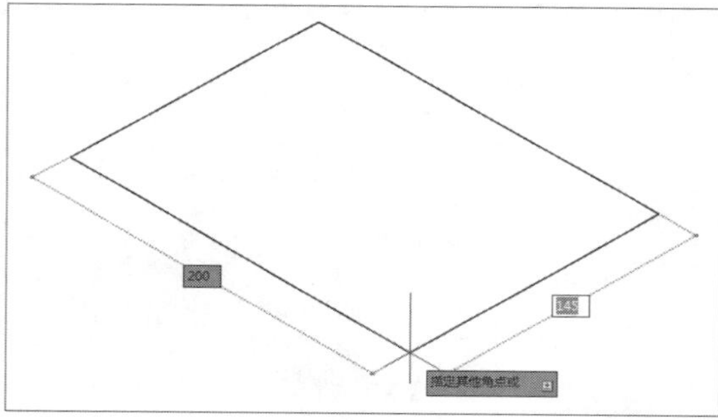

STEP 02 向Z轴正方向移动鼠标，并指定长方体高度值，如下图所示。

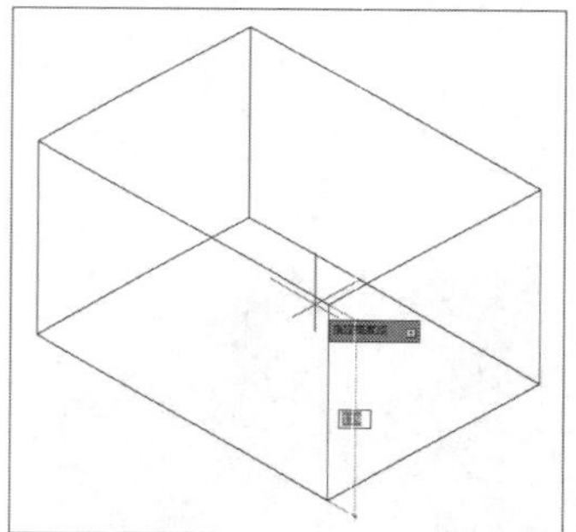

STEP 03 按Enter键确定，即可完成长方体的绘制，如下图所示。

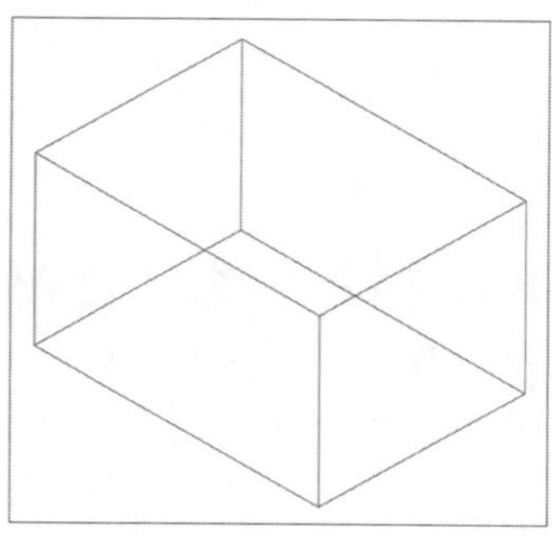

STEP 04 切换视觉样式控件为概念，以更改对象的显示模式，查看其效果，如下图所示。

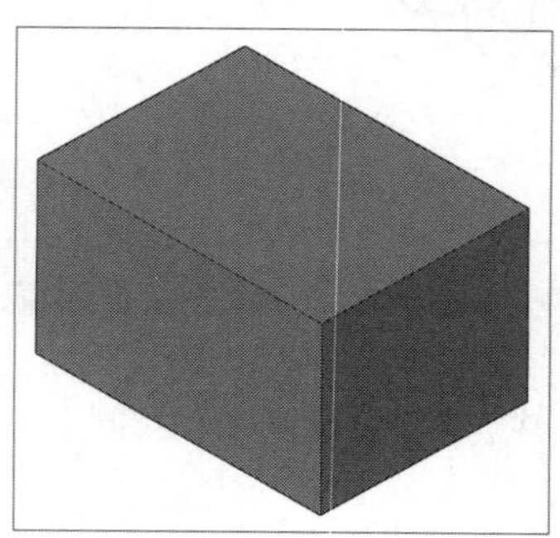

2. 创建立方体

立方体是特殊的长方体，立方体的长度、宽度和高度值都是一样的，在绘制立方体时，应确保长度、宽度和高度的一致性。具体操作如下：

STEP 01 执行“绘图>建模>长方体”命令，根据命令行提示，指定角点，如下图所示。

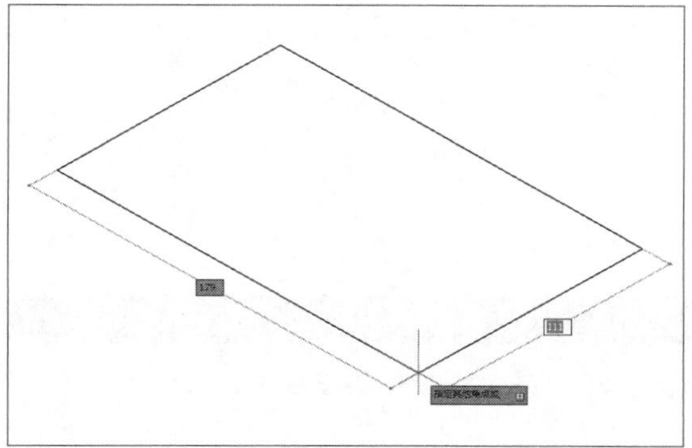

STEP 02 根据命令行提示，输入C，按Enter键确定，指定长度值为300，如下图所示。

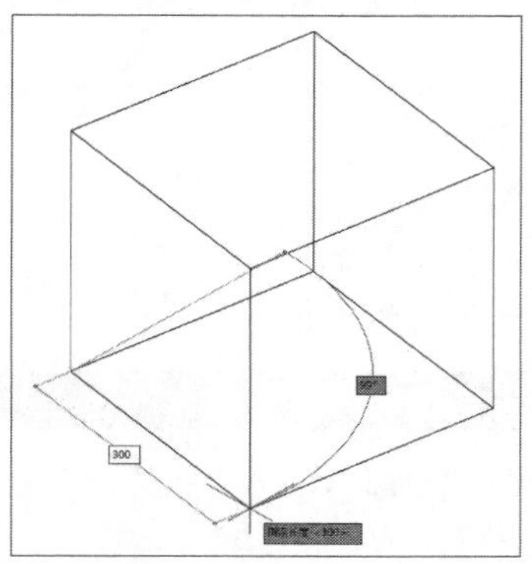

STEP 03 按Enter键确定，即可完成立方体的绘制，如右图所示。

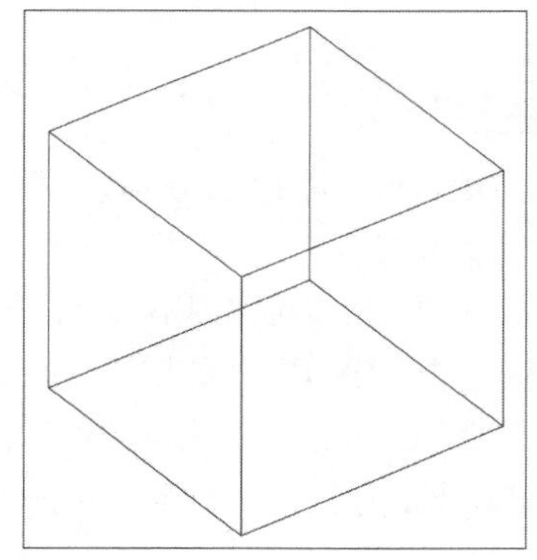

3. 输入底面长度值创建长方体

该方法是通过输入长方体底面长度和宽度值，然后输入长方体高度值来定义长方体的。具体操作如下：

STEP 01 执行“绘图>建模>长方体”命令，在绘图区中，指定角点，如下图所示。

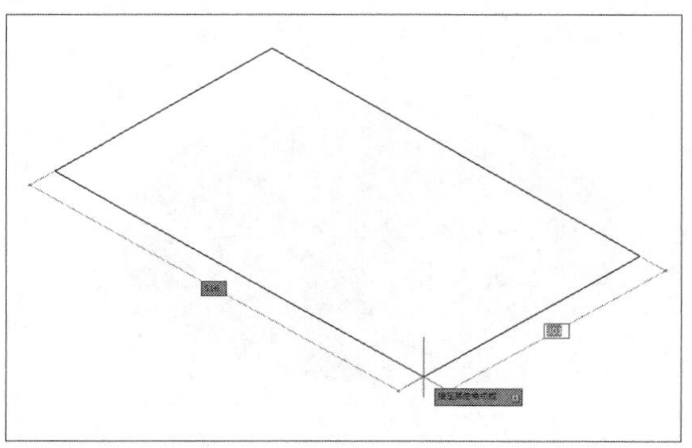

STEP 02 在命令行中输入L命令，如下图所示。

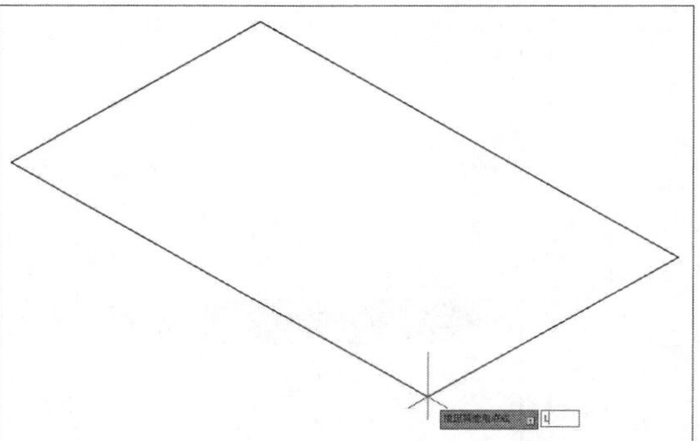

STEP 03 按Enter键确定，移动光标，并在命令行中指定长度值为300和宽度值为200，如下图所示。

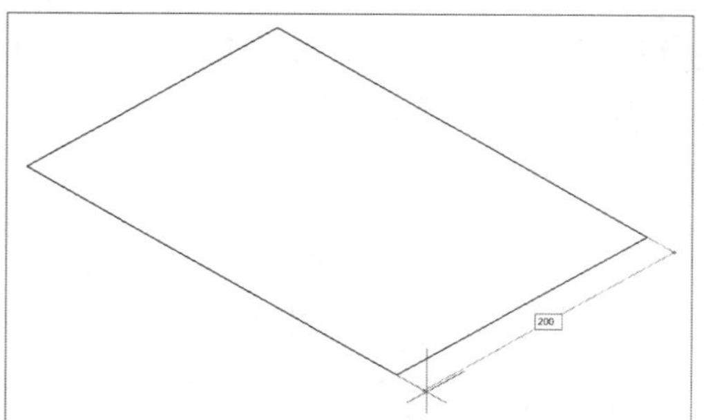

STEP 04 按Enter键确定，输入长方体高度值为150，再次按Enter键确定，即可完成绘制，如下图所示。

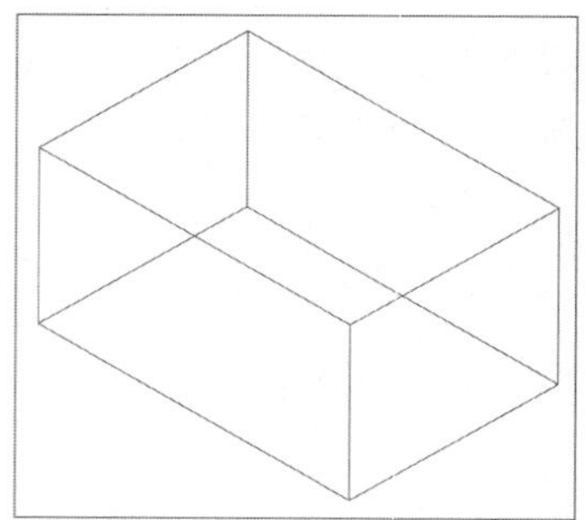

工程师点拨 | 创建长方体

在输入长方体长、宽、高的值时，如果输入的值为正值，系统将沿X、Y和Z轴的正方向创建长方体，如果输入为负值，则系统将沿X、Y和Z轴的负方向创建长方体。

02 绘制圆柱体

圆柱体的绘制方法与长方体的方法相似，同样都要先确定底面面积，然后再指定其高度。绘制圆柱体底面的方法和绘制圆的方法相同，可以使用“三点”、“两点”、“切点、切点、半径”和“椭圆”来绘制圆柱体的底面。用户可以通过以下几种方式调用“圆柱体”命令：

- 在菜单栏中执行“绘图>建模>圆柱体”命令。
- 在“常用”选项卡的“建模”面板中单击“圆柱体”按钮。
- 在“实体”选项卡的“图元”面板中单击“圆柱体”按钮。
- 在命令行输入CYLINDER命令并按Enter键。

1. 以圆底面创建实体圆柱体

执行“圆柱体”命令，根据命令行提示，指定其底面中心点，输入半径值，再确定其高度，完成以圆底面创建实体圆柱体的操作，具体操作如下：

STEP 01 执行“绘图>建模>圆柱体”命令，在绘图区中指定圆柱底面中心点，如下图所示。

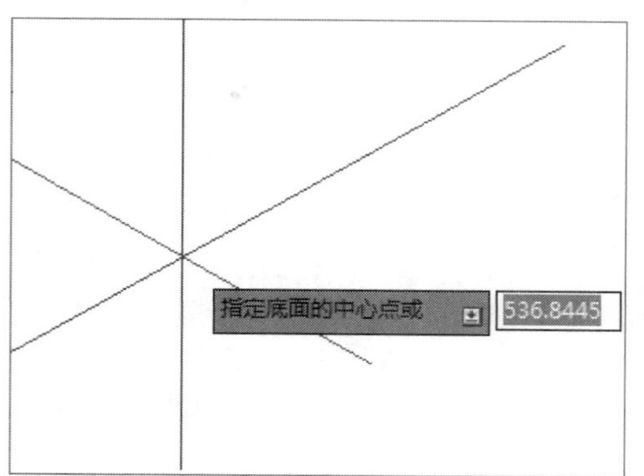

STEP 02 移动光标，并输入底面半径值，如下图所示。

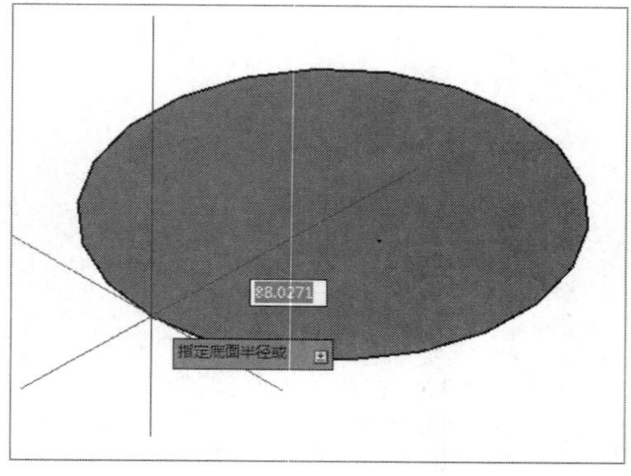

STEP 03 按Enter键确定，将光标向Z轴正方向移动，并输入圆柱体高度值，如下图所示。

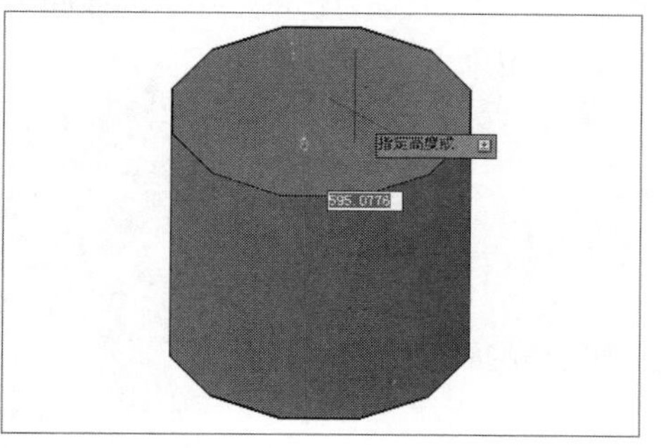

STEP 04 按Enter键确定，完成圆柱体模型的绘制，如下图所示。

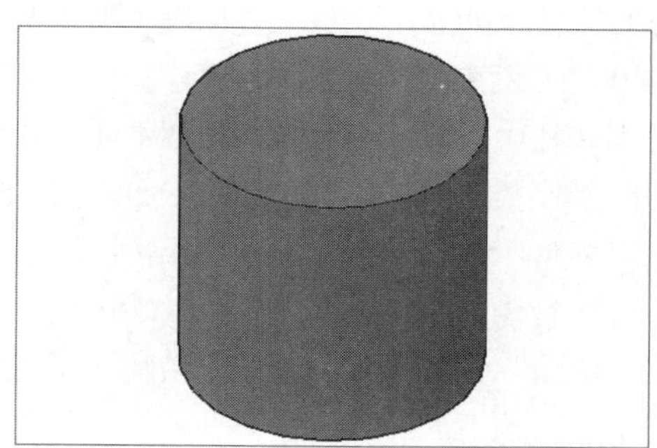

2. 以椭圆底面创建实体圆柱

椭圆底面与圆底面创建实体圆柱体的操作方法相同，具体操作如下：

STEP 01 执行“绘图>建模>圆柱体”命令，根据命令行提示输入e，如下图所示。

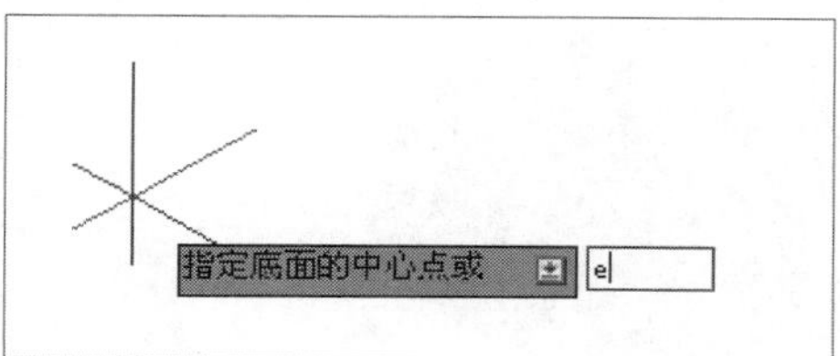

STEP 02 按Enter键确定，在绘图区中指定椭圆中心点，如下图所示。

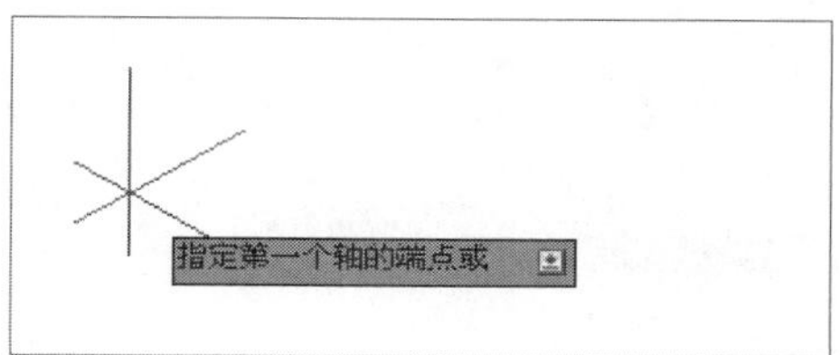

STEP 03 在绘图区中，移动光标并指定轴的第一个端点值为300，如下图所示。

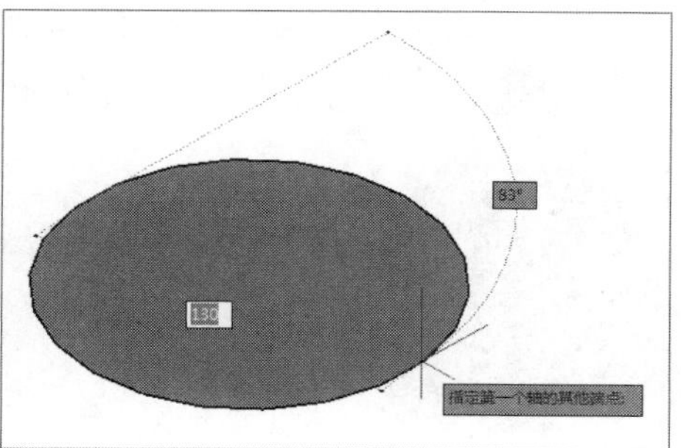

STEP 04 单击鼠标左键，在绘图区中移动光标并指定第二个轴的端点值为150，如下图所示。

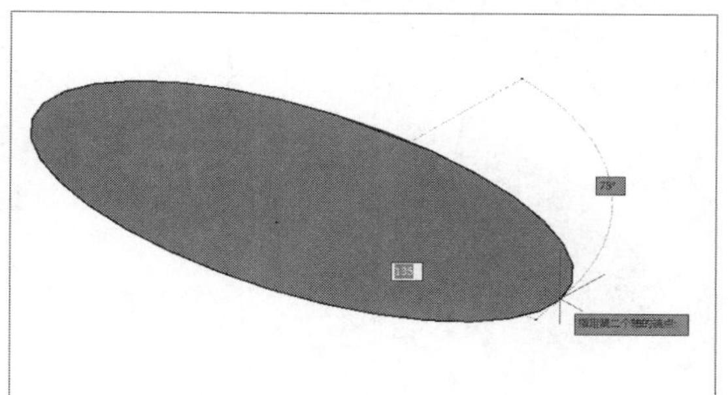

STEP 05 单击鼠标左键，移动光标并指定椭圆柱的高度值为100，如下图所示。

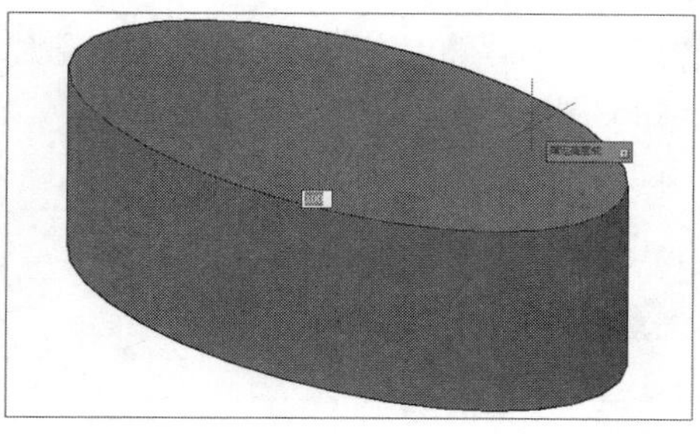

STEP 06 按Enter键确定，即可完成椭圆柱体的绘制，如下图所示。

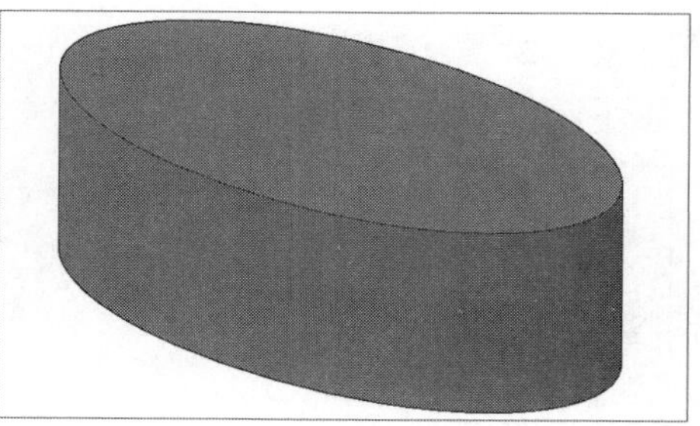

03 绘制圆锥体

以圆或椭圆为底面、将底面逐渐缩小到一点来创建实体圆锥体。也可以通过逐渐缩小到与底面平行的圆或椭圆平面来创建圆台。用户可以通过以下几种方式调用“圆锥体”命令：

- 在菜单栏中执行“绘图>建模>圆锥体”命令。
- 在“常用”选项卡的“建模”面板中单击“圆锥体”按钮△。
- 在“实体”选项卡的“图元”面板中单击“圆锥体”按钮△。
- 在命令行输入CONE命令并按Enter键。

默认情况下，圆锥体的底面位于当前UCS的XY平面上。圆锥体的高度与Z轴平行。

1. 以圆底面创建圆锥体

执行“圆锥体”命令，根据命令行提示，指定底面中心点并输入半径，再确定其高度，完成以圆底面创建圆锥体的操作，具体操作如下：

STEP 01 执行“绘图>建模>圆锥体”命令，在绘图区中指定圆锥体底面中心点，如下图所示。

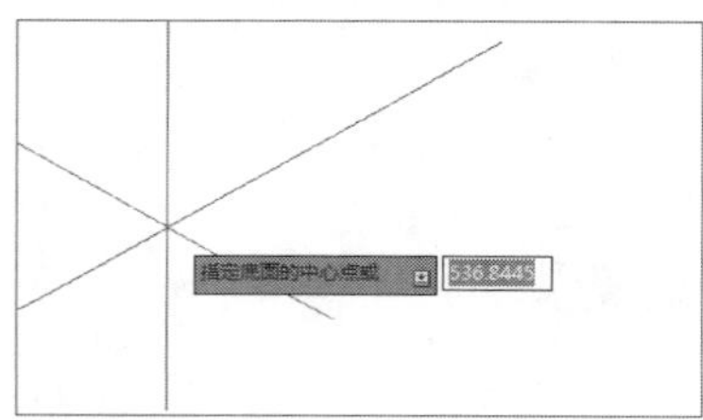

STEP 02 移动光标，并输入底面半径值为50，如下图所示。

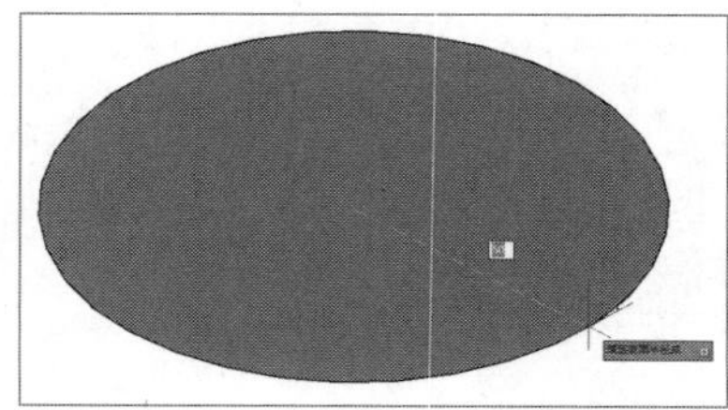

STEP 03 按Enter键确定，移动光标并输入圆锥体高度值为100，如下图所示。

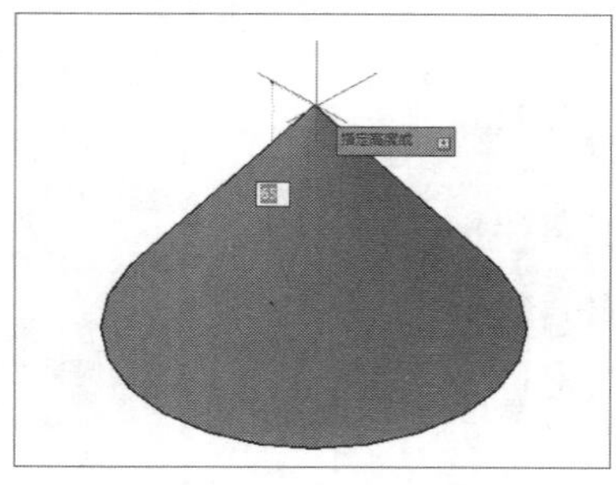

STEP 04 按Enter键确定，完成圆锥体模型的绘制，如下图所示。

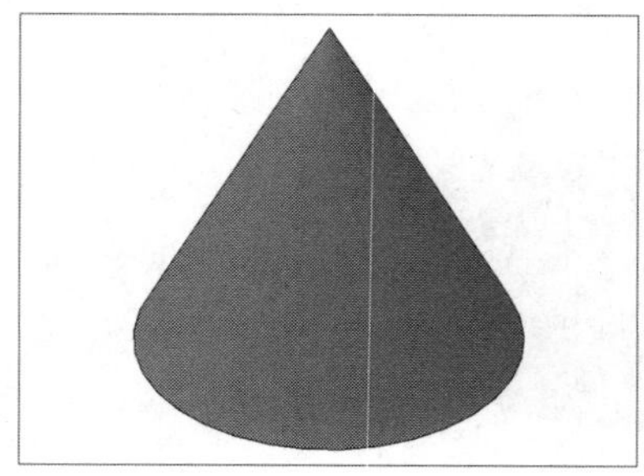

2. 以椭圆底面创建圆锥体

椭圆底面与圆底面创建圆锥体的操作方法相同，具体操作如下：

STEP 01 执行“绘图>建模>圆锥体”命令，根据命令行提示输入e，如下图所示。

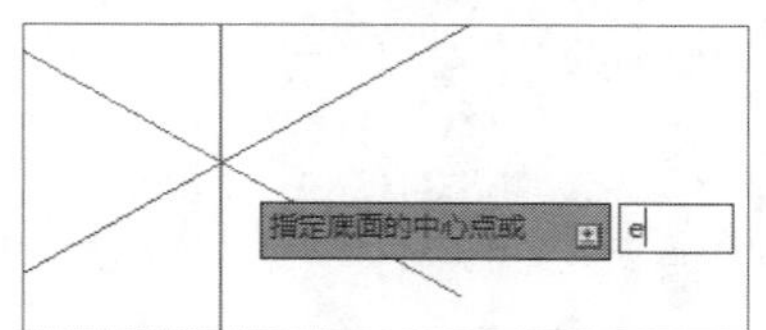

STEP 02 按Enter键确定，在绘图区中指定椭圆中心点，如下图所示。

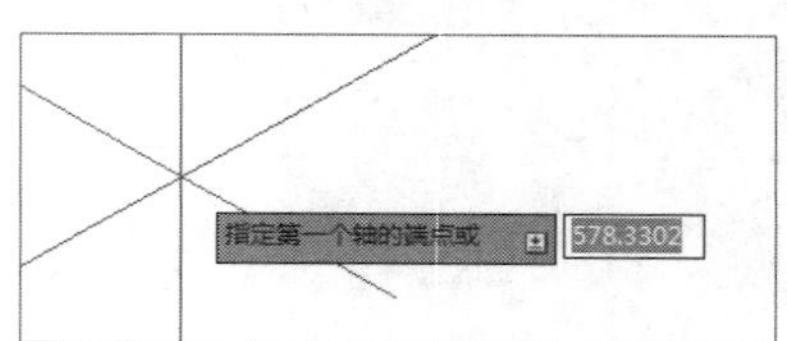

STEP 03 指定椭圆轴第一个轴端点，效果如下图所示。

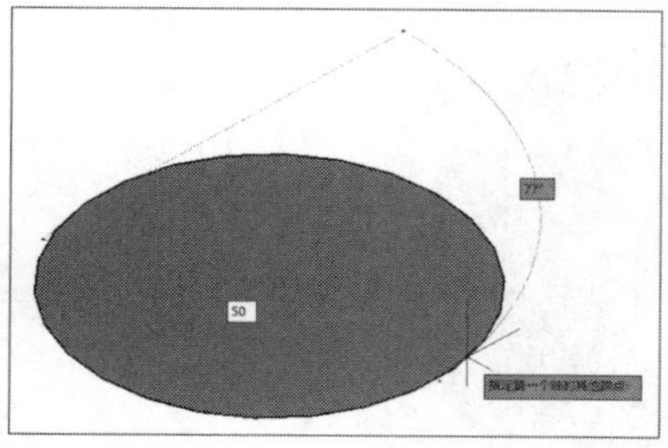

STEP 04 单击鼠标左键，指定椭圆轴第二个轴的端点，如下图所示。

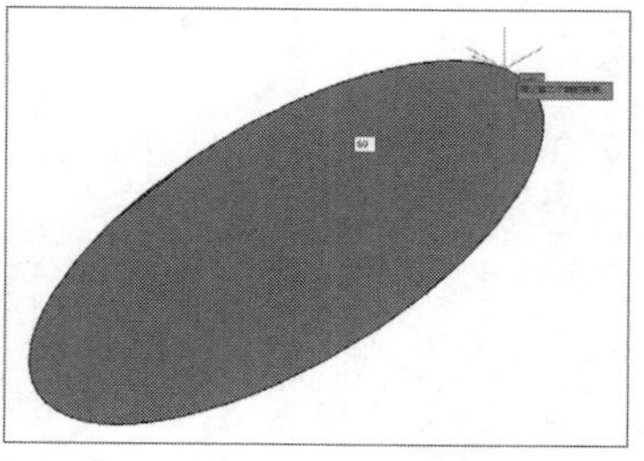

STEP 05 指定圆锥体高度值为50，如下图所示。

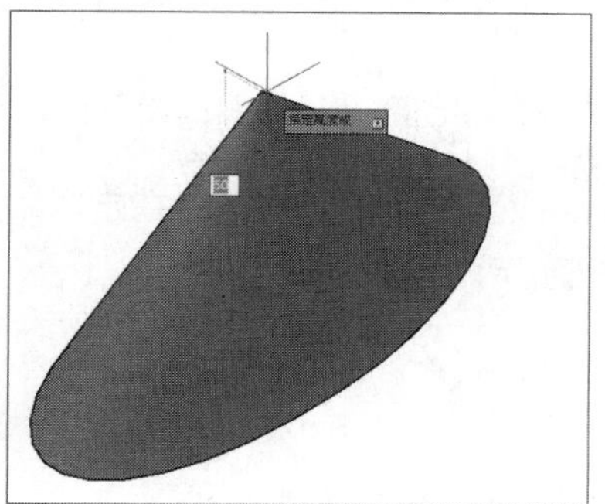

STEP 06 按Enter键确定，完成圆锥体的绘制，如下图所示。

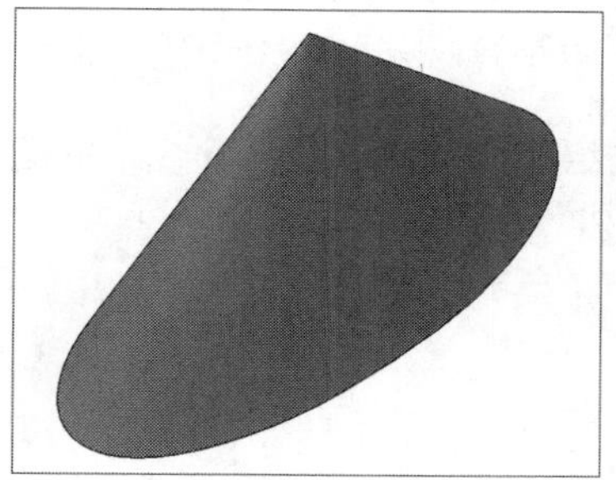

04 绘制球体

在AutoCAD中，默认的球体创建方法为指定球体的中心点和半径来创建，另外系统还提供了由三个点定义的球体创建方法。用户可以通过以下几种方式调用“球体”命令：

- 在菜单栏中执行“绘图>建模>球体”命令。
- 在“常用”选项卡的“建模”面板中单击“球体”按钮。
- 在“实体”选项卡的“图元”面板中单击“球体”按钮。
- 在命令行输入SPHERE命令并按Enter键。

1. 指定中心点和半径创建球体

执行“球体”命令，根据命令行提示，指定中心点并输入半径值，完成球体的创建，具体操作如下：

STEP 01 执行“绘图>建模>球体”命令，在绘图区指定球体的中心点，如下图所示。

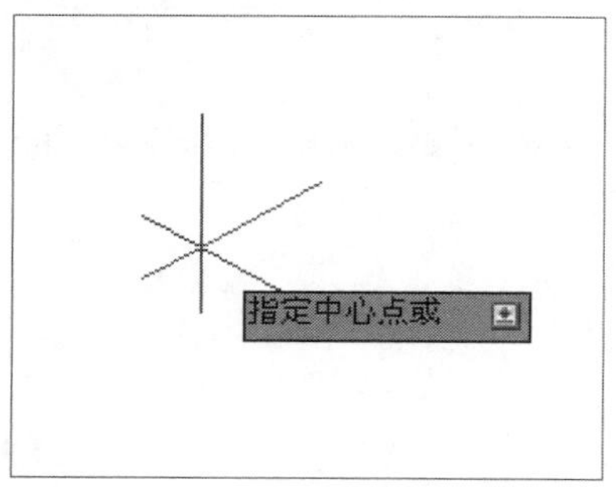

STEP 02 移动光标并指定球体半径值，如下图所示。

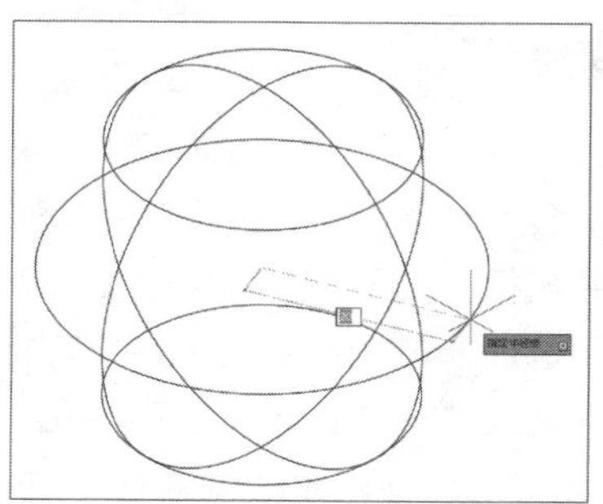

STEP 03 按Enter键确定，完成球体的绘制，如下图所示。

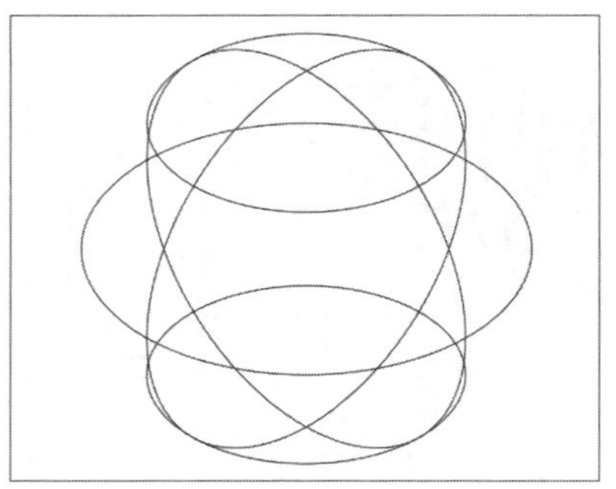

STEP 04 切换视觉样式为概念，以更改对象的显示模式，如下图所示。

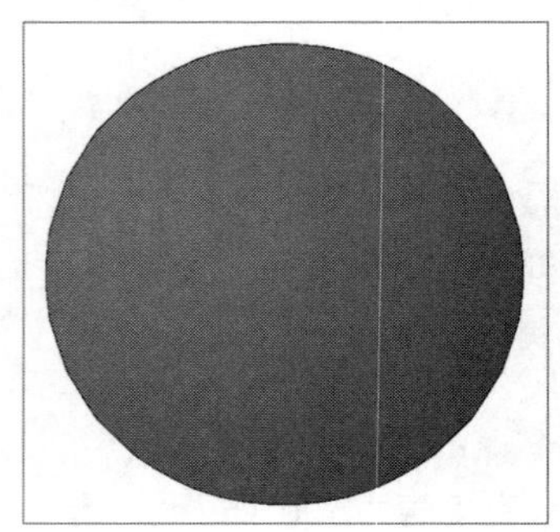

2. 创建由三个点定义的实体球体

执行“球体”命令，根据命令行提示，指定球体的三个点，完成球体的创建，具体操作如下：

STEP 01 执行“绘图>建模>球体”命令，根据命令行提示输入3P，如下图所示。

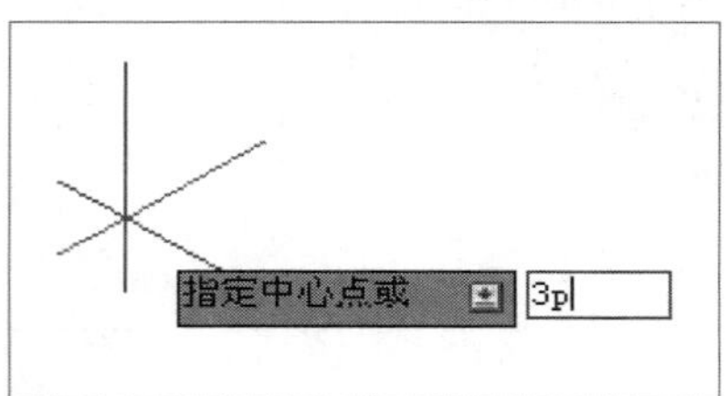

STEP 02 按Enter键确定，在绘图区中指定球体第一点，如下图所示。

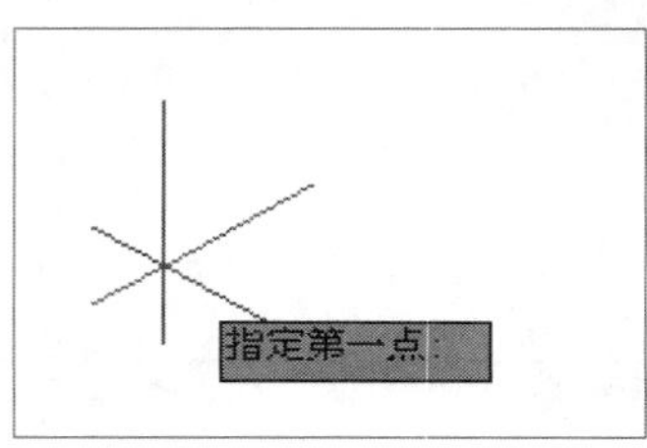

STEP 03 移动光标，指定球体第二点，如下图所示。

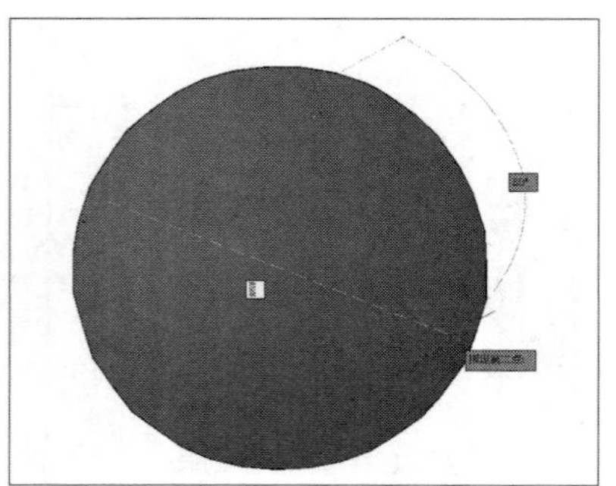

STEP 04 移动光标，指定球体第三点后，完成球体绘制，如下图所示。

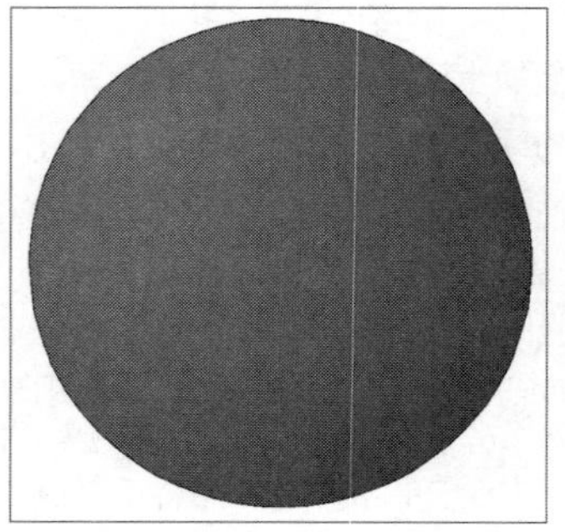

05 绘制棱锥体

棱锥体是由多个倾斜至一点且由3-32个侧面组成的实体模型。创建棱锥体需先指定棱锥体底面中心点，然后再指定一个高度即可。用户可以通过以下几种方式调用“棱锥体”命令：

- 在菜单栏中执行“绘图>建模>棱锥体”命令。
- 在“常用”选项卡的“建模”面板中单击“棱锥体”按钮。
- 在“实体”选项卡的“图元”面板中单击“棱锥体”按钮。
- 在命令行输入PYRAMID命令并按Enter键。

1. 创建实体棱锥体

执行“棱锥体”命令，根据命令行提示，输入侧面数创建底面，再确定其高度，完成实体棱锥体的创建，具体操作如下：

STEP 01 执行“绘图>建模>棱锥体”命令，根据命令行提示输入S，如下图所示。

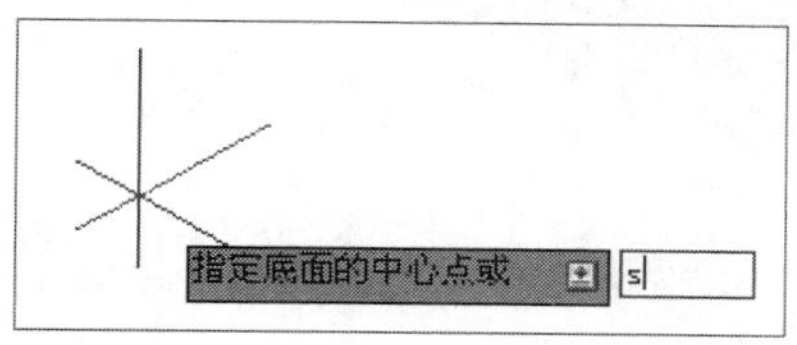

STEP 02 按Enter键确定，输入侧面数5，如下图所示。

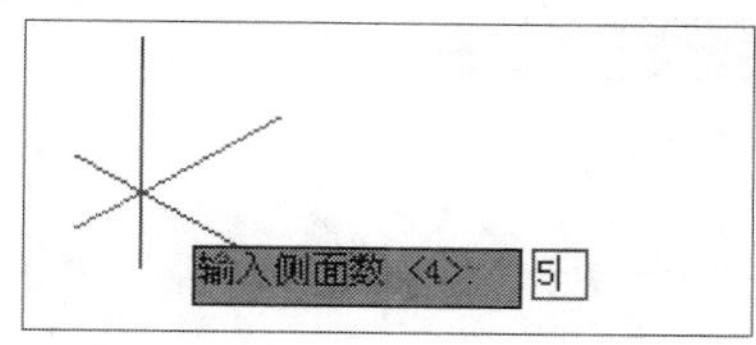

STEP 03 按Enter键确定，在绘图区中指定棱锥体底面中心点，如下图所示。

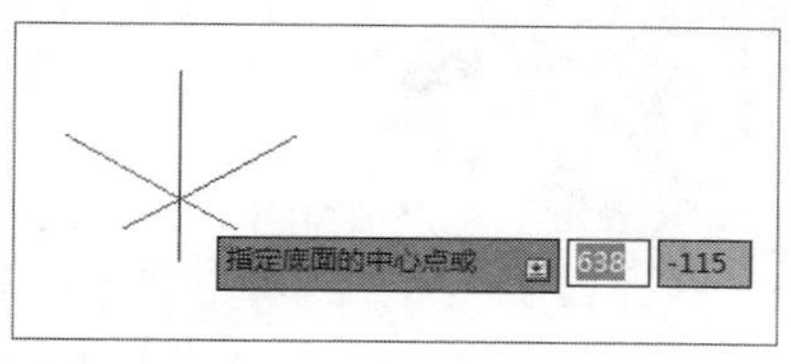

STEP 04 单击鼠标左键，移动光标指定底面半径，如下图所示。

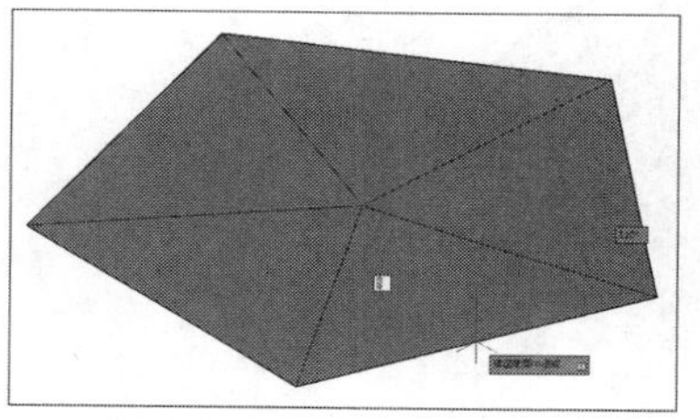

STEP 05 按Enter键确定，指定棱锥体高度值，如下图所示。

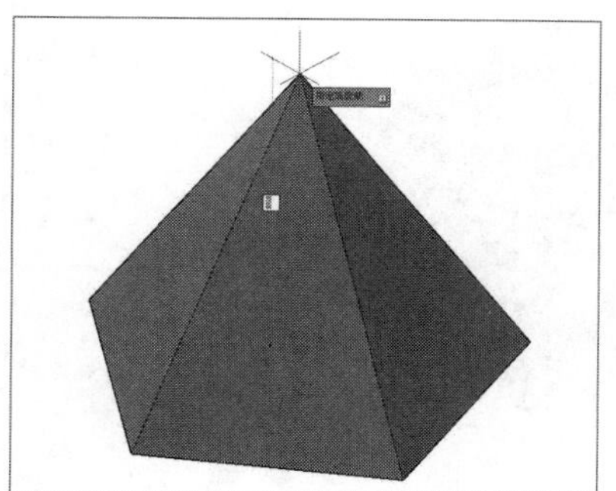

STEP 06 按Enter键确定，完成凌锥体的绘制，如下图所示。

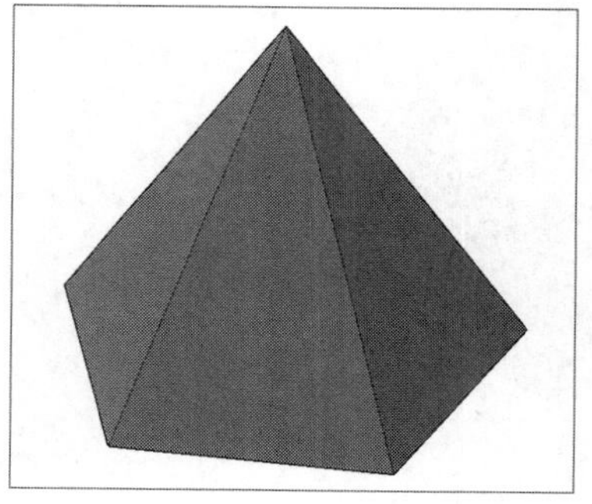

2. 创建实体棱台

执行“棱锥体”命令，根据命令行提示，创建底面和顶面，再确定其高度，完成实体棱台的创建，具体操作如下：

STEP 01 执行“绘图>建模>棱锥体”命令，根据命令行提示输入S，如下图所示。

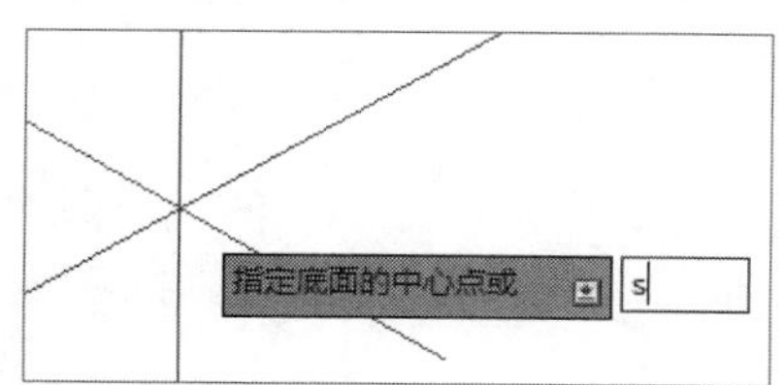

STEP 02 按Enter键确定，输入侧面数为4后，如下图所示。

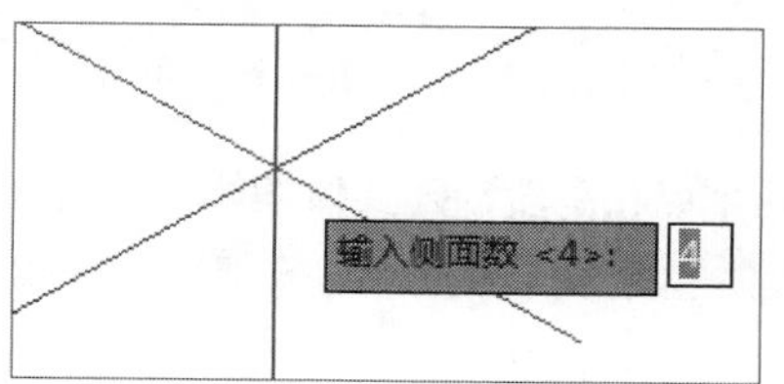

STEP 03 按Enter键确定，在绘图区中指定棱锥体底面中心点，如下图所示。

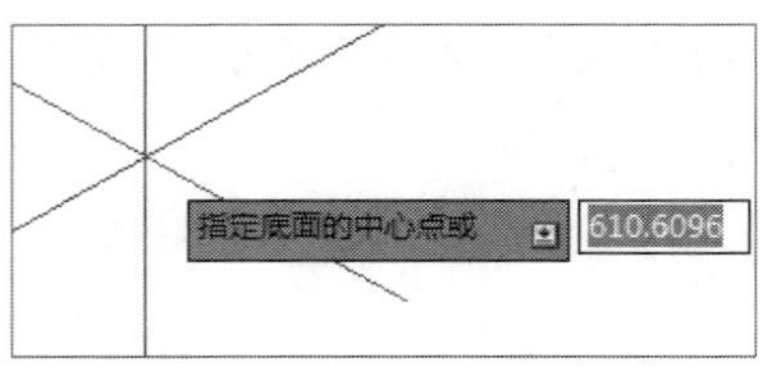

STEP 04 单击鼠标左键，在绘图区中移动光标指定棱锥体底面半径值为20，如下图所示。

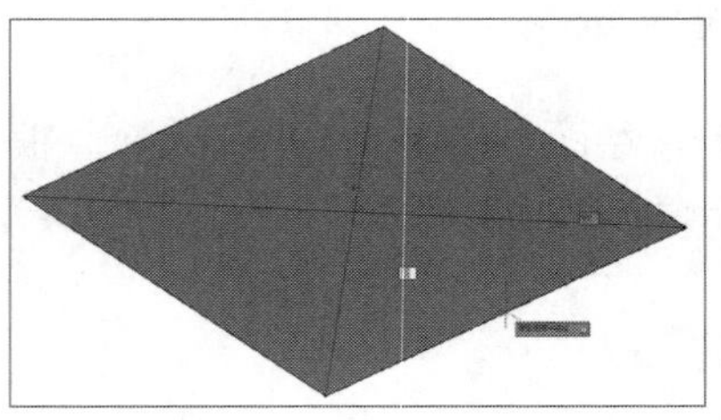

STEP 05 根据命令行提示，输入顶面半径T，如下图所示。

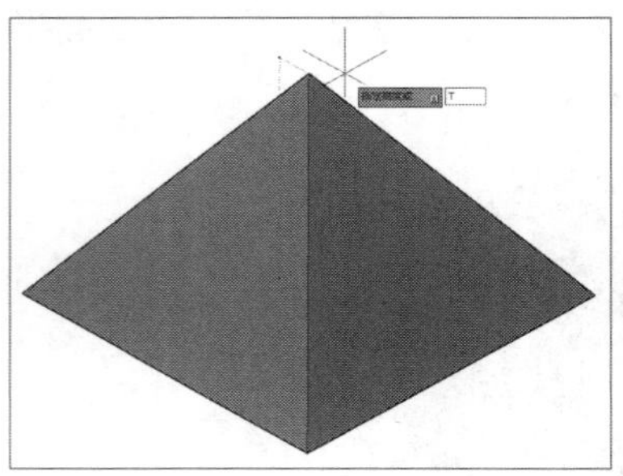

STEP 06 按Enter键确定，指定棱台顶部平面半径为10，如下图所示。

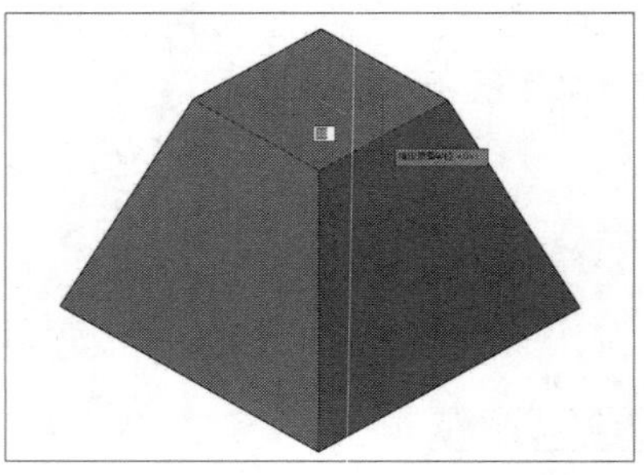

STEP 07 按Enter键确定，指定棱台高度值为30，如下图所示。

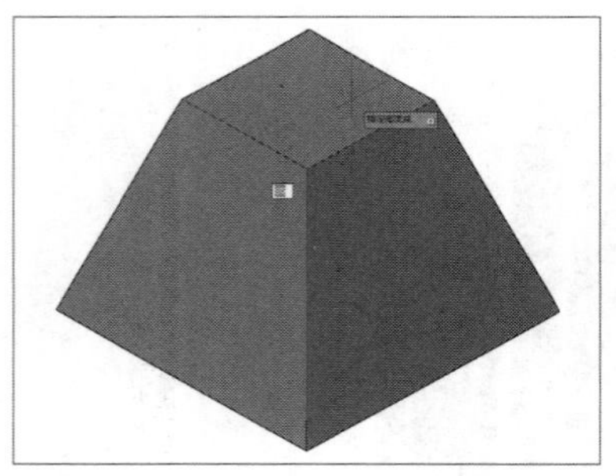

STEP 08 按Enter键确定，完成棱台实体的绘制，如下图所示。

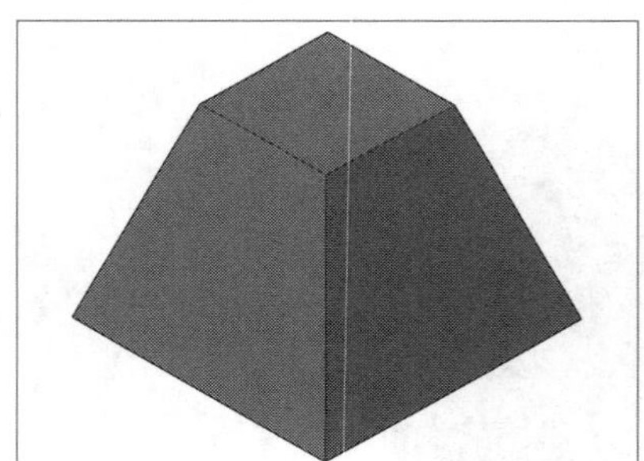

06 绘制楔体

楔体的创建方法与长方体的创建方法类似，先指定楔体底面上的两个对角点，然后再指定楔体的高度即可。用户可以通过以下几种方式调用“楔体”命令：

- 在菜单栏中执行“绘图>建模>楔体”命令。
- 在“常用”选项卡的“建模”面板中单击“楔体”按钮。
- 在“实体”选项卡的“图元”面板中单击“楔体”按钮。
- 在命令行输入WEDGE命令并按Enter键。

1. 基于两个点和高度创建实体楔体

执行“楔体”命令，根据命令行提示，创建楔体底面，再确定其高度，完成楔体的创建，具体操作如下：

STEP 01 执行“绘图>建模>楔体”命令，在绘图区中，确定楔体第一个角点，如下图所示。

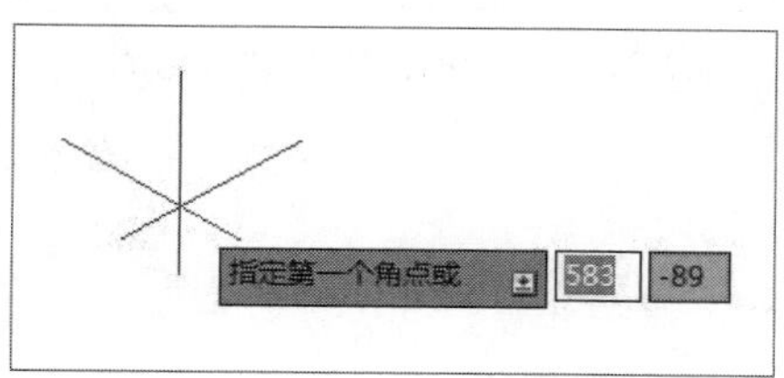

STEP 02 单击鼠标左键，移动鼠标指定楔体其他角点，如下图所示。

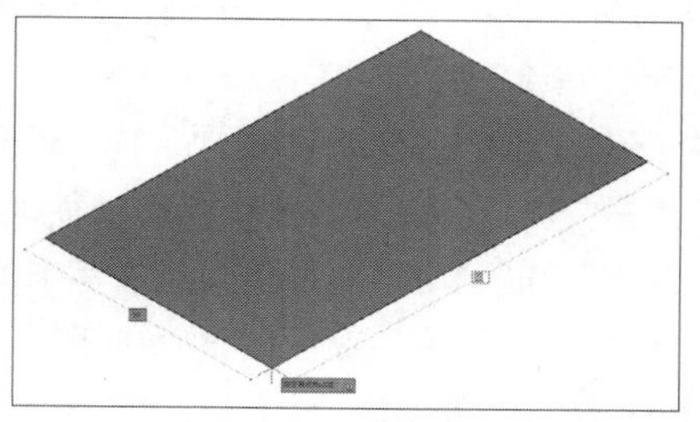

STEP 03 单击鼠标左键，并指定楔体高度值为30，如下图所示。

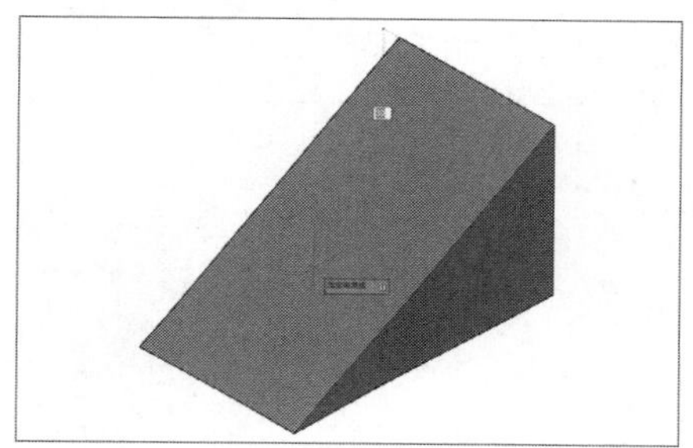

STEP 04 按Enter键确定，完成楔体实体的绘制，如下图所示。

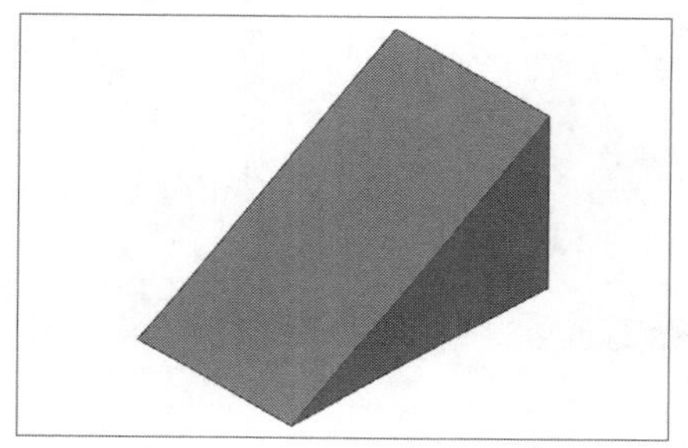

2. 创建长度、宽度和高度均相等的实体楔体

执行“楔体”命令，根据命令行提示，创建底面的长度与宽度，再确定其高度，完成楔体的创建，具体操作如下：

STEP 01 执行“绘图>建模>楔体”命令，根据命令行提示输入C，并指定楔体中心点，如下图所示。

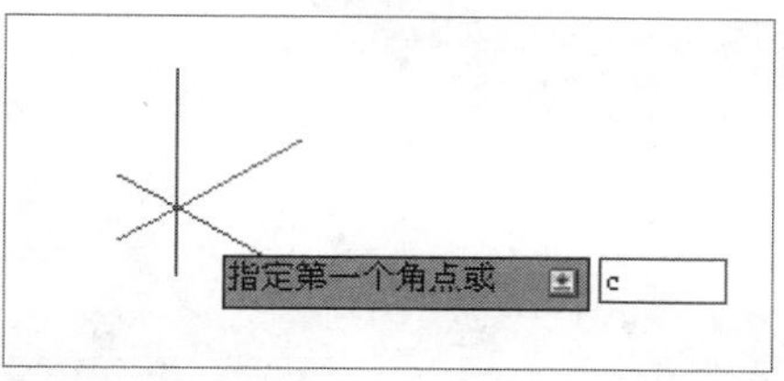

STEP 02 根据命令行提示，再次输入C，结果如下图所示。

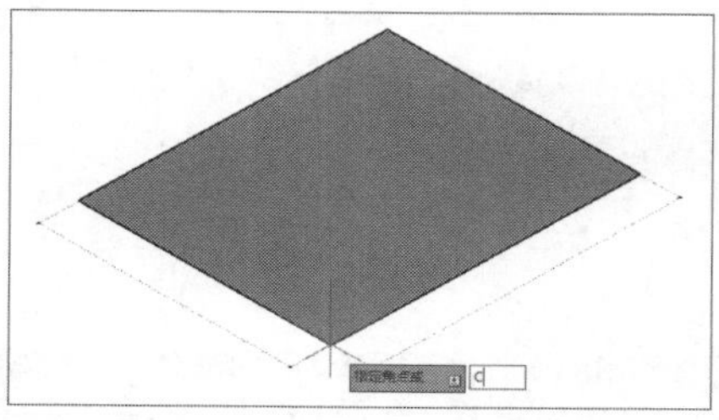

STEP 03 按Enter键确定，指定楔体长度值为65，如下图所示。

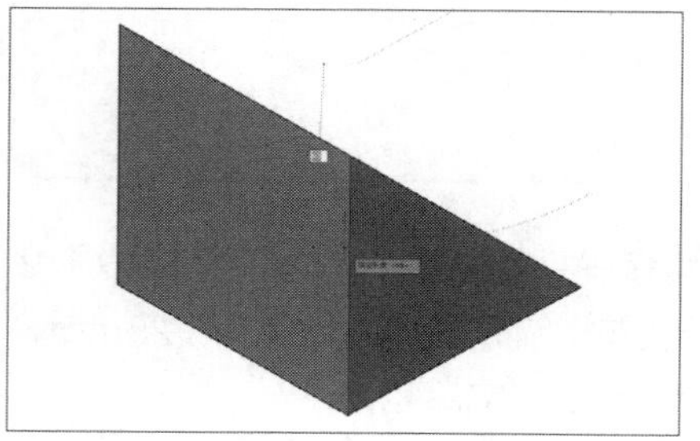

STEP 04 按Enter键确定，完成楔体绘制，如下图所示。

07 绘制圆环

圆环体由两个半径值定义，一个是圆管的半径，另一个是从圆环体中心到圆管中心的距离。默认情况下，圆环体将绘制为与当前UCS的XY平面平行，且被该平面平分。圆环体可以自交。自交的圆环体没有中心孔，因为圆管半径大于圆环体半径。用户可以通过以下几种方式调用“圆环”命令：

- 在菜单栏中执行“绘图>建模>圆环”命令。
- 在“常用”选项卡的“建模”面板中单击“圆环”按钮◎。
- 在“实体”选项卡的“图元”面板中单击“圆环”按钮◎。
- 在命令行输入TORUS命令并按Enter键。

圆环的绘制操作具体介绍如下：

STEP 01 执行“绘图>建模>圆环体”命令，在绘图区中指定圆环中心点，如下图所示。

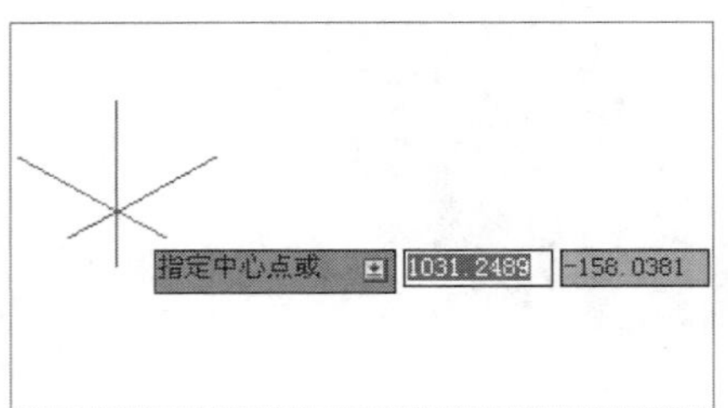

STEP 02 单击鼠标左键，根据命令行提示，输入圆环体半径为120，如下图所示。

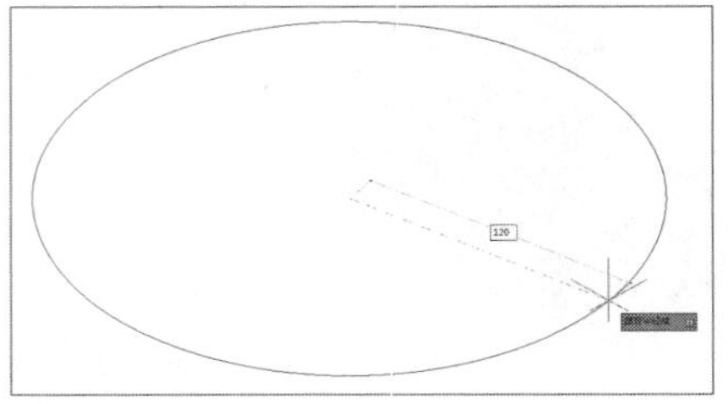

STEP 03 按Enter键确定，根据命令行提示输入圆管半径为20，如下图所示。

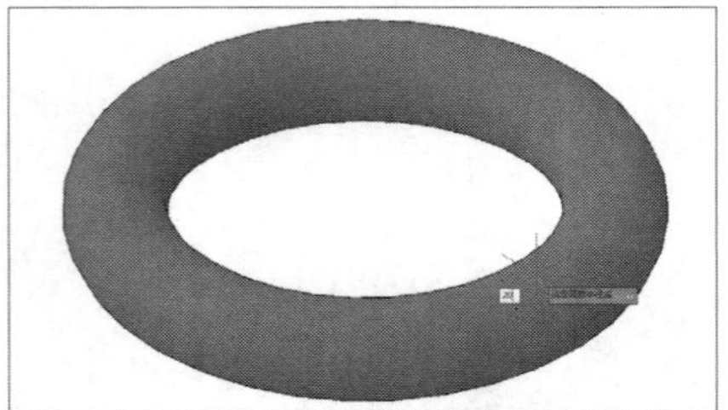

STEP 04 按Enter键确定，完成圆环体的绘制，如下图所示。

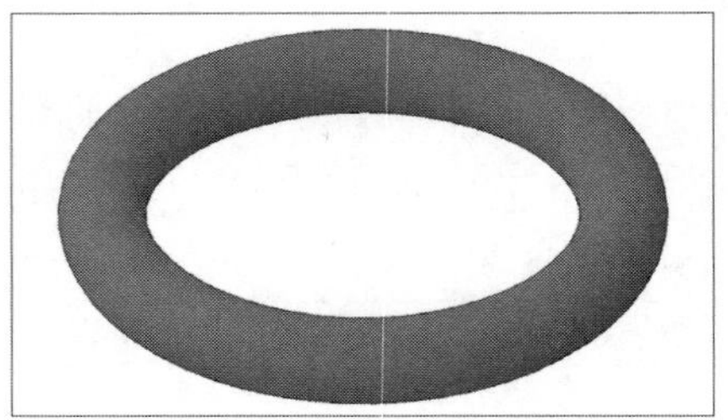

相关练习｜绘制泵体模型

在绘制泵体模式时，主要运用到的操作命令有“圆柱体”和“更改用户坐标”命令。下面将介绍其具体操作步骤。

原始文件：无
最终文件：实例文件\第10章\最终文件\泵体模型.dwg

STEP 01 绘制辅助线段。将当前视图设为俯视图。执行“绘图>直线”命令，绘制两条相互垂直的线段，如下图所示。

STEP 02 偏移辅助线。执行“修改>偏移”命令，将垂直方向的辅助线向右依次偏移25mm、65mm和115mm，如下图所示。

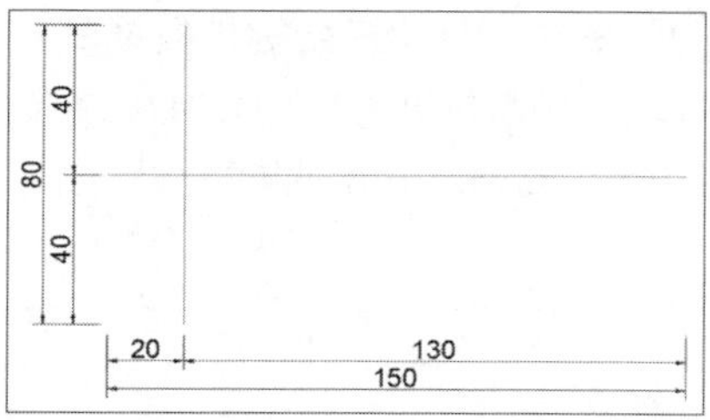

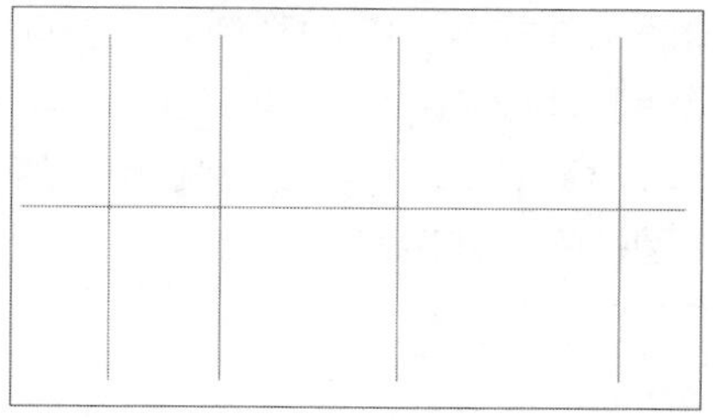

STEP 03 绘制圆柱体。将当前视图样式设置为西南等轴测视图，执行“绘图>建模>圆柱体”命令，以第三条线段的交点为底面圆心，绘制半径为5mm，高45mm的圆柱体，如下图所示。

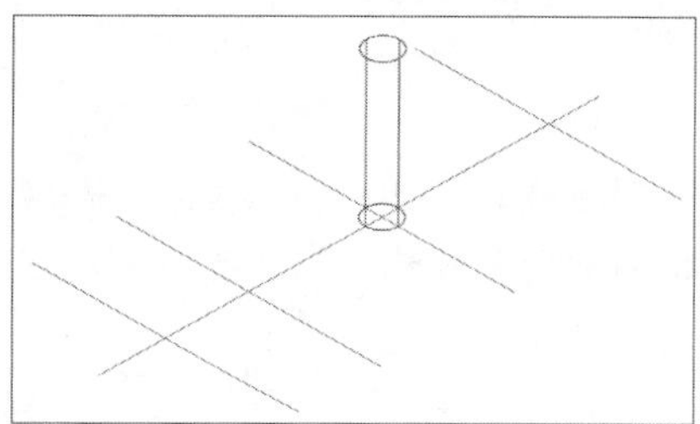

STEP 04 设置用户坐标。在命令行中输入UCS命令，根据命令行提示输入Y，按Enter键确定，并输入旋转角度90度，将坐标以Y轴旋转90度，如下图所示。

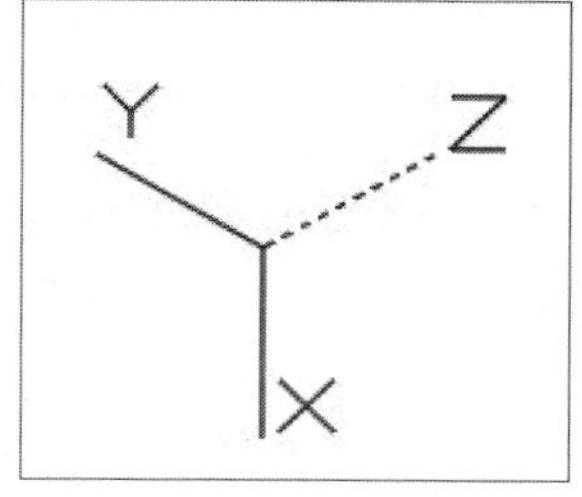

STEP 05 绘制同心圆柱体。执行“绘图>建模>圆柱体”命令，以左侧第一个辅助线的交点为底面圆心，绘制半径为9mm，高90mm，以及底面半径为6mm，高为115mm的同心圆柱，如下图所示。

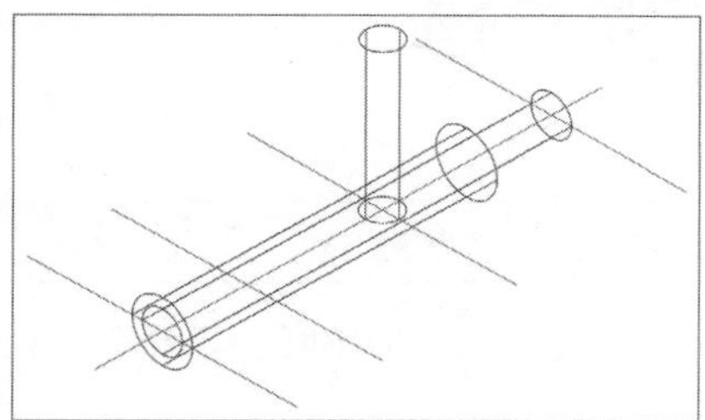

STEP 06 设置坐标。在命令行中输入UCS，按Enter键确定，输入X命令，按Enter键确定，输入旋转角度为90度，来旋转用户坐标，如下图所示。

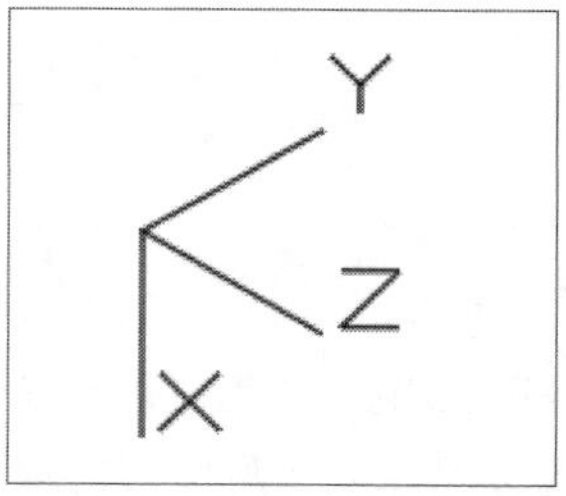

STEP 07 绘制圆柱体。执行“绘图>建模>圆柱体”命令，以左侧第二个辅助线交点为底面圆心，绘制半径为6mm，高为42mm的圆柱体，如下图所示。

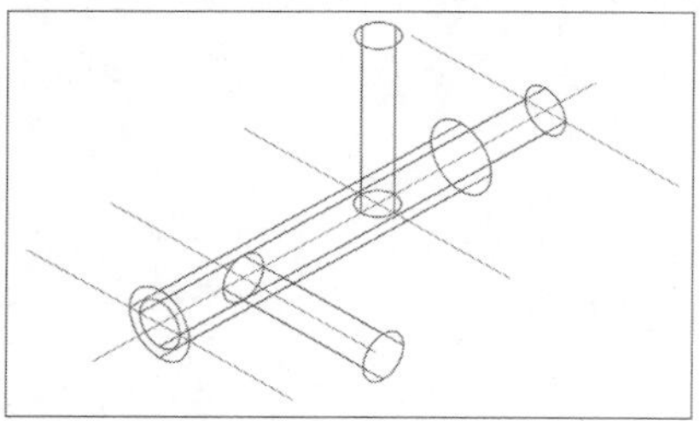

STEP 08 绘制圆柱体。继续执行当前命令，绘制半径为9mm，高为20mm的圆柱体，如下图所示。

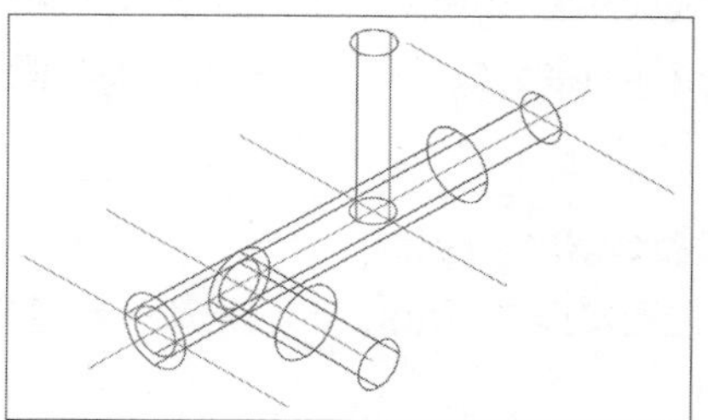

STEP 09 绘制同心圆柱体。将坐标以X轴反方向旋转90度，绘制半径为18mm，高48mm、半径为15mm，高86mm以及半径为11mm，高93mm的三个圆柱体，如下图所示。

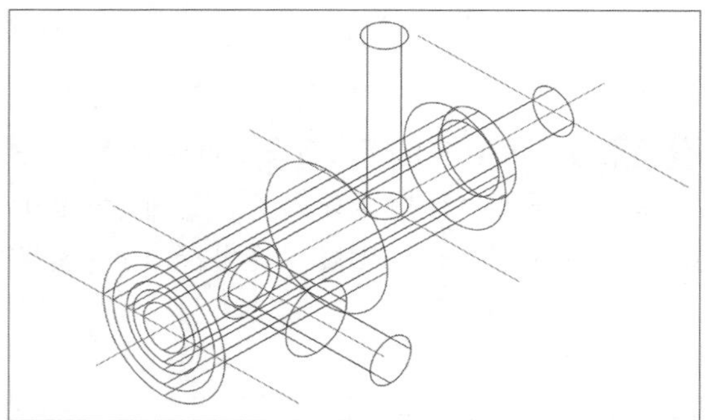

STEP 10 绘制圆柱体。将用户坐标恢复成默认坐标，以左侧第三条辅助线的交点为圆心，绘制底面半径为9mm，高为20mm的圆柱体，如下图所示。

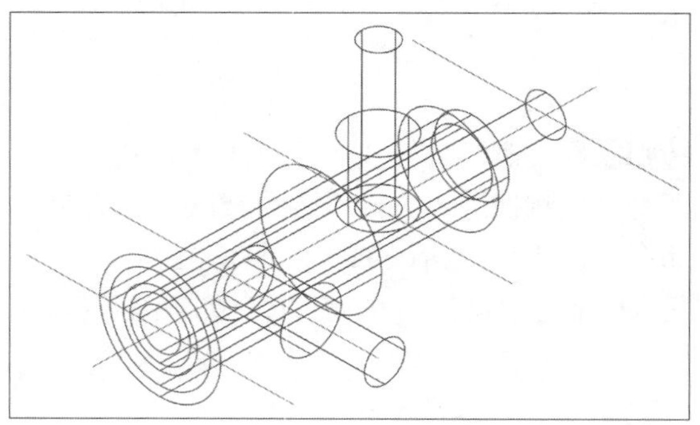

STEP 11 绘制圆柱体。以刚绘制的圆柱体顶面圆心为圆心，绘制底面半径为12mm，高为3mm的圆柱体，如下图所示。

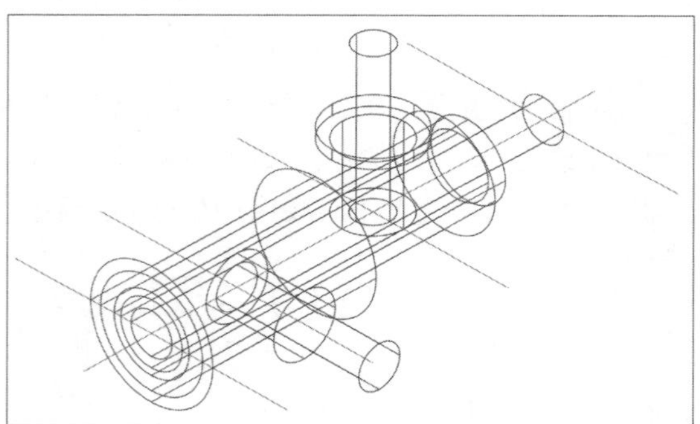

STEP 12 设置视图样式。执行“视图>视图样式”命令，将当前视图样式设为概念，完成绘制，如下图所示。

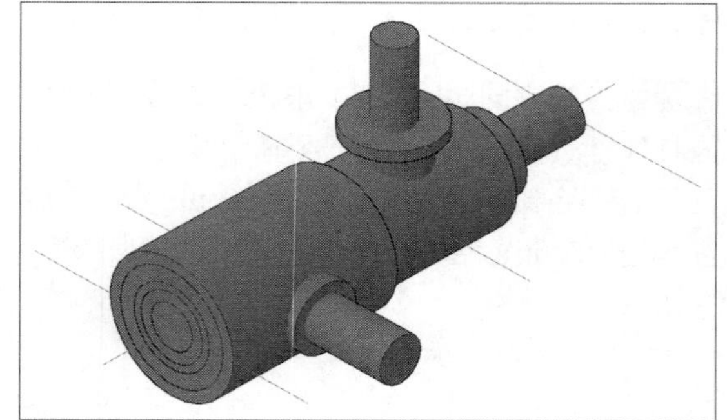

08 绘制多段体

绘制多段体与绘制多段线的方法相同。默认情况下，多段体始终带有一个矩形轮廓。可以指定轮廓的高度和宽度。用户可以通过以下几种方式调用“多段体”命令：

- 在菜单栏中执行“绘图>建模>多段体”命令。
- 在“常用”选项卡的“建模”面板中单击“多段体”按钮。
- 在“实体”选项卡的“图元”面板中单击“多段体”按钮。
- 在命令行输入POLYSOLID命令并按Enter键。

使用直线段和曲线段以绘制多段线的方式绘制多段体。多段体与拉伸多段线的不同之处在于，拉伸多段线在拉伸时会丢失所有宽度特性，而多段体会保留其直线段的宽度。下面就来介绍几种多段体的创建方法。

1. 通过命令创建多段体

该方法是直接通过AutoCAD自带命令创建多段体，具体操作过程如下：

STEP 01 执行“绘图>建模>多段体”命令，在绘图区中，指定多段体第一点，如下图所示。

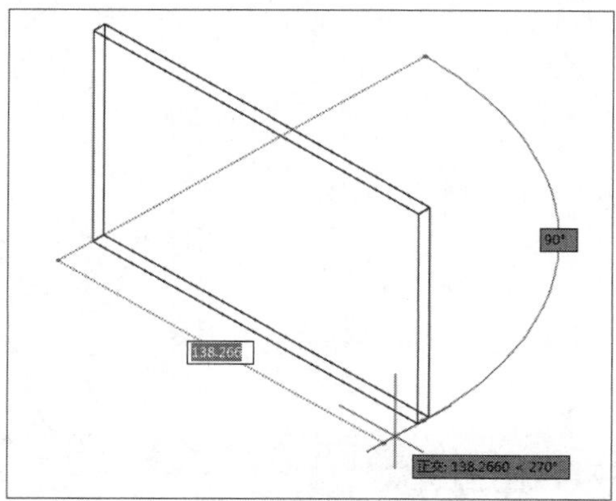

STEP 02 单击鼠标左键，移动光标绘制多段体第二个角点，如下图所示。

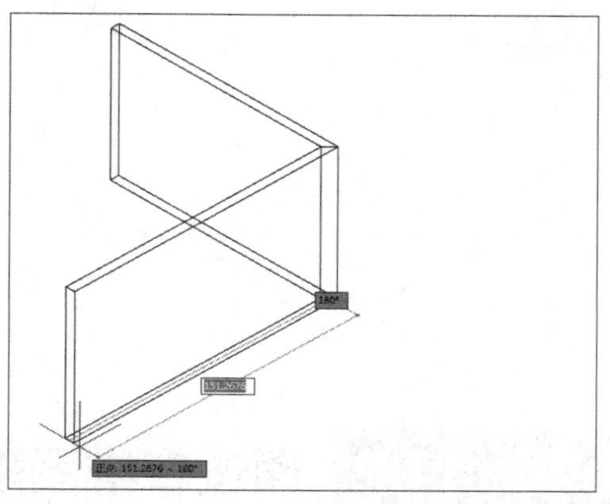

STEP 03 按照同样操作，依次指定多段体的角点，如下图所示。

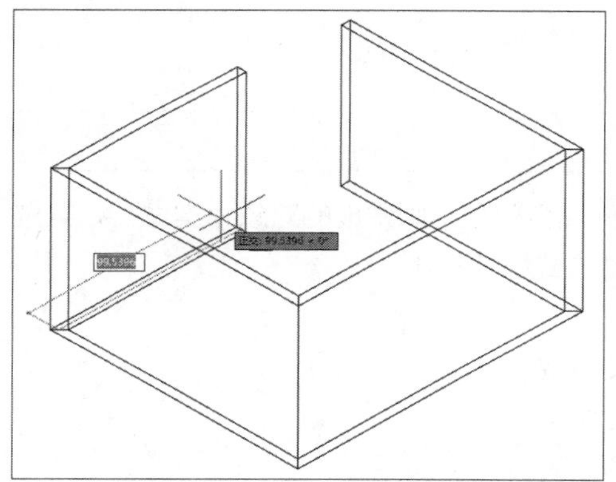

STEP 04 按Enter键确定，完成多段体的绘制，如下图所示。

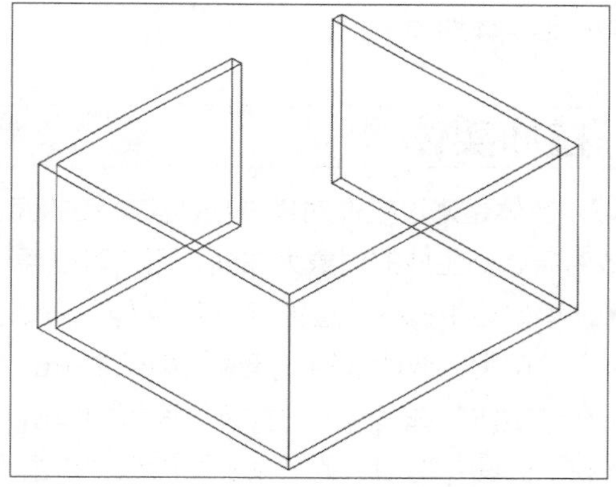

2. 从现有对象创建多段体

该方法是通过二维对象创建三维多段体对象，具体操作过程如下：

STEP 01 启动AutoCAD软件，打开“二维图形”原始文件，如下图所示。

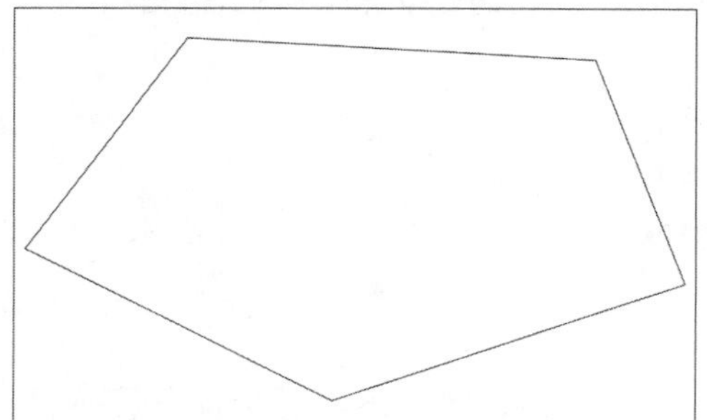

STEP 02 执行“绘图>建模>多段体”命令，根据命令行提示输入O，如下图所示。

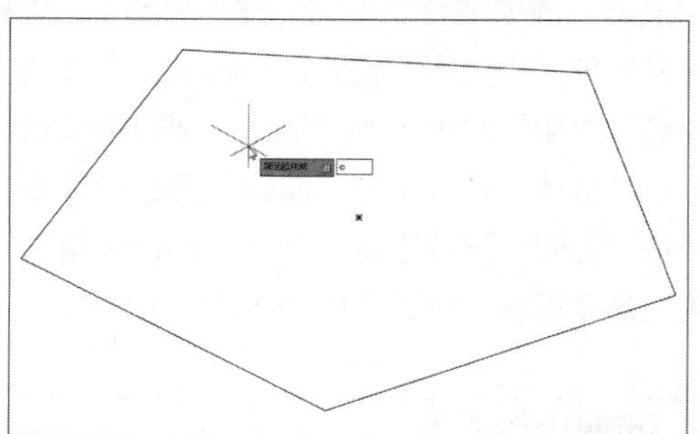

STEP 03 在绘图区中，选择二维图形，如下图所示。

STEP 04 选择完成后，即可生成多段体，如下图所示。

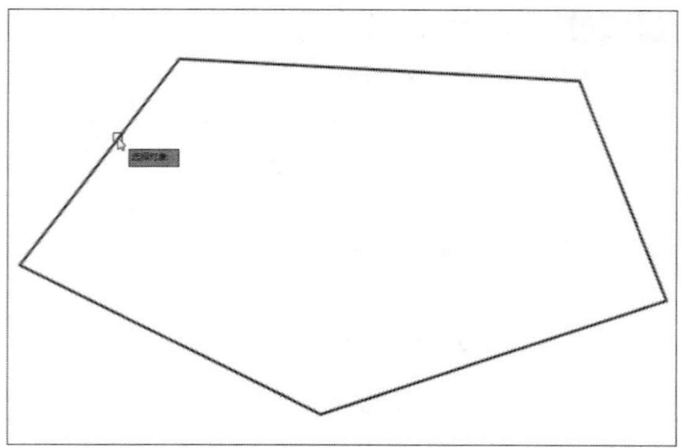

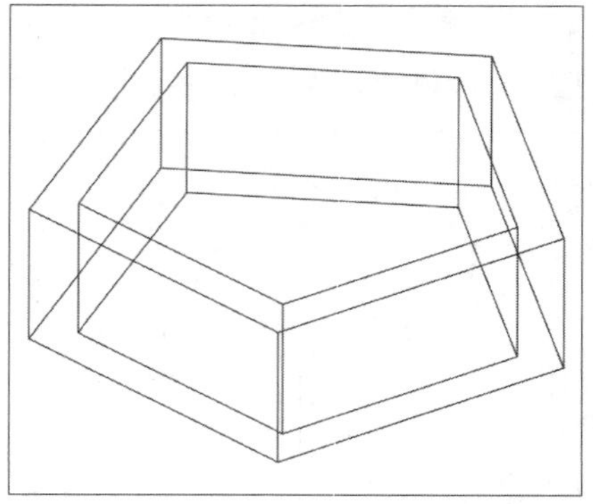

Lesson 02 通过二维图形生成三维实体

在三维建模中将二维图形生成三维实体是经常使用到的方法，除了使用三维基本命令绘制三维实体模型外，还可以使用拉伸、放样、旋转、扫掠等命令，将二维图形生成三维实体，从而创建出更多复杂的三维实体对象。

01 拉伸实体

拉伸实体是通过拉伸对象来创建实体和曲面。如果拉伸闭合对象，则生成的对象为实体。如果拉伸开放对象，则生成的对象为曲面。用户可以通过以下几种方式拉伸实体：

- 在菜单栏中执行“绘图>建模>拉伸”命令。
- 在“常用”选项卡的“建模”面板中单击“拉伸”按钮。
- 在“实体”选项卡的“实体”面板中单击“拉伸”按钮。
- 在“曲面”选项卡的“创建”面板中单击“拉伸”按钮。
- 在命令行输入EXTRUDE命令并按Enter键。

02 放样实体

放样是通过包含两条或两条以上的横截面曲线来生成实体，可通过沿开放或闭合的二维或三维路径，来放样开放或闭合的平面曲线（轮廓）创建新实体或曲面。用户可通过以下几种方式放样实体：

- 在菜单栏中执行“绘图>建模>放样”命令。
- 在“常用”选项卡的“建模”面板中单击“放样”按钮。
- 在“实体”选项卡的“实体”面板中单击“放样”按钮。
- 在“曲面”选项卡的“创建”面板中单击“放样”按钮。
- 在命令行输入LOFT命令并按Enter键。

03 旋转实体

旋转是通过绕轴拉伸对象来创建三维实体或曲面。如果旋转的对象是闭合曲线，将创建三维实体；如果旋转的对象是开放曲线，将创建曲面，用户也可以设置旋转的角度。用户可以通过以下几种方式旋转实体：

- 在菜单栏中执行“绘图>建模>旋转”命令。
- 在“常用”选项卡的“建模”面板中单击“旋转”按钮。
- 在“实体”选项卡的“实体”面板中单击“旋转”按钮。
- 在“曲面”选项卡的“创建”面板中单击“旋转”按钮。
- 在命令行输入REVOLVE命令并按Enter键。

旋转实体的具体操作方法介绍如下：

STEP 01 启动AutoCAD软件，打开“旋转”原始文件，如下图所示。

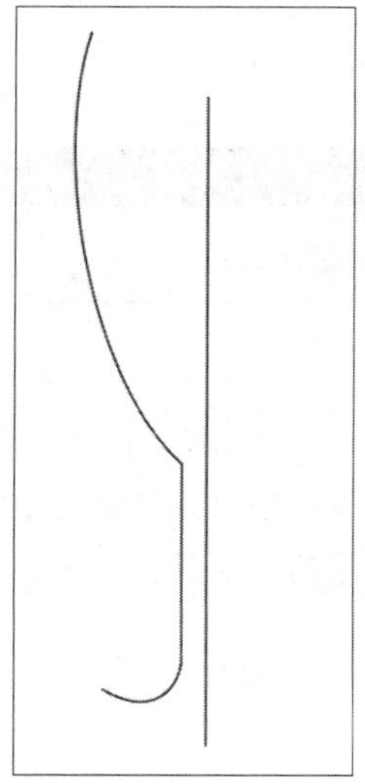

STEP 02 执行“绘图>建模>旋转”命令，选择旋转对象，如下图所示。

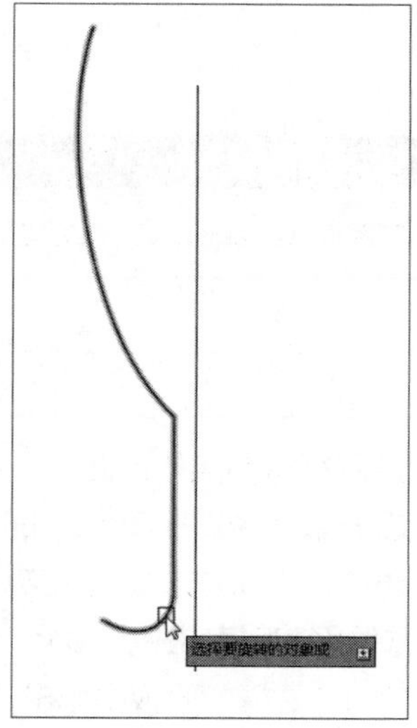

STEP 03 按Enter键确定，在绘图区中捕捉旋转轴的起点，如下图所示。

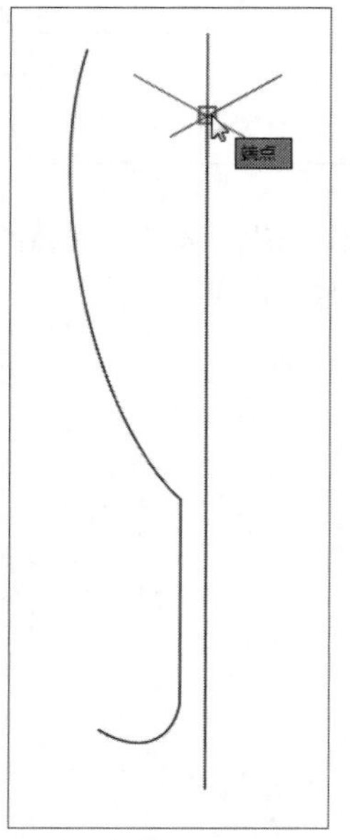

STEP 04 单击鼠标左键，捕捉旋转轴的终点，如下图所示。

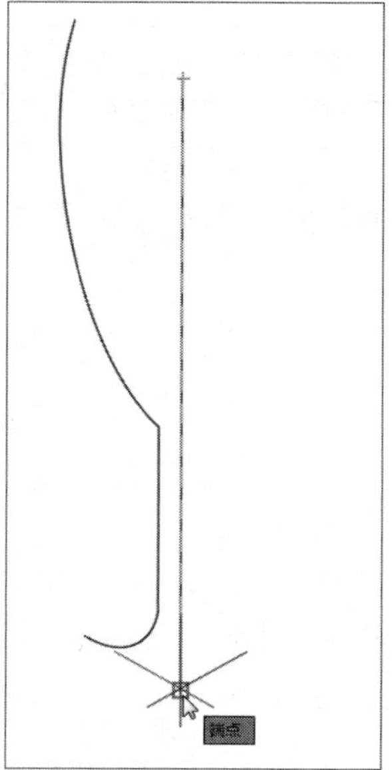

STEP 05 根据命令行提示输入旋转角度值为360，如下图所示。

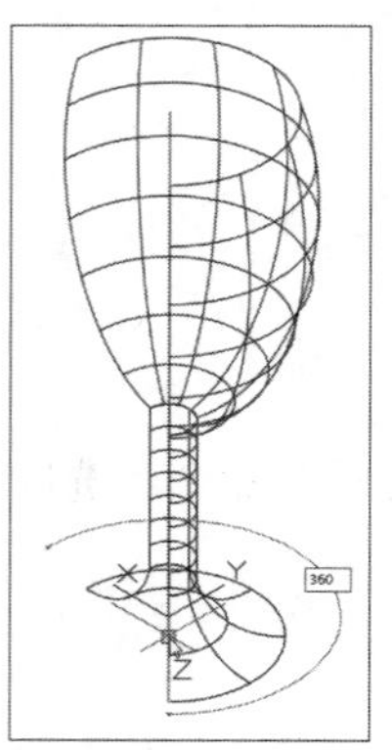

STEP 06 按Enter键确定，完成旋转拉伸操作，将视觉样式转换为概念样式，如下图所示。

工程师点拨｜旋转角度的设置

通常在设置旋转角度时，其系统默认为360度，当旋转角度小于360度，则其拉伸的实体为实体的剖面。

04 扫掠实体

扫掠命令用于沿指定路径绘制实体或曲面。使用扫掠命令可以扫掠多个对象，但是这些对象必须位于同一平面上。如果沿一条路径扫掠闭合的曲线，则生成实体；如果扫掠的路径曲线为开放曲线，则生成曲面。用户可以通过以下几种方式扫掠实体：

- 在菜单栏中执行“绘图>建模>扫掠”命令。
- 在“常用”选项卡的“建模”面板中单击“扫掠”按钮。
- 在“实体”选项卡的“实体”面板中单击“扫掠”按钮。
- 在“曲面”选项卡的“创建”面板中单击“扫掠”按钮。
- 在命令行输入SWEEP命令并按Enter键。

原始文件：实例文件\第10章\原始文件\扫掠.dwg
最终文件：实例文件\第10章\最终文件\扫掠结果.dwg

STEP 01 启动AutoCAD软件，打开“扫掠”原始文件，如下图所示。

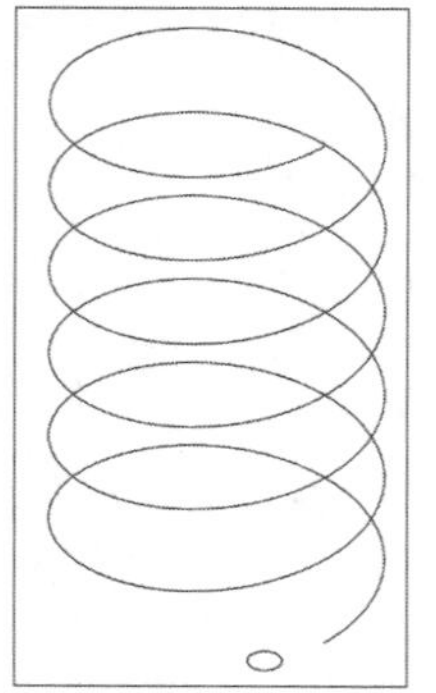

STEP 02 执行“绘图>建模>扫掠”命令，选择扫掠对象，这里选择圆形，如下图所示。

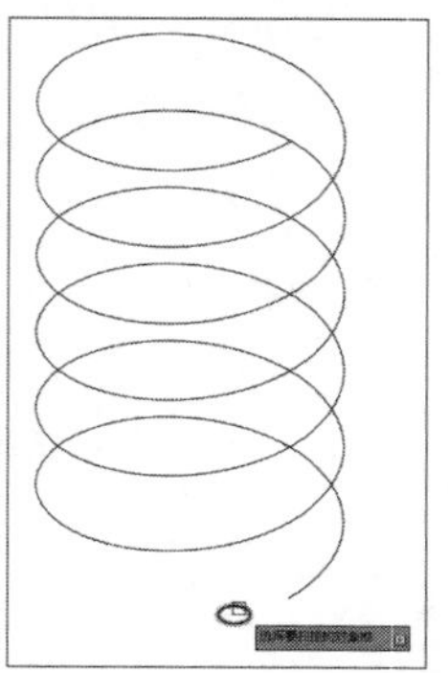

STEP 03 按Enter键确定，根据命令行提示，选择扫掠路径线段，这里选择螺旋线，如下图所示。

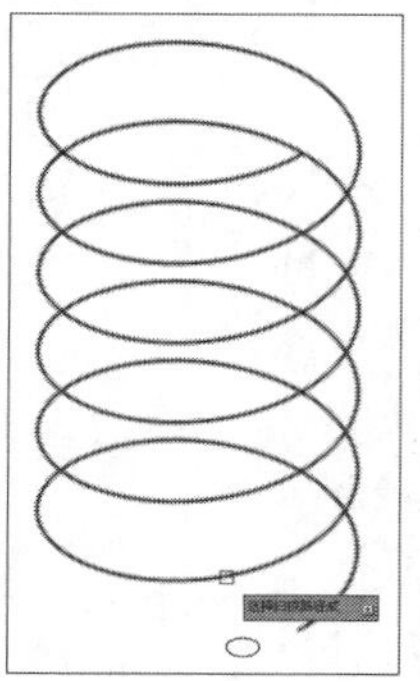

STEP 04 按Enter键确定，即可完成扫掠操作将视觉样式控件转换为概念，效果如下图所示。

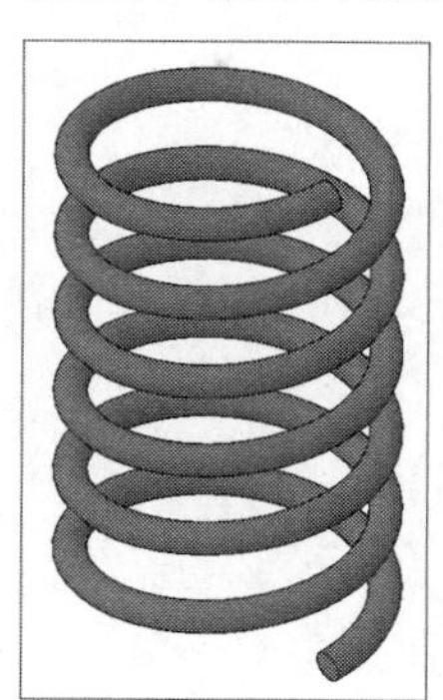

工程师点拨｜扫掠对象设置

在进行扫掠时，有时操作后生成实体，有时生成的是片体。其主要还是看扫掠的对象是否是闭合图形，如果其扫掠对象是圆形、长方形及面域等，其结果为实体；如果扫掠对象为开放的曲线或单独的曲线，其结果为片体，如下左图所示为实体模型，下右图所示为片体模型。

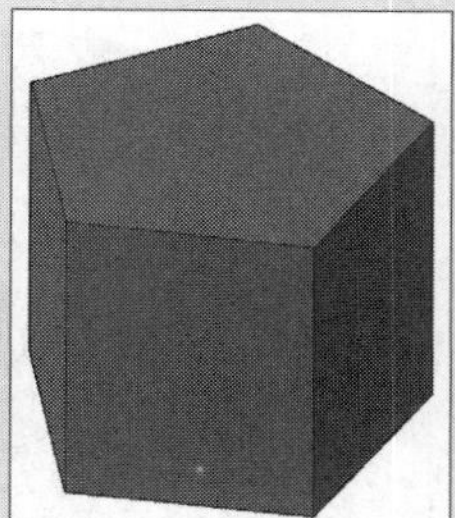

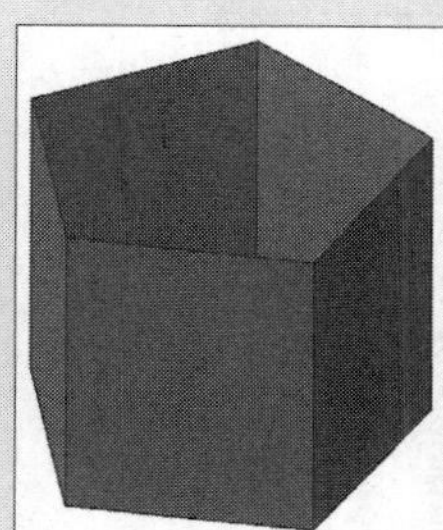

05 按住并拖动

该命令是通过在绘图区中单击选中有限区域，然后按住该区域并输入拉伸值或拖动边界区域，将其进行拉伸。用户可以通过以下几种方式调用该命令：

- 在“常用”选项卡的“建模”面板中单击“按住并拖动”按钮。
- 在“实体”选项卡的“实体”面板中单击“按住并拖动”按钮。
- 在命令行输入PRESSPULL命令并按Enter键。

按住并拖动命令的使用方法介绍如下：

STEP 01 启动AutoCAD软件，打开素材文件，如下图所示。

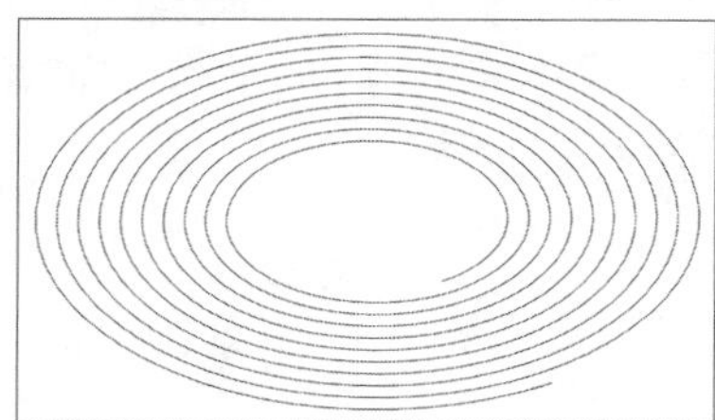

STEP 02 在“常用”选项卡的“建模”面板中单击“按住并拖动”按钮，如下图所示。

STEP 03 在绘图区中，选择所需的区域，如下图所示。

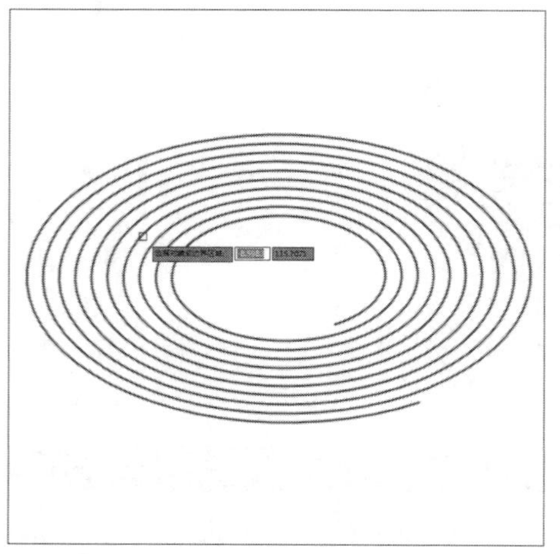

STEP 04 在命令行中，输入拖动距离50，如下图所示。

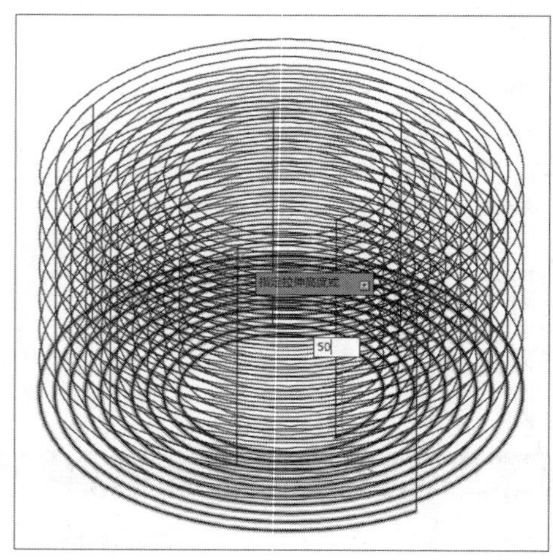

STEP 05 按Enter键确定退出操作，如下图所示。

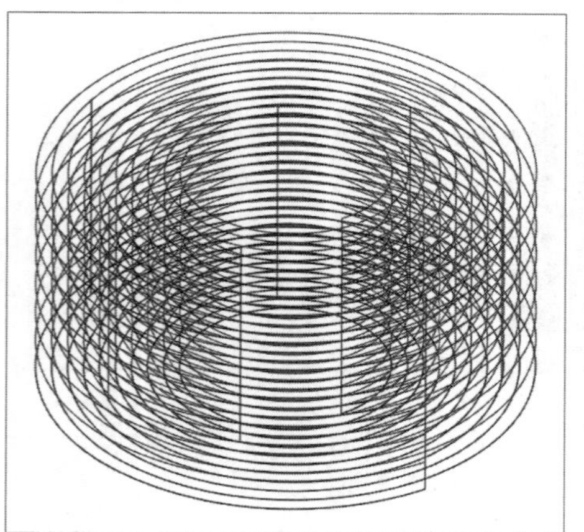

STEP 06 将视觉样式设为概念，如下图所示。

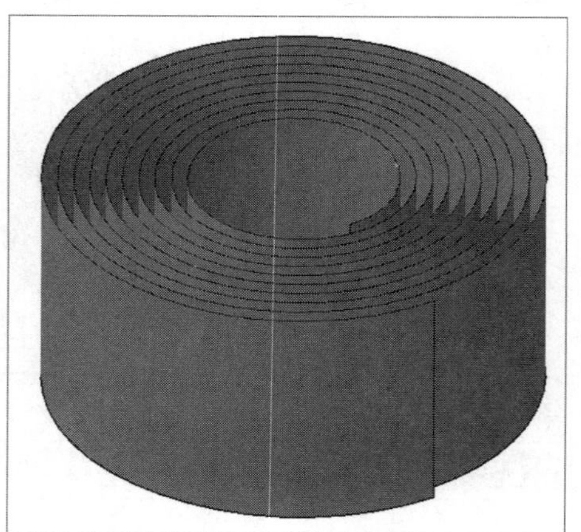

Lesson 03 创建三维网格模型

网格图元通过使用多边形来定义三维图形的顶点、边和面。网格图元的创建方法与三维实体的创建方法大致相同，区别在于网格图元没有质量特性。

01 网格长方体

网格长方体主要用于创建长方体或正方体的表面。在默认情况下，长方体表面的底面总是与当前用户坐标系的XY平面平行。用户可以通过以下几种方式调用“网格长方体”命令：

- 在菜单栏中执行“绘图>建模>网格>图元>长方体”命令。
- 在“网格”选项卡的“图元”面板中单击“网格长方体”按钮。
- 在命令行输入MESH命令并按Enter键，根据命令行提示选择“长方体”选项。

1. 基于两个点和高度创建网格长方体

通过指定两点和高度创建网格长方体，具体操作介绍如下：

STEP 01 执行“绘图>建模>网格>图元>长方体”命令，在绘图区中指定第一个角点，如下图所示。

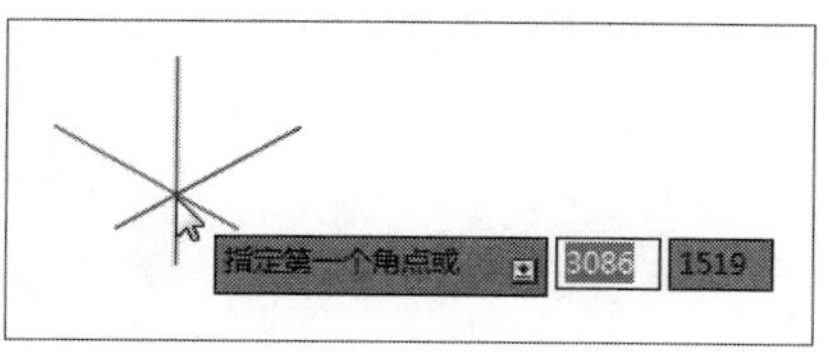

STEP 02 在绘图区中，移动鼠标并制定长方体的对角点，如下图所示。

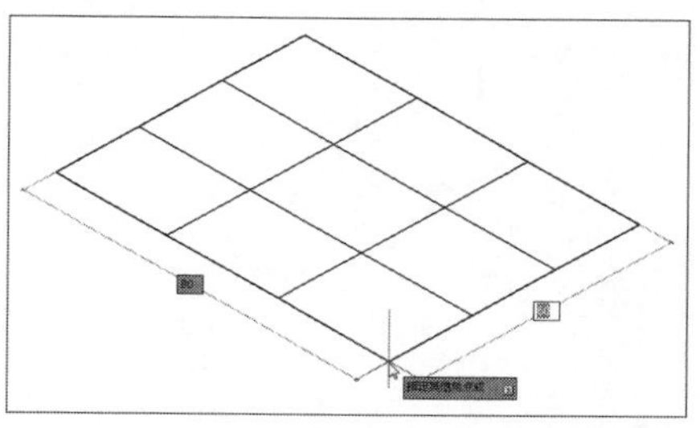

STEP 03 单击鼠标左键，沿Z轴向上移动鼠标，如下图所示。

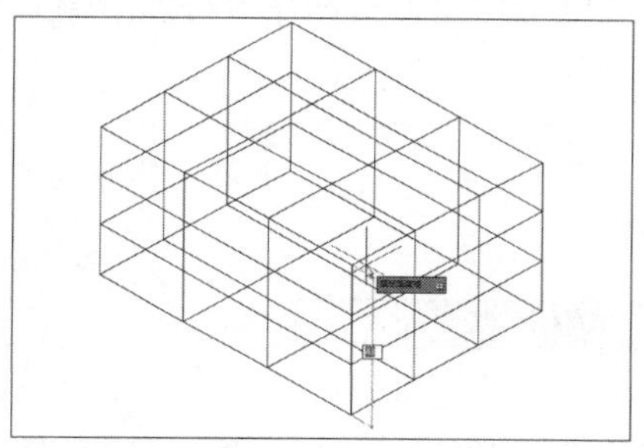

STEP 04 指定其高度，单击鼠标左键，完成网格长方体的绘制，如下图所示。

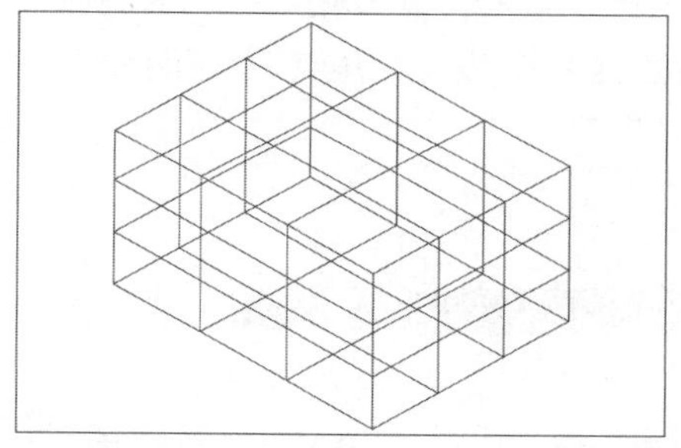

2. 基于长度、宽度和高度创建网格长方体

通过输入长度、宽度和高度值来创建长方体，具体操作介绍如下：

STEP 01 执行“绘图>建模>网格>图元>长方体”命令，在绘图区中指定第一个角点，如下图所示。

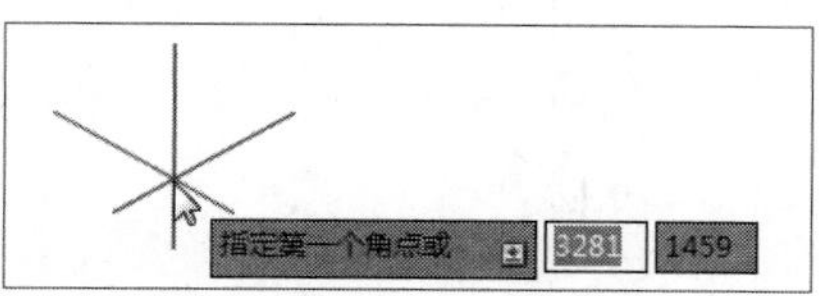

STEP 02 单击鼠标左键，根据命令行提示输入L，如下图所示。

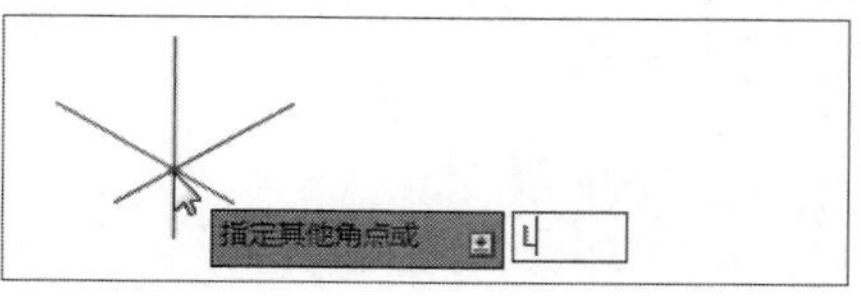

STEP 03 按Enter键确定，输入长度值为90，如下图所示。

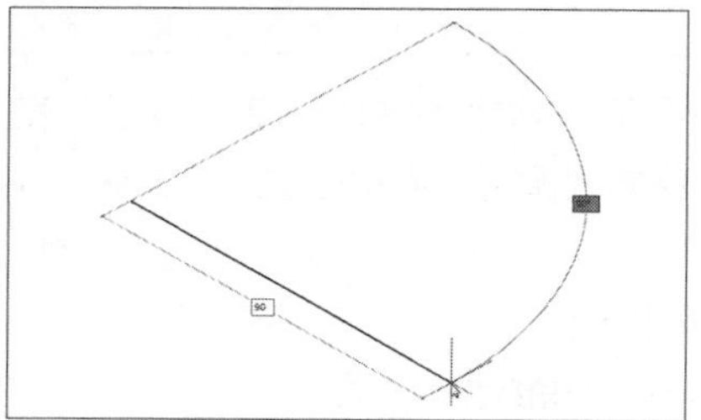

STEP 04 按Enter键确定，输入宽度值为70，如下图所示。

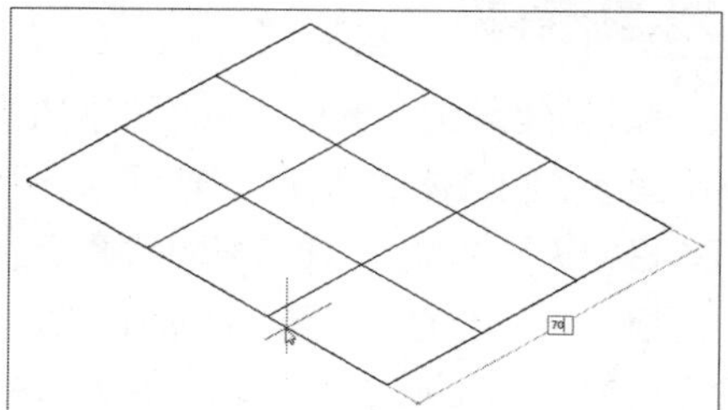

STEP 05 按Enter键确定，输入高度值为45，如下图所示。

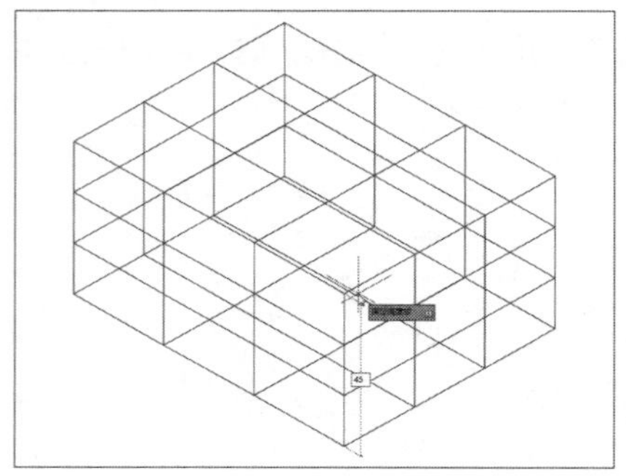

STEP 06 按Enter键确定，完成网格长方体的绘制，如下图所示。

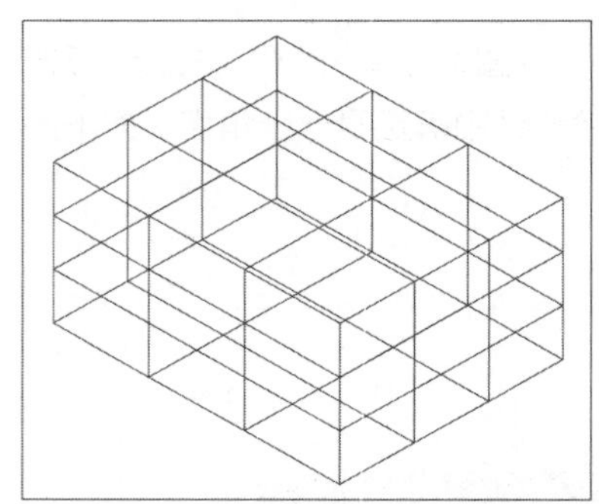

3. 创建网格立方体

为长度、宽度和高度输入相同的数值创建网格立方体，具体操作介绍如下：

STEP 01 执行“绘图>建模>网格>图元>长方体”命令，在绘图区中指定第一个角点，如下图所示。

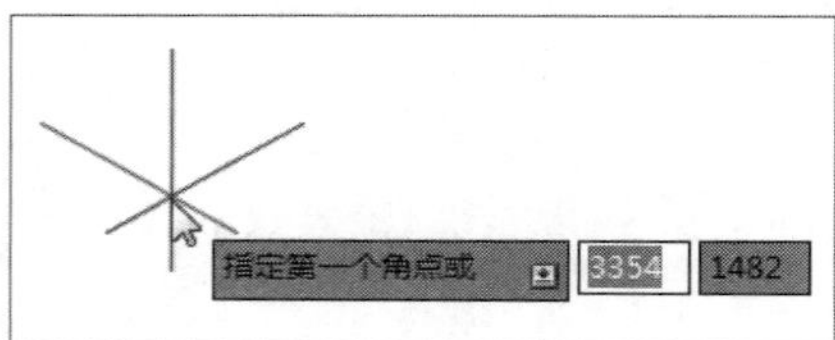

STEP 02 单击鼠标左键，根据命令行提示输入C，如下图所示。

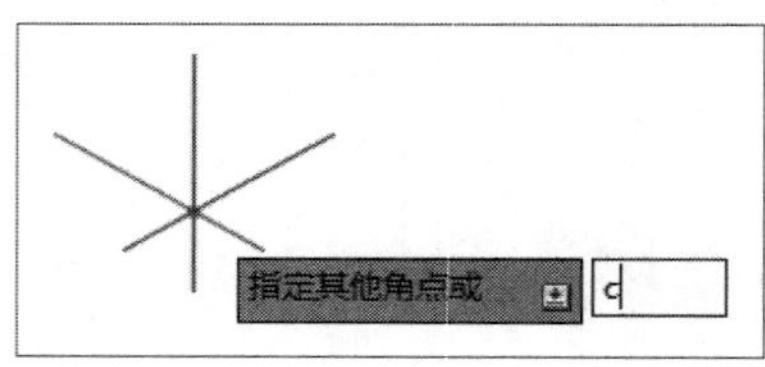

STEP 03 按Enter键确定，输入立面体长度值为200，如下图所示。

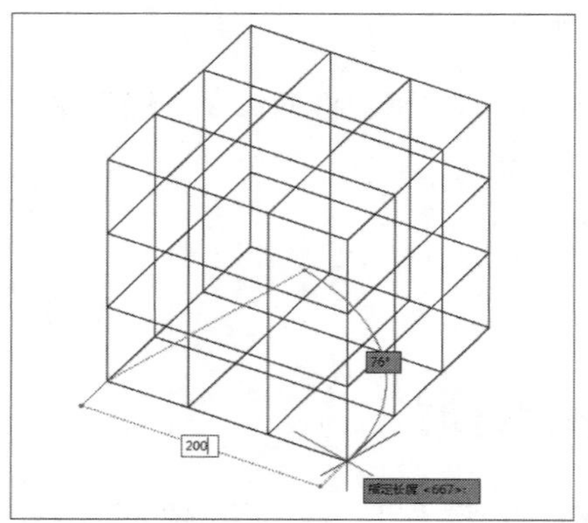

STEP 04 按Enter键确定，完成网格立面体的绘制，如下图所示。

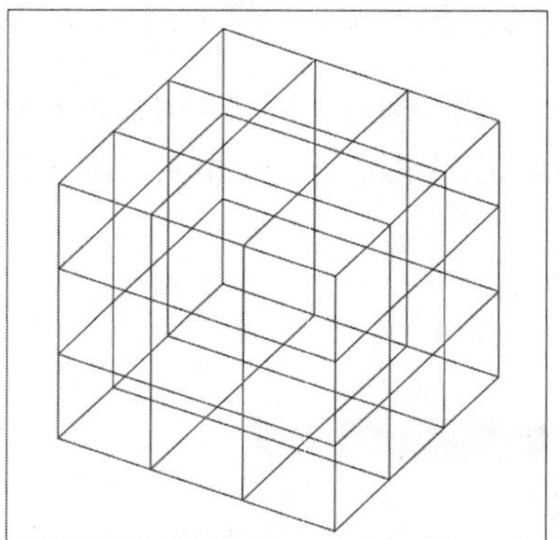

02 网格圆锥体

该命令可以创建以圆或椭圆为底面的网格圆锥体。默认情况下，网格圆锥体的底面位于当前UCS的XY平面上。圆锥体的高度与Z轴平行。用户可通过以下几种方式调用“网格圆锥体”命令：

- 在菜单栏中执行“绘图>建模>网格>图元>圆锥体”命令。
- 在“网格”选项卡的“图元”面板中单击“网格圆锥体”按钮。
- 在命令行输入MESH命令并按Enter键，根据命令行提示选择“圆锥体”选项。

1. 以圆底面创建网格圆锥体

绘制圆底面并指定高度值创建网格圆锥体，具体操作介绍如下：

STEP 01 执行“绘图>建模>网格>图元>圆锥体”命令，在绘图区中指定底面中心点，如下图所示。

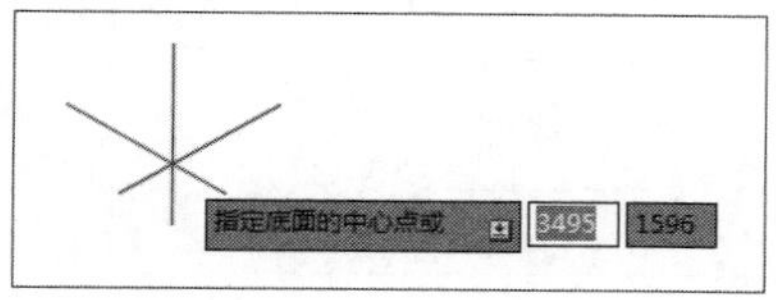

STEP 02 单击鼠标左键，在绘图区中移动鼠标并指定底面半径为100，如下图所示。

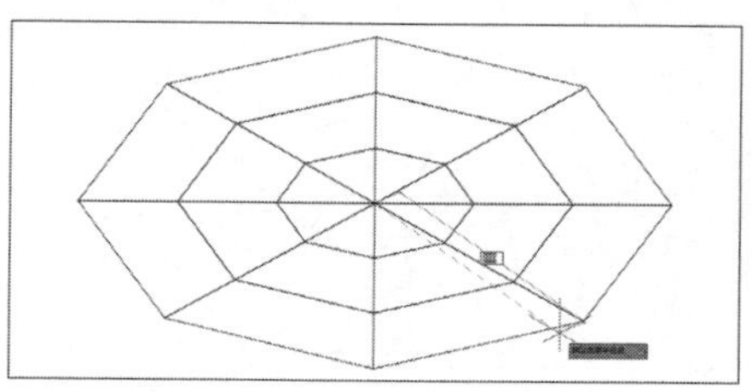

STEP 03 按Enter键确定，沿Z轴向上移动鼠标指定高度值为150，如下图所示。

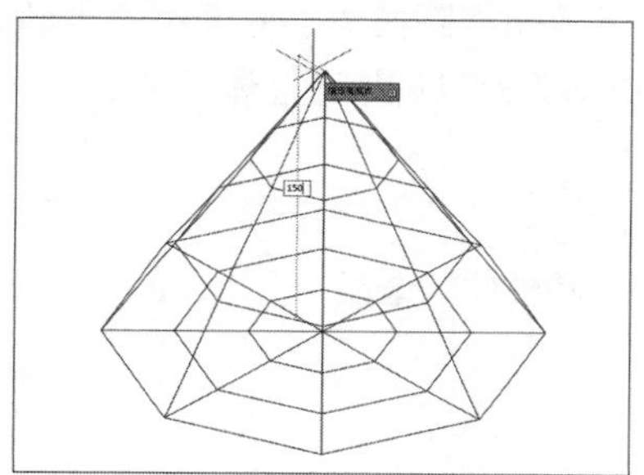

STEP 04 按Enter键确定，完成网格圆锥体的绘制，如下图所示。

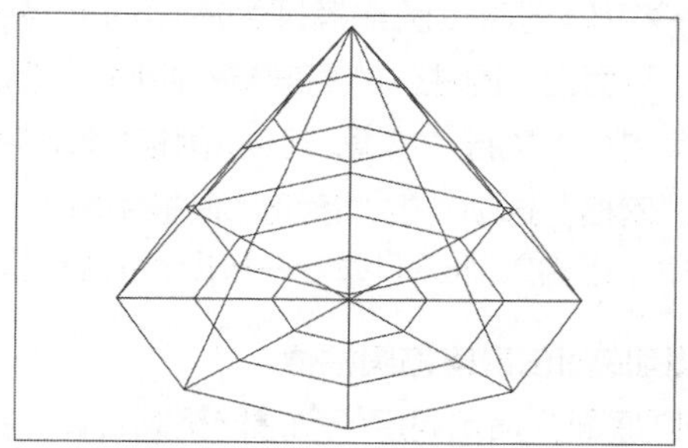

2. 以椭圆底面创建网格圆锥体

绘制椭圆底面并指定高度值创建网格圆锥体，具体操作介绍如下：

STEP 01 执行“绘图>建模>网格>图元>圆柱体”命令，根据命令行提示输入E，如下图所示。

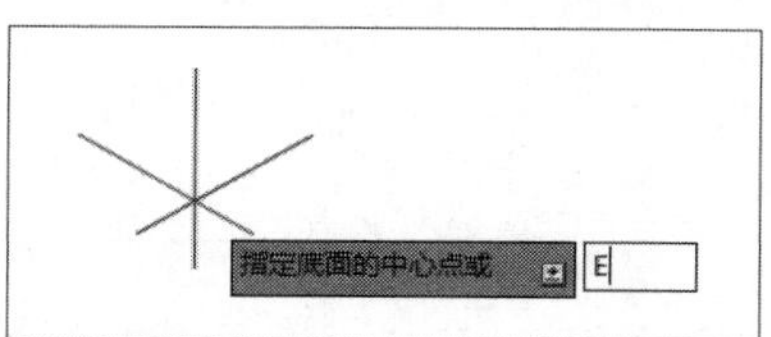

STEP 02 按Enter键确定，在绘图区中指定第一个轴的端点，如下图所示。

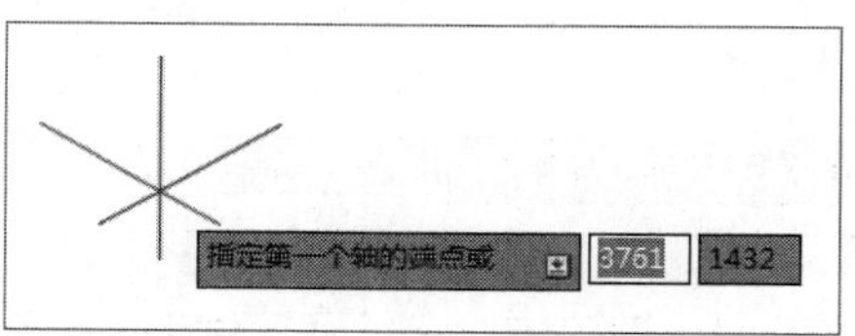

STEP 03 单击鼠标左键，移动鼠标并指定第一个轴的另一个端点，如下图所示。

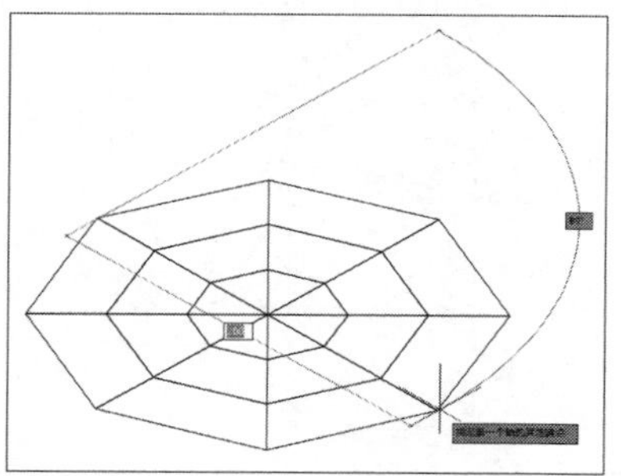

STEP 04 在绘图区中移动鼠标并指定第二个轴的端点，如下图所示。

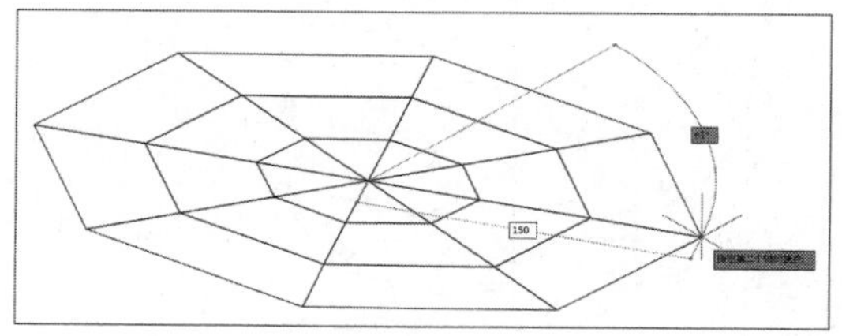

STEP 05 在绘图区中移动鼠标指定其高度，如下图所示。

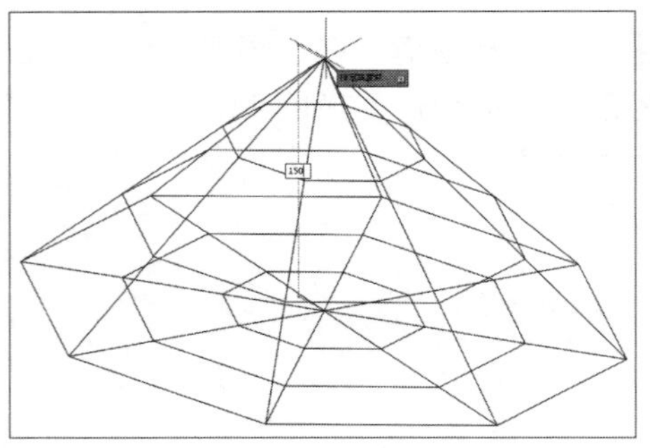

STEP 06 按Enter键确定，完成网格圆锥体的绘制，如下图所示。

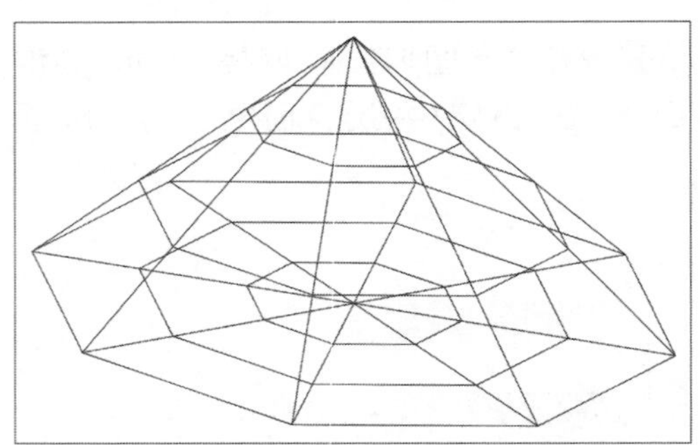

03 网格圆柱体

该命令可以创建以圆或椭圆为底面的网格圆柱体。默认情况下，网格圆柱体的底面位于当前UCS的XY平面上。圆柱体的高度与Z轴平行。用户可通过以下几种方式调用“网格圆柱体”命令：

- 在菜单栏中执行“绘图>建模>网格>图元>圆柱体”命令。
- 在“网格”选项卡的“图元”面板中单击“网格圆柱体”按钮。
- 在命令行输入MESH命令并按Enter键，根据命令行提示选择“圆柱体”选项。

1. 以圆底面创建网格圆柱体

绘制圆底面并指定高度值创建网格圆柱体，具体操作介绍如下：

STEP 01 执行“绘图>建模>网格>图元>圆柱体”命令，在绘图区中指定底面中心点，如下图所示。

STEP 02 指定底面半径，如下图所示。

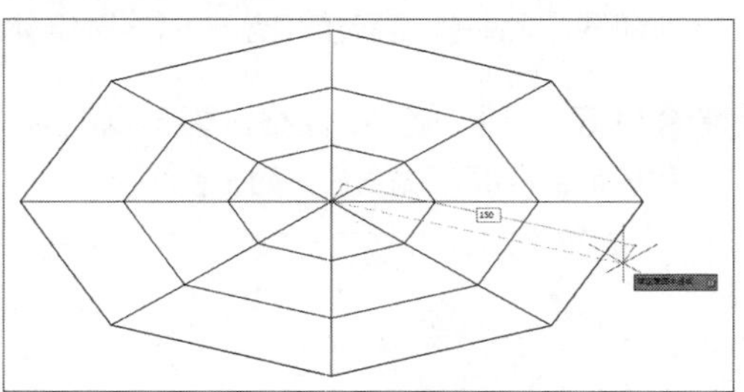

STEP 03 按Enter键确定，在绘图区中沿Z轴向上移动鼠标并指定其高度，如下图所示。

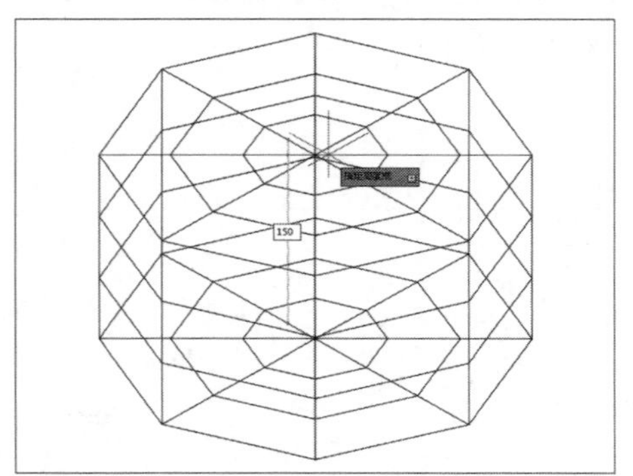

STEP 04 按Enter键确定，完成网格圆柱体的绘制，如下图所示。

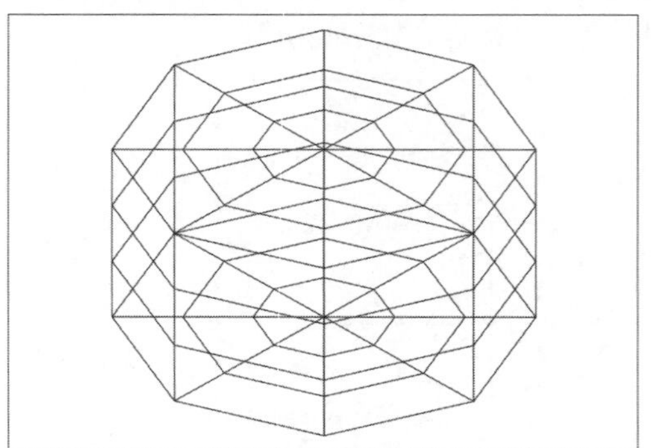

2. 以椭圆底面创建网格圆柱体

绘制椭圆底面并指定高度值创建网格圆柱体，具体操作介绍如下：

STEP 01 执行“绘图>建模>网格>图元>圆柱体”命令，根据命令行提示输入E，如下图所示。

STEP 02 按Enter键确定，在绘图区中指定第一个轴端点，如下图所示。

STEP 03 移动鼠标并指定第一个轴的另一个端点，如下图所示。

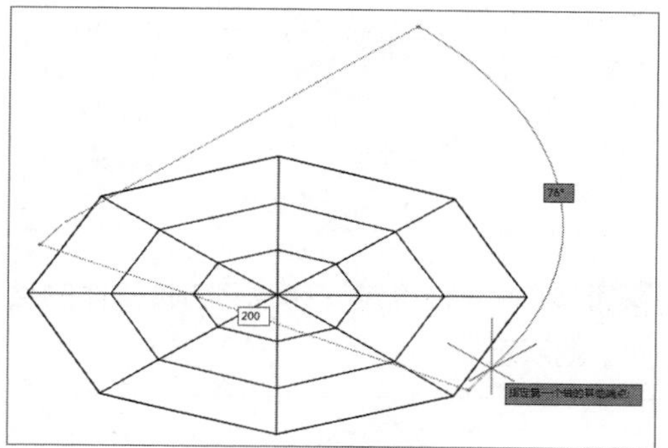

STEP 04 按Enter键确定，移动鼠标指定第二个轴的端点，如下图所示。

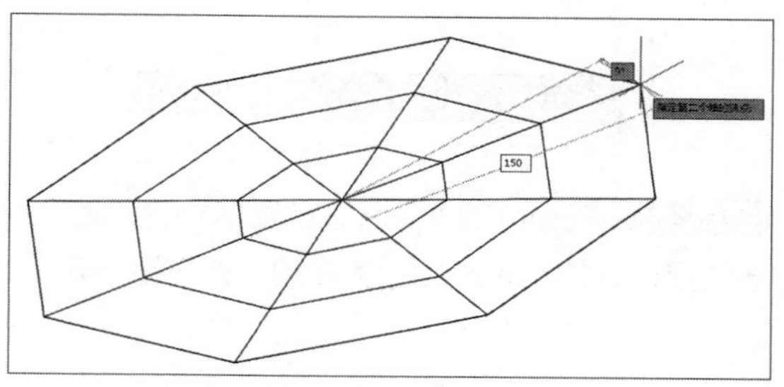

STEP 05 按Enter键确定，在绘图区中沿Z轴向上移动鼠标并指定其高度，如下图所示。

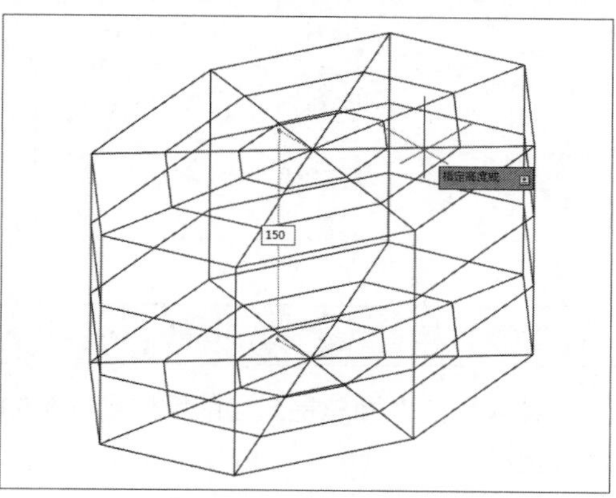

STEP 06 按Enter键确定，完成网格圆柱体的绘制，如下图所示。

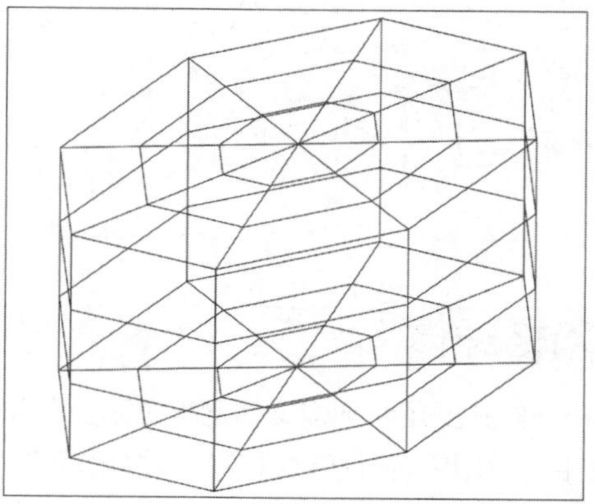

04 网格棱锥体

网格棱锥体用于创建棱锥体网格表面，程序默认的棱锥体侧边为4条边，最多可以创建具有32个侧面的网格棱锥体。用户可以通过以下几种方式调用“网格棱锥体”命令：

- 在菜单栏中执行“绘图>建模>网格>图元>棱锥体”命令。
- 在“网格”选项卡的“图元”面板中单击“网格棱锥体”按钮。
- 在命令行输入MESH命令并按Enter键，根据命令行提示选择“棱锥体”选项。

STEP 01 执行“绘图>建模>网格>图元>棱锥体”命令，根据命令行提示输入S，如下图所示。

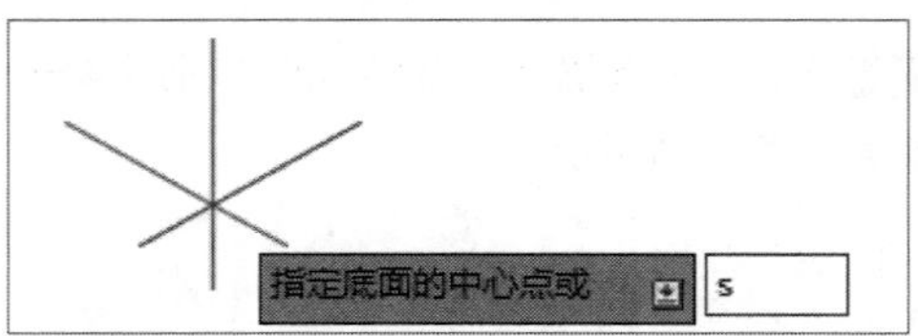

STEP 02 按Enter键确定，根据命令行提示输入侧面数为6，如下图所示。

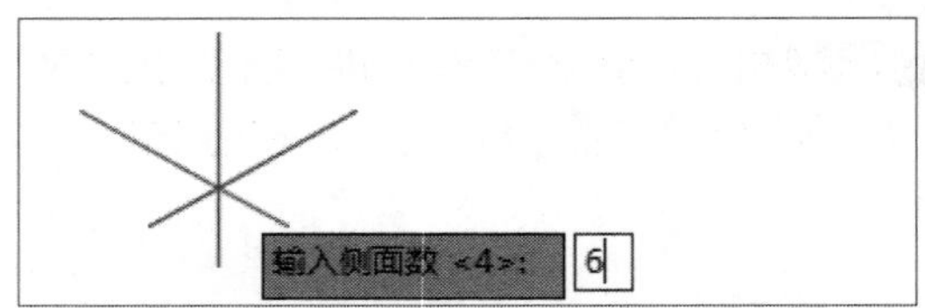

STEP 03 按Enter键确定，指定底面的中心点，如下图所示。

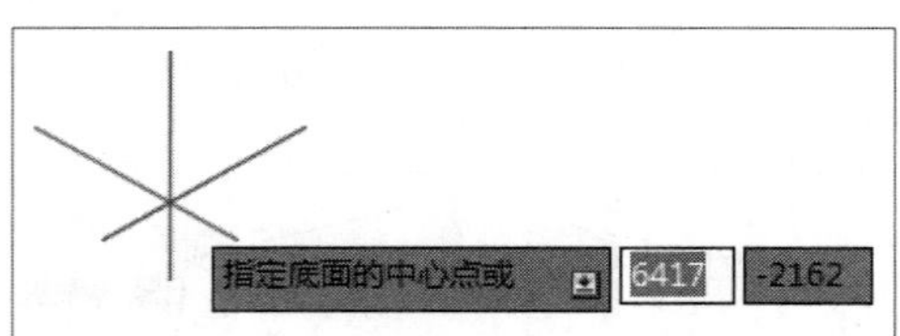

STEP 04 输入底面半径值为600，如下图所示。

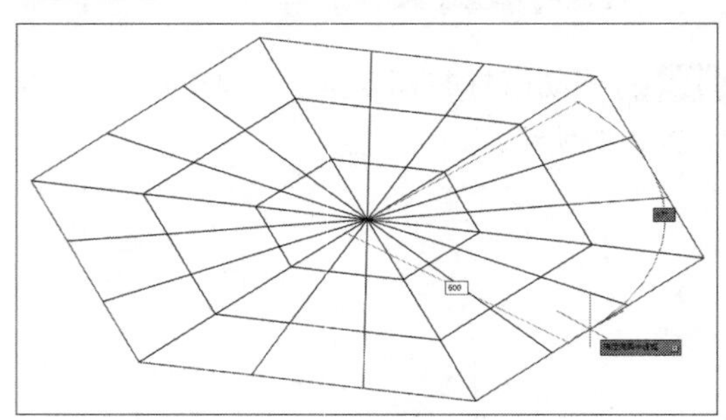

STEP 05 按Enter键确定，在绘图区中沿Z轴向上移动鼠标并指定其高度值为800，如下图所示。

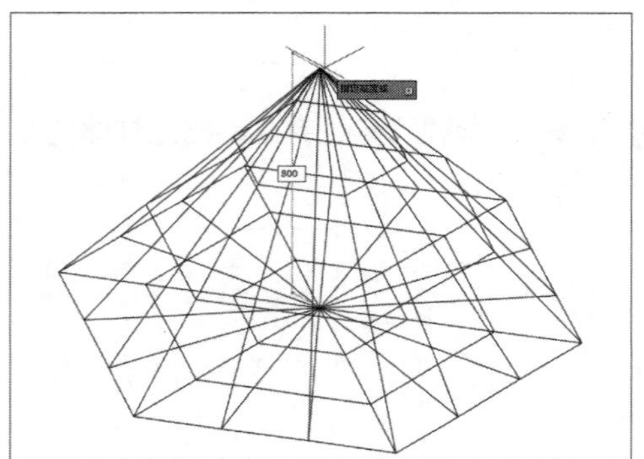

STEP 06 按Enter键确定，完成网格棱锥体的绘制，如下图所示。

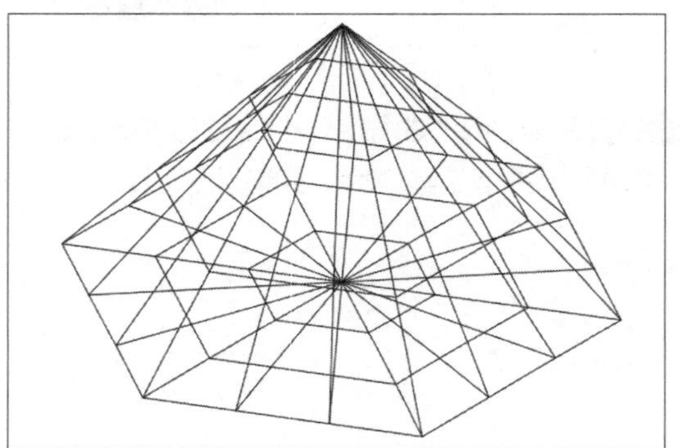

05 网格球体

网格球体主要用于创建球体网格表面。在默认情况下，球体表面的底面总是与当前用户坐标系的XY平面平行。用户可以通过以下几种方式调用“网格球体”命令：

- 在菜单栏中执行“绘图>建模>网格>图元>球体”命令。
- 在“网格”选项卡的“图元”面板中单击“网格球体”按钮。
- 在命令行输入MESH命令并按Enter键，根据命令行提示选择“球体”选项。

1. 以中心点创建网格球体

指定中心点并输入半径值来创建网格球体，具体操作介绍如下：

STEP 01 执行“绘图>建模>网格>图元>球体”命令，指定球体的中心点，如下图所示。

STEP 02 单击鼠标左键，移动鼠标指定其半径值为200，如下图所示。

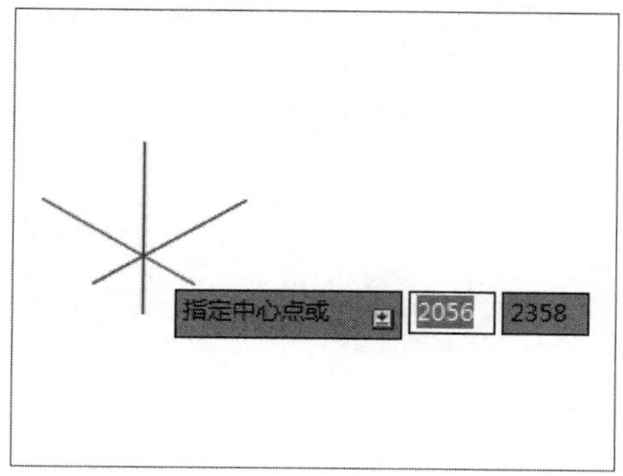

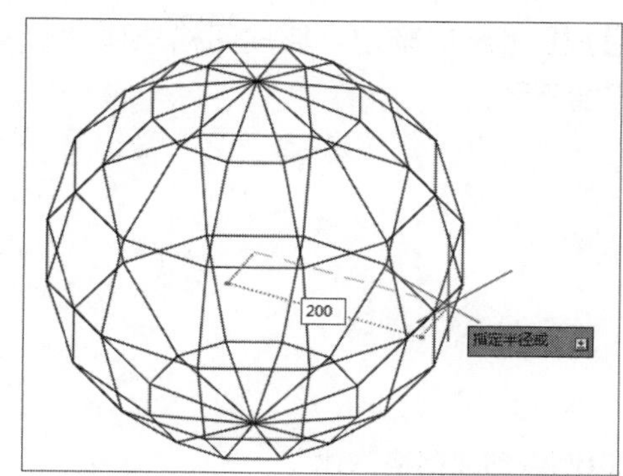

STEP 03 按Enter键确定，完成网格球体的绘制，如右图所示。

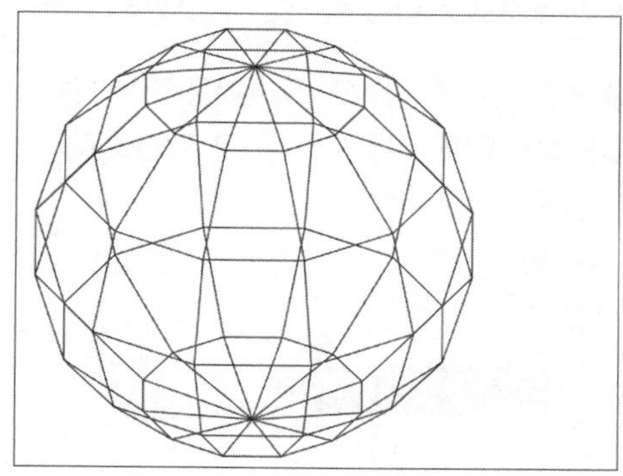

2. 以3点创建网格球体

指定3点创建网格球体，具体操作介绍如下：

STEP 01 执行“绘图>建模>网格>图元>球体”命令，根据命令行提示输入3P，如下图所示。

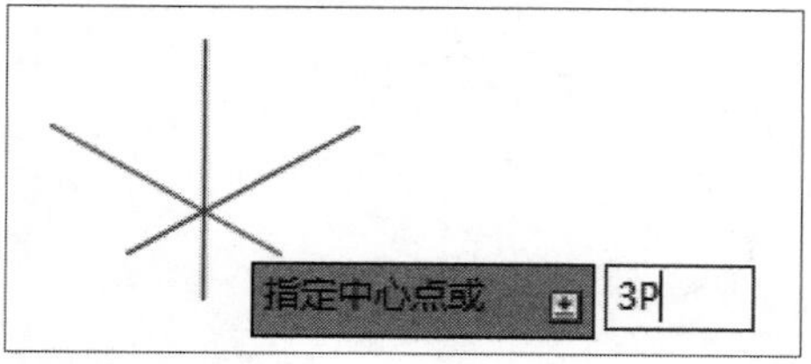

STEP 02 按Enter键确定，指定球体的第一点，如下图所示。

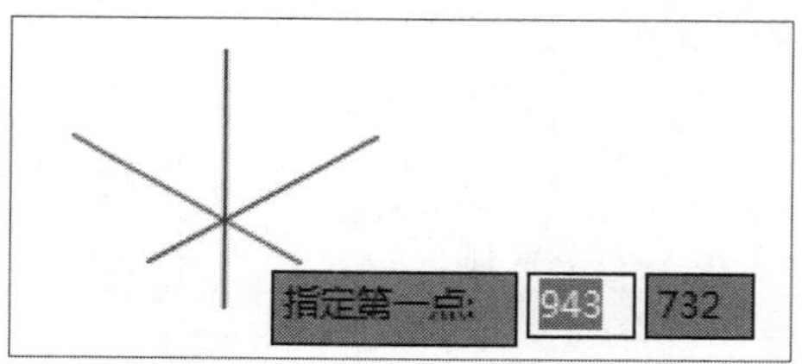

STEP 03 移动鼠标指定球体的第二点，如下图所示。

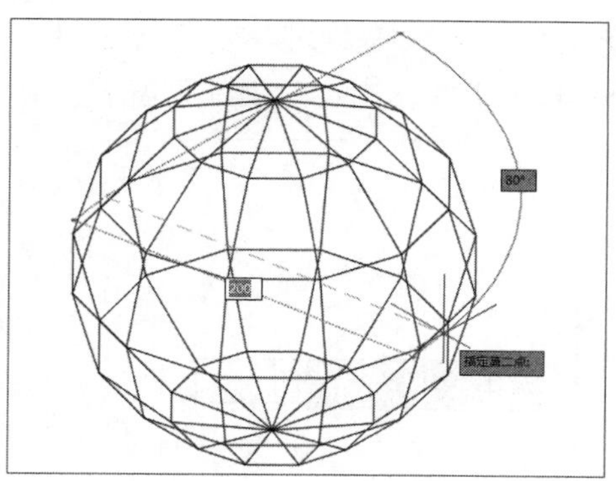

STEP 04 按Enter键确定，移动鼠标并指定其第三点，如下图所示。

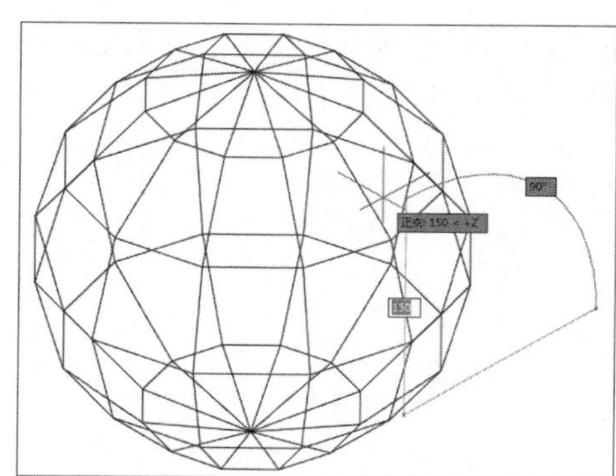

STEP 05 按Enter键确定，完成网格球体的绘制，如右图所示。

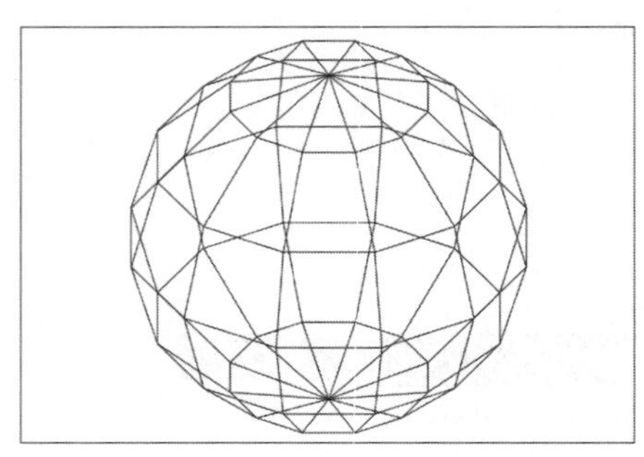

3. 以两点创建网格球体

指定两点并输入直径值创建网格球体，具体操作介绍如下：

STEP 01 执行“绘图>建模>网格>图元>球体”命令，根据命令行提示输入2P，如下图所示。

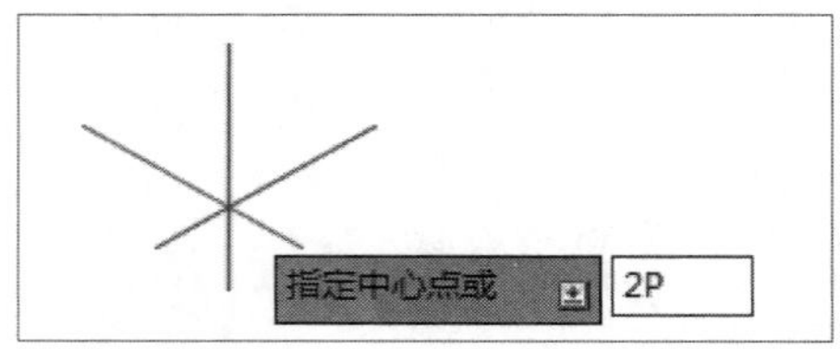

STEP 02 按Enter键确定，指定直径的第一个端点，如下图所示。

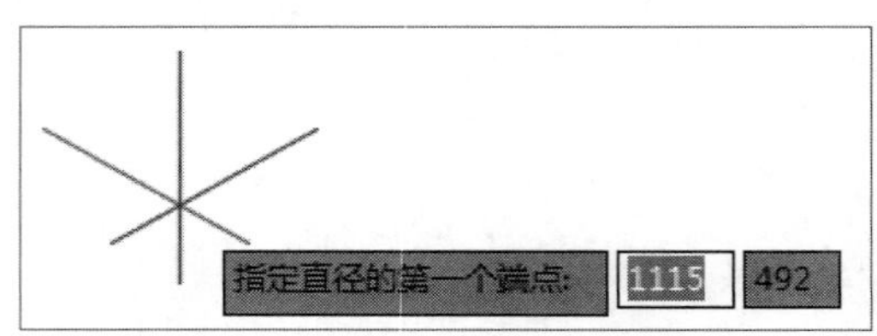

STEP 03 移动鼠标指定直径的第二个端点，如下图所示。

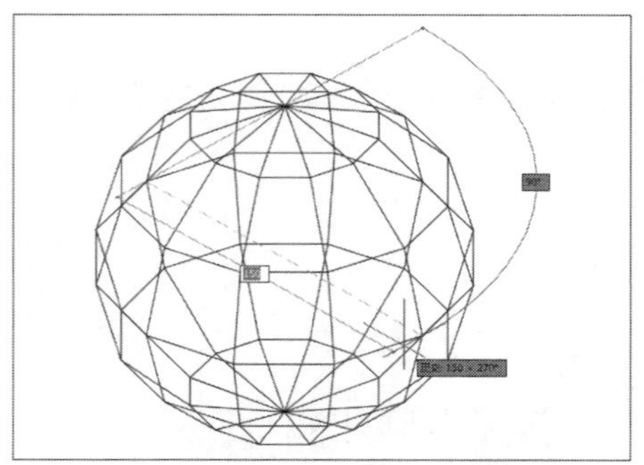

STEP 04 按Enter键确定，完成网格球体的绘制，如下图所示。

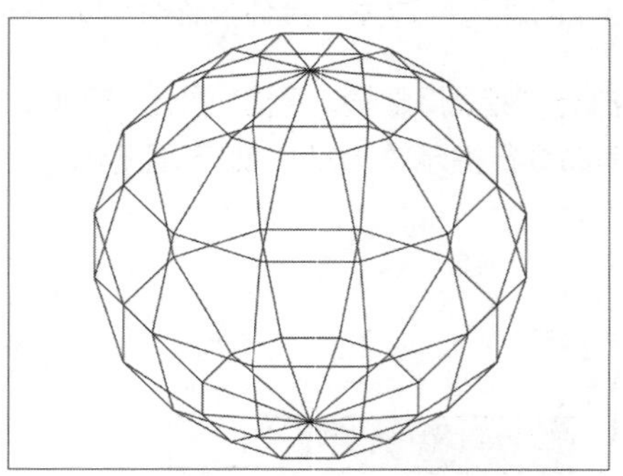

4. 以切点、切点、半径创建网格球体

通过指定切点和半径来创建网格球体，具体操作介绍如下：

STEP 01 执行“绘图>矩形”命令，任意绘制一个矩形图形，如下图所示。

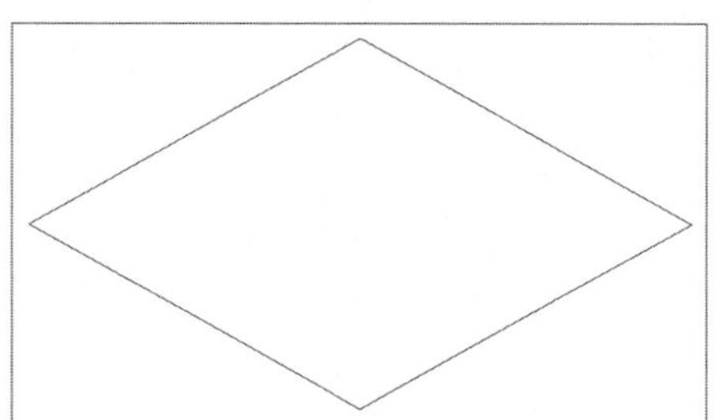

STEP 02 执行“绘图>建模>网格>图元>球体”命令，根据命令行提示输入T，如下图所示。

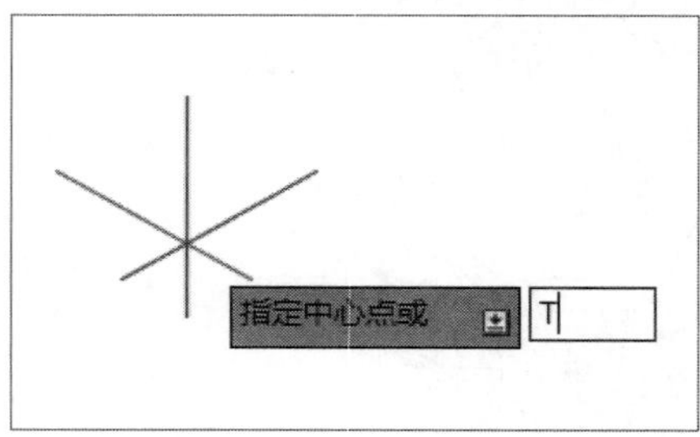

STEP 03 按Enter键确定，捕捉矩形边上的点作为对象的第一个切点，如下图所示。

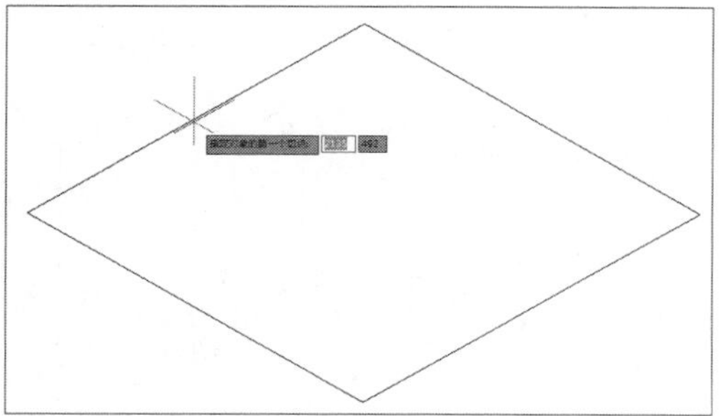

STEP 04 移动鼠标指定对象的第二个切点，如下图所示。

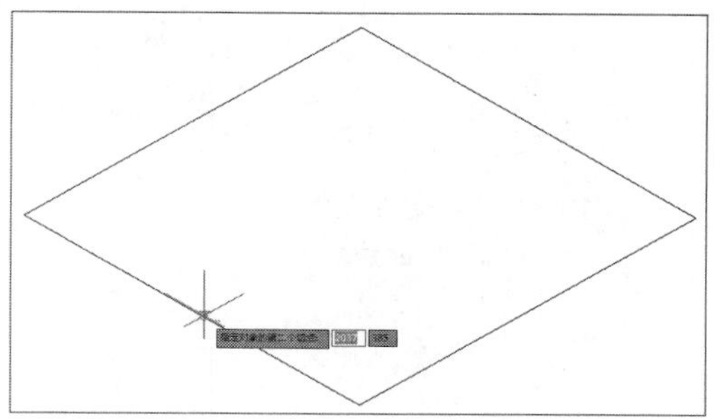

STEP 05 指定圆的半径值为100，如下图所示。

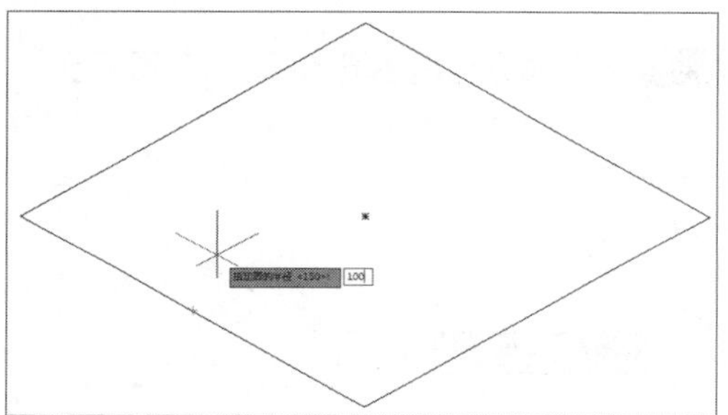

STEP 06 按Enter键确定，完成网格球体的绘制，如下图所示。

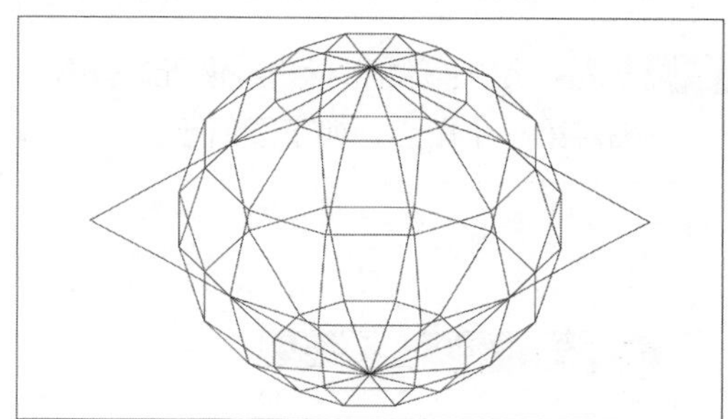

06 网格楔体

该命令可以创建面为矩形或正方形的网格楔体。默认情况下，将楔体的底面绘制为与当前UCS的XY平面平行，斜面正对第一个角点，楔体的高度与Z轴平行。用户可以通过以下几种方式调用“网格楔体”命令：

- 在菜单栏中执行“绘图>建模>网格>图元>楔体”命令。
- 在“网格”选项卡的“图元”面板中单击“网格楔体”按钮。
- 在命令行输入MESH命令并按Enter键，根据命令行提示选择“楔体”选项。

1. 以两个点和高度创建网格楔体

指定两个点和高度创建网格楔体，具体操作介绍如下：

STEP 01 执行“绘图>建模>网格>图元>楔体”命令，并指定第一个角点，如下图所示。

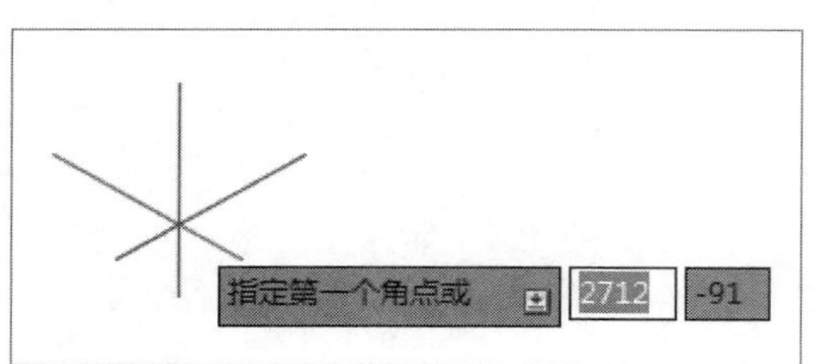

STEP 02 移动鼠标指定其他角点，如下图所示。

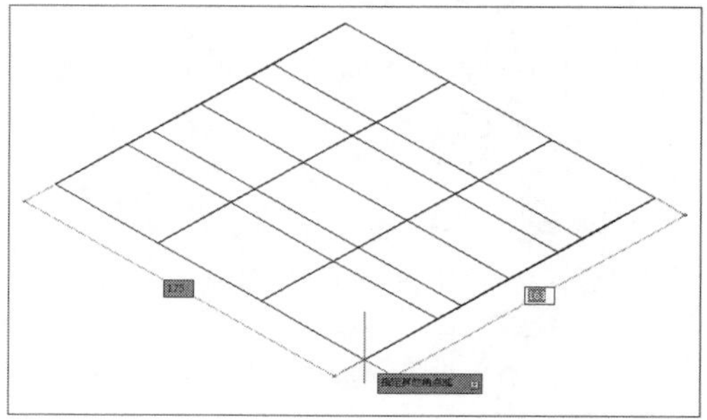

STEP 03 在绘图区中，沿Z轴向上移动鼠标指定高度值为180，如下图所示。

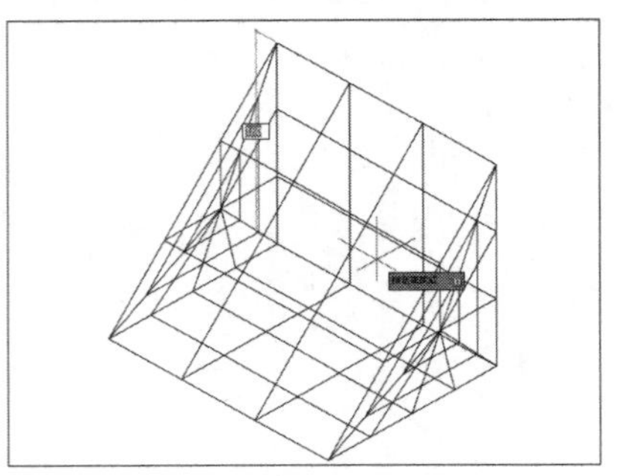

STEP 04 按Enter键确定，完成网格楔体的绘制，如下图所示。

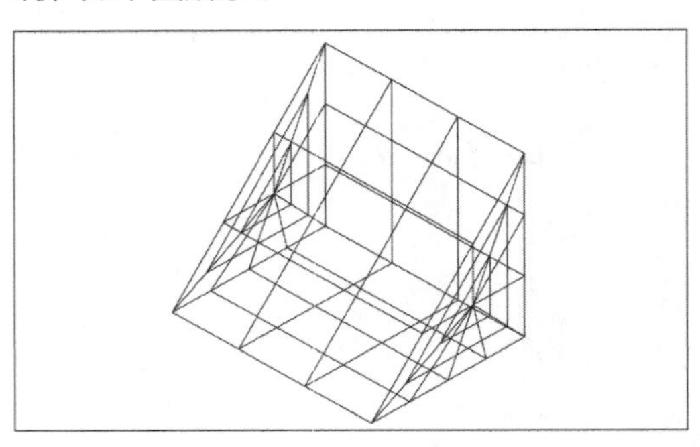

2. 以长度、宽度和高度创建网格楔体

指定长度、宽度和高度值创建网格楔体，具体操作介绍如下：

STEP 01 执行“绘图>建模>网格>图元>楔体”命令，并指定第一个角点，如下图所示。

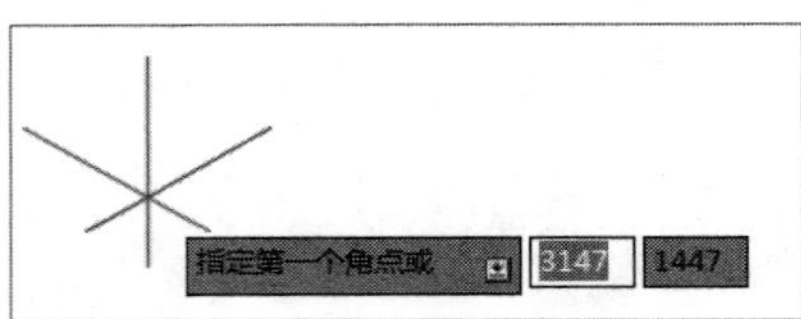

STEP 02 根据命令行提示输入L，如下图所示。

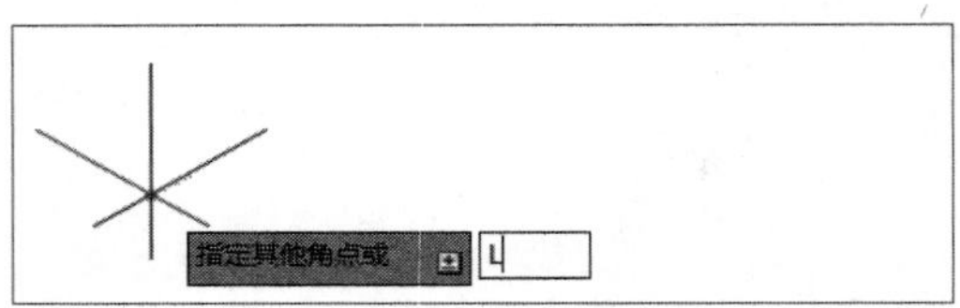

STEP 03 按Enter键确定，输入长度值为400，如下图所示。

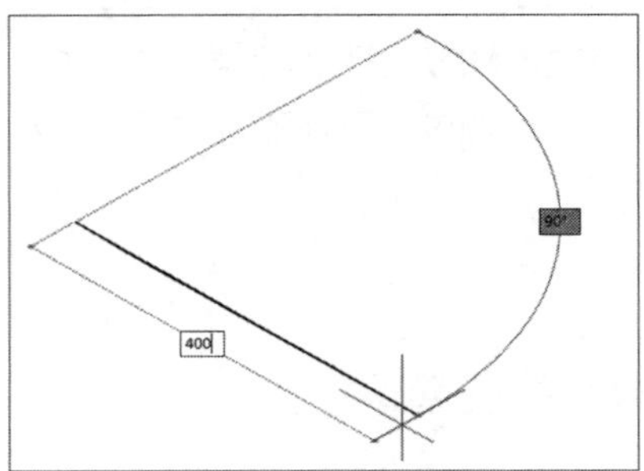

STEP 04 按Enter键确定，输入宽度值为300，如下图所示。

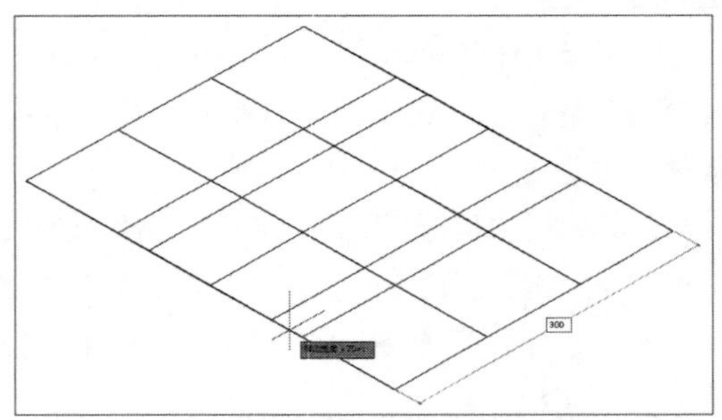

STEP 05 按Enter键确定，输入高度值为300，如下图所示。

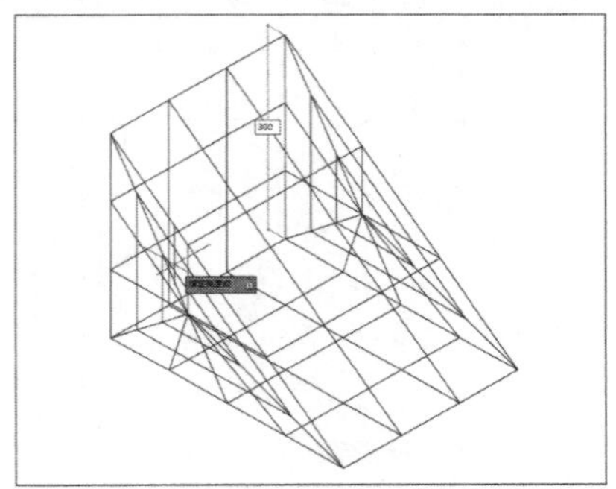

STEP 06 按Enter键确定，完成网格楔体的绘制，如下图所示。

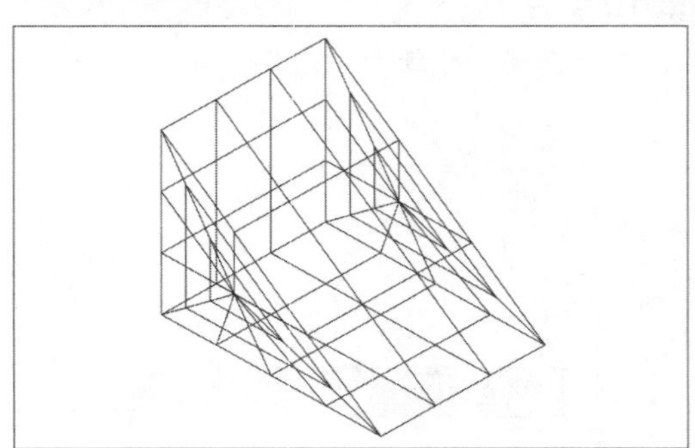

07 网格圆环体

该命令可以创建网格环形实体。网格圆环体具有两个半径值，一个值定义圆管，另一个值定义从圆环体的圆心到圆管圆心之间的距离。默认情况下，绘制的圆环体与当期UCS的XY平面平行，且被该平面平分。用户可以通过以下几种方式调用“网格圆环体”命令：

- 在菜单栏中执行“绘图>建模>网格>图元>圆环体”命令。
- 在“网格”选项卡的“图元”面板中单击“网格圆环体”按钮。
- 在命令行输入MESH命令并按Enter键，根据命令行提示选择“圆环体圆环体”选项。

STEP 01 执行“绘图>建模>网格>图元>圆环体”命令，根据命令行提示指定中心点，如下图所示。

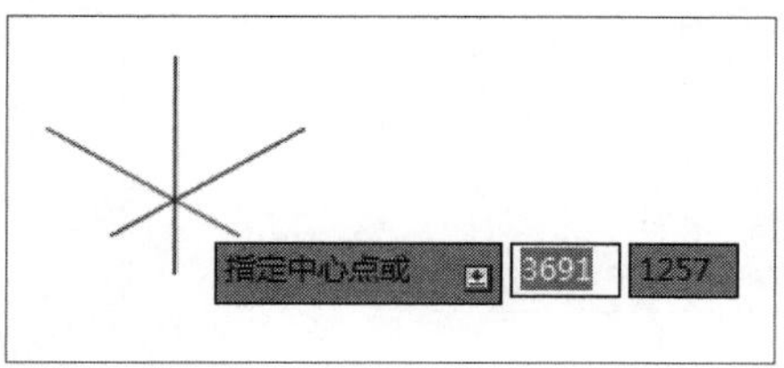

STEP 02 按Enter键确定，根据命令行提示输入圆环半径值为100，如下图所示。

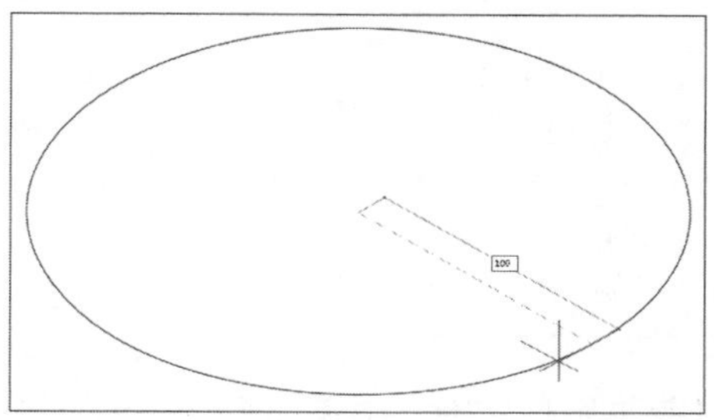

STEP 03 按Enter键确定，输入圆管半径值为15，如下图所示。

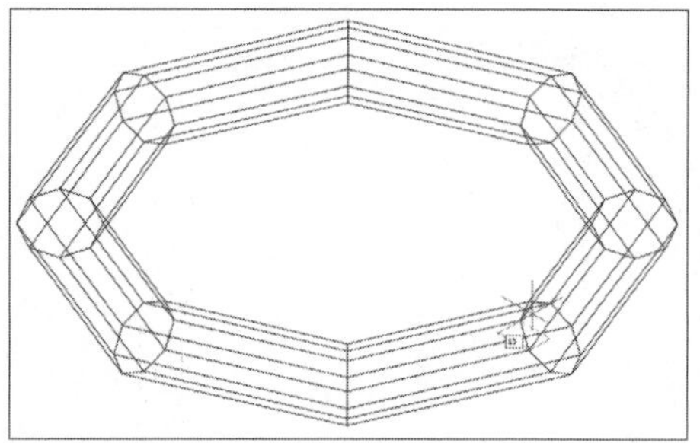

STEP 04 按Enter键确定，完成网格圆环体的绘制，如下图所示。

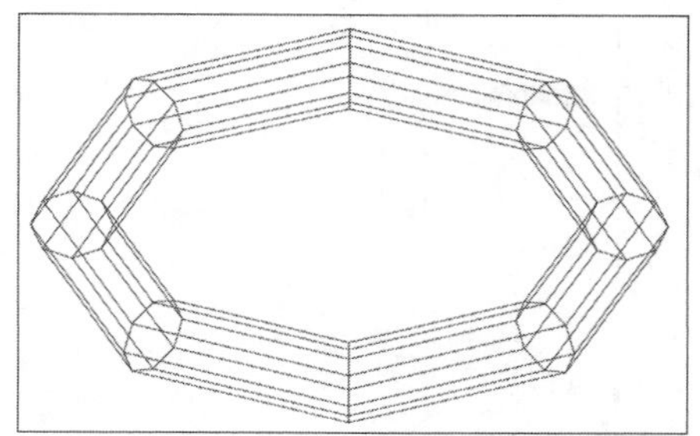

Lesson 04 通过二维图形生成网格曲面模型

在AutoCAD中，可以创建旋转网格、平移网格、直纹网格和边界网格对象，使用这些网格对象可以创建出更为复杂的三维对象。

01 旋转网格

该命令可通过绕指定轴旋转轮廓来创建与旋转曲面近似的网格。轮廓可以包括直线、圆、圆弧、椭圆、椭圆弧、多段线、样条曲线、闭合多段线、多边形、闭合样条曲线和圆环。用户可以通过以下几种方式创建旋转网格：

- 在菜单栏中执行“绘图>建模>网格>旋转网格”命令。

- 在“网格”选项卡的“图元”面板中单击“旋转网格”按钮。
- 在命令行输入REVSURF命令并按Enter键。

创建旋转网格的具体操作方法介绍如下：

STEP 01 打开“旋转网格”图形文件，如下图所示。

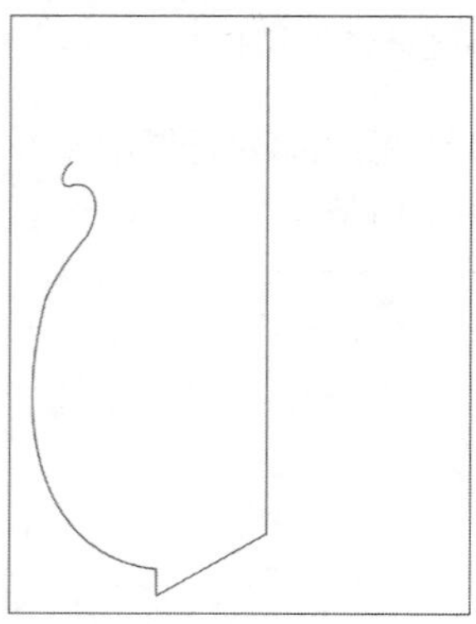

STEP 02 执行“绘图>建模>网格>旋转网格”命令，根据命令行提示，选择要旋转的对象，如下图所示。

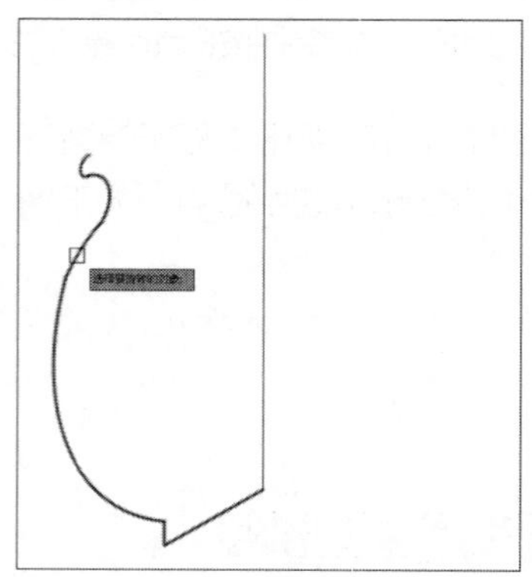

STEP 03 单击鼠标左键，根据命令行提示，选择定义旋转轴的对象，如下图所示。

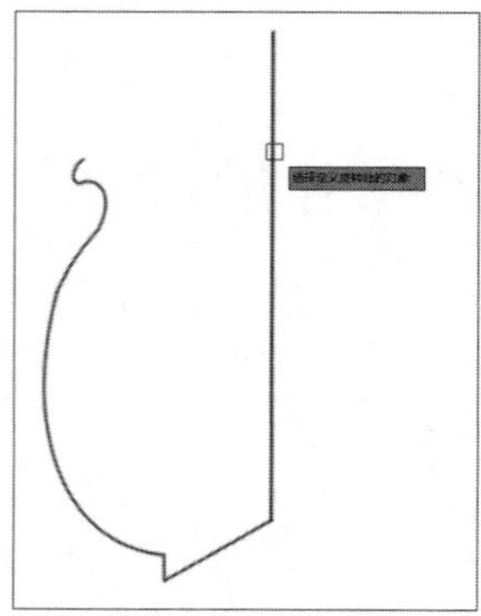

STEP 04 单击鼠标左键，指定起点角度为360，如下图所示。

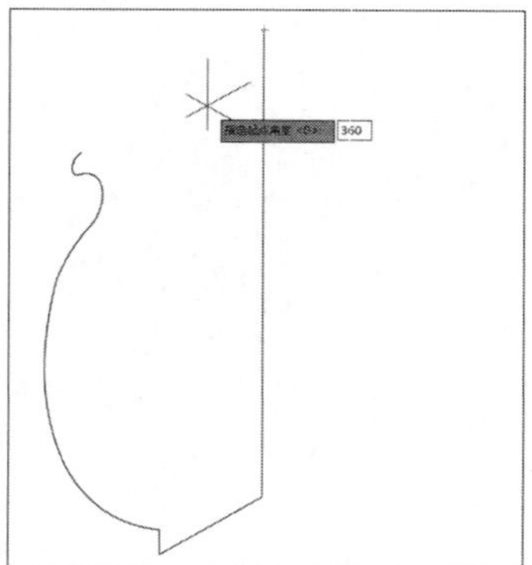

STEP 05 按Enter键确定，指定夹角为360，如下图所示。

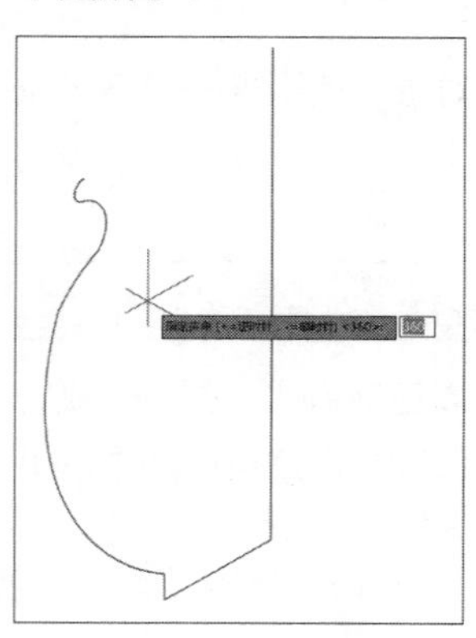

STEP 06 按Enter键确定，即可完成旋转网格操作，并将视觉样式转化为概念，如下图所示。

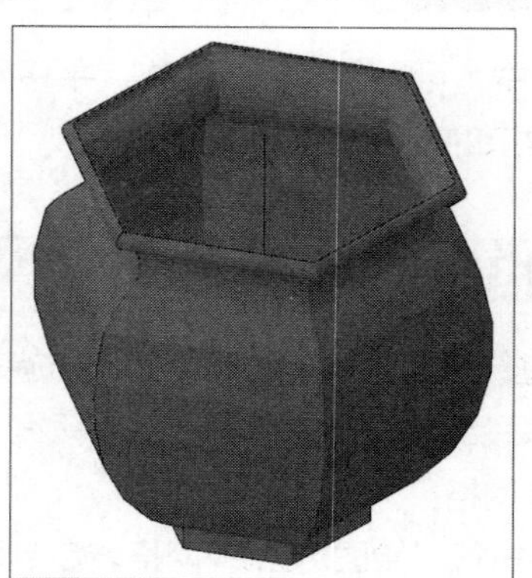

02 平移网格

该命令可以创建网格，该网格表示由路径曲线和方向矢量定义的常规展平曲面。路径曲线可以是直线、圆弧、圆、椭圆、椭圆弧、二维多段线、三维多段线或样条曲线。方向矢量可以是直线，也可以是开放的二维或三维多段线。用户可以通过以下几种方式创建平移网格：

- 在菜单栏中执行“绘图>建模>网格>平移网格”命令。
- 在“网格”选项卡的“图元”面板中单击“平移网格”按钮。
- 在命令行输入TABSURF命令并按Enter键。

创建平移网格的具体操作方法介绍如下：

STEP 01 打开“平移网格”图形文件，如下图所示。

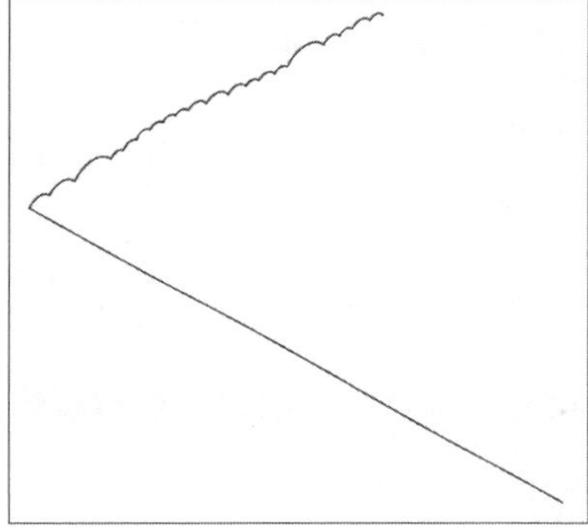

STEP 02 执行“绘图>建模>网格>平移网格”命令，选择用作轮廓曲线的对象，如下图所示。

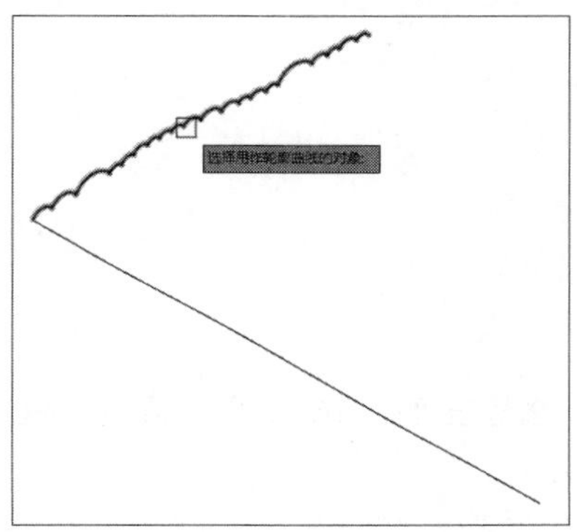

STEP 03 单击鼠标左键，选择用作方向矢量的对象，如下图所示。

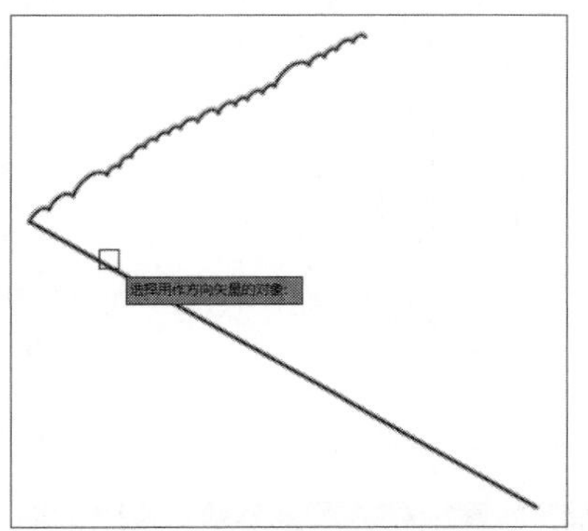

STEP 04 单击鼠标左键，即可完成平移网格操作，如下图所示。

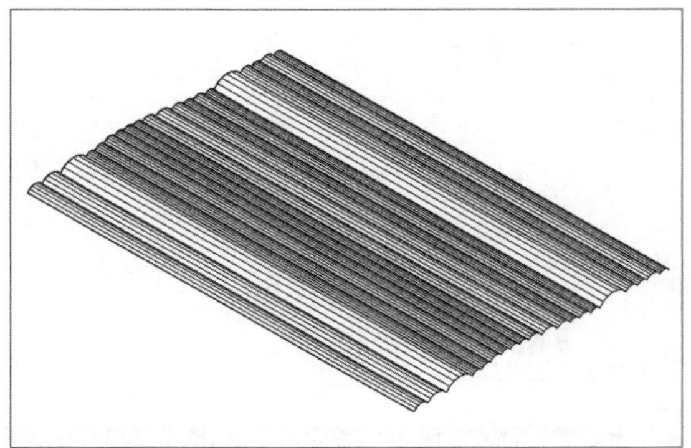

03 直纹网格

该命令可以在两条直线或曲线之间创建网格。可以使用两种不同的对象定义直纹网格的边界。例如直线、点、圆弧、圆、椭圆、椭圆弧、二维多段线、三维多段线或样条曲线。用作直纹网格“轨迹”的两个对象必须全部开放或全部闭合。点对象可以与开放或闭合对象成对使用。用户可以通过以下几种方式创建直纹网格：

- 在菜单栏中执行“绘图>建模>网格>直纹网格”命令。

- 在“网格”选项卡的“图元”面板中单击“直纹网格”按钮。
- 在命令行输入RULESURF命令并按Enter键。

创建直纹网格的具体操作方法如下：

STEP 01 打开“直纹网格”图形文件，如下图所示。

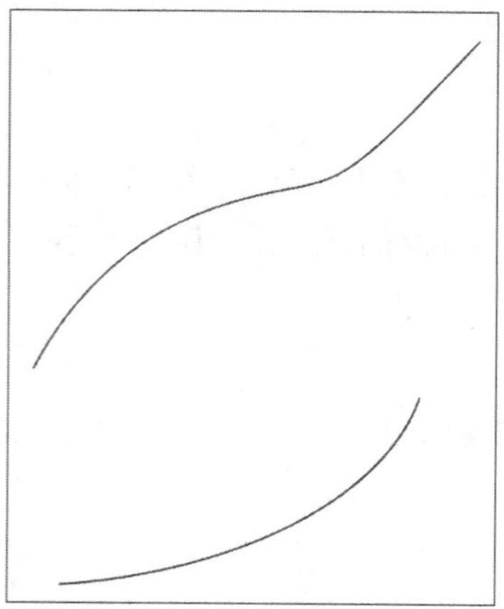

STEP 02 执行“绘图>建模>网格>直纹网格”命令，根据命令行提示，选择第一条定义曲线，如下图所示。

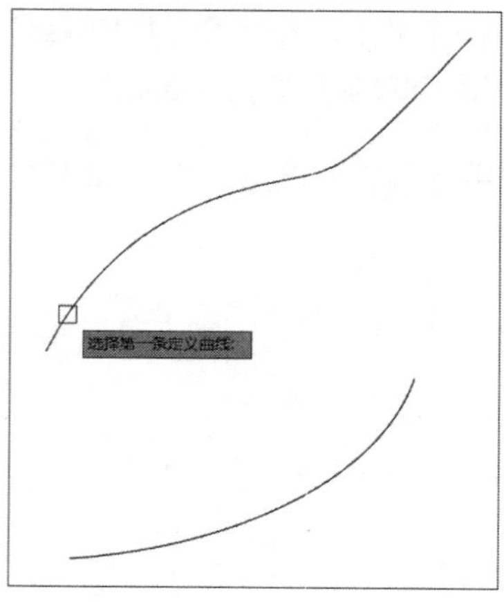

STEP 03 单击鼠标左键，选择第二条定义曲线，如下图所示。

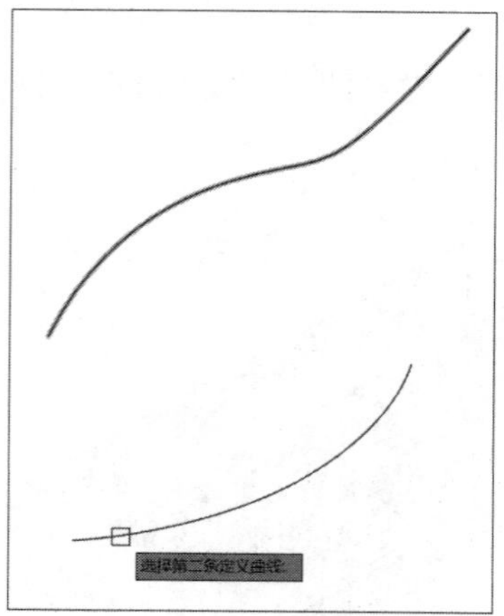

STEP 04 然后单击鼠标左键，即可完成直纹网格的操作，如下图所示。

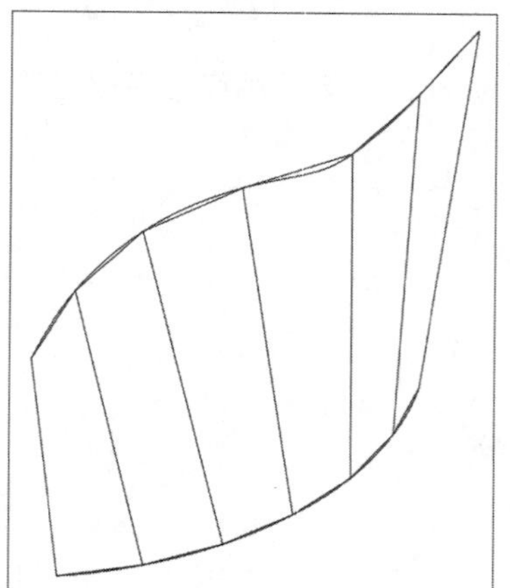

工程师点拨｜直纹网格的选择位置

创建直纹网格时，系统会根据选择定义曲线的位置创建出不同造型的网格实体。例如选择曲线边缘位置会创建出上述网格造型，如果选择曲线边缘位置，则会创建出展开的曲面网格。

04 边界网格

使用该命令，可以通过成为“边界”的四个对象创建曲面网格。边界可以是形成闭合环且共享端点的圆弧、直线、多段线、样条曲线或椭圆弧。用户可以通过以下几种方式创建边界网格：

- 在菜单栏中执行“绘图>建模>网格>边界网格”命令。
- 在“网格”选项卡的“图元”面板中单击“边界网格”按钮。
- 在命令行输入TABSURF命令并按Enter键。

创建边界网格的具体操作方法如下：

STEP 01 打开“边界网格”图形文件，如下图所示。

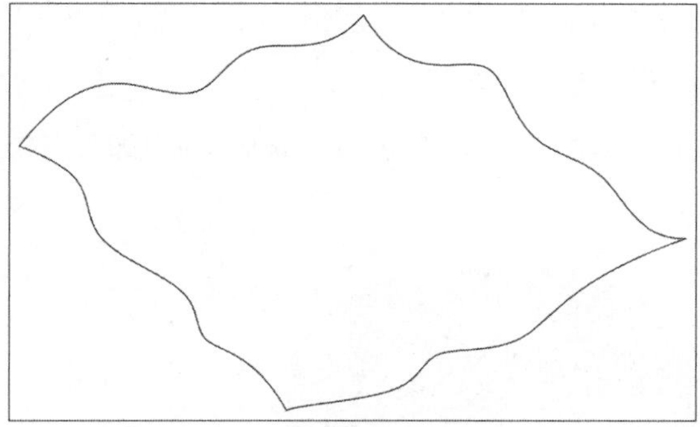

STEP 02 执行“绘图>建模>网格>边界网格”命令，根据命令行提示选择用作曲面边界的对象1，如下图所示。

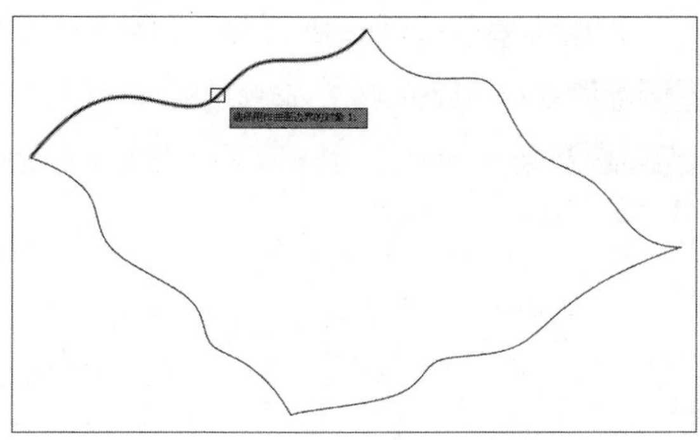

STEP 03 单击鼠标左键，选择边界对象2，如下图所示。

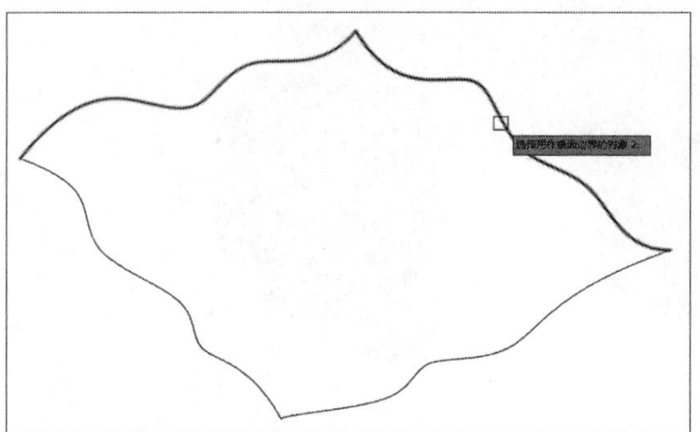

STEP 04 单击鼠标左键，选择边界对象3，如下图所示。

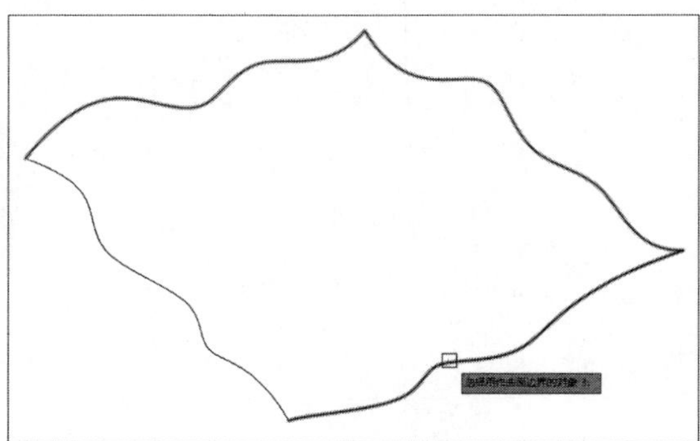

STEP 05 单击鼠标左键，选择边界对象4，如下图所示。

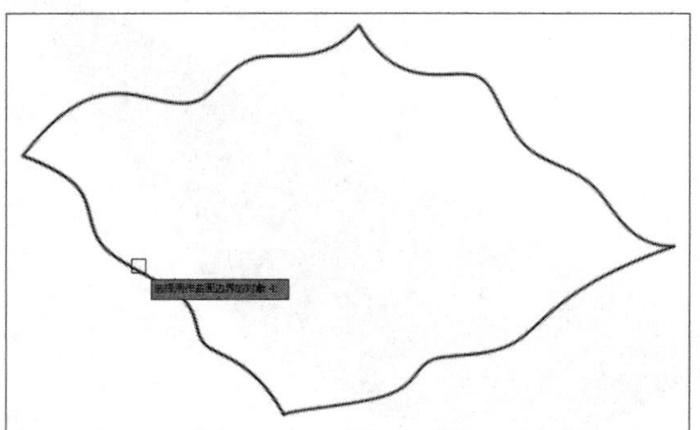

STEP 06 选择完成后，即可完成边界网格，如下图所示。

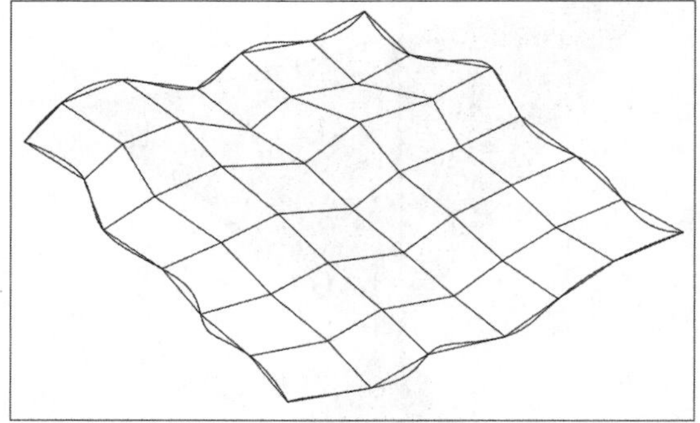

强化练习

通过本章的学习，读者对于三维基本体的创建、三维复合体的创建，以及三维网格体的创建等知识有了一定的认识。为了使读者更好地掌握本章所学知识，在此列举几个针对本章知识的习题，以供读者练手。

1. 创建阀体外壳剖切实体

利用旋转实体功能创建300°的旋转实体模型，如下图所示。

STEP 01 执行“旋转实体”命令，根据命令行提示选择要旋转的对象。

STEP 02 按Enter确认，再根据命令行提示指定旋转轴，再输入旋转角度300°，按Enter键即可完成实体的创建。

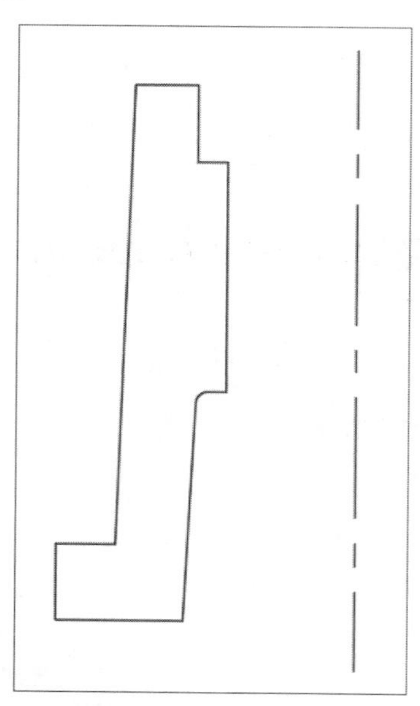
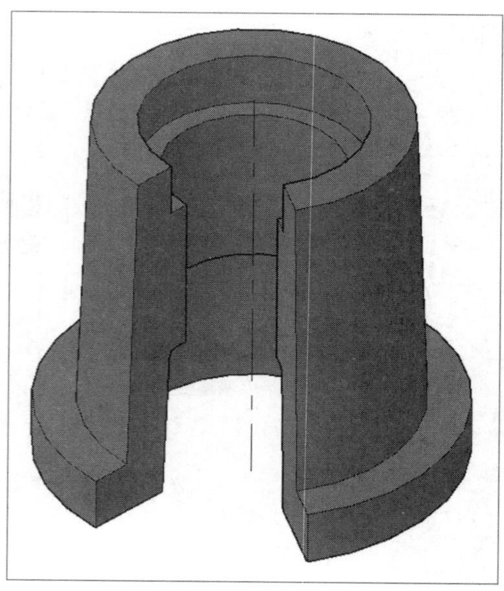

2. 创建指纹网格实体

利用已有的二维图形，创建如下图所示的两种网格实体。

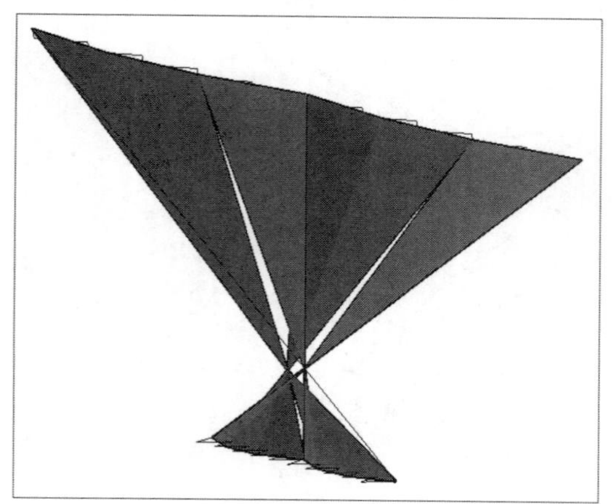
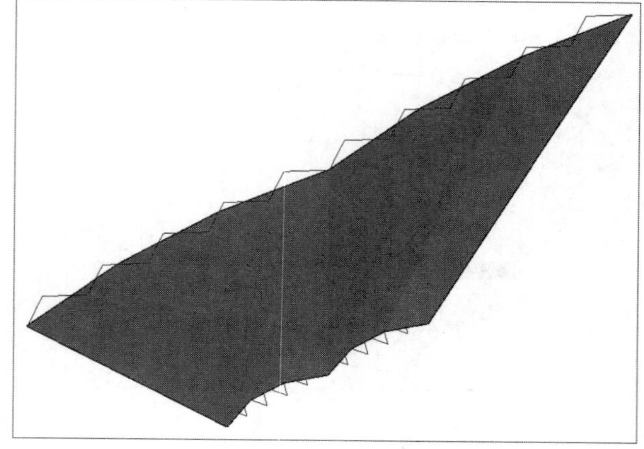

工程技术问答

本章主要对创建三维基本实体、通过二维图形生成三维实体等知识进行介绍，在实际应用这些知识绘图时难免会有些疑问，下面将对常见的问题及解决方法进行汇总，供用户参考。

Q 为什么拉伸的图形不是实体?

A 执行“拉伸”命令时如果想获得实体，必须保证拉伸的图形是一个整体（例如矩形、圆、多边形等），否则拉伸出的是片体。

Q 在AutoCAD中，如何快速改变对象的颜色及其他属性?

A 在AutoCAD中，系统提供了许多小技巧可以快速的执行命令，或者改变对象的属性，下面将举例介绍通过双击对象快速改变其属性，具体操作如下：

STEP 01 设置绘图环境。打开AutoCAD软件，更改“视图控件”和“视觉样式”，如下图所示。

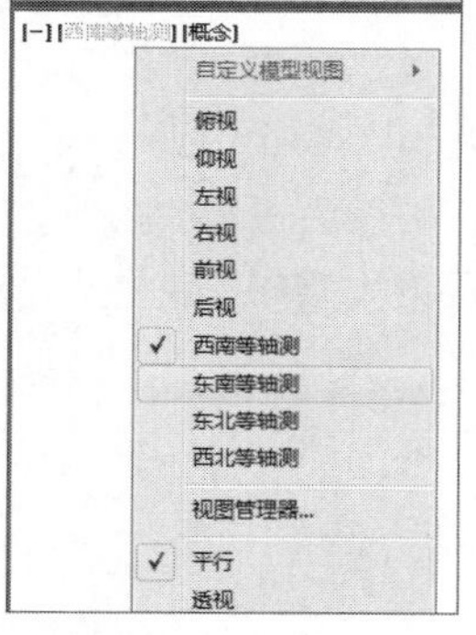

STEP 02 绘制任意图形，结果如下图所示。

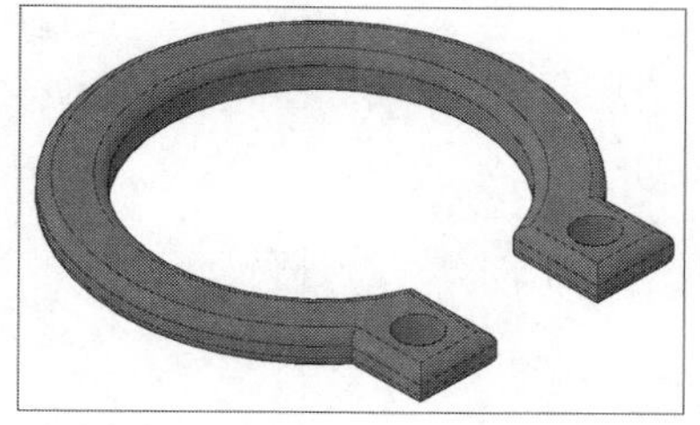

STEP 03 快速改变对象属性。在绘图区双击对象，可调出“选项”对话框，如下图所示。

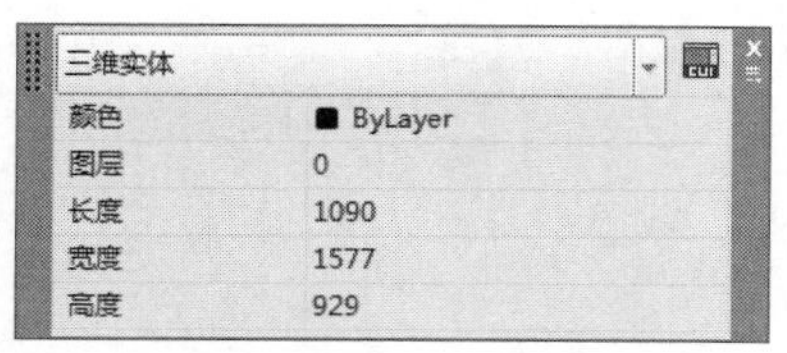

STEP 04 改变对象颜色。单击“颜色”栏后面的下拉按钮，然后选择红色，如下图所示。

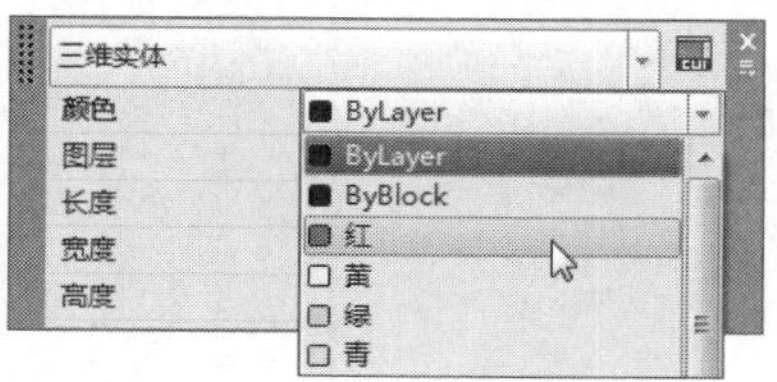

STEP 05 完成属性改变。设置完成后，即可改变当前长方体颜色属性，如下图所示。

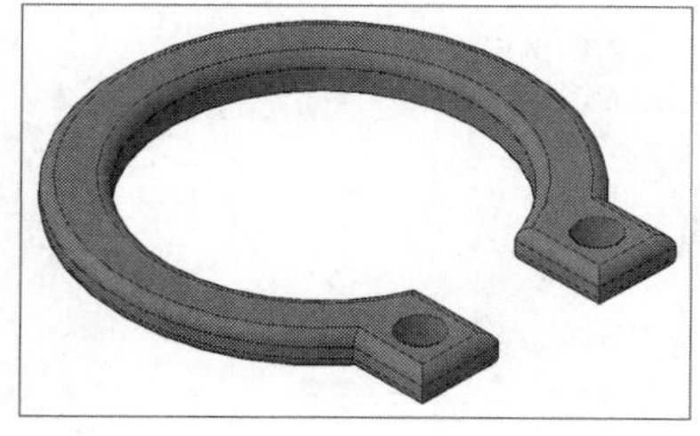

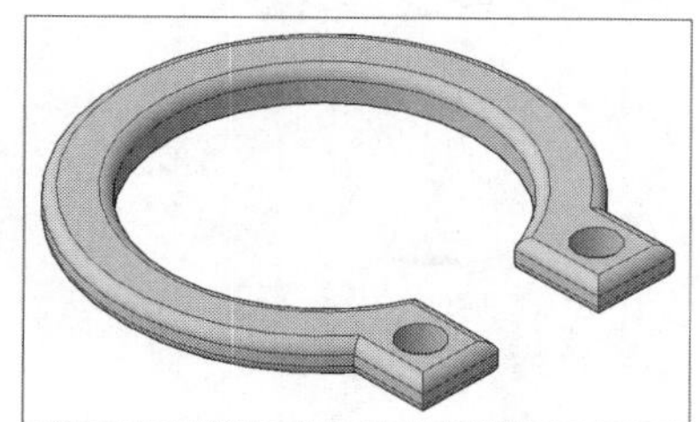

Chapter 11

编辑三维模型

在AutoCAD中，可以对三维实体进行实体编辑、布尔运算以及剖切实体，使用三维编辑命令对三维模型进行编辑，可以创建出更多更复杂的模型，从而满足不同用户的需要。本章将向用户介绍三维模型的编辑操作。

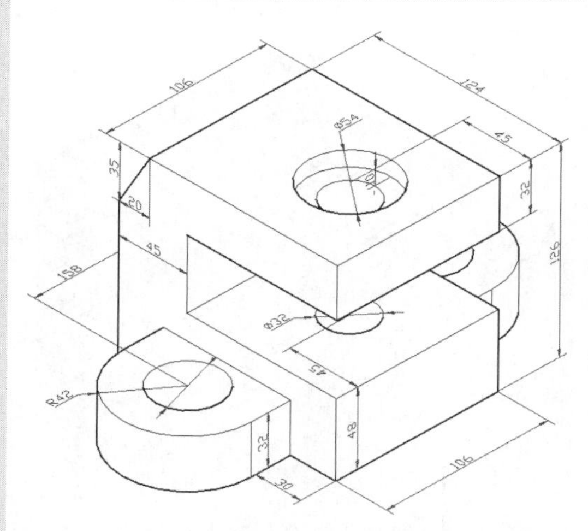

01 卡具模型

卡具是用于夹住工件的夹具。该模型通过“圆柱体”、“长方体”、“差集”、“倒角边”等命令进行绘制。

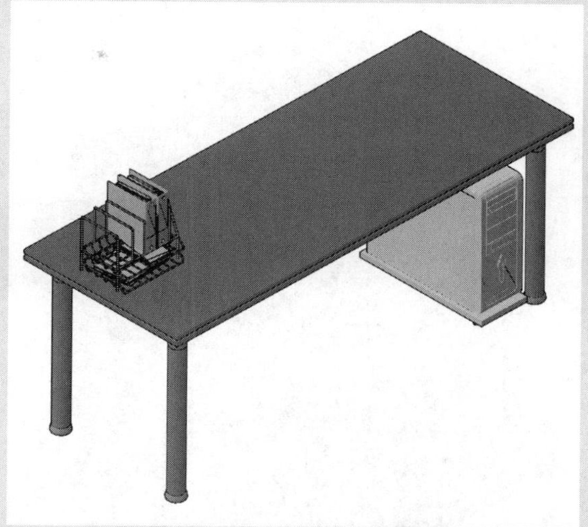

02 办公桌模型

通过拉伸二维图形以及“长方体”等命令将基本模型创建出来。

03 泵体模型

此模型可通过“圆柱体”、“圆角边”和“差集”等命令绘制完成。

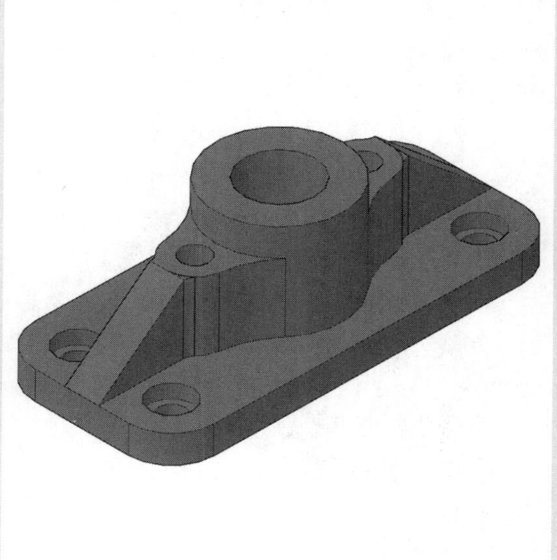

04 轴承座模型

此模型主要运用了“圆柱体”、“差集”以及“圆角边”命令来绘制的。

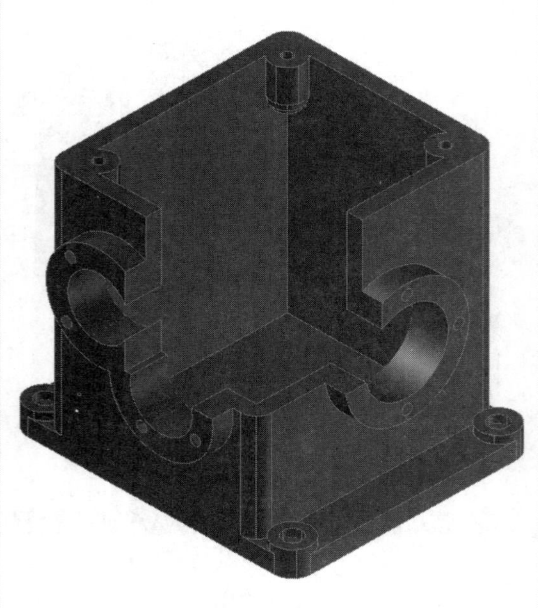

05 箱体模型

该模型先通过“长方体”、“圆柱体”等命令绘制三维模型，然后进行“差集”、“圆角边”等命令对三维模型进行修剪。

06 床头柜模型

在创建该模型时，转变视图样式后，坐标系也会随之改变。该模型通过“长方体”、“并集”等命令便可得出此模型。

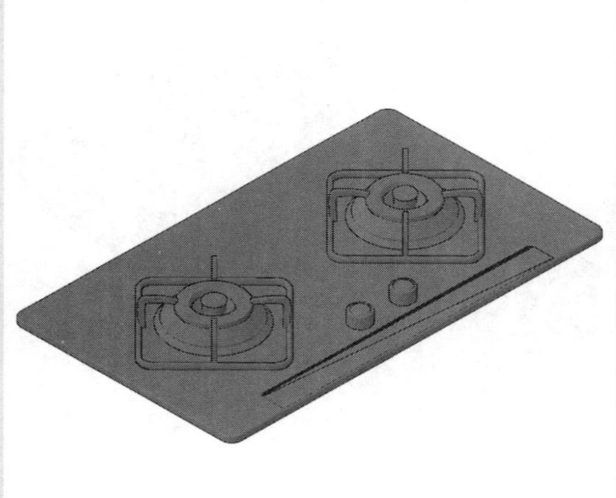

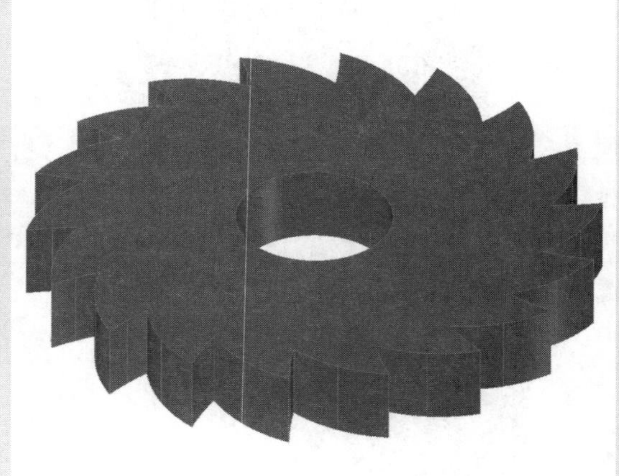

07 燃气灶模型

该模型通过“圆柱体”、“长方体”、“圆角边”、“差集”等命令便可得出此模型。

08 棘轮模型

先通过“环形阵列”、“面域”等命令绘制二维图形，然后再拉伸生成三维模型。

Lesson 01 编辑三维实体模型

创建的三维对象不满意时，可对其进行编辑操作。在AutoCAD中，用户可以对三维图形进行移动、旋转、对齐和镜像等操作，下面将分别对其操作方法进行介绍。

01 三维移动

三维移动是将三维实体对象从一个点移动到另一个点，该方式是在XY平面上进行移动。用户可以通过以下几种方式调用“三维移动”命令：

- 在菜单栏中执行“修改>三维操作>三维移动”命令。
- 在“常用”选项卡的“修改”面板中单击“三维移动”按钮。
- 在命令行输入3DMOVE命令并按Enter键。

在此将对三维移动操作进行详细介绍：

STEP 01 打开素材图形文件。执行“修改>三维操作>三维移动”命令，在绘图区中选择移动的对象，如下图所示。

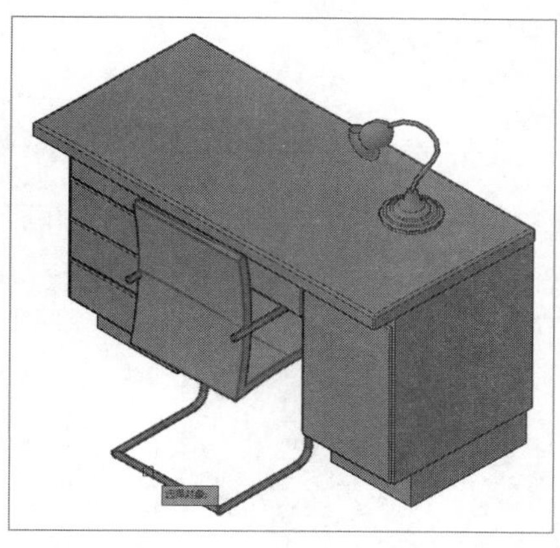

STEP 02 按Enter键确定，单击鼠标左键指定基点，如下图所示。

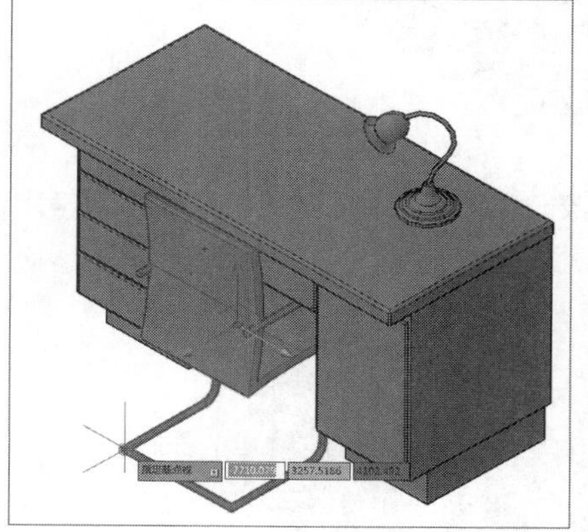

STEP 03 在绘图区中指定第二个点，结果如下图所示。

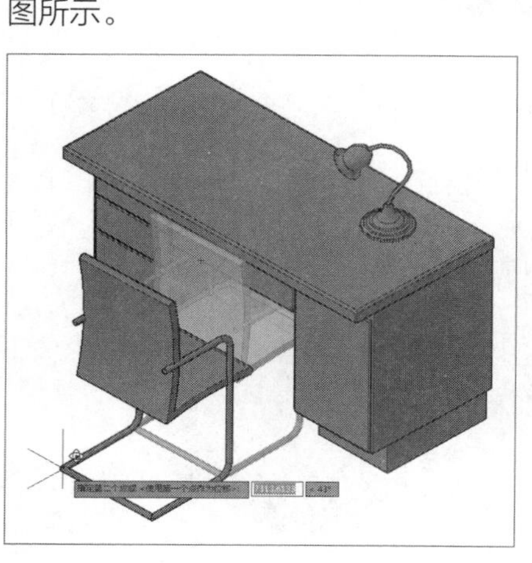

STEP 04 单击鼠标左键，完成三维移动操作，如下图所示。

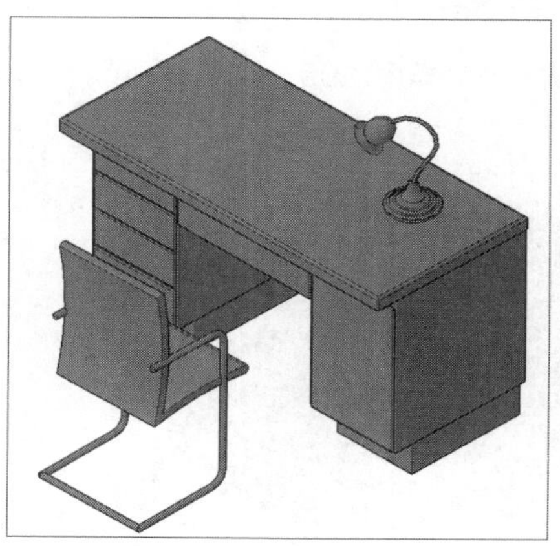

02 三维旋转

三维旋转命令可以将选择的对象绕三维空间定义的坐标轴（X轴、Y轴、Z轴）按照指定的角度进行旋转。在旋转三维对象之前需要定义一个点为三维对象的基准点。用户可以通过以下几种方式调用“三维移动”命令：

- 在菜单栏中执行“修改>三维操作>三维旋转”命令。
- 在“常用”选项卡的“修改”面板中单击“三维旋转”按钮。
- 在命令行输入3DROTATE命令并按Enter键。

在进行三维旋转操作时，需选择旋转轴，其中X轴为红色；Y轴为绿色；Z轴为蓝色。用户可根据颜色来选择其选择轴。

STEP 01 启动AutoCAD软件，打开“轴承支座”图形文件，如下图所示。

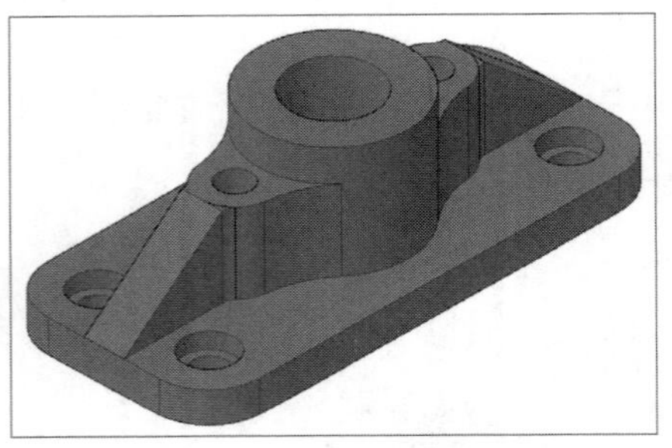

STEP 02 执行“修改>三维操作>三维旋转”命令，在绘图区中，选择对象，如下图所示。

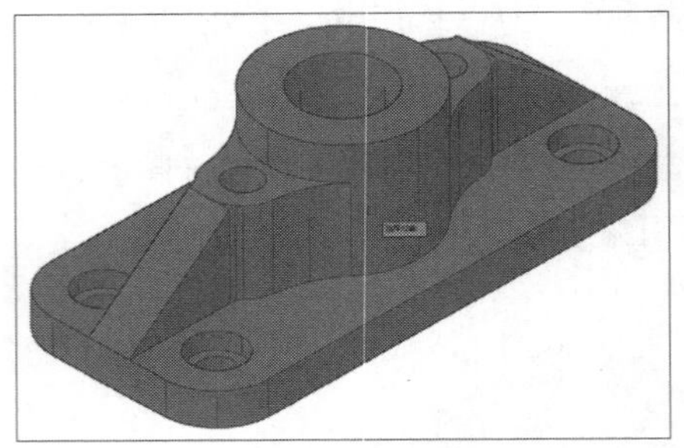

STEP 03 按Enter键确定，在绘图窗口中，指定旋转基点，如下图所示。

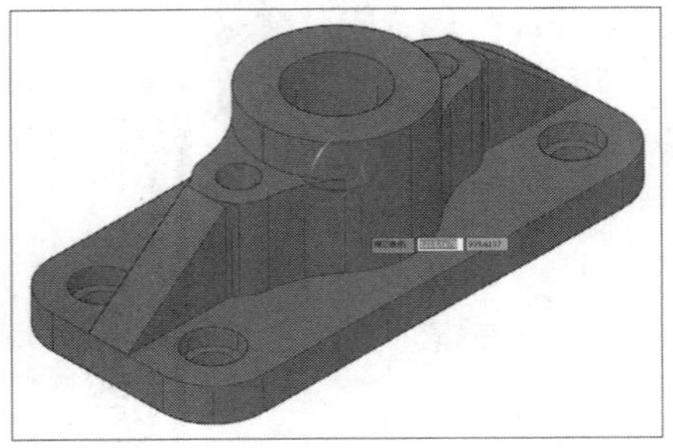

STEP 04 在绘图区中，指定拾取轴为Z轴，如下图所示。

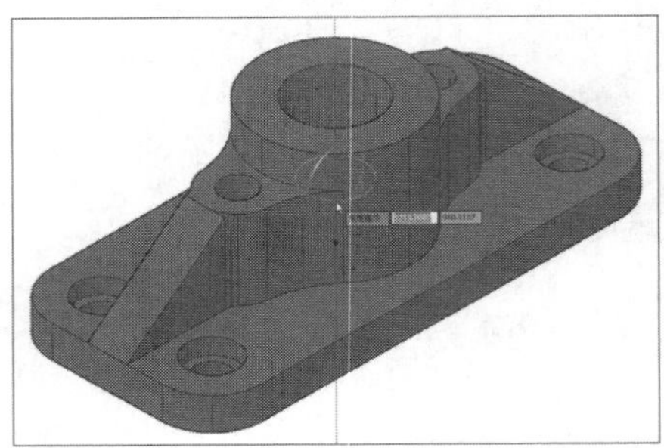

STEP 05 输入旋转角度值90，如下图所示。

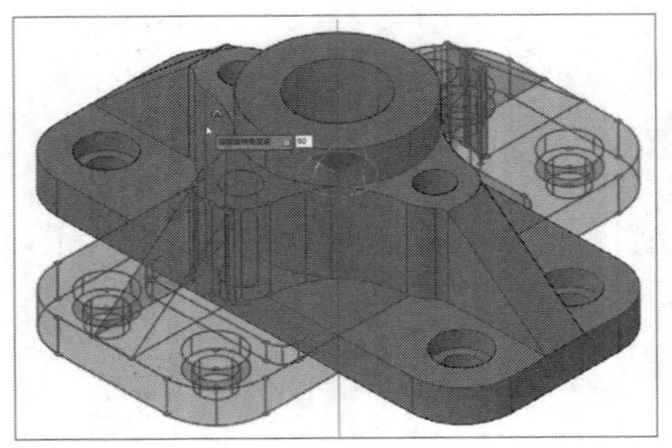

STEP 06 按Enter键确定，即可完成旋转操作，如下图所示。

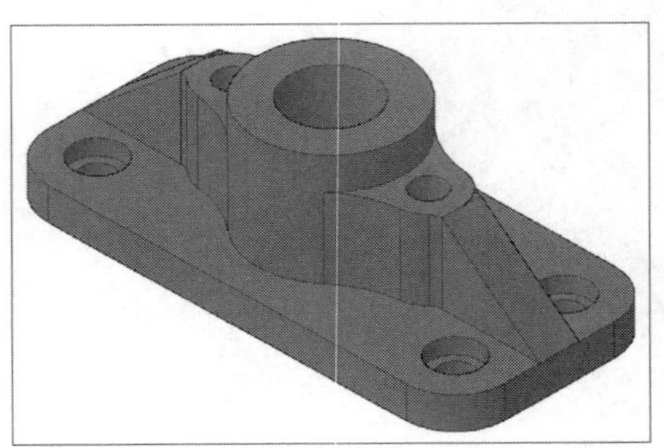

03 三维对齐

三维对齐是指在三维空间中将选中的对象与其他对象对齐。先为源对象指定一个、两个或三个点，然后为目标对象指定一个、两个或三个点。源对象的目标点要与目标对象的点相对应。用户可以通过以下几种方式调用“三维对齐”命令：

- 执行“修改>三维操作>三维对齐”命令。
- 在“常用”选项卡“修改”面板中单击“三维对齐”按钮。
- 在命令行输入3DALIGN命令并按Enter键。

04 三维镜像

三维镜像是将三维对象沿指定的平面进行镜像。镜像平面可以是已经创建的面，如实体的面和坐标轴上的面，也可以通过三点创建一个镜像平面。用户可以通过以下几种方式调用“三维镜像”命令：

- 执行“修改>三维操作>三维镜像”命令。
- 在“常用”选项卡“修改”面板中单击“三维镜像”按钮。
- 在命令行输入MIRROR3D命令并按Enter键。

05 三维阵列

三维阵列可以将三维实体对象按矩形或环形的方式进行阵列。环形阵列是将选择的对象绕一个点进行旋转生成多个实体对象。用户可以通过以下几种方式调用“三维阵列”命令：

- 执行“修改>三维操作>三维阵列”命令。
- 在“常用”选项卡“修改”面板中单击“三维阵列”按钮。
- 在命令行输入3DARRAY命令并按Enter键。

1. 矩形阵列

三维矩形阵列与二维的操作方法相似，用户可以通过指定的行、列以及层数分布实体对象。三维矩形阵列具体操作如下：

STEP 01 打开素材文件。在“常用”选项卡的“修改”面板中单击“矩形阵列”按钮，选择阵列对象，如下图所示。随后按Enter键。

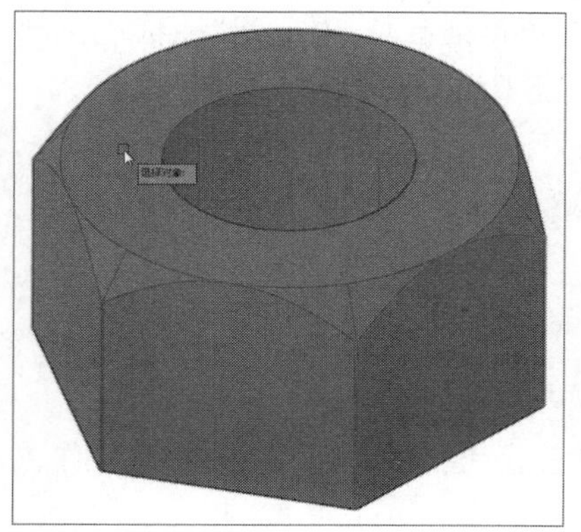

STEP 02 根据命令提示，输入行数值为3，列数值为4，层数值为3，行间距、列间距和层间距值各为100，其余参数保持不变，然后按Enter键确定，效果如下图所示。

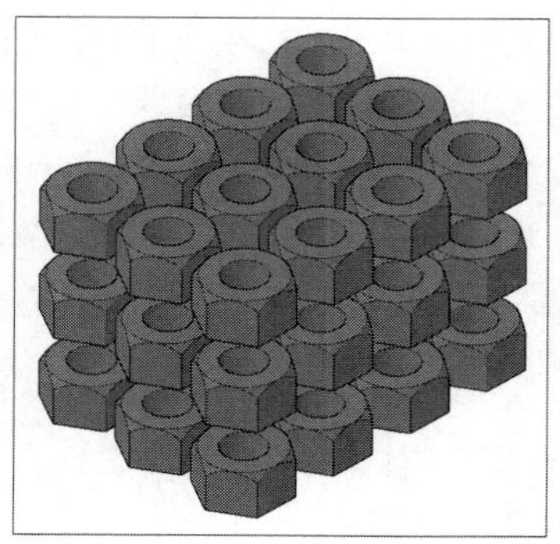

2. 环形阵列

同样，三维环形阵列是通过某一中心点或旋转轴平均分布实体对象。三维环形阵列具体操作如下：

STEP 01 启动AutoCAD软件，打开“环形阵列”图形文件，如下图所示。

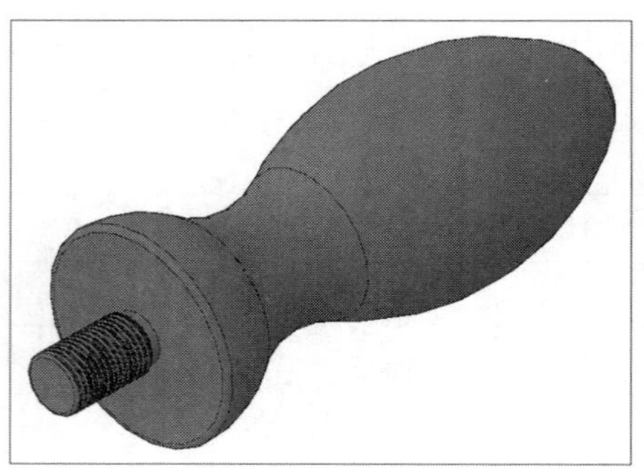

STEP 02 在“常用”选项卡的“修改”面板中单击“矩形阵列”下拉按钮，然后单击“环形阵列”按钮，选择阵列对象，如下图所示。

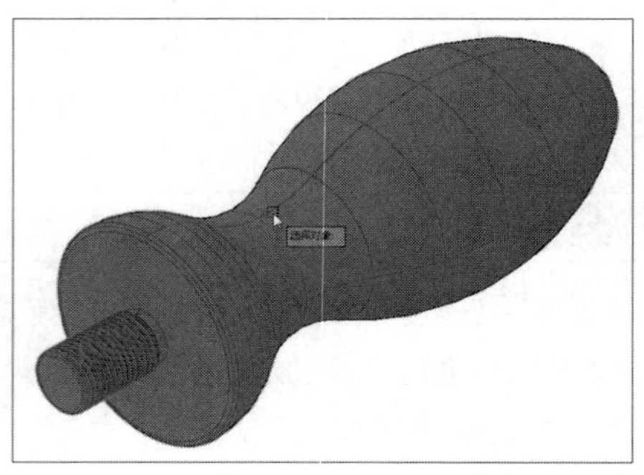

STEP 03 按Enter键确定，根据命令提示，指定阵列中心，如下图所示。

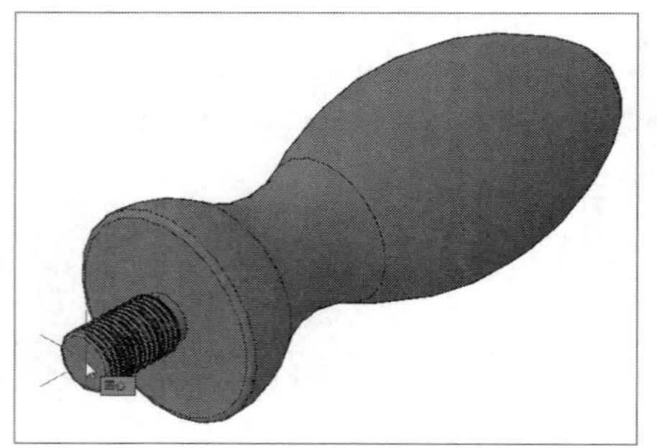

STEP 04 根据命令行提示指定项目数为6，项目间角度为60，填充角度为360，其余参数保持不变，并按Enter键确定，效果如下图所示。

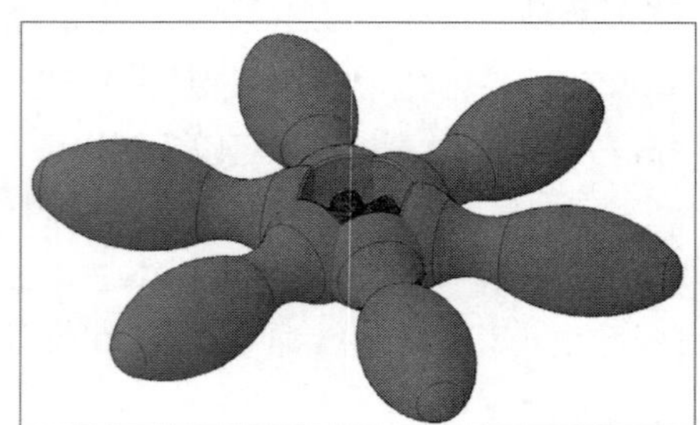

06 布尔运算

布尔运算包括并集、差集、交集3种布尔值，利用相应的布尔值可以将两个或两个以上的图形通过加减方式结合成新的实体。

1. 实体并集

并集可以将两个或多个的实体或面域进行并集操作，将实体或面域结合为一体，没有相重合的部分。复杂的模型都是由简单的对象通过并集而成的。用户可通过以下几种方式调用“并集”命令：

- 执行“修改>实体编辑>并集”命令。
- 在“常用”选项卡“实体编辑”面板中单击“并集”按钮。
- 在“实体”选项卡“布尔值”面板中单击“并集”按钮。
- 在命令行输入UNION命令并按Enter键。

实体并集的具体操作介绍如下：

STEP 01 执行“修改>实体编辑>并集”命令选择要进行并集的模型，如下图所示。

STEP 02 按Enter键确定，即可完成并集操作，如下图所示。

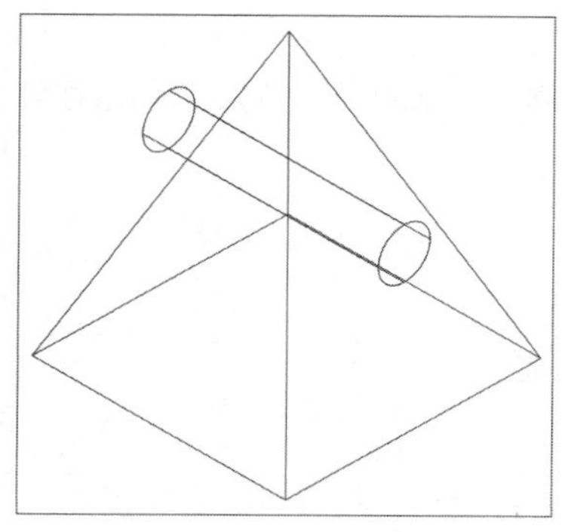

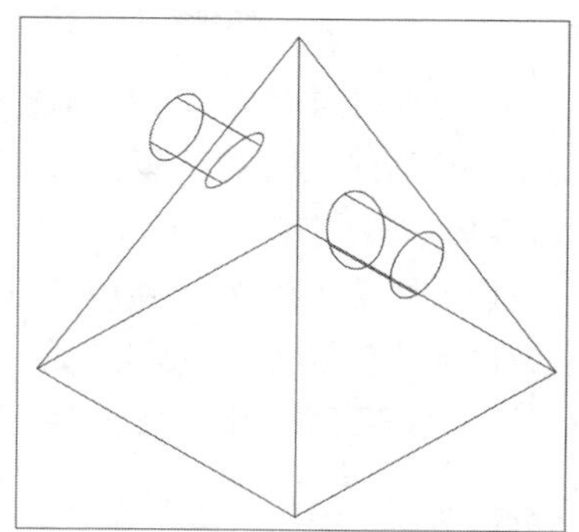

2. 实体差集

差集正好与并集相反，使用差集命令可以从三维实体或二维面域中减去对象。选择的第一个实体对象为目标对象，第二个对象为工具对象，执行差集命令将从目标对象中减去工具对象，在选择对象时要考虑好选择的先后顺序。用户可以通过以下几种方式调用“差集”命令：

- 执行“修改>实体编辑>差集”命令。
- 在“常用”选项卡“实体编辑”面板中单击“差集”按钮。
- 在“实体”选项卡“布尔值”面板中单击“差集”按钮。
- 在命令行输入SUBTRACT命令并按Enter键。

实体差集的具体操作介绍如下：

STEP 01 执行“修改>实体编辑>差集”命令选择要进行差集的模型，如下图所示。

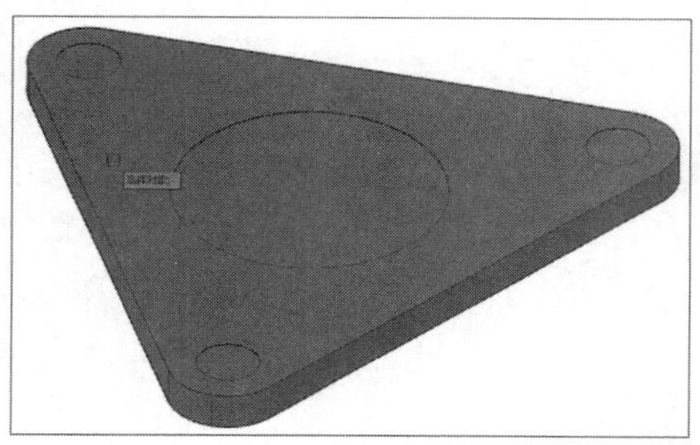

STEP 02 按Enter键确定，选择要减去的模型，如下图所示。

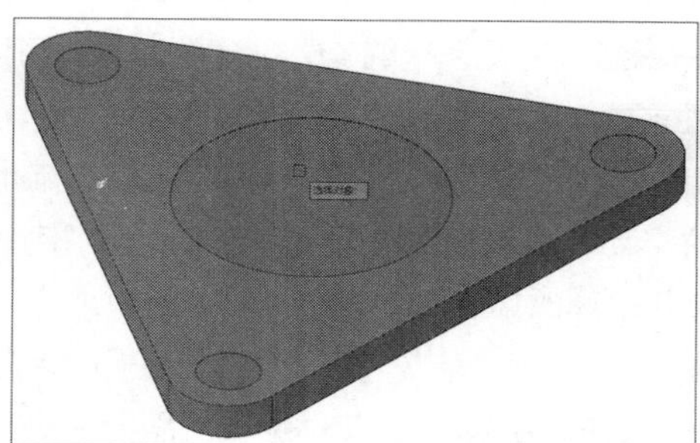

STEP 03 按Enter键确定，即可完成差集操作，如右图所示。

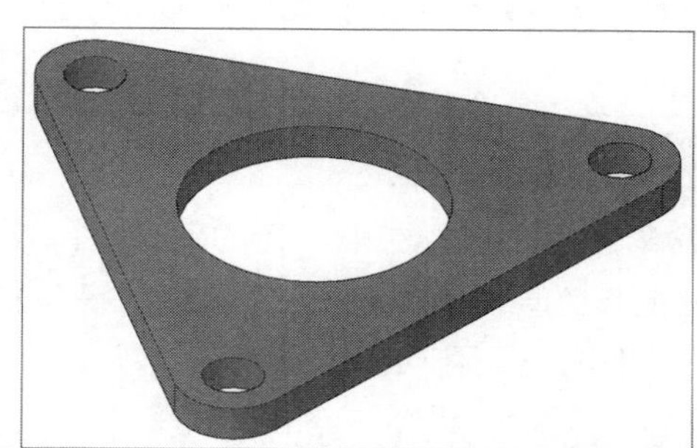

工程师点拨｜执行差集命令注意事项

执行“差集”命令的两个面域必须位于同一平面上。但是，通过在不同的平面上选择面域集，可同时执行多个差集操作，系统会在每个平面上分别生成减去的面域。

3. 实体交集

交集是从两个或两个以上重叠实体或面域的公共部分创建复合实体或二维面域，并只保留两组实体对象的相交部分。用户可以通过以下几种方式调用“交集”命令：

- 执行“修改>实体编辑>交集”命令。
- 在“常用”选项卡“实体编辑”面板中单击“交集”按钮。
- 在“实体”选项卡“布尔值”面板中单击“交集”按钮。

在命令行输入INTERSECT命令并按Enter键，具体操作介绍如下：

STEP 01 执行“修改>实体编辑>交集”命令选择要进行交集的模型，如下图所示。

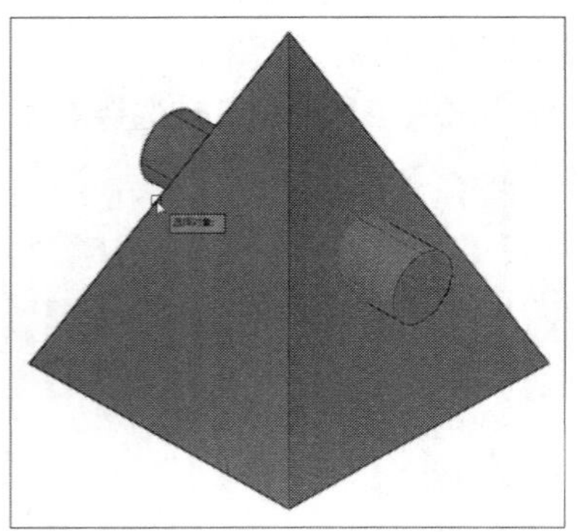

STEP 02 按Enter键确定，即可完成交集操作，如下图所示。

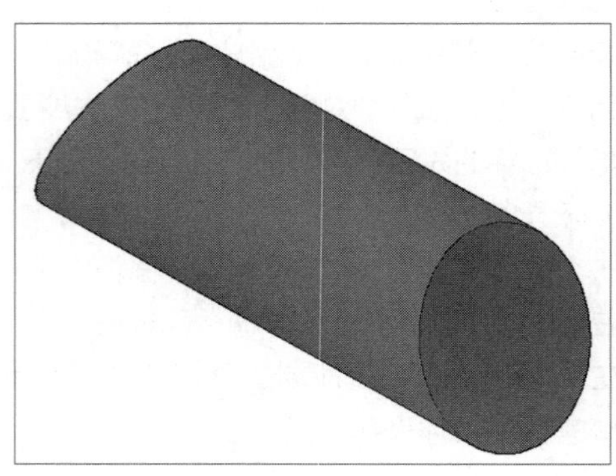

07 剖切

该命令通过剖切现有的实体创建新实体，可以通过多种方式定义剪切平面，包括指定点、选择曲面或平面对象。

使用“剖切”命令剖切实体时，可以保留剖切实体的一半或全部。剖切实体保留原实体的图层和颜色特性。用户可以通过以下几种方式调用“剖切”命令：

- 执行“修改>三维操作>剖切”命令。
- 在“常用”选项卡“实体编辑”面板中单击“剖切”按钮。
- 在“实体”选项卡“实体编辑”面板中单击“剖切”按钮。
- 在命令行输入SLICE命令并按Enter键。

08 加厚

该命令是将曲面对象按照一定的高度来生成实体。在输入厚度的时候该值可以为正值，也可以为负值，正值与负值的方向是相反的。该命令只对曲面有效，平面和面域对象不能进行加厚。用户可以通过以下几种方式调用“剖切”命令：

- 执行“修改>三维操作>加厚”命令。
- 在“常用”选项卡“实体编辑”面板中单击“加厚”按钮。
- 在“实体”选项卡“实体编辑”面板中单击“加厚”按钮。
- 在命令行输入THICKEN命令并按Enter键。

下面将对“加厚”命令的使用方法进行介绍：

STEP 01 启动AutoCAD软件，打开“加厚”图形文件，如下图所示。

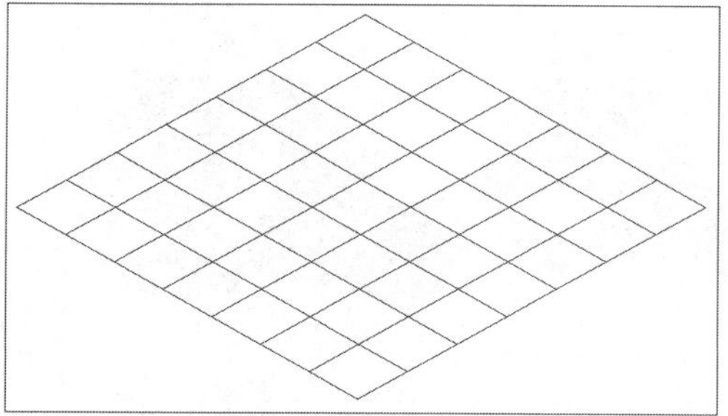

STEP 02 执行“修改>三维操作>加厚”命令，在绘图区中选择对象，如下图所示。

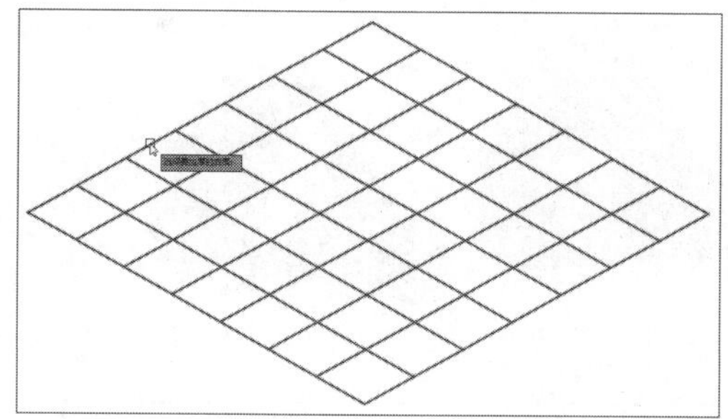

STEP 03 按Enter键确定，根据命令提示，输入厚度值500，如下图所示。

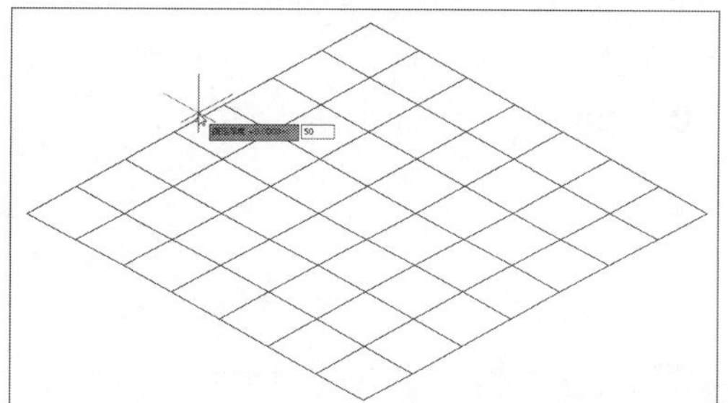

STEP 04 按Enter键确定，完成加厚操作，如下图所示。

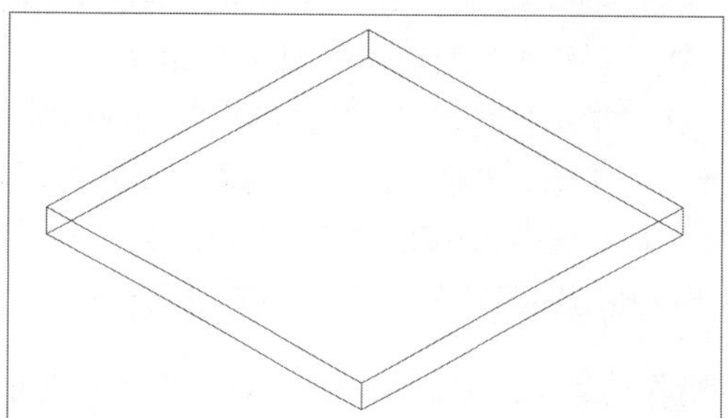

09 分割

使用该命令可以将多个不连续的三维实体对象分割为独立的三维实体。三维实体分割后，独立的实体将保留原来的图层和颜色。所有嵌套的三维实体对象都将被分割成最简单的结构。用户可以通过以下几种方式调用“分割”命令：

- 执行“修改>实体编辑>分割”命令。
- 在“常用”选项卡“实体编辑”面板中单击“分割”按钮。
- 在“实体”选项卡“实体编辑”面板中单击“分割”按钮。
- 在命令行输入SOLIDEDIT命令并按Enter键。

下面将对“分割”命令的使用方法进行介绍：

STEP 01 打开素材文件，执行“修改>实体编辑>分割”命令，在绘图区中选择对象，如下图所示。

STEP 02 单击鼠标左键，在弹出的快捷菜单中选择“分割实体”选项，如下图所示。

STEP 03 按Esc键，退出当前操作，再次选择羽毛球模型，可以看到羽毛球被分割如下图所示。

STEP 04 对被分割的羽毛球进行颜色大小等特性的设置，如下图所示。

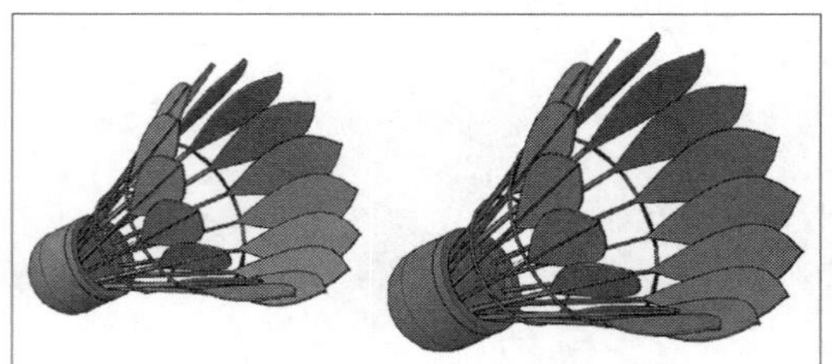

10 抽壳

使用该命令可以将三维实体转换为中空薄壁或壳体。将实体对象转换为壳体时，可以通过将现有实体的内部或外部偏移来创建新的面。用户可以通过以下几种方式调用“抽壳”命令：

- 执行“修改>实体编辑>抽壳”命令。
- 在“常用”选项卡“实体编辑”面板中单击“抽壳”按钮。
- 在“实体”选项卡“实体编辑”面板中单击“抽壳”按钮。
- 在命令行输入SOLIDEDIT命令并按Enter键。

下面将对抽壳命令的使用方法进行介绍：

STEP 01 启动AutoCAD 2018软件，打开“抽壳”图形文件，如下图所示。

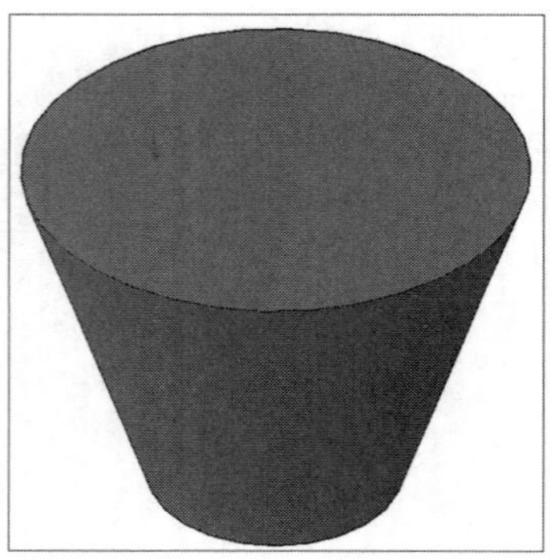

STEP 02 执行“修改>实体编辑>抽壳”命令，在绘图区中选择对象，如下图所示。

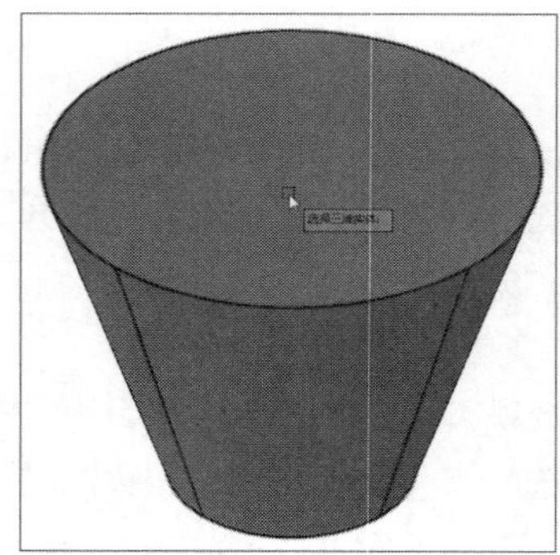

STEP 03 选择不需要的面，按Enter键确定键，如下图所示。

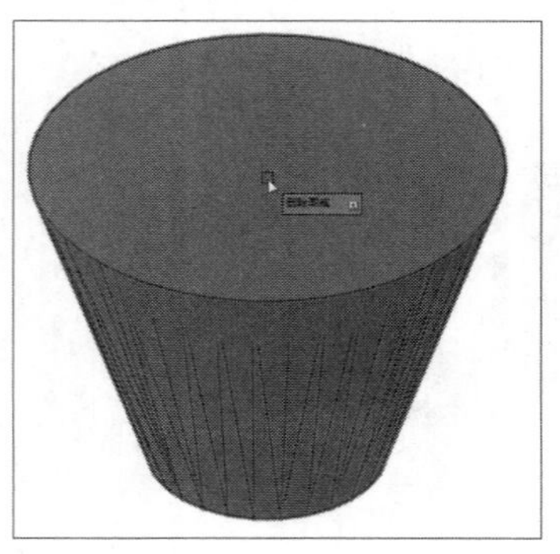

STEP 04 根据命令提示，输入抽壳偏移距离10，如下图所示。

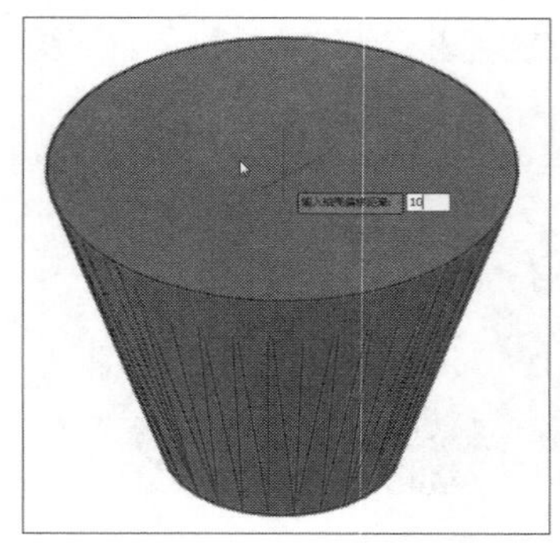

STEP 05 按Esc键退出编辑选项，如下图所示。

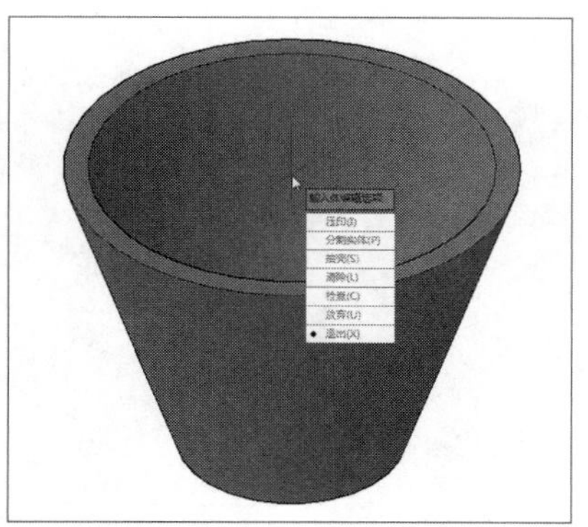

STEP 06 选择完成后，即可完成抽壳操作，如下图所示。

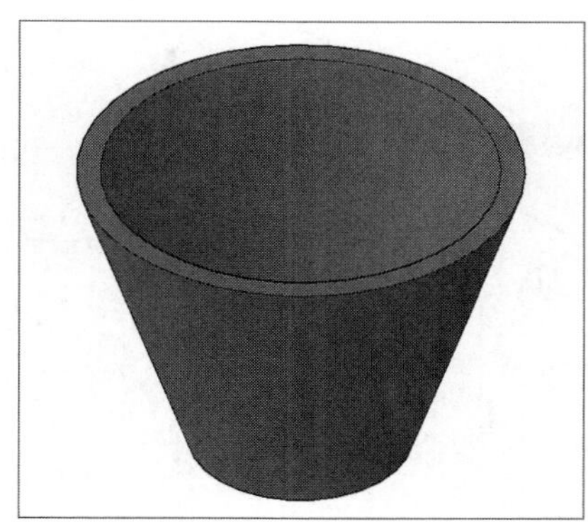

Lesson 02 编辑三维模型边

在AutoCAD软件中，用户可对三维实体边进行编辑，例如压印边、着色边、复制边等。下面将分别对其操作方法进行介绍。

01 压印边

压印边是在选定的图形对象上压印一个图形对象。压印对象包括圆弧、圆、直线、二维和三维多段线、椭圆、样条曲线、面域、体和三维实体。用户可以通过以下几种方式调用“压印边”命令：

- 执行“修改>实体编辑>压印边”命令。
- 在“常用”选项卡“实体编辑”面板中单击“压印边”按钮。
- 在“实体”选项卡“实体编辑”面板中单击“压印边”按钮。
- 在命令行输入IMPRINT命令并按Enter键。

压印边的具体操作进行介绍：

STEP 01 打开素材文件，执行“修改>实体编辑>压印边”命令，在绘图区中选择三维实体对象，如下图所示。

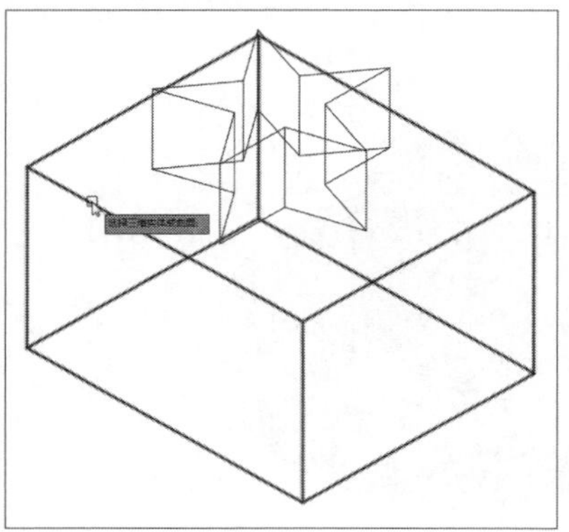

STEP 02 根据命令行提示，再选择要压印的对象，如下图所示。

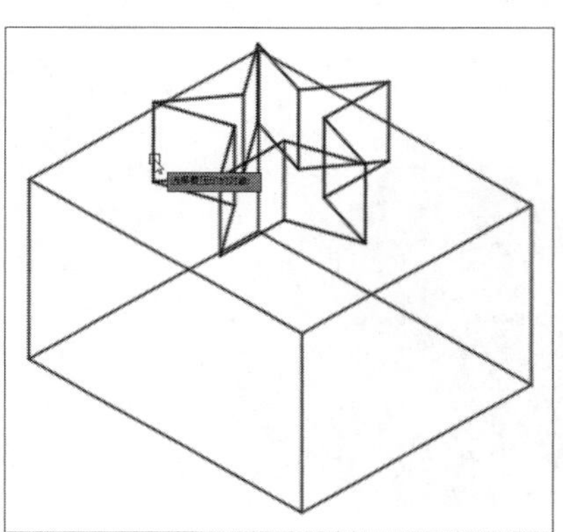

STEP 03 此时命令行会提示“是否删除源对象”，这里输入命令Y，如下图所示。

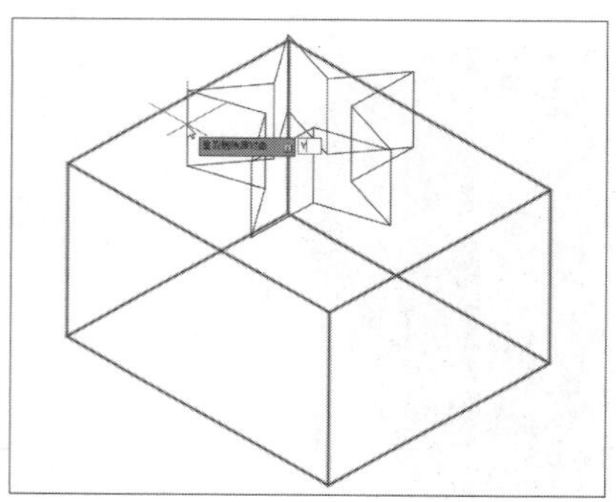

STEP 04 按两次Enter键，即可完成压印边操作，如下图所示。

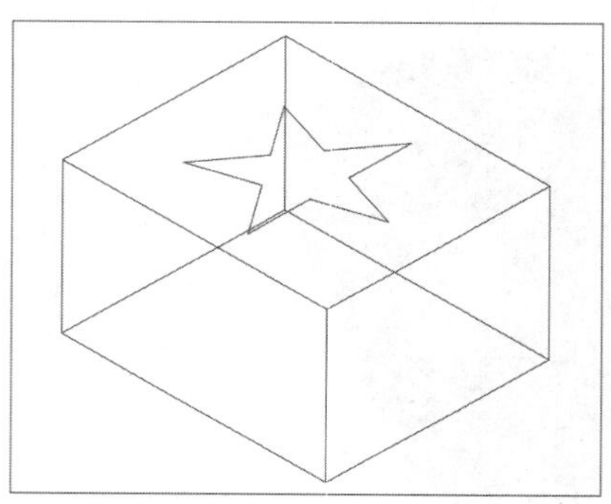

02 圆角边

圆角边是指将指定的边界通过一定的圆角半径建立圆角。用户可以通过以下几种方式调用“圆角边”命令：

- 执行“修改>实体编辑>圆角边”命令。
- 在“实体”选项卡“实体编辑”面板中单击“圆角边”按钮。
- 在命令行输入FILLETEDGE命令并按Enter键。

下面将对圆角边的具体操作进行介绍：

STEP 01 启动AutoCAD软件，打开“圆角边”图形文件，如下图所示。

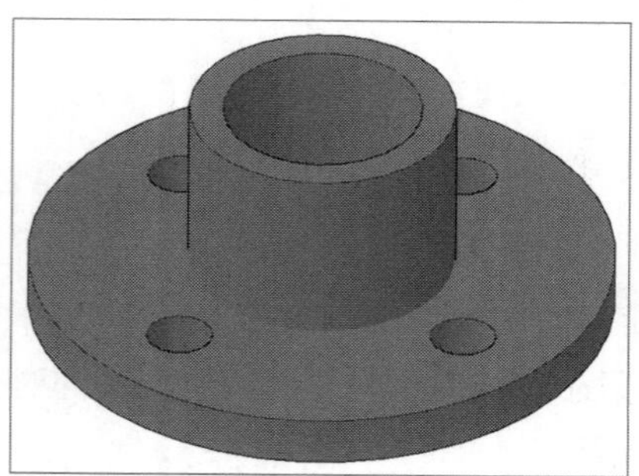

STEP 02 执行“修改>实体编辑>圆角边”命令，根据命令行提示输入R，如下图所示。

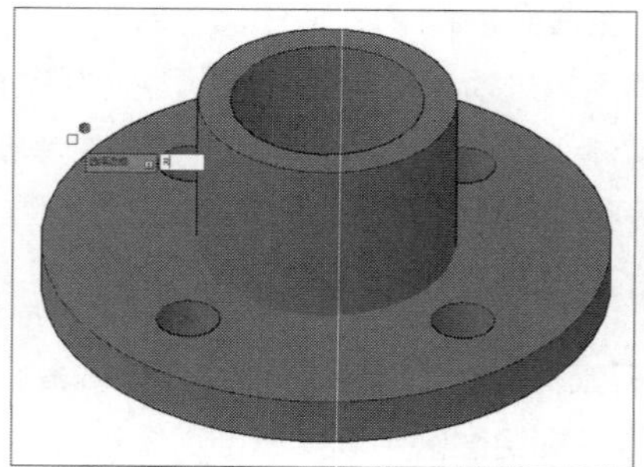

STEP 03 按Enter键确定，输入圆角半径为5，如下图所示。

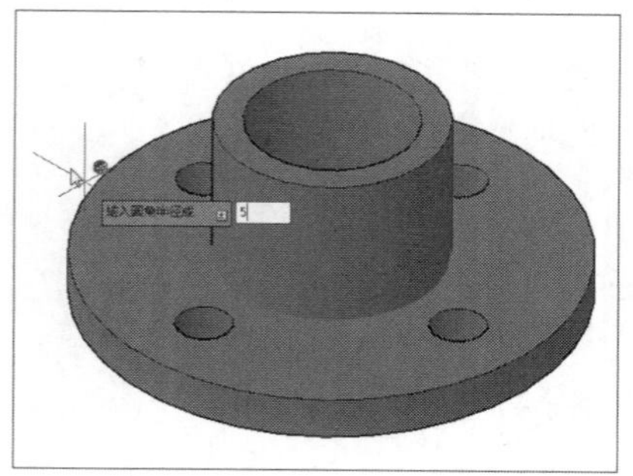

STEP 04 按Enter键确定，选择需要圆角操作的边，如下图所示。

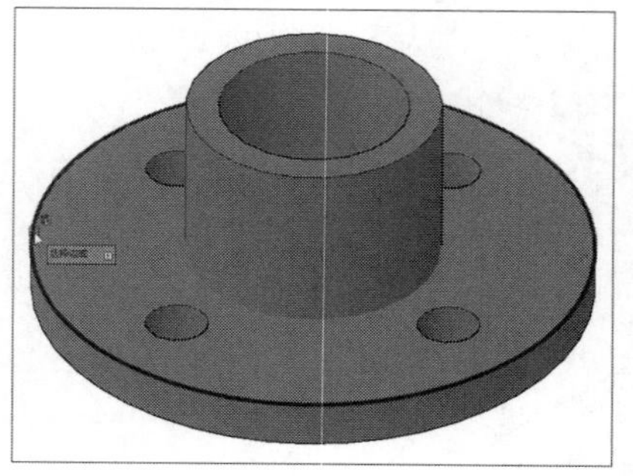

STEP 05 按Enter键确定，退出圆角操作，如下图所示。

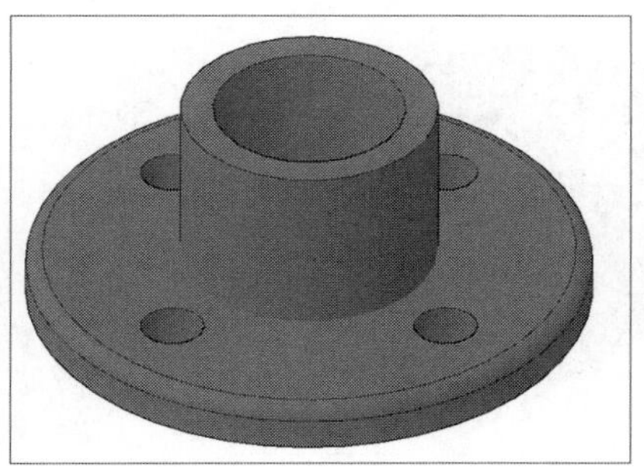

STEP 06 按照相同的方法，设置圆角半径为3，对其余边进行圆角操作，如下图所示。

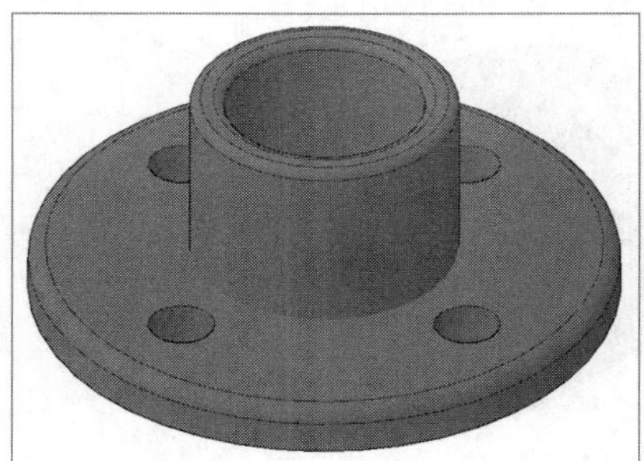

03 倒角边

倒角边是指将三维模型的边通过指定的距离进行倒角，从而形成面。用户可以通过以下几种方式调用“倒角边”命令：

- 执行“修改>实体编辑>倒角边”命令。
- 在“实体”选项卡“实体编辑”面板中单击“倒角边”按钮。
- 在命令行输入CHAMFEREDGE命令并按Enter键。

下面将对倒角边的具体操作进行介绍：

STEP 01 启动AutoCAD软件，打开“倒角边”图形文件，如下图所示。

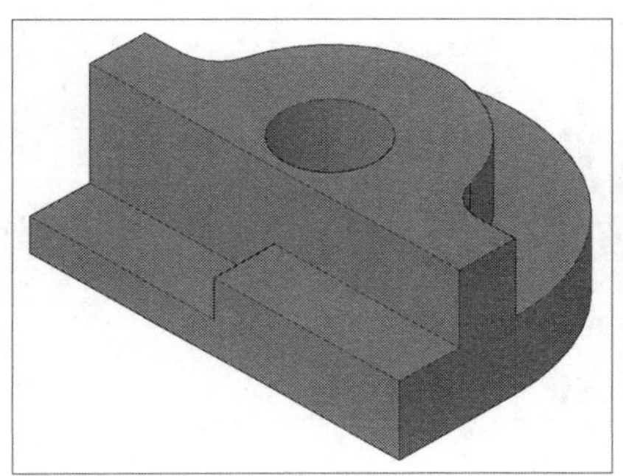

STEP 02 执行“修改>实体编辑>倒角边”命令，根据命令行提示选择一条边，如下图所示。

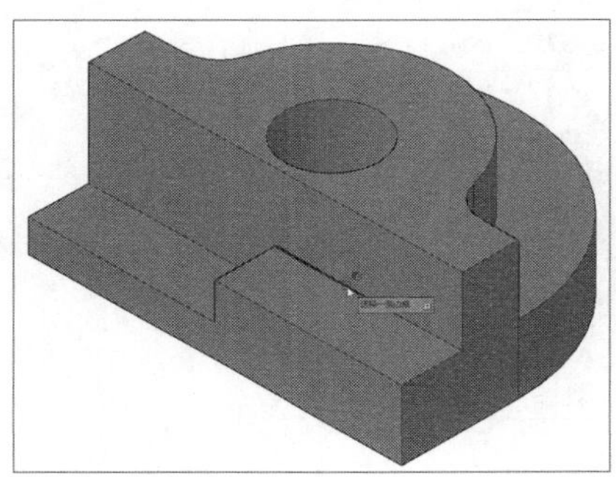

STEP 03 按Enter键确定，根据命令行提示输入命令D，如下图所示。

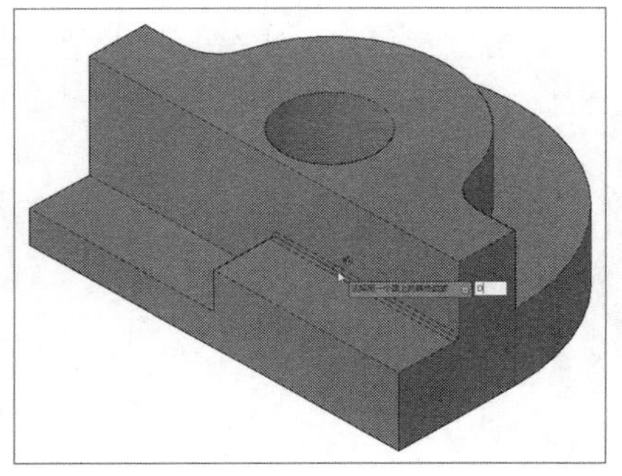

STEP 04 按Enter键确定，指定“距离1”的值为10，如下图所示。

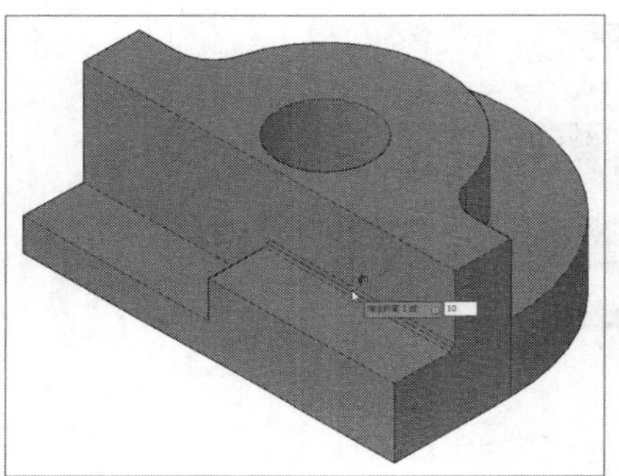

STEP 05 按Enter键确定，指定“距离2”的值为10，如下图所示。

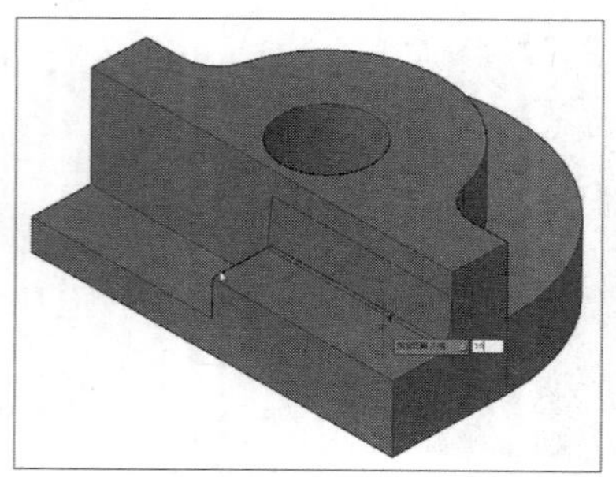

STEP 06 按Enter键确定，完成倒角边操作，如下图所示。

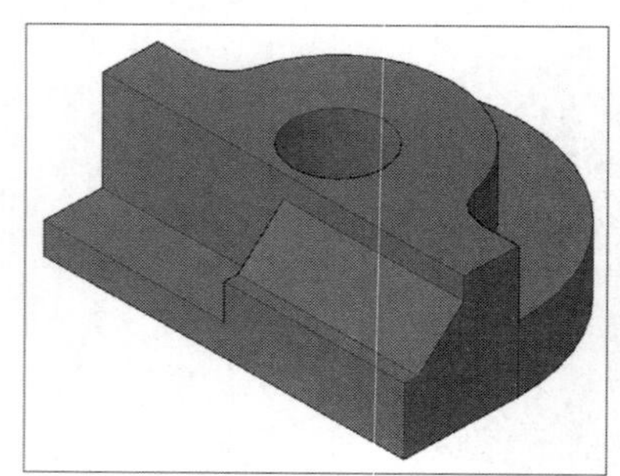

04 着色边

着色边主要用于更改模型边线的颜色。选择需要更改的模型边线，然后在颜色面板中，选择所需的颜色即可。用户可以通过以下几种方式调用“着色边”命令：

- 执行“修改>实体编辑>着色边”命令。
- 在“常用”选项卡“实体编辑”面板中单击“着色边”按钮。
- 在命令行输入SOLIDEDIT命令并按Enter键。

下面将对着色边的具体操作进行介绍：

STEP 01 启动AutoCAD软件，打开“着色边”图形文件，如下图所示。

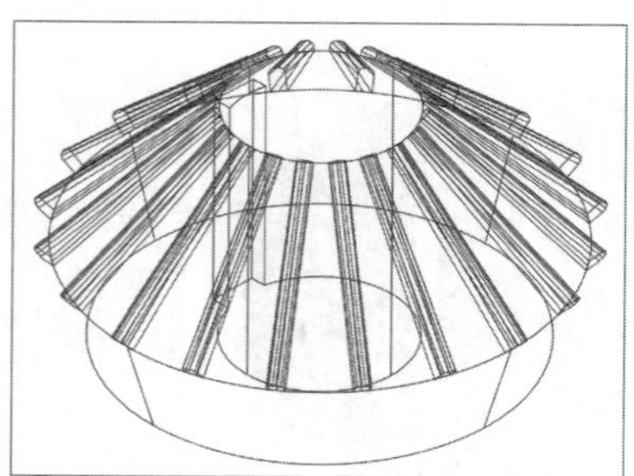

STEP 02 执行“修改>实体编辑>着色边”命令，根据命令行提示选择边，如下图所示。

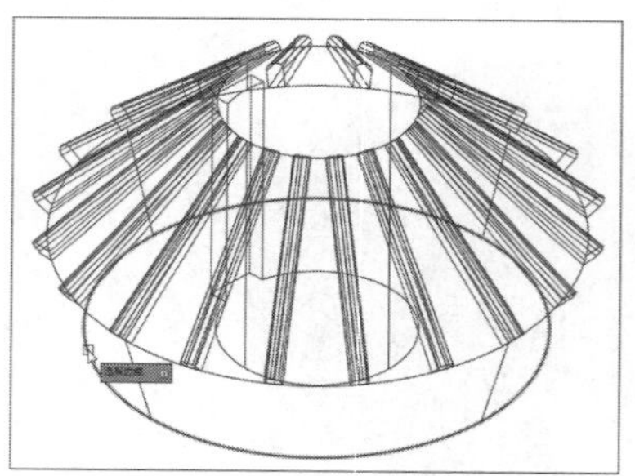

STEP 03 按Enter键确定，打开“选择颜色”对话框，并选择合适的颜色，这里选择红色，如下图所示。

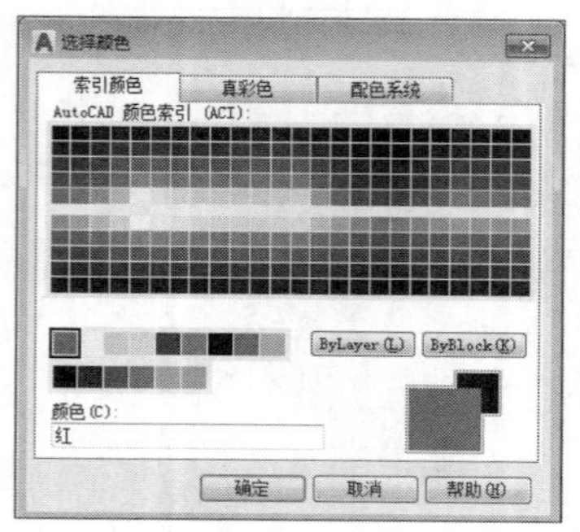

STEP 04 单击“确定”按钮，返回绘图区，根据命令行提示退出当前操作，完成着色边操作，如下图所示。

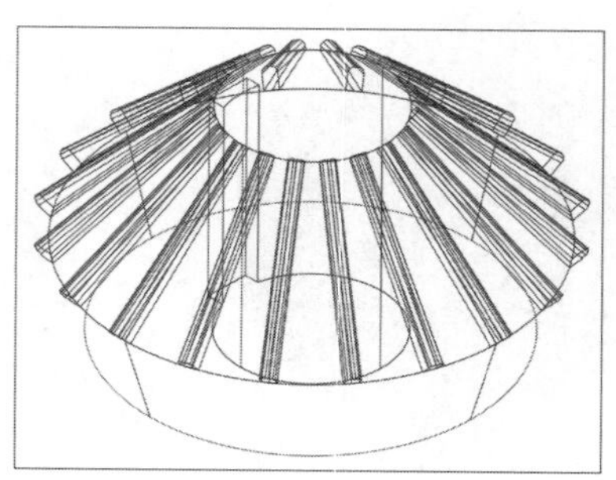

05 复制边

复制边用于复制三维模型的边，其操作对象包括直线、圆弧、圆、椭圆以及样条曲线。选择要复制的模型边，指定复制基点，再指定新的基点即可。用户可通过以下几种方式调用“复印边”命令：

- 执行“修改>实体编辑>复制边”命令。
- 在“常用”选项卡“实体编辑”面板中单击“复制边”按钮。
- 在命令行输入SOLIDEDIT命令并按Enter键。

下面将对复制边的具体操作进行介绍：

STEP 01 启动AutoCAD软件，打开“复制边”图形文件，如下图所示。

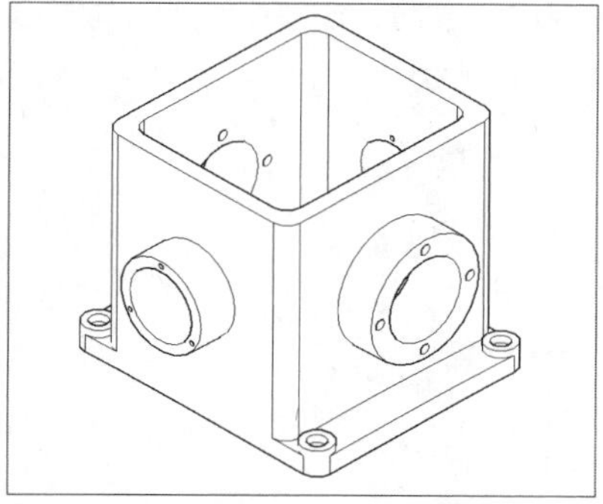

STEP 02 执行“修改>实体编辑>复制边”命令，根据命令行提示选择边，如下图所示。

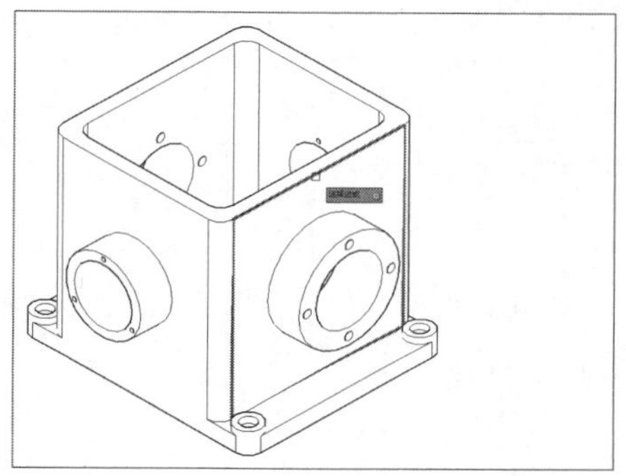

STEP 03 按Enter键确定，根据命令行提示指定基点，如下图所示。

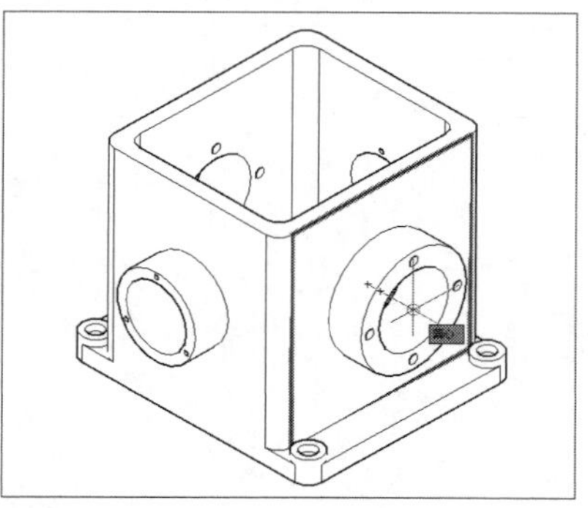

STEP 04 单击鼠标左键，移动鼠标在绘图区，指定位移的第二点，如下图所示。

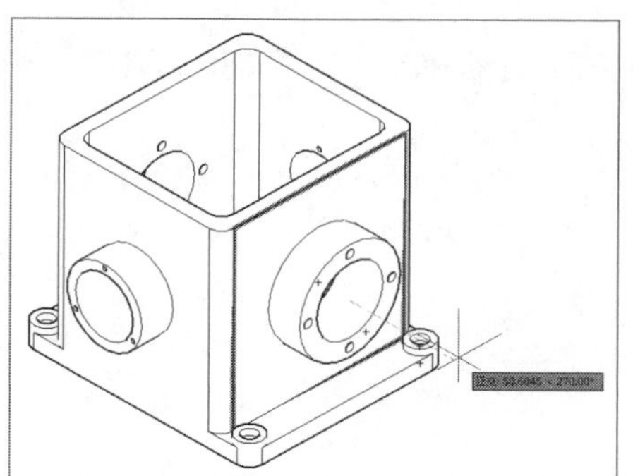

STEP 05 单击鼠标左键，根据命令行提示退出复制边操作，如右图所示。

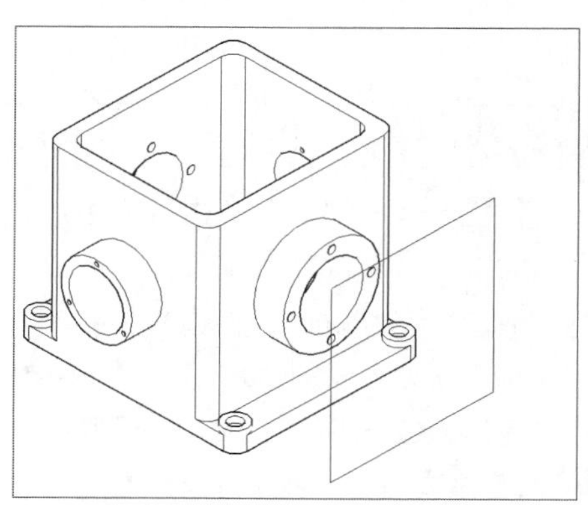

06 提取边

该命令通过三维实体、曲面、网格、面域或子对象的边创建线框几何图形。用户可以通过以下几种方式调用“提取边”命令：

- 执行“修改>实体编辑>提取边”命令。
- 在“常用”选项卡“实体编辑”面板中单击“提取边”按钮。
- 在“实体”选项卡“实体编辑”面板中单击“提取边”按钮。
- 在命令行输入XEDGES命令并按Enter键。

下面将对提取边的具体操作进行介绍：

STEP 01 启动AutoCAD软件，打开“提取边”图形文件，如下图所示。

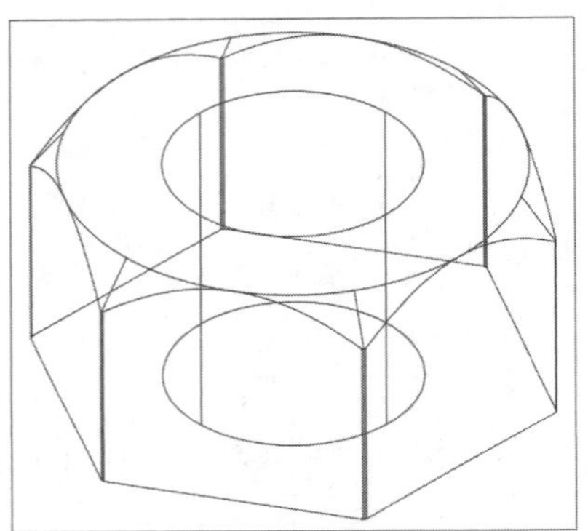

STEP 02 在“实体”选项卡的“实体编辑”面板中单击“提取边”按钮，按住Ctrl键的同时选择多余边，如下图所示。

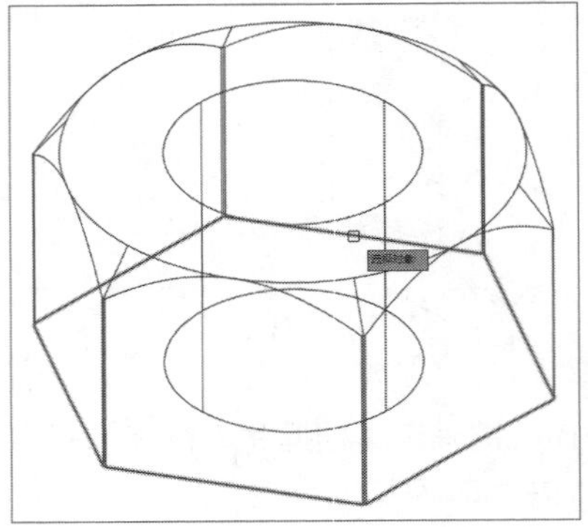

STEP 03 按Enter键确定，完成提取边操作，如右图所示。

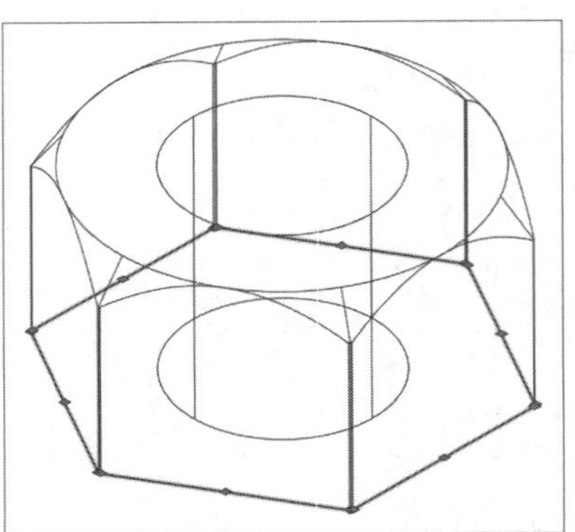

07 偏移边

该命令通过三维实体选择的边进行偏移，可以对其放大或缩小。用户可以通过以下几种方式调用“偏移边”命令：

- 执行“修改>实体编辑>偏移边”命令。
- 在“实体”选项卡“实体编辑”面板中单击“偏移边”按钮。
- 在命令行输入OFFSETEDGE命令并按Enter键。

下面将对偏移边的具体操作进行介绍：

STEP 01 启动AutoCAD软件，打开“偏移边”图形文件，如下图所示。

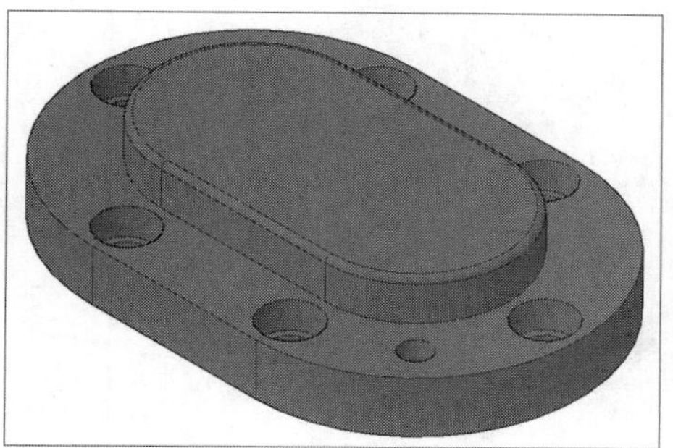

STEP 02 在“实体”选项卡的“实体编辑”面板中单击“偏移边”按钮，根据命令行提示选择面，如下图所示。

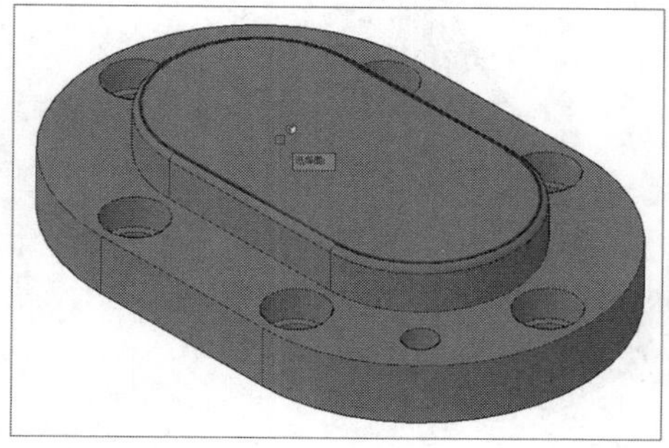

STEP 03 单击鼠标左键，根据需要对提取的边进行放大或缩小操作，如下图所示。

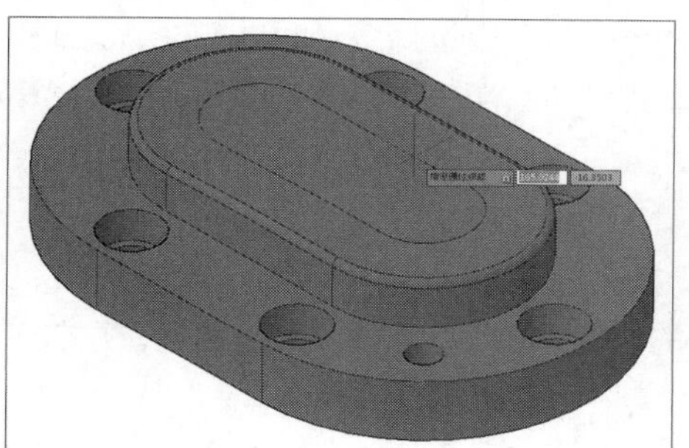

STEP 04 单击鼠标左键，完成偏移边操作，如下图所示。

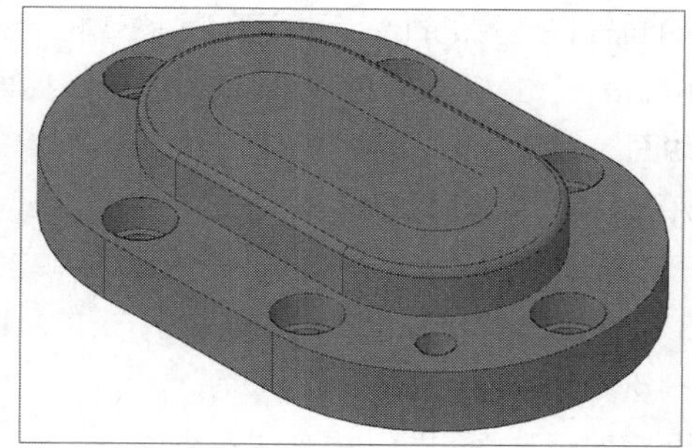

Lesson 03 编辑三维模型面

除了可对实体进行倒角、阵列、镜像、旋转等操作外，AutoCAD还专门提供了编辑实体模型表面、棱边的工具。模型面的编辑包含了拉伸面、移动面、偏移面和删除面等操作命令，下面将分别进行介绍。

01 拉伸面

拉伸面是将选定的三维模型面拉伸到指定的高度或者沿路径拉伸，一次可选择多个面进行拉伸。选择所需要拉伸的模型面，输入拉伸高度值，或者选择拉伸路径即可进行拉伸操作。用户可以通过以下几种方式调用“拉伸面”命令：

- 执行“修改>实体编辑>拉伸面”命令。
- 在“常用”选项卡“实体编辑”面板中单击“拉伸面”按钮。
- 在“实体”选项卡“实体编辑”面板中单击“拉伸面”按钮。
- 在命令行输入SOLIDEDIT命令并按Enter键。在快捷菜单中选择“面”选项，然后随之在下一级菜单中选择“拉伸”选项。

下面将对拉伸面的具体操作进行介绍：

STEP 01 执行“修改>实体编辑>拉伸面”命令，根据命令行提示选择面，如下图所示。

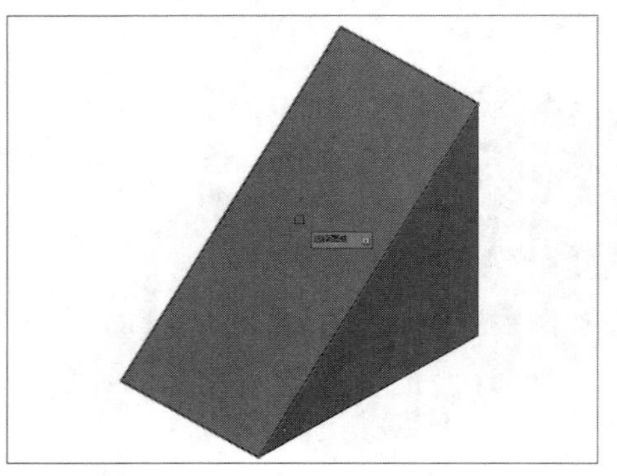

STEP 02 按Enter键确定，指定拉伸高度这里指定值为50，倾斜角度为0，效果如下图所示。

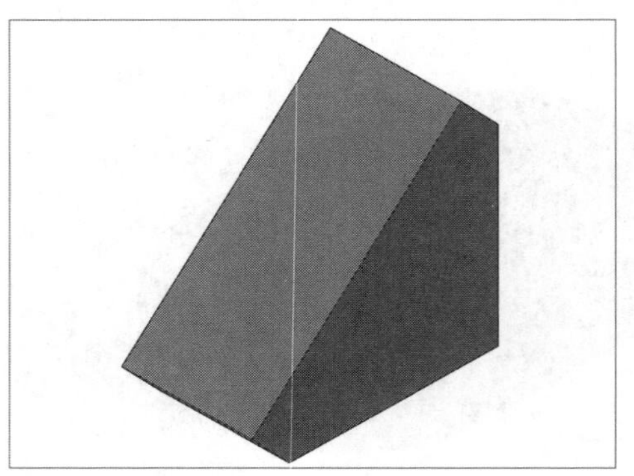

02 移动面

移动面是将选定的面沿着指定的高度或距离进行移动，当然一次可以选择多个面进行移动。选择所需要移动的三维实体面，指定移动基点，其后再指定新的基点即可。用户可以通过以下几种方式调用“移动面”命令：

- 执行“修改>实体编辑>移动面”命令。
- 在“常用”选项卡“实体编辑”面板中单击“移动面”按钮。
- 在命令行输入SOLIDEDIT命令并按Enter键。在打开的快捷列表中，选择“面”选项，并在下一级菜单中选择“移动”选项。

下面将对移动面的具体操作进行介绍：

STEP 01 执行“修改>实体编辑>移动面”命令，根据命令行提示选择面，如下图所示。

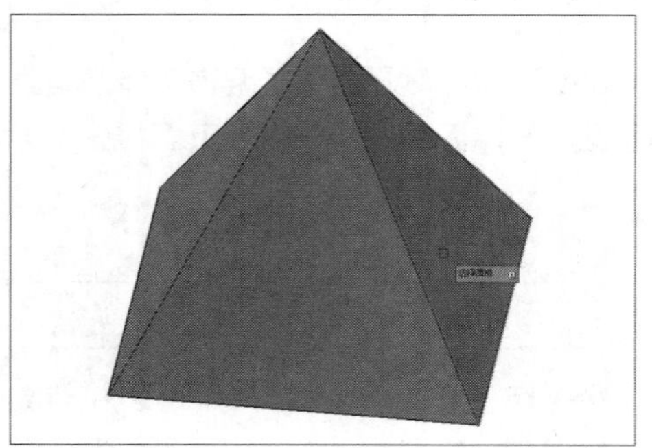

STEP 02 按Enter键确定，指定其基点和偏移点，效果如下图所示。

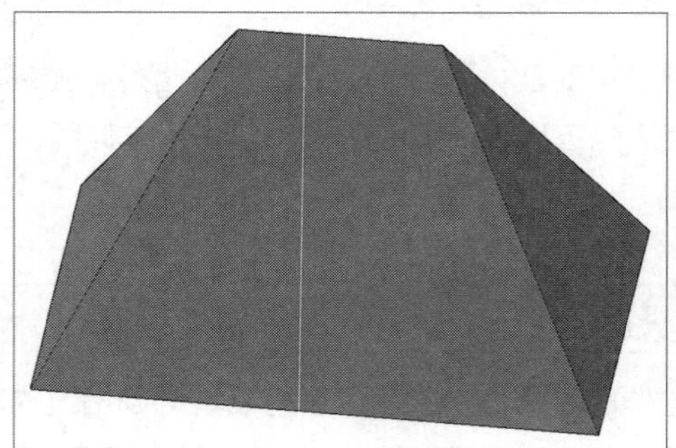

03 偏移面

偏移面是按指定距离或通过指定的点，将面进行偏移。如果值为正值，则增大实体体积，如果是负值，则是缩小实体体积。选择要偏移的面，并输入偏移距离即可完成操作。用户可以通过以下几种方式调用“偏移面”命令：

- 执行“修改>实体编辑>偏移面”命令。
- 在“常用”选项卡“实体编辑”面板中单击“偏移面”按钮。

- 在“实体”选项卡“实体编辑”面板中单击“偏移面”按钮。
- 在命令行输入SOLIDEDIT命令并按Enter键。在快捷菜单中，选择“面”选项，随之在下一级菜单中，选择“偏移”选项。

下面将对偏移面的具体操作进行介绍：

STEP 01 执行“修改>实体编辑>偏移面”命令，根据命令行提示选择面，如下图所示。

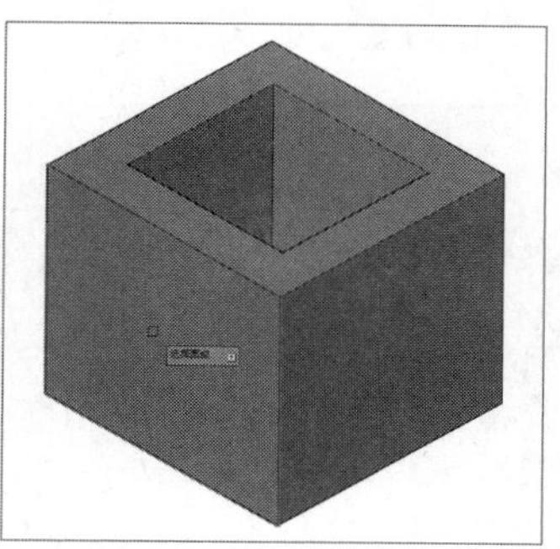

STEP 02 按Enter键确定，指定其基点和偏移点，效果如下图所示。

04 删除面

删除面是删除实体的圆角或倒角面，使其恢复至原来基本实体模型。选择要删除的倒角面，按Enter键确定即可完成。用户可以通过以下几种方式调用“删除面”命令：

- 执行“修改>实体编辑>删除面”命令。
- 在“常用”选项卡“实体编辑”面板中单击“删除面”按钮。
- 在命令行输入SOLIDEDIT命令并按Enter键。在快捷菜单中，选择“面”选项，然后在下一级菜单中，选择“删除”选项。

下面将对删除面的具体操作进行介绍：

STEP 01 执行“修改>实体编辑>删除面”命令，根据命令行提示选择面，如下图所示。

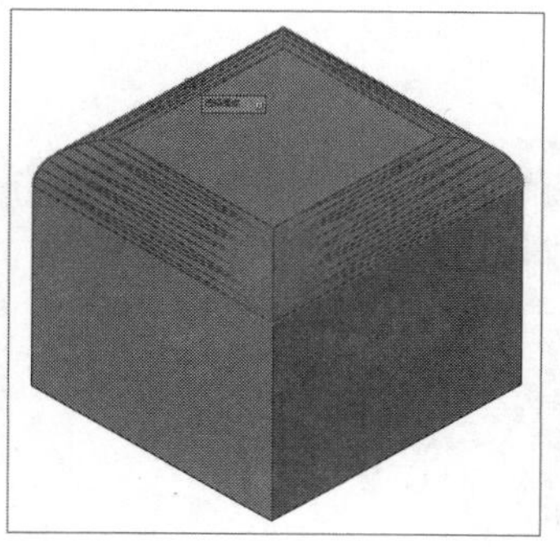

STEP 02 按Enter键确定，即可完成删除面操作，如下图所示。

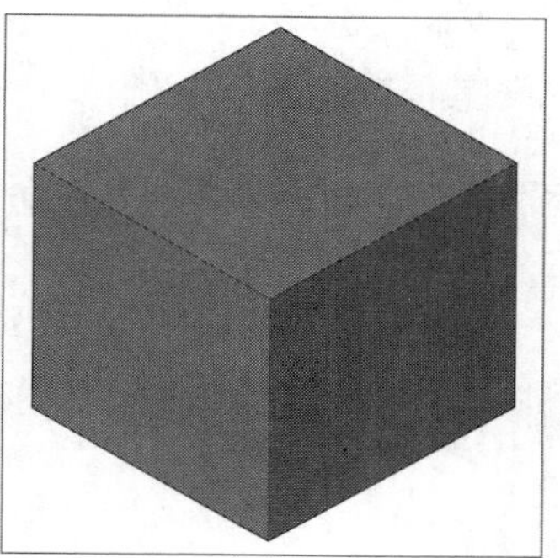

05 旋转面

该命令是绕指定的轴旋转一个或多个面或实体的某些部分。选择要旋转的面，指定旋转轴上的两个点，并输入旋转角度，按Enter键确定即可完成。用户可通过以下几种方式调用“旋转面”命令：

- 执行“修改>实体编辑>旋转面”命令。
- 在“常用”选项卡“实体编辑”面板中单击“旋转面”按钮。
- 在命令行输入SOLIDEDIT命令并按Enter键。在快捷菜单中，选择“面”选项，随之在下一级菜单中，选择“旋转”选项。

下面将对旋转面的具体操作进行介绍：

STEP 01 执行“修改>实体编辑>旋转面”命令，根据命令行提示选择面，如下图所示。

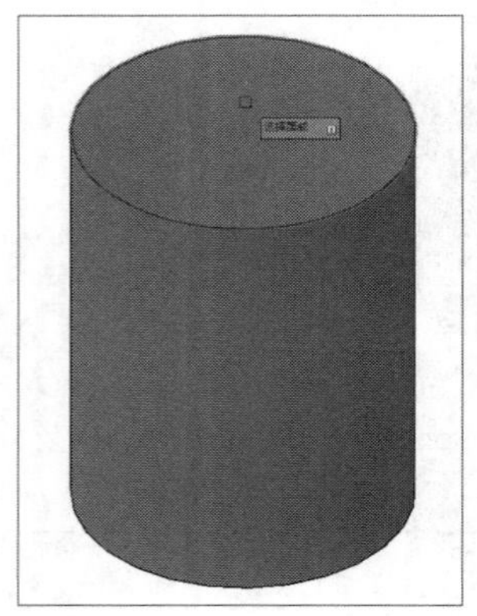

STEP 02 按Enter键确定，指定轴点和旋转轴上的第二个点，并输入旋转角度，如下图所示。

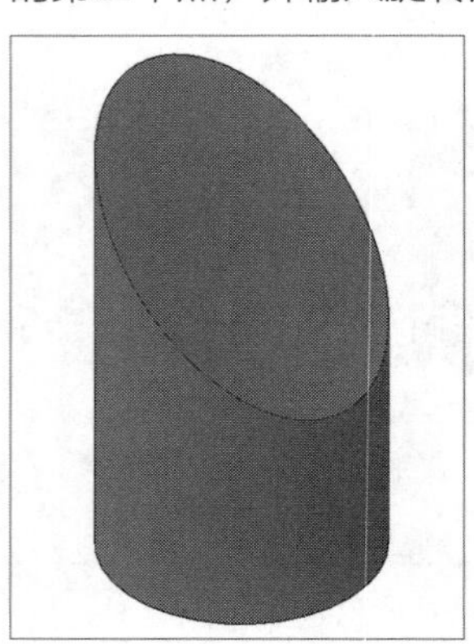

06 倾斜面

倾斜角的旋转方向由选择基点和第二点的顺序决定，选择倾斜轴端点的次序不同，产生的效果也不同。倾斜角度为正值时将向内倾斜选择的面，为负值时将向外倾斜面。用户可以通过以下几种方式调用“倾斜面”命令：

- 执行“修改>实体编辑>倾斜面”命令。
- 在“常用”选项卡“实体编辑”面板中单击“倾斜面”按钮。
- 在“实体”选项卡“实体编辑”面板中单击“倾斜面”按钮。
- 在命令行输入SOLIDEDIT命令并按Enter键。在快捷菜单中，选择“面”选项，随之在下一级菜单中，选择“倾斜”选项。

下面将对倾斜面的具体操作进行介绍：

STEP 01 执行“修改>实体编辑>倾斜面”命令，根据命令行提示选择面，如下图所示。

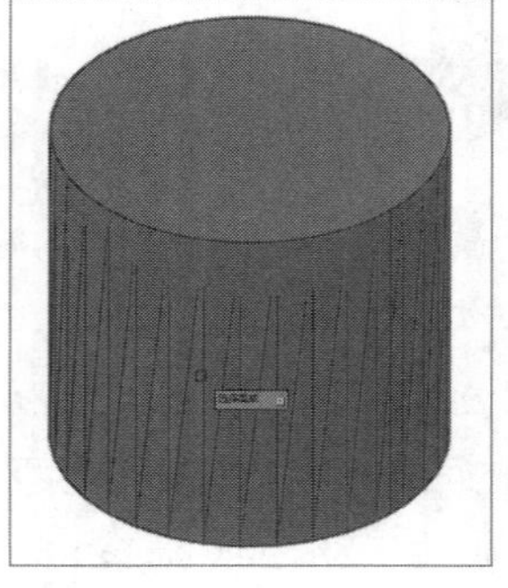

STEP 02 按Enter键确定，指定基点和倾斜轴的另一点，并输入倾斜角度，效果如下图所示。

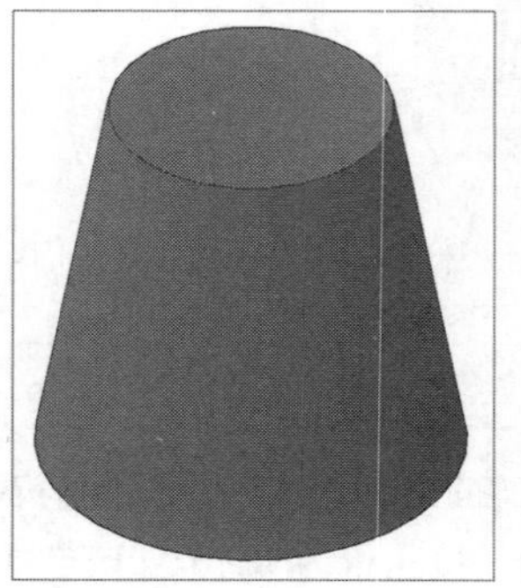

07 着色面

着色面主要用于更改模型面的颜色。选择需要更改的模型面，然后在颜色面板中，选择所需的颜色即可对选择的面进行着色。用户可以通过以下几种方式调用“着色面”命令：

- 执行“修改>实体编辑>着色面”命令。
- 在“常用”选项卡“实体编辑”面板中单击“着色面”按钮。
- 在命令行输入SOLIDEDIT命令并按Enter键。在快捷菜单中，选择“面”选项，随之在下一级菜单中，选择“颜色”选项。

下面将对着色面的具体操作进行介绍：

STEP 01 执行“修改>实体编辑>着色面”命令，根据命令行提示选择面，如下图所示。

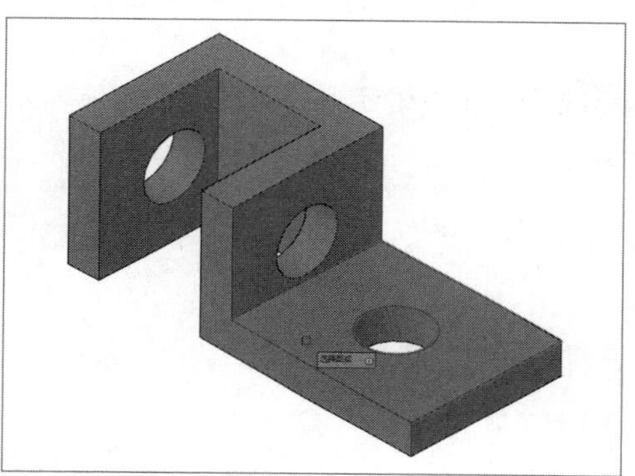

STEP 02 按Enter键确定，在打开的对话框中选择需要的颜色，效果如下图所示。

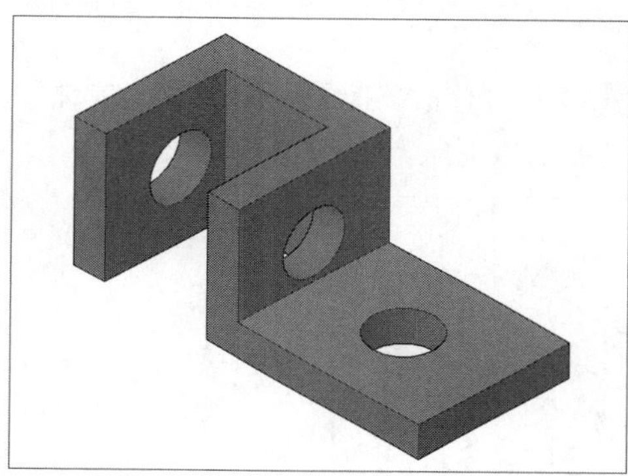

08 复制面

复制面是将选定的实体面进行复制操作。选择所需复制的实体面，并指定复制基点，然后，指定新基点即可。用户可以通过以下几种方式调用“复制面”命令：

- 执行“修改>实体编辑>复制面”命令。
- 在“常用”选项卡“实体编辑”面板中单击“复制面”按钮。
- 在命令行输入SOLIDEDIT命令并按Enter键。在快捷菜单中，选择“面”选项，随之在下一级菜单中，选择“复制”选项。

STEP 01 执行“修改>实体编辑>复制面”命令，根据命令行提示选择面，如下图所示。

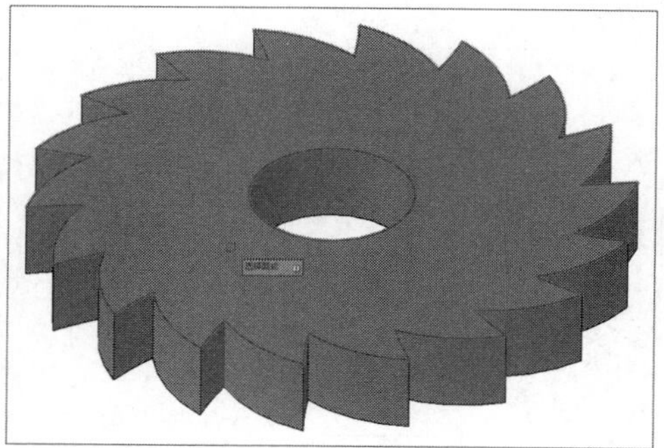

STEP 02 按Enter键确定，指定复制基点和新基点，效果如下图所示。

Lesson 04 实体编辑

除了对实体边和实体面进行编辑外还可以对实体模型进行编辑，其中包括将网格模型转换为实体和将实体模型转换为网格模型。下面将分别对其进行介绍。

01 转换为实体

该命令可以将对象转换为实体，转换网格时，可以指定转换的对象是平滑还是镶嵌面，以及是否合并面。用户可以通过以下几种方式调用“转换为实体”命令：

- 执行“修改>三维操作>转换为实体”命令。
- 在“常用”选项卡“实体编辑”面板中单击“转换为实体”按钮。
- 在命令行输入CONVTOSOLID命令并按Enter键。

STEP 01 执行“修改>三维操作>转换为实体”命令，选择转换对象，如下图所示。

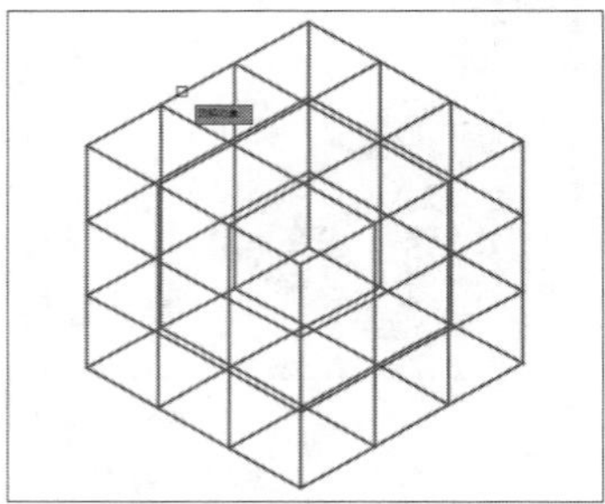

STEP 02 按Enter键确定，即可转换为实体，如下图所示。

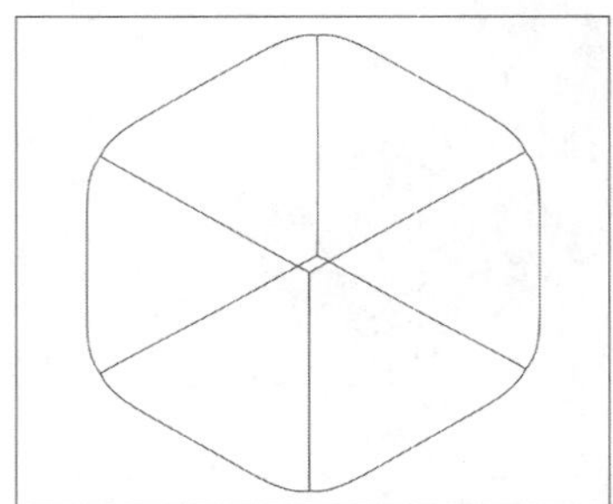

02 转换为曲面

该命令将实体对象转换为网格体时，可以指定结果对象是平滑的还是具有镶嵌面的。用户可以通过以下几种方式调用“转换为曲面”命令：

- 执行“修改>三维操作>转换为曲面”命令。
- 在“常用”选项卡“实体编辑”面板中单击“转换为曲面”按钮。
- 在命令行输入CONVTOSURFACE命令并按Enter键。

STEP 01 执行“修改>三维操作>转换为曲面”命令，选择转换对象，如下图所示。

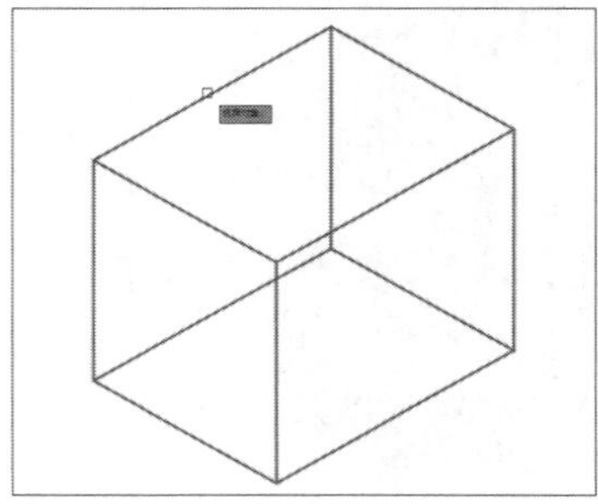

STEP 02 按Enter键确定，即可转换为网格体，如下图所示。

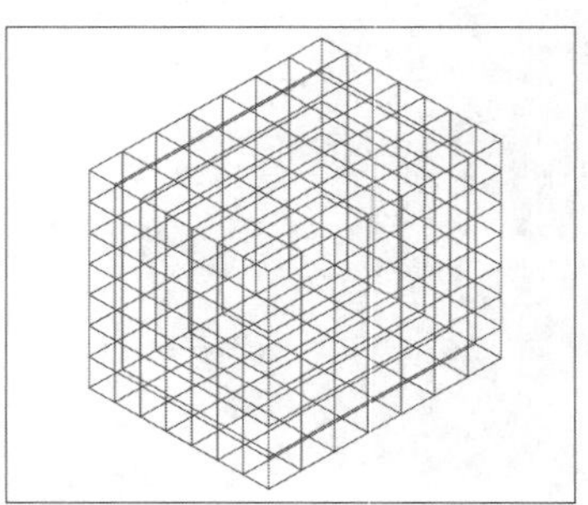

Lesson 05 轴测图概述

轴测图是一种单面投影图，在一个投影面上能同时反映出物体三个坐标面的形状，并接近于人们的视觉习惯，形象、逼真，富有立体感。虽然轴测图看起来近似于三维图形，但轴测图仍然是属于二维图形。

01 轴测图的分类

轴测图分为正等轴测图和斜等轴测图两大类，正等轴测图采用正面投影的方式来绘制，而斜等轴测图则采用斜投影的方式来进行绘制。

将对象放置成其三条坐标轴与轴测投影面具有相同的（约35° 16′ ）的位置，然后向轴测投影面做正投影。用这种方法做出的轴测图称为正等轴测图，如右图所示。

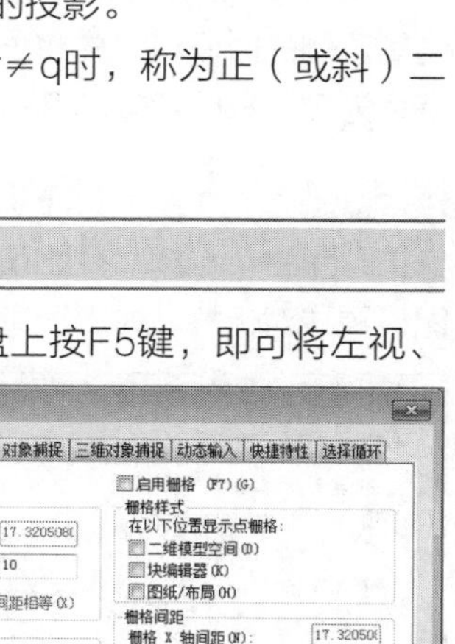

正等测的轴间角：∠X1O1Y1=∠X1O1Z1=∠Y1O1Z1=120° 。

轴向变化率：p＝q＝r＝0.82。

简化轴向变化率：为了画图方便，常取po＝qo＝ro＝1。

正轴测图按三个轴向伸缩系数是否相等分为以下三种类型：

- 正等测图：三个轴向伸缩系数都相等。
- 正二测图：只有两个轴向伸缩系数相等。
- 正三测图：三个轴向伸缩系数各不相等。

斜轴测图是不改变对象与投影面的相对位置（对象正放）而做出对象的投影。

当p＝q＝r时，称为正（或斜）等测图；当p＝q≠r或p≠q＝r或p＝r≠q时，称为正（或斜）二测图；当p≠q≠r时，称为正（或斜）三测图。

02 轴测图的设置

在绘制轴测图之前，需要设置捕捉模式为等轴测捕捉。用户可在键盘上按F5键，即可将左视、右视以及俯视图进行切换。

- 正左视：由一对90° 和150° 的轴定义。
- 俯视：由一对30° 和150° 的轴定义。
- 右视：由一对90° 和30° 的轴定义。

在状态栏中鼠标右击“栅格”按钮，在打开的快捷菜单中，选择“网格设置”选项，在打开的“草图设置”对话框中，单击“捕捉和栅格”选项卡，并单击“捕捉类型”下的“等轴测捕捉”单选按钮，然后单击“确定”按钮，即可启动轴测图功能，如右图所示。

03 轴测图的切换

实体的轴测投影只有三个可见平面，根据其位置的不同，分别为左视图、右视图和俯视图，如下图所示。

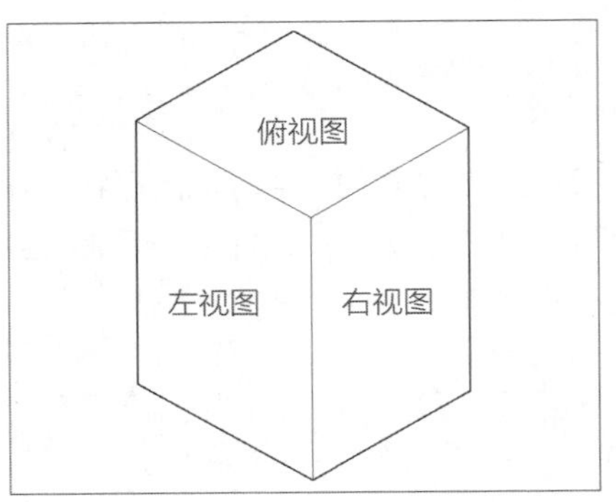

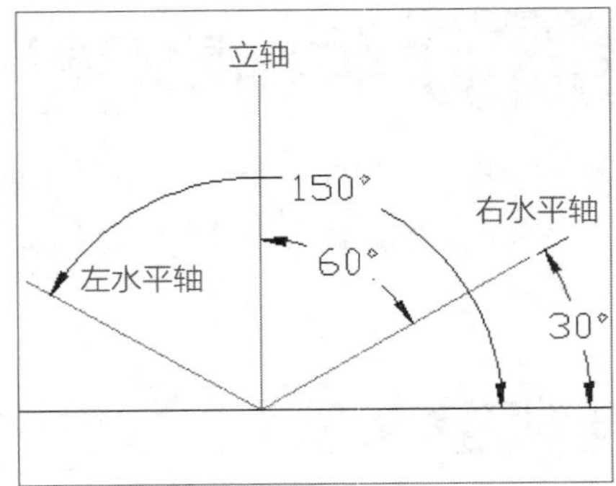

在键盘上按F5键可以切换俯视图、右视图、左视图，当在切换视图时，光标的显示状态是不一样的，下左图为俯视图，下中图为右视图，下右图为左视图。

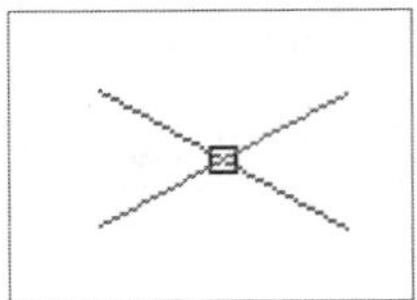

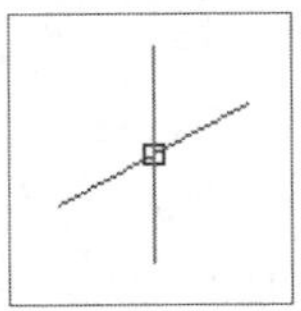

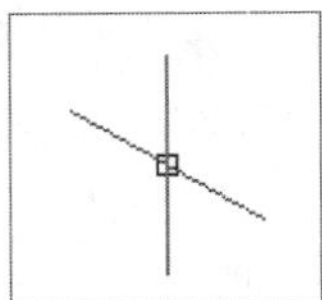

Lesson 06 绘制轴测图

绘制轴测图使用的命令与绘制二维图形使用的命令是一样的，使用的编辑命令也是相同的。在绘制轴测图的时候可以先将一个平面上的线段绘制完，然后再绘制另一个平面上的线段，下面将以绘制墙体为例，来介绍其轴测图的绘制方法。

STEP 01 右击“显示图形栅格”按钮，在打开的快捷菜单中，选择“网格设置”选项，打开“草图设置”对话框，如下图所示。

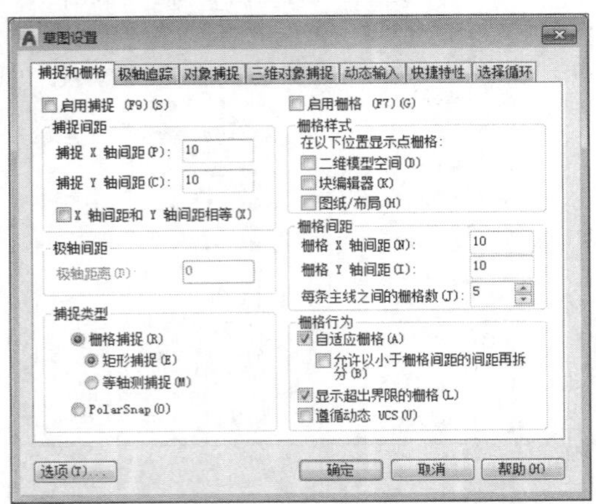

STEP 02 在“捕捉和栅格”选项卡中，单击“等轴测捕捉”按钮，如下图所示。

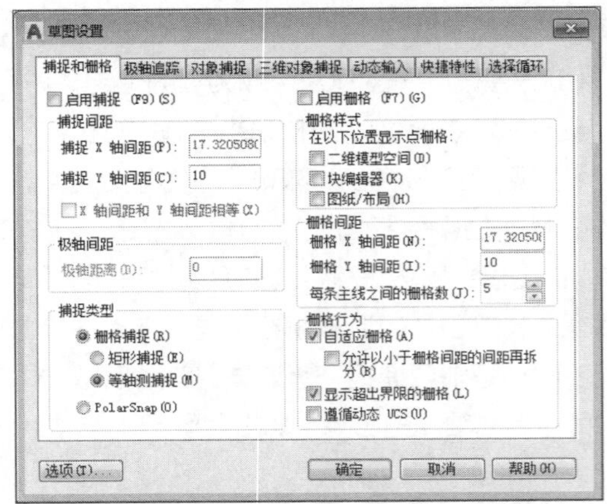

STEP 03 单击“确定”按钮，启动轴测图功能，按键盘上的F5键，将当前视图设为等轴测平面-俯视，如下图所示。

STEP 04 执行“直线”命令，并启动“正交”模式，指定线段起点，绘制一条长2630mm的线段，如下图所示。

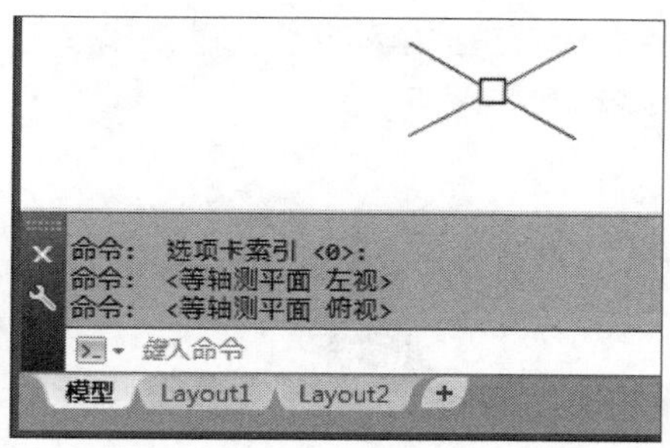

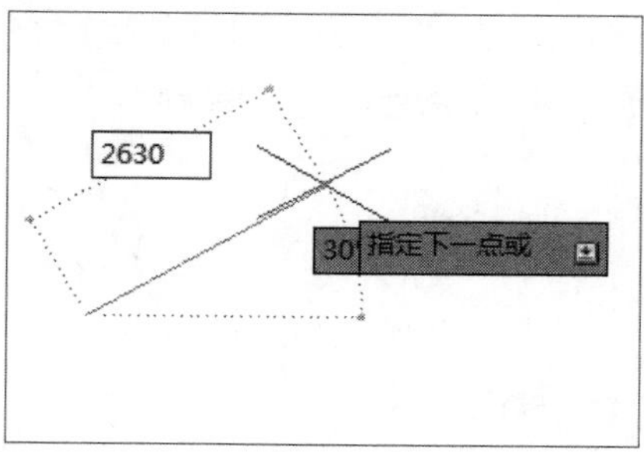

STEP 05 将光标向左上角移动，并输入线段距离值：630mm和2420mm，如下图所示。

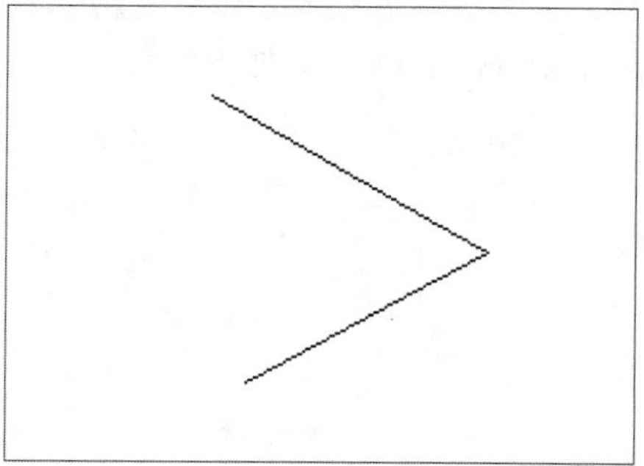

STEP 06 沿着该方向再次绘制一条1840mm的线段，如下图所示。

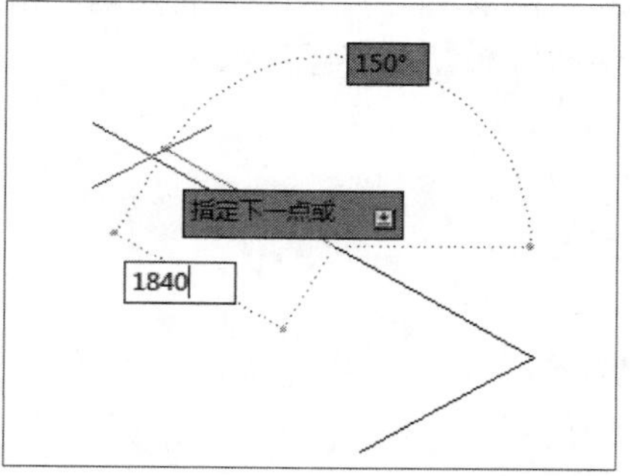

STEP 07 将光标向左下角移动，并输入线段距离12160mm，如下图所示。

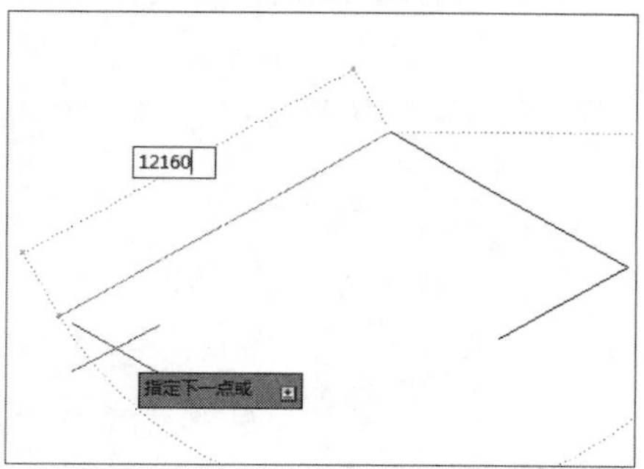

STEP 08 将光标向右下角移动，并输入线段距离为2860mm，如下图所示。

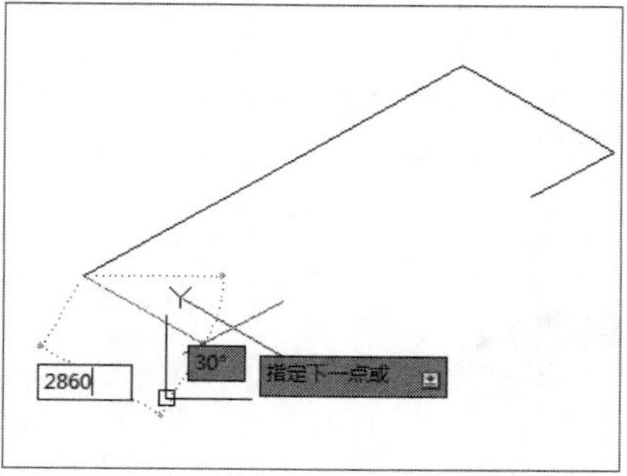

STEP 09 将光标向左下角移动，并输入线段距离为1680mm，如下图所示。

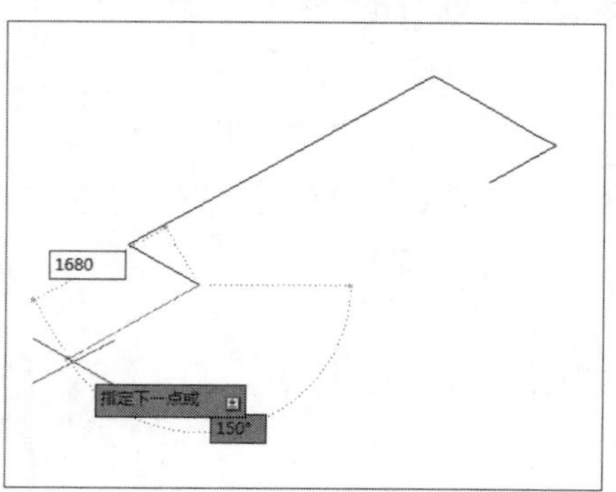

STEP 10 将光标向右下角移动，并输入线段距离为3100mm，如下图所示。

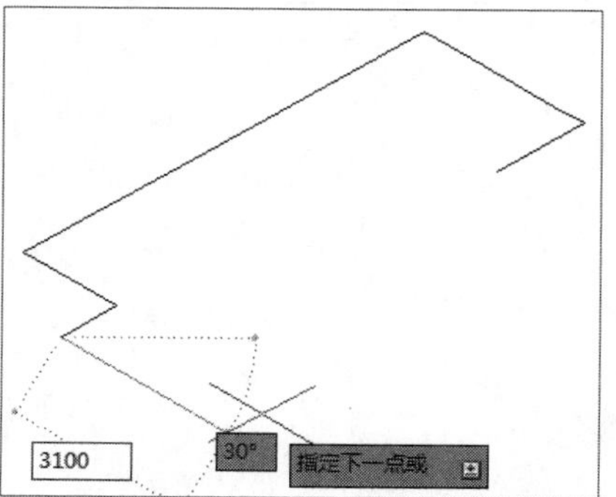

STEP 11 将光标向右上角移动，并输入直线距离为9840mm，如下图所示。

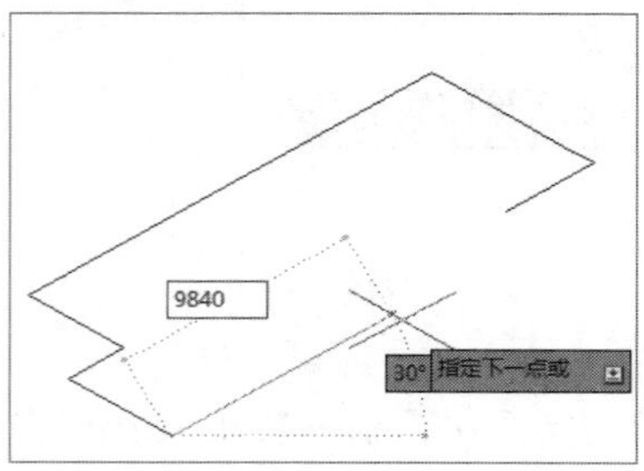

STEP 12 将光标向左上角移动，并输入线段距离为1330mm，如下图所示。

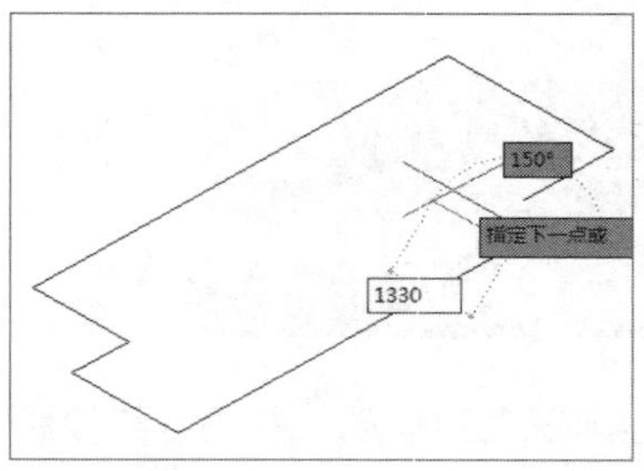

STEP 13 执行“修改>偏移”命令，将绘制好的线段向外偏移240mm，如下图所示。

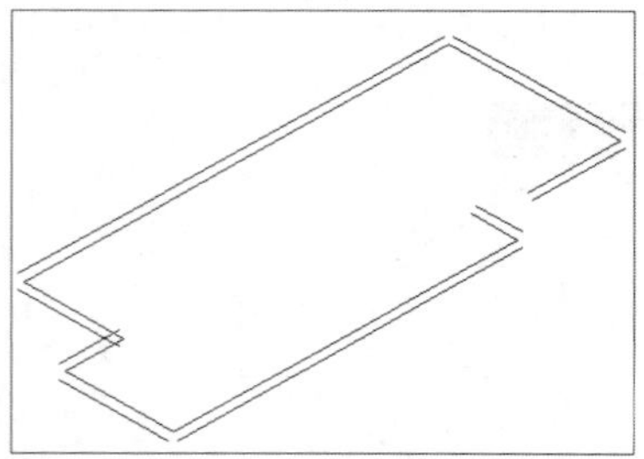

STEP 14 单击“修剪”、“直线”和“倒角”命令，将偏移后的线段进行修剪，如下图所示。

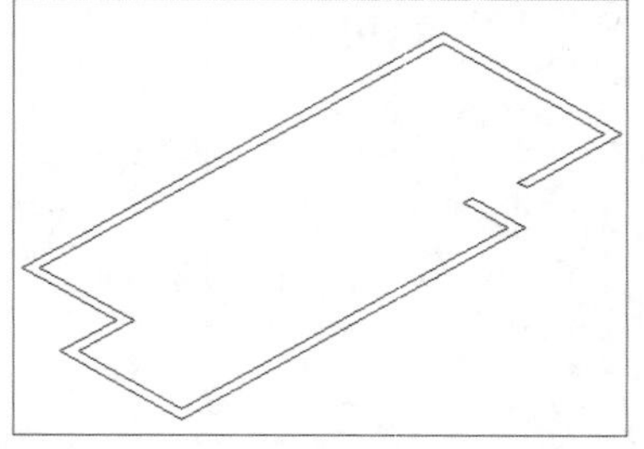

STEP 15 按F5键，将视图设为右视图，并同样单击“直线”命令，绘制墙体高度2800mm，如下图所示。

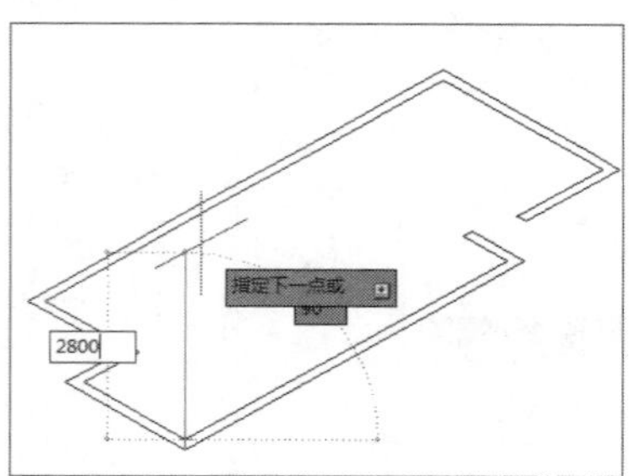

STEP 16 单击“复制”命令，将刚绘制的直线复制移动至剩余角点位置，如下图所示。

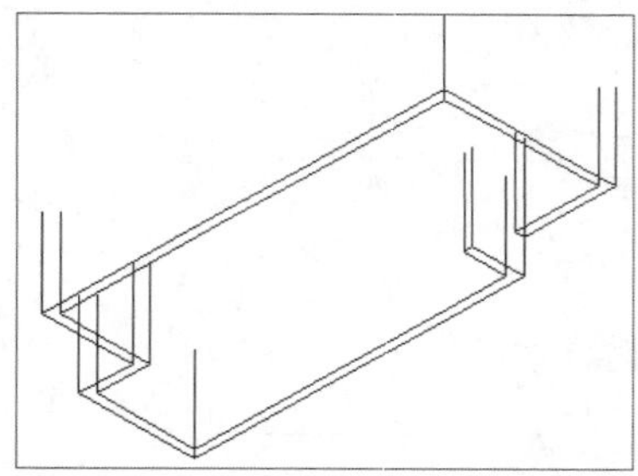

STEP 17 同样单击“复制”命令，将刚绘制的俯视线段复制移动到图形合适位置，如下图所示。

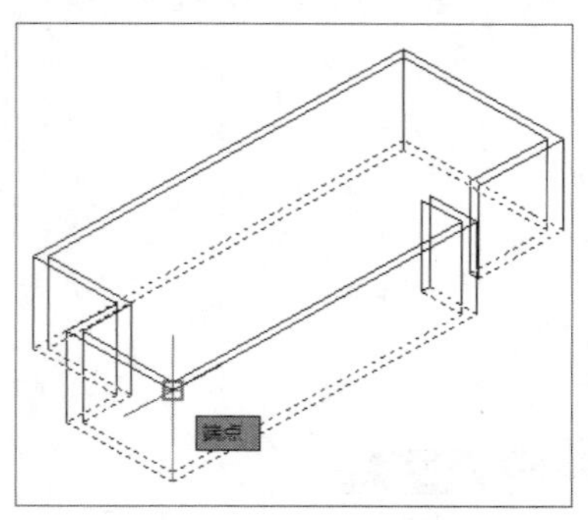

STEP 18 单击“修剪”命令，将整个图形进行修剪，完成操作，如下图所示。

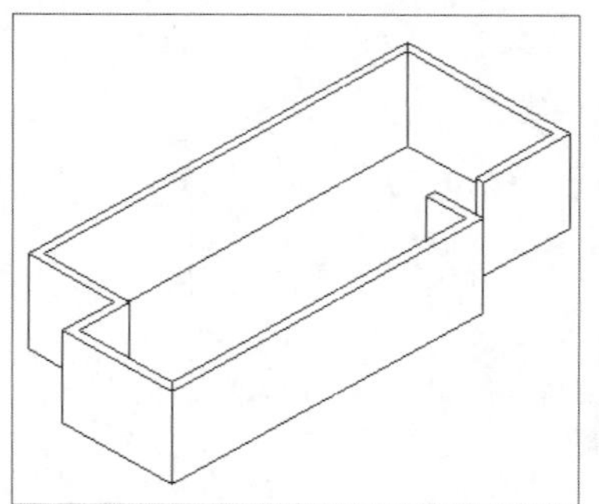

Lesson 07 轴测图的尺寸标注

在AutoCAD软件中，用户可根据需要对轴测图进行标注。在对轴测图进行标注的时候，需要使标注的尺寸线和轴线平行，标注文字也要具有一定的角度，视觉上才有三维立体感。

相关练习｜轴测图尺寸标注与编辑

轴测图标注的方向要与轴测图一致，标注要能够准确表达出零件的尺寸要求，下面将介绍轴测图的标注以及尺寸编辑方法。

原始文件：实例文件\第8章\原始文件\轴测图尺寸标注.dwg
最终文件：实例文件\第8章\最终文件\轴测图尺寸标注.dwg

STEP 01 使用对齐标注。执行“标注>对齐”命令，在绘图区中选择要进行标注的两点，创建标注尺寸，如下图所示。

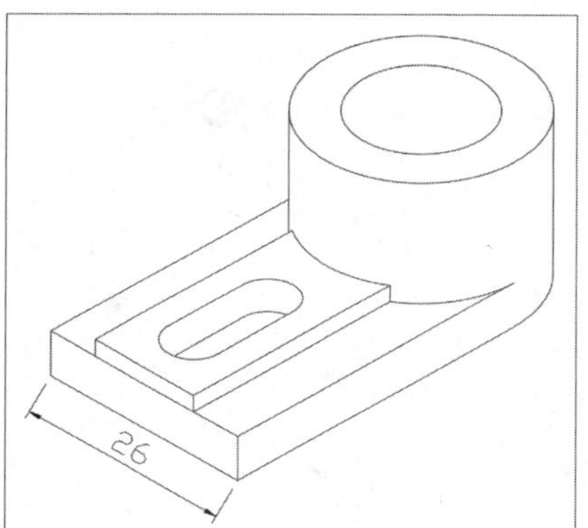

STEP 02 继续标注。继续执行当前命令，对图形进行尺寸标注，如下图所示。

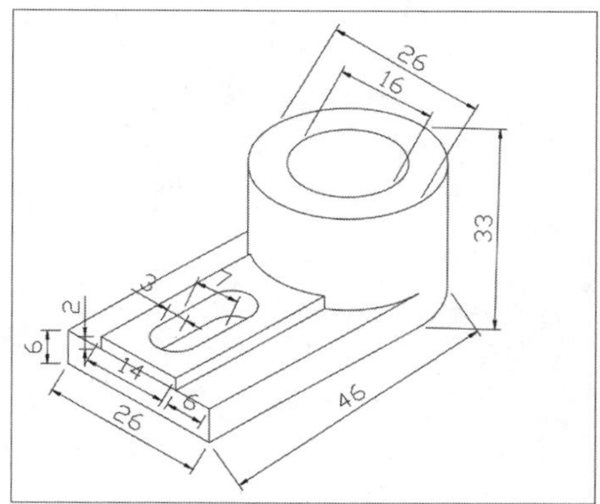

STEP 03 倾斜标注。执行“标注>倾斜”命令，在绘图区中选择要进行倾斜标注的尺寸，如下图所示。

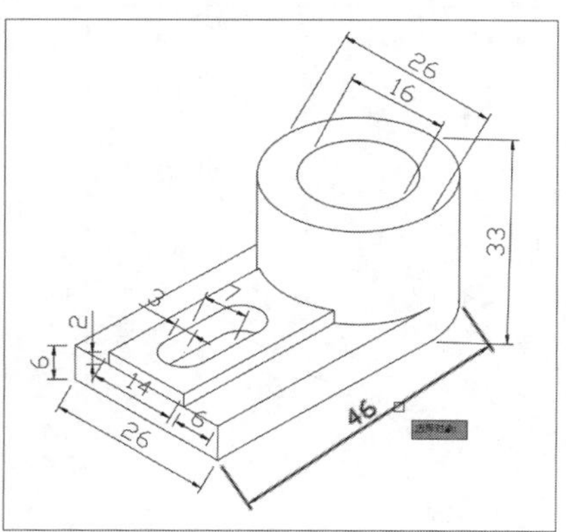

STEP 04 输入倾斜角度。单击鼠标右键，此时程序将提示输入倾斜角度，在动态输入框中输入倾斜角度为-30，如下图所示。

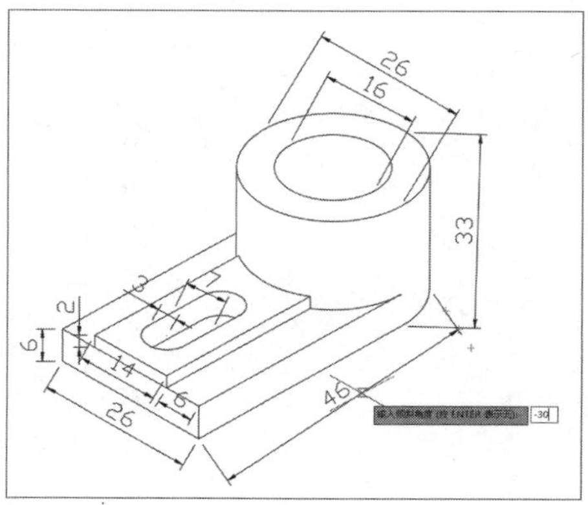

STEP 05 倾斜标注效果。按Enter键确定，程序自动将选择的标注尺寸按照指定的角度重新进行排列，如下图所示。

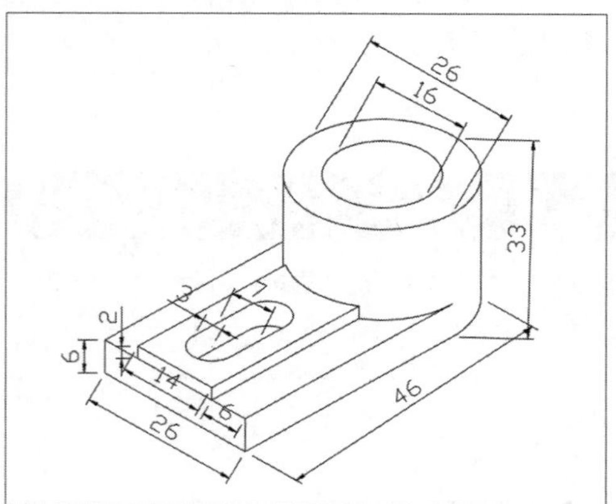

STEP 06 继续倾斜标注。继续执行当前操作，对尺寸标注进行倾斜操作，如下图所示。

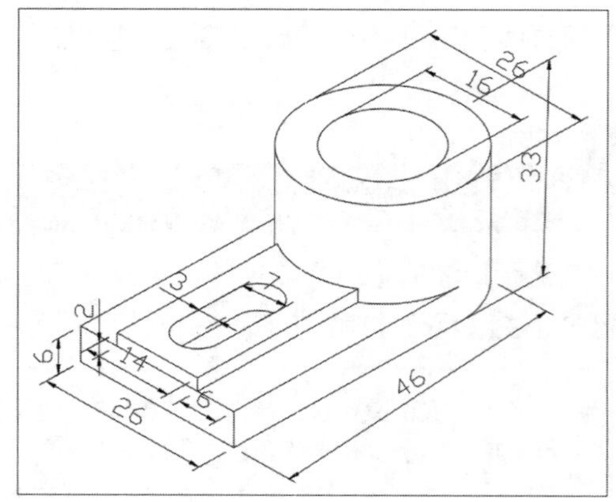

STEP 07 编辑尺寸标注。双击尺寸标注进入编辑状态，如下图所示。

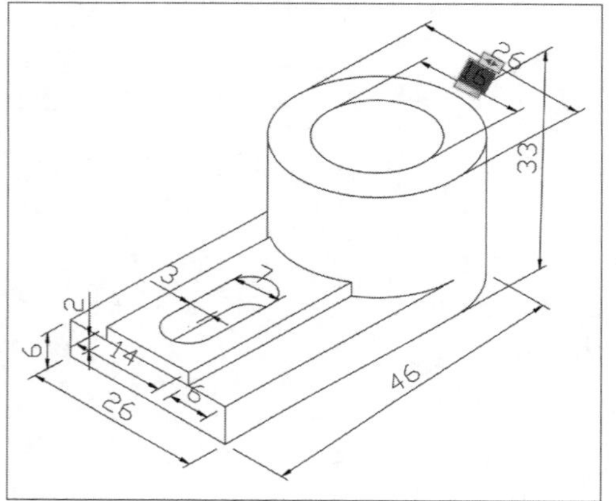

STEP 08 插入直径符号。单击鼠标右键在打开的快捷菜单列表中，选择“符号>直径”选项，效果如下图所示。

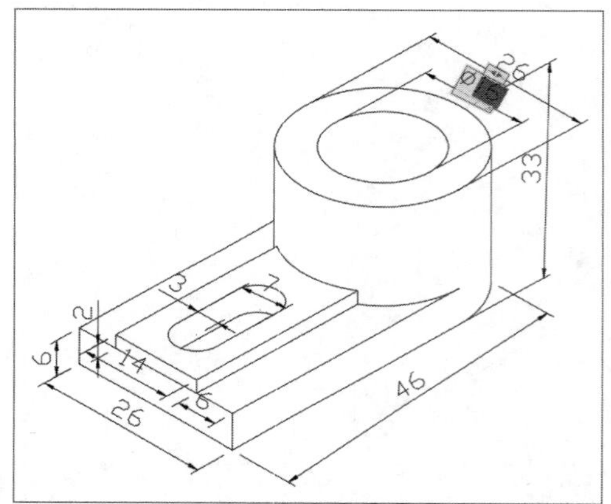

STEP 09 退出编辑状态。在绘图区空白处单击鼠标左键退出编辑状态，如下图所示。

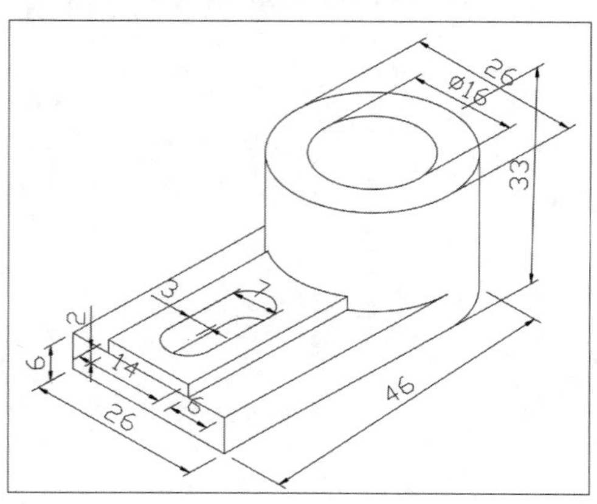

STEP 10 完成修改。按照同样的方法，为其余尺寸标注添加直径符号，如下图所示。

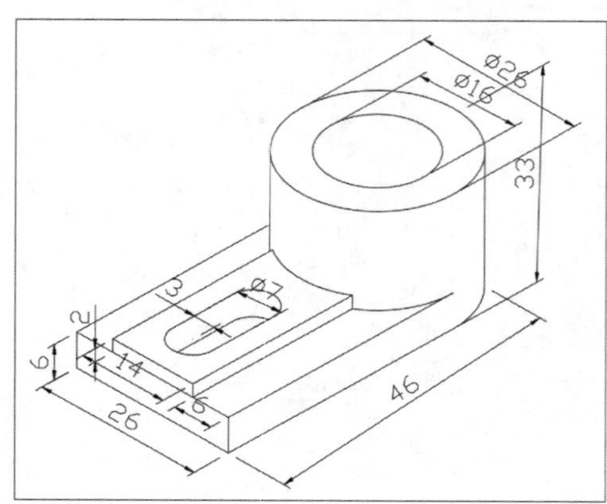

强化练习

通过本章的学习，读者对于三维实体模型的编辑、三维模型边与面的编辑、实体编辑、轴测图的概述与绘制等知识有了一定的认识。为了使读者更好地掌握本章节所学知识，在此举例几个针对本章知识的习题，以供读者练手。

1. 机械零件图的绘制

利用“多边形”、“圆”、“拉伸”、“差集”等命令绘制出如下图所示的机械零件图形。

STEP 01 执行“多边形”、“圆”、“修剪”命令绘制出零件的二维图形，如下左图所示。

STEP 02 执行“拉伸”命令，将二维图形拉伸成三维实体模型。

STEP 03 执行“差集”、“圆角边”命令，对实体模型进行修改，如下右图所示。

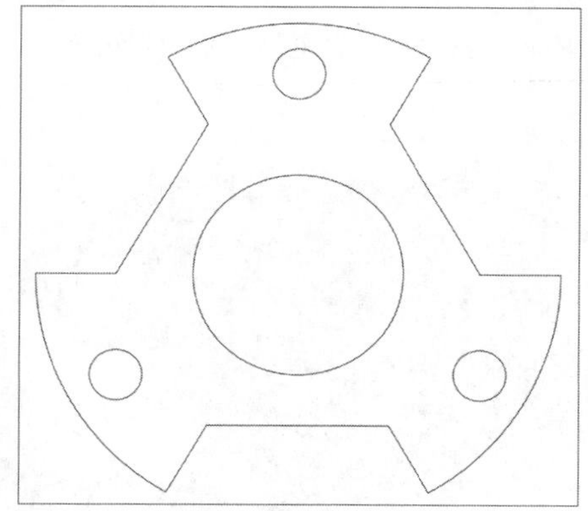

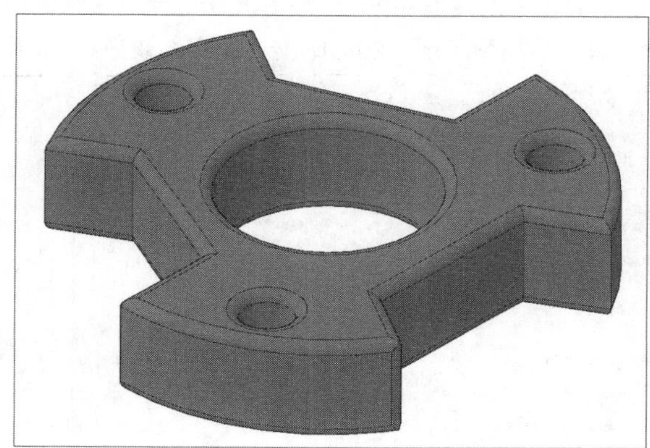

2. 餐桌模型的绘制

利用“长方体”、“圆角边”、“三维阵列”等命令绘制出如下图所示的餐桌模型。

STEP 01 执行“长方体”、“三维阵列”命令绘制出餐桌模型，如下左图所示。

STEP 02 执行“圆角边”命令，对餐桌模型进行修改，如下右图所示。

工程技术问答

本章主要对编辑三维实体模型、编辑三维模型边、面轴测图等知识进行介绍，在应用相关知识绘图时难免会有些疑问，下面将对常见的问题及解决方法进行汇总，供用户参考。

Q 编辑三维实体面和边的操作主要应用在哪些方面?

A 编辑三维实体边主要是用在编辑三维实体是出现错误，而需要利用对象上某条复杂的边创建其他对象或需要突出表现某条边等方面。

Q 怎样检验模型是否是三维实体对象?

A 单看模型的外观很难判断物体的类型，利用“选项”对话框可以设置工具提示。执行“工具>选项”命令，在弹出的对话框中单击“显示”选项卡，在“窗口元素”选项组中勾选“显示鼠标悬停工具提示”复选框如下左图所示，然后单击“确定”按钮，此时将鼠标停留在物体表面数秒后，即可显示工具提示，如下右图所示。

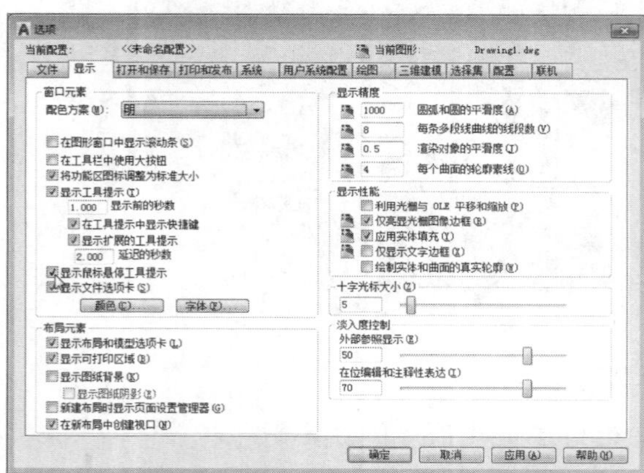

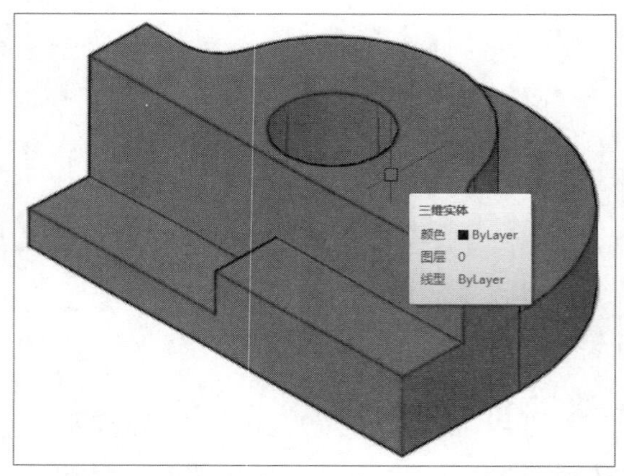

Q 进行差集运算时，为什么总是提示“未选择实体或面域”提示?

A 执行差集命令后，根据提示选择实体对象，按Enter键后再选择减去的实体，再次按Enter键即可。若操作不正确，则需要查看这些实体是不是相互孤立，而不是一个组合实体，将需要的实体合并在一起后，再次进行差集运算即可实现差集效果。

Chapter 12

渲染三维模型

AutoCAD提供了强大的渲染功能。用户能在模型中添加多种类型的光源，也可以为三维模型附加材质特性，还可以在场景中加入背景图片及各种风景实体。此外，还可将渲染图像以多种文件格式输出。

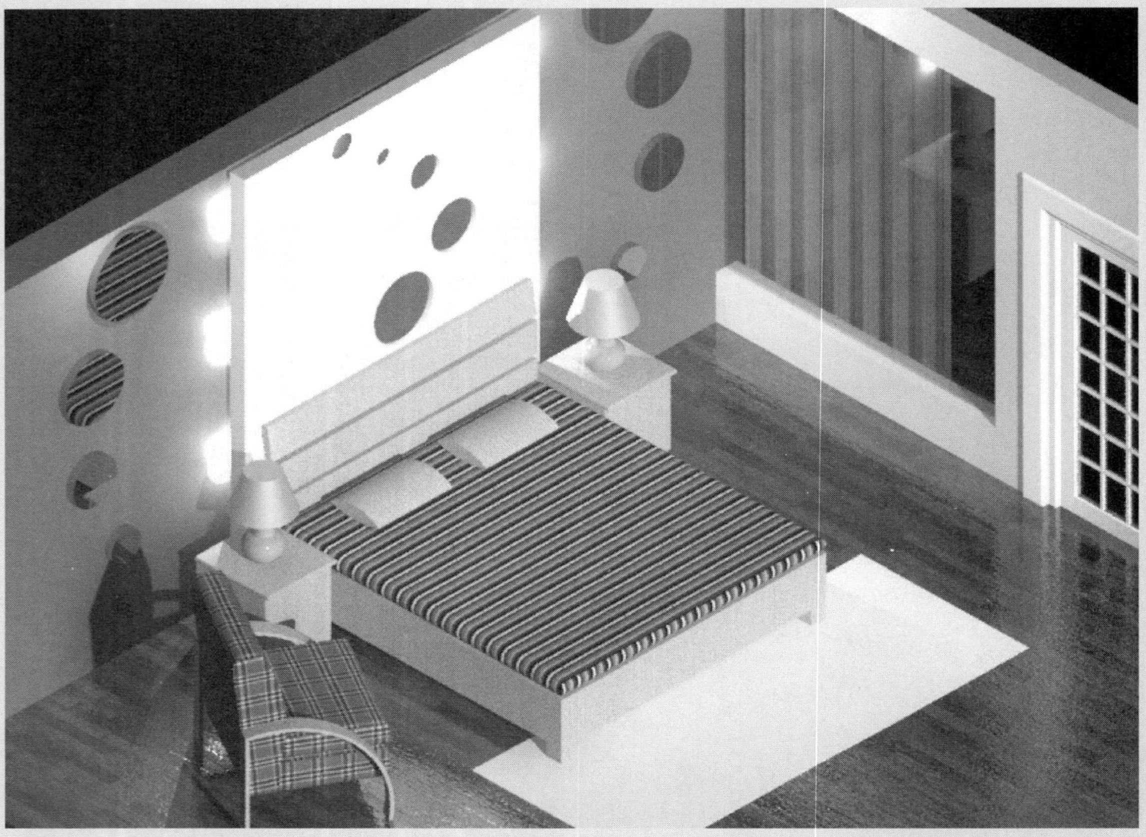

01 卧室模拟阳光效果

在该场景中通过设置阳光的强度和照射角度可以模拟真实的天光效果，使房间看起来温暖舒适。

02 陈设饰品模型

此饰品模型添加简单的材质后，然后再添加适合的光源进行渲染，其效果立刻就变的不一样了。

03 回转体面模型渲染

从图中可以看出经过添加材质并渲染后的模型更加逼真。

04 建筑模型渲染

为建筑模型添加不同材质后，再对其进行渲染，具有强烈的真实效果。

05 餐厅模型

在添加材质时，要注意材质的协调统一性，要使模型形象且美观。

06 书房模型

对各个模型赋予相应的材质后，再通过灯光的渲染效果，使场景具有真实感，增强视觉效果。

Lesson 01 材质与贴图

在AutoCAD中可将材质附着到单个的面、对象以及附着到图层上的对象。在“材质浏览器”选项板中创建或修改材质时，可将样例直接拖到模型上，也可以将其拖到活动的工具选项板上。

01 材质浏览器

使用“材质浏览器”可以导航和管理用户的材质，可以组织、分类、搜索和选择要在图形中使用的材质，如下图所示。用户可以通过以下几种方式调用“材质浏览器”选项板。

- 执行“视图>渲染>材质浏览器”命令。
- 在“可视化”选项卡“材质”面板中单击“材质浏览器”按钮。
- 在“视图”选项卡“选项板”面板中单击“材质浏览器”按钮。
- 在命令行输入MAT命令并按回车键。

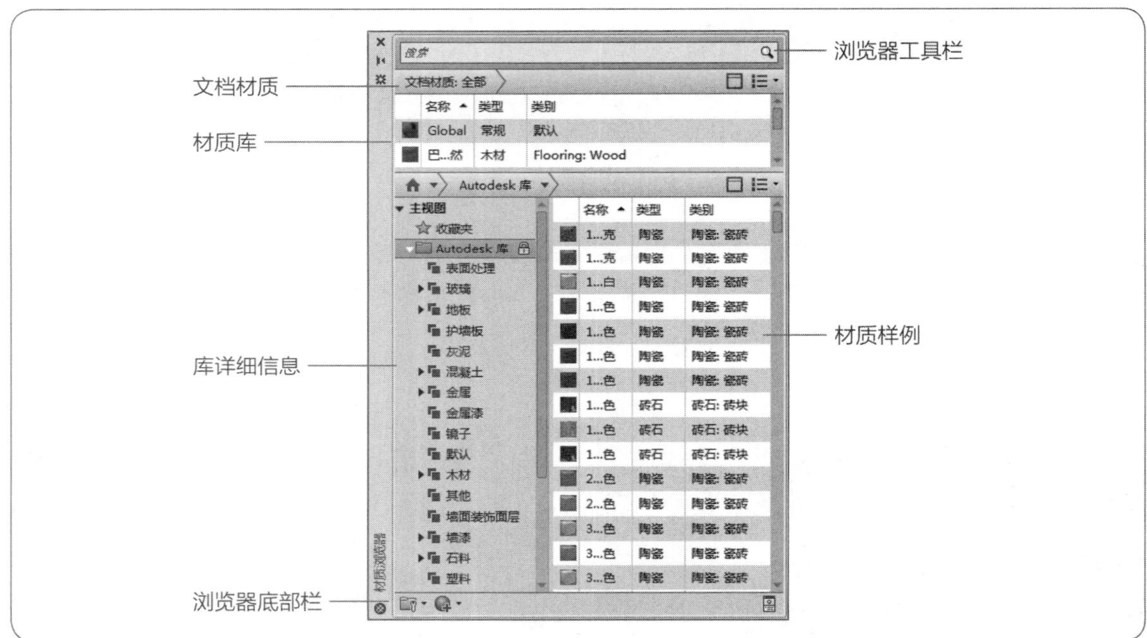

“材质浏览器”选项板中各选项的含义介绍如下：

- 浏览器工具栏：搜索框可以对需要和已存在的材质进行搜索。
- 文档材质：显示一组保存在当前图形中的材质的显示选项。可以按名称、类型和颜色对文档材质排序。
- 材质库：显示Autodesk库，它包含预定义的Autodesk材质和其他包含用户定义的材质的库。它还包含一个按钮，用于控制库和库类别的显示。可以按名称、类别、类型和颜色对库中的材质排序。
- 库详细信息：显示选定类别中材质的预览。
- 浏览器底部栏：包含用户定义库图标按钮，用于添加、删除和编辑库和库类别；创建新材质图标按钮，用于在文档中创建新材质。

02 材质编辑器

在“材质编辑器”选项板中可以创建新材质，设置材质的颜色、反射率、透明度、凹凸等属性，如下图所示。

- 执行“视图>渲染>材质编辑器”命令。
- 在“可视化”选项卡“材质”面板中单击右下角的箭头。
- 在“视图”选项卡“选项板”面板中单击“材质编辑器”按钮。
- 在命令行输入MATEDITOROPEN命令并按回车键。

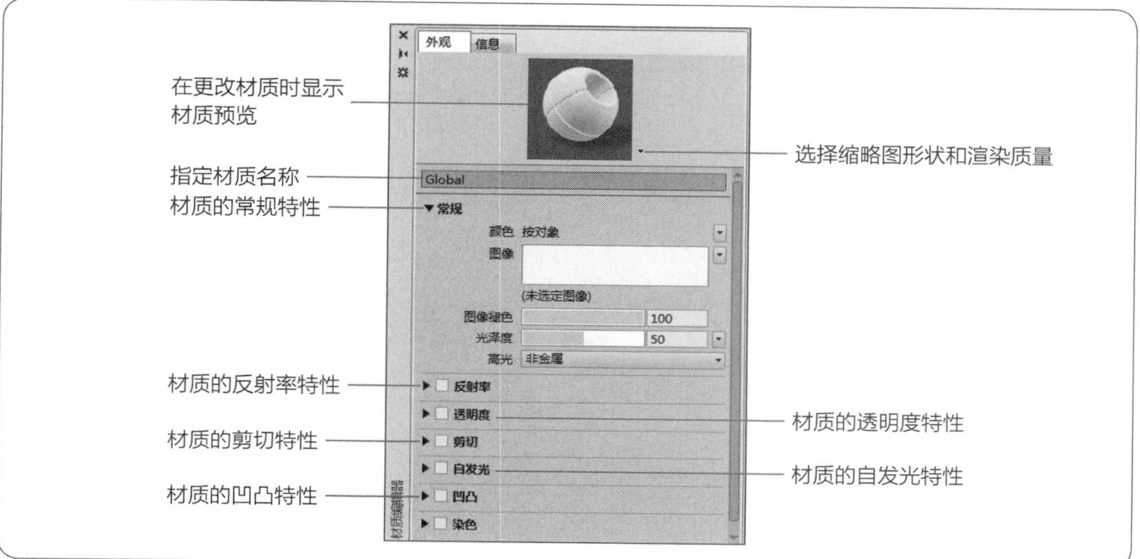

1. 创建材质

“创建材质”下拉菜单显示材质的复制、新建材质的类型和新建常规材质，如下图所示。

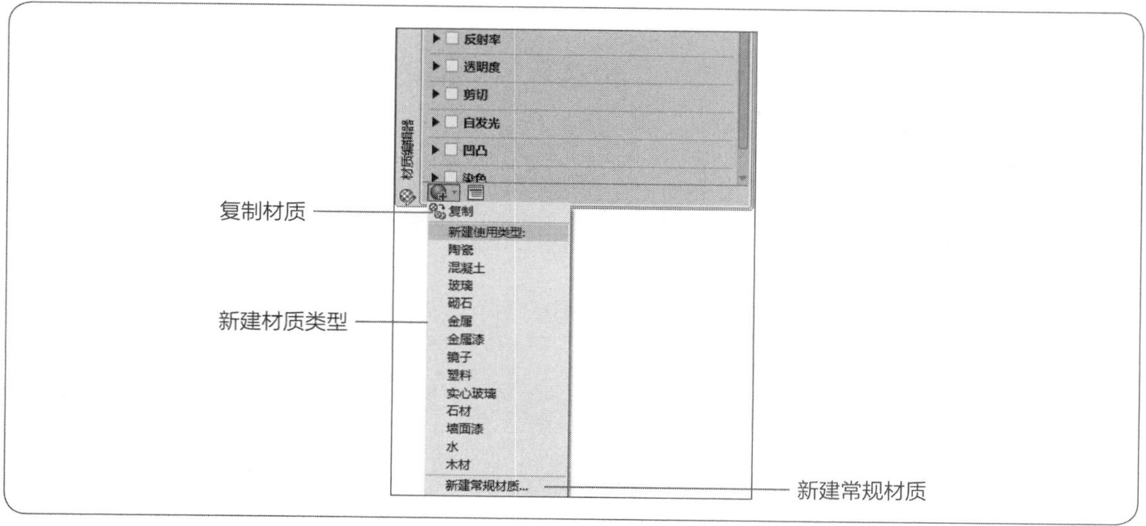

2. 选项设置

“选项”下拉菜单用于选择样例形状和渲染质量，如下图所示。

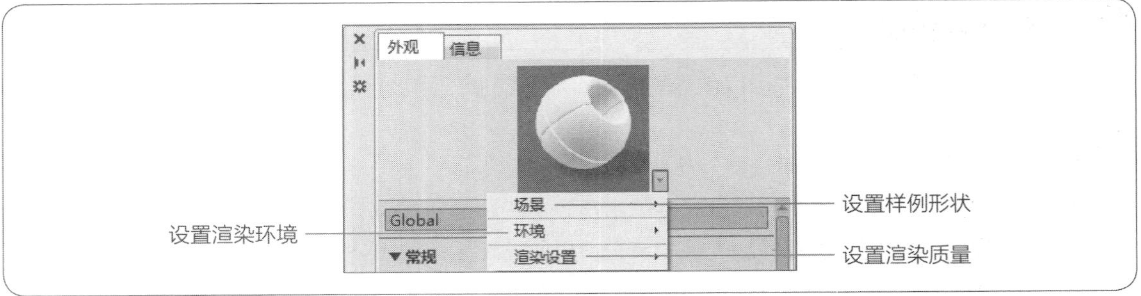

3. 常规特性

“常规特性”卷展栏用于调节材质的颜色、光泽度、高光属性，如下图所示。

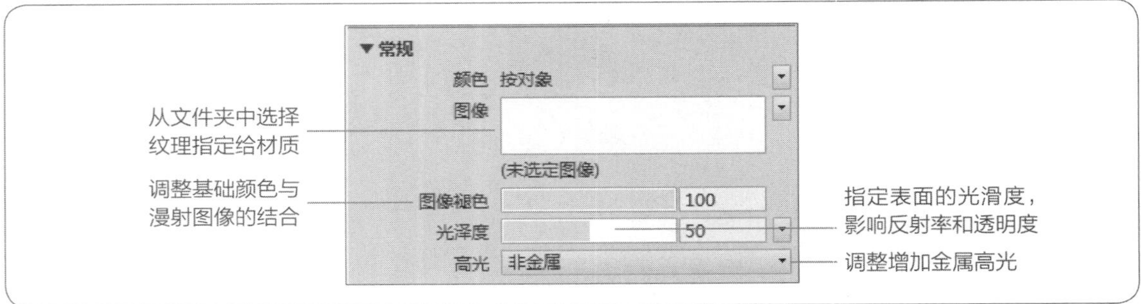

4. 反射率特性

“反射率特性”卷展栏用于调节材质的反射率属性，如下图所示。

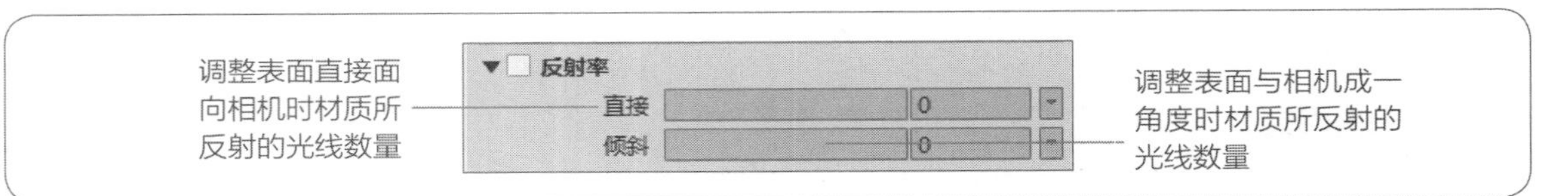

5. 透明度特性

“透明度特性”卷展栏用于调节材质的透明度属性：图像褪色、半透明度、折射等特性，如下图所示。

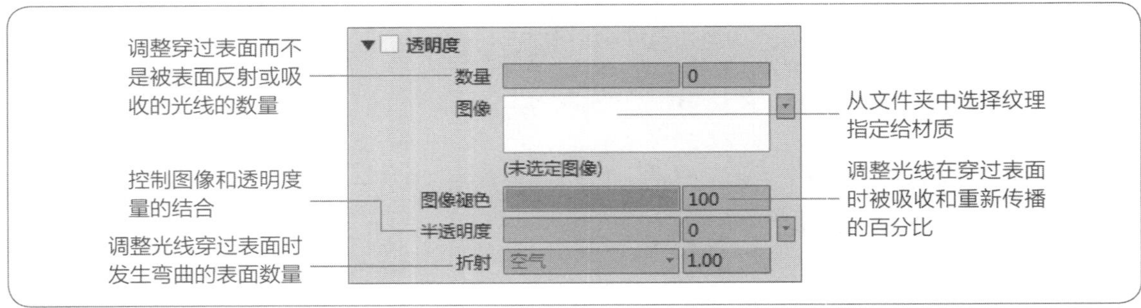

6. 剪切特性

“剪切特性”卷展栏用于调节材质的剪切特性。和其他的特性一样，它也包含了贴图类型，如下图所示。

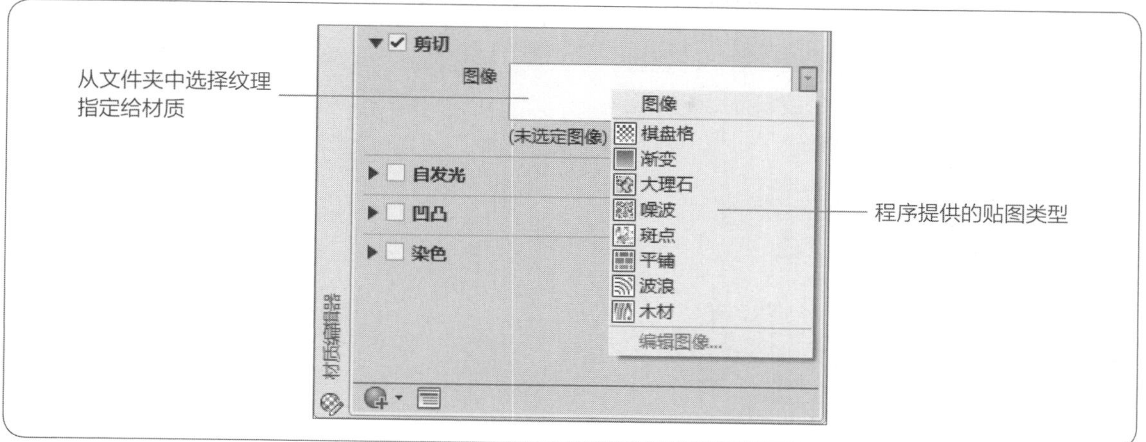

7. 自发光特性

“自发光特性”卷展栏用于调节材质的自发光特性：过滤颜色、亮度、色温，如下图所示。

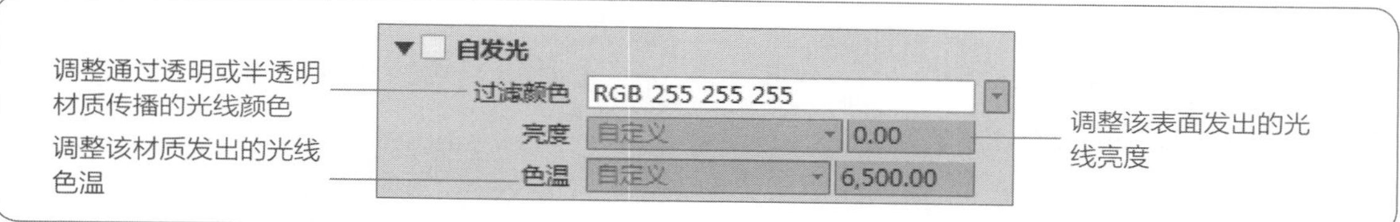

8. 凹凸特性

“凹凸特性”卷展栏用于调节材质的凹凸特性，如下图所示。

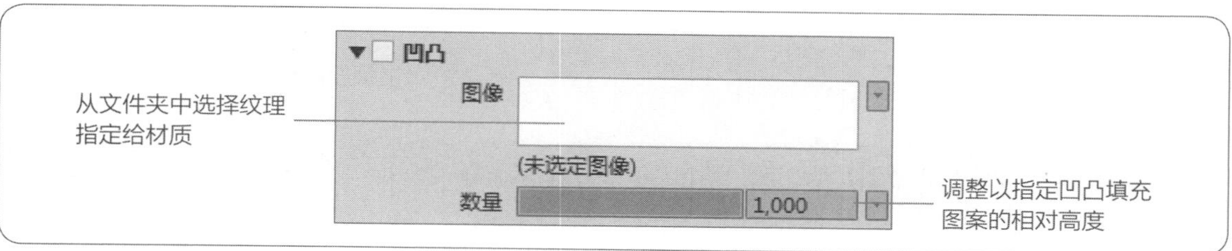

9. 染色特性

“染色特性”卷展栏用于调节材质的外观颜色，如下图所示。

03 自定义材质

除了使用程序提供的材质外，用户还可以新建材质，创建的新材质可以和文件一起进行保存。下面将介绍创建新材质的操作方法。

STEP 01 打开素材文件，执行“视图>渲染>材质编辑器”命令，弹出“材质编辑器”选项板，单击“在文档中创建新材质”按钮弹出下拉菜单选择“金属”选项，如下图所示。

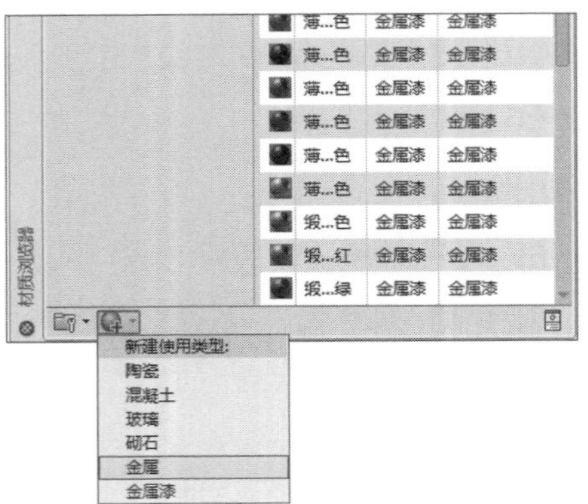

STEP 02 在“金属”卷展栏中调节材质的相关参数。将“类型”设为“铝”，将“饰面”设为“抛光”，如下图所示。

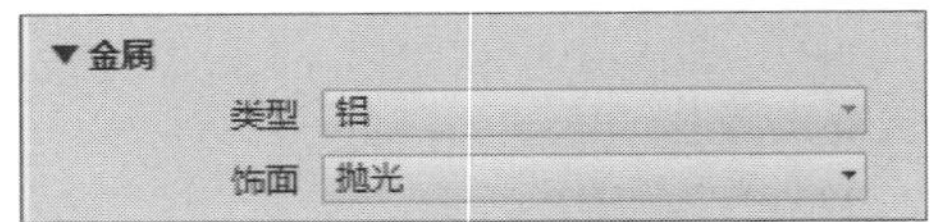

STEP 03 关闭该选项板，单击“材质浏览器”按钮，弹出“材质浏览器”对话框，在“文档材质”列表中显示设置的材质，如下图所示。

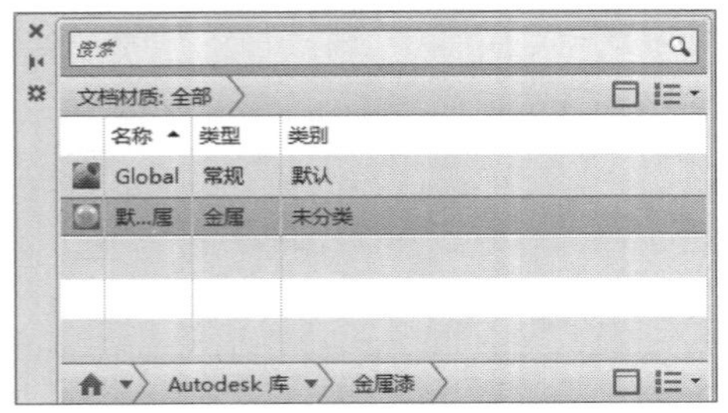

STEP 04 选择要添加的材质，将其拖拽到模型上。将视觉样式更改为真实，如下图所示。

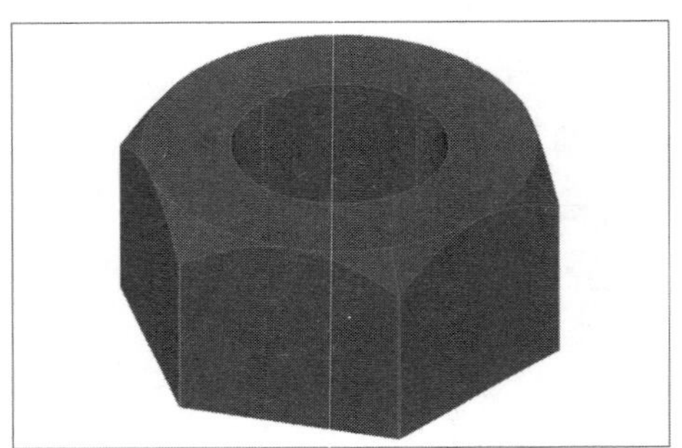

工程师点拨 | 材质颜色贴图

选用系统自带的材质贴图时，程序会自动弹出相应贴图的“纹理编辑器”选项板，在该选项板中，用户可自行设置贴图的相关属性，如下图所示。

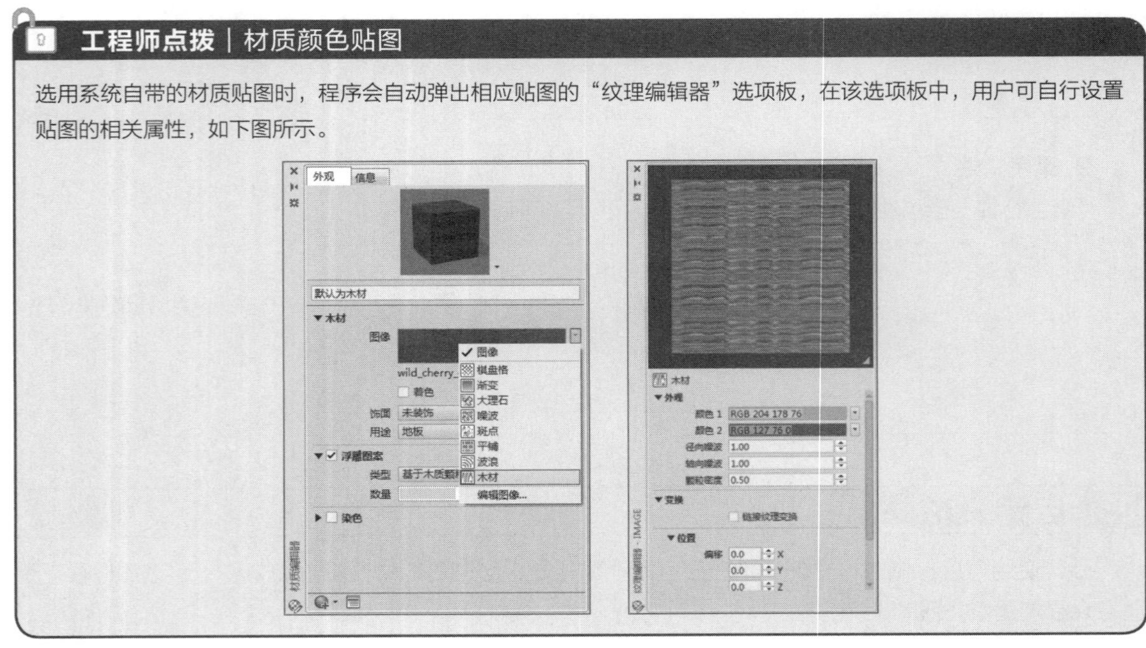

相关练习｜为扳手添加材质

三维实体模型创建完成后，为了达到更加真实的效果需要通过添加材质进行渲染。要根据三维对象的特性选择材质，这样渲染出来的效果才更真实。本例将介绍运用AutoCAD“材质浏览器”自带的贴图为三维实体添加材质。

原始文件：实例文件\第12章\原始文件\扳手模型.dwg
最终文件：实例文件\第12章\最终文件\为扳手添加材质.dwg

STEP 01 打开实例文件\第12章\原始文件\扳手模型.dwg，如下图所示。

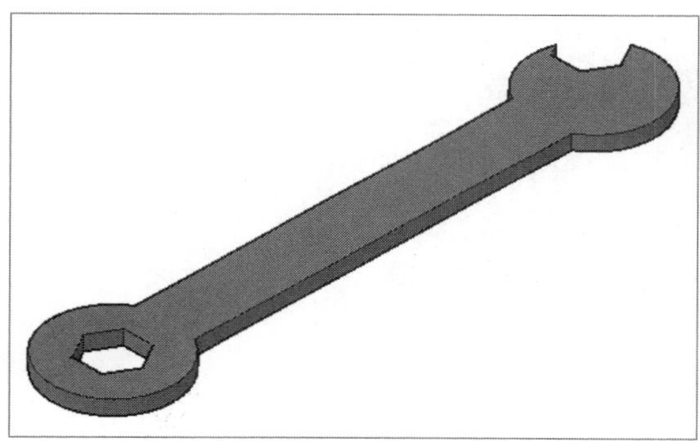

STEP 02 执行“视图>渲染>材质浏览器”命令，打开“材质浏览器”选项板，如下图所示。

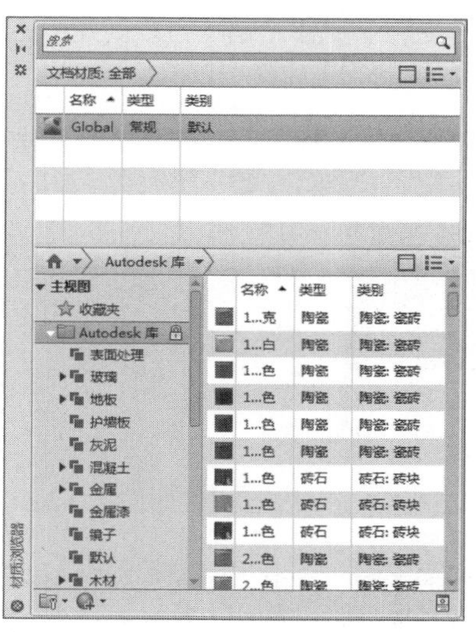

STEP 03 在材质库中，为扳手选择相应的材质贴图，如下图所示。

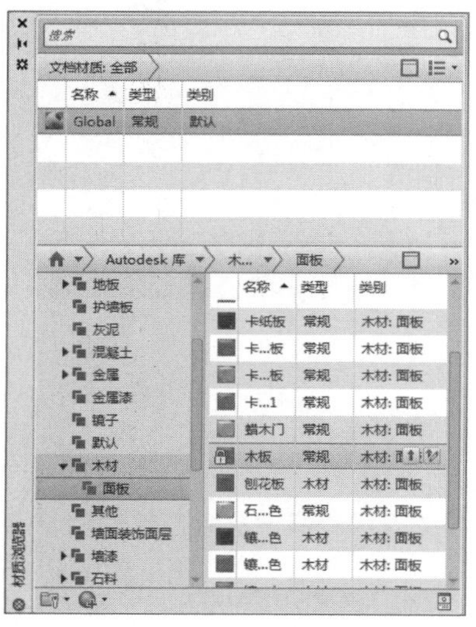

STEP 04 将材质拖拽到模型上，并将视觉样式更改为真实。至此，本例制作完成，效果如下图所示。

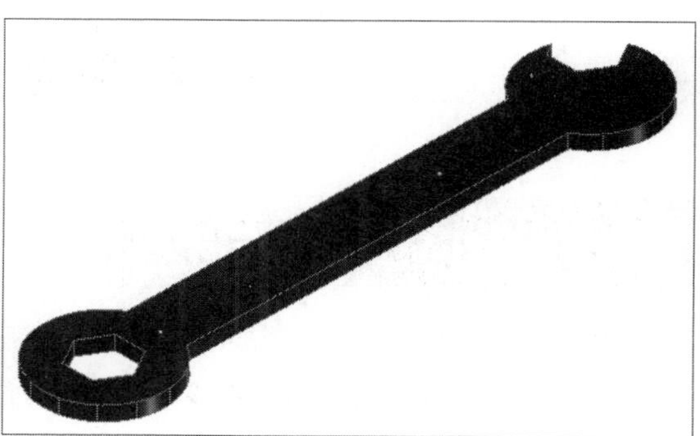

04 常见贴图材质

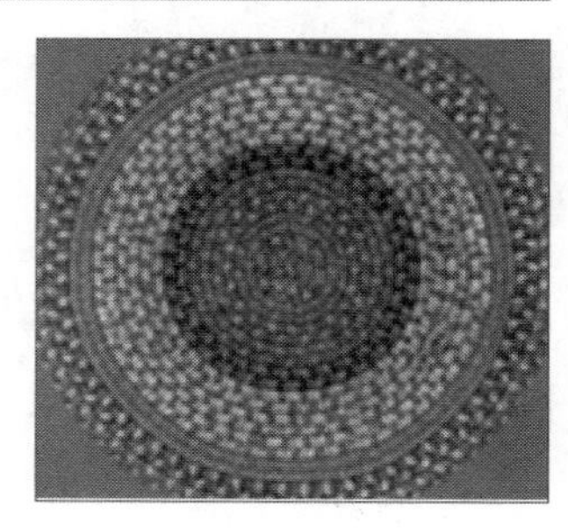

AutoCAD中的贴图类型可以分为纹理贴图和程序贴图两种类型，在贴图通道中可以根据需要选择纹理贴图或程序贴图类型。

纹理贴图对于创建多种材质十分有用，可以使用BMP、RLE、DIB、GIF、JFIF、JPG、PCX、PNG、TGA、TIFF等文件类型来创建纹理贴图，如右图所示。

程序贴图由数学算法生成。因此，用于程序贴图的控件类型会根据程序的功能而变化。程序贴图可以以二维或三维的方式生成，也可以在其他程序贴图中镶嵌纹理贴图。下面介绍几种常用的贴图类型：

- 方格：将双色方格形图案应用到材质。默认的方格贴图是黑白方块的图案。组件方格可以是颜色，也可以是贴图。
- 渐变色：使用渐变程序贴图可以创建自定义的渐变。渐变使用多种颜色创建从一种到另一种的着色或延伸。
- 噪波：噪波程序贴图使用两种颜色，子程序贴图或两者的组合以创建随机图案。
- 大理石：使用大理石贴图来指定石质和纹理颜色。可以修改纹理间距和纹理宽度。

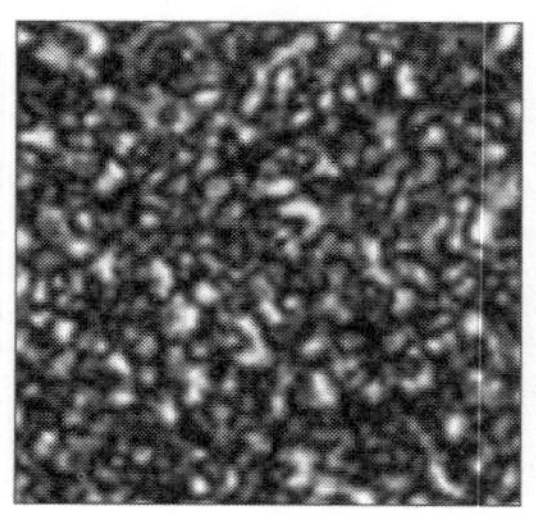
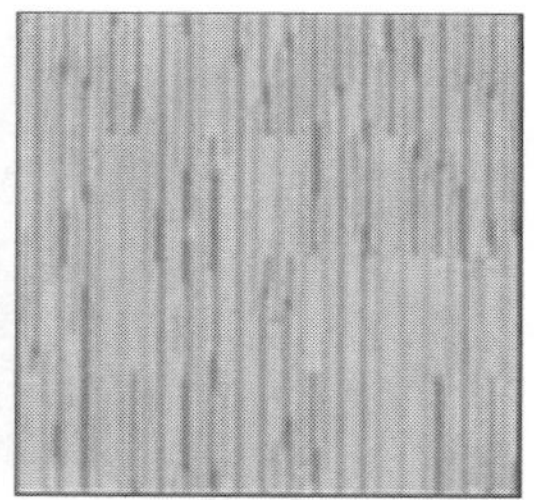

- 斑点：斑点贴图对于漫射贴图和凹凸贴图创建类似于花岗岩和其他带图案曲面十分有用。
- 木材：使用木材贴图创建木材的真实颜色和颗粒特性。
- 波：创建水状或波状效果。
- 瓷砖：应用砖块、颜色的堆叠平铺或材质贴图的堆叠平铺。

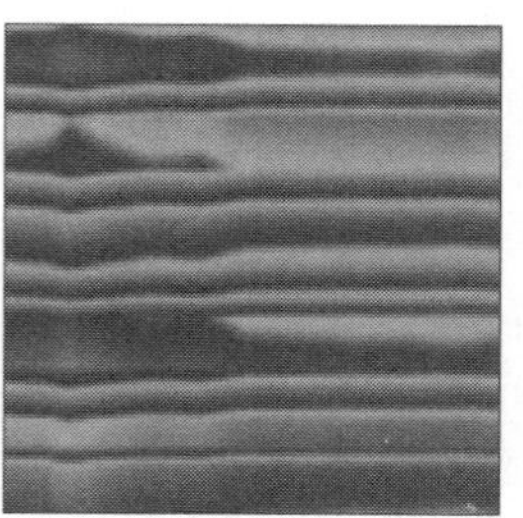

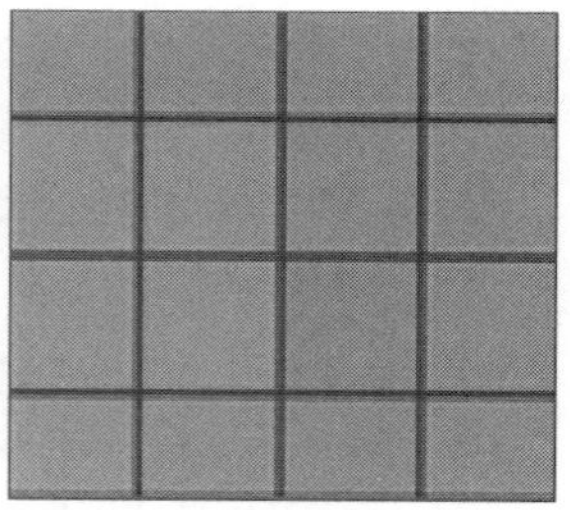

Lesson 02 灯光渲染

通常材质赋予完成后，就需创建光源。光源对渲染效果有着重要的作用，其设置会直接影响渲染效果，适当地调整光源，可以使实体模型更具有真实感。

01 光源单位和光度控制光源

AutoCAD提供了国际(SI)和美制两种光源单位。执行“格式>单位”命令，弹出“图形单位”对话框，如下图所示。用户可以使用LIGHTINGUNITS系统变量更改光源类型。LIGHTINGUNITS系统变量设定为1表示使用美制单位的光度控制光源；设定为2表示使用国际SI单位的光度控制光源。

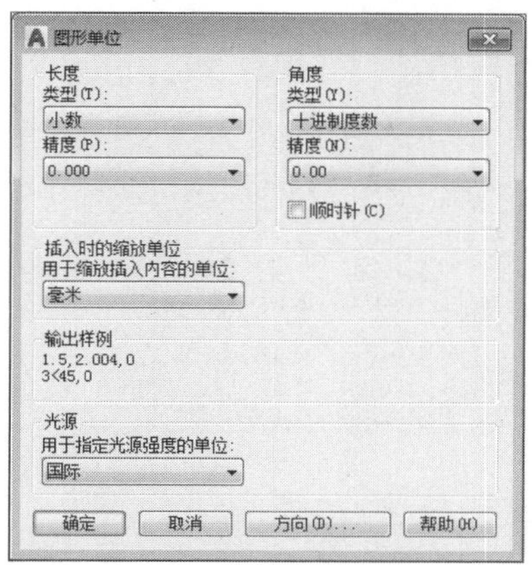

光度控制光源是真实准确的光源，按距离的平方衰减。用户可以将光度特性添加到人工光源和自然光源中，自然光源为阳光与天光，它由视口背景类型交互表示。

02 灯光类型

AutoCAD中的灯光大致分为四种类型，点光源、聚光灯、平行光和光域网。下面就来分别进行介绍。

1. 点光源

点光源是从其所在的位置向四周发射光线。点光源不以一个对象为目标，使用点光源可以达到基本的照明效果，用户可以通过输入POINTLIGHT命令或者从功能区的“光源”面板中选择点光源来创建。下面将介绍创建点光源的方法。

STEP 01 执行“视图>渲染>光源>新建点光源”命令，在绘图区中指定光源的源位置，如下图所示。

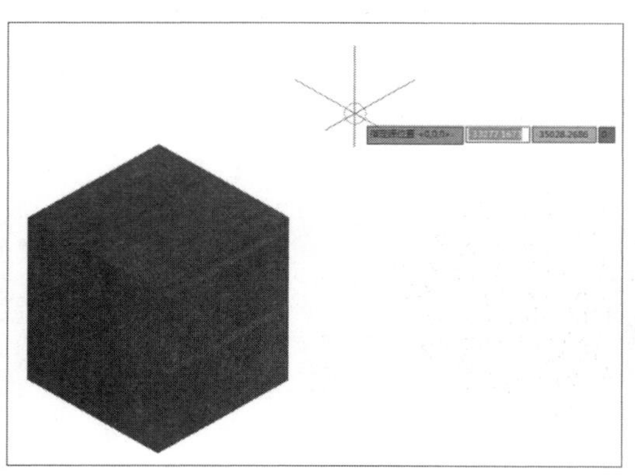

STEP 02 单击鼠标左键，确定该位置，如下图所示。

STEP 03 执行“视图>渲染>光源>光源列表”命令，弹出“模型中的光源”选项板，在该选项板中会显示当前已有光源，如下图所示。

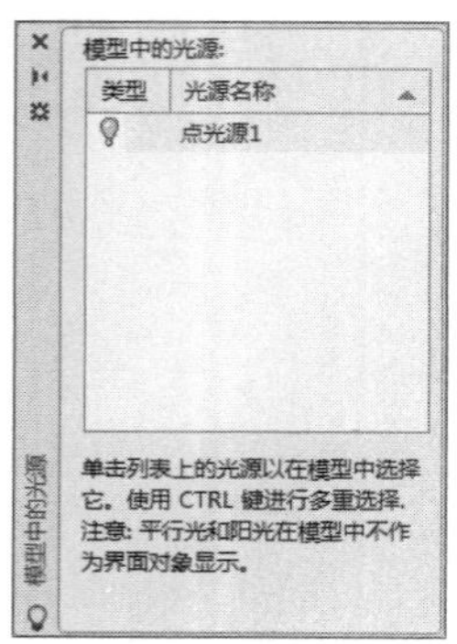

STEP 04 在“模型中的光源”列表框中双击创建的点光源1，在弹出的“特性”选项板中的“常规”卷展栏中用户可以设置光源的参数，如下图所示。

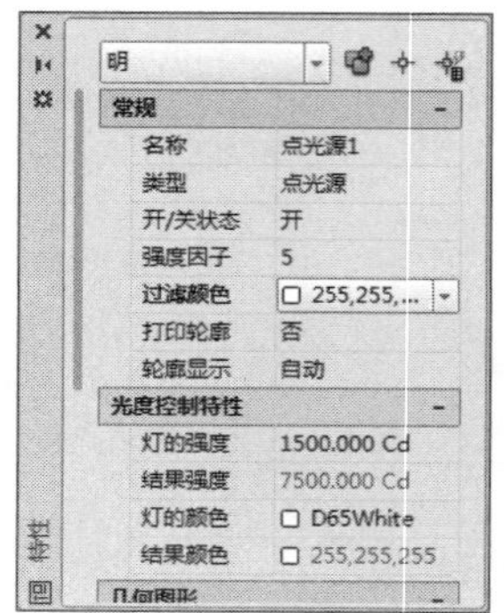

2. 聚光灯

聚光灯（例如闪光灯、剧场中的跟踪聚光灯或前灯）分布投射一个聚焦光束，发射定向锥形光，可以控制光源的方向和圆锥体的尺寸。像点光源一样，聚光灯也可以手动设定为强度随距离衰减。但是，聚光灯的强度始终还是根据相对于聚光灯的目标矢量的角度衰减，此衰减由聚光灯的聚光角角度和照射角角度控制。下面将介绍聚光灯的创建方法。

STEP 01 执行“视图>渲染>光源>新建聚光灯”命令，然后在绘图区中指定一个点为光源的放置点，如下图所示。

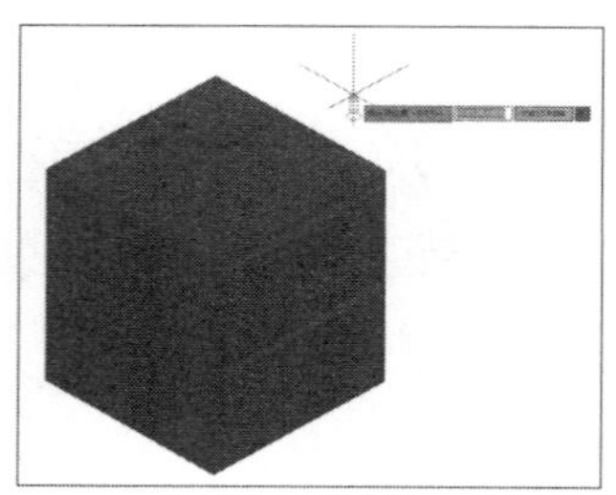

STEP 02 随后在绘图区中指定一个点为照射的目标点，如下图所示。

STEP 03 执行“视图>渲染>光源>光源列表”命令，双击聚光灯光源，在弹出的“特性”选项板中用户可以更改聚光灯的参数，如下图所示。

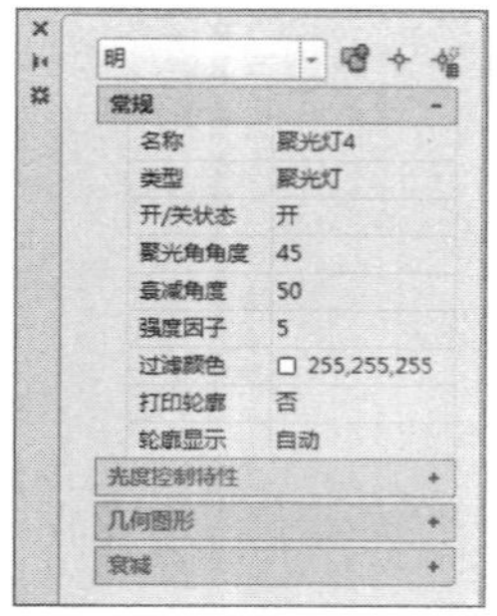

STEP 04 用户还可以通过拖动聚光灯的控制点来调节光源的照射范围，如下图所示。

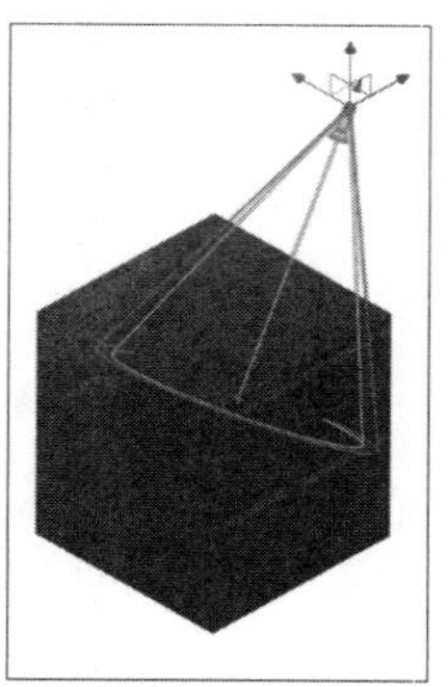

3. 平行光

平行光仅向一个方向发射统一的平行光线。用户在视口的任意位置指定开始点和结束点，以定义光线的方向。在模型中，不会用轮廓表示平行光，因为它们没有离散的位置并且也不会影响到整个场景。平行光的照射强度不会随着照射距离增加而衰减，而是始终与光源处的强度相同。通常使用平行光来照亮对象或背景，如下图所示。

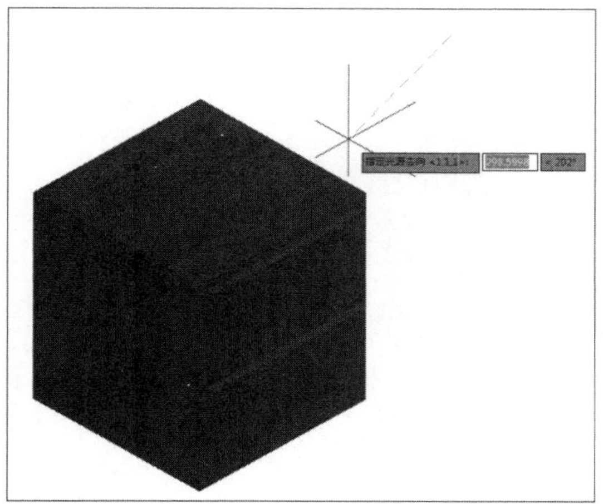

4. 光域网

光域网是灯光分布的三维表示。以便同时检查照度对垂直角度和水平角度的依赖性。光域网灯光与天光近似，在命令行中输入LIGHTINGUNITS 的新值 <0>:2，并执行“渲染”命令，效果如右图所示。

03 阳光与天光模拟

阳光是一种类似于平行光的特殊光源，用户为模型指定的地理位置、日期和当日的时间定义了阳光的角度。在AutoCAD中阳光是模拟太阳光源效果的光源，可以用于显示结构投射的阴影如何影响周围区域。阳光与天光是AutoCAD中自然照明的主要来源。

设置天光背景的选项仅在光度单位时可用，即LIGHTINGUNITS变量值为1或2时可用。

“阳光与天光”背景可以在视图中交互调整，在“阳光特性”选项板的“天光特性”卷展栏中单击“天光特性”按钮，弹出“调整阳光与天光背景”对话框。在该对话框中用户可以更改阳光与天光特性并预览对背景所做的更改，如下图所示。

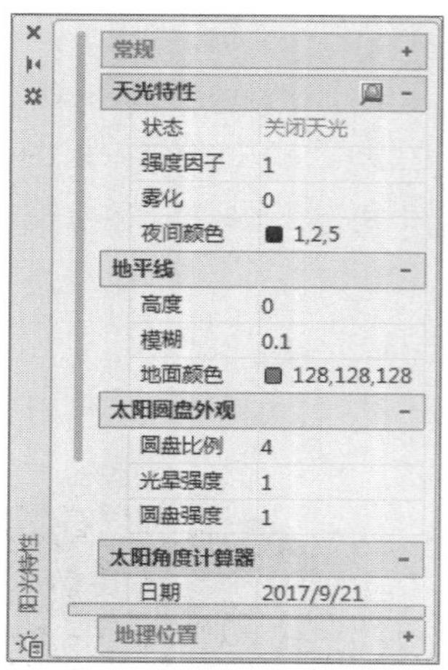

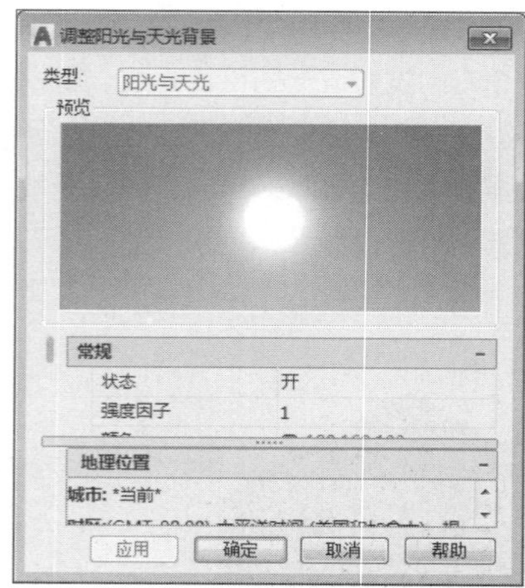

用户可以在“阳光特性”选项板的“天光特性”卷展栏中通过设置天光的状态和强度因子来调整天光的效果。

- 关该状态，强度因子为1，效果如下左图所示。
- 开该状态，强度因子为1.5，效果如下右图所示。

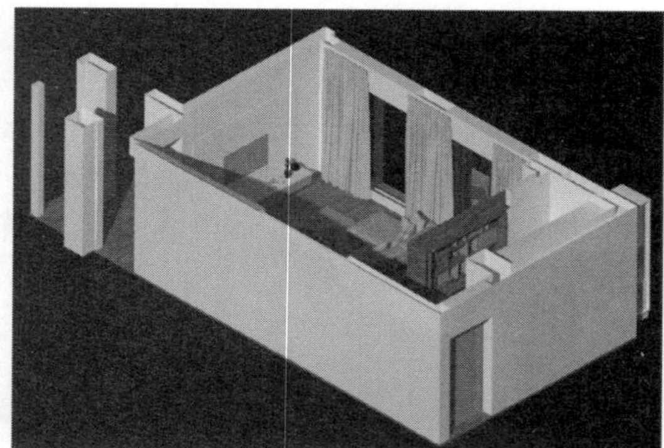

工程师点拨 | 关闭系统默认光源

在执行创建光源命令后，系统会打开提示框，此时用户需关闭默认光源，否则系统会默认保持默认光源处于打开状态，从而影响渲染效果。

Lesson 03 图形的渲染与输出

利用AutoCAD中的渲染器可以生成真实准确的模拟光照效果，渲染的最终目的是通过多次渲染测试创建出一个完美表达设计者意图的真实照片级演示图像。

01 渲染概述

渲染是通过渲染器进行的，在渲染器中可以根据要处理的渲染任务进行参数设置，尤其是在渲染较高质量的图像时非常有用。执行“视图>渲染>高级渲染设置”命令，打开“渲染预设管理器”选项板，在该选项板中可以根据需要对相关参数进行预设，如右图所示。

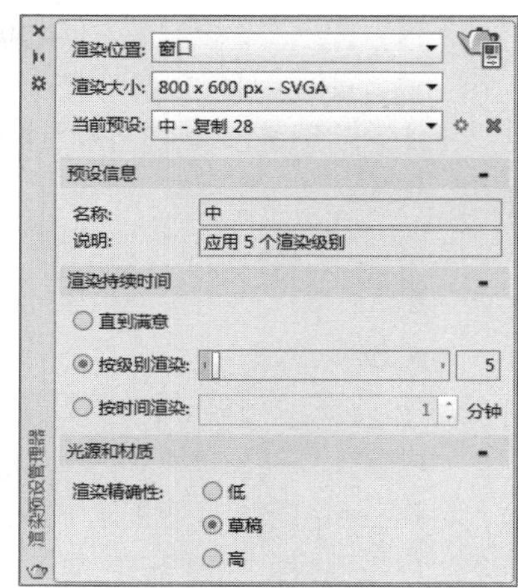

在进行渲染之前需要为渲染做一些准备工作，主要包括两个方面：一是准备要渲染的模型，二是设置渲染器。

模型的建立方式对于优化渲染性能和图像质量来说非常重要，在准备渲染的模型时，需要注意以下几点。

1. 面法线和隐藏曲面

为了尽量缩短渲染模型的时间，最常用的方法是删除隐藏曲面或隐藏于相机之外的对象。此外，确保所有面法线朝向同一方向也可以加速渲染过程。

2. 最小化交叉的面和共同的面

某些类型的几何图形会出现一些特殊的渲染问题，对象的复杂程度与其顶点和面的数量有关。模型的面越多，渲染花费的时间也越多。保持图形中的几何结构简单，可减少渲染的时间，这就要求能够尽量使用最少的面来描述一个曲面。

两个对象互相横穿时，就产生了模型中的相交面。对于概念设计的情况，将一个对象穿过另一个对象放置就是一种快速显示对象外观的方法。但是，在两个对象相交处创建的边可能显示为波形。当执行布尔并集后显示要更清晰一些，如下左图所示为并集前效果，下右图所示为并集后效果。

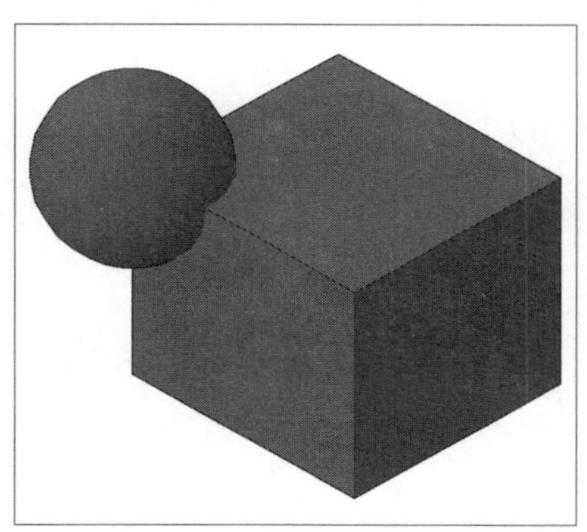

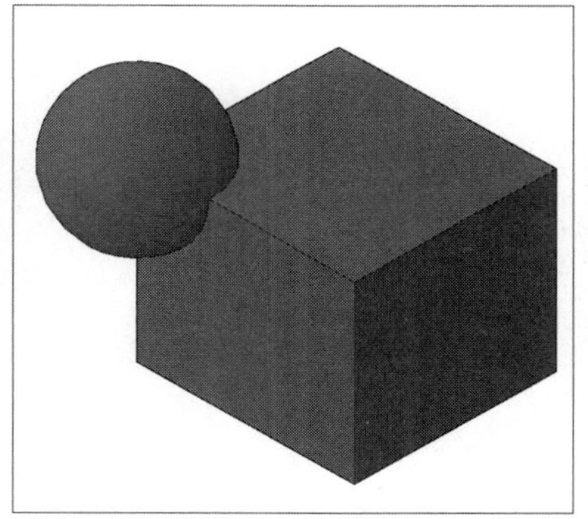

3. 平衡平滑几何图形的网格密度

渲染模型时，网格的密度将影响到曲面的平滑度。网格部件由顶点、面、多边形和边组成。在图形中，除将多面网格中的面看作邻接三角形以外，其他所有面都有三个顶点。为了便于渲染，将每个四边形的面都看成是一对共享一条边的三角形的面，渲染器将自动对对象进行平滑操作。在渲染过程中将出现两种类型的平滑操作：一种平滑操作是跨曲面内插面法线，另一种平滑操作考虑了组成几何图形的面的数量。面计数越大曲面就越平滑，但是处理时间就越长。

02 渲染等级

在选择渲染命令时，用户可根据需要对渲染的过程进行详细的设置。AutoCAD软件提供给用户6种渲染等级，如下右图所示。渲染等级越高，其图像越清晰，但其渲染时间则越长。下面将分别对这6种渲染等级进行简单说明。

- 低：使用该等级渲染模型时，不会显示阴影、材质和光源，而是会自动使用一个虚拟的平行光源。其渲染速度较快，比较适用于一些简单模型的渲染。
- 中：使用该等级进行渲染时，则会使用材质与纹理过滤功能渲染，但不会使用阴影贴图。该等级为默认渲染等级。
- 高：使用该等级进行渲染时，会根据光线跟踪产生折射、反射和阴影。该等级渲染出的图像较为精细，但其渲染速度相对较慢。
- 茶歇质量/午餐质量/夜间质量：茶歇质量的渲染时间为10m，午餐质量的渲染时间为60m，夜间质量的渲染时间为12h。这三种渲染方式是根据渲染时间来控制渲染效果的质量，用户可根据实际情况进行选择。

若想要对渲染等级进行调整，可单击“高级渲染设置”按钮，在“渲染选项管理器”选项板的最上方“当前预设”下拉列表中对渲染等级进行选择。

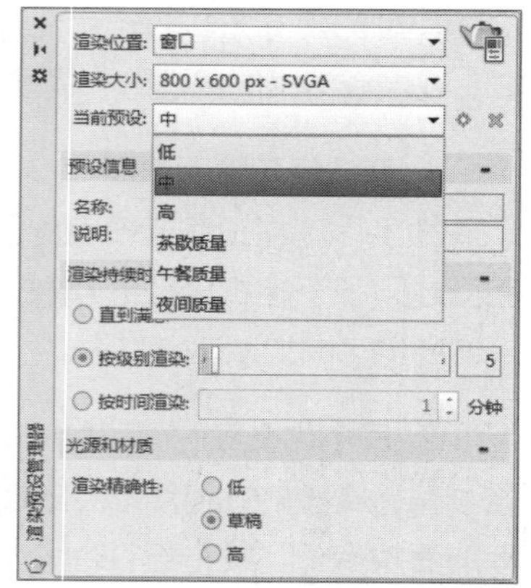

03 渲染输出

设置完模型材质和场景灯光之后，就可以进行渲染了。在进行渲染之前首先应该设置好输出的尺寸和位置。在AutoCAD中设置的输出尺寸越大，渲染时间越长，渲染质量就越高。输出的格式支持Bmp、Pcx、Tga、Tif、Jpg、Png。

渲染输出的方式，在渲染窗口的左上角单击“将渲染的图像保存到文件”按钮，打开“渲染输出文件”对话框，设置其保存路径、文件名、文件类型，并单击“保存”按钮，即可进行保存。下面将介绍模型渲染输出的操作方法。

STEP 01 打开素材文件，如下图所示。

STEP 02 在“可视化”选项卡的“渲染”面板中单击“渲染到尺寸”按钮，初始渲染效果可以看出图片质量模糊并带有黑点，如下图所示。

STEP 03 关闭该渲染窗口，执行“视图>渲染>高级渲染设置”命令，弹出“渲染选项管理器”选项板，并对相关参数进行设置，如下图所示。

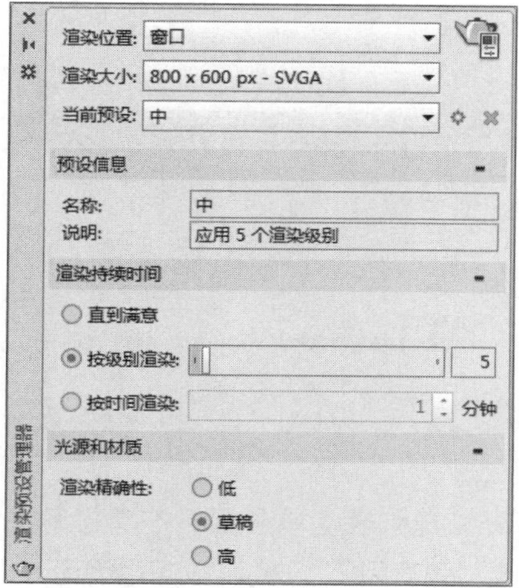

STEP 04 关闭该选项板，在“可视化”选项卡的“渲染”面板中再次单击“渲染到尺寸”按钮，渲染最终效果如下图所示。

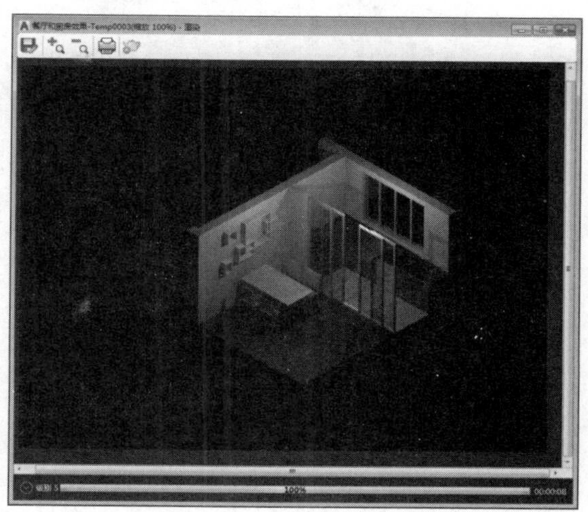

STEP 05 在该窗口的左上角单击“将渲染的图像保存到文件”按钮，打开“渲染输出文件”对话框，设置其保存路径、文件名、文件类型，并单击“保存”按钮即可，如下图所示。

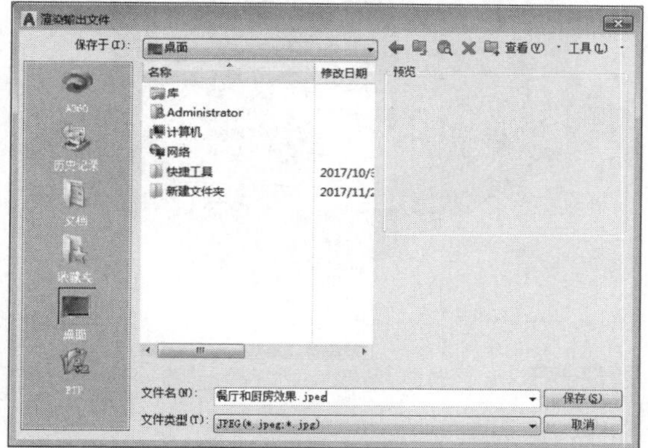

STEP 06 打开“JPG图像选项”对话框，对图片质量进行设置，然后单击“确定”按钮，保存图片，如下图所示。

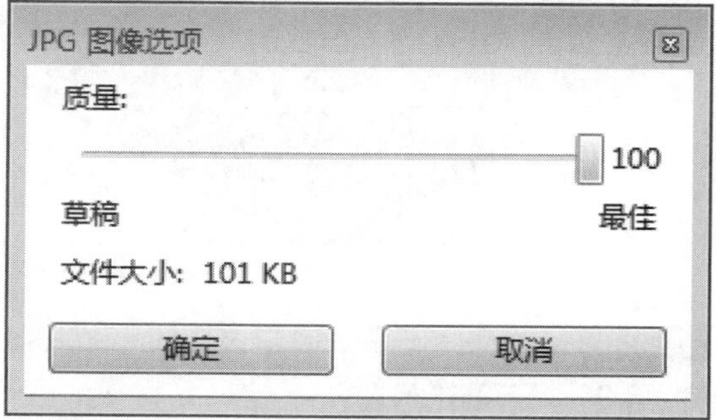

相关练习 | 为沙发背景添加灯光

为场景添加灯光可以增强模型对象的真实性，表达出设计者真实的设计意图。下面就以为沙发背景添加灯光为例，讲解灯光的设置方法以及在场景中布置灯光的技巧。

原始文件：实例文件\第12章\原始文件\为沙发背景添加灯光.dwg
最终文件：实例文件\第12章\最终文件\为沙发背景添加灯光.dwg

STEP 01 打开文件。打开素材文件，结果如下图所示。

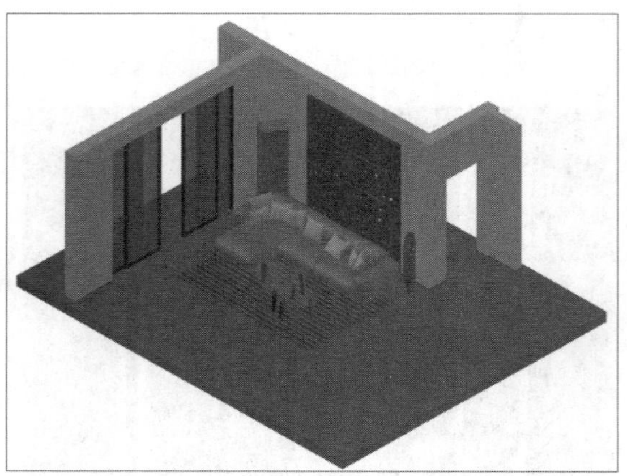

STEP 02 视口光源模式。执行“视图>渲染>光源>新建点光源”命令，打开“光源-视口光源模式”对话框，如下图所示。

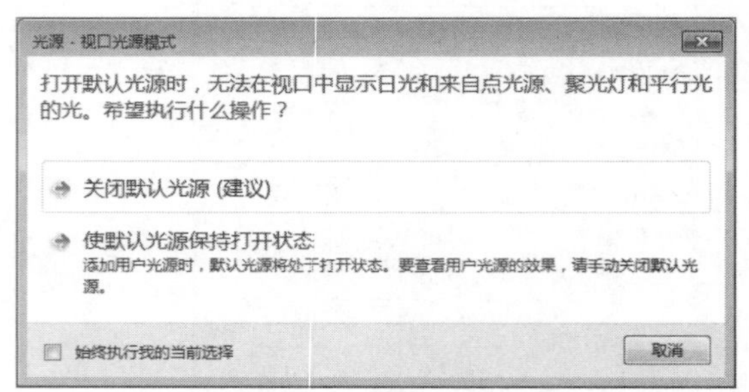

STEP 03 指定点光源位置。选择“使默认光源保持打开状态”选项，在模型中指定光源位置，如下图所示。

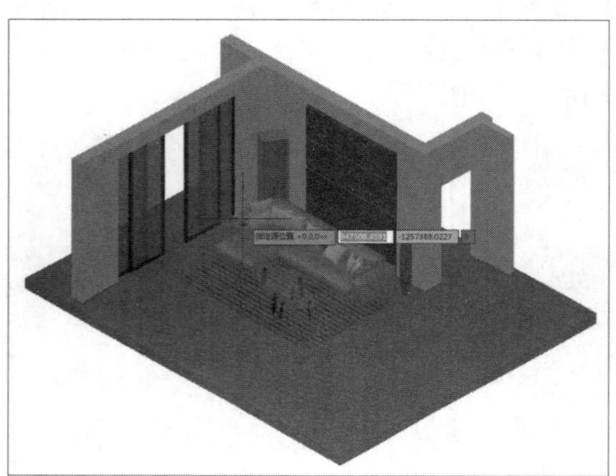

STEP 04 打开快捷列表。单击鼠标左键打开快捷菜单，选择“强度因子”选项，如下图所示。

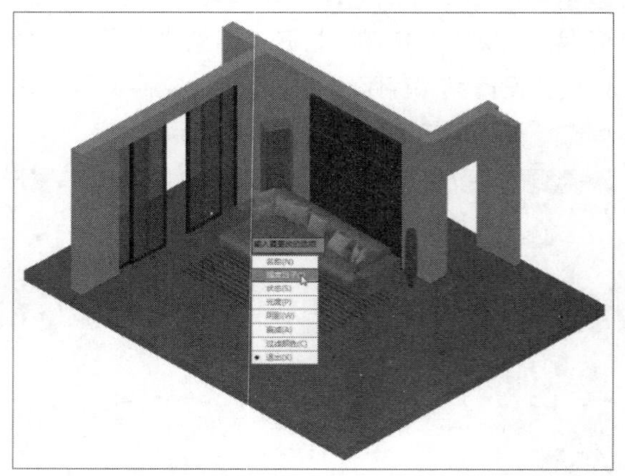

STEP 05 设置强度因子。确定该选项，输入强度为0.8，如下图所示。

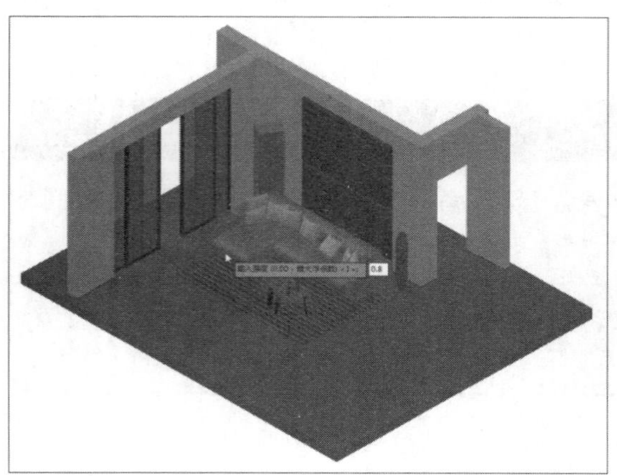

STEP 06 退出当前操作。按Enter键，退出当前操作，如下图所示。

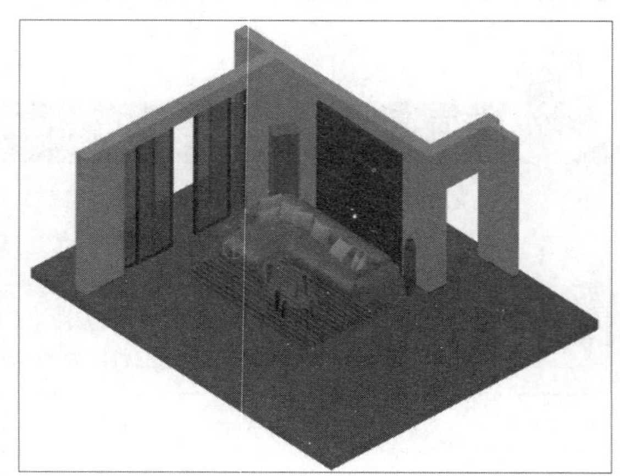

STEP 07 继续创建点光源。按照相同的方法继续创建点光源，如下图所示。

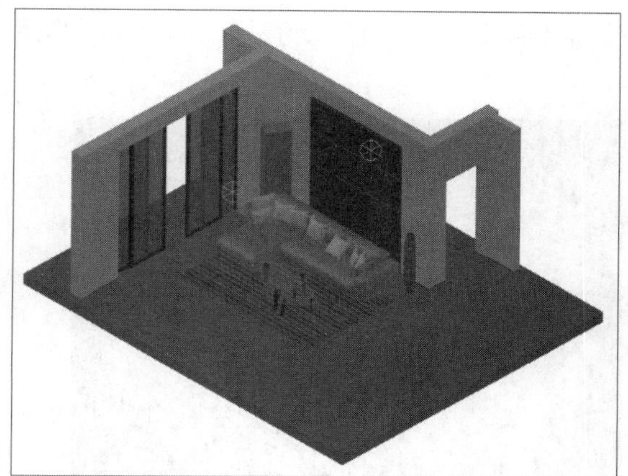

STEP 08 渲染图像。在“可视化”选项卡的“渲染”面板中单击“渲染到尺寸”按钮，效果如下图所示。

强化练习

通过本章的学习，读者对于材质与贴图、灯光渲染、图形的渲染与输出知识有了一定的认识。为使读者更好地掌握本章所学知识，在此列举几个针对本章知识的习题，以供读者练手。

1. 为椅子模型添加材质

利用“材质浏览器”命令为椅子模型添加不同的材质。

STEP 01 执行“视图>渲染>材质浏览器”命令，在打开的“材质浏览器”选项板中为椅子各部位选择合适的材质，如下左图所示。

STEP 02 选中材质将其拖到模型上，并将视觉样式转换为真实，如下右图所示。

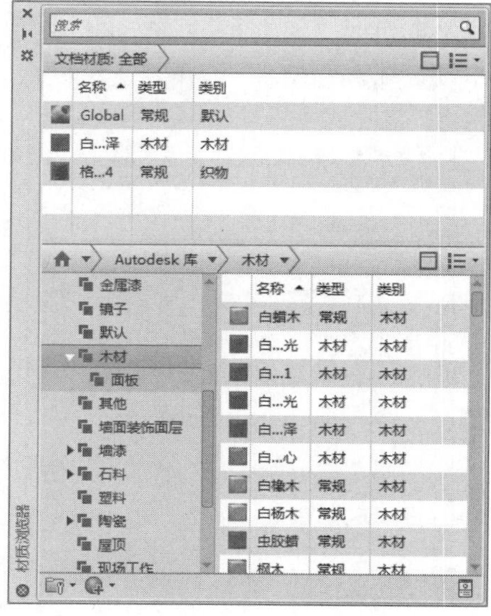

2. 为模型创建光源并进行渲染

利用“目标光源”和“渲染”命令，渲染模型。

STEP 01 执行“视图>渲染>光源>新建聚光灯”命令，为模型创建聚光灯模型，如下左图所示。

STEP 02 在“可视化”选项卡的“渲染”面板中单击“渲染到尺寸”按钮，即可进行渲染，如下右图所示。

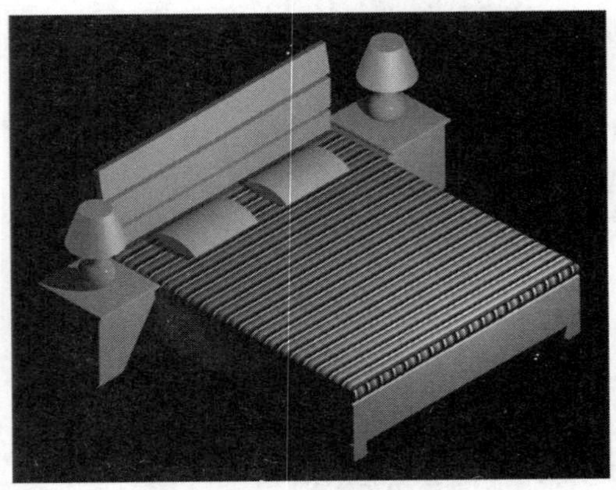

工程技术问答

本章主要对材质与贴图、灯光渲染、图形的渲染与输出等知识进行介绍，在应用相关知识绘图时难免会有些疑问，下面将对常见的问题及解决方法进行汇总，供用户参考。

Q 渲染模型时如何更改渲染后的背景色？

A 想要更改渲染后的背景色，在“视图管理器”对话框里用户可以对背景色进行更改。

STEP 01 在“可视化”选项卡的“视图”面板中单击“视图管理器”按钮，打开“视图管理器”对话框，如下图所示。

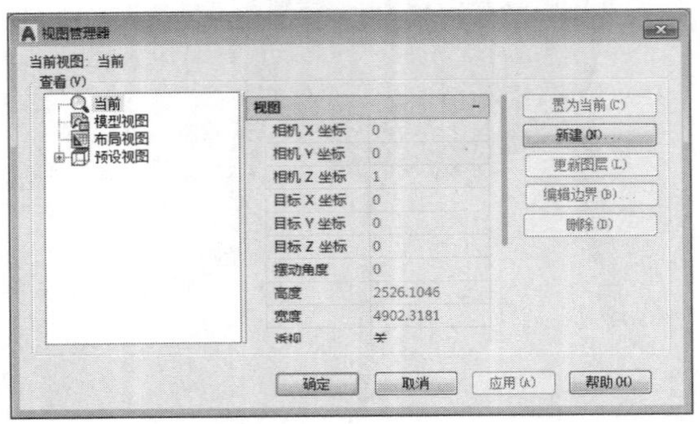

STEP 02 单击“新建”按钮，打开“新建视图/快照特性”管理器对话框，如下图所示。

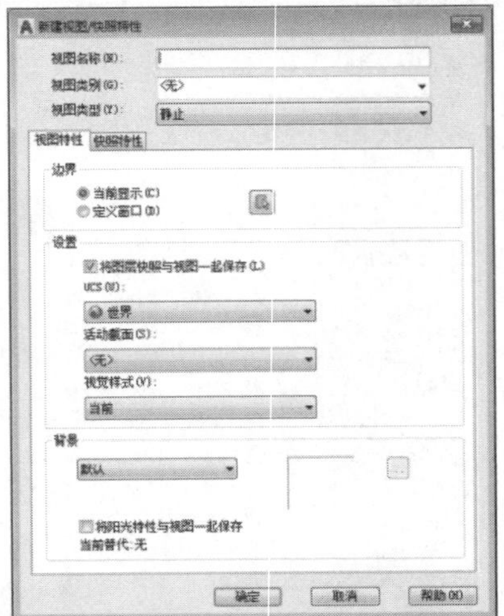

STEP 03 单击“背景”选项组的下拉按钮，选择背景颜色，这里选择渐变色，如下图所示。

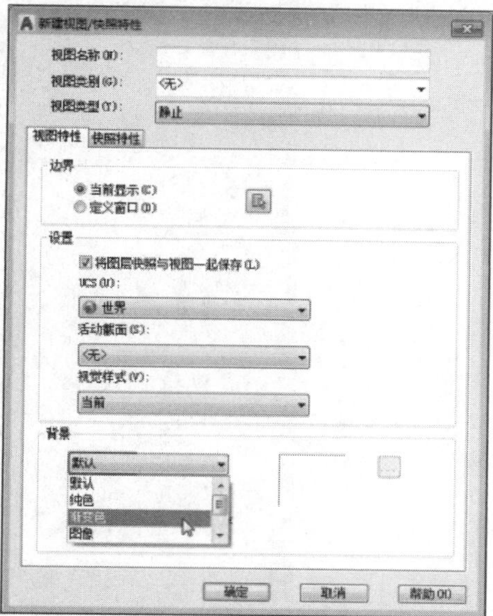

STEP 04 选择好后，打开的“背景”对话框，如下图所示。

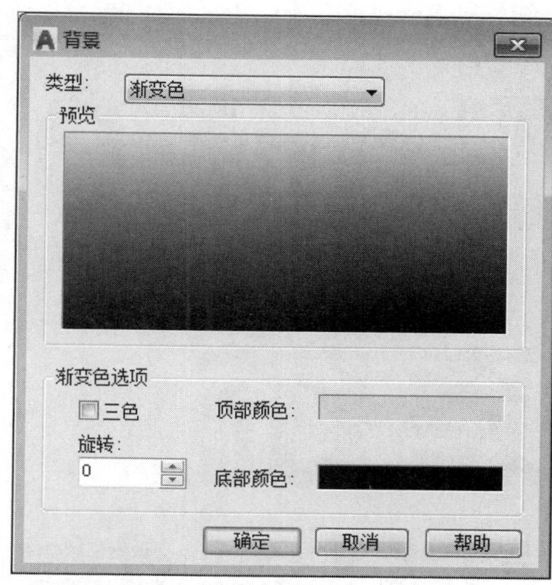

STEP 05 根据需要设置渐变色颜色，效果如下图所示。

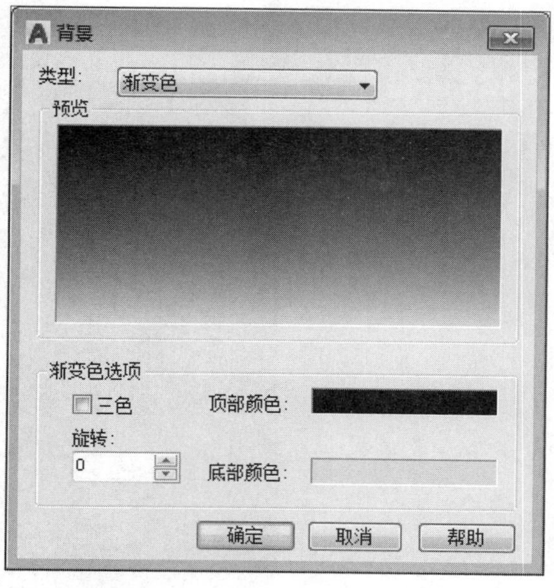

STEP 06 设置完成后依次单击“确定”按钮，返回“视图管理器”对话框，单击“应用”按钮关闭该对话框，完成渲染背景色的设置，如下图所示。

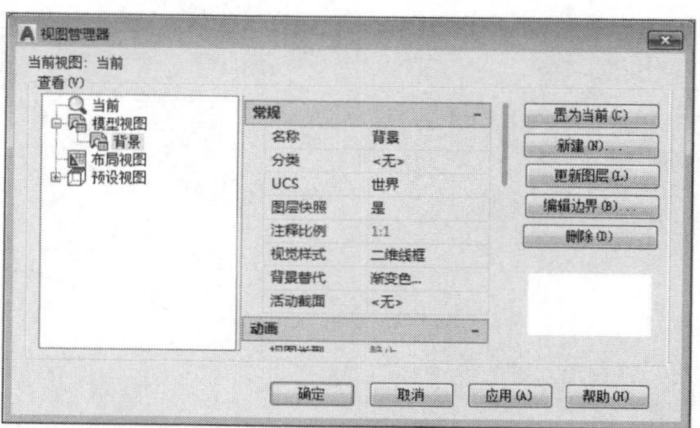

Part 04

系统设置篇

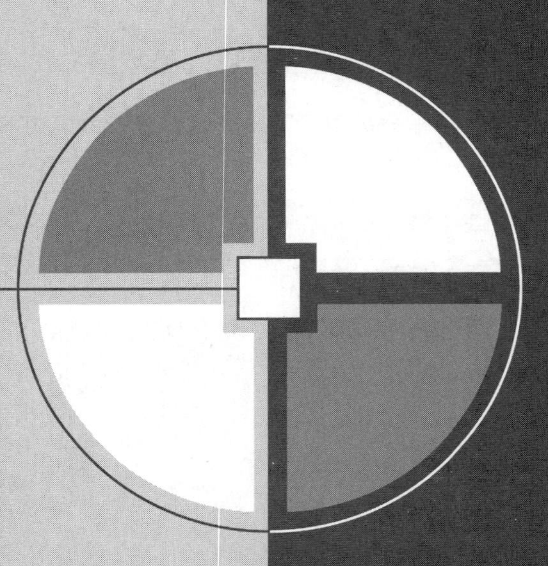

Chapter 13

AutoCAD设计中心和系统设置

AutoCAD设计中心同Windows资源管理器相似，用户可以访问图形、块、图案填充及其他图形内容，可以将原图形中的任何内容拖动到当前图形中使用。也可以在图形之间复制、粘贴对象属性，避免了重复操作。使用设计中心可以将三维子装备配件插入到当前对象中进行装配设置。本章将介绍AutoCAD的设计中心以及系统设置等相关知识。

01 沙发模型

此模型图不同于其它图样，为了方便观察，还为用户展示了左视图、俯视图、西南等轴测图。

02 鸟笼模型

AutoCAD设计中心可以调用任何图形文件中的图形、模型等。

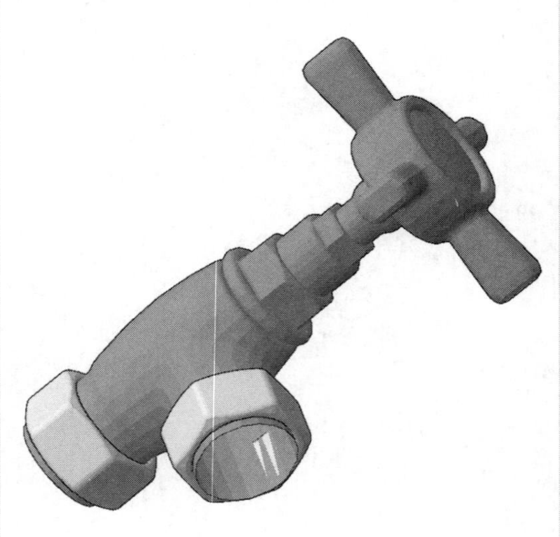

03 取暖设施零件模型

该模型可以分别创建子部件，然后通过AutoCAD设计中心调入进行装配。

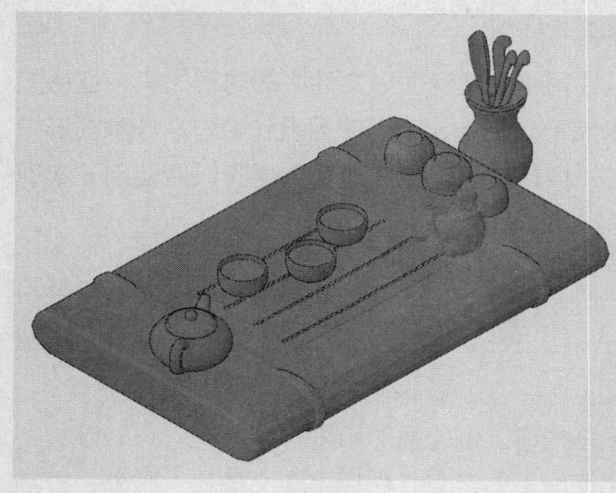

04 茶具模型

此模型的背景颜色不同于其他模型，在“选项”对话框的“显示”选项卡里可修改背景颜色。

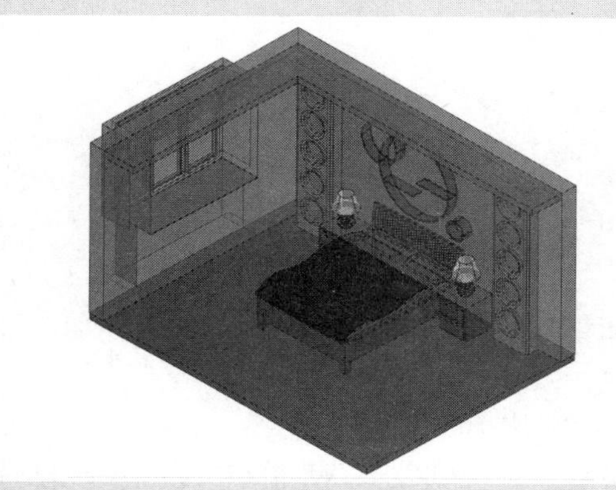

05 卧室模型

卧室场景模型是由简单多个模型组合而成，可以通过AutoCAD设计中心进行调用。

06 圆柱齿轮模型

创建好的三维模型可以通过AutoCAD设计中心进行加载。

07 螺栓模型

AutoCAD设计中心不仅可以装配二维图形，也可以对三维模型进行相关设置。

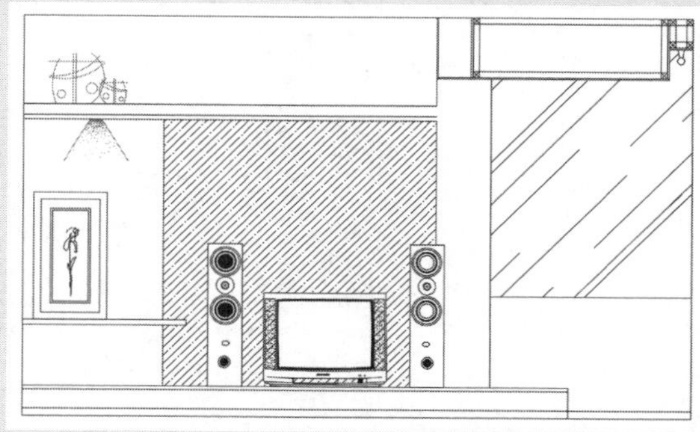

08 客厅立面图

在绘制好墙体轮廓后，装饰图案、图案的复制、填充等设置都可以通过Auto-CAD设计中心进行操作。

Lesson 01 AutoCAD设计中心概述

通过AutoCAD的设计中心可以轻松地浏览计算机或网络上任何图形文件中的内容，其中包括图块、标注样式、图层、布局、线型、文字样式、外部参照等。另外，可以使用设计中心从任意图形中选择图块，或从AutoCAD图元文件中选择填充图案，并将其置于工具选项板上便于以后使用，实现绘图过程的简化。

01 AutoCAD“设计中心”选项板

设计中心的基本功能包括以下几个方面：

- 浏览用户计算机、网络驱动器和Web网页上的图形内容，例如图形和符号。
- 在定义表中查看图形文件中命名对象（例如块和图层）的定义，然后将定义插入、附着、复制和粘贴到当前图形中。
- 更新或重定义块定义。
- 创建指向常用图形、文件夹和Internet网址的快捷方式。
- 在新窗口中打开图形文件。
- 将图形、块和图案填充工具拖动到工具选项板以便访问。

进入AutoCAD设计中心有以下几种方式：

- 执行“工具>选项板>设计中心”菜单命令，默认快捷键为Ctrl+2。
- 在命令行输入命令ADCENTER并按回车键。
- 在“视图”选项卡的“选项板”面板中单击“设计中心”按钮。

“设计中心”选项板主要由工具栏、选项卡、内容显示区、树状视图区、预览区和说明区6个部分组成，如下图所示。

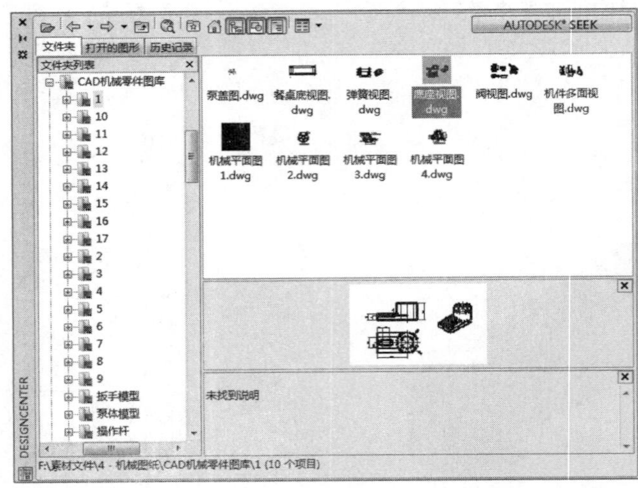

1. 工具栏

工具栏控制树状图和内容区中信息的浏览和显示。主要由11个按钮组成，当设计中心的选项卡不同时略有不同，下面进行简要的介绍。

- 加载：单击“加载”按钮将弹出“加载”对话框，通过对话框选择预加载的文件。

- 上一页：单击“上一页”按钮可以返回到前一步操作。如果没有上一步操作，则该按钮呈未激活的灰色状态，表示该按钮无效。
- 下一页：单击“下一页”按钮可以返回到设计中心中的下一步操作。如果没有下一步操作，则该按钮呈未激活的灰色状态，表示该按钮无效。
- 上一级：单击该按钮将会在内容窗口或树状视图中显示上一级内容、内容类型、内容源、文件夹、驱动器等内容。
- 搜索：单击该按钮提供类似于Windows的查找功能，使用该功能可以查找内容源、内容类型及内容等。
- 收藏夹：单击该按钮用户可以找到常用文件的快捷方式图标。在文件名或文件夹名上右击，在弹出的快捷菜单中选择“添加到收藏夹”选项，可将图形、图形文件或文件夹加入到收藏夹中。
- 主页：单击“主页”按钮将使设计中心返回到默认文件夹。安装时设计中心的默认文件夹被设置为“…Auto CAD2018\Sample”。用户可以在树状结构中选中一个对象，右击该对象后在弹出的快捷菜单中选择“设置为主页”选项，即可更改默认文件夹。
- 树状图切换：单击“树状图切换”按钮可以显示或者隐藏树状图。树状图隐藏后可以使用内容区域浏览器加载图形文件。在树状视图中使用“历史记录”选项卡时，该按钮不可用。
- 预览：用于实现预览窗格打开或关闭的切换。如果选定项目没有保存的预览图像，则预览区域为空。
- 视图：确定控制板所显示内容的不同格式，用户可以从视图列表中选择一种视图。

2. 选项卡

“设计中心”选项板根据不同用途分为3个选项卡，其具体介绍如下：

“文件夹”选项卡：用于显示导航图标的层次结构。选择层次结构中的某一对象，在内容窗口、预览窗口和说明窗口中将会显示该对象的内容信息。利用该选项卡还可向当前文档中插入各种内容。

“打开的图形”选项卡：用于在设计中心显示在当前AutoCAD环境中打开的所有图形，其中包括最小化的图形。在下拉列表中单击某一内容的图标，就可以看到该图形的相关设置。

“历史记录”选项卡：用于显示用户最近浏览的AutoCAD图形。显示历史记录后在文件上右击，在弹出的快捷菜单中选择“浏览”选项可以显示该文件的信息。

02 图形内容的搜索

设计中心中的搜索功能类似于Windows的查找功能，在“设计中心”选项板的工具栏中单击“搜索”按钮，程序将自动弹出“搜索”对话框，从中单击“搜索”下拉按钮，然后将弹出搜索类型列表，如右图所示。

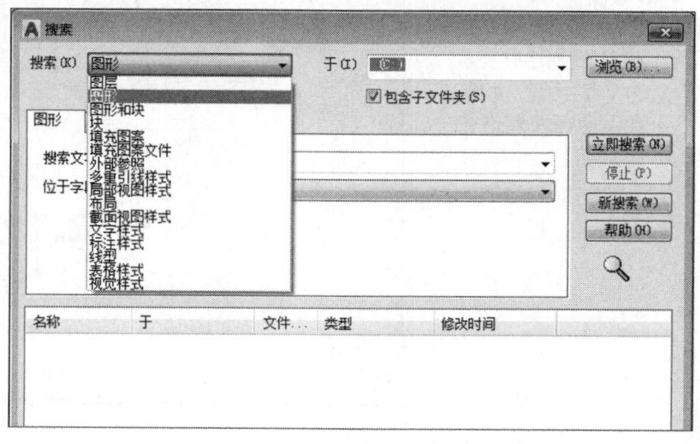

在“搜索”对话框中用户还可以指定搜索的路径，这样可以减少搜索的时间，如下图所示。

“修改日期”选项卡主要用于定义查找在一段特定时间内创建或修改的内容，其中各选项的含义如下图所示。

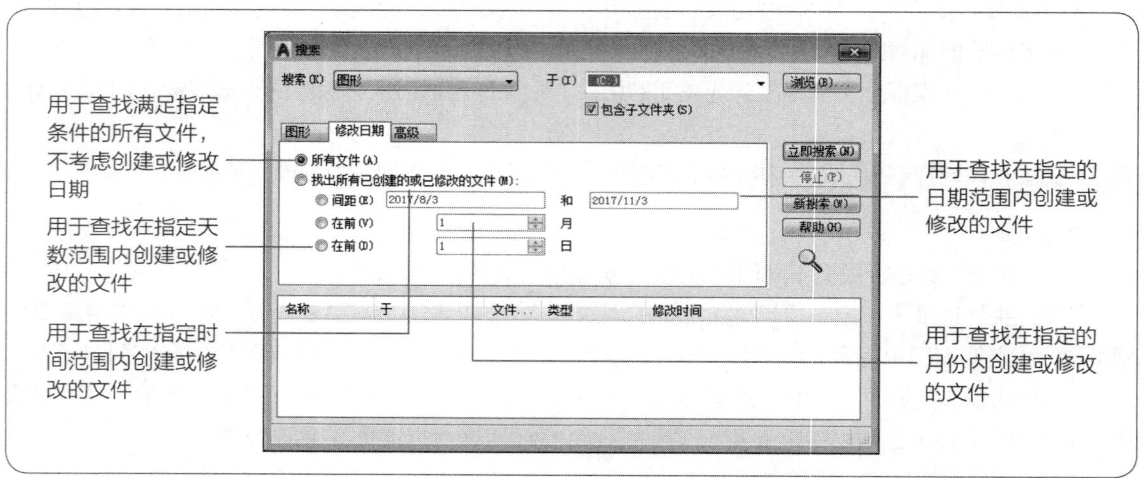

“高级”选项卡用于查找图形中的内容，如下图所示。

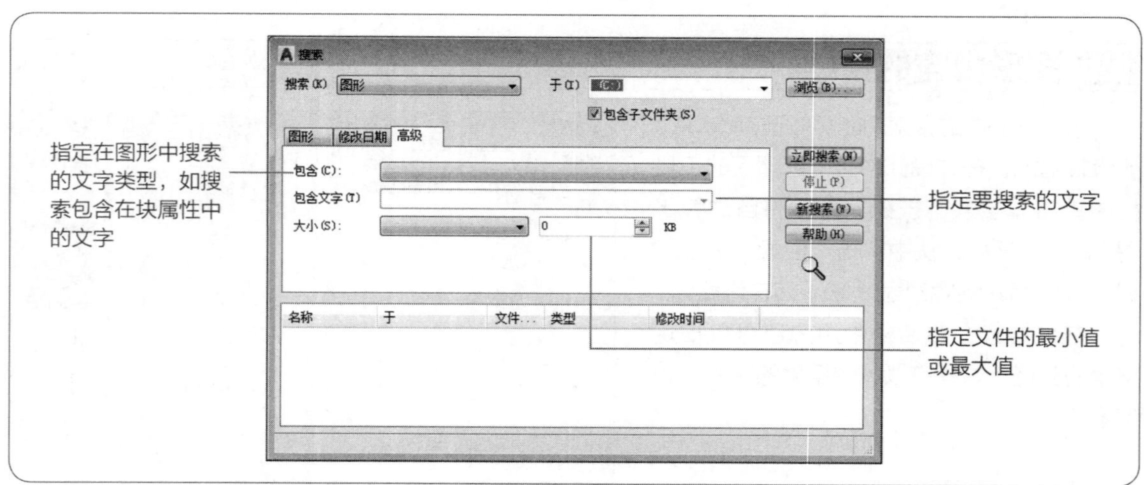

03 在文档中插入内容

用户使用AutoCAD的设计中心可以方便地在当前图形中插入对象，这些对象可以是块、引用光栅图、外部参照，也可以在图形之间复制图层、线型、文字样式和标注样式等各种内容。

1. 插入块

在AutoCAD中插入块有两种方式，一种是通过“插入比例”来比较图形和块使用的单位，执行“工具>选项”命令。在弹出的“选项”对话框中单击“用户系统配置”选项卡，在“插入比例”选项组中用户可以设置插入的比例值，如下左图所示。

另一种是使用“插入”对话框指定选定块的插入点、缩放比例和旋转角度。在“插入”对话框中勾选“在屏幕上指定”复选框，X、Y、Z坐标将不可用；勾选“统一比例”复选框，则只有X坐标可用，Y、Z坐标不可用，如下右图所示。

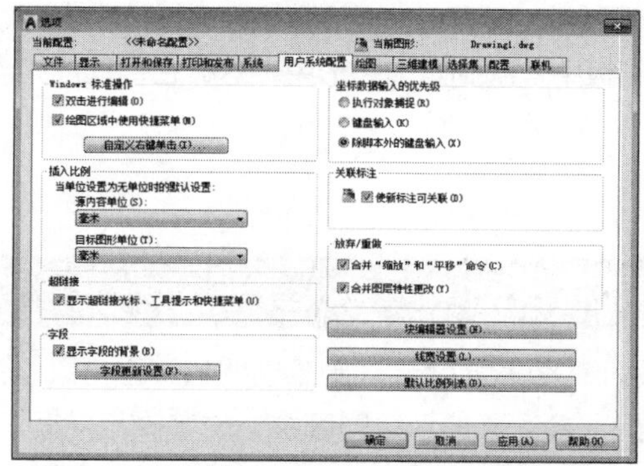

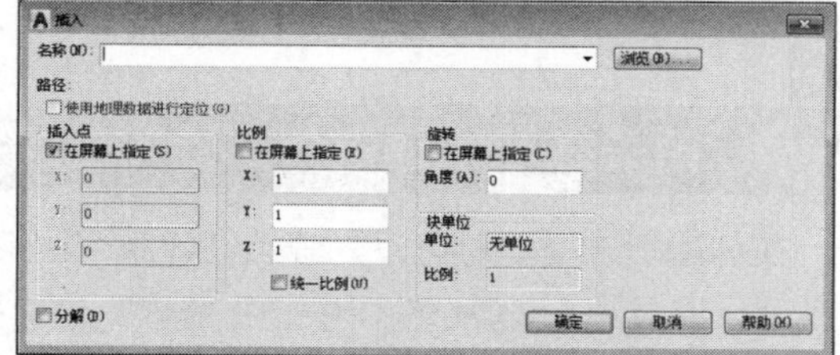

2. 引用外部参照

AutoCAD的设计中心还可以引用外部参照功能。在控制板或“查找”对话框中将需要附加或覆盖的外部参照拖动到绘图区，右击鼠标，在弹出的快捷菜单中选择“附着为外部参照”选项，如下图所示。

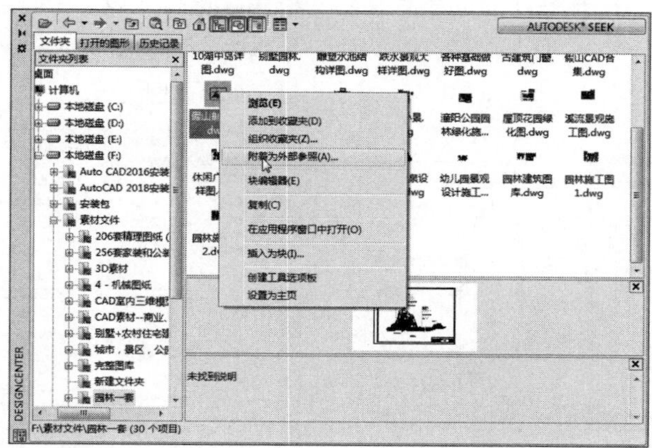

在弹出的“附着外部参照”对话框中选择“参照类型”为“附着型”，分别在“比例”和“插入点”选项组中勾选“在屏幕上指定”复选框，如下左图所示。然后单击“确定”按钮，在绘图区中指定插入点和插入比例，程序自动加载外部参照到绘图区中，可以看到外部参照颜色要比图形对象颜色浅一些，如下右图所示。

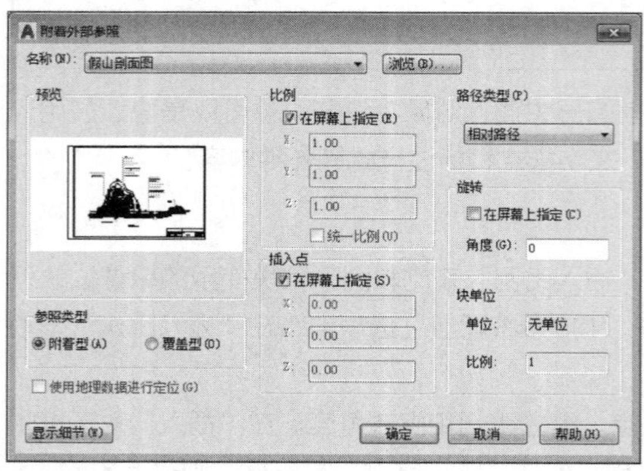

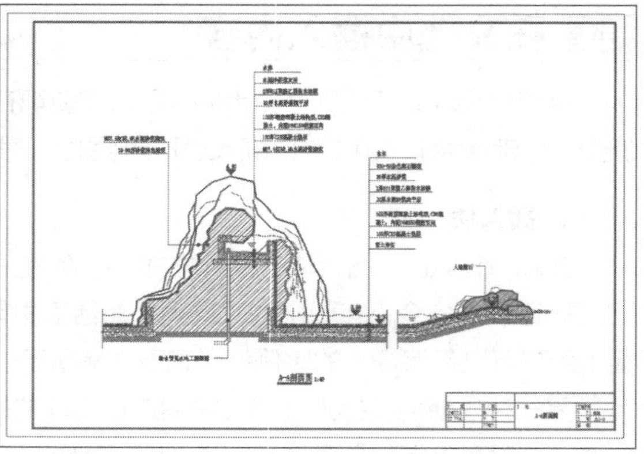

3. 复制图层、线型、文字样式、标注样式、布局和块等

在绘图过程中，一般在同一个图层中放置具有相同特性的对象。使用AutoCAD设计中心可以将图形文件中的图层、线型、文字样式、标注样式从控制板中复制到当前图形中，这样它们就成为当前图形的一部分。

相关练习 | 通过外部参照创建平面布置图

在创建复杂模型时可以先分别创建单个图形文件，图形文件可以是二维图形，也可以是三维模型。通过AutoCAD设计中心将图形文件作为外部参照添加到绘图区中，或者执行“插入>DWG参照”命令也可以将外部参照加载进来。本例以外部参照加载到客厅立面图中展开介绍。

原始文件：实例文件\第13章\原始文件\客厅立面图 .dwg
最终文件：实例文件\第13章\最终文件\外部参照结果.dwg

STEP 01 打开素材文件。打开客厅立面图素材文件，如下图所示。

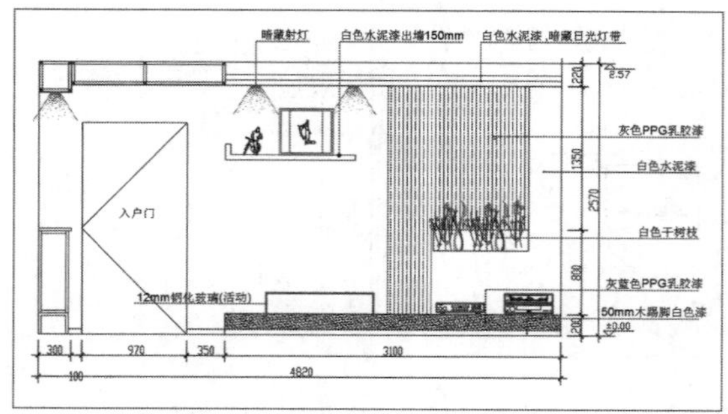

STEP 02 打开设计中心选项板。执行“工具>选项板>设计中心”命令，打开“设计中心”选项板，如下图所示。

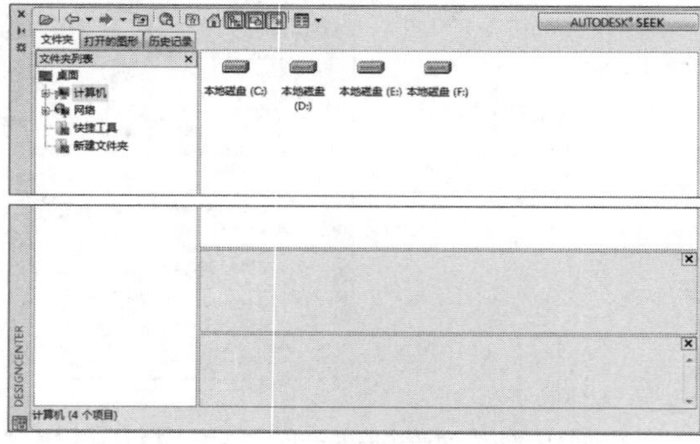

STEP 03 选择外部参照文件。在“设计中心”选项板中选择参照文件，如下图所示。

STEP 04 确定外部参照。单击鼠标右键，在弹出的快捷菜单中选择“附着为外部参照”选项，如下图所示。

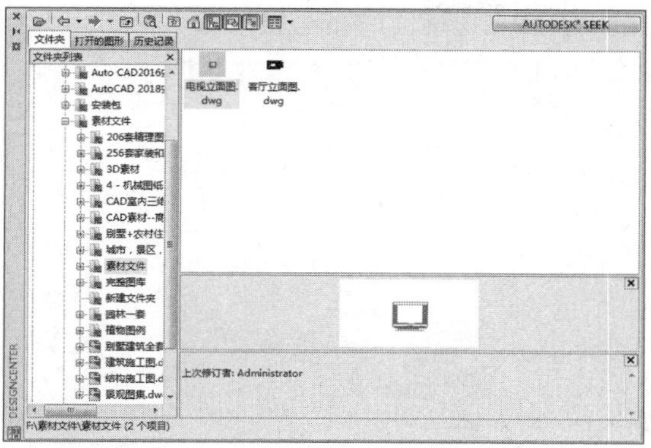

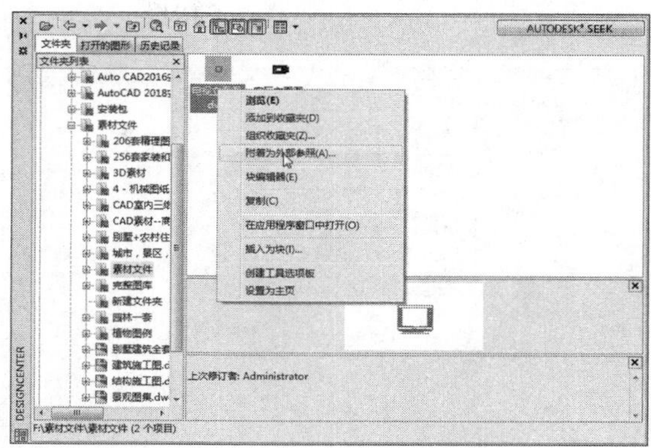

STEP 05 打开“附着外部参照”对话框。在弹出的“附着外部参照”对话框中对相关参数进行设置，如下图所示。

STEP 06 附着为外部参照。单击“确定”按钮返回到上一层选项板并关闭，返回到绘图区，根据命令行提示，指定插入点并输入比例因子，然后将参照图形移至图中合适位置，如下图所示。

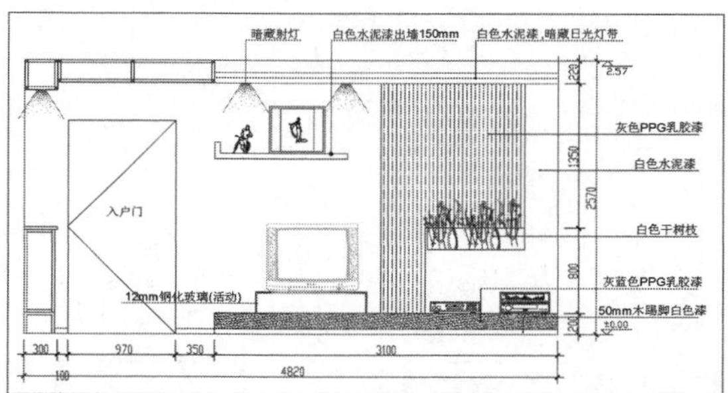

> **工程师点拨 | 移动附着的外部参照**
>
> 如果附着的外部参照基准点不是在圆心位置，可以先随意指定一个点将其加载进来，然后执行“修改>移动”命令将外部参照移动到指定的位置。

Lesson 02 图形文件的核查与修复

在绘图过程中，有时会因为意外原因造成图形文件的损坏无法进行保存，这时可以通过使用图形的核查和修复功能来查找并更正错误，从而修复部分或全部数据。

01 保存与组织图形

绘制图形时，可以指定要使用的图形文件和其他设置，也可以选择如何保存工作。

在“设计中心”选项板中，可以选择一个图形对象后右击，在弹出的快捷菜单中选择“添加到收藏夹”选项，被选择的内容将自动添加到收藏夹中，以便于使用，如下左图所示。

要查看收藏夹中的内容，可在“设计中心”选项板中单击“收藏夹”按钮，程序将显示出收藏的

图形快捷方式，双击图形的快捷方式可以返回到源对象在设计中心树状图中的位置，如下右图所示。

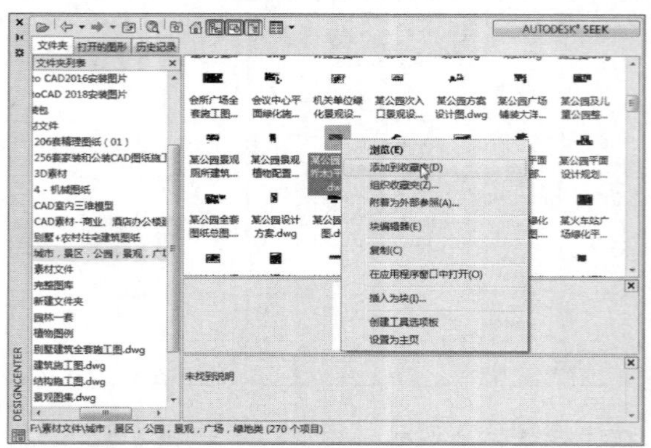

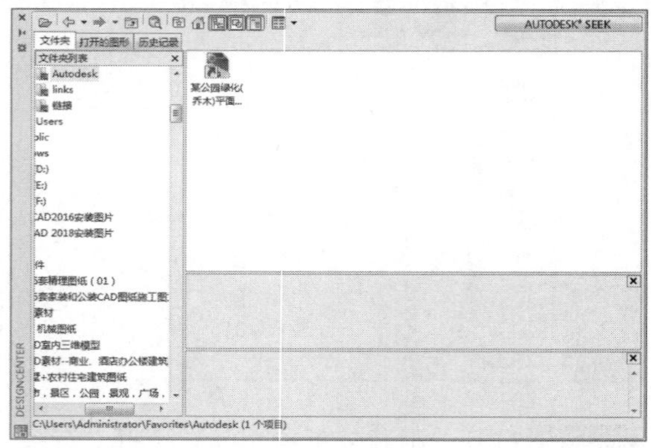

在设计中心选择图形文件然后单击鼠标右键，在弹出的快捷菜单中选择“组织收藏夹”选项，程序将弹出Windows窗口显示AutoCAD收藏夹中的项目，可以对AutoCAD收藏夹中的项目进行添加或删除，如右图所示。

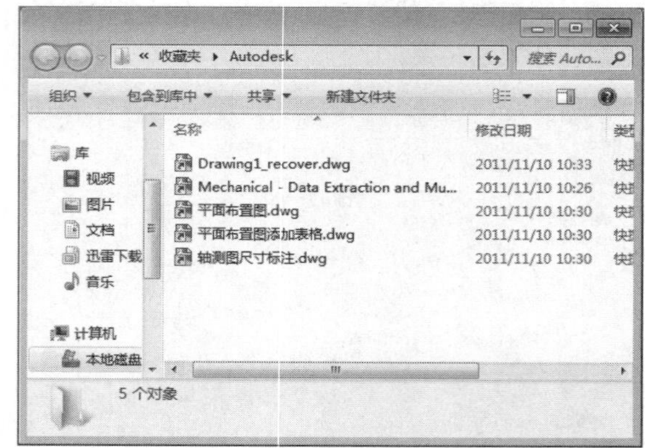

02 图形的核查

需要核查图形时，可以单击“应用程序菜单”按钮，在弹出的下拉菜单中选择“图形实用工具>核查”选项。程序将提示是否更正检测到的任何错误，输入“Y”，程序自动对图形进行检查并提示检查结果。或者按“F2”快捷键，程序将显示“AutoCAD文本窗口”，如右图所示。

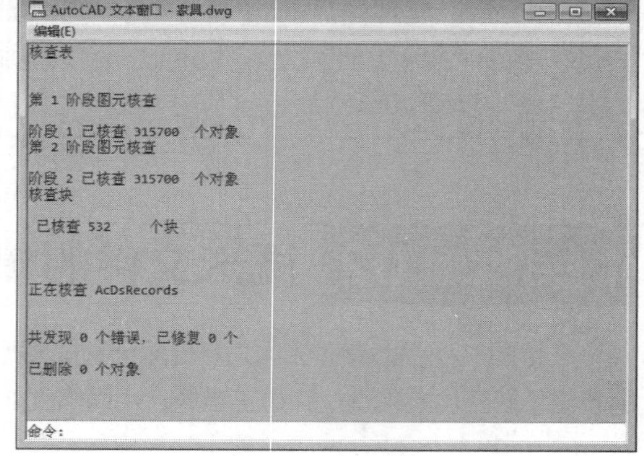

03 图形的修复

因意外造成程序非正常关闭后，再次打开软件程序时绘图区左侧会出现“图形修复管理器”选项板，该选项板中将列举因非正常退出软件时未保存的图形列表，如下左图所示。单击“应用程序菜单”按钮，在弹出的下拉菜单中选择“图形实用工具>修复>修复”选项，在弹出的“选择文件”对话框中选择需要进行修复的文件，然后单击“打开”按钮，程序将自动检查图形中的错误并对图形对象进行修复，如下右图所示。

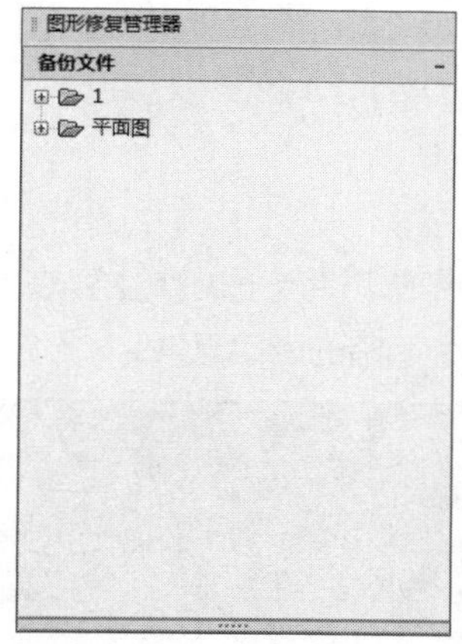

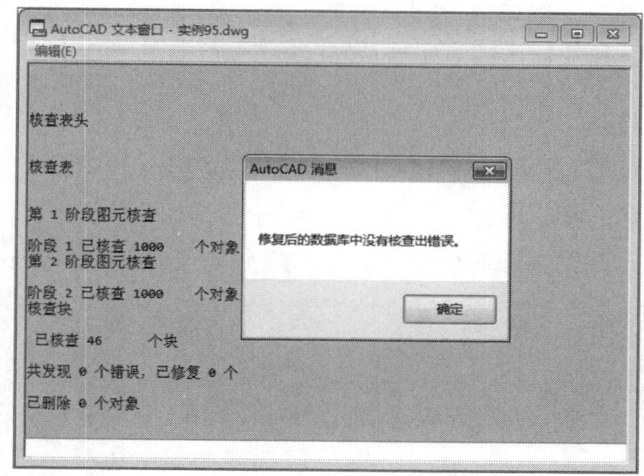

在检查过程中出现错误时，诊断信息将记录在acad文件中，使用记事本打开该文件可以查看出现的问题。

如果在图形文件中检测到损坏的数据，或者用户在程序发生故障后要求保存图形，那么该图形文件将标记为已损坏。如果只是轻微损坏，有时只需打开图形便可修复。如右图所示。

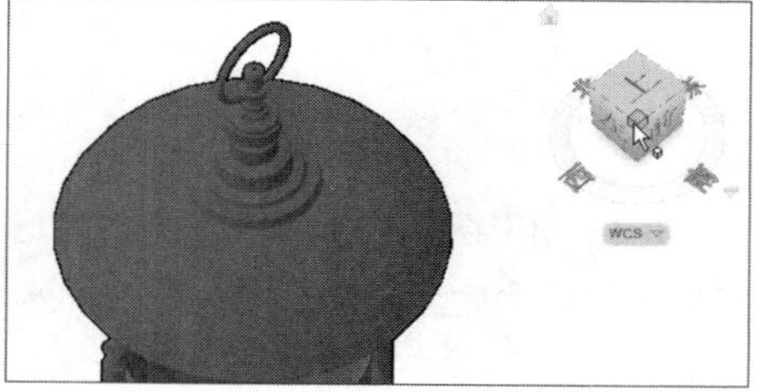

Lesson 03 系统选项

AutoCAD的系统参数设置用于对系统进行配置，包括设置文件路径、改变绘图背景颜色、设置自动保存的时间、设置绘图单位等。

执行“工具>选项”命令，弹出“选项”对话框，该对话框有11个选项卡，分别用于设置不同的配置参数，如下图所示。

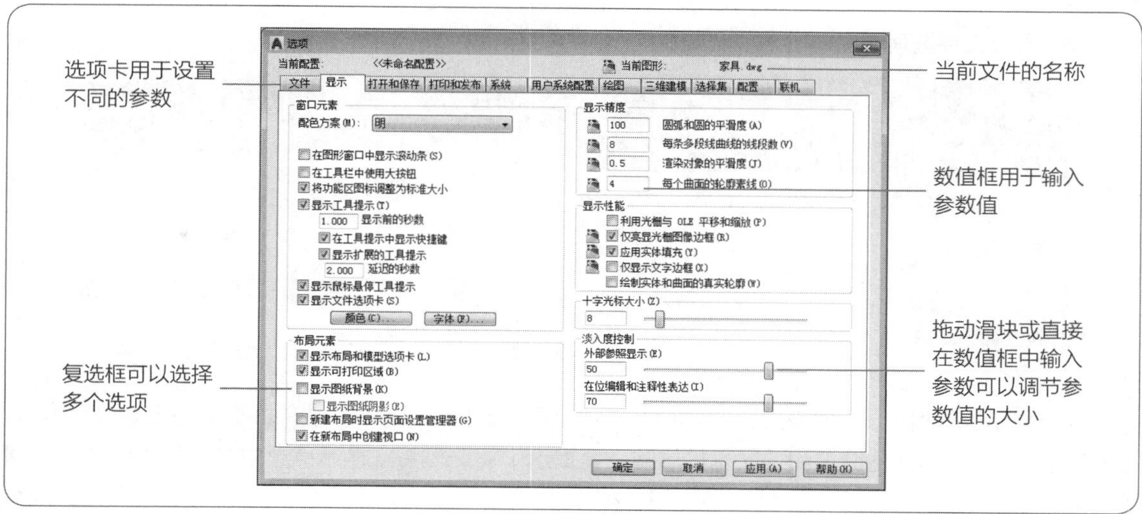

01 显示设置

通过“选项”对话框中的“显示”选项卡，可以修改绘图区的屏幕背景颜色、十字光标的显示大小和颜色、图形的显示精度和显示性能等。

1. 窗口元素

“窗口元素”选项组主要用于设置窗口颜色等相关内容。

（1）**配色方案**。单击“配色方案”下拉按钮，出现“明”和“暗”两个选项，主要表现在窗口面板区域的显示效果。如下左图所示为明亮的窗口元素，如下右图为阴暗的窗口元素。

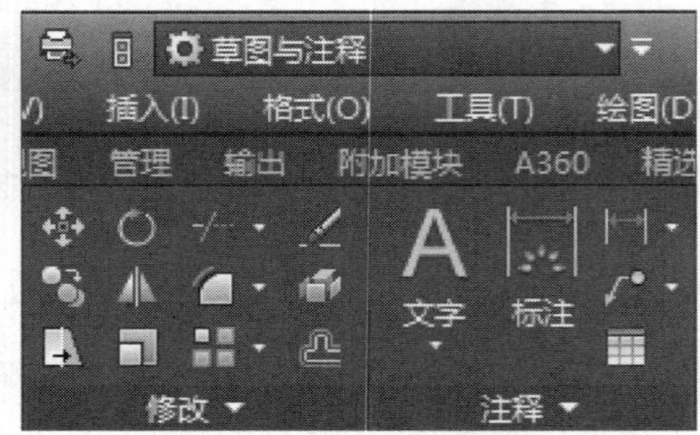

（2）**图形窗口中显示滚动条**。勾选该复选框将在绘图区下方和右侧显示窗口的滚动条，大型图形文件比较适合使用该种方式，如下图所示。

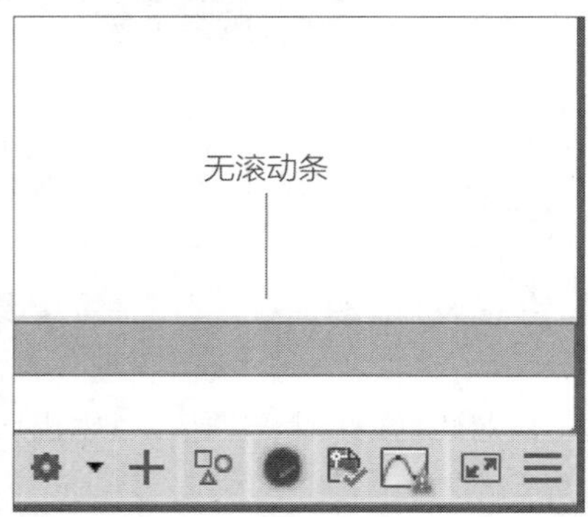

（3）**显示文件选项卡**。勾选该复选框将显示文件选项卡，如下图所示。

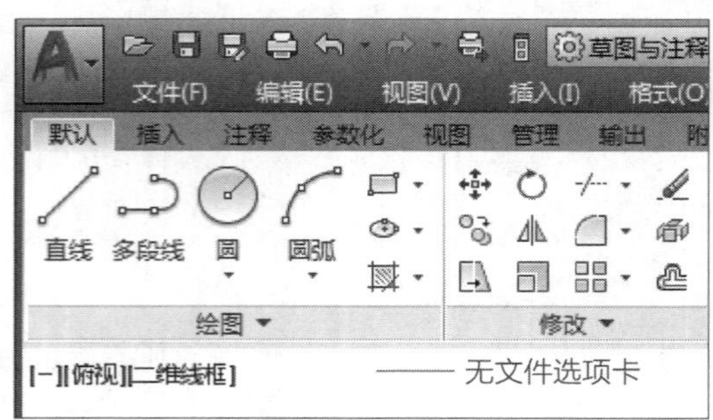

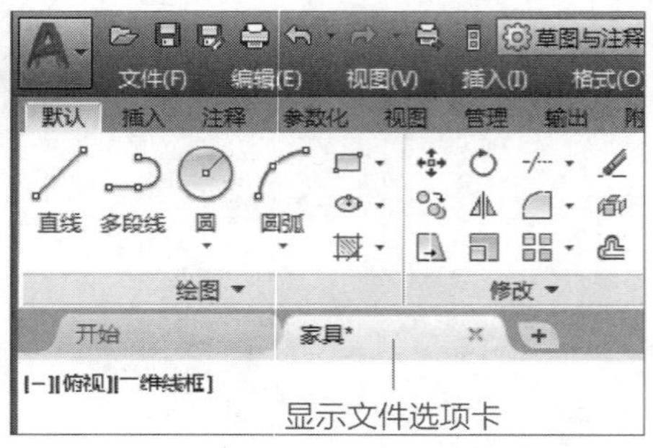

（4）**显示工具提示**。勾选该复选框后将光标移动到功能区、菜单栏、功能面板时将出现提示信息。“在工具提示中显示快捷键”和“显示扩展的工具提示”复选框将在提示信息中显示相关的内容，如下图所示。

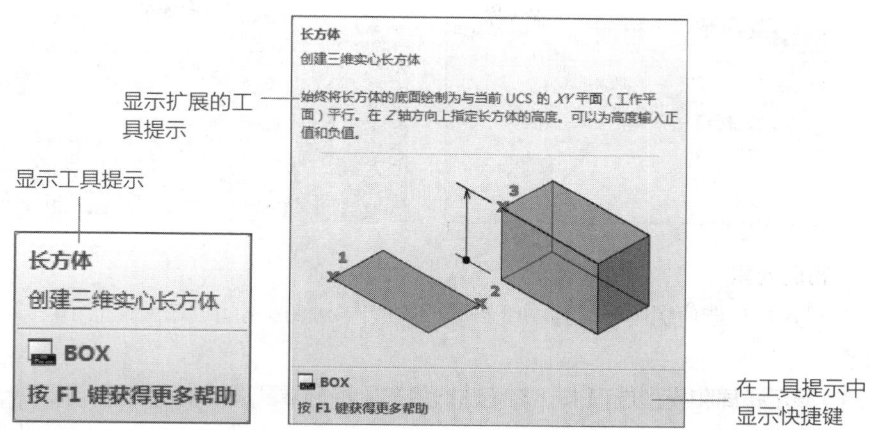

（5）**显示鼠标悬停工具提示。**勾选该复选框后将光标放到图形对象上将会出现提示信息，如下图所示。

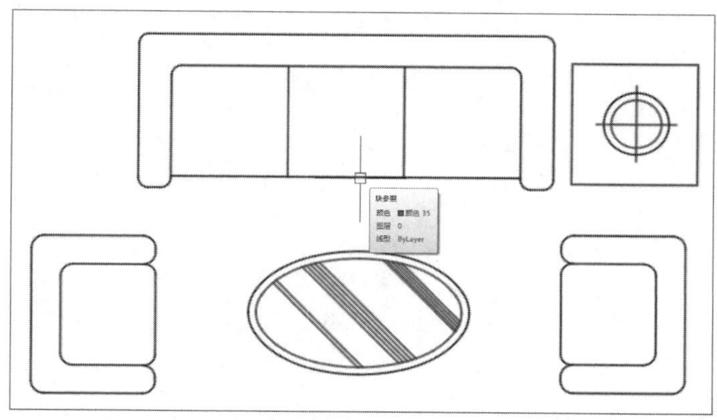

（6）**颜色。**用于调节窗口的背景颜色。单击“颜色”按钮后将弹出“图形窗口颜色”对话框，在该对话框中用户可以设置空间的颜色、图纸 / 布局的背景颜色、命令行、光标、栅格的颜色等，如下左图所示。颜色设置完成后单击“应用并完成”按钮，再在“选项”对话框中单击“确定”按钮，程序自动对颜色进行更新显示，如下右图所示。

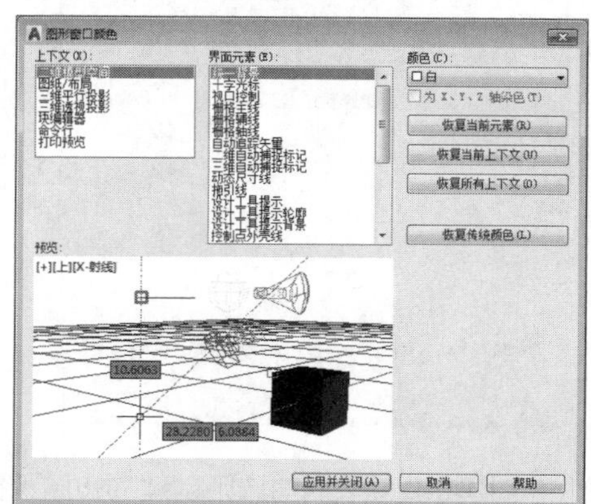

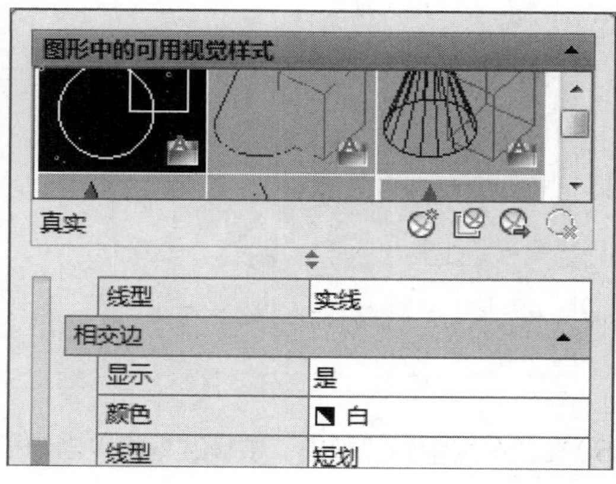

（7）**字体。**单击“字体”按钮将弹出“命令行窗口字体”对话框，从中可以设置命令行窗口字体类型、字形以及字号等选项，如下图所示。

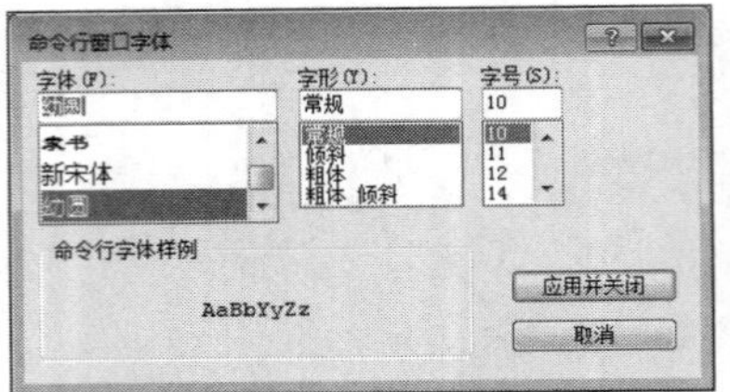

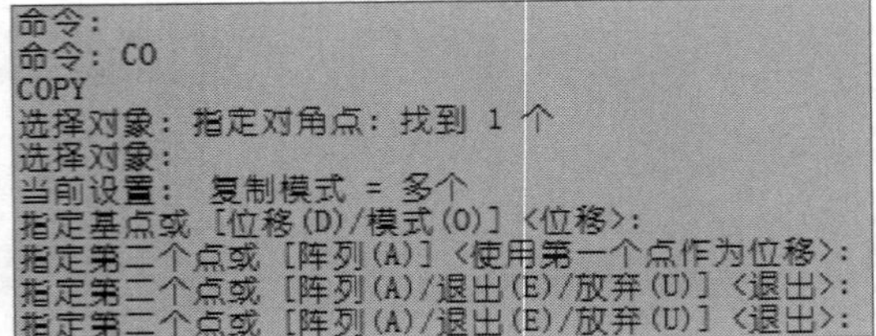

2. 布局元素

"布局元素"选项组用于设置图纸布局相关的内容和控制图纸布局的显示或隐藏。

（1）**显示布局和模型选项卡**。该复选框将在显示"布局"选项卡和隐藏"布局"选项卡之间进行切换，如右图所示。

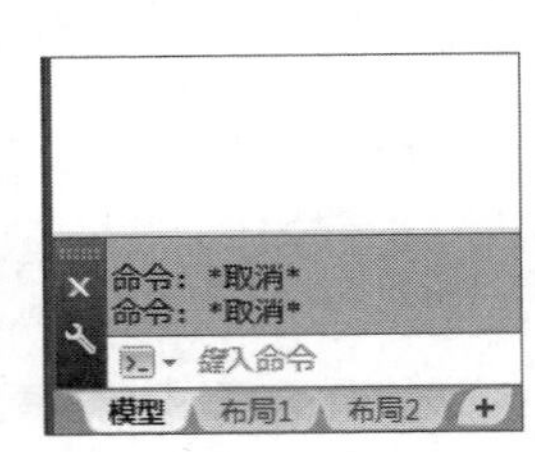

（2）**显示可打印区域**。显示布局中的可打印区域，可打印区域是指虚线以内的区域，如下图所示。

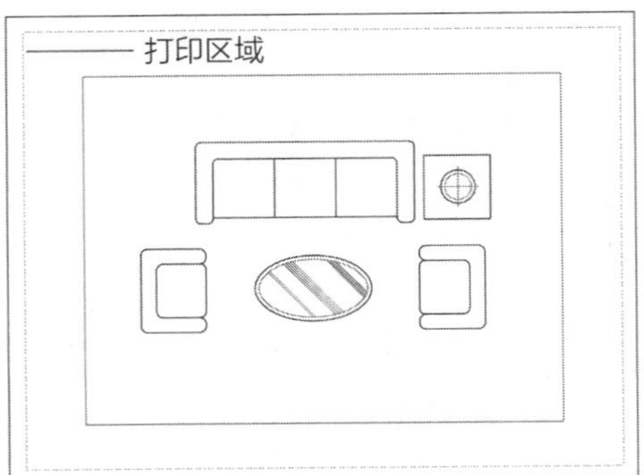

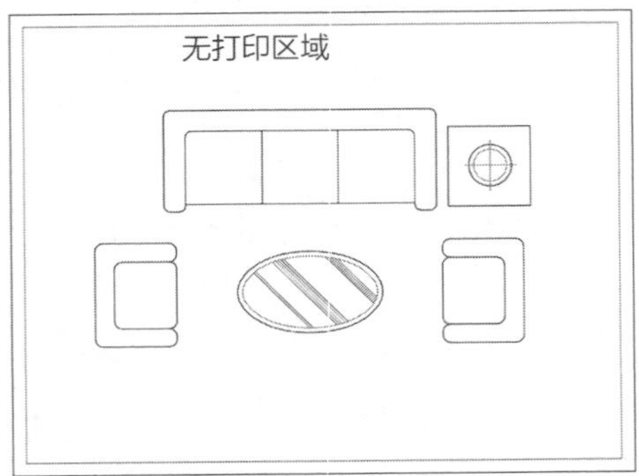

（3）**显示图纸背景**。勾选"显示图纸背景"复选框，将显示图纸背景的颜色，勾选"显示图纸阴影"复选框，将显示出图纸背景的阴影，如下左图所示。

（4）**新建布局时显示页面设置管理器**。勾选该复选框，第一次单击布局选项卡时都会弹出"页面设置管理器"对话框。可以使用此对话框设置和打印设置相关的选项，如下右图所示。

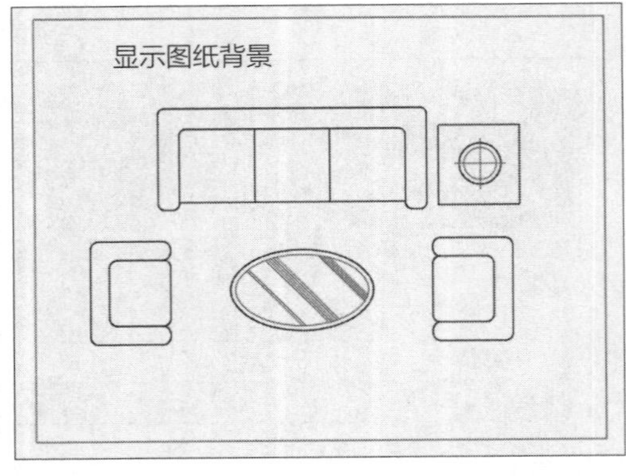

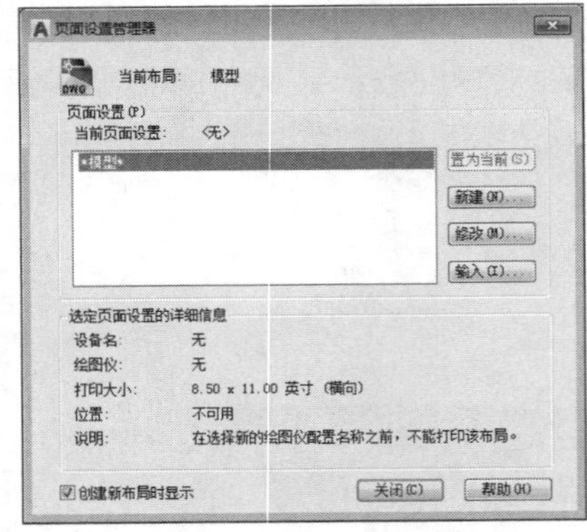

（5）**在新布局中创建视口**。该复选框将以当前视口为准创建布局，取消勾选则创建的布局无视口。

3. 显示精度

该选项组用于设置圆弧或圆的平滑度、每条多段线的段数等项目。

4. 显示性能

该选项组用于使用光栅和OLE进行平移与缩放，显示光栅图像的边框，实体填充，显示文字边框等参数设置。

5. 十字光标大小

该选项用于调整光标的十字线大小，默认值为5，如下左图所示。十字光标的值越大，光标两边的延长线就越长，如果十字光标值为10，则十字光标的延长线将将比参照图要大，如下右图所示。

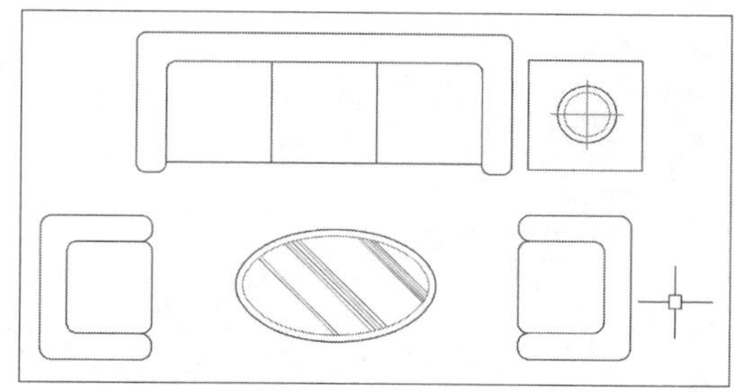
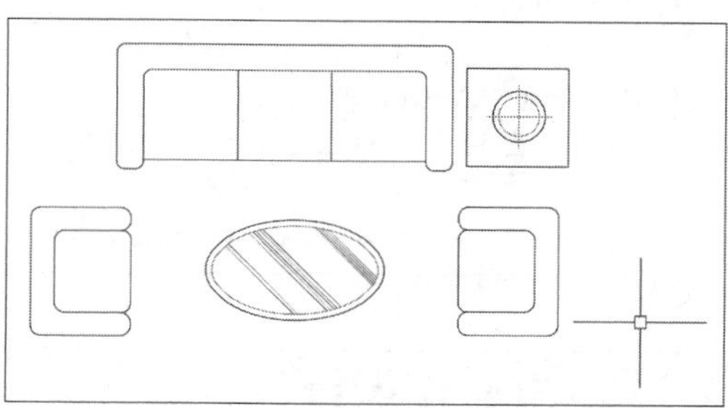

6. 淡入度控制

该选项组主要用于控制图形的显示效果，淡入度为负数值时显示效果越清晰，反之淡入度为正数值时显示效果就越淡。

02 打开和保存设置

“打开和保存”选项卡主要用于设置文件保存时的默认保存格式，设置自动保存的时间等。

（1）文件保存。“文件保存”选项组可以设置文件保存的类型、缩略图预览设置和增量保存百分比设置等，如下图所示。

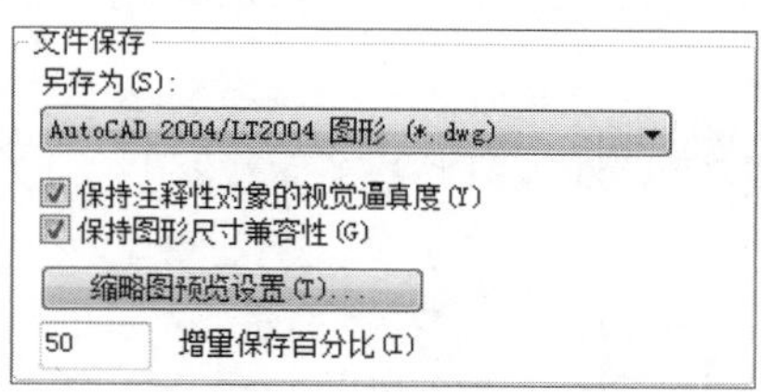

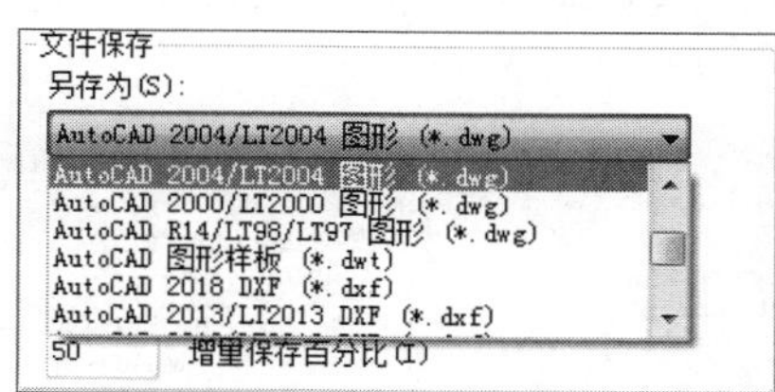

（2）文件安全措施。“文件安全措施”选项组用于设置自动保存的间隔时间，是否创建副本，设置临时文件的扩展名等，如下图所示。

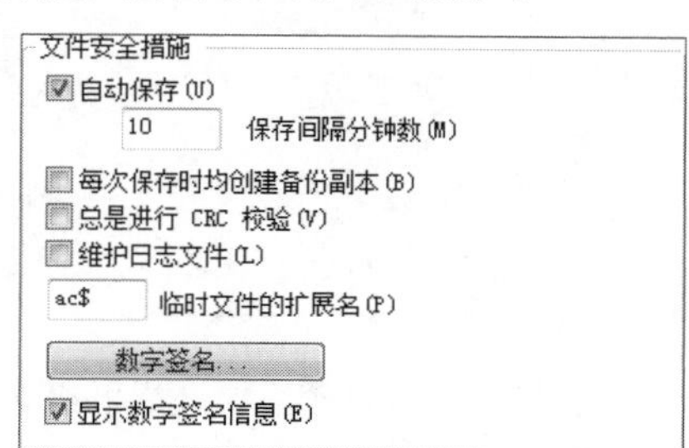

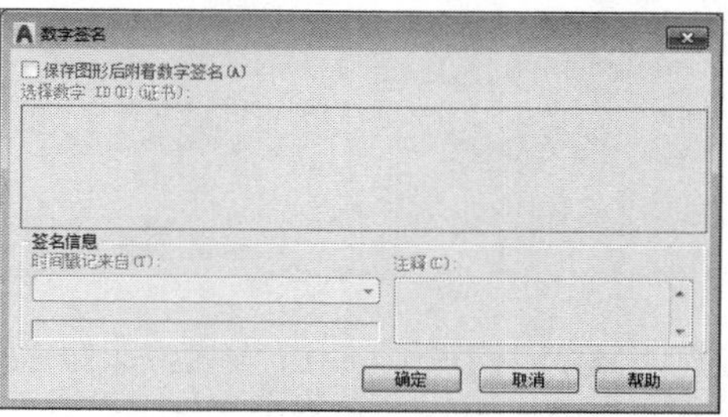

（3）文件打开与应用程序菜单。“文件打开”选项组可以设置在窗口中打开的文件数量等，“应用程序菜单”选项组可以设置最近打开的文件数量，如下图所示。

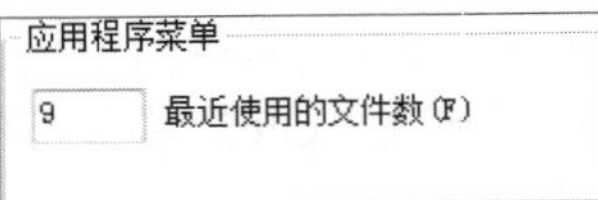

（4）**外部参照。**“外部参照”选项组可以设置调用外部参照时的状况，可以设置启用、禁用或使用副本，如下左图所示。

（5）**ObjectARX 应用程序。**该选项组可以设置加载 ObjectARX 应用程序和自定义对象的代理图层，如下右图所示。

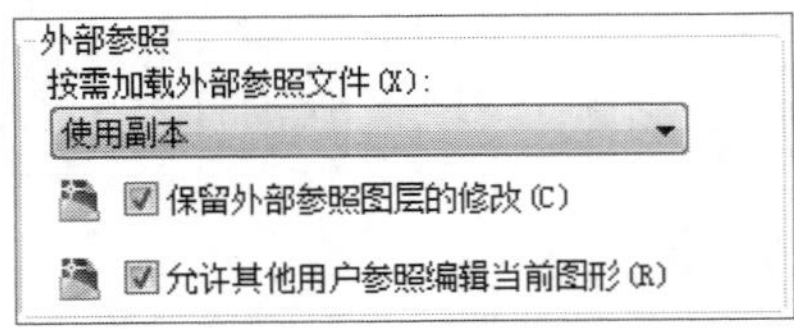

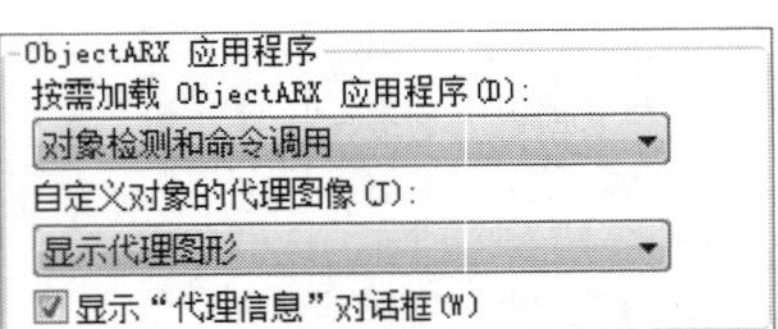

03 打印和发布设置

“打印和发布”选项卡用于设置打印机类型、打印文件默认位置、打印和发布日志文件、打印样式和打印戳记设计等，如下左图所示。

- 新图形的默认打印设置：用于设置默认输出设备的名称以及是否使用上一可用打印设置。
- 打印到文件：用于设置打印到文件操作的默认位置。
- 后台处理选项：用于设置何时启用后台打印。
- 打印和发布日志文件：用于设置打印和发布日志的方式及保存打印日志的方式。
- 自动发布：设置是否采用自动发布，单击“自动发布设置”按钮，将弹出其对话框，从中可以设置自动发布选项、常规DWF/PDF选项和DWF数据选项等，如下右图所示。
- 常规打印选项：可以设置更改打印设备时是否警告，设置OLE打印质量以及是否隐藏系统打印机。

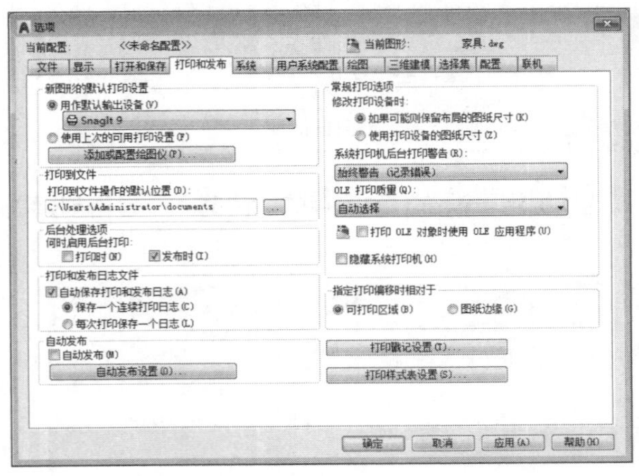

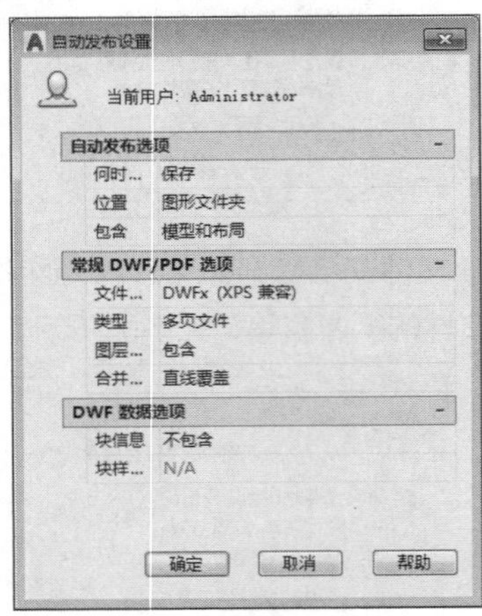

- 指定打印偏移时相对于：用于设置打印偏移时相对于的对象为可打印区域还是图纸边缘。单击“打印戳记设置”按钮，将弹出“打印戳记”对话框，在该对话框中用户可以设置打印戳记的具体参数，如下左图所示。单击“打印样式表设置”按钮将弹出“打印样式表设置”对话框，在该对话框中用户可以进一步设置打印样式，如下右图所示。

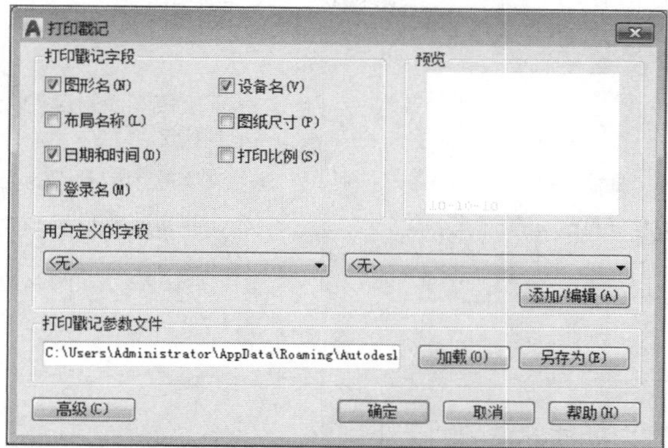

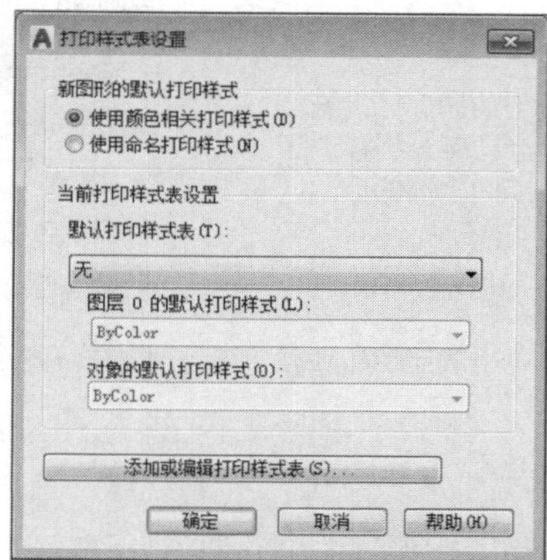

04 系统与用户系统配置

“系统”选项卡用于设置硬件的性能，如硬件加速、布局重生成选项、信息中心等相关参数的设置。

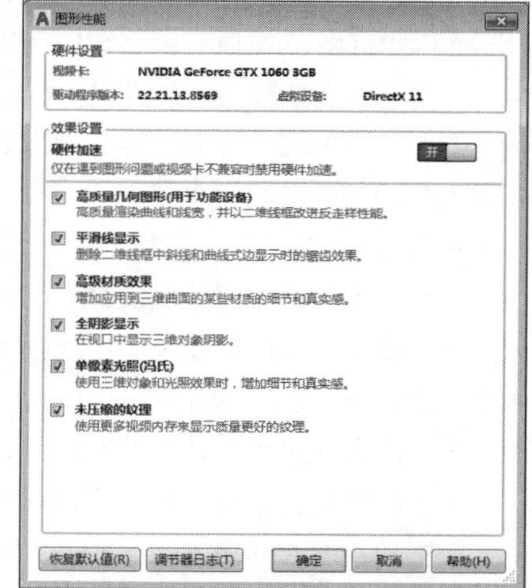

- 硬件加速：在“选项”对话框的“系统”选项卡中单击“图形性能”按钮，程序将弹出对话框。从中用户可以设置各项参数，如右图所示。
- 当前定点设备：“当前定点设备”选项组可以设置定点设备的类型，接受某些设备的输入。
- 布局重生成选项：该选项提供了“切换布局时重生成”、“缓存模型选项卡和上一个布局”和“缓存模型选项卡和所有布局”3种布局重生成样式。
- 数据库连接选项：该选项组用于设置在图形文件中保存链接索引和以只读模式打开表格。
- 常规选项：该选项组用于设置消息的显示与隐藏及显示“OLE文字大小”对话框等项目。

在“用户系统配置”选项卡中，可以设置插入比例、字段等相关参数。

- Windows标准操作：在“用户系统配置”选项卡的“Windows标准操作”选项组中可以设置双击进行编辑、在绘图区域使用快捷菜单等选项方面的操作。
- 插入比例：该选项组用于设置当单位设置为无单位时的默认设置。
- 超链接：当定点设备移动到包含有超链接对象时，显示超链接光标和工具提示。
- 字段：控制字段显示时是否带有灰色背景和自动更新字段等。
- 坐标数据输入的优先级：用于设置在输入参数和命令时是采用何种方式来进行。
- 关联标注：勾选“使新标注可关联”复选框后，对关联标注进行更改时，关联标注会自动调整其位置、方向和测量值。
- 放弃/重做：该选项组用于设置合并图层属性、线宽和编辑比例。

05 绘图与三维建模设置

在“绘图”选项卡中，可以设置一些自动捕捉设置、追踪和靶框大小等参数的设置。

- 自动捕捉设置：该选项组用于设置在绘制图形时捕捉点的样式。

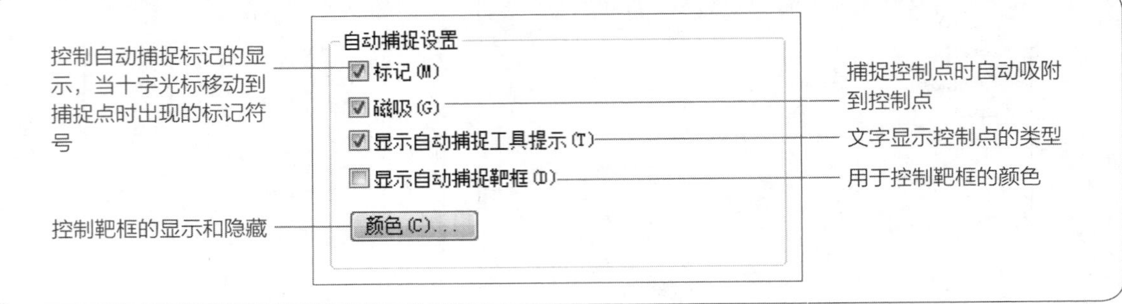

- 自动捕捉标记大小：通过滑动块来调节自动捕捉标记的大小。
- 靶框大小：通过滑动块来调节靶框的大小。
- 对象捕捉选项：在该选项组用于可以设置忽略图案填充对象、使用当前标高替换Z值等项目。
- 对齐点获取：该选项可以选择自动获取或按下Shift键获取。
- AutoTrack设置：用于设置选项为显示极轴追踪矢量、显示全屏追踪矢量和显示自动追踪工具提示。

在“三维建模”选项卡中，可以设置三维十字光标、三维对象等相关参数。

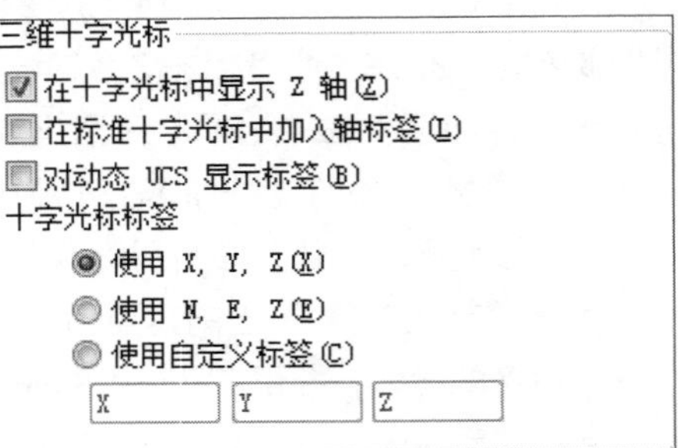

- 三维十字光标：“三维建模”选项卡下的“三维十字光标”选项组可以设置十字光标是否显示Z 轴，是否显示轴标签以及十字光标标签的显示样式等，如右图所示。
- 在视图中显示工具：用于显示ViewCube或UCS图标。
- 三维对象：该选项组用于设置创建三维对象时的视觉样式、曲面或网格上的索线数、设置网格图元、设置网格镶嵌选项等。
- 三维导航：主要用于进行三维导航工具的参数设置。

06 选择集设置

在“选择集”选项卡中用户可以设置拾取框大小、夹点尺寸、选择集模式等相关参数。

- 拾取框大小：用户可以通过滑动块来调节拾取框的大小。
- 夹点尺寸：通过滑动块来调节夹点大小。
- 夹点：可以设置不同状态下的夹点颜色、启用夹点、在块中启用夹点等项目。
- 选择集预览：可以设置活动状态的选择集、未激活命令时的选择集预览效果，单击“视觉效果设置”按钮后可以在弹出的“视觉效果设置”对话框中调节视觉样式的各种参数，如右图所示。

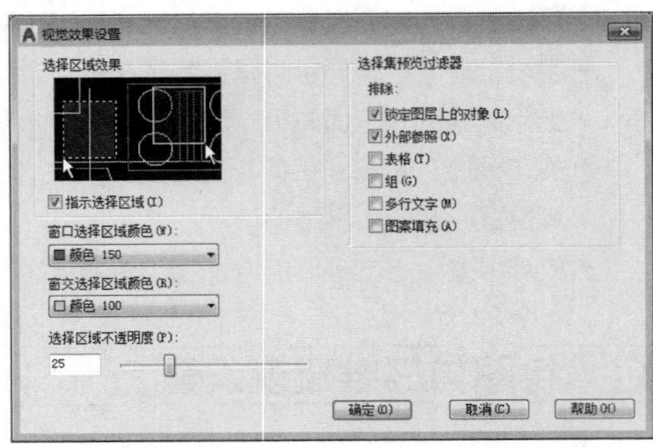

强化练习

通过本章的学习，读者对于设计中心概述、图形文件的核查与修复、系统选项知识有了一定的认识。为了使读者更好地掌握本章所学知识，在此列举几个针对本章知识的习题，以供读者练手。

1. 绘制餐厅立面图

利用“设计中心”选项板为餐厅插入餐桌椅图形。

STEP 01 打开图形文件，如下左图所示。

STEP 02 执行“工具>选项板>设计中心”命令，打开设计中心选项板，选择并插入餐桌椅图形，效果如下右图所示。

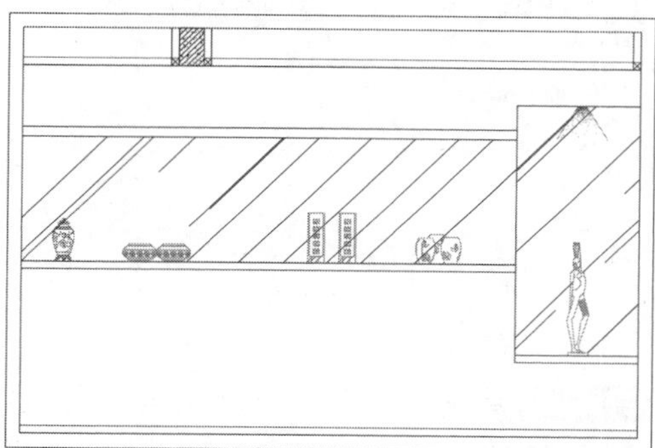

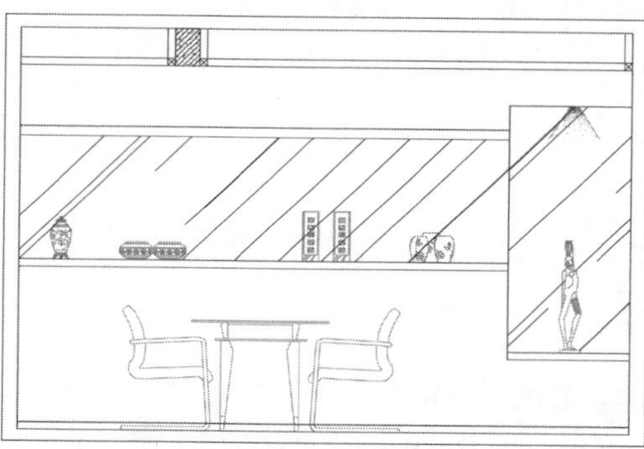

2. 绘制液压管剖面图

利用“设计中心”、“复制”和“旋转”命令为液压管剖面图插入螺栓图形。

STEP 01 打开图形文件，如下左图所示。

STEP 02 执行“工具>选项板>设计中心”命令，打开设计中心选项板，选择并插入螺栓图形。

STEP 03 执行“复制”和“旋转”命令，复制并旋转螺栓图形，放在图中合适位置，如下右图所示。

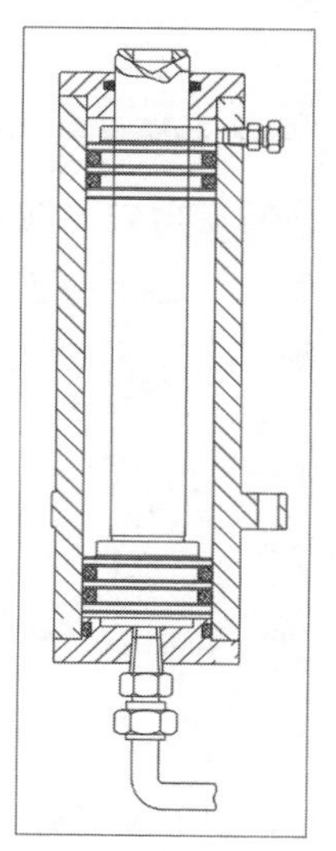

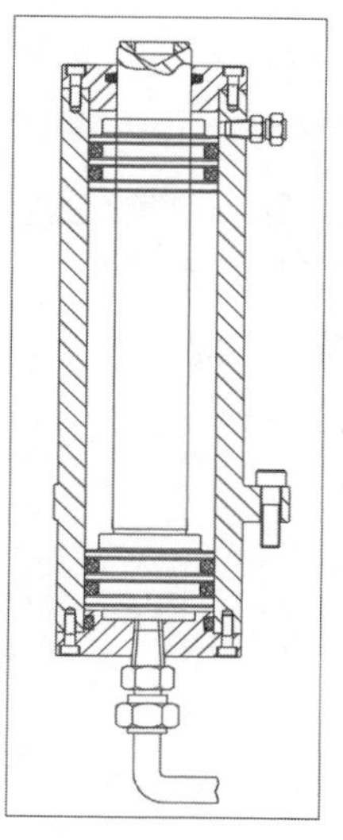

工程技术问答

本章主要对AutoCAD设计中心、图形文件的核查与修复等知识进行介绍，在应用相关知识绘图时难免会有些疑问，下面将对常见的问题及解决方法进行汇总，供用户参考。

Q 如何利用“设计中心”选项板来搜索图形文件?

A 打开“设计中心”选项板，单击“搜索”按钮，在打开的“搜索”对话框中单击“浏览”按钮找到所需图形。其具体操作步骤如下：

STEP 01 执行“工具>选项板>设计中心”命令，打开“设计中心”选项板，如下图所示。

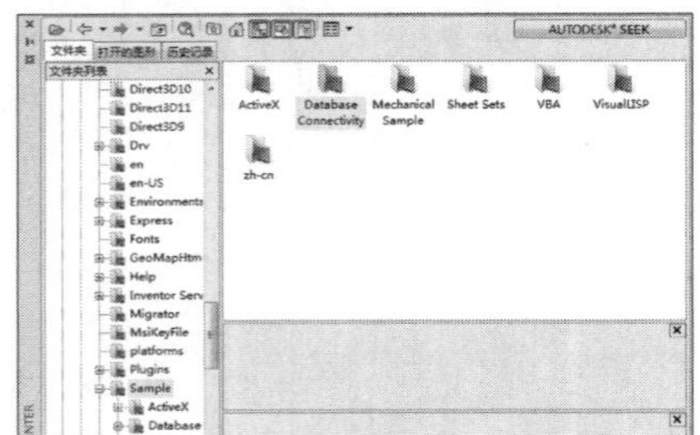

STEP 02 单击“搜索”按钮，打开“搜索”对话框，如下图所示。

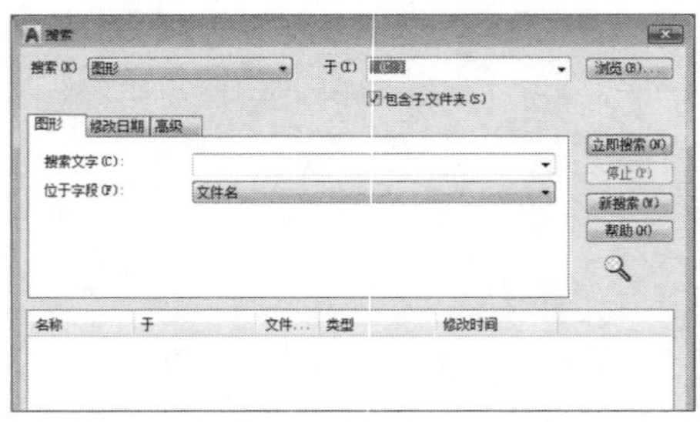

STEP 03 单击“浏览”按钮，打开“浏览文件夹”对话框，指定要图形文件的搜索位置，如下图所示。

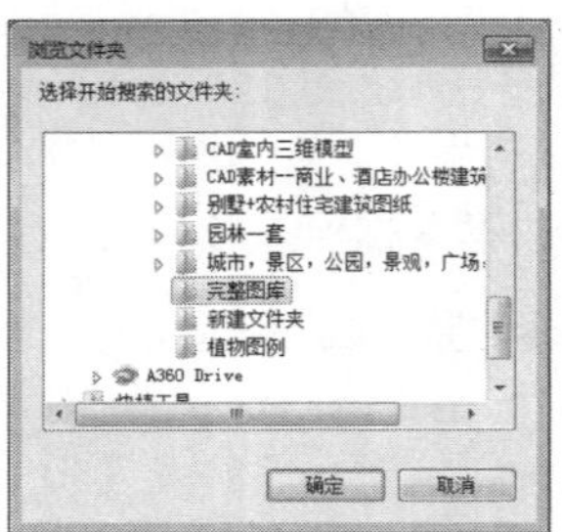

STEP 04 单击“确定”按钮，返回“搜索”对话框，并输入搜索文字名为家具，如下图所示。

STEP 05 单击“立即搜索”按钮即可，其结果显示在对话框的下方列表中，如下图所示。

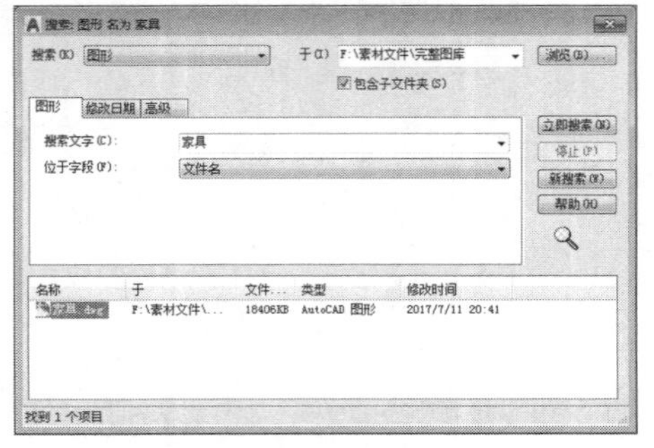

STEP 06 双击搜索到的文件，可以直接将其加载到“设计中心”选项板中，如下图所示。

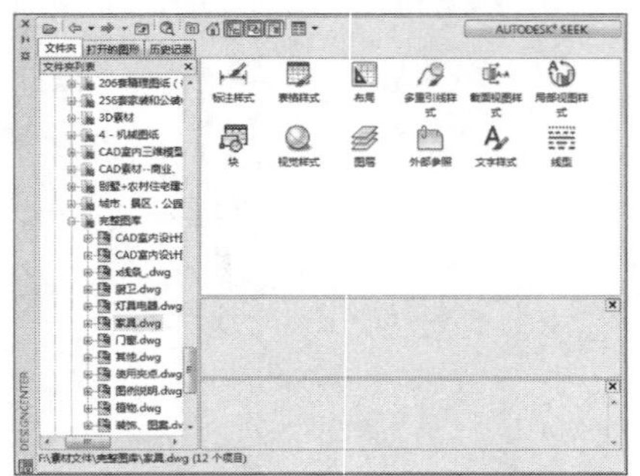

Chapter 14

输出与打印图形

输出和打印图形就是将绘制的图形打印并显示在图纸上，方便用户调用查看。图形的输出是设计工作中的最后一步，此操作也是必不可少的。图形输出一般采用打印机或绘制仪等设备，图纸在打印之前需要进行相关设置，如打印机设置以及相关的参数设置。本章将向用户介绍图纸输出与打印的操作方法。

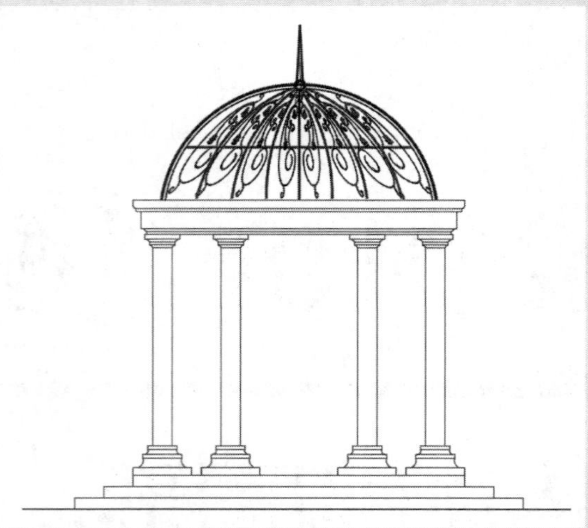

01 欧式亭立面图

图形绘制完成后，在打印之前，必须指定图形的打印区域，才能使画面完整美观，达到最终效果。

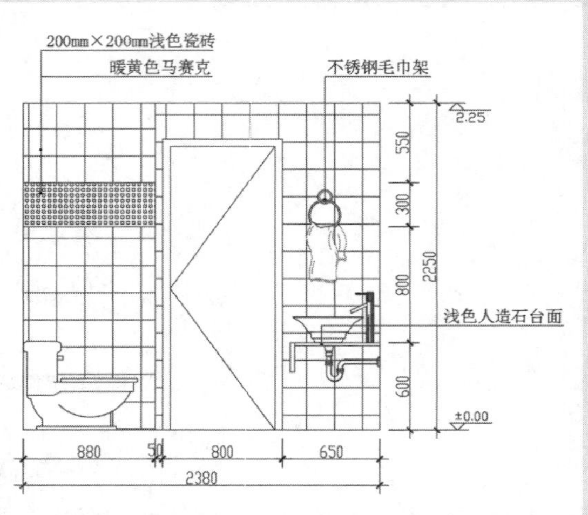

02 卫生间立面图

用户可根据需要在布局空间创建视口，视图中的图形则是打印时所见的图形。

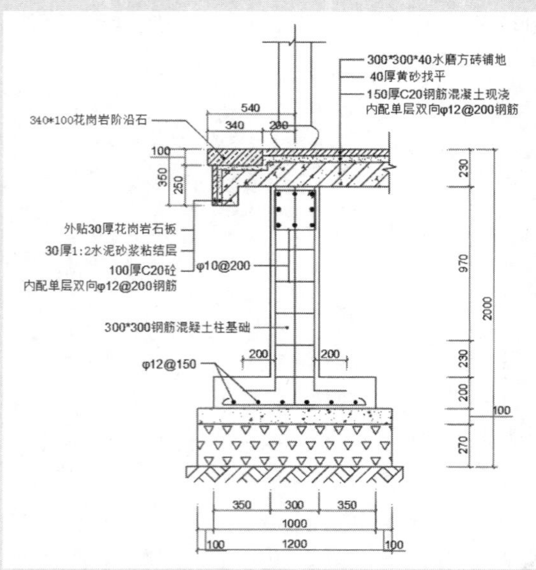

03 方亭剖面图

用户可以从现有的图形样板文件或图形文件导入布局选项卡。

04 建筑外立面图

此立面图为“布局”选项卡中打开的样式。整张图在布局中居中显示，也可对齐设置范围。

05 跑步机模型

创建图纸布局可以通过“模型”选项卡进行。

06 架子鼓模型

使用图纸管理器可以方便的将图纸发布到web浏览器供用户浏览，并将图纸以电子形式进行打印。

07 太阳伞模型

可以通过网上发布实现图纸的共享。用户可以通过web浏览器在Internet上预览图纸。

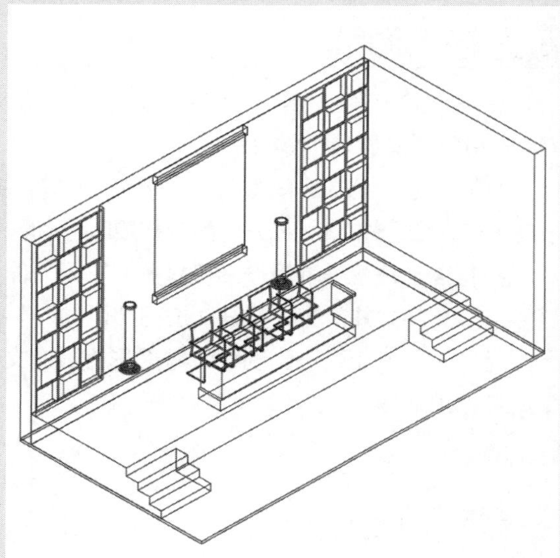

08 会议室模型

使用DWF发布，可以发布三维模型文件。通过web浏览器在Internet上为图纸插入超链接。

Lesson 01 图形的输入与输出

实际工作中，用户通过AutoCAD提供的输入与输出功能，不仅可以将其他应用软件中处理好的数据导入到AutoCAD中，还可以将AutoCAD中绘制好的图形输出成其他格式的图形。

01 插入OLE对象

OLE是指对象链接与嵌入，用户可以将其他Windows应用程序的对象链接或嵌入到AutoCAD图形中，或在其他程序中链接或嵌入AutoCAD图形。插入OLE文件可以避免图片丢失这些问题，所以使用起来非常方便，如下图所示。用户可以通过以下方式调用OLE对象命令：

- 执行“插入>OLE对象”命令。
- 在“插入”选项卡“数据”面板中单击“OLE对象”按钮。
- 在命令行输入INSERTOBJ命令并按Enter键。

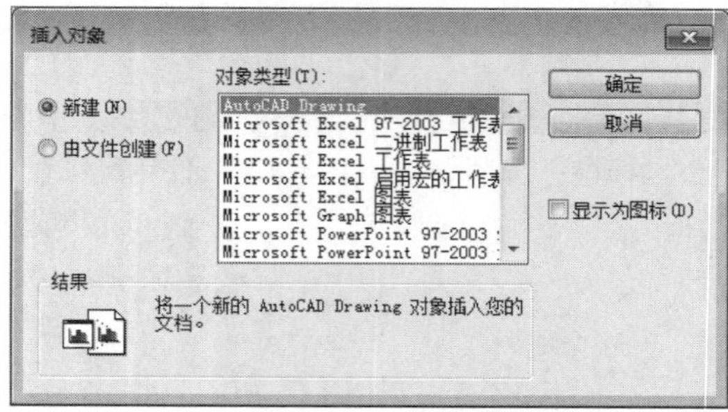

02 输入图纸

在AutoCAD中，用户可以通过以下方式输入图纸：

- 执行“文件>输入”命令。
- 在“插入”选项卡“输入”面板中单击“输入”按钮。
- 在命令行输入IMPORT命令并按Enter键。

执行以上任意一种操作即可打开“输入文件”对话框，如下左图所示，从中可以根据文件格式和路径选择文件，并单击“打开”按钮即可输入。在“文件类型”下拉列表框中可以看到，系统允许输入图元文件、ACIS及3D Studio等图形格式的文件，如下右图所示。

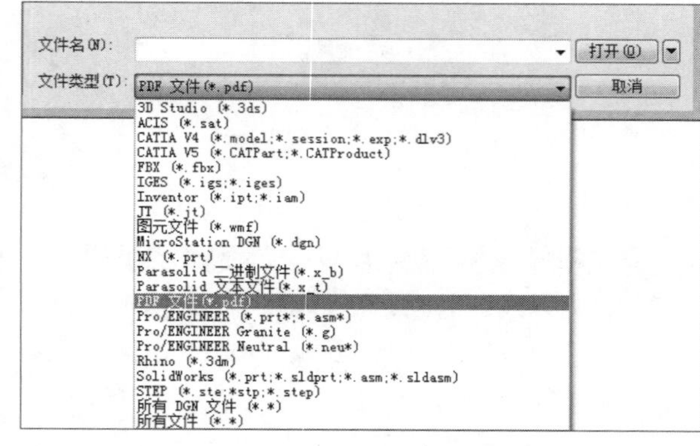

03 输出图纸

用户可以将AutoCAD软件中设计好的图形按照指定格式进行输出，调用输出命令的方式包含以下几种：

- 执行“文件>输出”命令。
- 在“输出”选项卡“输出为DWF/PDF”面板中单击“输出”按钮。
- 在命令行输入EXPORT命令并按Enter键。

执行以上任意一种操作即可打开“输出数据”对话框，如下左图所示。选择输出的文件路径和文件类型，并单击“保存”按钮即可输出。在“文件类型”下拉列表框中可以看到，系统允许输出三维DWF、图元文件及位图等图形格式的文件，如下右图所示。

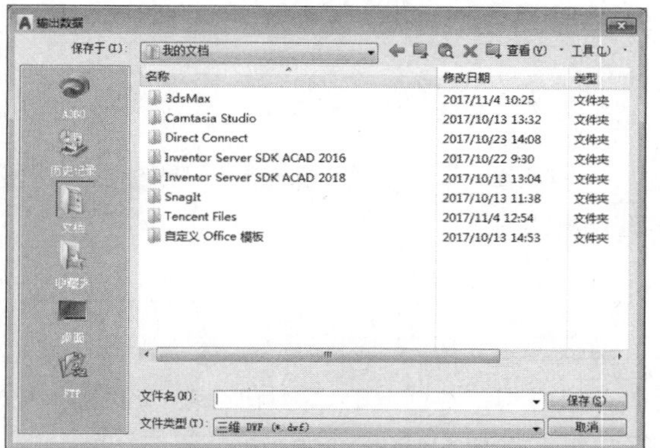

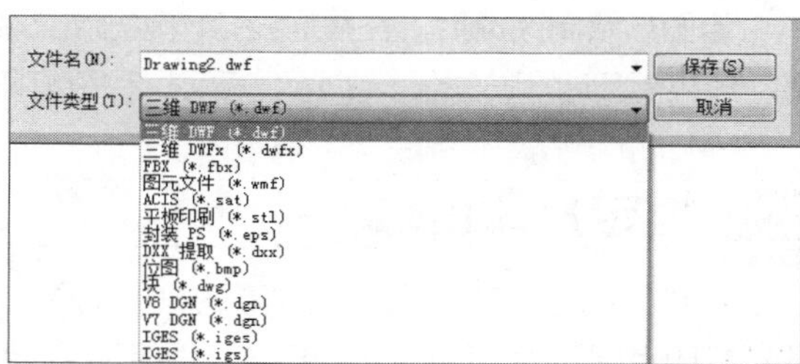

相关练习 | 将图纸输出为bmp格式

原始文件：实例文件\第14章\原始文件\建筑外立面图.dwg
最终文件：实例文件\第14章\最终文件\建筑外立面图.bmp

STEP 01 打开素材文件，如下图所示。

STEP 02 执行“文件>输出”命令，打开“输出数据”对话框，并指定文件名、路径、类型，如下图所示。

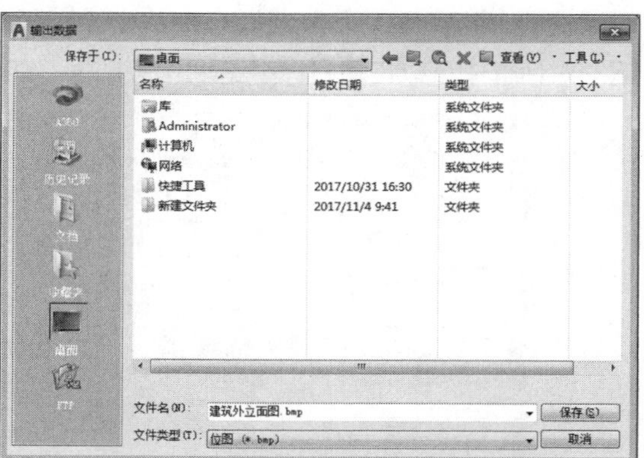

STEP 03 单击“保存”按钮，在输出的路径中找到文件，如右图所示。

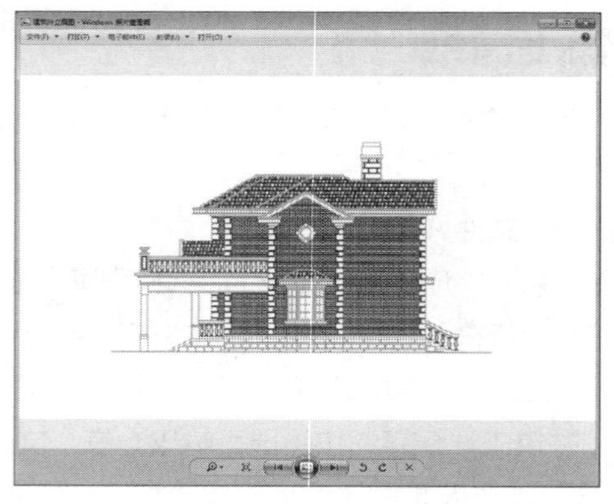

Lesson 02 图纸的打印

当图形绘制完成后，往往需要打印输出到图纸上。在打印图形前，需要对一系列打印参数进行设置。如果重复打印一些图形的话，还可以保存打印并调用打印设置。

01 指定打印区域

在打印图形之前，要指定图形的打印范围。可以在“打印”对话框的“打印区域”选项组中设置“打印范围”为“窗口”，如下左图所示。在绘图区中框选打印区域的两个角点，如下右图所示。

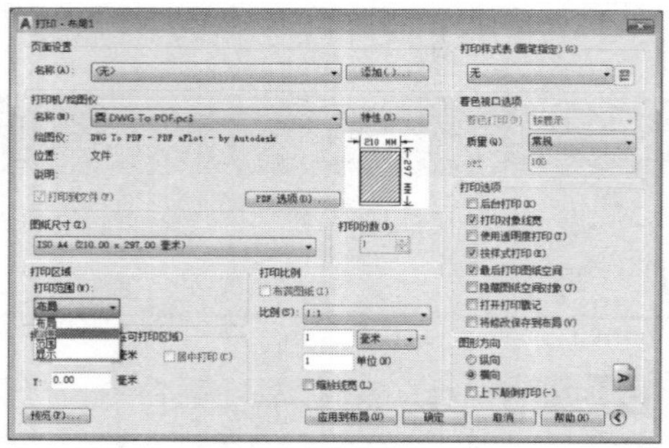

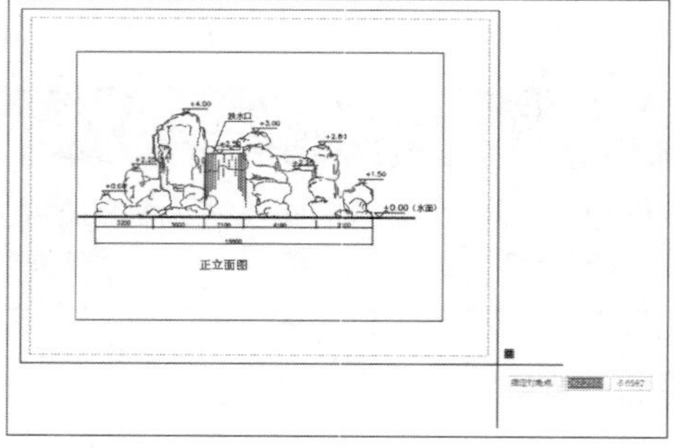

此外，用户还可以设置打印戳记，单击鼠标右键在快捷键菜单中选择“选项”选项。在“选项”对话框的“打印和发布”选项卡中单击“打印戳记设置”按钮，如下左图所示。在弹出的“打印戳记”对话框中可以设置打印戳记的相关选项，如下右图所示。

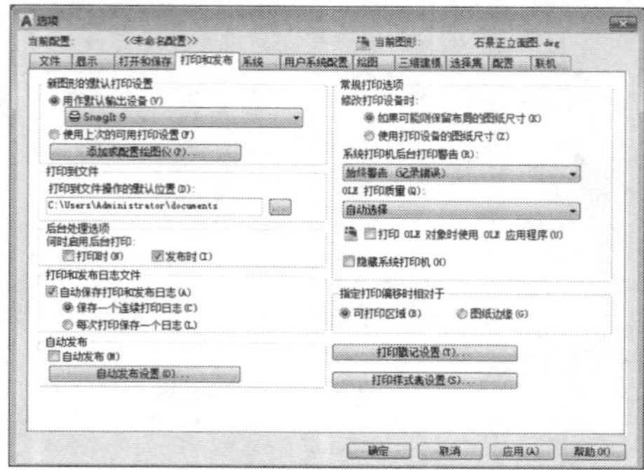

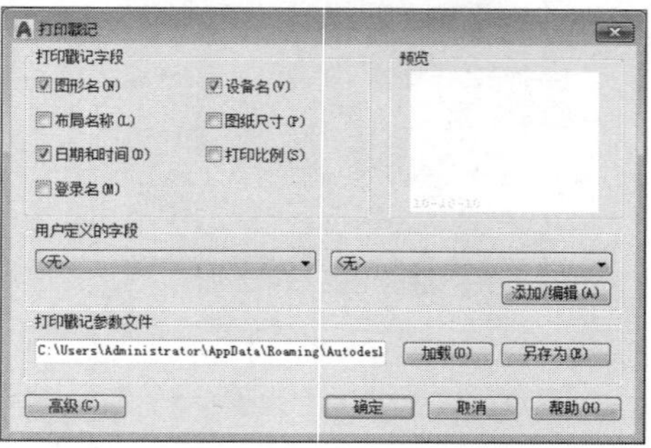

单击“加载”按钮，弹出“打印戳记参数文件名”对话框，从中选择并打开需要加载使用的文件，如下左图所示。

在“打印戳记”对话框中单击“高级”按钮将弹出“高级选项”对话框，从中用户可以设置打印戳记的高级参数相关选项，如下右图所示。

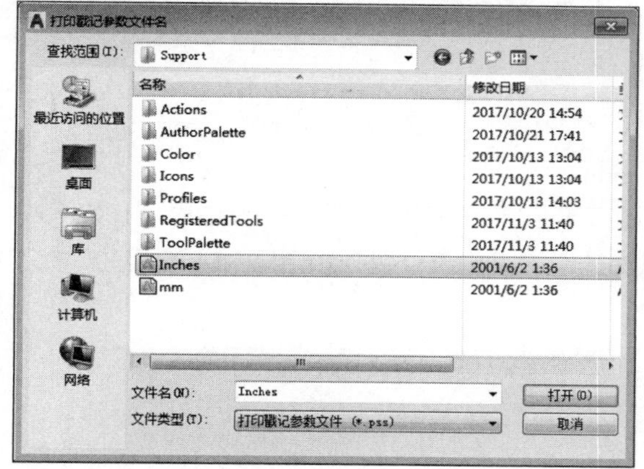

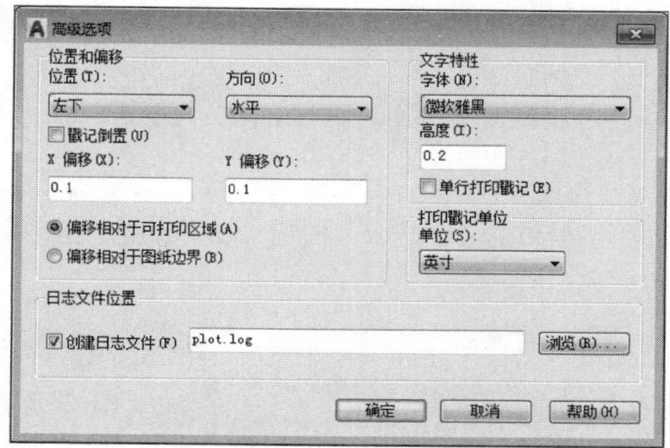

02 设置图纸大小

用户可以设置常用的标准纸张大小，也可以自定义设置纸张的大小，下面主要讲解自定义纸张大小的方法。

执行“文件>绘图仪管理器”命令，在弹出的窗口中选择并打开一个pc3文件，如下左图所示。在弹出的“绘图仪配置编辑器”对话框中切换到“设备和文档设置”选项卡，展开“用户定义图纸尺寸与校准”选项，选择其下的“自定义图纸尺寸”选项，如下右图所示。

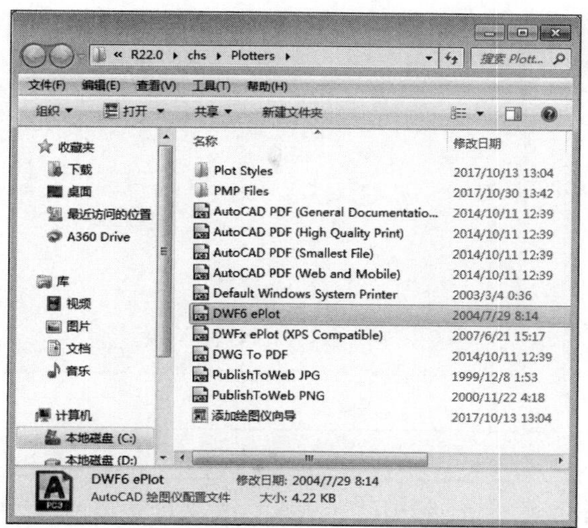

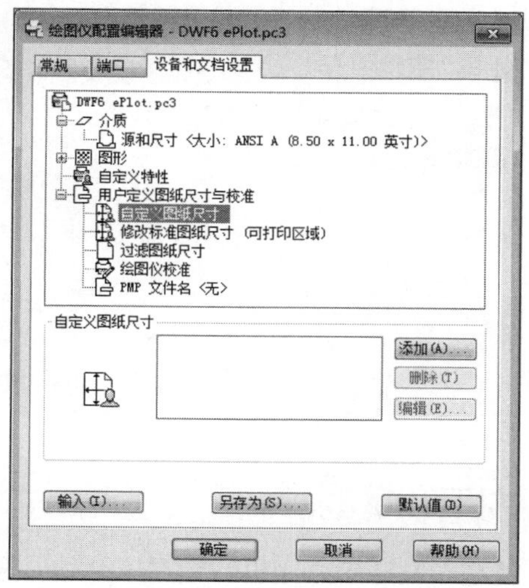

单击“添加”按钮，在弹出的“自定义图纸尺寸 - 开始”对话框中选择“创建新图纸”单选按钮，如下左图所示。单击“下一步”按钮，在弹出的“自定义图纸尺寸 - 介质边界”对话框中设置“单位”为“毫米”，输入宽度和高度的数值，如下右图所示。

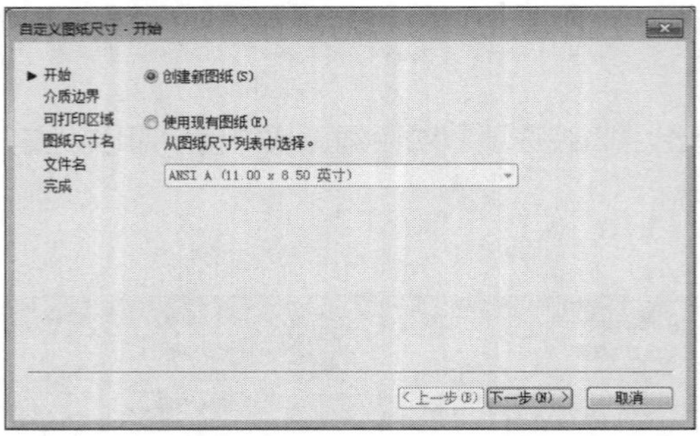

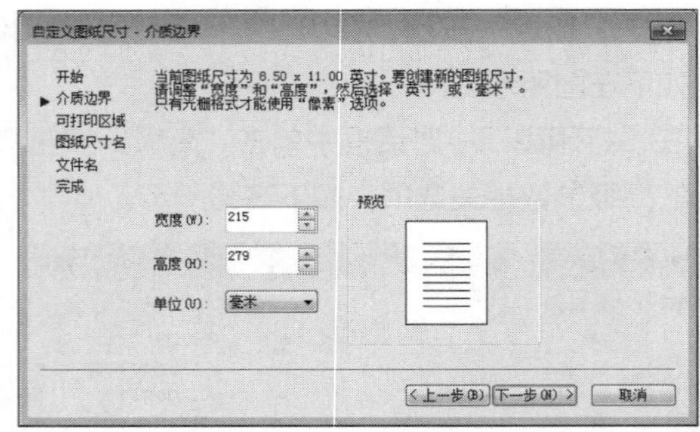

单击“下一步”按钮，在“自定义图纸尺寸－可打印区域”对话框中输入图纸边界值，如下左图所示。单击“下一步”按钮，在弹出的“自定义图纸尺寸－图纸尺寸名”对话框中输入图纸尺寸名称，如下右图所示。

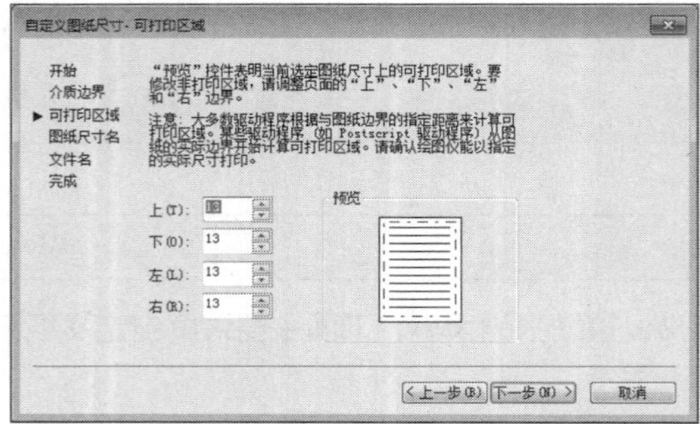

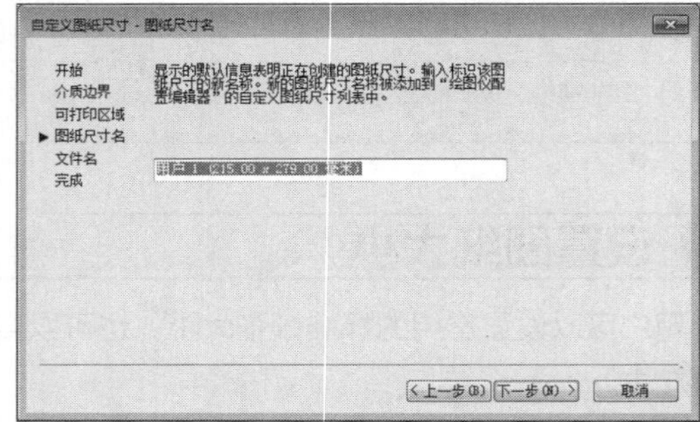

单击“下一步”按钮，在“自定义图纸尺寸－文件名”对话框中输入文件名，如下左图所示。单击“下一步”按钮，在弹出的“自定义图纸尺寸－完成”对话框中单击“完成”按钮结束操作，如下右图所示。

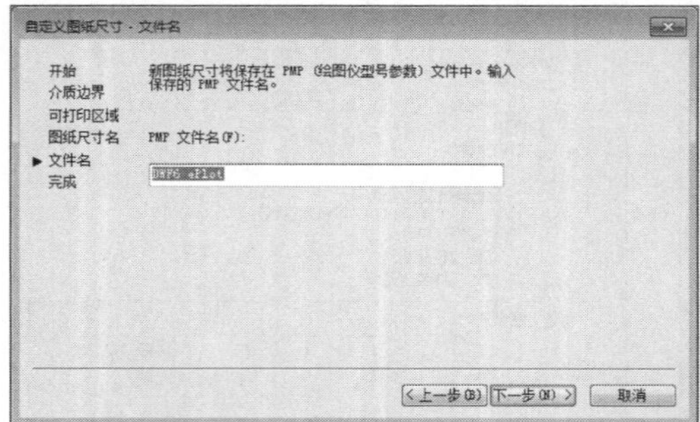

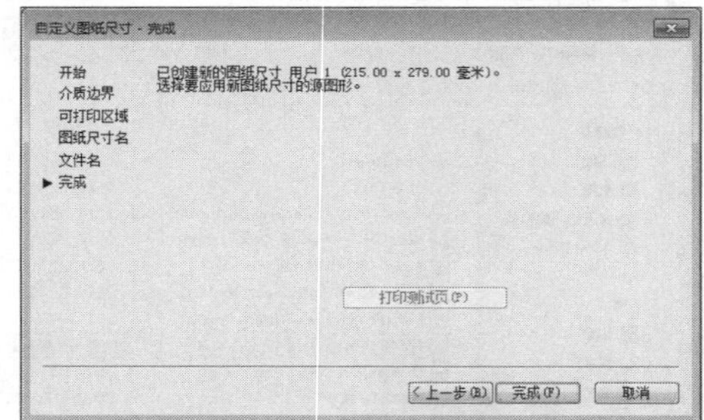

03 打印预览

将图形发送到打印机或绘图仪之前，要进行预览打印效果，查看打印预览效果。用户可以执行“文件>打印预览”命令，程序将自动生成打印预览效果。

预览图形时将隐藏活动工具栏和工具选项板，并显示临时的“预览”工具栏，其中包括打印、平移、缩放等工具按钮。

如果需要进行打印预览，可以在“打印”对话框左下角区域单击“预览”按钮，如下左图所示，即可打开打印预览窗口，如下右图所示。

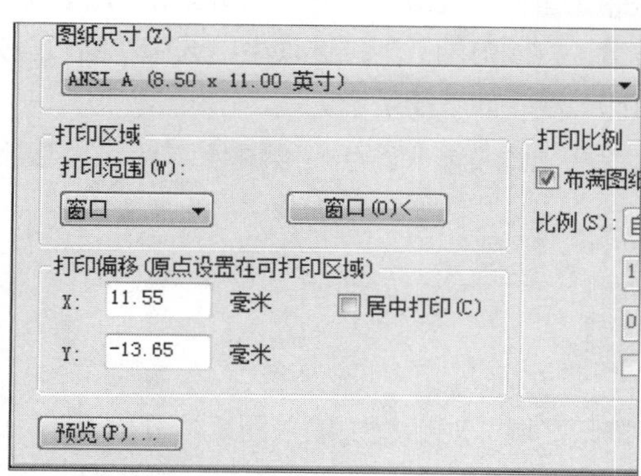

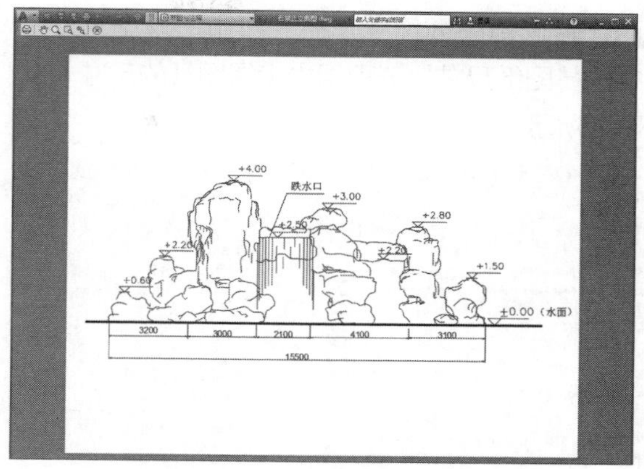

在打印预览状态下，滚动鼠标中键可以缩放预览图形。在打印预览窗口的左上方也可以通过单击相应的按钮来进行缩放，如下图所示。

相关练习 | 打印亭子外立面图纸

图形文件的打印可以打印模型文件，也可以打印布局图纸。在打印图纸之前都需要先预览打印效果，或是添加虚拟打印机来查看打印效果。本例以打印亭子外立面图纸为例来展开介绍，具体操作步骤如下。

原始文件：实例文件\第14章\原始文件\亭子外立面.dwg
最终文件：实例文件\第14章\最终文件\亭子外立面.png

STEP 01 打开图纸。打开素材文件，如下图所示。

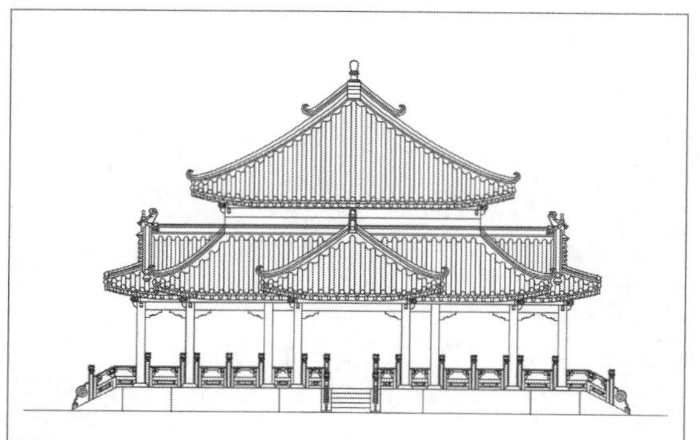

STEP 02 选择打印机。执行“文件>打印”命令，在弹出的“打印－模型”对话框中选择打印机类型，如下图所示。

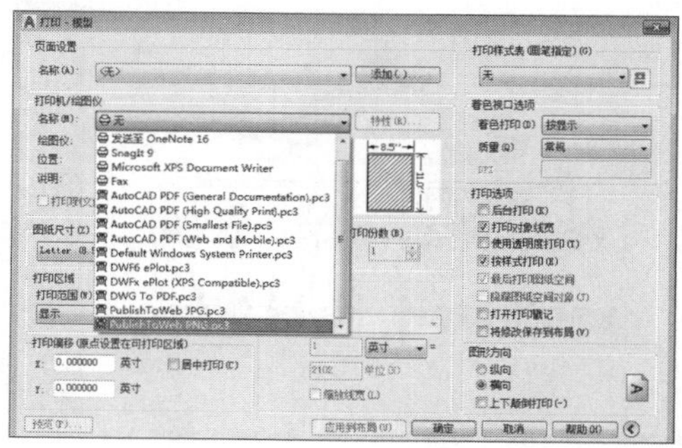

STEP 03 选择图纸尺寸。在“打印－模型”对话框的“图纸尺寸”选项组中设置图纸的尺寸，如下图所示。

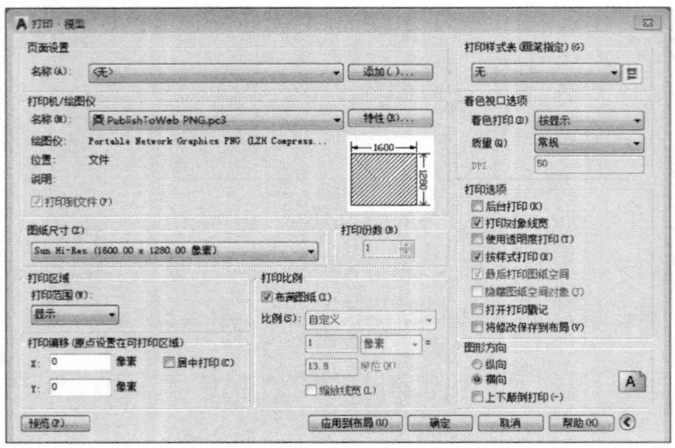

STEP 04 打印范围。在“打印区域”选项组中设置“打印范围”下拉选项中，选择“窗口”为打印范围，如下图所示。

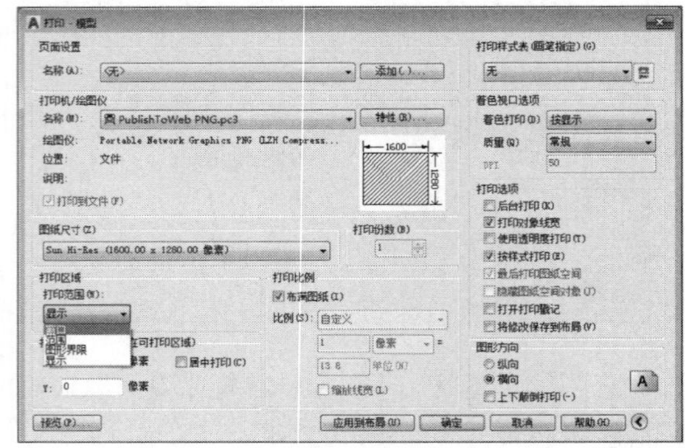

STEP 05 打印区域。在绘图区中框选需要打印的区域，如下图所示。

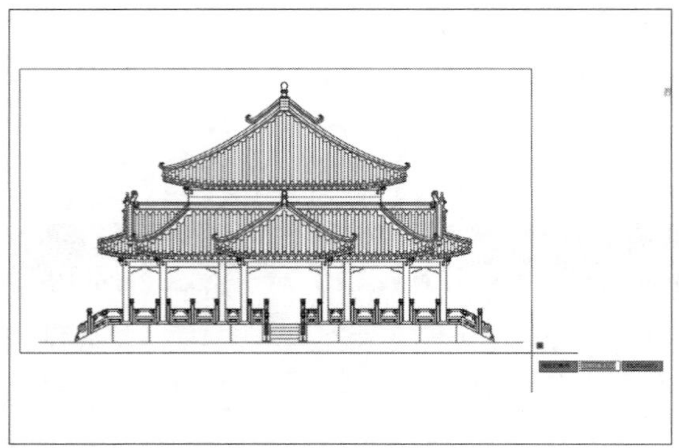

STEP 06 打印比例。在“打印偏移”选项中勾选“居中打印”，在“打印比例”选项中勾选“布满图纸”复选框，如下图所示。

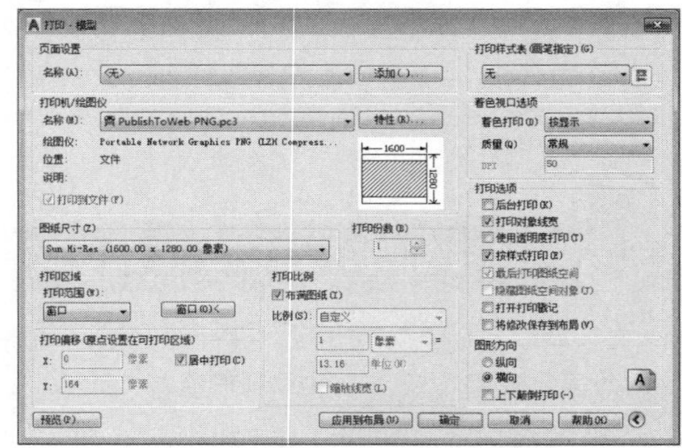

STEP 07 打印预览。在“打印－模型”对话框中单击“预览”按钮查看打印预览的效果，预览完成后单击“关闭预览”按钮退出，如下图所示。

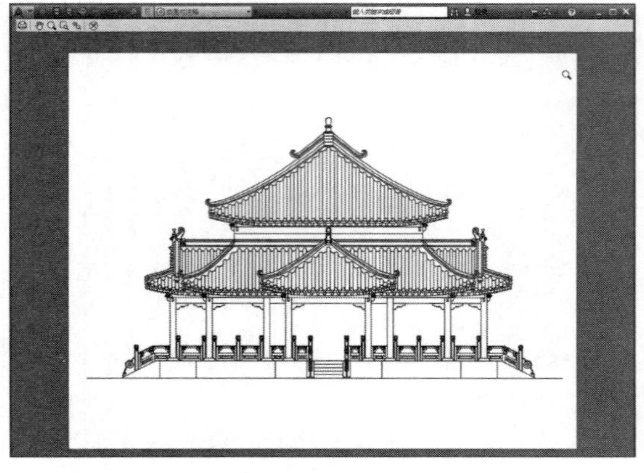

STEP 08 浏览打印文件。单击“打印－模型”对话框中的“确定”按钮，此时将弹出“浏览打印文件”对话框，指定文件的名称和路径后单击“保存”按钮，如下图所示。

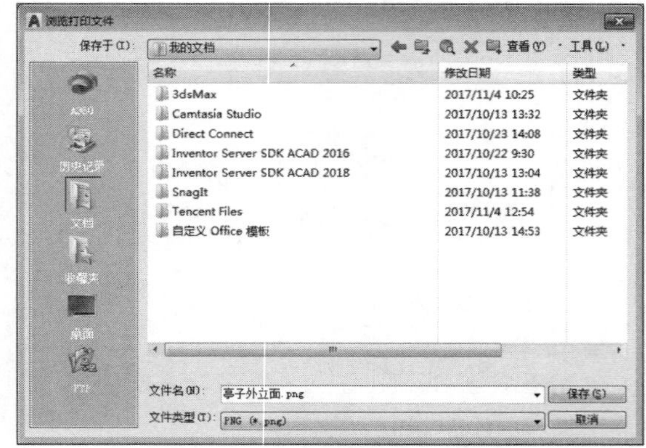

Lesson 03 创建与编辑布局视口

与模型空间一样，用户可在布局空间创建多个视口，以便显示模型的不同视图。在布局空间中创建视口时，可以根据需要确定视口的大小、位置。

01 创建布局视口

在图纸布局中可以指定图纸大小、添加标题栏、显示模型的多个视图以及创建图形标注和注释。可利用绘图区左下角的布局选项卡来创建布局，也可执行“插入>布局>新建布局”命令来创建布局。

在绘图区左下角的“模型”选项卡中单击鼠标右键，程序将弹出快捷菜单，如下图所示。

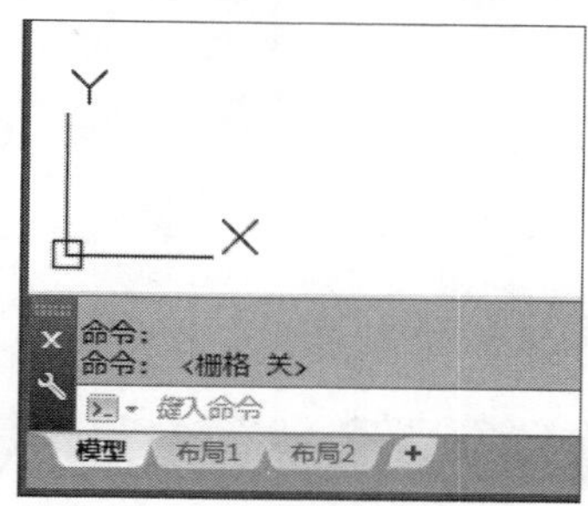

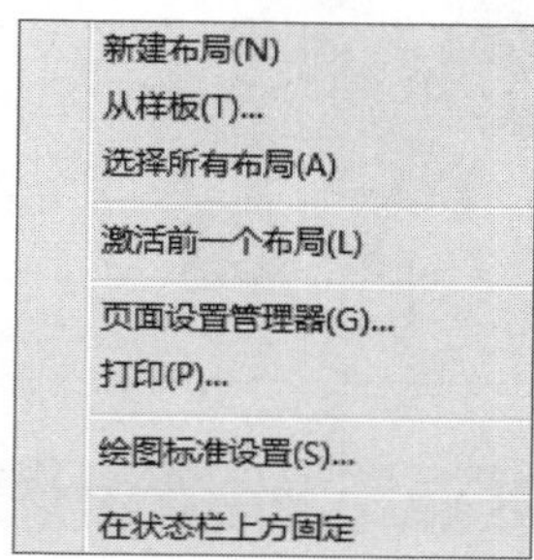

使用以下方法都可以创建新的布局选项卡。

- 添加新布局选项卡，在“页面设置管理器”对话框中进行相应设置。
- 使用“创建布局向导”来创建布局选项卡并进行设置。
- 从当前图形文件复制布局选项卡及其设置。
- 从现有的图形样板（DWT）文件或图形（DWG）文件导入布局选项卡。

02 设置布局视口

创建视口后，如果对创建的视口不满意，可以根据需要对布局视口进行调整。

1. 更改视口大小和位置

如果创建的视口不符合用户的需求，用户可以利用视口边框的夹点来更改视口的大小和位置，如下图所示。

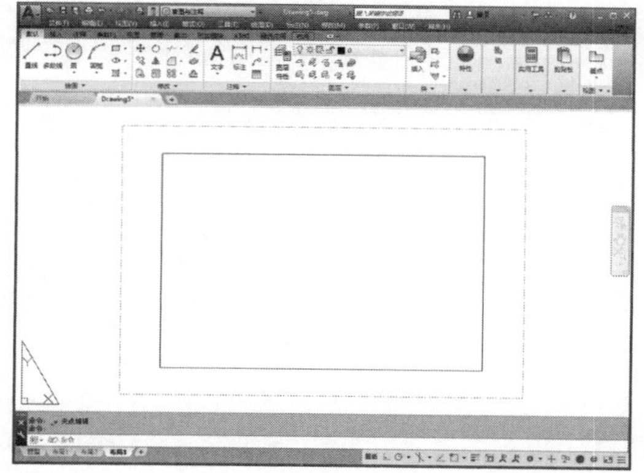

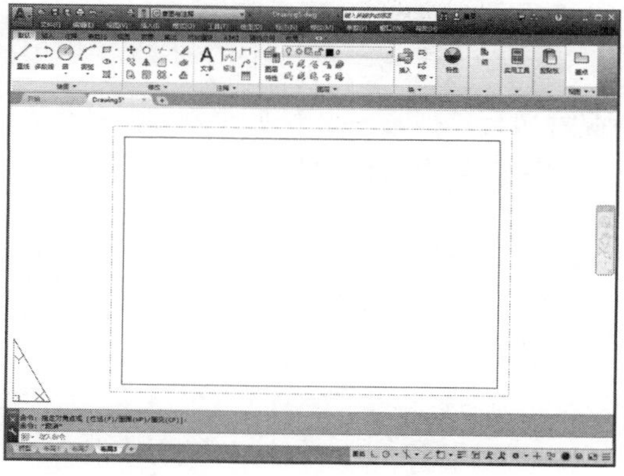

2. 删除和复制布局视口

用户可通过CTRL+C和CTRL+V快捷键进行视口的复制粘贴，按DELETE键即可删除视口，也可以通过单击鼠标右键弹出的快捷菜单进行该操作。

3. 设置视口中的视图和视觉样式

在“布局”空间模式中可以更改视图和视觉样式，并编辑模型显示大小。双击视图即可激活视图，使其窗口边框变为粗黑色，单击视口左上角的视图控件图标和视觉样式控件图标即可更改视图及视觉样式，如下图所示。

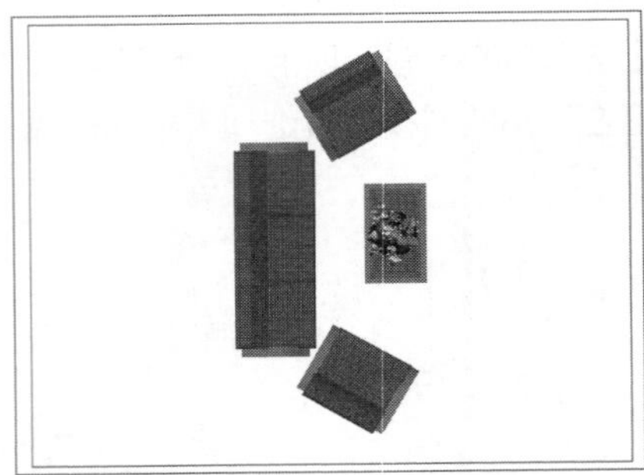

工程师点拨 | 创建布局视口

在“布局”空间中还可以创建不规则视口。执行“视图>视口>多边形视口”命令，在图纸空间只指定起点和端点，创建封闭的图形，按Enter键即可创建不规则视口。

下面将对创建视口的操作进行详细介绍：

STEP 01 打开图形文件，在状态栏单击“布局1”按钮，打开布局空间，如下图所示。

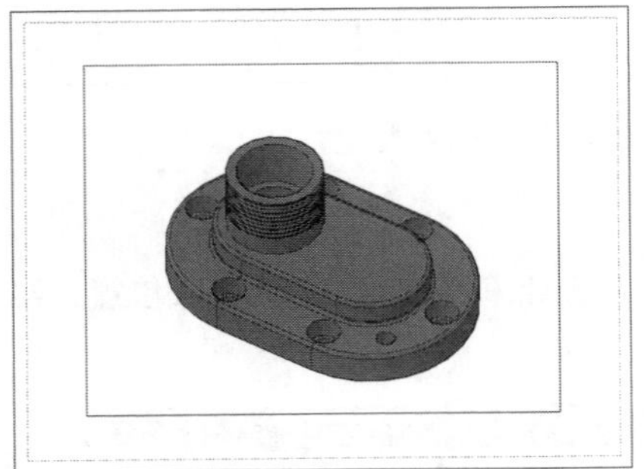

STEP 02 选择并删除视口边框，即可取消当前视口效果，如下图所示。

STEP 03 执行“视图>视口>四个视口”命令，在图纸空间指定对角点，如右图所示。

STEP 04 单击鼠标左键即可创建视口，如下图所示。

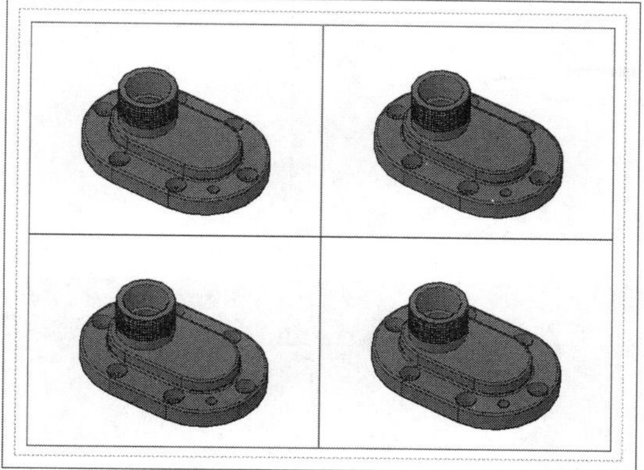

STEP 05 双击视口进入编辑状态，并对视图进行调整，如下图所示。

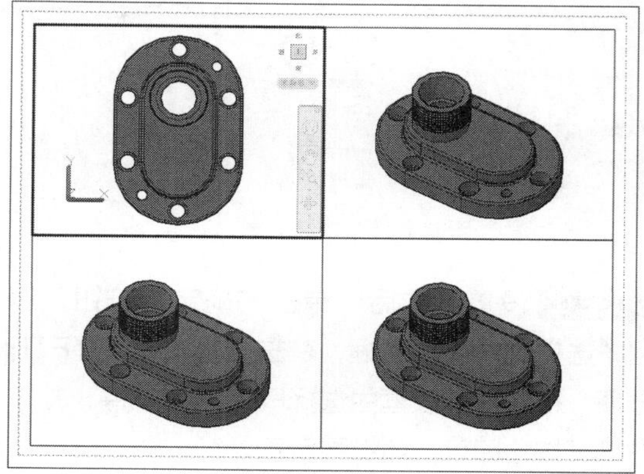

STEP 06 在空白处双击鼠标左键，退出编辑状态，如下图所示。

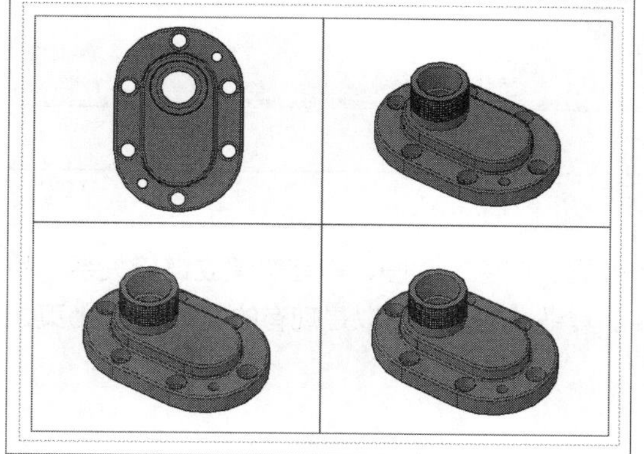

STEP 07 按照同样的方法对其他视口进行调整，如下图所示。

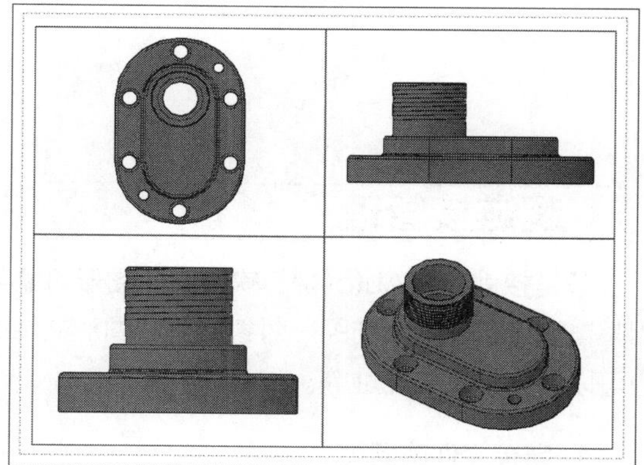

Lesson 04 AutoCAD网络功能的应用

在AutoCAD中用户可以在Internet上预览建筑图纸，为图纸插入超链接、将图纸以电子形式进行打印，并将设计好的图纸发布到Web供用户浏览等。

01 在Internet上使用图形文件

AutoCAD中的“输入”和“输出”命令可以识别任何指向AutoCAD文件的有效URL路径。因此，用户可以使用AutoCAD在Internet上执行打开和保存文件的操作。

下面将介绍使用AutoCAD在Internet上执行打开和保存文件的方法。

STEP 01 执行“文件>打开”命令，打开“选择文件”对话框，单击“工具”下拉按钮，选择“添加/修改FTP位置”选项，如下图所示。

STEP 02 打开“添加/修改FTP位置”对话框，根据需要设置FTP站点名称、登录名及密码，并单击“添加”按钮，如下图所示。

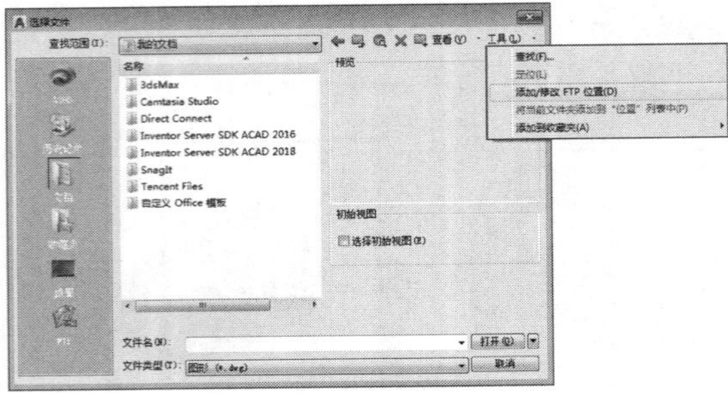

STEP 03 设置完成后，单击“确定”按钮，返回“选择文件”对话框，在左侧列表中选择FTP选项，在右侧列表框中选择FTP站点文件，并单击打开按钮即可，如右图所示。

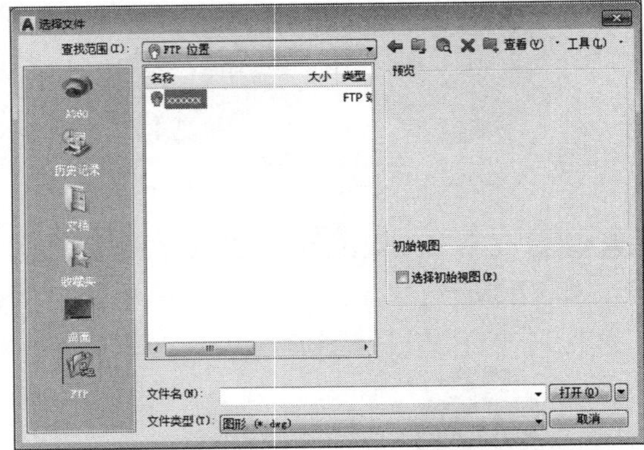

02 超链接管理

超链接就是将AutoCAD软件中的图形对象与其他数据、信息、动画、声音等建立链接关系。利用超链接可实现由当前图形对象到关联图形文件的跳转。其链接的对象可以是现有的文件或Web页，也可以是电子邮件地址等。

1. 链接文件或网页

执行“插入>超链接”命令，在绘图区中，选择要进行链接的图形，按Enter键后打开“插入超链接”对话框，如下左图所示。

单击“文件”按钮，打开“浏览Web-选择超链接”对话框，如下右图所示。在此选择要链接的文件并单击“打开”按钮，返回到上一层对话框，单击“确定”按钮完成链接操作。

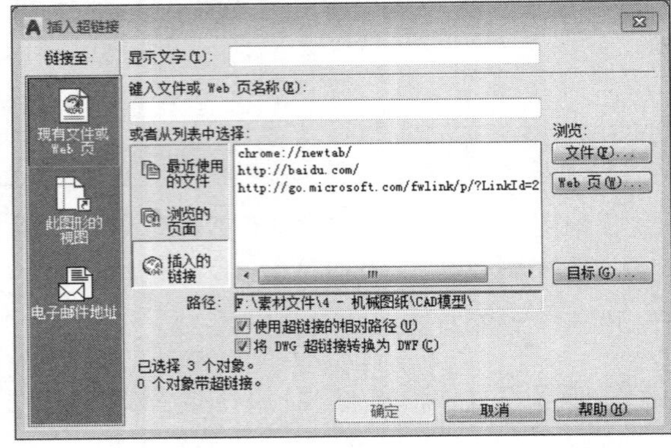

在带有超链接的图形文件中，将光标移至带有链接的图形对象上时，光标右侧则会显示超链接符号，并显示链接文件名称。此时按住Ctrl键并单击该链接对象，即可按照链接网址切转到相关联的文件中。

2. 链接电子邮件地址

执行“插入>超链接”命令，在绘图区中，选中要链接的图形对象，按Enter键后在“插入超链接”对话框中，单击左侧“电子邮件地址”选项卡，然后在“电子邮件地址”文本框中输入邮件地址，并在“主题”文本框中，输入邮件消息主题内容，单击“确定”按钮即可，如下图所示。

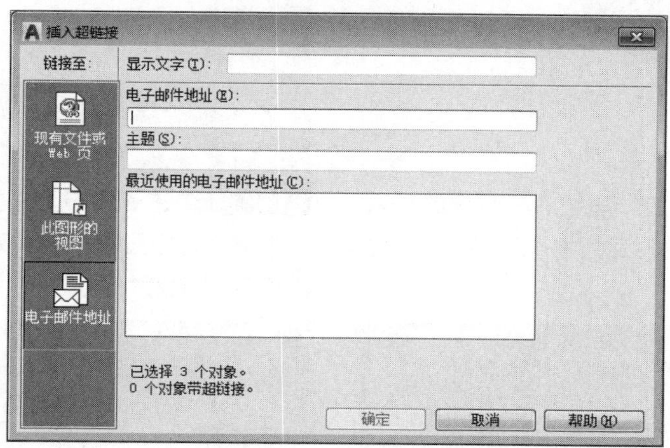

在打开电子邮件超链接时，默认电子邮件应用程序将创建新的电子邮件消息。在此填好邮件地址和主题，最后输入消息内容并通过电子邮件发送。

03 设置电子传递

在将图形发送给其他人时，常见的一个问题是忽略了图形的相关文件，如字体和外部参照。在某些情况下，没有这些关联文件将会使接受者无法使用原来的图形。使用电子传递功能，可自动生成包含设计文档及其相关描述文件的数据包，然后将数据包粘贴到E-mail的附件中进行发送。这样就大大简化了发送操作，并且保证了发送的有效性。

用户可以将传递集在Internet上发布或作为电子邮件附件发送给其他人，系统将会自动生成一个报告文件，其中传递集包括的文件和必须对这些文件所做的处理的详细说明，也可以在报告中添加注释或指定传递集的口令保护。用户可以指定一个文件夹来存放传递集中的各个文件，也可以创建自解压执行文件或Zip文件。

04 Web网上发布

用户在Web网上发布上可以将图形发布到互联网上，供更多的用户方便查看。网上发布向导可以创建DWF、JPEG、PNG等格式的图像样式。

使用网上发布向导，如果不熟悉HTML编码，也可以创建出优秀的格式化网页。创建网页之后可以将其发布到互联网上。

下面将介绍如何使用网上发布向导来进行图形的发布，具体操作步骤如下。

STEP 01 打开素材文件，如下图所示。

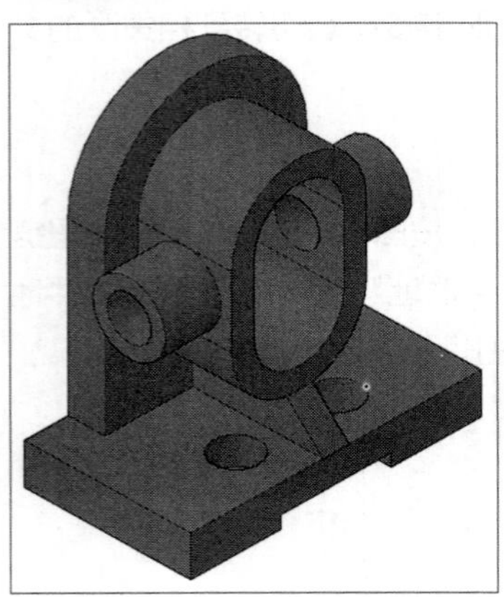

STEP 02 执行“文件>网上发布”命令，在“网上发布”对话框中单击“创建新Web页”单选按钮，如下图所示。

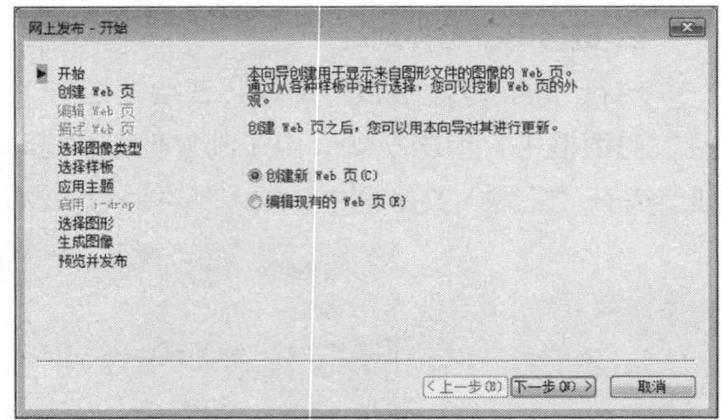

STEP 03 单击“下一步”按钮，在弹出的“网上发布-创建Web页”对话框中输入Web页的名称，如下图所示。

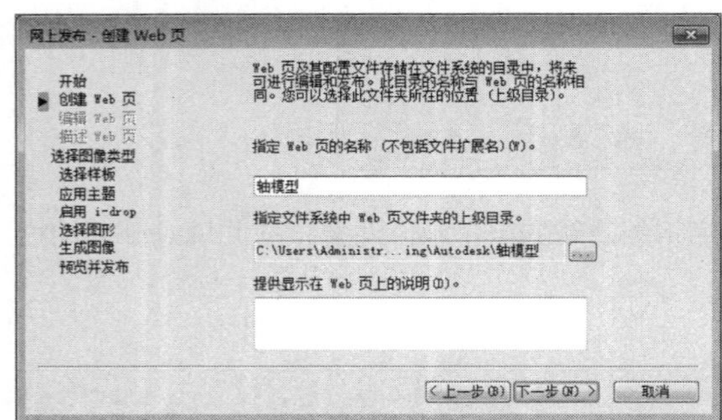

STEP 04 单击“下一步”按钮，在弹出的“网上发布-选择图像类型”对话框中设置类型为JPEG，图像大小为“大”，如下图所示。

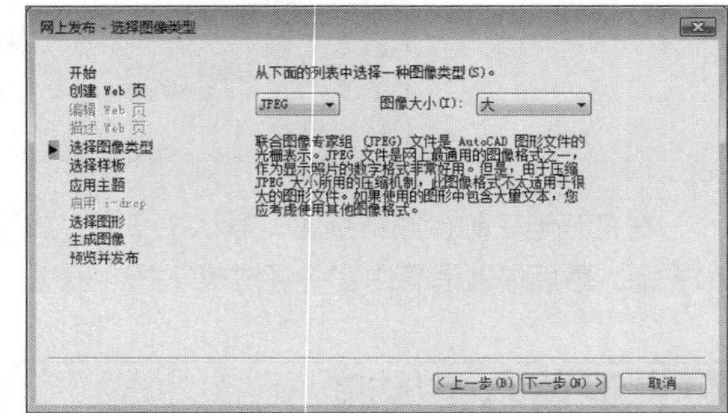

STEP 05 单击“下一步”按钮，在弹出的“网上发布-选择样板”对话框中选择一个样板，如下图所示。

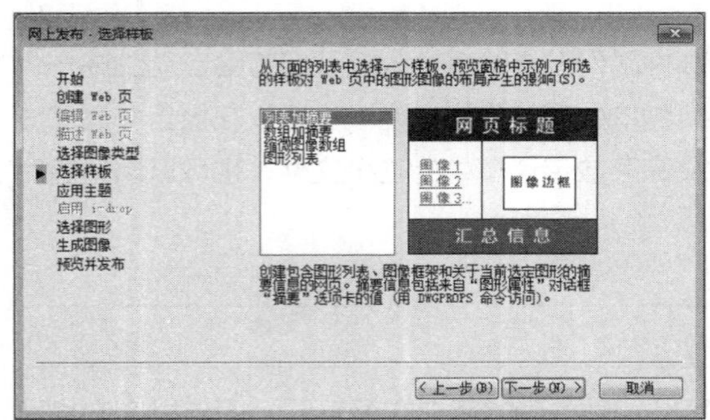

STEP 06 单击“下一步”按钮，在弹出的“网上发布-应用主题”对话框中选择一个主题模式，如下图所示。

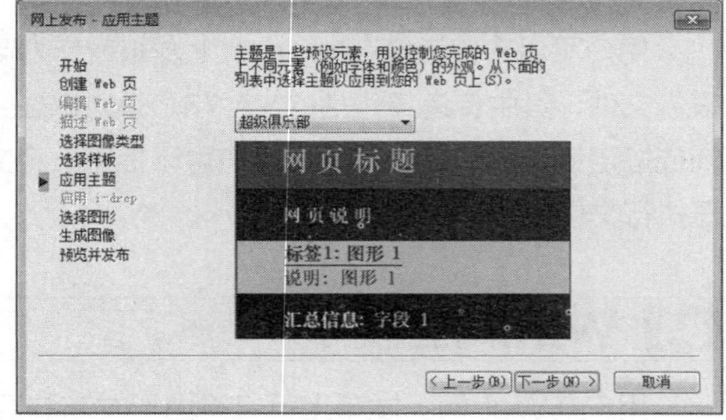

STEP 07 单击“下一步”按钮，在弹出的“网上发布-选择图形”对话框中单击“添加”按钮，程序自动将模型进行添加到“图像列表”中，如下图所示。

STEP 08 单击“下一步”按钮，在弹出的“网上发布-生成图像”对话框中勾选“重新生成已修改图形的图像”按钮，如下图所示。

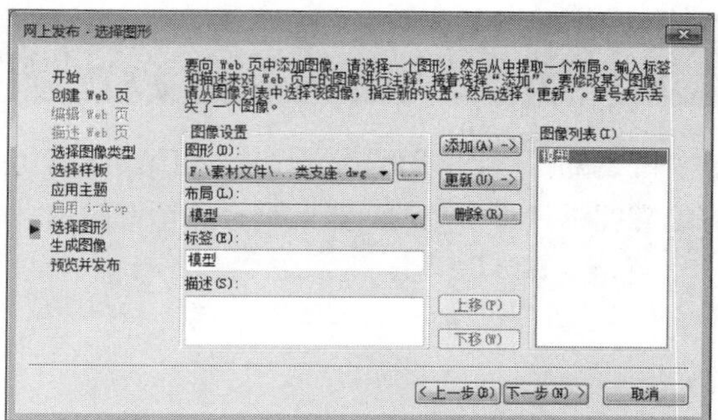

STEP 09 单击“下一步”按钮，在弹出的“网上发布-预览并发布”对话框中，如下图所示。

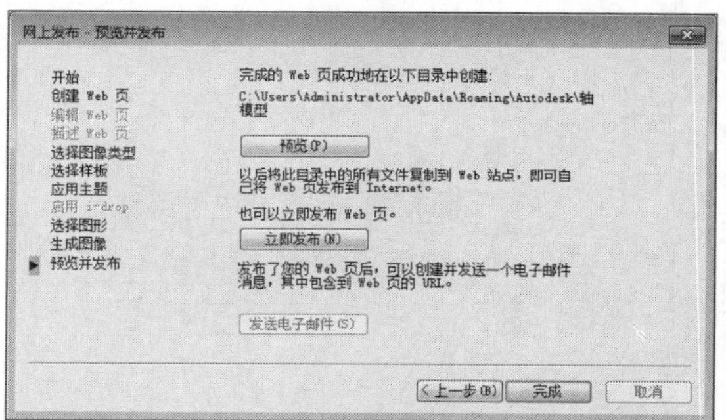

STEP 11 单击“保存”按钮，弹出“AutoCAD”对话框，提示发布成功完成，如下图所示。

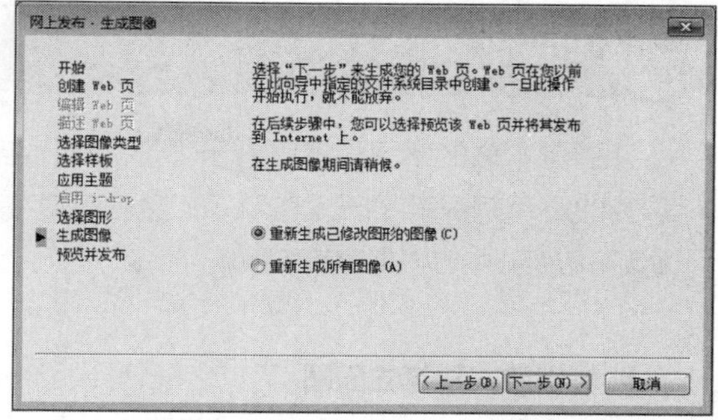

STEP 10 在该对话框中单击“立即发布”按钮弹出，“发布Web”对话框并指定发布文件的位置，如下图所示。

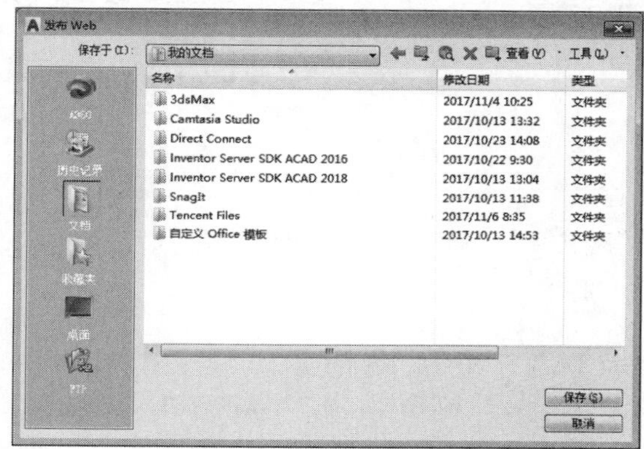

STEP 12 单击“确定”按钮，返回“网上发布-预览并发布”对话框，并单击“完成”按钮，将图形文件进行发布，如下图所示。

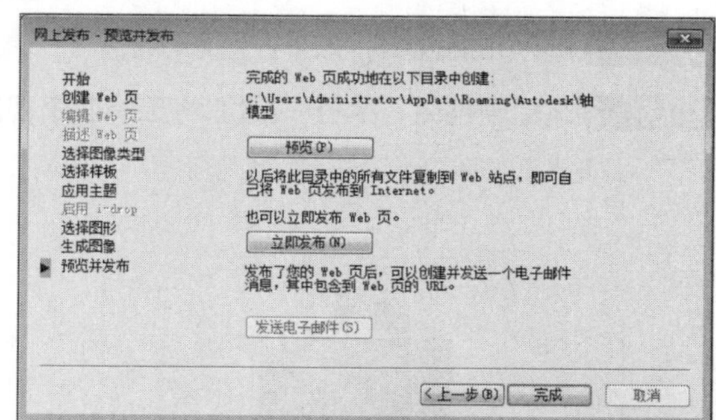

强化练习

通过本章的学习，读者对于图形的输入与输出、图纸的打印、创建与编辑布局视口、网络功能的应用知识有了一定的认识。为了使读者更好地掌握本章所学知识，在此列举几个针对本章知识的习题，以供读者练手。

1. 输出欧式建筑立面图

利用“输出”命令，输出欧式建筑立面图。

STEP 01 执行“文件>输出”命令，打开“输出数据”对话框，设置文件名并选择文件类型，如下左图所示。

STEP 02 单击“保存”按钮，在输出的路径中找到文件，如下右图所示。

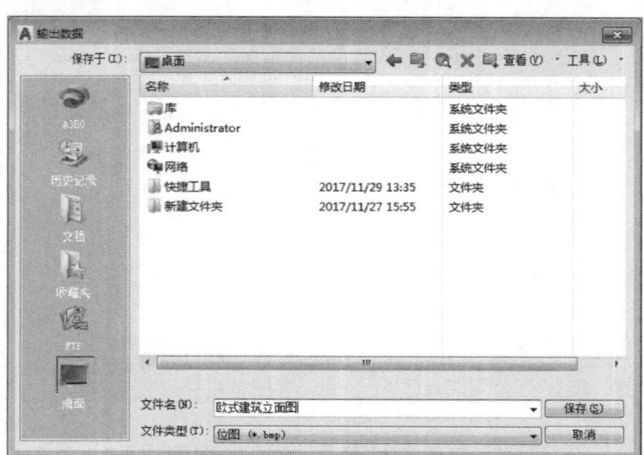

2. 创建布局视口

利用“四个视口”命令，为单人沙发模型创建布局视口。

STEP 01 进入布局视口，如下左图所示。

STEP 02 删除原视口，执行“视图>视口>四个视口”命令，并调整视口模型，如下右图所示。

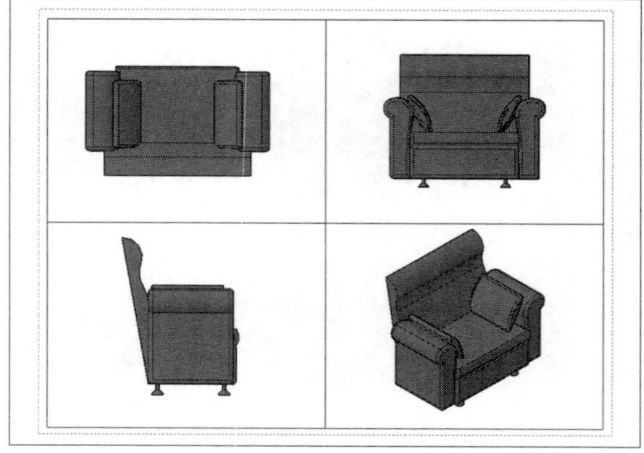

工程技术问答

本章主要对图形的输入与输出、图纸的打印、创建与编辑视口等知识进行介绍，在应用这些知识时难免会有些疑问，下面将对常见的问题及解决方法进行汇总，供用户参考。

Q 什么是DXF文件格式？

A DXF文件为图形交换文件，是一种ASCII文本文件，它包含对应的DWG文件的全部信息，它不是ASCII码形式，可读性差，但用它形成图形速度快。不同类型的计算机，其DWG文件也是不可交换的。AutoCAD提供了DXF类型文件，其内部为ASCII码，这样不同类型的计算机通过交换DXF文件来达到交换图形的目的，由于DXF文件可读性好，用户可方便地对它进行修改、编程，来达到从外部图形进行编辑操作的目的。

Q AutoCAD绘图时是按照1:1的比例还是由出图的纸张大小决定的？

A 在AutoCAD中，图形是按“绘图单位”来画的，一个绘图单位就是在图上画1的长度。一般地，在出图时有一个打印尺寸和绘图单位的比值关系，打印尺寸按毫米计，如果打印时按1:1来出图，则一个绘图单位将打印出来一毫米，在规划图中，如果使用1:1000的比例，则可以在绘图时用1表示1米，打印时用1:1出图就行了。实际上，为了数据便于操作，往往用1个绘图单位来表示使用的主单位。比如，规划图主单位为是米，机械、建筑和结构主单位为毫米，在打印时需要注意。

Q 在打印图纸时，为什么打印出来的线条全是灰色？

A AutoCAD默认的打印颜色是灰色，但是用户可以设置打印样式来进行修改。在“打印—模型”对话框中单击“打印样式表”下拉列表框，设置打印样式为“monochrome.ctb”，然后单击“打印样式表”选项组的“编辑”按钮，在弹出的“打印样式表编辑器”对话框中框选所有颜色，将其设置为需要打印的颜色，这样设置后就可以打印出其他颜色了。

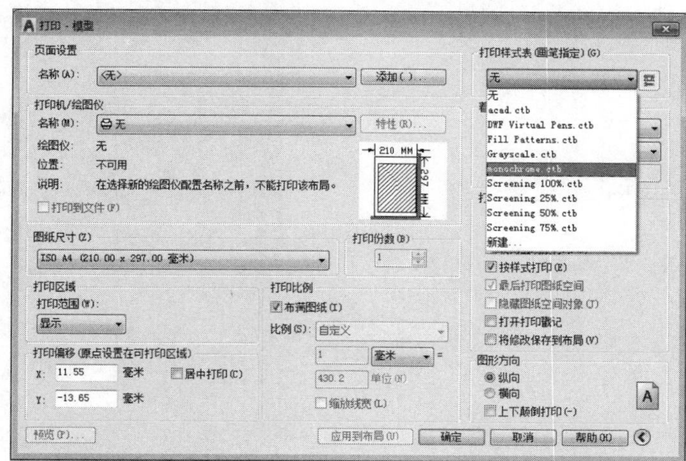

Part 05

二次开发篇

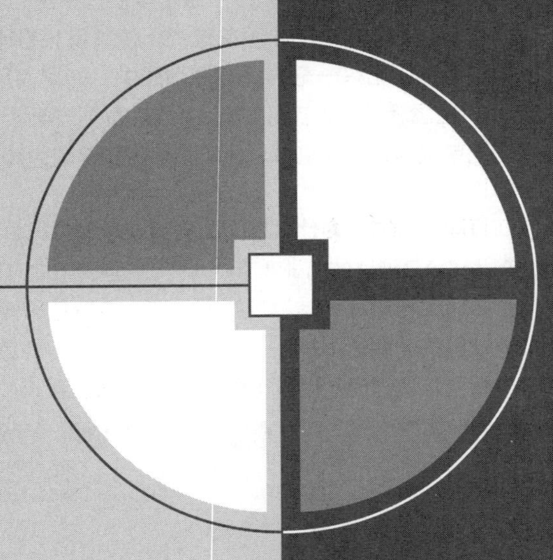

Chapter 15

AutoLISP 语言简介

AutoCAD是一套向量式的计算机辅助制图软件，它广泛应用于多种领域和行业，用户可以根据自身的专业需求进行定制。VisualLISP编辑器可以进行AutoLISP应用程序的扩展设计，因此可以设计出符合行业需求的扩展程序，从而满足不同行业用户的需要。

本章主要介绍了AutoCAD内部的编程语言AutoLISP，系统而详尽地介绍了AutoLISP的发展及特点，从AutoLISP的数据类型和程序结构入手，介绍了AutoLISP的数据类型、表达式以及数据变量的应用。

Lesson 01 AutoLISP概述

AutoLISP是由Autodesk公司开发的一种LISP程序语言，LISP是List Processor的缩写。是人工智能领域中广泛采用的一种程序设计语言，是一种计算机表处理语言。通过autolisp编程，可以节省工程师很多时间。AutoLISP语言作为嵌入在AutoCAD内部的具有智能特点的编程语言，是开发应用AutoCAD不可缺少的工具。

01 AutoLISP语言的发展

Autodesk公司的主要创始人John Walker在20世纪80年代中期就认识到LISP语言与AutoCAD的协同工作具有潜在的可能，既能够提供非常简单的宏操作，又能够为类似的操作提供高级编程语言中广泛的资源。AutoLISP解释程序位于AutoCAD软件包中，然而AutoCAD R2.17及更低版本中并不包含AutoLISP解释程序，这样，只有通过AutoCAD R2.18及更高版本才可使用AutoLISP语言。

AutoLISP采用了CommonLISP最相近的语法和习惯约定，除了具有CommonLISP的特性外，还具有AutoCAD的许多功能。它可以将AutoLISP程序和AutoCAD的绘图命令结合起来，使设计和绘图完全融为一体，还可以实现对AutoCAD当前数据库的直接访问、修改。AutoLISP方便了对屏幕图形的实时修改、参数化设计和交互设计，为在绘图领域应用人工智能提供了方便。

目前为止，大部分参数化程序都是针对二维平面图编制的，实际上可以通过AutoLISP语言实现立体图的参数化绘图。AutoLISP语言嵌入AutoCAD之后，AutoCAD就不再只是交互式的图形绘制软件，而成为能真正进行计算机辅助设计、绘图的CAD软件。

02 AutoLISP语言的特点

AutoLISP具有如下特点：

- AutoLISP语言是在普通LISP语言基础上，扩充了许多适用于AutoCAD应用的特殊功能而形成的计算机语言，是一种只能以解释方式运行与AutoCAD内部的程序设计语言。
- AutoLISP语言是函数型语言，其许多成分都是以函数的形式给出的。它没有语句概念或其他语法结构。执行AutoLISP程序就是执行一些函数，再调用其他函数。
- AutoLISP语言把数据和程序统一表达为表结构，即S-表达式，可以将程序当作数据来处理，也可以将数据当作程序来执行。
- 执行AutoLISP程序运行过程其实就是对函数求值的过程，是在对函数求值的过程中实现函数的功能。
- AutoLISP语言的功能函数强大，它拥有控制配合AutoCAD的特殊函数。而且AutoLISP可直接执行AutoCAD的所有指令，并使用AutoCAD的所有系统变量。
- AutoLISP语言是一种解释型语言，程序不需要再进行编译，可以直接在AutoCAD中得到相应的成果。
- AutoLISP语言比较典型的程序结构是递归方式。该方式使得程序设计简单易懂。

03 AutoLISP帮助说明

在AutoCAD 2018 的菜单栏中执行“帮助>帮助”命令，或按下F1键，程序将自动弹出“Autodesk AutoCAD 2018-帮助”对话框，如下图所示。

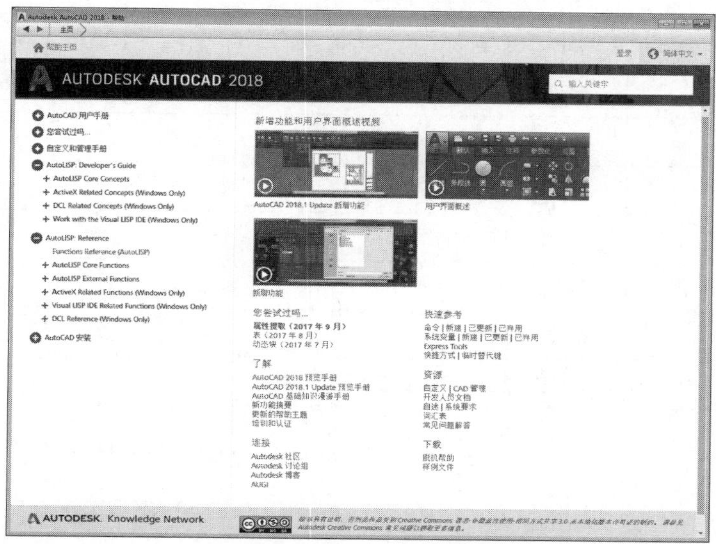

在自定义手册中有一些AutoLISP方面的相关介绍：

- 《AutoLISP和VisualLISP》：详细介绍AutoLISP和VisualLISP的概述，使用AutoLISP应用程序，自动加载和运行AutoLISP程序。
- 《在宏中使用AutoLISP》：介绍了调用宏、预设值、调整节点的大小、提示用户互输入功能。
- 《加载AutoLISP》：讲解了步骤和命令。
- 《使用AutoLISP变量》：介绍了AutoLISP的相关主题。

04 AutoLISP文件格式

在使用AutoLISP进行程序设计时应该考虑所要使用的文件类型。AutoLISP支持的文件类型可以使用ASC II 码的文本文件，用任何文本编辑器都可以创建和扩充这些文件。名字为acad或acadiso的文件是AutoCAD 2018系统定义的文件。在对这些文件进行修改和扩充时必须进行备份。AutoCAD 2018支持的文件和文件类型如表15-1所示。

表15-1 AutoCAD2018支持的文件和文件格式

文件	说明
acad.lin	标准的AutoCAD线型文件
acadiso.lin	标准的AutoCAD ISO线型文件
acad.mnl	标准AutoCAD菜单调用的AutoLISP程序文件
acad.mnu	标准AutoCAD菜单的模板源文件
acad.mns	标准AutoCAD菜单的源文件
acad.pat	标准AutoCAD的填充图案文件

（续表）

文件	说明
acadiso.pat	标准AutoCAD ISO的填充图案文件
acad.pgp	AutoCAD程序的参数文件
acad.psf	AutoCAD postScript支持的文件
acad.rx	启动AutoCAD时自动加载的ObjectARX应用程序
acad.unt	AutoCAD单位定义文件
asi.ini	数据库连接的转换映射文件
fontmap.ps	AutoCAD字体位图文件
*.ahp	帮助文件
*.hdx	帮助索引文件
*.dcl	用DCL语言编写的定义对话框文件
*.lin	线型文件
*.isp	AutoLISP程序文件
*.mln	多线库文件
*.mnl	同名菜单文件调用的AutoLISP程序文件
*.mns	AutoCAD生成的菜单源文件，用户可以对其进行修改或扩充
*.mnu	菜单源文件，包含定义AutoCAD菜单的命令字符串和宏语法
*.pat	定义的填充图案文件
*.scr	脚本文件
*.shp	定义形/字体的源文件

05 关于Visual LISP

Visual LISP是AutoCAD自带的一个集成的可视化AutoLISP开发环境，它是为加速AutoLISP程序开发而设计的软件开发工具，是一个完整的集成开发环境。其中包含编译器、调试器和其他提高生产效率的开发工具。

从AutoCAD 2000开始，有了集成的开发环境：Visual LISP。作为开发工具，Visual添加了更多的功能，并对语言进行了扩展以与使用 ActiveX 的对象进行交互。Visual也允许AutoLISP通过对象反应器对事件进行响应。Visual LISP具有自己的窗口和菜单，但它并不能独立于AutoCAD运行。Visual LISP操作界面简易明了，用户可以在较短时间内掌握。在菜单栏中执行“工具>AutoLISP>Visual LISP编辑器”命令，打开的“Visual LISP”控制台如右图所示。

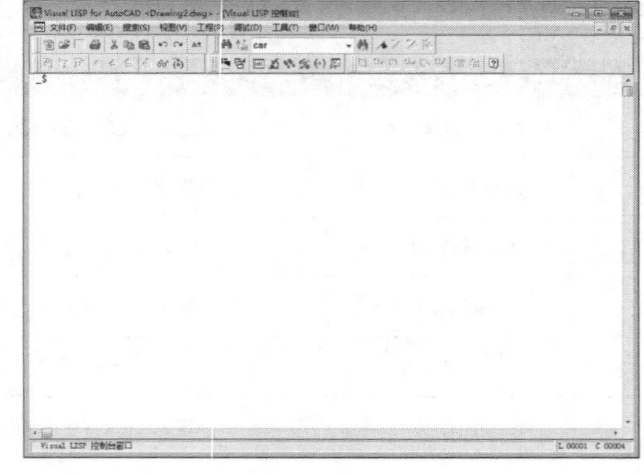

Visual LISP不仅继承了AutoLISP程序设计的特点，还允许用AutoLISP程序维护AutoCAD的资源。Visual LISP 提供了从一个名称空间向另一个名称空间中加载符号和变量的机制。在Visual LISP集成环境下可以便捷、高效地开发AutoLISP程序，可以经过编译得到运行效率高、代码紧凑、源代码受到保护的应用程序。

Visual LISP对AutoLISP语言的功能进行了扩展，可以通过Microsoft ActiveX Automation接口与AutoCAD对象进行交互，可以通过反应器函数扩展AutoLISP响应事件的能力。

Lesson 02 数据类型与表达式

AutoLISP类型很多，包括整型（INT）、实型（REAL）、字符串（STR）、表（LIST）、文件描述符（FILE）、AutoCAD的图元名（ENAME）、AutoCAD的选择集（PICKSET）、符号（SYM）等。表达式则是AutoLISP处理的对象。

01 AutoLISP的数据类型

本小节将向用户简单介绍一下AutoLISP的数据类型：

1. 整型（INT）

整型就是整数。整数由0、1、2…9、+、－等字符组成，正号“+”可以省略，不包含小数点。AutoLISP支持32位有符号整数，范围从-2147483648到+2147483647，如整数大小超出此范围，计算机将提示出错信息。但是（GETINT）函数只能取得16位有符号整数，范围从-32728到+32767。

2. 实型（REAL）

实型是指带小数点的数，又称为浮点数。AutoLISP支持双精度实数，并且可以提供至少有14位的精度，即整数后跟小数。如果实数的绝对值小于1，小数点前必须加0，不能直接以小数点开头，否则会被误认为“点对”而出错。

实型数也可以采用科学计数法表示，科学计数法格式中包括可选的e或E及其后跟数字的指数。例如0.123×1012可以表示为0.123e12，但必须注意字母e或E之前必须有数字，且指数必须为整数，如e7、0.36e1.4等都是不合法的指数形式。

3. 字符串（STR）

字符串（STR）是由包含在一对双引号内的一组字符组成的，如"ABC"、"135"、""。字符串可以包括任何可打印的字符，其中字母的大小写及空格都是有意义的。若字符串中没有任何字符，则称为空串""。

字符串中字符的个数（不包括双引号）称为字符串的长度。空串长度为零。字符串的最大长度为100个字符，如字符串的长度超过上限则后面的字符无效。

任何字符都可以用“\nnn”的格式表示，其中“\”为标识符，nnn是八进制形式的ASCⅡ码，如字符串ABC也可以表示为\101\102\103\104，二者的作用完全相同。对于一些特殊的字符，如反斜杠，以作为字符串中的前导转义符，必须用两个相邻的反斜杠来表示它，如“\\”，也可以用

ASCⅡ码来表示，反斜杠可表示为“\114”。常用的控制字符的表示方法如表15-2所示。

表15-2 常用控制字符的使用方法

代码	意义	ASCⅡ码表示
\\	表示反斜线“\”字符	\114
\t	表示移到下一个定位（Tab）	\011
\”	表示双引号" ""	\042
\e	表示换码字符（Esc）	\033
\n	表示换行（Enter）	\012
\r	表示回到行首	\015
\nnn	表示八进制码为nnn的字符	

工程师点拨｜控制字符字母为小写

在控制字符的书写中字母e、n、r、t必须为小写，否则无意义。

4. 表（LIST）

AutoLISP的表指包含在一对相匹配的左、右圆括号之间的相关数据的集合。表中的元素可以是内部函数或用户自定义的函数，也可以是上述3种数据类型，甚至可以是表自身。

表中的每一项称为表的元素，这些元素可以是整数型、实行数、字符串，也可以是另一个表，元素与元素之间要用空格隔开。

表中元素的个数称为表的长度，如（+ 1 4 7）表示4个元素，即+、1、4、7，所以此表的长度为4。表是可以任意嵌套的，如（5（1 3.8）1），此表中有3个元素，5、（1 3.8）、1，表（1, 3.8）表示嵌套的表。

表有两种类型：引用表，用于数据处理；标准表，用于函数调用。

- 引用表：表的第一个元素不是函数，经常用于数据处理。引用表的一个重要应用是表示图中点的坐标。当表示点的坐标时，其基本的信息X、Y坐标值可以放在表（X、Y）中，一个二维点可以使用一个表数据来表示。引用表相当于为特定数据定义一种存储格式，起到数据存储的作用。
- 标准表：表相当于一个求值表达式，是AutoLISP程序的基本结构形式。标准表用于函数的调用，其中第一个元素必须是系统内部函数或用户定义的函数，其他元素为该函数的参数。如（setq x 15）是一个表，第一个元素setq为系统内部定义的附值函数，第二个元素x为一个变量，第三个元素为一个整数，后两个元素均为setq的参数。表的第一个元素的值必须是一个合法存在的AutoLISP的函数定义。

5. 文件描述符（FILE）

文件描述符是指向AutoLISP所打开文件的一个标示符，它是一个字母数字代码，类似于文件指针。当AutoLISP函数需要向文件中写入数据或读取数据时，首先通过该文件描述符去识别该文件并建立联系，然后再进行相应的读写操作。文件描述符是AutoLISP的一种特殊数据类型，例如（setq fp(open“c:test.dat” “r”））。

6. 图元名（ENAME）

图元名是AutoCAD为图形对象指定的十六进制数字标识。确切地说，图元名是指向AutoCAD系统内部图形文件的指针，通过它可找到该实体的数据库记录和图形实体，并进行各种方式的处理。

7. 选择集（PICKSET）

选择集是一个或多个图形对象实体的集合。类似AutoCAD中的对象选择过程。可以通过AutoLISP程序构造选择集，可以交互性地向选择集添加或移去图形对象。

8. 符号（SYM）

AutoLISP用符号存储数据，符号又称为变量。符号名与大小写没关系，符号名的第一个字符一般采用字母或下划线。

02 表达式的构成及求值规则

AutoLISP程序由一系列符号表达式组成，表达式是由原子或表构成的，原子可以细分为数原子、串原子和符合原子。表达式格式如下：

```
(函数名[参数]…)
```

每个表达式以左括号“（”开始，并由函数名及参数组成，第一个元素必须是函数名。参数的数量可以是0个也可以任意个，每个参数也可能是表达式。表达式以右括号“）”结束，每一个表达式的返回值都能被外层表达式作用，最后计算的值被返回到调用的表达式。

表达式的求值规则如下：

- 整型数、实型数和字符串用其本身的值作为求值结果。
- 符号用其当前的约束值为求值的结果。
- 表根据其第一个元素来进行求值。

如表达式（（5 3）（*7 9）—8）可以先求出（5 3）和（*7 9），然后转换为（8 63 —8），继续计算表达式，返回表达式的最终结果为63。

如果第一个元素是一个表，该表不是调用而是定义函数，若是语法正确，第一步就要定义这个函数，然后对表达式求解。如果表中第一个元素既不是函数名也不是定义的函数，则程序就会停止求值，AutoCAD命令提示行显示出错信息，如下左图所示。如果输入的函数名称没有定义，程序也会提示出错，如下右图所示。

```
命令:
命令: (60 m n)
; 错误: 函数错误: 60
键入命令
```

```
命令: (CRa a b c)
; 错误: no function definition: CRA
键入命令
```

03 表达式的求值过程

在AutoLISP语言中运算的先后顺序是通过表的层次来实现，没有是否优先关系。先求最里面的层，将求值的结果返回至外层的表，依次由内向外求值，直到求值完成。例如表达式（setq a（—（*（—m —p）a）b）的求值顺序为先将—m与—p相加，然后将结果与a相乘，再将上述的乘积结果与—b相减，将差值结果赋予给a，最后返回a的值。

在AutoCAD 2018命令窗口中执行“命令：”提示输入下一表达式，按Enter键，程序将自动计算该表达式并返回计算结果，AutoCAD最多能显示6位小数，如下图所示。

```
命令: (sin 40)
0.745113
键入命令
```

```
命令: (cos 10)
-0.839072
键入命令
```

AutoLISP中的函数会为表达式赋非常有意义的使用价值，用户可以使用的AutoLISP函数及部分函数功能。下面将进行介绍。

1. 标准数学函数

标准数学函数是在数学中使用到的函数，包括计算弧度的正弦值、余弦值，计算平方值、绝对值等。常用的标准数学函数如表15-3所示。

表15-3 标准数学函数

函数	功能解释
sin（弧度）	计算某弧度的正弦值
cos（弧度）	计算某弧度的余弦值
tan（弧度）	计算某弧度的正切值
asin（实数）	计算某实数的反正弦值，实数范围必须在-1~1之间
acos（实数）	计算某实数的反余弦值，实数范围必须在-1~1之间
atan（实数）	计算某实数的反正切值
sqr（实数）	计算平方值
sqrt（实数）	计算平方根值，实数范围必须大于或等于0
abs（实数）	计算某实数的绝对值
ln（实数）	计算自然对数
log（实数）	计算底数为10的对数
exp（实数）	计算指数
exp10（实数）	计算底数为10的指数
round（实数）	将实数取整至最接近的整数
trunc（实数）	取实数的整数部分
d2r（角度）	将角度转换为弧度
r2d（角度）	将弧度转换为角度

2. 矢量计算函数

AutoLISP提供的矢量计算功能很强大，可以为用户使用的矢量计算函数如表15-4所示。

表15-4 矢量计算函数

函数	功能解释
vec（p1，p2）	确定从点p1到点p2的矢量

（续表）

函数	功能解释
vcl（p1，p2）	确定从点p1到点p2的单位矢量
1*vecl（p1，p2）	确定从点p1指向点p2的长度
a+v	由点a通过矢量v计算出点b
abs（v）	计算矢量长度（v）
absA（p1，p2，p3）	计算p1，p2，p3点定义的矢量长度
nor	计算用户所选择的圆弧或者多段线圆弧的单位的正交矢量
nor（v）	计算矢量v投影在当前UCS坐标系XY平面上分量的二维单位正交矢量
nor（p1，p2）	计算由点p1和点p2所定义直线的二维单位正交矢量
nor（p1，p2，p3）	计算由点p1、点p2和点p3所定义平面的三维单位正交矢量

3. 辅助计算函数

辅助计算函数为用户使用图形光标，在当前图形中为计算点的距离、角度与旋转值等操作提供支持，辅助计算函数如表15-5所示。

表15-5 辅助计算函数

函数	功能解释
w2u（p1）	转换WCS中的点p1至当前UCS中
u2w（p1）	转换当前UCS中的p1至WCS中
cur	使用图形光标给定一个坐标点
xyof（p1）	p1点的x与y轴方向分量，z轴方向的分量为0
xzof（p1）	p1点的x与z轴方向分量，y轴方向的分量为0
yzof（p1）	p1点的y与z轴方向分量，x轴方向的分量为0
xof（p1）	p1点的x轴方向分量，y与z轴方向分量为0
yof（p1）	p1点的y轴方向分量，x与z轴方向分量为0
zof（p1）	p1点的z轴方向分量，x与y轴方向分量为0
rxo（p1）	p1点的x轴方向分量
ryo（p1）	p1点的y轴方向分量
rzo（p1）	p1点的z轴方向分量
rot（p、origin、ang）	使点p绕坐标原点（origin）旋转一个角度（ang）
rot（p、p1、p2、ang）	使点p绕点p1与p2所确定的轴线旋转一个角度（ang）
pld（p1、p2、dist）	通过点p1与p2参考距离dist计算直线上的点
dist（p1、p2）	计算点p1与点p2之间的距离
dpl（p、p1、p2）	计算点p至由点p1与点p2所定义直线的距离
dpp（p、p1、p2、p3）	计算点p至由点p1、p2与p3所定义平面的距离

（续表）

函数	功能解释
rad	计算用户所指定的一个圆或圆弧的半径
ang（v）	计算x轴与矢量v在当前UCS坐标系xy平面上投影分量的夹角
ang（p1、p2）	计算x轴与由点（p1，p2）所定义的直线在当前UCS坐标系xy平面上的投影线夹角
plt（p1、p2，r）	通过p1与p2点参考位置r计算直线上的点
cvunit（N，cm，chin）	把数值N由公制单位转换为英制单位

相关练习｜使用ALERT函数制作警告框

使用ALERT函数可以制作一个警告框，警告框中将显示出错或警告的信息。警告框中所示的字符串行数及每行长度依赖于AutoCAD使用的平台、窗口及设备，任何超出范围的字符串都将被自动切断，下面就来介绍使用ALERT函数制作警告框的方法。

原始文件：无
最终文件：实例文件\第15章\最终文件\使用alert函数制作警告框.dwg

STEP 01 输入命令。在命令行中输入命令(alert "AutoCAD2018提示”)，如下图所示。

```
命令：*取消*
命令：*取消*
命令：(alert"AutoCAD2018 提示")
```

STEP 02 显示提示。输入完成后按Enter键，程序自动弹出“AutoCAD消息”对话框，如下图所示。

STEP 03 编辑相关信息。在命令行中输入(alert “AutoCAD是美国Autodesk公司生产的自动计算机辅助设计软件，用于二维绘图、详细绘制、设计文档和基本三维设计。现已经成为国际上广为流行的绘图工具。")，输入完成后按Enter键，程序将自动弹出“AutoCAD消息”对话框，如右图所示。

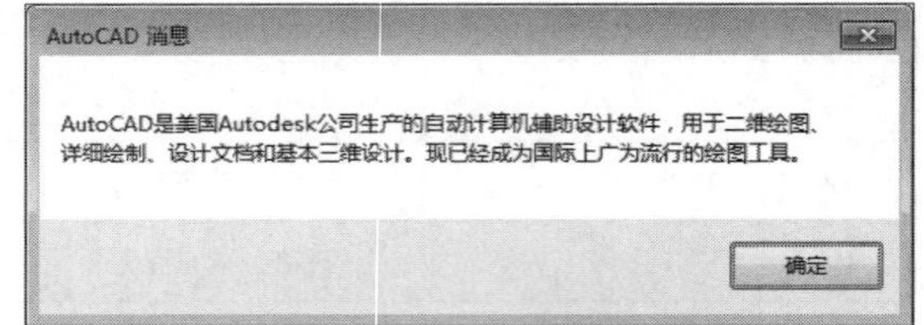

Lesson 03 变量

在AutoLISP程序中使用变量来存储数据，这一点与其他编程语言是一样的，AutoLISP所使用的变量与AutoCAD的系统变量一样。

01 变量命名与数据类型

AutoLISP变量名称可以由任何可写字符以任意顺序组成，如字面、数字、符号等，但是不能全部由数字组成，而且不能包含某些字符，如双引号”、括号（）、分号;、单引号’、小数点.。变量名称中不能包含空格，因为空格意为结束一个符号或分隔多个符号。AutoLISP的变量名称并没有大小写字母之分，用户可以任意使用大写字母或小写字母来编写程序。

数据类型是变量的重要特征，但是AutoLISP语言不同于其他计算机语言，不用对变量做事先的类型说明，变量的数据类型就是变量被赋予的值的类型。AutoLISP变量属于符号，是指存储静态数据符合。使用setq函数对变量赋值，如（setq a 73），该表达式执行之后的结果是“a=73”，变量a是整型变量，这是因为73为整型的。如果将“73”改成“2.9”，由于2.9是实型的，所以变量a是实型变量。（setq z “abc”），该表达式执行之后z是字符串类型的变量。在程序运行的过程中，同一变量在不同的时刻可以被赋予不同类型的值。

02 变量赋值与预定义

AutoLISP系统提供了下列函数来为变量赋值。

1. SETQ函数

使用SETQ函数为变量赋值的格式如下：

```
(setq 变量1值1[变量2值2……])
```

在AutoCAD 2018命令行中输入表达式（setq a 1 b “xy”），输入完成后按Enter键确定，该表达式为a、b赋值，并返回b的结果xy。该表达式等价于（setq a 1）、（setq b “xy”）、2个表达式，如下左图所示。上述表达式的返回值也可赋给外层表达式变量，如下右图所示。

```
命令: (setq a 1 b "xy")
"xy"
键入命令
```

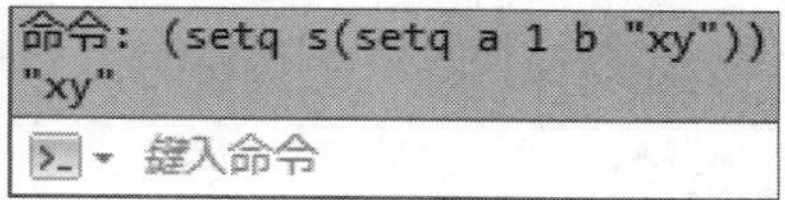

2. SET函数

使用SET函数为变量赋值的格式如下：

```
(set 变量1值1)
```

set函数返回值为变量的值，SET函数与SETQ函数的作用相似，但不同的是SET把各个参数均当成表达式来看待，对各个参数分别进行求值运算后再进行赋值运算。而SETQ仅对参数中的“值”进行表达式求值操作，将参数“变量”当作符号来赋值，如下左图所示。

在上述表达式中对符号“xy”进行赋值，返回值为12。在使用SET函数进行赋值时，不能省略上述表达式中的“’”，否则会出错。这是因为如果把上述表达式改为“set xy 12”时，set函数会对xy求值，而xy是未定义的符号，如下右图所示。

```
命令: (set 'xy 12)
12
键入命令
```

```
命令: (set xy 12)
; 错误: 参数类型错误: symbolp 12
键入命令
```

3. QUOTE函数

使用QUOTE函数的格式如下：

```
(quote 表达式)
```

QUOTE函数用处是为了禁止对表达式求值，而将表达式本身作为返回值返回。当程序需要应用表达式本身而非表达式的求值结果时，就需要使用QUOTE函数。“’”是QUOTE函数的简记符，因此上述调用格式等效于’表达式，如右图所示。

```
命令: (quote(abc 12))
(ABC 12)
键入命令
```

4. 变量的预定义

AutoLISP对变量nil、T、PAUSE、PI进行了预定义，方便用户在编写程序时直接调用。

（1）nil。如果变量没有被赋值，其值为nil。nil和空格是不同的，nil和0的意思也不同，0是一个数字，nil表示尚无定义，而空格被认为是字符串中的一个字符。

值为 nil 的变量属于无定义的变量，每一个变量都占用一小部分内存，如果将 nil 赋给某一个有定义的变量，其结果是取消该变量的定义并解释其所占用的内存空间。另外 nil 作为逻辑变量的值，表示不成立，相当于其他程序设计语言的 false。

（2）T。T 是常量，当 T 作为逻辑变量的值表示成立，类似于其他程序设计语言当中的 true。

（3）PAUSE。PAUSE 与 COMMAND 函数要配合使用，定义由一个反斜杠“\”字符构成的字符串，常常被用作暂停、等候用户的输入。

（4）P1。P1 定义为常量 π。

在一般情况下，程序设计语言是不允许把内部函数名或流程控制的关键字作为变量名使用的，而在AutoLISP中却没有这样的限制。因此为了避免后面的定义取代先前的定义，从而引起程序的混乱，那么在AutoLISP中定义的符号名称不要与系统定义的函数名和预定义的变量名相同。例如cos是余弦，但在执行表达式（setq cos 0.8）之后，cos不再是余弦函数，而是一个值为0.5的实型变量。

03 数据存储结构

介绍AutoLISP在内存中创建和存储符号、表、字符串以及编写AutoLISP代码的优化符号和表在内存中的存储方法。

1. 节点

许多编了码的内存单元组成了计算机的内存由，一个特定内存单元的编号称为内存地址。内存单元的内容可以是数字、内存单元的编号，即另一内存单元的地址。

如果一个内存单元分为左、右两部分，分别存储另外两个内存单元的地址，那么这一内存单元就具有左、右两个指针，这类内存单元称为节点，结构示意图如右图所示。

节点是一种能够表达所有AutoLISP数据类型的存储结构，每个节点的长度是12B，分为左、右两部分，每个节点都有其自身的地址。AutoLISP通过这样的一些节点构成链表，以链表方式存储各种数据。

2. 符号

当原子表中被创建并加入一个符号时，一个内存地址就包含在符号表中的那个符号里，这个地址指向包含符号的节点。如果该符号被赋值，则包含符号的节点存储一个内存地址，这个地址指向符号值的节点。

创建一个符号至少需要3个节点，如表达式（setq xyz 123），表达式创建了符号xyz，并将值123赋给了该符号。存储这个符号就需要3个节点，一个用于将符号置于符号名表中，一个用于存储符号名xyz，最后一个用于存储该符号的值123，结构示意图如下左图所示。

创建的符号长度超过6B，就需要另外增加一个存放符号名的空间，如表达式（setq AutoLISP 123），需要一个内存空间来存放AutoLISP的变量名，这样就多占用了内存空间，降低了程序运行的速度，如下右图所示。

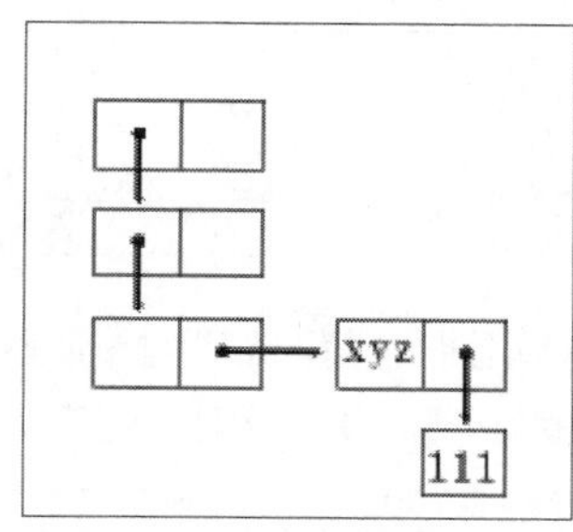

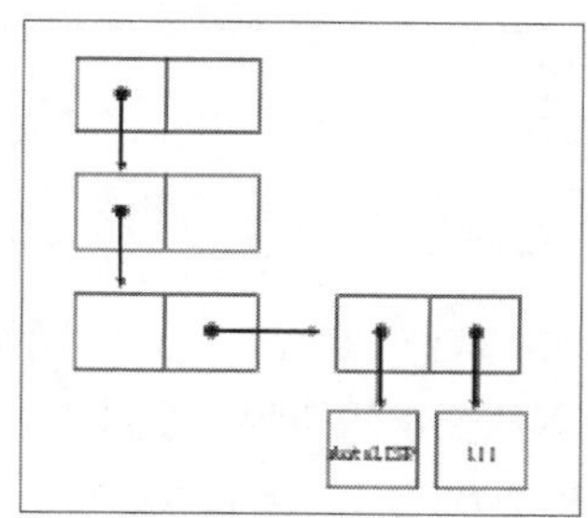

3. 表

表由一组节点存储，这些节点由右指针连接成一体，每个右指针各自指向下一个元素的地址，左指针指向表自身的各元素，最后一个节点的右指针为空，各表达式的存储结构图如下图所示。

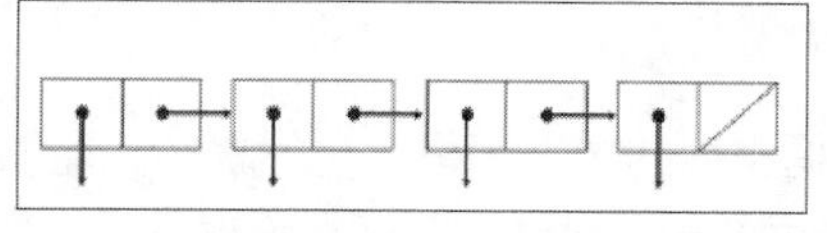
表（x y z w）的存储结构

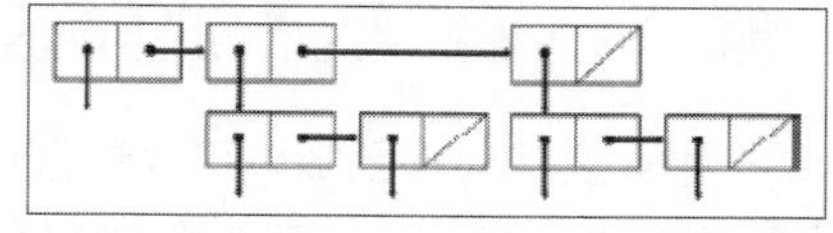
表（x（y z）（w v））的存储结构

从存储结构可以清楚地看出，表的层次关系以及各层上的元素。

4. 字符串

字符串在内存中是以连续的空间存储的。

5. 点对

点对是一种特殊的表，若表有两个元素，且每个元素都是基本符号，那么这样的表就可以用点对来表示。点对的形式为（原子.原子），如（X.9）、（15.“LISP”）、都是点对。

点对存放在节点中，指向第一个元素是节点的左指针，指向第二个元素是右指针。只有两个元素的表的存储结构以及点对的存储结构如右图所示。使用点对会简化某些函数对表的运算，点对具有节省存储空间的优点，因此AutoLISP程序中常用点对这个数据结构。

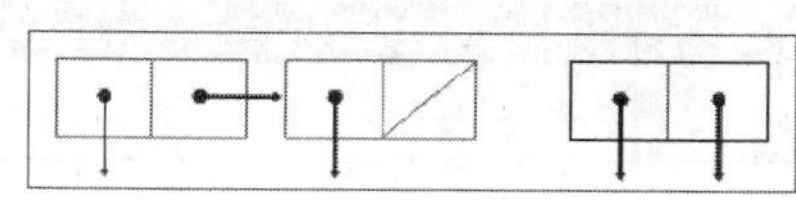

04 数据类型的转换

在程序运行的过程中是可以改变变量的数据类型，但是会造成变量存储原有信息的丢失。为了在AutoLISP中更好地进行数据交换，避免上述情况的发生，用户可以运用整型、实型和字符串这3种最常用的数据类型之间的转换。

AutoLISP提供了类型转换函数来实现这3种数据类型之间的转换，类型转换函数的参数是一种数据类型的值，而返回值则是另一种数据类型的值。整型、实型和字符串这3种数据类型之间进行转换的类型函数如表15-6所示。

表15-6 类 型转换函数

	整型	实型	字符串
整型		float	Ltoa
实型	Fix		angtos
字符串	atoi	Atof	

类型转换函数的调用格式如下：

```
(函数名 参数)
```

将整型转换为实型的函数FLOAT，该函数的参数可以是整型或实型，返回值则为实型。这种数据类型转换函数是在读入原变量的值后，以另一种数据类型的格式返回，如下所示：

```
(float 5);                返回值 5.0
(itoa -6);                返回值 "-6"
(fix 5.2);                返回值 5
(angtos 2.5);             返回值 "143"
(atoi "356");             返回值 356
(atof "-1.3");            返回值 -1.3
```

下面将介绍一种类型的转换函数，可以进行数据类型的转换和格式化的功能，能够将整型、实型数值以及距离、角度等数值按照一定的格式转换为字符串。

1. 整型或实型格式化函数（ROTS）

该函数能够将整型或实型数值按照指定的模式和精度转换为字符串，其调用格式如下：

```
(rtos No[mode[precision]])
```

其中参数No可以以整型或实型常数、变量或表达式的形式，其中参数mode为线性单位的格式编码，和AutoCAD的线性单位格式相对应。若调用该函数时没有指定参数mode，将采用系统变量指定的当前线性单位格式。格式编码与线性单位格式的对应如表15-7所示。

表15-7 格式编码与线性单位格式的对应

rtos格式编码	线性单位格式	实例
1	科学	1.56E+08
2	小数	3.14
3	工程	（英尺+十进制英寸）7′ 24″
4	建筑	（英尺+分数英寸）8′ 5 1/2″
5	分数	25 1/2″

参数precision用于指定数值的显示精度，对于前3种格式编码，该参数用于指定小数点后的小数

位数。对于后两种格式编码，该参数用于设定最小分数的分母。调用函数时如果没有指定该参数值，则采用系统变量luprec设定的精度值。

```
(rtos 12.11 2 5);                返回值"2.02500E+01"
(rtos 20.25 3 3);                返回值"1'-8.25\""
(rtos 12.11 2 3);                返回值"12.11"
```

2. 距离格式化函数（DISTOF）

该函数的功能与RTOS函数相反，即将表示距离的字符串按照指定的格式转换为实型数值，其函数调用格式如下：

```
(distof string[mode])
```

其中参数string必须是字符串，而且参数mode能将其指定的距离测量格式正确解释，参数mode的用法与rtos函数中参数mode的用法相同。

```
(distof "3'-1.4\"" 3) ;           返回值为 37.4
```

3. 单位换算函数（CVUNIT）

该函数将一种单位格式转换成另一种单位格式，其调用格式如下：

```
(cvunit number origin later)
```

其中，参数number为要换算的数值、二维表或三维表，但数值类型必须为整型或实型，且不能为空。参数origin为原来使用的单位，later为返回值使用的单位，origin和later必须在ACAD.unt文件中定义。转换的两种单位必须为同一类型，否则函数的返回值为空，如下所示：

```
(cvunit 2 "hour" "minute") ;          返回值 120
(cvunit 2 "feet" "m") ;               返回值 0.6096
(cvunit 3.7 "feet" "hour") ;          返回值 nil
```

4. 角度格式化函数（ANGTOS）

该函数将以弧度为单位的角度格式及精度转换为字符串，角度值的范围为［0，2π］，其调用格式为：

```
(angtos angle[mode[precision]])
```

其中参数angle可以是整型、实型常数、变量及表达式，参数mode为角度格式编码，与AutoCAD的角度格式相对应。若调用该函数时没有指定参数mode，将采用系统变量AUNITS指定的当前角度格式。

参数precision用于指定转换后小数点之后的小数位数，若调用函数时没有指定该参数的值，则采用系统变量AUPREC设定的当前精度值，如下所示：

```
(angtos 1.5 0 6) ;                    返回值为"85.943669"
(angtos 6 1 8) ;                      返回值为”343d46’28.8375\”
(angtos 1.8 2 4) ;                    返回值为"114.5916g"
```

角度格式编码与角度格式的对应如表15-8所示。

表15-8 角度格式编码与角度格式的对应

angtos格式编码	角度格式	实例
1	十进制	15.0000
2	度分秒	30d35.20
3	百分度	30′ −18″
4	弧度	15′ −6 1/4″
5	测量单位	21 1/5″

5. 角度格式化为弧度函数（ANGTOF）

该函数的功能与ANGTOS函数相反，即将表示角度的字符串按照指定的格式转换为以弧度为单位的实数，其调用格式如下：

```
(angtof string[mode])
```

其中参数string必须是字符串，而且参数mode指定的距离测量格式能将其正确解释，既与ANGTOS函数返回结果的格式或与AutoCAD允许的从键盘输入的角度格式相同。参数mode的用法与函数ANGTOF中参数mode的用法相同。若调用函数时没有指定参数mode的值，则采用系统变量AUNITS指定的当前角度格式，如下所示：

```
(angtof "<30") ；返回值 0.523599
(angtof "30d5'2\"") ；返回值 0.525063
```

相关练习 | 使用AutoLISP程序绘制窗户立面图

将常用的操作编写为AutoLISP程序，然后加载该应用程序。在命令行中输入编写的命令即可调用AutoLISP程序进行工作。

原始文件：实例文件\第15章\原始文件\windows.LSP
最终文件：实例文件\第15章\最终文件\窗户立面图

STEP 01 加载应用程序。在“管理”选项卡中的“应用程序”面板中，单击“加载应用程序”按钮，如下图所示。

A360 精选应用
加载应用程序 运行脚本 Visual Basic 编辑器 Visual LISP 编辑器 运行 VBA 宏
应用程序

STEP 02 选择AutoLISP程序。在“加载/卸载应用程序”对话框中选择相关文件为要加载的AutoLISP文件，如下图所示。

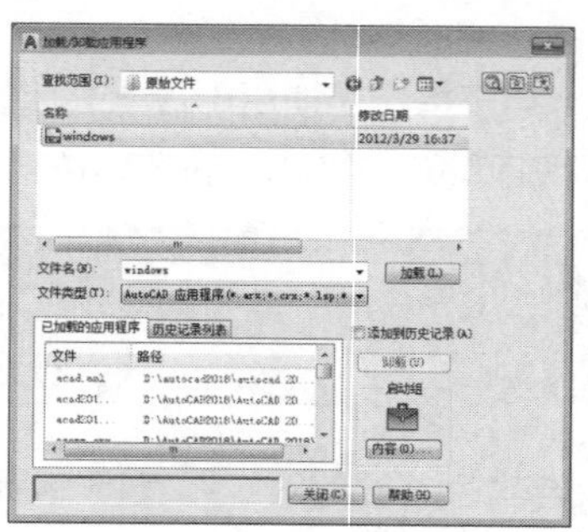

STEP 03 加载应用程序并退出加载。选择要加载的程序后在“加载/卸载应用程序”对话框中单击“加载”按钮，程序提示应用程序加载成功，如下图所示。单击“关闭”按钮退出。

STEP 04 执行应用程序。在命令行中执行命令windows，然后按Enter键确定，根据程序提示输入各项参数，如下图所示。

```
命令: WINDOWS
窗上下分格数(1不分格)/<2分格>:
窗扇数<3>: 6
窗高<1500>: 1680
窗上格高度<450>: 500
窗宽<1500>: 1800
窗左下角点:
```

STEP 05 指定窗户左下角点。程序提示指定窗户的左下角点，在绘图窗口中指定一个点为窗户左下角的放置点，如下图所示。

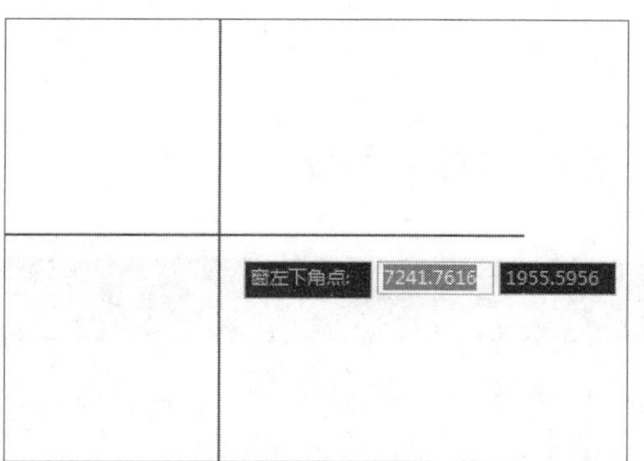

STEP 06 完成窗户效果。程序自动根据输入的参数创建出窗户的立面图，效果如下图所示。

强化练习

通过本章的学习，读者对于AutoLISP语言的基础知识、数据类型与表达式以及变量等知识有了一定的认识。为了使读者更好地掌握本章所学知识，在此列举几个针对本章知识的习题，以供读者练手。

1. 制作提示框

使用ALERT函数制作提示框。

STEP 01 在命令行中输入命令(alert “AutoCAD2018版本预告")，然后按Enter键。

STEP 02 在工作界面会弹出一个名为“AutoCAD2018版本预告”的提示框，如右图所示。

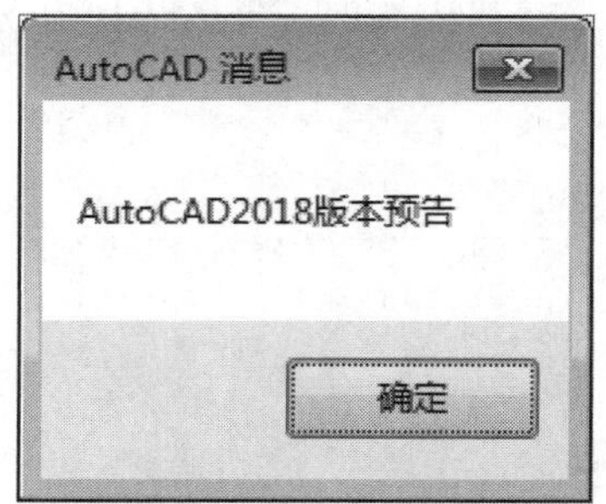

2. 绘制门图形

使用AutoLISP程序绘制一个门图形。

STEP 01 加载AutoLISP文件。

STEP 02 输入各项参数绘制出门图形，如下左图所示。

STEP 03 执行“图案填充”命令，填充门图形，如下右图所示。

工程技术问答

本章主要对AutoCADLISP概述、数据类型与表达式、变量等知识进行介绍，在应用相关知识绘图时难免会有些疑问，下面将对常见的问题及解决方法进行汇总，供用户参考。

Q 有没有什么办法可以对圆半径进行批量更改值的操作呢?

A 可以通过AutoLISP程序对已经绘制的圆重新定义半径值，可以一次选择多个圆就可以批量更改半径值了。执行程序代码后选择需要更改半径值的圆，然后重新输入圆的半径，按Enter键即可完成圆半径的更改，程序代码如下所示。

```
(defunC:chcir(/sstxsiz
eindex ent ty oldsize newsize ent1)
(setq ss (ssget))
(setq txsize (getreal "\n输入新的圆半径:"))
(setvar "cmdecho" 0)
(setq n (sslength ss))
(setq index 0)
(repeat n
(setq ent(entget(ssname ss index)))
(setq index (+ 1 index))
(setq ty (assoc 0 ent))
(if (OR
(= "CIRCLE" (cdr ty))
(= "ARC" (cdr ty))
)
(progn
(setq oldsize (assoc 40 ent))
(setqnewsize(cons(car oldsize) txsize))
(setqent1(substnewsize oldsize ent))
(entmod ent1)
)
)
)
(setvar "cmdecho" 1)
)
```

Q 有没有办法对已经绘制的线段批量进行线宽设置呢？

A 通过设计一个AutoLISP程序可以对选择的线段进行线宽的更改，执行程序代码后根据提示需要输入比例、线宽值，然后选择需要进行修改的线段，即可对选择的线段批量进行线宽修改，AutoLISP程序代码如下：

```
(defun *error*(st)
(if (and (/= st "Function cancelled")
(/= st "quit / exit abort")
)
(princ (strcat "Error: " st))
)
(setq *error* old_err)
(princ)
)
(defun in()
(if (= s nil) (setq s 1))
(setq scale (getreal(strcat"\n
(setq len (sslength ss))
(setq n 1)
(while (<= n len)
(setq enl(ssname ss(1- n)))
(setq b (entget enl))
(setq a (cdr (assoc 0 b)))
(cond((or(="LINE"a) (= "ARC" a))
(progn
(command "pedit"
enl "Y" "w" width "x")
))
((= "POLYLINE" a)
(command "pedit" enl
"w" width "x"))
((= "CIRCLE" a)
(progn
(setqpt(cdr
(assoc 10 b)))
(setqrad(cdr
(assoc 40 b)))
(setqr1(-(*
rad 2) width ))
(setqr2(+(*
rad 2) width ))
(command "donut"
r1 r2 pt "")
(entdel enl)
))
(T T)
)
(setq n (1+ n))
)
)
```

```
(defun C:pex(/old_err scale ss enl a
输入比例 <" (rtos s 2 0) ">:")))
(if (= scale nil) (setq scale s))
(setq s scale)
(if (= w nil) (setq w 0.45))
(setqwidth(getreal(strcat"\n
指定宽度 <" (rtos w 2 2) ">:")))
(if (= width nil) (setq width w))
(setq w width)
(setq width (* width scale))
)
(defun pross()
len n b
cmd_old width rad
pt r1 r2 k en la)
(setq old_err *error*)
(setq cmd_old (getvar "cmdecho"))
(setvar "cmdecho" 0)
(in)
(initget "L S")
(setq k (getkword "\n按Enter键继续："))
(if (= k "L")
(progn
(setq en (car (entsel "\n
选择线段 ：")))
(if (/= en nil)
(progn
(setq la (assoc 8 (entget en)))
(setq ss (ssget "X" (list la)))
(pross)
)
)
)
)
(if (or (= k "S")
(= k nil))
(progn
(setq ss (ssadd))
(setq ss (ssget))
(if (/= ss nil) (pross))
)
)
(setvar "cmdecho" cmd_old)
(princ)
)
```

Chapter 16

Visual LISP 程序应用

Visual LISP提供了文本编辑器、格式编辑器、语法检查器、源代码调试器、检验和监视工具、工程管理系统、文件编辑器和智能化控制台。本章将对Visual LISP的集成开发环境进行详细介绍。

Lesson 01 Visual LISP工作界面

Visual LISP是 AutoCAD自带的一个集成的可视化AutoLISP开发环境，Visual LISP提供了一个完整的集成开发环境（IDE），包括编译器、调试器和其他工具，可以显著提高编写LISP程序的效率，并实时调试AutoLISP命令。Visual LISP具有自己的窗口和菜单。

01 启动Visual LISP集成开发环境

Visual LISP集成开发环境具有自己的窗口和菜单，但它并不能独立于AutoCAD运行。所以启动Visual LISP之前须先启动AutoCAD 2018，然后可以通过以下任意一种方法进入到Visual LISP集成开发环境中。

- 在“管理”选项卡的“应用程序”面板中单击“Visual LISP编辑器”命令，如下图所示。

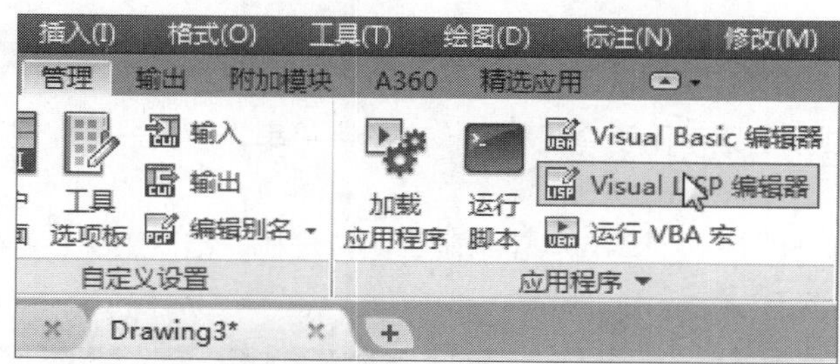

- 在AutoCAD 2018命令行中输入命令VLISP或VLIDE，然后按Enter键，程序将启动VisualLISP程序，如下图所示。

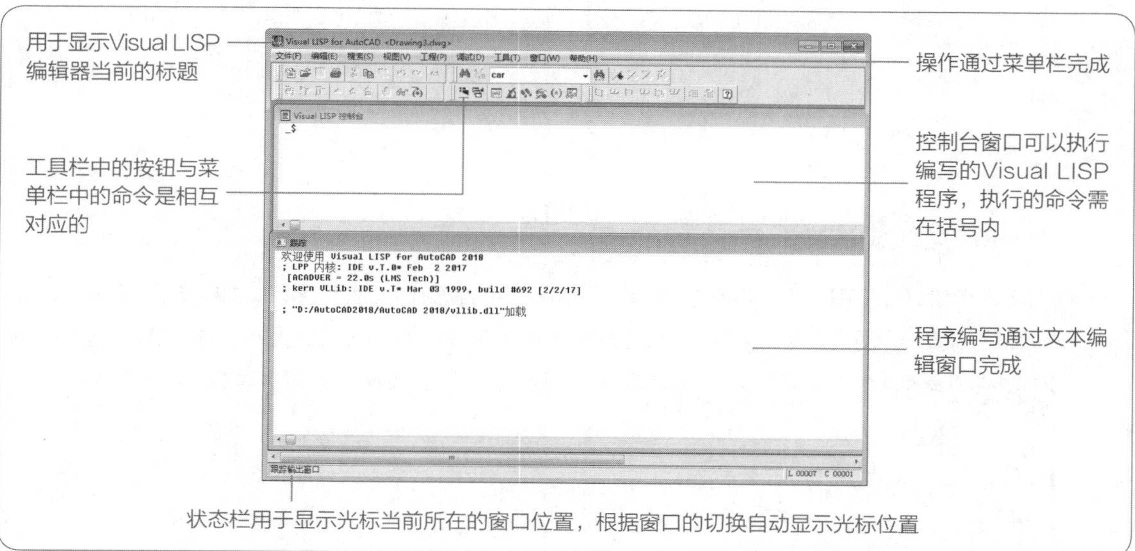

02 菜单栏

Visual LISP的菜单栏共有9个下拉菜单，分别为“文件”、“编辑”、“搜索”、“视图”、“工程”、“调试”、“工具”、“窗口”和“帮助”菜单栏，下面将分别对其进行介绍。

● “文件”菜单：“文件”菜单主要用于创建新的或修改已有的文件编辑或打印程序文件等，如下左图所示。

● “编辑”菜单：“编辑”菜单主要用于复制粘贴文本，匹配表达式中的括号，或复制控制台以前的输入等，如下右图所示。

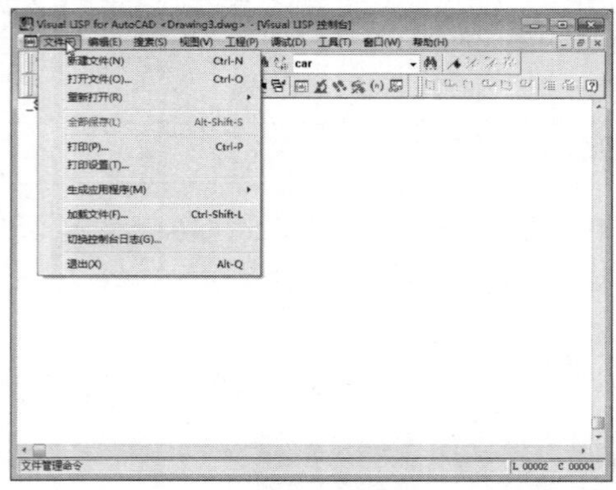

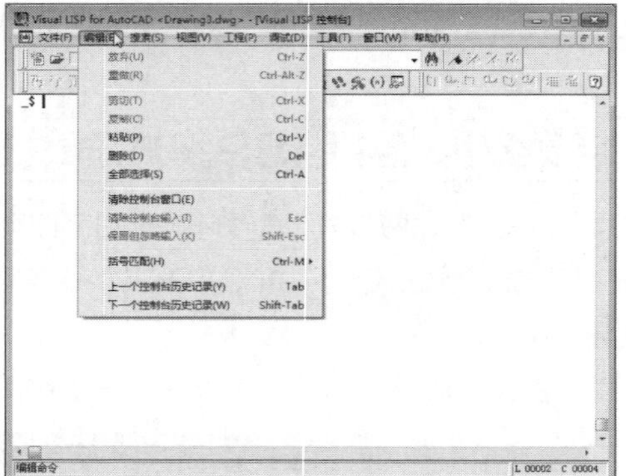

● “搜索”菜单：“搜索”菜单用于查找和替换文本字符串，设置书签，或利用书签导航等，如下左图所示。

● “视图”菜单：“视图”下拉菜单包含了检验、跟踪堆栈、错误跟踪、符号服务、自动匹配窗口等选项，如下右图所示。

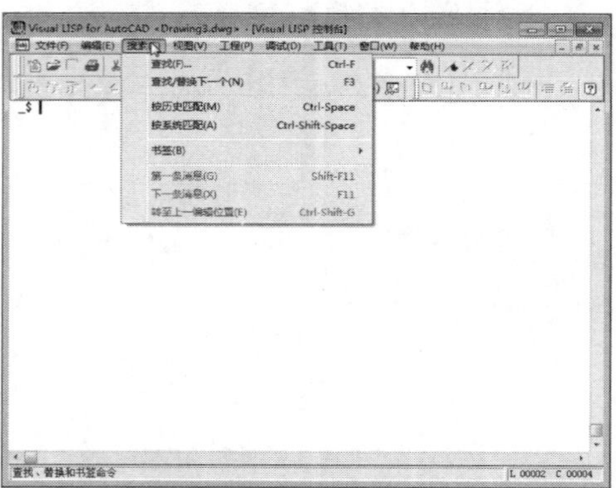

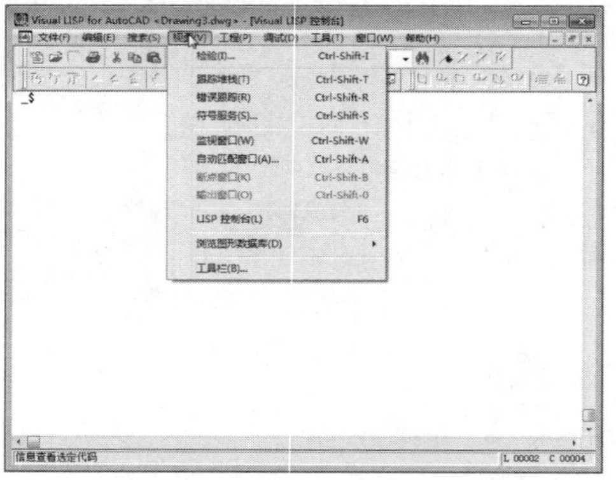

● “工程”菜单：“工程”下拉菜单主要用于使用工程的编译、加载程序等，如下左图所示。

● “调试”菜单：“调试”下拉菜单用于设置或删除断点，查看表达式的运行结果，如下右图所示。

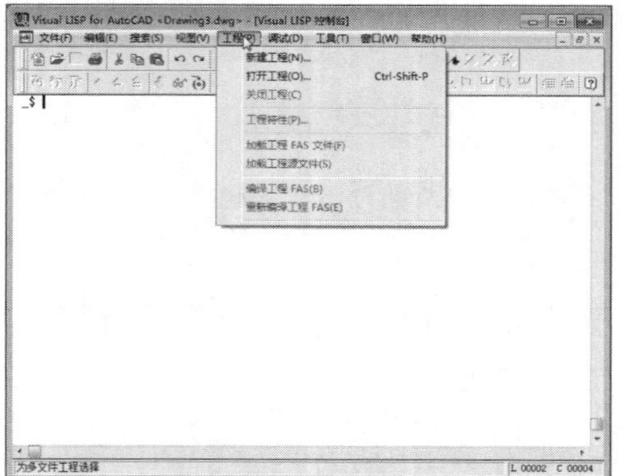

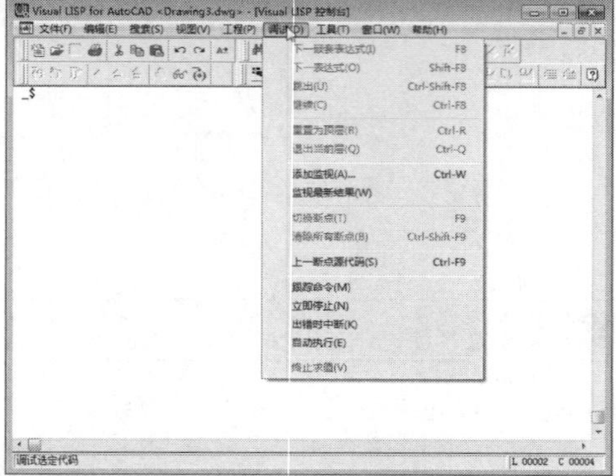

- “工具”菜单：“工具”菜单可以用于设置窗口属性、环境选项、文本代码的格式等，如下左图所示。
- “窗口”菜单：“窗口”菜单用于控制Visual LISP环境中各窗口的显示方式和切换，如下右图所示。

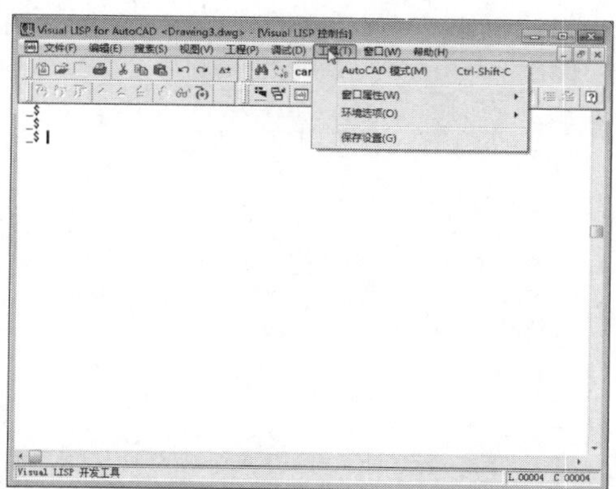

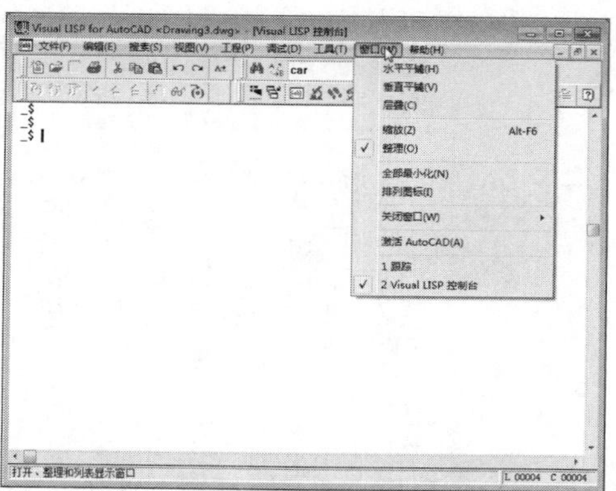

- “帮助”菜单：“帮助”菜单提供了Visual LISP的在线帮助选项以及各函数的使用方法等，按下F1键也可以随时调用帮助信息，如右图所示。

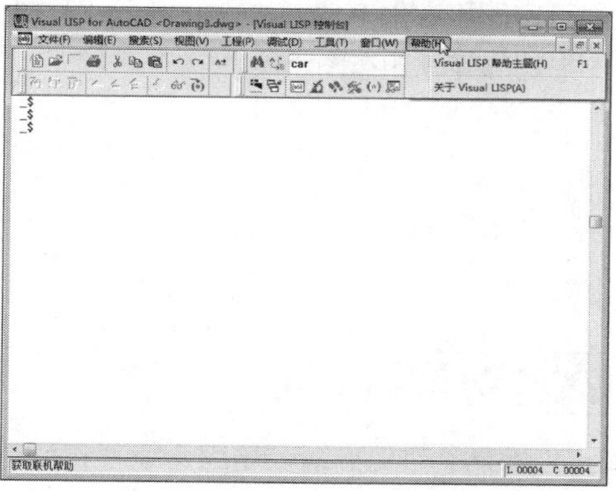

03 工具栏

Visual LISP集成开发环境中共有5个工具栏，是对常用Visual LISP命令的快速调用。分别为“标准”、“搜索”、“视图”、“调试”和“工具”工具栏，工具栏中的按钮与菜单栏命令作用一致，下面就来介绍这些工具栏。

- “标准”工具栏：该工具栏主要用于文件管理、文字的剪切与复制等操作，如下左图所示。
- “搜索”工具栏：该工具栏主要用于查找和替代文本、设置书签等，如下右图所示。

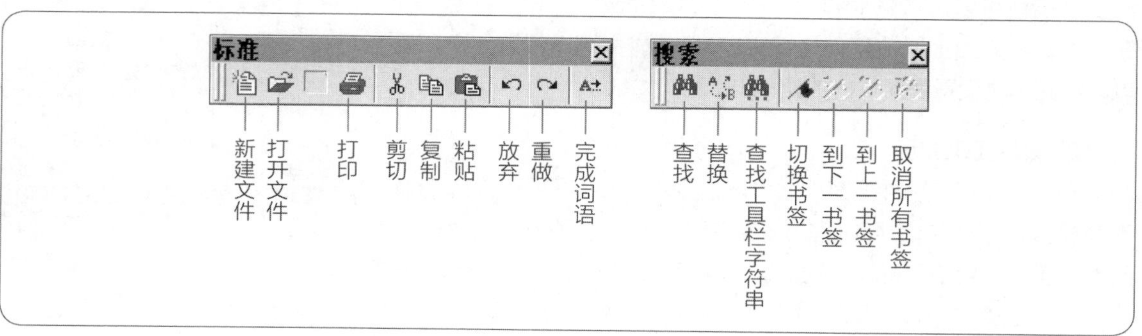

- “工具”工具栏：该工具栏主要用于加载、检查、设置相关代码等，功能与“搜索”菜单相同如下图所示。
- “视图”工具栏：该工具栏可以进行激活AutoCAD或者Visual LISP窗口、打开监视窗口、打开检验器窗口等操作，如下图所示。

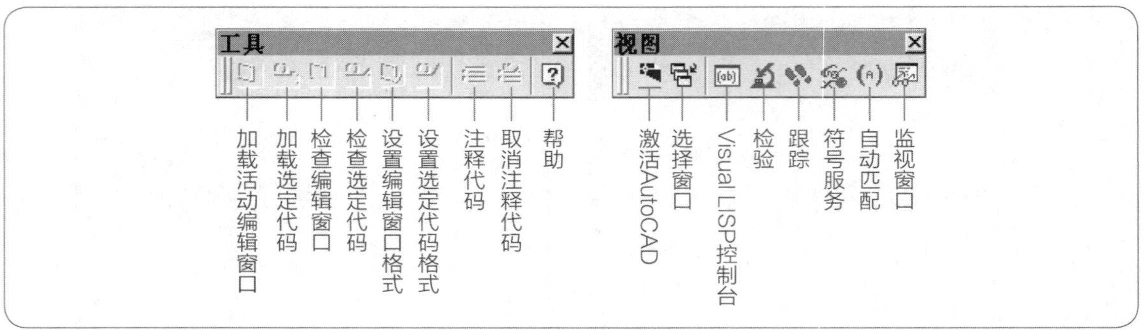

- “调试”工具栏：该工具栏与“调试”菜单栏中的功能相类似，用于调试在运行程序时的操作，如右图所示。

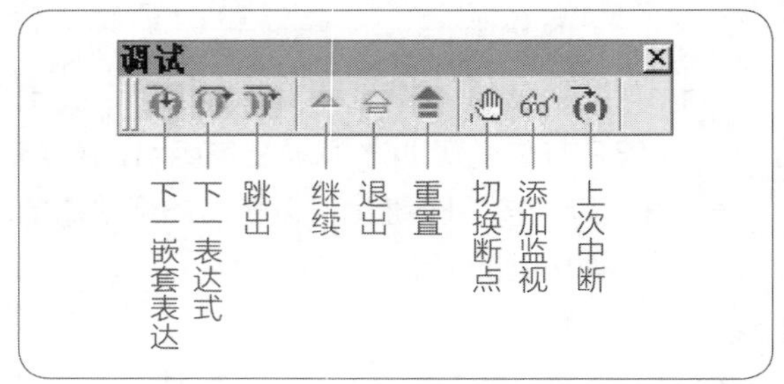

04 文本编辑器

AutoLISP中的文本编辑器用于编写和调试AutoLISP程序，它不仅是书写工具，还是Visual LISP基础开发环境的中心部分。Visual LISP文本编辑器的主要功能如下。

1. 文本格式化

文本编辑器可以设置AutoLISP代码格式，使代码更易于阅读。用户可以从许多种不同的格式样式中挑选喜欢的颜色。

在Visual LISP菜单栏中执行“工具>环境选项>Visual LISP格式选项”命令，Visual LISP将弹出“格式选项”对话框，如右图所示。通过该对话框可以设置程序源代码的格式，单击“其他选项”按钮可以设置其他参数。参数设置完成后单击“确定”按钮，然后在VisualLISP菜单栏中执行“工具>保存设置”命令，就可以按此样式设置程序代码的格式。

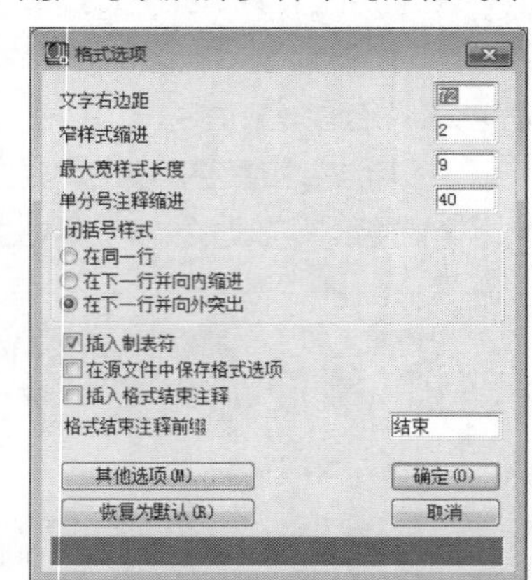

2. 彩色代码显示

Visual LISP的文本编辑器可以识别AutoLISP程序代码中的不同部分，并把它们用不同的颜色表示出来，方便用户查找程序元素，还能找到符号拼写上的错误。程序代码的相关颜色显示如表16-1所示。

表16-1 代码显示对应的颜色

Visual LISP程序元素	对应颜色	Visual LISP程序元素	对应颜色
整数型	绿色	字符串	紫色
实数型	深绿色	保留字	湖绿色
圆括号	红色	注释	紫色（背景为灰色）
内置函数	蓝色	其他	黑色

Visual LISP可以按照语言的种类确定代码的颜色。执行“工具>窗口属性>按语法着色”命令，程序将弹出“颜色样式”对话框，在“着色窗口”选项组中可以设置按语言的种类确定代码的颜色，如下左图所示。

用户也可以自定义语言元素的颜色配置，在菜单栏中执行“工具>窗口属性>配置当前窗口”命令，程序将弹出“窗口属性”对话框，该对话框可以自定义语言元素的颜色设置，如下右图所示。

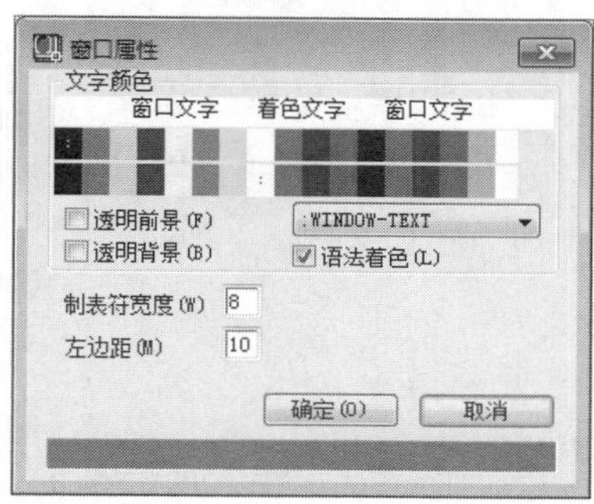

3. 执行表达式

不必离开文本编辑器就可以运行一个表达式或几行程序代码，并得到运算的结果。

4. 其他特点

AutoLISP代码中包含许多括号，在文本编辑器中，执行“编辑>括号匹配”命令，可以使得用户查找彼此对应的括号对，检查括号匹配错误。

文本编辑器可以对代码进行求值并亮显语法错误。用单个命令就可在多文件里查找词或表达式。

05 控制台

在控制台窗口可以输入和运行AutoLISP命令，并观察结果，这一点和AutoCAD2018命令行相似。用户可以直接在控制台窗口中输入很多Visual LISP命令。

Visual LISP的系统控制台和AutoCAD的命令行在很多方面非常相似，但是Visual LISP使用自己的命令解释器来运行命令，而且操作步骤会有一些不同。例如在Visual LISP中显示一个变量的值，只需在控制台窗口的提示符下输入此变量的名称并按Enter键即可，如下左图所示。而在AutoCAD 2018中命令行中，还需要在变量名前面输入一个感叹号（！），如下右图所示。

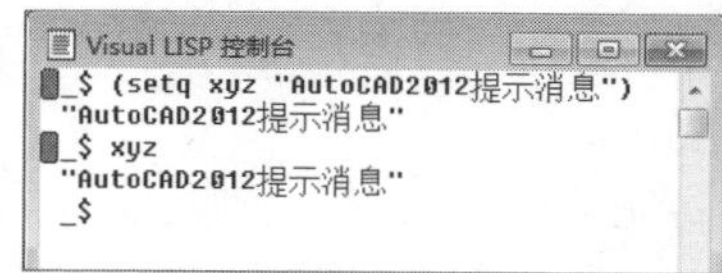


```
命令: (setq xyz "AutoCAD2012提示消息")
"AutoCAD2012提示消息"
命令: !xyz
"AutoCAD2012提示消息"

命令:
```

Visual LISP的系统控制台具有下列一些典型的功能。

- 控制台会显示一些AutoLISP运行的诊断信息以及AutoLISP函数的结果。
- 可以在新的一行输入上一行没有完成的AutoLISP表达式，这样就可以输入较长的表达式，只需要在每行后按Ctrl+Enter键即可。可以在控制台输入多个表达式，最后按Enter键。可对多个表达时进行求值，如下左图所示。
- 可以在控制台和文本编辑器之间复制和粘贴文本，能够使用大部分的文本编辑命令。
- 在控制台中按下Tab键返回到之前输入的命令，例如，输入（s并按Tab键，就可以回到最近输入的那个以（s开头的命令。还可以多次按Tab键可以返回到更早输入的命令，按下快捷键Shift+Tab可以反向回溯命令。
- 按下Esc键可以清除在控制台提示下刚输入的内容。
- 在控制台窗口的任何位置单击鼠标右键或者按下快捷键Shift+F10可以显示控制台窗口的快捷菜单。可以进行文本的复制和粘贴，查找文本和调试Visual LISP的操作，如下右图所示。

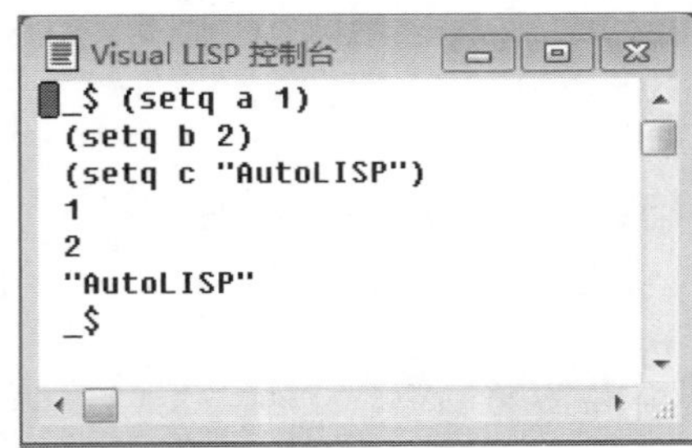

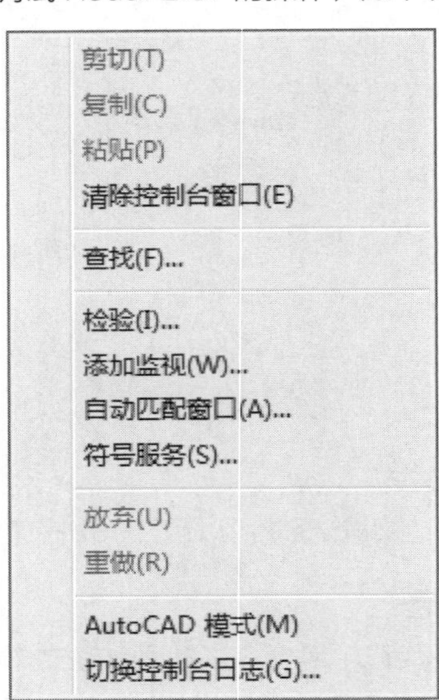

06 跟踪窗口和状态栏

在启动Visual LISP时，跟踪窗口会显示出Visual LISP当前的版本信息和其他相关信息，如下左图所示。

状态栏位于屏幕的底部，用于显示当前Visual LISP的状态信息，光标位于不同窗口时在状态栏显示的信息也各不相同，如下右图所示。

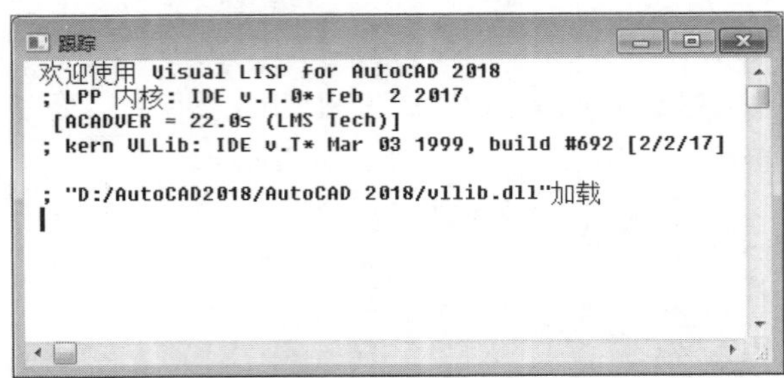

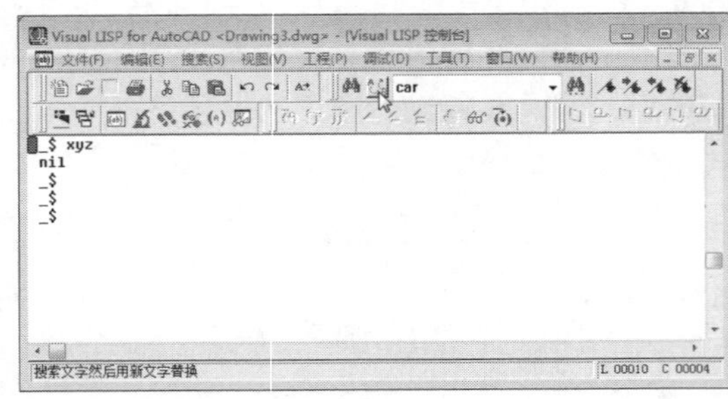

Lesson 02 运行Visual LISP程序

使用Visual LISP的集成开发环境可以加载运行程序，可以充分利用Visual LISP提供的语法分析及运行调试功能，使用户开发程序更加方便。

01 打开Visual LISP程序

在Visual LISP编辑器中可以打开LISP源文件、DCL源文件以及C/C++源文件等，在Visual LISP菜单栏中执行“文件>打开文件”命令，程序将弹出“打开文件编辑/查看”对话框，在该对话框中选择需要打开的文件后单击“打开”按钮，即可打开Visual LISP文件，在“文件类型”下拉列表中可以选择文件的类型，如下左图所示。

打开指定的文件后，Visual LISP将生成一个新的编辑窗口供用户阅读、编辑和修改代码，如下右图。

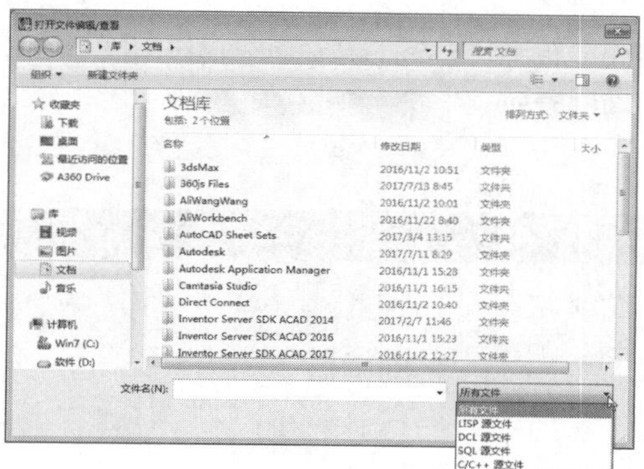

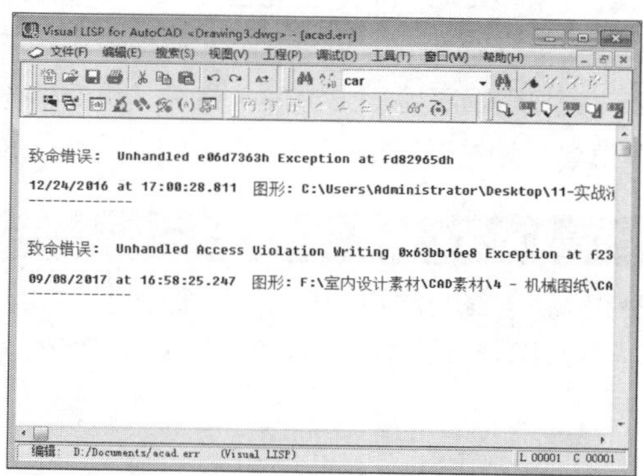

02 检查语法

在编写Visual LISP程序时，对于出现的错误语法可以使用Visual LISP提供的语法检查功能对代码进行语法检查，使用这项特性用户可以很快地找到程序中的一些语法错误。

1. 括号匹配

Visual LISP的主要语法分界符是括号，在Visual LISP中使用的括号比其他大多数计算机语言更频繁，最常见的语法检查是检查程序中左括号和右括号是否匹配。Visual LISP提供了一些工具能够帮助查找不匹配的括号，并在其认为应该有括号的地方插入括号。

在菜单栏中执行“编辑>括号匹配”命令，在下拉菜单中选择相应命令可执行相关的语法检查。

- 向前匹配：如果当前光标刚好在一个左括号处，此命令将光标移动到与之配对的右括号处；如果当前光标刚好在一个右括号处，此命令将光标移动到下一层次的右括号处；如果光标位置是在表达式中间，此命令将光标移动到右括号处。
- 向后匹配：如果当前光标刚好在一个左括号处，此命令将光标移动到上一层次的左括号处；如果当前光标刚好在一个右括号处，此命令将光标移动到与之配对的左括号处；如果光标位置是在表达式中间，此命令将光标移动到左括号处。
- 向前选择：该功能与向前匹配的命令相同，此时将同时选中插入点和结束点之间的文本。当光标在左括号处，双击就可以选中相匹配的闭括号之间的文本，但不移动光标。

- 向后选择：该功能与向后匹配的命令相同，此时将同时选中插入点和结束点之间的文本。当光标在右括号处，双击就可以选中相匹配封闭括号之间的文本，但不移动光标。

2. 检查语法错误

程序错误一般分为语法错误和逻辑错误。其中语法错误会造成程序编译不通过或者不能执行，而逻辑错误不一定使程序中断，但会使运行结果出错。这类错误在程序运行前不易觉察，只是在运行后才会被发现，主要检查的语法错误有以下几种。

- 给函数提供的参数数目不正确。
- 传递给函数无效变量名。
- 在特定函数调用中使用不正确的语法。
- 函数的参数类型不正确。

在Visual LISP菜单栏中执行“工具>检查编辑器中的文字”命令，Visual LISP将检查整个文件。如果执行“工具>检查选中文字”命令，Visual LISP将检查选定的文本。如果Visual LISP编辑器检测出错误，将在“编译输出”窗口中显示相关信息，如右图所示。

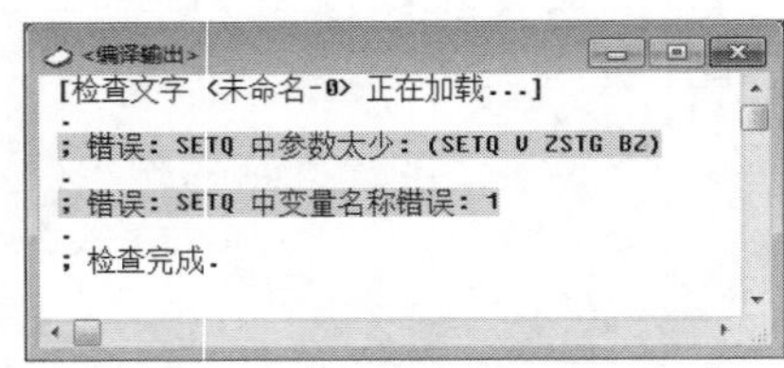

工程师点拨 | 查找出错信息

在“编译输入”窗口中双击出错信息，Visual LISP将会激活文本编辑窗口，将光标置于出错程序的开始位置，并自动选定相关表达式，如右图所示。

03 加载与退出Visual LISP程序

在Visual LISP的菜单栏中执行“工具>加载编辑器中的文字”命令，加载之后在Visual LISP控制台窗口中将会显示相应的信息，如下左图所示。

加载完程序之后，在控制台的提示符下输入所加载的函数名来运行该程序（函数名在括号内）。当程序运行要求用户输入相关数据时，Visual LISP会将控制权交给AutoCAD 2018，并提示输入相关参数。程序运行结束后，控制权将交还给Visual LISP。

需要退出Visual LISP程序时，在菜单栏中执行“文件>退出”命令，或者单击Visual LISP右上角的“关闭”按钮结束Visual LISP程序。如果修改了Visual LISP文本编辑器中的代码而没有保存这些代码，在退出Visual LISP程序时程序将提示是否需要保存这些修改，用户选择相应的选项即可，如下右图所示。

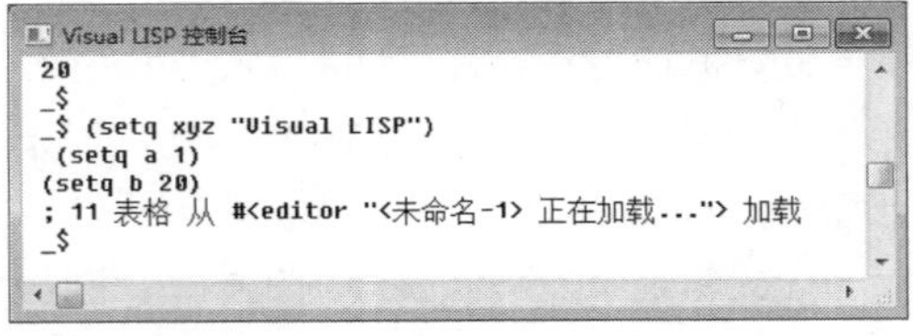

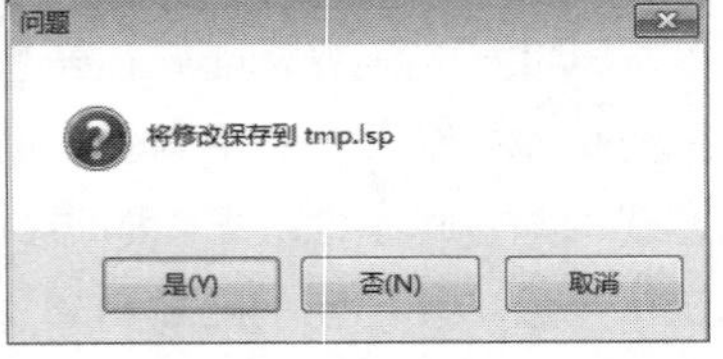

相关练习｜利用Visual LISP创建简单的LISP应用程序

接下来通过一个简单的实例来讲述LISP程序的创建过程，介绍编制LISP程序的一些基本步骤，以及LISP程序在AutoCAD中的加载和运行的方法。下面介绍具体的操作方法。

原始文件：无

最终文件：实例文件\第16章\最终文件\利用Visual LISP创建简单的LISP应用程序.dwg

STEP 01 新建文件。运行AutoCAD应用程序，执行“文件>新建”命令，打开“选择样板”对话框，选择“acadiso.dwt”为样板新建文件，如下图所示。

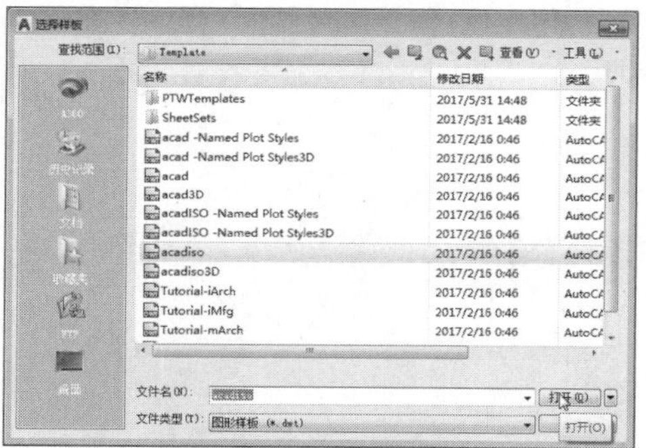

STEP 03 单击“新建文件”按钮。在“标准”工具栏中单击“新建文件”按钮，如下图所示。

STEP 05 输入程序代码。在编辑窗口中输入源文件“hello.lsp”的程序代码，如下图所示。

程序代码如下：

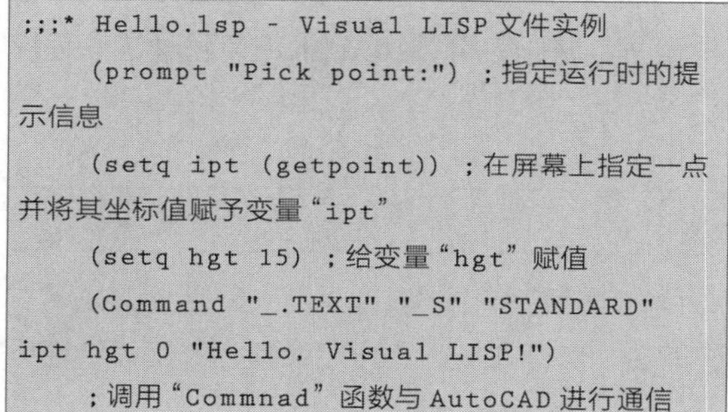

```
;;;* Hello.lsp - Visual LISP 文件实例
    (prompt "Pick point:") ；指定运行时的提示信息
    (setq ipt (getpoint)) ；在屏幕上指定一点并将其坐标值赋予变量“ipt”
    (setq hgt 15) ；给变量“hgt”赋值
    (Command "_.TEXT" "_S" "STANDARD" ipt hgt 0 "Hello, Visual LISP!")
    ；调用“Commnad”函数与AutoCAD进行通信
```

STEP 02 Visual LISP编辑器。在“管理”选项卡的“应用程序”面板中单击“Visual LISP编辑器”命令，进入Visual LISP编辑器，如下图所示。

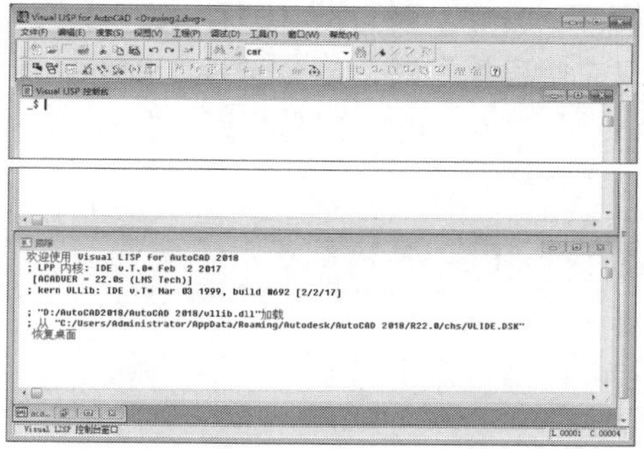

STEP 04 新LISP文件。新建一个LISP文件，结果如下图所示。

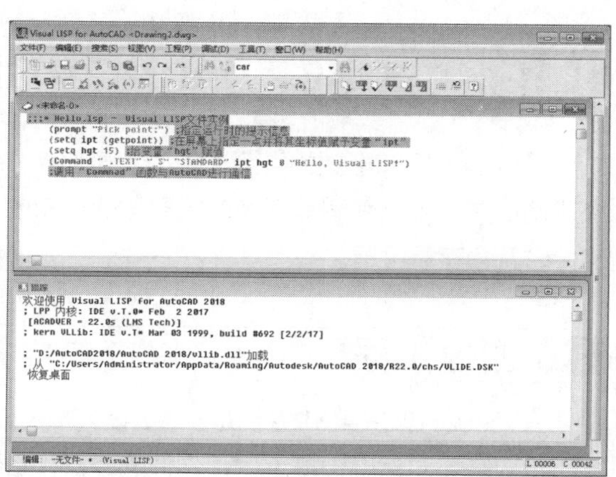

STEP 06 保存文件。单击“标准”工具栏中的“保存文件”按钮，以“Hello.lsp”为名保存该文件，如下图所示。

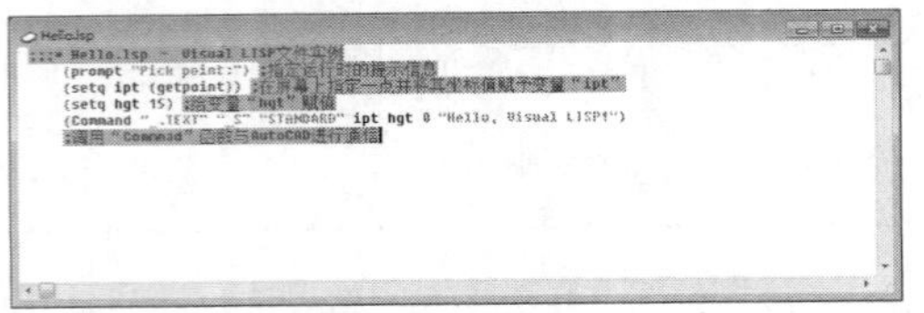

STEP 07 绘制文字。确认编辑窗口处于前台状态，在Visual LISP编辑器中执行“工具>加载编辑器中的文字”命令，则该程序被加载并运行。系统将会返回AutoCAD工作界面，根据命令行提示，指定基点并单击来绘制文字，如下图所示。

Hello, Visual LISP!

STEP 08 加载程序。如果用户已退出Visual LISP环境并返回到AutoCAD工作界面，则需要对程序进行加载后才能运行。在AutoCAD菜单栏中执行“工具>加载应用程序”命令，会打开“加载/卸载应用程序”对话框。选择之前创建的“Hello.lsp”文件，再单击“加载”按钮，如下图所示。

STEP 09 加载完成。加载后的文件名称会显示在“已加载的应用程序”列表中，并在对话框的左下部显示加载信息。完成加载后，关闭该对话框，系统将会运行“Hello.lsp”程序，如下图所示。

Lesson 03 Visual LISP工程

Visual LISP通过提供工程可以对源程序进行编译和输出，在使用工程之前应当保证所有程序都经过调试并正确。在编写程序时需要按照一定的规范来编写，这样使用Visual LISP来管理这些程序文件时就会有章可循。

01 新建工程

在Visual LISP菜单栏中执行“工程>新建工程”命令，程序将弹出“新建工程”对话框，如下左图所示。在该对话框中指定保存文件的路径和名称后，单击“保存”按钮，程序会弹出“工程特性”对话框，如下右图所示。

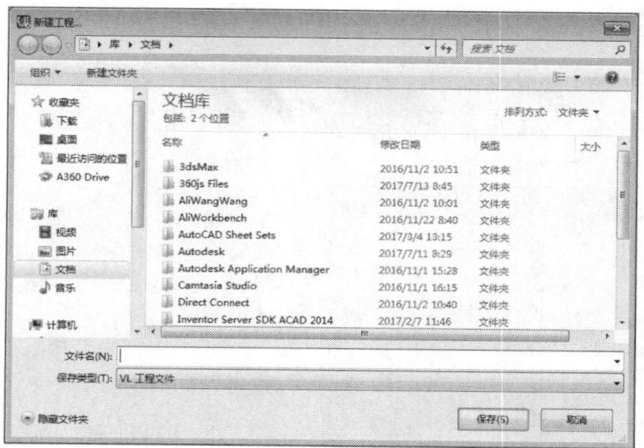

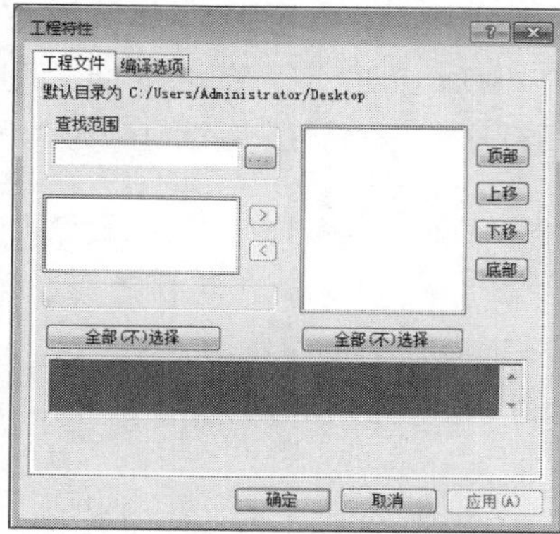

02 工程特性选项卡

在“工程特性”对话框中有两个选项卡，分别是“工程文件”和“编译选项”选项卡。在“工程文件”选项卡中可以指定工程中包含的源程序文件，在“查找范围”文本框中可以指定AutoLISP源程序的路径，或者单击“浏览”按钮选择路径的文件夹，如下左图所示。

在确定文件夹之后，在“浏览文件夹”对话框中单击“确定”按钮，如下中图所示。返回到“工程特性”对话框，将程序源文件加载到“工程特性”对话框中。在“工程特性”对话框的源程序列表框中选中需要加载的文件，然后单击“>”按钮将选中的文件加入到右侧的列表框中，如下右图所示。

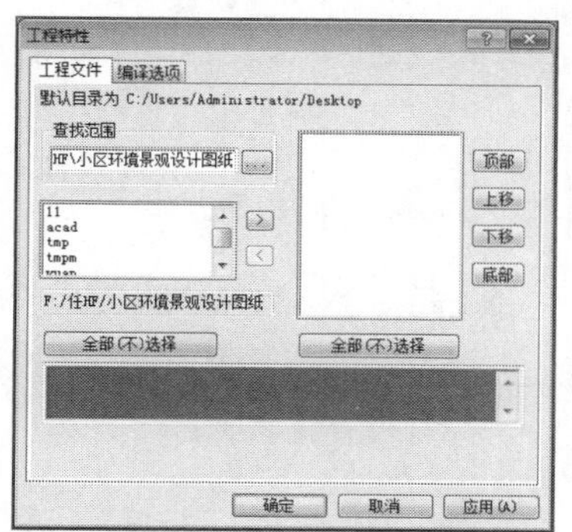

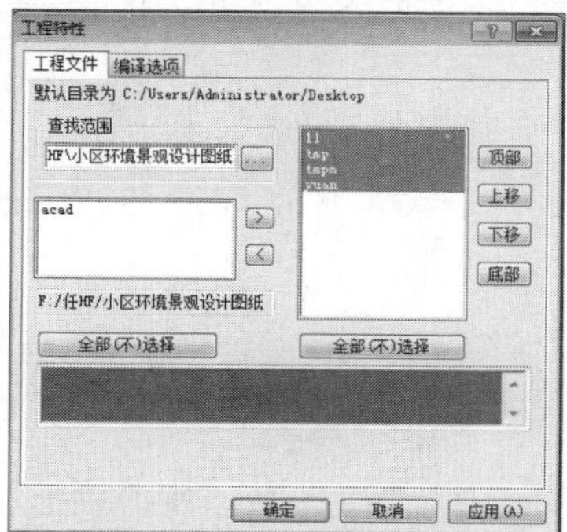

在右侧列表框中选中一个文件名后单击鼠标右键，程序会弹出快捷菜单，如下图所示。

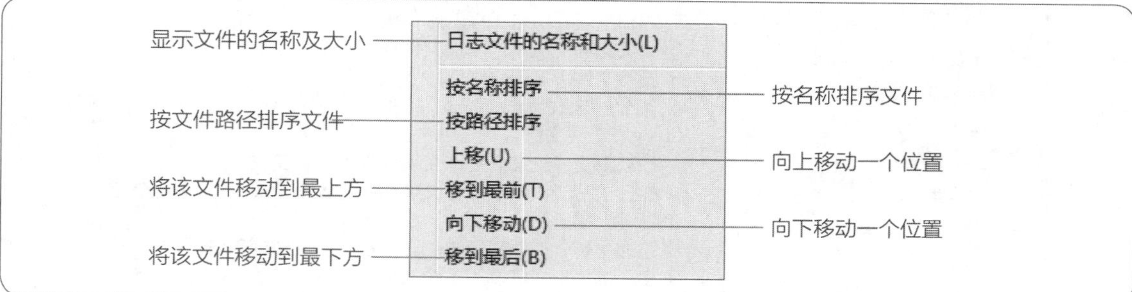

从快捷菜单中选择“日志文件的名称和大小”命令，在“工程特性”对话框的底部将显示该文件的路径名和文件，如右图所示。

在一个工程文件中可以加入不同路径下的Visual LISP源程序，但是不能有相同的程序，文件名，否则Visual LISP工程管理将不能正确处理。

然后打开“工程特性”对话框中的“编译选项”选项卡进行相关确定，如下图所示。

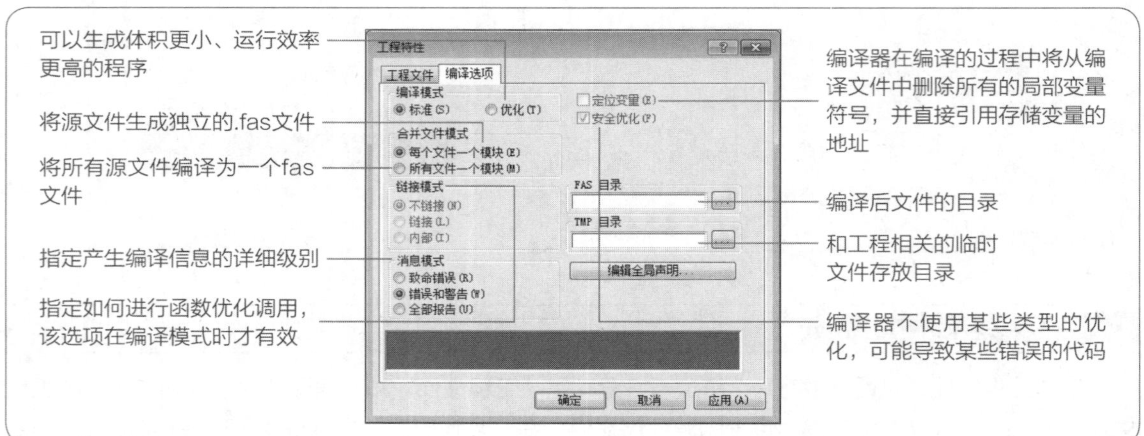

03 工程窗口

工程创建完成后Visual LISP将会显示一个窗口列出工程文件，工程窗口的标题就是工程名，双击其中一个文件就可以激活包含此程序文件的文本编辑窗口，如下图所示。

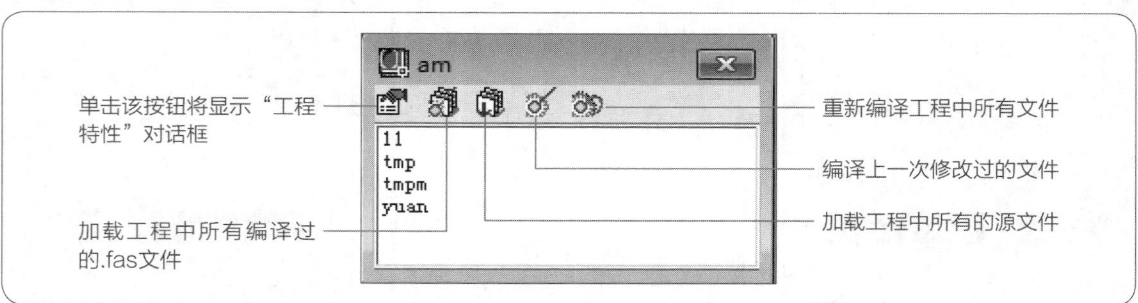

在工程窗口中单击某个源文件名，然后单击鼠标右键，程序会弹出快捷菜单，如下图所示。

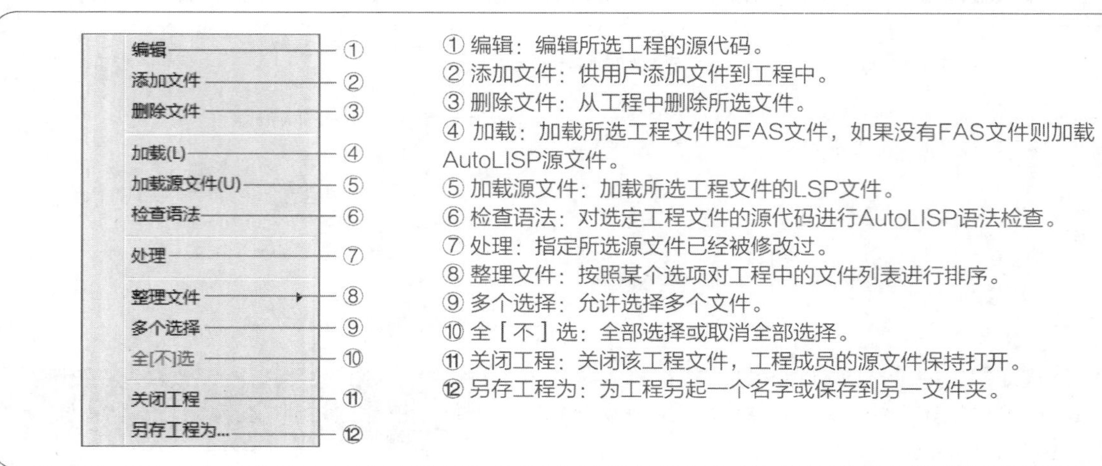

① 编辑：编辑所选工程的源代码。
② 添加文件：供用户添加文件到工程中。
③ 删除文件：从工程中删除所选文件。
④ 加载：加载所选工程文件的FAS文件，如果没有FAS文件则加载AutoLISP源文件。
⑤ 加载源文件：加载所选工程文件的LSP文件。
⑥ 检查语法：对选定工程文件的源代码进行AutoLISP语法检查。
⑦ 处理：指定所选源文件已经被修改过。
⑧ 整理文件：按照某个选项对工程中的文件列表进行排序。
⑨ 多个选择：允许选择多个文件。
⑩ 全［不］选：全部选择或取消全部选择。
⑪ 关闭工程：关闭该工程文件，工程成员的源文件保持打开。
⑫ 另存工程为：为工程另起一个名字或保存到另一文件夹。

04 打开工程文件

在Visual LISP菜单中执行“工程>打开工程”命令，将弹出“输入工程名称”对话框，如下左图所示，输入工程的名称或单击“浏览”按钮，在“打开工程”对话框中选择需要打开的工程，如下右图所示。

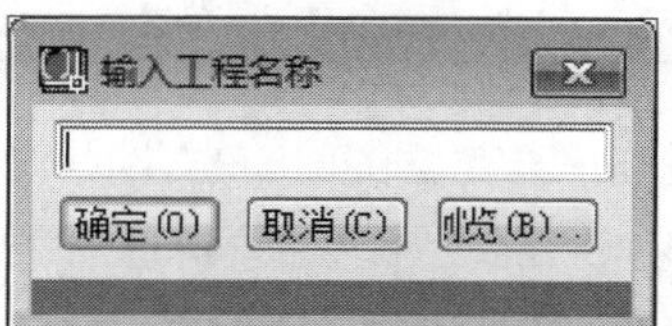

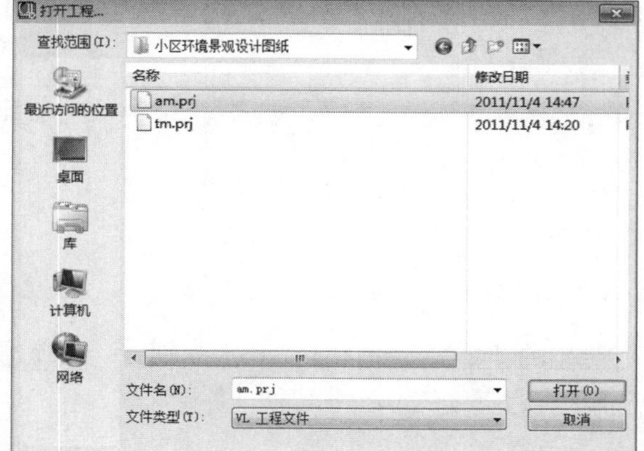

选择完成后在“打开工程”对话框中单击“打开”按钮，程序自动打开一个工程文件，如下左图。如果用户打开一个和当前工程同名的工程，系统会询问是否需要重新定义工程目录，如下右图所示。

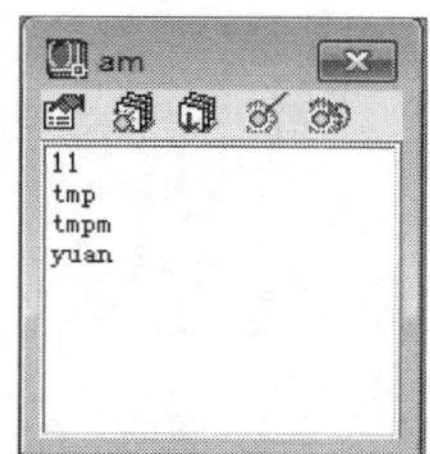

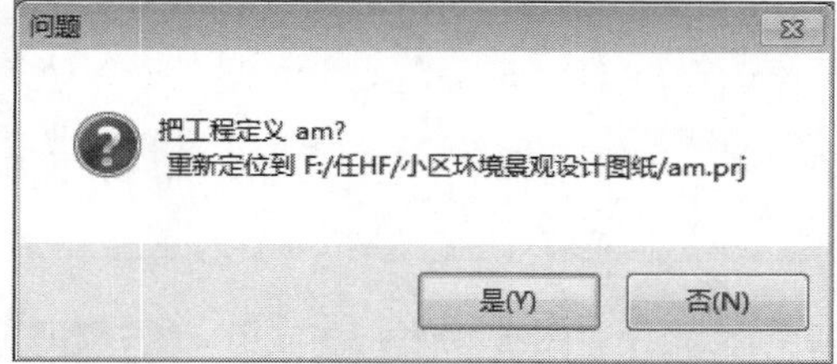

05 查找工程中的源文件

Visual LISP的查找功能可以在工程的所有文件夹中查找某个文件的字符串。在Visual LISP菜单栏执行“搜索>查找”菜单命令，在弹出的“查找”对话框中选择“工程”按钮，输入查找的内容后单击“查找”按钮，如右图所示。系统将会把查找结果显示在“查找输出”的窗口。

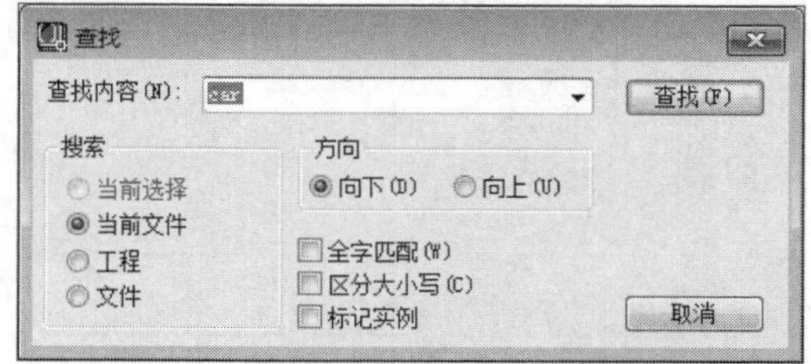

06 Visual LISP程序中包含的工程

对应用程序进行修改后，需要重新编译应用程序的可执行文件，以便应用程序的可执行文件包含所有源文件的最新版本。如果需要使用应用程序与AutoLISP源文件保持同步更新，可以将应用程序中的源文件编译到一个工程中。下面就来介绍将Visual LISP应用程序包含工程的操作步骤。

STEP 01 在Visual LISP菜单栏中执行“文件>生成应用程序>新建应用程序向导”，在“向导模式”对话框中单击“简单”按钮，然后单击“下一步”按钮，如下图所示。

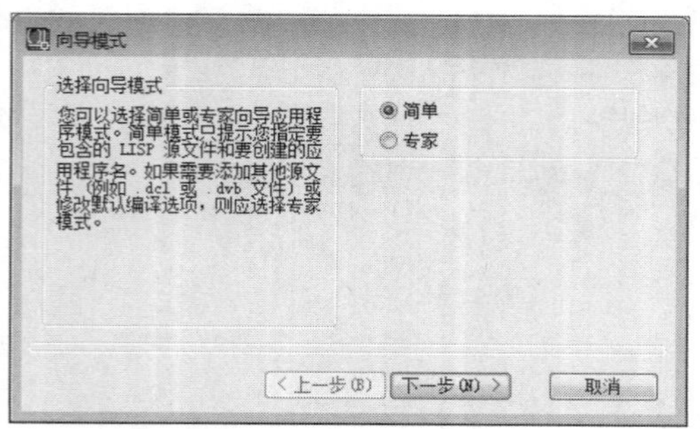

STEP 02 在系统弹出的“应用程序目录”对话框中分别设置应用程序的位置和应用程序的名称选项，然后单击“下一步”按钮，如下图所示。

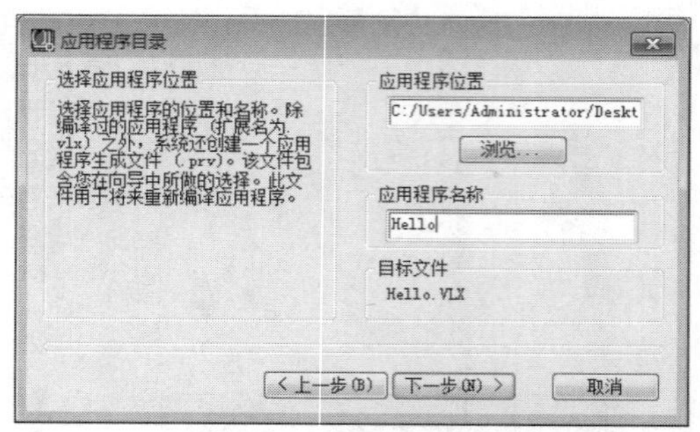

STEP 03 在弹出的“要包含的LISP文件”对话框中设置应用程序类型为“Visual LISP工程文件”，如下图所示。

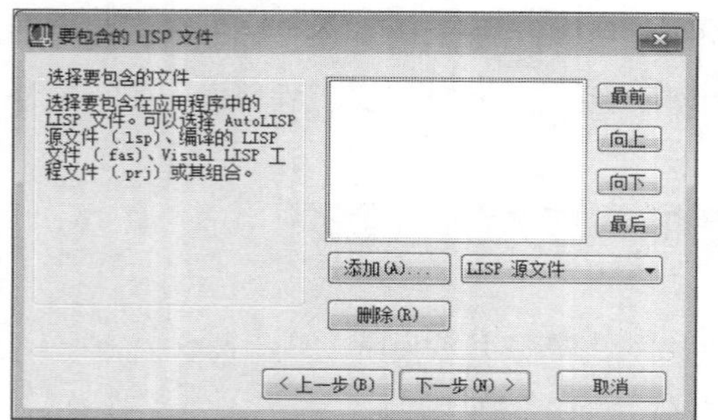

STEP 04 在“要包含的LISP文件”对话框中单击“添加”按钮，选择需要添加的工程，然后单击“下一步”按钮，如下图所示。

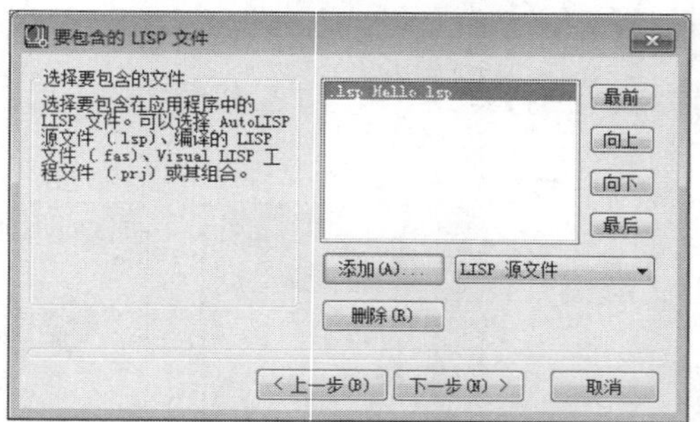

STEP 05 在“查看选择/编译应用程序”对话框中勾选“编译应用程序”复选框，然后单击“完成”按钮，如下图所示。

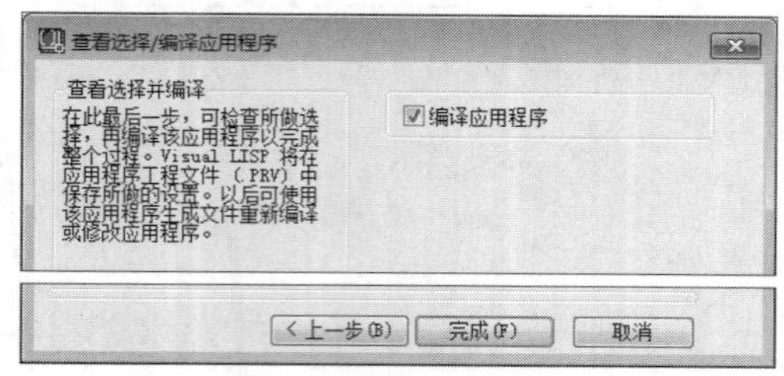

STEP 06 系统会自动弹出“Visual LISP控制台”窗口，如下图所示。

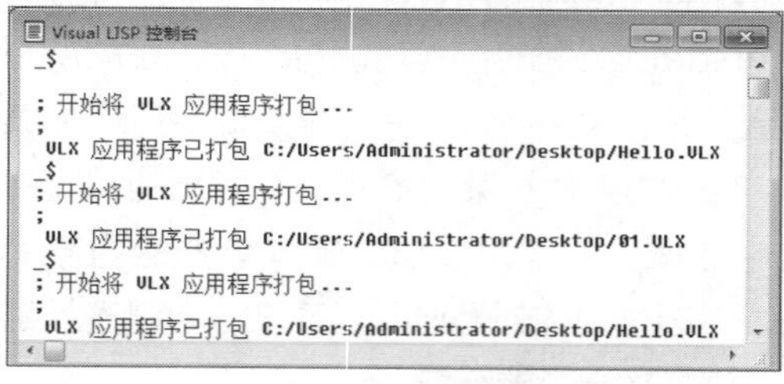

Lesson 04 AutoCAD中的程序应用

AutoCAD 2018中的程序也可以通过AutoLISP编写程序来实现，实际上AutoCAD 2018是无数个程序的集合，涉及到大量函数的运用，通过二次开发平台用户可以自定义适合行业发展的二次开发应用程序。

01 工作环境的设置

先要进行工作环境的设置，包括图纸范围的设置、绘图单位的设置、线型线宽的设置、颜色和字体的设置以及图层设置等。用户也可以加载AutoCAD 2018系统默认的工作环境。设置一个合适的工作环境，可以提高工作效率并且确保尺寸的精确度。

使用程序设置绘图工作环境，可以通过COMMAND函数运用相关的命令，也可以通过SETVAR函数改变相应系统变量的当前值或者当前状态。各个功能通过路径实现的种类有多有少。

1. 设置图纸的范围

设置图纸的范围可以通过两种途径来实现，下面以图纸大小设置为A3纸张为例，介绍如何通过函数来设置图纸的范围。

- 通过COMMAND函数设置图纸范围

以A3纸张为例，宽度为210mm，高度为297mm，图纸为纵向排列。采用下面任何一种表达式都可以设置图纸的范围。

```
(command "limits" "0,0" "297,210")
(command "limits" '(0 0)' (297 210))
(command "limits" (list 0 0) (list 297 210))
```

- 通过SETVAR函数设置图纸范围

先分别设置图纸的左下角点和右上角点，分别对应系统变量LIMMIN和LIMMAX。采用下面任何一种表达式都可以设置图纸的左下角点。

```
(setvar "limmin" '(0 0))
(setvar "limmin" (list 0 0))
(setvar "limmin" "0,0")
```

同样采用下面任何一种表达式都可以设置图纸的右上角点。

```
(setvar "limmax" '(297 210))
(setvar "limmax" (list 297 210))
(setvar "limmax" "297,210")
```

2. 设置绘图的长度和角度单位

设置绘图单位也可以通过COMMAND函数和SETVAR函数来实现。下面设置长度单位为十进制3位小数（0.001），角度单位为十进制2位小数（0.01°），X轴的正方向为0°，逆时针方向为正，介绍通过函数设置绘图单位。

- 通过COMMAND函数设置长度和角度单位

```
(command "units" 2 3 1 2 0 "N")
```

其中units为AutoCAD 2018设置绘图单位的命令

2：长度单位为十进制

3：3位小数

1：角度单位为十进制

2：2位小数

0：X轴正方向为0°

N：逆时针方向为正方向

- 通过SETVAR函数设置绘图单位的长度和角度

```
(setvar "lunits"2) ；长度单位为十进制
(setvar "luprec"3) ；长度单位为 3 位小数
(setvar "aunits"1) ；角度单位为十进制
(setvar "auprec"2) ；角度单位为 2 位小数
(setvar "angbase"0.0) ；X 轴正方向为 0°
(setvar "angdir"0) ；逆时针方向为正方向
```

3. 设置目标捕捉的类型

在交互操作时目标捕捉类型的选项是字符串，它以编码的形式记录在系统变量OSMODE内。代码的含义如下。

0：NoNe（不捕捉任何类型的对象）

1：ENDpoint（线段和圆弧的端点）

2：MIDpoint（线段和圆弧的中点）

4：CENter（圆和圆弧的中心点）

8：NODE（结点，用point命令生成的点）

16：QUAdrant（圆和圆弧的象限点）

32：INTersection（线段和圆弧的交点）

64：INSertion（图块或字符串的插入点）

128：PERpendicular（垂足）

256：TANgent（切点）

512：NEArest（对象上的距光标最近的点）

1024：QUIck（快速捕捉）

2048：APParent Intersection（在观察方向上相交，实际不一定相交的点）

4096：EXTension（延长线上的点）

8192：PARallel（与所选对象平行的点）

- 通过COMMAND函数设置目标捕捉的类型

```
(command "osnap" "endpoint,midpoint,center) ；捕捉端点、中点和中心
(command "osnap" "none") ；不捕捉任何类型
```

- 通过SETVAR函数设置目标捕捉的类型

```
(setvar "osmode"7) ；7 是捕捉端点、中点和中心点的代码之和
(setvar "osmade"0) ；不捕捉任何类型
```

02 图层线型线宽的设置

通过COMMAND函数和SETVAR函数可以完成在AutoCAD 2018中才能完成的操作，实际上其中的大部分操作都可以通过函数调用AutoCAD 2018中相应的命令来完成。

1. 创建一个当前图层

通过COMMAND函数创建一个当前图层

创建一个图层名为cnz的图层，并设置图层颜色为红色，线型为center，线宽为0.75，则表达式如下：

```
(command"layer" "make" "cnz" "color"1"cnz" "ltype" "center" "cnz" "lweight"0.75"cnz""")
```

上面表达式中引号内的选项make、color、ltype、lweight等可以简写成M、C、L、LW，因此上面的表达式又可以变换为：

```
(command"layer" "M" "cnz" "C" 1 "cnz" "L" "center" "cnz" "LW"0.75"cnz""")
```

因为当前图层名是Color、Ltype等默认选项卡的图层名，所以上面的表达式还可以变换为：

```
(command "layer" "M" "cnz" "C" 1 "L" "center" "LW"0.75 "cnz""")
```

如果当前图层的颜色、线型、线宽都使用默认值，则表达式可以改为：

```
(command "layer" "M" "cnz""") ；cnz 为图层名称
```

对于已经存在的图层可以将其设置为当前图层，通过下列的表达式就可以实现。

```
(command "layer" "M" "cnz""")
(command "layer" "S" "cnz""")
```

其中cnz为需要设置为当前的图层。

- 通过SETVAR函数创建一个当前图层

采用SETVAR函数可以改变系统变量CLAYER的值，只能够将已经存在的图层改为当前图层，表达式如下：

```
(setvar "clayer" "cnz")
```

2. 设置图形对象的颜色

- 通过COMMAND函数设置图形对象的颜色

采用下面任何一种表达式都可以实现对图形对象的颜色设置：

```
(command "color" 3)
(command "color" "green") ；设置新对象颜色为绿色
```

- 通过SETVAR函数设置图形对象的颜色

采用下面任何一种表达式都可以实现对图形对象的颜色设置：

```
(setvar "cecolor" 2)
(setvar "cecolor" "yellow") ；设置新对象颜色为黄色
```

3. 设置图形对象的线型

通过COMMAND函数设置图形对象的线型

```
(command "ltype" "s" "center") ；设置新对象的线型为中心线
```

● 通过SETVAR函数设置图形对象的线型

```
(setvar "celtype" "deshed") ；设置新对象的线型为虚线
```

4. 设置线型比例因子的大小

与实线不同的是，每一种线型都是由长度不同的短划线、空白点或段组成的。在不同的比例下显示，这些短划线和空白段的视觉效果会不同。改变线型比例因子的大小并不会改变整个线段的长度，而只改变短划线和空白段的大小。

● 通过COMMAND函数设置线型的比例因子

```
(command "ltscale"0.35) ；比例因子为 0.35
```

● 通过SETVAR函数设置线型的比例因子

```
(setvar "ltscale"1.3) ；比例因子为 1.3
```

5. 设置图形对象的线宽

● 通过COMMAND函数设置图形对象的线宽

```
(command "lweight"0.5) ；设置线宽为 0.5
```

● 通过SETVAR函数设置图形对象的线宽

```
(setvar "celweight"50) ；设置线宽为 0.5
```

因为系统变量CELWEIGHT用于记录新图形对象的线宽，其值为整型，且以1%为单位。

03 字体样式

新建图形时只有一种字体样式standard，是以系统提供的txt.shx为原型定义的。若想换成其他字体样式，就必须自定义，通过COMMAND函数可以调用style命令定义字体样式的表达式。

1. 以AutoCAD 2018提供的形文件为原型定义字体样式

```
(command "style" "ziyang" "complex" "1.0" "0.0" "N" "N" "N")
```

每一项的相关含义如下：

style：定义字体样式的命令。

ziyang：字体样式的名称。

complex：AutoCAD 2018提供的形文件名，文件全名为complex.shx。

0.0：字的固定高度，若该值为0，表示没有固定的字高。

1.0：宽度因子，当其值为1.0时，宽度与高度的比为3:2。

0.0：字的倾斜角度。

N：不反写（back.wards），若为Y，则为左右颠倒的反写形式。

N：不倒写（upside-down），若为Y，则为上下颠倒的倒写形式。

N：不垂直书写。

由于字体的原型文件名之后的选项都是默认值，因此上面的表达式可以变换为：

```
(command "style" "ziyang" "complex" "" "" "" "" "" "")
```

2. 以Windows提供的字体文件stfangso.ttf为hanzi1的字样

```
(command "style" "hanzi1" "stfangso.ttf" "" "" "" "" "")
```

该表达式没有对应是否垂直书写的选项，可以用字体名代替字体文件名，因此上述表达式可以表示如下：

```
(command "style" "hanzi1" "华文楷体" "" "" "" "" "")
```

3. 以一个大字体形文件为原型定义汉字字样

以Windows提供的字体文件为原型定义的字体样式，可以很好地解决有关汉字书写的问题。但是在AutoCAD 2018中常见的字符如“±”、“°”等，不能使用AutoCAD 2018规定的“%%p”、“%%d”来转换输入，使用大字体文件为原型定义的汉字，可以很好地解决此问题。

普通形文件定义的字符数量不超过256。大字体形文件用两个字节存放形编号，因此可以定义65000多个字符。大字体形文件用于定义汉字，表达式如下：

```
(command "style" "hanzi3" "gbcbig" "" "" "" "" "")
```

gbcbig定义了汉字的大字体，文件全名为gbcbig.shx。

4. 普通形文件与大字体形文件组合，定义汉字字样

西文字符采用普通的形文件为原型，汉字部分用大字体形文件为原型，从两种形文件中各选一个满意的形文件定义字样，表达式如下；

```
(command "style" "hanzi4" "complex,gbcbig" "" "" "" "" "")
```

相关练习丨通过Visual LISP程序更改文字高度

在AutoCAD 2018图形文件中进行文字标注或添加注释，更改文字的高度需要通过编辑命令来编辑文本。本例在Visual LISP编辑器中编写Visual LISP程序，通过编写的程序可以对绘图窗口中的图形文字进行修改，下面就来介绍具体的操作方法。

原始文件：实例文件\第16章\原始文件\应用Visual LISP程序更改文字高度.dwg
最终文件：实例文件\第16章\最终文件\应用Visual LISP程序更改文字高度.dwg

STEP 01 打开图形文件。打开随书光盘中的“实例文件\第16章\原始文件\用Visual LISP程序更改文字高度.dwg”，如右图所示。

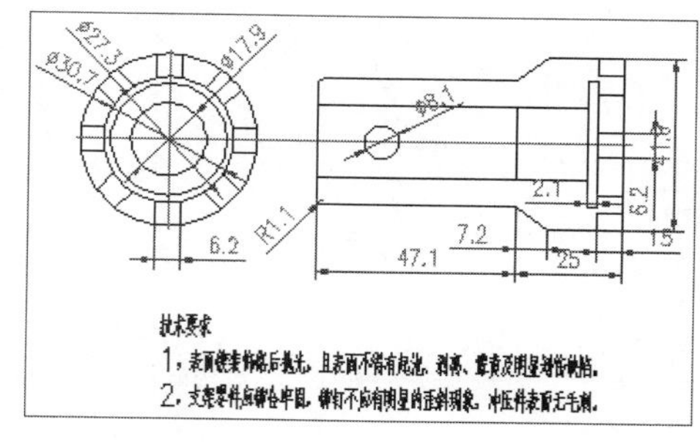

STEP 02 进入Visual LISP编辑器。在工具栏中执行“管理>应用程序>Visua lLISP编辑器”命令，进入Visual LISP编辑器中，如右图所示。

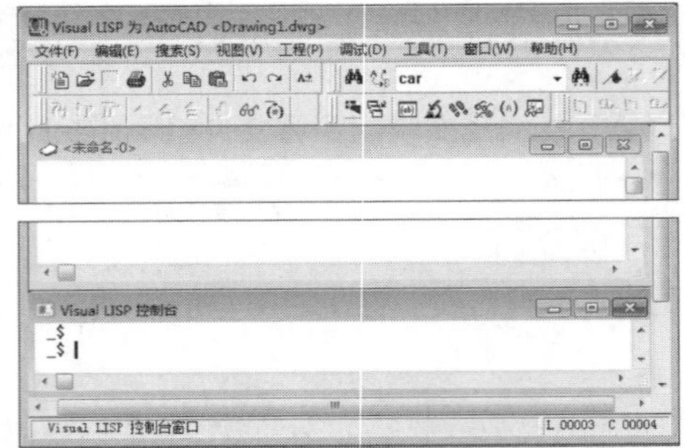

STEP 03 编写Visual LISP程序。在“未命名”文本编辑器中编写Visual LISP程序，注意括号的对应。程序代码如下：

```
(defun wzgd(/ test ss len n enl a oldr
newr ent nn)
(setvar "CMDECHO" 0)
(setq test T nn 0)
(while test
(setq ss (ssadd))
(setq ss (ssget))
(if (= nil ss)
(setq test nil)
(progn
(setq len (sslength ss))
(setq n l s 1)
(while (<= n len)
(setq enl (ssname ss (1- n)))
(setq a (entget enl))
(if (= "TEXT" (cdr (assoc 0 a)))
(progn
(if (= s 1)
(progn
(setq oldr (cdr (assoc 40 a)))
```

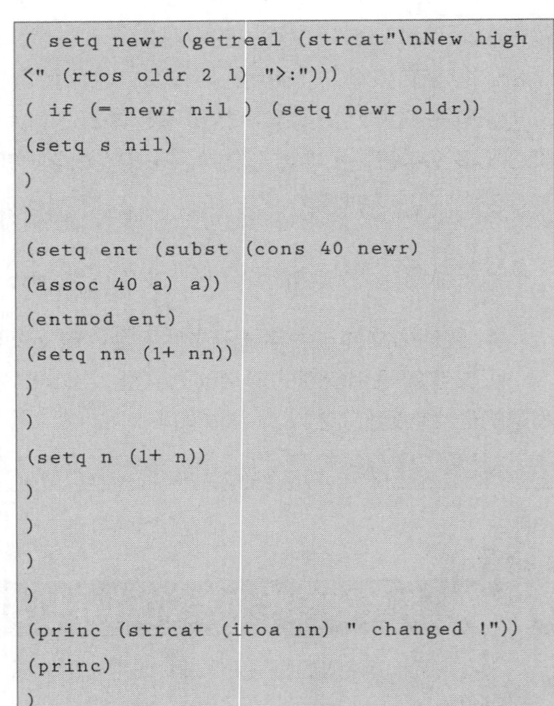

```
( setq newr (getreal (strcat"\nNew high
<" (rtos oldr 2 1) ">:")))
( if (= newr nil ) (setq newr oldr))
(setq s nil)
)
)
(setq ent (subst (cons 40 newr)
(assoc 40 a) a))
(entmod ent)
(setq nn (1+ nn))
)
)
(setq n (1+ n))
)
)
)
)
(princ (strcat (itoa nn) " changed !"))
(princ)
)
```

STEP 04 检查代码。在Visual LISP编辑器中全部选中代码，执行“工具>检查选定文字”菜单命令，如下图所示。

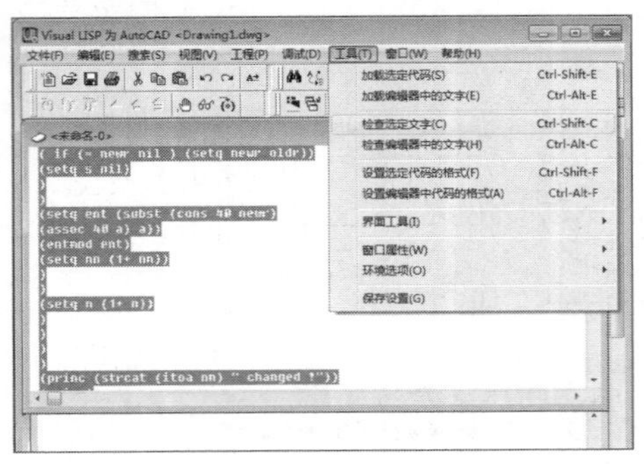

STEP 05 编译输出。程序自动检查代码和语法的正确性，并在“编译输出”窗口中显示检查的结果，如下图所示。

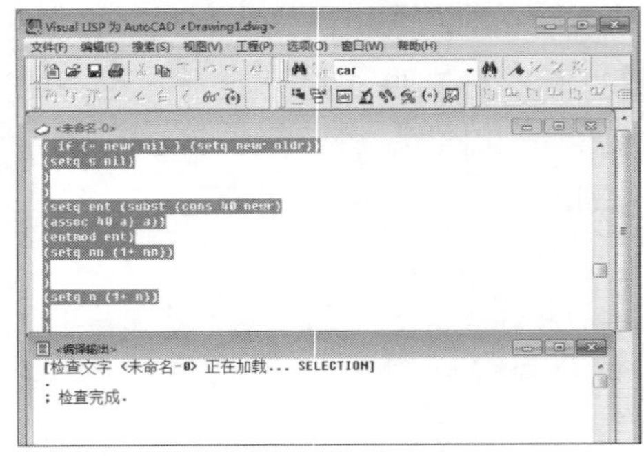

STEP 06 保存代码。然后保存文件，在“另存为”对话框中指定保存的路径和文件名称，然后单击“保存”按钮，如下图所示。

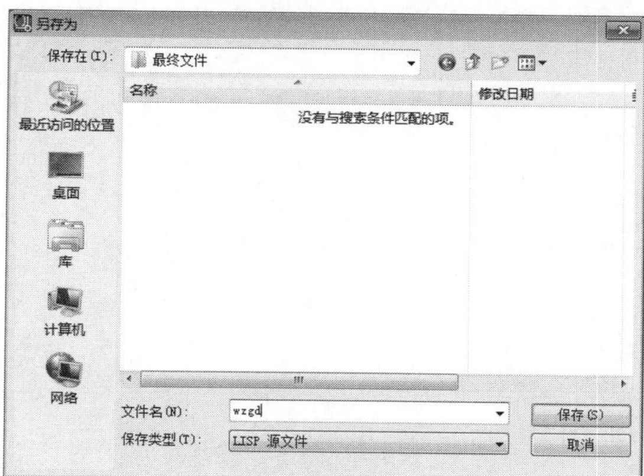

STEP 07 加载选定的代码。在Visual LISP菜单栏中执行“工具>加载选定代码”菜单命令，如下图所示。

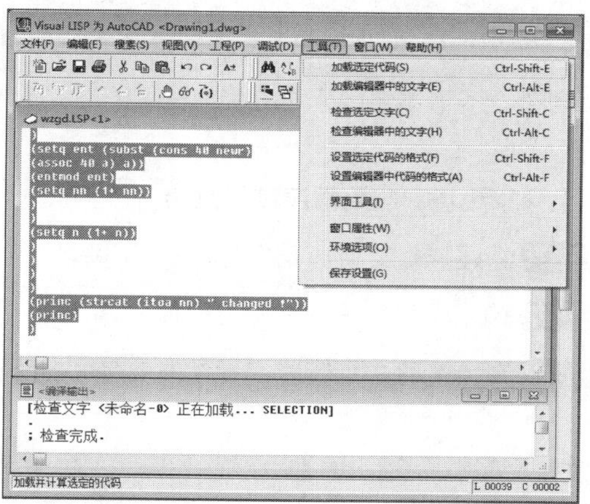

STEP 08 运行程序。程序自动加载选定的代码，在“Visual LISP控制台”窗口中输入（WZGD），完成后按Enter键确定，如下图所示。

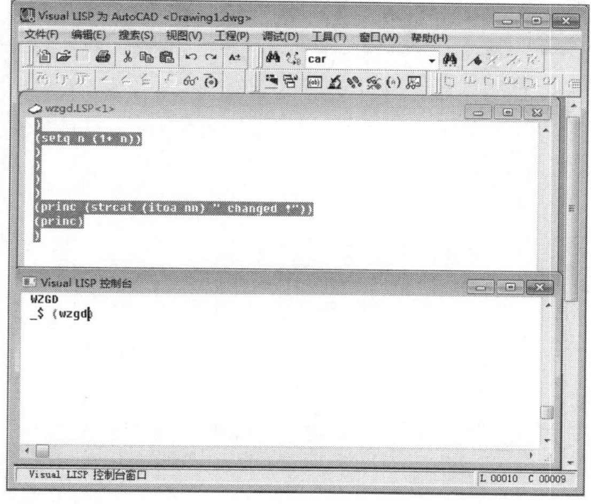

STEP 09 选择编辑对象。程序自动返回到AutoCAD 2018绘图窗口中，在绘图窗口中从右向左框选需要编辑的文字，如下图所示。

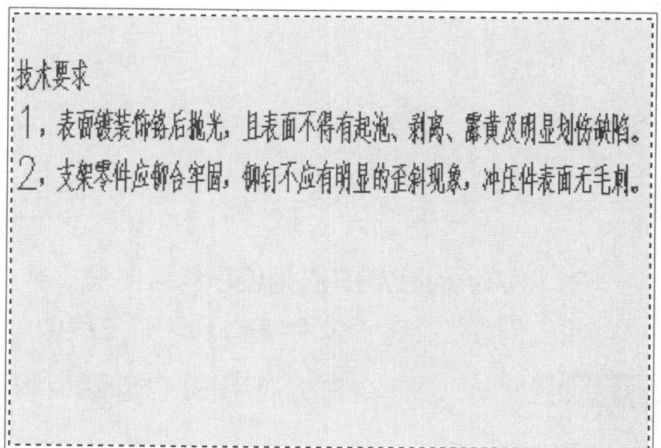

STEP 10 输入文字高度。选择完编辑的文字对象后按下Enter键确定，根据提示输入文字的高度，如下图所示。

```
选择对象：制定对角点：找到 3 个
选择对象：
New high<5.7>：8
```

STEP 11 调整文字高度。输入完成后按下Enter键，程序自动对所选的文字进行高度调整，如下图所示。

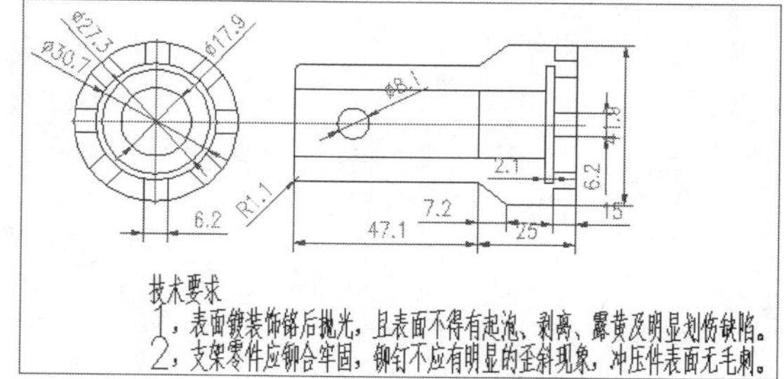

强化练习

通过本章的学习，读者对于Visual LISP工作界面、Visual LISP程序的运行以及程序的应用等知识有了一定的认识。为了使读者更好地掌握本章所学知识，在此列举几个针对本章知识的习题，以供读者练手。

1. 利用LISP应用程序创建文字

STEP 01 新建样板文件，再新建LISP文件。

STEP 02 输入程序代码，并保存文件。

STEP 03 在绘图区中指定基点来绘制文字，如下图所示。

Welcome, 2018!

2. 将Visual LISP应用程序包含工程

将应用程序中的源文件编译到一个工程中。

STEP 01 执行“文件>生成应用程序>新建应用程序向导”，根据提示选择要包含的LISP文件，如下左图所示。

STEP 02 查看选择并编译对象，如下右图所示。

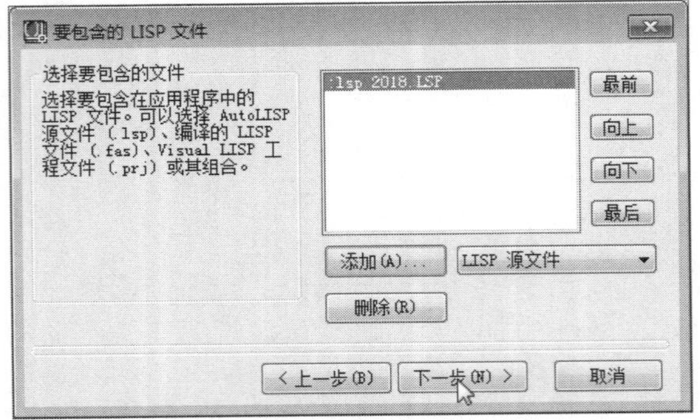

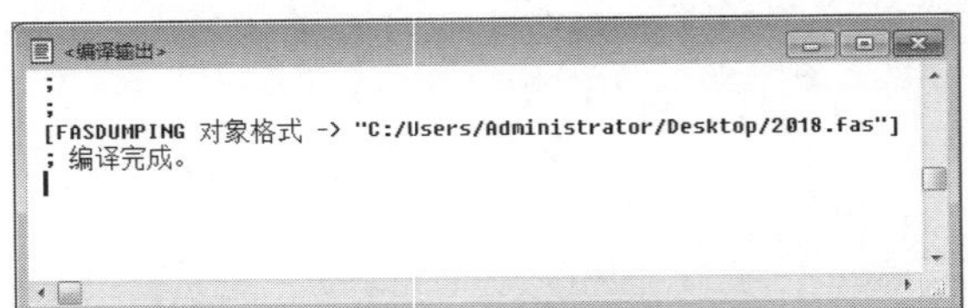

工程技术问答

本章主要对Visual LISP工作环境、运行程序以及工程等知识进行介绍，在应用相关知识绘图时难免会有些疑问，下面将对常见的问题及解决方法进行汇总，供用户参考。

Q 要将两条相交的线段在交点位置进行断开，除了使用AutoCAD 2018中的“打断”命令外还有其他办法吗?

A 可以设计一个AutoLISP程序来将两条相交线段断开，程序代码如下：

```
(defun c:dk(/ os pt1 pt2)
(setvar "CMDECHO" 0)
(setq os (getvar "osmode"))
(setvar "osmode" 512)
(setq pt1 (getpoint "\ 选择目标直线 :
"))
(setvar "osmode" 33)
(setqpt2(getpoint" \ 选择断开点：
"))
(setvar "osmode" 0)
(command "break" pt1 "f" pt2 "@")
(setvar "osmode" os)
(princ)
)
```

Q 怎样防止在编写程序代码的过程中出错呢?

A 在编写程序代码的时候执行“工具>窗口属性>按语法着色”，然后在弹出的“颜色样式”对话框中单击“DCL”单选按钮，这样在编写程序代码时就可以检查代码是否正确，一般正确的代码会以颜色显示，如下图所示。

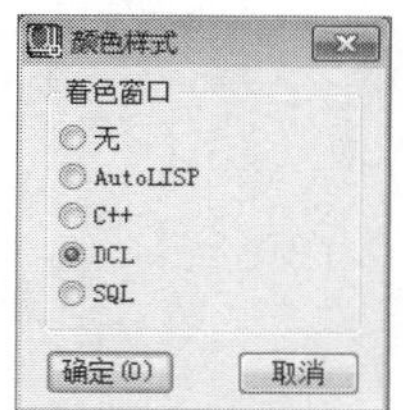

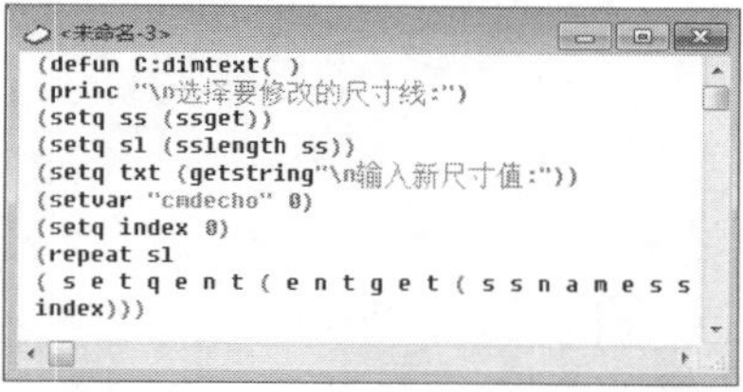

Q 怎么用Visual LISP程序来修改尺寸?

A 通过编写Visual LISP程序来实现对选择的尺寸进行编辑，程序代码如下。

```
(defun C:dimtext( )
(princ "\n 选择要修改的尺寸线 :")
(setq ss (ssget))
(setq sl (sslength ss))
(setq txt (getstring"\n 输入新尺寸值 :"))
(setvar "cmdecho" 0)
(setq index 0)
(repeat sl
  (setq ent (entget (ssname ss
index)))
  (setq index (+ 1 index))
  (setq ty (cdr (assoc 0 ent)))
  (if (= "DIMENSION" ty)
   (progn
    (setq oldtxt (assoc 1 ent))
    (setq newtxt (cons (car
oldtxt) txt))
    (setq ent1 (subst newtxt
oldtxt ent))
(entmod ent1)
)
)
)
(setvar "cmdecho" 1)
)
```

执行上述代码后选择需要编辑的尺寸，定义一个新值即可对标注的尺寸进行更改。

Chapter 17

AutoLISP函数

AutoLISP提供了大量功能全面的函数供用户编辑使用，函数是AutoLISP语言处理数据的基本工具，AutoLISP程序实际上是对函数的调用。合理运用函数可以编写出非常实用的AutoLISP程序。

Lesson 01 函数概述

在AutoLISP里，一般程序设计语言里的子程序、过程、运算符、程序流程控制的关键字都被称为函数。AutoLISP函数为内部函数和外部函数。AutoLISP自身所带的或使用AutoLISP定义的函数为内部函数，使用ADS、ADSRX或ARX定义的函数为外部函数。

01 函数的定义

函数的定义使用DEFUN函数来实现，其格式如下：

```
(defun 函数名 (变元……/局部变量……) 表达式……)
```

其中各参数的意义如下：

- 函数名，它是代表一个函数的符号，不应与已有的AutoLISP函数同名，否则，新定义函数的功能将取代已有函数的功能将。
- 变元，即该函数的参数，变元的数量根据实际需要而定，可以为空，但是不能省略括号"（）"。
- 局部变量，局部变量是指局限于该函数内部所使用的变量，它只在该函数调用期间得到定义。在定义函数时除了使用到函数的参数之外，还会用到一些其他变量。在该区域列举这些变量的名字，它们就成为局部变量。函数调用结束，局部变量的值均为nil，同时释放其所占用的存储空间。进行局部变量声明，不仅可以节省存储空间，也可以避免函数之间的相互干扰。局部变量与变元之间要用斜杠隔开。
- 表达式，表达式用于描述该函数的运算，数量不限。
- 函数的返回值，最后一个表达式的返回值即为该函数的返回值。如，定义一个计算立方体体积的函数，程序代码如下：

```
(defun volume (a b c/v)
(setq v (*a b c))
)
```

该函数的函数名是VOLUME，3个变元分别为：a（长度）、b（高度）、c（宽度），局部变量为v，它返回的表达式(setq v (*a b c))的值。

02 调用函数

AutoLISP以表的形式调用函数，其格式如下：

```
(函数名 [变元]……)
```

表的第一个元素是函数名，其余是该函数所要求的变元。变元的数量可以是0，也可以是任意多个，这取决于具体函数，每个变元还可以是一个表达式。

每调用一个函数，都会得到函数的返回值。有些函数返回逻辑值常数T或nil。调用自定义的函数与调用系统提供的函数的格式相同。

03 AutoCAD命令的定义

定义AutoCAD命令可以使用DEFUN函数，其调用格式如下：

```
(defun C：AutoCAD 命令名 (/ 局部变量……) 表达式……)
```

使用DEFUN函数定义AutoCAD命令与定义函数的调用格式基本相同，但是有两点不同：

- 在定义AutoCAD命令之前要加“C：”。
- 变元表内没有变元，但是可以有局部变量说明。

工程师点拨 | 不能与现有的AutoCAD命令同名

在使用DEFUN函数定义AutoCAD命令时，所定义的命令不应与现有的AutoCAD命令同名。

下面介绍如何将对象沿Y方向进行复制，在AutoCAD中加载以下程序，在命令提示中输入命令CY，然后按下Enter键即可调用自定义的命令。程序代码如下：

```
(defun c:cy ()
(setq ss (ssget))
(setq p1 (getpoint "\n 基点："))
(setq p2 (getpoint "\n 第二点："))
(setq p3 (list (car p1) (cadr p2) (caddr p1)))
(command "copy" ss "" p1 p3)
(princ)
)
```

04 AutoCAD命令的使用

在AutoLISP中可以通过使用COMMAND函数调用AutoCAD命令，其调用格式如下：

```
(command “AutoCAD 命令" "命令所需的数据"……)
```

如绘制一个圆心点为（14，60），半径为46的圆，可以通过以下两个语句实现。

```
(command "circle"' (14,60)46)
(command "circle" "14,60"46)
```

相关练习 | 自动标注装配图序号的Visual LISP程序

在绘制机械装配图的时候需要标注出相关序号，然后插入表格列出零件的名称、数材料等相关信息。使用Visual LISP编辑器编写程序，可以自定义起始的序号并自动将零件进行编号，以下介绍详细操作步骤。

原始文件：实例文件\第17章\原始文件\用Visual LISP标注机械装配图序号.dwg
最终文件：实例文件\第17章\最终文件\用Visual LISP标注机械装配图序号.dwg

STEP 01 打开文件。打开素材文件，结果如下图所示。

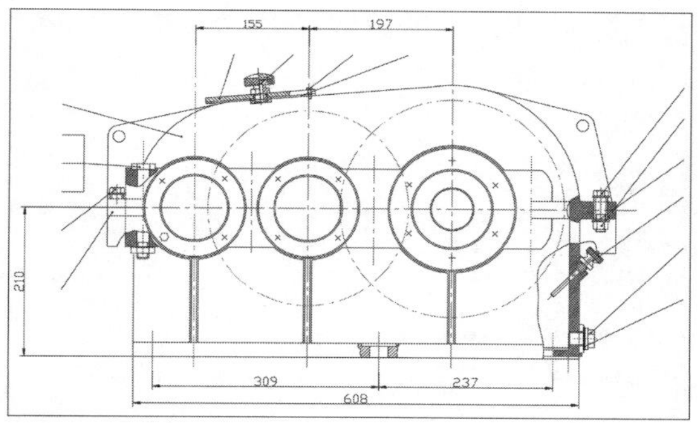

STEP 02 新建文件窗口。在功能区“管理”选项卡的“应用程序”面板中单击“Visual LISP编辑器”命令，在Visual LISP编辑器中执行“文件>新建文件”菜单命令，新建窗口，如下图所示。

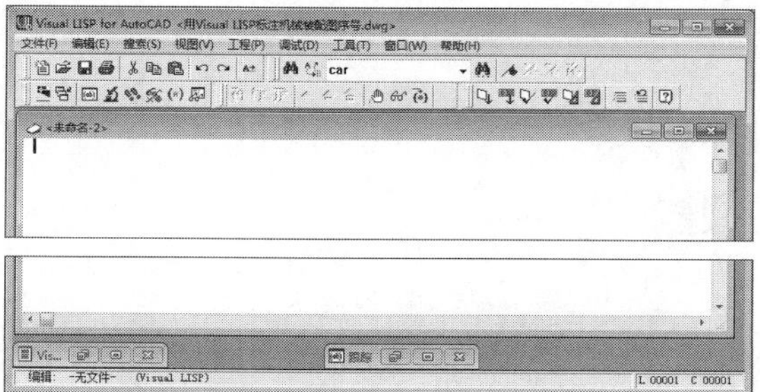

STEP 03 编写程序。在新建的文本编辑窗口中编写Visual LISP自动标注序号程序，在编写过程中要注意区分大小写。程序代码如下：

```
(defun c:zdbz ()
(setvar "cmdecho" 0)
(setq string (getint "\n 请输入一个基数，
如 1、2 或 3:"))
(if (= string nil)
(setq string 1)
)
(if (setq ent (car (entsel "\n 请选择一个圆
或直接回车后再输入数值 :")))
(progn
(setq dxf (entget ent))
(setq rad (cdr (assoc 40 dxf)))
)
(setq rad (getreal " \n 请输入圆圈半径 :"))
)
(while (setq p0 (getpoint "\n 请选择一个基
准点 :"))
(progn
(if (/= (getvar "TEXTSIZE") rad)
(setvar "TEXTSIZE" rad)
)
(setvar "osmode" 0)
(command "text"
"j"
"mc"
p0
""
""
(rtos string)
)
(command "circle" p0 rad)
(setq string (1+ string))
)
)
(setvar "cmdecho" 1)
)
```

STEP 04 保存文件。在Visual LISP编辑器的菜单栏中执行“文件>另存为”命令，在弹出的“另存为”对话框中指定文件名和路径，单击“保存”，如右图所示。

STEP 05 选择加载文件。返回到AutoCAD窗口，在菜单栏中执行“工具>AutoLISP>加载应用程序”命令。弹出对话框，选择刚才保存的文件，进行加载，如下图所示。

STEP 06 完成加载。在“加载/卸载应用程序”对话框底部将显示当前程序已成功加载，然后单击“关闭”按钮，如下图所示。

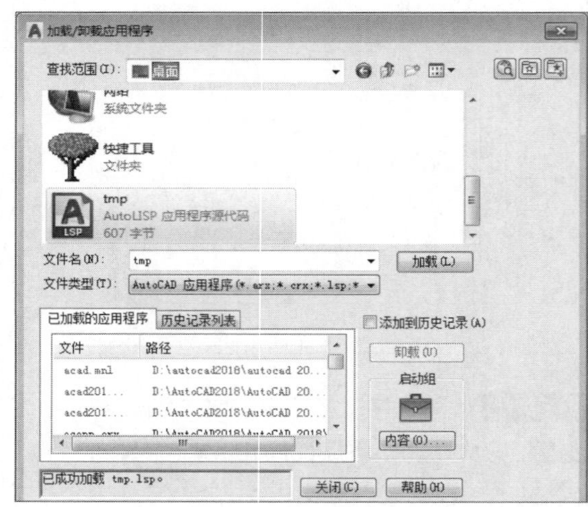

STEP 07 输入命令。在AutoCAD的命令行中输入命令ZDBZ，按Enter键确定。根据命令行提示输入基数1，按两次Enter键，再指点圆半径为8，然后再按Enter键，如右图所示。

```
命令： zdbz
请输入一个基数，如 1、2 或 3:1
请选择一个圆或直接回车后再输入数值：
请输入圆圈半径 :8
请选择一个基准点：
```

STEP 08 生成自动序号。指定一个基准点为标注的参考点，程序会在指定的位置创建出第一个序号，再按Enter键完成创建，如下图所示。

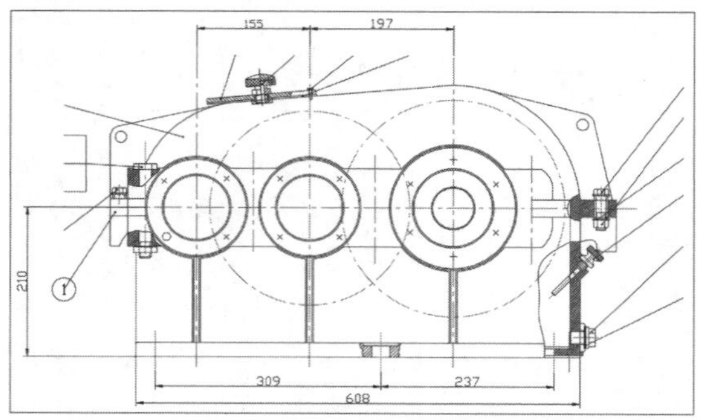

STEP 09 最终效果。依次在绘图窗口中指定需要标注序号的位置，程序会自动进行顺序标注。调整引线，完成序号的添加，如下图所示。

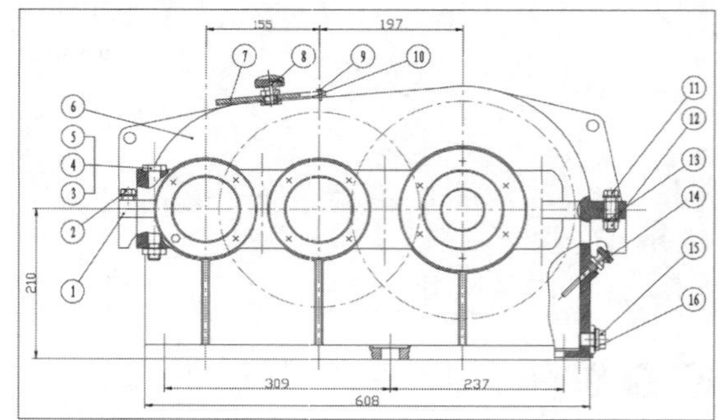

Lesson 02 常用函数

AutoLISP程序实际上是对函数的调用，为用户提供了大量功能全面的函数。函数是AutoLISP语言处理数据的基本工具，常用的函数包括字符串处理函数、数值函数、表处理函数、符号操作函数、函数处理函数、条件及循环函数和错误处理函数等，下面分别介绍各个函数的功能及使用方法。

字符串数据是AutoLISP最常用的一种数据类型。如果没有字符型数据，几乎无法进行Auto-LISP程序设计。

01 字符串处理函数

字符串数据是AutoLISP最常用的一种数据类型。如果没有字符型数据，几乎无法进行AutoLISP程序设计。

1. 字符串长度函数（STRLEN）

函数的调用格式如下：

```
(strlen [string1][string2]……)
```

该函数用于求字符串中字符的个数，返回值为整数型。调用strlen函数时，若提供了多个参数string，则返回所有字符串字符个数之和的整型数。若省略了参数或为函数提供一个空字符串，则strlen函数返回零。

```
(strlen) ；返回值：0
(strlen "") ；返回值：0
(strlen " ") ；返回值：1
(strlen "student") ；返回值：7
(strlen "teacher" "student") ；返回值：14
```

2. 字符串连接函数（STRCAT）

函数调用格式如下：

```
(strcat [string1][string2]……)
```

此函数用于将各个字符串按顺序连接在一起，组成一个新的字符串。其中每个变元必须是字符常量、字符变量或字符表达式，其他类型的变元都是不正确的。

```
(strcat) ；返回值："" 
(strcat "Auto" "2018") ；返回值："Auto2018"
```

3. 字符串截取子串函数(SUBSTR)

函数调用格式如下：

```
(substr string string[lenght])
```

此函数用于截取字符串中的子串并返回。起始值start与返回的字符串长度值length均为整型。原字符串中的第一个字符的位置为1，截取的子字符串的起点由start指定，长度由length指定。

```
(substr "AutoCAD"3 2) ；返回值："to"
(substr "AutoCAD"8) ；返回值：""
```

4. 字母大小写转换函数（STRCASE）

函数调用格式如下：

```
(strcase string[mode])
```

此函数用于将字符串string中的所有字母转换成大写或小写字母，返回值为字符串。如果mode的值为nil，则将小写字母转换成大写字母。如果mode的值为t，则将大写字母转换成小写字母。

```
(strcase "AutoLISP"t) ;返回值:"autolisp"
(strcase "AutoLISP") ;返回值:"AUTOLISP"
```

5. 字符串转换为原子或表函数（READ）

函数调用格式如下：

```
(read string)
```

该函数用于将字符串string中的第一个表或第一个原子转换成相应的数据返回。如果字符串中包含由空格、换行符或括号等分隔符隔开的多个词，则该函数仅返回其中的第一个词。如果字符串为空，则返回nil。

```
(read "Auto CAD") ;返回值:"Auto"
(read " (a b c)") ;返回值:"a b c"
```

6. ASCⅡ函数（ASCⅡ）

函数调用格式如下：

```
(ASCⅡ string)
```

该函数用于返回字符串string中第一个字符的ASCⅡ码，返回值为整型。

```
(ASCⅡ "Auto CAD") ;返回值:65
(ASCⅡ "B") ;返回值:66
(ASCⅡ "H") ;返回值:72
```

7. Chr函数（CHR）

函数调用格式如下：

```
(Chr number)
```

该函数用于将代表ASCⅡ值的整数转换成相应的ASCⅡ字符,它的功能与ASCⅡ函数的功能正好相反。需要注意的是，number的范围必须在1～255之间。

```
(Chr 80);返回值:"p"
(Chr 100);返回值:"d"
(Chr 123);返回值:”{“
```

02 符号操作函数

在AutoLISP中程序提供了一类函数用于测试符号，下面介绍一些常用的符号操作函数。

1. TYPE函数

函数调用格式如下：

```
(type[item])
```

该函数用于测试item的数据类型并返回相应的类型值，TYPE函数的返回值与数据类型的对应关系，如下表17-1所示。

表17-1 type返回值与数据类型的对应关系

type返回值	数据类型	type返回值	数据类型
ENAME	图元名	PICKSET	选择集
EXSUBR	外部的ARX应用功能	REAL	实型数
FILE	文件描述符	STR	字符串
INT	整型数	SUBR	内部函数
LIST	表	SYM	符号
PAGETB	函数分页表	VARIANT	变体

2. ATOM函数

函数调用格式如下:

```
(atom[item])
```

该函数用于验证一个项目item是不是元素。如果是元素则返回T，不是则返回nil。在ATOM函数中，任何非表的参数均被认为是元素。

```
(atom ' (Str)) ；返回值：nil
(atom s) ；返回值：T
(atom 's) ；返回值：T
```

3. ATOMS-FAMILY函数

函数调用格式如下:

```
(atoms-family format[symlist])
```

该函数用于返回当前定义的符号列表。参数format可取0或1，当format取0时，该函数则返回符号表。当format取1时，该函数以字符串表的形式返回符号名。如果提供了参数symlist，ATOMS-FAMILY函数就会在系统中对指定的符号名表进行搜索。参数symilist是指定符号名的一个字符串表。ATOMS-FAMILY函数返回由参数format指定的类型的一个表，则返回的表中包含了已经定义的那些符号名。

```
(setq x 5 y 6)；定义符号 x 和 y
(atoms-family 0' ("s" "x" "y") ；返回值：(nil x y)
(atoms-family 1' ("s" "x" "y") ；返回值：(nil "x" "y")
```

4. BOUNDP函数

函数调用格式如下:

```
(boundp[sym])
```

该函数用于验证一个符合sym是否已经被赋值，如果参数sym已经被赋值，该函数则返回T，否则返回nil。

```
(setq x 5) ；定义符号 x
(boundp 'x) ；返回值：T
(boundp 'y) ；返回值：nil
```

5. NUMBERP函数

函数调用表达式如下：

```
(numberp[item])
```

该函数用于检测参数item是否为数值类型（整型或实型），如果是则返回T，否则返回nil。

```
(setq x' (14) y9) ；定义符号 x 和 y
(numberp x) ；返回值：nil
(numberp y) ；返回值：T
```

6. NULL函数

函数调用格式如下：

```
(null[item])
```

该函数用于检测参数item是否为空值nil。若参数item的值为nil，返回值是T，否则返回nil。

```
(setq x 5 y nil) ；定义符号 x 和 y
(null x) ；返回值：nil
(null y) ；返回值：T
```

7. READ函数

函数调用格式如下：

```
(read[string])
```

该函数用于返回字符串string中的第一个表或第一个元素。参数string可以是由一个表构成的字符串，也可以是由一个原子构成的字符串，该函数会返回字符串string转换成表或原子后的结果。

```
(read "AutoCAD") ；返回值：AutoCAD
(read "Auto CAD") ；返回值：Auto
```

03 数值函数

数值函数是AutoLISP最基本的函数之一，用于处理整型数和实型数，包括基本标准函数、三角函数以及布尔运算函数。数值函数总是返回数的数据类型值，返回值的数据类型取决于参数表中参数的数据类型。数值函数运行应该遵循以下3点：

- 当参数表中的所有参数都为整型数时，则对参数表中的参数做整数运算，返回整数值。

```
(+ 10 5) ；返回值：15
```

- 当参数表中有一个实型数时，则对参数表中的参数进行浮点数学运算，返回实型数。

```
(+ 15.5 3) ；返回值：18.5
```

- 当参数表中的参数多于两个，则从左至右，遵循前两条规则用每两个参数进行数值运算，再将运算结果与下一个参数进行运算。

1. 累加函数

此函数的运算符号为“+”，函数的调用格式如下：

```
(+ [num1][num2][num3]……)
```

该函数计算加号右侧所有数值的和(num1+num2+num3+……)，其中的参数可以是整型的，则和为整型数。参数可以是实型的，则和为实型数。如果参数中有整型数也有实型数，则和为实型数。如果不提供参数，则返回值为0。

```
(+ 2) ；返回值：2
(+ 2 5) ；返回值：7
(+ 2 5 8) ；返回值：15
(+ 2 5.6 2.4) ；返回值：10.0
(+ 3.2 4.3 7.1) ；返回值：14.6
```

2. 减函数

减函数的运算符号为“－”，函数调用格式如下：

```
(- [num1][num2][num3])
```

减函数用于将第一个数减去其后面所有数的差值(num1－num2－num3－……)，并返回最后的结果，如果不提供参考，则返回为0。

```
(- 5) ；返回值：－5
(－18 7) ；返回值：11
(－10.55 2.38) ；返回值：8.17
(－45.5 12.62 3.81) ；返回值：29.07
```

3. 乘函数

乘函数的运算符号为“*”，函数表达式如下：

```
(* [num1][num2][num3])
```

乘函数用于求所有在乘号后的数的乘积（num1×num2×num3×……），并返回最后的结果。如果参数都是整型数，则积为整型数，如果其中有一个是实型数，则积为实型数。

```
(*5) ；返回值：5
(* 2 5) ；返回值：10
(* -3 5 8) ；返回值－120
(* 2.7 3.4 6.1 12.2) ；返回值：683.1756
```

4. 除函数

除函数的运算符号为“/”，函数调用格式如下：

```
(/ [num1][num2][num3]……)
```

除函数首先返回[num1]除以[num2]的结果，再除以[num3]，依次进行除法运算，等效于num1÷(num2×num3×……)。如果只提供一个参数，则函数返回该数值除以1的结果。如果不提供参数，则返回为零。

```
(/ 8) ；返回值：8
(/ 9 2) ；返回值：4
(/ 9 2.0) ；返回值：4.5
(/ 42 2.0 3.0) ；返回值：7.0
```

5. 加1函数

加1函数参数中有一个“1+”，“1+”中间无空格，必须连写，函数调用格式如下：

```
(1+number)
```

该函数用于对运算的变量加1，返回值为number+1。

```
(1+ 5) ；返回值：6
(1+ 12) ；返回值：13
```

6. 减1函数

减1函数正好与加1函数相反，减1函数参数中有一个“1－”，“1－”中间无空格，必须连写，函数调用格式如下：

```
(1－number)
```

该函数用于对运算变量减1，返回值为number－1。

```
(1－ 2) ；返回值：1
(1- 7.7) ；返回值：6.7
```

7. 绝对值函数

函数调用格式如下：

```
(abs number)
```

该函数用于返回number的绝对值，number可是整型或实型的，返回值类型取决于参数的类型。

```
(abs 8) ；返回值：8
(abs －5) ；返回值：5
(abs －12.0) ；返回值：12.0
```

8. 正弦函数

函数调用格式如下：

```
(sin angle)
```

此函数用于计算以弧度表示的角度的正弦值。

```
(sin 0) ；返回值：0.0
(sin 1) ；返回值：0.841471
```

```
(sin 2) ；返回值：0.909297
```

9. 余弦函数

函数调用格式如下：

```
(cos angle)
```

该函数用于计算以弧度表示的角度的余弦值。

```
(cos 0) ；返回值：1.0
(cos 1) ；返回值：0.540302
(cos 2) ；返回值：-0.416147
```

10. 余数函数

函数调用格式如下：

```
(rem [num1][num2][num3]……)
```

该函数用于返回num1除以num2的余数，若参数多余两个，先去num1除以num2的余数，再用此余数除以num3，并返回余数，依次循环下去直到除完所有的参数。返回值的类型取决于参数的类型。

```
(rem 50 9) ；返回值：5
(rem 50.0 9) ；返回值：5.0
(rem 50 9 4) ；返回值：1
```

11. 最大值函数

函数调用格式如下：

```
(max [num1][num2][num3]……)
```

该函数用于返回[num1]、[num2]、[num3]……中的最大值。

```
(max 11 70 6) ；返回值：70
(max 23 234 243 120) ；返回值：243
```

12. 最小值函数

函数调用格式如下：

```
(min [num1][num2][num3]……)
```

该函数与最大值函数相反，用于返回[num1]、[num2]、[num3]……中的最小值。

```
(min 7.7 6.1 7.5) ；返回值：6.1
(min 43.79 7 48) ；返回值：7
```

13. 指数函数

函数调用格式如下：

```
(exp number)
```

指数函数用于返回以e为底的number次幂的值，返回值总数实型。

```
(exp 0) ；返回值：1.0
(exp 1) ；返回值：2.71828
(exp -2.0) ；返回值：0.135335
```

14. 自然对数函数

函数调用格式如下：

```
(log number)
```

该函数是指数函数的反函数，用于返回值为number的自然对数，其返回值类型总是实型。使用过程中需要注意number的取值范围是（0，+∞）。

```
(log 0.5) ；返回值：-0.693147
(log 1) ；返回值：0.0
(log 2.0) ；返回值：0.693147
```

15. 幂函数

函数调用格式如下：

```
(exp base power)
```

该函数用于返回base的power次方，若base和power都是整型数，则结果为整型数，否则就是实型数。

```
(expt 5 3) ；返回值：125
(expt 5 3.0) ；返回值：125.0
(expt 4 -3) ；返回值：0
(expt 4.0 -3) ；返回值：0.015625
```

16. 平方函数

函数调用表达式如下：

```
(sqrt number)
```

该函数用于返回number的平方根，其返回值类型总是实型。使用过程中需要注意number的取值范围是（0，+∞）。

```
(sqrt 25) ；返回值：5.0
(sqrt 49.0) ；返回值：7.0
```

17. 最大公约函数

函数调用表达式如下：

```
(gcd [num1][num2])
```

该函数用于返回num1、num2的最大公约数，其中num1和num2都必须是正整数。

```
(gcd 35 15) ；返回值：5
(gcd 9 6) ；返回值：3
```

04 表处理函数

AutoLISP语言是一种计算机表处理语言，表是AutoLISP最基本的数据类型。表是指放在一对圆括号中的元素的有序集合，它提供了一种有效保存大量相关数据的方法。表中的元素可以是任何类型的常量、变量、符号或表达式。表中的元素可以是表，其嵌套深度没有限制。

1. 表构造函数（LIST）

函数调用格式如下：

```
(list [表达式1][表达式2]……)
```

该函数可以将任意的多个表达式组成一个表。

```
(list 'x 'y 'z) ；返回值：(x y z)
(list 'xy 'yz) ；返回值：(xy yz)
(list 60.5 123) ；返回值：(60.5 123)
```

2. 表长度函数（LENGTH）

函数调用格式如下：

```
(length [list])
```

该函数用于返回表中元素数目，返回值为整型，并且该函数只返回表[list]中顶层元素的个数。

```
(length '(x y z)) ；返回值：3
(length '(a (b c))) ；返回值：2
```

3. REVERSE函数

函数调用格式如下：

```
(reverse [list])
```

该函数将表的元素顺序颠倒后返回。

```
(reverse '(a b c)) ；返回值：(c b a)
(reverse '(c (a)) ；返回值：((a) c)
```

4. MEMBER函数

函数调用表达式如下：

```
(member [expr][list])
```

该函数用于在一个表内搜索一个表达式的出现，并返回表的其余部分，其余部分的起点从表达式expr的第一次出现处开始。变量expr的类型没有限制，变量list必须是表。如果在表list中不出现表达式expr，则返回nil。

```
(member 'x' (x y z)) ；返回值：(y z)
(member 'a' (x y z)) ；返回值：nil
```

5. LAST函数

函数调用格式如下：

```
(last [list])
```

该函数用于返回表中的最后那个元素，可以是原子或表。

```
(last 'm n z y)) ；返回值：y
(last '(c h d (d l p))) ；返回值：(d l p)
```

6. CAR函数和CDR函数

函数调用格式如下：

```
(car[list])或者是(cdr[list])
```

CAR函数和CDR函数主要用于提取表中的元素，这两个函数的操作对象是一个表，表中的对象可以是任意类别。CAR函数取一个表中的第一个元素并返回，CDR函数从一个表中排除第一个元素，将所有剩余的元素作为一个表返回。

```
(car ' (a b c)) ；返回值：a
(car ' ((a b) c)) ；返回值：(a b)
(cdr ' (a (b c)) ；返回值：(b c)
(cdr ' ((a b) c)) ；返回值：(c)
```

AutoLISP支持CAR和CDR函数的组合应用，相当于CAR和CDR函数的嵌套。CAR和CDR组合应用有相应的缩写形式，如表17-2所示。

表17-2 CAR和CDR函数的组合应用

缩写形式	等效格式	缩写形式	等效格式
caar	(car (car [list]))	cdar	(cdr (car [list]))
cadr	(car (cdr [list]))	cddr	(cdr (cdr [list]))

7. NTH函数

函数调用格式如下：

```
(nth n [list])
```

该函数用于返回表中的第n个元素，参数n是表中要返回元素的序号（表中的元素编号从0开始），如果n大于表中最后那个元素的序号，则返回nil。

```
(caar ' ((a b) c)) ；返回值：a
(cadr ' ((a b) c)) ；返回值：c
(cdar ' ((a b) c)) ；返回值：(b)
(cddr ' ((a b) c)) ；返回值：nil
```

8. LISTP函数

函数调用格式如下：

```
(listp[item])
```

该函数用于检查某个项是否是表，如果item是一个表，则返回T，否则返回nil，除了特殊情况，由于nil既可以表示一个原子，也可以表示一个表，所以当LISTP函数使用nil作为参数时，它返回T。

```
(listp ' (a b c)) ；返回值：T
(listp abc) ；返回值：nil
(listp nil) ；返回值：T
```

9. CONS函数

函数调用格式如下：

```
(cons element [list])
```

该函数用于把第一个参数element加到第二个参数表list的开始，组成一个新表并返回，参数element可以是一个原子或一个表。CONS函数也可以接受原子形式的参数以构造点对结构。

```
(cons 's' (a b c)) ；返回值：(s a b c)
(cons '(s)' (a b c)) ；返回值：((s)a b c)
(cons 'x 5) ；返回值：(x.5)
```

05 应用程序管理函数

AutoCAD允许用户将自定义的程序代码保存为程序文件，并提供加载功能，AutoLISP也提供了相应的函数来管理这些程序文件。

1. ADS函数

函数调用格式如下：

```
(ads)
```

该函数用于返回当前已加载的ADS应用程序名列表，每一个加载的ADS应用程序和它的路径都使用双引号引起来作为表中的一项。

2. ARX函数

函数调用格式如下：

```
(arx)
```

ARX函数的用法类似于ADS函数，该函数用于返回当前已加载的ARX应用程序名列表，每一个加载的ARX应用程序和它的路径都使用双引号引起来作为表中的一项。

3. AUTOXLOAD与AUTOARXLOAD函数

函数调用格式如下：

```
(autoxload [filename][cmdlist]) 或者 (autoarxload [filename][cmdlist])
```

这两个函数的调用格式和功能大致相同，只是AUTOXLOAD函数定义可自动加载某相关ADS应用程序的命令名，而AUTOARXLOAD函数是定义可自动加载某相关ARX应用程序的命令名，并且两个函数中参数cmdlist所含的命令必须在filename参数所指定的文件中定义。

4. XLOAD函数

函数调用格式如下：

```
(xload [application][onfailure])
```

该函数用于加载一个ADS应用程序，其中参数application既可以是一个包含了可执行文件名的变量，也可以是一个带有双引号的字符串。在加载文件时，函数会检查该ADS应用程序的有效性，并且会对ADS程序的版本、ADS本身及正在运行的AutoLISP版本进行兼容性检查。如果XLOAD函数操作失败，它通常会引发一个AutoLISP错误。但如果提供了onfailure参数，则在操作失败时XLOAD函数会返回该参数的值，而不会发出一条出错的信息。当成功加载指定的应用程序时，XLOAD函数返回应用程序名。

如果试图加载一个已经加载的应用程序，XLOAD函数会发出如下信息：

```
已加载应用程序 "cpplication"
```

因此，在调用XLOAD函数之前，可以调用ADS函数来检查当前已加载的ADS应用程序。

5. ARXLOAD函数

函数调用格式如下：

```
(arxload [application][onfailure])
```

该函数的用法与XLOAD函数相同，只是加载对象为ARX应用程序。

6. XUNLOAD函数

函数调用格式如下：

```
(xunload [application][onfailure])
```

该函数用于卸载一个ADS应用程序。如果指定的应用程序被成功卸载，就会返回这个应用程序名，否则就会发出一条错误信息。其中，参数application既可以是一个包含了可执行文件名的变量，也可以是一个带有双引号的应用程序名。如果在调用XLOAD函数时在应用程序名前指定了路径，在调用XUNLOAD函数时就可以省去这个路径。如果XUNLOAD函数操作失败，它通常会引发一个AutoLISP错误。但如果提供了onfailure参数，则在操作失败时XUNLOAD函数会返回该参数的值，而不会发出一条出错信息。

7. ARXUNLOAD函数

函数调用格式如下：

```
(arxunload [application][onfailure])
```

该函数的用法与XUNLOAD函数相同，只是卸载对象为ARX应用程序。

06 函数处理函数

函数处理函数用于调用AutoLISP程序中的函数或调试AutoLISP程序，下面分别进行介绍。

1. APPLY函数

函数调用格式如下：

```
(apply [function][list])
```

该函数用于将参数list传给指定的函数FUNCTION，其中指定的FUNCTION函数可以是内建式（subr）和用户定义（使用DEFUN或LAMBDA）的函数。

```
(apply '*' (1 2 3 4)) ；返回值：24
(apply 'strcat' ("C" "A" "D")) ；返回值："CAD"
```

2. DEFUN函数

函数调用格式如下：

```
(defun [sym][argument][expr]……)
```

DEFUN是AutoLISP的一个特殊函数，它不对其任何参数求值，而只是查看变元并建立一个函数定义，在后面的应用中可以调用这一函数。在AutoLISP中，定义的函数形式可以是有名或无名，但是主要定义有名函数。DEFUN函数就是提供给用户的用于定义一个有名函数的特殊函数。

参数sym是DEFUN函数所定义的函数名，它必须是符号原子。参数argument是一个函数的参数表，它可以有如下格式：

```
(形参 1 形参 2……)
(/ 局部变量 1 局部变量 2……)
(形参 1 形参 2……/ 局部变量 1 局部变量 2……)
() 是空表，表示没有参数
```

需要注意的是，形式参数“形参1 形参2……”在函数调用时必须用实际参数替换。

参数expr可是任意的AutoLISP表达式，它甚至可调用自身所定义的函数，既函数的递归定义。

AutoLISP还允许通过输入定义的函数名对一个或多个变量进行操作，或者是通过自定义功能给在AutoLISP之外运行的整个程序赋予一个名称。

在AutoCAD中运行自定义函数时，可以在命令行中输入自定义的函数名，也可以包含在一对括号中用于菜单的宏命令中。自定义函数的最大优点是可以只输入一个函数名而执行一段程序。

用户定义函数的调用使函数名作为被求值表的第一个元素，这与系统内部提供的函数调用形式一样，实际参数作为表的其他元素，且实际参数必须和形式参数的位置、数目和顺序严格对应。

函数调用可以放在程序的任何地方，当然要保证函数返回值的类型应该与调用函数所要求的数据类型相符。AutoLISP系统内部函数调用可以放的位置，用户自定义的函数也可以放。

3. LAMBDA函数

函数调用格式如下：

```
(lambda [argument][expr]……)
```

该函数用于定义一个无名的函数。当用户经常使用某一表达式，而又觉得把它定义为一个新函数需要太多操作时，可以使用LAMBDA函数。LAMBDA将定义的函数放在需要使用它的位置，并返回最后一个表达式的值，它常与APPLY或MAPCAR函数连用，以便对表中的元素执行操作。

```
(apply ' (lambda (x y z) (*x (+ y z)))
' (6 25 10) ;返回值：210
```

4. TRACE函数

函数调用格式如下：

```
(trace [function]……)
```

该函数用于调试AutoLISP程序，TRACE函数为指定的一个或多个函数设置跟踪标志。TRACE函数每次对指定的函数进行求值时，会显示一条跟踪信息表示流程进入该函数，同时还会打印出该函数的执行结果。TRACE函数的返回值为传给它的最后一个函数名。

```
(trace f1) ;返回值：f1
(trace f1 f2) ;返回值：f2
```

5. UNTRACE函数

函数调用格式如下：

```
(untrace [function])
```

该函数的功能与TRACE函数恰好相反，它用于清除指定函数的跟踪标志，返回值为传给它的最后一个函数的名称。

```
(untrace f1) ;返回值：f1
(untrace f2) ;返回值：f2
```

6. EVAL函数

函数调用格式如下：

```
(eval [expr])
```

该函数用于返回AutoLISP表达式的求值结果，其中的表达式可以是任意LISP表达式。该函数首先对变元expr进行求值，求值结果传递给eval，eval再对该结果进行求值。

```
(setq x 5 y 'x)
(eval 15.0) ;返回值：15.0
(eval x) ;返回值：5
(eval y) ;返回值：5
(eval (setq a 111)) ;返回值：111
```

07 条件和循环函数

条件函数用于测试其表达式的值，然后根据其结果执行相应的操作，循环函数则是将表达式重复进行运算。

1. IF函数

函数调用格式如下：

```
(if [test][then][else])
```

IF函数根据对条件的判断，对不同的表达式进行求值。如果[test]的求值结果为非空，则对[then]进行求值，否则对[else]进行求值。if函数返回所选择的表达式的值，如果没有[else]表达式且[test]是nil，则if函数返回nil。

2. COND函数

函数调用格式如下：

```
(cond ([test][result]……)……)
```

该函数是AutoLISP语言的一个主要条件函数。该函数从第一个子表起，计算每一个子表的测试表达式，甚至有一个子表的测试表达式成立为止，然后计算该子表的结果表达式，最后返回这个结果表达式的值。

```
(setq n (cond ((<=i 1)1)
((<=i 2)4)
((<=i 3)10)
((<=i 4)24)
((<=i 5)30)
(t 100)
)
)
```

上述程序代码的作用是，当i小于或等于1时，n=1；i小于或等于2时，n=4；i小于或等于3时，n=10；i小于或等于4时，n=24；i小于或等于5时，n=30；在其他情况下n=100。

3. REPEAT函数

函数调用格式如下：

```
(repeat [int][expr]……)
```

该函数用于对每一个表达式进行指定次数的求值计算，并返回最后一个表达式的值，变元int必须是一个正数。

```
(setq x 25 y 100)
(repeat 5
(setq x (* x 2))
(setq y (* y 4))
)
```

上述程序代码的执行结果为x=50，y=400，返回值为400。

4. WHILE函数

函数调用格式如下：

```
(while [test][expr]……)
```

该函数用于对一个测试表达式进行求值，如果是非nil，则执行各表达式，重复这个计算过程，直至测试结果为nil，返回最后所计算的那个表达式的值。

```
(setq x 20 y 100)
(while (<=x 30)
(setq y (* y 4))
(setq x (* x 2))
)
```

上述程序代码的执行结果为x=50，y=400，返回值为50。

08 错误处理函数

AutoLISP的错误处理函数具有一定的内在错误处理能力，但是其自身函数的内在错误处理功能不可能处理所有可能出现的错误，这就需要用户根据具体情况采用错误处理函数进行专门的处理。

1. ERROR函数

函数调用格式如下：

```
(*error* 错误处理函数名)
```

该函数用于用户指定自定义的错误处理函数。通过这个用户自定义的错误处理函数，可以在程序出错的情况下为用户返回相应的信息。

AutoLISP语言本身带有特定的错误处理函数，当AutoCAD在计算表达式时遇到错误，将返回下列一条信息：

```
error. 出错信息
```

“出错信息”中记录了发生错误的程序代码及相关信息，并且将错误代码保存在AutoCAD的系统变量ERRNO中，可以使用GERVAR函数检索。

为了保持AutoLISP系统自身的出错程序有效，用户在自定义*error*函数之前，应该保存当前的*error*内容，这样，可以在退出时恢复原先的错误处理程序。

2. ALERT函数

函数调用格式如下：

```
(alert[string])
```

该函数用于在屏幕上显示一个警告框，警告框中显示的是一个出错或警告信息。ALERT函数的变元[string]提供了出错或警告信息。警告框中所能显示的字符串行数及每行的长度依赖于AutoCAD使用的平台、窗口及设备，任何超出范围的字符串都将被自动切断。

```
(alert "AutoCAD2018 提示 ")
```

在AutoCAD的命令窗口中执行上述命令，按下Enter键确定，将弹出警告框，如右图所示。

3. EXIT函数

函数调用格式如下：

```
(exit)
```

该函数用于强制退出当前应用程序，当调用EXIT函数时，会返回错误信息“exit abort”。

4. QUIT函数

函数调用格式如下：

```
(quit)
```

该函数用于强制退出当前应用程序，当调用QUIT函数时，会返回错误信息“quit abort”。

Lesson 03 实用工具函数

AutoLISP提供了一些函数用于同用户交互，获取用户输入的参数或命令，实现AutoCAD的通信，以便在程序中实现绘图等功能。

01 文件处理函数

文件处理函数通过函数来进行打开、关闭、读取数据、搜索文件、写文件等操作，下面进行介绍。

1. OPEN函数

函数调用格式如下：

```
(open [filename][mode])
```

该函数用于打开一个文件，供其他AutoLISP I/O函数访问。参数filename是一个字符串，它指定要打开的文件名和扩展名。参数mode是一个读/写标志，mode的参数取值如表17-3所示。

表17-3 参数mode的有效取值

参数mode的取值	说明
“a”	打开文件用于追加数据操作，若filename不存在，则建立一个新文件打开它。若filename存在，则打开文件并把文件指针移到现有数据的尾部
“r”	打开文件用于读操作，若filename不存在，open函数返回nil
“w”	打开文件用于写操作，若filename不存在，则新建并打开文件，若filename存在，则覆盖已有数据

2. CLOSE函数

函数调用格式如下：

```
(close [file])
```

该函数用于关闭一个已打开的文件。参数file是由OPEN函数打开文件时获得的一个文件描述符。文件使用CLOSE函数关闭之后，该文件描述符并没有改变，但是它不再有效。如果file有效，则CLOSE函数返回nil，否则返回一个错误信息。

3. FINDFILE函数

函数调用格式如下：

```
(findfile [filename])
```

该函数在AutoCAD的库路径范围中搜索指定的文件。FINDFILE函数对需要搜索的文件类型或filename的扩展名不做假定。如果在参数filename中提供了一个驱动器/目录前缀，则FINDNAME函数仅在指定的目录中搜索文件。

```
(findfile "433.dwg")
```

如果当前目录下面存在433.dwg文件，则返回路径，如果不存在该文件则返回nil。

```
"D:\\My Documents\\4331.dwg" ；返回的路径
```

4. READ-LINE函数

函数调用格式如下：

```
(read-line [file-desc])
```

该函数从键盘输入缓冲区或已打开的文件中读取一个字符串并返回该字符串。

如果READ-LINE函数遇到了文件结束标记，就返回nil，否则就返回它所读取的那个字符串。假如f是一个已经打开的文件的有效指针，则(read-line f)将返回文件中的下一个输入行，而如果已经到达文件结束处，则返回nil。

5. READ-CHAR函数

函数调用格式如下：

```
(read char [file-desc])
```

该函数从键盘输入缓冲区或已打开的文件中读取一个字符串，并将该字符串转换成十进制的ASCⅡ码后返回。

参数file-desc是OPEN函数打开文件时获得的一个文件描述符，如果没有提供file-desc，且键盘输入缓冲区没有字符，则READ-CHAR函数等待用户从键盘输入。例如，当键盘缓冲区为空时，执行下列代码：

```
(read-char)
```

此时将等待用户输入，如果用户输入ABC后按Enter键，则READ-CHAR函数返回65（A的十进制ASCⅡ码），随后再执行3次READ-CHAR函数调用，将分别返回66、67和10（换行）。如果再调用readchar函数，将再次等待用户输入。

能够运行AutoCAD软件的各种操作系统平台，对文本文件都采用了不同的行结束符。例如，在windows系统上使用两个字符（Enter换行[CR]/LF，ASCⅡ码为13和10）作为结束字符序列。

6. WRITE-LINE函数

函数调用格式如下：

```
(write-line [string][file-desc])
```

该函数将一个字符写到屏幕或一个已经打开的文件中，其中WRITE-LINE函数的返回值为一个字符串，将字符串写入文件中时会省略双引号。

假如f是一个已打开文件的有效指针，则表达式(write-line "study" f)将向文件中写入study字符串，并返回"study"。

7. WRITE-CHAR函数

函数调用格式如下：

```
(write-char [num][file-desc])
```

该函数将一个字符写到屏幕或一个已打开的文件中。其中参数num是需要输出字符的十进制ASCⅡ代码，并且write-char函数将此值作为返回值。

```
(write-char 65) ；返回值：65
```

此表达式在屏幕上显示字符A，如果需要向文件中写入该字符，则应该使用file-desc指定一个已打开的文件的文件描述符。

```
(write-char 65 f) ；返回值：65
```

02 用户输入函数

AutoLISP提供了用户输入函数用于用户与AutoCAD的交互，下面将对用户输入函数进行介绍。

1. GETPOINT函数

函数调用格式如下：

```
(getpoint [point][prompt])
```

该函数让用户输入一个点并返回该点的坐标值，用户既可以通过拾取点来指定一点，也可以通过输入当前单位格式表示的坐标来指定点。

```
命令：(setq p (getpoint))
十字光标任意点 ；返回值：(1750.88 1318.97 0.0)
命令：(setq p (getpoint))
输入：1, 2 ；返回值：(1.0 2.0 0.0)
命令：(setq p (getpoint))
输入：1, 2, 3 ；返回值：(1.0 2.0 3.0)
(setq p (getpoint "where?"))
where?5,6 ；返回值：(5.0 6.0 0.0)
 (setq p (getpoint "where?"))
where?5,6, 7 ；返回值：(5.0 6.0 7.0)
(setq p (getpoint "where?"))
where? 十字光标任意点 ；返回值：(1913.99 1287.18 0.0)
```

2. GETINT函数

函数调用格式如下：

```
(getint [string])
```

该函数让用户输入一个整型数，然后将这个整型数返回。参数string是一个任选的字符串，用于提示信息。getint函数只有在与所需类型相同时，才返回一个整型数，否则返回nil。传给GETINT函数的数值范围是－32768～32767。

```
(setq x (getint))
输入：8 ；返回值：8
(setq x (getint "Enter a number：))
Enter a number：8 ；返回值：8
```

3. GETREAL函数

函数调用格式如下：

```
(getreal [string])
```

该函数与GETINT函数的功能相似，但返回的是实型数。

```
(setq y (getreal))
输入：8 ；返回值：8.0
(setq y (getreal "Enter a number："))
Enter a number：8 ；返回值：8.0
```

4. GETSTRING函数

函数调用格式如下：

```
(getstring [cr][msg])
```

该函数等待用户输入一个字符串并返回该字符串。如果提供了参数cr，并且它的值为非nil，输入的字符串可以包括空格且必须以Enter键结束。参数msg是用作提示信息的字符串。

该函数能够接受输入的字符串长度最大为132个字符，如果超出这个范围，则仅返回开头的132个字符。如果输入的字符串中包含右下斜杠“\”，则会将这个右下斜杠转换成两个“\\”，这是因为输入的字符串中可能包括其他函数要使用的文件路径名。

```
(setq a (getstring))
输入：AutoLISP ；返回值："AutoLISP"
(setq a (getstring "Enter a string："))
Enter a string：AutoLISP ；返回值：AutoLISP
```

5. GETANGLE函数

函数调用格式如下：

```
(getangle [point][msg])
```

该函数等待用户输入一个角度并返回该角度，以弧度为单位。其中参数point表示角的起点，可是二维或三维点，但角度的度量都在当前构造平面上进行的，参数msg表示要在屏幕上显示的信息。

```
(setq a (getangle))
```

```
输入：10,20
指定第二点： 20,30 ；返回值：0.785398
```

6. GETORIENT函数

函数调用格式如下：

```
(getorient [point][msg])
```

该函数等待用户输入一个角度，然后以弧度形式返回这个角度。这个函数与GETANGLE函数相似，不同之处在于GETORIENT函数返回的角度值不受系统变量ANGBASE和ANGDIR的影响，但是，用户输入的角度仍然以当前ANGBASE和ANGDIR的设置为基准。

参数point是以当前UCS表示的一个二维基点，参数msg是用作提示信息的一个字符串。如果指定了参数point，则把它作为两点中的第一点，通过指定另一个点用户就能为AutoLISP给出一个角度。

GETORIENT函数以逆时针方向测量由用户指定的两点所确定的直线与零弧度方向之间的夹角。与GETANGLE函数一样，GETORIENT函数相对于当前构造平面以弧度的形式返回角度值。给GETORIENT函数输入的角度是以系统变量ANGBASE和ANGDIR的当前值为基准的。一旦该角度值被输入，对它的测量则是相对于零弧度按逆时针方向进行的，而忽略系统变量ANGBASE和ANGDIR的设置。

当用户需要一个相对角度时，应该使用GETANGLE函数，而当用户需要获得一个绝对角度时，就应该使用GETORIENT函数。

7. GETCORNER函数

函数调用格式如下：

```
(getcorner [point][msg])
```

该函数等待用户输入矩形的第二个角的坐标，并返回该坐标值。GETCORNER函数要求一个当前UCS表示的基点作为参数，即必须有参数point。当用户在屏幕上移动十字光标时，AutoCAD会从这个基点开始画出一个矩形以提示用户选择。如果用户提供的point参数是一个三维点，则GETCORNER函数将忽略Z坐标值。

```
(setq s (getcorner '(4.0 6.0) "请输入第二点："))
请输入第二点：12,20 ；返回值：(12.0 20.0 )
```

8. INITGET函数

函数调用格式如下：

```
(initget[bit][string])
```

该函数为用户输入函数调用的创建关键字，能够接受关键字输入的函数有GETANGLE、GETDIST、GETCORNER、GETINT、GETREAL、GETPOINT、GETORIENT、GETKWORD、NENTSEL、ENTSEL、NENTSELP。需要注意的是GETSTRING函数是惟一不能接受关键字输入的用户输入函数。

参数bit是一个按位编码的整数，用于控制是否允许某些类型的用户输入，参数string用于定义一个关键字表，在随后调用用户输入函数时，如果用户输入的不是相应类型，该函数将通过检索关键字表来确定用户是否键入了一个关键字。

9. GETDIST函数

函数调用格式如下：

```
(getdist [point][msg])
```

该函数等待用户输入一个距离值，用户可以通过选择两个点来指定距离，如果提供了参数point，则函数将以此为基点，用户只需选择第二个点。参数point是以当前UCS表示的一个二维或三维基点。参数msg是用作提示信息的一个字符串，调用GETDIST函数时AutoCAD也会从第一个点到当前十字光标位置显示一条橡皮线，以帮助用户确定距离值。

如果GETDIST函数所提供的参数point表示的是一个三维点，那么返回的值就是一个三维距离。然而在调用GETDIST函数之前，提前调用INITGET函数并将其标志位设置为64，则GETDIST函数会忽略三维点的Z坐标而返回一个二维距离。

```
(setq s (getdist))
(setq s (getdist '(4.0 6.0)))
```

10. GETKWORD函数

函数调用格式如下：

```
(getkword [msg])
```

该函数等待用户输入一个关键字并返回该关键字，参数msg是用作提示信息的一个字符串。在调用GETKWORD函数之前，需要由INITGET函数设置GETKWORD函数可接受的有效关键字。GETKWORD函数以字符串的形式返回与用户的输入匹配的关键字。如果用户输入的不是一个关键字，AutoCAD会要求用户重新输入。如果用户输入为空（即按Enter键），而GETKWORD函数又允许空输入（可以由initget函数设置），则函数返回nil。如果在调用GETKWORD函数之前，没有调用INITGET函数确立一个或多个关键字，则GETKWORD函数返回nil。

03 显示控制函数

AutoLISP提供了一些控制AutoCAD显示的函数，包括文本、图形窗口等，其中一些函数的调用依赖于用户的输入，下面分别进行介绍。

1. PRINL函数

函数调用格式如下：

```
(prinl [expr][file])
```

该函数作用为在命令行打印一个表达式或将该表达式写入一个已打开的文件中。此函数并不要求参数expr是一个字符串。如果函数提供了参数file，并且它是为写而打开的一个文件的文件描述符，expr会被准确地写到文件中，就像它出现在屏幕一样。PRINL函数仅仅打印指定的expr，不包括换行和空格。

如果参数expr是一个包含了控制字符的字符串，PRINL函数将按原样显示这些字符，而不用扩展功能，expr的控制代码如表17-4所示。

表17-4 控制代码

代码	说明	代码	说明
\\	\字符	\t	制表符
\"	"字符	\nnn	八进制代码为nnn的字符
\e	换码字符	\U+XXXX	Unicode序列
\n	换行符	\M+NXXXX	多字节字符列
\r	回车符		

```
(setq x 25 y '(x))
(prin1 'x) ；打印 x，并返回 x
(prin1 x) ；打印 25，并返回 25
(prin1 y) ；打印 (x)，并返回 (x)
```

PRINL函数也可以不带参数调用，这时返回空字符串。如果用户在自定义的函数中使用PRINL函数（不带参数）作为最后的表达式，则当函数执行完成时仅会打印一个空行，从而使应用程序退出。

2. PRINC函数

函数调用格式如下：

```
(princ [expr][file])
```

该函数的作用为在命令行打印一个表达式或将该表达式写入一个已打开的文件中。此函数的功能与PRINL函数功能相同，只是本函数将使用expr中控制符的功能而不是照原样打印。

3. PRINT函数

函数调用格式如下：

```
(print [expr][file])
```

该函数的作用为在命令行打印一个表达式或将该表达式写入一个已打开的文件中。此函数的功能与PRINL函数的功能相同，不同之处是该函数在expr之前打印一个换行符，而在expr之后再打印一个空格。

4. PROMPT函数

函数调用格式如下：

```
(prompt [msg])
```

该函数在屏幕下方的命令提示行显示一个字符串。在双屏幕的AutoCAD配置中，PROMPT函数在两个屏幕上都显示字符串msg，它比PRINC函数更可取，PROMPT函数返回nil。

```
(prompt "AutoCAD") 返回值：AutoCADnil
(prompt "AutoCAD.") 返回值：AutoCAD.nil
```

5. TERPRI函数

函数调用格式如下：

```
(terpri)
```

该函数在命令行上输入一个空行，TERPRI函数不能用于文件I/O，该函数的返回值为nil。

04 内存管理函数

AutoLISP中的管理内存的函数包括ALLOC、EXPAND、GC和MEM函数，下面就来进行讲解。

1. ALLOC函数

函数调用格式如下：

```
(alloc [number])
```

该函数可以设置段的大小，参数number表示将设置段的大小（以节点为单位），它可以是除了514之外的任意数值。

用户可以调用ALLOC函数来手动控制节点空间和字符串空间的分配。通过在文件acad.lsp开始时使用这些表达式，可以预先分配节点空间并保留字符串空间，这样就减少了清理节点表的次数，从而提高了程序的执行效率。

```
(alloc 120) ；设置段为 120 个节点时，每段需要 1440 个字节的堆空间
(alloc 1024) ；设置段为 1024 个节点时，每段需要 12288 个字节的堆空间
```

2. EXPAND函数

函数调用格式如下：

```
(expand [number])
```

该函数通过请求指定的段数来手动分配节点空间，参数number表示要分配的段的数目。EXPAND函数返回可从堆中获得的段的数目，如果堆的剩余空间不足，返回值可能远远小于所请求的数目。

当段的大小为默认值514个节点时，可以调用下列程序请求5个段。

```
(expand 5)；占用 5×12×514=30840 字节
```

3. GC函数

函数调用格式如下：

```
(gc)
```

该函数用于强制执行无用数据收集，即释放那些不再使用的节点。

4. MEM函数

函数调用格式如下：

```
(mem)
```

该函数用于显示AutoLISP内存的当前状态并返回nil。

05 几何函数

AutoLISP提供的几何函数用于确定图形之间的几何关系，还包括角度、距离的计算。

1. ANGLE函数

函数调用格式如下:

```
(angle [point1][point2])
```

函数返回由point1和point2两点确定的一条直线与X轴的夹角。返回的角度是从当前的X轴起，以弧度为单位逆时针方向计算。如果point1和point2是三维点，则先将它们投影到当前构造平面上，然后再计算投影线与X轴的夹角。

```
(angle ' (10.0 20.0) '(15.0 25.0)) ；返回值：0.785398
(angle ' (20.0 30.0) '(40.0 60.0)) ；返回值：0.982794
```

2. DISTANCE函数

函数调用格式如下:

```
(distance [point1][point2])
```

该函数返回两点之间的三维距离。如果point1和point2中有一个或两个二维点，DISTANCE函数就会忽略所提供的任何三维点的Z坐标，而返回将这些点投影到当前构造平面上得到的二维距离。

```
(distance ' (2 3 6) ' (4 6 9)) ；返回值：4.69042
(distance ' (2 3.5 6.5) ' (4.2 6 9.8)) ；返回值：4.68828
```

3. POLAR函数

函数调用格式如下:

```
(polar [point][angle][distance])
```

该函数用于求出一点的极坐标。该函数在UCS坐标系下求某点指定角度和指定距离处的三维点，并返回该三维点。其中angle表示以弧度为单位的角度值，它相对于X轴并按逆时针方向计算，point可以是二维点或三维点，但是POLAR函数总是返回二维点。

```
(polar ' (1 1 3.5) 0.785398 1.414214) ；返回值：(2.0 2.0 3.5)
```

4. INTERS函数

函数调用格式如下:

```
(inters [point1][point2][point3][point4][onseg])
```

该函数求两直线的交点坐标，其中point1和point2是第一条直线的两个端点，point3和point4是第二条直线的两个端点。如果onseg的值是nil，则由4个点定义的两条线被认为是无限长的。这样，即使交点不在其中一条线的端点范围内，INTERS函数也能返回点坐标。变元onseg被省略或者其值非nil，则交点必须同时位于两条直线上，否则inters返回nil。

以下代码为两条相交的线段:

```
(setq x' (2 3) y' (10 10))
(setq m' (7 2) n' (3 11))
(setq x y m n) ;返回值:(5.28 5.87)
```

以下代码为两条延伸相交的线段:

```
(setq x' (2 3) y' (10 10))
(setq m' (5 2) n' (5 3))
(setq x y m n) ;返回值:nil
(setq x y m n T) ;返回值:nil
(setq x y m n nil) ;返回值:(5.0 5.625)
```

5. OSNAP函数

函数调用格式如下:

```
(osnap [point][string])
```

该函数将某种对象捕捉模式作用于指定点而获得一个三维点，并返回该三维点。其中参数string是一个字符串，包含了一个或多个有效的对象捕捉模式标志符（mid、cen等），各个标志符之间用逗号隔开。

```
(setq point1 (getpoint))
(setq point2 (osnap point1 "cen"))
(setq point3 (osnap point1 "end,int"))
```

其中由osnap函数返回的点取决于当前三维视图和系统变量的设置。

06 COMMAND函数

AutoLISP具有强大的绘图编辑功能，主要是由于它提供了一个系统内部函数COMMAND函数，AutoLISP利用COMMAND函数可以非常方便地调用几乎全部AutoCAD命令，以完成各种工程图形的绘制任务。

COMMAND函数调用格式如下:

```
(command [argument])
```

COMMAND函数是AutoLISP与AutoCAD的接口，它可以向AutoCAD命令行直接发送一个AutoCAD命令并能接受对命令的响应。COMMAND函数可以将实体数据记录到AutoCAD当前图形数据中，同时也是在AutoLISP程序中调用AutoCAD命令的惟一途径。

在COMMAND函数的调用格式中，参数argument表示需要执行的AutoCAD命令名和所需要的响应，可以是字符串、实数、整数或点，但必须要与执行命令所需的参数一致。COMMAND函数调用中的空字符串(“”)等效于键盘上的空格键或Enter键。

调用COMMAND命令有以下规定:

- AutoCAD的命令、子命令和命令选择项使用字符串表示，其中的字符大小写均可。
- 对于常数可以采用AutoLISP表的形式或字符串表示，如(3.0 7.0)也可以写成“3.0,7.0”。
- 如COMMAND函数不带任何参数，即调用格式为（command），相当于按一次Esc键用于取消大多数AutoCAD命令。

- 如果系统变量CMDECHO设置为零，则COMMAND函数中执行的命令将不在屏幕上显示。
- 在COMMAND函数中不能使用GETxxx族函数。

```
(command "circle""20,20""40,50")
```

调用CIRCLE命令绘制一个圆，圆心点的坐标值为(20，20)，半径为经过点(40，50)的圆。

```
(command "thinkness"2)
```

调用THICKNESS命令，将其设置厚度为2。

相关练习 | 设计自动绘制圆的中心线的程序

在使用AutoCAD 2018绘制圆的时候要进行中心线标注，需要执行“标注>圆心标注”菜单命令，或者使用“直线”命令绘制两条过圆心点的相互垂直的直线。通过Visual LISP编辑器可以编写程序代码来自动生成带有中心线的圆，具体操作步骤如下。

原始文件：实例文件\第17章\原始文件\用Visual VISP自动绘制圆的中心线.dwg

最终文件：实例文件\第17章\最终文件\用Visual VISP自动绘制圆的中心线.dwg

STEP 01 打开文件。打开随书光盘中的相应文件，图形将在AutoCAD绘图窗口显示出来，如下图所示。

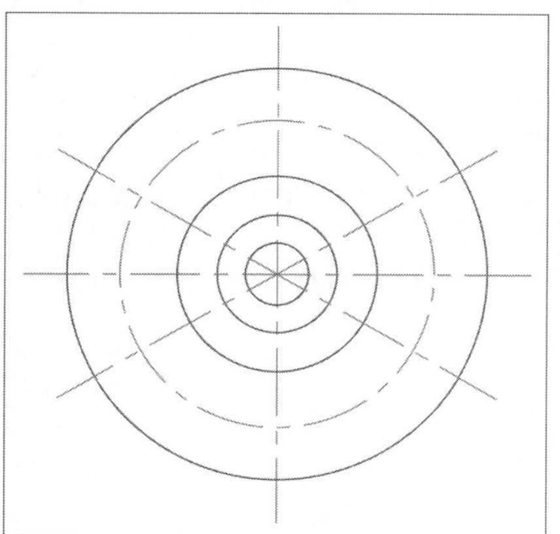

STEP 02 进入Visual LISP编辑器。在“管理”选项卡的“应用程序”面板中单击“Visual LISP编辑器”命令，进入Visual LISP编辑器文本窗口，如下图所示。

STEP 03 编写程序代码。在文本编辑窗口中编写程序代码，注意括号的对应，程序代码如下：

```
(defun c:cen(/ pt0 pt1 pt2 pt3 pt4 )
(graphscr)
(setq oce (getvar "cmdecho"))
(setvar "cmdecho" 0)
(setq oldlay (getvar "CLAYER"))
```

```
(setq oldceltype (getvar "CELTYPE"))
(setq oldcolor (getvar "CECOLOR"))
(setq pt0 (getpoint "\n 指定圆心点:"))
(setq tmp h_dia)
(prompt "\n 输入圆的直径 <")
```

```
(prin1 h_dia)
(setq h_dia (getreal "> :"))
(if (= h_dia nil) (setq h_dia tmp))
(setq oosmode (getvar "osmode"))
(setvar "osmode" 0)
(setq hpi (/ pi 2))
(setq pt1 (polar pt0 0 (/ h_dia 1.5)))
(setq pt2 (polar pt0 hpi(/ h_dia 1.5)))
(setq pt3(polar pt0(* hpi 2)(/ h_dia 1.5)))
(setq pt4(polar pt0(* hpi 3)(/ h_dia 1.5)))
(command "circle" pt0 "d" h_dia)
(command "LINETYPE" "s" "center" "")
(command "color" "1")
(command "line" pt1 pt3 "")
(command "line" pt2 pt4 "")
(command "layer" "s" oldlay "")
(setvar "celtype" oldceltype)
(setvar "cecolor" oldcolor)
(setvar "cmdecho" oce)
(setvar "osmode" oosmode)
(princ)
)
```

STEP 04 检查代码。将代码全部选中，在Visual LISP编辑器中执行“工具>检查选定的文字”命令，如下图所示。

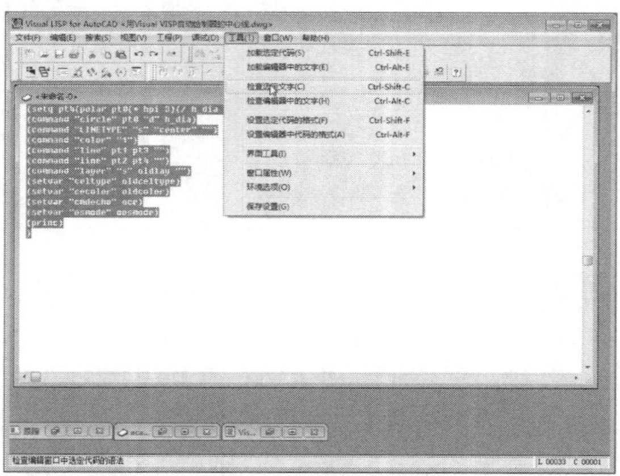

STEP 05 编译输出。“编译输出”窗口中程序会检查选定代码是否正确并显示检查结果，如下图所示。

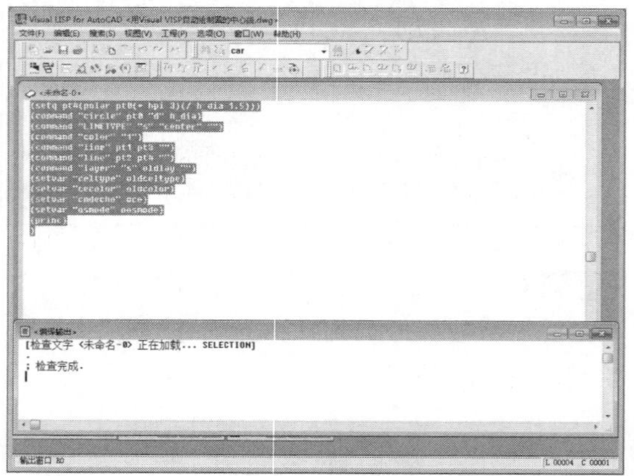

STEP 06 加载选定代码。继续执行“工具>加载选定代码”命令，如下图所示。

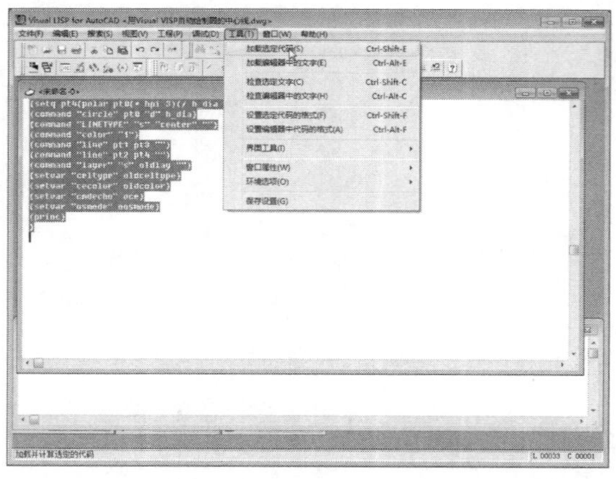

STEP 07 执行命令。在“Visual LISP控制台”窗口中输入命令，按Enter键确定，如下图所示。

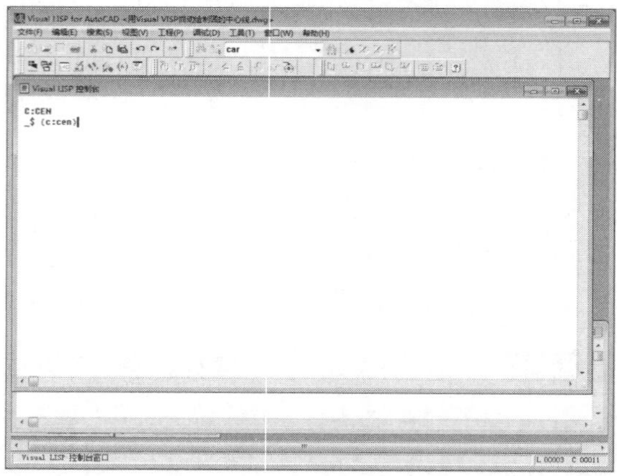

STEP 08 指定圆心点。程序自动回到AutoCAD绘图窗口，指定一点为圆心点，如下图所示。

STEP 09 输入圆的直径。根据命令行提示输入圆的直径为15，如下图所示。

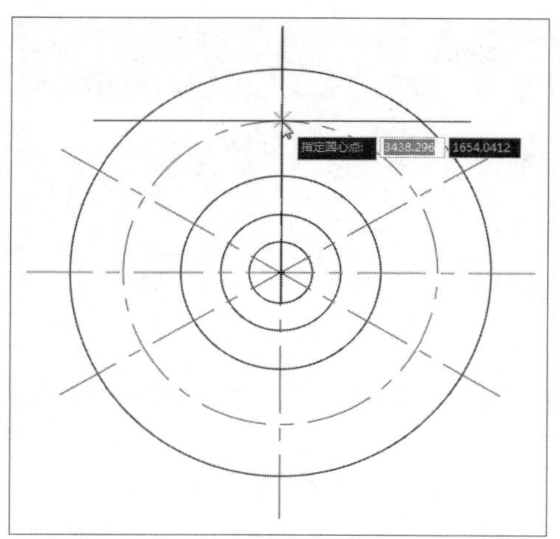

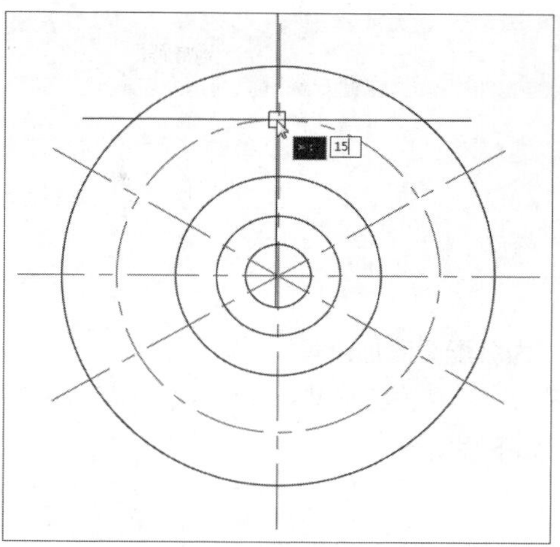

STEP 10 绘制圆。按Enter键，程序会自动在指定的圆心点上绘制一个带有中心线的圆，如下图所示。

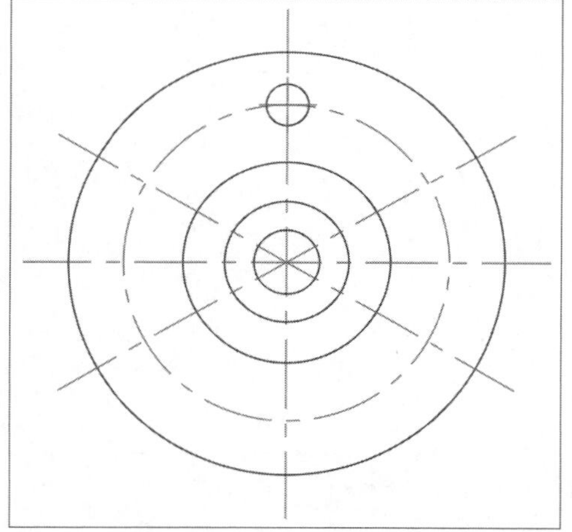

STEP 11 继续绘制圆。在“Visual LISP控制台”窗口中继续重复输入命令，绘制其余的圆，如下图所示。

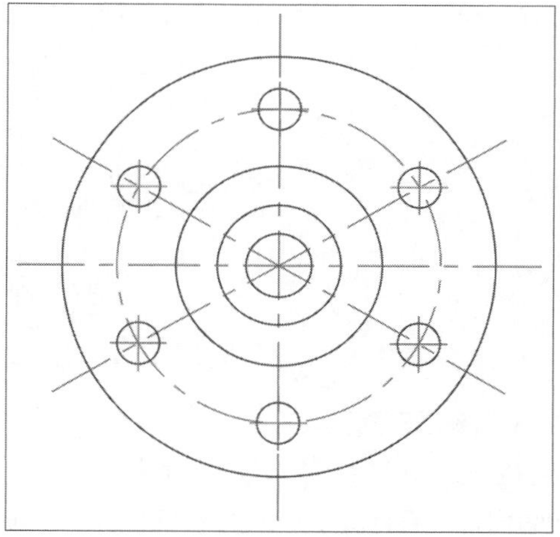

STEP 12 删除多余图形。删除多余的中心线，完成图形的绘制，如下图所示。

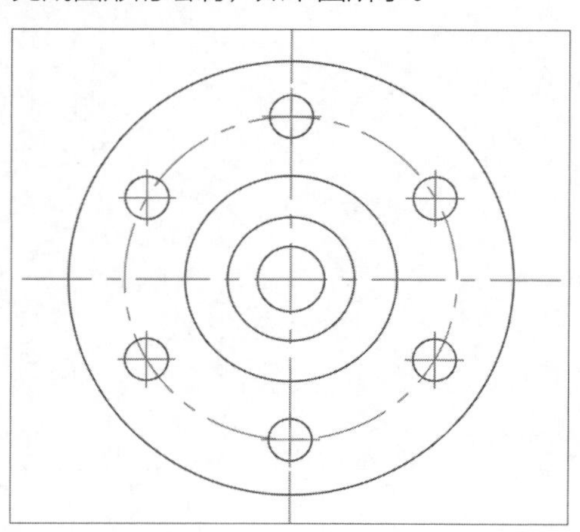

STEP 13 保存文件。执行菜单栏中“文件>另存为”命令，在“另存为”对话框中指定名称和路径保存文件，如下图所示。

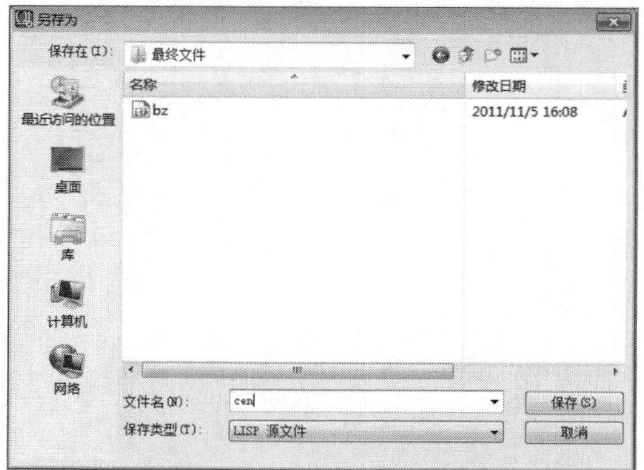

强化练习

通过本章的学习，读者对于函数的基本知识、常用函数类型以及实用工具函数等知识有了一定的认识。为了使读者更好地掌握本章所学知识，在此列举几个针对本章知识的习题，以供读者练手。

1. 为装配图添加序号

编写程序并进行加载，在命令行中输入ZDBZ，根据提示输入各项参数，依次指定序号位置进行创建，如下图所示。

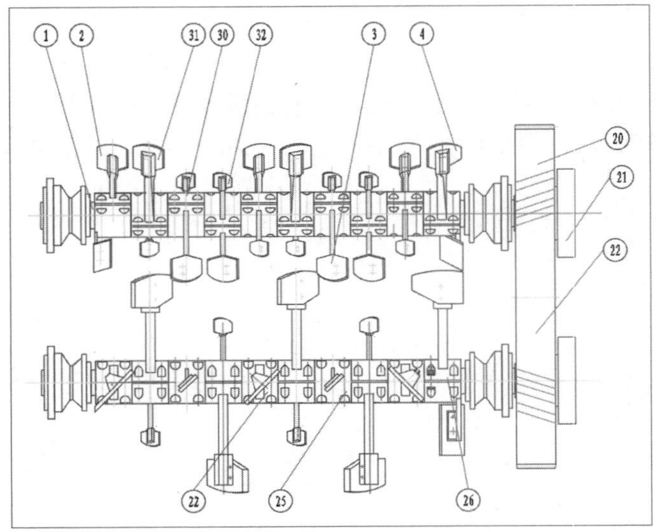

2. 计算多边形面积

通过编写一个Visual LISP程序来计算出多边形的面积，并将计算出来的面积在图形中标注出来。编写程序代码，保存并加载程序代码，在命令行中输入命令EA，根据提示选择要计算面积的多边形，如下图所示。

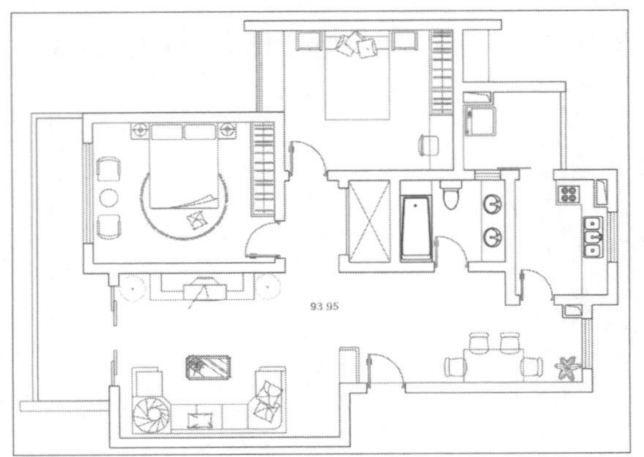


```
(defun c:ea(/ oldos pt sta qarea)
(setq olderr *error*)
(setq *error* myerr)
(setvar "cmdecho" 0)
(setq oldos (getvar "osmode"))
(setvar "osmode" 0)
(setq sta (car (entsel)))
(command "area" "e" sta)
(setq qarea (rtos (getvar "area") 2 2))
(setq pt (getpoint"\n 指定一个放置点 :"))
(command "text" pt "" "" qarea)
(setvar "osmode" oldos)
(setvar "cmdecho" 1)
(setq *error* olderr)
(princ)
)
```

工程技术问答

本章主要对函数概述、常用函数、实用工具函数等知识进行介绍，在应用相关知识绘图时难免会有些疑问，下面将对常见的问题及解决方法进行汇总，供用户参考。

Q 在绘制长度较长的图形时，往往需要将图形从中间截断，然后在编辑尺寸时以真实的尺寸进行标注。通常情况下截断线是使用“多段线”命令来绘制的，还有没有其他方法来绘制多段线呢?

A 可以通过AutoLISP程序来执行截断线的绘制，首先指定截断线的比例，然后分别指定截断线的第一个点和第二个点，程序即自动生成一条截断线，如下图所示。

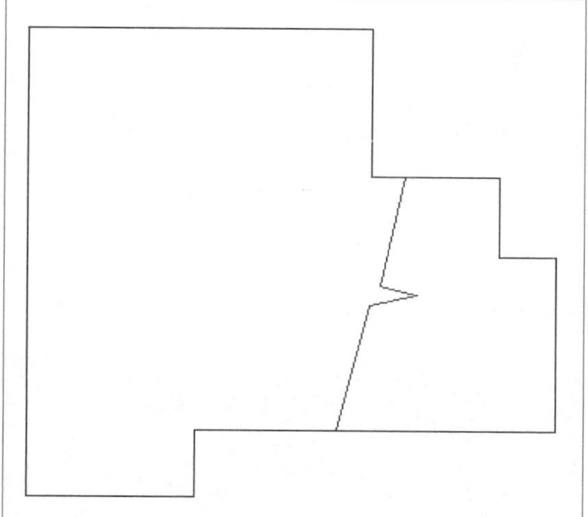

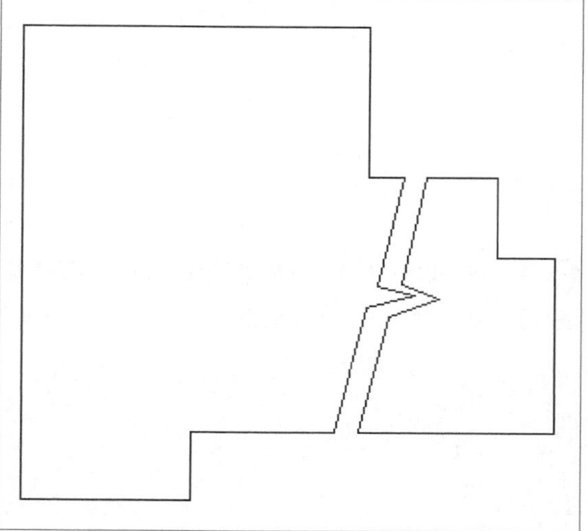

截断线的Visual LISP程序代码如下。

```
(defun C:jdx (/ lay pt1 pt2 dis x1
pt3 pt4 pt5 pt6 scale)
(setvar "CMDECHO" 0)
(setq lay (getvar "clayer"))
(command "color" "bylayer")
(command "layer" "m" "jdx" "c"
"m" "jdx" "")
(setq scale (getreal "\n 输入比例
<1>:"))
(if (= scale nil) (setq scale 1))
(setq pt1 (getpoint "\n 指定第一个
点 :"))
(setq pt2 (getpoint pt1 "\n 指定第
一个点 :"))
(setq ang (angle pt1 pt2))
(setq dis (distance pt1 pt2))
(setq x1 (/ (- dis (* 2 scale)) 2))
(setq pt3 (polar pt1 ang x1))
(setq pt4 (polar pt1 ang (+ x1 (*
2 scale))))
(setq pt5 (polar pt3 (+ ang
1.32582) (* 2.0616 scale)))
(setq pt6 (polar pt4 (- ang
1.81577) (* 2.0616 scale)))
(command "pline" pt1 "w" "0" "0"
pt3 pt5 pt6 pt4 pt2 "")
(command "layer" "s" lay "")
(princ)(princ)
)
```

Q 如何通过函数执行AutoCAD中的命令?

A AutoLISP中的COMMAND命令可以帮助用户直接调用AutoCAD中的命令，通过以下程序可以绘制圆，程序代码如下。

```
(command "circle""0,0""0,50")
```

其中“circle”是圆命令，数字“0，0”代表圆心点，“50，50”代表圆半径上一点。

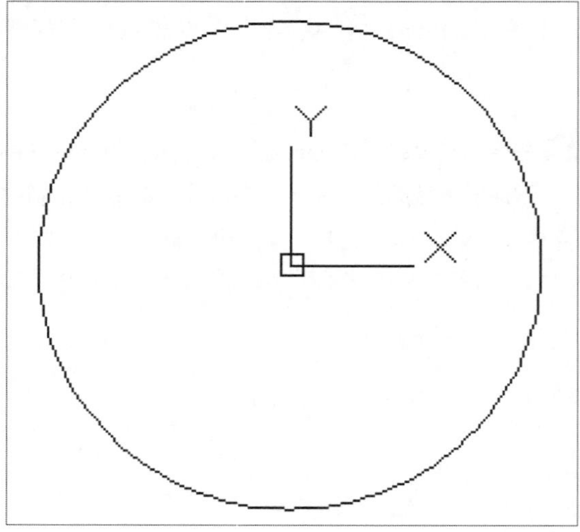

Q 有没有一种方法可以直接修改块对象中的属性呢?

A 可以通过设计一个AutoLISP程序来完成对块中的属性进行修改，程序代码如下：

```
(defunc:bjsx(/eentennewtoldt
ent1)
(setq e (car (entsel "\nPick a text
or a attrib: ")))
(if (/= e nil)
(progn
(setq ent (entget e))
(cond((and(=(cdr(assoc0ent))
"INSERT") (= (cdr (assoc 66 ent)) 1))
(progn
(setq en (entget (setq ent (entnext
e))))
(setq oldt (cdr (assoc 1 en)))
(setqnewt(getstringT(strcat
"\nNew text <" oldt ">:")))
(if (= newt "") (setq newt oldt))
(setq ent1 (subst (cons (car (assoc
1 en)) newt) (assoc 1 en) en))
(entmod ent1)
(entupd ent)
))
((= (cdr (assoc 0 ent)) "TEXT")
(progn
(setq oldt (cdr (assoc 1 ent)))
(setqnewt(getstringT(strcat
"\nNew text <" oldt ">:")))
(if (= newt "") (setq newt oldt))
(setq ent1 (subst (cons (car (assoc
1 ent)) newt) (assoc 1 ent) ent))
(entmod ent1)
))
(T(princ"\nError:Notatextor
notablockornoattribinblock
!"))
)
)
)
(princ)
)
```

Chapter 18

对话框的设计

对话框是一种边界固定的窗口，也是一种最先进、最流行的人机交互界面。运用对话框可以简单且直观地实现程序设计时的数据和信息交互，几乎所有的软件都需要使用对话框界面与用户进行交流。本章将介绍如何利用Visual LISP来对对话框进行设计，同时提供了样例对话框的AutoLISP和DCL源代码以供学习。

Lesson 01 对话框控件

通过AutoLISP程序可以设计各种类型的对话框，如带有下拉按钮形式的对话框、单选按钮形式的对话框等，下面将分别对这些控件进行介绍。

01 定义基本控件

对话框中的各种元素又称为控件，各个控件会自动根据定义的顺序由上而下显示，控件的高度和宽度会自动调整，下面进行详细讲解。

1. 按钮(button)

按钮通常用于切换到另一个对话框、结束对话框暂时关闭窗口、选择图形以及打开说明窗口等。按钮的类型是button，它包含action、alignment、fixed-height、fixed-width、height、is-cancel、isdefault、is-enabled、is-tab-stop、key、label、mnemonic和width等属性。

按钮的DCL代码如下：

```
mybutton:dialog{
label="button";
spacer;
:button{
key="button";
label=" 提示 ";
width=10;
height=2;
fixed_height=true;
fixed_width=true;
alignment=centered;
}
ok_cancel;
}
```

执行上面的代码后将会弹出对话框。fixde_height和fixed_width两个属性值为ture，这样该按钮就被限制了大小，不会被改变，弹出的对话框如右图所示。

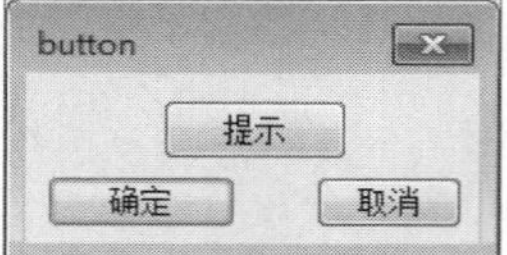

2. 图像按钮(image_button)

图像按钮是将图像显示在按钮上。图形按钮的类型是image-button，它包含action、alignment、allow_accept、aspect_ratio、color、fixed_height、fixed_width、height、is_enabled、is_tab_stop、key、mnemonic和width等属性。

图形按钮的DCL代码如下：

```
myimage_button:dialog{
label="image";
soacer;
:image_button{
label="image1";
key="key_image";
width=20;
fixed_height=ture;
fixed_width=ture;
aspect_ratio=1.5;
color=2;
}
ok_cancel;
}
```

在上述代码中，image_button指出这是一个图像按钮，名称由key属性指定，fixed_height属性指定图像框的高度，aspect_ratio属性指定长宽比，height、width指定图像按钮的高度和宽度。

3. 单选按钮(radio_button)

单选按钮是一个圆形按钮，至少需要两个一组用来切换不同的选项，被选中的圆形按钮会出现实心原点。同一组单选按钮是相互排斥的，只能选择其中的一个选项。单选按钮的类型是radio_button，它包含action、alignment、fixed_height、fixed_width、height、is_enabled、is_tab_stop、label、mnemonic、value和width等属性。

单选按钮的DCL代码如下：

```
myradio_button:dialog{
label=" 单选按钮 (radio_button)";
spacer;
:row{
:radio_button{
label="a 选项 ";
key="myradio1";
value=a; }
:radio_button{
label="b 选项 ";
key="myradio2";
}
:radio_button{
label=" 选项 3";
key="myradio3";
}
}
ok_cancel;
}
```

执行上述代码中后程序将弹出单选按钮对话框，如下左图所示。

label后面指定了对话框中的名称和选项的名称，用户可以自定义字符串，对代码进行修改，执行修改后的代码，可以看到单选按钮对话框发生了变化，如下右图所示。

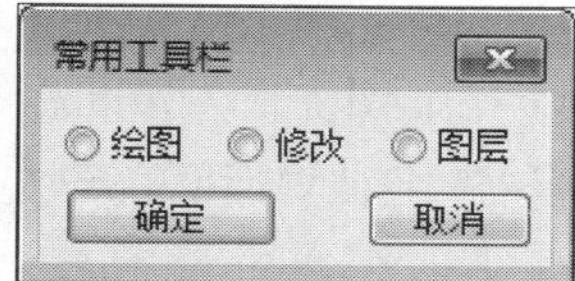

修改后的代码如下：

```
myradio_button:dialog{
label=" 常用工具栏 ";
spacer;
:row{
:radio_button{
label=" 绘图 ";
key="myradio1";
value=1;
}
:radio_button{
label=" 修改 ";
key="myradio2";
}
:radio_button{
label=" 图层 ";
key="myradio3";
}
}
ok_cancel;
}
```

4. 编辑框(edit_box)

编辑框用于显示数据，供用户输入及编辑，包括数字和文字，但是都是通过字符串的形式来存取的。编辑框的类型是edit_box，它包含action、alignment、allow_accept、edit_limit、edit_width、fixed_height、fixed_width、height、is_enabled、is_tab_stop、key、label、mnemonic、value、width和password_char等属性。

编辑框的标签在对话框的左边，其默认宽度为12个字符，当输入的字符超过12个字符时，文本

自动向左滚动。

编辑框的DCL代码如下：

```
myedit_box:dialog
{
label=" 长方体 ";
:column{
:edit_box
{key="key-name1";
label=" 长度：";
value="20";
width=10;
fixed_width=ture; }
:edit_box
{key="key-name2";
label=" 宽度：";
value="10";
width=10;
fixed_width=ture; }
:edit_box
{key="key-name3";
label=" 高度：";
value="";
width=10;
fixed_width=ture;
}
}
ok_cancel;
}
```

执行上述代码后程序将自动生成编辑框，value为文本框中的参数，也可以为空，如右图所示。

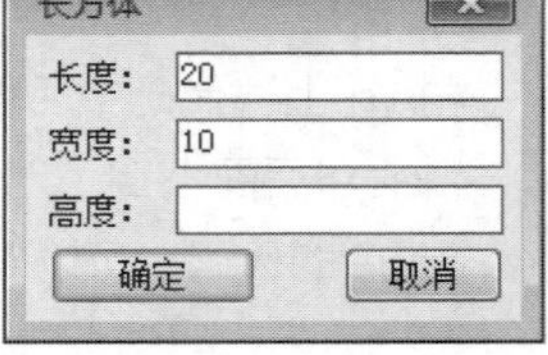

5. 列表框(list_box)

列表框的类型是list_box，它包含action、alignment、allow_accept、fixed_height、fixed_width、height、is_enabled、is_tab_stop、key、label、list、mnemonic、multiple_select、tabs、value和width等属性。用户可以同时查看多个列表选项，但相对会使对话框的尺寸变大。

列表框的DCL代码如下：

```
mylist_box:dialog
{label=" 列表框 ";
spacer;
:list_box
{label=" 英文字母 ";
list="A\nB\nC\nD\nE\nF\nG\nH\nI\nJ\nK\nL\
nM\nN\nO\nP\nQ\nR\nS\nT\nU
\nV\nW\nX\nY\nZ\n";
value="2";
width="20";
multipe_select=true;
}
ok_cancel;
}
```

执行上述代码后程序将弹出列表框，在列表框中会显示出列表的内容。如果列表中的选项较多，程序会生成滑块，通过拖动滑块可以查看全部选项，如下图所示。

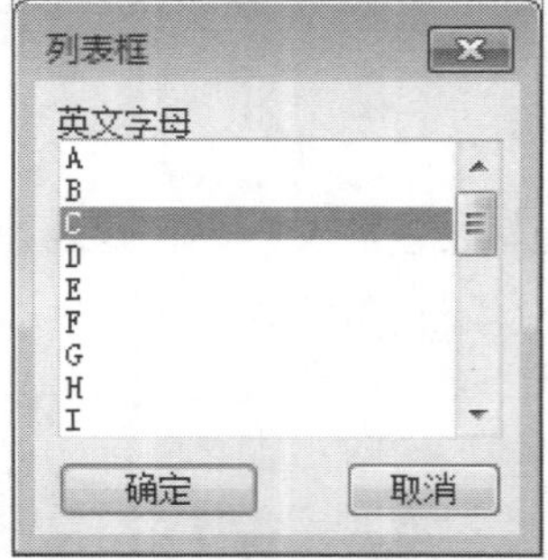

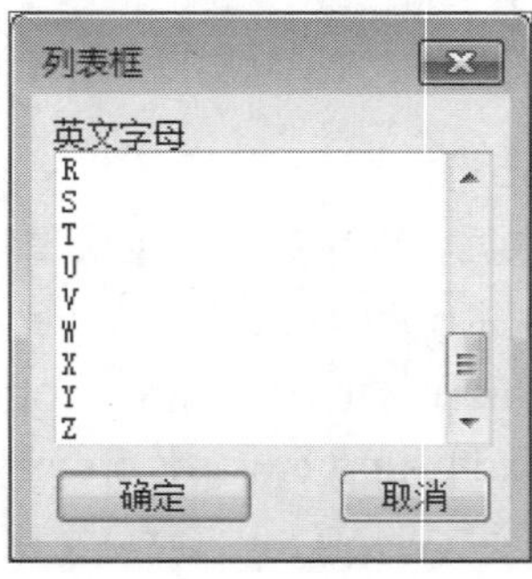

6. 下拉列表框(popup_box)

下拉列表框也称为弹出式列表框，它通常只显示一行，当用户单击下拉按钮时，才会向上或向下弹出其余选项供用户选择。下拉列表框的类型是popup_box，它包含action、alignment、edit_width、fixed_height、fixed_width、height、is_enabled、is_tab_stop、key、label、list、mnemonic、tabs、value和width等属性。

下拉列表框的DCL代码如下：

```
mypopup_box:dialog
{label=" 下拉列表框 ";
spacer;
: popup_list
{label=" 英文字母 ";
key = "tt";
list = "A\nB\nC\nD\nE\nF\nG\nH\nI\nJ\nK\
L\nM\nN\nO\nP\nQ\nR\nS\nT\nU\nV\nW\nX\nY\
nZ\n";
}
ok_cancel;
}
```

执行上述代码后程序将弹出下拉列表框，单击下拉按钮可以显示全部的选项。在list添加选项时后面需要加“\n”表示并列的选项，如下图所示。

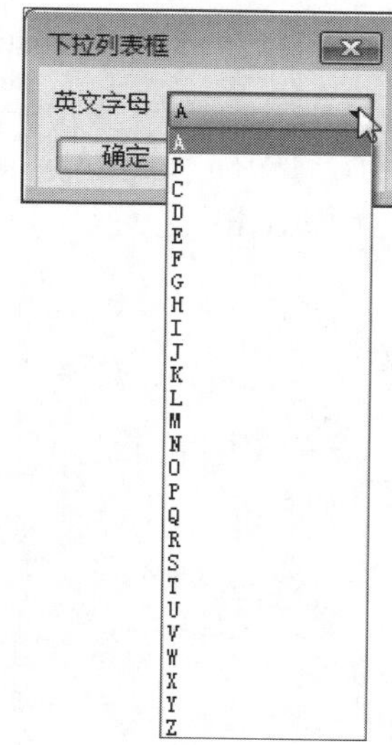

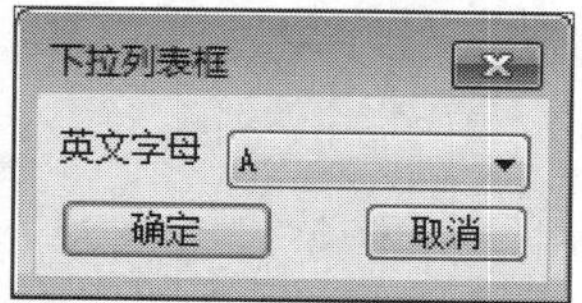

7. 滑动条(slider)

滑动条是一种直观地控制数值的控件。滑动条提供用户以鼠标拖动滑块的方式来输入数值，需要配合其他组件显示对应的数值。滑动条的类型是slider，它包含action、alignment、big_increment、fixed_height、fixed_width、height、key、label、layout、max_value、min_value、mnemonic、small_increment、value和width等属性。其中layout属性指定滑动条以水平或垂直方位布置，max_value和min_value属性指定滑动条两端的极限值，默认值必须在两端极限值指定的范围之内。

滑动条的DCL代码如下：

```
myslider:dialog
{
label=" 滑动框 ";
spacer;
:slider
{key="key_slider";
fixed_width=true;
width=40;
```

```
max_value=800;
min_value=0;
value=50;
big_increment=300;
small_increment=30;
}
ok_cancel;
}
```

执行上述代码后程序将弹出滑动条对话框，value属性指定滑块的当前预设位置，如下图所示。

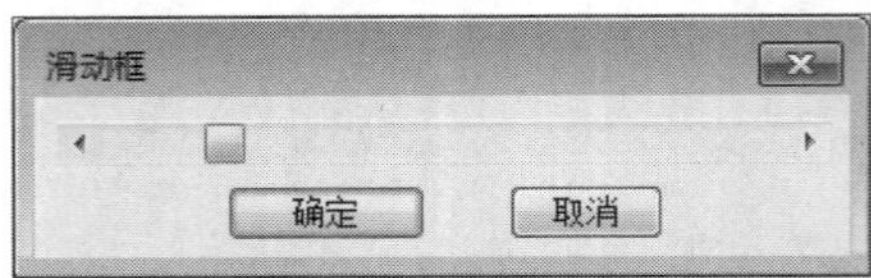

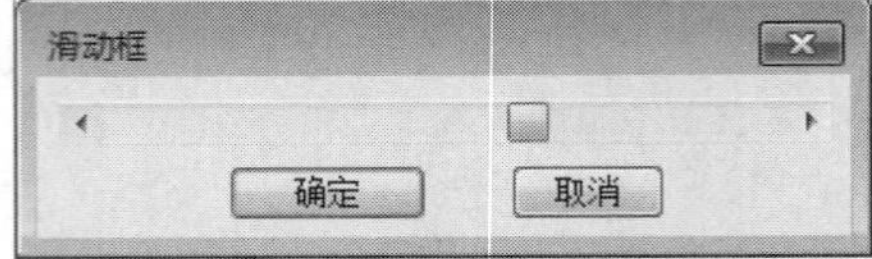

8. 复选框(toggle)

复选框可以同时选择多个选项，其类型为toggle。复选框的图形是一个小方块，选择对象时方块内会出现对勾符号。它是一个开关，用于指定一个项目的启用状态。复选框包含action、alignment、fixed_height、fixed_width、height、is_enabled、is_tab_stop、key、label、value和width等属性。

复选框与单选按钮的不同之处在于，单选按钮只能选择一个选项，而复选框则可以同时选择多个选项。

复选框的DCL代码如下：

```
mytoggle:dialog{
label=" 复选框 ";
spacer;
:row{
:toggle{
key="key_toggle1";
label="a 选项 ";
value=0; }
:toggle{
key="key_toggle2";
label="b 选项 ";
value=0;
}
:toggle
{
key="key_toggle3";
label="c 选项 ";
value=1;
}
}
ok_cancel;
}
```

执行上述代码后程序自动弹出复选框，用户可以通过设置value属性值来设置选项是否被勾选，0为不勾选，1为勾选，如右图所示。

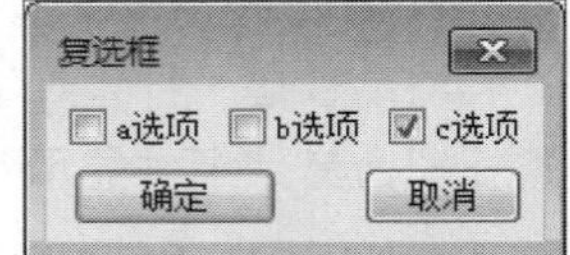

02 组合类控件

组合类控件是按行或列排列的一组组件，用户可以为组合类控件添加边框或是添加标签。组合类控件不能被直接选中，用户只能单独选中组合类控件中所包含各个可选的活动控件。

1. 列(column)

列是将控件在DCL文件中垂直排列的控件集合，可以包括别的控件组。列包含alignment、children_alignment、children_fixed_height、children_fixed_width、fixed_height、fixed_ width、height、label和width等属性。

列的DCL代码如下：

```
mycolumn:dialog{
label=" 列(column)";
spacer;
:column{
:toggle{
key="key_toggle1";
label=" 圆形 ";
value=1;
}
:toggle{
key="key_toggle2";
label=" 三角形 ";
value=0;
}
:toggle{
key="key_toggle3";
label=" 菱形 ";
value=1;
}
}
ok_cancel;
}
```

执行上述代码后，程序将弹出列，并显示出选项的类型为复选框，如右图所示。

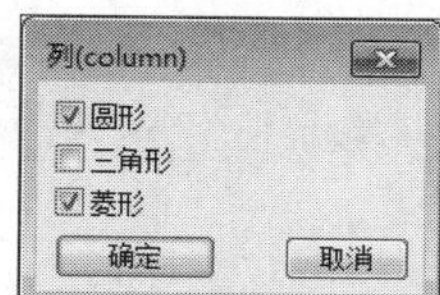

通过将上述代码中红色显示的部分换为单选按钮和复选框，将其同时设计到列中，程序代码如下：

```
mycolumn:dialog{
label=" 列 ";
spacer;
:column{
:radio_button{
label=" 圆形 ";
key="key_radio_button1";
value=0;
}
:radio_button{
label=" 三角形 ";
key="key_radio_button2";
value=0;
}
:radio_button{
label=" 菱形 ";
key="key_radio_button3";
value=1;
}
:toggle{
key="key_toggle1";
label=" 圆柱 ";
value=0;
}
:toggle{
key="key_toggle2";
label=" 三菱锥 ";
value=1;
}
:toggle
{
key="key_toggle3";
label=" 长方体 ";
value=0;
}
}
ok_cancel;
}
```

执行上诉代码后，程序将弹出“列”对话框，该对话框为单选按钮和复选框的组合形式，如右图所示。

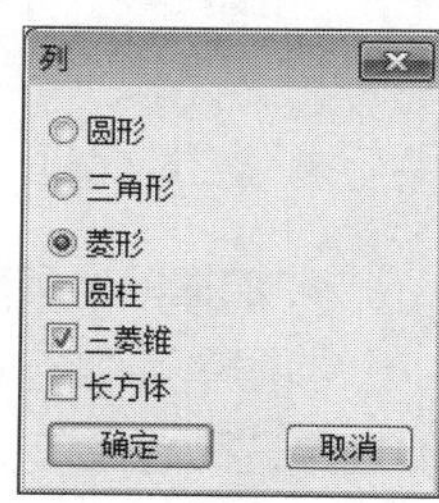

2. 加框列(boxed_column)

加框列是将列的周围加一个方框，这样可以使对话框更加美观，加框列是编辑框的延伸应用。加框列包含下列属性：alignment、children_

alignment、children_fixed_height、children_fixed_width、fixed_height、fixed_width、height、label和width。

加框列的DCL代码如下：

```
myboxed_column:dialog
{label=" 加框列 ";
spacer;
:boxed_column
{label=" 目录：";
:edit_box
{key="key-name1";
label=" 平面图：";
value="3";
width=25;
}
:edit_box
{key="key-name2";
{key="key-name3";
label=" 顶棚图：";
value="10";
width=5;
label=" 立面图：";
value="6";
width=15;
}
:edit_box
}
}
ok_cancel;
}
```

执行上述代码后程序将弹出加框列的效果，value可以控制当前预设值，也可以将其设置为空白，如右图所示。

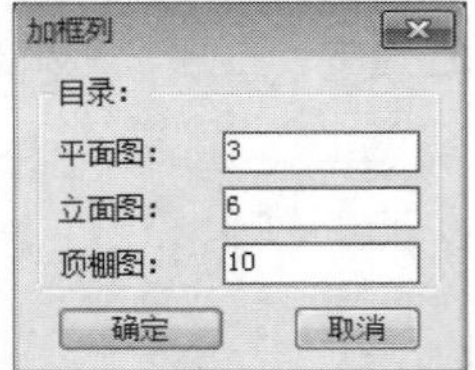

3. 单选列(radio_column)

单选列包含一定数目的单选按钮，各按钮之间相互排斥，用户只能选择一个选项。单选列与单选按钮在外观上的区别是，单选按钮选项是横行排列的，而单选列选项则是垂直排列。

单选列包含下列属性：alignment、children_alignment、children_fixed_height、children_fixed_width、fixed_height、fixed_width、height、label和width。

单选列的DCL代码如下：

```
myradio_column:dialog{
label=" 单选列 ";
spacer;
: radio_column
{
:radio_button
{label="A";
key="myradio1";
value=0;
}
:radio_button
```

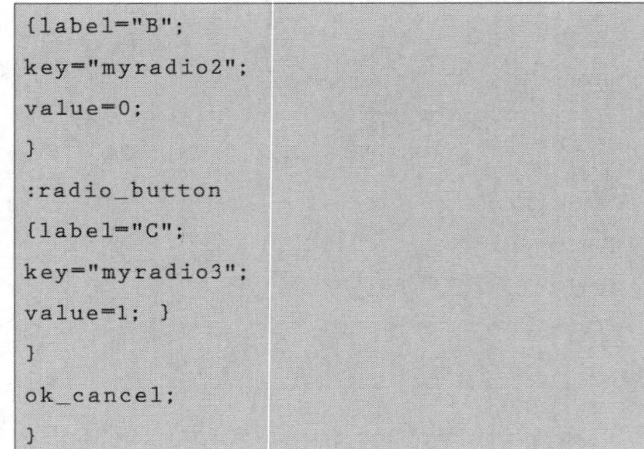

```
{label="B";
key="myradio2";
value=0;
}
:radio_button
{label="C";
key="myradio3";
value=1; }
}
ok_cancel;
}
```

执行上述代码后程序将出现单选按钮形式的列，如右图所示。

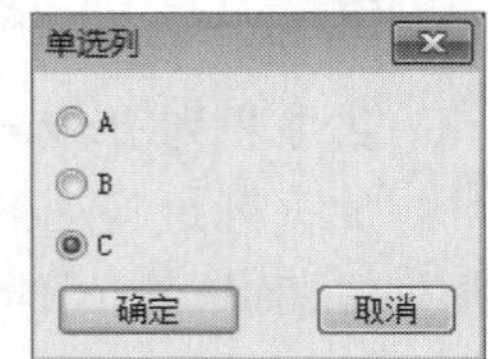

4. 加框单选列(boxed_radio_column)

加框单选列与单选列的功能基本相似，只是在列的周围加了一个方框。加框单选列包含下列属性：alignment、children_alignment、children_ fixed_height、children_fixed_width、fixed_height、fixed_width、height、label和width。

加框单选列的DCL代码如下：

```
myboxed_radio_column:dialog{
label=" 加框单选列 ";
spacer;
: boxed_radio_column
{label="boxed_radio_column";
:radio_button
{label="X";
key="myradio1";
value=1; }
:radio_button
{label="Y";
key="myradio2";
value=0;
}
:radio_button
{label="Z";
key="myradio3";
value=0;
}
}
ok_cancel;
}
```

执行上述代码后生成的加框单选列控件效果如下右图所示。

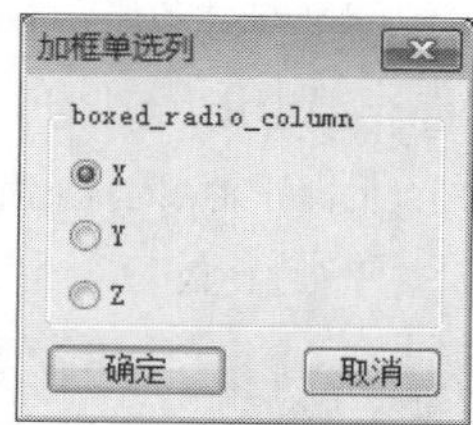

5. 行(row)

行是将控件在DCL文件中水平排列的控件集合，可以包括控件组。行包含alignment、children_alignment、children_fixed_height、children_fixed_width、fixed_height、fixed_width、height、label和width等属性。

行的DCL代码如下：

```
myrow:dialog{
label=" 行 ";
spacer;
:row
{:toggle
{key="key_toggle1";
label=" 物理 ";
value=0; }
:toggle
{
key="key_toggle2";
label=" 化学 ";
value=0; }
:toggle{
key="key_toggle3";
label=" 语文 ";
value=1;
}
}
ok_cancel;
}
```

当程序代码中的value值为1时为勾选状态，value值为0时为无勾选状态，执行上述代码得到的控件效果如右图所示。

6. 加框行(boxed_row)

加框行与行的功能基本相似，只是在行的周围加了一个方框。加框行包含alignment、children_alignment、children_fixed_height、children_fixed_width、fixed_height、fixed_width、height、label和width等属性。

加框行的DCL代码如下：

```
myboxed_row:dialog{
label=" 加框行 ";
spacer;
:boxed_row
{label="boxed_row";
:toggle
```

```
{key="key_toggle1";
label=" 美术 ";
value=1;
}
:toggle{
key="key_toggle2";
label=" 音乐 ";
value=0;
}
:toggle{
key="key_toggle3";
label=" 体育 ";
value=0; }
}
ok_cancel;
}
```

执行上述代码后得到的加框行效果如右图所示，同样代码中的value值控制是否被勾选。

7. 单选行

单选行包含一定数量的单选按钮，各单选按钮之间互相排斥，用户只能选中其中一个单选按钮，所有的单选按钮成水平排列。单选按行包含alignment、children_alignment、children_fixed_height、children_fixed_width、fixed_height、fixed_width、height、label和width等。

单选行的DCL代码如下：

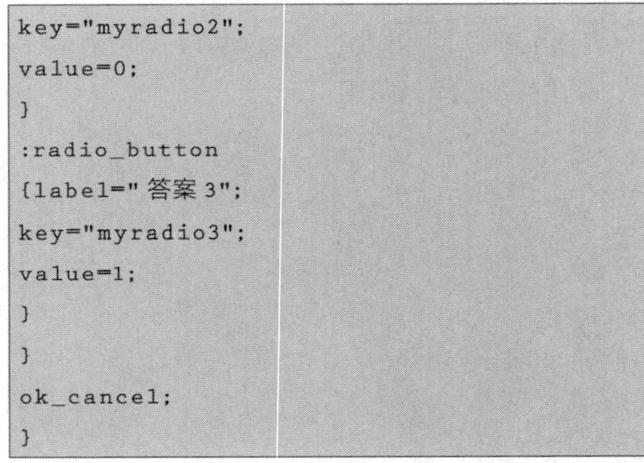

```
myradio_row:dialog{
label=" 单选行 ";
spacer;
:radio_row{
:radio_button
{label=" 答案 1";
key="myradio1";
value=0;
}
:radio_button
{label=" 答案 2";
key="myradio2";
value=0;
}
:radio_button
{label=" 答案 3";
key="myradio3";
value=1;
}
}
ok_cancel;
}
```

执行上述代码后得到的控件效果如右图所示。

8. 加框单选行

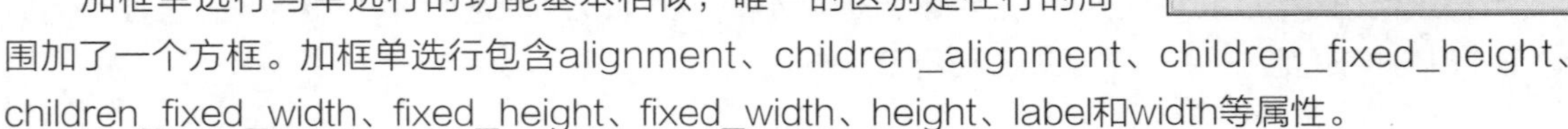

加框单选行与单选行的功能基本相似，唯一的区别是在行的周围加了一个方框。加框单选行包含alignment、children_alignment、children_fixed_height、children_fixed_width、fixed_height、fixed_width、height、label和width等属性。

加框单选行的DCL代码如下：

```
myboxed_radio_row:dialog{
label=" 加框单选行 ";
spacer;
:boxed_radio_row
{
label=" 加框单选行 ";
:radio_button
{label=" 答案 1";
key="myradio1";
value=0;
}
:radio_button
{label=" 答案 2";
key="myradio2";
```

```
value=1;
}
:radio_button
{label=" 答案 3";
key="myradio3";
```

```
value=0;
}
}
ok_cancel;
}
```

执行上述代码后得到的加框单选行控件效果如右图所示。

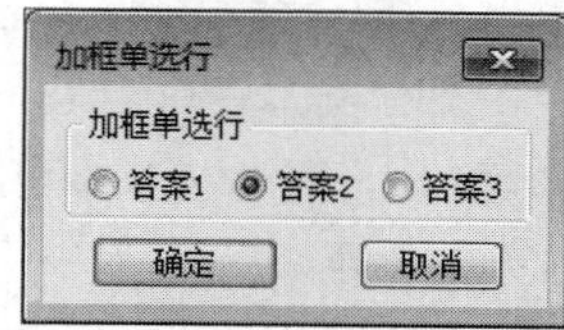

03 其他控件

在AutoCAD中还有一种类型的控件，它既不会触发操作也不会被选中，只是用来显示文字、图形或者调整对话框的布局，下面将介绍这类控件的操作方法。

1. 图像控件(image)

图像控件用于在对话框中显示图案填充或幻灯片等图形。图像控件包含action、alignment、allow、accept、aspect_ratio、fixed-height、fixed-width、height、is-enabled、is-tab-stop、key、mnemonic和width等属性。

图像控件的DCL代码如下：

```
myimage:dialog{
label=" 图形控件 ";
spacer;
:image{
label="image1";
key="key_image1";
```

```
width=30;
aspect_ratio=0.8;
color=0;
}
ok_cancel;
}
```

执行上述代码得到的图像控件效果如右图所示，需要说明的是图像控件需要对话框驱动程序驱动。

2. 文本控件(text)

文本控件通常用于显示标题或信息提示，如一些警告框通常使用文本控件来动态地显示相应的警告信息。文本控件包含alignment、fixed-height、fixed-width、height、is-bold、key、label、value和width等属性。

文本控件的DCL代码如下：

```
mytext:dialog{
label=" 文本 ";
spacer;
:text
{
label=" 程序提示 ";
```

```
key="key_text1";
width=15;
}
:text
{
label="2017.11.08";
```

```
key="key_text2";
alignment=right;
}
ok_cancel;
}
```

执行上述代码后所得到的文本控件效果如右图所示。

3. 部分文本控件（text_part）

部分文本只有label一个属性，单独的部分文本与只含label属性的文本等效。多个部分文本可以组成单行的文本或段落，弥补了文本只能单行显示的不足。

部分文本控件的DCL代码如下：

```
mytext_part:dialog{
label=" 文本 ";
spacer;
:text_part{
label=" 程序提示 ";
}
:text_part
{
label="2017.11.08";
}
ok_cancel;
}
```

执行上述代码后所得到的文本控件效果如右图所示。

4. 段落控件（paragraph）

段落控件的类型是paragraph，不包含属性。

段落控件的DCL代码如下：

```
myparagraph:dialog{
label=" 段落 ";
spacer;
:paragraph
{
:text_part
{
label=" 程序提示 ";
```

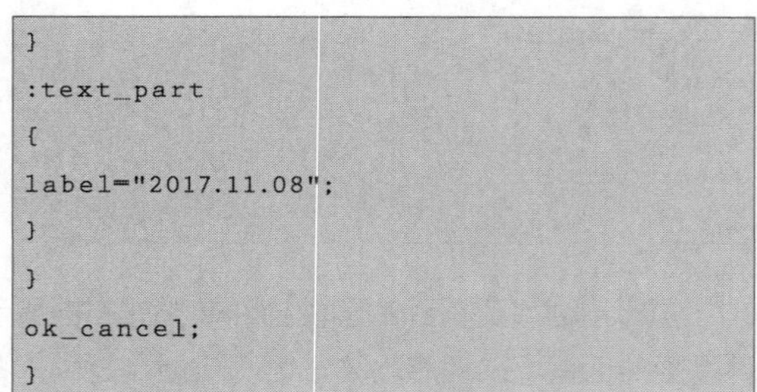

```
}
:text_part
{
label="2017.11.08";
}
}
ok_cancel;
}
```

执行上述代码后的段落控件效果如右图所示。

5. 拼接控件（concatenation）

拼接控件的类型是concatenation，不包含属性，其作用是将多个文本组成单行的文本。拼接控件的DCL代码如下：

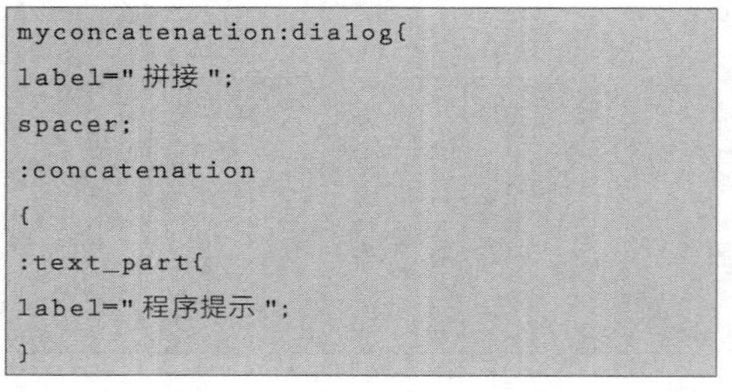

```
myconcatenation:dialog{
label=" 拼接 ";
spacer;
:concatenation
{
:text_part{
label=" 程序提示 ";
}
```

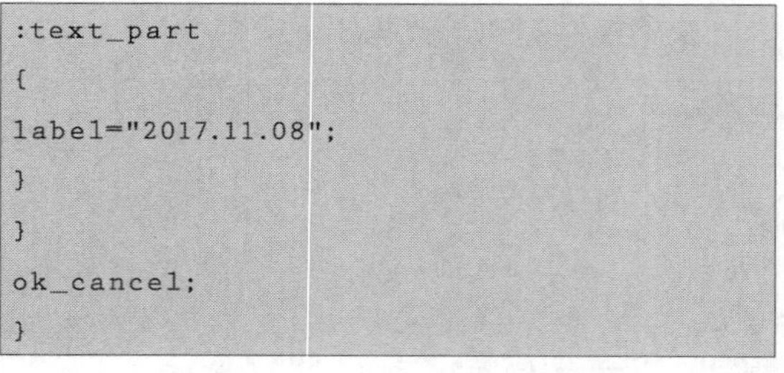

```
:text_part
{
label="2017.11.08";
}
}
ok_cancel;
}
```

执行上述代码后得到的拼接控件效果如右图所示。

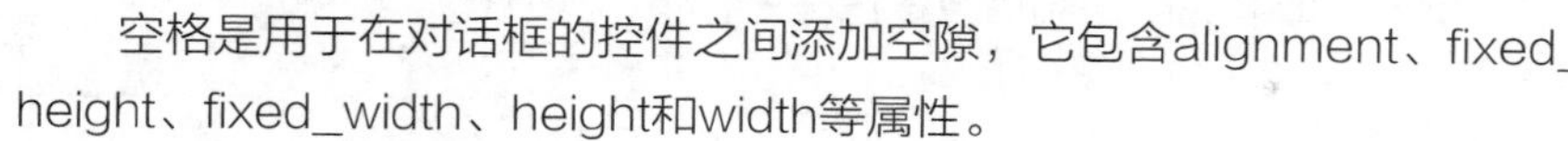

6. 空格控件（spacer/spacer_0/spacer_1）

空格是用于在对话框的控件之间添加空隙，它包含alignment、fixed_height、fixed_width、height和width等属性。

空格的DCL代码如下：

```
myspacer:dialog{
label=" 空格 ";
spacer;
:row
{
:button
{
key="key_button1";
label="A1";
value=0;
}
spacer_0;
:button
{
key="key_button2";
label="B1";
value=1;
}
spacer_0;
:button
{
key="key_button3";
label="C2";
value=1;
}
}
:row
{
:button
{
key="key_button4";
label="D2";
value=0;
}
spacer_1;
:button
{
key="key_button5";
label="E3";
value=1;
}
:button
{
key="key_button6";
label="F3";
value=1;
}
}
ok_cancel;
}
```

执行上述代码后得到的空格控件效果图如右图所示。

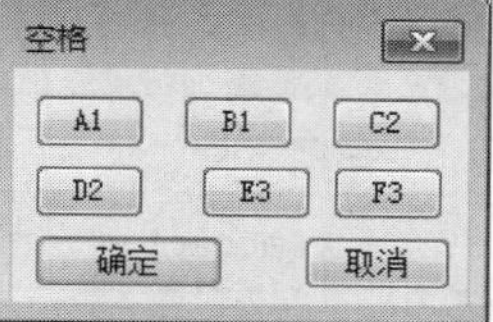

7. 确定、取消、帮助按钮

AutoLISP中包含了ok_cancel，ok_cancel_help，ok_cancel_help_errtile和ok_cancel_help_info4种确定按钮。它包含action、alignment、fixed_height、fixed_width、height、is_cancel、is_default、is_enabled、is_tab_stop、key、label、mnemonic和width等属性。

确定、取消、帮助按钮的DCL代码如下：

```
myok_cancel:dialog{
label="ok_cancel";
spacer;
ok_cancel;
ok_cancel_help;
ok_cancel_help_errtile;
ok_cancel_help_info;
}
```

执行上述代码所得到的确定、取消、帮助和信息按钮的效果如右图所示。此处为了对比说明4种控件的区别，在程序中同时加入了4种控件，但在实际应用中，确定、取消、帮助和信息按钮在一个对话框中只能使用一次。

04 控件属性类型

对话框控件属性的类型有整型、实型、字符串型和保留字中的一种类型，下面将分别对其进行介绍。

（1）**整型数**。整型数用于表示距离，例如控件的宽度和高度，以“character_width”或“character_height”为单位。

（2）**实型数**。实型数也用于表示距离，带有小数的实数必须包括前导数字，如0.5不能写成“.5”。

（3）**字符串型**。字符串型必须放在引号之中，引号用于做字符串的分界符。如果使用引号，则必须在引号前面加一个反斜杠。字符串中还可以使用其他控制字符，如表 18-1 所示。

表18-1 DCL字符串中允许使用的控制字符

控制字符	说 明	控制字符	说 明
\\”	嵌套的双引号	\n	换行
\\	反斜杠	\t	水平制表符

（4）**保留字**。保留字由字母和数字字符组成，必须由字母起始，如“true”和“false”。保留字区分大小写，如 True 不同于 true。

在实际应用中，应用程序总是将属性作为字符串检索，大部分属性对于所有控件都是有效的，只有少数属性仅适合于某些控件。与保留字和字符串一样，属性名也区分大小写。

05 DCL控件属性

DCL控件的属性很多，主要是用于控制属性的类型，DCL控件的属性如表18-2所示。

表18-2 DCL控件属性类型

控件属性	说明
action	该属性适用于所有启用中的组件，需要注意的是不能在action属性中调用AutoLISP的COMMAND函数
alignment	该属性为控件组中的子控件指定水平或垂直位置
allow_accept	该属性在用户按下Enter键时指定控件是否被激活
aspect_ratio	该属性指定图像宽度除以高度的比率
big_increment	该属性指定滑块增量值
children_alignment	该属性指定控件组中所有子控件的默认对齐方式
children_fixed_height	该属性指定控件中所有子控件的默认高度
children_fixed_width	该属性指定控件中所有子控件的默认宽度
color	该属性指定图像的背景颜色
edit_limit	确定编辑框中允许输入的最多字符数，该值为整数值，最大值为256

（续表）

控件属性	说明
edit_width	以字符宽度为单位确定编辑框的宽度
fixed_height	该属性指定控件的高度是否可以填满整个可用空间
fixed_width	该属性指定控件的宽度是否可以填满整个可用空间
fixed_width_font	该属性指定列表框是否以固定字符间距的字体显示文字
height	该属性指定控件的高度，其值可以是整型数值和实型数值
initial_focus	该属性确定对话框内初始被聚焦的控件
is_bold	该属性指定是否以粗体字符显示文字
is_cancel	该属性指定当用户按Esc键时按钮是否被选中
is_default	该属性指定是否将一个按钮作为默认按钮
is_enabled	该属性指定控件在打开对话框时是否可用
is_tab_stop	该属性确定控件是否可以使用Tab键选择聚焦
key	该属性指定应用程序引用特定控件时使用的名称
label	该属性指定控件的标签，其值是一个由双引号所包含的字符串
layout	该属性指定滑块的方向
list	该属性指定列表框或者下拉列表框内的初始内容，行之间使用“\n”分隔
max_value	该属性指定slider控件返回值的上限，其范围是－32768～32767之间，默认值为10000
min_value	该属性指定slider控件返回值的下限，默认值为0
mnemonic	该属性指定控制的键盘助记符
multiple_select	该属性指定是否可以在list_box控件中同时进行多项选择
password_char	该属性指定用于屏蔽用户输入的字符，即用该字符代替实际输入的字符显示在编辑框内，达到为输入内容保密的目的
small_increment	该属性指定滑块增量控制值
tabs	该属性以字符宽度为单位指定制表位的位置
tab_truncate	该属性指定当列表框中文字超出关联制表位时是否截断文字
value	该属性指定控件的初始值
width	该属性指定控件的最小宽度

相关练习 | 家居施工材料参数对话框的设计

本例将使用AutoLISP编写程序通过一个对话框来表现家居施工材料参数，操作步骤如下。

原始文件：无
最终文件：实例文件\第18章\最终文件\shigong.lsp

STEP 01 编写程序代码。在Visual LISP编辑器文本框中编写程序代码，并检查代码的正确性。程序代码如下：

```
shigong:dialog
{
label=" 施工材料 ";
spacer;
:boxed_column
{label=" 数量：";
:edit_box
{key="key-name1";
label=" 水泥：";
edit_width = 20;
edit_limit = 10;
value="4 袋 ";
}
:edit_box
{key="key-name2";
label=" 黄沙：";
edit_width = 20;
edit_limit = 10;
value="2 袋 ";
}
:edit_box
{key="key-name3";
label=" 墙漆：";
edit_width = 20;
edit_limit = 10;
value="3 桶 ";
}
:edit_box
{key="key-name4";
label=" 地砖：";
edit_width = 20;
edit_limit = 10;
value="10 箱 ";
}
:edit_box
{key="key-name5";
label=" 石膏板：";
edit_width = 20;
edit_limit = 10;
value="20 箱 ";
}
:radio_button
{
label=" 卧室 ";
key="biaozhun";
value="0";
}
:radio_button
{
label=" 餐厅 ";
key="duanchi";
value="0";
}
:radio_button
{
label=" 客厅 ";
key="changchi";
value="1";
}
}
ok_cancel;
}
```

STEP 02 按语法着色。将代码全部选中，在Visual LISP菜单栏中执行“工具>窗口属性>按语法着色”菜单命令，如下图所示。

STEP 03 颜色样式。在弹出的“颜色样式”对话框中单击“DCL”单选按钮，然后单击“确定”按钮，如下图所示。

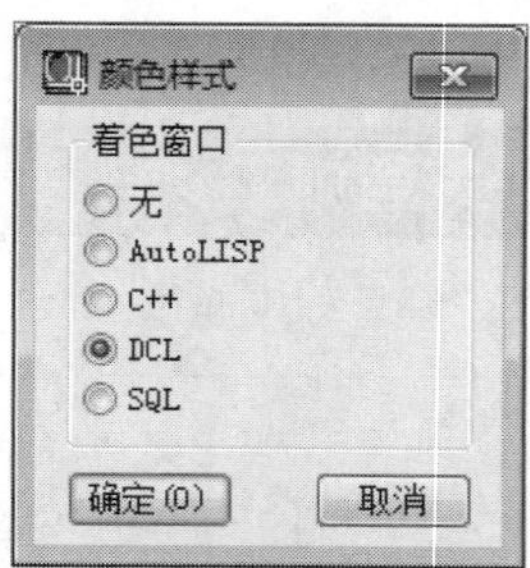

STEP 04 预览选定的DCL。在Visual LISP菜单栏中执行“工具>界面工具>预览选定的DCL”菜单命令。在弹出的“输入对话框名称”对话框中程序自动显示当前加载的名称，单击“确定”按钮，如下图所示。

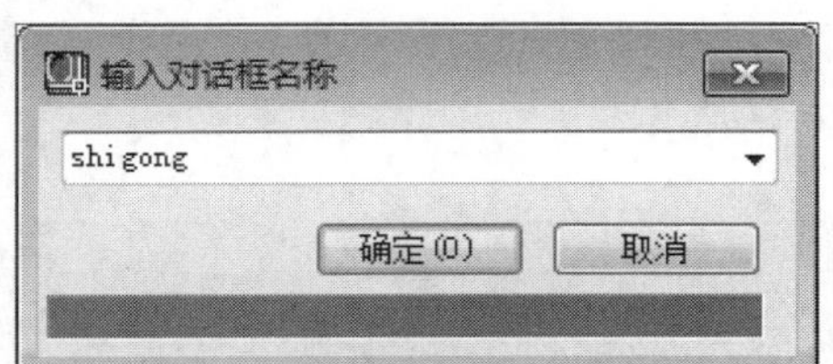

STEP 05 运行程序。程序将弹出“施工材料”对话框，在该对话框中用户可以设置施工材料的数量并选择施工区域，如下图所示。

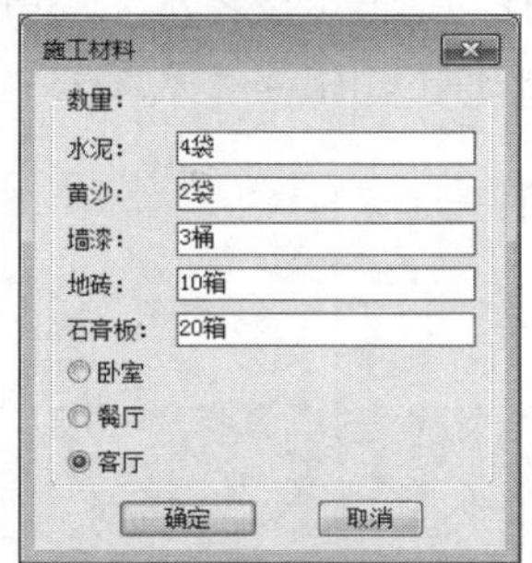

Lesson 02 对话框控件语言

对话框实际上是由树状控件组成的，对话框控制语言（DCL）就是描述这种树状结构的ASC II文件。

01 对话框文件

对话框文件是使用DCL语言定义对话框的文件， 文件的扩展名为“.DCL”，因此也被称为DCL文件。

1. base.DCL文件和acad.DCL文件

base.DCL文件和acad.DCL文件是非常重要的对话框文件。base.DCL文件为用户预定义了button、list_box等基本控件，row、column等组件和ok_cancel、ok_cancel_help等标准控件。acad.DCL文件包含了所有AutoCAD使用的对话框标准定义。用户不能直接引用acad.DCL文件，可以将acad.DCL文件中的内容复制到自己定义的DCL文件中。

2. DCL文件的引用结构

创建对话框时必须新建一个DCL文件。所有DCL文件都可以使用定义的base.DCL文件中的控件。在新建文件时若要包含其他DCL文件，必须采用下列格式引用：

```
@include "路径\\DCL文件名"
```

需要注意的是，必须指定DCL文件的全名和扩展名。

3. 文件结构

对话框是一个树状结构，对话框就是树根，行、列控件是树枝，基本控件是树叶，其结构如右图所示。

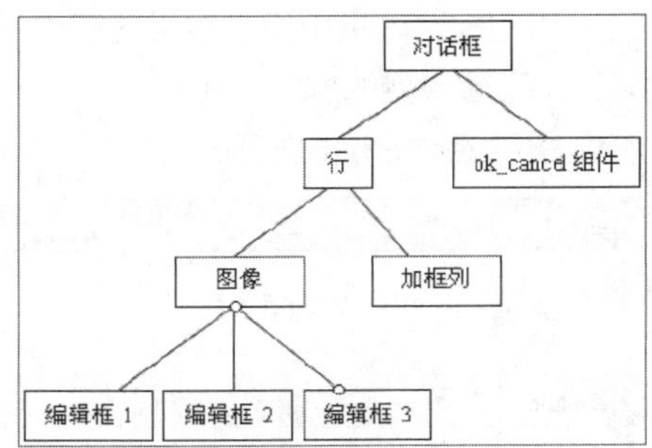

02 DCL语法

DCL语法就是用于指定控件、控件属性和属性值的编程语法。可以通过控件定义创建新的控件。如果控件定义出现在对话框定义之外，则是原型控件或组件。通过控件引用，原型控件可以在对话框定义中使用。每个控件的引用都继承原控件的属性，当引用原型控件时可以修改继承属性的值或添加新的属性。

1. 定义控件

定义控件的格式如下：

```
name:item1[:item2;item3…]
{attribute1=value1;
attribute2=value2;
}
```

其中，name为新控件名称，每个item都是先前定义的控件。新控件name继承了所有指定控件（item1，item2，item3…）的属性。如果attribute是控件item的某一属性，value即为该属性的值。如果控件item不包含attribute，那么attribute是name的新属性。如果新定义不包含子定义，则是一个控件原型。引用此控件原型时可以修改或添加其属性。如果它是一个带有子定义的组件，则不能修改其属性。

下面是按钮控件的内部定义：

```
button:tile
{fixed_height=true;
is_tab_atop=true;
}
```

base.DCL文件定义了一个default_button，代码如下：

```
default_button:button
{
is_default=true;
}
```

default_button继承了button控件的fixed_height和is_tab_stop属性值，同时增加了一个新的属性is_default，并将该属性的值设置为true。

2. 引用控件

引用控件就是引用已定义的控件类型，在引用控件的过程中可以改变或增加控件的属性，但是不必列出不想改变的属性。

引用控件的格式如下：

```
name:
```

或者

```
:name
```

```
{attribute=value;
}
```

其中name是已经定义的控件的名称，在第一种引用方式中所有在name中定义的属性均被引用。spacer控件仅用于调整对话框定义的布局，它没有唯一的属性值，所以只能通过指定名称对其进行引用：

```
space:
```

在base.DCL文件中定义的ok_cancel控件是一个组件，对它的引用只能通过指定名称来实现：

```
ok_cancel;
```

3. 属性和属性值

可以使用下列格式或指定属性并为属性赋值：

```
attbibute=value;
```

其中，attribute是属性名，value是赋给属性的值，等号用于分隔属性和属性值，分号标志着赋值语句结束。

4. 注释

在DCL中前面带有双斜杠的语句就是注释。DCL采用了C及C++的注释风格，有两种注释方式。

第一种方式是“/*注释文字*/”格式，它适用于行内和多行的注释内容。第二种是“//注释文字”格式，它适用于单行的注释内容。

03 对话框出错处理

如果DCL代码中包含错误，Visual LISP预览程序将会显示提示信息，提示出错的行和关键字，如下图所示。

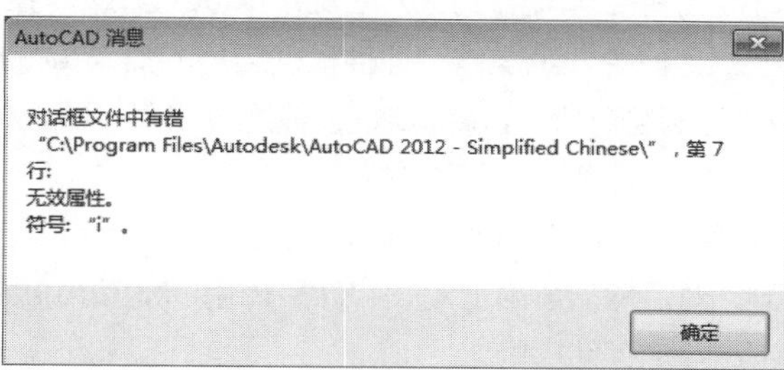

AutoCAD提供了对DCL文件进行语义检查的功能，共分为4个等级，如表18-3所示。

表18-3 语义检查级别

级别	说明
0	不进行语义检查，但当DCL文件已检查过并且在检查过程中没有发现错误时，才使用此级别
1	对错误的语义进行检查，用于查找会导致AutoCAD终止的DCL错误。这是默认的检查级别，错误级别的检查到：使用未定义的控件或循环的原型定义等错误

（续表）

级别	说明
2	对警告的语义进行检查，用于查找会使对话框产生错误的布局或动作的DCL错误。每次修改DCL文件之后至少应进行一次此级别的语义检查。警告级别的语义检查可以找到：遗漏了必需的属性或使用了不合适的属性值等错误
3	对提示语义进行检查，用于找出冗余的属性定义

为了充分利用语义检查的功能，在开发的过程中应将检查级别设为3，引用下面代码就可以完成检查级别的设置：

Lesson 03 对话框驱动程序

对话框文件描述了对话框的结构和外观、所属控件的样式、功能及控件的布局，使用AutoLISP或Visual C++语言可以编写对话框驱动程序。

01 驱动程序的调用

驱动程序的调用步骤如下：

- 加载对话框文件：AutoLISP程序首先调用LOAD_DIALOG函数加载指定的对话框文件，加载成功则返回一个大于零的整数。返回的整数是显示和卸载对话框文件的主要参数，并将其赋给一个变量保存，以备程序使用。
- 显示对话框：调用NEW_DIALOG函数将已加载的对话框文件中指定名字的对话框按照指定的位置显示在屏幕上，其默认位置在屏幕的中央。
- 初始化控件：调用SET_TILE、MODE_TILE或ACTION_TILE函数对控件进行初始化。
- 激活对话框：调用START_DIALOG函数激活已经初始化的对话框，等待用户在对话框上进行操作，直到某一操作直接或间接地调用了DONE_DIALOG函数，对话框才会消失。
- 操作对话框：用户可在对话框中任意操作，控件根据用户的操作执行相应的动作，也可以通过GET_TILE、GET_ATTR函数获得控件的属性值或通过SET_TILE、MODE_TILE函数设置控件的属性。
- 卸载对话框文件：如果用户选择了确定、取消、退出或其他具有退出功能的按钮，首先调用DONE_DIALOG函数，对话框从屏幕上消失，然后调用UNLOAD_DIALOG函数，卸载对话框文件，释放对话框所占用的存储空间。

02 驱动函数

驱动函数是用于加载、卸载对话框、定义控件的动作、处理列表框以及图像驱动处理的函数，下面就来进行讲解。

1. 加载、卸载对话框函数

（1）加载对话框函数 LOAD_DIALOG。函数调用格式如下：

```
(load_dialog dclfile)
```

该函数用于将加载DCL文件，一个应用程序通过多次调用本函数而装入多个文件，本函数按照AutoCAD库搜索路径来搜索指定的DCL文件。参数dclfile指定需要装入的DCL文件的一个字符串，如未指定扩展名程序假定其扩展名为DCL。函数调用成功则返回一个正数值，否则返回一个负数值。

（2）卸载对话框函数 UNLOAD_DIALOG。函数调用格式如下：

```
(unload_dialog dclid)
```

卸载一个DCL文件，释放该对话框所占用的存储空间。参数dclid为load_dialog函数的返回值，不论卸载是否成功，返回值均为nil。

2. 初始化对话框函数

（1）NEW_DIALOG 函数。函数调用格式如下：

```
(new_dialog dlname index_value [action [screen_pnt]])
```

该函数用于开始并显示新对话框。参数dlname是指定对话框的一个字符串，参数index_value是用来识别一个对话框的，相当于对话框的句柄，是在调用LOAD_DIALOG函数时获得的。参数action是一个字符串，它包含了用于表示隐含动作的一个AutoLISP表达式。参数screen_pnt是一个2D点表，它用于指定对话框显示在屏幕上的位置的X、Y坐标。

当用户选中一个激活的控件，该控件没有通过调用action_tile函数分配给它一个动作或回调函数，也没有在DCL文件中为它定义动作，那么由new_dialog函数指定的隐含动作就会被求值。如果NEW_DIALOG函数调用成功则返回T，否则返回nil。

（2）START_DIALOG 函数。函数调用格式如下：

```
(Start_dialog)
```

该函数用于显示对话框并开始接受用户输入。在调用本函数之前必须调用NEW_DIALOG函数，首先初始化对话框。对话框一直保持激活状态，直到一个动作表达式或回调函数调用DONE_DIALOG函数。调用START_DIALOG函数时将返回一个传递给DONE_DIALOG函数的状态代码。

（3）TERM_DIALOG 函数。函数调用格式如下：

```
(term_dialog)
```

该函数用于终止当前所有的对话框，就好像用户逐个取消这些对话框。返回值为nil。

（4）DONE_DIALOG 函数。函数调用格式如下：

```
(done_dialog [status])
```

该函数意为终止对话框。如果用户指定了任选参数status，该参数是一个正整数，此正整数将由START_DIALOG函数返回，而代替拾取“确定”按钮返回1或拾取“取消”按钮返回0。该函数返回一个2D点表，该点表示当用户退出对话框时该对话框的位置坐标。

3. 定义控件动作的函数ACTION_TILE

函数调用格式如下：

```
(action_tile key action_expression)
```

该函数用于指定控件的动作表达式，指定当用户选择对话框中的特定控件时要执行的动作。

参数key和action_expression都是字符串，参数key是触发一个动作的控件名，这个控件名是由该控件的key属性指定的，它是区分大小的。当该控件被选中时，就会对action_expression进行求值。

4. 控件处理函数

（1）MODE_TILE 函数。函数调用表达式如下：

```
(mode_tile key mode)
```

该函数用于设置对话框控件的模式，参数key是指定某个控件的关键字符串，区分大小写，mode变量的取值如表18-4所示。

表18-4 mode的取值及含义

mode取值	说 明	mode取值	说 明
0	可用状态	3	选择编辑框的内容
1	禁用状态	4	将图像类控件的内容反相
2	聚焦于该控件		

（2）GET_ATTR 函数。函数调用格式如下：

```
(get_attr key attribute)
```

该函数用于获取对话框属性的DCL值，参数key是控件的相应属性值，参数attribute表示需要返回的属性名称。这两个参数都是字符串，此函数返回值是属性的初始值。

（3）GET_TILE 函数。函数调用格式如下：

```
(get_tile key)
```

该函数用于检索对话框控件当前运行时的值，参数 key 是控件的相应属性值。本函数常用于回调函数中，而不用于构件的初始化。

（4）SET_TILE 函数。函数调用格式如下：

```
(set_tile key value)
```

该函数用于设置对话框控件的值，参数key是指定控件的一个字符串，参数value是指定新值的一个字符串变量名。

5. 列表框处理函数

（1）START_LIST 函数。函数调用格式如下：

```
(set_tile key value)
```

该函数用于开始处理列表框中或弹出式列表对话框控件中的列表。参数key是一个指定对话框控件的字符串，参数oper是一个整数值，其取值如表18-5所示。

表18-5 oper的取值及含义

oper取值	说 明
1	改变所选择的表的内容
2	追加新的表项
3	（默认值）删除旧表并生成新表

参数index确定表项在表中的位置，默认值为0。

（2）ADD_LIST 函数。函数调用格式如下：

```
(add_list string)
```

该函数将根据start_list函数中参数oper的值具有不同的功能。

- oper=1：使用string内容替换由index指定的表项内容，若未指定index值则替换第一个表项的内容。
- oper=2：在表的末端以string的内容作为新增加的表项内容。
- oper=3：打开一个新表，并将string作为第一个表项增加到新表中。

（3）end_list 函数。函数调用格式如下：

```
(end_list)
```

该函数用于结束对当前列表或下拉列表框控件的处理。

6. 图像处理函数

（1）START_IMAGE 函数。函数调用格式如下：

```
(start_image key)
```

该函数用于开始在对话框控件中创建一个图像。在调用该函数后可以调用FILL_IMAGE、SLIDE_IMAGE和VECTOR_IMAGE函数对图像控件进行各种处理，直到应用程序调用END_IMAGE函数才结束对指定图像控件的处理。

（2）END_IMAGE 函数。函数调用格式如下：

```
(end_image)
```

该函数用于结束对当前图像控件的处理。

（3）FILL_IMAGE 函数。函数调用格式如下：

```
(fill_image x1 y1 x2 y2 color)
```

在当前活动的对话框图像控件上以（x1，y1）为起点，以（x2、y2）为终点，以color为颜色绘制一个填充的矩形块。

（4）VECTOR_IMAGE 函数。函数调用格式如下：

```
(vector_image x1 y1 x2 y2 color)
```

在当前活动的对话框图像控件上绘制矢量，参数 x1、y1、x2、y2 是以像素为单位表示的坐标，color 是系统的标准颜色。

（5）SLIDE_IMAGE 函数。函数调用格式如下：

```
(slide_image x1 y1 x2 y2 sldname)
```

该函数用于在当前打开的图像控件上显示一个幻灯片，可以是独立的幻灯片文件(.sld)，也可以是某个幻灯片库中的某一个幻灯片。参数x1、y1、x2、y2的含义同上。幻灯片是在AutoCAD环境下用mslide命令建立的，参数sldname应该包含完整的路径信息。

（6）DIMX_TILE 和 DIMY_TILE 函数。函数调用格式如下：

```
(dimx_tile key) 和 (dimy_tile key)
```

这两个函数用于以对话框为单位获取控件的尺寸。DIMX_TILE 函数返回控件的宽度，而 DIMY_TILE 函数返回控件的高度。由这两个函数返回的坐标都是某个控件所允许的最大值。

03 对话框的特殊处理

还有一种特殊形式的对话框，即在一个对话框中单击按钮后会弹出另一个对话框，这种形式称为对话框嵌套，下面就来介绍特殊形式对话框的处理方式。

1. 对话框嵌套

在动作表达式或回调函数中调用NEW_DIALOG和START_DIALOG函数，就可以创建和管理嵌套对话框。在子对话框某控件的回调函数中调用DONE_DIALOG函数，子对话框消失，即可返回到父对话框中，如下图所示。

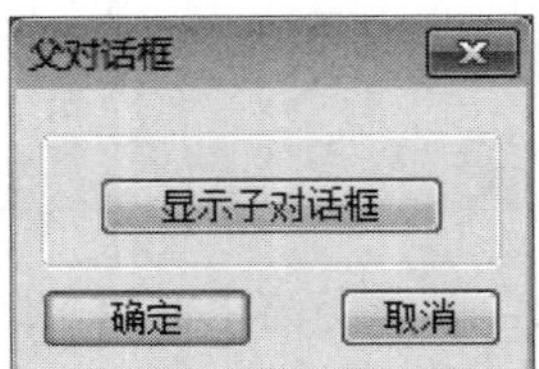

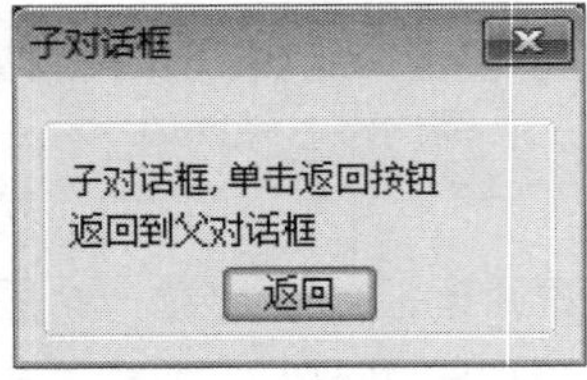

下面分别介绍对话框和驱动程序的设计。对话框的设计代码如下：

```
son_dialog:dialog
{
label=" 子对话框 ";
spacer;
:boxed_column
{
:text
{
label=" 子对话框，单击返回按钮 ";
}
:text
{
label=" 返回到父对话框 ";
}
:button
{
label=" 返回 ";
key="retum";
fixed_width=true;
is_default=true;
alignment=centered;
}
}
}
father_dialog:dialog
{
label=" 父对话框 ";
spacer;
:boxed_column
{
```

```
:button
{
label=" 显示子对话框 ";
key="button";
fixed_width=true;
alignment=centered;
width=12;
}
spacer;
}
ok_cancel;
}
```

驱动程序代码如下：

```
(defun c:qttest(/reture_value)
(setqreture_value(load_dialog"d:/DCL/qttest"))
(if(null(new_dialog"father_dialog"return_value))
(exit)
)
(action_tile"button""(showsonreturn_value)")
(start_dialog)
 (princ)
)
(defun showson(rerurn_value)
(if(null(new_dialog"son_dialog"return_value))
(exit)
)
(start_dialog)
)
```

2. 隐藏对话框

该对话框需要设置一个用于隐藏的对话框按钮。该按钮的动作含有调用DONE_DIALOG函数，恢复对话框时应该恢复对话框隐藏之前的数据，而不是初始数据。下面以实例讲解隐藏对话框的应用。

对话框代码如下：

```
hide:dialog
{
label=" 隐藏对话框 ";
spacer;
:button
{
label=" 选择 ";
key="pick";
fixed_width=true;
alignment=centered;
}
:boxed_column
{
:edit_box
{
label="X 坐标：";
key="X";
fixed_width=true;
width=12;
}
:edit_box
{
label="Y 坐标：";
key="Y";
fixed_width=true;
width=12;
}
}
ok_cancel;
}
```

驱动程序代码如下：

```
(defun c:hide(/return_value)
(setq next 2)
(setq x 0)
(setq y 0)
(setq pt'(0 0))
(setqreturn_value(load_dialog"d:/DCL/hide"))
(while(>=next 2)
```

```
(if(null(new_dialog"hide"retern_value))
(exit)
)
(dispos)
(action_tile "pick""(done_dialog 4)")
(action_tile"accept""(done_dialog 1)")
(action_tile"cancel""(done_dialog 0)")
(setq next (start_dialog))
(cond
((=next 4)
(setq pt(getpoint "\n 取点"))
)
((=next 0)
(prompt "\n 用户取消对话框")
)
)
)
(unload_dialog return_value)
(princ)
)
(defun dispos()
(setq x (car pt))
(set y (cadr pt))
(set_tile "X" (tros x 2 2))
(set_tile "Y" (tros y 2 2))
)
```

强化练习

通过本章的学习，读者对于对话框控件、对话框控件语言以及对话框驱动程序等知识有了一定的认识。为了使读者更好地掌握本章所学知识，在此列举几个针对本章知识的习题，以供读者练手。

1. 创建单选项对话框

设计如下左图所示的单选项对话框。

STEP 01 新建DCL文件。

STEP 02 输入代码并按语法着色对象。

STEP 03 预览DCL，如下左图所示。

2. 创建复选项对话框

设计如下右图所示的复选项对话框。

STEP 01 新建DCL文件。

STEP 02 输入代码并按语法着色对象。

STEP 03 预览DCL，如下右图所示。

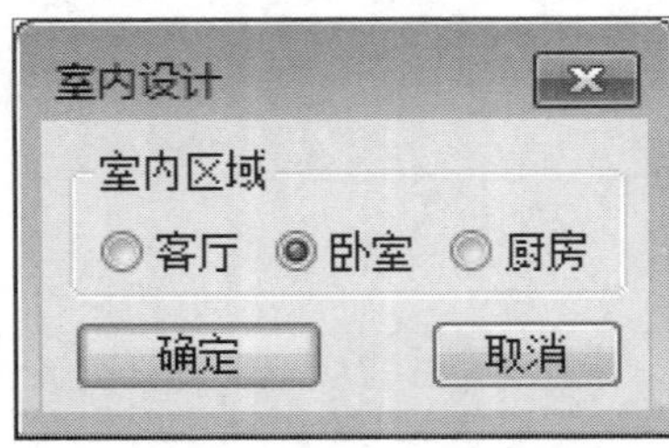

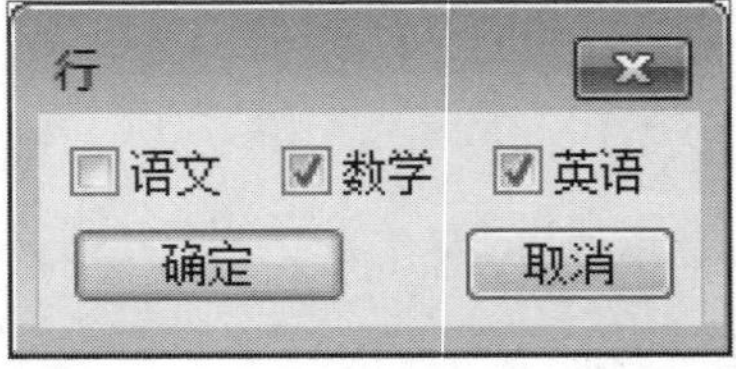

工程技术问答

本章主要对对话框控件、控件语言、驱动程序等知识进行介绍，在应用相关知识绘图时难免会有些疑问，下面将对常见的问题及解决方法进行汇总，供用户参考。

Q 有没有一种方法可以快速关闭选定图层外的其他图层呢？

A 可以设计一个AutoLISP程序来关闭除选定图层外的图层，程序代码如下所示。

```
(defun c:lg ()
( s e t q e l ( e n t g e t ( c a r (entsel"\n 选择一
个对象，其余图层将被关闭：")))
(setq layer1 (assoc 8 el))
(setq layername (cdr layer1))
( c o m m a n d " - l a y e r " " o f f " " * " " y " " o n "
layername"s"layername"")
(princ)
)
```

Q 在绘制的样条曲线中怎样测量多段线的长度呢？

A 可以通过编写AutoLISP程序代码来实现测量样条曲线或多段线的长度，程序代码如下：

```
(defun c:cd (/curve tlen ss n sumlen)
(vl-load-com)
(setq sumlen 0)
(setq ss (ssget '((0 . "circle,ellipse,
li
ne,*polyline,spline,arc"))))
(setq n 0)
(repeat (sslength ss)
( s e t q c u r v e ( v l a x - e n a m e - > v l a - o b j e c t
(ssname ss n)))
(setq tlen (vlax-curve-getdistatparam
curve
(vlax-curve-getendparam curve)
)
)
(setq sumlen (+ sumlen tlen))
(setq n (1+ n))
)
( p r i n t ( s t r c a t " 总长度：" ( r t o s
sumlen 2 5)))
(princ)
)
```

Part 06

综合应用篇

Chapter 19

机械零件的绘制

机械制图是用图样表示机械的结构形状、尺寸大小、工作原理和技术要求的学科。图样由图形、符号、文字和数字等组成，是表达设计意图和制造要求以及交流经验的技术文档。本章将以半轴壳零件的绘制为例，来介绍机械制图的绘制方法及技巧。

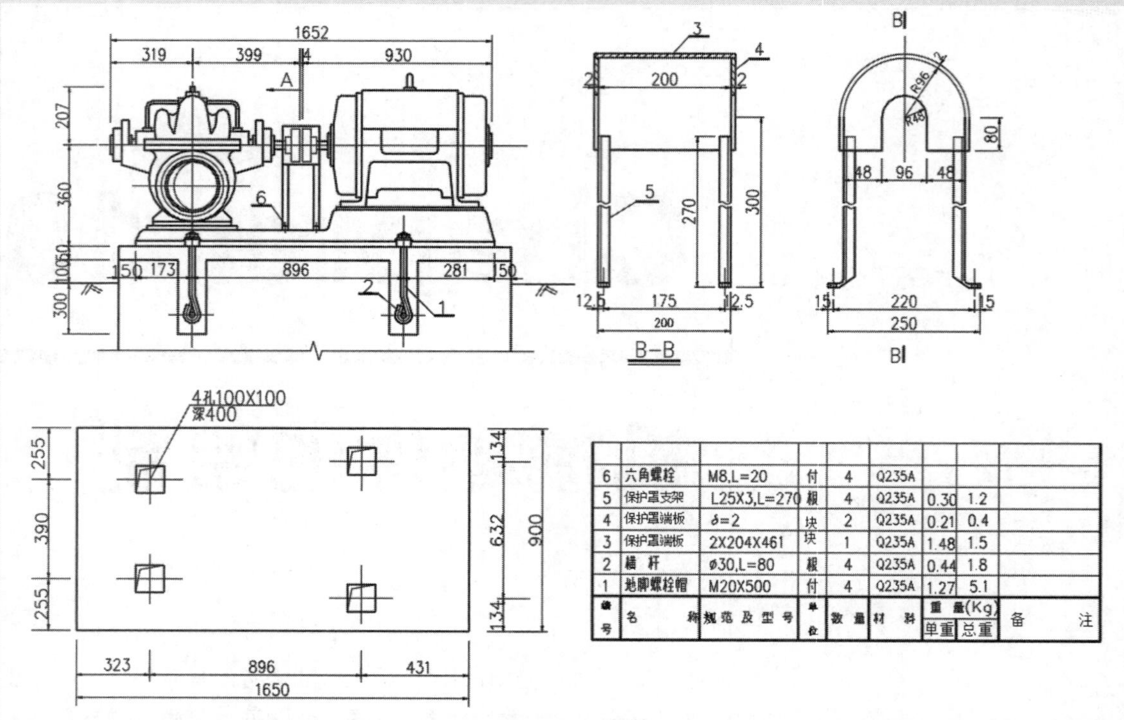

6	六角螺栓	M8,L=20	付	4	Q235A			
5	保护罩支架	L25X3,L=270	根	4	Q235A	0.30	1.2	
4	保护罩端板	δ=2	块	2	Q235A	0.21	0.4	
3	保护罩端板	2X204X461	块	1	Q235A	1.48	1.5	
2	横 杆	ø30,L=80	根	4	Q235A	0.44	1.8	
1	地脚螺栓帽	M20X500	付	4	Q235A	1.27	5.1	
编号	名 称	规范及型号	单位	数 量	材 料	重 量(Kg)		备 注
						单重	总重	

01 圆柱齿轮减速器装配图

在标注装配图零件序号时，需注意一种零件只有一个序号；序号编写应将标准件与非标准件分成两排编号，在标准件的序号前可加“B”，非标准件的序号前可不加任何字母；序号引线不可相交。该图纸运用了“矩形”、“复制”、“镜像”、“偏移”、“线性”标注，“多重引线”、“表格”以及“文字注释”等主要命令来绘制完成的。

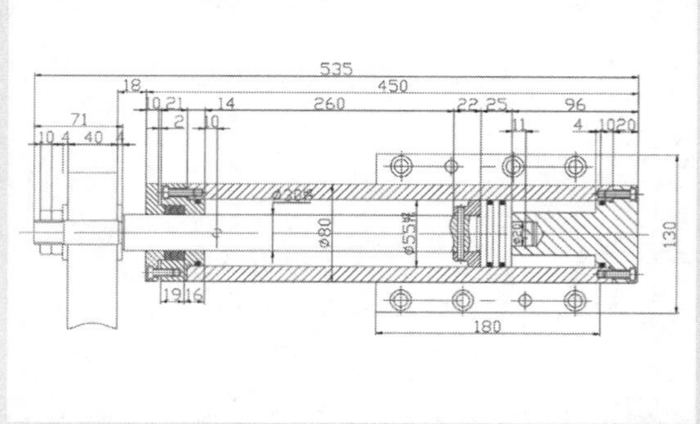

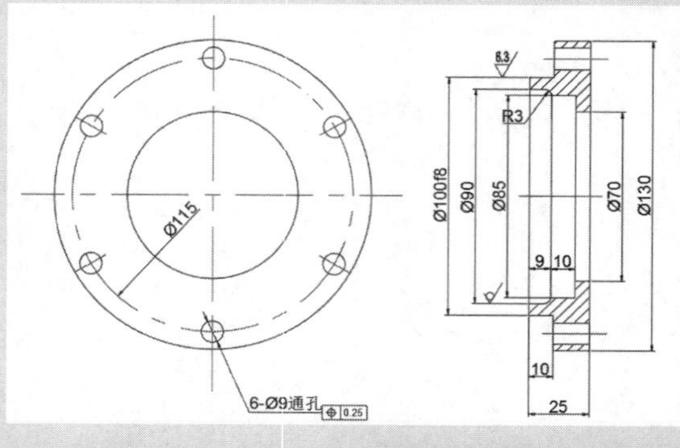

02 油缸剖面图

当零件内部构造较为复杂时，需要绘制该零件的剖面图，从而使安装人员能够清楚的了解零件的内部结构。该图纸运用了“矩形”、“修剪”、“图案填充”、尺寸标注等命令绘制完成的。

03 轴承盖零件图

这类零件结构较简单，一般只需要两个基本视图就能表达内外形状和细部结构。该图纸运用了“矩形”、“修剪”、“倒圆角”、“圆”、尺寸标注等命令绘制完成的。

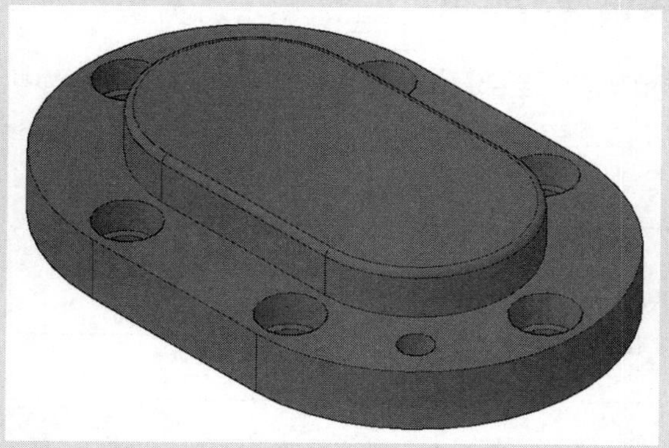

04 左端盖三维图

在确保零件三视图正确的情况下，才能准确无误的绘制其三维图，该模型运用了拉伸、差集圆角边等命令进行绘制。

05 圆锥齿轮模型

圆锥齿轮在机械中主要是用来传递两相交轴之间的运动和动力。在绘制锥齿轮时，一定要按照国际参数进行绘制。

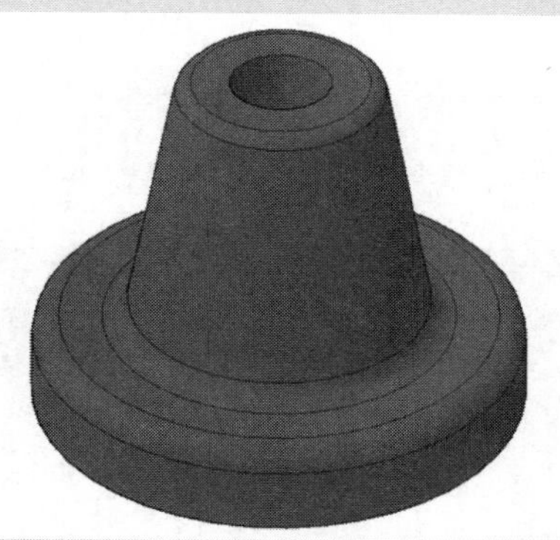

06 盘座零件三维图

盘类零件是机械加工常见的典型零件之一。该模型通过三维旋转、倒圆角等命令绘制完成。

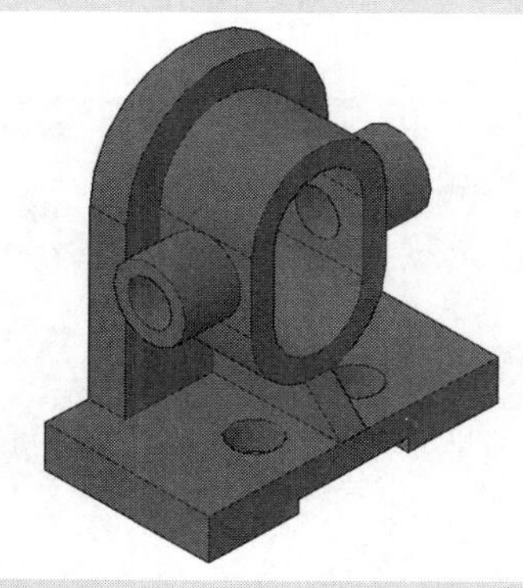

07 轴类支座三维模型

支座是固定容器或设备支架，其结构比较简单。该模型运用了拉伸、差集、倒圆角等命令绘制完成。

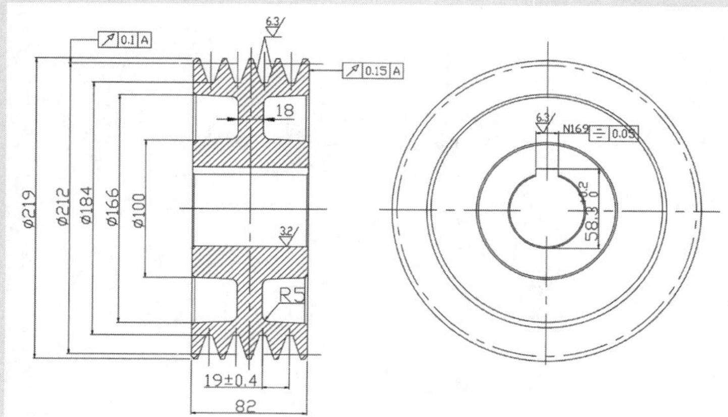

08 带轮零件图

在对机械零件进行尺寸标注时，用户需注意标注零件的全部尺寸，不遗漏，不重复，尺寸清晰便于阅读。该图纸主要运用了“矩形”、“圆”、“偏移”、“修改”尺寸标注以及“图案填充”等命令绘制完成。

Lesson 01 半轴壳零件三视图的绘制

半轴壳是汽车的重要部件之一。它既要承受车体和车载的全部质量，还要承受汽车在行驶过程中由于道路不平引起的冲击力，并要保证在行驶过程中不发生变形，而半轴在其内旋转自如。下面将介绍半轴壳三视图的绘制方法。

原始文件：无
最终文件：实例文件\第19章\最终文件\半轴壳三视图.dwg

01 俯视图的绘制

俯视图也叫顶视图，俯视图是物体由上往下投射所得的视图，俯视图能反映物体顶部的形状。在绘制半轴壳图形之前，需要先设置好图层，这样以便于管理。下面将介绍半轴壳俯视图的绘制方法：

STEP 01 打开AutoCAD软件，执行“格式>图层”命令，打开“图层特性管理器”选项板，如下图所示。

STEP 02 单击“新建”按钮，创建新图层，输入名称为“轴线”，如下图所示。

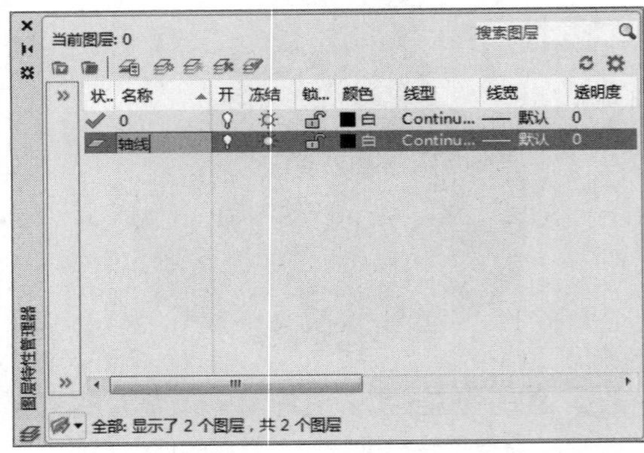

STEP 03 单击“颜色”图标，打开“选择颜色”对话框，根据需要选择合适的颜色，这里选择红色，如下图所示。

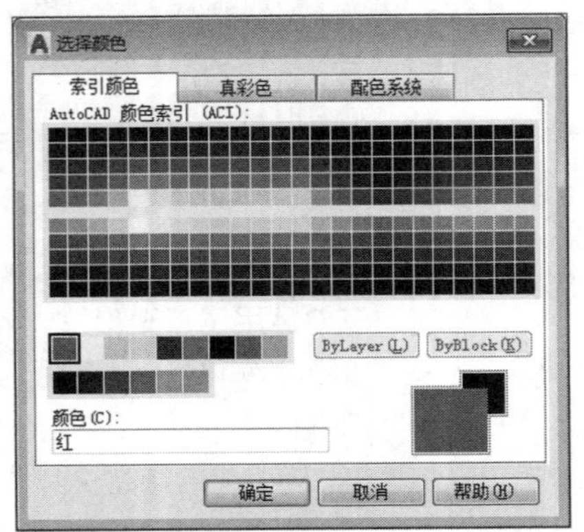

STEP 04 单击“确定”按钮，返回“图层特性管理器”选项板，如下图所示。

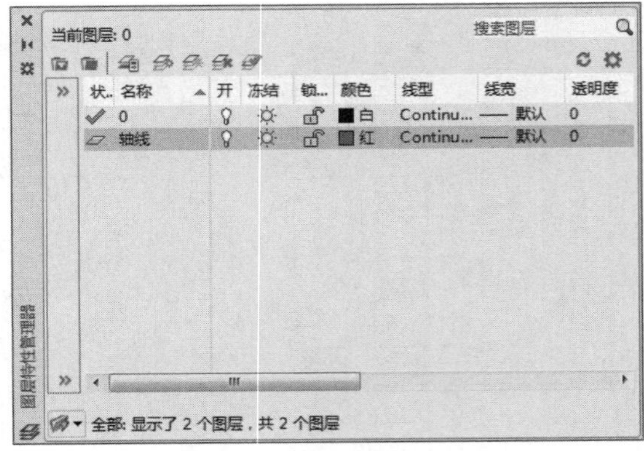

STEP 05 单击“线型”图标，打开“选择线型”对话框，如下图所示。

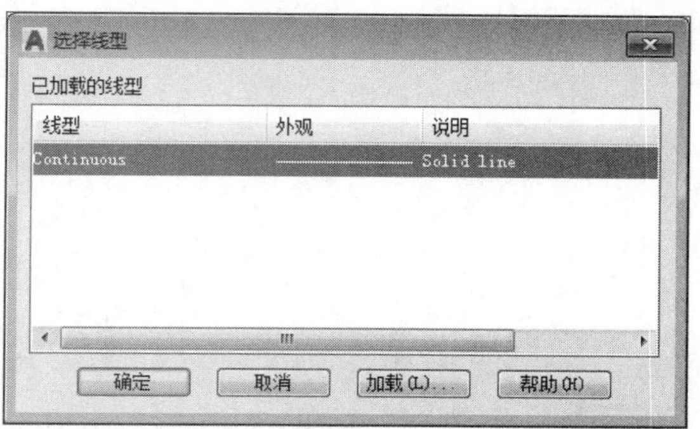

STEP 07 单击“确定”按钮，返回“选择线型”对话框，并选择加载后的线型，如下图所示。

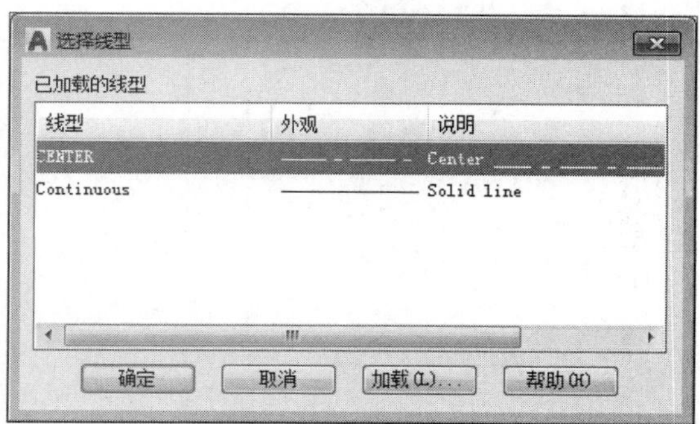

STEP 09 按照相同的方法创建其余图层，并设置轴线图层为当前层，如下图所示。

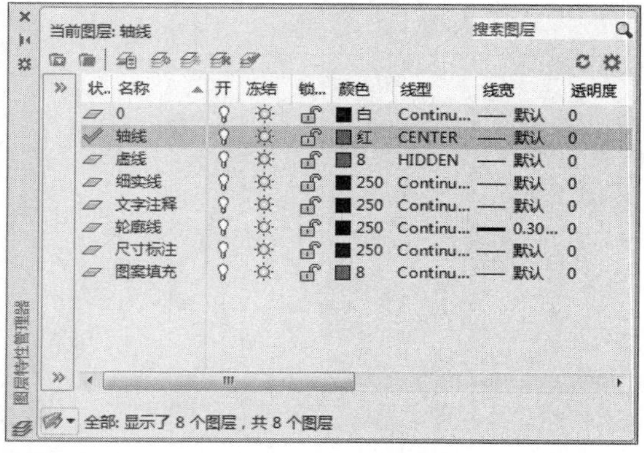

STEP 11 设置“轮廓线”层为当前层，执行“直线”命令，捕捉轴线的交点绘制矩形图形，如下图所示。

STEP 06 单击“加载”按钮，打开“加载或重载线型”对话框，并选择合适的线型，如下图所示。

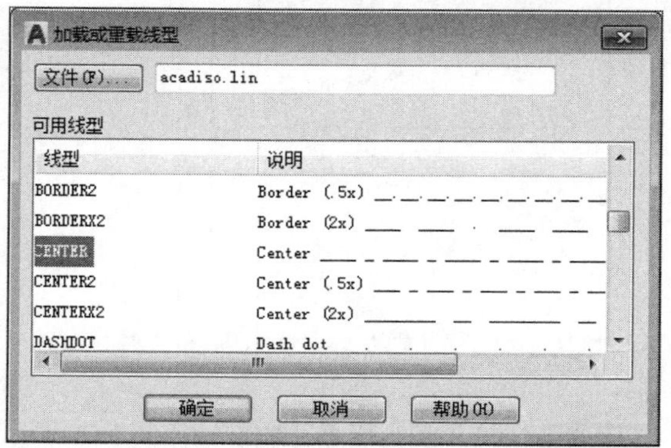

STEP 08 单击“确定”按钮，返回“图层特性管理器”选项板，如下图所示。

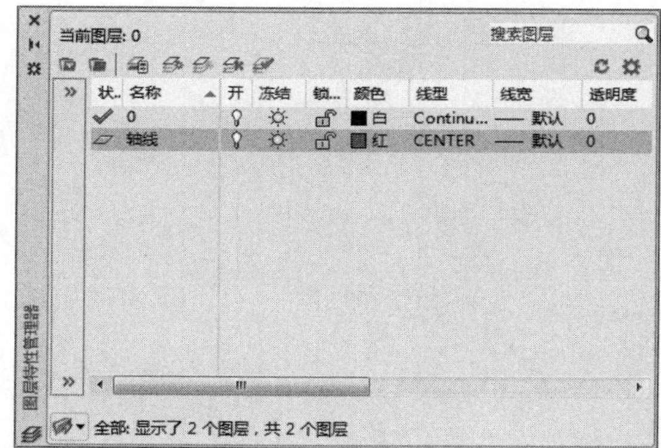

STEP 10 执行“直线”命令，绘制两条垂直的轴线，并设置比例为0.5，如下图所示。

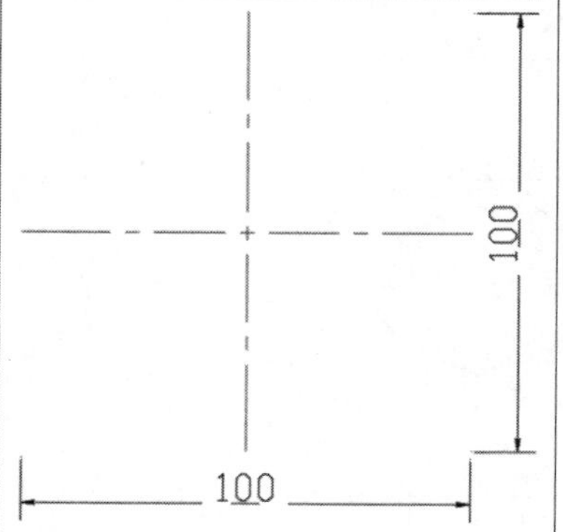

STEP 12 执行“圆角”命令，设置圆角半径为11mm，对矩形进行圆角操作，如下图所示。

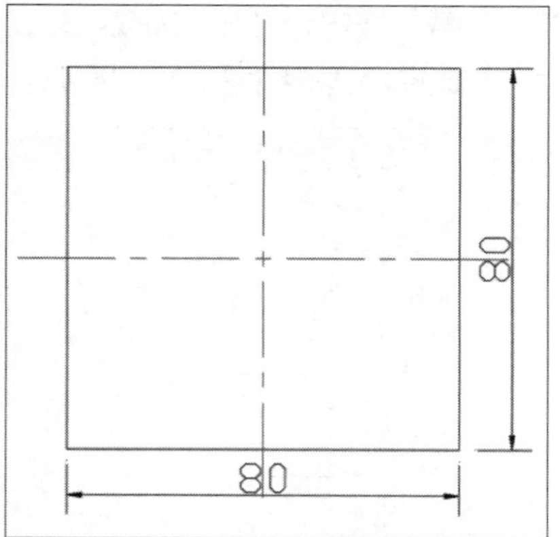

STEP 13 执行“圆”命令，捕捉轴线的交点，绘制半径为15mm、16.5mm、18mm、21mm、23mm的同心圆图形，如下图所示。

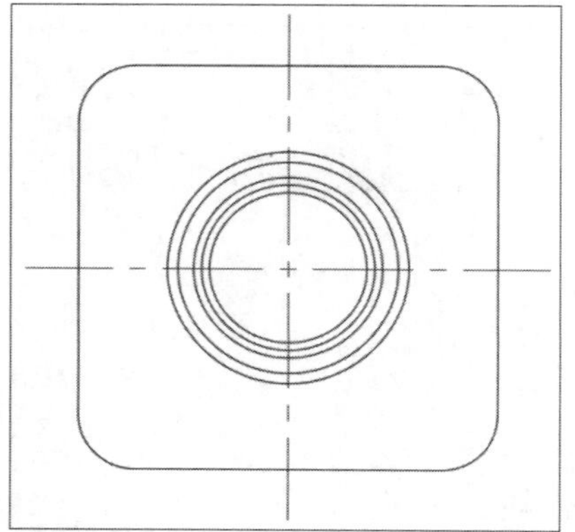

STEP 15 执行“偏移”命令，将矩形的4条边向内偏移22mm，如下图所示。

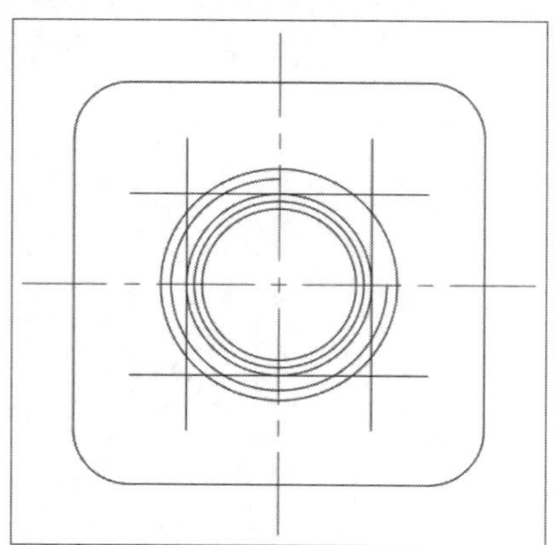

STEP 17 执行“圆”命令，捕捉圆弧的圆心，绘制半径为5.5mm和11mm的同心圆图形，如下图所示。

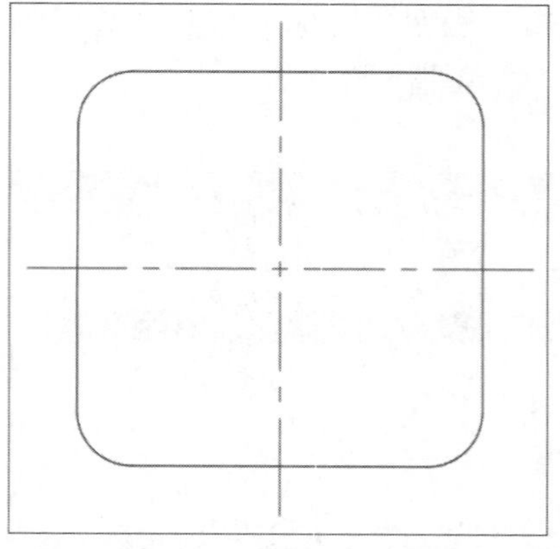

STEP 14 执行“打断”命令，打断半径为21mm的圆图形，并将打断后的图形放在“细实线”层，如下图所示。

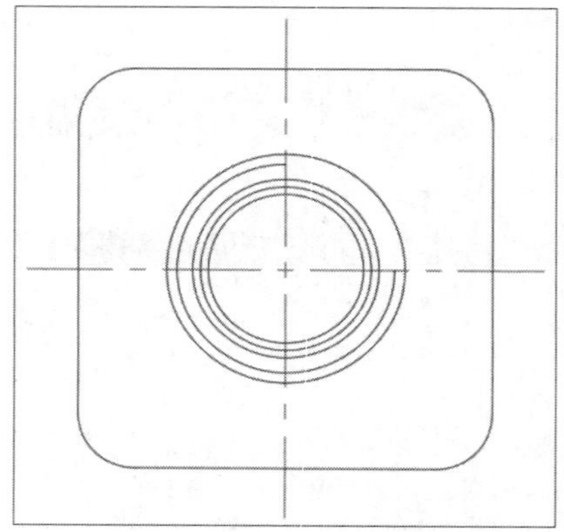

STEP 16 执行“延伸”命令，将偏移的线段进行延伸操作，如下图所示。

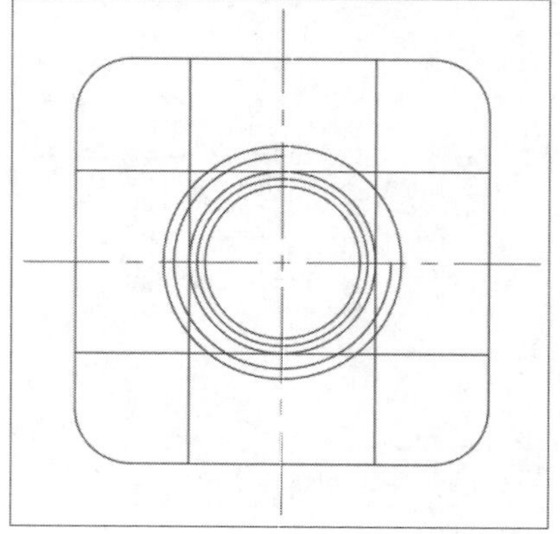

STEP 18 执行“复制”命令，复制刚绘制的同心圆图形，并捕捉到其他圆弧的圆心，得到如下图所示的图形。

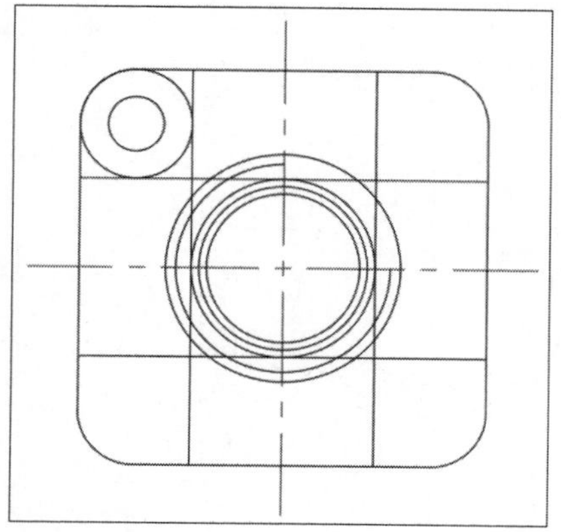

STEP 19 执行“修剪”命令，修剪删除掉多余的线段，如下图所示。

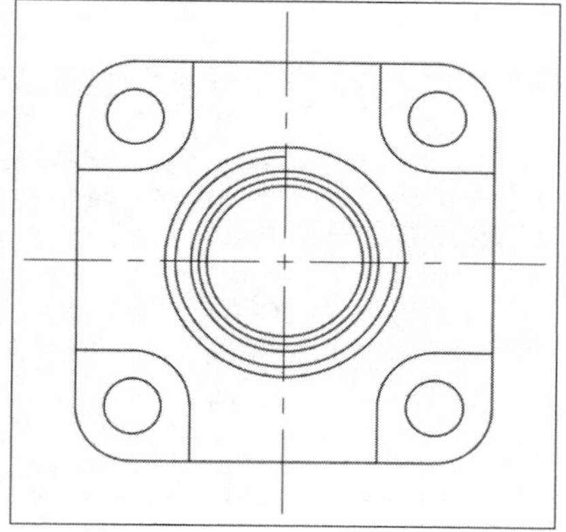

STEP 21 设置“轮廓线”层为当前层，执行“偏移”命令，将水平方向的两条线段分别向内偏移27.5mm如下图所示。

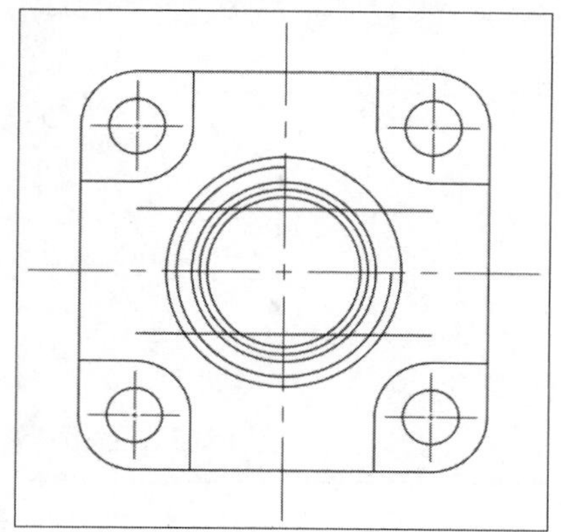

STEP 23 执行“延伸”命令，将偏移后的水平线段进行延伸操作，如下图所示。

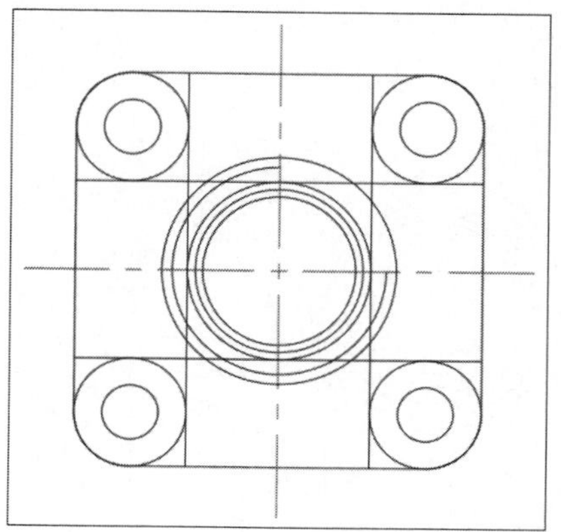

STEP 20 设置“轴线”层为当前层，在“注释”选项卡的“中心线”面板中单击“圆心标记”按钮，绘制轴线，如下图所示。

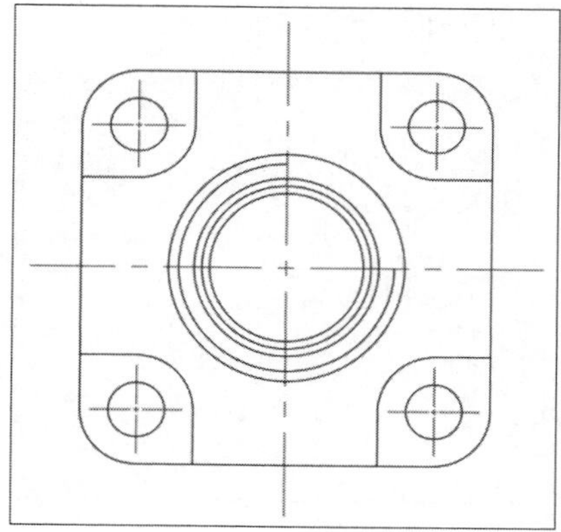

STEP 22 继续执行当前命令，将右侧垂直方向的线段向内偏移6mm，如下图所示。

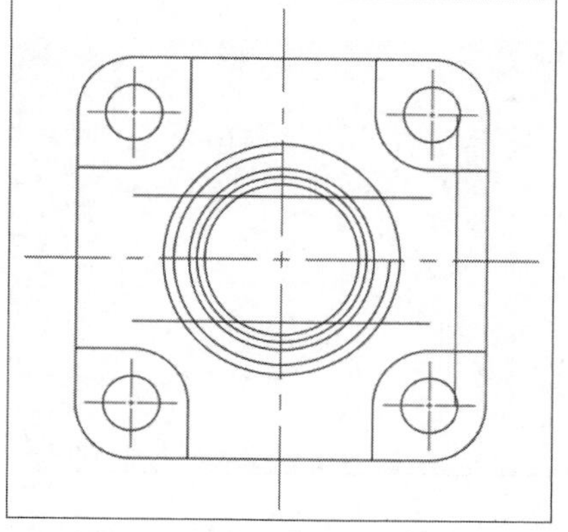

STEP 24 执行“修剪”命令，修剪删除掉多余的线段，如下图所示。

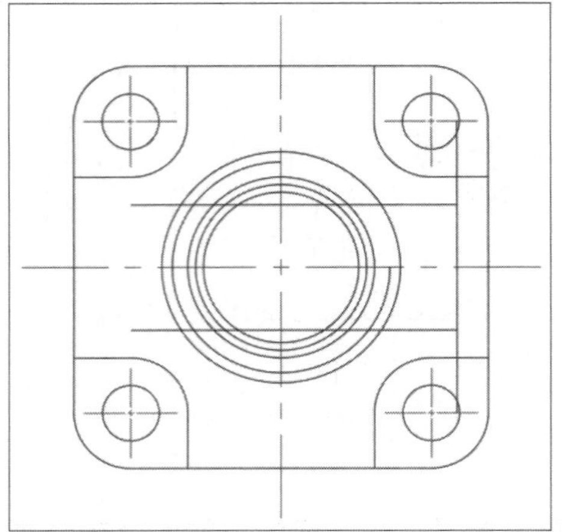

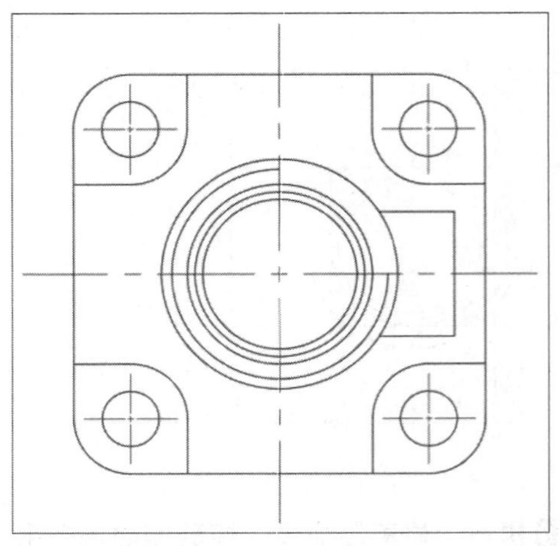

STEP 25 选择半径为21mm的圆弧，将其放在“细实线”图层上，执行“文字样式”命令，打开“文字样式”对话框，如下图所示。

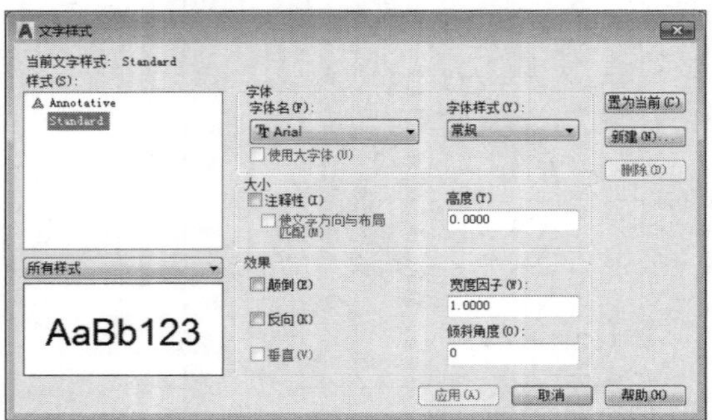

STEP 26 单击“新建”按钮，打开“新建文字样式”对话框，并输入样式名，如下图所示。

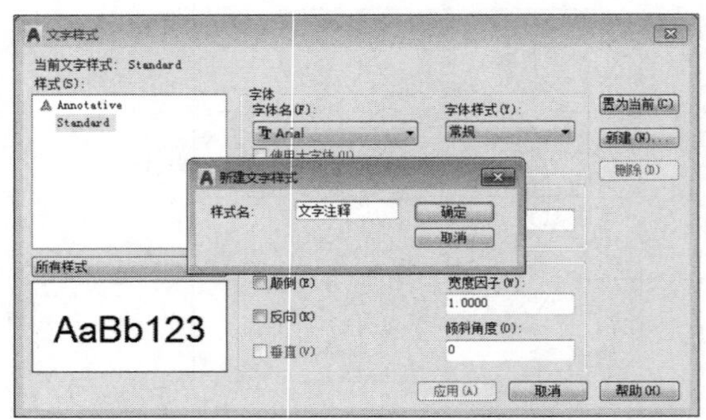

STEP 27 单击“确定”按钮，返回“文字样式”对话框，并选择合适的字体，如下图所示。

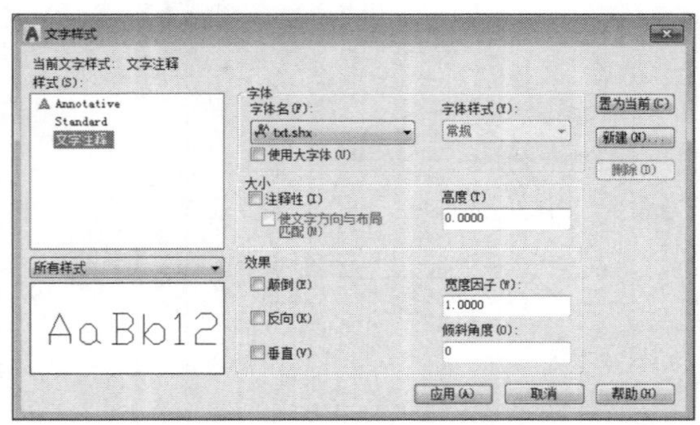

STEP 28 单击“应用”按钮，关闭对话框，执行“标注样式”命令，打开“标注样式管理器”对话框，如下图所示。

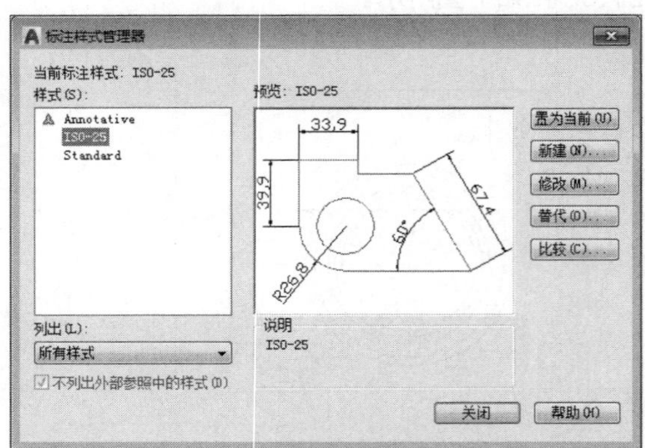

STEP 29 单击“新建”按钮，打开“创建新标注样式”对话框，并设置新样式名，如下图所示。

STEP 30 单击“继续”按钮，打开“新建标注样式：尺寸标注”对话框，在“线”选项卡中设置超出尺寸线为4，如下图所示。

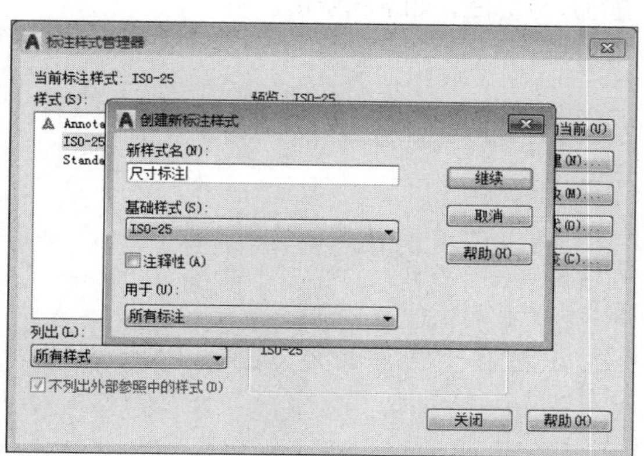

STEP 31 在“符号和箭头”选项卡中设置箭头大小为2.5，如下图所示。

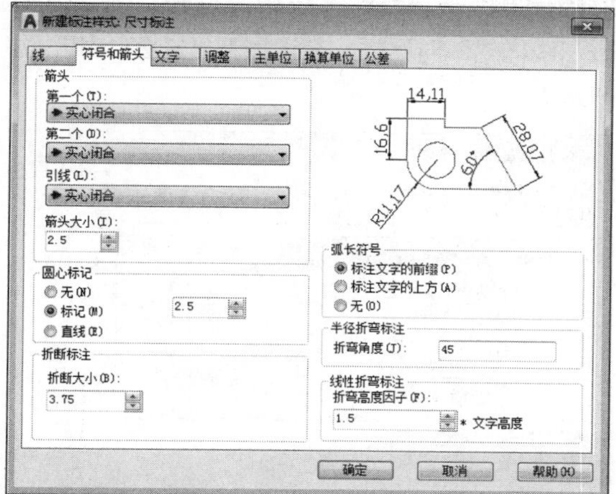

STEP 33 在“主单位”选项卡中设置精度为0.0，如下图所示。

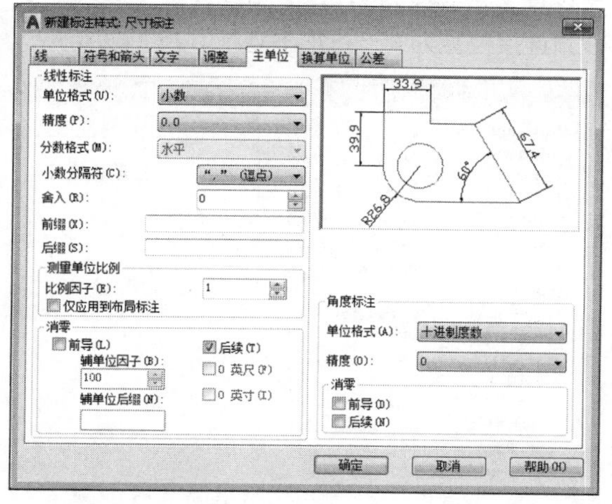

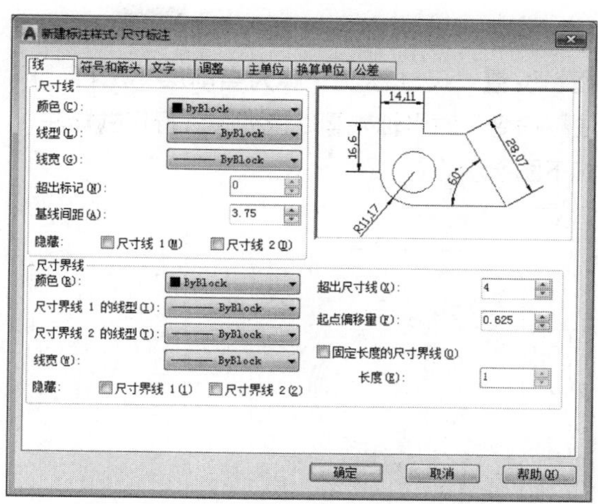

STEP 32 在“文字”选项卡中设置文字高度为4，如下图所示。

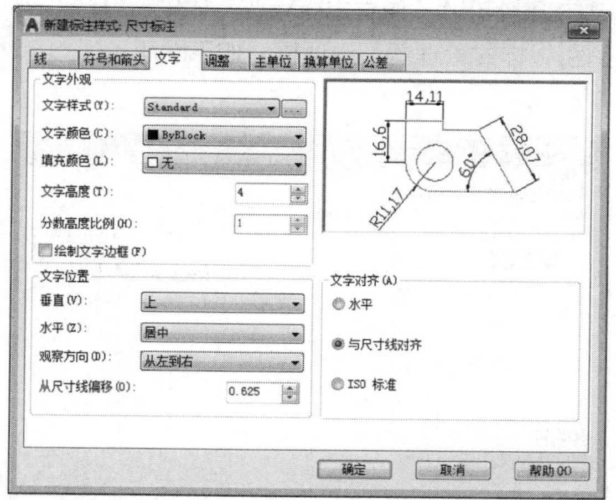

STEP 34 单击“确定”按钮，返回“样式管理器”对话框，如下图所示。

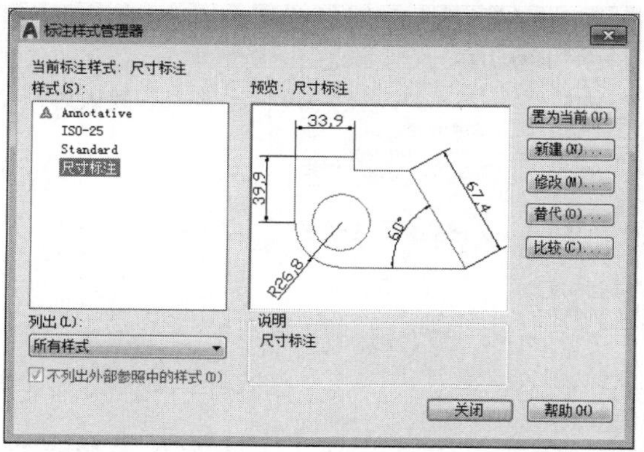

STEP 35 单击“置为当前”按钮，关闭对话框。设置“尺寸标注”层为当前层，执行“标注”命令，对半轴壳零件俯视图进行尺寸标注，如下图所示。

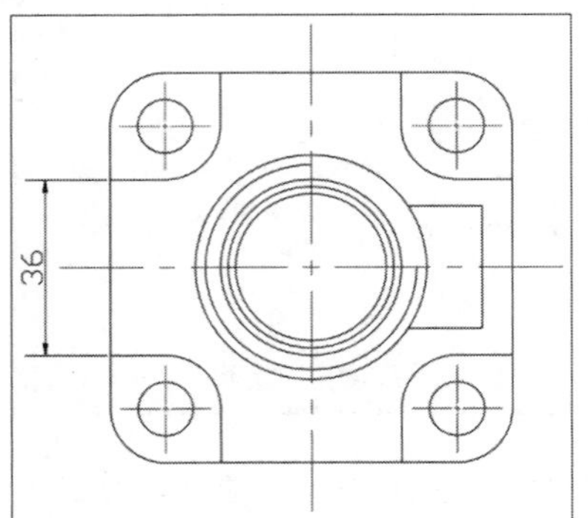

STEP 36 继续执行当前命令，对半轴壳俯视图进行尺寸标注，如下图所示。

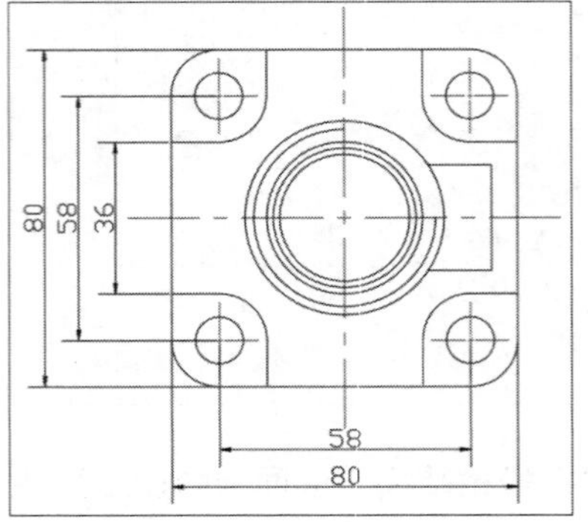

STEP 37 执行“多重引线样式”命令，打开“多重引线样式管理器”对话框，如下图所示。

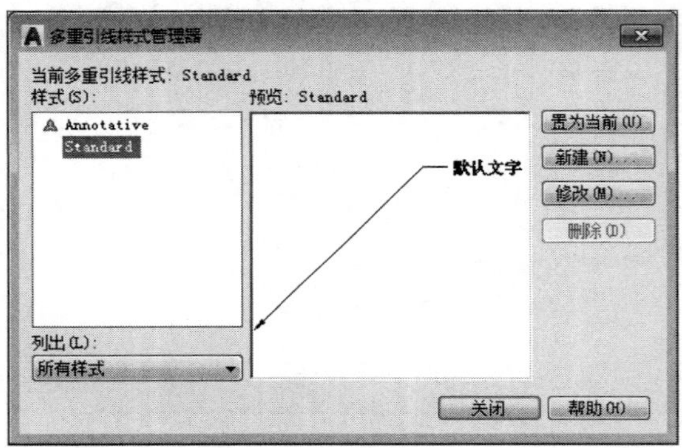

STEP 38 单击“新建”按钮，打开“创建新多重引线样式”对话框，并设置新样式名，如下图所示。

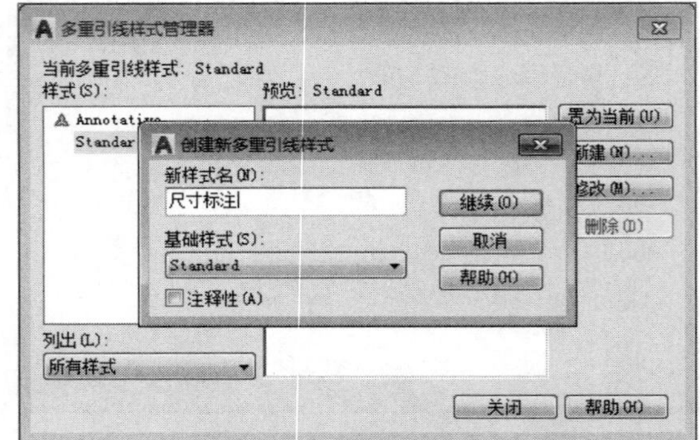

STEP 39 单击“继续”按钮，打开“修改多重引线样式：尺寸标注”对话框，在“引线格式”选项卡中设置箭头大小为2.5，如下图所示。

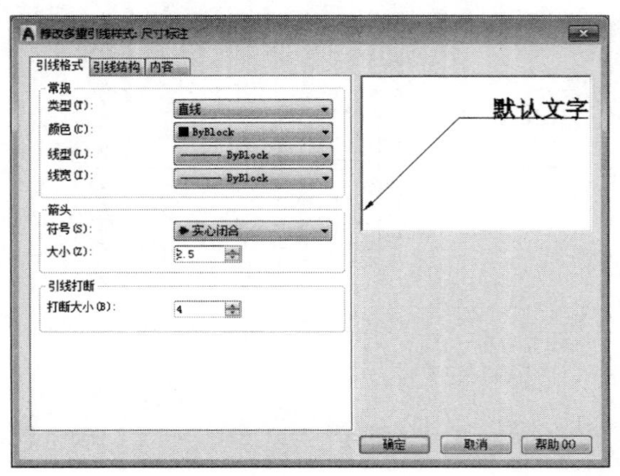

STEP 40 在“内容”选项卡的“文字选项”组中设置文字高度为4，在“引线连接”选项组中设置连接位置为第一行加下划线，如下图所示。

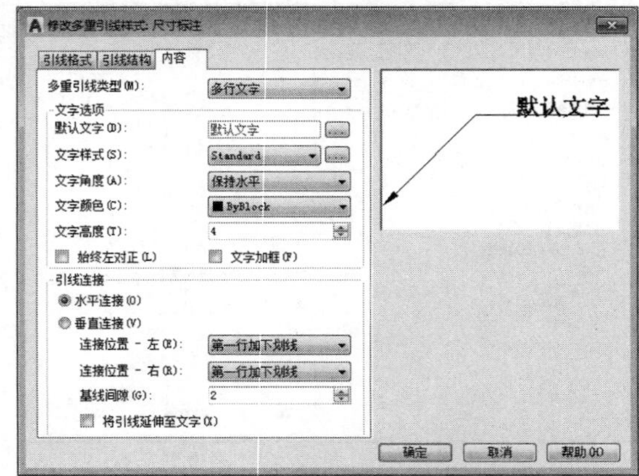

STEP 41 单击“确定”按钮，返回“多重引线样式管理器”对话框，单击“置为当前”按钮关闭对话框，如下图所示。

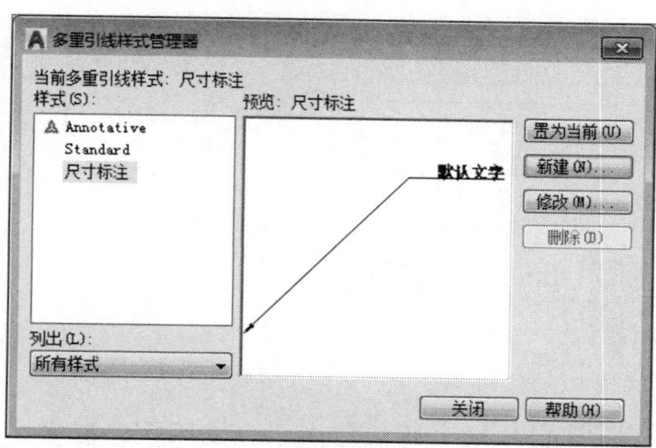

STEP 42 执行“多重引线”命令，对图形进行引线标注，如下图所示。

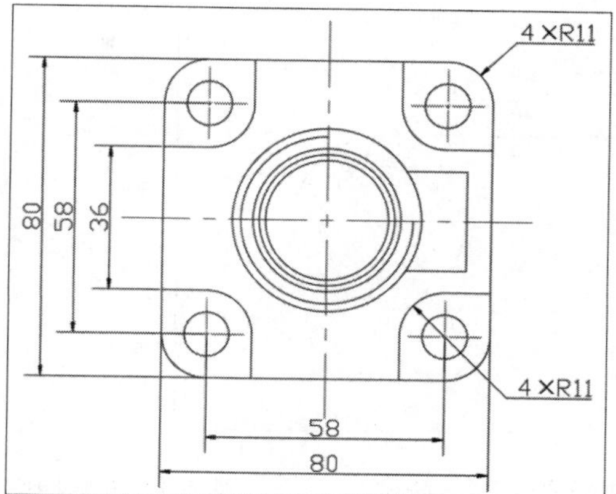

STEP 43 在状态栏中单击“显示线宽”按钮，显示线宽，完成半轴壳俯视图的绘制，效果如右图所示。

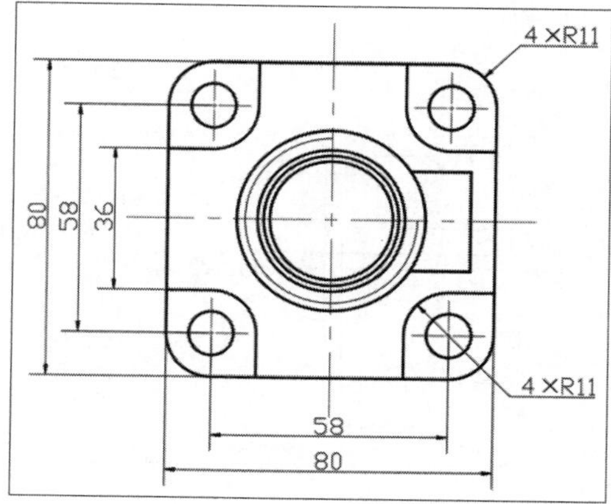

02 侧视图的绘制

侧视图能够反映俯视图所不能表达的物体形状。下面将介绍半轴壳侧视图的绘制方法：

STEP 01 执行“复制”和“删除”命令，复制俯视图，并删除尺寸标注，如下图所示。

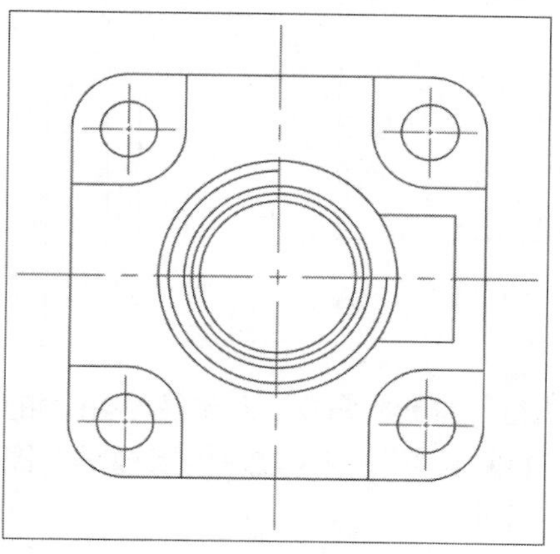

STEP 02 设置“轮廓线”层为当前层，执行“射线”命令，绘制射线，如下图所示。

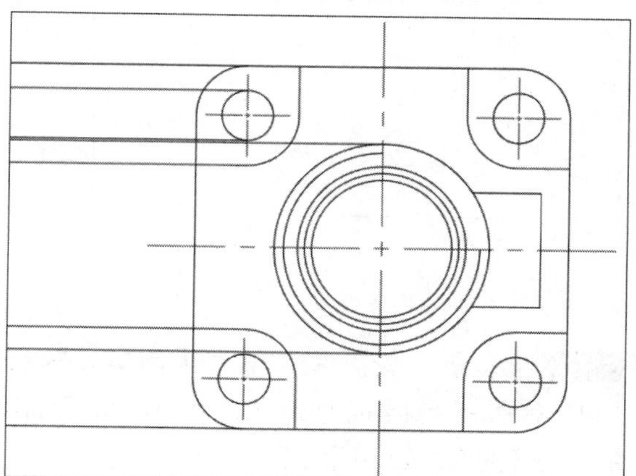

STEP 03 执行“偏移”命令，将射线向内进行偏移，尺寸如下图所示。

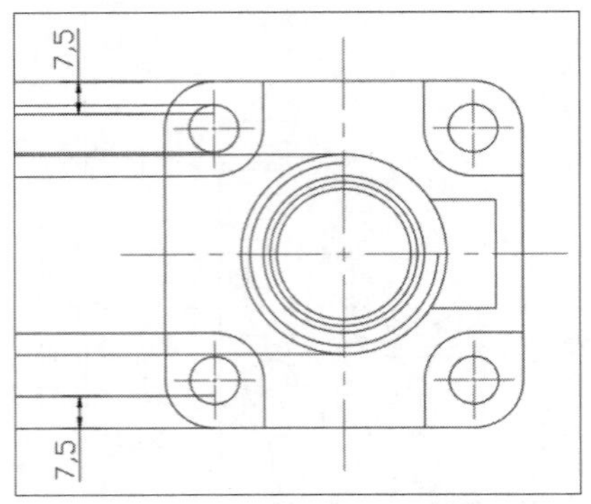

STEP 04 执行“直线”命令，绘制直线，如下图所示。

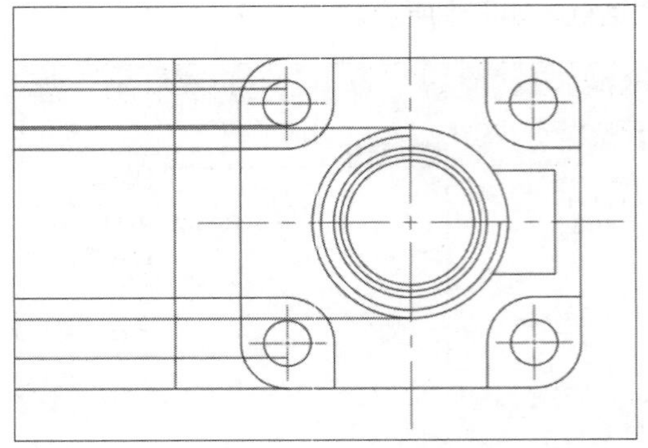

STEP 05 执行“偏移”命令，将直线向左侧偏移，如下图所示。

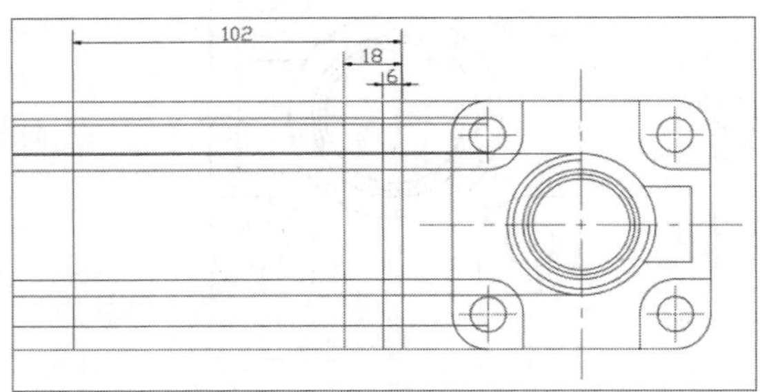

STEP 06 执行“修剪”命令，修剪删除掉多余的线段，如下图所示。

STEP 07 设置“轴线”层为当前层，在“注释”选项卡的“中心线”面板中单击“中心线”按钮，绘制轴线，并将其拉伸为120mm，如下图所示。

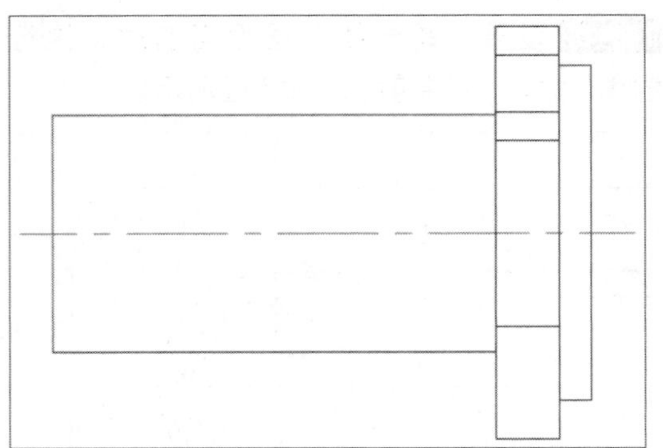

STEP 08 继续执行当前命令，绘制轴线，如下图所示。

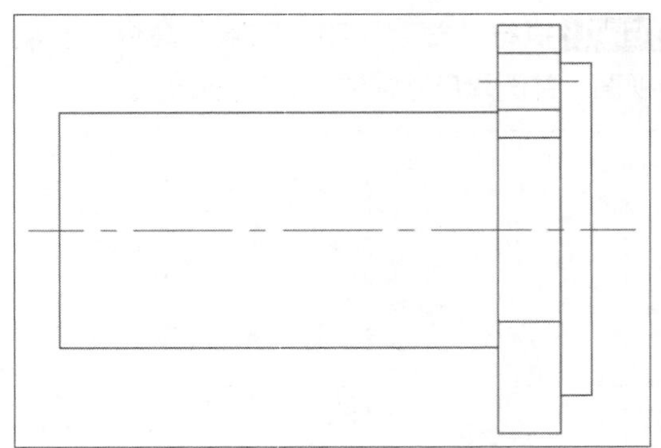

STEP 09 设置“轮廓线”层为当前层，执行“圆”命令，绘制半径为3mm、4mm、12.5mm的同心圆图形，如下图所示。

STEP 10 执行“打断”命令，对半径为4mm的圆图形进行打断操作，并将其放在“细实线”图层，如下图所示。

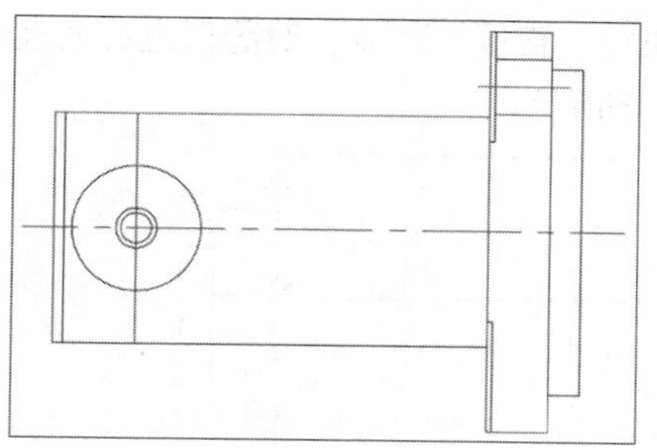

STEP 11 执行“倒角”命令，设置倒角距离为2，对图形进行倒角操作，并删除掉多余的线段，如下图所示。

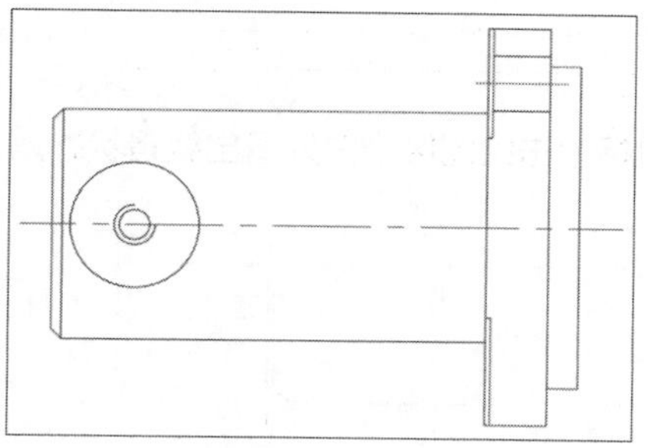

STEP 13 设置“轴线”层为当前层，绘制长为35mm的轴线，如下图所示。

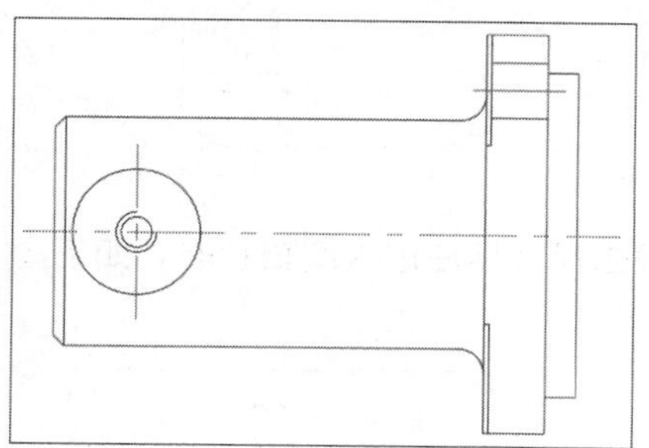

STEP 15 设置“图案填充”层为当前层，设置样例名为ANSI31、比例为1，对图形进行图案填充，如下图所示。

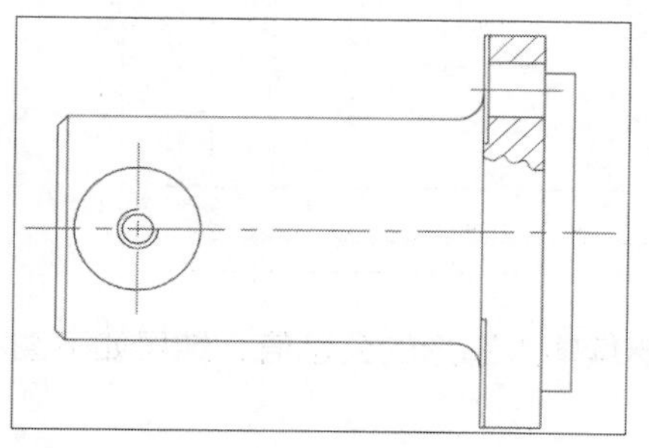

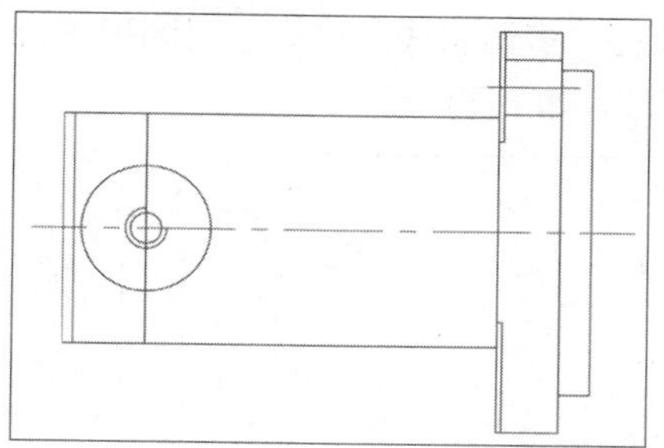

STEP 12 执行“圆角”命令，设置圆角半径为5，对图形进行圆角操作，如下图所示。

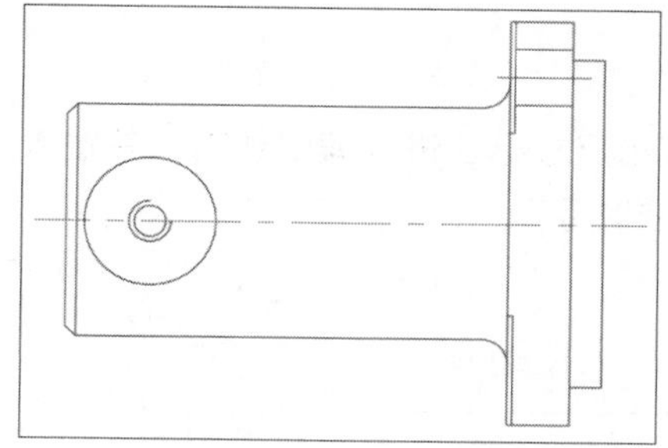

STEP 14 设置“轮廓线”层为当前层，执行“样条曲线”命令，绘制一条样条曲线，如下图所示。

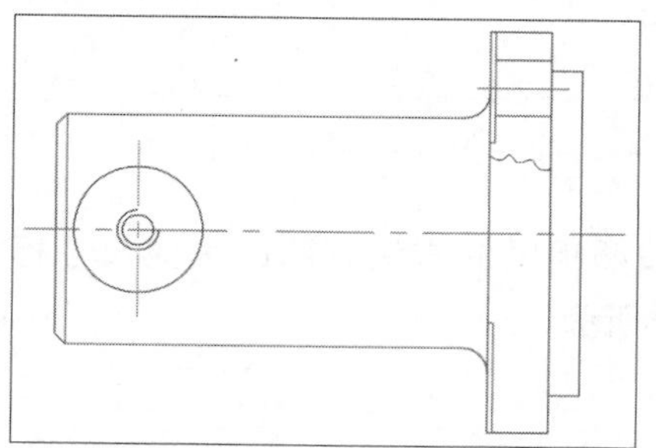

STEP 16 设置“尺寸标注”层为当前层，执行“线性”命令，对当前图形进行线性标注，如下图所示。

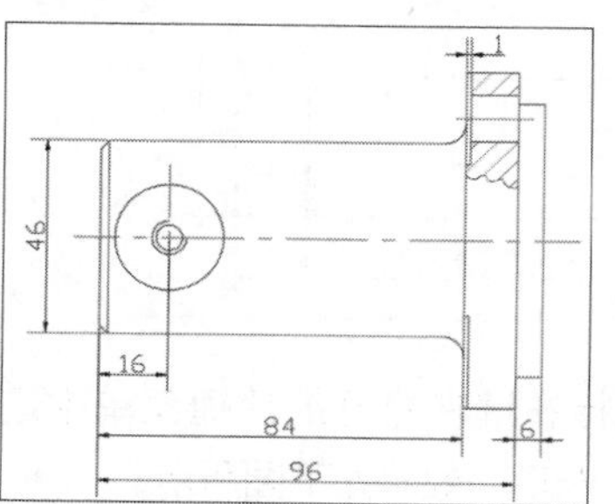

STEP 17 执行“多重引线”命令，对图形进行多重引线标注，如下图所示。

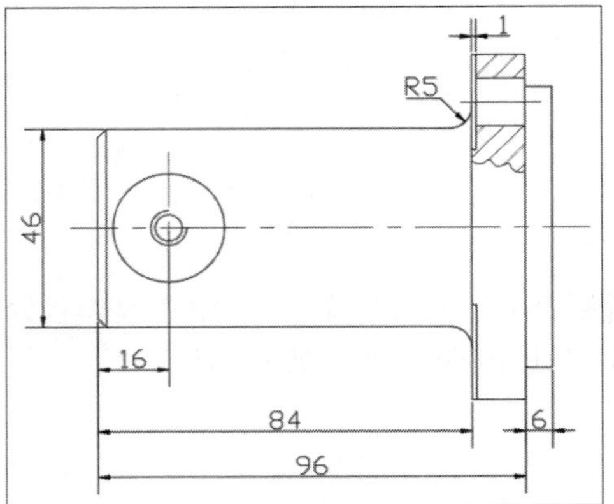

STEP 18 执行“直径”命令，对图形进行直径标注，如下图所示。

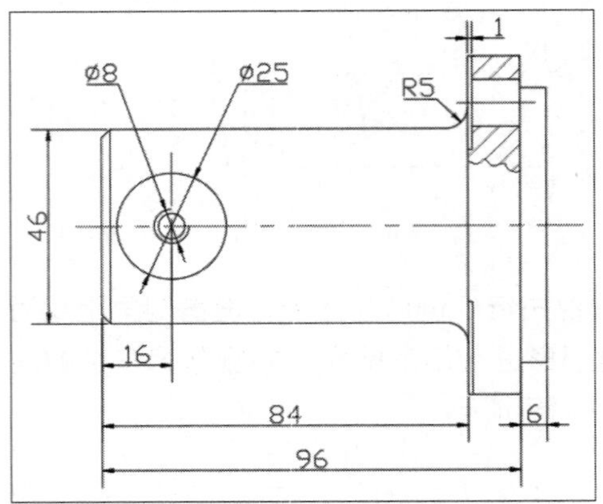

STEP 19 双击尺寸标注进入编辑状态，并输入数值，如下图所示。

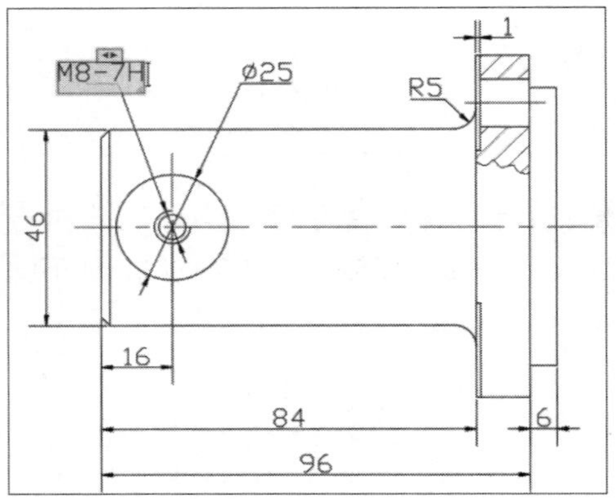

STEP 20 鼠标单击绘图区空白处退出编辑状态，如下图所示。

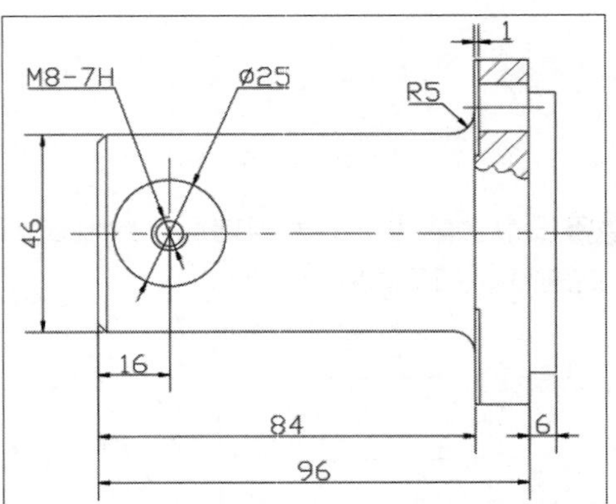

STEP 21 按照相同的方法，修改其他尺寸标注，如下图所示。

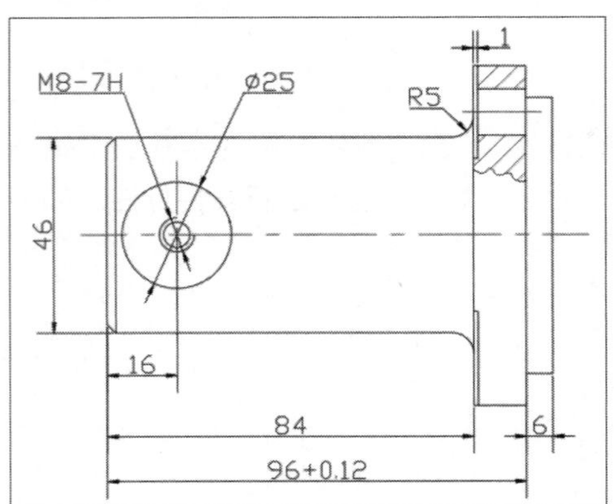

STEP 22 双击尺寸标注进入编辑状态，如下图所示。

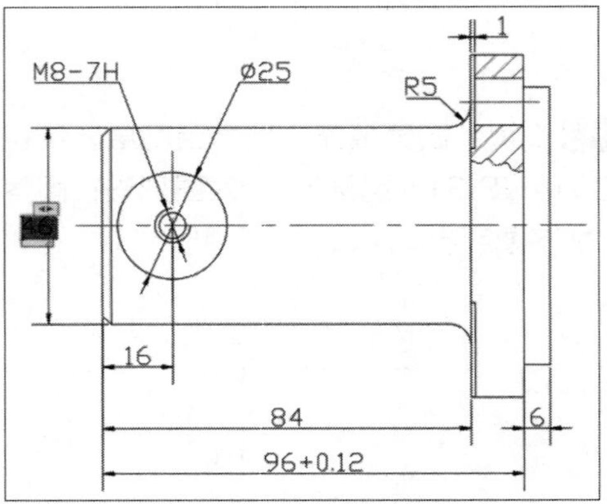

STEP 23 单击鼠标右键在打开的快捷菜单中选择“符号>直径”选项，效果如下图所示。

STEP 24 继续输入图形的公差值，结果如下图所示。

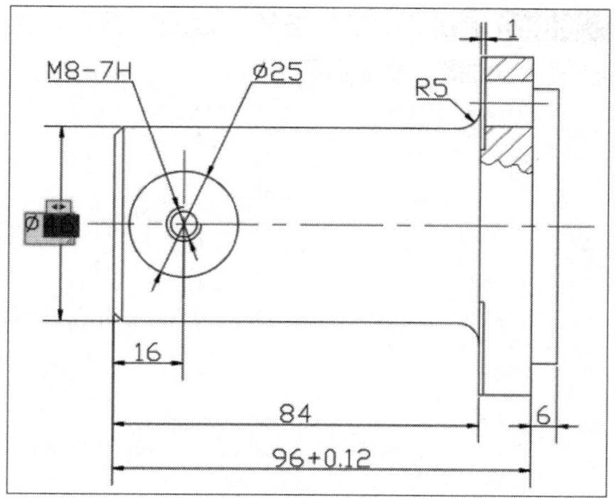

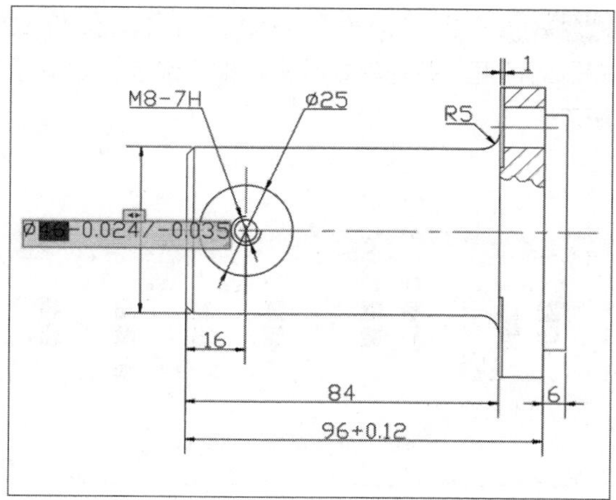

STEP 25 选择公差值，单击鼠标右键，弹出快捷菜单，选择“堆叠”选项，效果如下图所示。

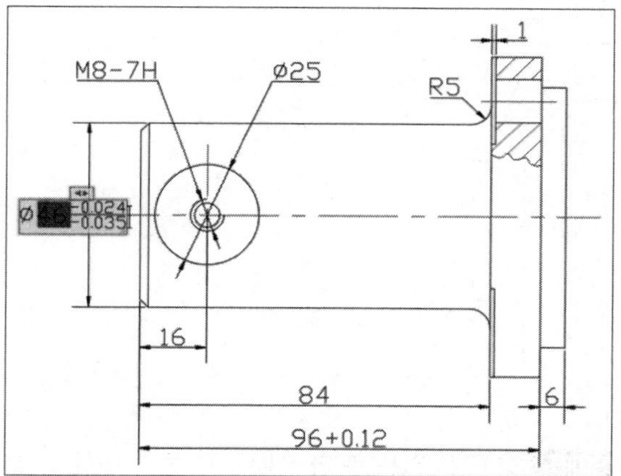

STEP 26 选择调整后公差值，单击鼠标右键，选择“堆叠特性”选项，打开“堆叠特性”对话框，并设置其参数，如下图所示。

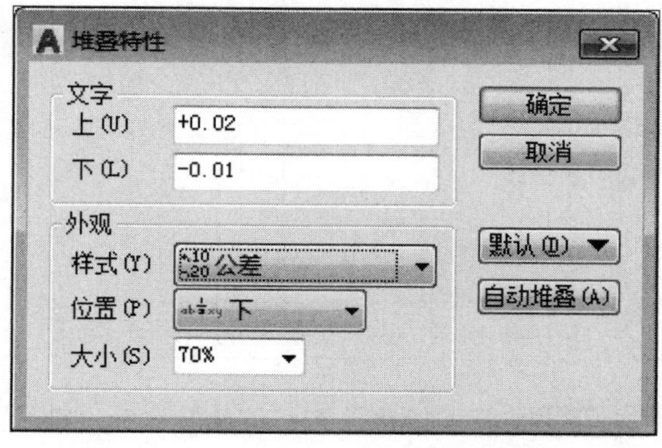

STEP 27 单击“确定”按钮，返回绘图区，效果如下图所示。

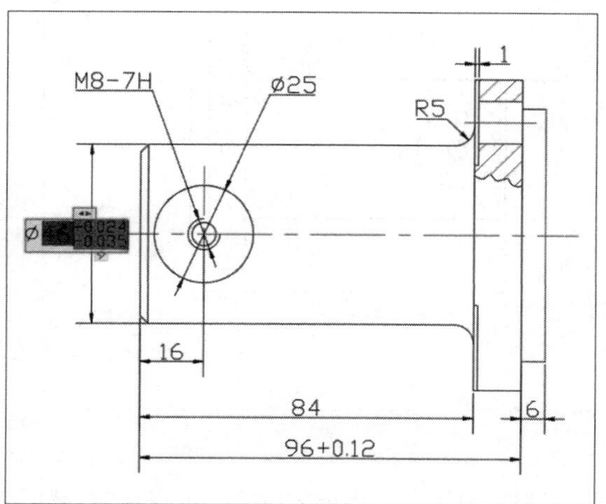

STEP 28 鼠标单击绘图区空白处退出编辑状态，如下图所示。

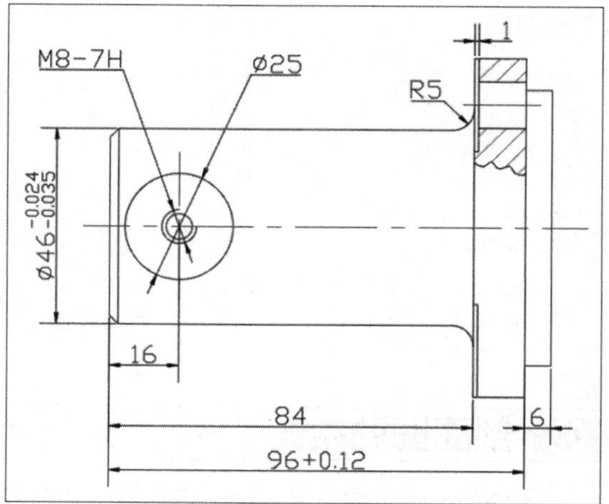

STEP 29 执行“公差”命令，打开“形位公差”对话框，并对其参数进行相应设置，如下图所示。

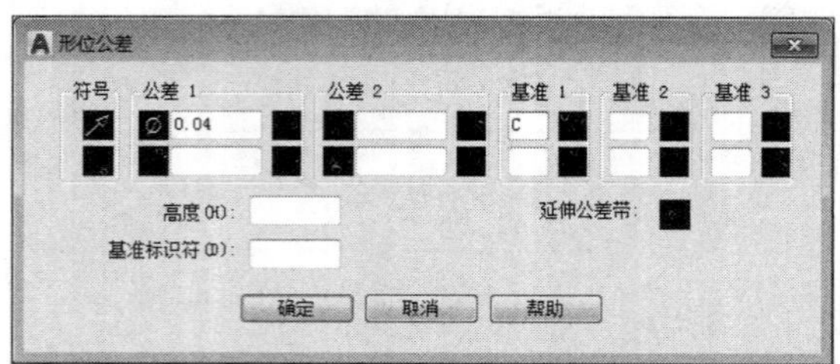

STEP 30 单击“确定”按钮，返回绘图区，并放在合适位置，如下图所示。

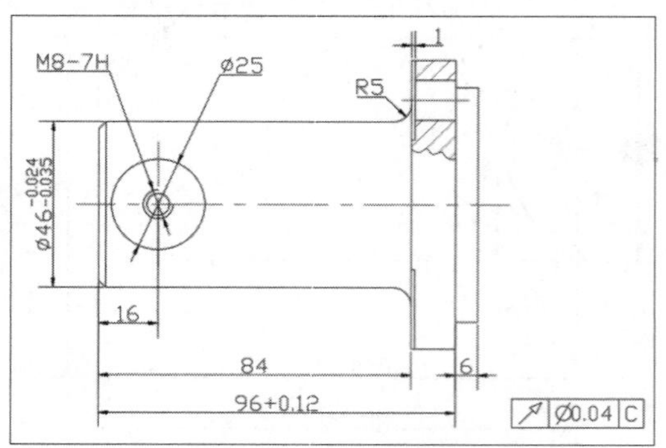

STEP 31 执行“多重引线”命令，为公差标注添加引线，如下图所示。

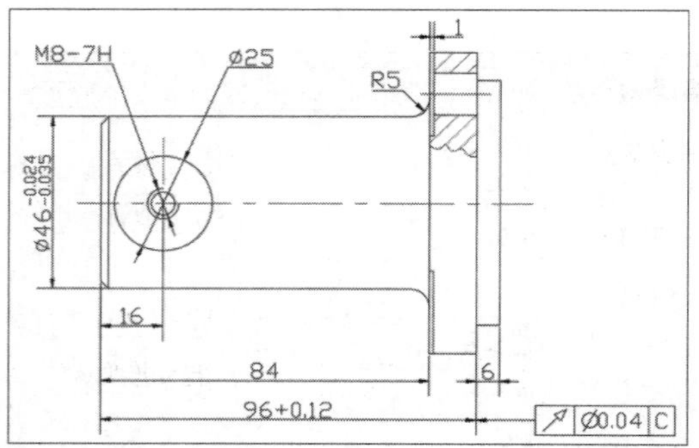

STEP 32 执行“多段线”和“单行文字”命令，绘制粗糙度符号，并放在图中合适位置，如下图所示。

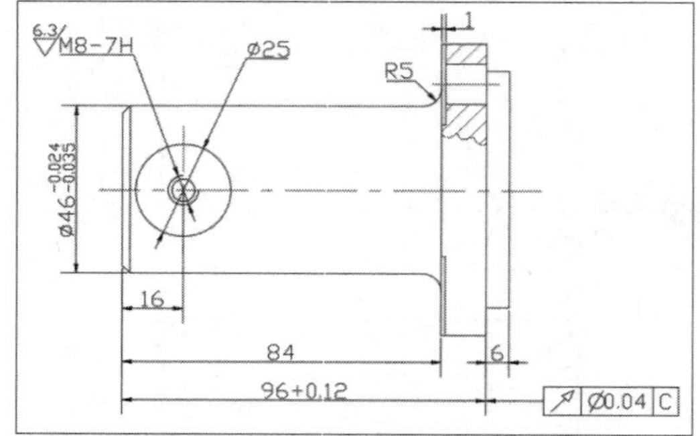

STEP 33 执行“镜像”和“移动”命令，镜像粗糙度符号放在图中合适位置，并对粗糙值进行修改，如下图所示。

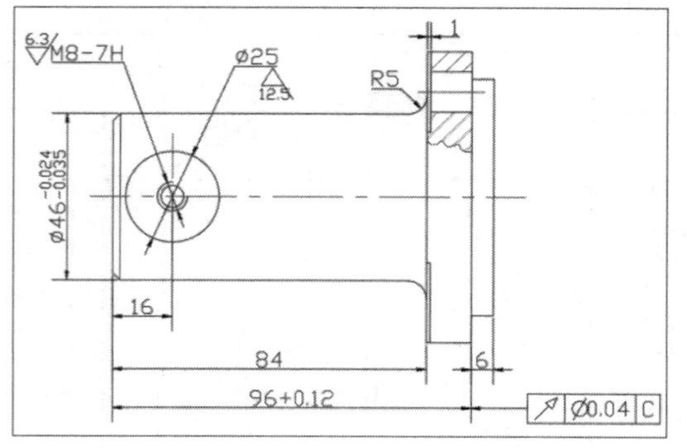

STEP 34 在状态栏单击“显示线宽”按钮，显示线宽，完成半轴壳侧视图的绘制，最终效果如下图所示。

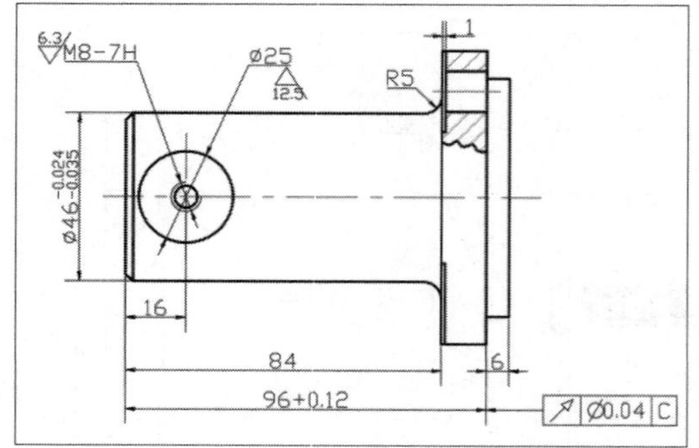

03 剖面图的绘制

零件剖面图主要表示该零件内部的一些构造情况。它是机械制图中重要内容之一。在绘制半轴壳剖面图时，应结合其俯视图、侧面图进行绘制才为准确。下面将介绍半轴壳剖面图的绘制方法：

STEP 01 执行“复制”和“修剪”命令，复制侧视图，并修剪删除掉多余的图形，如下图所示。

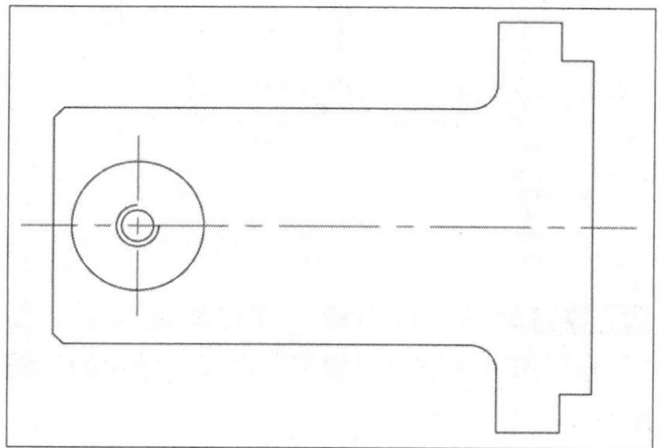

STEP 02 设置“轮廓线”层为当前层，执行“射线”命令，绘制射线，如下图所示。

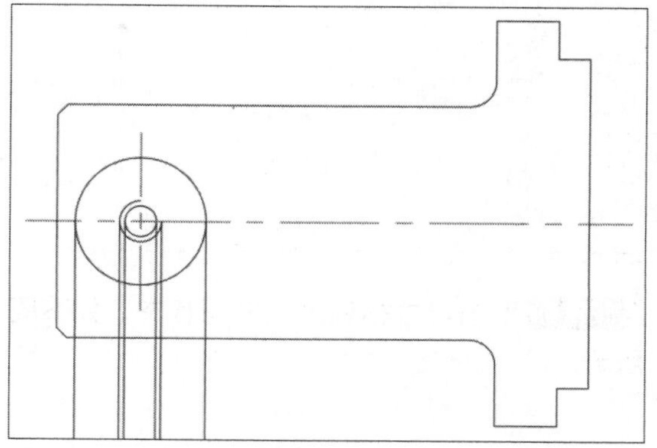

STEP 03 执行“偏移”命令，偏移线段，如下图所示。

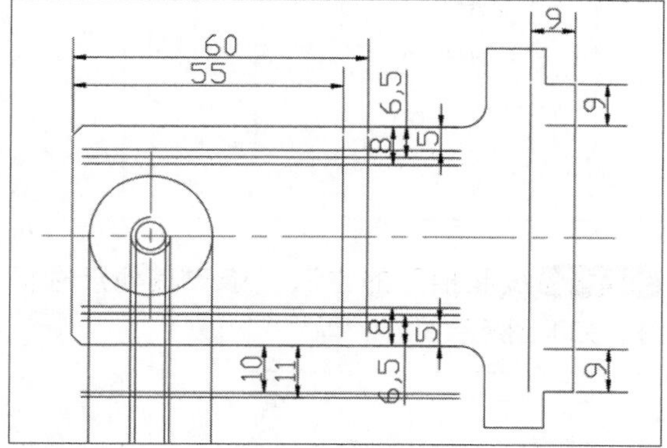

STEP 04 执行“延伸”和“修剪”命令，对图形进行修剪，如下图所示。

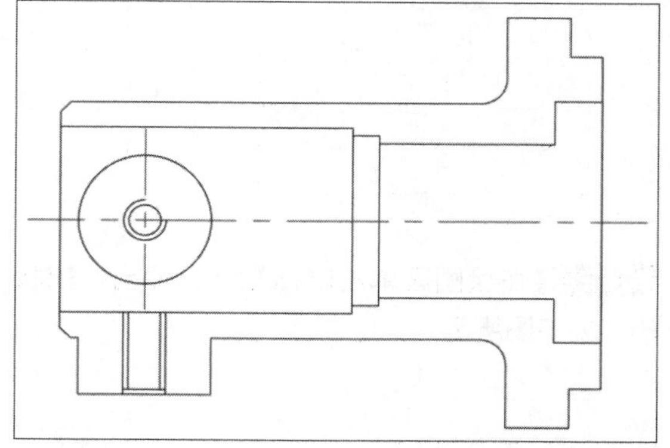

STEP 05 执行“倒角”命令，设置倒角距离为1mm，对图形进行倒角操作，如下图所示。

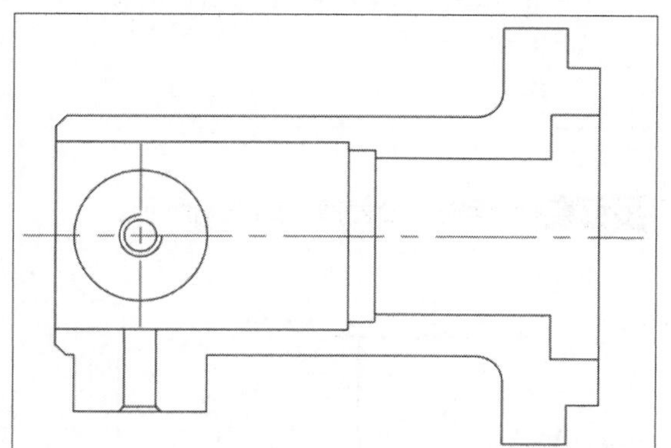

STEP 06 执行“删除”命令，删除掉多余的图形，如下图所示。

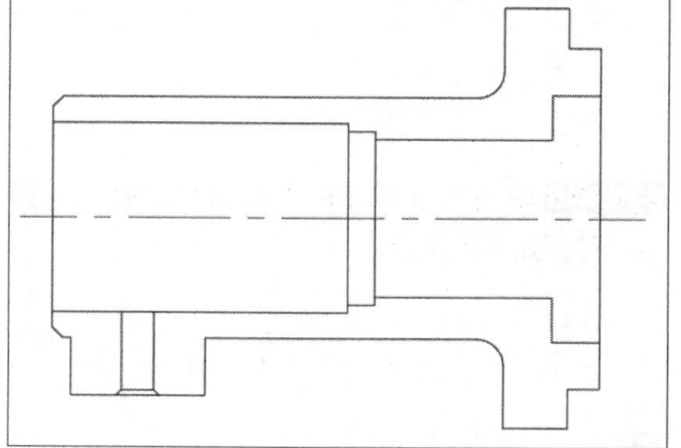

STEP 07 设置“图案填充”层为当前层，执行“图案填充”命令，设置样例名为ANSI31，比例为1，对图形进行图案填充，如下图所示。

STEP 08 设置“尺寸标注”层为当前层，执行“线性”命令，对图形进行线性标注，结果如下图所示。

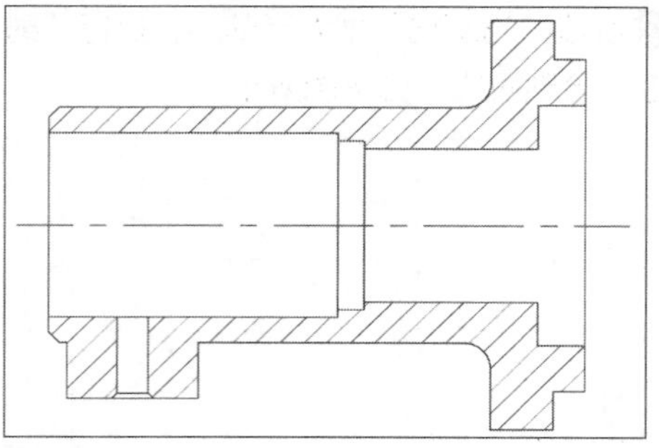

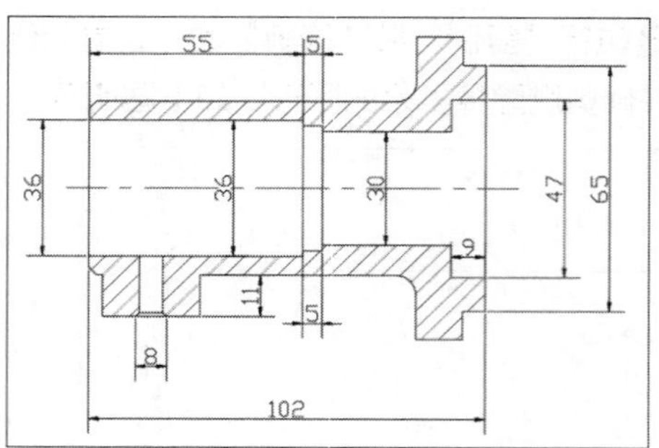

STEP 09 双击尺寸标注进入编辑状态，如下图所示。

STEP 10 单击鼠标右键，弹出快捷菜单，在“符号”选项中选择“直径”选项，效果如下图所示。

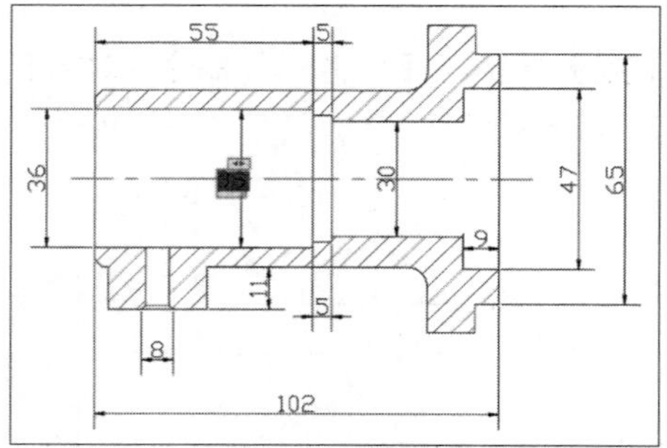

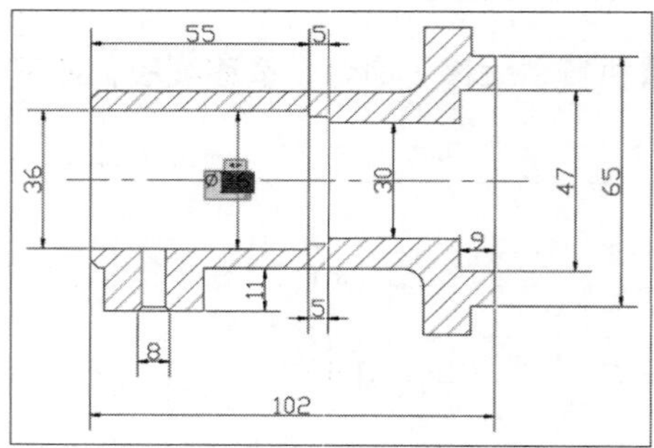

STEP 11 在绘图区单击鼠标左键，退出编辑状态，如下图所示。

STEP 12 按照相同的方法，修改其他尺寸标注，如下图所示。

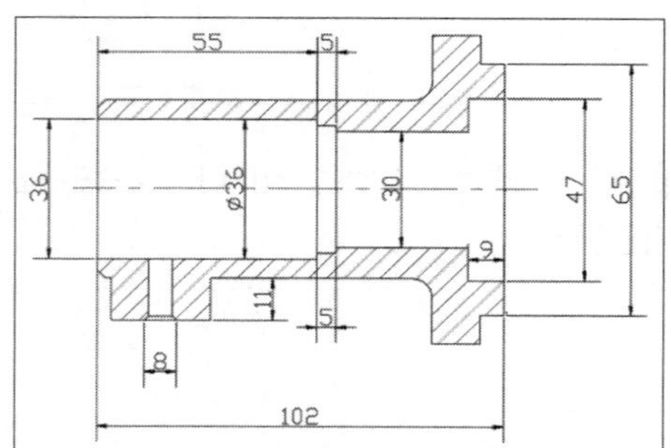

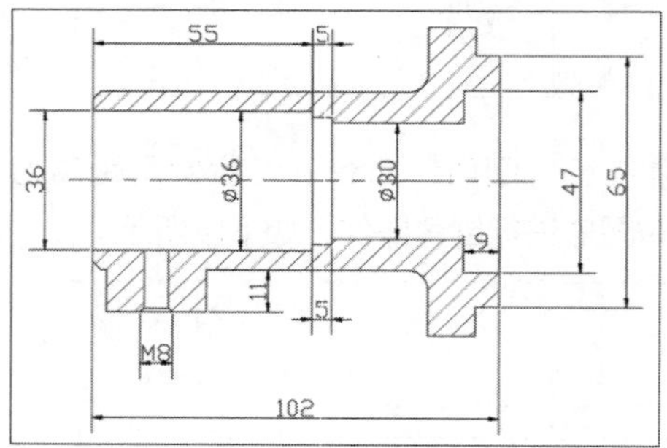

STEP 13 单击尺寸标注进入编辑状态并输入直径符号，如下图所示。

STEP 14 继续输入公差值，如下图所示。

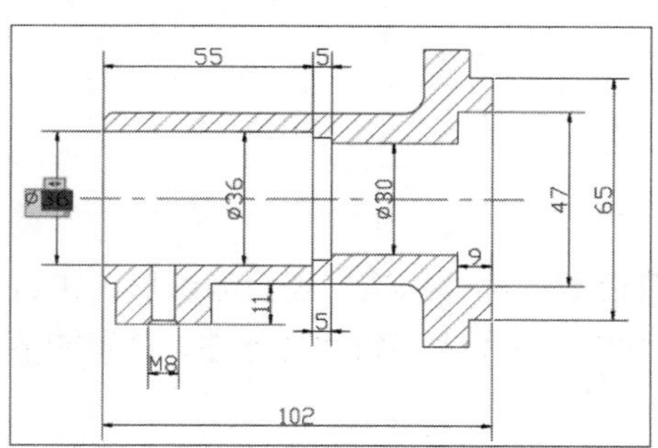

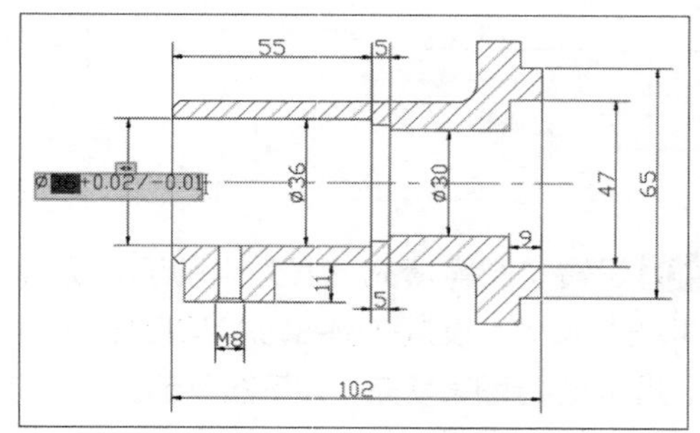

STEP 15 选择公差值，单击鼠标右键，选择“堆叠”选项，如下图所示。

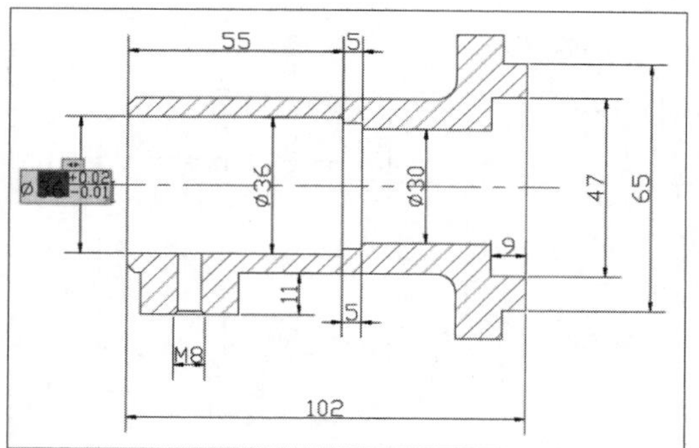

STEP 16 在绘图区空白处单击鼠标，退出编辑状态，如下图所示。

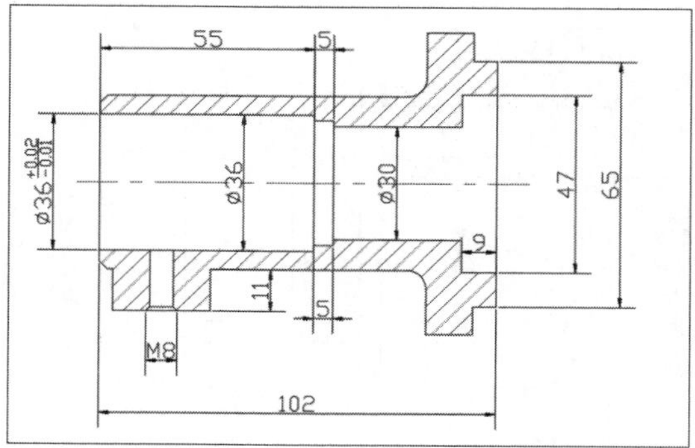

STEP 17 选择调整后公差值，单击鼠标右键，在弹出的快捷菜单中选择“堆叠特性”选项，打开“堆叠特性”对话框，并设置其参数，如下图所示。

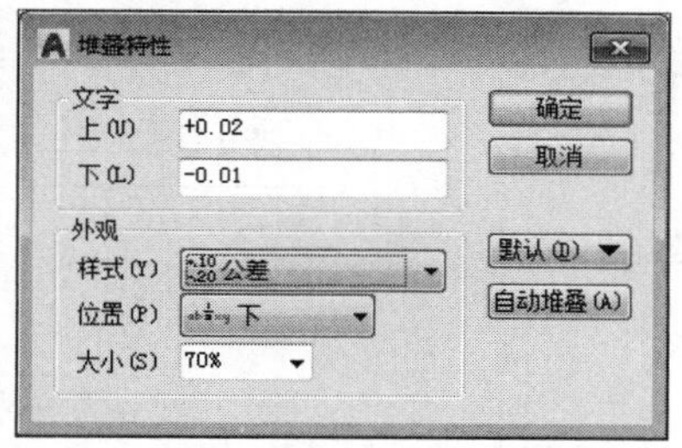

STEP 18 单击“确定”按钮，返回绘图区，效果如下图所示。

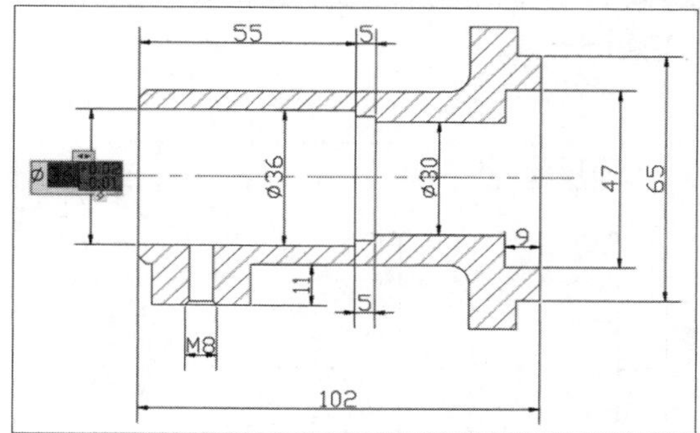

STEP 19 鼠标在绘图区单击左键，退出编辑状态，如下图所示。

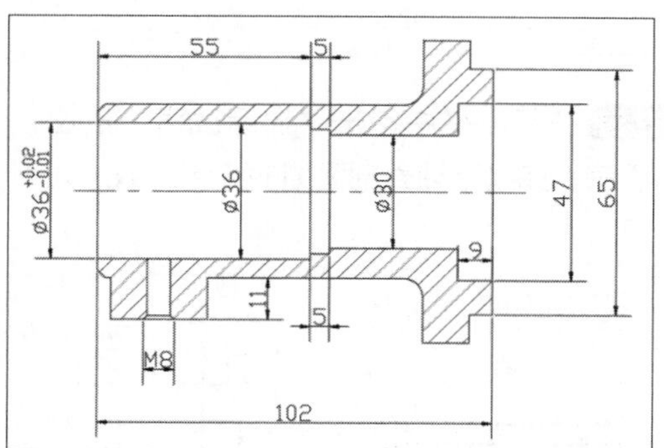

STEP 20 按照相同的方法修改其他尺寸标注，如下图所示。

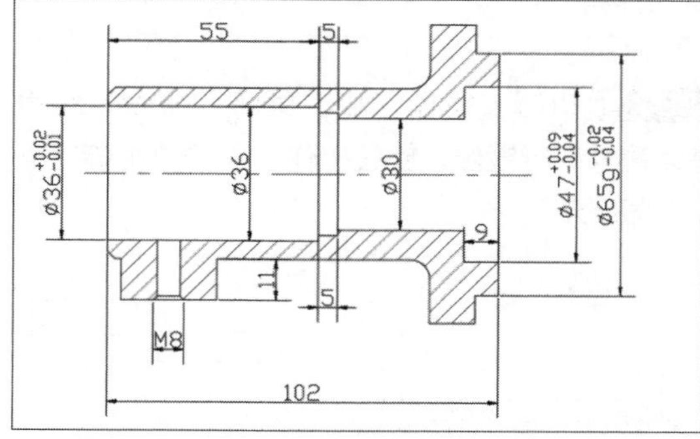

STEP 21 执行“公差”命令，打开“形位公差”对话框，并对其参数进行相应设置，如右图所示。

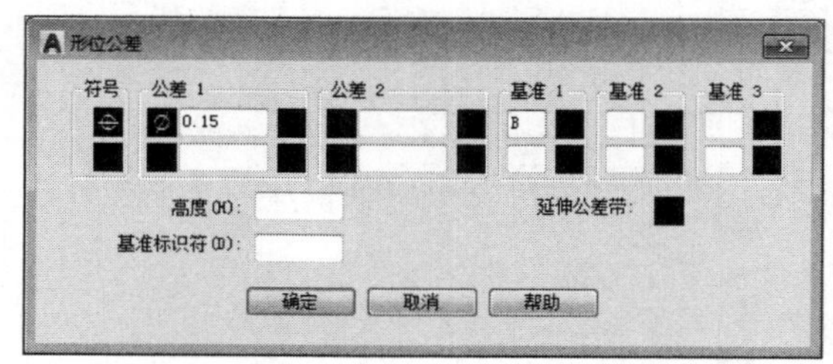

STEP 22 单击“确定”按钮，返回绘图区，并指定公差标注的位置，如下图所示。

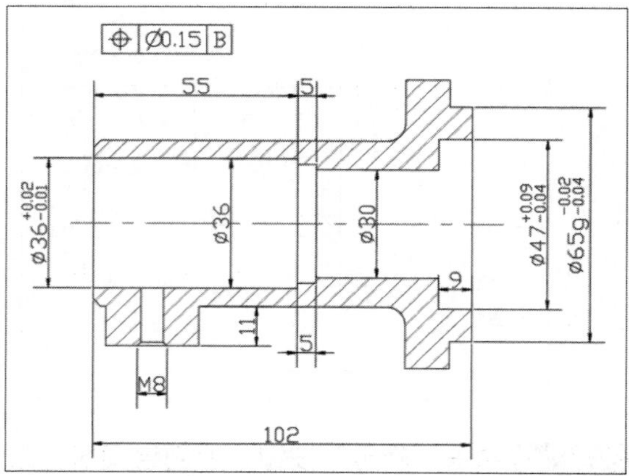

STEP 23 执行“多重引线”命令，为公差标注添加引线，如下图所示。

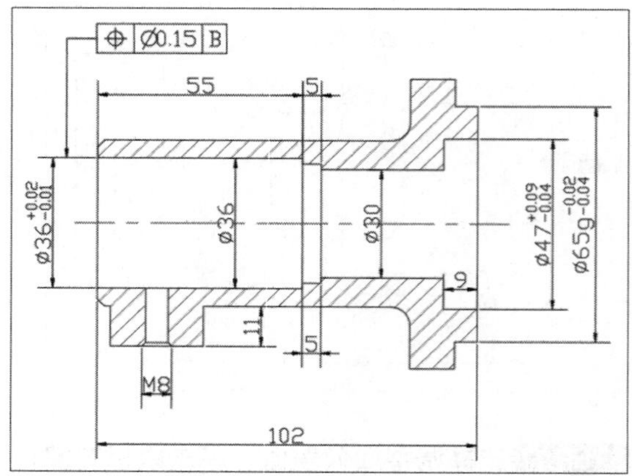

STEP 24 按照相同的方法创建其余公差标注，如下图所示。

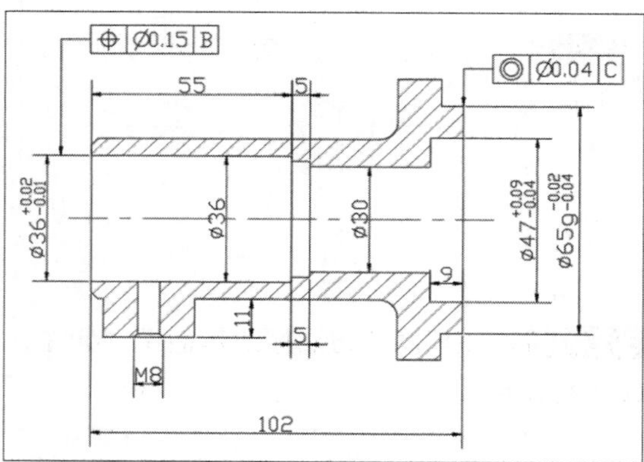

STEP 25 执行“多段线”和“单行文字”命令，绘制粗糙度符号，并放在绘图区合适位置，如下图所示。

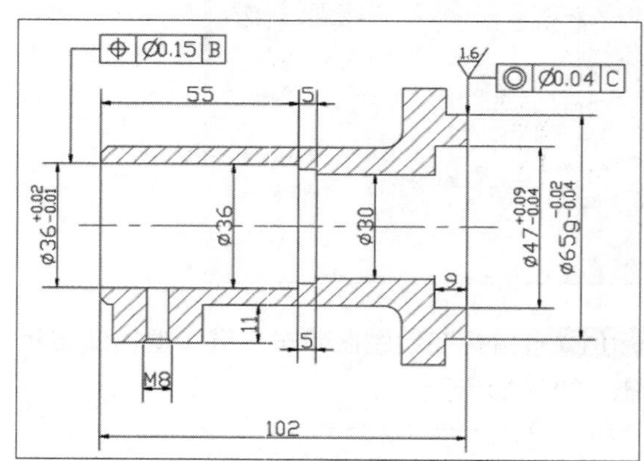

STEP 26 执行“镜像”和“旋转”命令，对粗糙度符号进行镜像、旋转操作，并修改粗糙值，如下图所示。

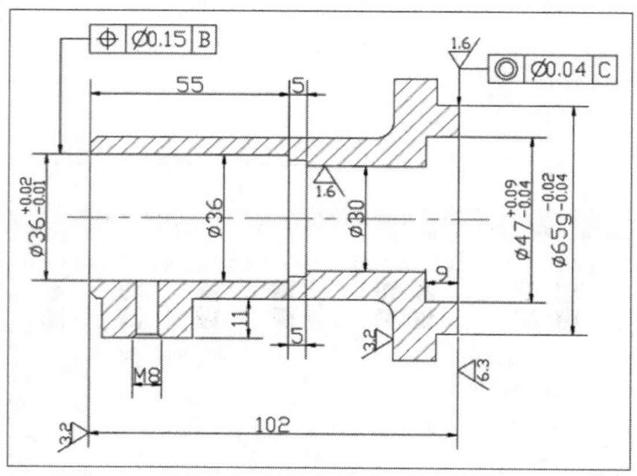

STEP 27 在状态栏中单击“显示线宽”按钮，显示线宽，完成半轴壳剖面图的绘制，效果如下图所示。

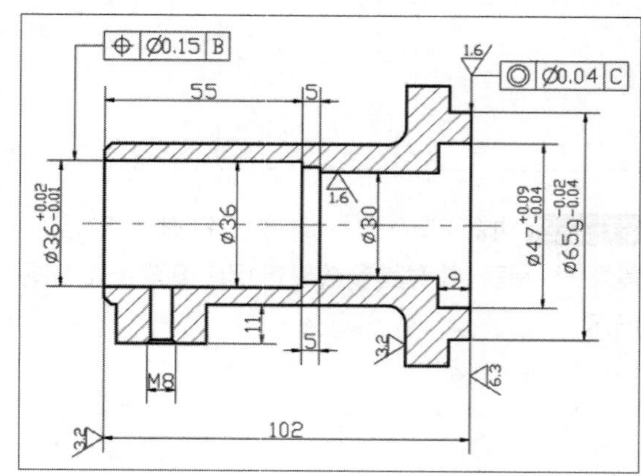

04 创建图纸图框

添加图纸图框可使绘制的图纸具有完整性。图框的绘制是有相关要求的，其大小可分为：A0、A1、A2、A3及A4这5种类型。下面将以A4图框为例，来介绍其操作方法：

STEP 01 执行“图层”命令，打开“图层特性管理器”选项板，新建“图框”图层并设置其特性，如下图所示。

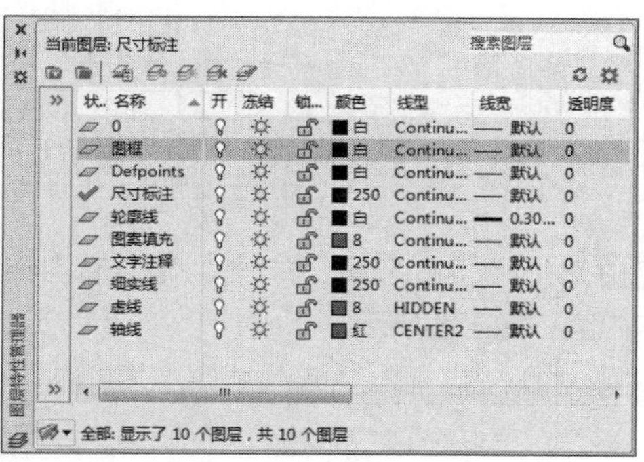

STEP 02 设置“图框”层为当前层，执行“矩形”命令，绘制长为297mm，宽为210mm的矩形图形，如下图所示。

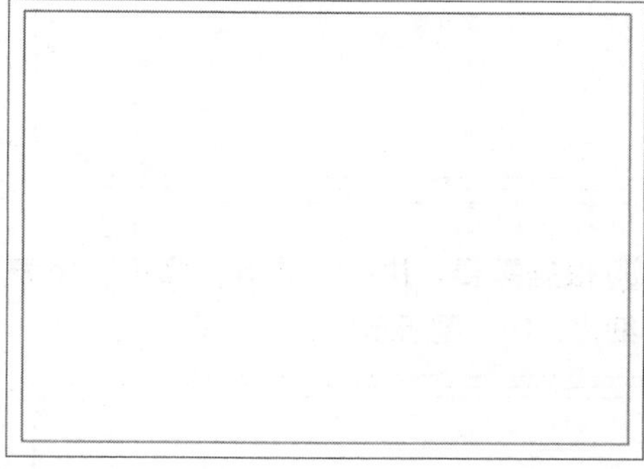

STEP 03 执行“偏移”命令，将矩形图形向内偏移5mm，如下图所示。

STEP 04 执行“分解”命令，将原矩形图形进行分解，并执行“偏移”命令，将左侧线段偏移20mm，如下图所示。

STEP 05 执行“圆角”命令，设置圆角半径为0mm，对外框线进行修改，并删除掉多余的线段，如下图所示。

STEP 06 执行“偏移”命令，将线段向内进行偏移，如下图所示。

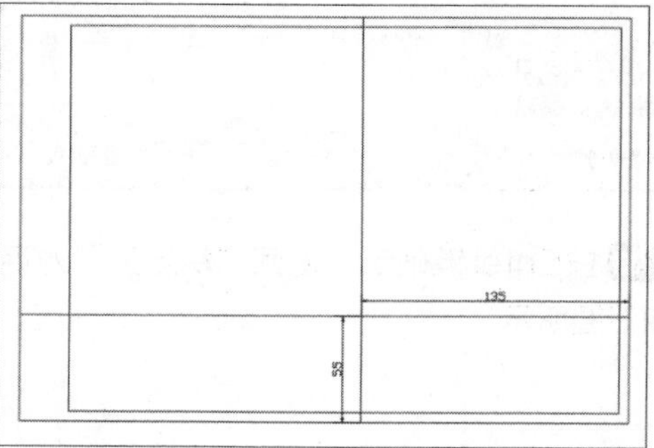

STEP 07 执行“修剪”命令，修剪删除掉多余的线段，如下图所示。

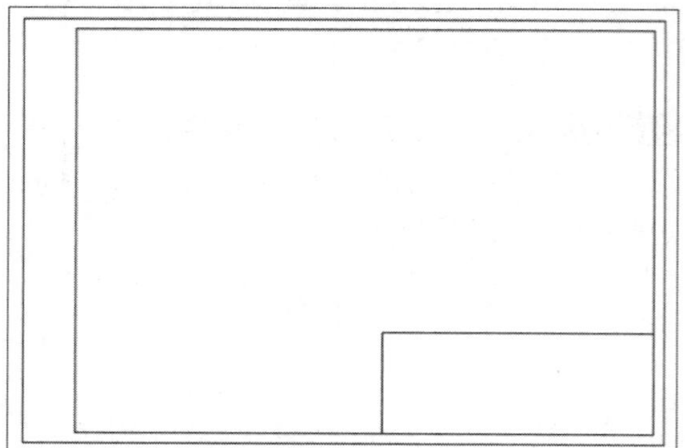

STEP 08 执行“定数等分”命令，将偏移得到的长方形进行等分，并绘制等分线，如下图所示。

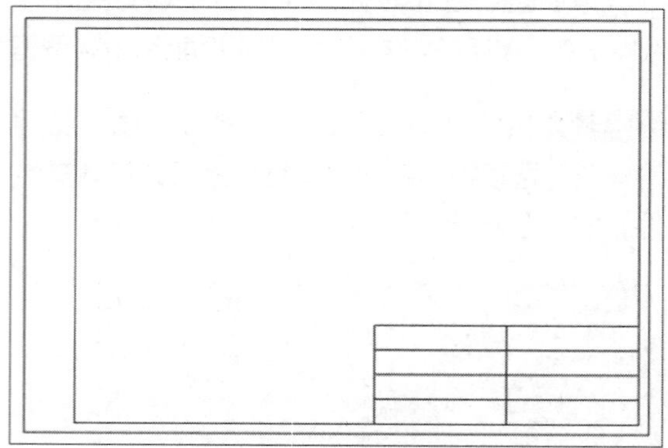

STEP 09 根据需要，执行“修剪”命令，将表格进行细化，如下图所示。

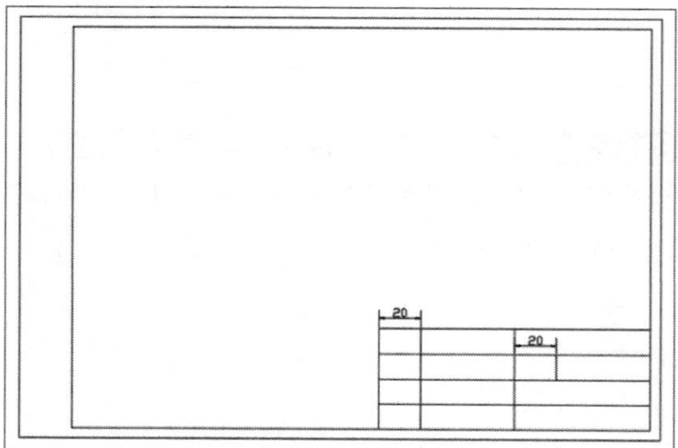

STEP 10 执行“单行文字”命令，在表格内输入文字内容，如下图所示。

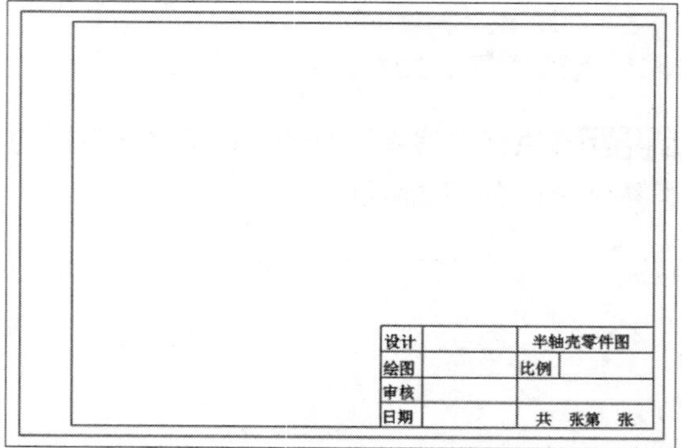

STEP 11 执行“创建块”命令，打开“块定义”对话框，如下图所示。

STEP 12 单击“选择对象”按钮，在绘图区选择图框，如下图所示。

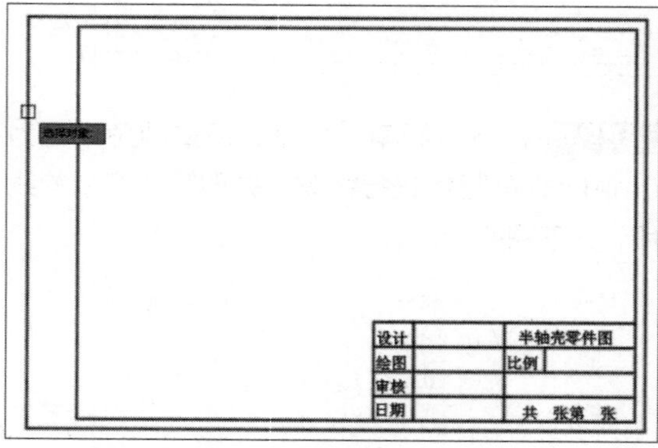

STEP 13 按Enter键确定，返回“块定义”对话框，如下图所示。

STEP 14 单击“拾取点”按钮，在绘图区中指定插入基点，如下图所示。

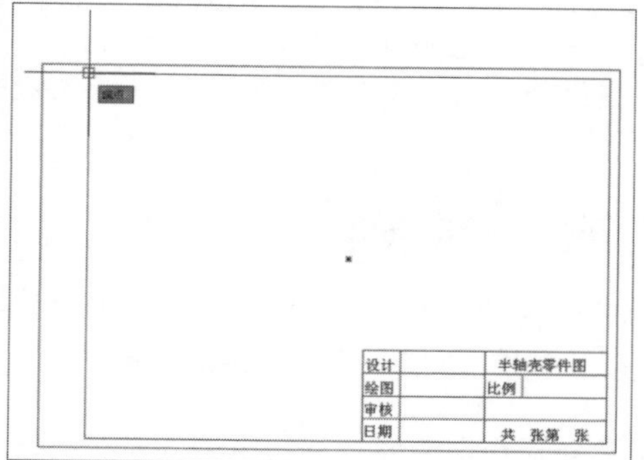

STEP 15 单击鼠标左键，返回“块定义”对话框，并输入名称，如下图所示。

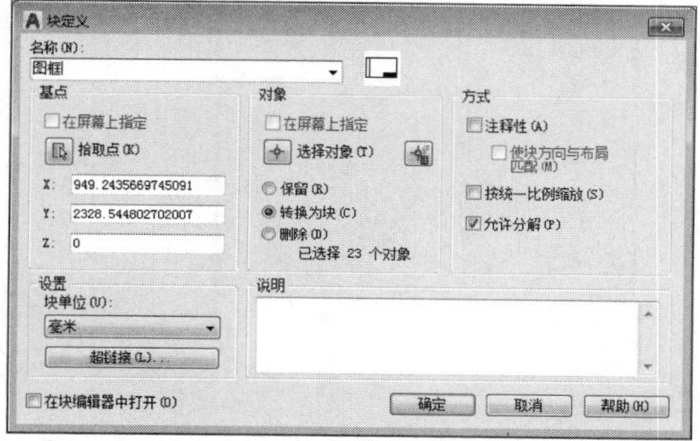

STEP 16 单击“确定”按钮，关闭对话框，此时图框已创建为块，如下图所示。

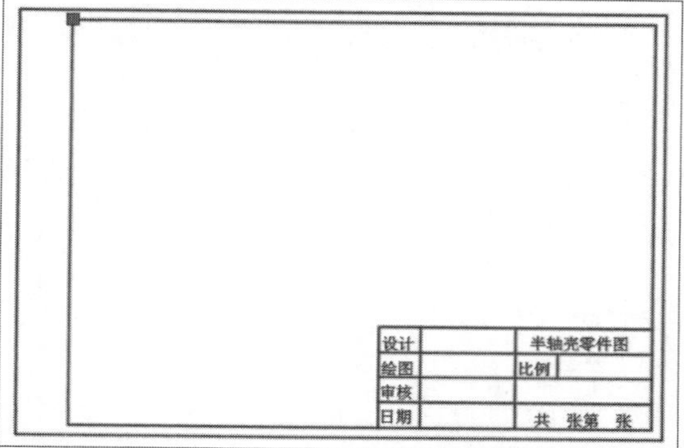

STEP 17 将半轴壳零件的三视图创建为块，执行“缩放”命令，设置缩放比例为0.7，将三视图放在图框的合适位置，如下图所示。

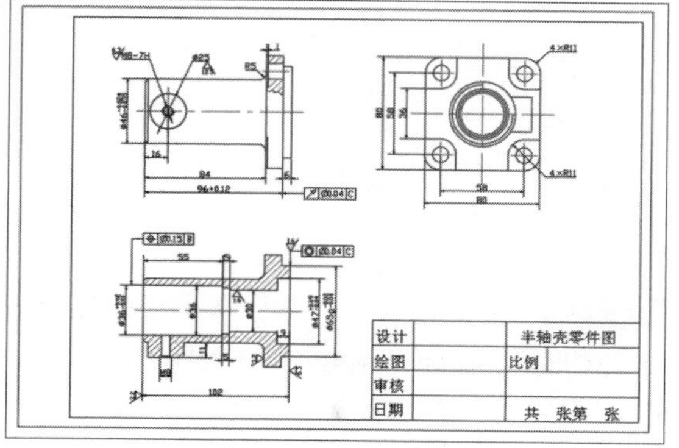

STEP 18 设置“文字注释”层为当前层，执行“多行文字”命令，为图纸添加技术说明，完成半轴壳零件三视图的绘制，如下图所示。

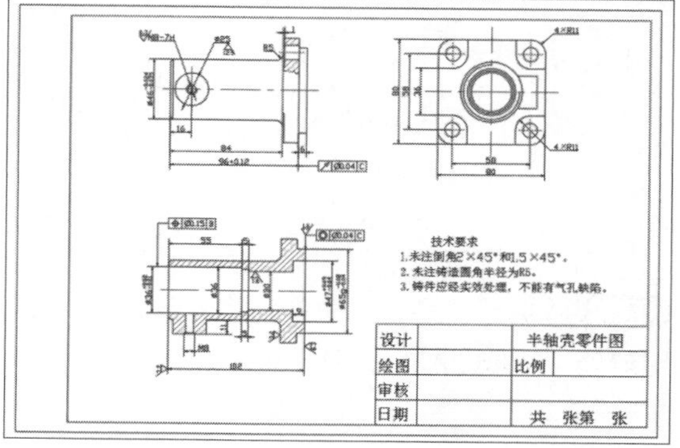

Lesson 02 半轴壳零件模型的绘制

二维图形只能显示平面效果，三维实体模型则可以还原真实的模型效果。三维实体模型可以通过二维图形来创建，也可以直接使用三维模型命令来创建。

原始文件：实例文件\第19章\原始文件\半轴壳三视图.dwg
最终文件：实例文件\第19章\最终文件\半轴壳模型.dwg

01 创建三维模型

机械三维模型可直观的表达出零件的形状和结构。在绘制半轴壳模型时，主要运用到的操作命令有：拉伸、差集、倒角边以及圆角边等命令。下面将介绍半轴壳模型的绘制方法：

STEP 01 新建空白文件，将其保存为“三维模型”文件，复制零件俯视图，删除掉多余的线段，如下图所示。

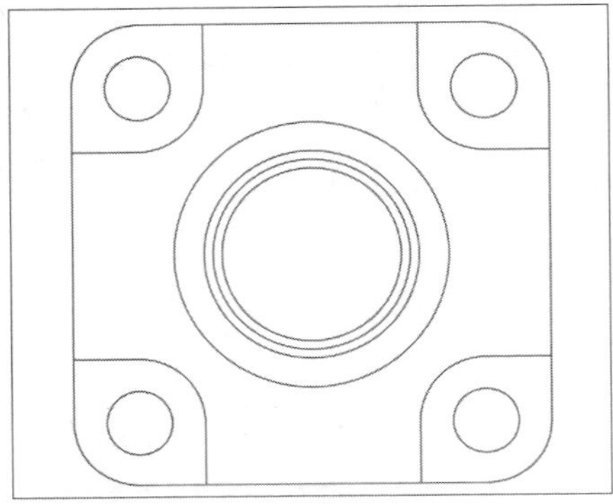

STEP 02 执行“多段线”命令，根据图形轮廓绘制多段线，并删除多余的线段，如下图所示。

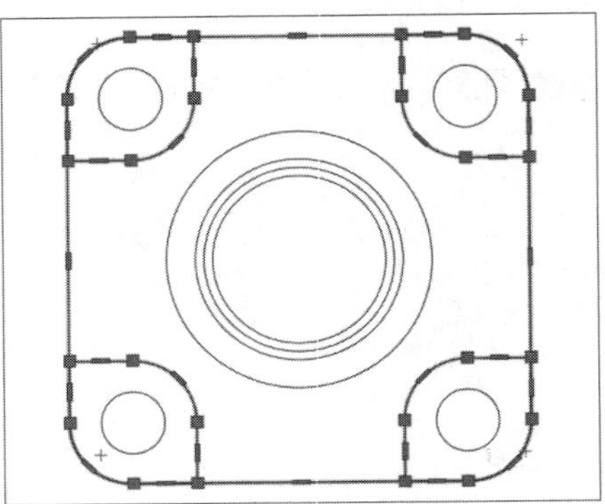

STEP 03 将工作空间转化为“三维建模”空间，将视图控件转化为西南等轴测，如下图所示。

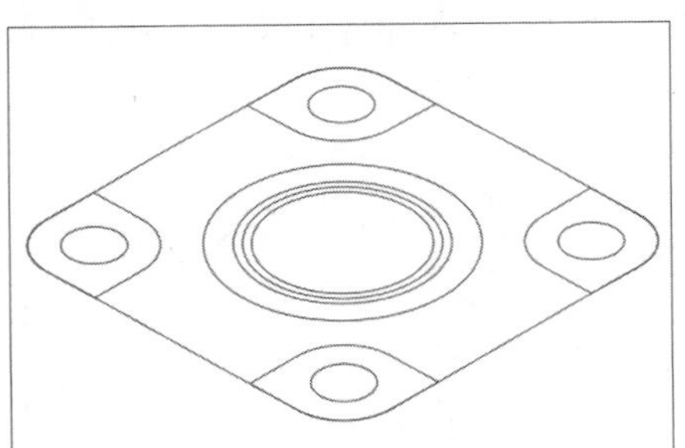

STEP 04 执行“拉伸”命令，将轮廓线向下拉伸12mm，如下图所示。

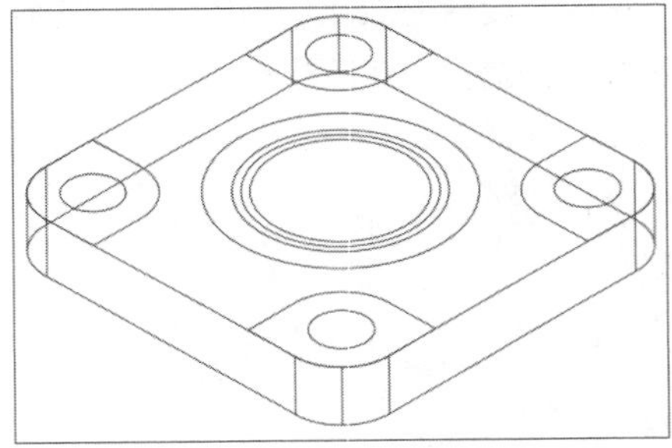

STEP 05 执行“移动”命令，除内部3个同心圆对象外，其余图形向上移动9mm，如下图所示。

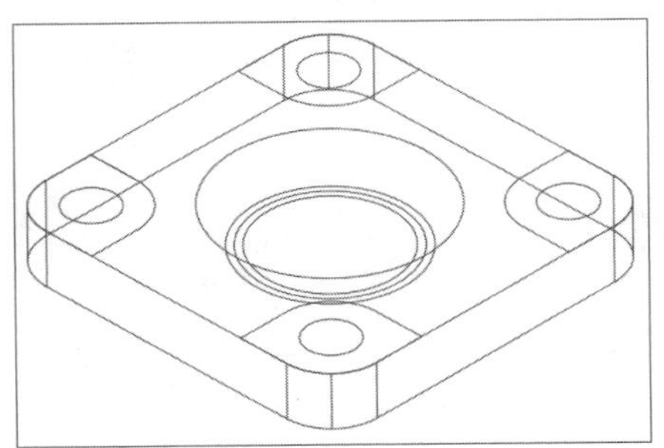

STEP 06 执行“拉伸”命令，将半径为15mm的圆图形向上拉伸33mm，如下图所示。

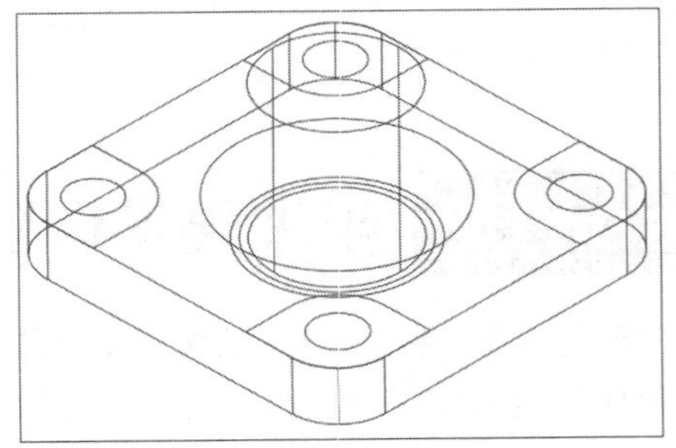

STEP 07 继续执行当前命令，将半径为16.5mm的圆图形向上拉伸5mm，如下图所示。

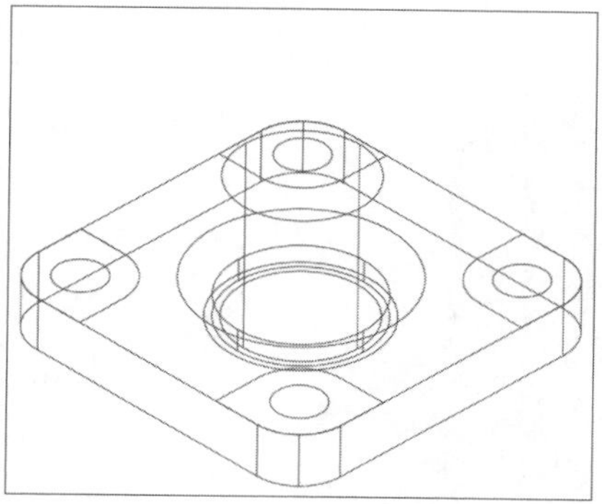

STEP 08 继续执行当前命令，将半径为18mm的圆图形向上拉伸55mm，如下图所示。

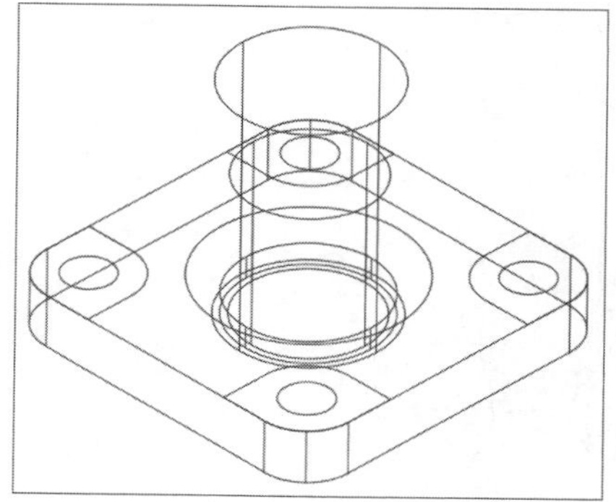

STEP 09 执行“移动”命令，将拉伸高度为55mm的圆柱体向上移动38mm，如下图所示。

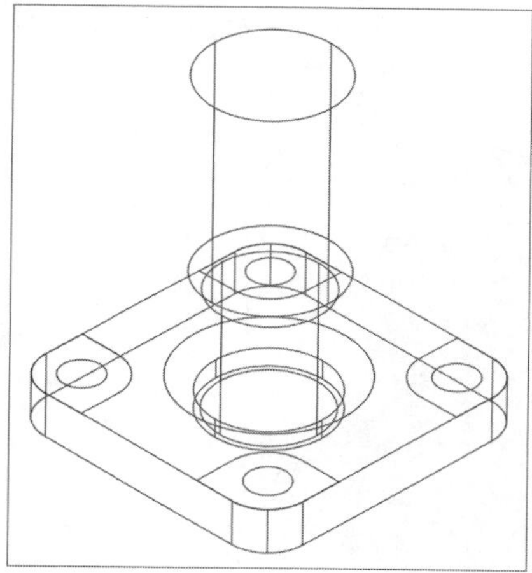

STEP 10 继续执行当前命令，将拉伸高度为5mm的圆柱体向上移动33mm，如下图所示。

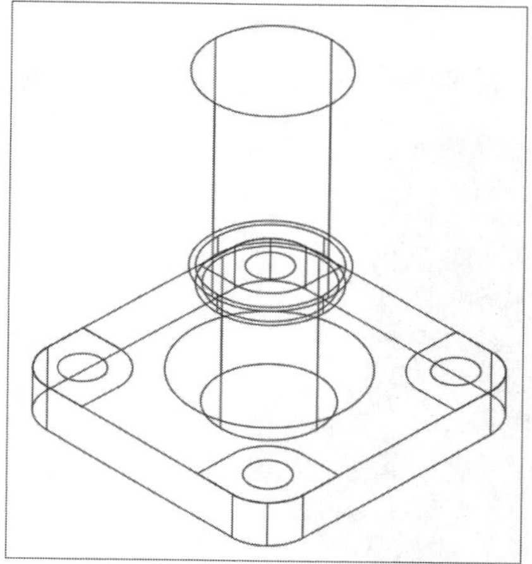

STEP 11 执行“圆柱体”命令，捕捉底面圆心，绘制半径为23.5mm，高为-9mm的圆柱体模型，如下图所示。

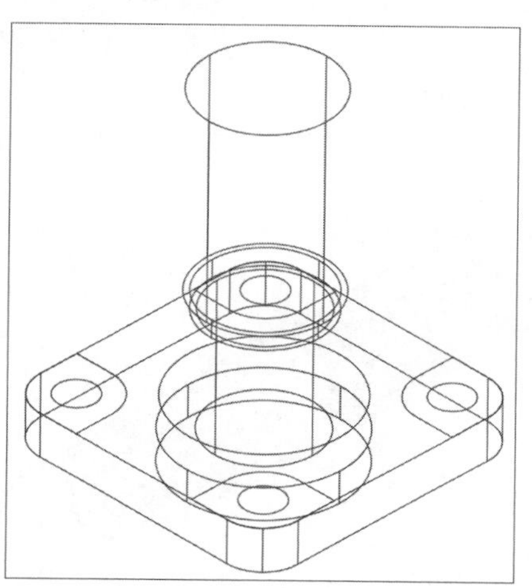

STEP 12 继续执行当前命令，捕捉刚创建圆柱体底面圆心，绘制半径为32.5mm，高为6mm的圆柱体，如下图所示。

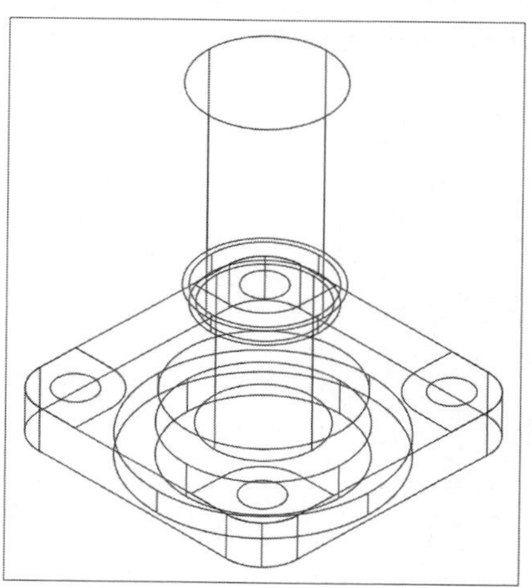

STEP 13 执行“并集”命令，将拉伸出来的三个圆柱体与底面半径为23.5mm的圆柱体进行并集操作，如下图所示。

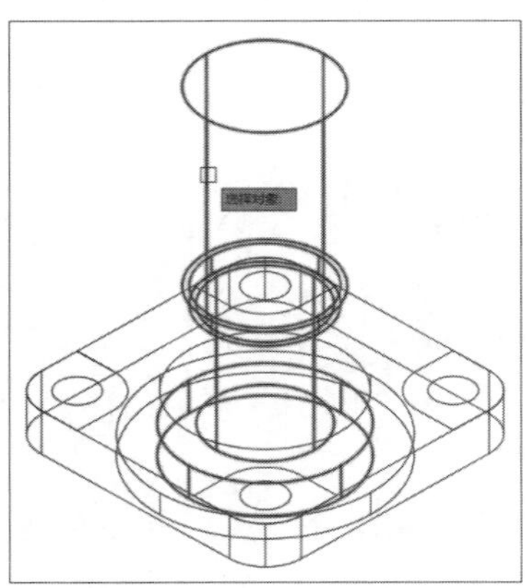

STEP 14 将视觉样式控件转化为“概念”，如下图所示。

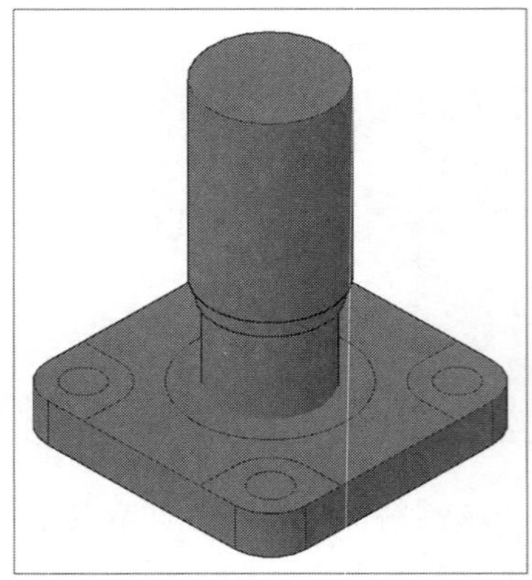

STEP 15 执行“拉伸”命令，将半径为23mm的圆图形向上拉伸84mm，如下图所示。

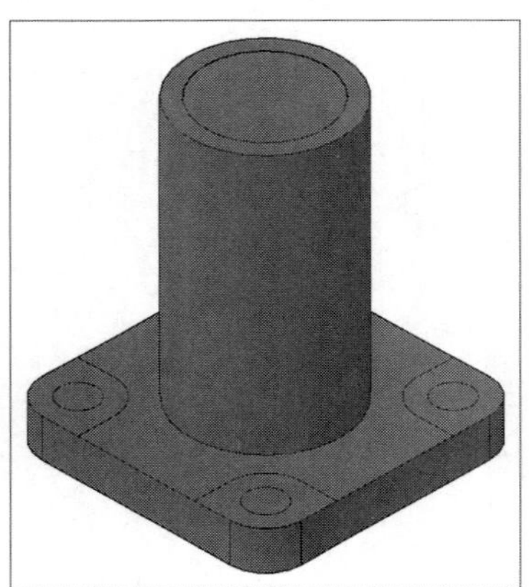

STEP 16 继续执行当前命令，将四个圆角边图形向下拉伸1mm，如下图所示。

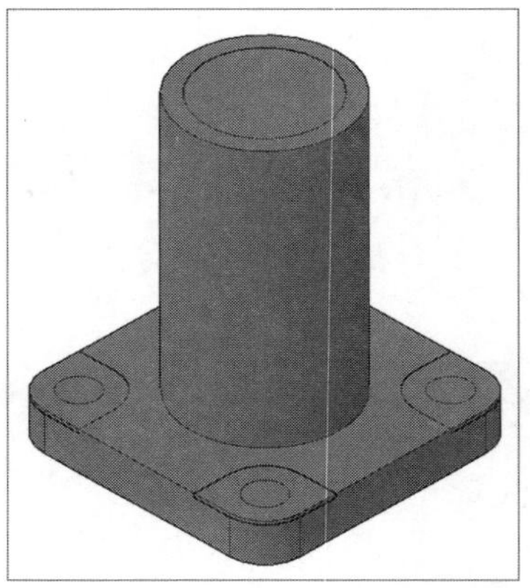

STEP 17 将视觉样式控件转化为“二维线框”，继续执行拉伸命令，将半径为5.5mm的圆图形向下拉伸12mm，如下图所示。

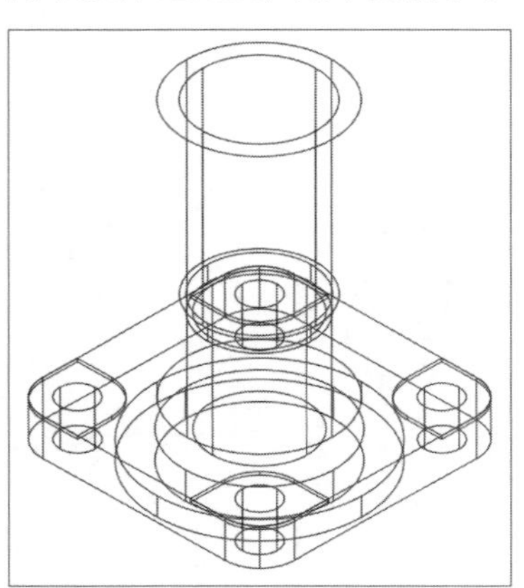

STEP 18 将视觉样式控件转化为“概念”，执行“圆柱体”和“三维旋转”命令，绘制半径为3mm，高为34mm的圆柱体，并将其沿Y轴旋转90°，如下图所示。

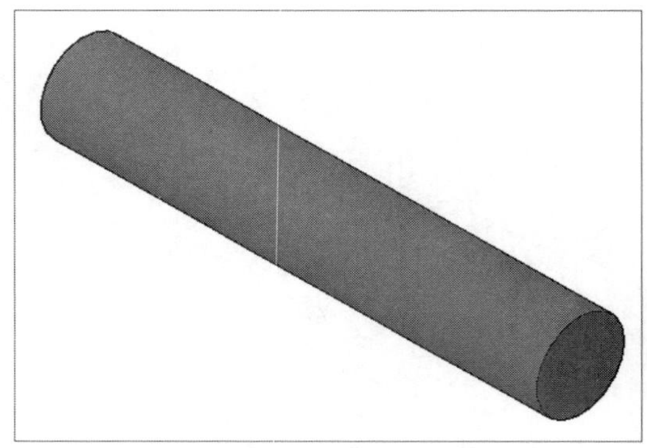

STEP 19 执行“移动”命令，将刚绘制的圆柱体捕捉到实体模型顶面的圆心，并向下移动16mm，如下图所示。

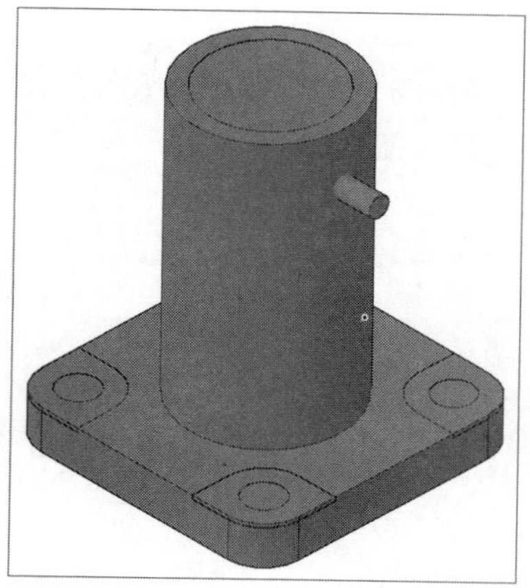

STEP 21 执行“差集”命令，对实体模型进行差集操作，如下图所示。

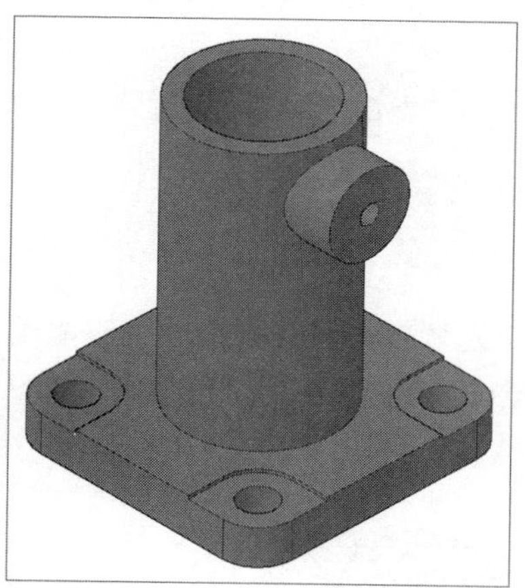

STEP 23 继续执行当前命令，设置距离为1mm，对实体进行倒角边操作，如下图所示。

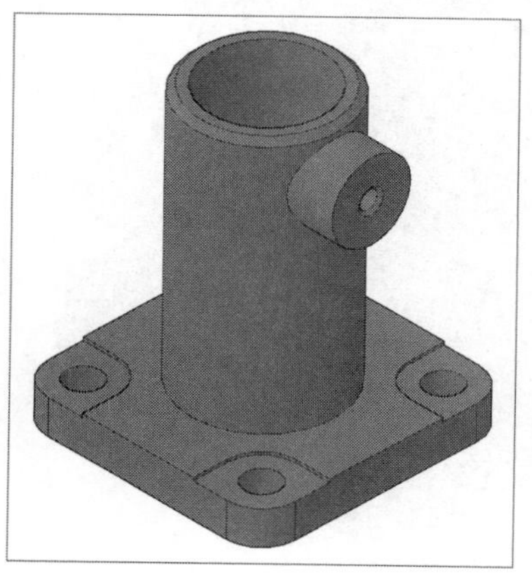

STEP 20 按照相同的方法，绘制半径为12.5mm，高为34mm的圆柱体，并将其放在图中合适位置，如下图所示。

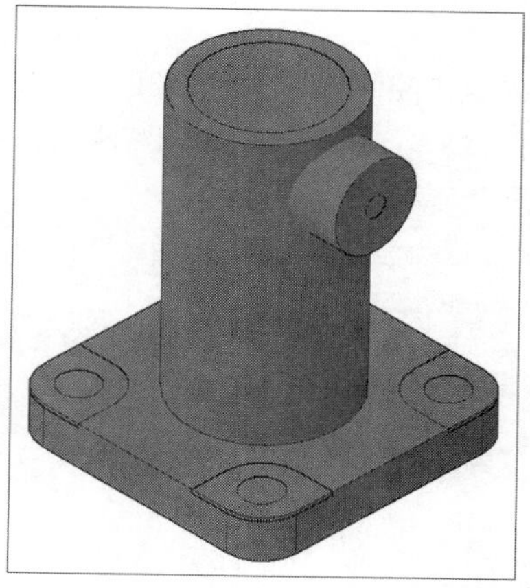

STEP 22 执行“倒角边”命令，设置距离为2mm，对实体进行倒角边操作，如下图所示。

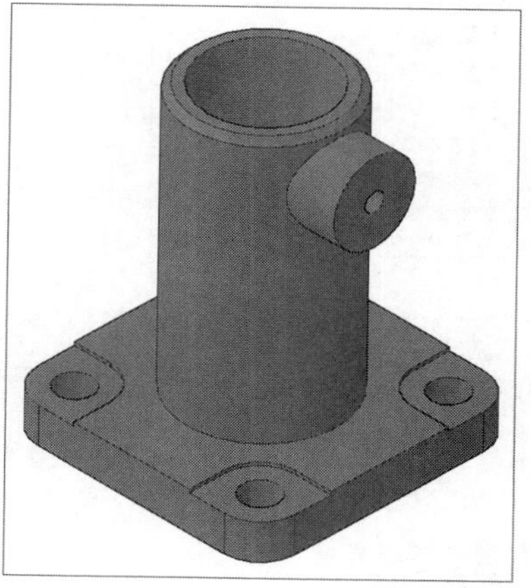

STEP 24 执行“圆角边”命令，设置圆角半径为5mm，对实体进行圆角操作，如下图所示。

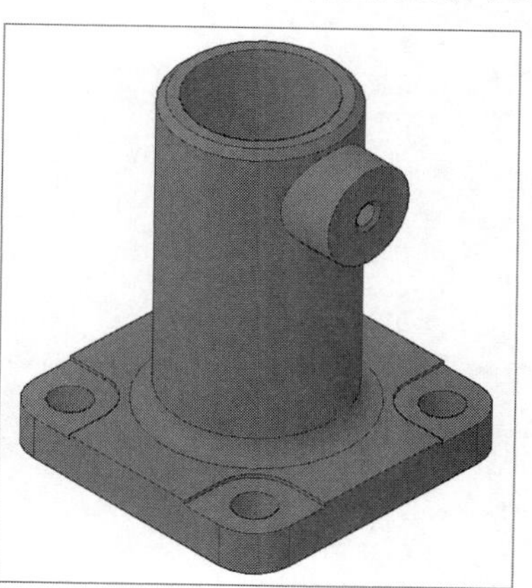

02 赋予材质

半轴壳模型创建好后，使可对其模型添加适当的材质。使其具有真实感，下面将介绍为实体模型添加材质的操作方法：

STEP 01 将视觉样式控件转化为“真实”，执行“材质浏览器”命令，打开“材质浏览器”选项板，如下图所示。

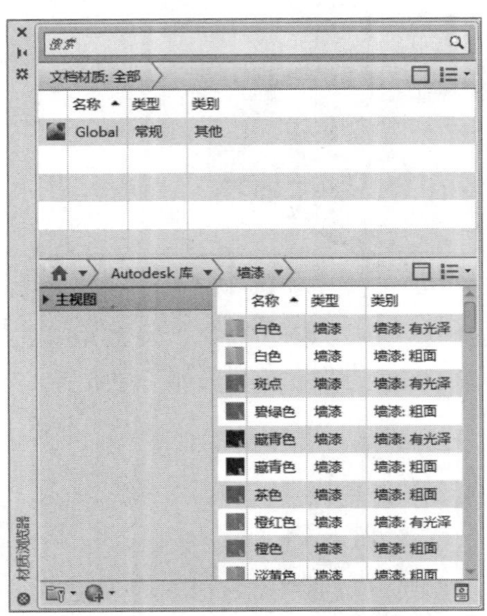

STEP 02 在该选项板的“Autodesk库”列表中，选择合适的材质，如下图所示。

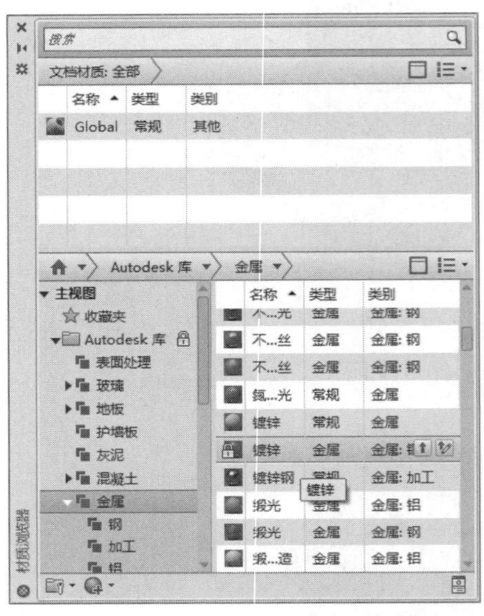

STEP 03 鼠标双击该材质进入编辑，打开“材质编辑器”选项板，并对其参数进行设置，如下图所示。

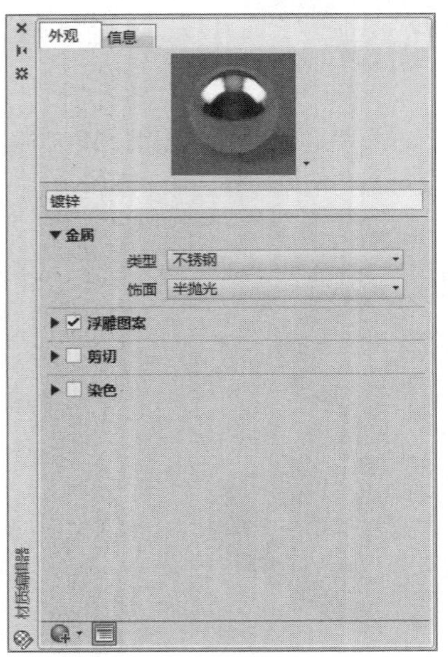

STEP 04 关闭该选项板，将材质拖动到实体模型上，并将视觉样式控件转化为“真实”，如下图所示。

03 渲染模型

材质赋予完成后，即可创建光源增强场景模型的真实效果，并渲染出图。下面将介绍创建光源和渲染出图的操作方法：

STEP 01 执行“新建点光源”命令，打开“光源”提示框，选择“关闭默认光源”选项，如下图所示。

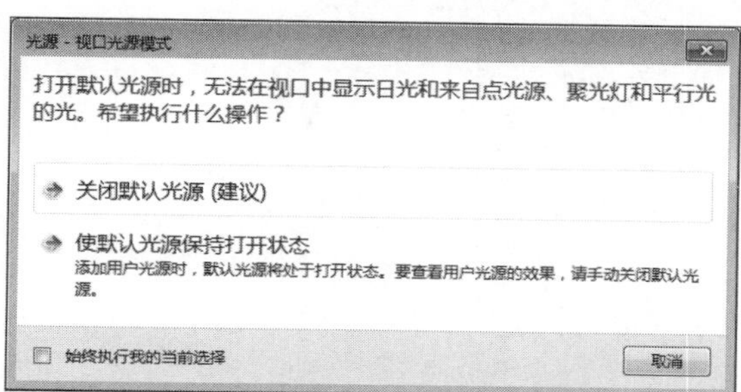

STEP 02 在绘图区中指定点光源的位置，并设置强度因子为0.25，如下图所示。

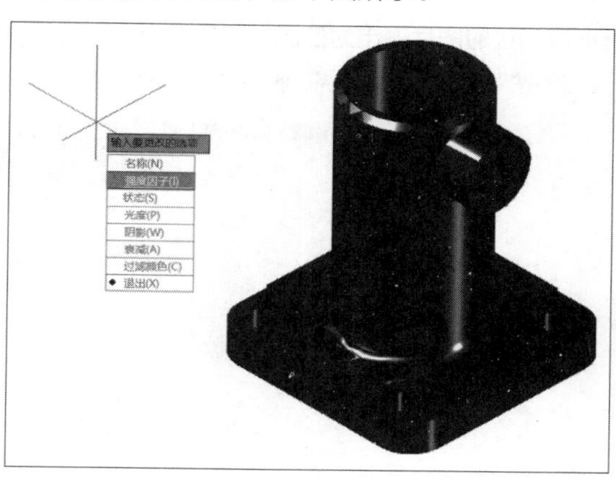

STEP 03 按Enter键确定，即可完成灯光的创建，如下图所示。

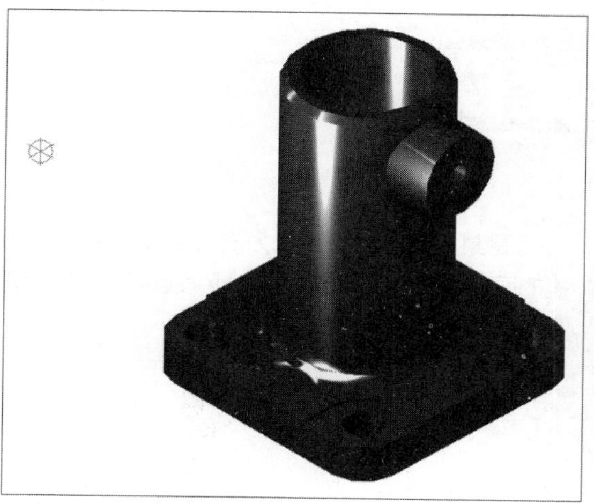

STEP 04 在“可视化”选项卡的“渲染”面板中单击“渲染”按钮，效果如下图所示。

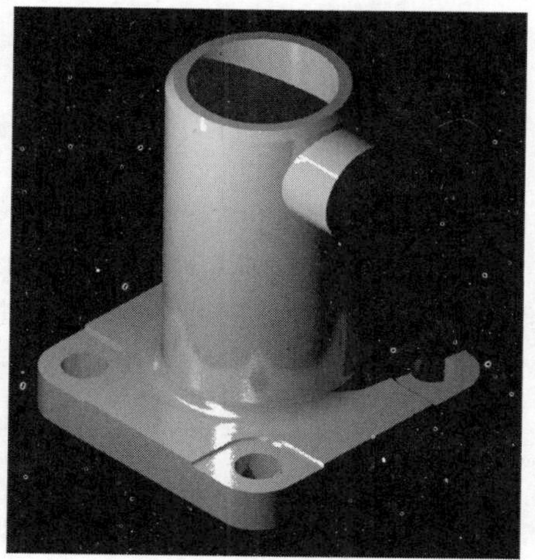

至此，完成半轴壳模型的创建操作。

工程技术问答

本章主要对机械零件三视图以及模型的绘制进行介绍，在实际绘图过程中难免会遇到这样或那样的问题，下面将对常见的问题及解决方法进行汇总，供用户参考。

Q 渲染过的图片输出为位图，却是一张没有背景的图片，这是怎么回事?

A 单击“保存”按钮，在弹出的“渲染输出文件”对话框中选择保存的图片类型就可以了，如下图所示。

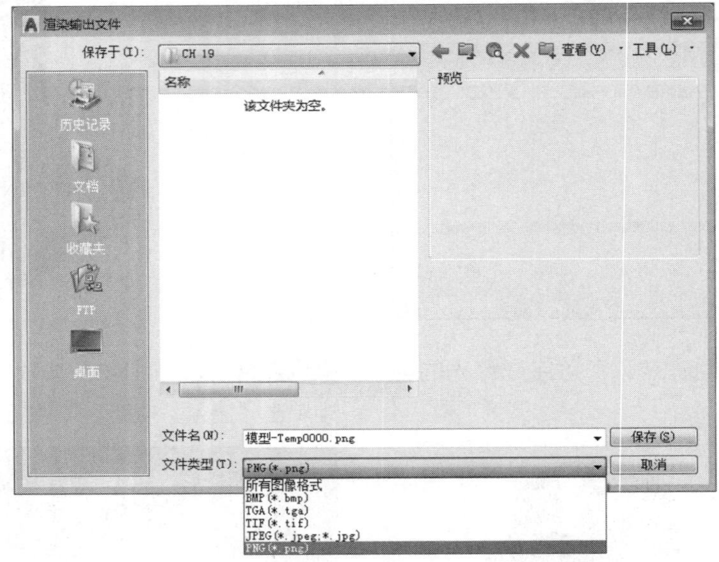

Q 如何将网格面模型转换为三维实体?

A 并不是所有的网格面模型都可以转换为三维实体的，必须是封闭的网格面转化为三维实体，执行“修改>三维操作>转换为实体”命令，然后选择要进行转换的网格体，选择完成后按Enter键确定，程序将自动将网格体转换为三维实体对象，如下图所示。

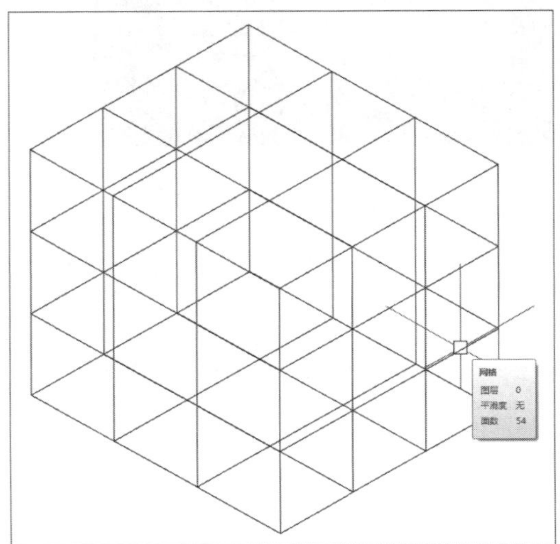

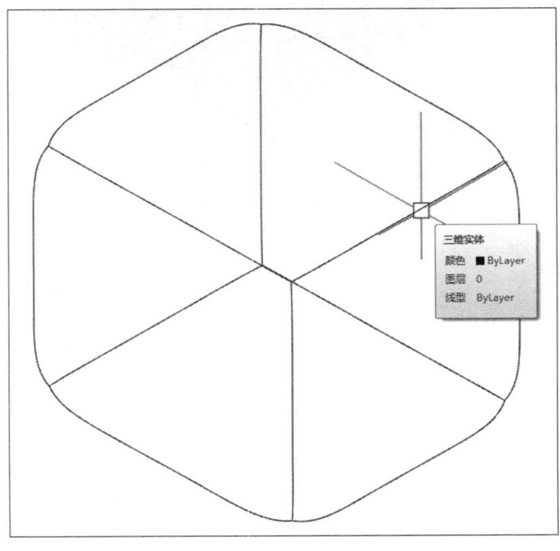

Chapter 20

室内设计施工图的绘制

室内装饰设计是在建筑设计的基础上，对建筑室内环境进行综合规划和设计，以满足人们生活和工作的需要。室内平面图能有效地表达建筑主体的结构、各功能空间的形状和位置、家电的形状和位置等。在绘制平面图时会使用大量的图块表达装饰效果，对于常用的图形可以将其创建为图块的形式，使用时直接插入到图形中。

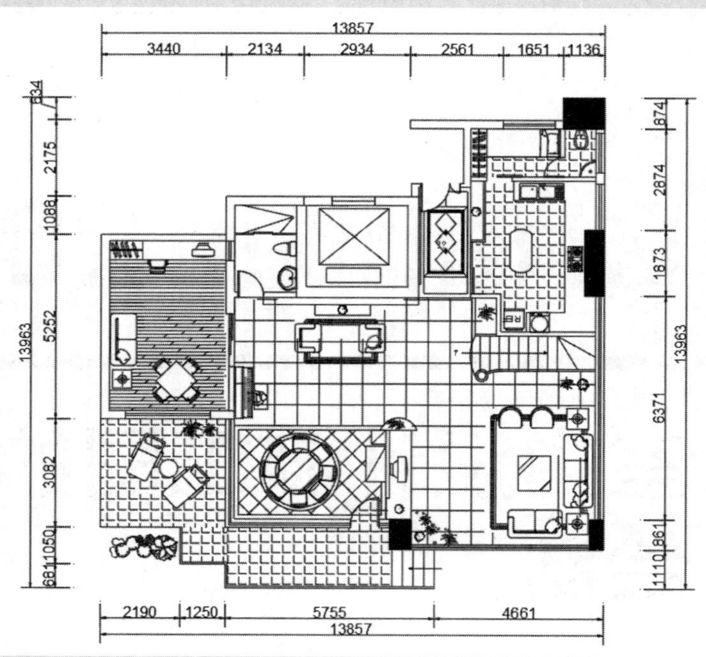

01 室内平面图

该图纸是小型别墅一层平面图，可以看出该平面图的空间局部较为合理。在绘制过程中，一般绘制完墙体后，家具植物等图形只需通过插入图块的方法进行绘制，这样可大大提高绘图效率。

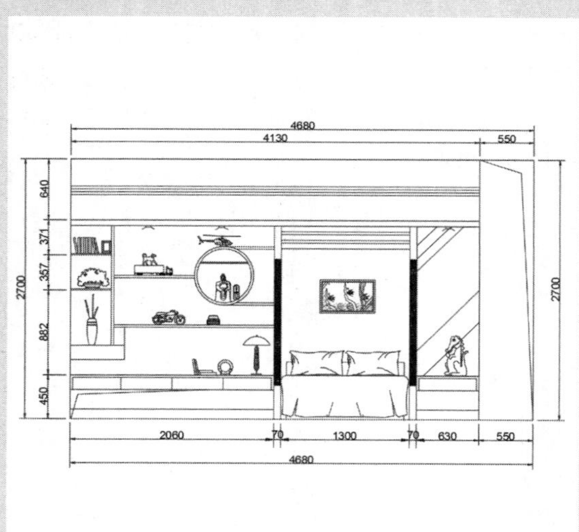

02 儿童房立面图

该儿童房主要是简约的风格为主，利用几根简单的线条来装饰，使得整个空间轻松而不呆板。在绘制过程中，先绘制出立面轮廓，然后使用插入块命令，将儿童床等图块插入其中，最后添加尺寸标注，完成绘制。

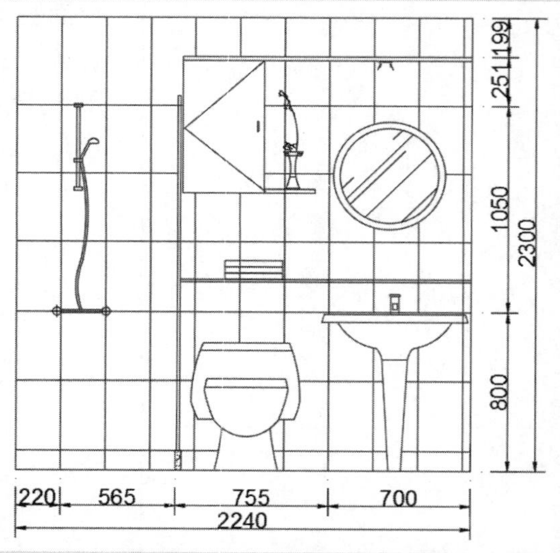

03 卫生间立面图

该卫生间的空间相对比较小，在做设计时，需要注意在有限的空间内合理安排物品摆放可以最大限度的利用空间。该图纸主要利用了“插入块”、“填充图案”以及“线性”标注命令绘制完成的。

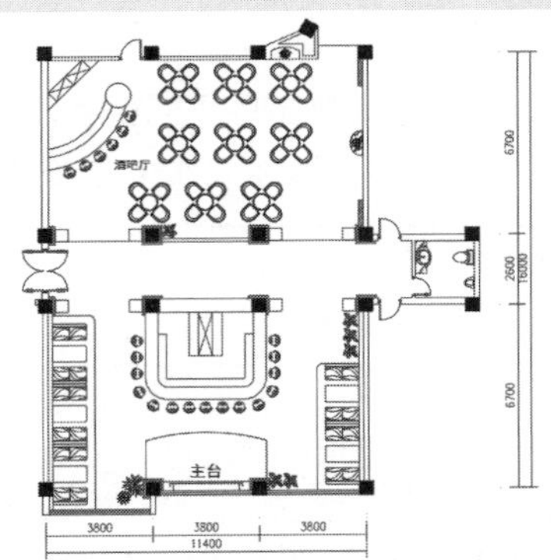

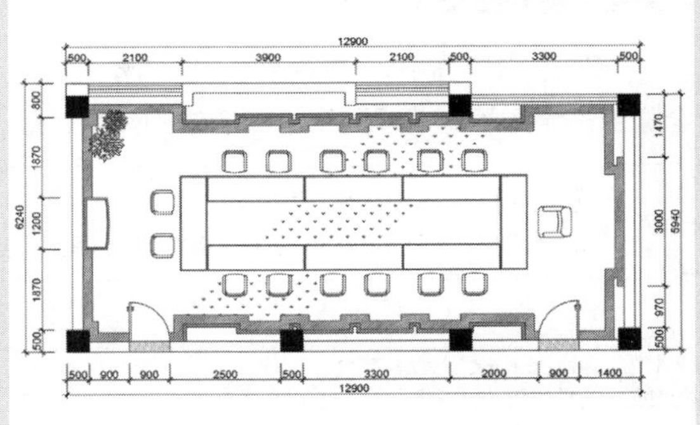

04 酒吧平面图

该酒吧平面大致分为舞台观赏区和休闲娱乐区、一静一动，满足了客人的需求。在绘制时，可通过复制、阵列等命令完成绘制。

05 会议室平面图

会议室中，会议桌椅是主体，它决定了会议室的整体风格。该图纸主要运用镜像、复制等命令绘制完成。

06 餐厅的布置

在对餐厅设计时只要满足餐厅的功能需求就足够了。简单的装饰元素可出大效果。

07 客厅的布局效果

本效果图的风格属于古欧风格，所有家具装饰元素都以该风格为主，给人一种华丽优雅的感觉。

08 室内休闲空间的设计

在室内添加一些休闲区域，可活跃整个空间的气氛。就拿本效果图来说吧，在客厅空间中，划分出一块区域作为休闲区域，其效果要比正规正举的客厅出彩的多。

Lesson 01 绘制拆墙砌墙图形

在原始户型图中，往往会对一些墙体进行改动，来符合设计需要。如果拆除不当就会留下很多安全隐患，比如承重墙起到了承重墙体的作用，是不可以被拆除的。另外，拆墙后的修补工作不能省。

原始文件：实例文件\第20章\原始文件\原始户型图.dwg
最终文件：实例文件\第20章\最终文件\室内设计施工图.dwg

01 绘制拆墙图形

在AutoCAD中，要对墙体进行拆除，要符合实际情况，如顶面横梁、连接阳台的墙体、承重墙不可拆。小区业主在对墙体改造之前，必须把设计图纸递交给物业公司，得到批准后才能施工，具体操作介绍如下：

STEP 01 打开素材文件，观察打开的原始户型图，如下图所示。

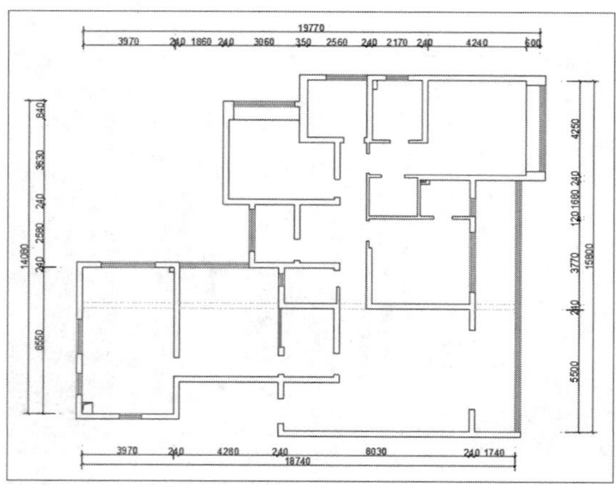

STEP 02 执行“格式>图层”命令，打开“图层特性管理器”选项板，如下图所示。

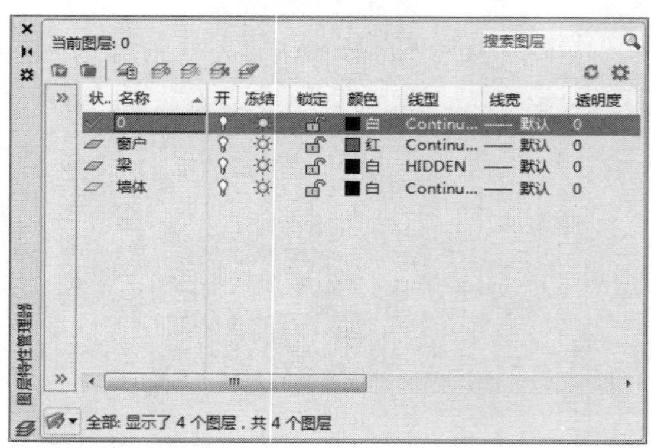

STEP 03 单击“新建”按钮，创建“家具”图层，如下图所示。

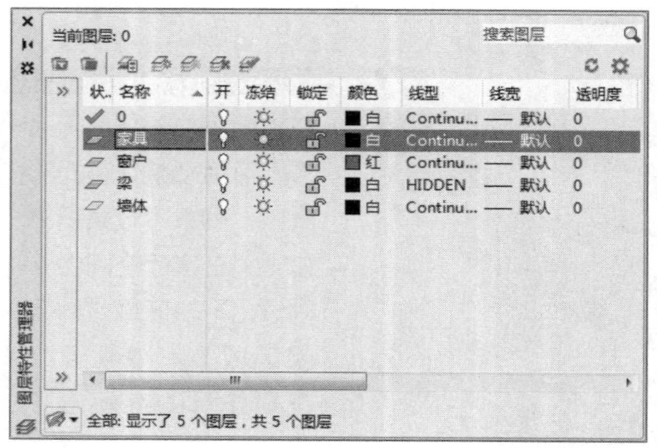

STEP 04 单击“颜色”按钮，打开“选择颜色”对话框，从中选择35号色，如下图所示。

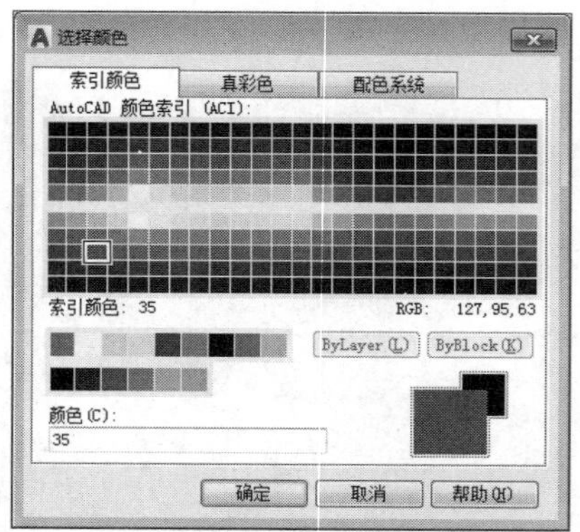

STEP 05 单击“确定”按钮关闭对话框，返回“图层特性管理器”选项板，完成“家具”图层的创建，如下图所示。

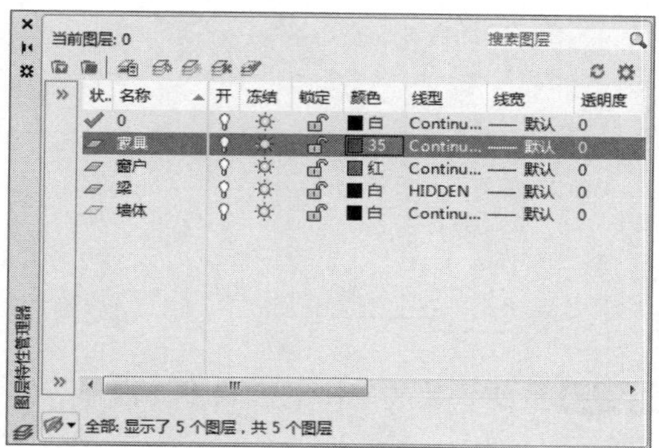

STEP 06 继续创建“门”、“图案填充”、“砌墙”等图层，并设置其颜色及线型，设置“砌墙”图层为当前层，如下图所示。

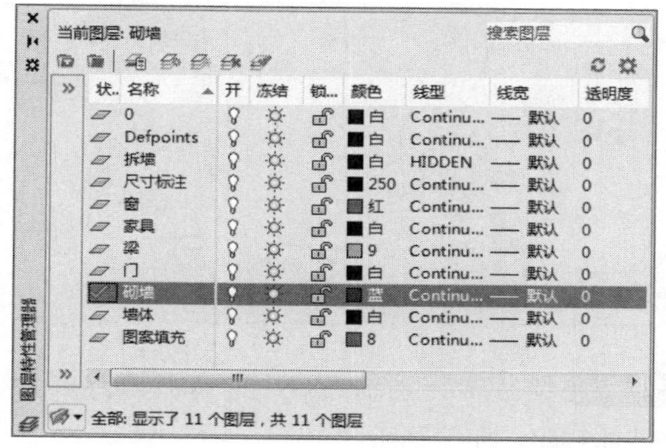

STEP 07 接下来对非承重墙的布局作出更改。执行“偏移”命令，绘制矩形图形作为拆除墙体的部分，如下图所示。

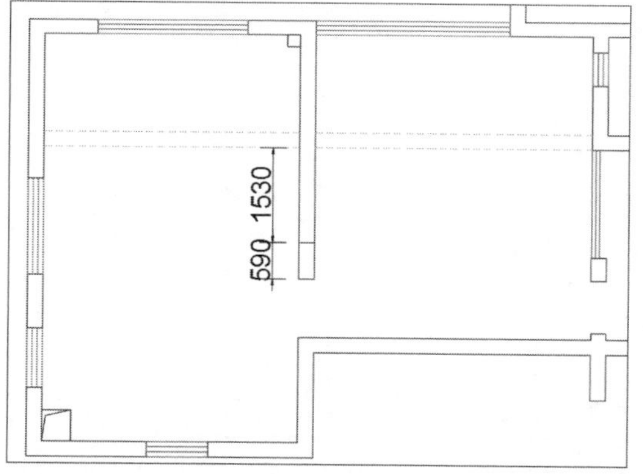

STEP 08 执行“修剪”命令，修剪并删除多余的墙体线段，以改变厨房原有的空间结构，如下图所示。

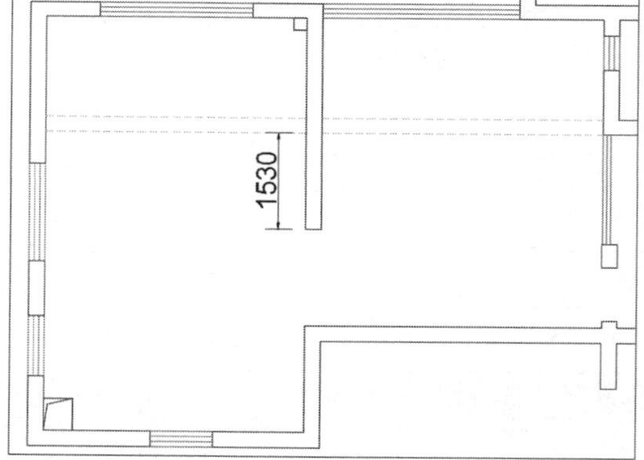

STEP 09 继续执行当前命令，修剪并删除多余的墙体线段，以对入户门的空间布局作出更改，如下图所示。

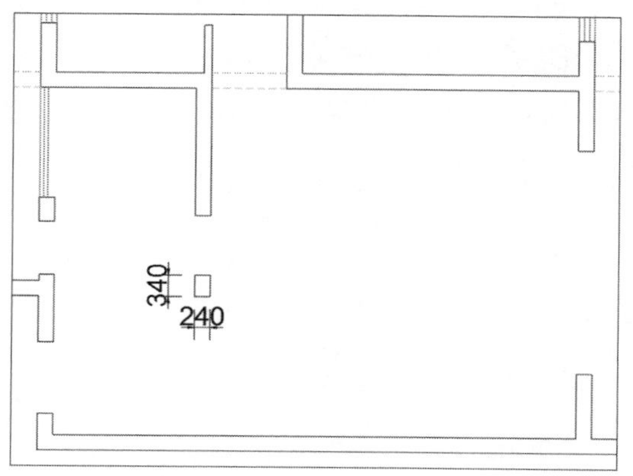

STEP 10 继续执行当前命令，修剪并删除多余的墙体线段，以改变卫生间的墙体结构，如下图所示。

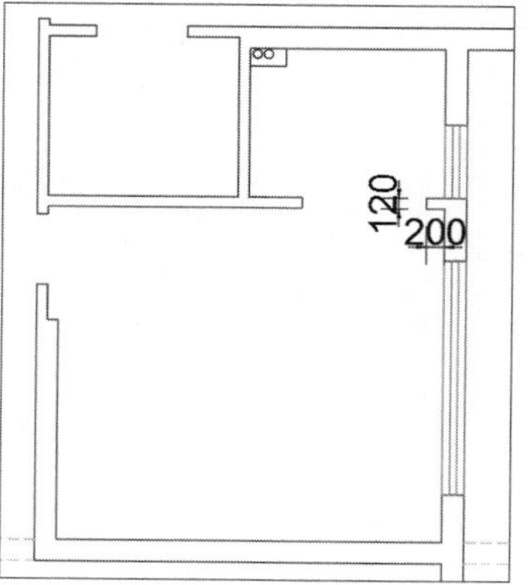

STEP 11 继续执行当前命令，修剪并删除多余的墙体线段，以改变主卫的墙体结构，如下图所示。

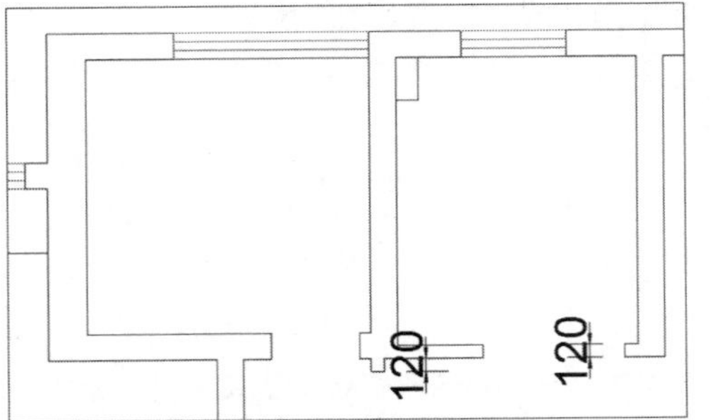

STEP 12 继续执行当前命令，修剪并删除多余的墙体线段，以要改卧室的墙体结构，如下图所示。

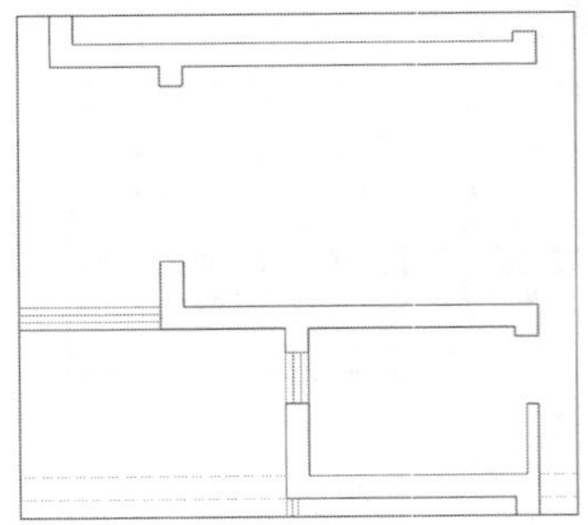

STEP 13 继续执行当前命令，修剪并删除多余的墙体线段，如下图所示。

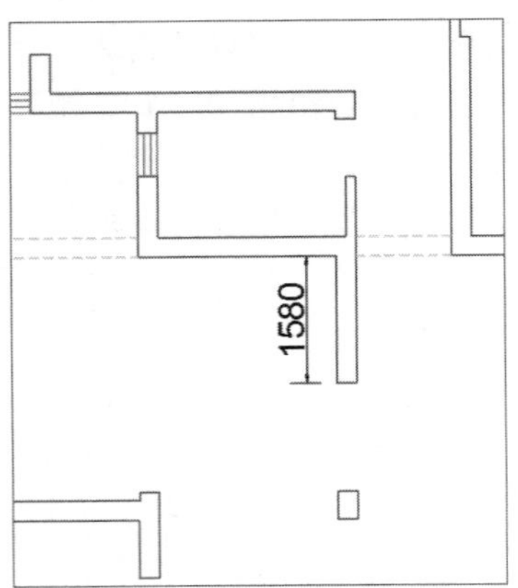

STEP 14 至此，完成墙体的拆除设计操作，如下图所示。

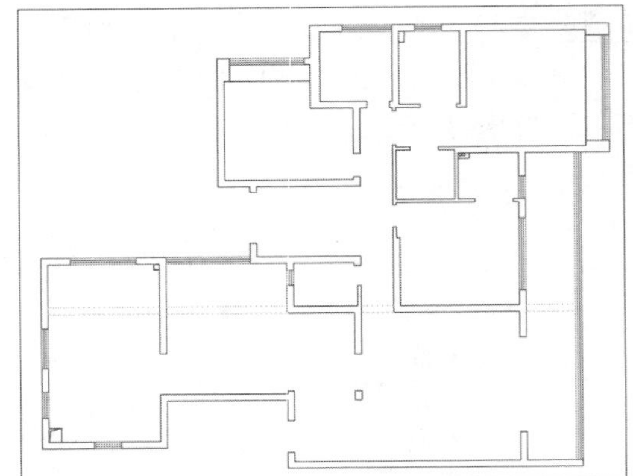

02 绘制砌墙图形

在实际砌墙时，应先把砖浇湿，加强水泥砂浆与砖的衔接附着力，砌墙要做到横平竖直，砌墙后并进行保养处理。在AutoCAD中运用矩形和图案填充命令来表示砌墙部分，具体操作介绍如下：

STEP 01 执行“矩形”命令，绘制长240mm，宽为150mm的矩形图形作为新建墙体图形，如下图所示。

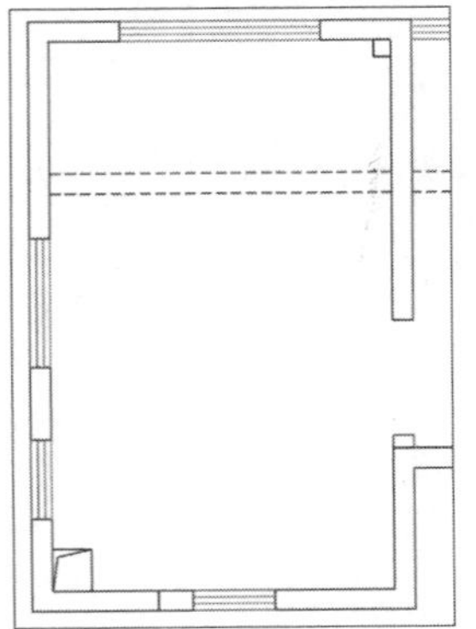

STEP 02 执行“图案填充”命令，打开“图案填充和渐变色”对话框，如下图所示。

STEP 03 单击“样例”选项，打开“填充图案选项板”对话框，并选择合适的图案，如下图所示。

STEP 04 单击“确定”按钮，返回“图案填充和渐变色”对话框，设置比例为20，如下图所示。

STEP 05 单击“确定”按钮，返回绘图区，选择需要填充的墙体图形，单击鼠标左键完成新建墙体图形的图案填充，如下图所示。

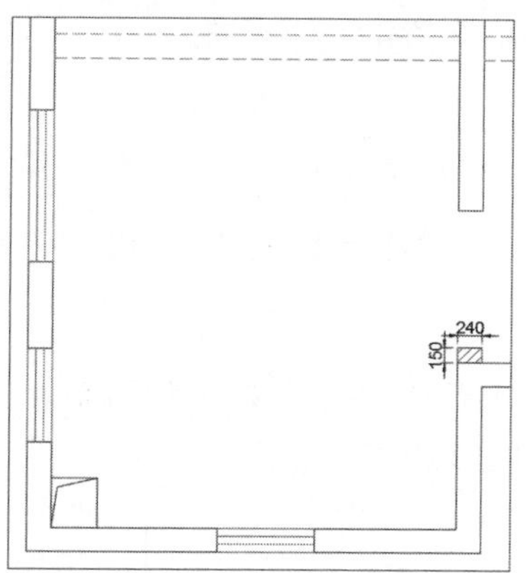

STEP 06 执行“矩形”命令，绘制2200mmX240mm，600mmX100mm的矩形，随后进行图案填充，作为入户门处的新墙体，如下图所示。

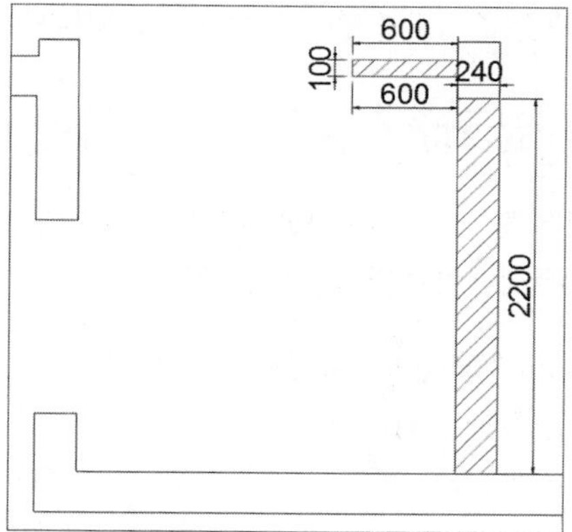

STEP 07 参照上述方法，在卫生间和衣帽间处新建图形，如下图所示。

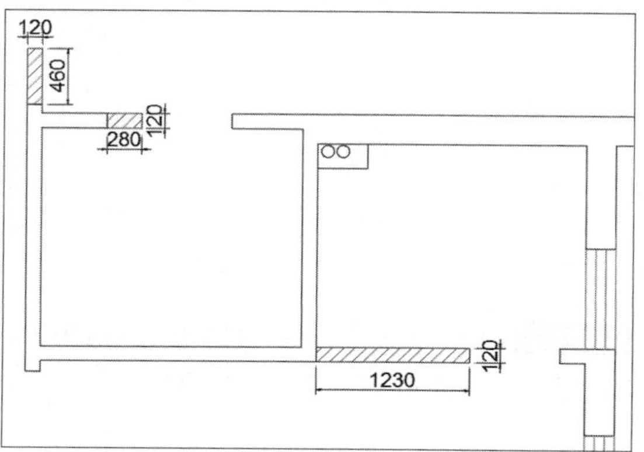

STEP 08 参照同样的方法，在另一卫生间处新建指定尺寸的墙体图形，如下图所示。

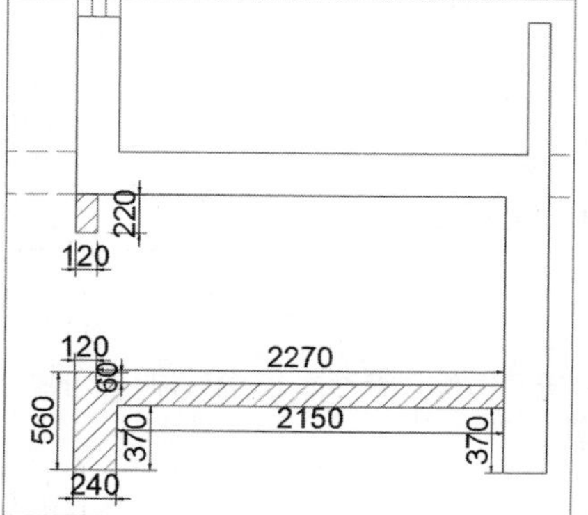

STEP 09 用同样的方法，在卧室空间新建指定尺寸的墙体，如下图所示。

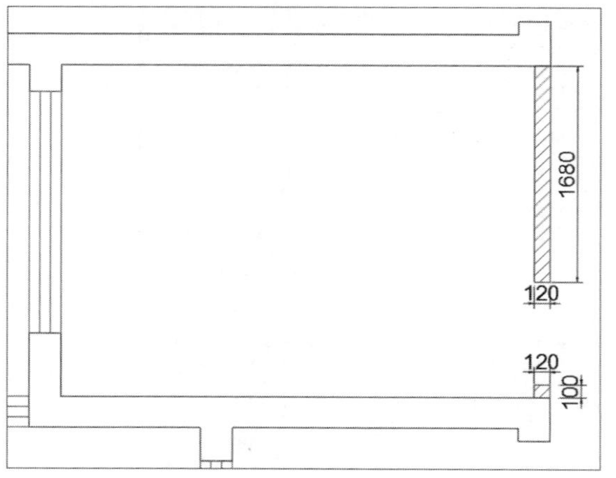

STEP 10 完成上述操作后，即可看到新的布局结构，如下图所示。

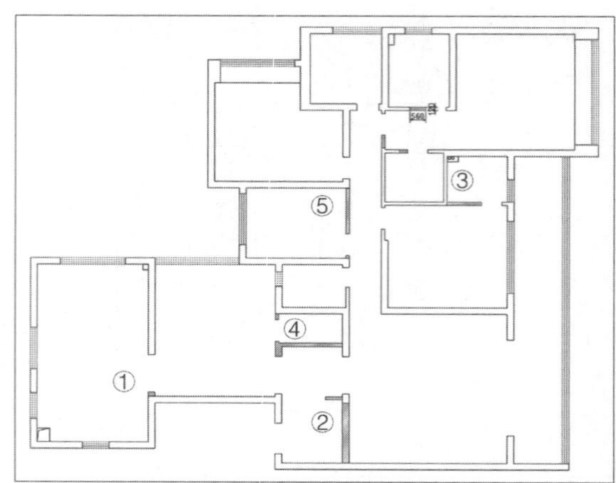

Lesson 02 绘制门图形

在AutoCAD中用户可将常用的图形创建为图块，然后通过插入命令插入到图形文件中，以提高工作效率。在建筑行业中的门分为平开门和推拉门两种样式，分别使用不同的样式来表示。

01 绘制平开门

平开门是建筑平面图中最常见的门，在本例中会创建多个平开门，可以使用复制、拉伸等命令，进行快速的绘制，具体操作介绍如下：

STEP 01 执行“直线”、“圆弧”命令，绘制入户门图形，如下图所示。

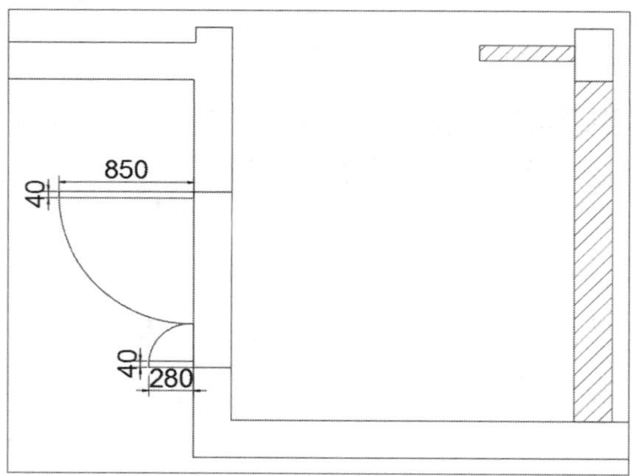

STEP 02 继续执行当前命令，绘制长为690mm，宽为40mm的门图形，如下图所示。

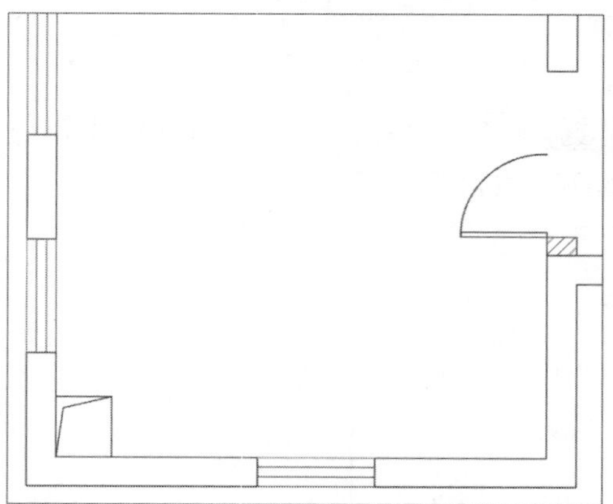

STEP 03 执行“镜像”命令，镜像复制门图形，如下图所示。

STEP 04 执行“矩形”命令，绘制长为1380mm，宽为240mm的过门石图形，如下图所示。

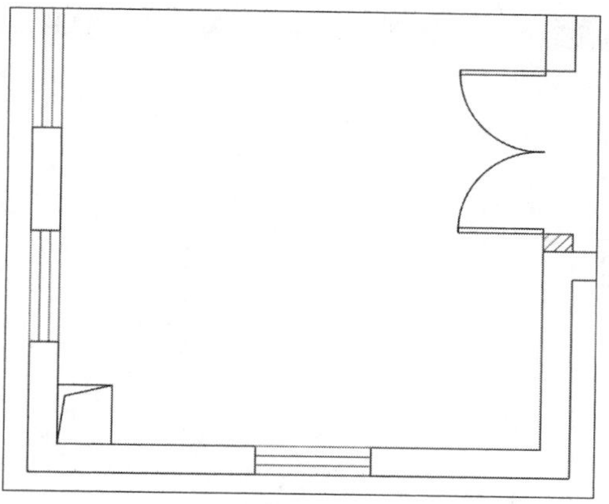

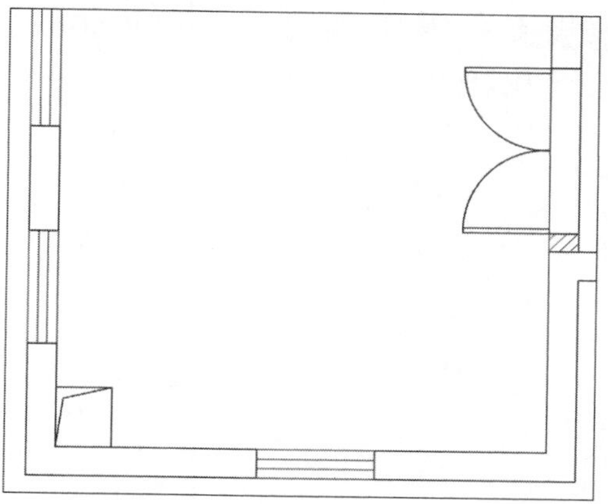

STEP 05 按照相同的方法绘制其他门图形，如右图所示。

02 绘制推拉门

推拉门主要是用在阳台或书房，一般采用铝塑玻璃门，透光性和隔音效果都很好，可以使室内的光线充足，具体操作介绍如下：

STEP 01 执行“矩形”命令，绘制长为700mm，宽为40mm的推拉门图形，并放在衣帽间合适位置，如下图所示。

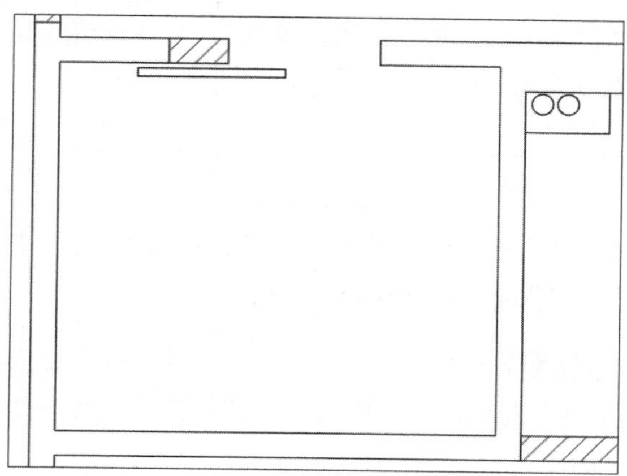

STEP 02 执行“直线”命令，捕捉墙体的中点绘制长为40mm，宽为882.5mm的推拉门图形，如下图所示。

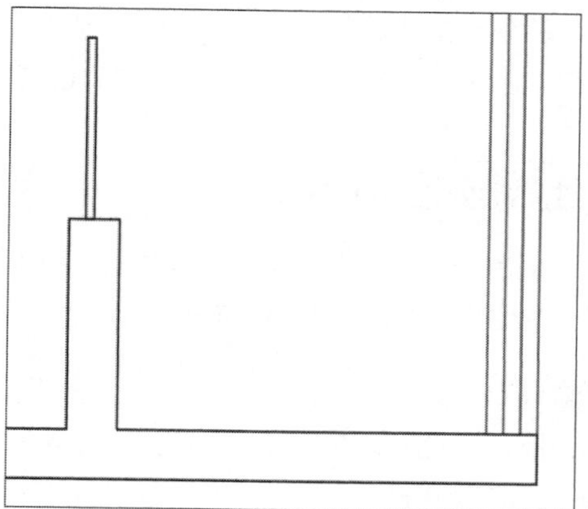

STEP 03 执行“偏移”命令，将长度为40mm的线段向内偏移100mm，如下图所示。

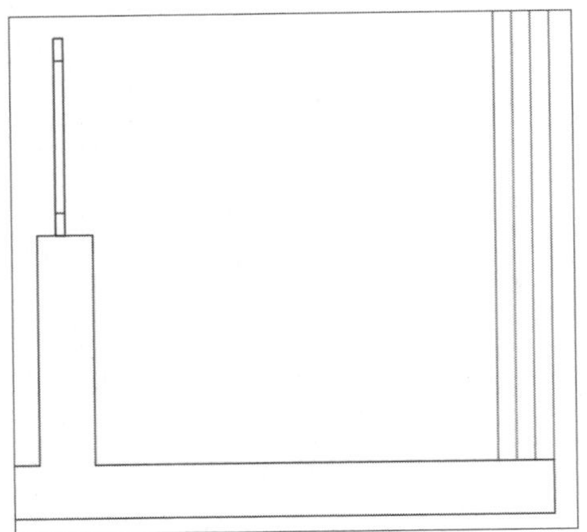

STEP 04 执行“复制”命令，复制推拉门图形，如下图所示。

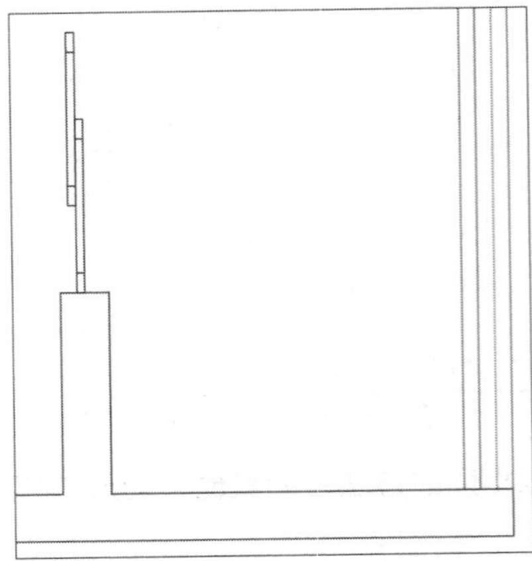

STEP 05 执行“镜像”命令，镜像复制推拉门图形，如下图所示。

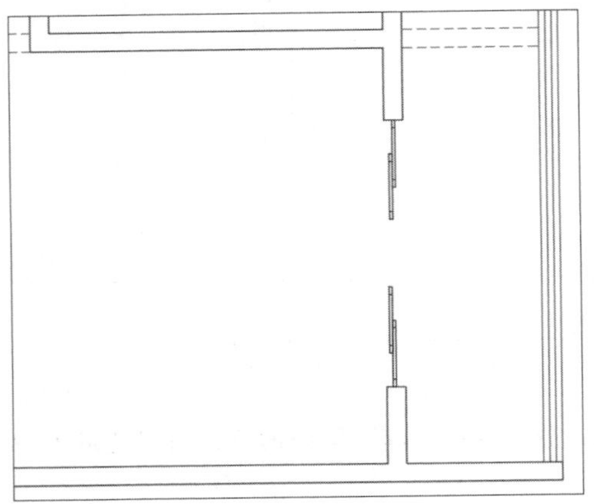

STEP 06 执行“矩形”命令，绘制长为240mm，宽为3530mm的过门石图形，如下图所示。

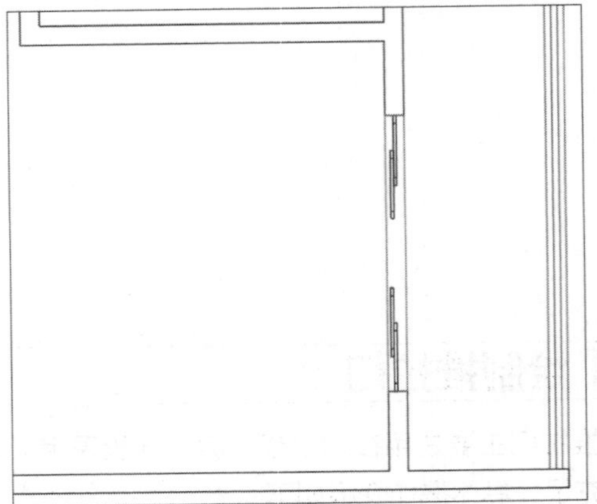

Lesson 03 客厅平面图

客厅的摆设由沙发、茶几、电视柜、电视机等家具家电组成。客厅的布置要合理，对象摆放要整齐或对称，客厅不能放太多或太高的家具，以免影响客厅的采光环境。

01 绘制沙发组合

沙发组合一般由5-6个沙发组合而成，在排列摆放上可以自由进行组合。为了便于管理图形，本例中将沙发组合成为块对象通过执行“插入>块”命令，加载进来，具体操作介绍如下：

STEP 01 隐藏“梁”图层，设置“家具”图层为当前层，执行“插入>块”命令，打开“插入”对话框，如下图所示。

STEP 02 单击“浏览”按钮，打开“选择图形文件”对话框，从中选择需要的文件，如下图所示。

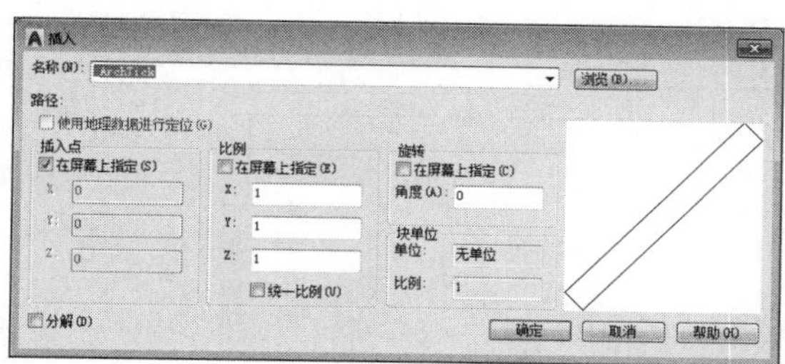

STEP 03 单击“打开”按钮，返回“插入”对话框，如下图所示。

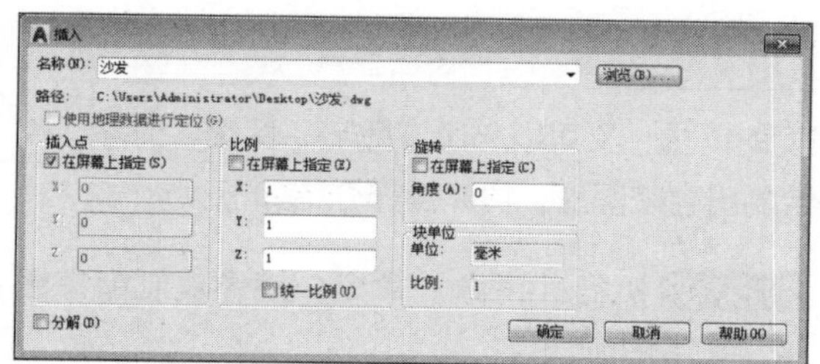

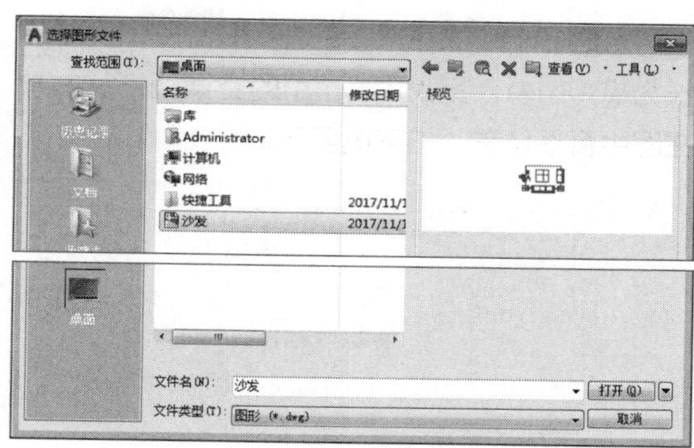

STEP 04 单击“确定”按钮，返回绘图区指定插入基点，如下图所示。

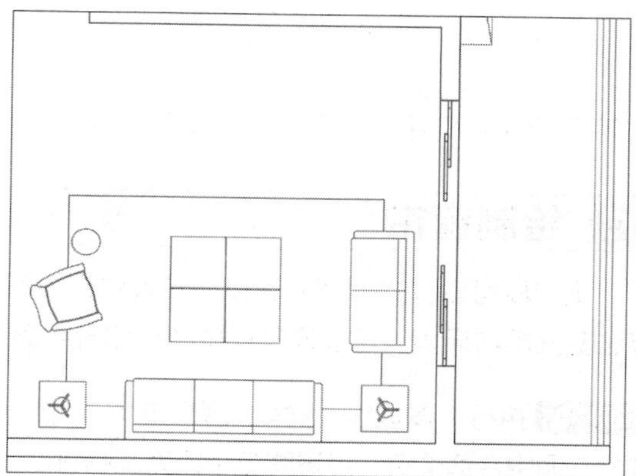

02 绘制电视柜

电视柜与沙发组合面对面并靠墙摆放，电视柜的宽度不宜太宽，可根据电视机的宽度和高度来决定，电视柜可以稍长一点，便于摆放其他装饰品，具体操作介绍如下：

STEP 01 执行“矩形”命令，绘制长为2500 mm，宽为400mm的电视柜图形，并放在图中合适位置，如下图所示。

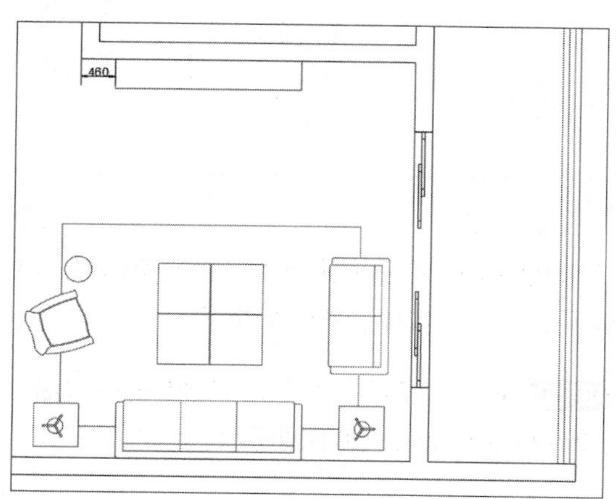

STEP 02 执行“插入>块”命令，插入电视机图块，并放在图中合适位置，如下图所示。

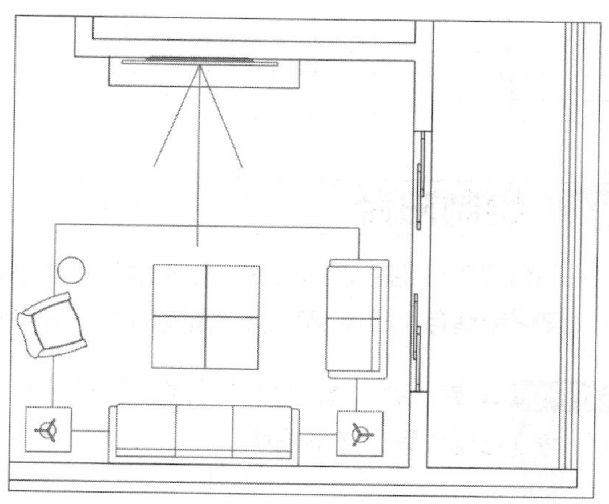

STEP 03 执行“矩形”和“直线”命令，绘制长为500mm，宽为230mm的空调图形，并放在图中合适位置，如下图所示。

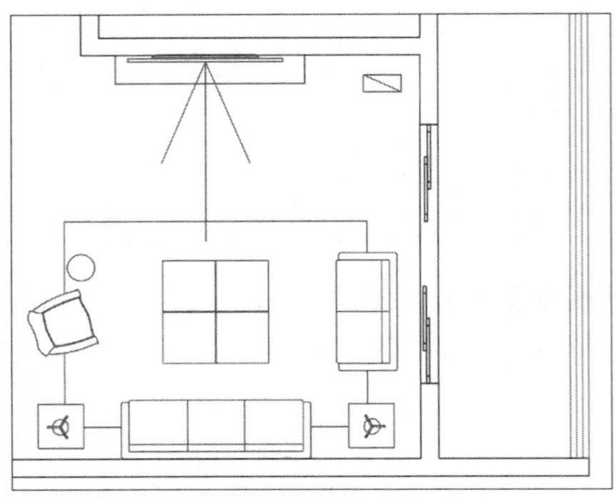

STEP 04 执行“旋转”命令，将刚绘制的空调图形旋转135°，效果如下图所示。

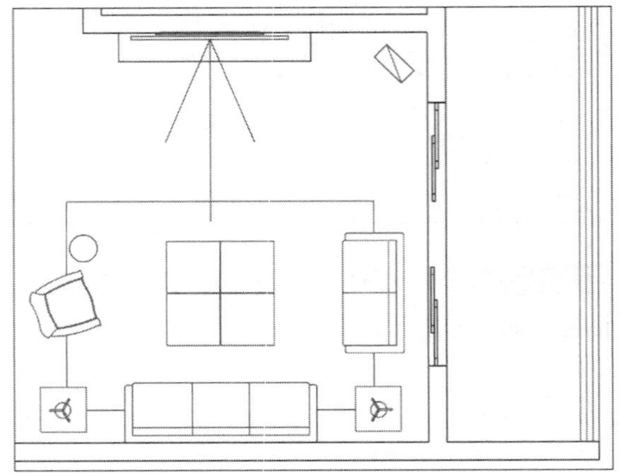

03 绘制窗帘

窗帘既可以减光、遮光，以适应人对光线不同强度的需求；又可以防风、隔热、保暖、消声，改善居室气候与环境。可以通过样条曲线和直线命令来绘制出窗帘图形，具体操作介绍如下：

STEP 01 执行“多段线”命令，绘制窗帘图形，并放在图中合适位置，设置圆弧半径为300mm，如下图所示。

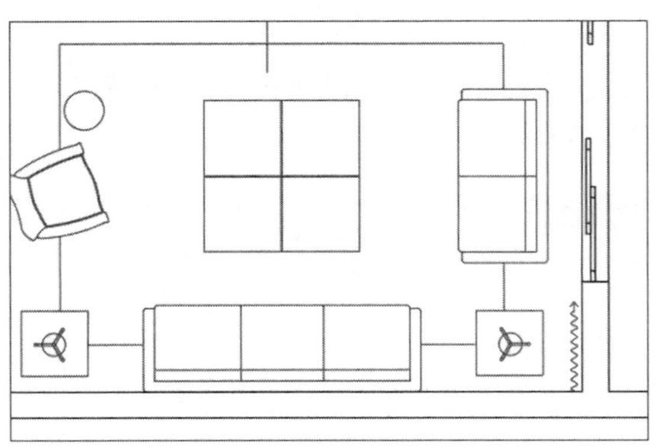

STEP 02 执行“镜像”命令，镜像复制窗帘图形，如下图所示。

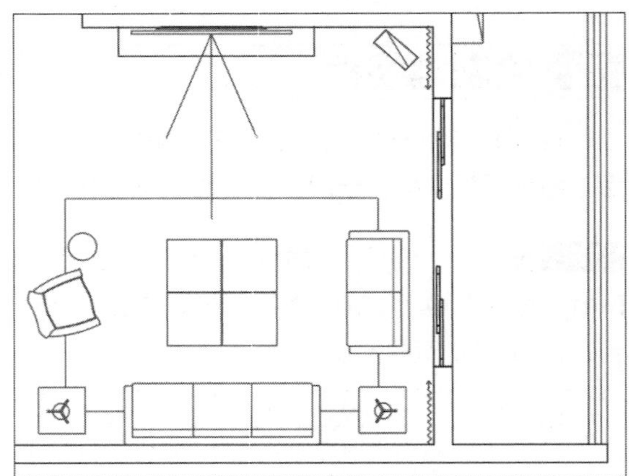

04 绘制阳台

阳台作为住宅的辅助空间，是楼层住户联系室外空间的小场所，在日常家庭生活中起着休息、眺望、绿化和储存、晾晒等功能。通过插入不同的图块使其更为丰富，具体操作介绍如下：

STEP 01 设置“窗”图层为当前层，执行“直线”命令绘制线段，如下图所示。

STEP 02 执行“偏移”命令，将绘制的线段沿Y轴向下偏移80mm，如下图所示。

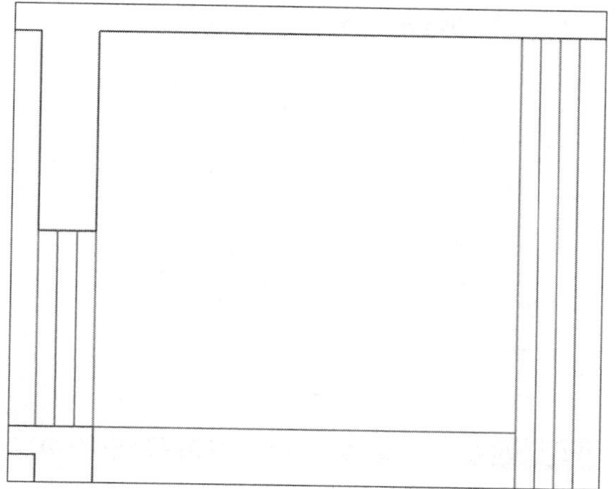

STEP 03 设置“家具”图层为当前层，执行“直线”命令，绘制空调外机图形，如下图所示。

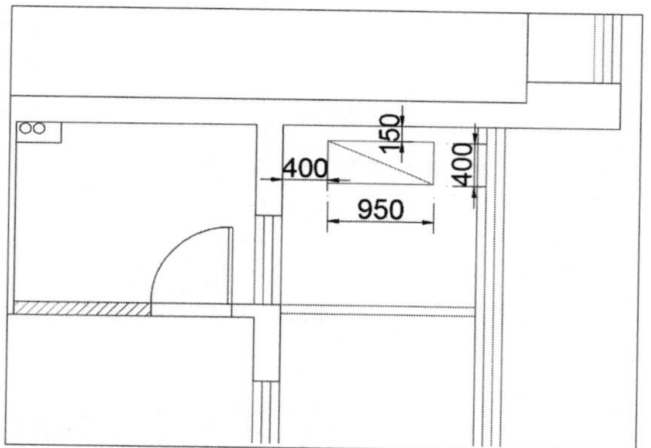

STEP 05 执行“插入>块”命令，插入洗衣机图块并放在图中合适位置，如下图所示。

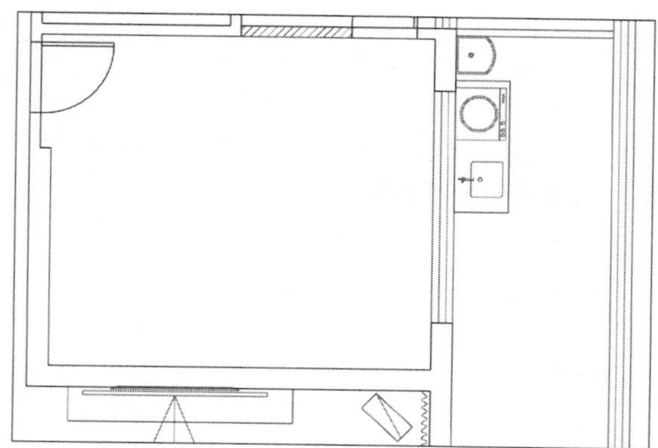

STEP 07 执行“插入>块”命令，插入休闲桌椅图块，并放在阳台合适位置，如下图所示。

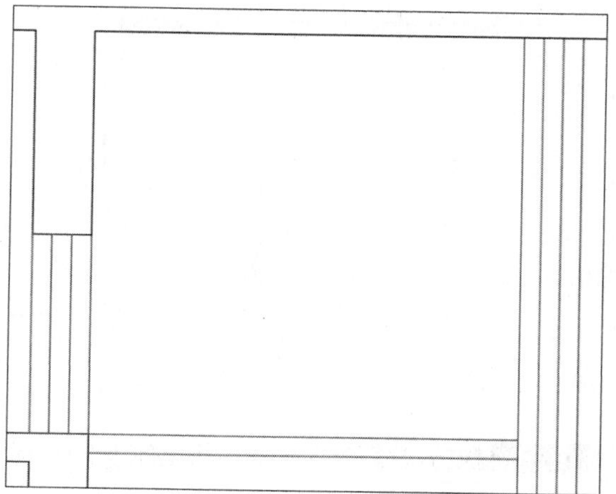

STEP 04 执行“复制”和“移动”命令，复制绘制的外机图形并移动到合适位置，如下图所示。

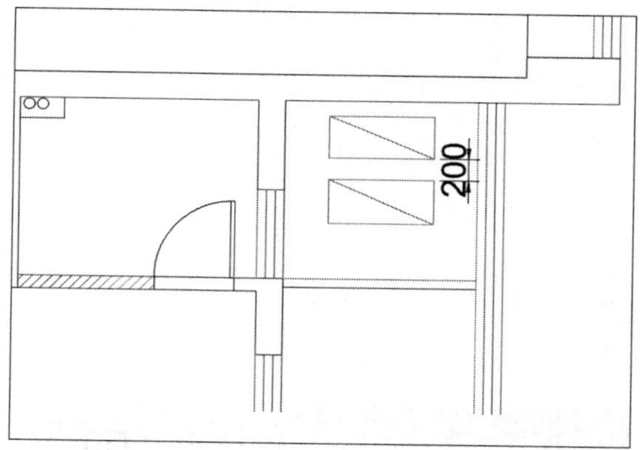

STEP 06 执行“矩形”和“直线”命令，绘制长为400mm，宽为2200mm的置物架图形并放在图中合适位置，如下图所示。

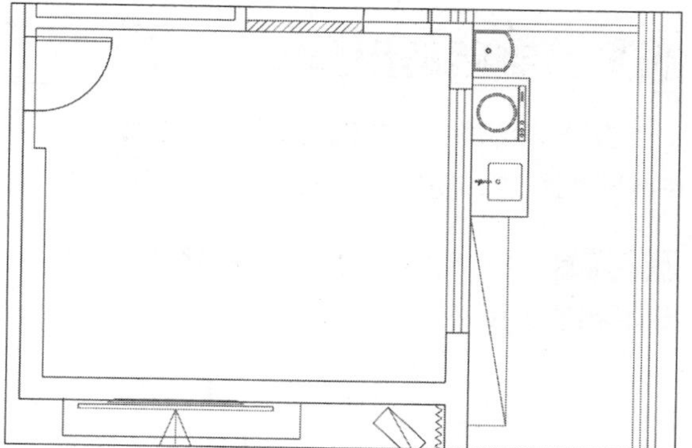

STEP 08 执行“矩形”命令，绘制长为1740 mm，宽为600mm的矩形图形，放在图中合适位置，如下图所示。

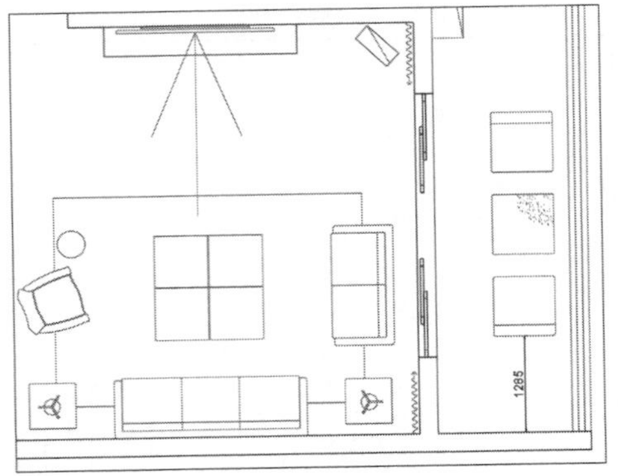

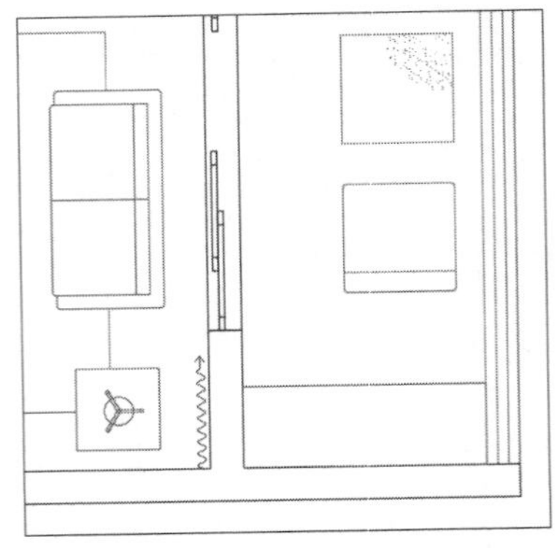

STEP 09 执行“偏移”命令，将刚绘制的矩形图形向内偏移20mm，如下图所示。

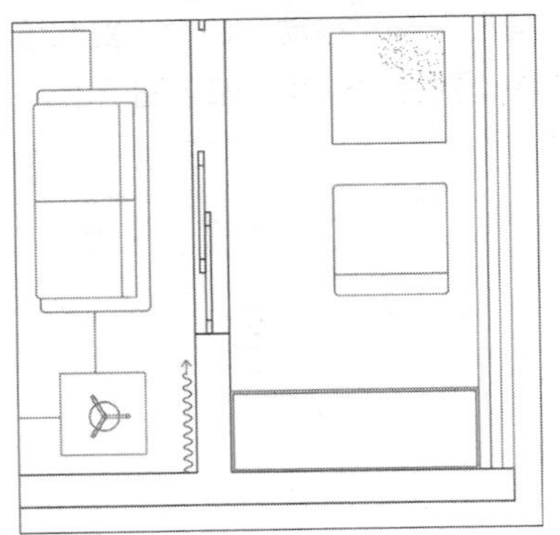

STEP 10 执行“直线”命令，捕捉矩形的中点绘制出置物柜图形，如下图所示。

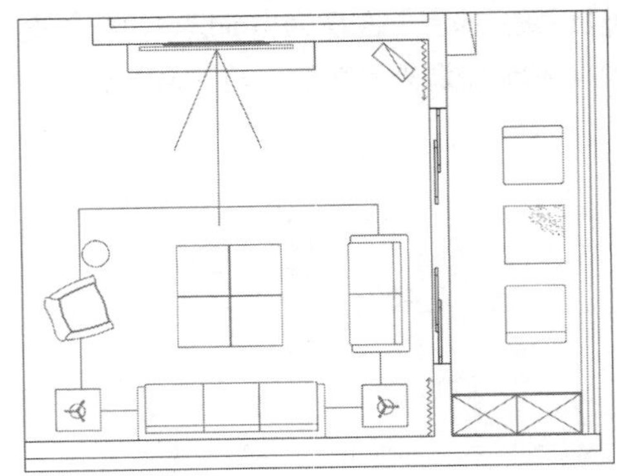

Lesson 04 厨房平面图

厨房平面图包括有橱柜、燃气灶、冰箱等用品，桌椅放置在靠近厨房的餐厅，在设计时一般都留有餐厅的位置。

01 绘制厨房用具

接下来添加厨房中的厨房用具，如燃气灶、洗手池、电冰箱等物品。这些图形已经提前绘制完成并创建为图块，用户只需在“插入”对话框中添加即可，具体操作介绍如下：

STEP 01 执行“偏移”命令，偏移墙体线，尺寸如下图所示。

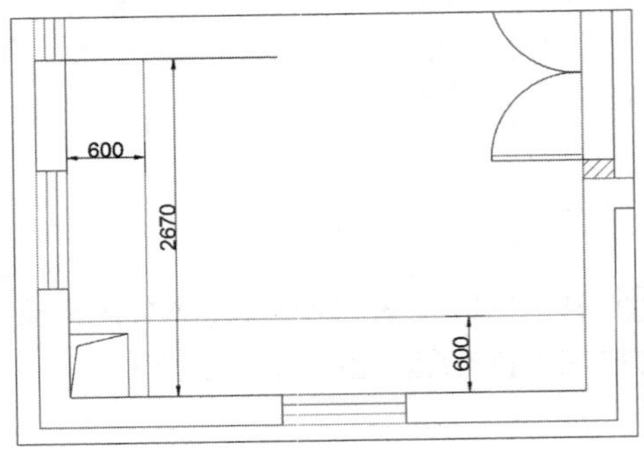

STEP 02 执行“修剪”命令，修剪删除掉多余的线段，绘制出灶台图形，如下图所示。

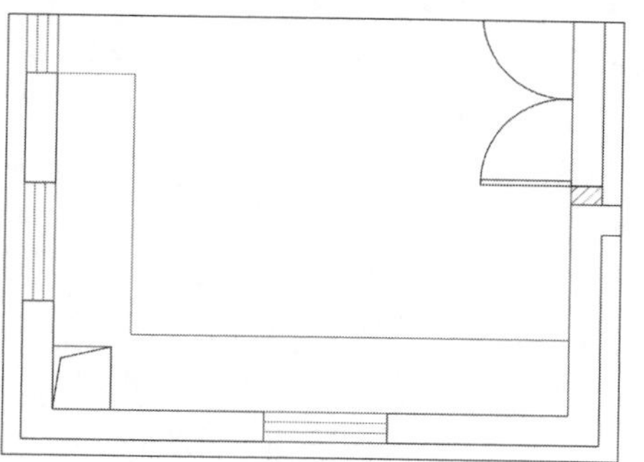

STEP 03 执行“插入>块”命令，插入灶具图块，并放在图中合适位置，如下图所示。

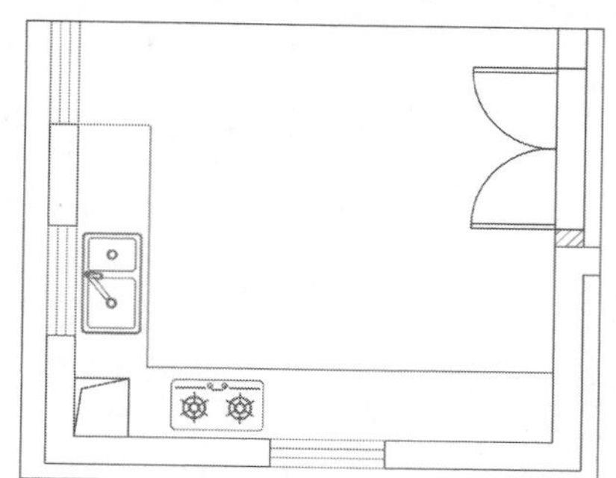

02 绘制餐桌

接下来将绘制桌椅图形，一般较长的一面与墙平行。在绘制餐桌图形时可利用“阵列”命令快速的完成绘制，具体操作介绍如下：

STEP 01 执行“圆”命令，绘制半径为800mm的餐桌图形，如下图所示。

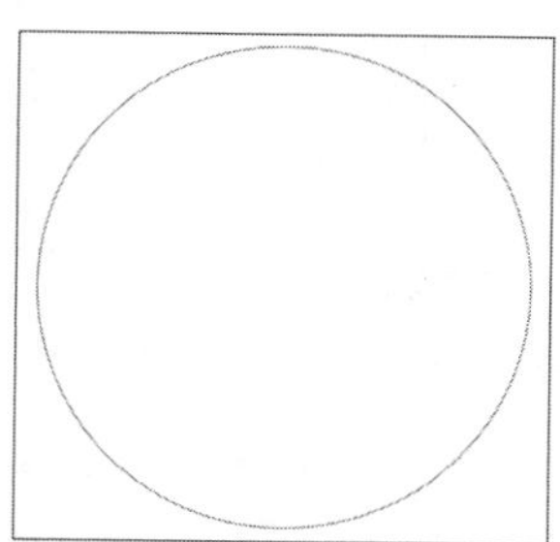

STEP 02 执行“矩形”命令，绘制长为500mm，宽为550mm的矩形图形并放在图中合适位置，如下图所示。

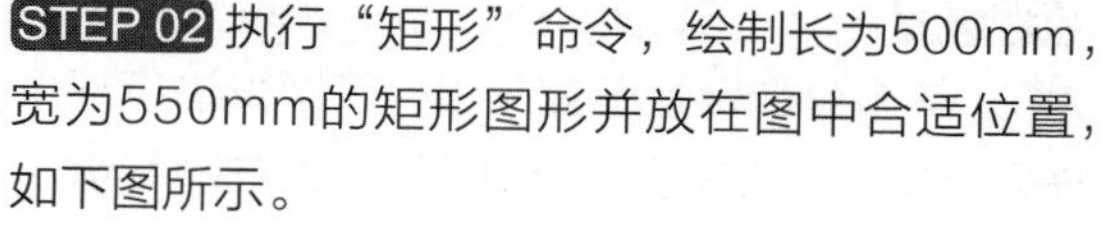

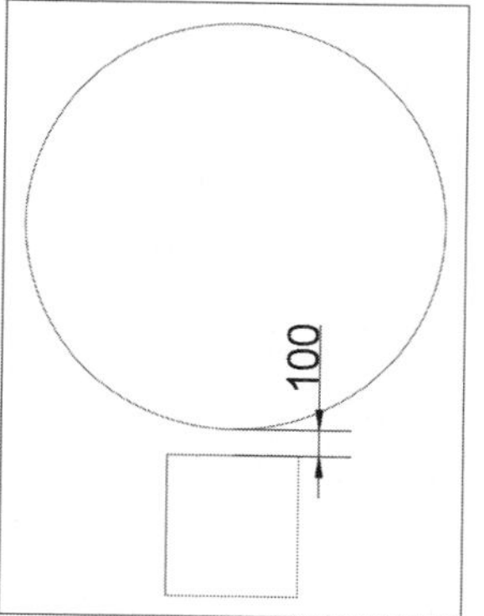

STEP 03 执行“偏移”命令，将矩形图形向内偏移20mm，如下图所示。

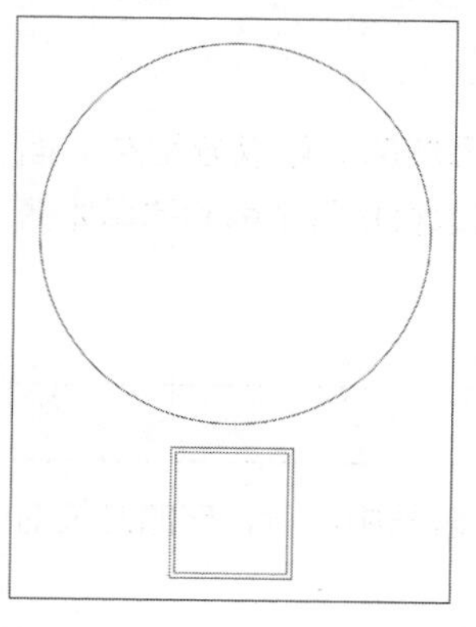

STEP 04 执行“圆角”命令，设置圆角半径为20mm的矩形图形进行圆角操作，如下图所示。

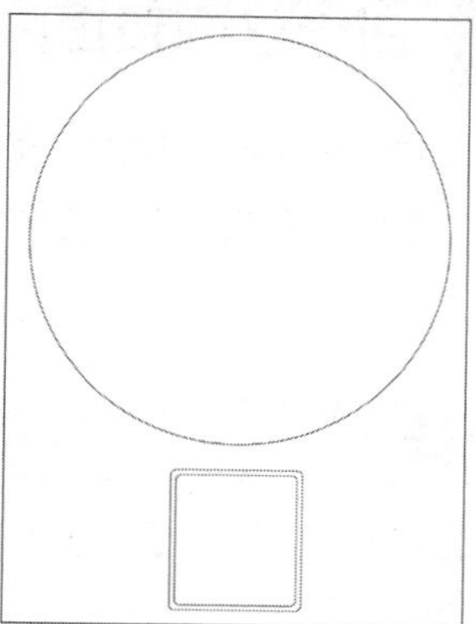

STEP 05 执行“圆弧”和“直线”命令，绘制图形，如下图所示。

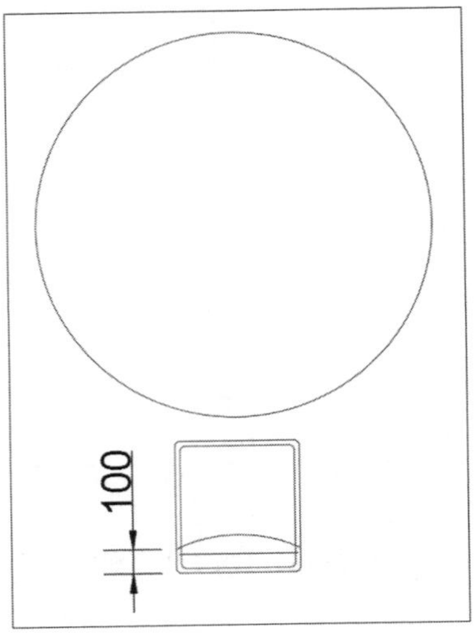

STEP 06 执行“修剪”命令，修剪删除掉多余的线段，如下图所示。

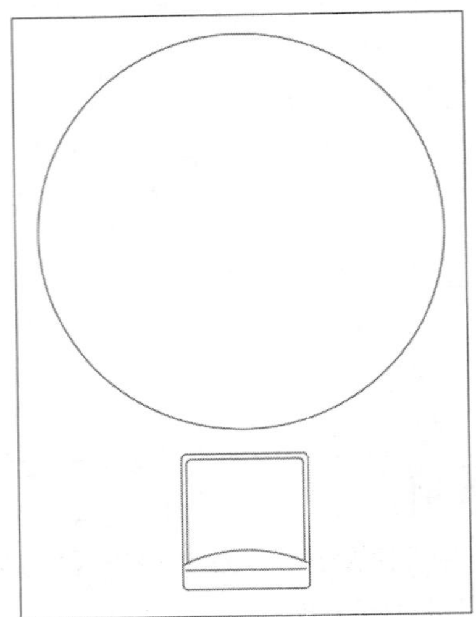

STEP 07 执行“环形阵列”命令，设置项目数为9，其余参数保持不变，对椅子图形进行环形阵列操作，并放在图中合适位置，如右图所示。

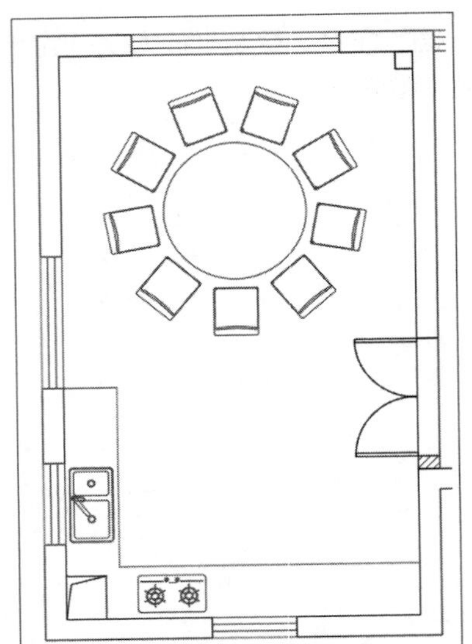

Lesson 05 卧室平面图

本案例中有4个卧室和1个书房，主卧、次卧、客卧、儿童房都需要添加床。可以分别从“插入”对话框中进行加载，也可以将加载出来的对象进行复制，衣柜的大小可以根据每个房间的具体情况来确定。

01 主卧室内设计

通常情况下主卧包括4部分，即衣柜、双人床、电视以及电视柜。床一般居中放置，床的方位对着门的位置，具体操作介绍如下：

STEP 01 执行“插入>块”命令，插入主卧床图块，并放在图中合适位置，如下图所示。

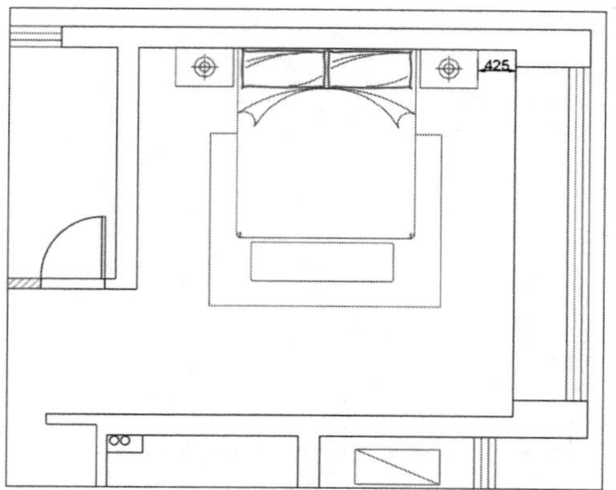

STEP 02 执行“复制”命令，复制客厅窗帘图形，放在主卧合适位置，如下图所示。

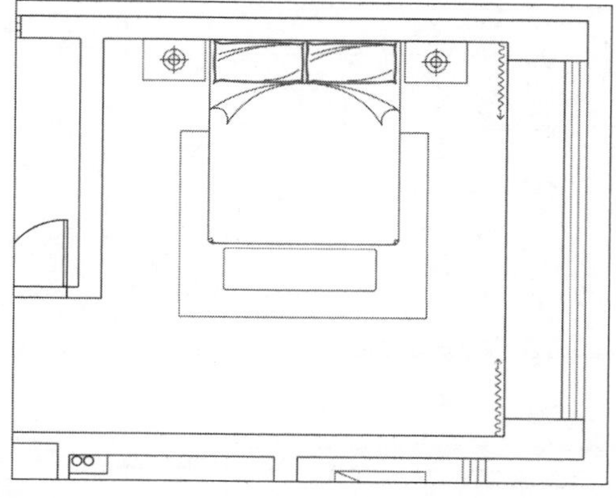

STEP 03 执行“矩形”命令，绘制长为2500 mm，宽为500mm的矩形图形，并放在图中合适位置，如下图所示。

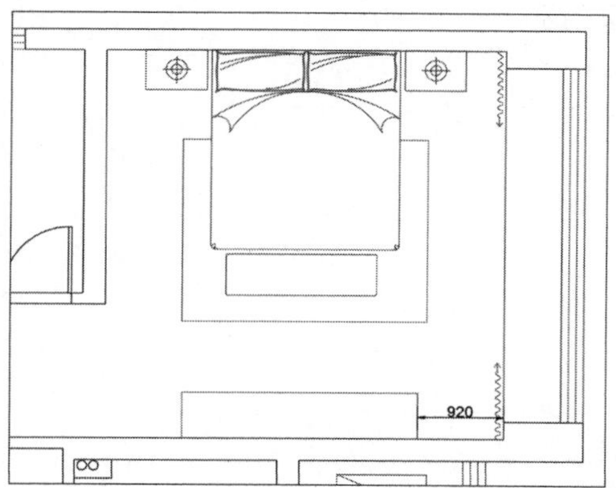

STEP 04 执行“镜像”命令，镜像复制客厅电视机图块，并放在图中合适位置，如下图所示。

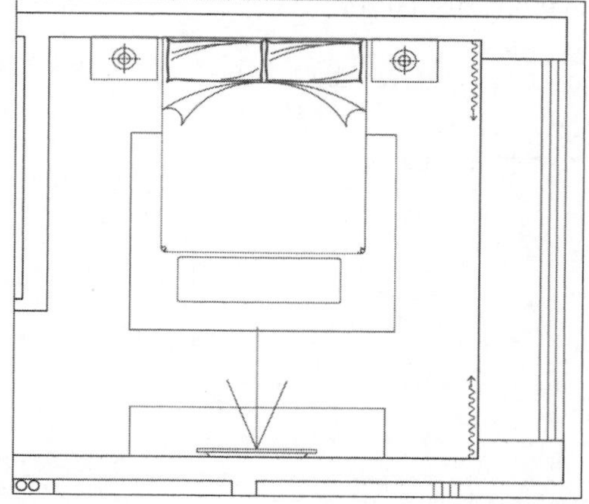

STEP 05 执行“图案填充”命令，选择样例名为GRAVEL，比例为50，对飘窗台面进行图案填充，效果如下图所示。

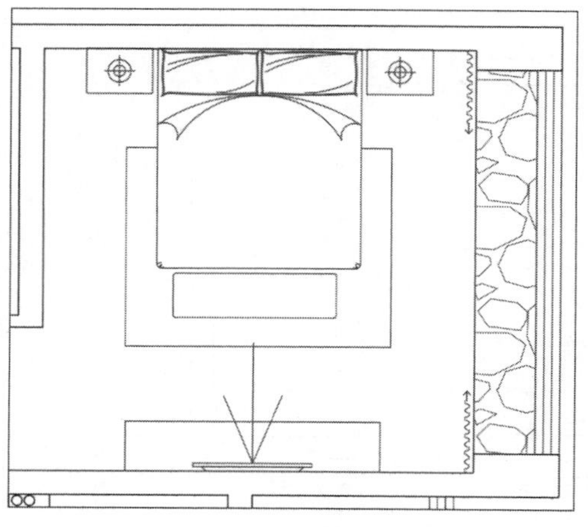

STEP 06 随后绘制衣柜图形。执行“矩形”命令，绘制长为2090 mm，宽为530mm的矩形图形，并放在图中合适位置，如下图所示。

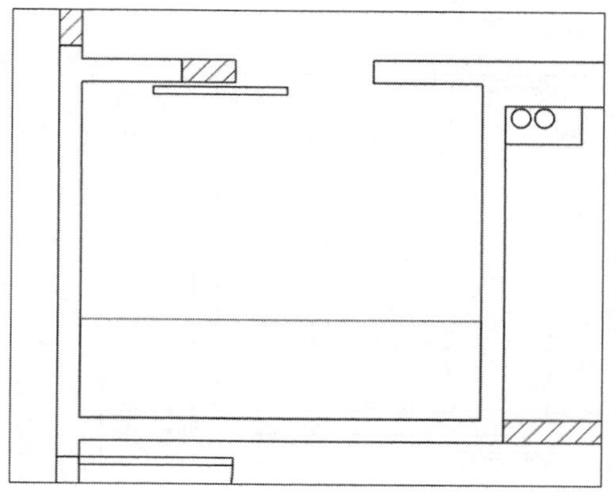

STEP 07 执行“偏移”命令，将矩形图形向内偏移20mm，如下图所示。

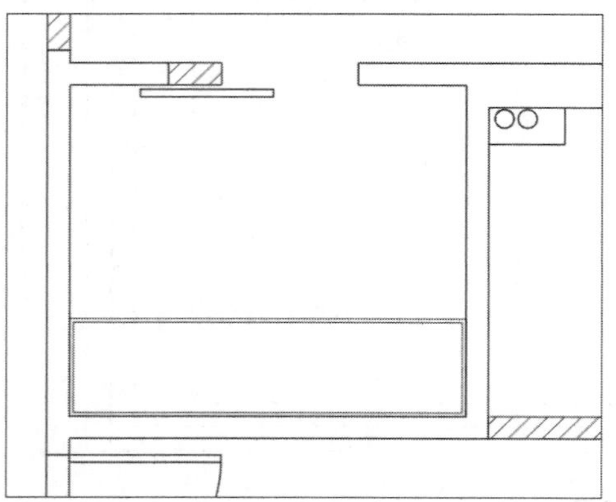

STEP 08 执行“矩形”命令，绘制长为20mm，宽为50mm的矩形图形，并放在图中合适位置，如下图所示。

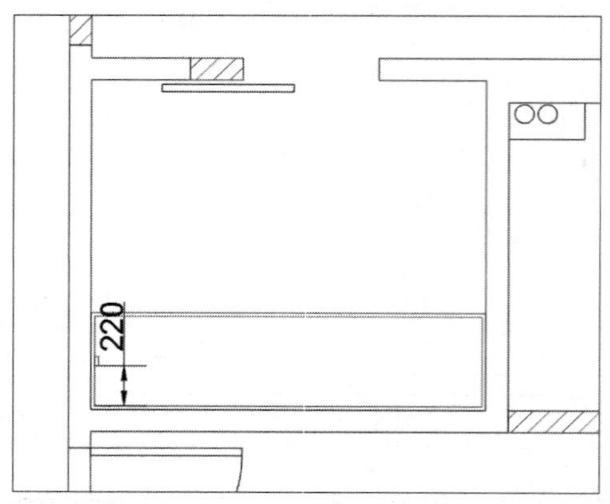

STEP 09 执行“镜像”命令，镜像复制刚绘制的矩形图形，如下图所示。

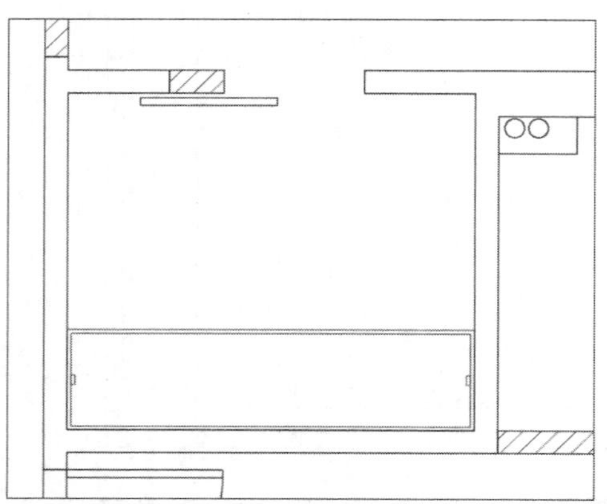

STEP 10 执行“矩形”命令，绘制长为2010mm，宽为20mm的衣杆图形，并放在图中合适位置，如下图所示。

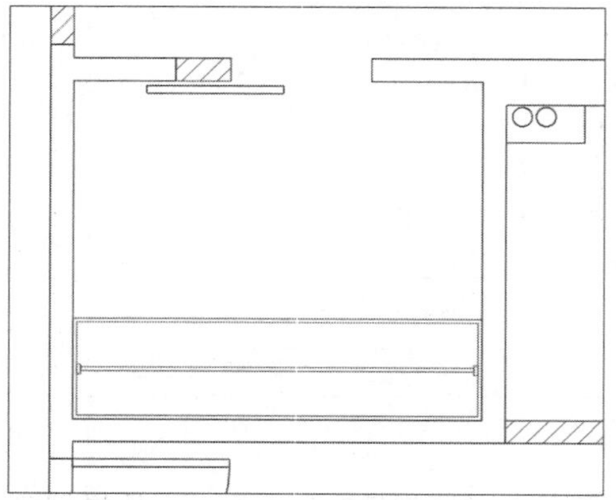

STEP 11 继续执行当前命令，绘制长为20mm，宽为450mm的衣架图形，并放在图中合适位置，如下图所示。

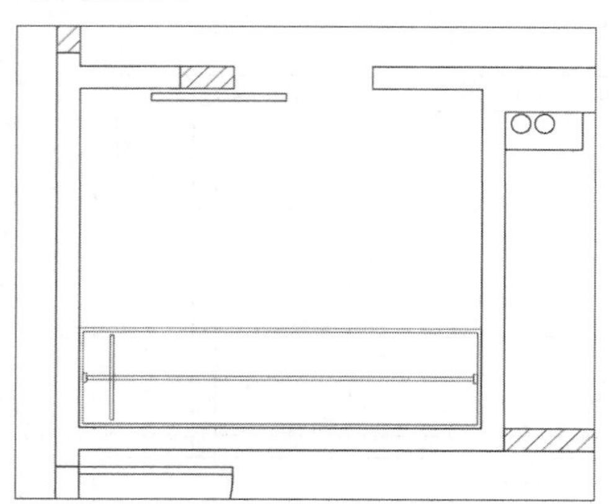

STEP 12 执行“旋转”命令，任意旋转衣架图形，如下图所示。

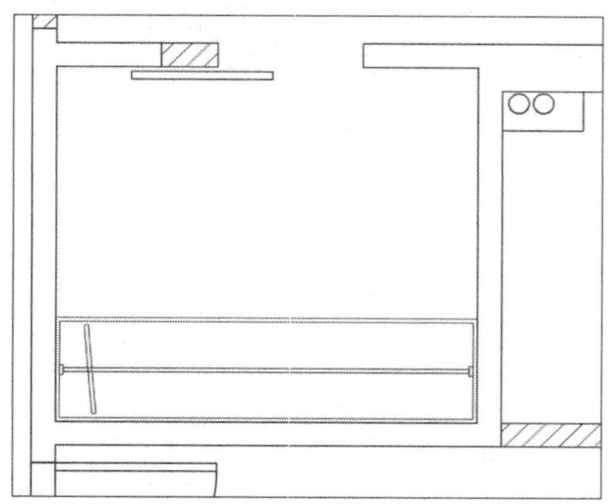

STEP 13 执行“复制”和“旋转”命令，复制并旋转衣架图形，如下图所示。

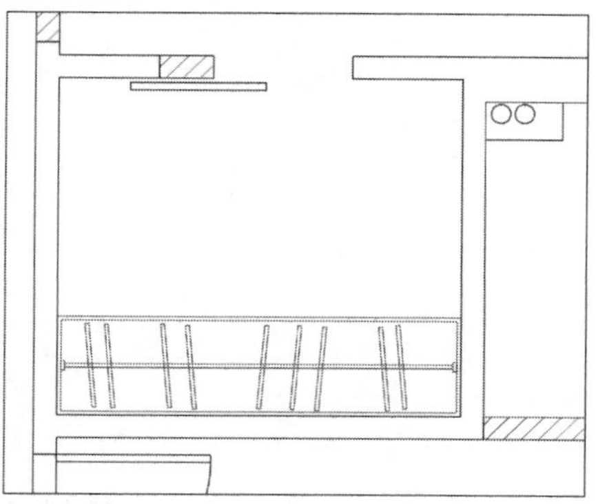

STEP 14 执行“复制”、“旋转”和“拉伸”命令，复制并旋转衣柜图形，向内拉伸890mm，放在图中合适位置，如下图所示。

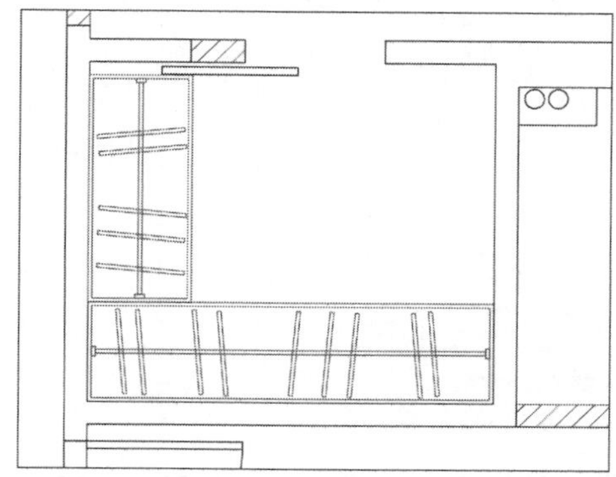

STEP 15 按照相同的方法绘制衣柜图形，如右图所示。

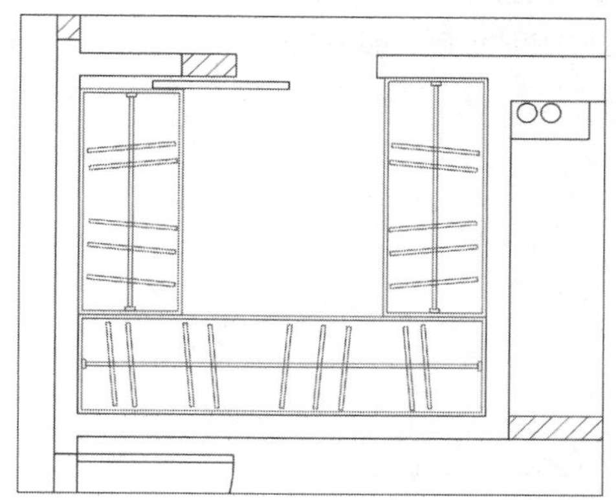

02 次卧室内设计

次卧与主卧大致相同，由于面积不同衣柜的尺寸也发生了变化，电视机可以直接复制客厅中的电视机图块，具体操作介绍如下：

STEP 01 执行“复制”和“旋转”命令，复制并旋转双人床图形，放在图中合适位置，如下图所示。

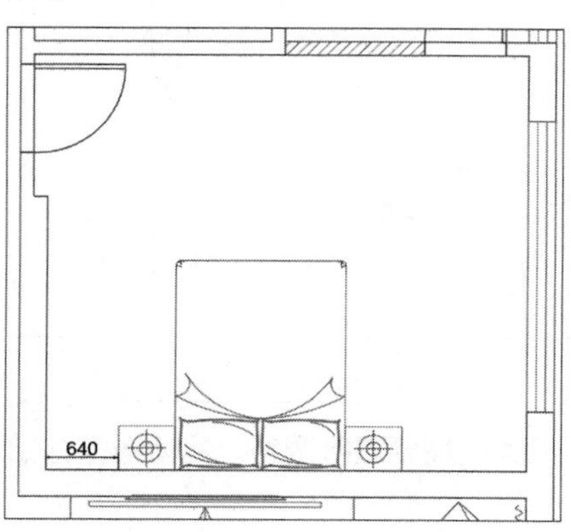

STEP 02 执行“复制”命令，复制衣柜图形，并放在图中合适位置，如下图所示。

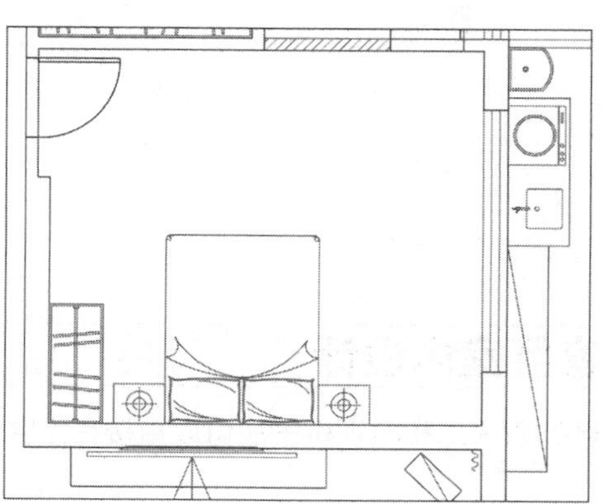

STEP 03 执行“拉伸”命令，将衣柜图形拉伸为1280mm，如下图所示。

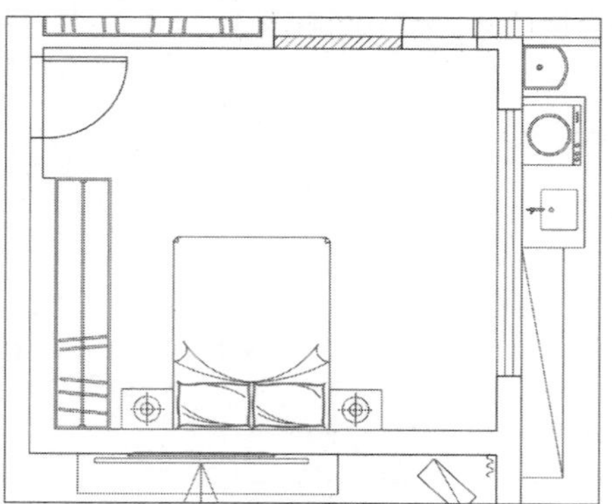

STEP 04 执行“复制”命令，复制衣架图形，并放在图中合适位置，如下图所示。

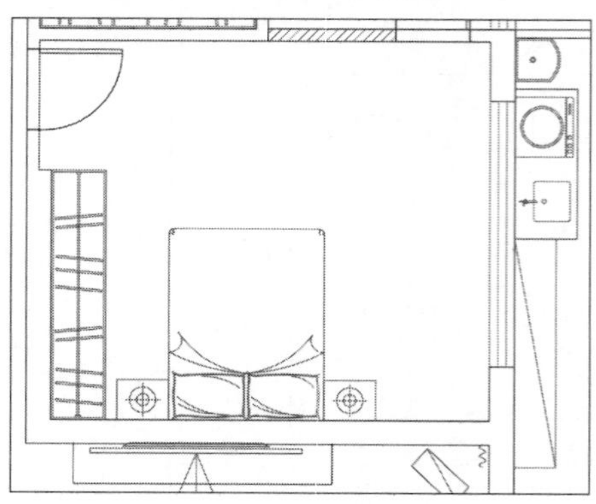

STEP 05 继续执行当前命令，复制窗帘图形，并放在图中合适位置，如下图所示。

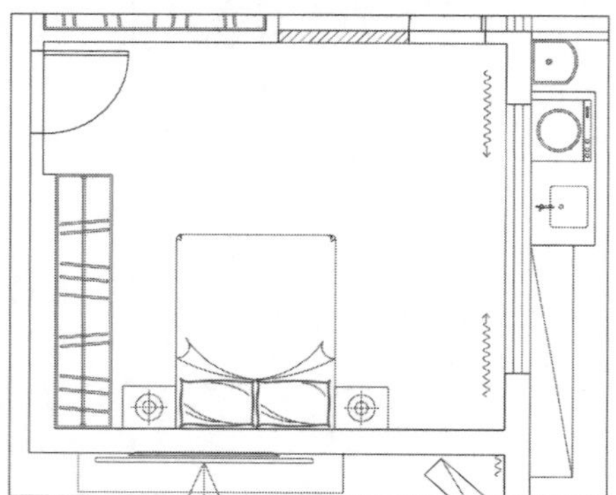

STEP 06 执行“直线”和“圆”命令，绘制书桌图形，如下图所示。

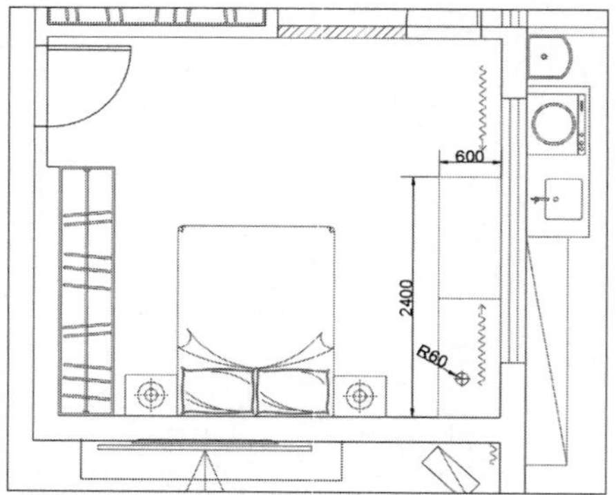

STEP 07 执行“插入>块”命令，插入椅子图块并放在图中合适位置，如下图所示。

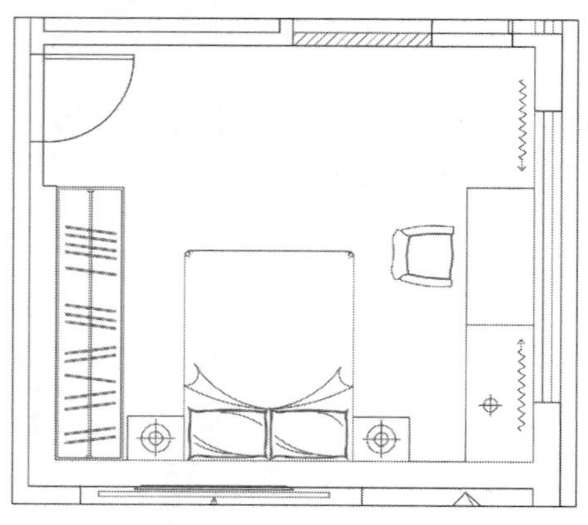

STEP 08 执行“复制”命令，镜像复制客厅的电视机图块，并移动到合适位置，如下图所示。

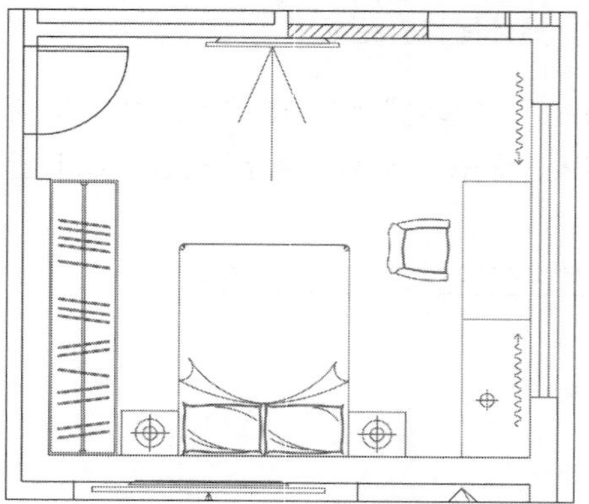

03 客卧室内设计

客卧的双人床和电视机图块可以直接在主卧进行复制，衣柜的大小需要进行调整，具体操作介绍如下：

STEP 01 执行“复制”命令，复制主卧室双人床图块并移动到客卧合适位置，如下图所示。

STEP 02 继续执行当前命令，复制衣帽间衣柜图形并放在图中合适位置，如下图所示。

STEP 03 执行“复制”命令，复制主卧室电视机图块，并移动到客卧合适位置，如右图所示。

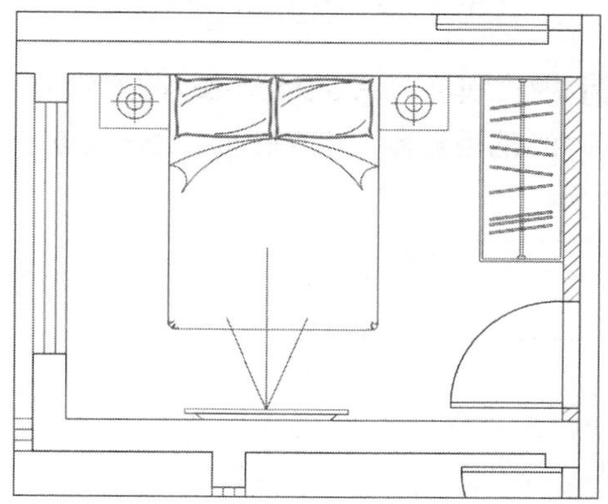

04 儿童房室内设计

儿童房的布置与客卧大致相同，区别是少了电视机和书桌椅，多了书架图形，本案例中直接复制客卧的双人床图形，具体操作介绍如下：

STEP 01 执行“复制”命令，复制客卧双人床图块并移动到儿童房合适位置，如下图所示。

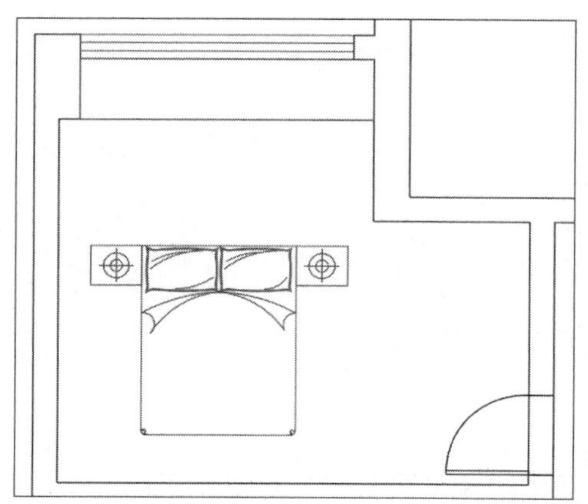

STEP 02 执行“旋转”命令，将复制后的双人床图块设置旋转角度为90°，并移动到合适位置，如下图所示。

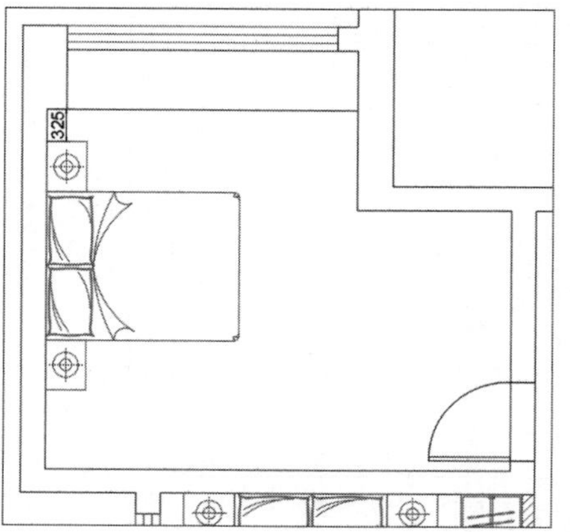

STEP 03 执行“复制”命令，复制衣帽间衣柜图形并放在图中合适位置，如下图所示。

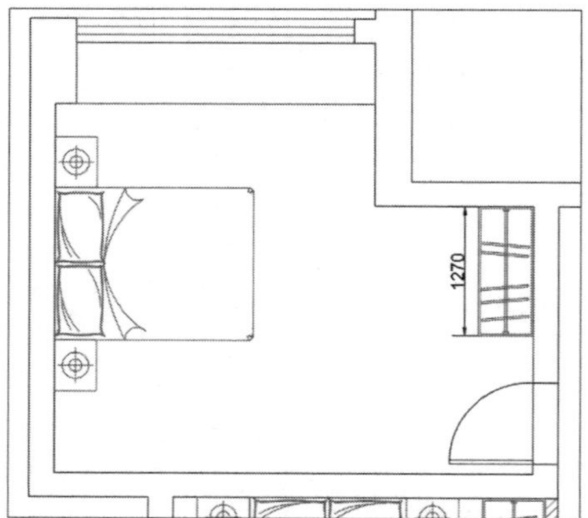

STEP 04 执行“拉伸”命令，将衣柜图形进行拉伸210mm，如下图所示。

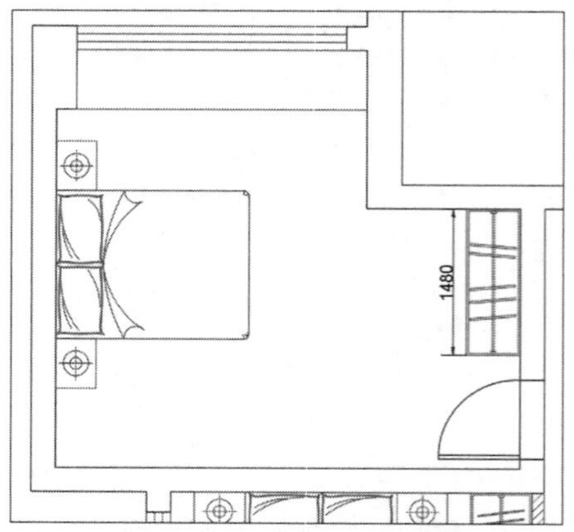

STEP 05 执行“矩形”命令，绘制长为990mm，宽为550mm的矩形图形并放在图中合适位置，如下图所示。

STEP 06 执行“偏移”命令，将刚绘制的矩形图形向内偏移20mm，如下图所示。

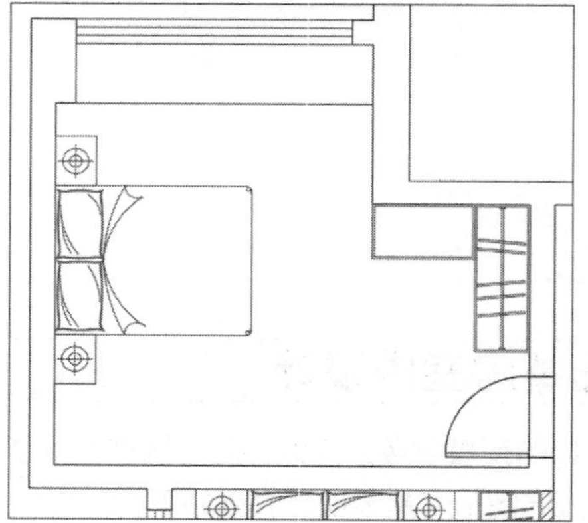

STEP 07 执行“直线”命令，捕捉矩形的中点绘制线段，绘制出衣柜图形，如下图所示。

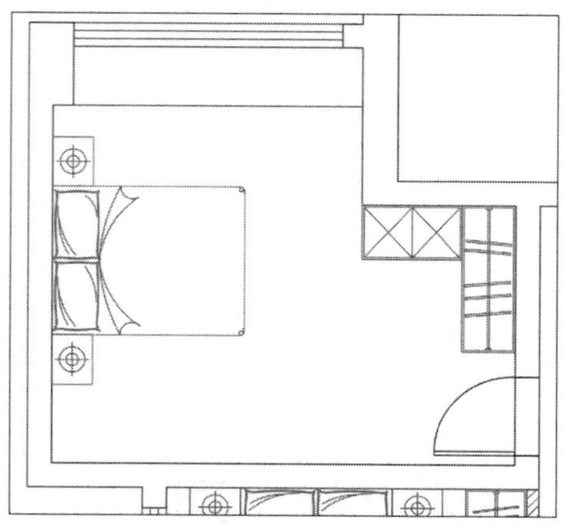

STEP 08 执行“矩形”命令，绘制长为1660 mm，宽为400mm的书架图形并放在图中合适位置，如下图所示。

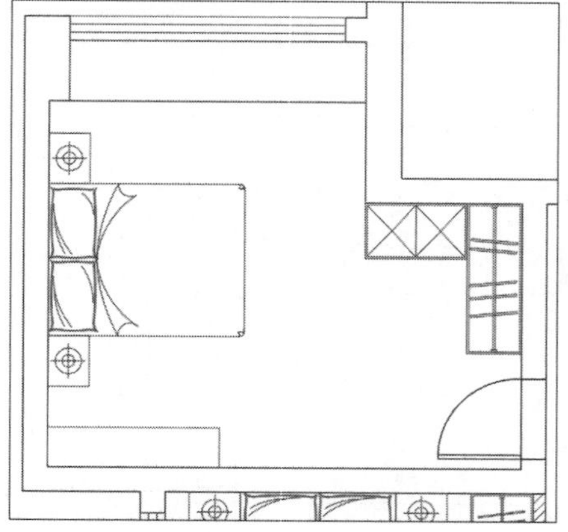

STEP 09 执行“插入>块”命令，插入装饰品图块，并放在儿童房合适位置，如下图所示。

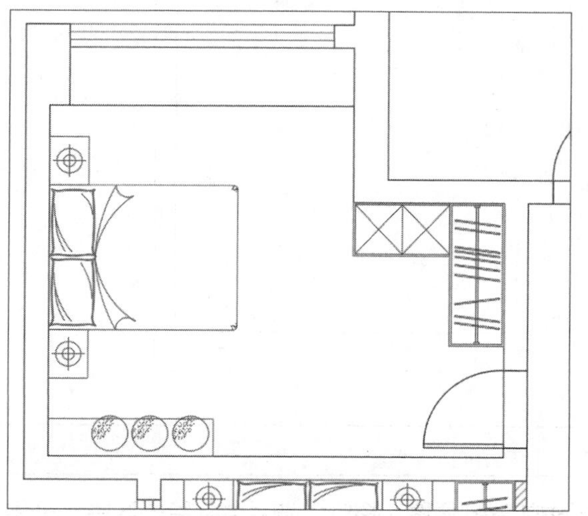

STEP 10 执行“图案填充”命令，选择样例名为GRAVEL，比例为50，效果如下图所示。

Lesson 06 卫生间平面图

本例中有4个卫生间，主卫、次卫和公用的两个，一般情况下，主卫的配置要比其他卫生间的配置要完善一些。卫生间地面要铺防滑瓷砖，卫生间具备蹲便器或坐便器、洗手池、浴缸或浴池，除此之外还可以安装浴霸、墙面镜等。

01 绘制主卫生间

主卫生间中的浴缸是区别于次卫生间的最明显的配置，主卫放置的是浴缸，次卫放置的是淋浴房，此外两者并无明显区别，具体操作介绍如下：

STEP 01 执行“矩形”命令，绘制矩形作为浴缸的台面，尺寸如下图所示。

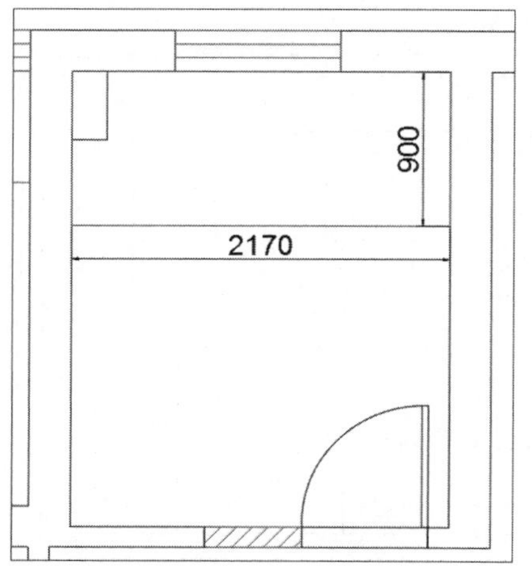

STEP 02 执行“插入>块”命令，插入浴缸图块，并放在绘图区合适位置，如下图所示。

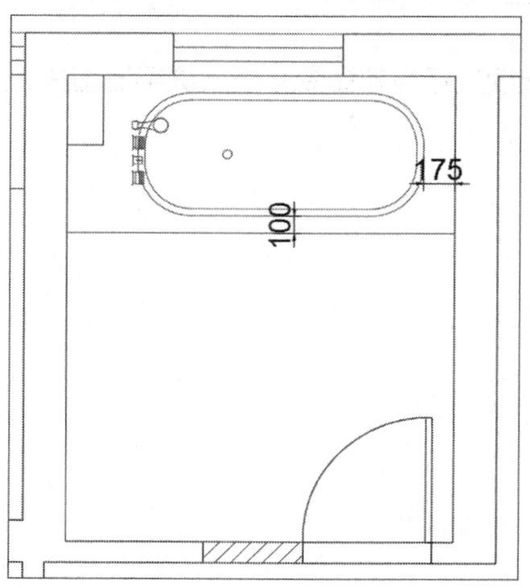

STEP 03 继续执行当前命令，插入坐便器和洗手池图块，并放在图中合适位置，如右图所示。

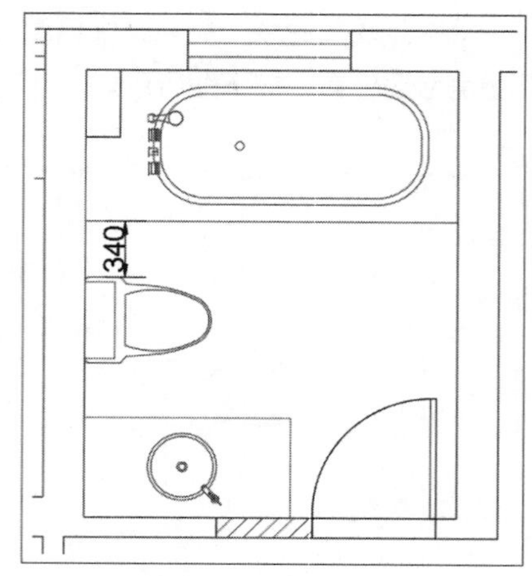

02 绘制次卫生间

次卫的创建方法与主卫相同，在“插入”对话框中加载坐便器、浴缸、洗手池到绘图区中，具体操作介绍如下：

STEP 01 执行“复制”命令，复制坐便器图块，并移动到次卫生间合适位置，如下图所示。

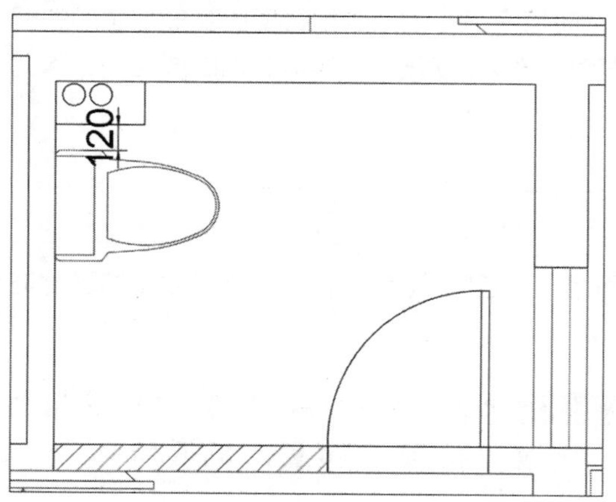

STEP 02 执行“插入>块”命令，插入淋浴房图块，放在图中合适位置，如下图所示。

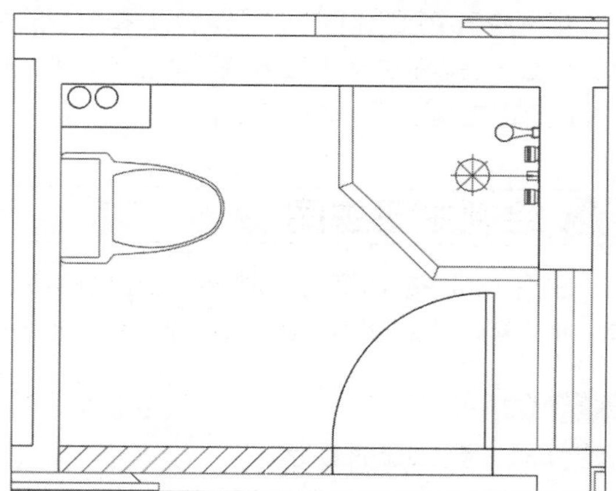

STEP 03 继续执行当前命令，插入洗手池图块，如右图所示。

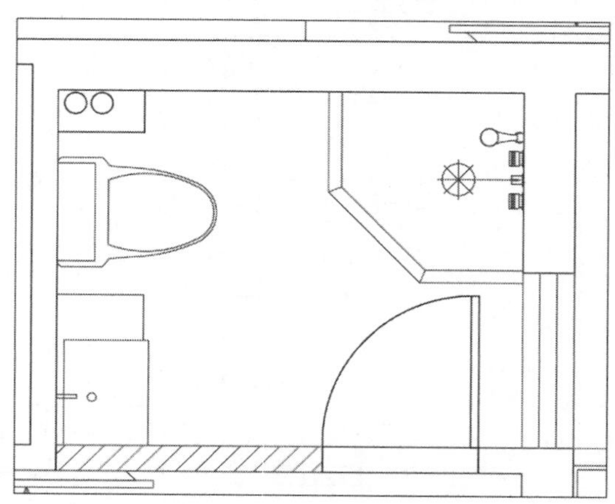

Lesson 07 绘制客厅立面图

平面图给予我们的信息十分有限。一间房子是否美观，很大程度上取决于立面图，通过立面图来表示墙面的装饰造型与所需材料。下面将介绍客厅立面图的绘制方法，具体操作介绍如下：

STEP 01 执行“复制”命令，复制客厅平面图并删除掉多余的线段，如下图所示。

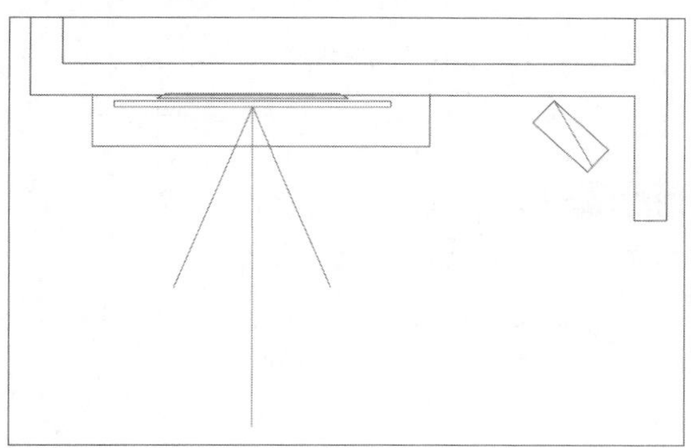

STEP 02 执行“射线”命令，捕捉平面图主要轮廓位置绘制射线，如下图所示。

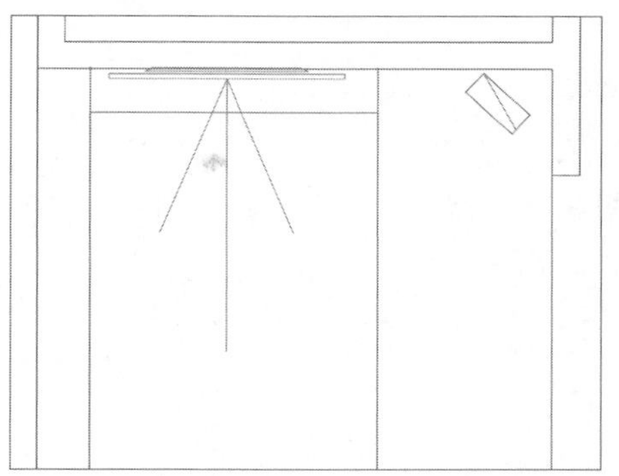

STEP 03 执行“偏移”命令，偏移墙体线，如下图所示。

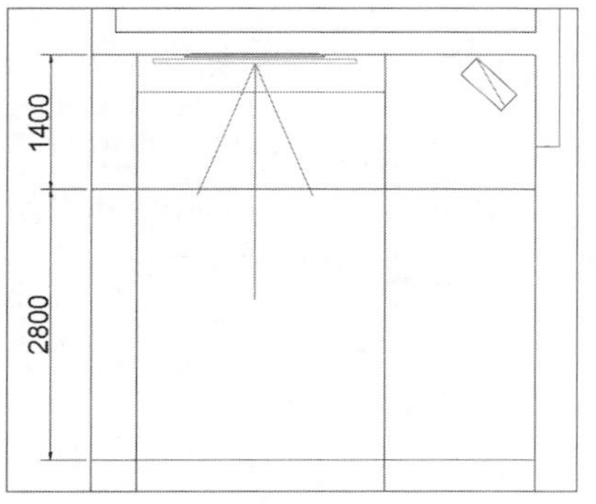

STEP 04 执行“修剪”命令，修剪删除掉多余的线段，如下图所示。

STEP 05 随后绘制电视柜图形，执行“偏移”命令，将线段进行偏移，尺寸如下图所示。

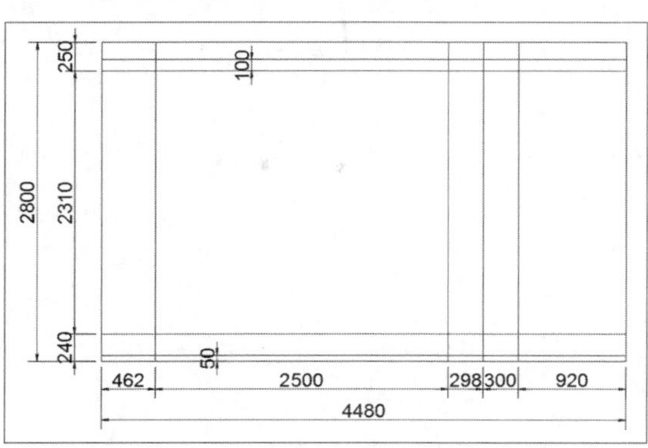

STEP 06 执行“修剪”命令，修剪删除掉多余的线段，如下图所示。

STEP 07 执行“偏移”命令，将线段进行偏移，尺寸如下图所示。

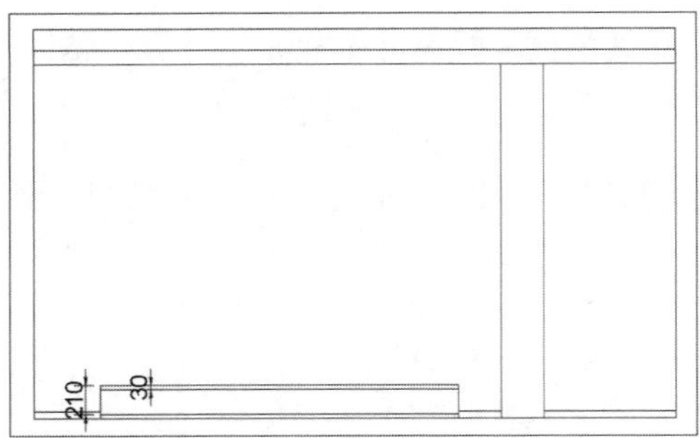

STEP 08 继续执行当前命令，偏移线段，尺寸如下图所示。

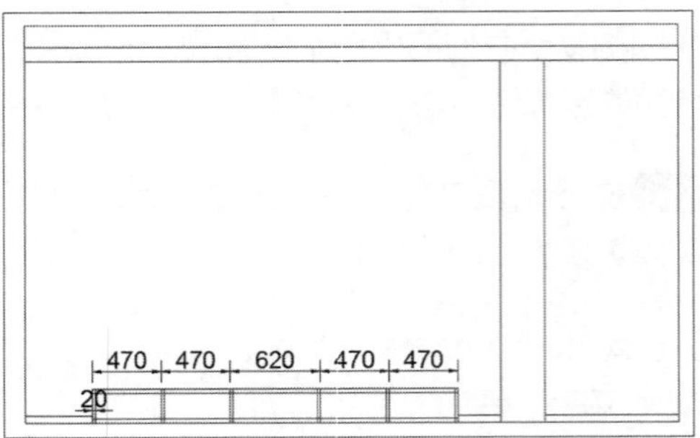

STEP 09 执行“修剪”命令，修剪删除掉多余的线段，如下图所示。

STEP 10 执行“多段线”命令，绘制出电视柜图形，如下图所示。

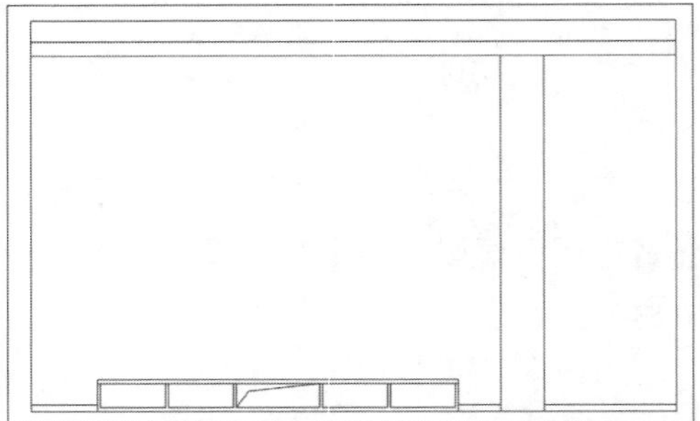

STEP 11 执行“插入>块”命令，插入电视机图块，如下图所示。

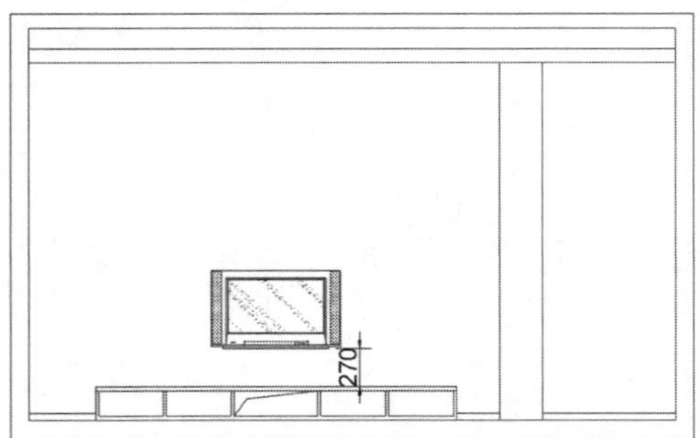

STEP 12 接着绘制音响图形。执行“矩形”命令，绘制长为185mm，宽为810mm的矩形图形，并放在图中合适位置，如下图所示。

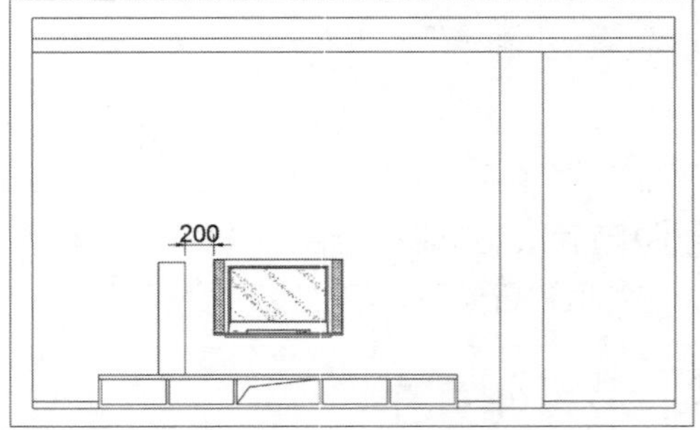

STEP 13 执行“偏移”命令，将刚绘制的矩形图形向内偏移20mm，如右图所示。

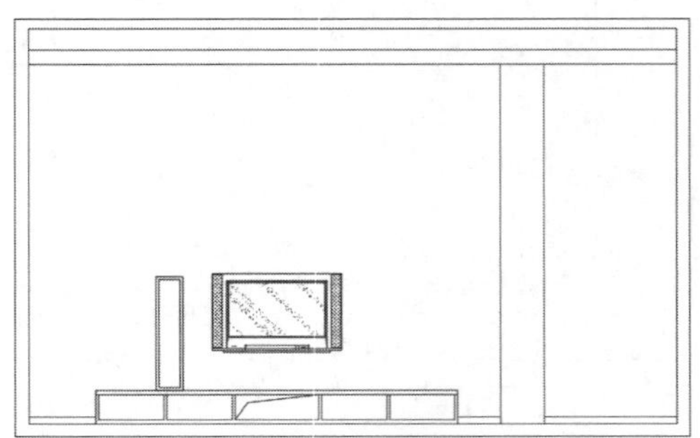

STEP 14 执行“圆”命令，绘制半径为10mm、40mm、50mm的同心圆图形，如下图所示。

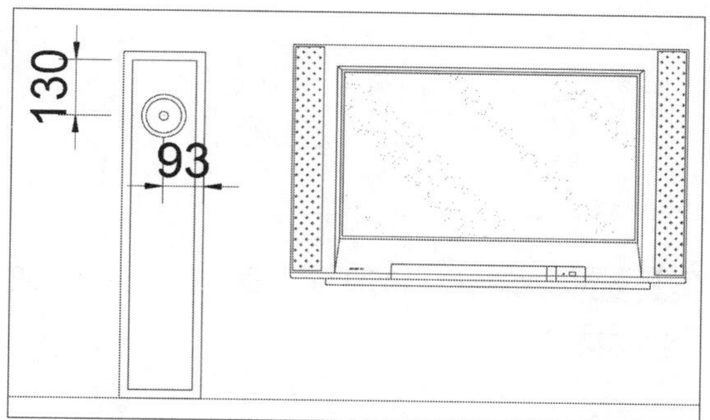

STEP 15 继续执行当前命令绘制半径为15mm、60mm、70mm的同心圆图形，绘制出音响图形，如下图所示。

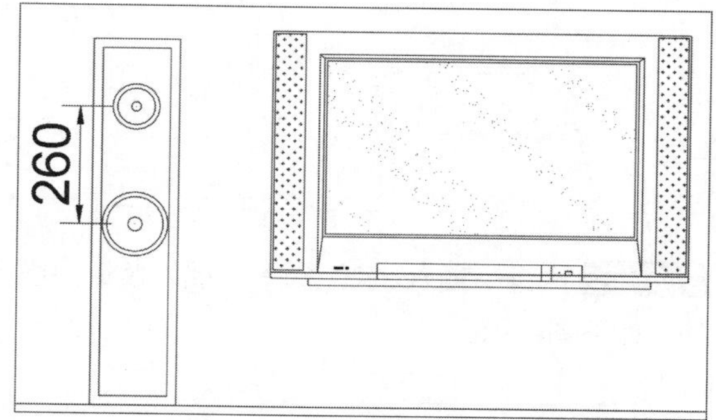

STEP 16 设置“图案填充”层为当前层，执行“图案填充”命令，设置样例名为ARHBONE，比例为0.3，如下图所示。

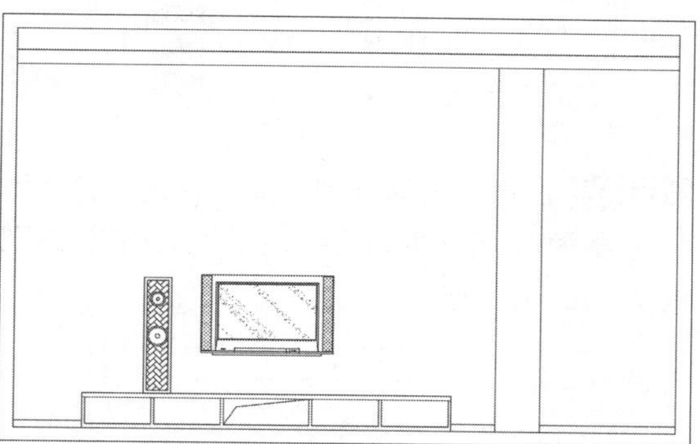

STEP 17 设置“轮廓”层为当前层，执行“镜像”命令，镜像复制音响图形，如下图所示。

STEP 18 绘制电视背景墙图形。执行“矩形”命令，绘制长为2400mm，宽为1500mm的矩形图形，如下图所示。

STEP 19 执行“偏移”命令，将矩形图形向内偏移50mm，并进行调整，如下图所示。

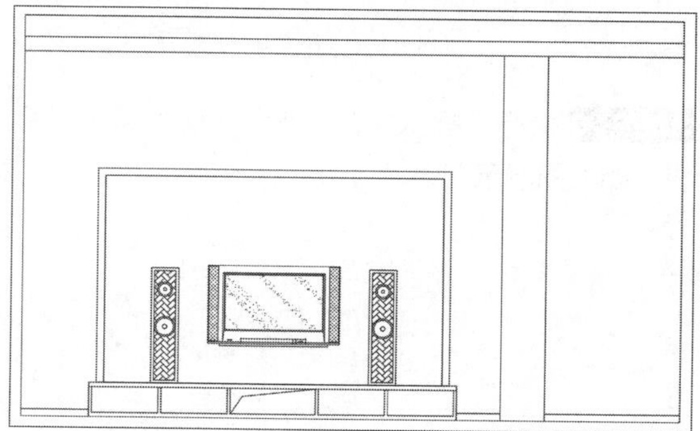

STEP 20 设置“图案填充”层为当前层，执行“图案填充”命令，设置样例名为AR-CONC，比例为1.5，绘制出影视墙图形，如下图所示。

STEP 21 设置“轮廓”层为当前层，执行“矩形”命令，绘制长为2200mm，宽为50mm的矩形图形，如下图所示。

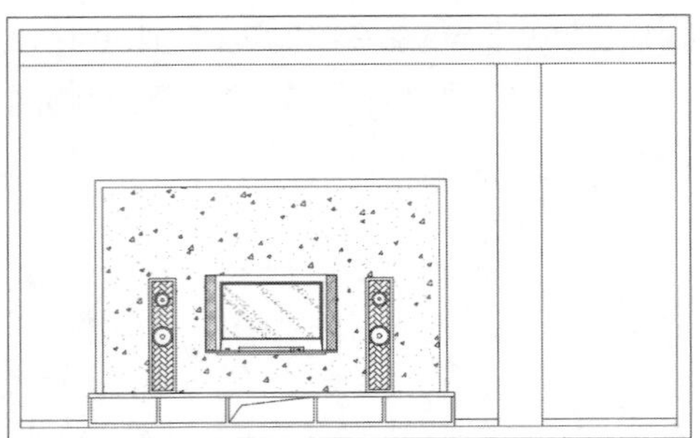

STEP 22 执行“插入>块”命令，插入装饰品图块，如下图所示。

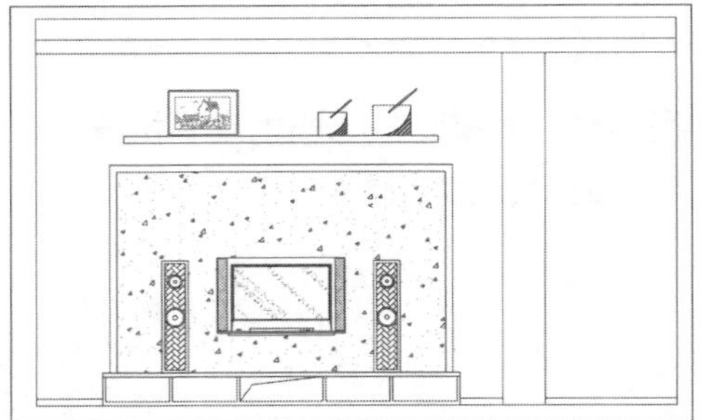

STEP 24 执行“矩形”命令，绘制长为300 mm，宽为30mm的矩形图形，并放在图中合适位置，如下图所示。

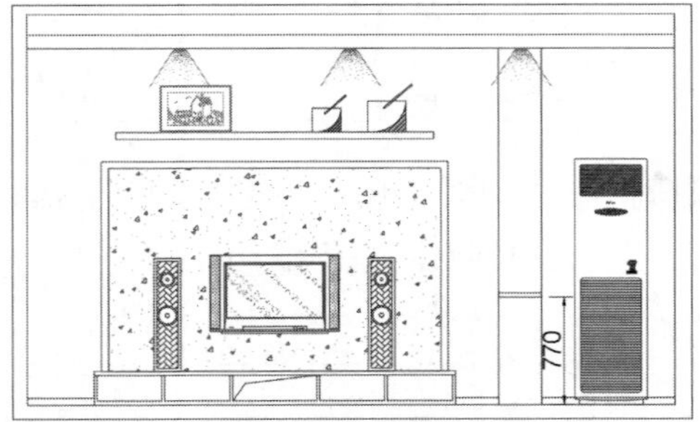

STEP 26 执行“插入>块”命令，插入装饰品图块，如下图所示。

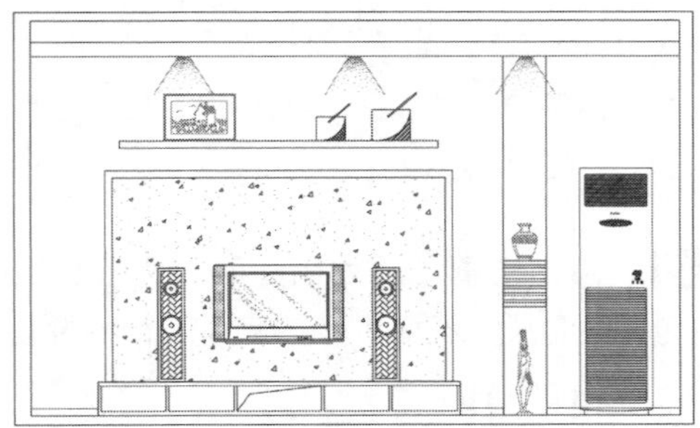

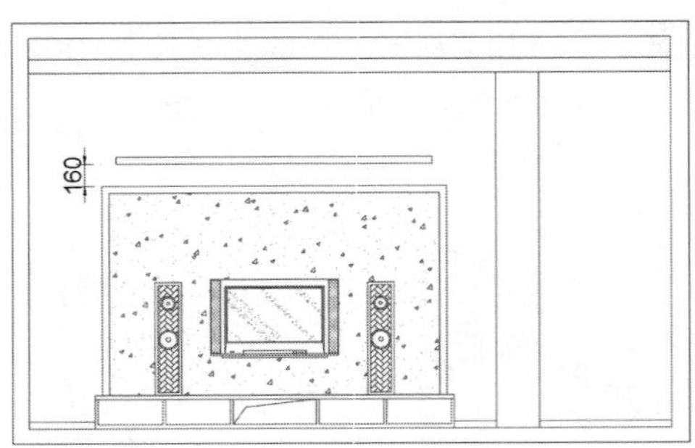

STEP 23 继续执行当前命令，插入其他图块，如下图所示。

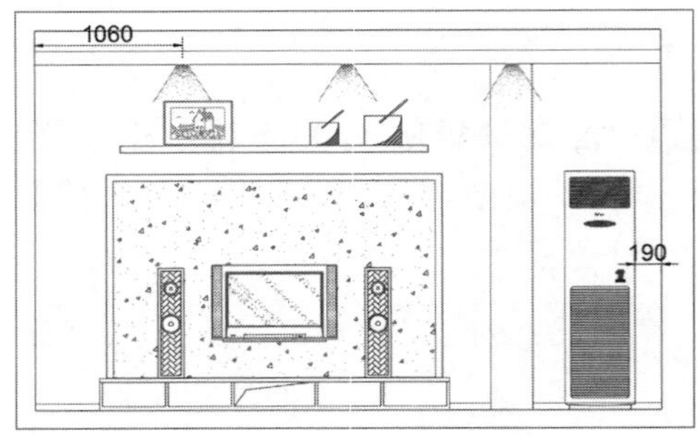

STEP 25 执行“矩形阵列”命令，设置列数为1，行数为7，介于值为50，对矩形图形进行阵列操作，如下图所示。

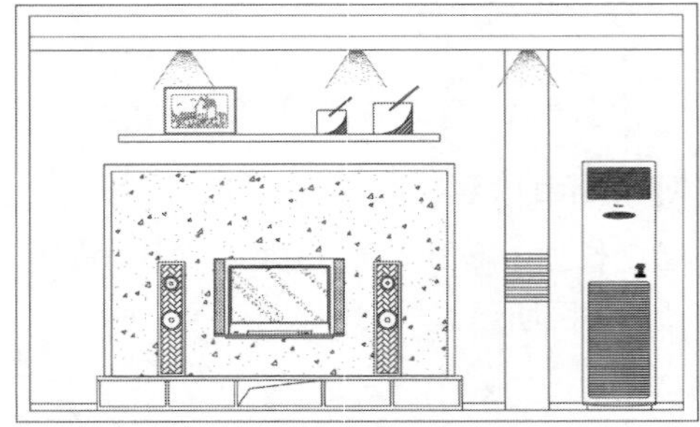

STEP 27 设置“图案填充”图层为当前层，执行“图案填充”命令，设置样例名为STEEL，比例为100，对装饰架进行填充，如下图所示。

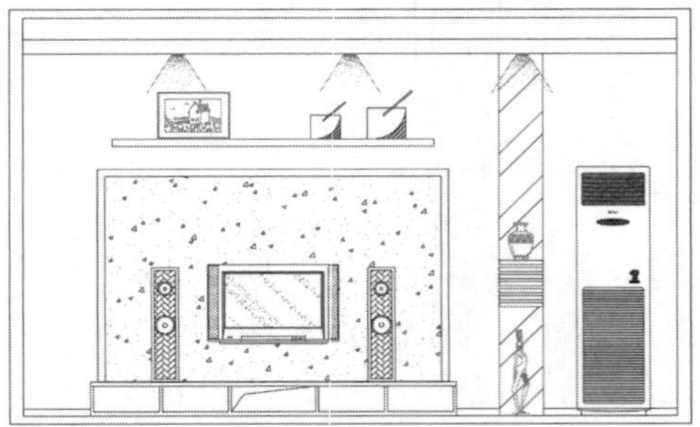

STEP 28 设置“尺寸标注”图层为当前层，执行“线性”和“连续”命令，对客厅立面图进行尺寸标注，如下图所示。

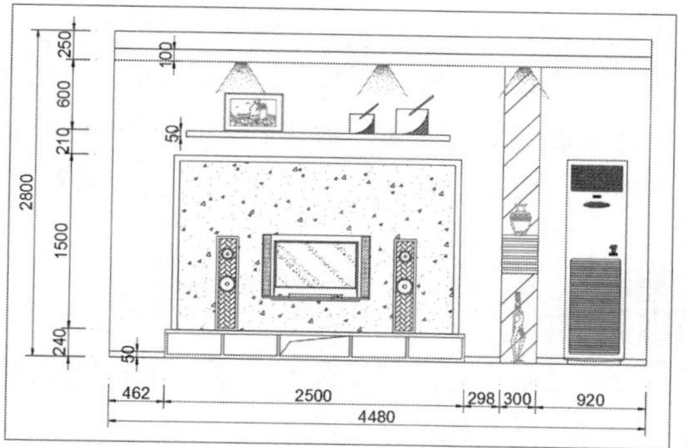

STEP 29 执行“多重引线样式”命令，打开“多重引线样式管理器”对话框，如下图所示。

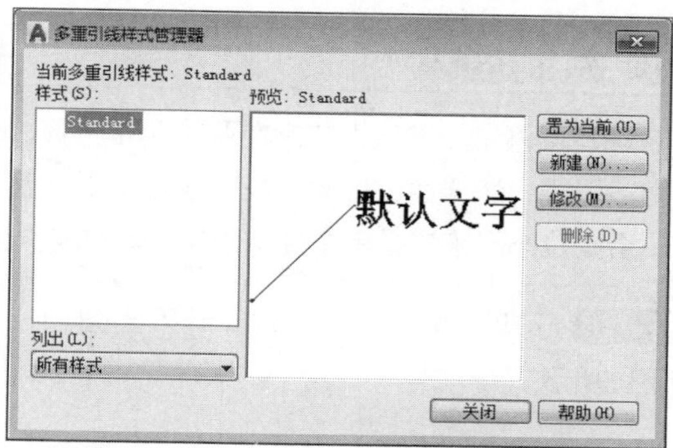

STEP 30 单击“新建”按钮，在打开的“创建新多重引线样式”对话框，并输入新样式名，如下图所示。

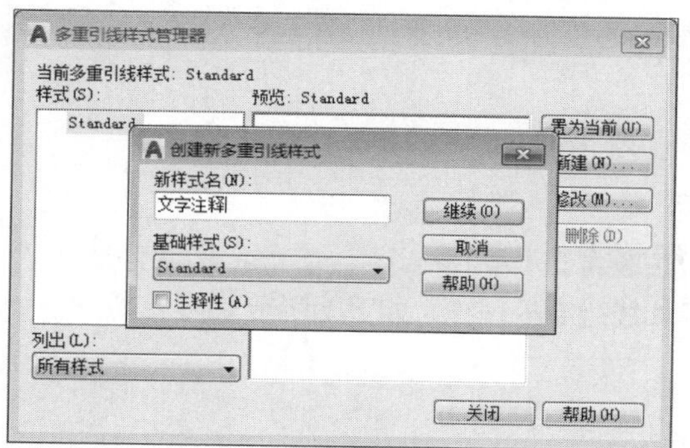

STEP 31 单击“继续”按钮，在打开“修改多重引线样式：文字注释”对话框中，设置箭头符号为小点，大小为60，文字高度为100，如下图所示。

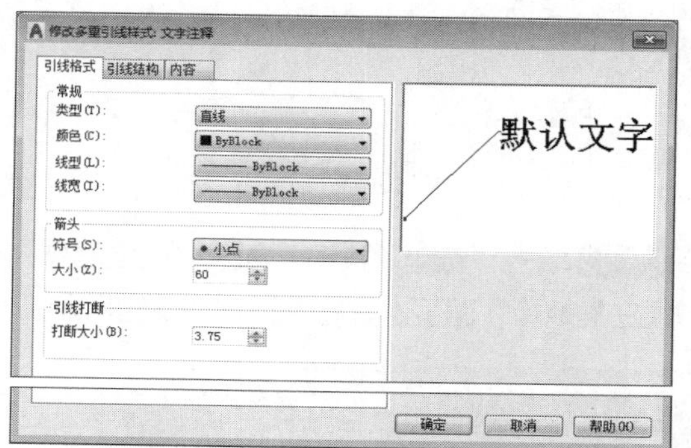

STEP 32 单击“确定”按钮，返回上一层对话框，并单击“置为当前”按钮，关闭对话框，执行“多重引线”命令，对客厅立面图进行文字注释，如右图所示。

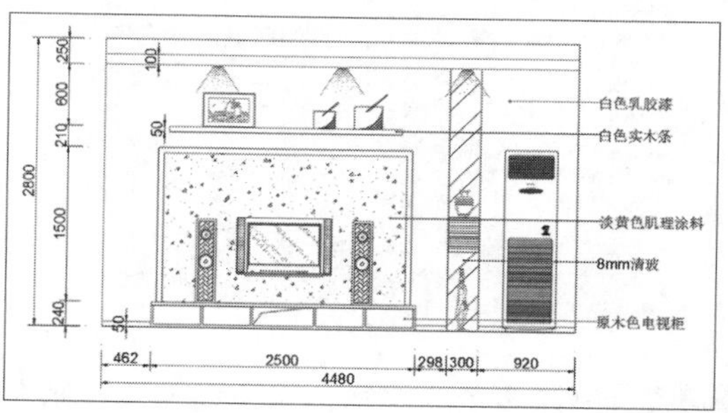

Lesson 08 绘制三维户型图

为了更加直观地表达房间的布局，可以在二维图形的基础上创建三维模型。通过拉伸创建墙体，然后再添加材质或灯光进行渲染，从而得到逼真的效果。本例中只讲解为主要特征对象创建三维模型的过程。

原始文件：实例文件\第20章\原始文件\室内设计施工图.dwg
最终文件：实例文件\第20章\最终文件\三维户型图.dwg

01 绘制墙体

创建墙体是三维建模非常重要的操作步骤，在创建墙体之前，需要将表示墙体的二维曲线全部转换为多段线，这样通过拉伸多段线就可以创建墙体的三维模型。只有封闭区域的多段线才能创建为实体，否则拉伸出来的是单个片体对象，具体操作介绍如下：

STEP 01 打开三维建模空间，复制平面图形，如下图所示。

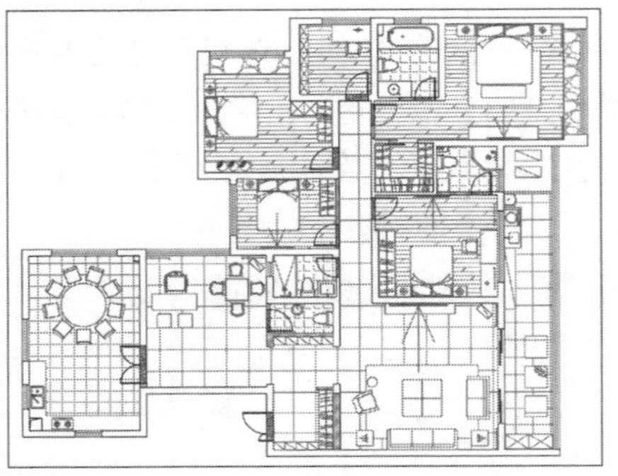

STEP 02 执行“图层”命令，打开“图层特性管理器”选项板，除“墙体”、“窗”图层外其余图层全部关闭，如下图所示。

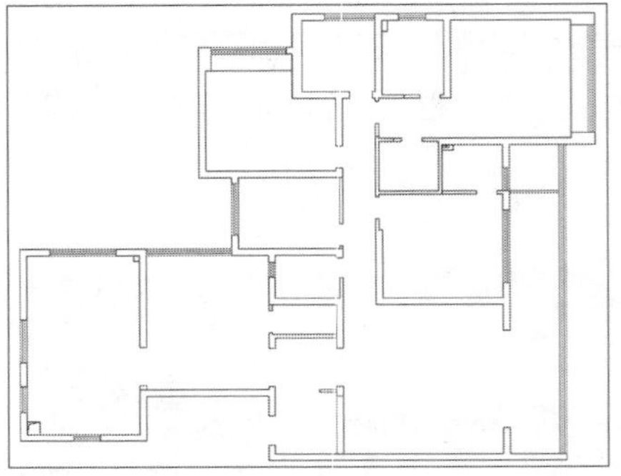

STEP 03 单击“新建”按钮，创建“三维墙体”和“三维地板”图层，其特性设置如下图所示。

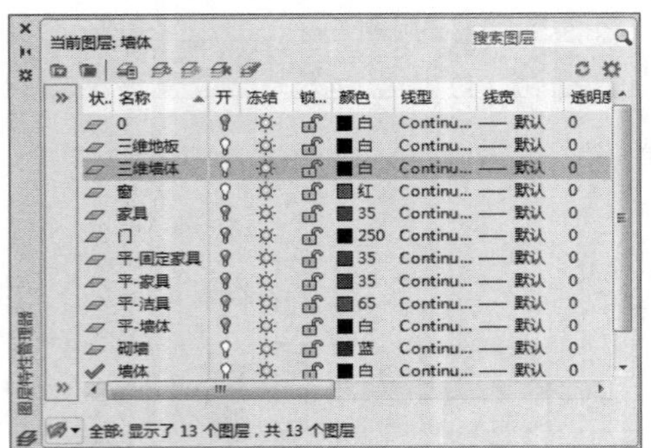

STEP 04 执行“多段体”命令，绕墙体线和外墙体线绘制多段线，如下图所示。

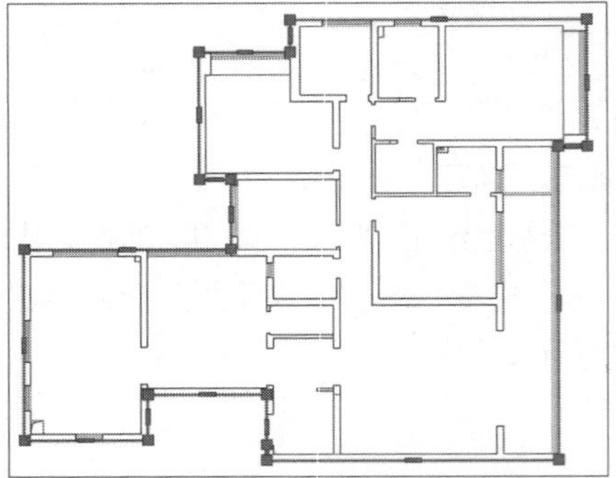

STEP 05 删除多余的墙体，将视图控件转化为西南等轴测，视觉样式控件转化为“概念”，如右图所示。

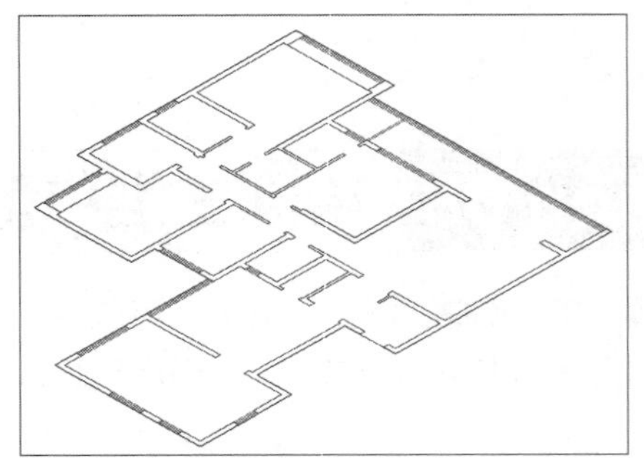

STEP 06 设置“三维地板”层为当前层，执行“拉伸”命令，将墙体外轮廓线向下拉伸500 mm，如下图所示。

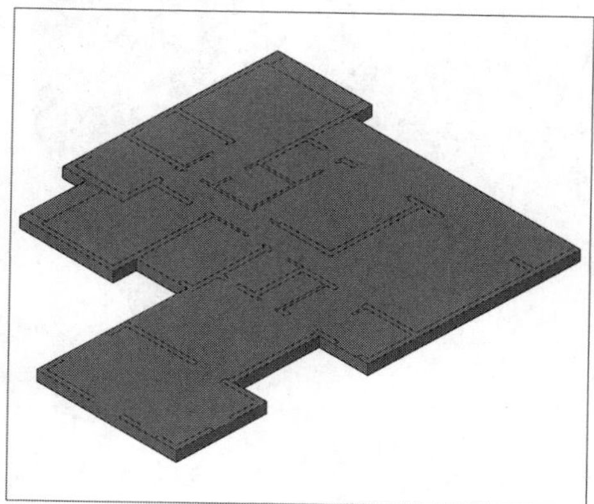

STEP 07 设置“三维墙体”层为当前层，执行“拉伸”命令，将墙体线向上拉伸2800mm，如下图所示。

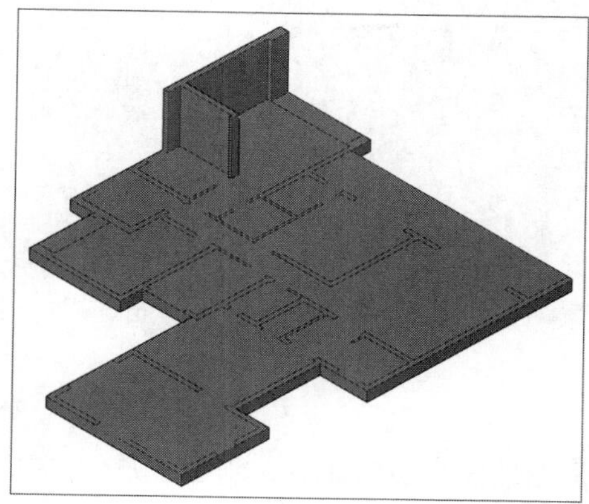

STEP 08 继续执行当前命令，拉伸其他墙体线，如下图所示。

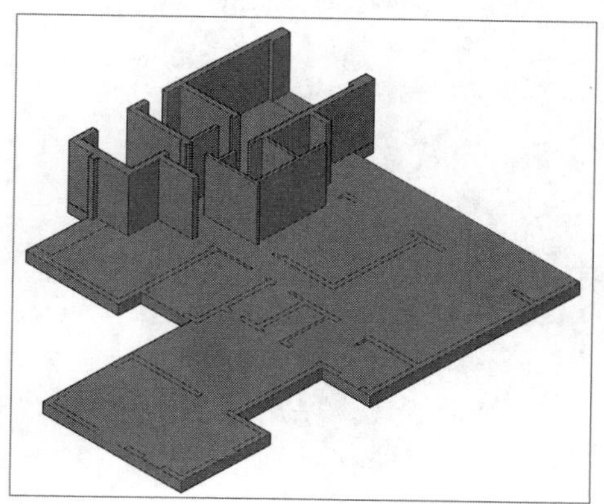

STEP 09 继续执行当前命令，拉伸所有墙体线，完成效果如下图所示。

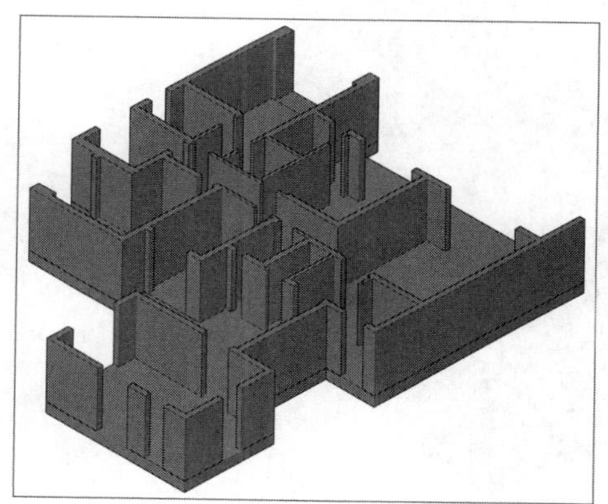

02 绘制窗台

在绘制墙体时发现墙与墙之间有空白区域，该区域是预留的创建窗台位置。本例将使用“长方体”命令来绘制窗台的墙体，具体操作介绍如下：

STEP 01 切换为自定义视图，执行“长方体”命令，在绘图区指定第一个角点，如下图所示。

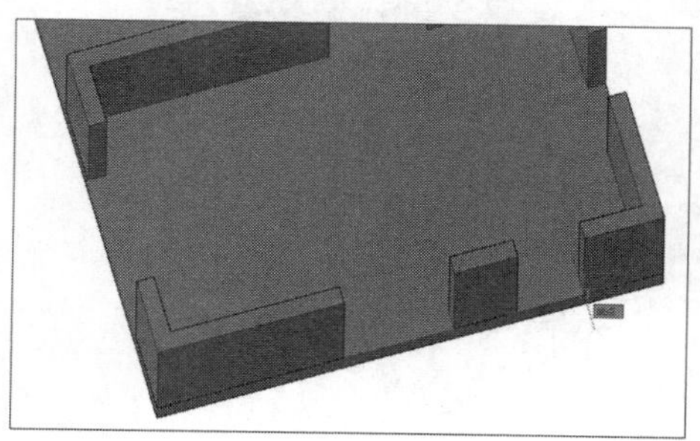

STEP 02 单击鼠标左键，指定第二个角点，如下图所示。

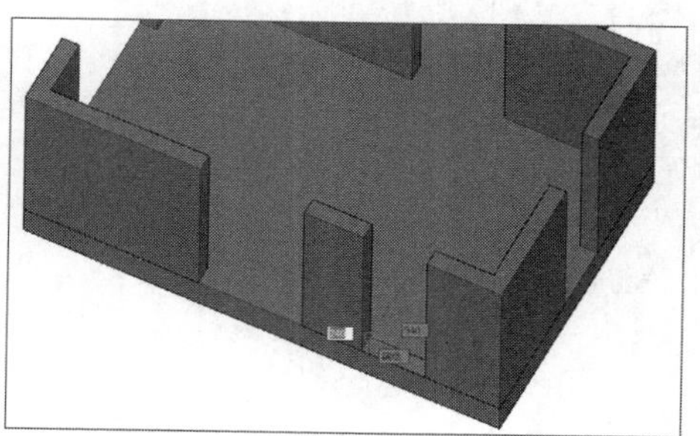

STEP 03 单击鼠标左键，沿Z轴方向向上移动光标，输入高度1200mm，如下图所示。

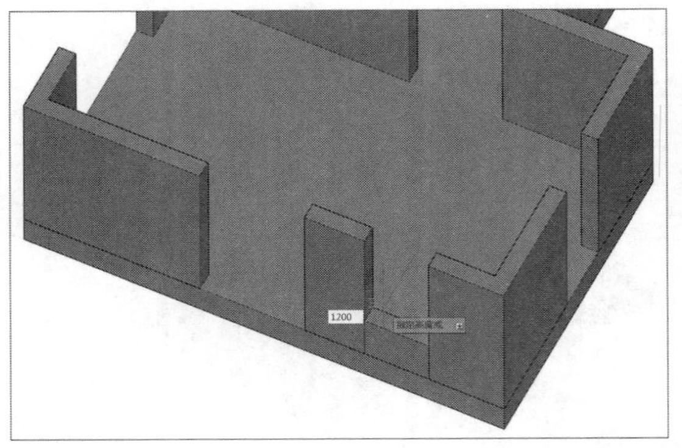

STEP 04 按Enter键确定，绘制出窗台模型，如下图所示。

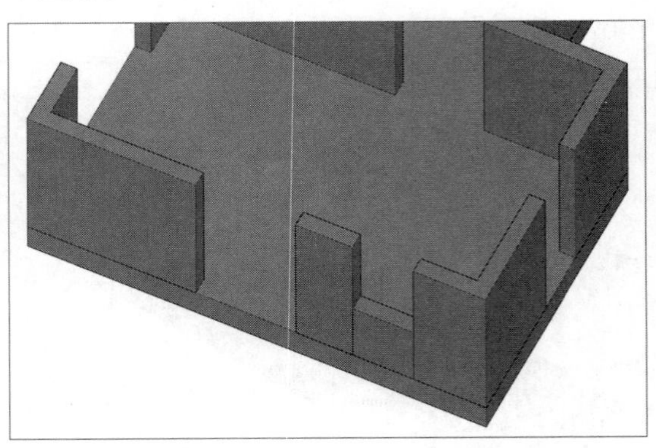

STEP 05 继续执行当前命令，创建长方体，并切换视图为西南等轴测，效果如下图所示。

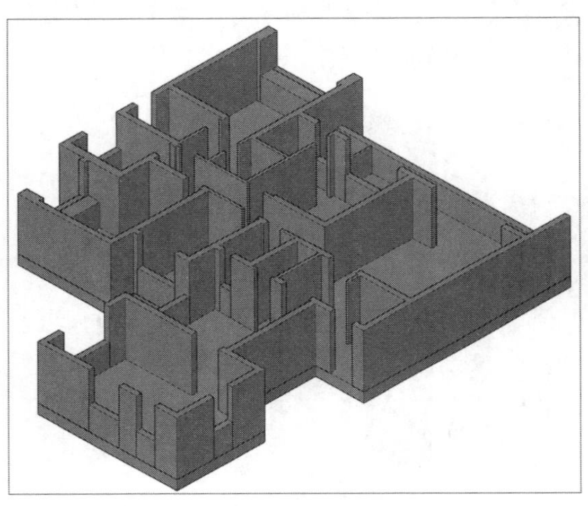

STEP 06 执行“长方体”命令，在绘制图指定第一个角点，如下图所示。

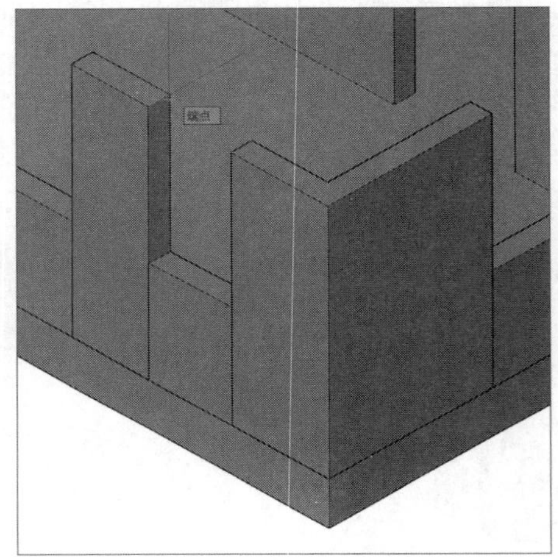

STEP 07 单击鼠标左键，指定第二个角点，如下图所示。

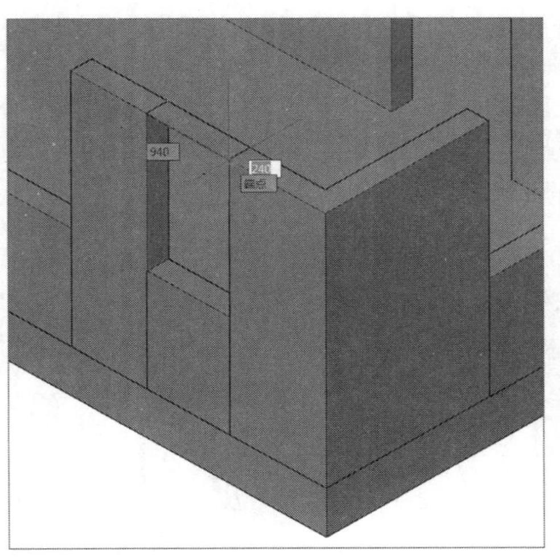

STEP 08 单击鼠标左键，沿Z轴方向向下移动光标，输入高度200mm，如下图所示。

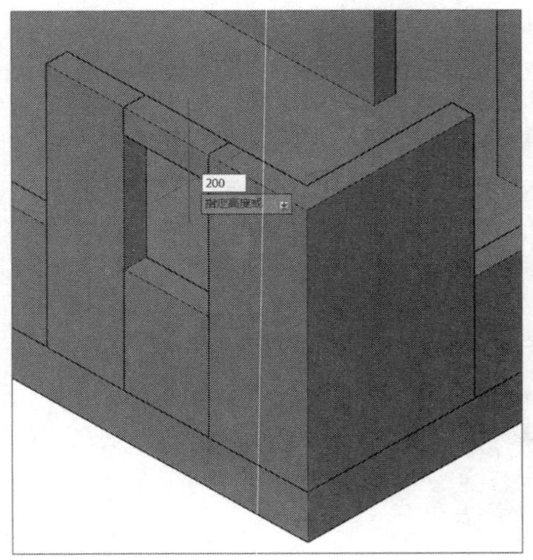

STEP 09 按Enter键确定，绘制出长方体模型，如下图所示。

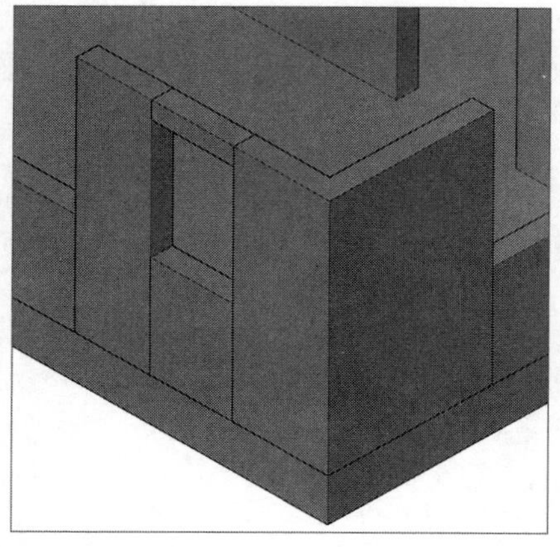

STEP 10 继续执行当前命令，创建长方体以完善墙体结构，效果如下图所示。

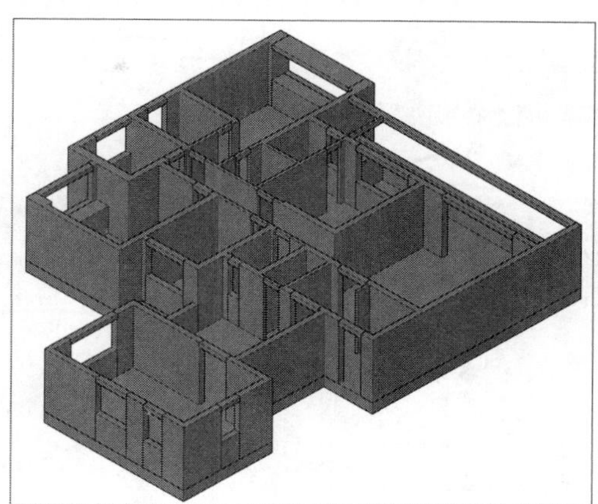

STEP 11 执行“并集”命令，对所有墙体进行并集操作，如右图所示。

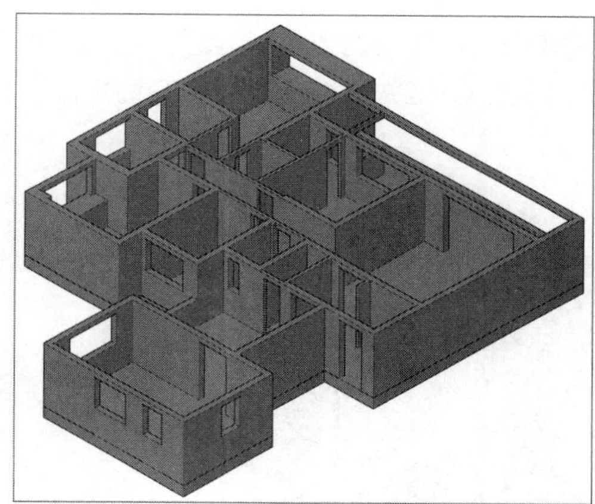

03 渲染三维模型

为了得到模型在真实状态下的效果，需要为三维模型添加材质或灯光，从而表现真实的效果。一般房地产商都会制作楼盘的沙盘供客户参考，在印刷的资料上也会给出楼盘的户型平面图或三维立体图，具体操作介绍如下：

STEP 01 关闭“三维地板”图层，效果如右图所示。

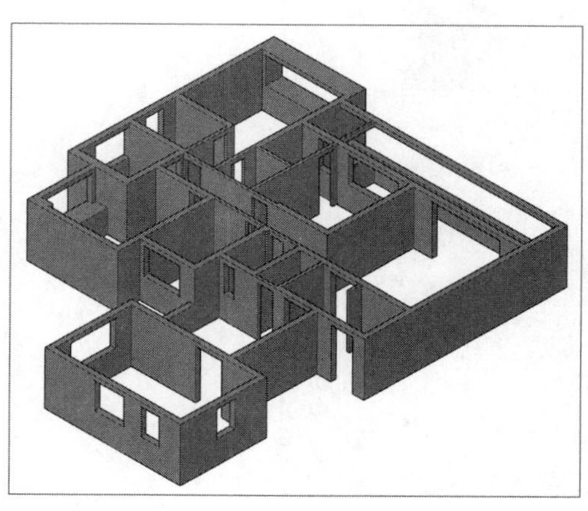

STEP 02 执行“材质浏览器”命令，打开“材质浏览器”选项板，如下图所示。

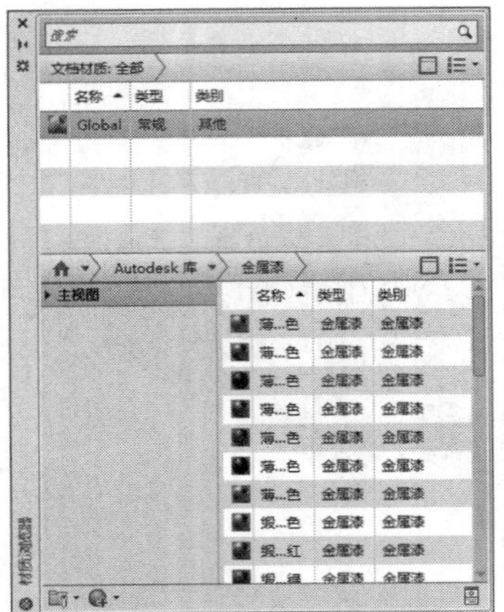

STEP 03 在Autodesk库中选择合适的材质，如下图所示。

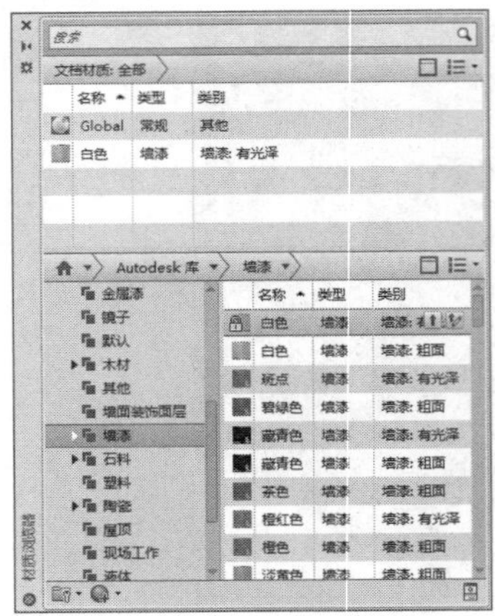

STEP 04 切换视觉样式控件为“真实”，选择材质，拖动鼠标赋予到模型上，效果如下图所示。

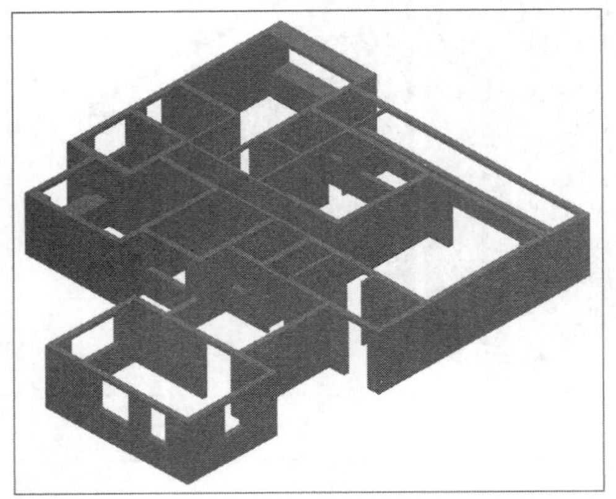

STEP 05 打开“三维地板”图层，单击“在文档中创建新材质”按钮，在弹出的快捷菜单中选择“新建常规材质”选项，如下图所示。

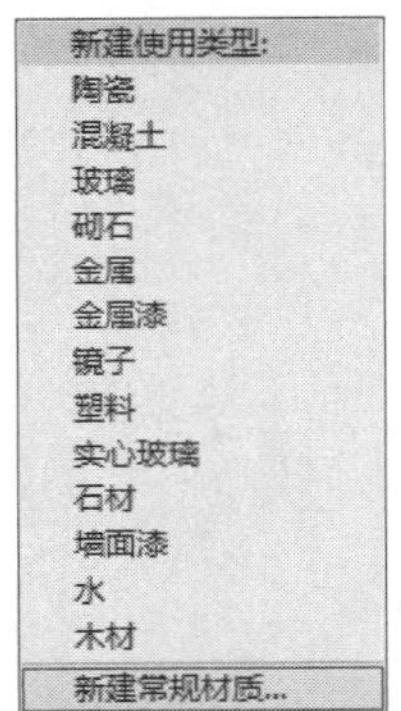

STEP 06 打开“材质编辑器”选项板，如下图所示。

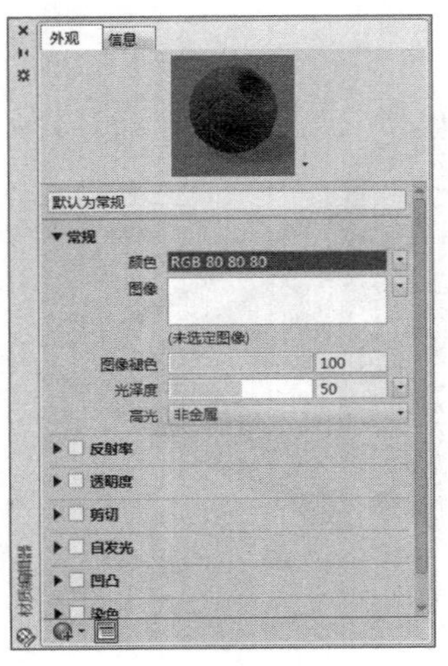

STEP 07 单击“图像”选项框，打开“材质编辑器打开文件”对话框，并选择合适的文件，如下图所示。

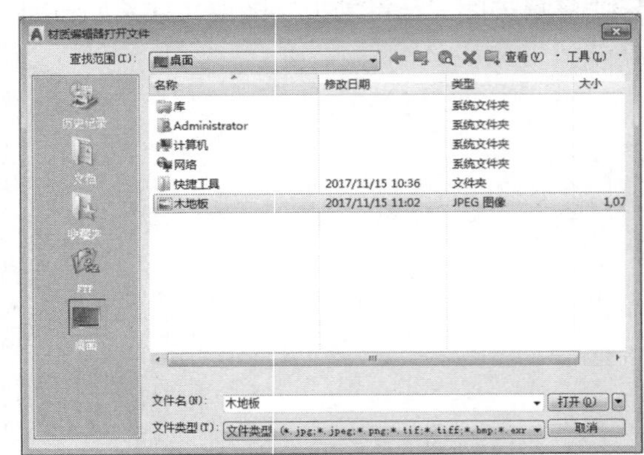

STEP 08 单击“打开”按钮，打开“纹理编辑器-COLOR”选项板，并对其参数进行设置，如下图所示。

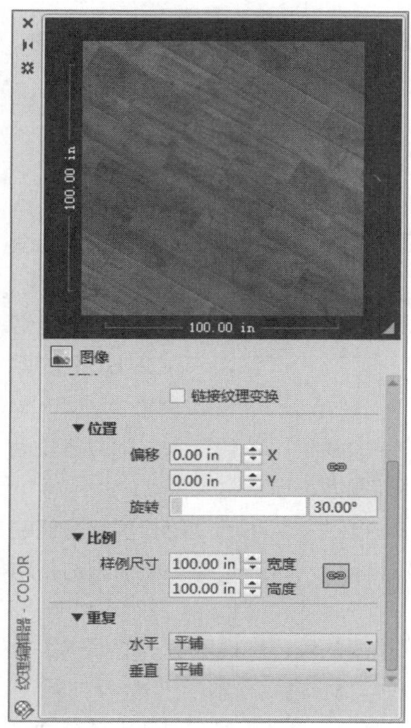

STEP 09 关闭选项板，返回“材质浏览器”选项板，在文档材质组中显示出设置的材质，如下图所示。

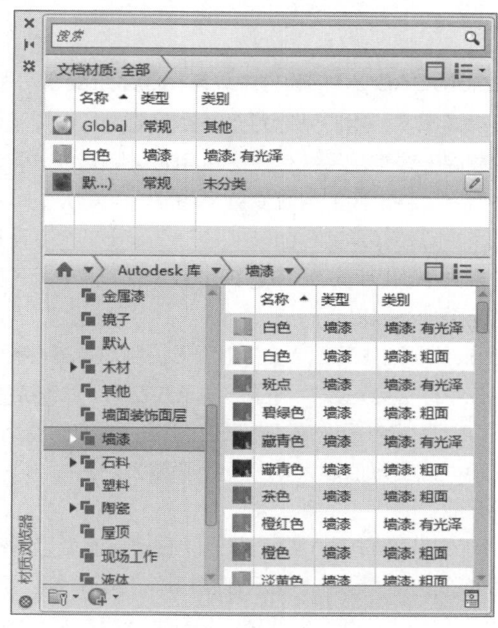

STEP 10 选择该材质，选择该材质，拖动鼠标移动到地板模型上，赋予模型材质，效果如下图所示。

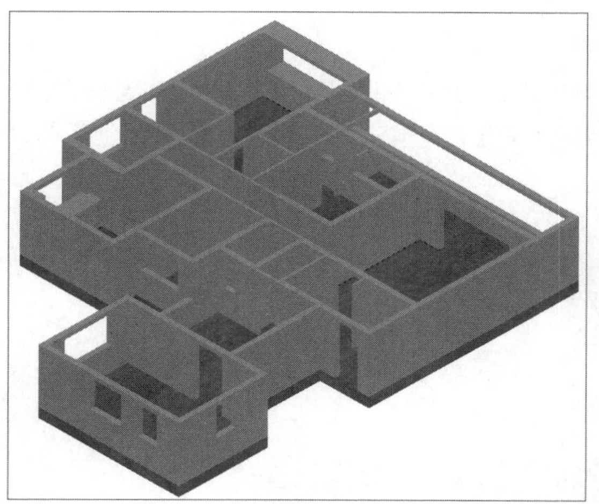

STEP 11 在“可视化”选项卡的“渲染”面板中单击“渲染”按钮，效果如下图所示。

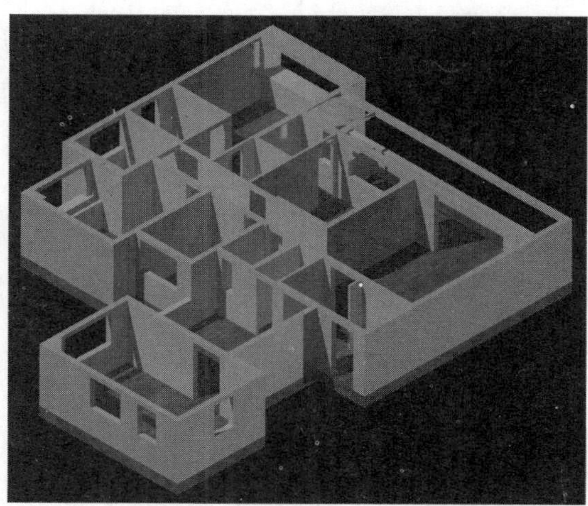

工程技术问答

本章主要对室内装饰平面图、立面图以及三维户型图的绘制进行介绍，在实际绘图过程中难免会遇到这样或那样的问题，下面将对常见的问题及解决方法进行汇总，供用户参考。

Q 在AutoCAD 2018软件中，常用的系统变量有哪些?

A 通常情况下，用户无需对系统变量值进行设置和修改，但在有特殊要求时，就需使用到。用户若能熟练的掌握一些常用系统变量的使用方法和功能，可使工作变得更为顺利、顺畅，大大提高绘图效率。下面将介绍几种常用的系统变量及功能。

（1）PICKBOX和CURSORSIZE。这2个变量是用户控制十字光标和拾取框的尺寸。绘图时可适当修改其大小，以适应用户的视觉要求。其中PICKBOX的取值范围为0~32767；而CURSORSIZE的取值范围为1~100。

（2）APERTURE。该变量用于控制对象捕捉靶区的大小。在进行对象捕捉时，取值越大，则可在较远的位置捕捉到对象，当图形线条较密时，取值应适当小一些。其取值范围为1~50。

（3）LTSCALEL和CELTSCALE。该变量值用于控制非连续线型的输出比率，即短线的长度和空格的间距。该变量值越大，其间距则越大。其中LTSCALEL对所有的对象有效，而CELTSCALE只对新对象有效。

（4）SURFTAB 1和SURFTAB 2。该变量值都是用于控制三维网格面的经、纬线数量。取值越大，图形的生成线越密，显示则越精确。其取值范围为2~32766。

（5）IOSLINES。该变量值是控制三维实体显示的分格线。其取值越大，分格线越多，显示则越精确。其取值范围为0~2047。

（6）FACETRES。该系统变量用于控制三维实体在消隐、渲染时表面的棱面生成密度。其取值越大，生成的图像越光滑，其取值范围为0.01~10。

Q 在转换视图后，坐标也会随之更改，如何恢复该坐标?

A 遇到该情况，只需更改用户坐标即可。例如从西南等轴测图切换到左视图后，然后再切回到西南等轴测图，此时三维坐标已发生了变化，如下左图所示。此时，只需在命令行中，输入UCS命令，按两次Enter键，即可恢复原始三维坐标。

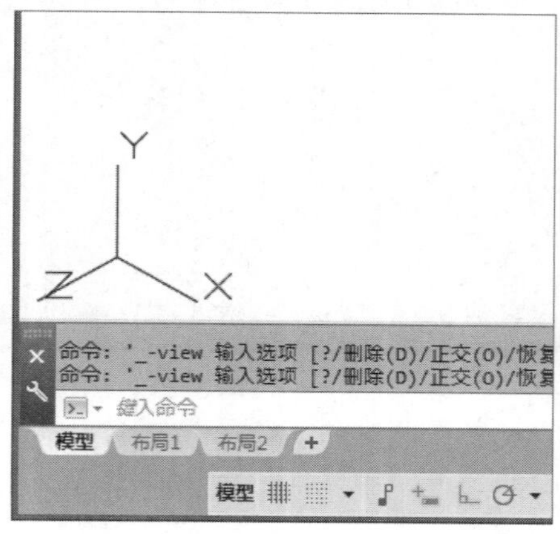

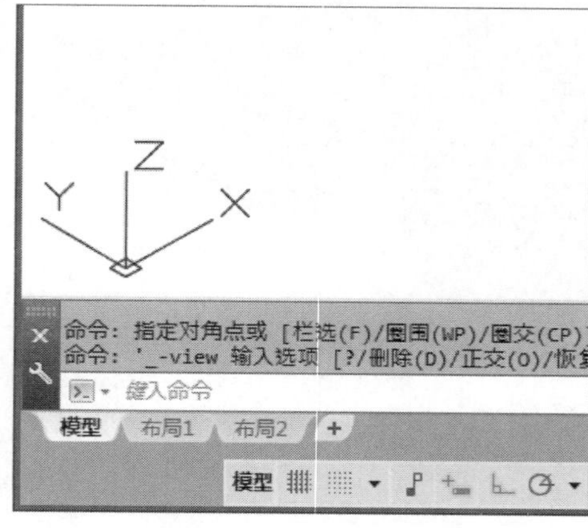

Chapter 21

园林设计施工图的绘制

园林设计是指在一定的地域范围内，运用园林艺术和工程技术手段，通过改造地形、整治水系、栽种植物、营造建筑和布置园路等方法创造出一片游玩休闲之地。通过景观设计，使环境具有美学欣赏价值，日常使用功能并能保证生态可持续性发展。本章将介绍使用AutoCAD应用程序绘制园林图纸的全过程。

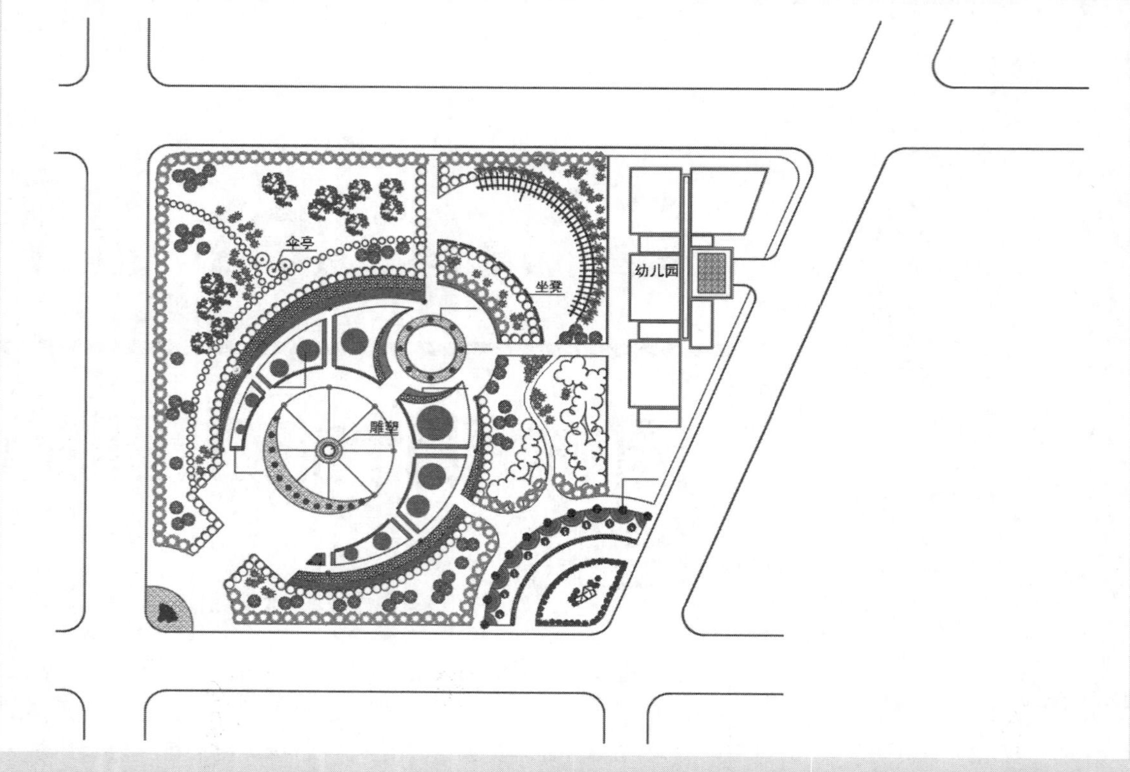

01 某游园平面图

在对游园进行设计时，一定要考虑好其行走路线图是否合理，否则会给人们带来不必要的麻烦。在绘制该图纸时，先绘制好道路后可以绘制建筑物图形，然后插入植物图块使其更加丰富。

图例	名称	图例	名称	图例	名称
	白皮松		小紫珠		丁香
	雪松		忍冬		连翘
	油松		太平花		碧桃
	桧柏		天目琼花		西府海棠
	云杉		红王子锦带		黄杨球
	合欢		金枝国槐		黄栌
	毛白杨		紫叶矮樱		五 角 枫
	栾树		剑 麻		杜 仲
	玉兰		紫薇		桂 香 柳
	香花槐		榆叶梅		白桦

02 植物配置表

植物配置表是园林图纸必不可少的内容之一。在制作时，可以将常用到的植物图形保存为块，在使用时直接调入。

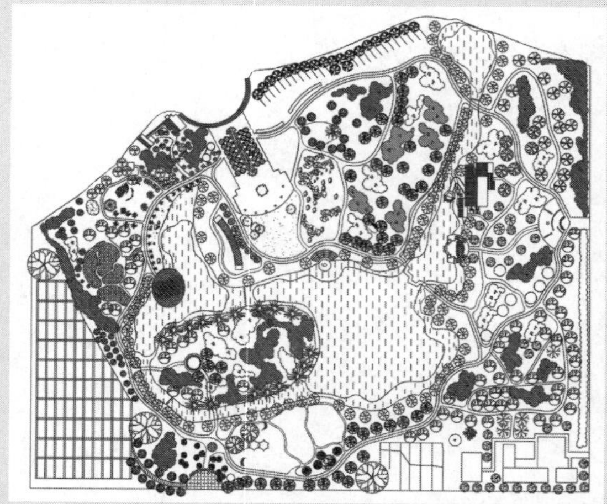

03 某公园平面图

在对一些复杂的项目进行规化时，通常只按照地形规化出园路建筑物和水体，然后再规化出树木植物的所在处。

04 小区广场设计效果

在小区广场内放置几处亲水平台以及亭架，使休闲具体化使人们心身更放松。

05 园林道路设计效果

园林道路的铺装也很讲究，路面铺装应利于排水，在设计时应因材制宜，使用多种形式，加强路面艺术效果，在树木衬映下更显优美。

06 园林绿化设计效果

在满足园林功能要求前提下，尽可能运用植物的姿态体形、颜色和高度等因素，去提高绿地的艺术效果。

07 广场景观鸟瞰图

在绘制景观图纸时，其鸟瞰图是必不可少的图纸之一。该图纸比平面图更具有真实感。鸟瞰图可运用各种立体表现方法，表现出景观最理想的效果。

08 小区植物配置效果

在配置植物时，应采用多样统一的原则，孤立树可以和树丛结合，这样即可造成一定的景观特色，又可起到路标的作用。

Lesson 01 绘制小游园平面图

园林设计平面图中包含了园路、水体、建筑物、绿植等设施。合理地设计对当地的环境与气候也具有较大地影响，下面将介绍小游园平面图的绘制。

原始文件：实例文件\第21章\原始文件\原始平面图.dwg
最终文件：实例文件\第21章\最终文件\最终平面图.dwg

01 绘制园路及水体

在绘制平面图时，首先要绘制园路，进行区域划分，园路的绘制可以使用直线、圆弧、样条曲线或多段线。水体可以通过样条曲线来绘制，并赋予不一样的颜色来显示水体，下面将介绍园路及水体的绘制过程：

STEP 01 打开素材文件，如下图所示。

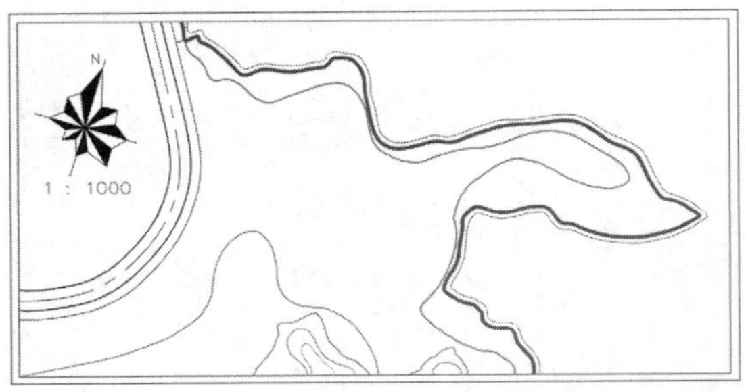

STEP 02 执行“图层”命令，打开“图层特性管理器”选项板，如下图所示。

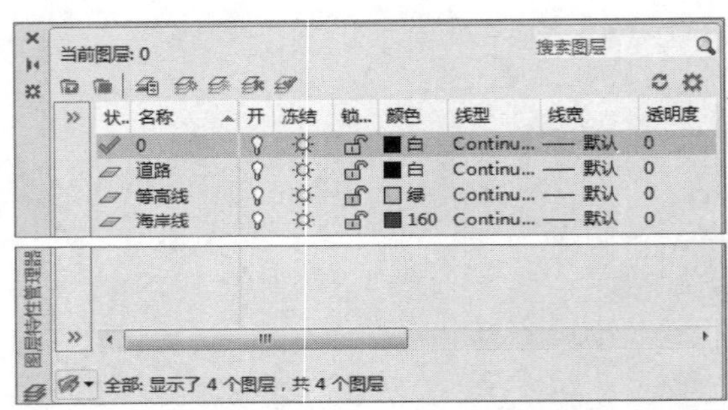

STEP 03 单击“新建”按钮，创建园路、水体、植被等图层，并设置其特性，最后将“园路”层为当前层，如下图所示。

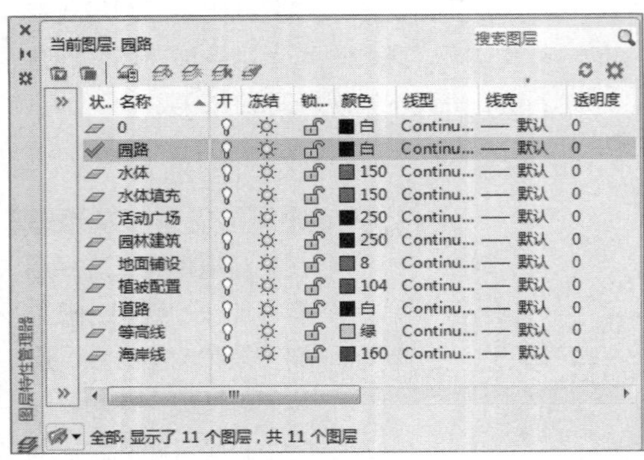

STEP 04 执行“样条曲线”命令，绘制出园路的主干道，如下图所示。

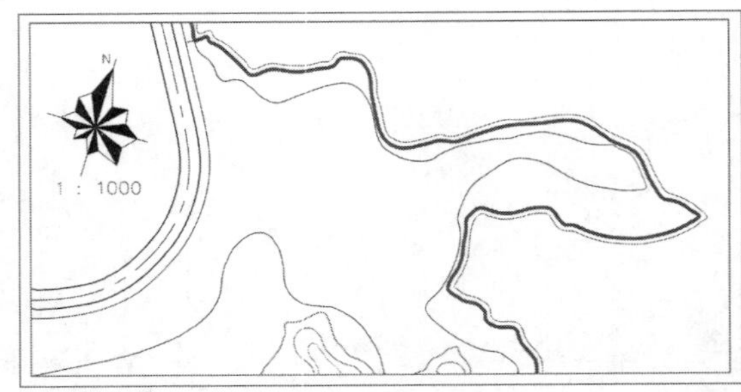

STEP 05 双击样条曲线，打开快捷菜单，选择“转换为多段线”选项，将其转换为多段线，如下图所示。

STEP 06 执行“多段线”命令，绘制多段线，如下图所示。

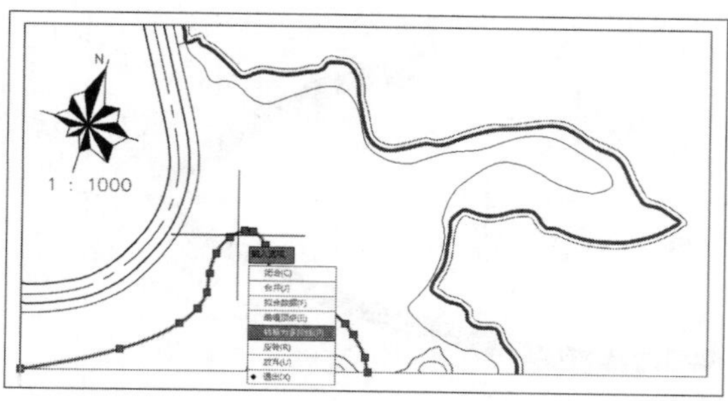

STEP 07 执行“修剪”命令，修剪删除掉多余的线段，如下图所示。

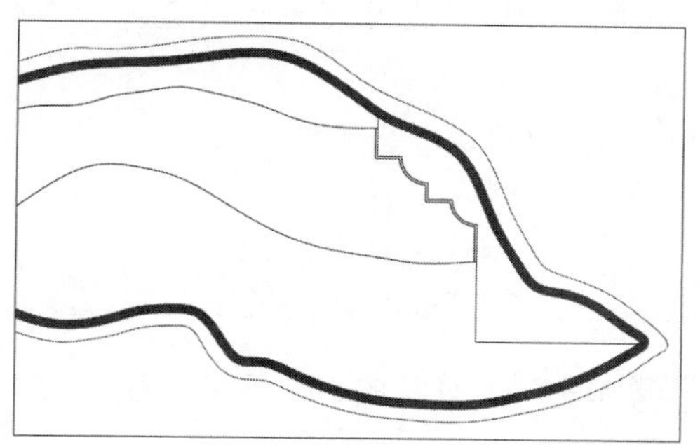

STEP 09 设置“园路”层为当前层，执行“样条曲线”命令，绘制样条曲线，并将其转化为多段线，如下图所示。

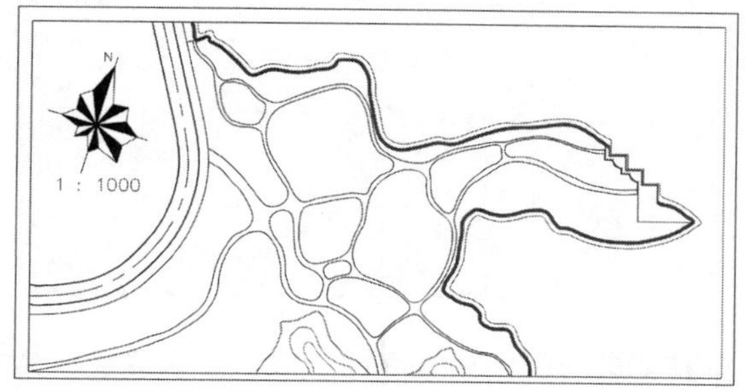

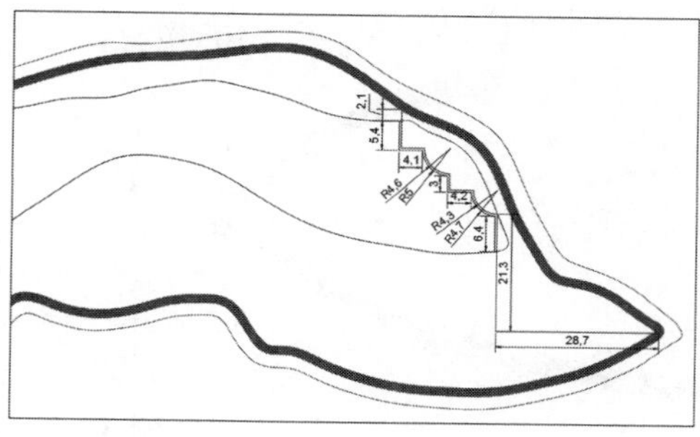

STEP 08 设置“海岸线”层为当前层，按照相同的方法对其进行修改，如下图所示。

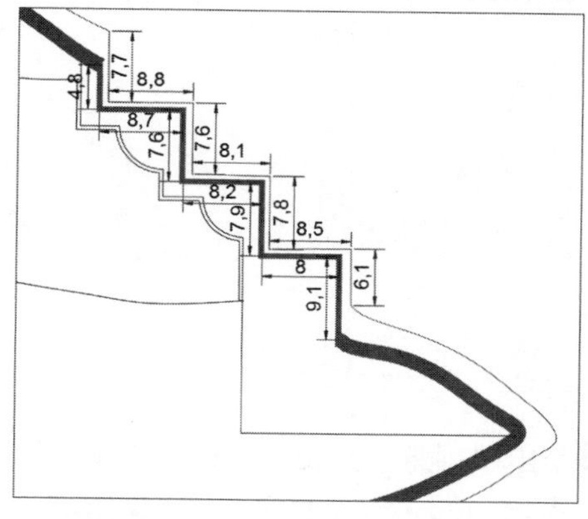

STEP 10 设置“水体”层为当前层，执行“样条曲线”命令，绘制水体，并将其转化为多段线，如下图所示。

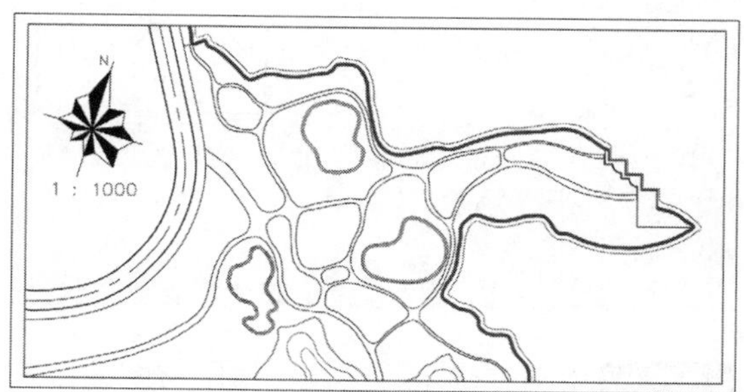

02 绘制活动广场及园林建筑

园林设计中建筑物有广场、亭子、停车场、各种廊桥等。广场的形状多种多样也可以举办各种活动，亭子是饭后休息的地方。下面将介绍广场及园林建筑的绘制方法：

STEP 01 设置“活动广场”层为当前层，执行“圆”命令，捕捉多段线的交点，绘制半径为1.4mm、3.6mm、3.9mm、4.2mm、7.5mm的同心圆图形，如下图所示。

STEP 02 执行“偏移”命令，将多段线进行偏移，如下图所示。

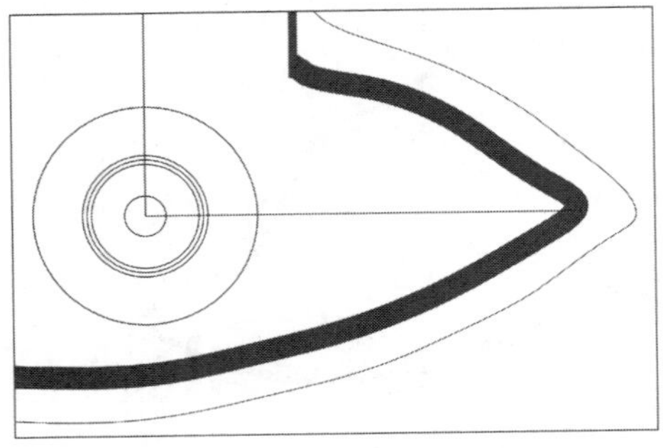

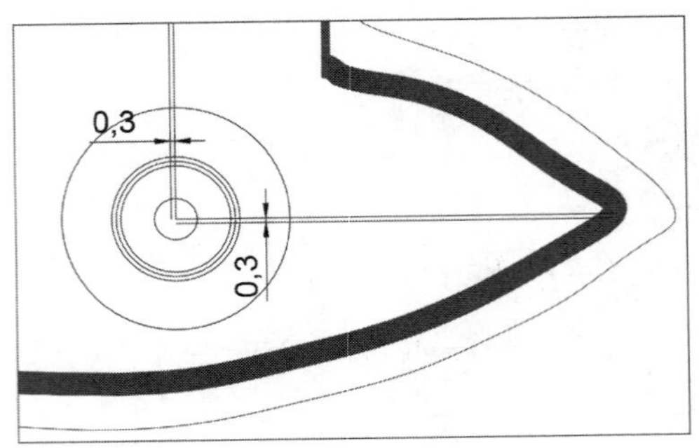

STEP 03 执行“修剪”命令，修剪删除掉多余的线段，如下图所示。

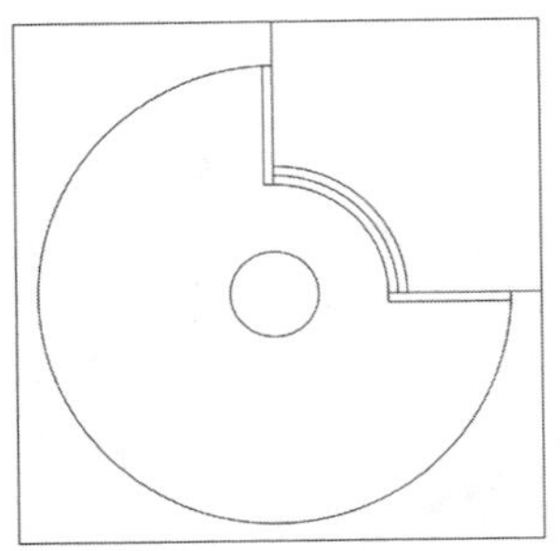

STEP 04 设置“园林建筑”层为当前层，执行“插入>块”命令，打开“插入”对话框，如下图所示。

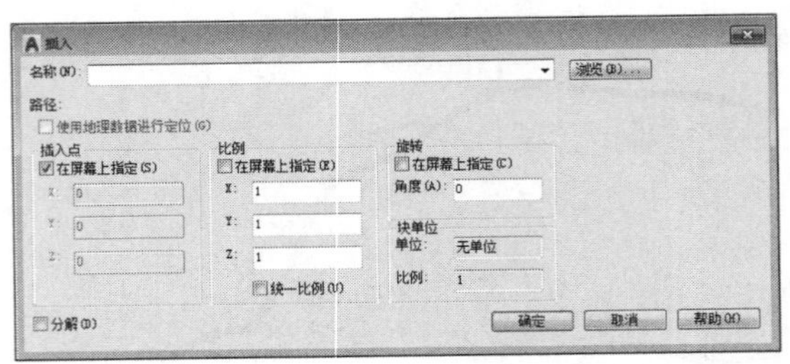

STEP 05 单击“浏览”按钮，打开“选择图形文件”对话框，并选择花架图形，如下图所示。

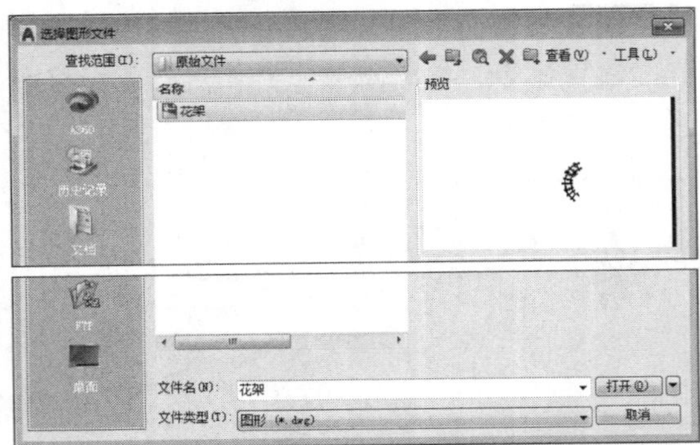

STEP 06 单击“打开”按钮，返回“插入”对话框，如下图所示。

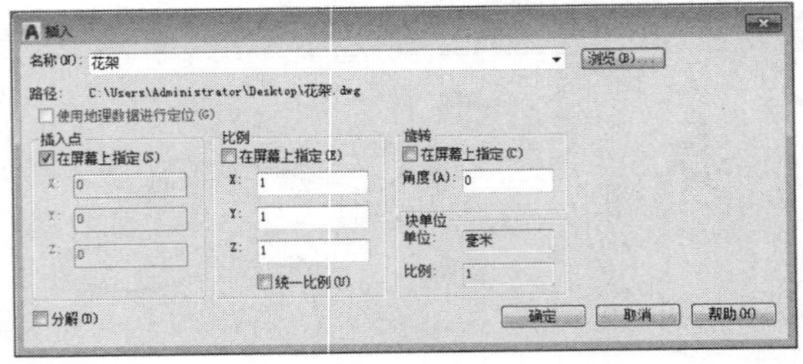

STEP 07 单击“确定”按钮，返回绘图区，并捕捉圆图形的圆心进行放置，如下图所示。

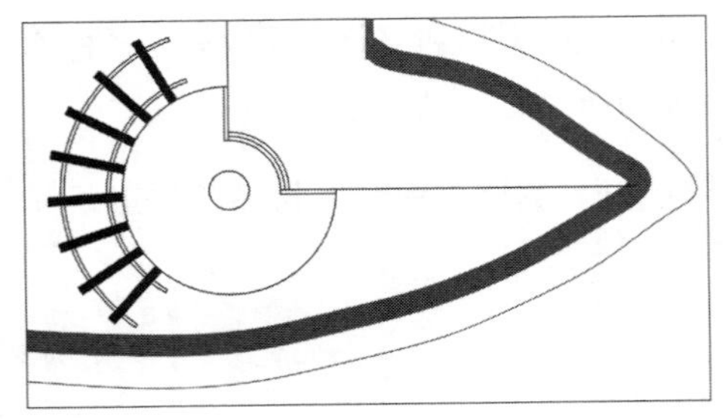

STEP 08 绘制四角亭图形。执行“多段线”命令，绘制多段线边长为6mm的矩形图形，并设置线宽为0.5，如下图所示。

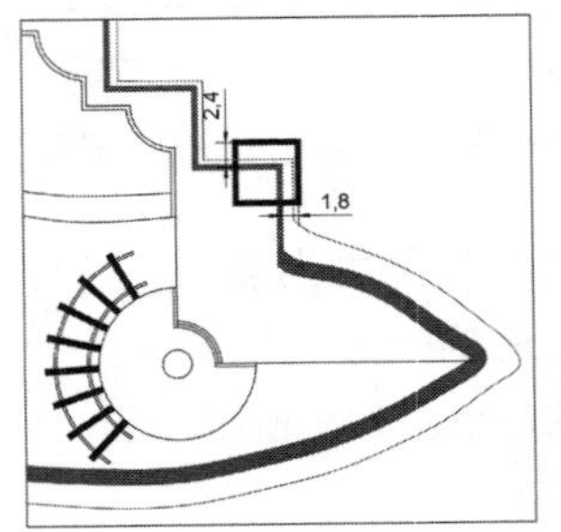

STEP 09 执行“修剪”命令，修剪删除掉多余的线段，如下图所示。

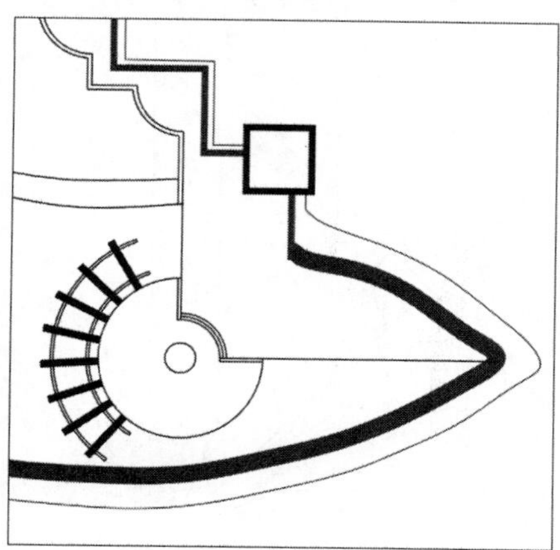

STEP 10 执行“矩形”命令，绘制长和宽各为4.6mm的矩形图形，如下图所示。

STEP 11 执行“偏移”命令，将矩形图形向内偏移0.4mm，如下图所示。

STEP 12 执行“直线”命令，绘制矩形图形的对角线，如下图所示。

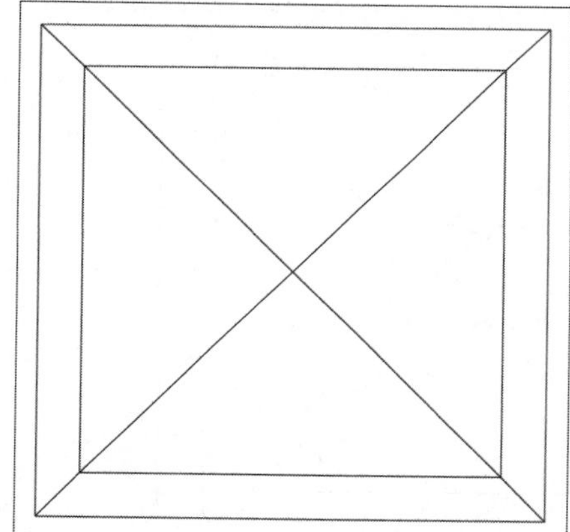

STEP 13 执行“倒角”命令，设置倒角距离为0.6mm，对偏移后的矩形图形进行倒角操作，如下图所示。

STEP 14 执行“直线”命令，绘制线段，如下图所示。

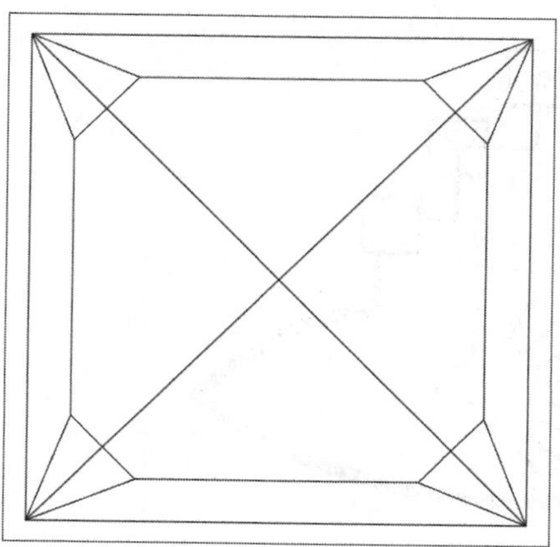

STEP 15 执行“分解”命令，分解倒角后的矩形图形，并删除多余的线段，如下图所示。

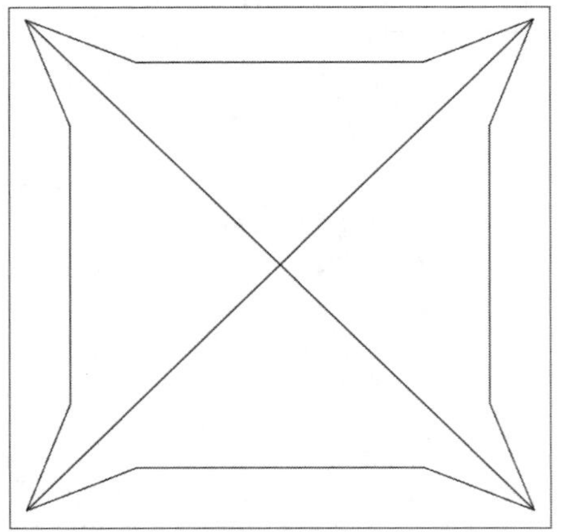

STEP 16 执行“圆”命令，绘制半径为0.5mm的圆图形，如下图所示。

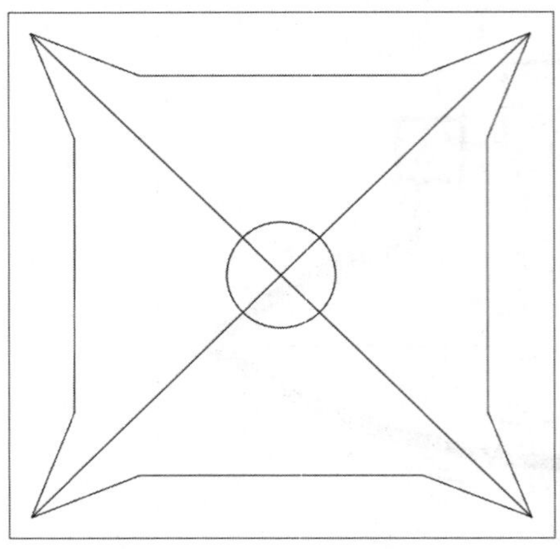

STEP 17 执行“修剪”命令，修剪删除掉多余的线段，如下图所示。

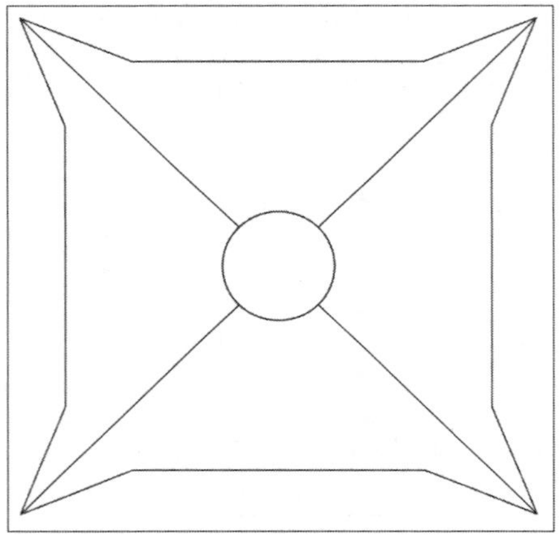

STEP 18 将绘制好的四角亭图形移动到图中合适位置，如下图所示。

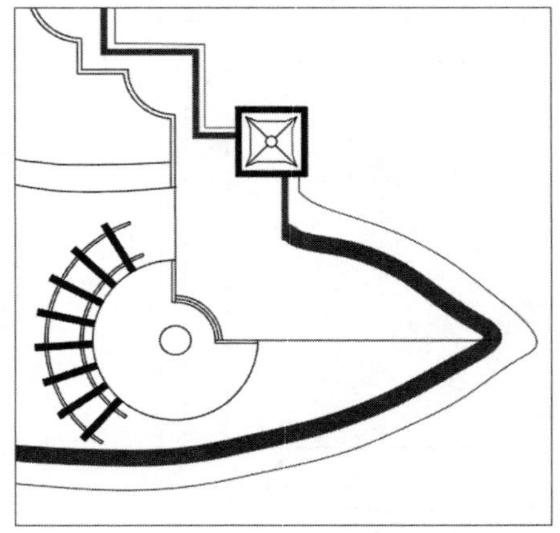

STEP 19 执行“复制”命令，将图形进行复制操作，如下图所示。

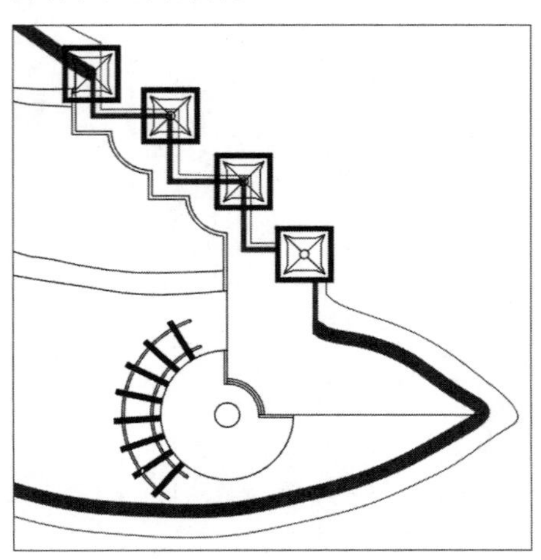

STEP 20 执行“修剪”命令，修剪删除掉多余的线段，如下图所示。

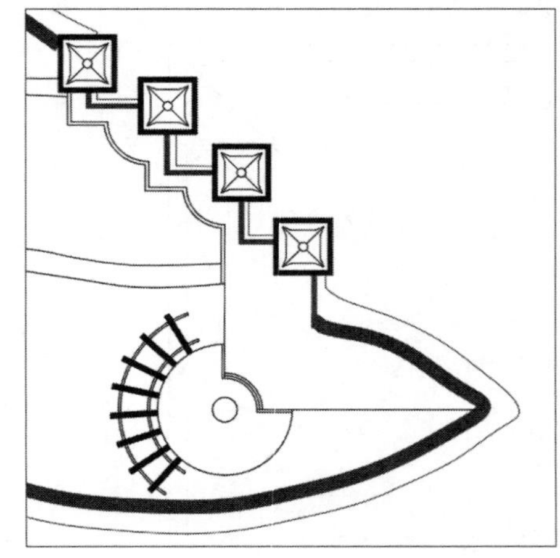

STEP 21 设置“活动广场”层为当前层，执行“多段线”命令，绘制多段线图形，如下图所示。

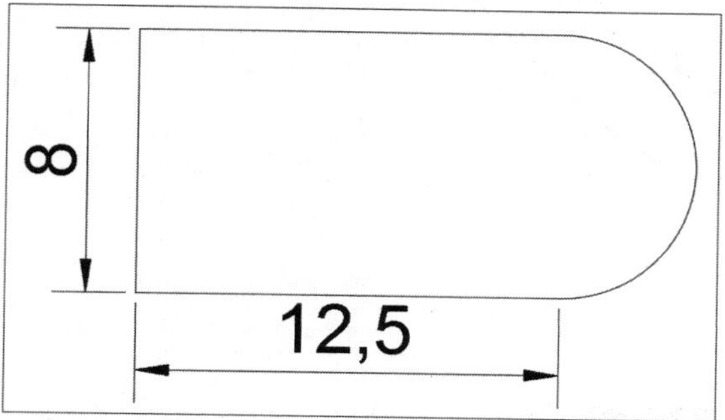

STEP 22 执行“偏移”命令，将多段线图形向内偏移2mm，如下图所示。

STEP 23 继续执行当前命令绘制其他图形，并设置线宽为1，如下图所示。

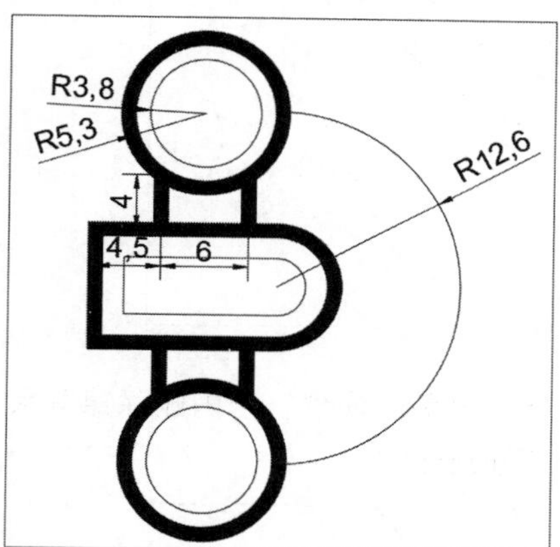

STEP 24 执行“旋转”和“移动”命令，将刚绘制的图形进行旋转，并放在绘图区合适位置，如下图所示。

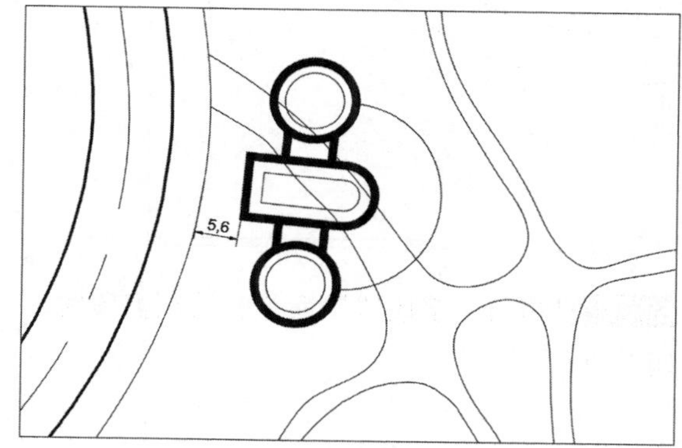

STEP 25 执行“修剪”命令，修剪删除掉多余的线段，如下图所示。

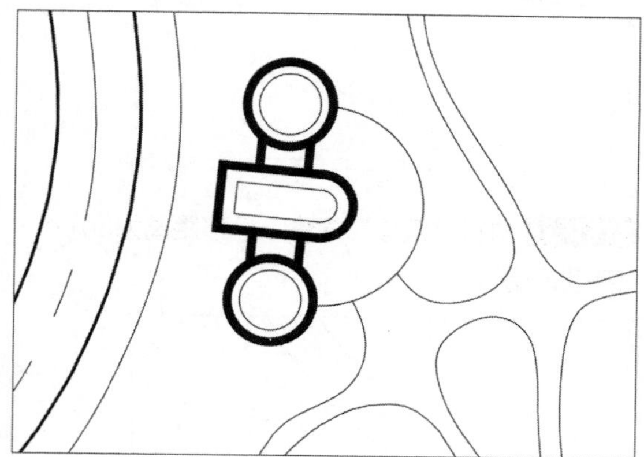

STEP 26 设置“园林建筑”层为当前层，执行“圆”命令，绘制半径为11.8mm、14.3mm、22.5mm的同心圆图形，如下图所示。

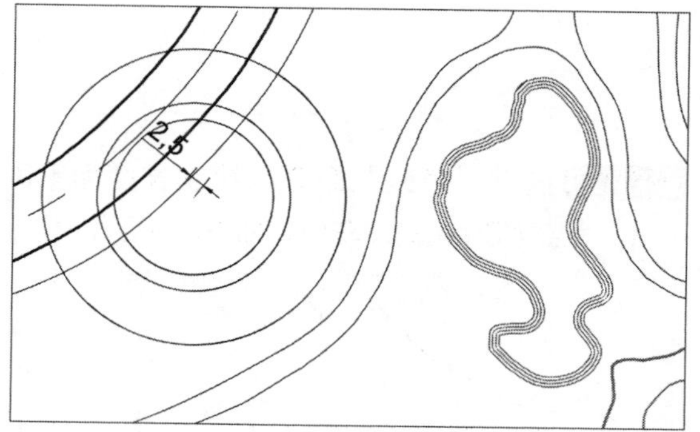

STEP 27 继续执行当前命令，绘制半径为10.6mm的圆图形，如下图所示。

STEP 28 执行“直线”命令，绘制线段，如下图所示。

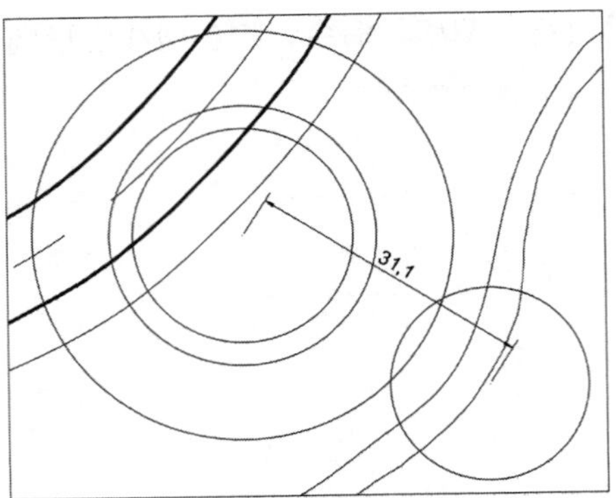

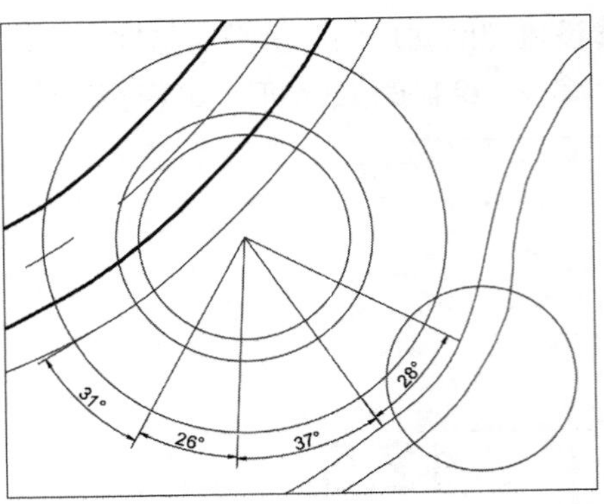

STEP 29 执行“修剪”命令，修剪删除掉多余的线段，如下图所示。

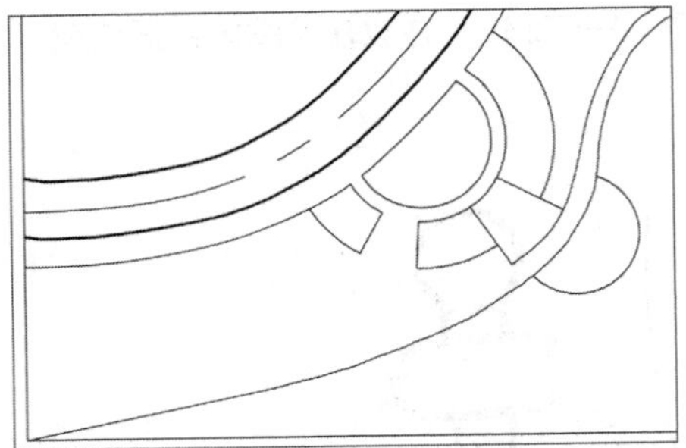

STEP 30 绘制停车位图形。执行“圆”命令，绘制半径为5mm的圆图形，如下图所示。

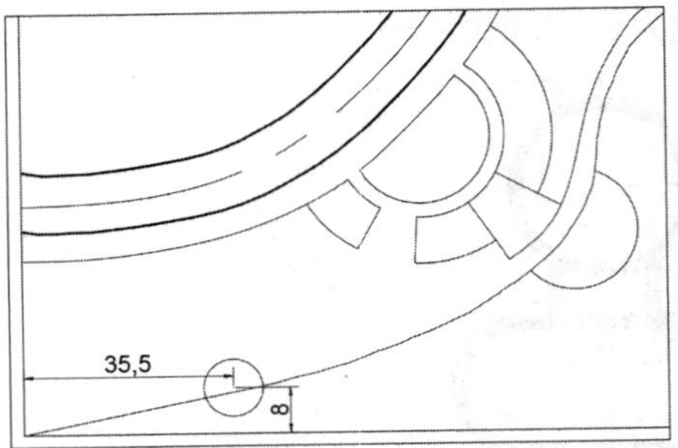

STEP 31 执行“多段线”命令，绘制多段线，如下图所示。

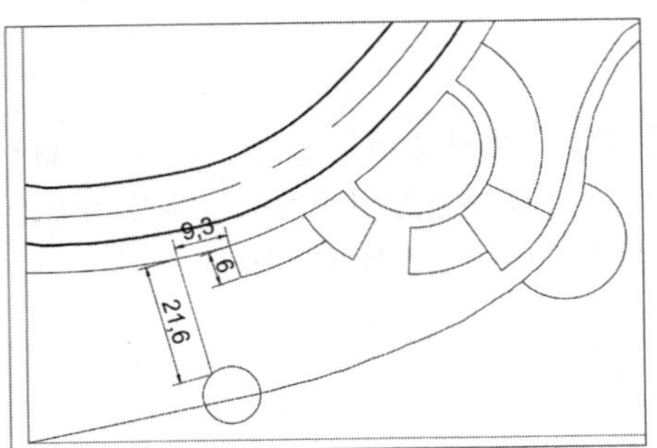

STEP 32 执行“修剪”命令，修剪删除掉多余的线段，如下图所示。

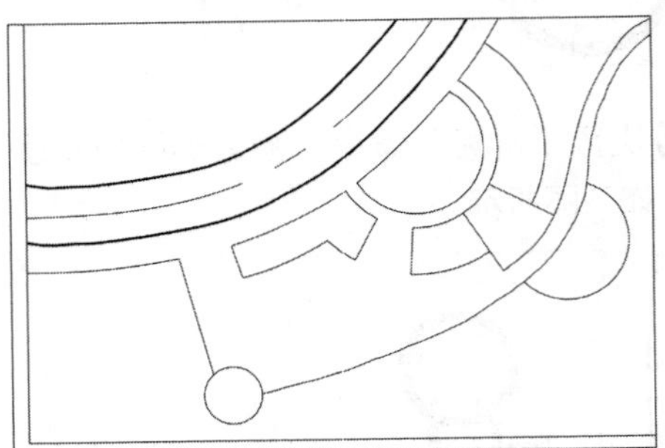

STEP 33 执行“直线”命令，绘制长度为5.3mm，宽度为3mm的停车位，如下图所示。

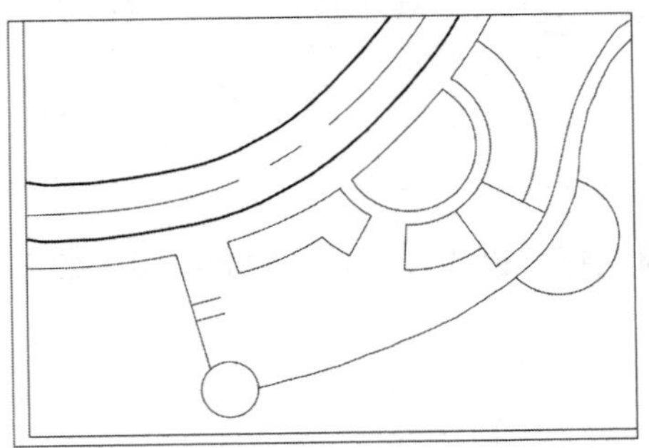

STEP 34 执行“偏移”命令，偏移距离为3mm，如下图所示。

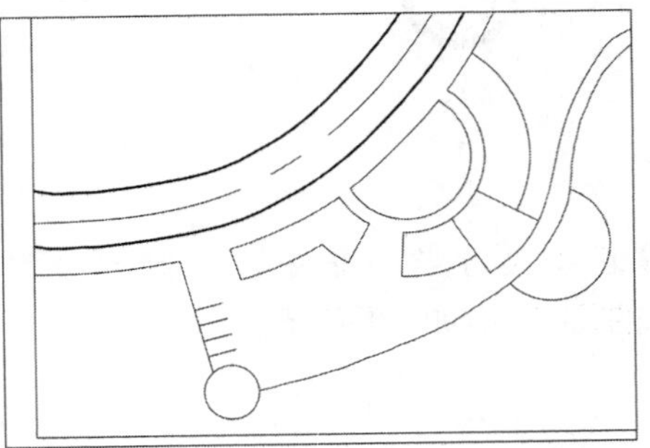

STEP 35 按照相同的方法，绘制其余停车位，如下图所示。

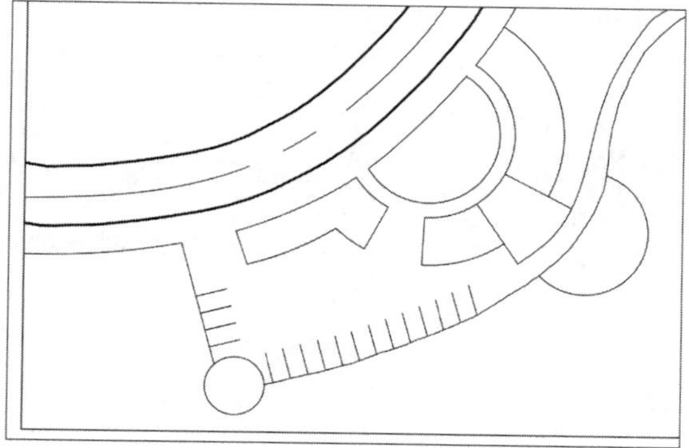

STEP 36 执行“多段线”命令，绘制九曲桥图形，如下图所示。

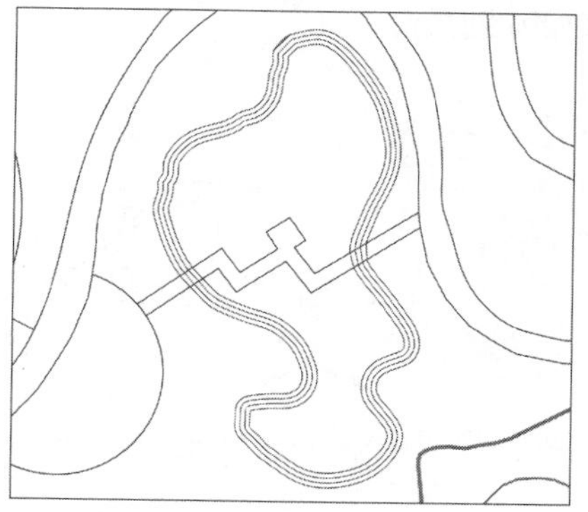

STEP 37 执行“复制”和“旋转”命令，复制旋转四角亭图形到图中合适位置，如下图所示。

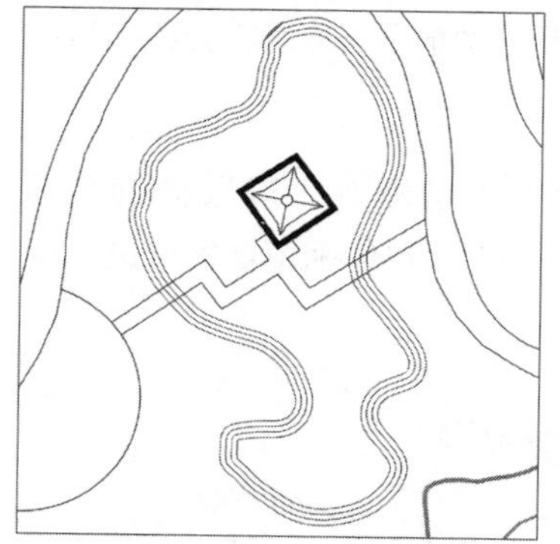

STEP 38 执行“修剪”命令，修剪删除掉多余的线段，如下图所示。

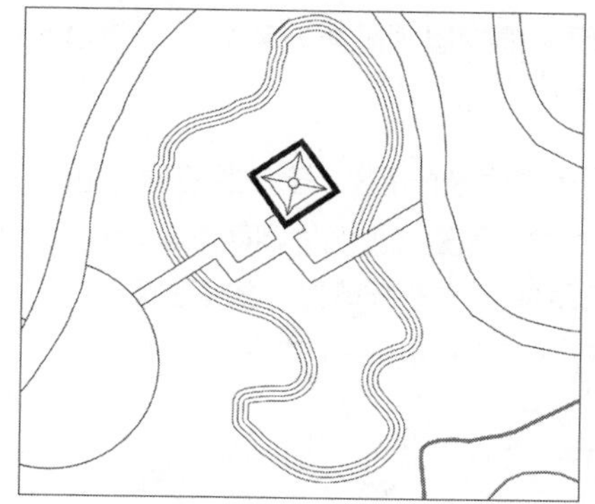

03 水体填充与地面铺设

通过不同的填充样式、不同的颜色来表示不同的物体，下面将通过填充水体和地面展开介绍：

STEP 01 设置“水体填充”层为当前层，执行“图案填充”命令，设置样例名为ANSI36、角度为135、比例为1，效果如下图所示。

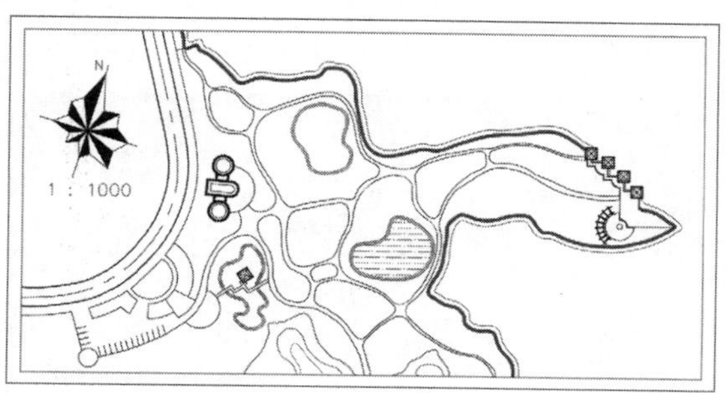

STEP 02 继续执行当前命令，填充其余水体图形，如下图所示。

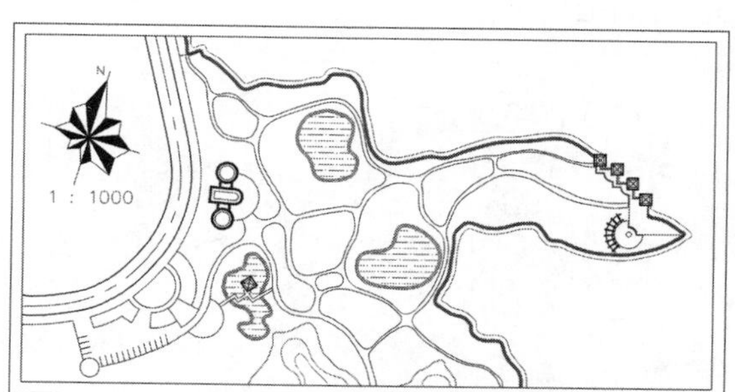

STEP 03 设置“地面铺设”层为当前层，执行“图案填充”命令，设置样例名为HONEY、比例为1，效果如下图所示。

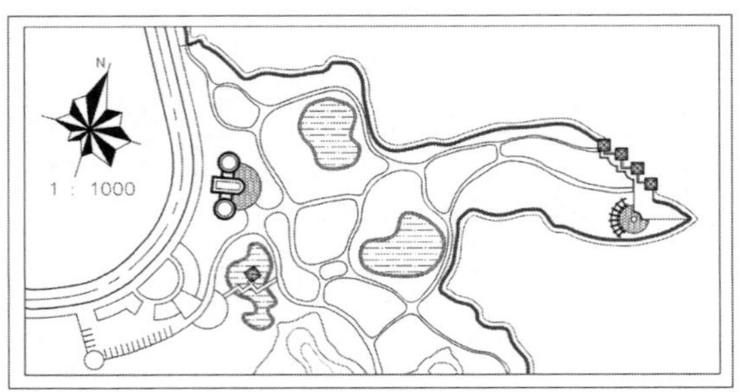

STEP 04 继续执行当前命令，设置样例名为ANGLE、比例为0.3，对图形进行填充，如下图所示。

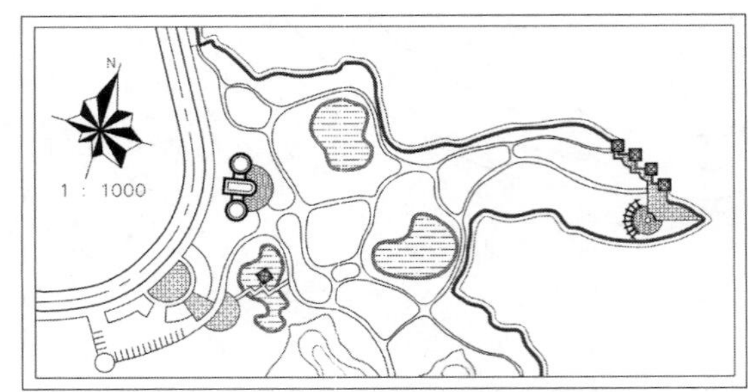

04 植被配置

园林设计中的花卉树木以及草坪是必不可少的景观植物，主要起绿化的作用，同时也可以为景观起美化的作用。植物景观配置成功与否，将直接影响环境景观的质量及艺术水平。下面将介绍植被配置的操作方法：

STEP 01 设置“植被配置”层为当前层，执行“图案填充”命令，设置样例名为CROSS、比例为0.2，对观赏草坪区域进行填充，如下图所示。

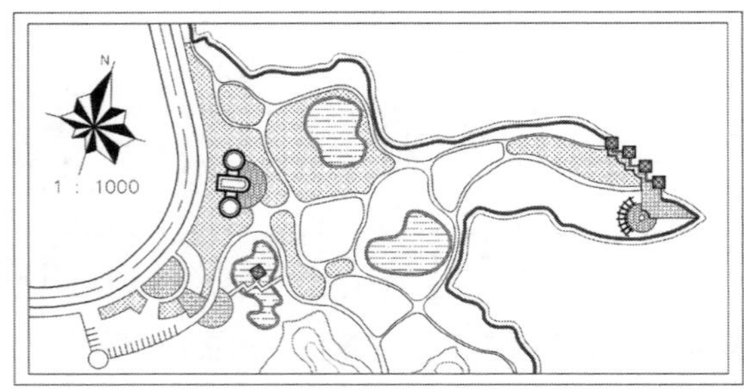

STEP 02 继续执行当前命令，设置样例名为ANSI35、比例为0.2，对休闲草坪区域进行填充，如下图所示。

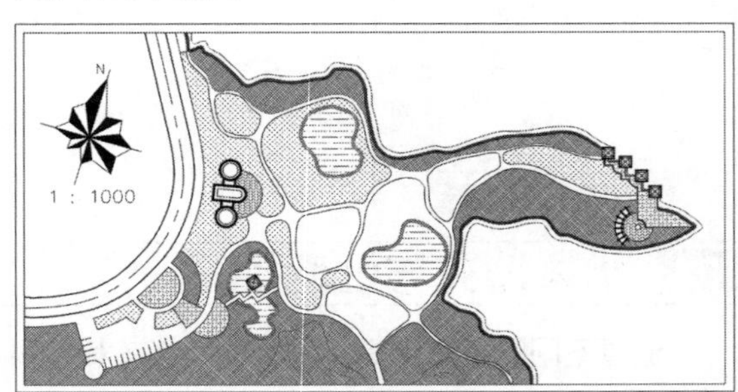

STEP 03 继续执行当前命令，设置样例名为ANSI31、比例为0.2，对其他休闲区域进行填充，如下图所示。

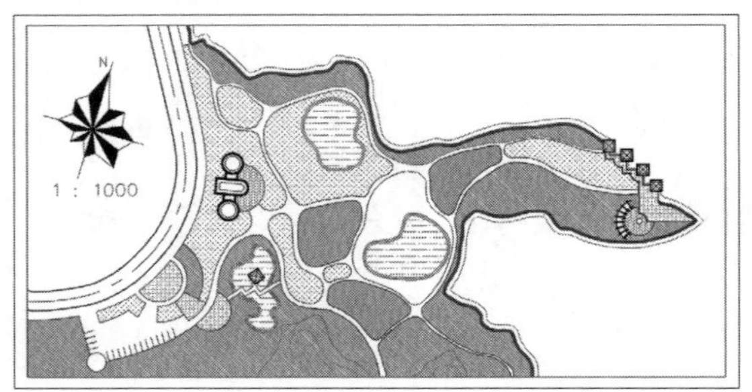

STEP 04 执行“插入>块”命令，打开“插入”对话框，如下图所示。

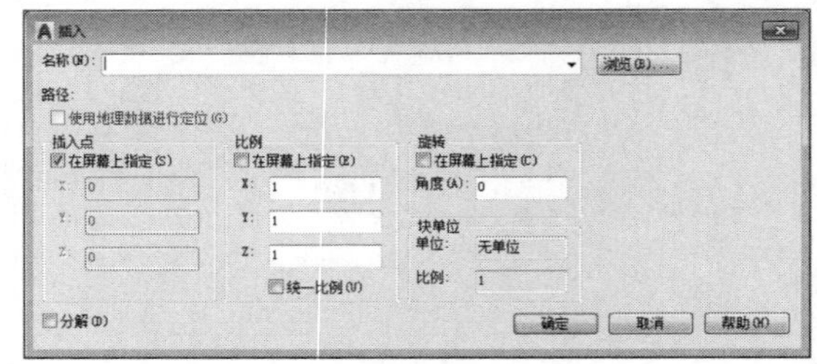

STEP 05 单击“浏览”按钮，打开“选择图形文件”对话框，如下图所示。

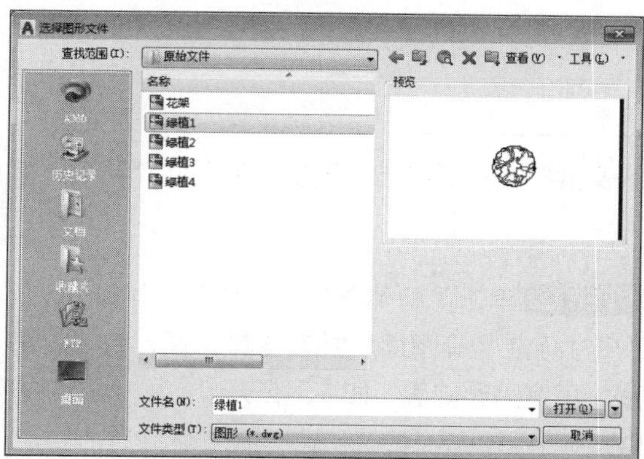

STEP 06 单击“打开”按钮，返回“插入”对话框，如下图所示。

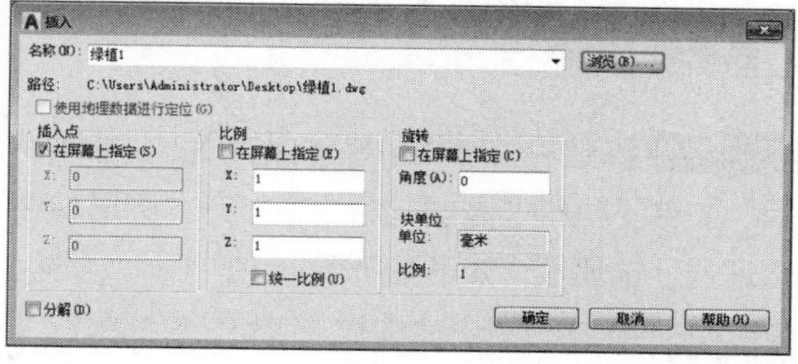

STEP 07 单击“确定”按钮，在绘图区中指定基点，如下图所示。

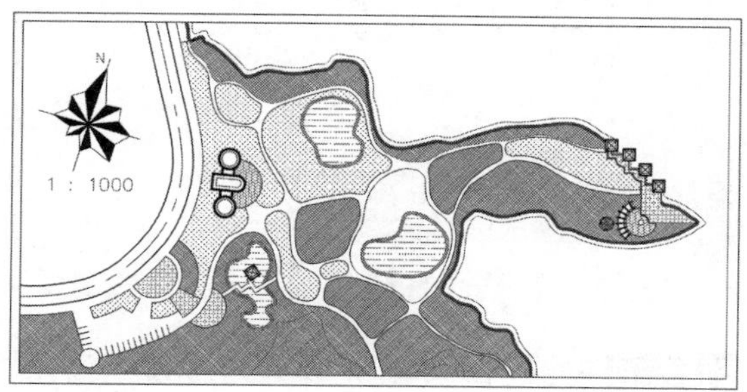

STEP 08 执行“复制”命令，对绿植图形进行复制，如下图所示。

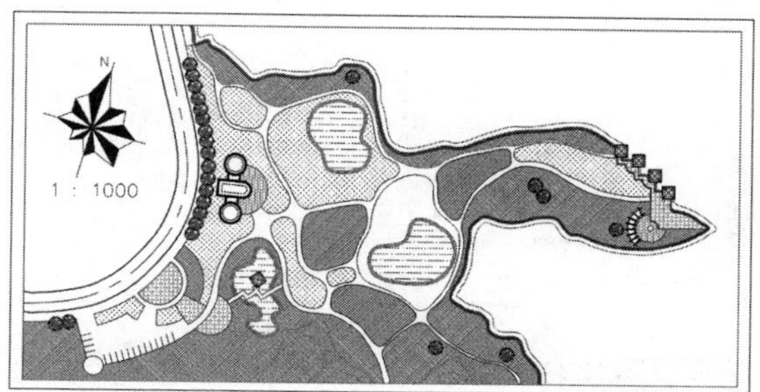

STEP 09 按照相同的方法，插入其他绿植图形，如下图所示。

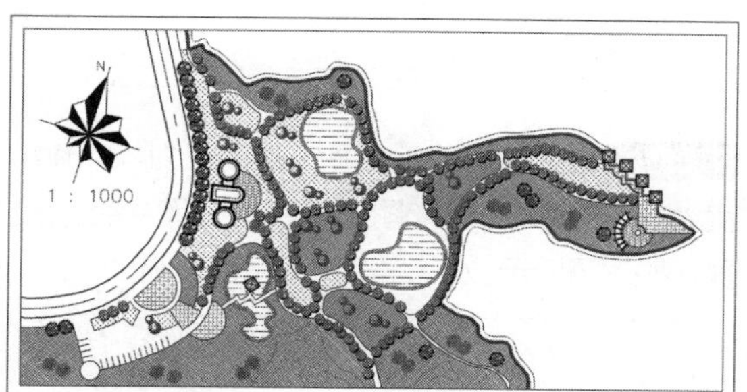

STEP 10 执行“单行文字”和“多重引线”命令，对图形添加文字注释，如下图所示。

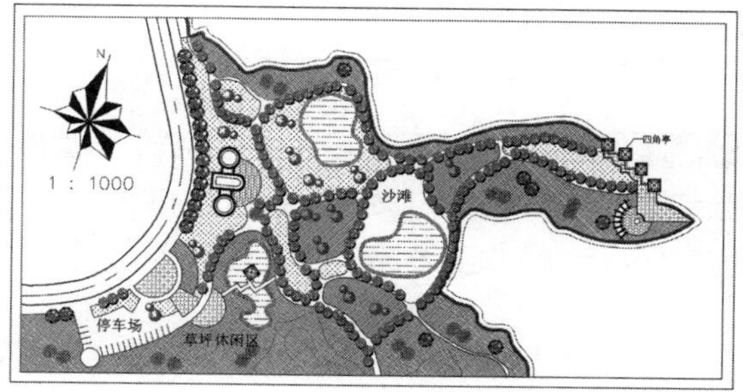

Lesson 02 绘制园林建筑小品

园林建筑小品是园林设计中不可缺少的因素之一，它体积小巧，造型新颖，既有简单的使用功能，又有装饰品的造型艺术特点。其中园林建筑小品应与当地的自然景观和人文景观相协调，突出当地的民族特色。

原始文件：无
最终文件：实例文件\第21章\最终文件\园林小品.dwg

01 绘制四角亭立面图

美观是园林设计的必要条件，既要满足园林布局，又要符合造景的艺术要求。下面将介绍四角亭立面图的绘制方法：

STEP 01 新建空白文档将其保存为“园林小品”文件，执行“图层”命令，打开“图层特性管理器”选项板，如下图所示。

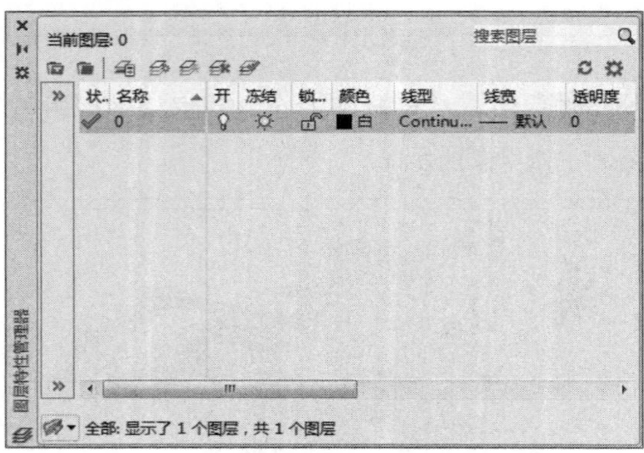

STEP 02 单击“新建”按钮，创建“轮廓线”、“尺寸标注”等图层，并设置其特性，将“轮廓线”层置为当前层，如下图所示。

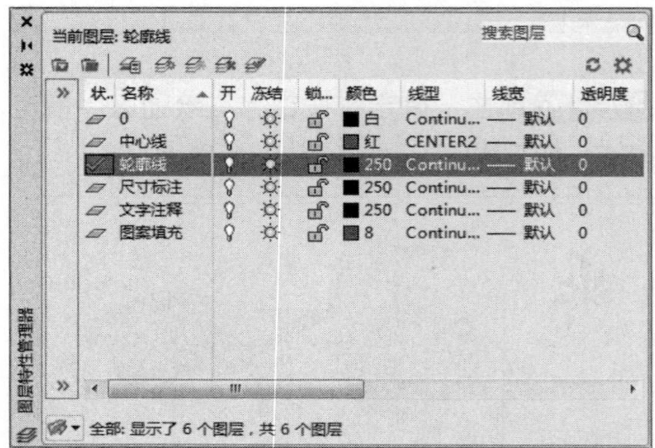

STEP 03 执行“矩形”命令，绘制长为4900mm，宽为460mm的矩形图形，如下图所示。

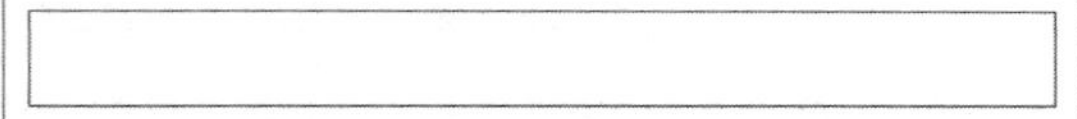

STEP 04 设置“图案填充”层置为当前层，执行“图案填充”命令，设置样例名为GRAVEL，比例为30，对矩形图形进行图案填充，如下图所示。

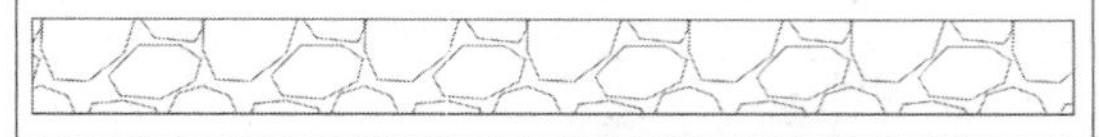

STEP 05 绘制柱子图形。设置“轮廓线”层置为当前层，执行“矩形”命令，绘制长为325mm，宽为150 mm的矩形图形，如下图所示。

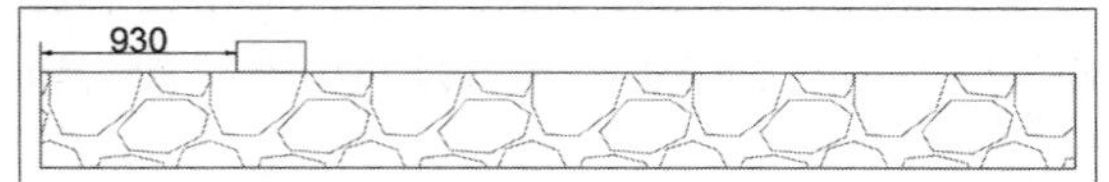

STEP 06 继续执行当前命令，绘制长为200mm，宽为2600mm的矩形图形，并放在图中合适位置，如下图所示。

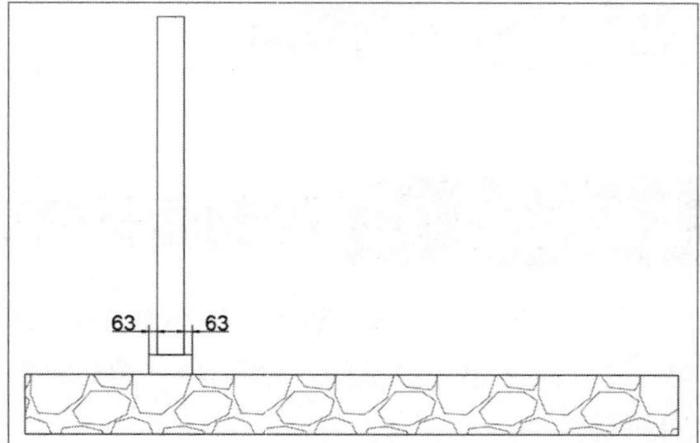

STEP 07 执行“圆角”命令，设置圆角半径为75mm，对矩形图形进行圆角操作，如下图所示。

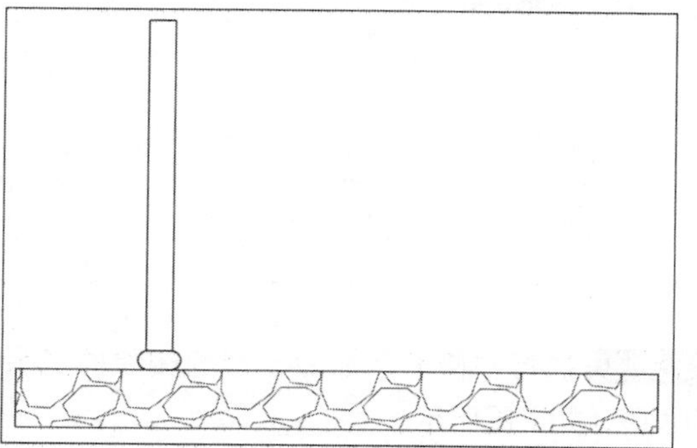

STEP 08 执行“镜像”命令，镜像复制矩形图形，如下图所示。

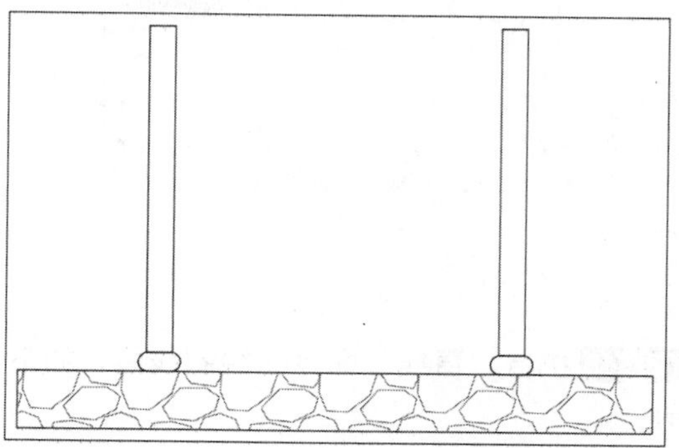

STEP 09 绘制桌椅图形。执行“直线”命令，绘制长为3850 mm，宽为125mm的矩形图形，并放在图中合适位置，如下图所示。

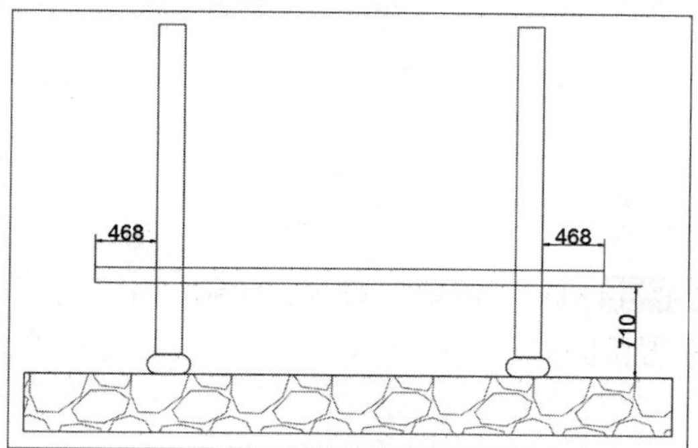

STEP 10 执行“偏移”命令，将水平方向的线段，向下偏移50mm，将左右两侧的线段向内偏移37.5mm，如下图所示。

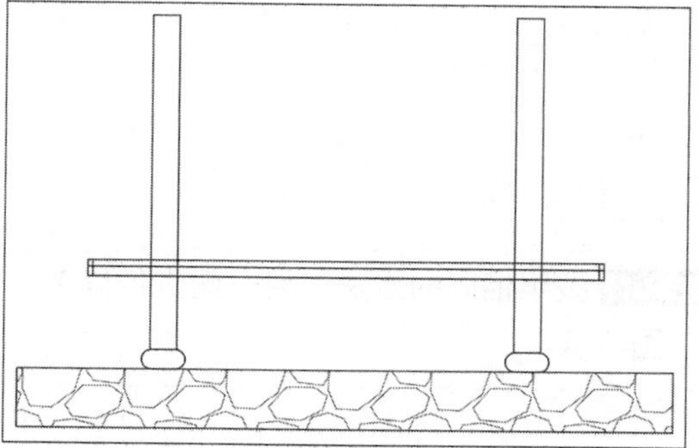

STEP 11 执行“倒角”命令，设置倒角第一条边为100mm，第二条边为50mm，对偏移后的矩形图形进行倒角操作，如下图所示。

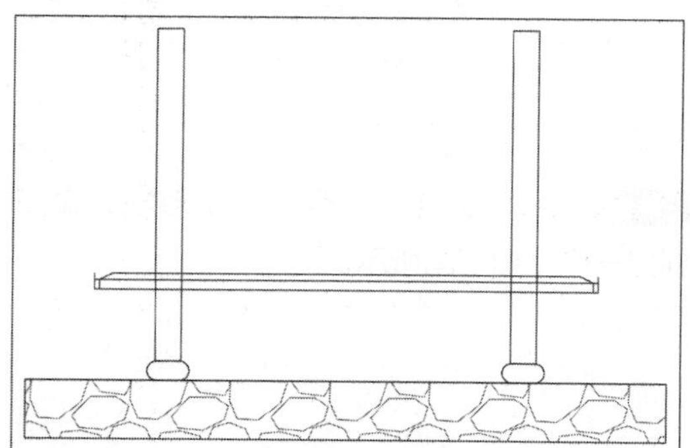

STEP 12 执行“圆角”命令，设置圆角半径为37.5mm，对图形进行圆角操作，并删除多余的线段，如下图所示。

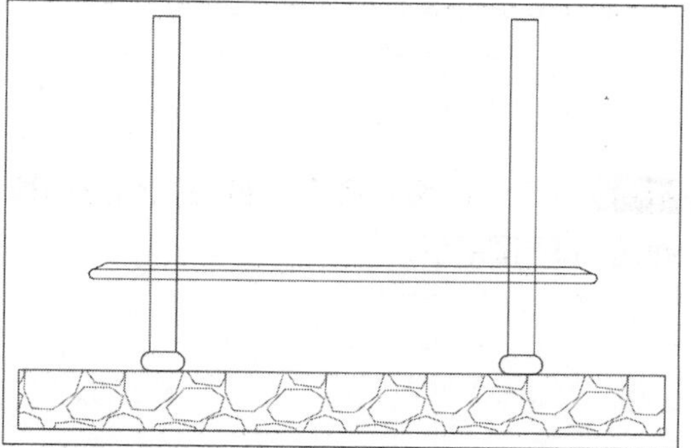

STEP 13 执行“直线”命令，绘制长为3200 mm，宽为72.5mm的居心图形，并放在图中合适位置，如下图所示。

STEP 14 执行“偏移”命令，将刚绘制的矩形图形水平方向的线段，分别向上偏移13mm和26mm，左右两侧的线段向内偏移20mm，如下图所示。

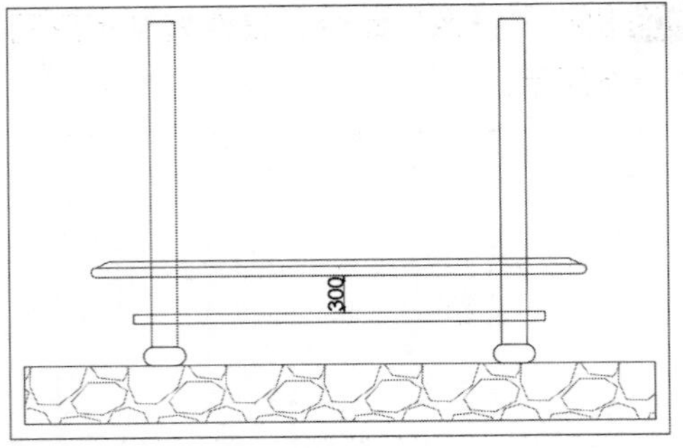

STEP 15 执行“直线”命令，绘制线段，如下图所示。

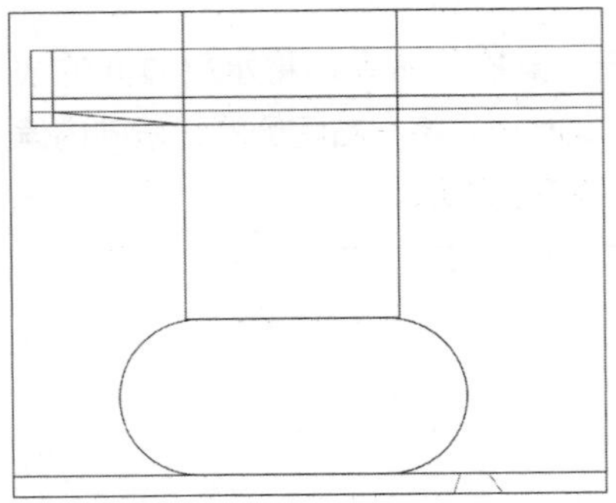

STEP 17 按照相同的方法对另一侧进行修剪，如下图所示。

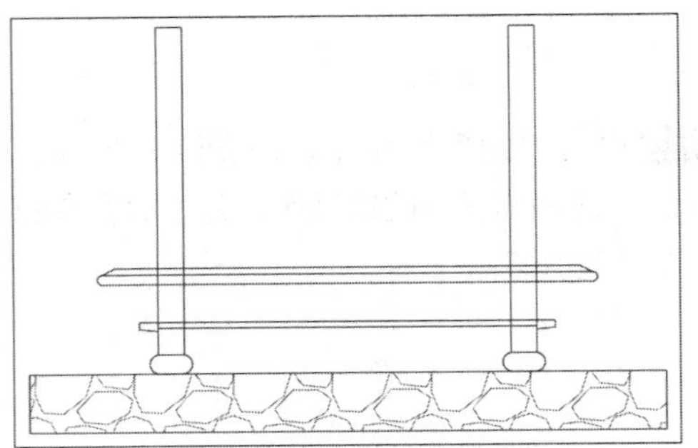

STEP 19 执行“偏移”命令，将圆弧图形偏移20mm，如下图所示。

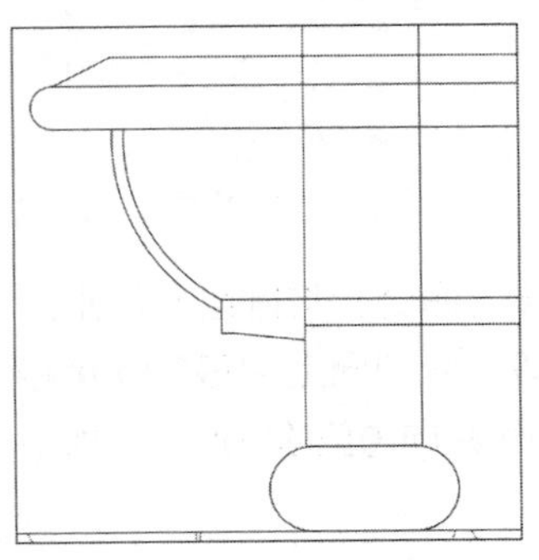

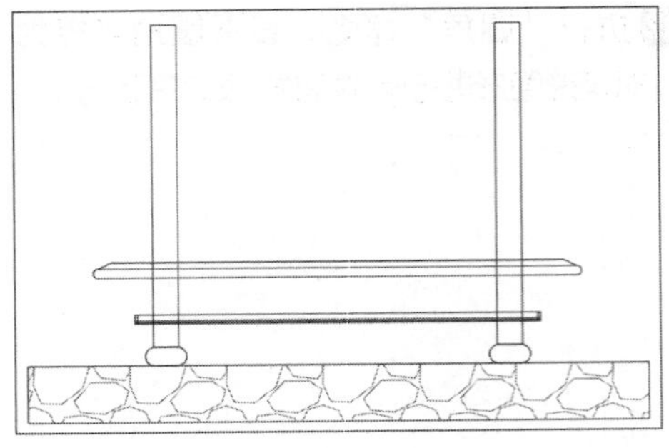

STEP 16 执行“修剪”命令，修剪删除掉多余的线段，如下图所示。

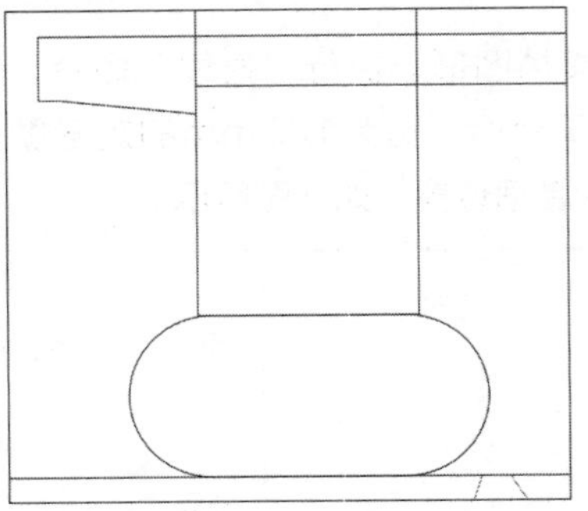

STEP 18 执行“圆弧”命令，绘制，如下图所示的圆弧图形。

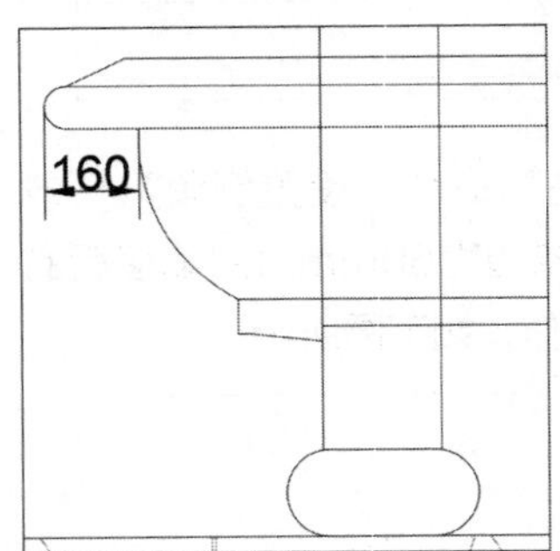

STEP 20 执行“镜像”命令，镜像复制圆弧图形到另一侧，如下图所示。

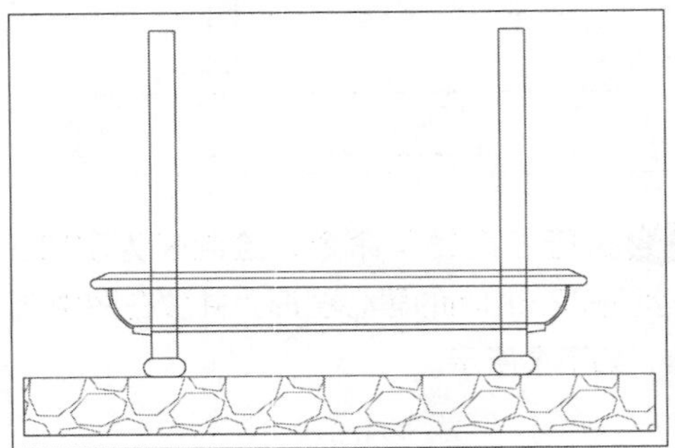

STEP 21 执行“矩形”命令，绘制长为30mm，宽为300mm的矩形图形，如下图所示。

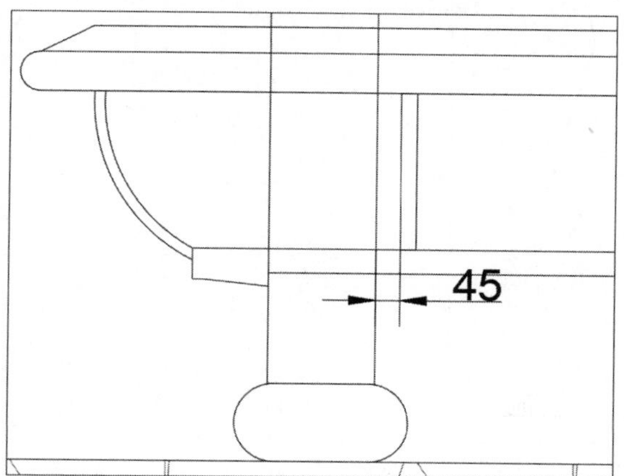

STEP 22 执行“复制”命令，复制刚绘制的矩形图形，并放在图中合适位置，如下图所示。

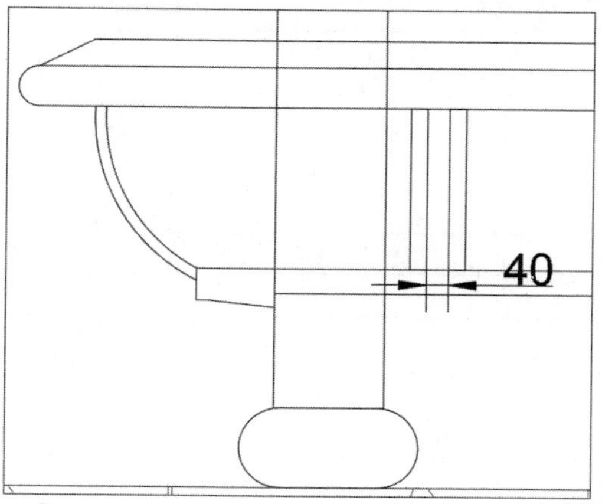

STEP 23 执行“矩形阵列”命令，设置行数为1，列数为16，介于为155，效果如下图所示。

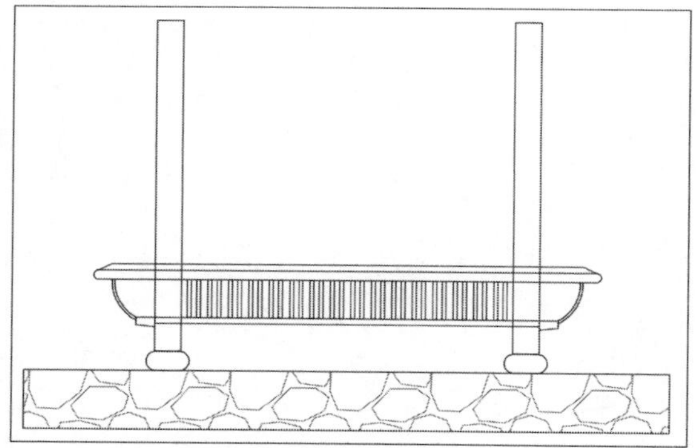

STEP 24 执行“矩形”命令，绘制长为3425 mm、宽为150mm的矩形图形，并放在图中合适位置，如下图所示。

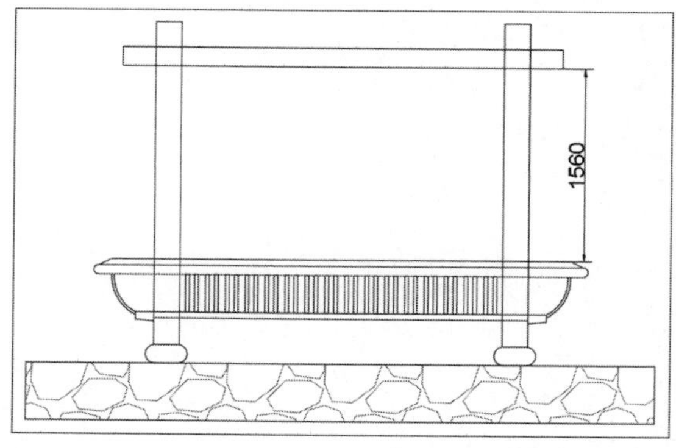

STEP 25 继续执行当前命令，绘制长为80mm，宽为150mm的矩形图形，如下图所示。

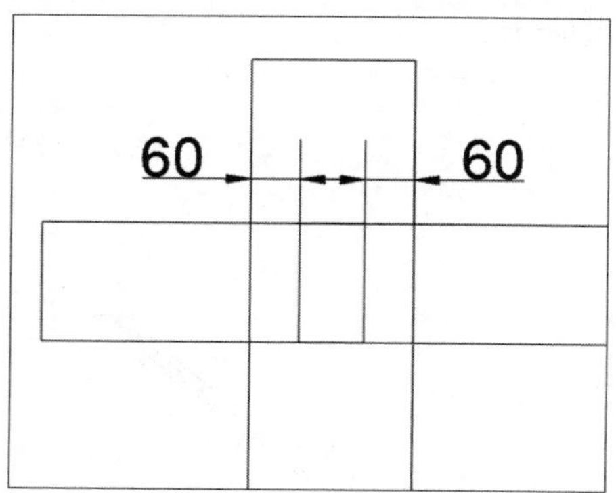

STEP 26 执行“镜像”命令，将刚绘制的矩形图形镜像复制到另一侧，如下图所示。

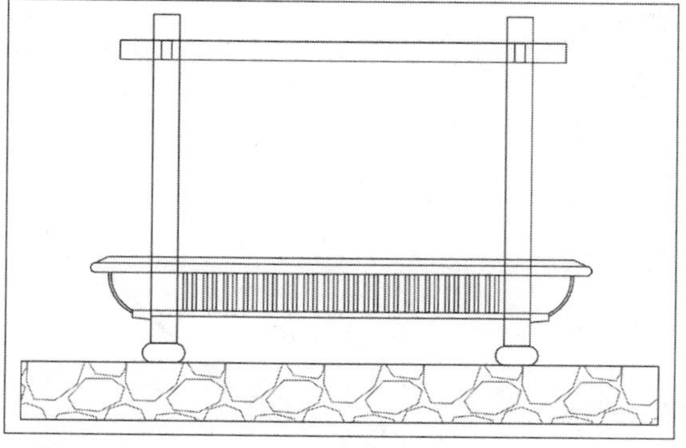

STEP 27 执行“修剪”命令，修剪删除掉多余的线段，绘制出座椅图形，如下图所示。

STEP 28 绘制宅顶图形，执行“多段线”命令，绘制多段线图形，如下图所示。

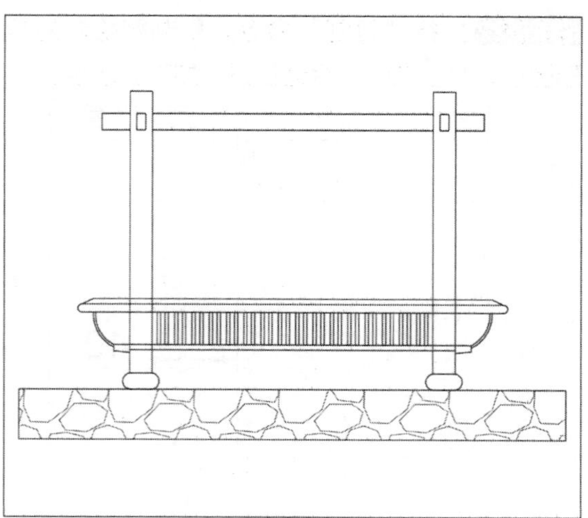

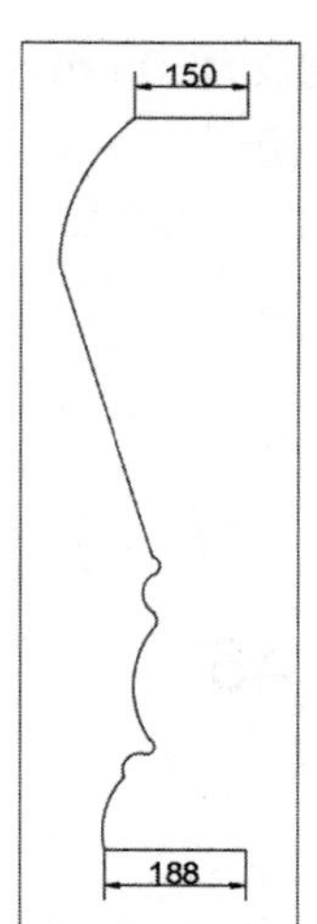

STEP 29 执行“镜像”命令，镜像复制多段线图形，如下图所示。

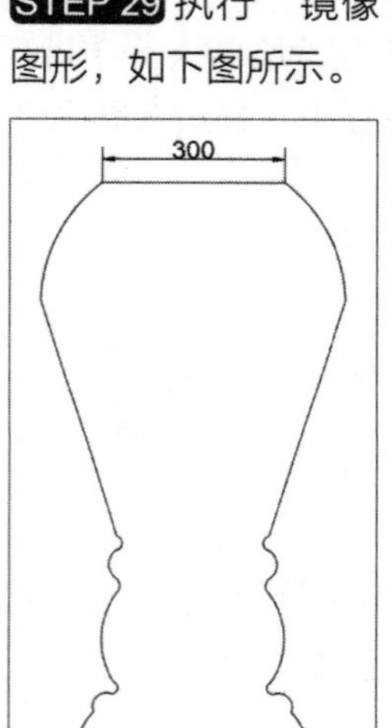

STEP 30 绘制翘檐图形。执行“圆弧”命令，绘制圆弧，如下图所示。

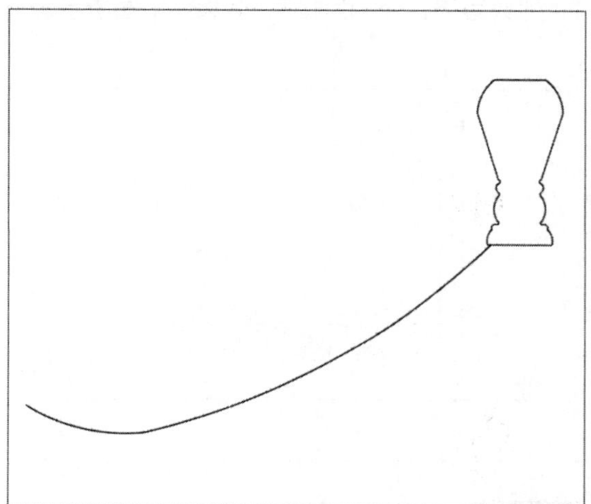

STEP 31 继续执行当前命令绘制圆弧，如下图所示。

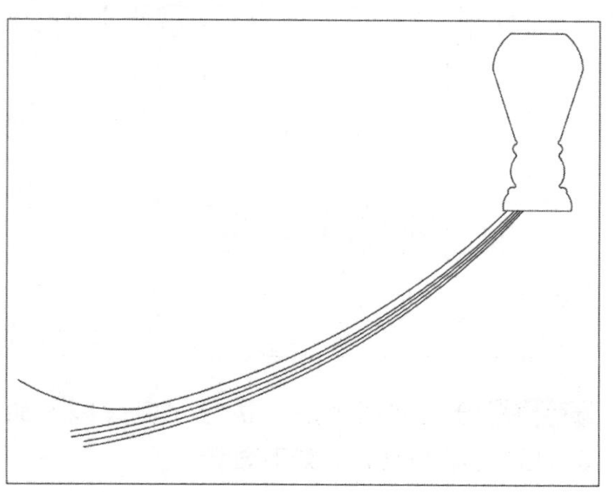

STEP 32 执行“多段线”命令，绘制多段线图形，如下图所示。

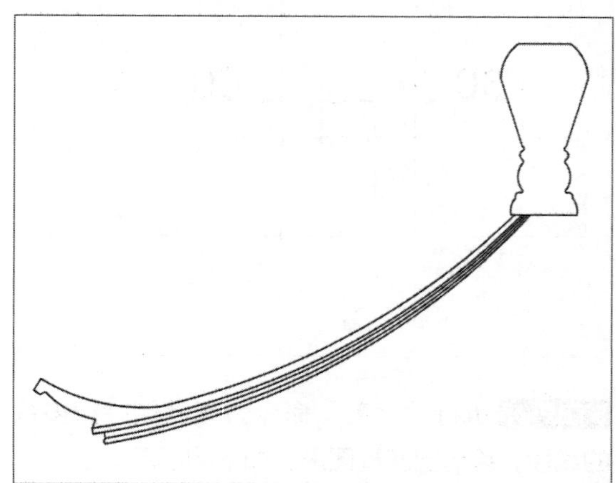

STEP 33 执行“镜像”命令，镜像复制图形，并将其放在图中合适位置，如下图所示。

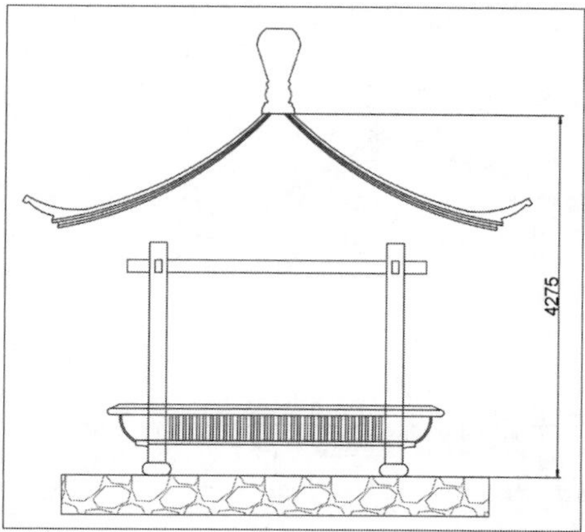

STEP 34 执行“直线”命令，绘制线段，如下图所示。

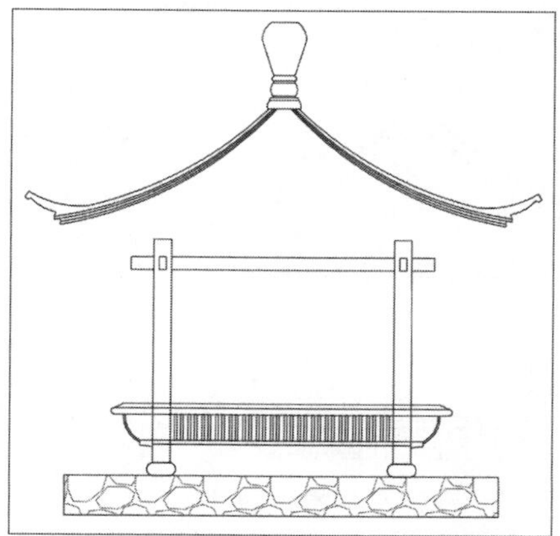

STEP 35 绘制瓦片图形。执行“偏移”命令，偏移圆弧，如下图所示。

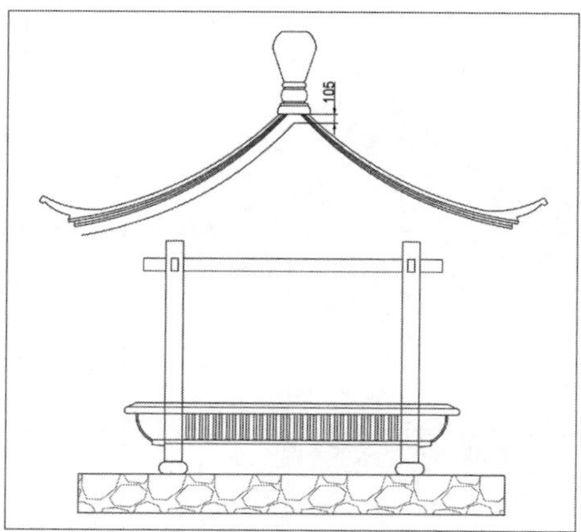

STEP 36 执行“圆”命令，捕捉圆弧的交点绘制半径为50mm的圆图形，如下图所示。

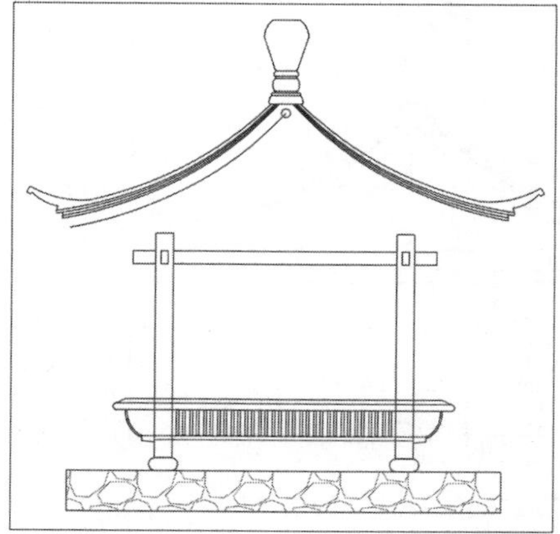

STEP 37 执行“路径阵列”命令，设置项目数为15，介于值200，其余参数保持不变，对圆图形进行路径阵列，如下图所示。

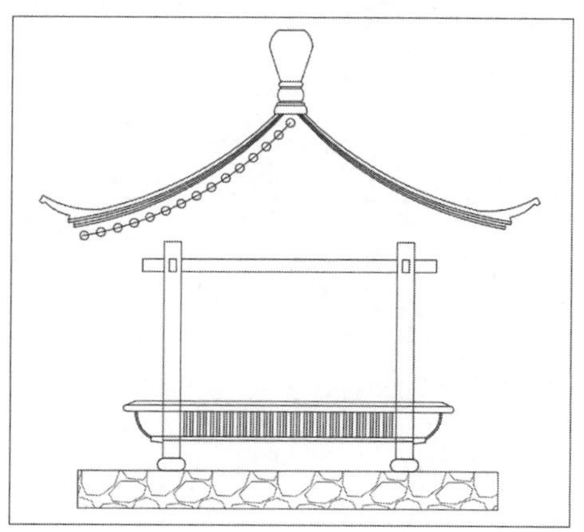

STEP 38 执行“分解”和“修剪”命令，将图形进行分解，再将分解后的图形进行修剪，如下图所示。

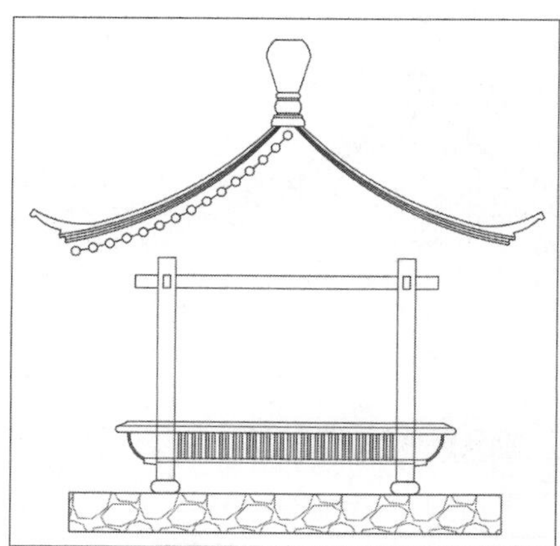

STEP 39 执行“镜像”命令，镜像复制图形，如下图所示。

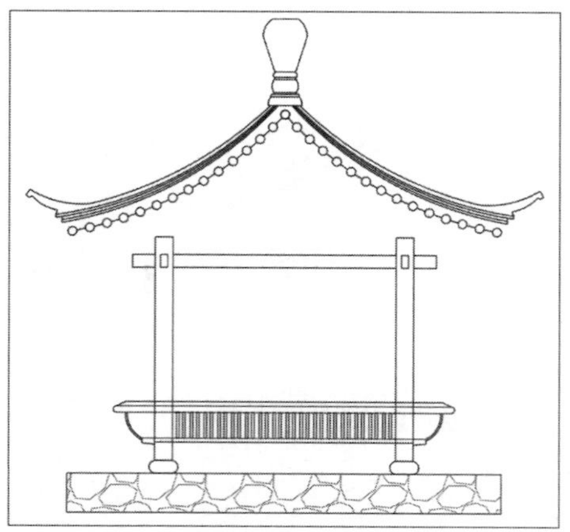

STEP 41 执行“直线”命令，绘制直线，如下图所示。

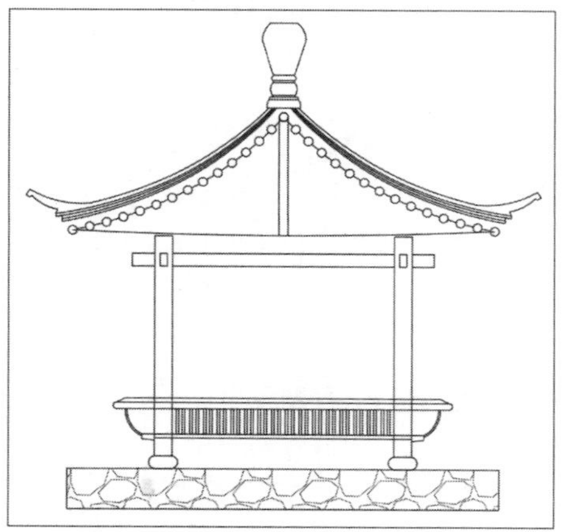

STEP 43 按照相同的方法绘制其他图形，如下图所示。

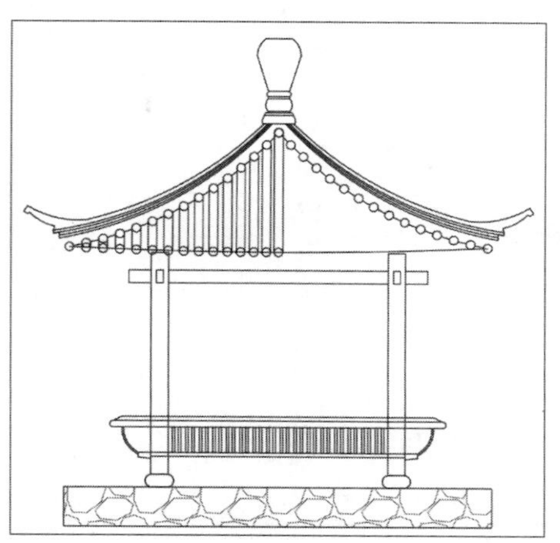

STEP 40 执行“圆弧”命令，绘制圆弧，如下图所示。

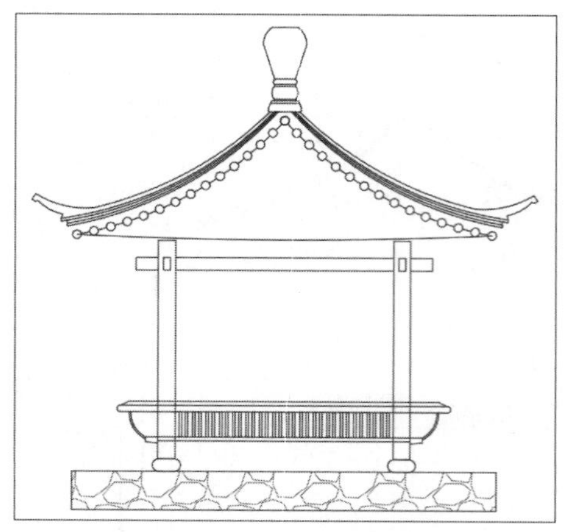

STEP 42 执行“圆”命令，绘制半径为50mm的圆图形，如下图所示。

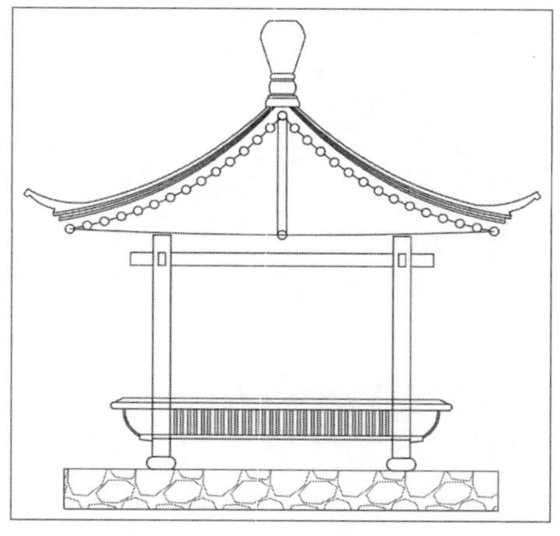

STEP 44 执行“圆弧”命令，绘制圆弧，如下图所示。

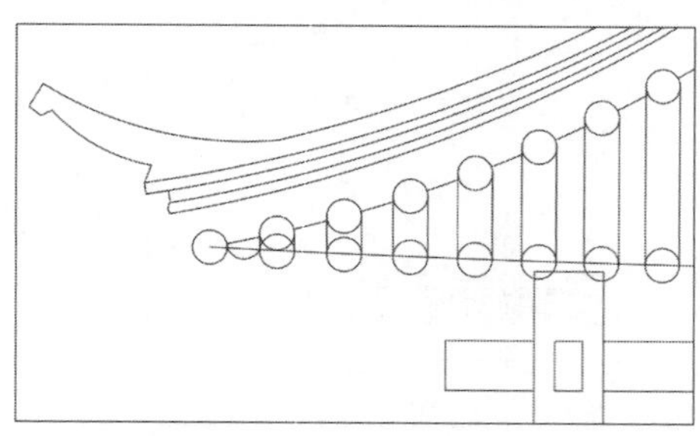

STEP 45 继续执行当前命令绘制其他圆弧，如下图所示。

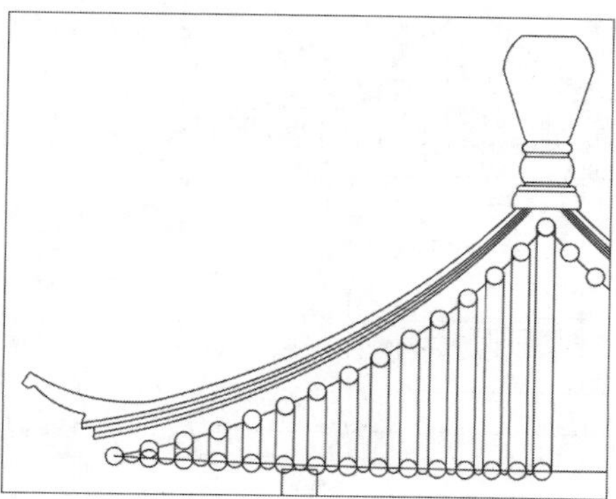

STEP 46 执行“修剪”命令，修剪删除掉多余的线段，如下图所示。

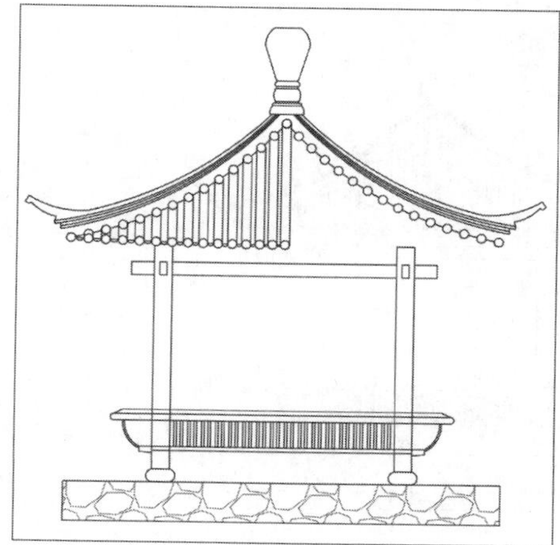

STEP 47 执行“镜像”命令，镜像复制图形，如下图所示。

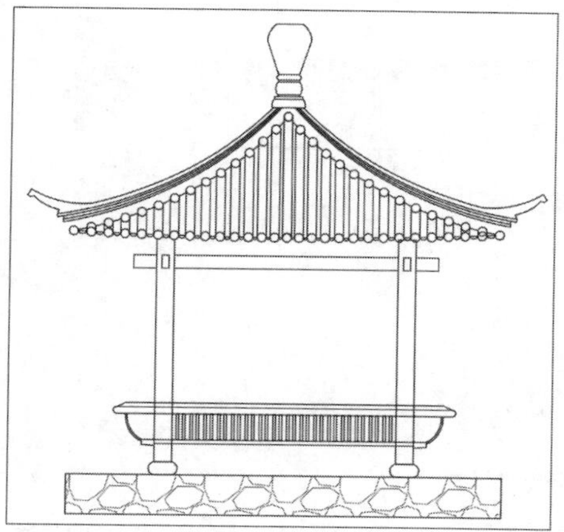

STEP 48 执行“修剪”命令，修剪删除掉多余的线段，如下图所示。

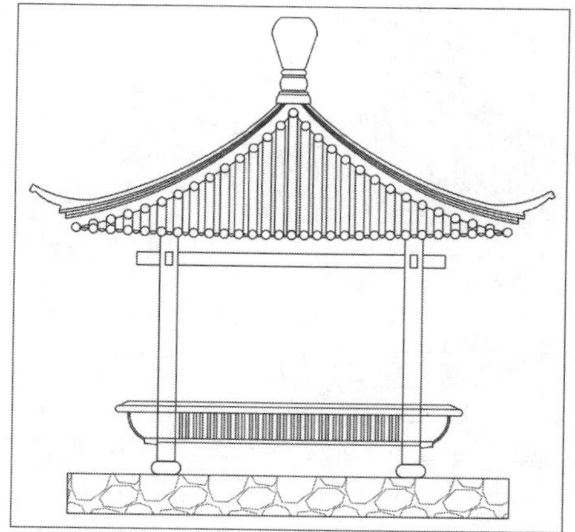

STEP 49 执行“多段线”命令，绘制多段线，图形，如下图所示。

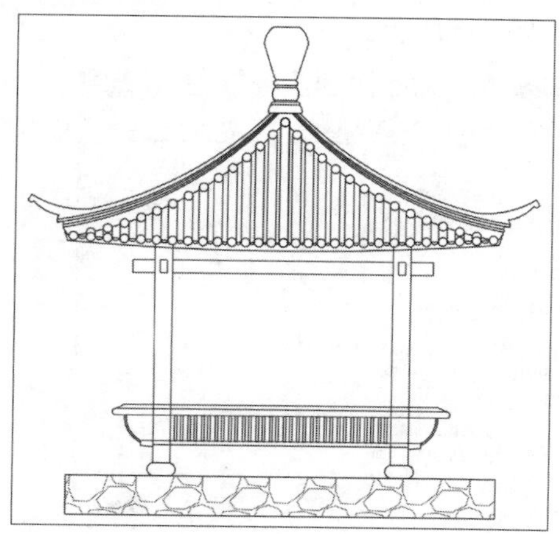

STEP 50 继续执行当前命令，绘制多段线图形，如下图所示。

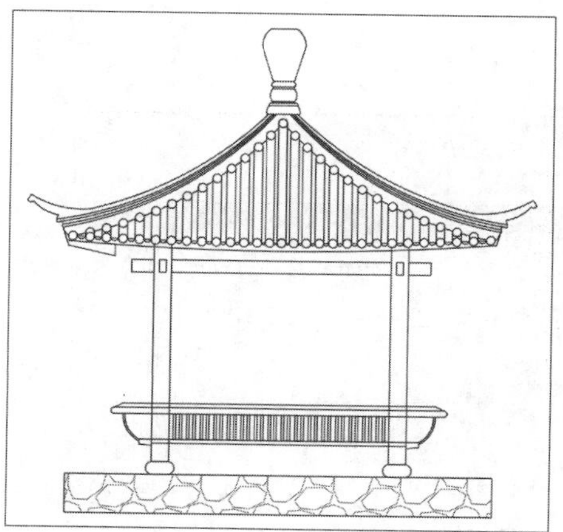

STEP 51 执行“镜像”命令，镜像复制多段线图形，如下图所示。

STEP 52 执行“直线”命令，绘制线段，如下图所示。

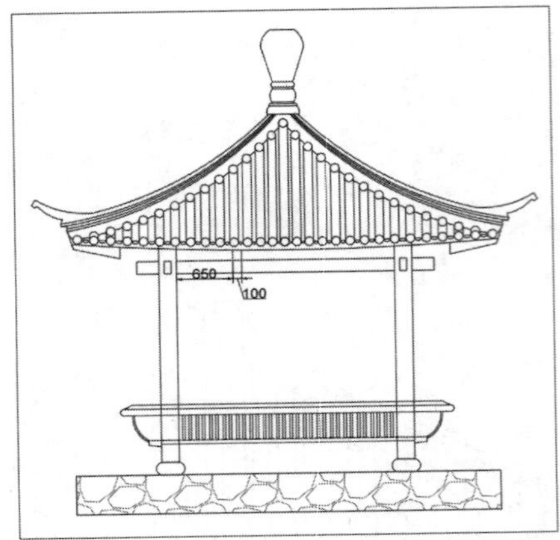

STEP 53 继续执行当前命令绘制线段，如下图所示。

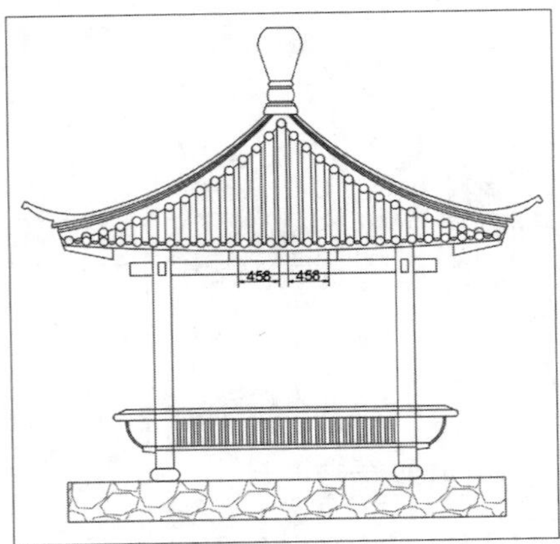

STEP 54 设置“尺寸标注”层为当前层，执行“标注样式”命令，打开“标注样式管理器”对话框，如下图所示。

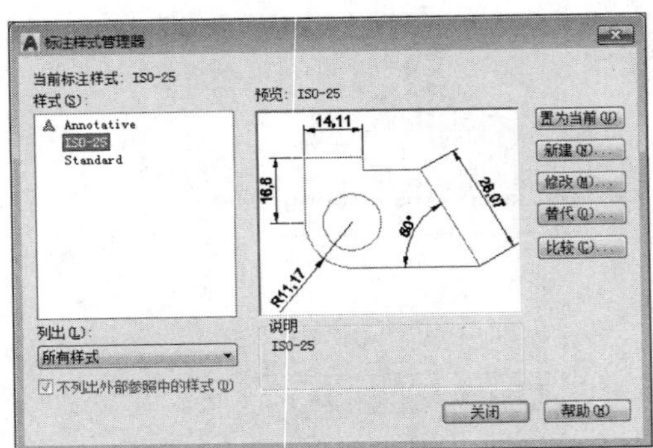

STEP 55 单击“新建”按钮，打开“创建新标注样式”对话框，并输入新样式名，如下图所示。

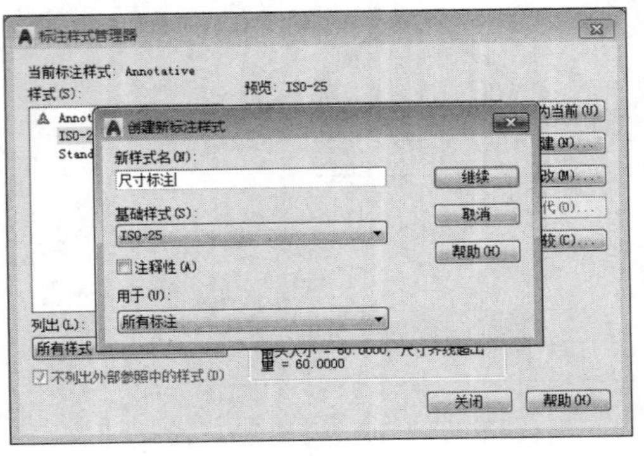

STEP 56 单击“继续”按钮，打开“新建标注样式：尺寸标注”对话框，设置超出尺寸线为60、箭头大小为60、文字高度为120、主单位精度为0，如下图所示。

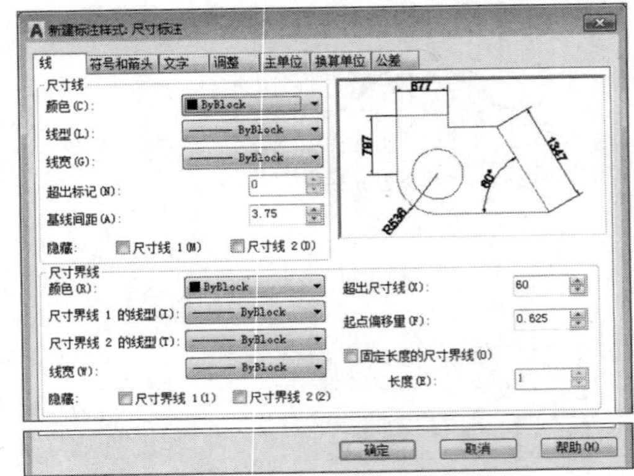

STEP 57 单击“确定”按钮，返回“标注样式管理器”对话框，如下图所示。

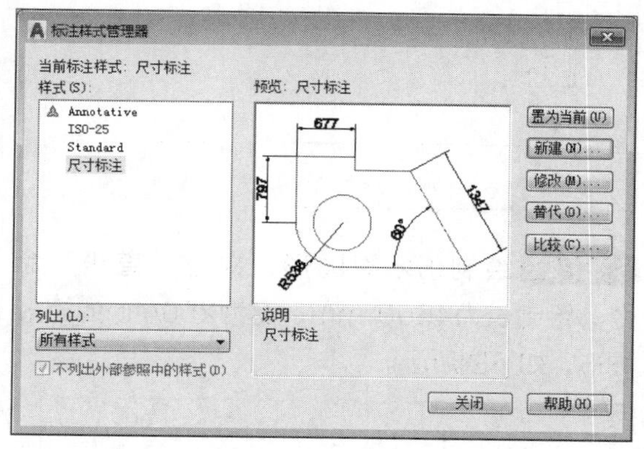

STEP 58 单击“置为当前”按钮，关闭对话框，执行“线性”命令，对四角亭立面图进行尺寸标注，如下图所示。

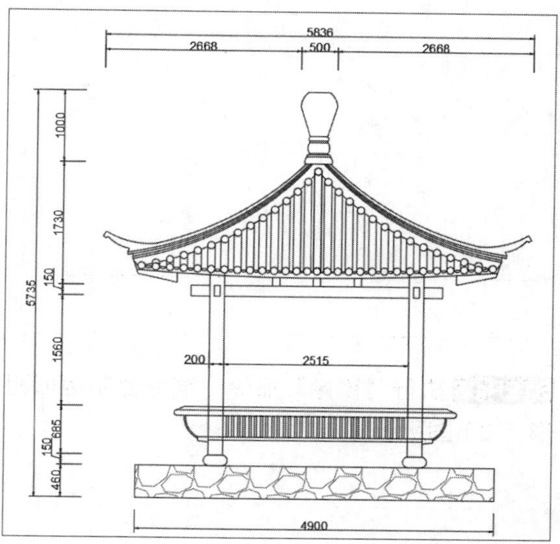

02 绘制花架立面图

花架一方面可以供人休息、欣赏风景；另一方面也可以为攀援植物创造生长的条件。下面将介绍花架立面图的绘制方法：

STEP 01 设置“中心线”层为当前层，执行“直线”命令，绘制中心线，并设置比例为25，如下图所示。

STEP 02 设置“轮廓线”层为当前层，执行“直线”命令，绘制地平线，如下图所示。

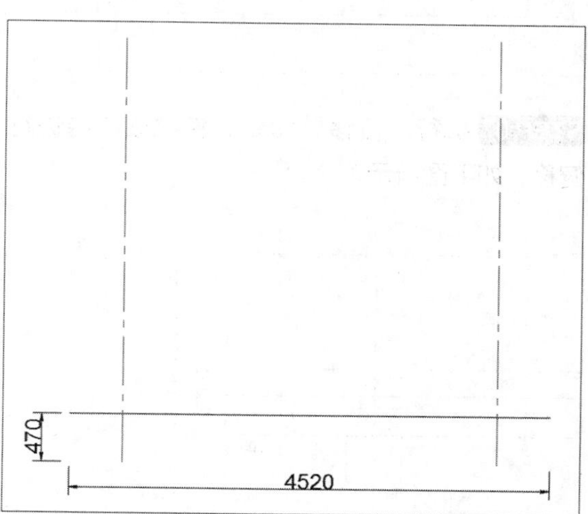

STEP 03 绘制柱子图形。执行“矩形”命令，绘制长为315mm、宽为500mm的矩形图形，如下图所示。

STEP 04 继续执行当前命令，分别绘制长为200mm、宽为2500mm和长为100mm、宽为200mm的矩形图形，如下图所示。

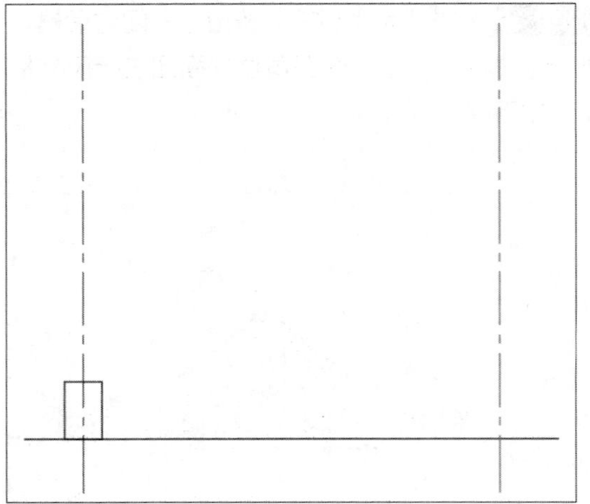

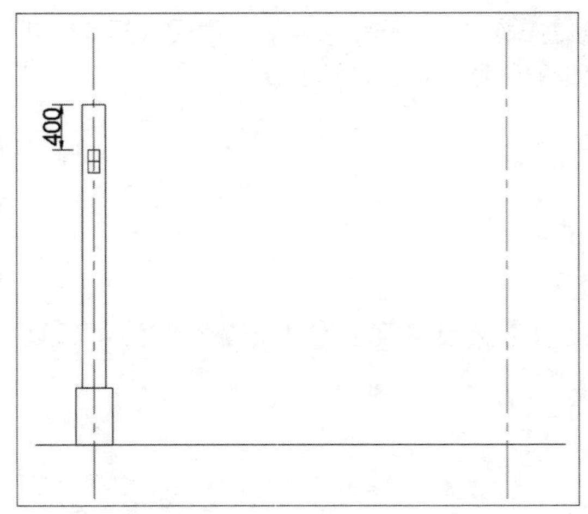

STEP 05 执行“镜像”命令，镜像复制矩形图形，如下图所示。

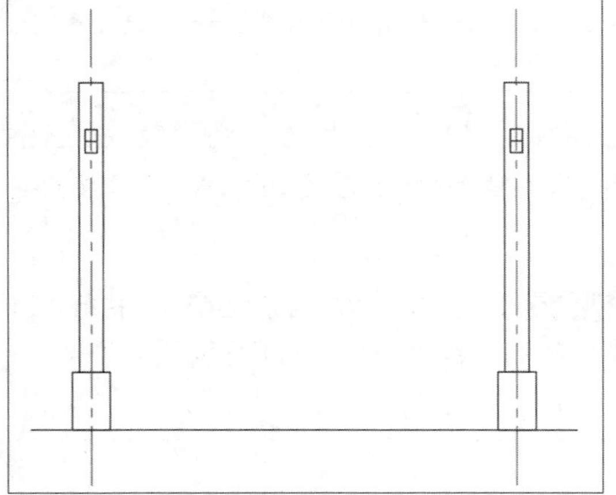

STEP 06 绘制仿木梁图形。执行“直线”命令，绘制长为4600 mm、宽为250mm的矩形图形，如下图所示。

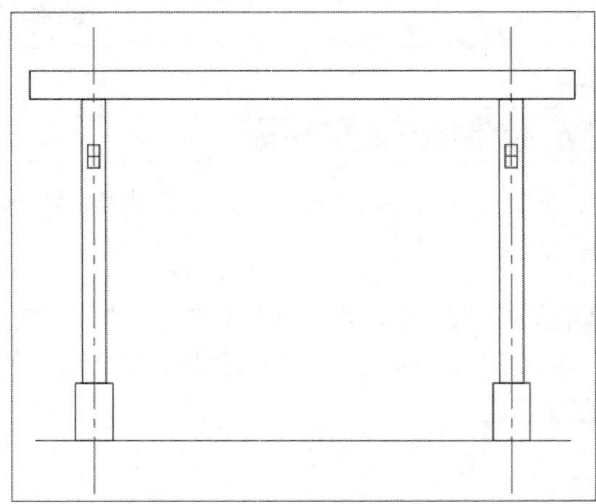

STEP 07 执行“偏移”命令，将线段向内进行偏移，如下图所示。

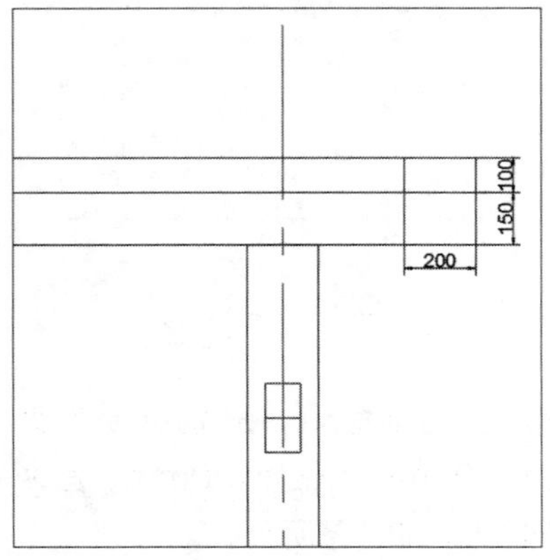

STEP 08 执行“圆角”命令，设置圆角半径为50mm，对偏移后的图形进行圆角操作，如下图所示。

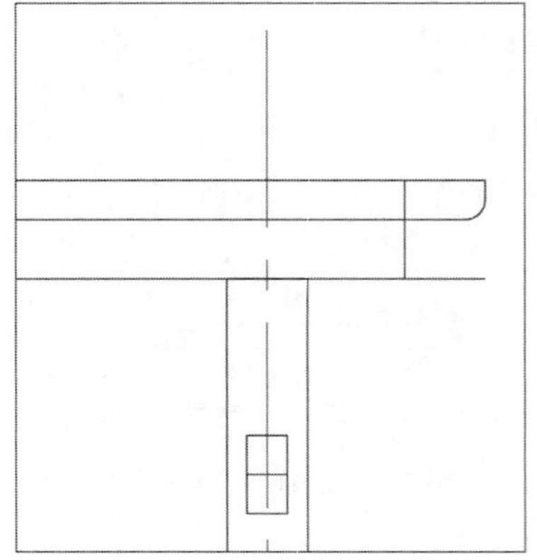

STEP 09 执行“修剪”命令，修剪删除掉多余的线段，如下图所示。

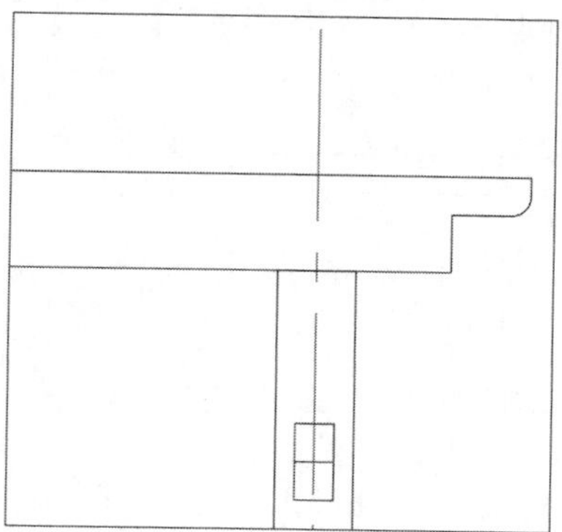

STEP 10 执行“拉伸”命令，捕捉线段的交点向左侧移动95mm，如下图所示。

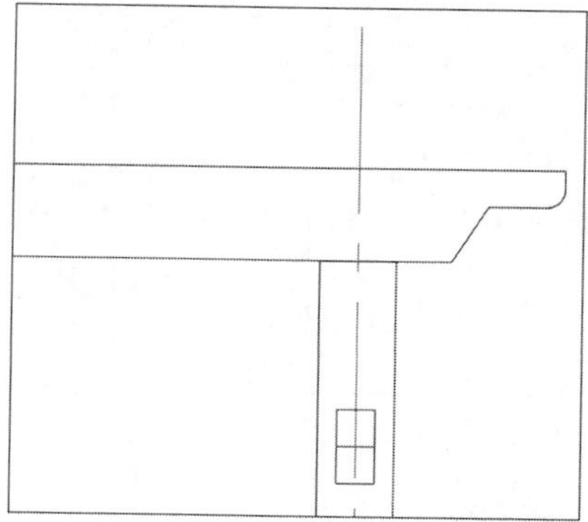

STEP 11 执行“圆角”命令，设置圆角半径为50mm，对拉伸后的图形进行圆角操作，如下图所示。

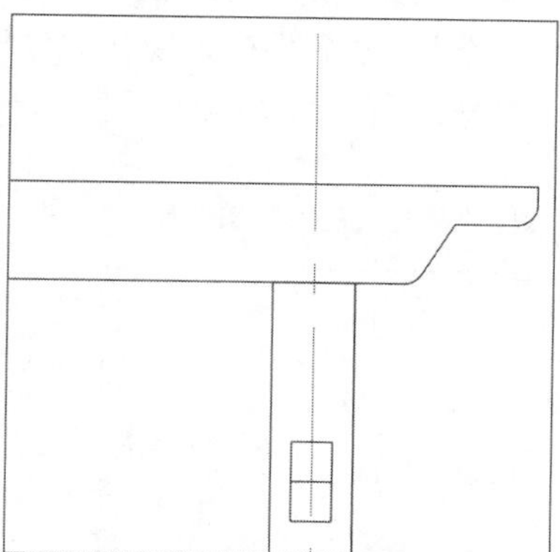

STEP 12 执行“镜像”命令，镜像复制图形，如下图所示。

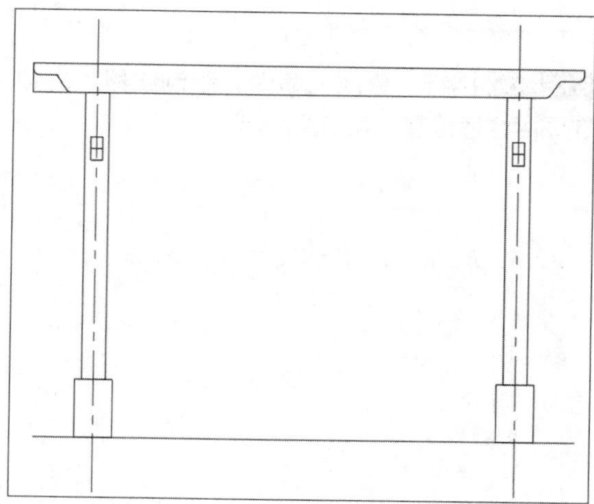

STEP 13 执行“修剪”命令，修剪删除掉多余的线段，如下图所示。

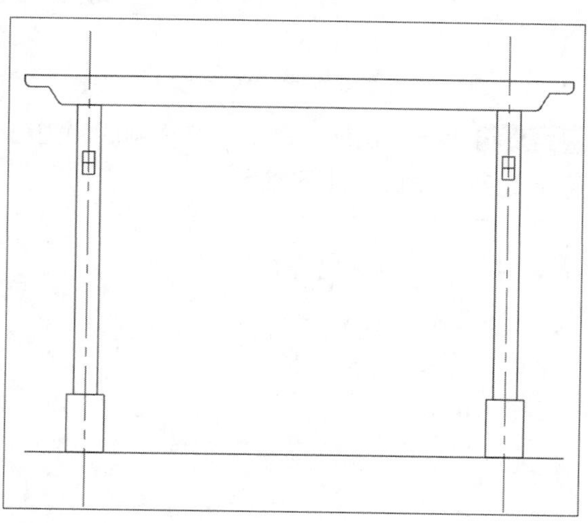

STEP 14 绘制檩条图形。执行“矩形”命令，绘制长和宽各为75mm的矩形图形，并放在图中合适位置，如下图所示。

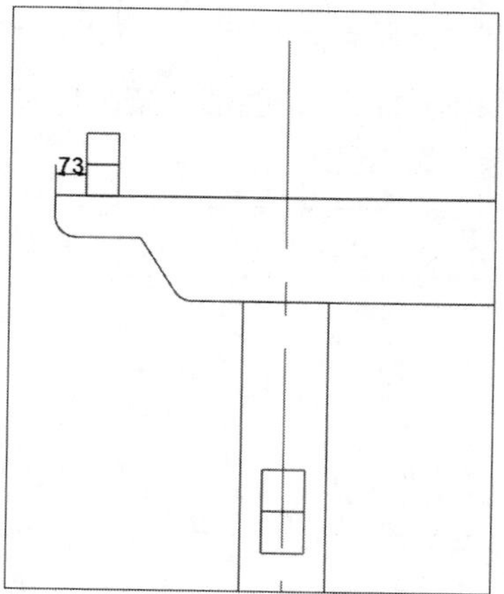

STEP 15 执行“圆弧”命令，绘制圆弧，如下图所示。

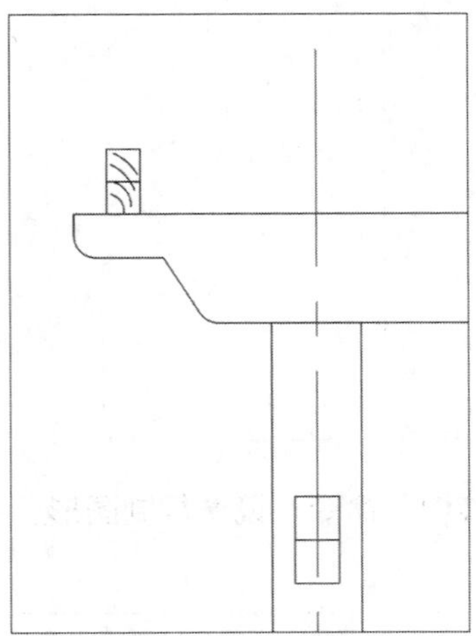

STEP 16 执行“矩形阵列”命令，设置行数为1、列数为13、介于值为365，其余参数保持默认，对图形进行矩形阵列，如下图所示。

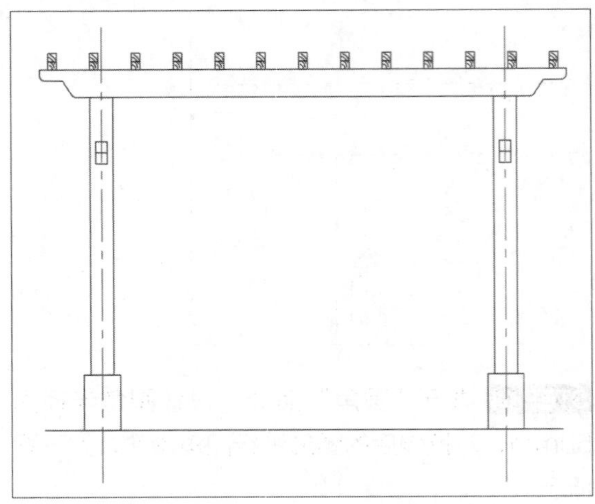

STEP 17 执行“直线”命令，绘制线段，并放在图中合适位置，如下图所示。

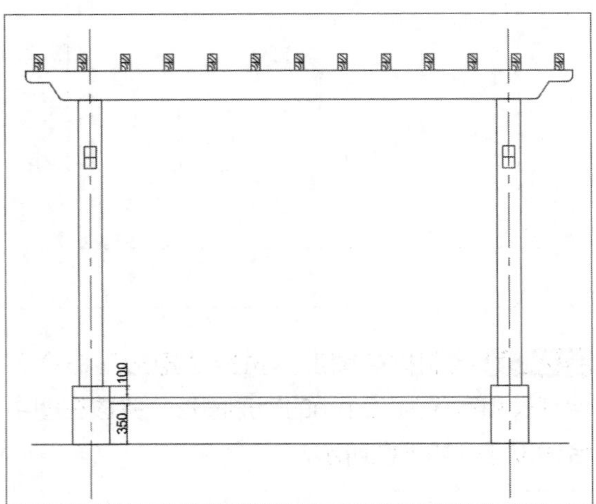

STEP 18 设置“图案填充”层为当前层，执行“图案填充”命令，设置样例名为AR-CONC，比例为1，其余参数保持不变，如下图所示。

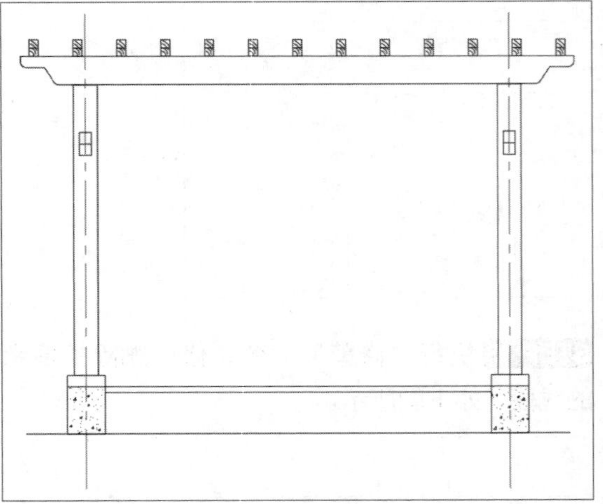

STEP 19 执行“复制”命令，图形花架图形并放在图中合适位置，如下图所示。

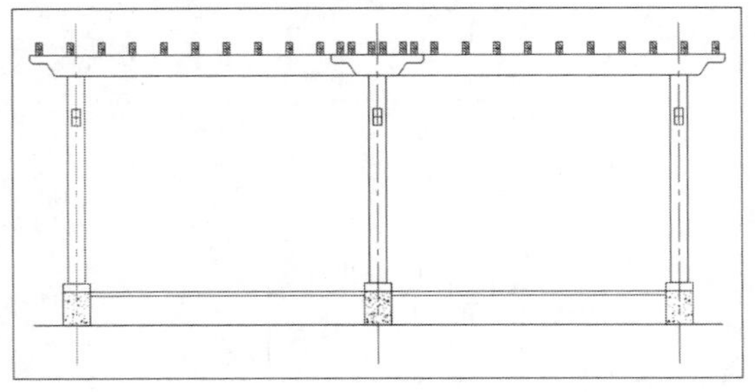

STEP 20 执行“拉伸”命令，将复制后的图形向下拉伸400mm，如下图所示。

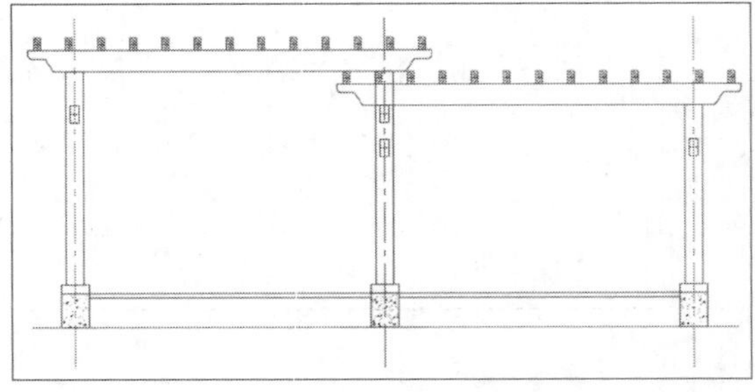

STEP 21 执行“修剪”命令，修剪删除掉多余的线段，如右图所示。

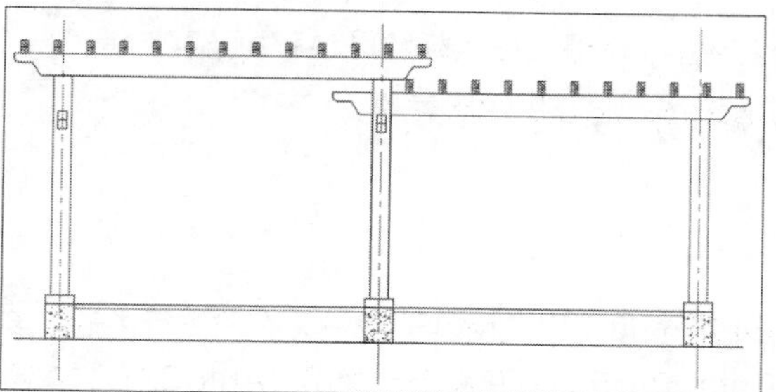

STEP 22 执行“复制”命令，复制花架图形，如下图所示。

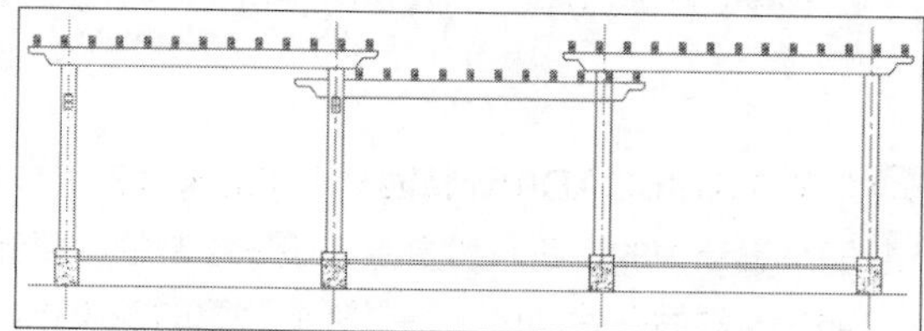

STEP 23 执行“修剪”命令，修剪删除掉多余的线段，如右图所示。

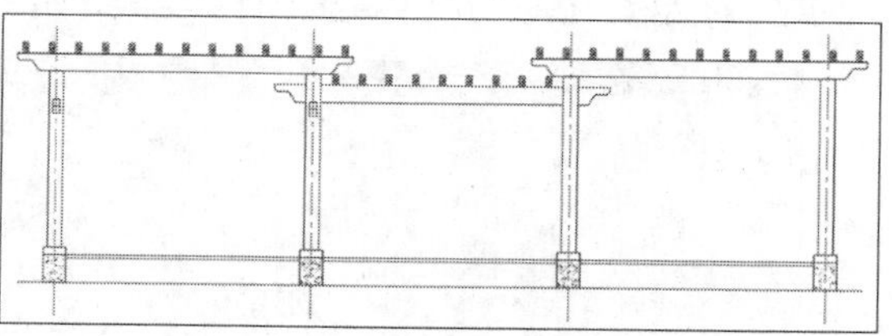

STEP 24 按照相同的方法绘制其他花架图形，如下图所示。

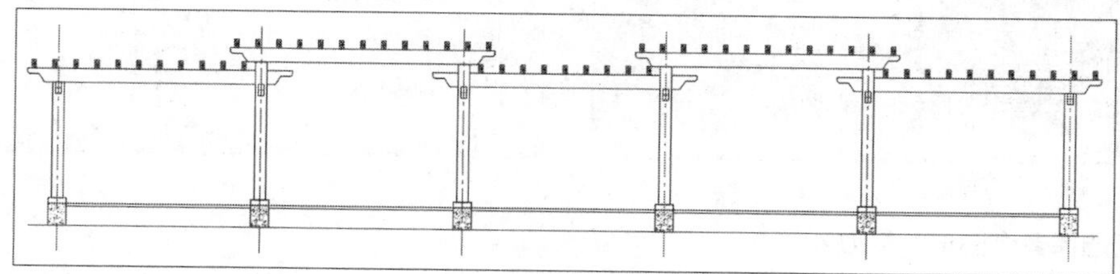

STEP 25 设置“尺寸标注”层为当前层，执行“线性”和“连续”命令，对花架图形进行尺寸标注，如下图所示。

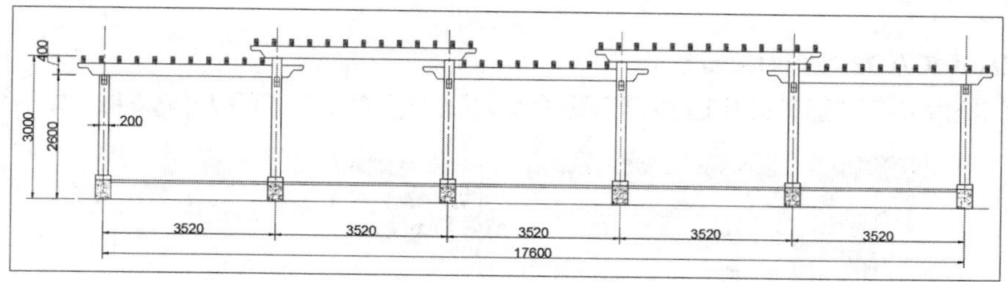

STEP 26 设置“文字注释”层为当前层，执行“多重引线”命令，对图形进行文字注释，完成花架的绘制，如下图所示。

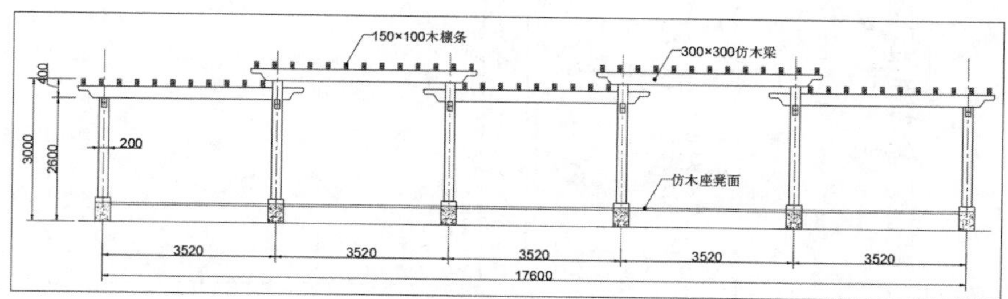

工程技术问答

本章主要对园林平面图、建筑小品立面图的绘制进行介绍，在实际绘图过程中难免会遇到这样或那样的问题，下面将对常见的问题及解决方法进行汇总，供用户参考。

Q 怎样在AutoCAD中计算园林小路的长度？

A 园林设计中的小路一般是由多段线绘制的，要计算多段线长度可以使用LIST命令。在命令行中输入该命令，然后在绘图区中选择需要计算的多段线，按Enter键确定。程序将自动弹出“AutoCAD文本窗口”对话框，在该窗口中将显示计算结果，如下左图所示。

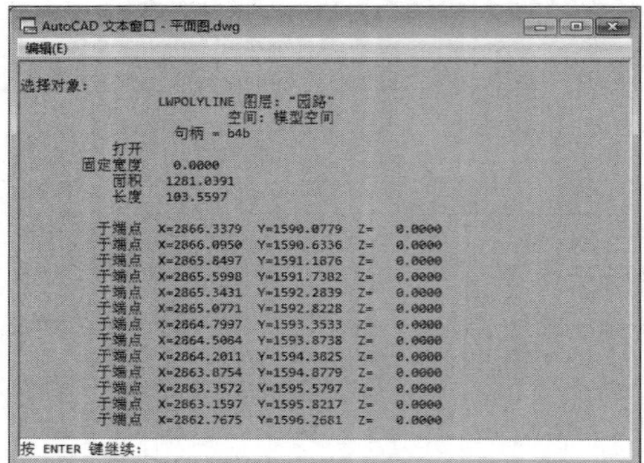

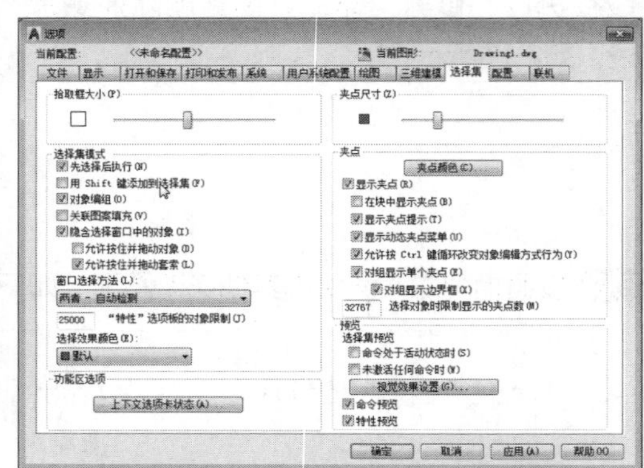

Q 无法连续选择多个图形怎么办？

A 正常来说用户可以连续选择多个图形，而有时连续选择会失效，每次只能选择最后一次被选中的图形，此时执行“工具>选项”命令，打开“选项”对话框，在“选项集”选项卡中取消“用Shift键添加到选择集”选项，单击“确定”按钮即可，如上右图所示。

Q 如何调出AutoCAD的图形修复器？

A 在菜单浏览器中执行“图形实用工具>打开图形修复管理器”命令，即可打开修复器，如下图所示。

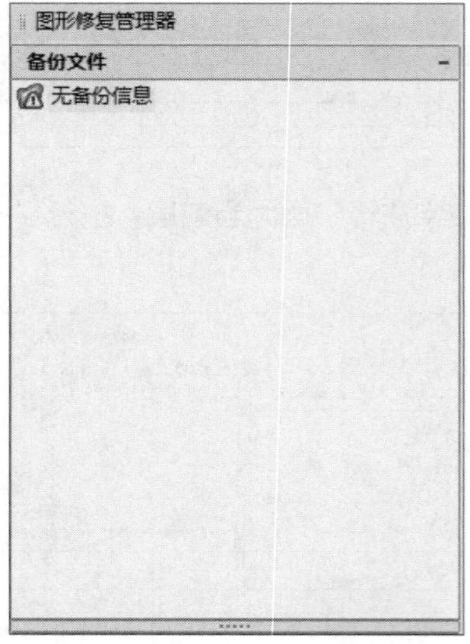

Chapter 22

建筑设计施工图的绘制

建筑设计是指建筑物在建造之前，设计者把施工过程中所存在或可能发生的问题进行设想并拟定好解决这些问题的方法或方案，用图纸和文件表达出来。建筑设计施工图着重解决建筑物内部、建筑物与周围环境的协调配合。在施工前，建筑设计施工图必须经上级部门的批准。本章将介绍建筑设计施工图的绘制方法及特点。

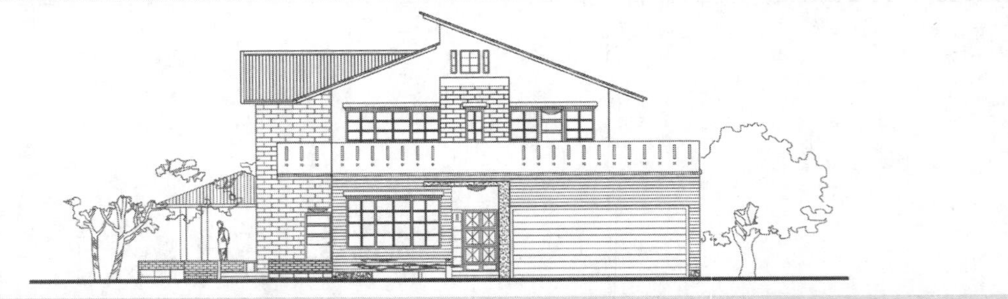

01 别墅立面图

在绘制别墅立面图时，一定要严格按照平面图的尺寸进行绘制，否则会直接影响设计效果。

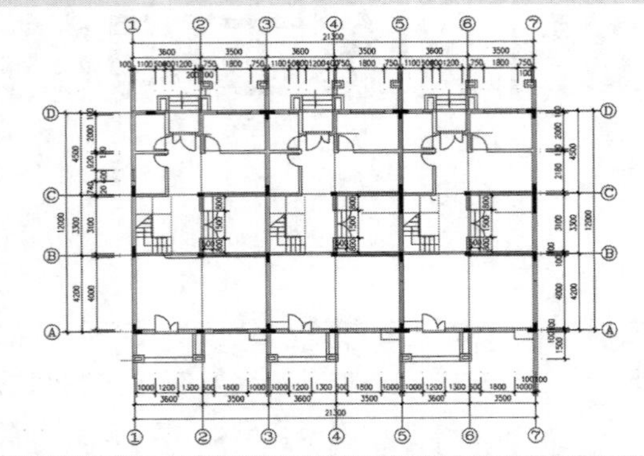

02 联排别墅户型平面图

在绘制建筑平面图时，先确定平面轴线，然后再确定墙体及门窗位置，最后再确定楼梯等建筑设施的位置，并添加尺寸标注。

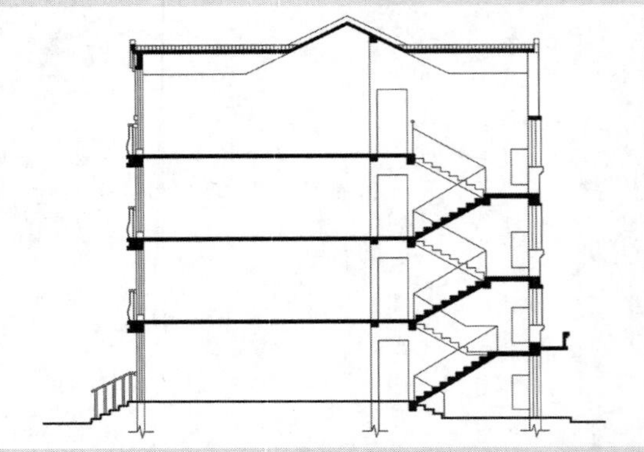

03 建筑剖面图

在建筑物外立面绘制完成后，对立面图进行调整，例如删除多余的装饰物、加粗剖断面即可绘制出剖面图。

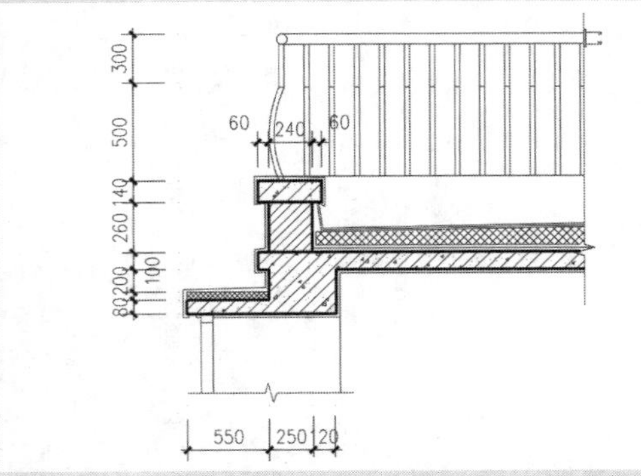

04 楼梯大样图

楼梯大样图主要表现的是楼梯内部的构造以及明确建筑构件的安装方法。该图纸主要运用了图案填充以及尺寸标注等命令绘制完成。

05 建筑外立面

在绘制好建筑物轮廓后通过插入窗户、楼梯等图块，再进行图案填充，即可绘制出立面图。

06 小区单元楼

在绘制该单元楼平面图时，可以通过插入图块之后进行镜像操作来完成绘制。如果想要达到该效果，需结合3D或草图大师等专业的三维软件来绘制的。

07 别墅效果

这张效果图是AutoCAD结合草图大师软件绘制出来的。先在AutoCAD中绘制好别墅的平、立面，然后将其调入草图大师中进行建筑、渲染的。

08 欧式教堂立面图

欧式风格的建筑大多讲究对称美，在绘制这类建筑立面时，只需绘制好一侧造型，然后使用镜像命令，将其复制到另一侧即可。

Lesson 01 绘制建筑平面图

建筑物平面图表明建筑的平面形式、大小尺寸、房间布置、建筑入口、门厅及楼梯布置等情况，主要图纸有首层平面图、二层、顶层平面图、屋顶平面图等，下面将介绍首层平面图的绘制方法。

原始文件：无
最终文件：实例文件\第22章\最终文件\绘制建筑平面图.dwg

01 绘制墙体图形

当创建好轴线后，可使用“多线”命令来快速完成墙体的绘制，下面将对其相关操作进行介绍：

STEP 01 打开AutoCAD软件，执行“格式>图层”命令，打开“图层特性管理器”选项板，如下图所示。

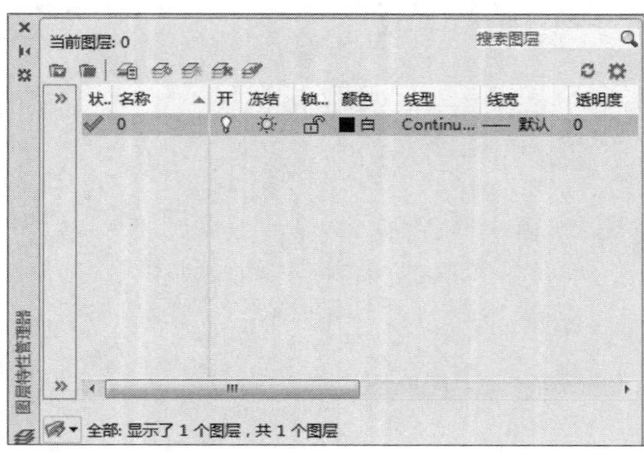

STEP 02 单击“新建”按钮，创建“轴线”、“墙体”、“门窗”等图层，并设置其特性，将“轴线”图层置为当前层，如下图所示。

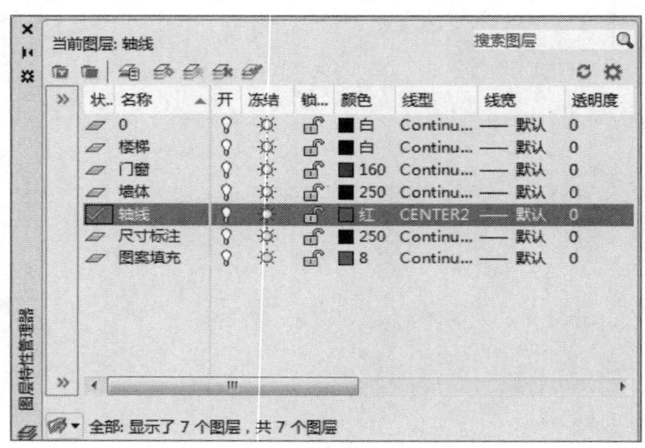

STEP 03 执行“直线”和“偏移”命令，绘制长22100mm的轴线，设置线型比例为50，并依次向下偏移900mm、1800mm、1000mm、800mm、900mm、600mm、600mm、600mm、4200mm、1500mm、450mm，如下图所示。

STEP 04 执行“直线”命令，绘制长为18270 mm的轴线，设置线型比例为50，并放在图中合适位置，如下图所示。

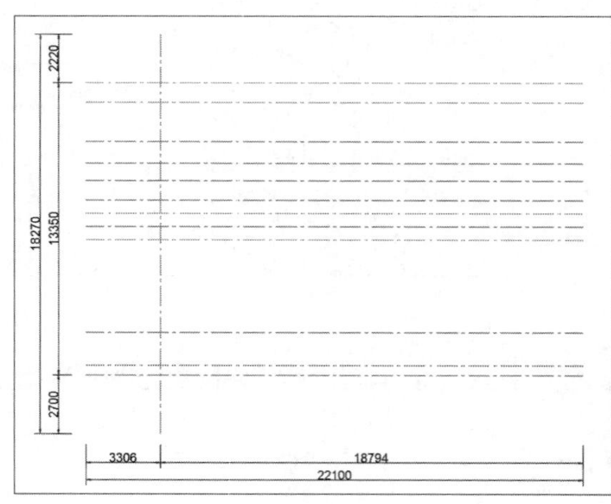

STEP 05 执行“偏移”命令，将刚绘制的轴线依次向右侧偏移1772mm、643mm、550mm、1300mm、1300mm、550mm、600mm、1750mm、2220mm、1080mm、2900mm、1300mm，如下图所示。

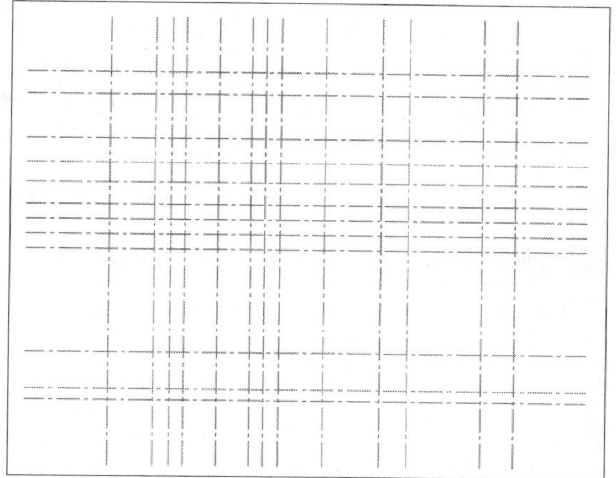

STEP 06 绘制墙体图形。设置“墙体”图层为当前层，执行“多线样式”命令，打开“多线样式”对话框，如下图所示。

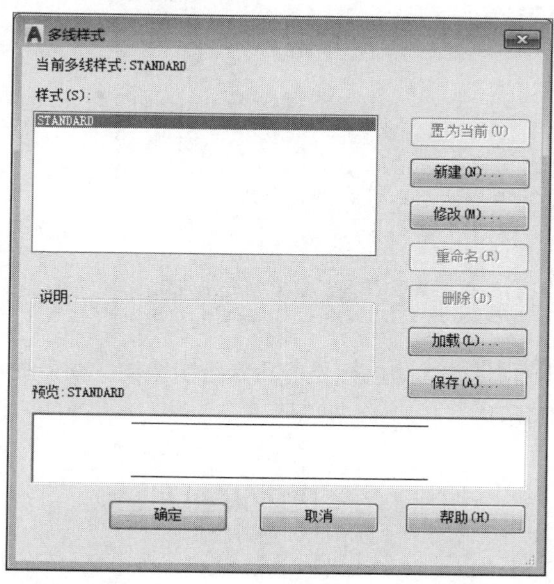

STEP 07 单击“新建”按钮，打开“创建新的多线样式”对话框，并输入新样式名为墙体，如下图所示。

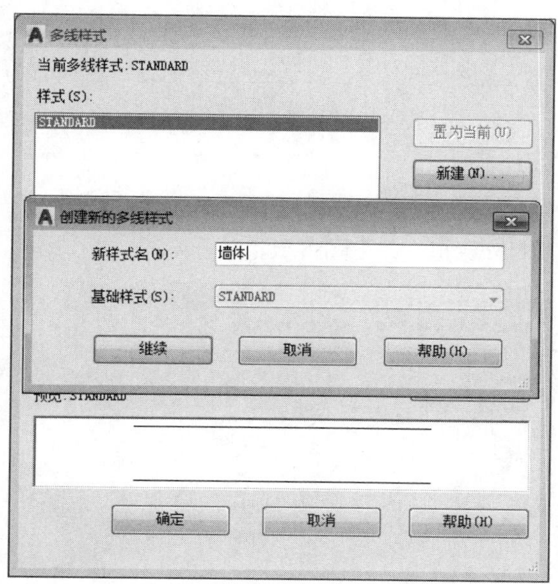

STEP 08 单击“继续”按钮，打开“新建多线样式：墙体”对话框，勾选直线的起点和端点复选框，如下图所示。

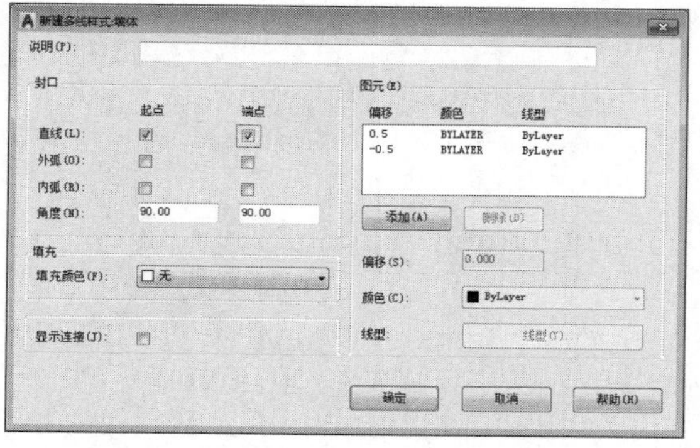

STEP 09 单击“确定”按钮，返回“多线样式”对话框，依次单击“置为当前”和“确定”按钮，关闭对话框，如下图所示。

STEP 10 执行“多线”命令，设置比例为370，“对正”选择无，捕捉轴线的交点绘制墙体，如下图所示。

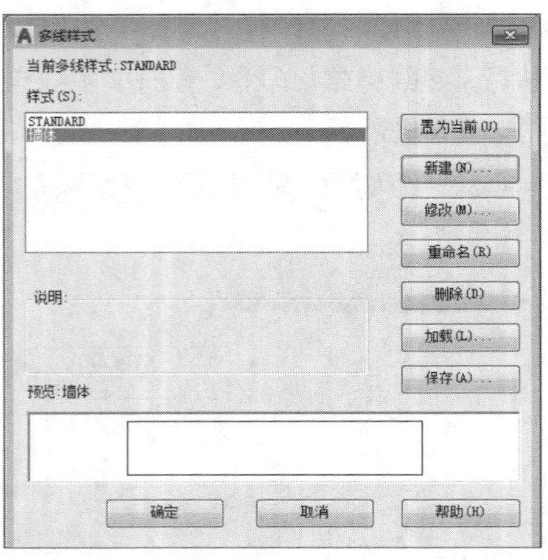

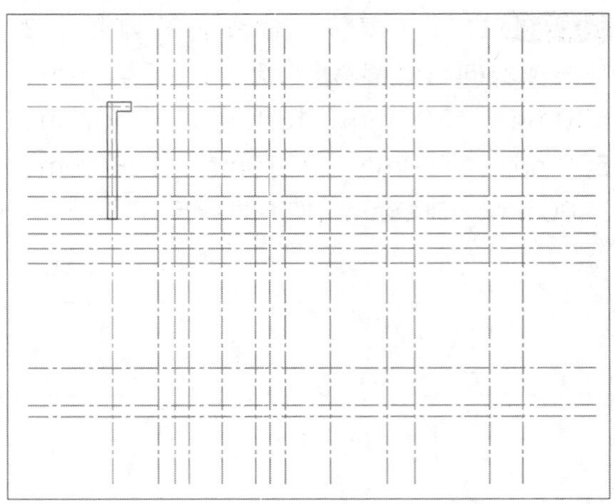

STEP 11 继续执行当前命令绘制墙体，如下图所示。

STEP 12 继续执行当前命令，设置比例为240，“对正”选择无，绘制墙体，如下图所示。

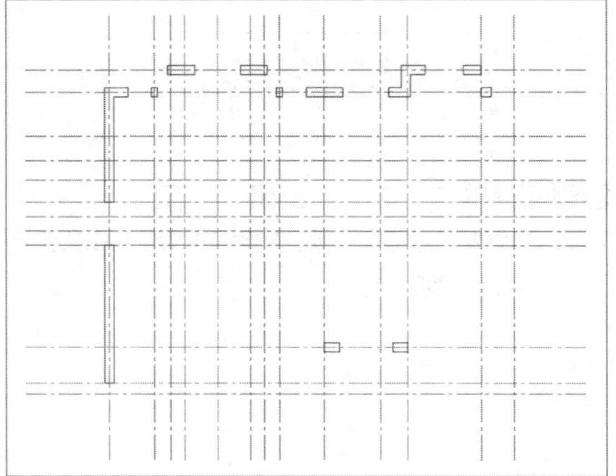

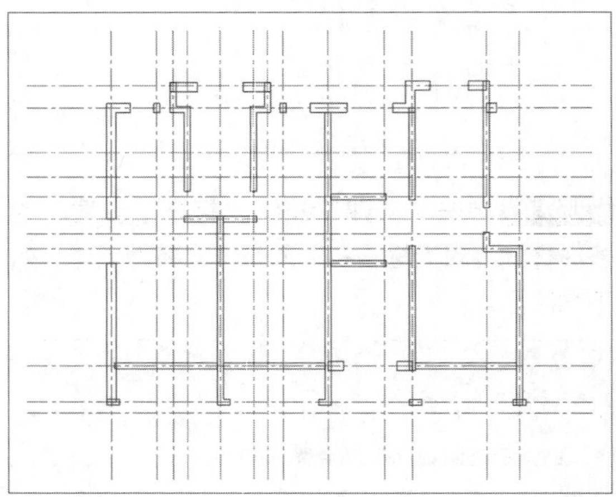

STEP 13 继续执行当前命令，设置比例为120，“对正”选择无，绘制墙体，如下图所示。

STEP 14 双击多线图形，打开“多线编辑工具”对话框，如下图所示。

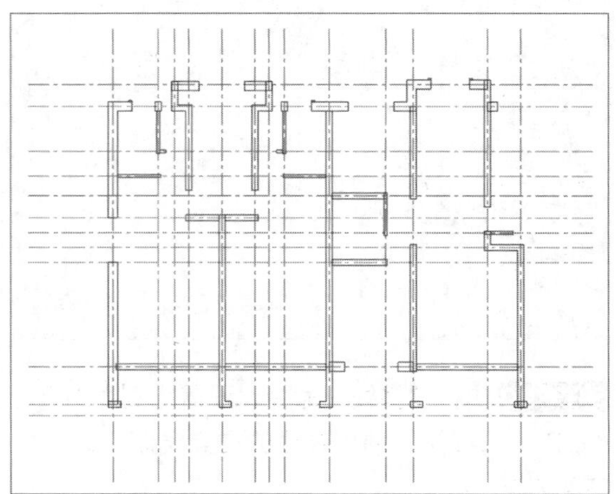

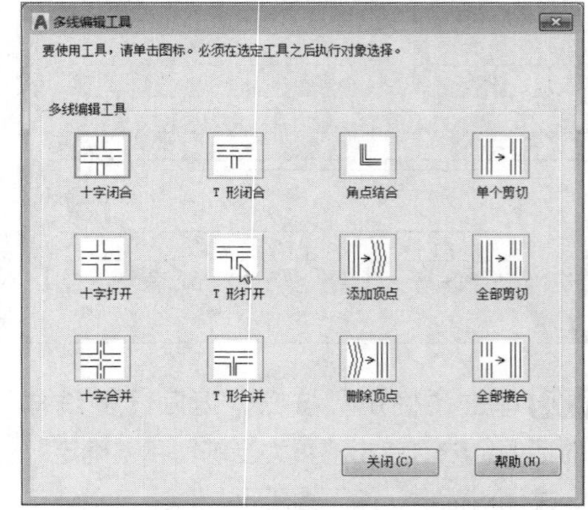

STEP 15 选择合适的编辑工具，对墙体进行编辑修改，如下图所示。

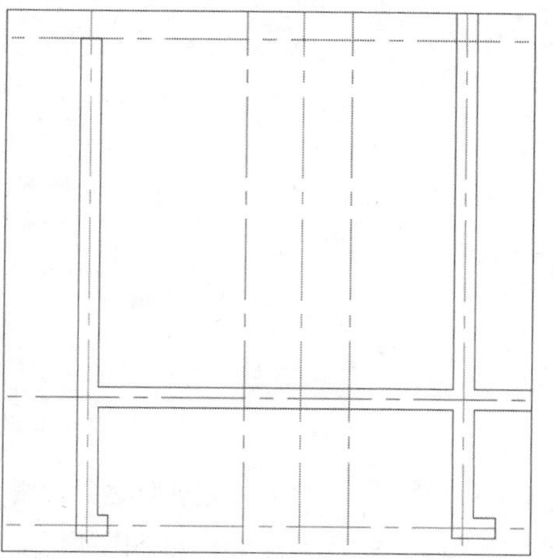

STEP 16 继续执行当前命令，对其余墙体进行编辑修改，完成墙体的绘制，如下图所示。

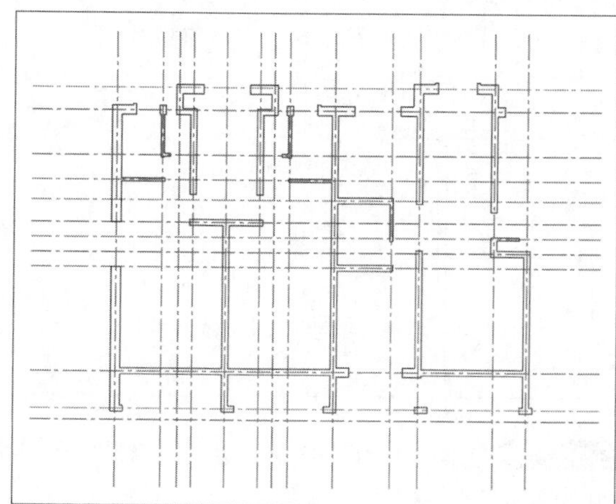

02 绘制门窗及楼梯图形

墙体绘制完成后即可进行门窗及楼梯的绘制，在绘制门窗图形时可以通过矩形和圆弧命令来绘制，楼梯的大小尺寸、位置摆放要符合使用需要。绘制楼梯图形时，在注意的是要绘制折断线和楼梯走向，下面将对其操作方法进行介绍：

STEP 01 关闭“轴线”图层，设置“门窗”图层为当前层，执行“矩形”命令，绘制长为850mm，宽为50mm的门图形，如下图所示。

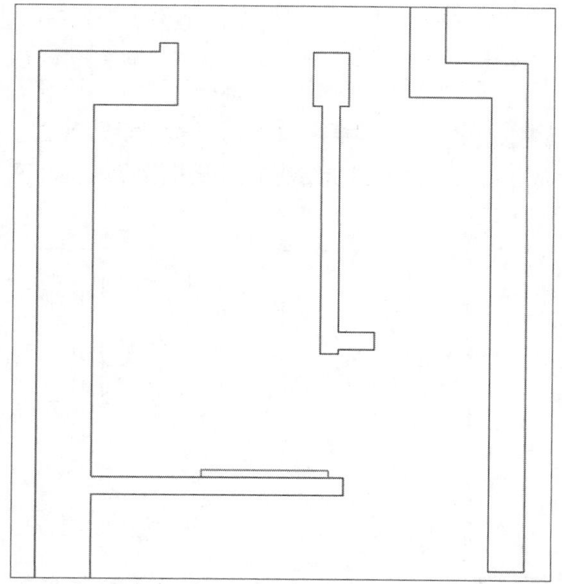

STEP 02 执行“圆弧”命令，绘制开门弧图形，如下图所示。

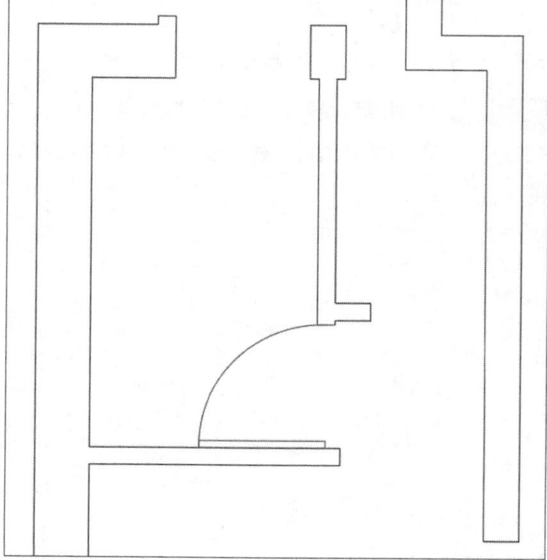

STEP 03 按照相同的方法绘制其余门图形，如下图所示。

STEP 04 执行“直线”和“偏移”命令，偏移120mm绘制窗图形，如下图所示。

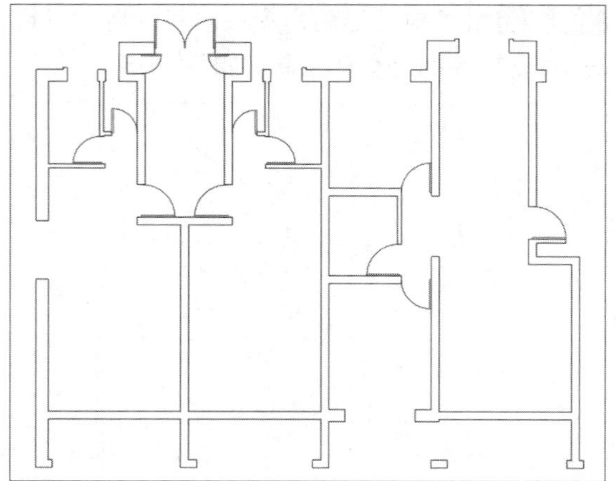

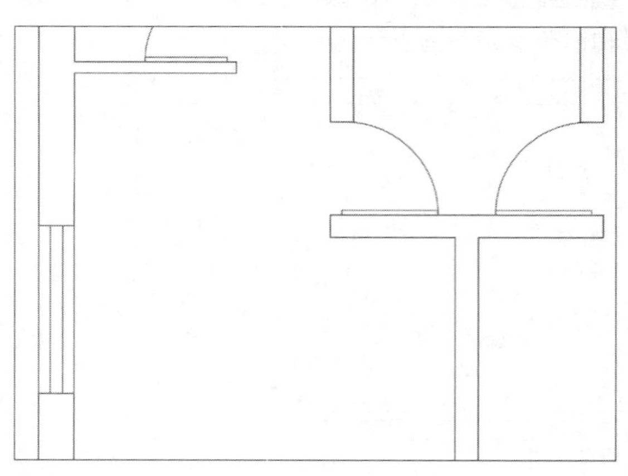

STEP 05 继续执行当前命令，绘制其他窗图形，如下图所示。

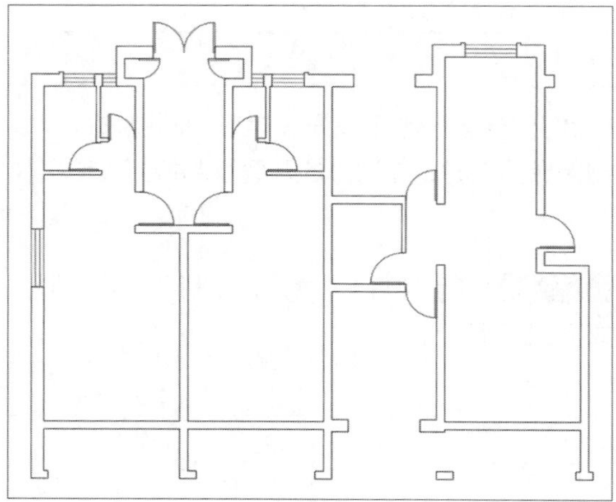

STEP 06 执行“直线”命令，绘制直线并设置偏移距离为80mm，绘制窗图形，如下图所示。

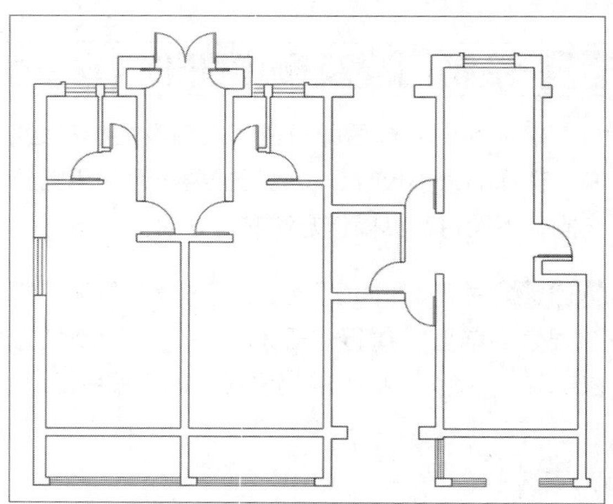

STEP 07 绘制飘窗图形。执行“直线”命令，绘制长为2100 mm，宽为560mm的矩形图形，如下图所示。

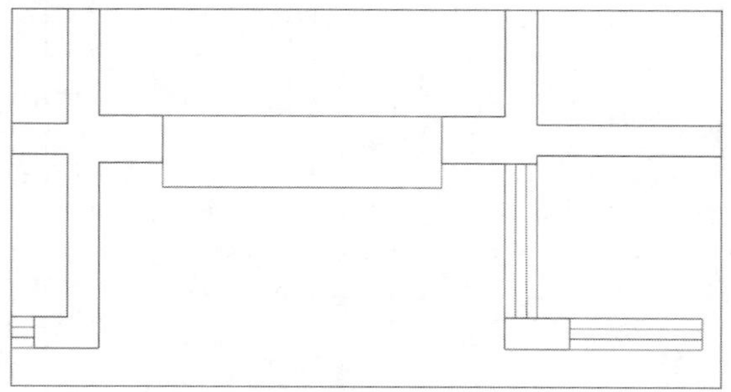

STEP 08 执行“偏移”命令，设置偏移尺寸为80mm，将上一步所绘制的图形进行偏移，如下图所示。

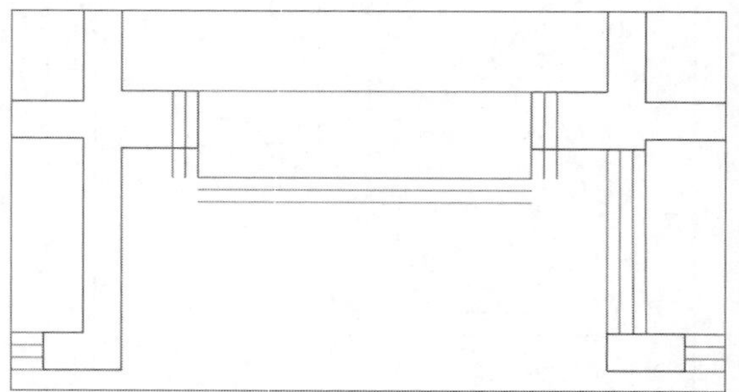

STEP 09 执行“圆角”命令，设置圆角半径为0mm，对偏移后的图形进行圆角操作，如下图所示。

STEP 10 执行“修剪”命令，修剪删除掉多余的线段，绘制出飘窗图形，如下图所示。

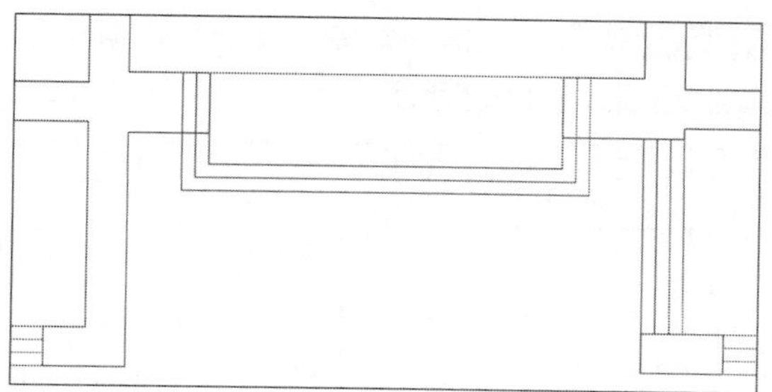

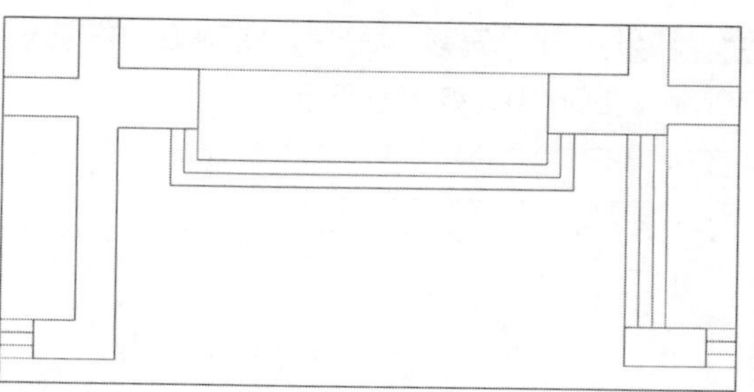

STEP 11 按照相同的方法绘制其余飘窗图形，如下图所示。

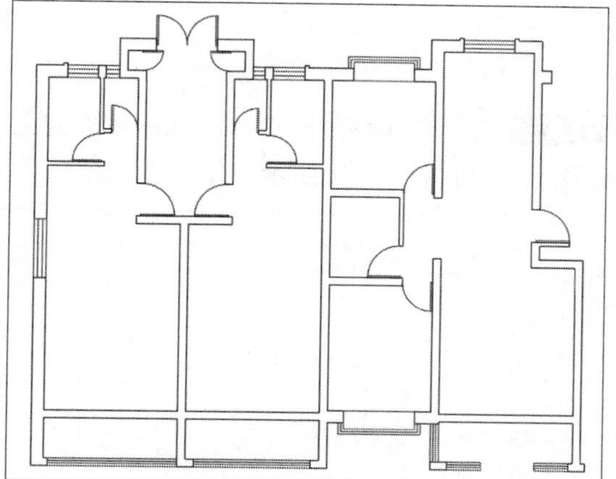

STEP 12 执行“矩形”和“复制”命令，绘制长为825mm，宽为50mm的矩形图形，并将其进行复制，放在图中合适位置，绘制出推拉门图形，如下图所示。

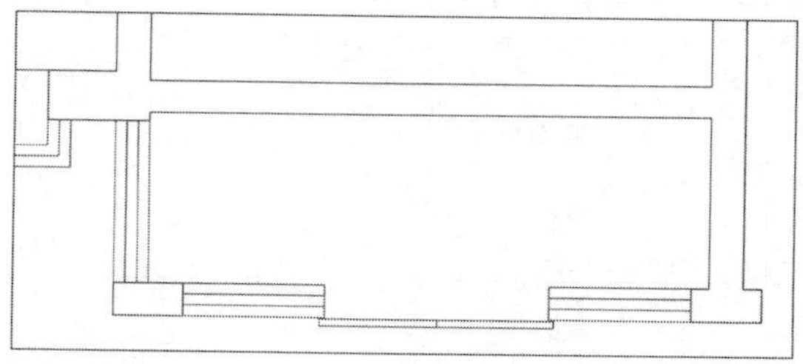

STEP 13 设置“楼梯”图层为当前层，执行“圆弧”命令，绘制圆弧，如下图所示。

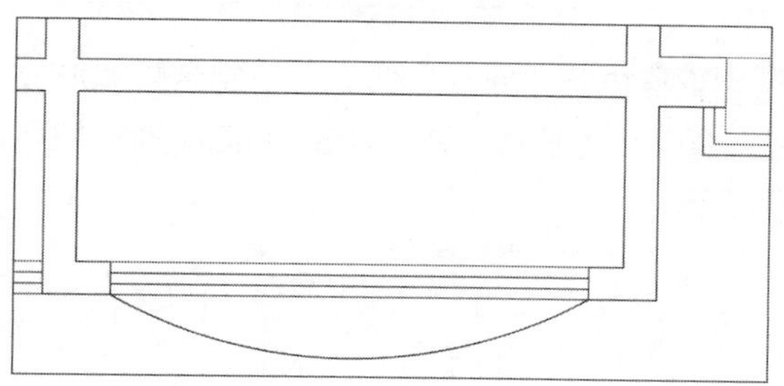

STEP 14 执行“偏移”命令，将圆弧向下偏移30mm、60mm，如下图所示。

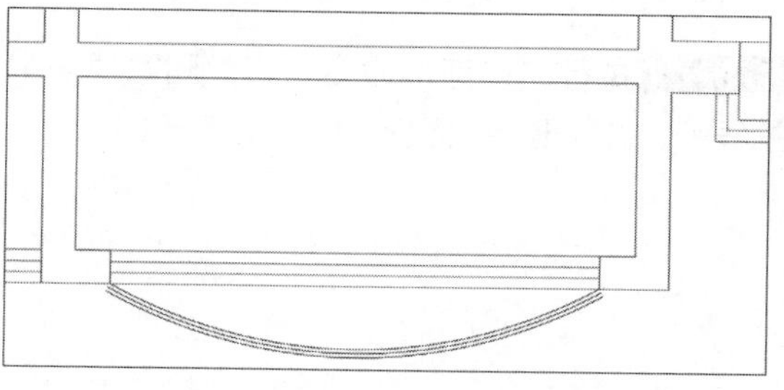

STEP 15 将偏移后的圆弧进行细部调整，如下图所示。

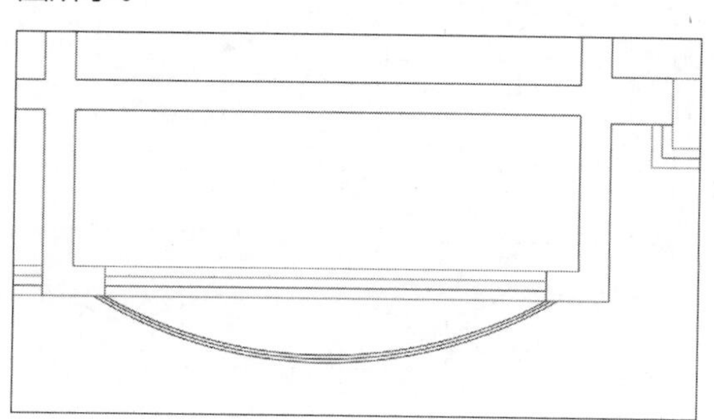

STEP 16 执行“圆弧”命令，绘制圆弧图形，如下图所示。

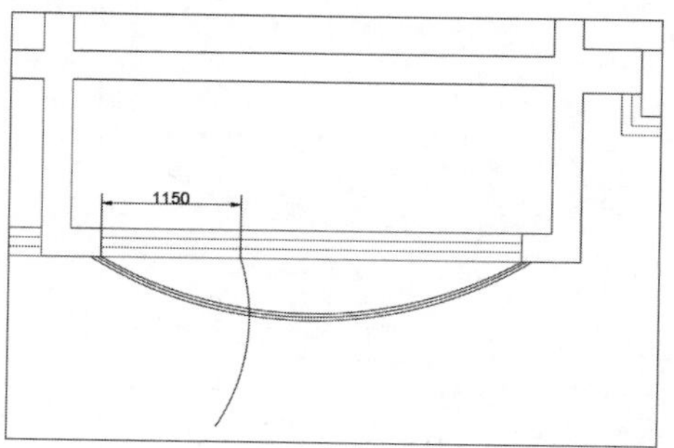

STEP 17 执行“偏移”命令，将圆弧向右偏移30mm、60mm，如下图所示。

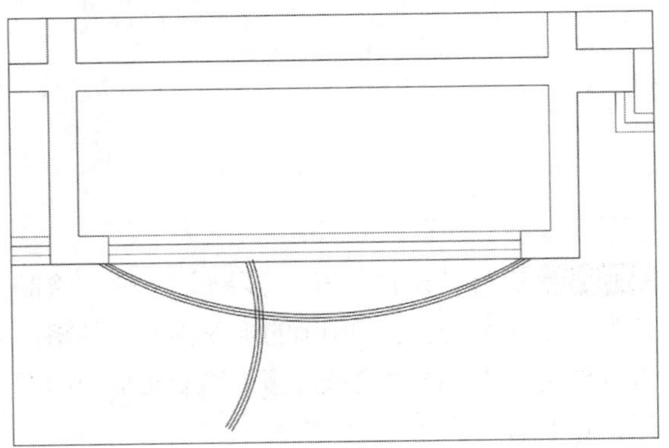

STEP 18 执行“镜像”命令，镜像复制偏移后的圆弧图形，如下图所示。

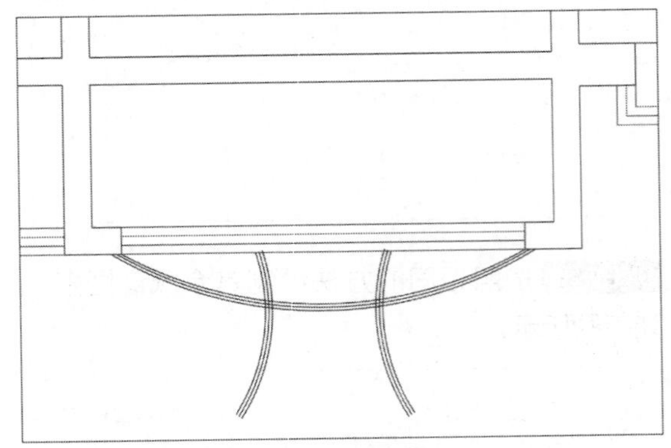

STEP 19 执行“直线”命令，绘制线段，如下图所示。

STEP 20 执行“偏移”命令，将线段依次向上偏移251.5mm，如下图所示。

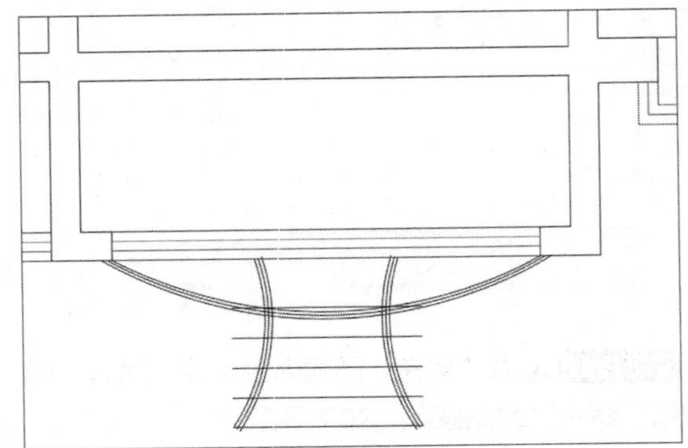

STEP 21 执行“修剪”命令，修剪删除掉多余的线段，绘制出台阶图形，如下图所示。

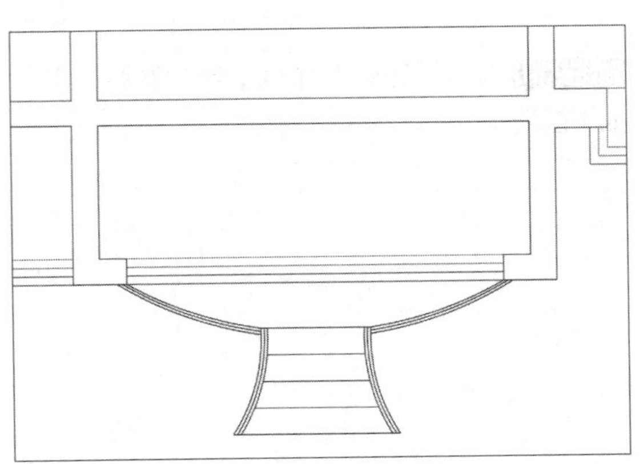

STEP 22 执行“复制”命令，复制台阶图形放在绘图区合适位置，并对其进行细部调整，如下图所示。

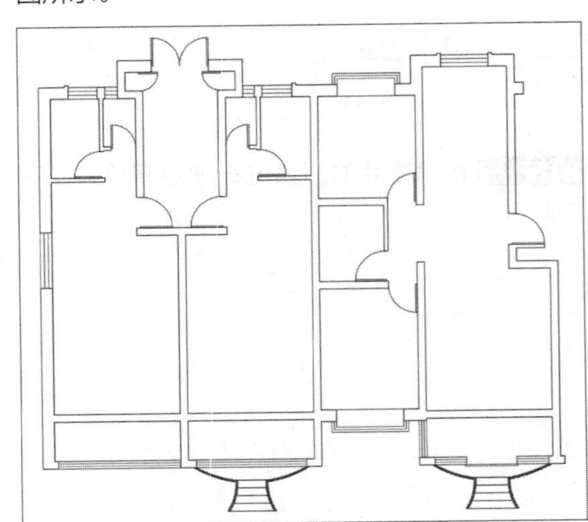

STEP 23 执行“直线”命令，绘制楼梯台阶图形，如下图所示。

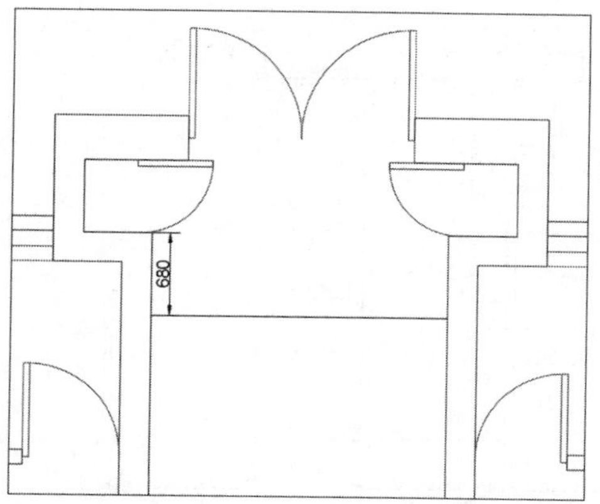

STEP 24 执行“直线”命令，绘制长为210mm，宽为2070mm的矩形图形，如下图所示。

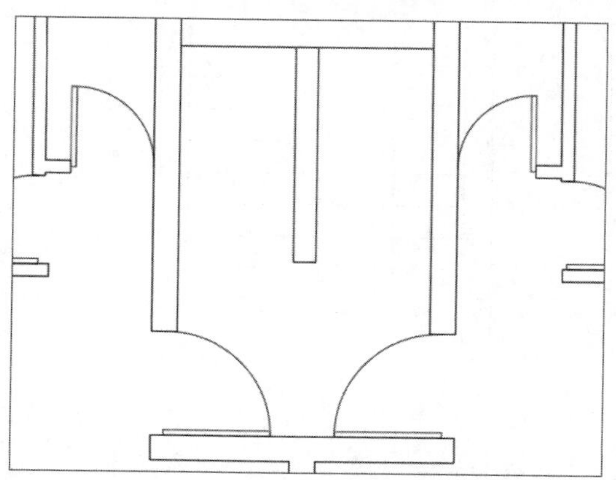

STEP 25 执行“偏移”命令，将垂直方向的线段向内偏移50mm绘制出扶手图形，如下图所示。

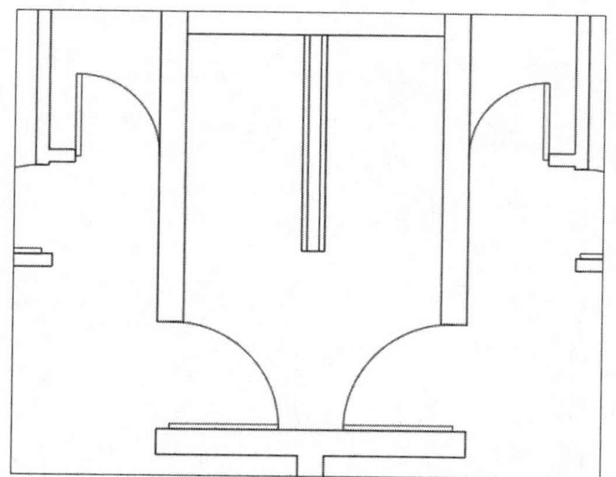

STEP 26 执行“矩形阵列”命令，设置列数为1，行数为8，介于值为-280，其余参数保持默认，绘制台阶图形，如下图所示。

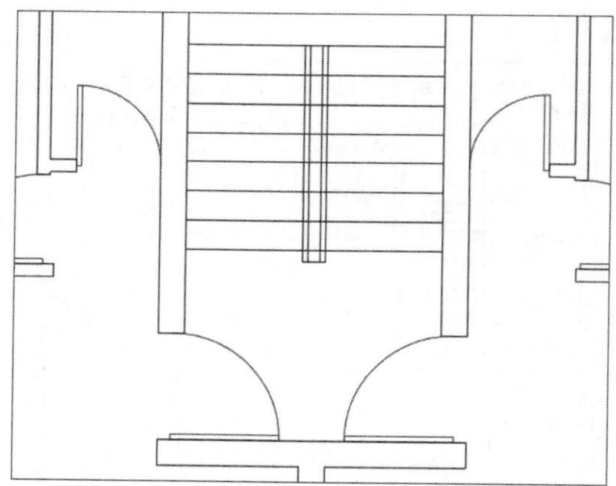

STEP 27 执行“多段线”命令，绘制折断线图形，如下图所示。

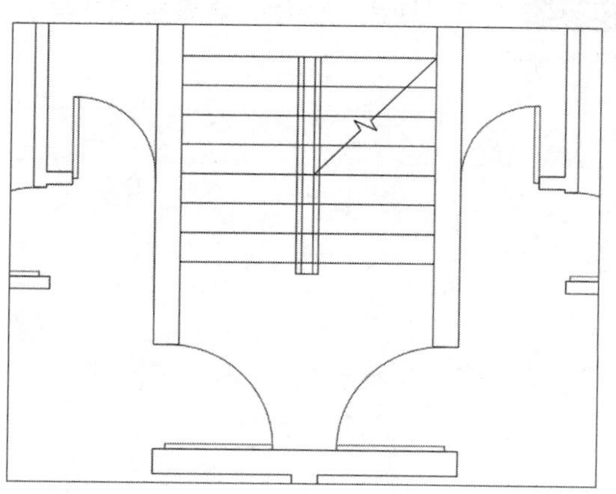

STEP 28 执行“分解”和“修剪”命令，分解台阶图形，修剪删除掉多余的线段，绘制出楼梯图形，如下图所示。

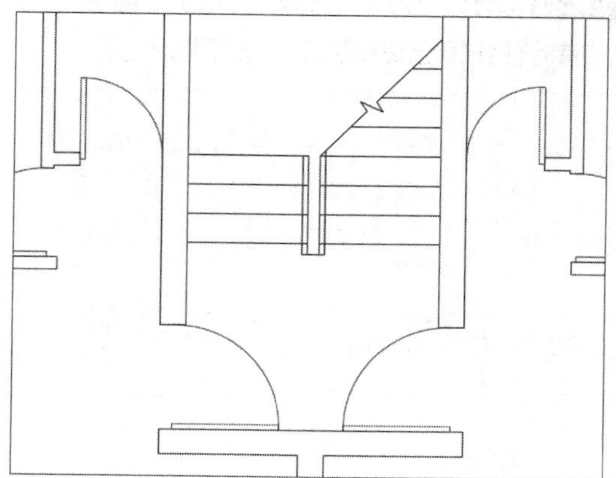

STEP 29 执行“多段线”命令，绘制楼梯走向图形，如下图所示。

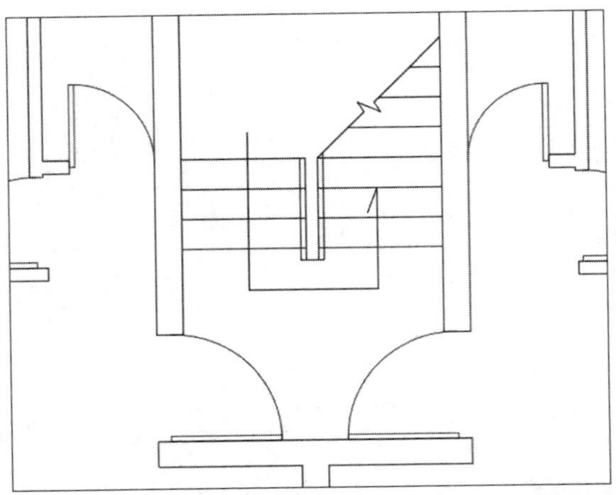

STEP 30 执行“多段线”命令，捕捉墙体的轮廓绘制多段线图形，如下图所示。

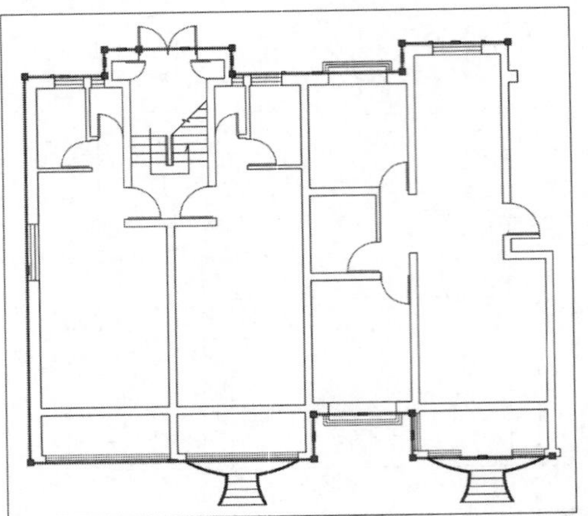

STEP 31 执行“偏移”命令，将多段线向外偏移900mm，并删除偏移前的多段线图形，如下图所示。

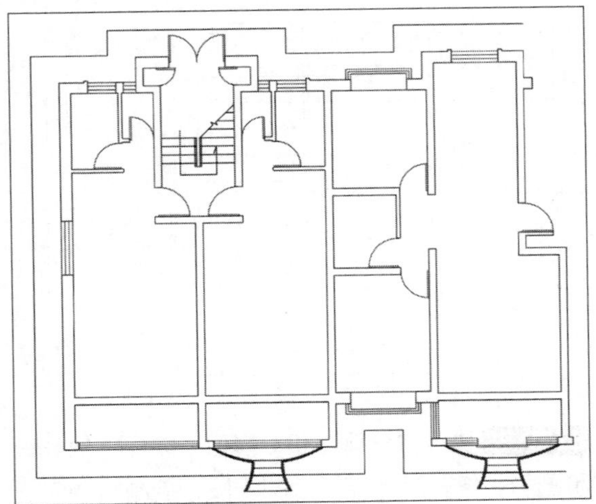

STEP 32 执行“直线”命令，绘制出散水图形，如下图所示。

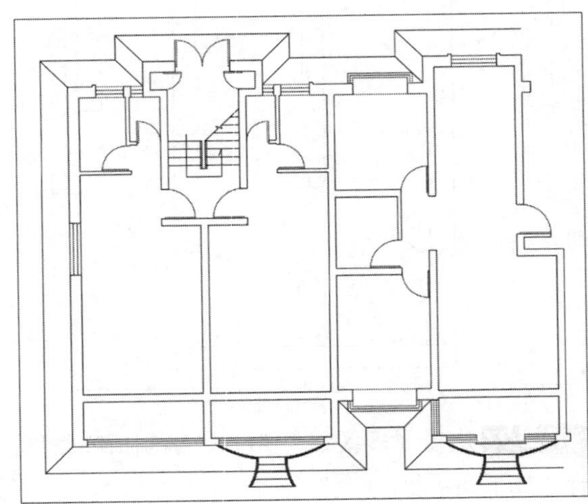

STEP 33 显示“轴线”图层，执行“镜像”命令，捕捉轴线镜像复制图形，如下图所示。

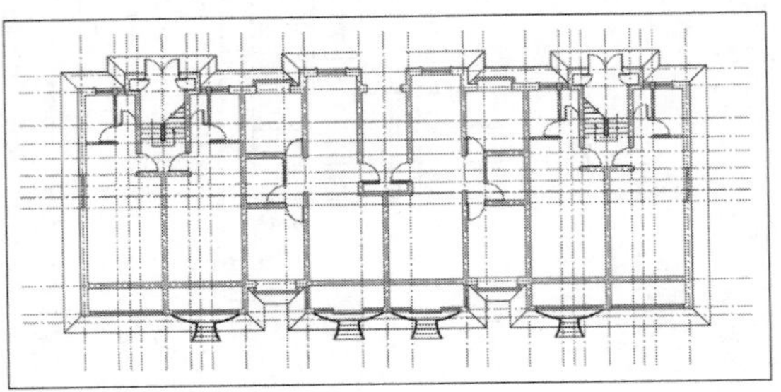

STEP 34 关闭“轴线”图层，查看绘图效果，如下图所示。

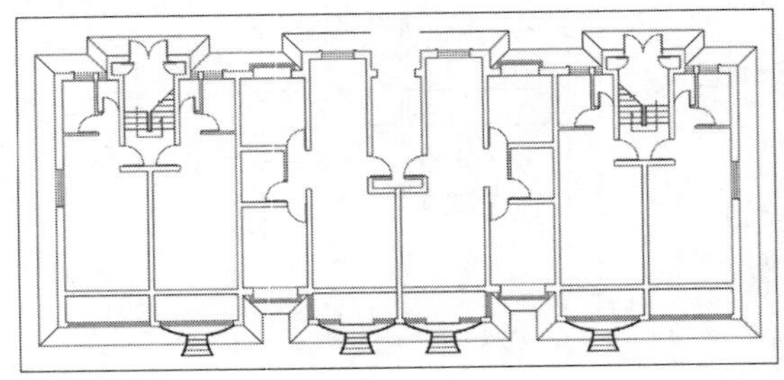

STEP 35 执行“延伸”命令，将镜像后的散水线进行延伸操作，如下图所示。

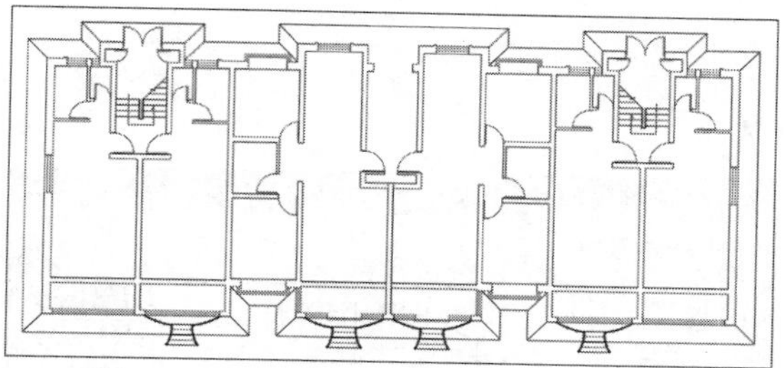

STEP 37 继续执行当前命令绘制其余门图形，如下图所示。

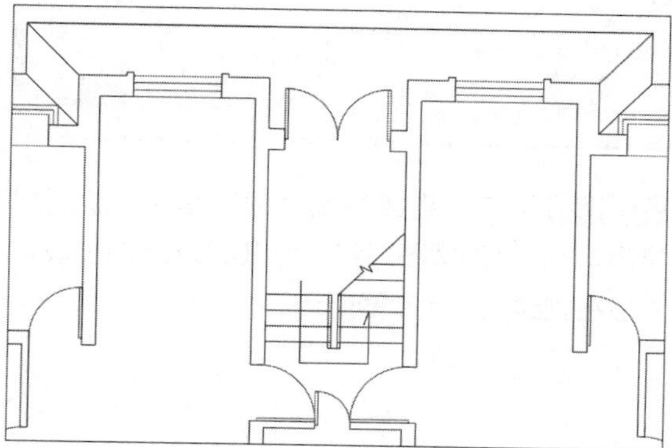

STEP 36 设置“门窗”图层为当前层，执行“矩形”和“圆弧”命令，绘制平开门图形，如下图所示。

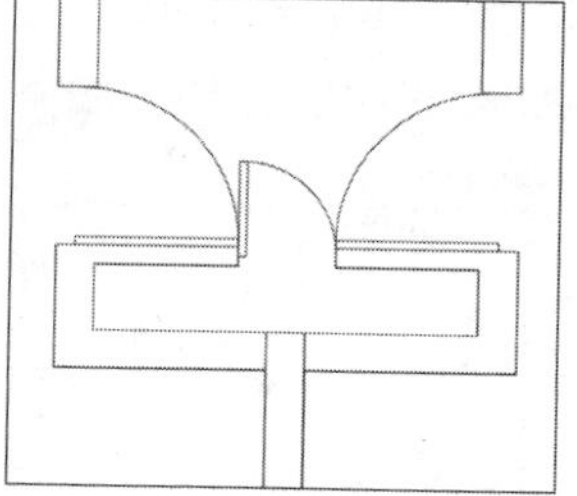

STEP 38 执行“复制”命令，复制楼梯图形，并调整镜像后的楼梯，如下图所示。

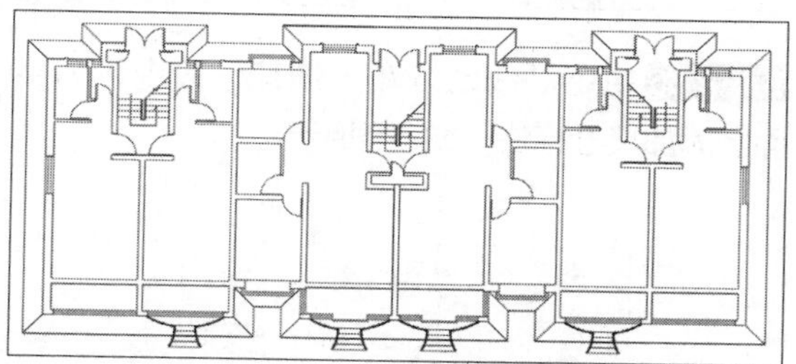

03 添加尺寸标注

添加尺寸标注一定要清晰完整，尺寸如有模糊或错误将对施工造成影响。下面将通过线性和连续标注为平面图添加注释。

STEP 01 显示“轴线”图层，设置“尺寸标注”图层为当前层，执行“标注样式”命令，打开“标注样式管理器”对话框，如下图所示。

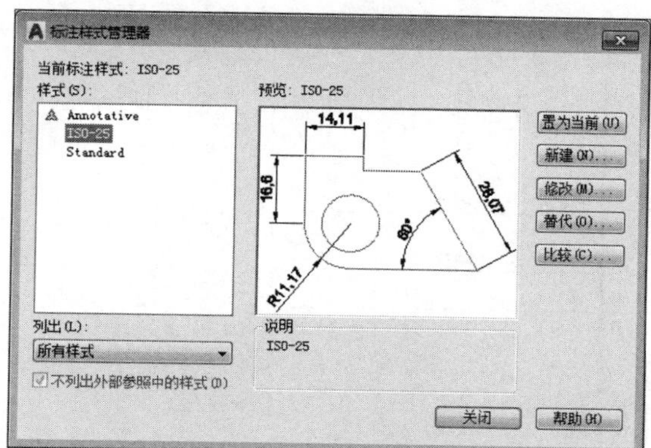

STEP 02 单击“新建”按钮，打开“创建新标注样式”对话框，从中输入新样式名，如下图所示。

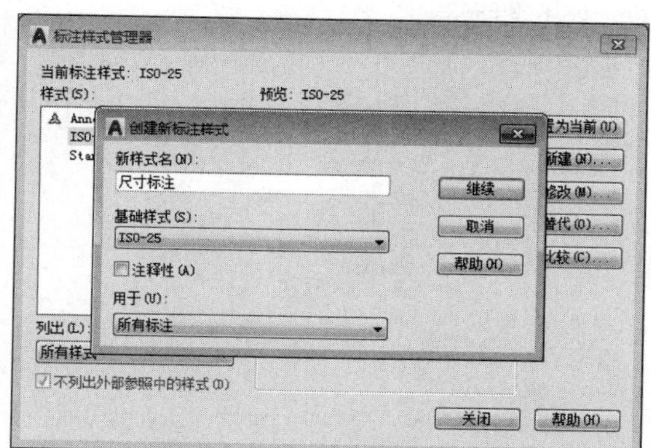

STEP 03 单击“继续”按钮，打开“新建标注样式：尺寸标注”对话框，设置超出尺寸线为100、箭头为建筑标记、箭头大小为120、文字高度为270、主单位精度为0，如下图所示。

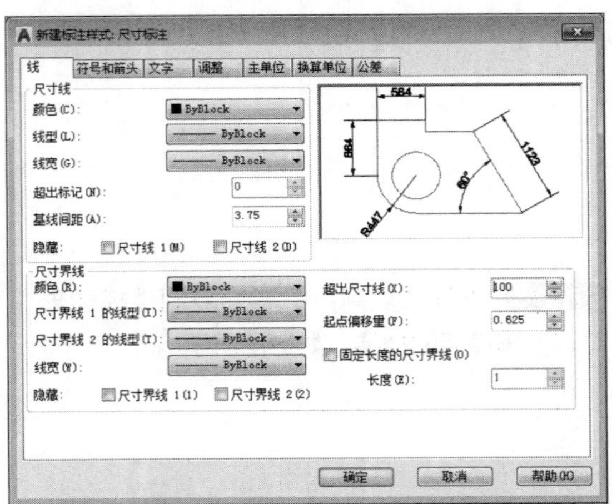

STEP 04 单击“确定”按钮，返回“标注样式管理器”对话框，并单击“置为当前”按钮，关闭对话框，如下图所示。

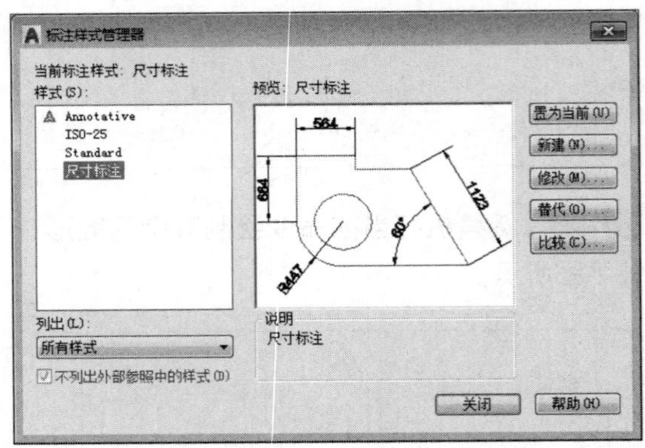

STEP 05 执行“线性”和“连续”命令，为平面图添加尺寸标注，如下图所示。

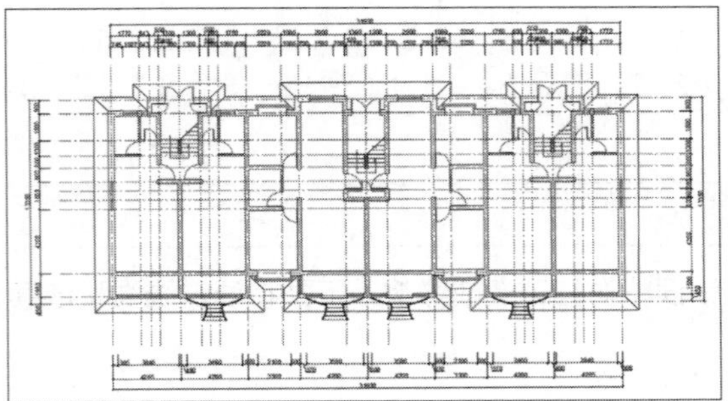

STEP 06 执行“直线”和“圆”命令，绘制半径为400mm的圆图形和长为4000mm的线段，并放在轴线上，如下图所示。

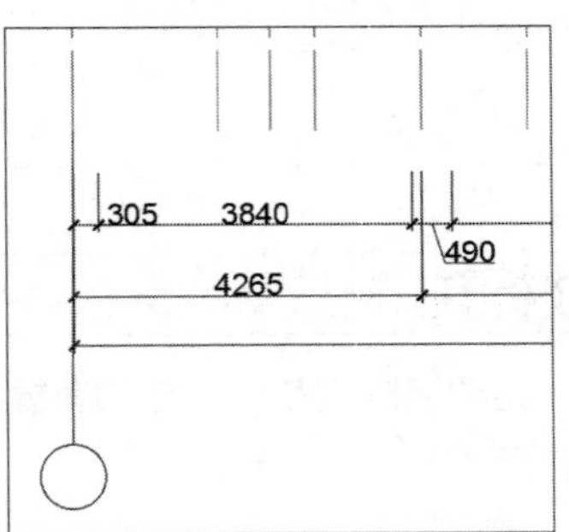

STEP 07 在“插入”选项卡的“块定义”面板中单击“创建块”按钮，打开“块定义”对话框，如下图所示。

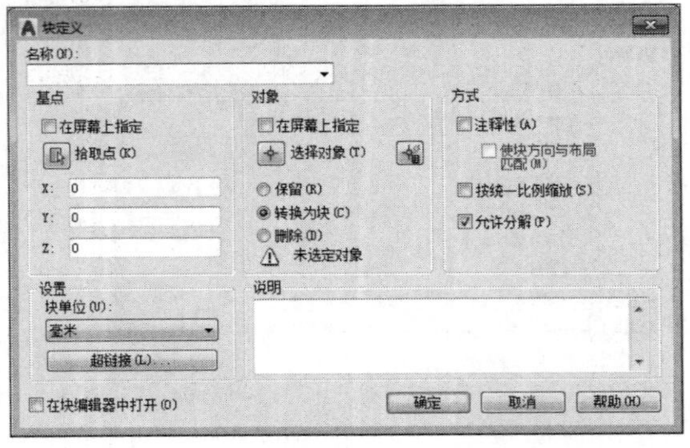

STEP 08 单击“选择对象”按钮，选择刚绘制的图形，如下图所示。

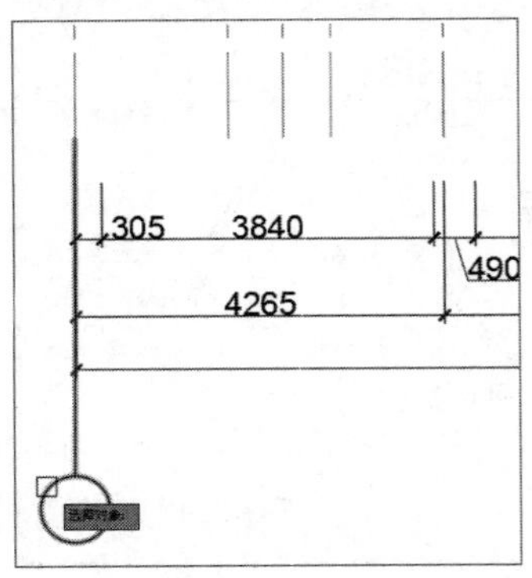

STEP 09 按Enter键确定，返回到“块定义”对话框，如下图所示。

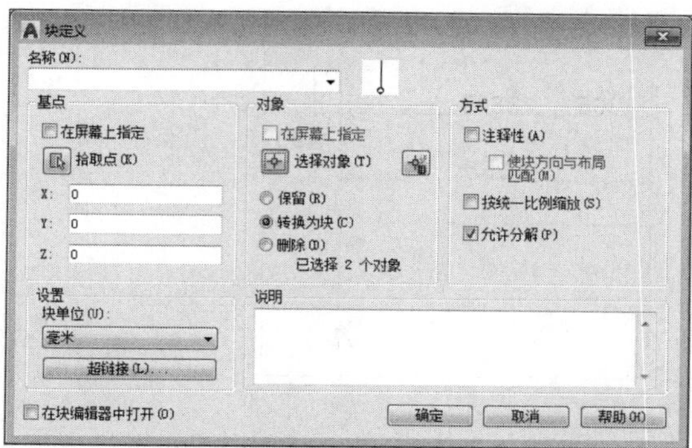

STEP 10 单击“拾取点”按钮，返回绘图区，指定插入基点，如下图所示。

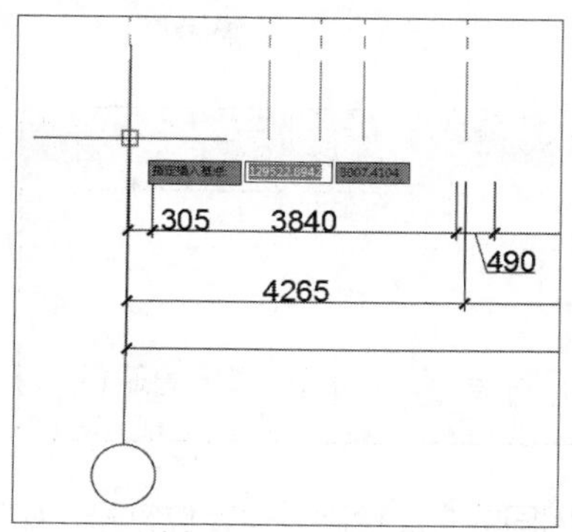

STEP 11 单击鼠标左键，返回“块定义”对话框，并输入名称，如下图所示。单击“确定”按钮，关闭对话框。

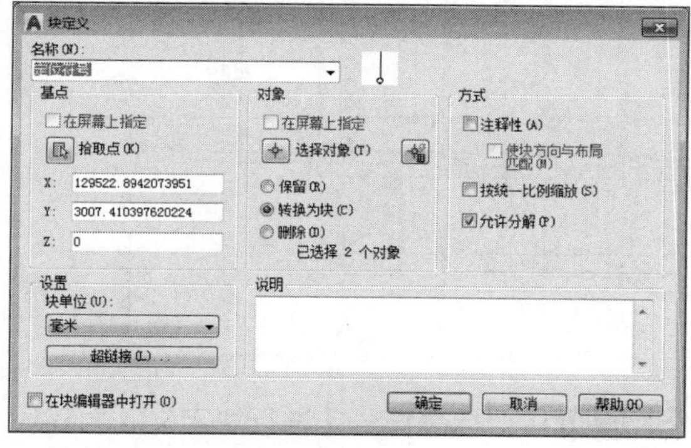

STEP 12 在“插入”选项卡的“块定义”面板中单击“定义属性”按钮，打开“属性定义”对话框，输入“属性标记”内容，设置文字高度为450，如下图所示。

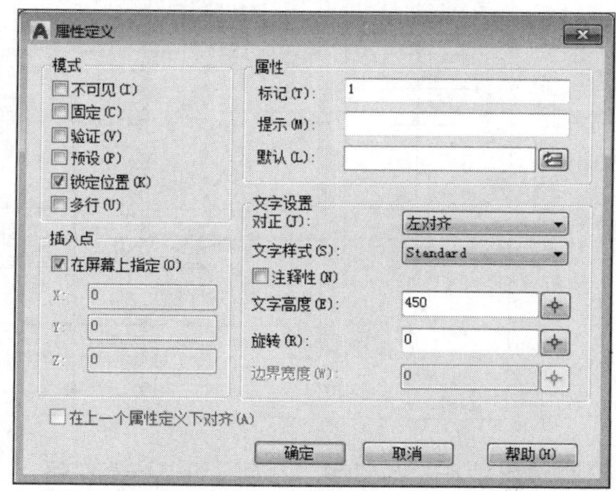

STEP 13 单击“确定”按钮，根据命令行提示在绘图区中插入属性块，如下图所示。

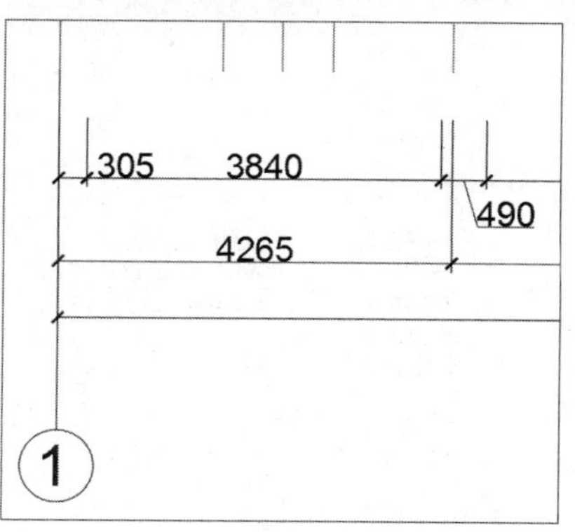

STEP 14 执行“复制”命令，将定位符号进行复制，如下图所示。

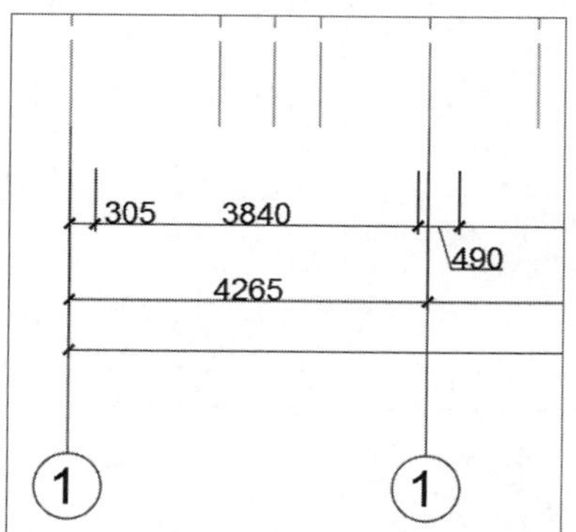

STEP 15 双击属性定义标记文本，打开“编辑属性定义”对话框，更改“标记”文本框内容，如下图所示。

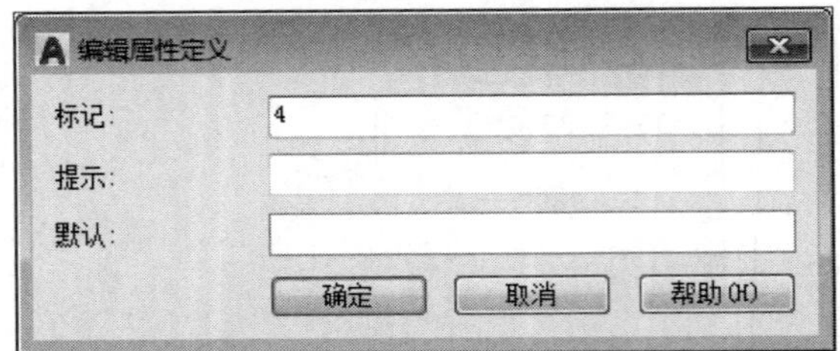

STEP 16 单击“确定”按钮完成更改，如右图所示。

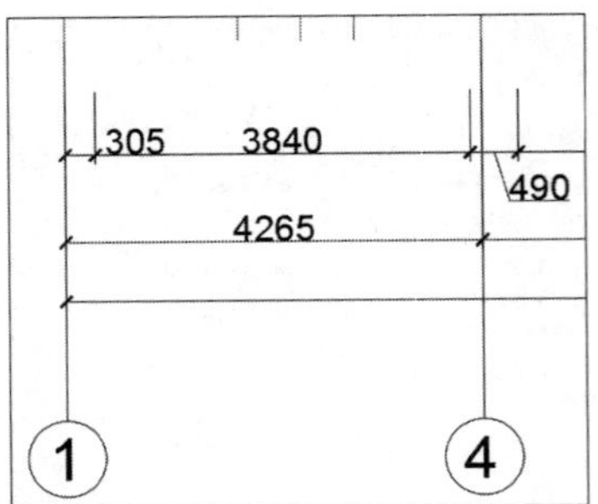

STEP 17 按照相同的方法绘制其他定位符号，如下图所示。

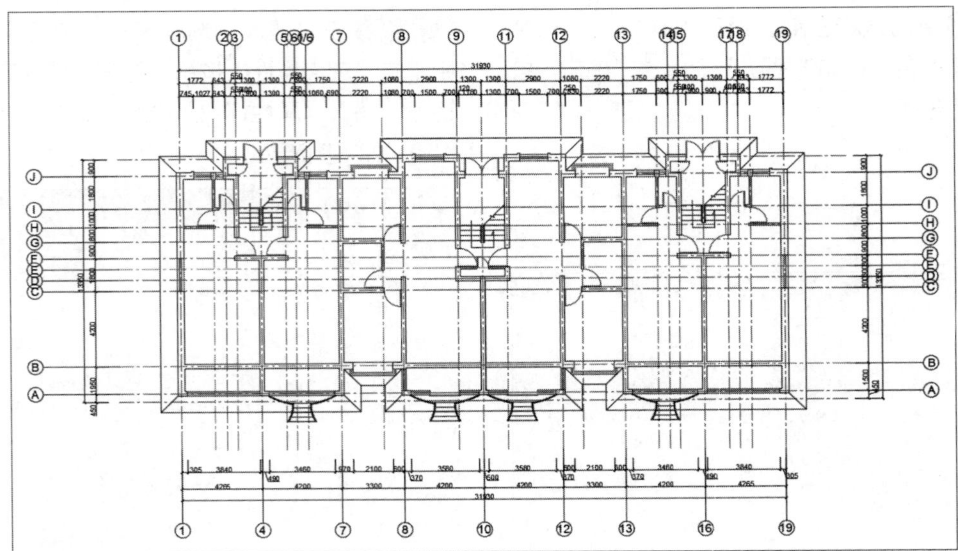

STEP 18 执行“多段线”命令，绘制标高符号，如下图所示。

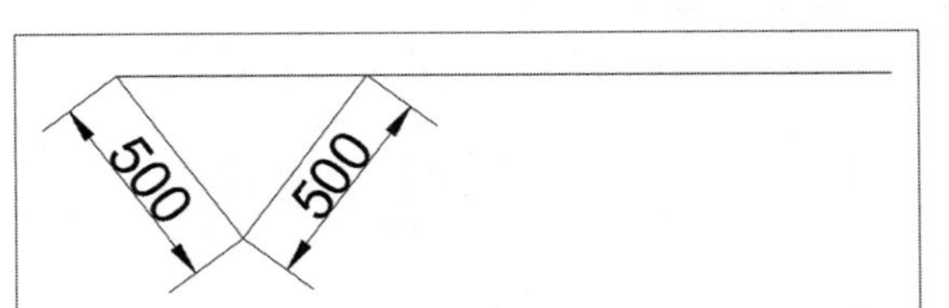

STEP 19 将“标高符号”进行块定义，为其添加属性定义，在打开的“属性定义”对话框中，输入标记文本，如下图所示。

属性定义

模式
不可见(I)
固定(C)
验证(V)
预设(P)
锁定位置(K)
多行(U)

插入点
在屏幕上指定(O)
X: 0
Y: 0
Z: 0

属性
标记(T): -0.750
提示(M):
默认(L):

文字设置
对正(J): 左对齐
文字样式(S): Standard
注释性(N)
文字高度(E): 400
旋转(R): 0
边界宽度(W): 0

在上一个属性定义下对齐(A)

确定 取消 帮助(H)

STEP 20 单击“确定”按钮，在绘图区中指定起点，效果如右图所示。

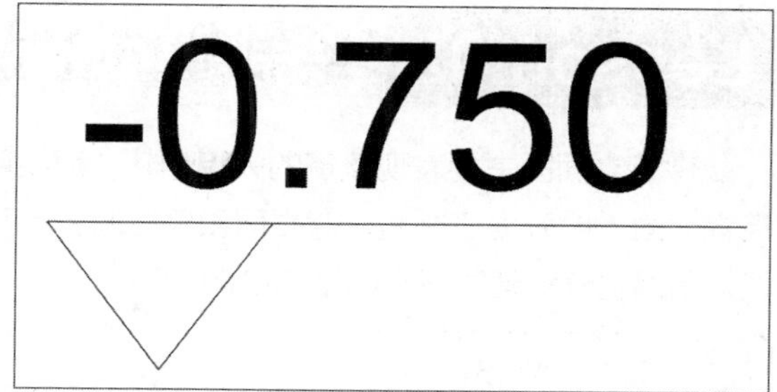

STEP 21 移动标高符号，放置平面图中合适位置，如下图所示。

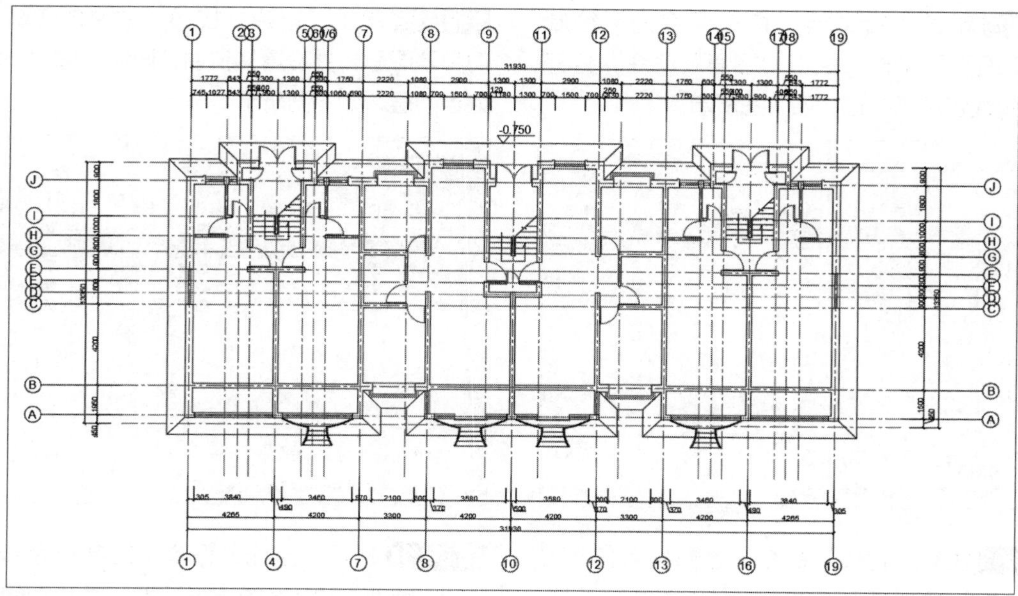

STEP 22 执行“复制”命令，复制标高符号并对其标记进行更改，完成平面图的绘制，如下图所示。

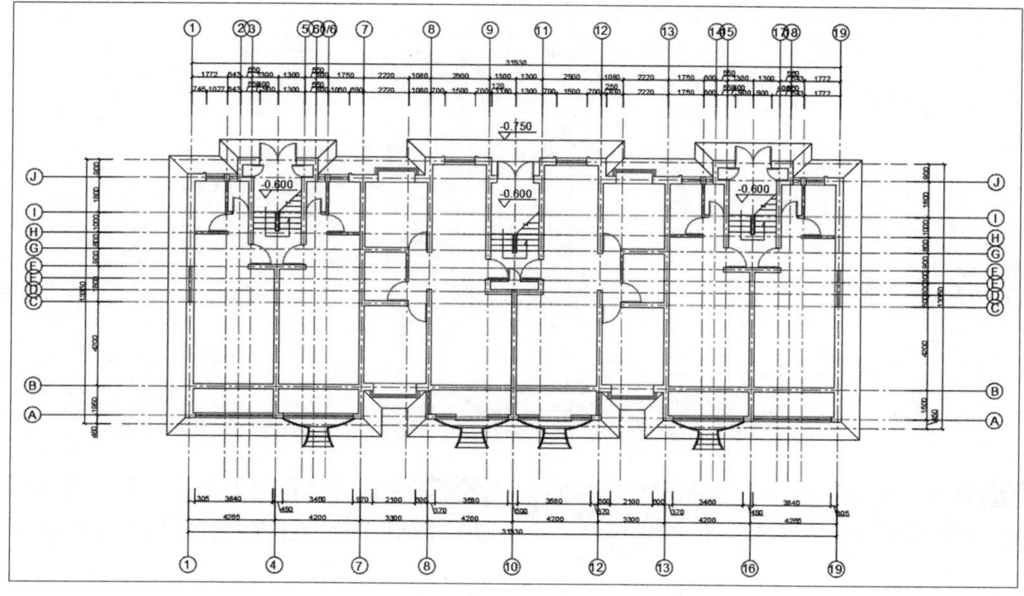

Lesson 02 绘制建筑正立面图

建筑立面图主要表现建筑的外貌形状，反映屋面、门窗、阳台、雨篷、台阶等的形式和位置。建筑立面图一般分为正立面、背立面和侧立面，也可按建筑的朝向分为南立面、北立面、东立面、西立面。下面将介绍建筑正立面图的绘制方法：

原始文件：无
最终文件：最终文件：实例文件\第22章\最终文件\绘制建筑立面图.dwg

STEP 01 新建空白文档，将其保存为“绘制建筑立面图”文件，执行“图层”命令，打开“图层特性管理器”板，如下图所示。

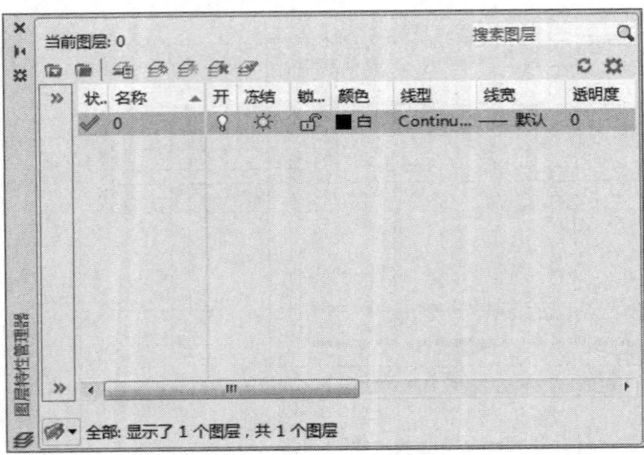

STEP 02 单击“新建”按钮，依次创建墙体、门窗等图层，并设置其特性，设置“墙体”图层为当前层，如下图所示。

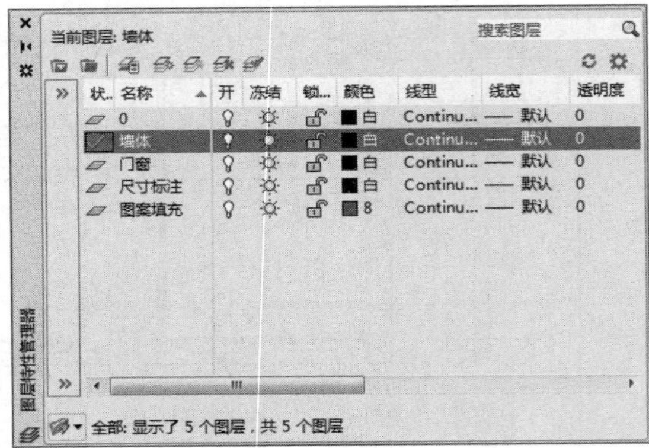

STEP 03 执行“直线”命令，绘制长为16020 mm，宽为13650mm的矩形，如下图所示。

STEP 04 执行“直线”命令，绘制长为15010 mm，宽为120mm的矩形图形，并放在图中合适位置，如下图所示。

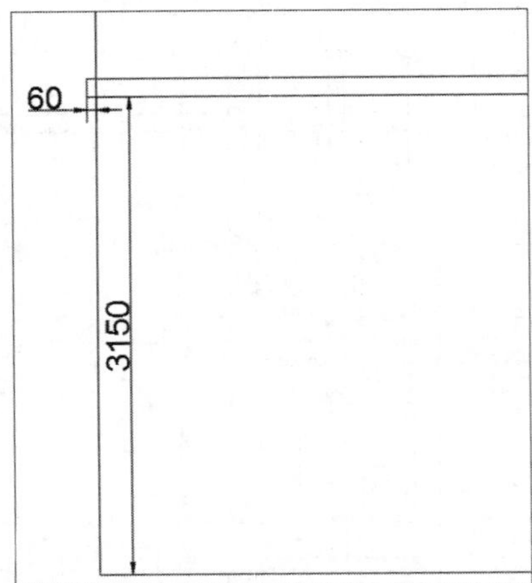

STEP 05 执行“复制”命令，复制刚绘制的矩形图形，并放在图中合适位置，如下图所示。

STEP 06 继续执行当前命令，对两个矩形图形进行复制，并移至图中合适位置，如下图所示。

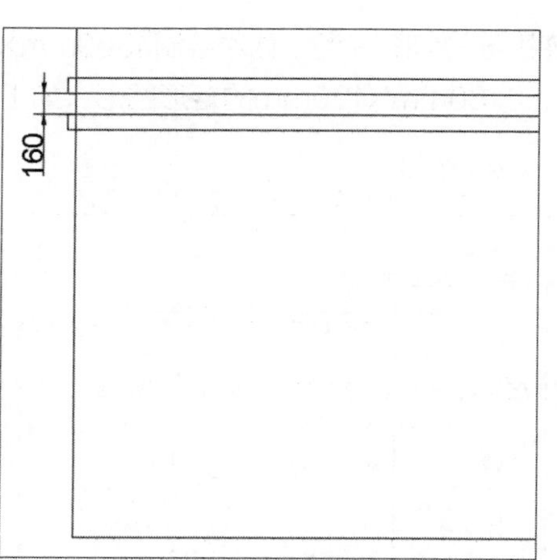

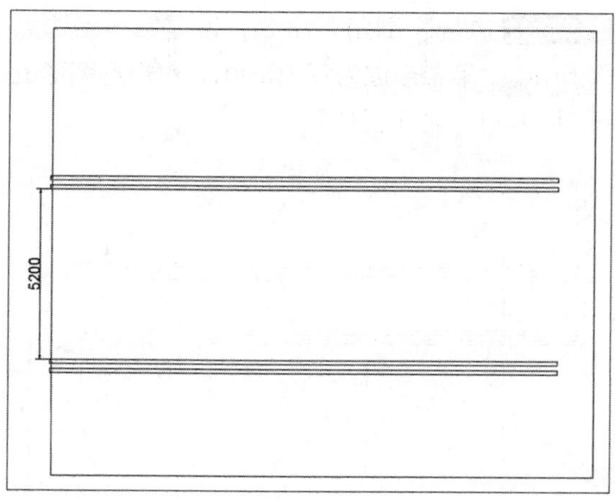

STEP 07 执行“复制”命令，复制矩形图形，并摆放在指定位置，如下图所示。

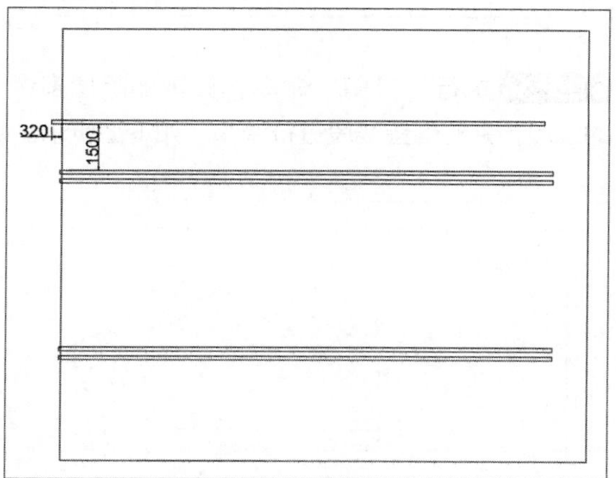

STEP 08 继续执行当前命令，复制矩形图形，并放在图中合适位置，如下图所示。

STEP 09 执行“矩形”命令，绘制长为370mm，宽为2700mm的矩形图形，并摆放在如下图所示的位置。

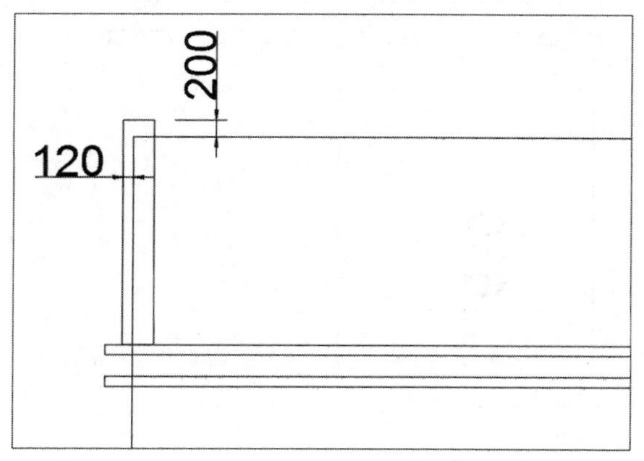

STEP 10 执行“直线”命令，绘制绘制长为3940mm，宽为13050mm的矩形图形，并放在图中合适位置，如下图所示。

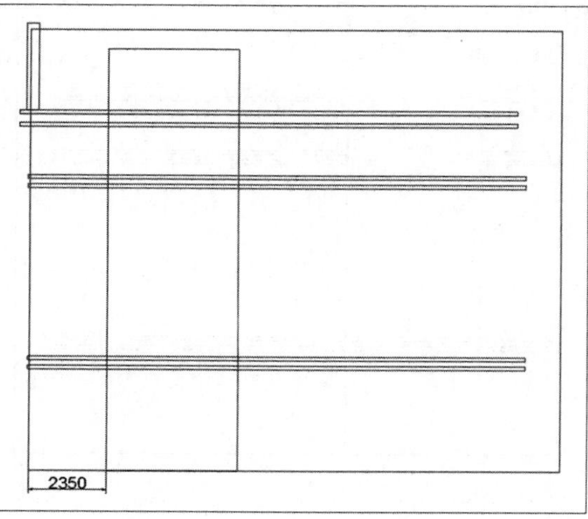

STEP 11 执行“倒角”命令，设置第一条边为985mm，第二条边为1970mm，对矩形图形进行倒角操作，如下图所示。

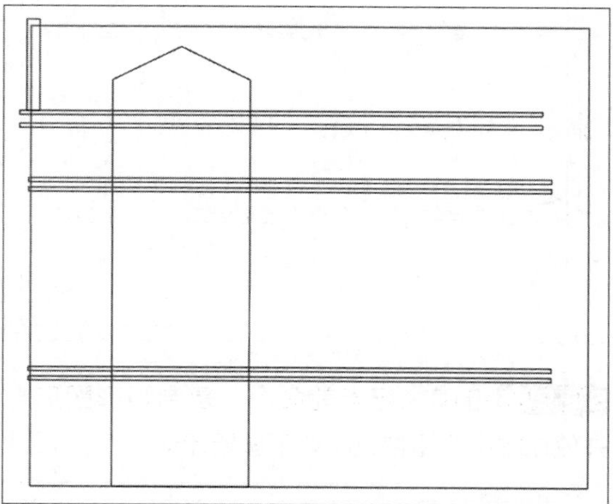

STEP 12 执行“矩形”命令，依次绘制4300mmX180mm、4180mmX120mm的矩形图形，如下图所示。

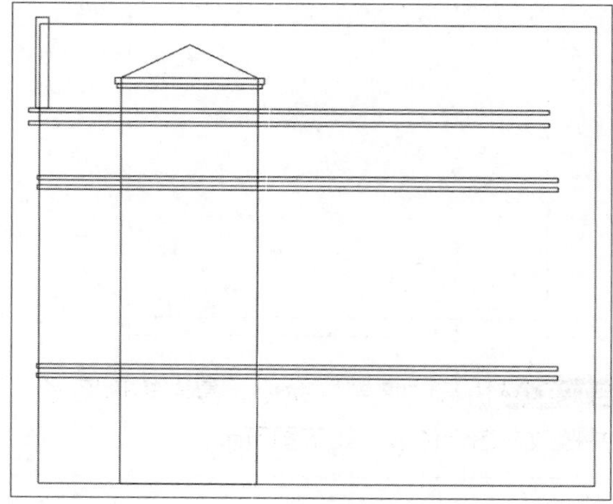

STEP 13 执行“偏移”命令，将倒角后的图形依次向下偏移180mm、120mm，如下图所示。

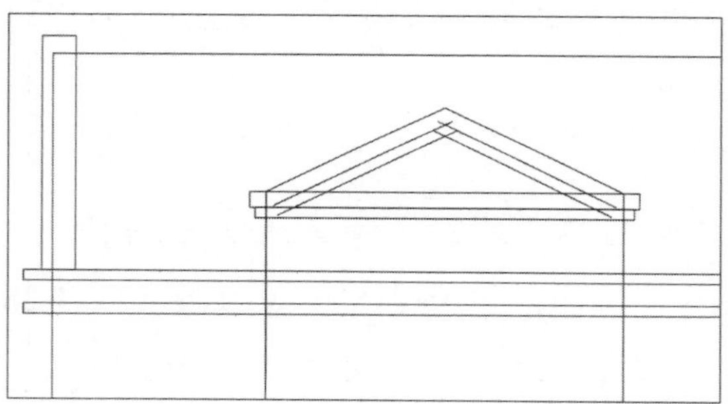

STEP 14 执行“修剪”命令，修剪删除掉多余的线段，并对保留线段进行调整，如下图所示。

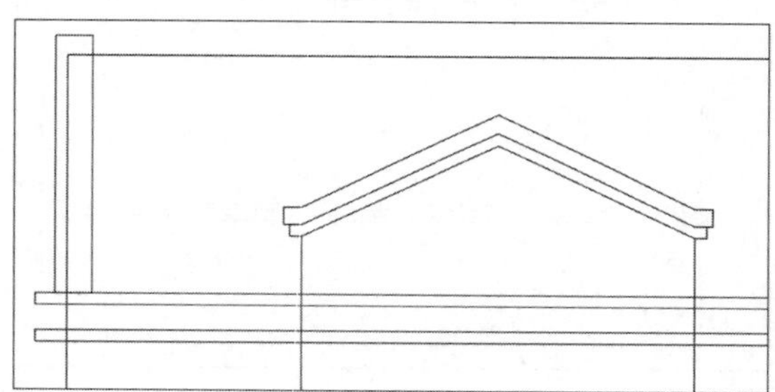

STEP 15 继续执行当前命令，修剪删除掉多余的线段，如下图所示。

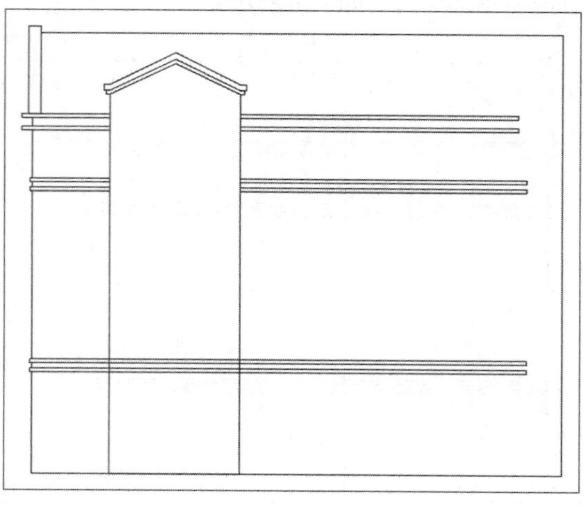

STEP 16 执行“矩形”命令，绘制长为600mm，宽为120mm的矩形图形，并放在图中合适位置，如下图所示。

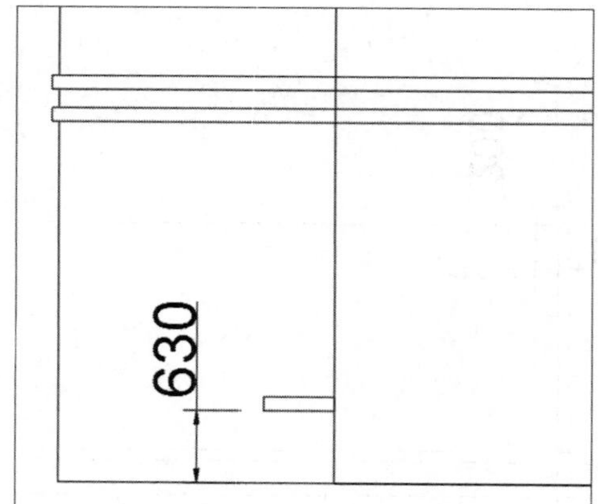

STEP 17 执行“矩形阵列”命令，设置行数为2、介于值为4540、列数为4、介于值为2800，如下图所示。

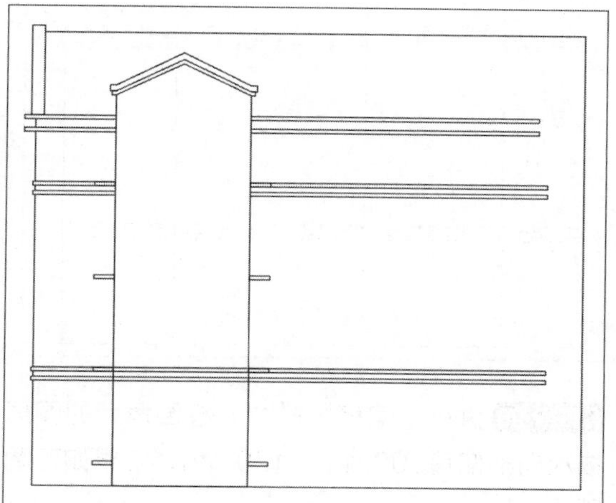

STEP 18 分解矩形阵列图形，执行“移动”命令，将矩形图形向左右两侧各移动67mm，如下图所示。

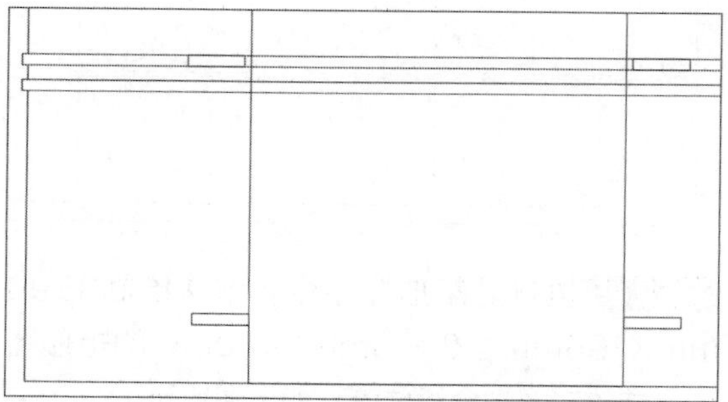

STEP 19 执行“拉伸”命令，将移动后的矩形图形向内拉伸67mm，如下图所示。

STEP 20 执行“修剪”命令，修剪删除掉多余的线段，如下图所示。

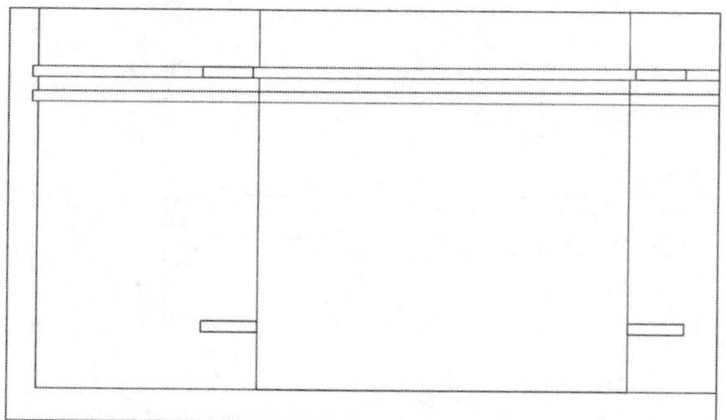

STEP 21 执行“偏移”命令，将线段向左右两侧各偏移60mm，如下图所示。

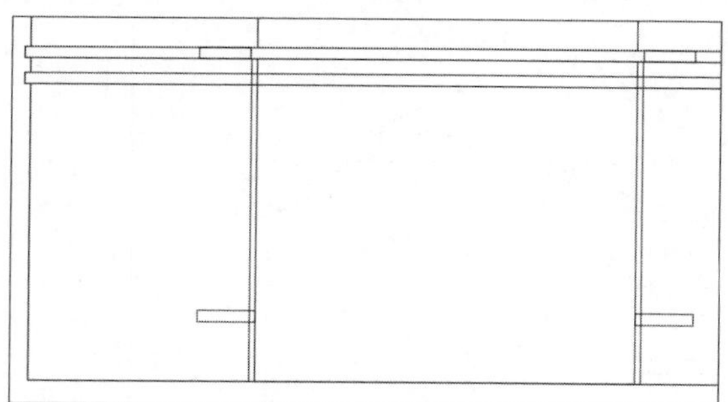

STEP 22 执行“修剪”命令，修剪删除掉多余的线段，如下图所示。

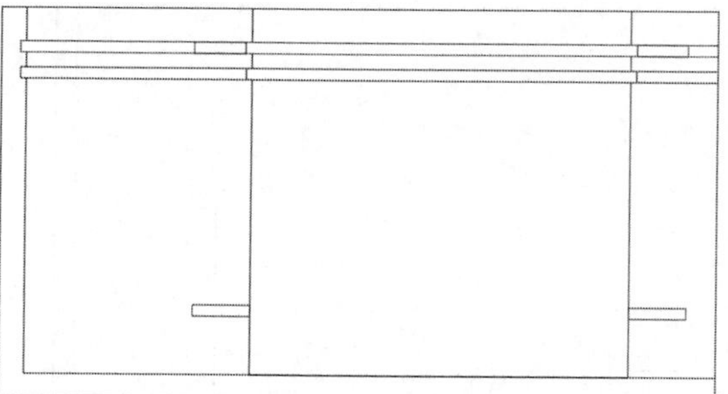

STEP 23 执行“直线”命令，绘制长为3190mm，宽为13050mm的矩形图形，并放在图中合适位置，如下图所示。

STEP 24 执行“倒角”命令，设置第一条边为777mm，第二条边为1595mm，对图形进行倒角操作，如下图所示。

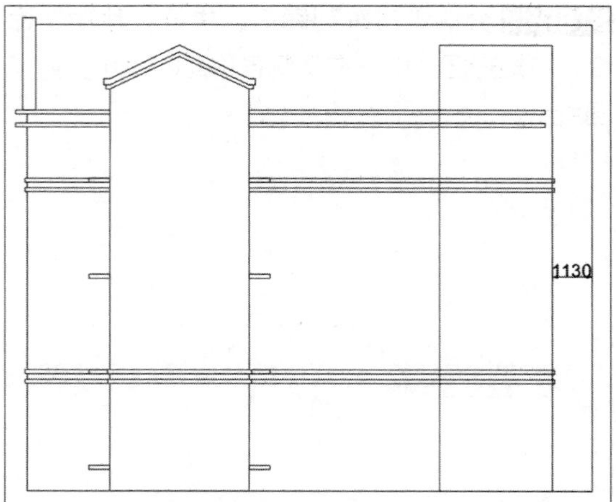

STEP 25 执行“矩形”命令，依次绘制3590 mmX195mm、3470mmX120mm的矩形图形，并放在图中合适位置，如下图所示。

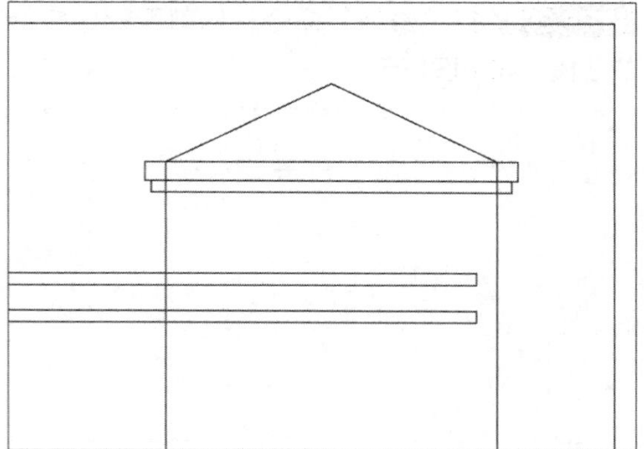

STEP 27 执行“修剪”命令，修剪删除掉多余的线段，并将线段进行调整，如下图所示。

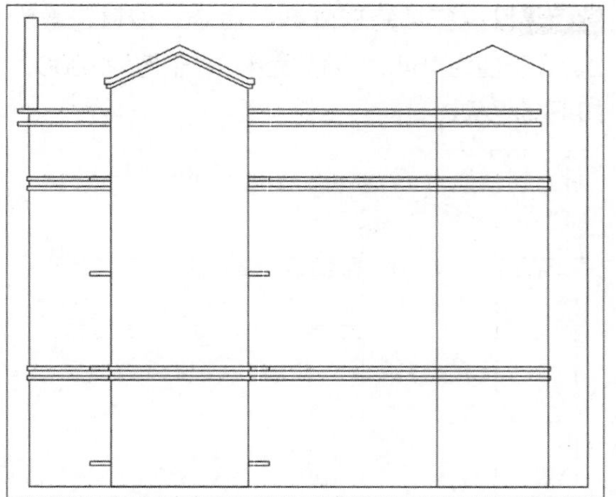

STEP 26 执行“偏移”命令，将倒角后的图形依次向下偏移200mm、120mm，结果如下图所示。

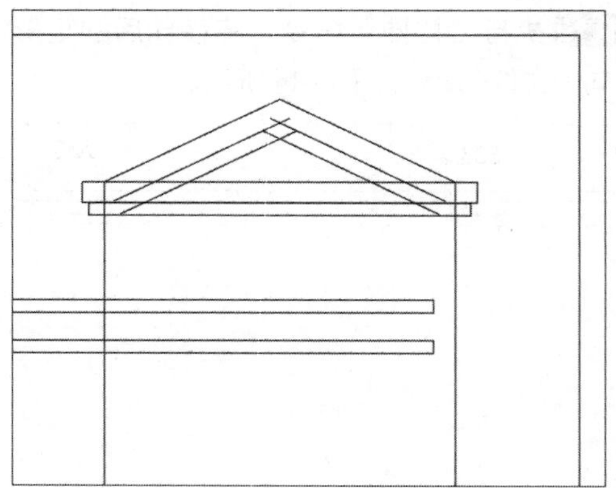

STEP 28 执行“偏移”命令，将线段向左侧偏移3310mm，如下图所示。

STEP 29 继续执行当前命令，偏移其余线段，如下图所示。

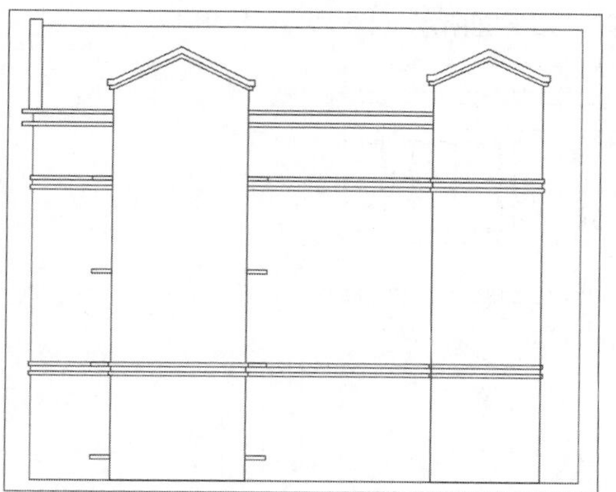

STEP 30 执行“修剪”命令，修剪删除掉多余的线段，如下图所示。

STEP 31 绘制窗户图形。设置“门窗”图层为当前层，执行“直线”命令，绘制长为1658mm、宽为1020mm的矩形图形，如下图所示。

STEP 32 执行“偏移”命令，将线段向内偏移120mm，如下图所示。

STEP 33 执行“修剪”命令，修剪删除掉多余的线段，如下图所示。

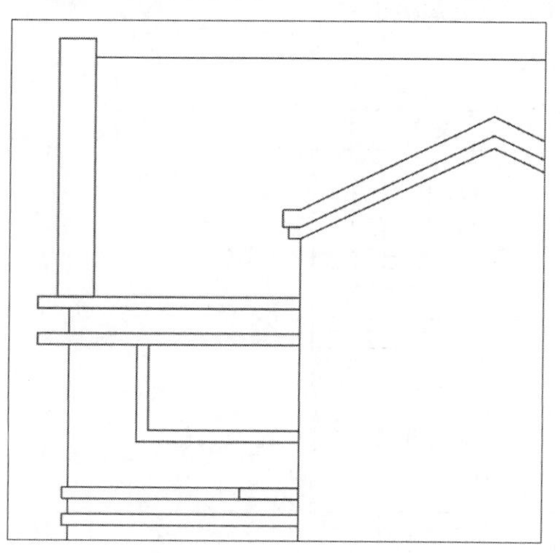

STEP 34 执行“矩形”命令，依次绘制900mmX900mm、400mmX900mm的矩形图形，如下图所示。

STEP 35 执行“偏移”和“直线”命令，将矩形图形向内偏移30mm，并绘制线段，绘制出窗户图形，如下图所示。

STEP 36 执行“直线”命令，绘制长为1658mm、宽为1620mm的矩形图形，放在图中合适位置，如下图所示。

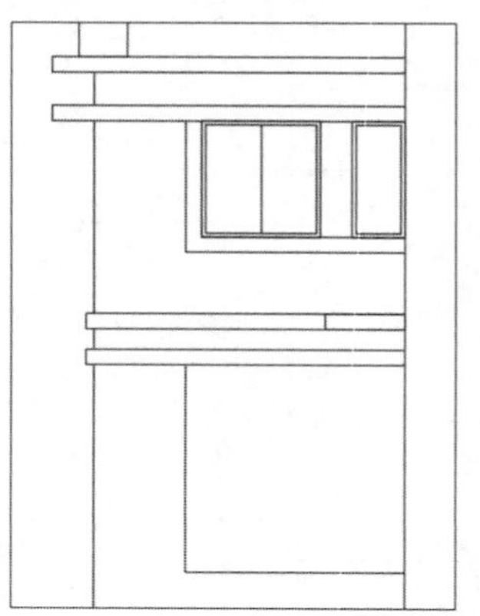

STEP 37 执行“偏移”命令，将线段向内偏移120mm，如下图所示。

STEP 38 执行“修剪”命令，修剪删除掉多余的线段，如下图所示。

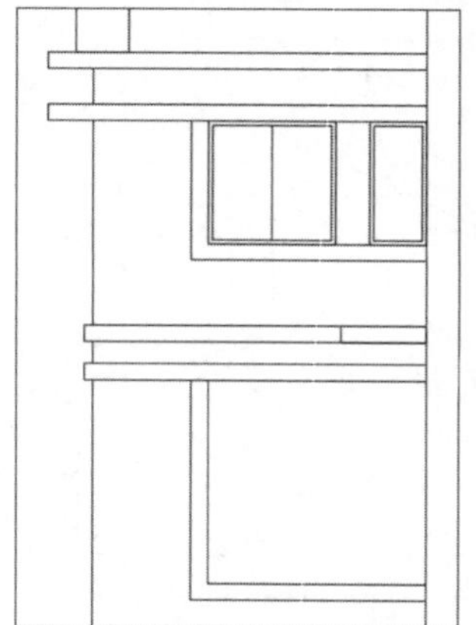

STEP 39 执行“矩形”命令，依次绘制900mmX1500mm、400mmX1500mm的矩形图形，如下图所示。

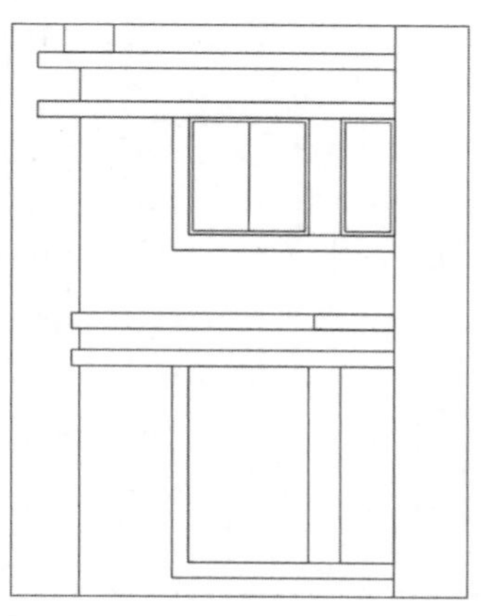

STEP 40 执行“偏移”命令，将线段向内偏移30mm，如下图所示。

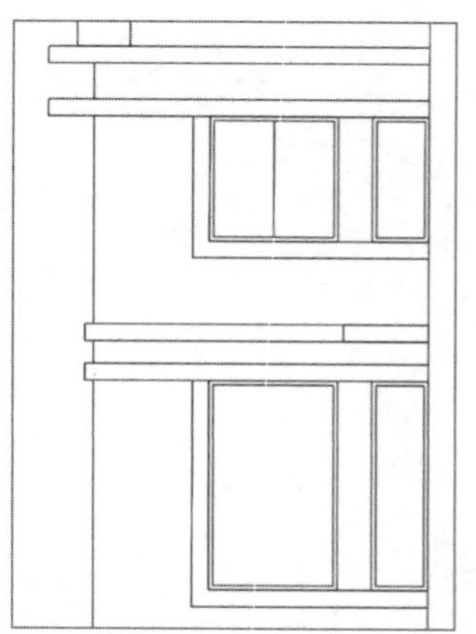

STEP 41 分解偏移后的矩形图形，执行“偏移”命令，将水平方向的线段分别向下偏移350mm和380mm，将垂直方向的线段向右偏移420mm，如下图所示。

STEP 42 执行“修剪”命令，修剪删除掉多余的线段，绘制出窗户图形，如下图所示。

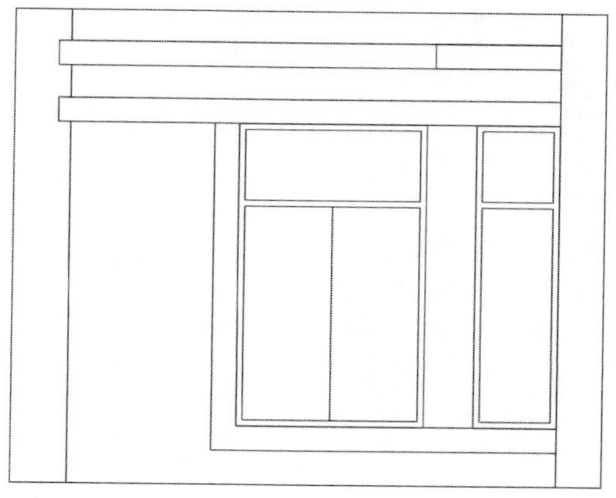

STEP 43 执行“复制”命令，将刚绘制的窗户图形进行复制，如下图所示。

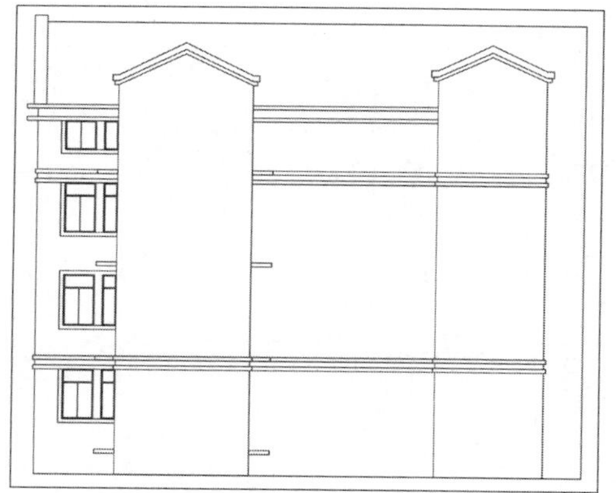

STEP 44 执行“移动”命令，将线段向上移动120mm，如下图所示。

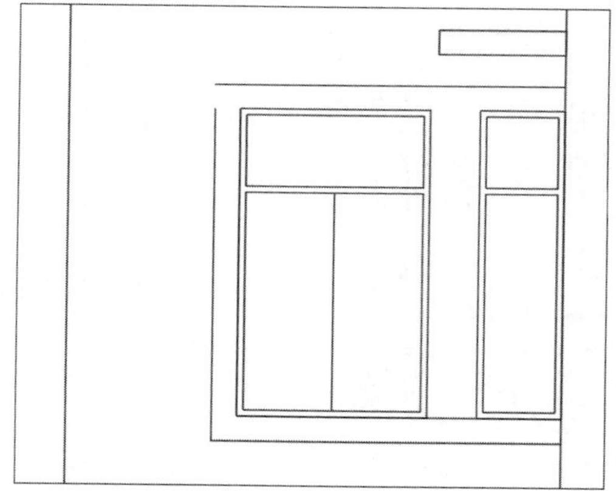

STEP 45 执行“延伸”命令，延伸线段，如下图所示。

STEP 46 执行“镜像”命令，将窗户图形进行镜像复制操作，如下图所示。

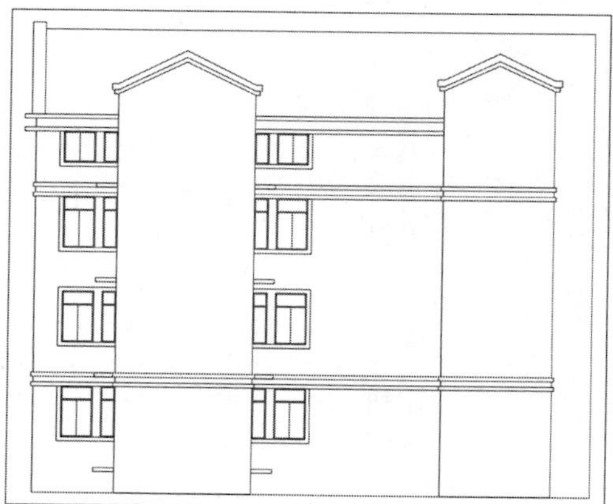

STEP 47 执行“矩形”命令，绘制长为1740mm，宽为8285mm的矩形图形，并放在图中合适位置，如下图所示。

STEP 48 执行“倒角”命令，设置第一条边为435mm，第二条边为870mm，如下图所示。

STEP 49 执行“偏移”命令，将倒角后的图形向内偏移120mm，如下图所示。

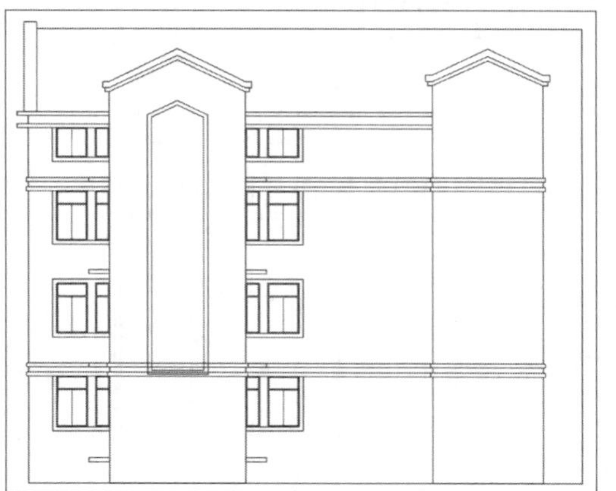

STEP 50 执行“拉伸”命令，将水平方向的线段向上拉伸6950mm，如下图所示。

STEP 51 执行“修剪”命令，修剪删除掉多余的线段，如下图所示。

STEP 52 执行“矩形”命令，绘制长和宽各为1500mm的矩形图形，如下图所示。

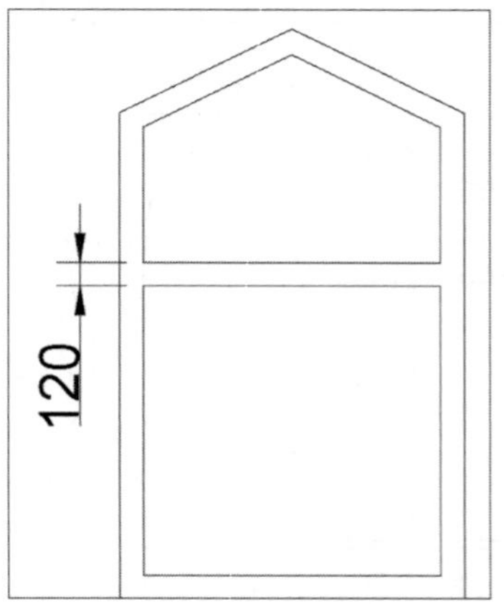

STEP 53 执行“偏移”命令，将矩形图形分别向内偏移30mm、90mm，如下图所示。

STEP 54 分解长和宽为1470mm的矩形图形，执行“偏移”命令，将左侧线段分别向内偏移720mm、780mm，如下图所示。

STEP 55 执行“修剪”命令，修剪删除掉多余的线段，绘制出窗户图形，如下图所示。

STEP 56 执行“矩形”命令，绘制长为1500 mm，宽为1080mm的矩形图形，如下图所示。

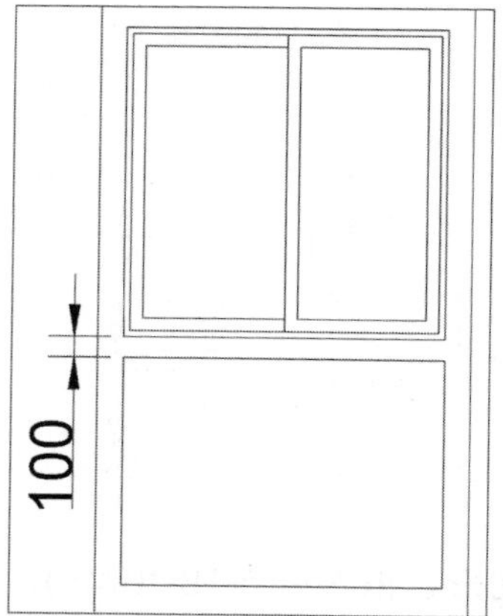

STEP 57 执行“复制”命令，将图形向下进行复制，并放在图中合适位置，如下图示所示。

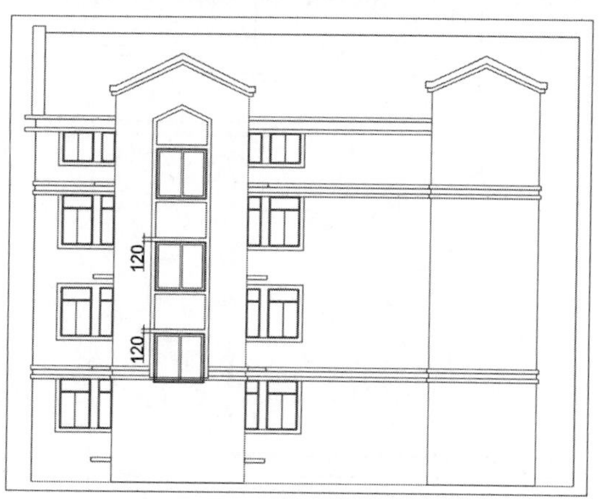

STEP 58 执行“拉伸”命令，将窗户图形向上拉伸150mm，如下图所示。

STEP 59 执行“矩形”命令，依次绘制1740mmX100mm、1500mmX35mm的矩形图形，并放在图中合适位置，如下图所示。

STEP 60 执行“修剪”命令，修剪删除掉多余的线段，如下图所示。

STEP 61 执行“矩形”命令，绘制长为3620mm，宽为120mm，并放在图中合适位置，如下图所示。

STEP 62 继续执行当前命令，依次绘制3500mmX60mm、3380mmX300mm、3500mmX100mm的矩形图形，并放在图中合适位置，绘制出阳台图形，如下图所示。

STEP 63 绘制门图形。依次绘制1800mmX2260mm、2500mmX150mm的矩形图形，如下图所示。

STEP 64 执行“偏移”命令，将矩形图形向内偏移20mm，如下图所示。

STEP 65 分解偏移后的矩形图形，执行“偏移”命令，将线段向内进行偏移，如下图所示。

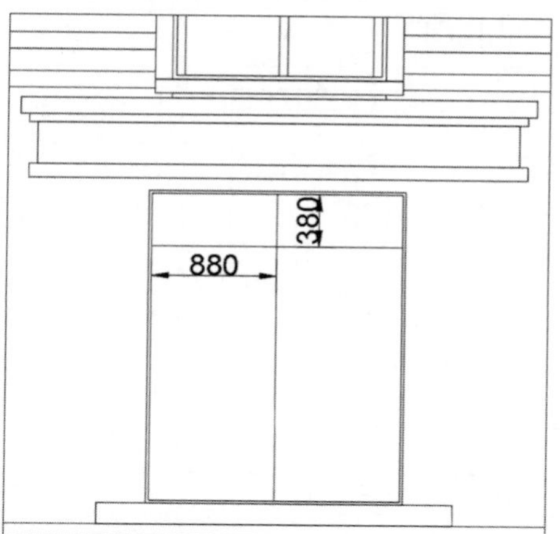

STEP 66 执行“矩形”命令，绘制长为800mm，宽为300mm的矩形图形，如下图所示。

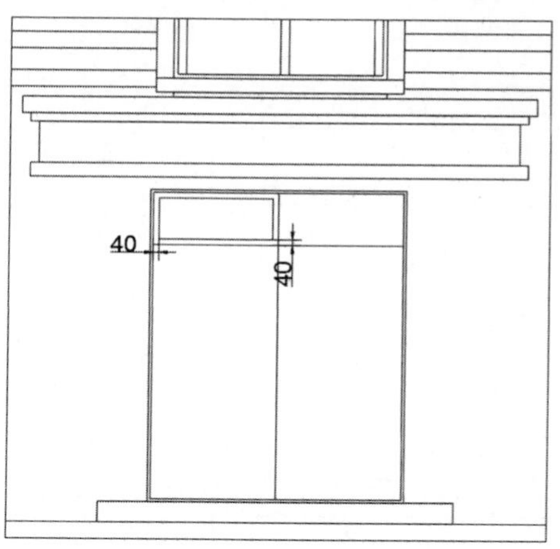

STEP 67 继续执行当前命令，绘制长为160mm，宽为460mm的矩形图形，如下图所示。

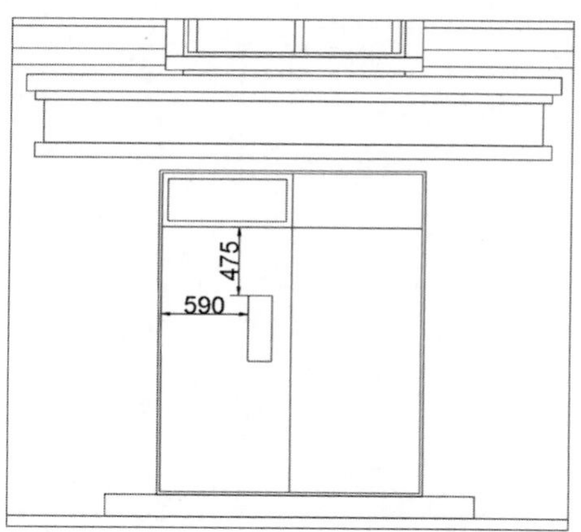

STEP 68 执行“圆”命令，绘制半径为70mm的圆图形，如下图所示。

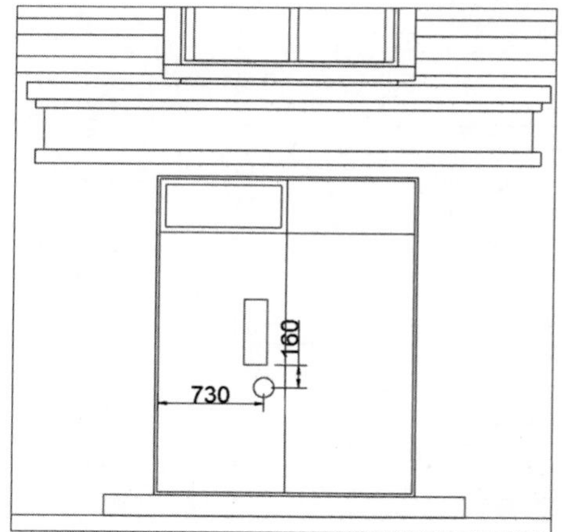

STEP 69 执行“镜像”命令，镜像复制图形，绘制出门图形，如下图所示。

STEP 70 绘制其他位置的窗户图形。执行“直线”命令，绘制长为1800 mm，宽为900mm的矩形图形，并放在图中合适位置，如下图所示。

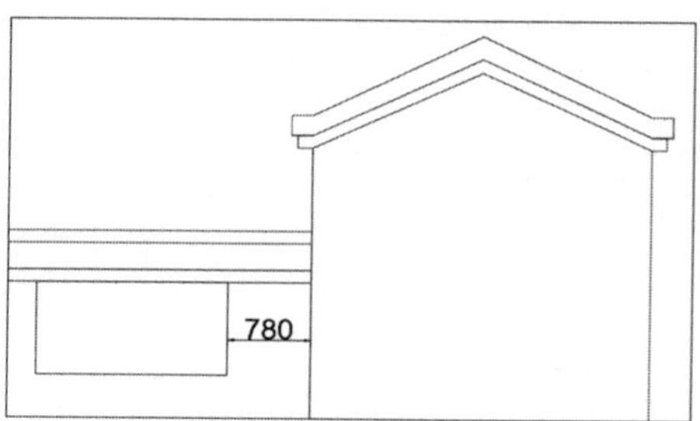

STEP 71 执行“偏移”命令，将垂直方向的线段向内偏移900mm，如下图所示。

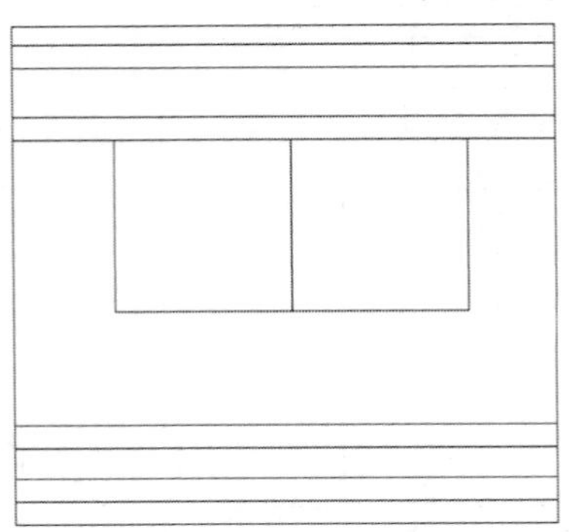

STEP 72 执行“矩形”命令，绘制长为1920 mm，宽为100mm的矩形图形，并放在图中合适位置，如下图所示。

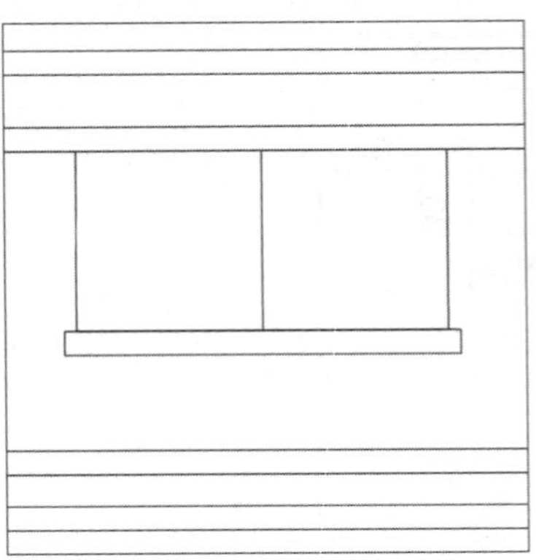

STEP 73 继续执行当前命令，依次绘制1800 mmX780mm、1920mmX120mm的矩形图形，如下图所示。

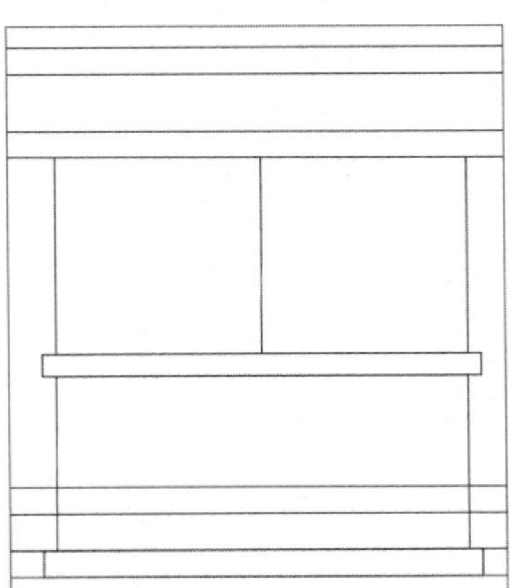

STEP 74 执行“修剪”命令，修剪删除掉多余的线段，如下图所示。

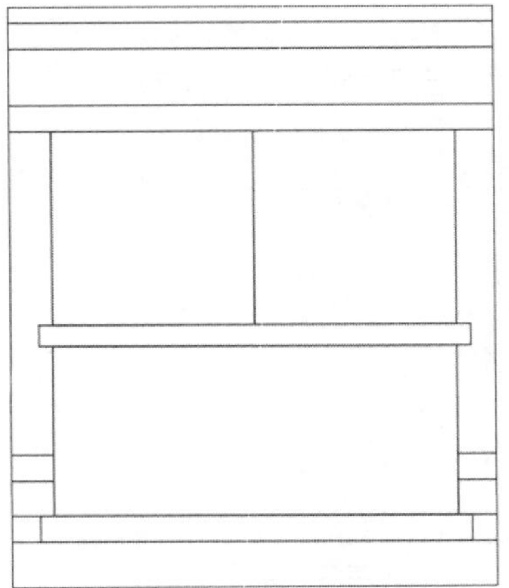

STEP 75 执行“矩形”命令，绘制长为1800 mm，宽为60mm的矩形图形，如下图所示。

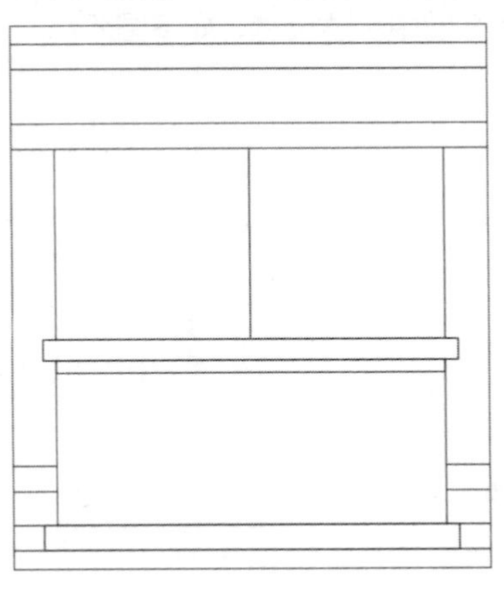

STEP 76 执行“矩形阵列”命令，设置列数为1，行数为13，介于值为-60，绘制出窗图形，如下图所示。

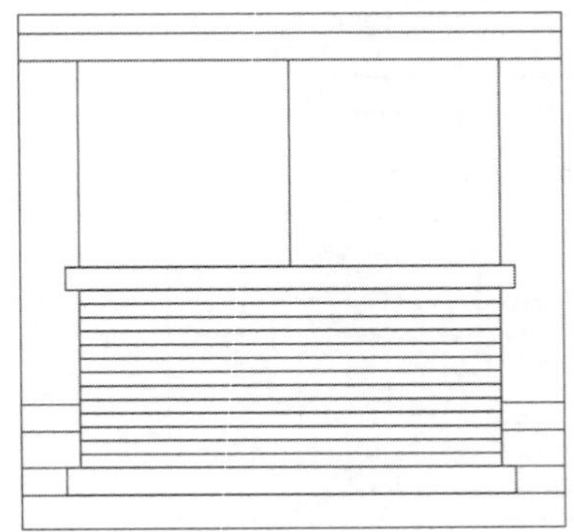

STEP 77 执行“直线”命令，绘制长为1800 mm，宽为1500mm的矩形图形，如下图所示。

STEP 78 执行“偏移”命令，将线段向内进行偏移，如下图所示。

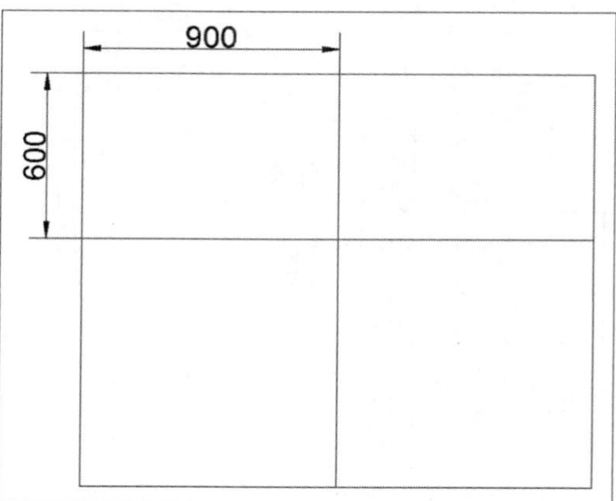

STEP 79 执行“矩形”命令，绘制长为1920 mm，宽为120mm的矩形图形，并放在图中合适位置，如下图所示。

STEP 80 继续执行当前命令，依次绘制1800 mmX1080mm、1920mmX100mm的矩形图形，如下图所示。

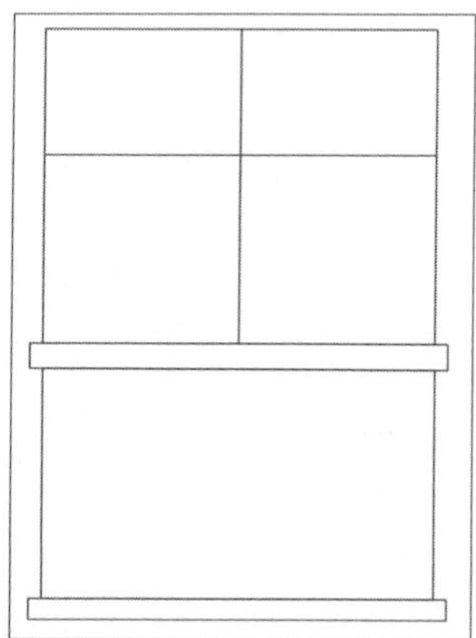

STEP 81 继续执行当前命令，绘制长为1800 mm，宽为60mm的矩形图形，如下图所示。

STEP 82 执行“矩形阵列”命令，设置列数为1，行数为18，介于值为-60，如下图所示。

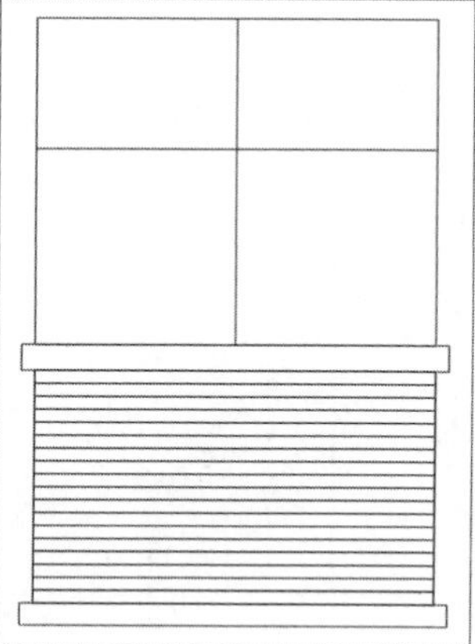

STEP 83 将其放在图中合适位置，如下图所示。

STEP 84 执行“复制”命令，将窗图形进行复制操作，如下图所示。

STEP 85 执行“矩形”命令，绘制长宽各为1740mm的矩形图形，并放在图中合适位置，如下图所示。

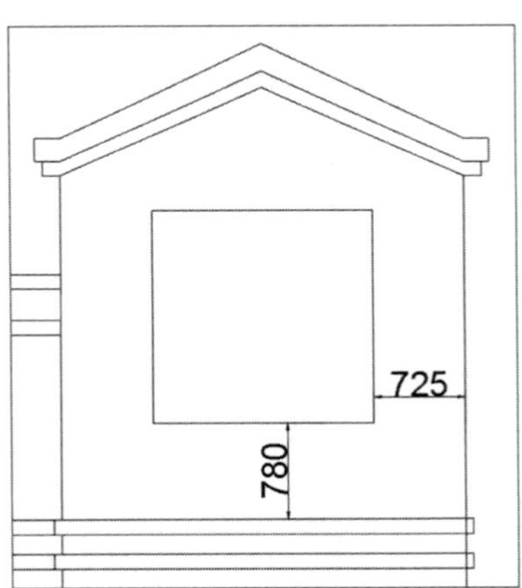

STEP 86 执行“偏移”命令，将矩形图形向内偏移120mm，如下图所示。

STEP 87 分解偏移后的矩形图形，执行“偏移”命令，将矩形图形向内偏移，如下图所示。

STEP 88 执行“复制”命令，将矩形图形向下进行复制操作，如下图所示。

STEP 89 执行“矩形”命令，依次绘制1740mmX120mm、1620mmX120mm的矩形图形，如下图所示。

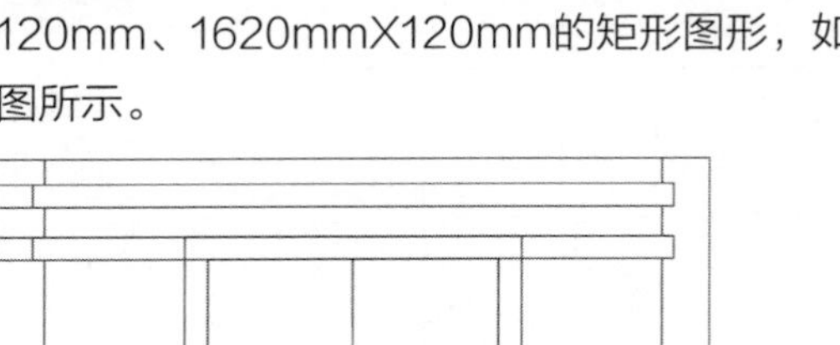

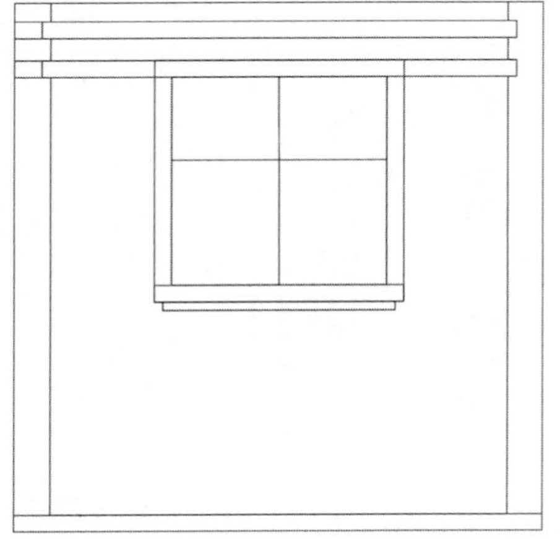

STEP 90 执行“修剪”命令，修剪删除掉多余的线段，如下图所示。

STEP 91 执行“镜像”命令，镜像复制立面图形，如下图所示。

STEP 92 执行“延伸”命令，延伸线段，如下图所示。

STEP 93 执行“修剪”命令，修剪删除掉多余的线段，如下图所示。

STEP 94 执行“复制”命令，复制长宽各为1500mm窗户图形，如下图所示。

STEP 95 执行“直线”命令，绘制长为1500mm，宽为1150mm的矩形图形，如下图所示。

STEP 96 执行“偏移”命令，将矩形垂直方向的线段向内偏移750mm，如下图所示。

STEP 97 执行“复制”命令，复制阳台和门图形，放在图中合适位置，如下图所示。

STEP 98 执行“拉伸”命令，将阳台图形向内拉伸640mm，如下图所示。

STEP 99 继续执行当前命令，将台阶图形向内拉伸240mm，如下图所示。

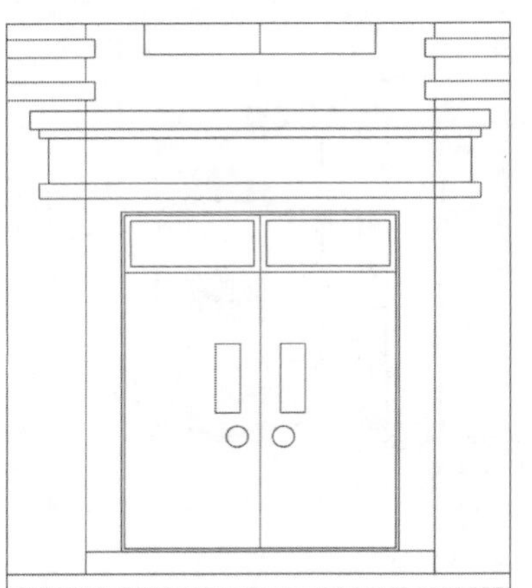

STEP 100 执行“修剪”命令，修剪删除掉多余的线段，如右图所示。

STEP 101 设置“图案填充”图层为当前层，执行“图案填充”命令，设置样例名为ANSI31、角度为45°、比例为100，对房顶进行图案填充，如下图所示。

STEP 102 继续执行当前命令，设置样例名为AR-B816、角度为0、比例为0.8，对墙体进行图案填充，如下图所示。

STEP 103 继续执行当前命令，设置样例名为AR-BRELM、角度为0、比例为3，对墙体进行图案填充，如下图所示。

STEP 104 设置“墙体”图层为当前层，执行“多段线”命令，设置宽度为50mm，绘制长为37000mm的地平线，如下图所示。

STEP 105 设置“尺寸标注”图层为当前层，执行“标注样式”命令，打开“标注样式管理器”对话框，如下图所示。

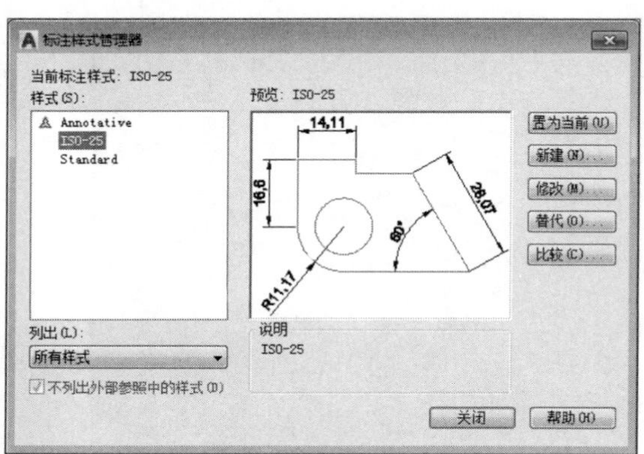

STEP 106 单击“新建”按钮，打开“创建新标注样式”对话框，输入新样式名，如下图所示。

STEP 107 单击“继续”按钮，打开“新建标注样式：尺寸标注”对话框，设置超出尺寸线为100、箭头为建筑标记、箭头大小为120、文字高度为270、主单位精度为0，如下图所示。

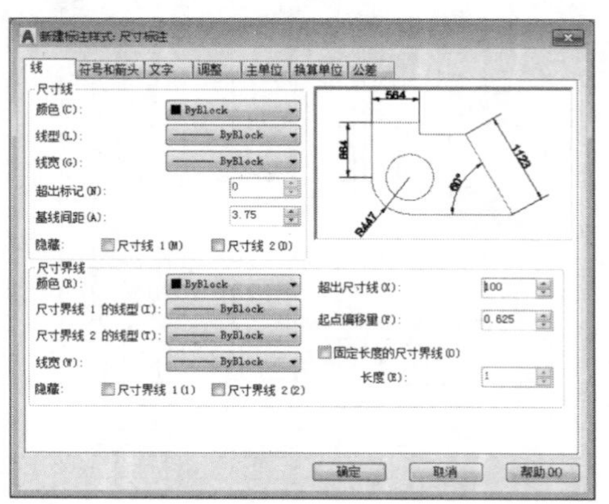

STEP 108 单击“确定”按钮，返回“标注样式管理器”对话框，并单击“置为当前”按钮，关闭对话框，如下图所示。

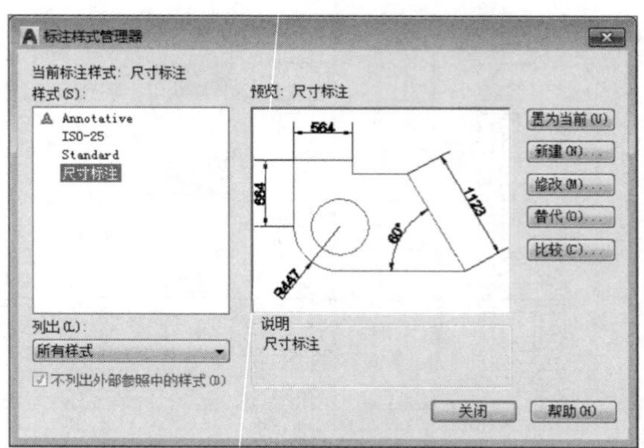

STEP 109 执行“线性”和“连续”命令，为立面图添加尺寸标注，如下图所示。

STEP 110 执行“直线”和“圆”命令，绘制长为1500mm，圆半径为400mm的定位符号，并将其创建为块，如下图所示。

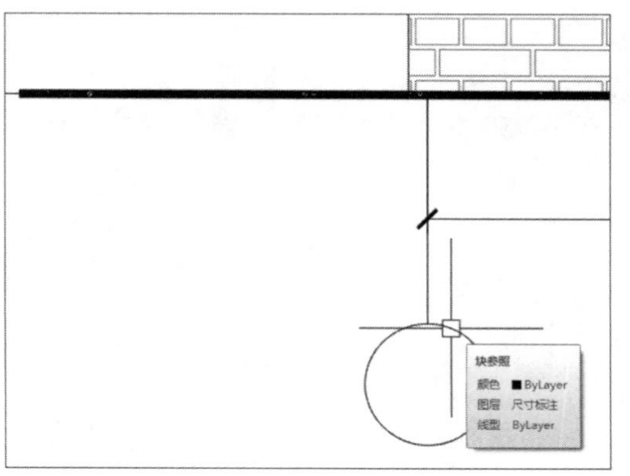

STEP 111 在“插入”选项卡的“块定义”面板中单击“定义属性”按钮，打开“属性定义”对话框中，输入“属性标记”内容，设置文字高度为450，如下图所示。

STEP 112 单击“确定”按钮，根据命令行提示在绘图区中插入属性块，如右图所示。

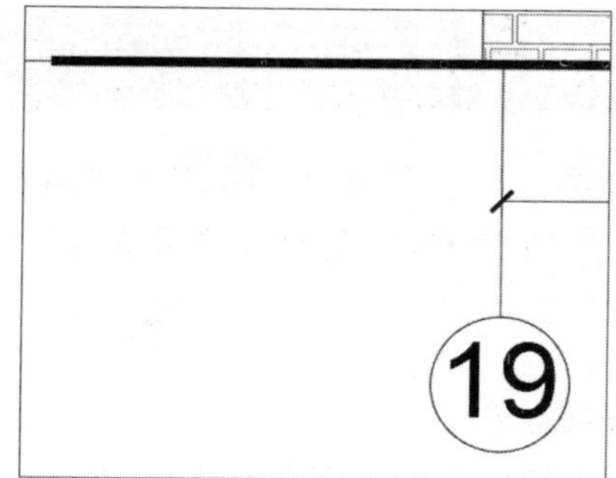

STEP 113 执行“复制”命令，复制定位符号并更改属性值，移动到合适位置，如下图所示。

STEP 114 执行“多段线”和“单行文字”命令，绘制标高符号，如右图所示。

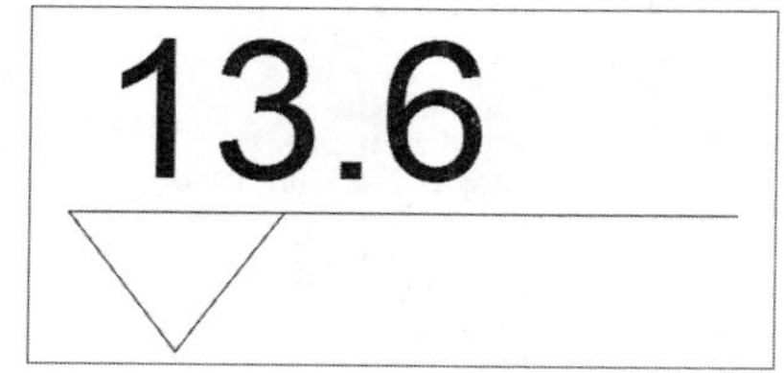

STEP 115 执行“复制”命令，将标高符号复制移动到图中其他位置，并修改其标高值，如下图所示。

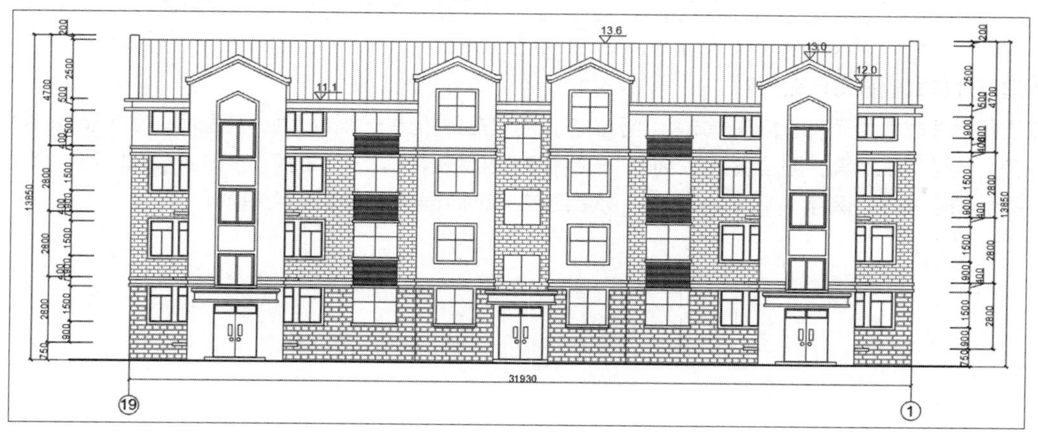

至此，完成该立面图的绘制。

工程技术问答

本章主要对建筑平面图与立面图的绘制进行介绍，在实际绘图过程中难免会遇到这样或那样的问题，下面将对常见的问题及解决方法进行汇总，供用户参考。

Q 如何扩大绘图空间?

A 若想扩大绘图空间可使用以下几种操作方法。

- 提高系统显示分辨率。
- 设置显示器属性中的外观，改变图标、滚动条、文字等功能的大小。
- 去掉多余的部件，如滚动条和不常用的工具条。用户可在“选项”对话框的“显示”选项卡中，取消勾选相应选项，单击“确定”按钮即可，如下图所示。
- 将命令行尽量缩小。
- 在显示器属性设置页面中，将桌面大小设定为大于屏幕大小的1~2个级别，即可在超大的活动空间里绘制图形。

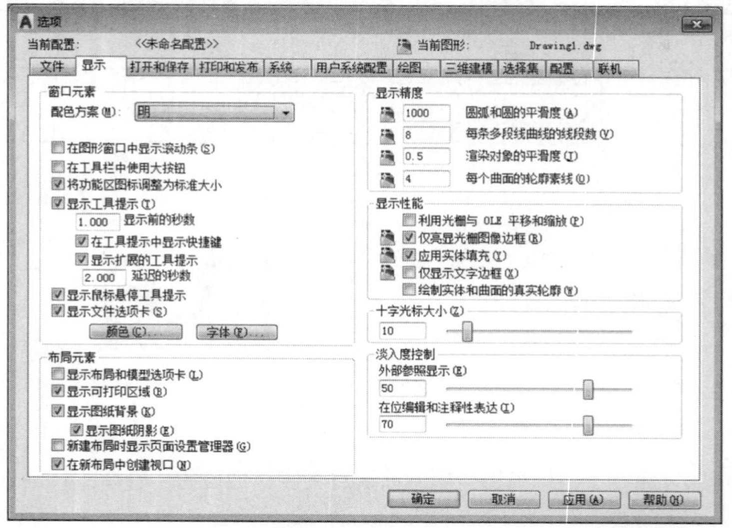

Q 创建标注样式模板有什么用?

A 在进行标注时，为了统一标注样式和显示状态，用户需要新建一个图层为标注图层，然后设置该图层的颜色、线型和线宽等，图层设置完成后，再继续设置标注样式，为了避免重复进行设置，可以将设置好的图层和标注样式保存为模板文件，在下次新建文件的时候可以直接调用该模板文件。

3ds Max轻松学

3ds Max是由Autodesk公司旗下的Discreet公司推出的三维建筑和动画制作软件，是一款优秀的三维建模、动画和渲染软件，借助该软件可以创造宏伟的游戏世界，布置精彩绝伦的场景以实现设计可视化，并打造身临其境的虚拟现实体验。

Lesson 01 初识3ds Max 2018

3ds Max是利用建立在算法基础之上并高于算法的可视化程序来生成三维模型的，与其他建模软件相比，3ds Max操作更加简单，更容易上手。

3ds Max的工作界面

3ds Max完成安装后，即可双击桌面快捷方式进行启动，其操作界面如下图所示。从图中可以看出，它包含标题栏、菜单栏、工具栏、视口区、命令面板、状态栏、视口导航等几个部分，下面将分别对其进行介绍。

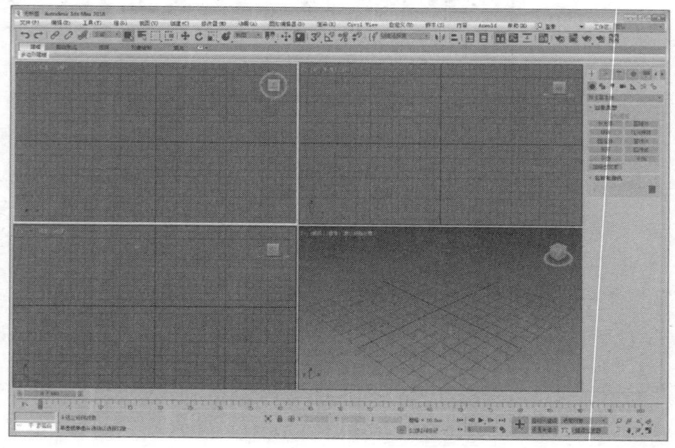

（1）标题栏

标题栏位于绘图窗口的顶部，其右端包含三个控制按钮，即最小化、最大化、关闭按钮，最左侧是当前打开的文件名以及3ds Max的版本号。

（2）菜单栏

菜单栏显示在标题栏下方，提供了3ds Max中大部分的命令，由“文件”、“编辑”、“工具”、“组”、“视图”、“创建”、“修改器”、“动画”、“图形编辑器”、“渲染”、Civil View、“自定义”、“脚本”、“内容”、Arnold、“帮助”16个菜单构成，为用户提供了几乎所有3ds Max的操作命令。

（3）工具栏

主工具栏位于菜单栏的下方，它集合了3ds Max中比较常见的工具。在建模时，可以利用工具栏上的按钮进行操作，单击相应的按钮即可执行相应的命令。

（4）视口区

3ds Max用户界面的最大区域被分割成四个相等的矩形区域，称之为视口（Viewports）或者视图（Views）。视口区是主要工作区域，每个视口的左上角都有一个标签，启动3ds Max后默认的四个视口的标签是Top（顶视口）、Front（前视口）、Left（左视口）和Perspective（透视视口）。每个视口都包含垂直和水平线，这些线组成了3ds Max的主栅格。

（5）命令面板

默认情况下，命令面板位于屏幕的最右侧，由创建、修改、层次、运动、显示和实用程序六个选项面板组成，每个选项面板的标签都是一个小的图标，如下图所示。借助于这六个面板，可以访问绝大部分建模和动画命令。

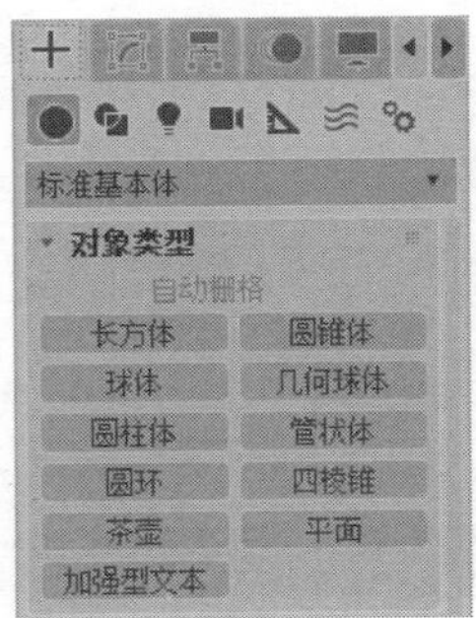

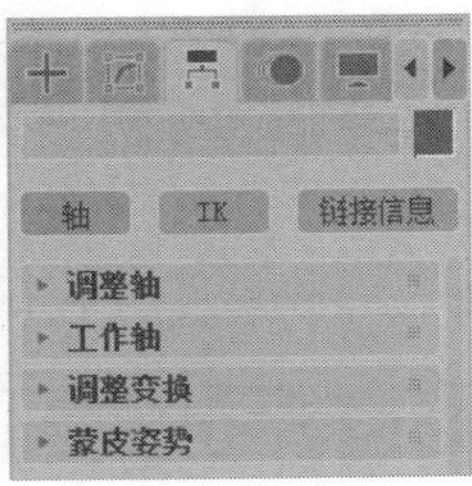

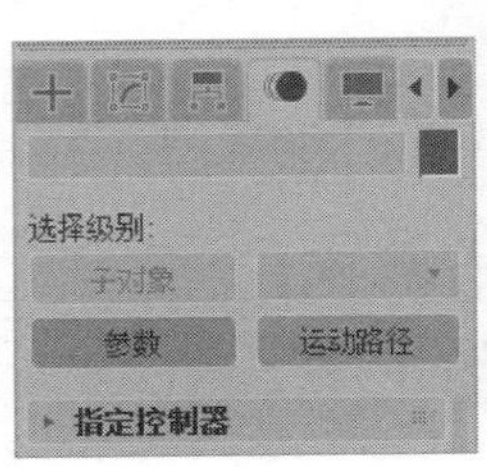

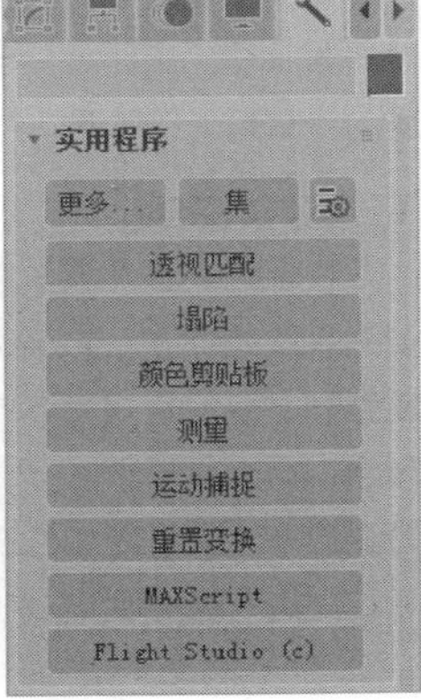

（6）状态栏

状态栏用于显示关于场景和活动命令的提示信息等，主要包括动画控制栏、时间滑块/关键帧状态、状态显示、位置显示以及视口导航。视口导航是实现图形、图像可视化的工作区域，该区域中各按钮详细信息如下表所示。

图标	名称	用途
	缩放	当在“透视图”或者“正交”视口中进行拖动时，使用“缩放”可调整视口放大值
	缩放所有视图	在四个视图中任意一个窗口中按住鼠标左键拖动可以看四个视图同时缩放
	最大化显示选定对象	在编辑时可能会有很多物体，当用户要对单个物体进行观察操作时，可以使此命令最大化显示
	所有视图最大化显示选定对象	选择物体后单击，可以看到4个视图同时放大化显示的效果
	视野	调整视口中可见场景数量和透视张角量
	平移视口	沿着平行于视口的方向移动摄像机
	环绕子对象	使用视口中心作为旋转的中心。如果对象靠近视口边缘，则可能会旋转出视口
	最大化视口切换	可在正常大小和全屏大小之间进行切换

工作环境的设置

在创建模型之前，需要对3ds Max进行“单位”、“文件间隔保存”、“默认灯光”和“快捷键”等参数进行设置。通过以上基础设置可以方便用户创建模型，提高工作效率。

1. 设置绘图单位

在3ds Max中系统默认采用通用度量单位制。当制作精确的模型时，就需要对系统单位进行重新设定。

Step 01 执行“自定义 > 单位设置”命令，打开“单位设置”对话框，如下左图所示。

Step 02 单击“系统单位设置”按钮，打开“系统单位设置”对话框，在“系统单位比例”选项组下拉列表框中选择“毫米”选项，如下右图所示。

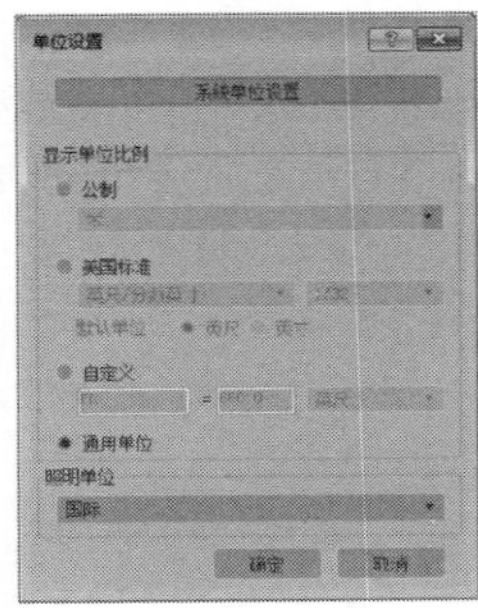

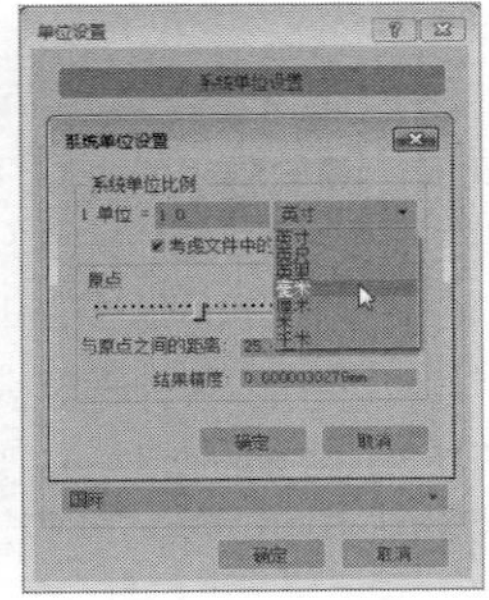

Step 03 单击“确定”按钮，返回“单位设置”对话框，在“显示单位比例”选项组中单击“公制”单选按钮，激活“公制单位”列表框，如下左图所示。

Step 04 单击下拉菜单按钮，在弹出的列表中选择“毫米”选项，如下右图所示。设置完成后单击“确定”按钮，即可完成单位设置操作。

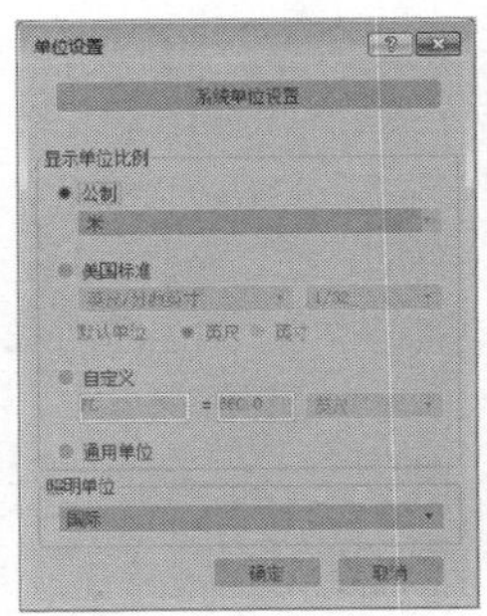

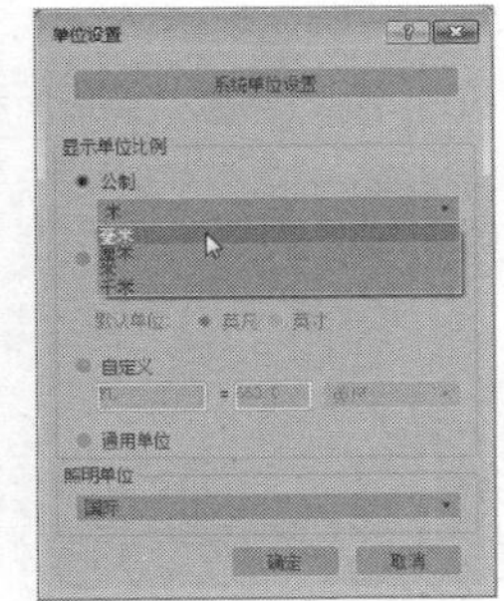

2. 视图设置

启动3ds Max软件后，默认的界面上有四个视口，每个视口显示一个视图。如果用户对这种视口的分布不满意，可以自行进行调整。

（1）视口布局

在创建模型时，若当前视图视口布局不能满足用户要求，可设置其他的视口布局方式。执行“视图 > 视口配置”命令，打开“视口配置”对话框并切换到“布局”设置面板，即可更改视口布局，如右图所示。

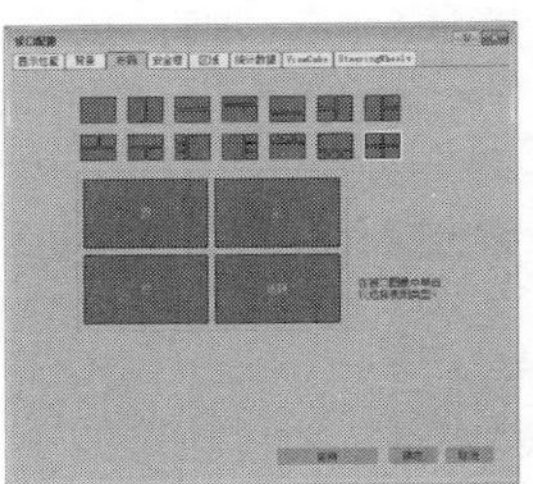

（2）切换视图

默认显示的四个视图分别是Top、Front、Left和Perspective。除了以上提到的四个视图，3ds Max中还有Back（后视图）、Right（右视图）、Bottom（底视图）、User（用户视图）和Camera（摄影机视图）等其他视图，用户可通过切换视图可以观察这些没有显示的视图。

对于专业设计人员来说，不需要依次激活窗口，最大化视图后，利用快捷键即可快速切换视图，下面具体介绍切换视图的快捷键：

最大化切换视图：Ctrl+W，顶视图：T，前视图：F，左视图：L，后视图：B，透视视图：P，摄影机视图：C。

3. 自定义用户界面

3ds Max默认界面的颜色是黑色，由于黑色不便于观察，大多数用户还是习惯用浅色的界面，下面将介绍统一更改界面颜色的方法，具体步骤如下：

Step 01 启动3ds Max应用程序，如下左图所示。

Step 02 执行“自定义>自定义用户界面”命令，打开“自定义用户界面”对话框，切换到“颜色”选项卡，如下右图所示。

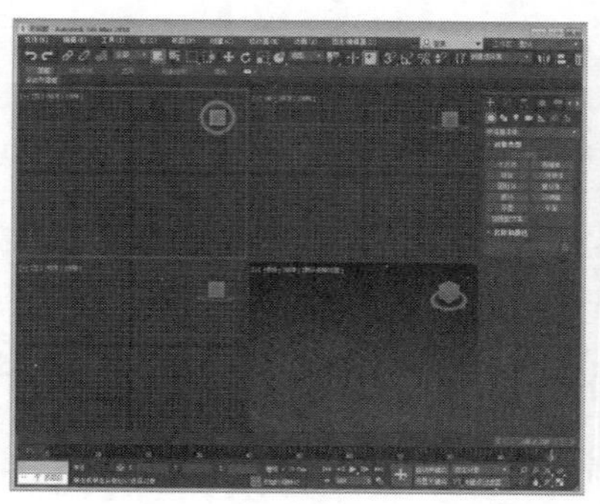

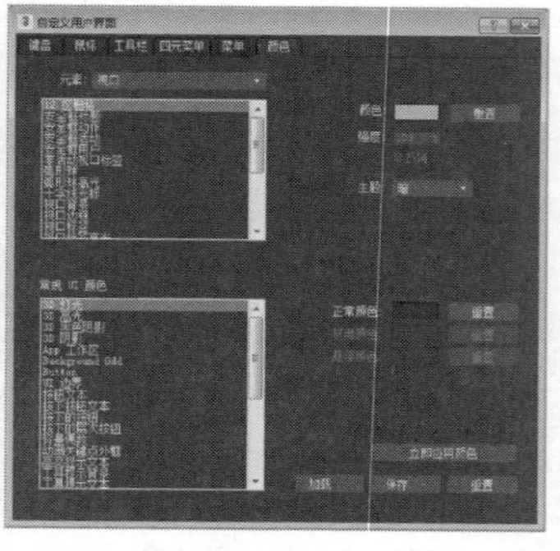

Step 03 单击“加载”按钮，打开“加载颜色文件”对话框，找到安目录盘下的Program Files/Autodesk/3ds Max/fr-FR/UI/ame-light.clrx文件，如下左图所示。

Step 04 单击“打开”按钮，即可看到工作界面变成了浅灰色，如下右图所示。

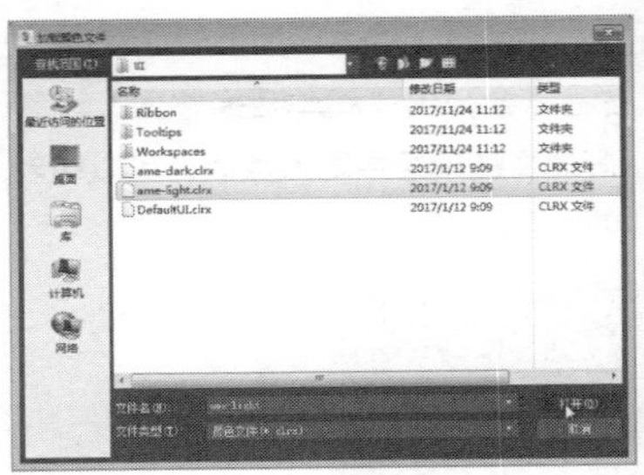

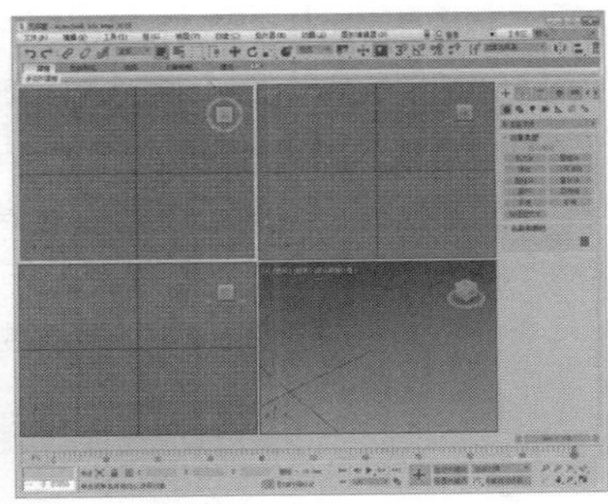

Lesson 02 对象的基本操作

在场景的创建过程中会经常需要对对象进行基本操作，如选择、移动、旋转、缩放、复制、群组、隐藏及冻结等。

1. 选择工具

要对对象进行操作前，首先要选择对象。快速并准确地选择对象，是熟练运用3ds Max的关键。选择对象的工具主要有“选择对象”按钮和“按名称选择”按钮。

（1）“选择对象”按钮

单击此按钮后，在当前场景中用鼠标单击选择或拖动鼠标框选一个或多个对象，被选中的对象以白色线框表示。若要依次选中多个对象，可按住Ctrl键的同时再单击对象，即可依次增减选择对象，若按住Alt键再单击对象，则依次减少选择对象。

（2）“按名称选择”按钮

单击此按钮可以打开“选择对象”对话框，如右图所示。用户可在输入框中输入要选择对象的名称，也可以在右方列表框中进行选择。

2. 移动工具

要对对象进行移动操作，可以单击工具栏中的“选择并移动”按钮，在视图中会出现一个彩色的坐标系，当一个坐标轴被选中时将会以高亮黄色显示，可以沿坐标轴移动对象。将鼠标放置在两个坐标轴的中间，即可将对象在两个坐标轴所形成的的平面上随意移动。

在“选择并移动”按钮上单击鼠标右键，会弹出“移动变换输入”设置框，如下图所示。在该设置框的“偏移：屏幕”选项组中输入数值，可以控制对象的精确移动。

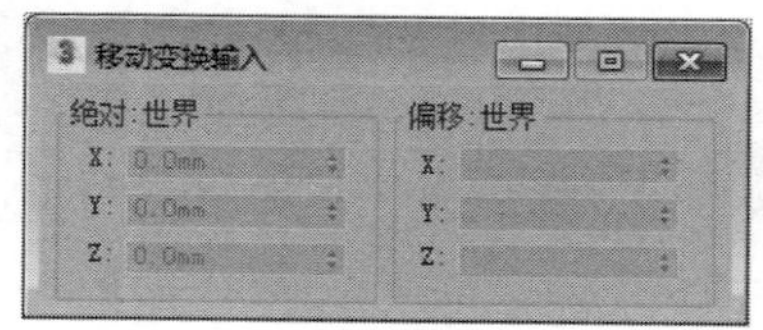

3. 旋转工具

需要调整对象的视角时，可以单击工具栏中的“选择并旋转”按钮，在当前场景中对选中的对象分别沿三个坐标轴进行旋转，被选中的坐标中会以高亮黄色显示。

在“选择并旋转”按钮上单击鼠标右键，会弹出“旋转变换输入”设置框，如下图所示。用户可以在“偏移：屏幕”选项组中输入数值以精确控制对象的旋转角度及方向。

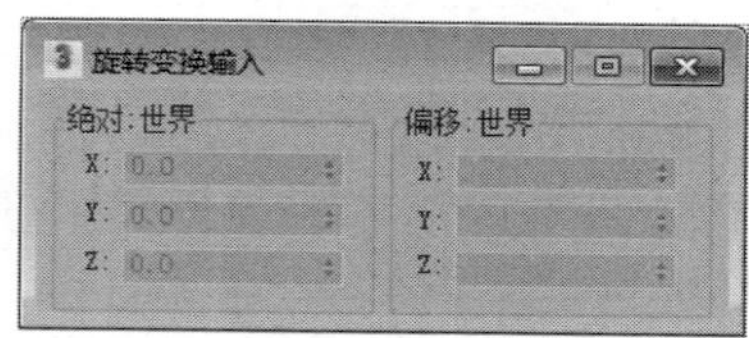

4. 缩放工具

若要调节场景中对象的大小，可单击工具栏中的“选择并均匀缩放”按钮，在当前场景中对选中的对象进行缩放。

在“选择并均匀缩放”按钮上单击鼠标右键，会弹出“缩放变换输入”设置框，如下图所示。用户可通过该设置框对对象进行精确缩放。

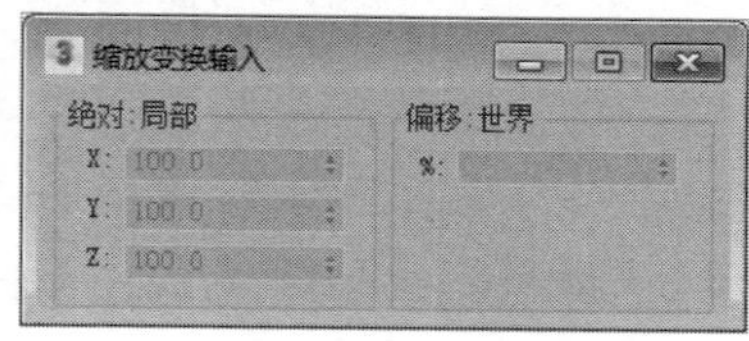

缩放对象有三种方式，在缩放按钮上按住鼠标左键不放，即可看到选择列表，其中分别是均匀缩放、非均匀缩放和挤压缩放：

- 均匀缩放：单击该按钮，可以在x、y和z轴三个轴线对对象进行等比例缩放，只改变对象的体积而不改变其形状。
- 非均匀缩放：单击该按钮，可在单个轴向上对对象进行缩放，会改变对象的体积和形状。
- 挤压缩放：单击该按钮，可在单个轴向上对对象进行挤压，只改变对象的形状而不改变其体积。

5. 复制工具

选中对象后单击工具栏中的“选择并移动”按钮，按住Shift键的同时再移动对象，即会弹出“克隆选项”对话框，如下图所示。

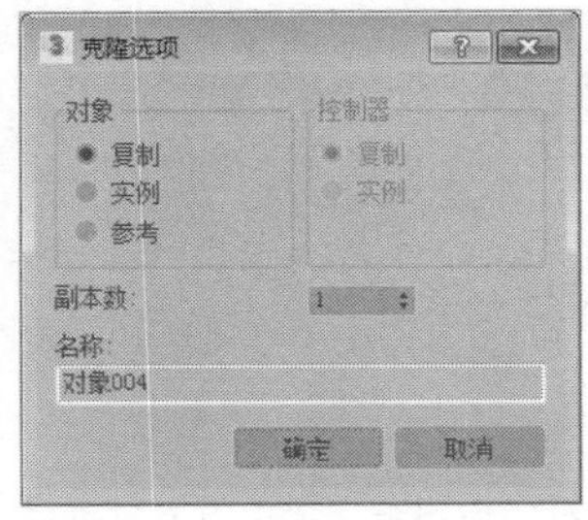

- 复制：选择“复制”选项，所复制出的对象与源对象没有关联关系。
- 实例：选中“实例”选项，所复制出的对象与源对象有关联关系，编辑修改其中任意一个对象，其他对象都会发生变化。
- 参考：选中“参考”选项，所复制出的对象与源对象有关联关系，单不同的是只继承源对象的修改变化，修改参考复制对象时源对象不会发生变化。

6. 镜像工具

使用“镜像”命令可以将具有对称性的对象或场景复制出另一半。单击工具栏中的“镜像”按钮或执行“工具>镜像”命令，即可弹出“镜像”对话框，如下左图所示。

7. 阵列工具

选中要阵列的对象，执行“工具>阵列”命令，即可打开“阵列”对话框，如下右图所示。

“阵列变换”选项组显示当前场景的坐标系和变换中心。物体类型选项区中有复制、关联和参考三个单选按钮，系统默认的是选择“关联”按钮。在“阵列维数”选项组中可以设置在三个轴向上的阵列，可分为线型阵列、环形阵列和螺旋阵列。

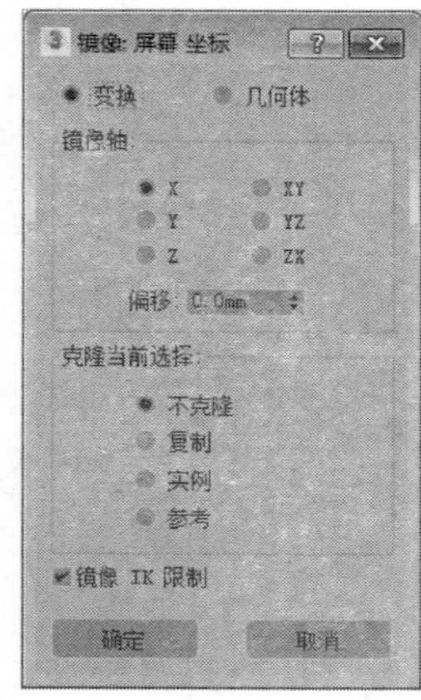

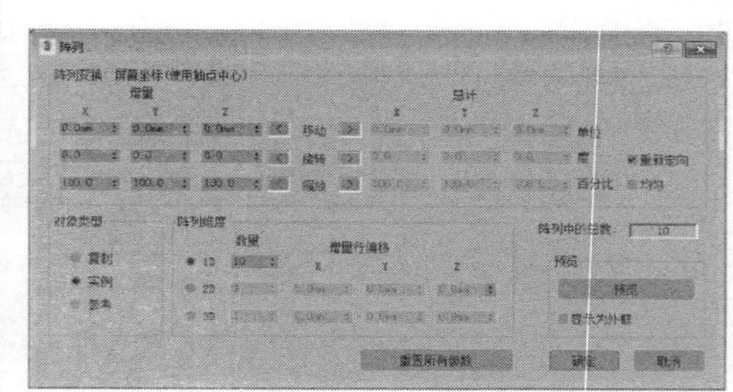

8. 快照工具

快照工具就像照相机拍摄对象一样可以对其进行叠加复制。若选中“单一”单选按钮就只复制一次，选择“范围”单选按钮就可以复制多次并设置范围。执行“工具 > 快照”命令，即可打开“快照”对话框，如下左图所示。

9. 间隔工具

使用间隔工具可以间隔地复制对象，主要有拾取路径和拾取点两种方法。单击“拾取路径”按钮，然后拾取已创建的路径即可得到阵列后的对象，单击“拾取点”按钮，在视图中单击确定两点作为路径，即可得到阵列后的对象。

执行“工具 > 对齐 > 间隔工具”命令，会弹出“间隔工具”对话框，如右图所示。

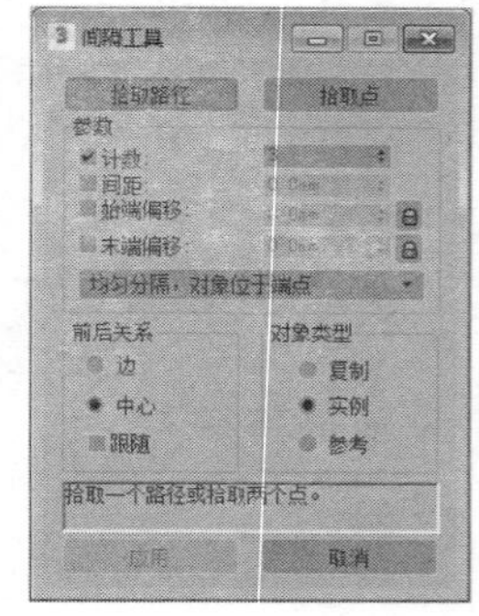

10. 群组工具

当选择群组中的某一个对象时，该群组中的其他对象也被选择。选择对象后，执行“组>组”命令，会弹出“组”对话框，如下图所示，输入组名并单击“确定”按钮即可创建群组。

11. 隐藏和冻结

当场景中的对象比较复杂时，可将对象隐藏或冻结起来。单击“显示”按钮，进入“显示”命令面板，在“按分类隐藏”卷展栏、“隐藏”卷展栏、“冻结”卷展栏下对对象进行隐藏和冻结操作。

在视图中选择对象后单击鼠标右键，在弹出的快捷菜单中选择相应的命令，也可以隐藏或冻结对象。

Lesson 03 创建与编辑样条线

创建和编辑样条线是制作精美三维物体的关键，设计者通过样条线可以创建许多复杂的三维物体。

样条线

样条线是3ds Max中二维图形的统称，可以是3ds Max软件中提供的图形模板，也可以是任意绘制的二维图形。

3ds Max为用户提供了11种基础样条线类型，包括线、矩形、圆、椭圆、弧、圆环、多边形、星形、文本、螺旋线以及界面，用户可以通过“样条线”面板上的按钮创建出各种二维对象，如右图所示。

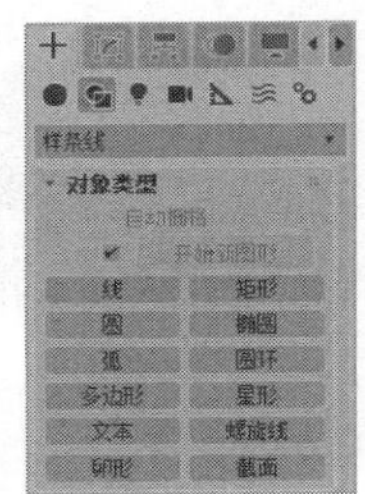

（1）线

“线”工具是3ds Max中最常用的二维图形绘制工具之一，利用该工具用户可以随心所欲地绘制任何形状的封闭或开放型曲线。用户可以直接在视图中点取画直线，也可以拖动鼠标绘制曲线，曲线的类型有角点、平滑和Bezier三种，如下图所示。

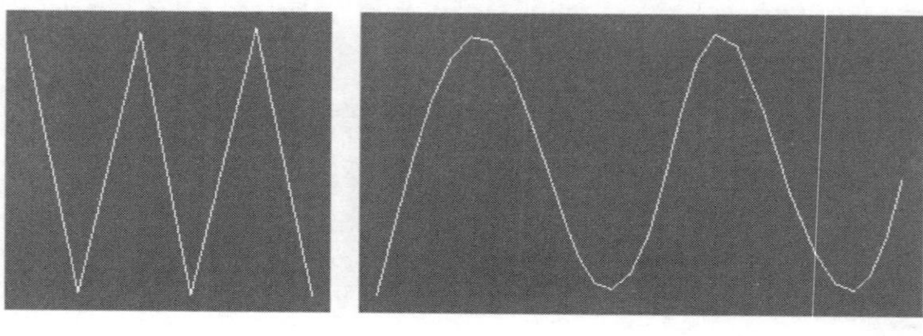

（2）矩形

使用“矩形”工具可以创建直角矩形和圆角矩形，配合Ctrl键还可以创建出正方形，如下图所示。

（3）圆

使用“圆”工具可以创建出由四个顶点组成的闭合圆形，如下左图所示。

（4）弧

使用“弧”工具可以创建出圆弧曲线和扇形，如下图所示。

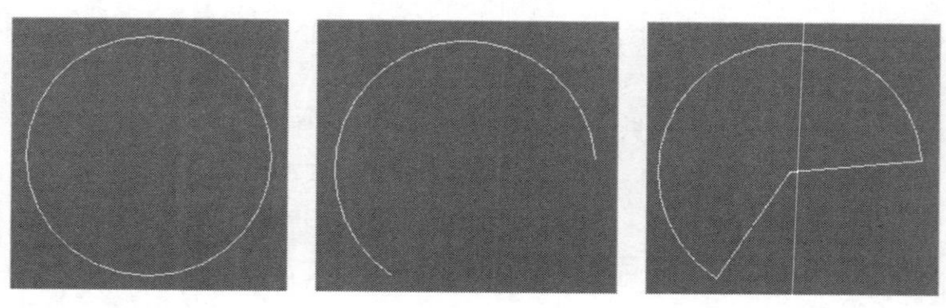

（5）多边形

使用“多边形”工具可以创建出任意边数的正多边形或圆形，也可以使多边形的每个角产生圆角，如下图所示。

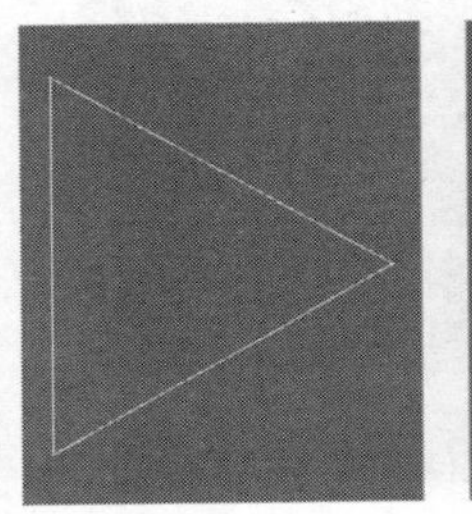
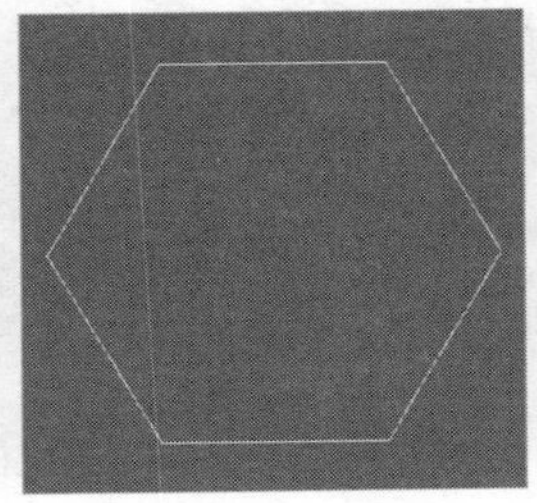
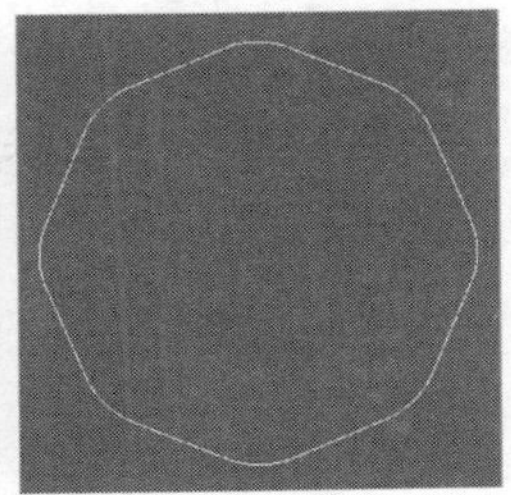

（6）星形

使用“星形”工具可以创建出具有很多顶点的闭合星形样条线。另外，通过对星形的一些参数进行更改，还可以产生许多奇特的图案，如下图所示。

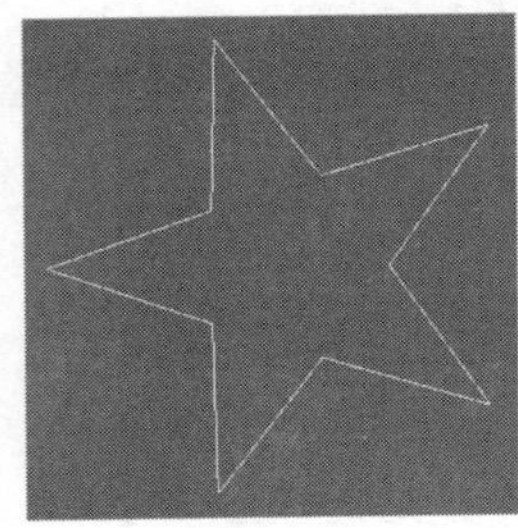
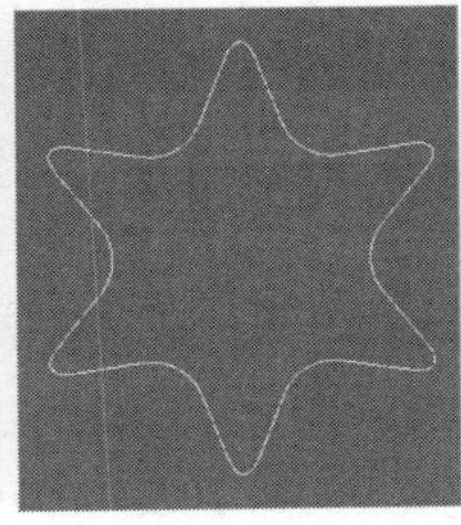
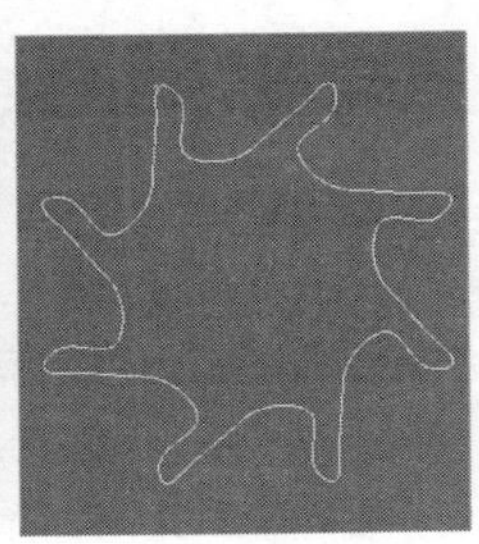

（7）文本

使用3ds Max提供的“文本”工具，可以直接在视图中创建文字图形。文本可以使用系统中的任意字体，文字的内容、大小、间距等都可以在“创建”面板中编辑，或之后在“修改”面板中编辑，如下图所示为创建的文字效果。

（8）螺旋线

使用“螺旋线”工具可以创建开口平面或3D螺旋线，常用于弹簧、盘香等造型的创建，如下图所示。

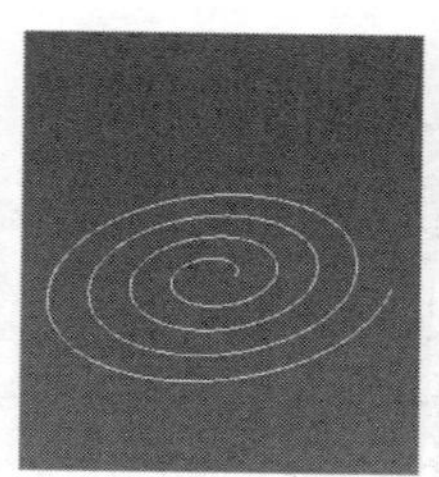
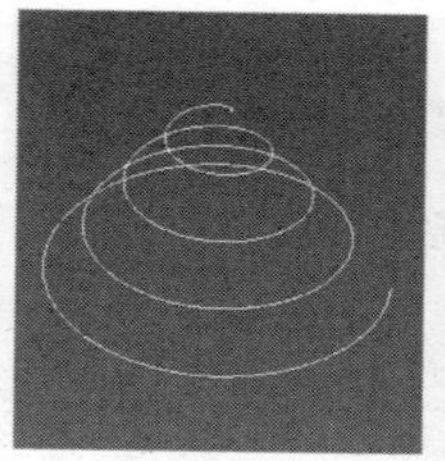
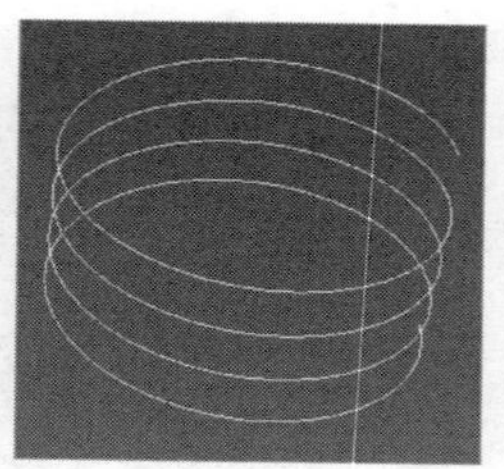

除了基础样条线类型外，还有NURBS曲线、扩展样条线等类型，如下图所示。

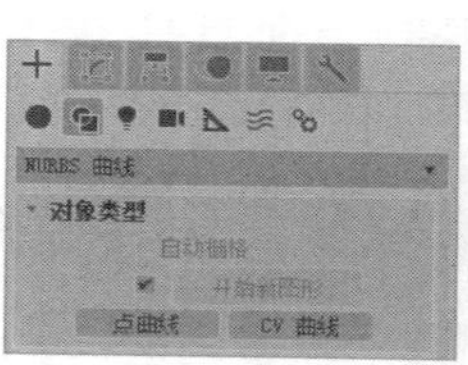

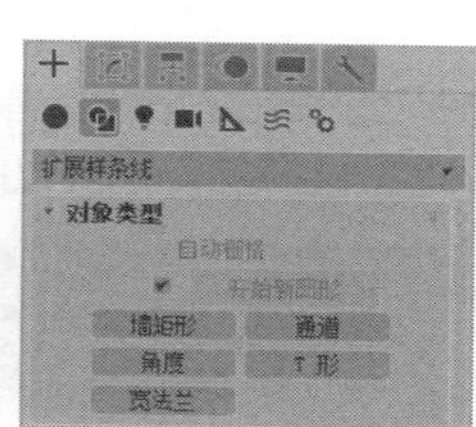

可编辑样条线

创建样条线之后，若不能满足用户的需要，可以编辑和修改创建的样条线，如果需要对创建的样条线的节点、线段等进行修改，则需要转换成可编辑样条线，才可以进行编辑操作。选择样条线并单击鼠标右键，在弹出的快捷菜单中选择“转换为可编辑样条线”选项，即可将其转换为可编辑样条线，在修改器堆栈栏中可以选择编辑样条线方式，如下图所示。

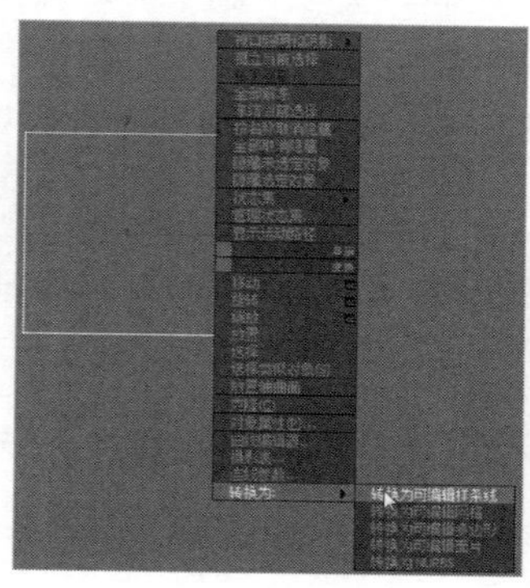

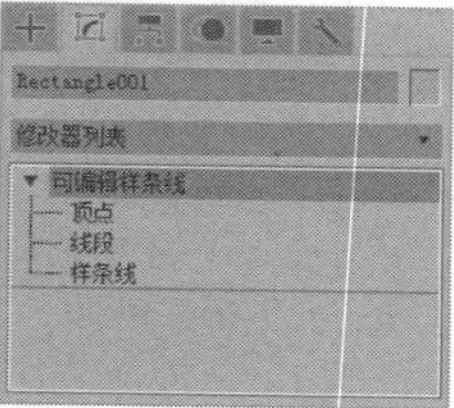

Lesson 04 创建与编辑多边形

3ds Max种提供了许多创建多边形的工具，主要应用于创建三维模型，再对创建的模型进行编辑操作，从而完成最终效果。

创建标准基本体

我们在生活中见到的皮球、管道、长方体、圆环和圆锥形冰淇淋杯等物体，外形具有几何体的特征，像这样的对象都属于几何基本体。

一切作品的创建，都是从基础模型的创建开始的，3ds Max中提供了多种几何体的创建，用户可以通过面板上的命令按钮创建出各种几何体模型，如下图所示。

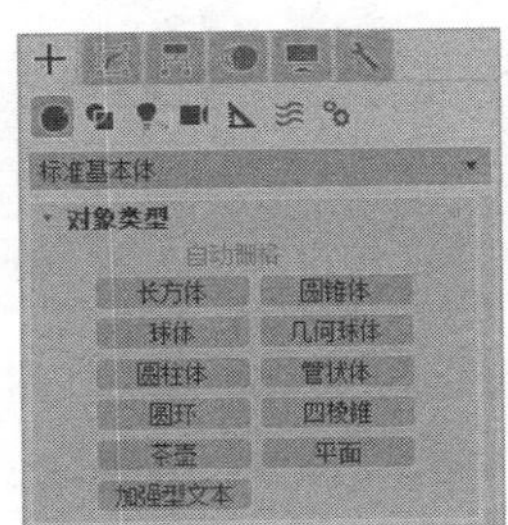

（1）长方体

长方体是3ds Max中形状最为简单、使用最为广泛的三维形体。它的形状是由“长度”、“宽度”和“高度”3个参数值来决定，网格分段结构由“长度分段”、“高度分段”和“宽度分段”3个参数来决定。通过调整“长度”、“宽度”和“高度”参数，还可以创建出立方体，如下图所示。

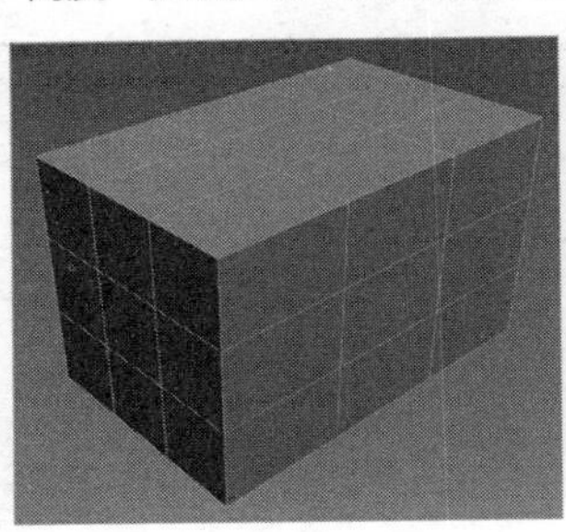

（2）圆锥体

圆锥体大多用于创建天台等模型，利用“参数”卷展栏中的选项，可以将圆锥体定义成许多形状，如下图所示。

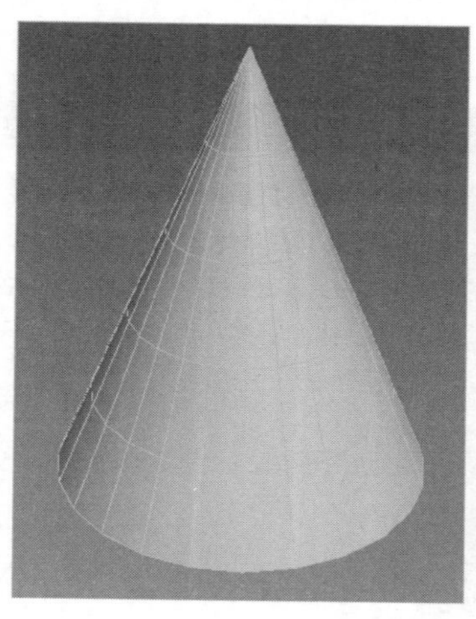

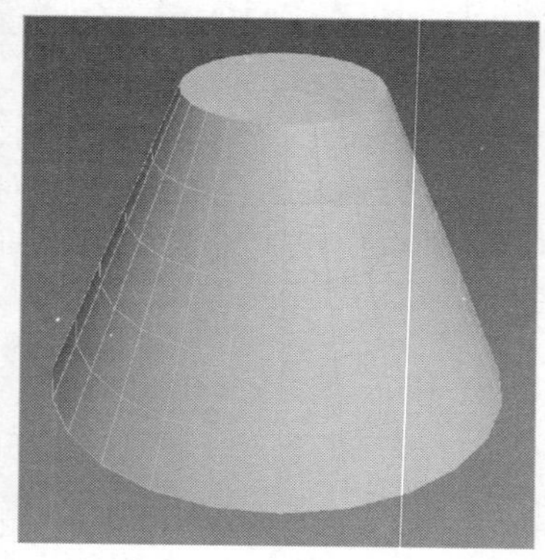

（3）球体

3ds Max中提供了经纬球体（球体）和几何球体两种球体模型，如下图所示。经纬球体（球体）适合于基于球体的各种截取变换，水平面截取和垂直平面截取均很方便。几何球体的设置参数较少，但是在相同节点数的前提下，几何球体如果要产生变形效果要比经纬球体更容易、生成的模型更光滑。因此，用户在利用球体变形时，最好使用几何球体模型。

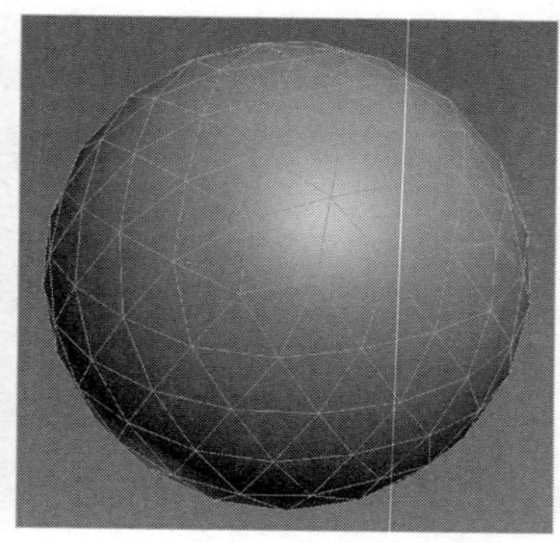

（4）圆柱体

在3ds Max中，圆柱体也是较为常用的三维形体之一。它的形状通过“半径”和“高度”两个参数来确定，细分网格由“高度分段”、“端面分段”和“边数”来决定，通过参数的调整可以创建出各种形态的柱体，如下图所示。

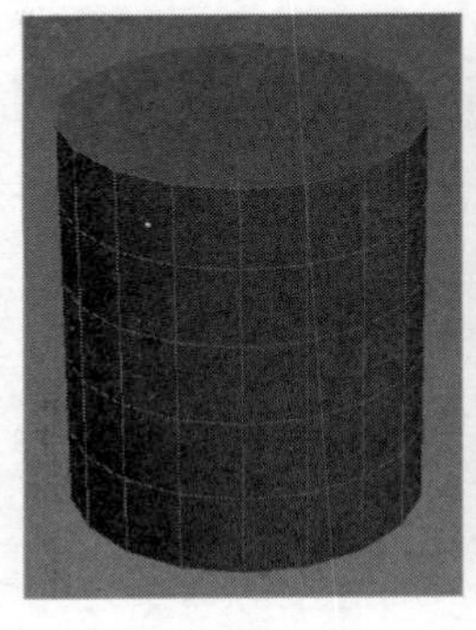
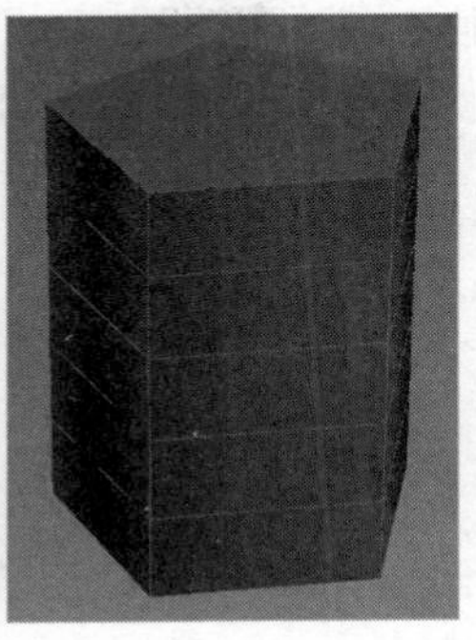

除了上述几种标准三维形体，在3ds Max中还包含了其他几种几何体的建立命令。由于其设置方法大致相同，所以这里不再赘述。

创建扩展基本体

扩展基本体可以创建带有倒角、圆角和特殊形状的物体，和标准基本体相比稍微复杂一些。

扩展基本体包括：异面体、环形结、切角长方体、切角圆柱体、油罐、胶囊、纺锤、L-Ex（L形拉伸体）、球棱柱、C-Ext(C形拉伸体)、环形波、软管、棱柱，其命令面板如下图所示。

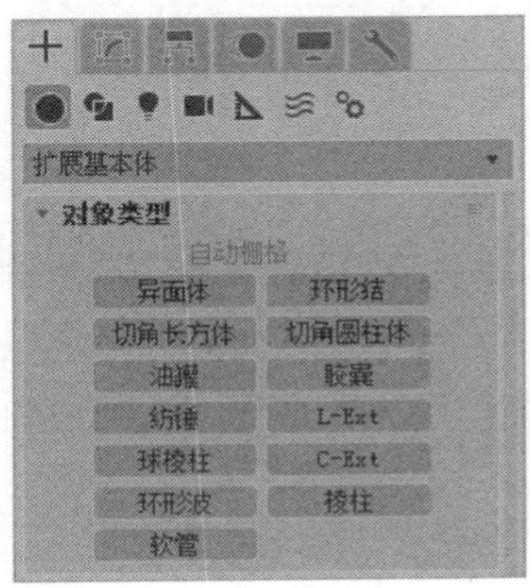

（1）切角长方体

切角长方体在创建模型时应用十分广泛，常被用于创建带有圆角的长方体结构，如下左图所示。

（2）切角圆柱体

切角圆柱体常被用于创建带有圆角的柱体结构，如下右图所示。

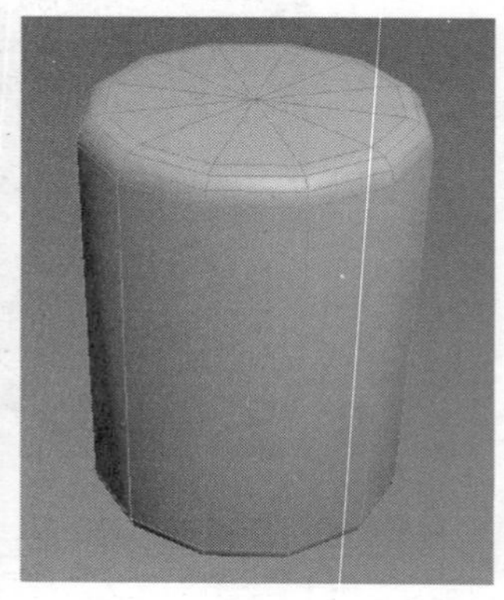

（3）异面体

异面体是由多个边面组合而成的三维实体图形，它可以调节异面体边面的状态，也可以调整实体面的数量改变其形状，如下图所示。

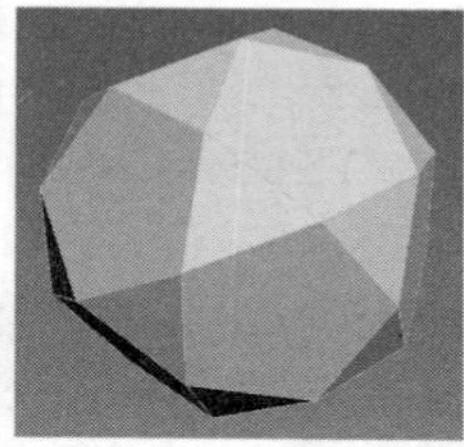

创建复合对象

所谓复合对象就是指利用两种或者两种以上二维图形或三维模型组合成一种新的、比较复杂的三维造型。下面介绍较为常用的几种复合工具：

1. 布尔运算

布尔运算工具可以在两个物体之间进行交集、差集或并集运算，使之合并为一个物体。如下图所示分别为模型进行交集、差集、并集操作之后的效果。

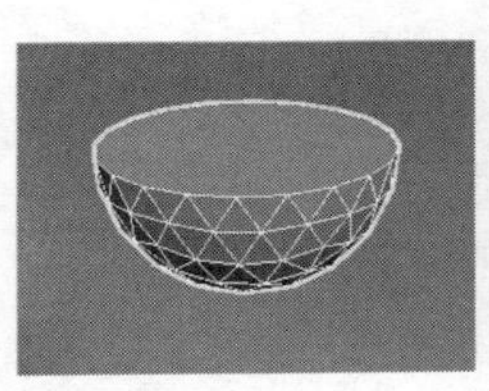

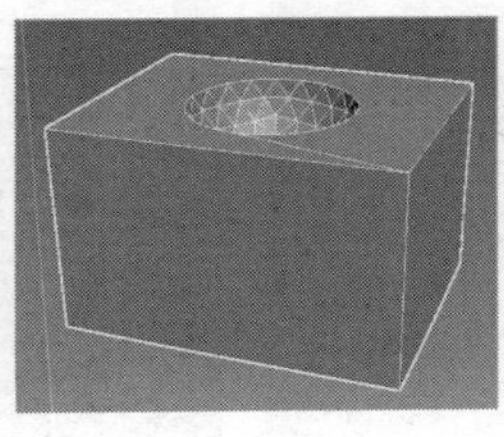

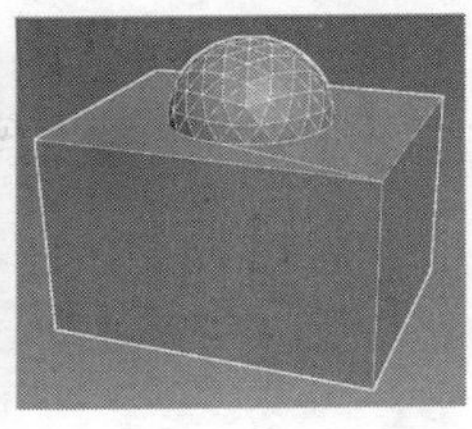

2. 放样

放样是将二维图形作为三维模型的横截面，沿着一定的路径，生成三维模型，如下图所示为利用放样工具制作的镜框模型。

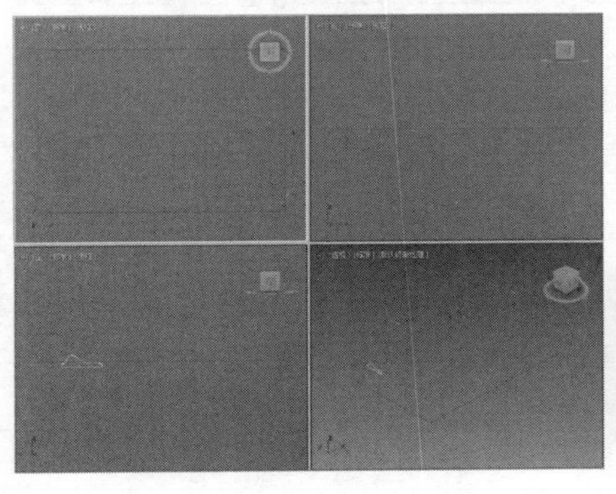

3. 图形合并

图形合并在建模中经常会用到，其工作原理比较特殊。图形合并是通过将二维图形映射到三维模型上，使得三维模型表面产生二维图形的网格效果，因此可以对图形合并之后的模型进行调整。

通过使用该工具可以制作很多模型效果，比如制作模型表面的花纹纹理、凸起的文字效果等，如下图所示。

NURBS建模

在3ds Max中建模的方式之一是使用NURBS曲面和曲线。NURBS表示非均匀有理数B样条线，是设计和建模曲面的行业标准。它特别适合于为含有复杂曲线的曲面建模，因为这些对象很容易交互操纵，且算法效率高，计算稳定性好。

1. NURBS对象

NURBS对象包含曲线和曲面两种，如下图所示，NURBS建模也就是创建NURBS曲线和NURBS曲面的过程，使用它可以使以前实体建模难以达到的圆滑曲面的构建变得简单方便。

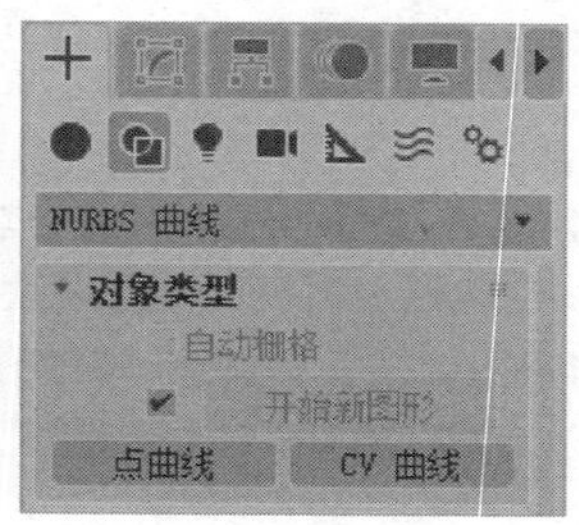

（1）NURBS曲面

NURBS曲面包含点曲面和CV曲面两种，含义介绍如下：

- 点曲面：由点来控制模型的形状，每个点始终位于曲面的表面上。
- CV曲面：由控制顶点来控制模型的形状，CV形成围绕曲面的控制晶格，而不是位于曲面上。

（2）NURBS曲线

NURBS曲线包含点曲线和CV曲线两种，含义介绍如下：

- 点曲线：由点来控制曲线的形状，每个点始终位于曲线上。
- CV曲线：由控制顶点来控制曲线的形状，这些控制顶点不必位于曲线上。

2. 编辑NURBS对象

在NURBS对象的参数面板中共有7个卷展栏，分别是“常规”、“显示线参数”、“曲面近似”、“曲线近似”、“创建点”、“创建曲线”和“创建曲面”卷展栏，如下左图所示。而在选择“曲线CV”或者“曲线”子层级时，又会分别出现不同的参数卷展栏，如下左图所示。

在“常规”卷展栏中包含了附加、导入以及NURBD工具箱等，如下中图所示。单击“NURBS创建工具箱”按钮，即可打开NURBS工具箱，如下右图所示。

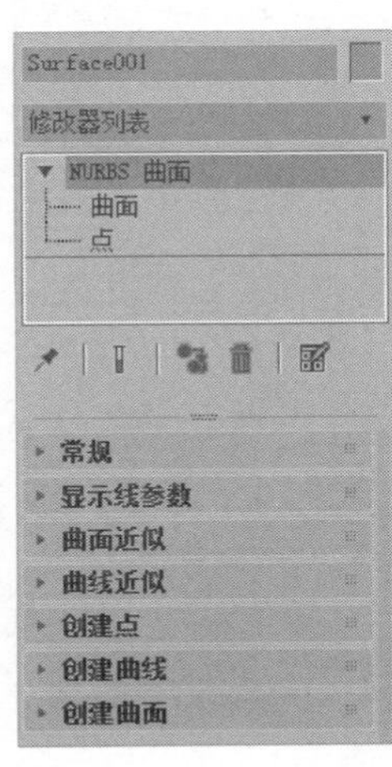

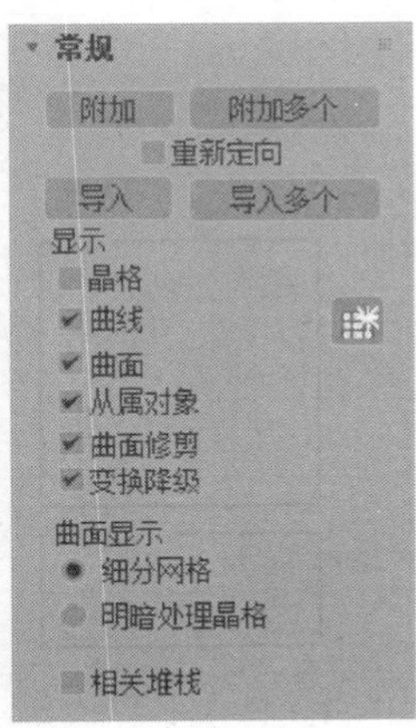

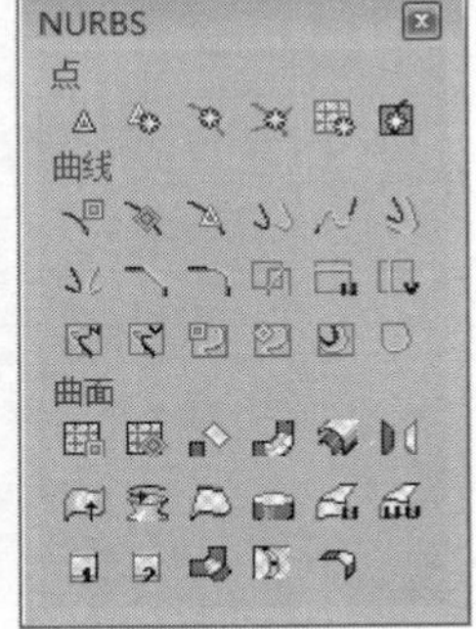

NURBS工具箱中各工具介绍如下表所示：

名称	用途
创建点	创建一个独立自由的顶点
创建偏移点	在距离选定点一定的偏移位置创建一个顶点
创建曲线点	创建一个依附在曲线上的顶点
创建曲线-曲线点	在两条曲线交叉处创建一个顶点
创建曲面点	创建一个依附在曲面上的顶点
创建曲面-曲线点	在曲面和曲线的交叉处创建一个顶点
创建CV曲线	创建可控曲线，与创建面板中按钮功能相同
创建点曲线	创建点曲线
创建拟合曲线	即可以使一条曲线通过曲线的顶点、独立顶点，曲线的位置与顶点相关联
创建变换曲线	创建一条曲线的备份，并与原始曲线相关联
创建混合曲线	在一条曲线的端点与另一条曲线的端点之间创建过度曲线
创建偏移曲线	创建一条曲线的备份，当拖动鼠标改变曲线与原始曲线之间的距离时，其大小随着距离的改变而改变
创建镜像曲线	创建镜像曲线
创建切角曲线	创建倒角曲线
创建圆角曲线	创建圆角曲线
创建曲面-曲面相交曲线	创建曲面与曲面的交叉曲线
创建U向等参曲线	沿曲面的法线方向偏移，大小随着偏移量而改变
创建V向等参曲线	在曲线上创建水平和垂直的ISO曲线
创建法向投影曲线	以一条原始曲线为基础，在曲线所组成的曲面法线方向上曲面投影
创建向量投影曲线	与创建标准投影曲线相似，但投影方向不同，矢量投影是在曲面的法线方向上向曲面投影，而标准投影是在曲线所组成的曲面方向上曲面投影
创建曲面上的CV曲线	这与可控曲线非常相似，只是曲面上的可控曲线与曲面关联

（续表）

名称	用途
创建曲面上点曲线	创建曲面上的点曲线
创建曲面偏移曲线	创建曲面上的偏移曲线
创建曲面边曲线	创建曲面上的边曲线
创建CV曲面	创建可控曲面
创建点曲面	创建点曲面
创建变换曲面	所创建的变换曲面是原始曲面的一个备份
创建混合曲面	在两个曲面的边界之间创建一个光滑曲面
创建偏移曲面	创建与原始曲面相关联且在原始曲面的法线方向指定的距离
创建镜像曲面	创建镜像曲面
创建挤出曲面	将一条曲线拉伸为一个与曲线相关联的曲面
创建车削曲面	即旋转一条曲线生成一个曲面
创建规则曲面	在两条曲线之间创建一个曲面
创建封口曲面	在一条封闭曲线上加上一个盖子
创建U向放样曲面	在水平方向上创建一个横穿多条NURBS曲线的曲面，这些曲线会形成曲面水平轴上的轮廓
创建UV放样曲面	创建水平垂直放样曲面，与水平放样曲面类似，不仅可以在水平面上放置曲线，还可以在垂直方向上放置曲线，可以更精确地控制曲面的形状
创建单轨扫描	这需要至少两条曲线，一条做路径，一条做曲面的交叉界面
创建双轨扫描	这需要至少三条曲线，其中两条做路径，其他曲线作为曲面的交叉界面
创建多边混合曲面	在两个或两个以上的边之间创建融合曲面
创建多重曲线修剪曲面	在两个或两个以上的边之间创建剪切曲面
创建圆角曲面	在两个交叉曲面结合处建立光滑的过度曲面

多边形建模

多边形建模是一种最为常见的建模方式。其原理是先将一个模型对象转化为可编辑多边形，然后对顶点、边、多边形、边界、元素这几种级别的内容进行编辑，使模型逐渐产生相应的变化，从而达到建模的目的。

1. 创建多边形对象

选择对象并单击鼠标右键，在弹出的快捷菜单中选择“转换为可编辑多边形”选项，即可将其转换为可编辑样条线，在修改器堆伐栏中可以选择编辑多边形的方式，如下图所示。

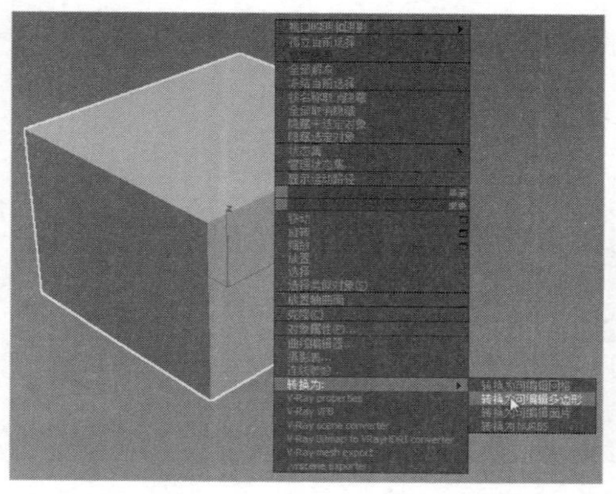

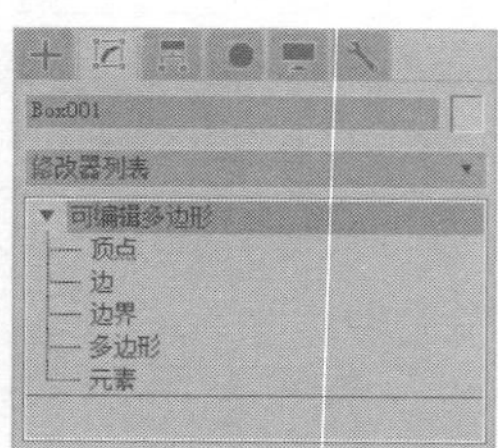

2. 编辑多边形对象

将物体转换为可编辑多边形对象后，就可以对可编辑多边形对象的顶点、边、边界、多边形和元素分别进行编辑。

可编辑多边形的参数设置面板中包括6个卷展栏，分别是“选择”卷展栏、“软选择”卷展栏、“编辑几何体”卷展栏、“细分曲面”卷展栏、“细分置换”卷展栏和“绘制变形”卷展栏，如右图所示。

选择
软选择
编辑几何体
细分曲面
细分置换
绘制变形

在选择了不同的次物体级别以后，可编辑多边形的参数设置面板也会发生相应的变化，比如在“选择”卷展栏下单击“顶点”按钮，进入“顶点”级别后，在参数设置面板中就会增加两个对顶点进行编辑的卷展栏，如下左图所示。而如果进入“边”级别和“多边形”级别以后，又对增加对边和多边形进行编辑的卷展栏，如下中图和下右图所示。

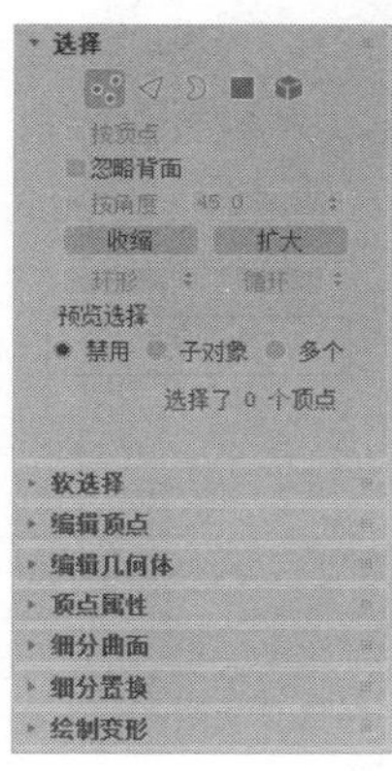

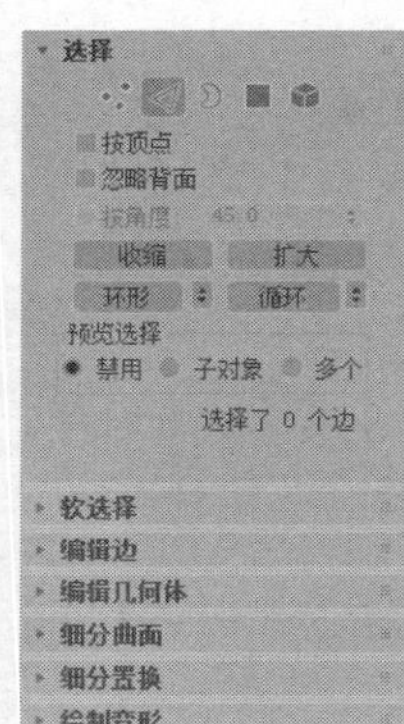

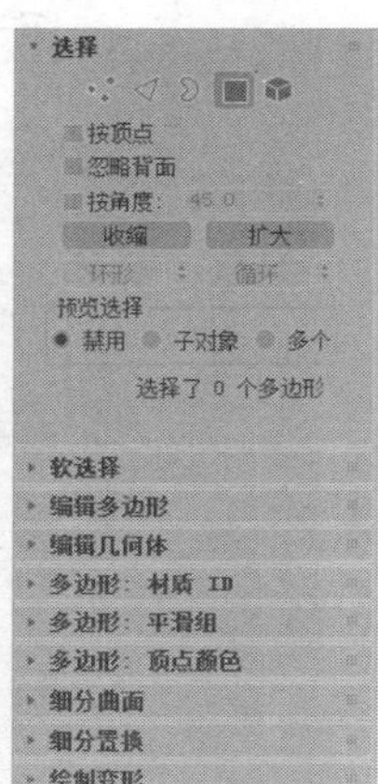

Lesson 05 常用修改器

3ds Max建模方式有很多种，其中几何体建模和样条线建模是较为基础的建模方式，而修改器建模则是建立在这两种建模方式之上的。配合这两种建模方式再使用修改器，可以达到很多建模方式达不到的模型效果。

3ds Max中有很多修改器，有些修改器可以作用于二维图形上，有些修改器可以作用于三维模型上。因此选择二维图形或者三维模型，并为其添加修改器时会发现修改器并不是完全相同的。

1.“挤出”修改器

“挤出”修改器可以将绘制的二维样条线挤出一定的厚度，从而产生三维实体，如果绘制的线段为封闭的，即可挤出带有面积的三维实体，若绘制的线段不是封闭的，那么挤出的实体则是片状的。

添加“挤出”修改器后，命令面板的下方将弹出“参数”卷展栏，如右图所示。下面以创建书籍模型为例介绍“挤出”修改器的应用方法：

Step 01 在前视图绘制一个长40mm宽210mm的矩形，如下图所示。

Step 02 将矩形转换为可编辑样条线，进入“线段”子层级，在视图中选择一条线段并按DELETE键删除，如下图所示。

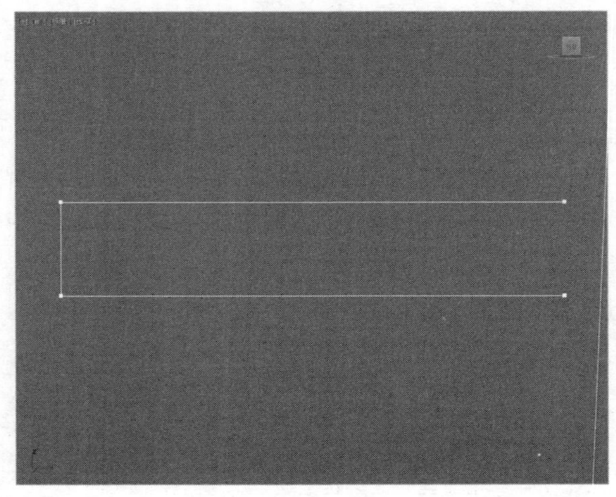

Step 03 进入“样条线”子层级，在“几何体”卷展栏中设置轮廓值为5mm，按回车键即可为样条线添加厚度，如下图所示。

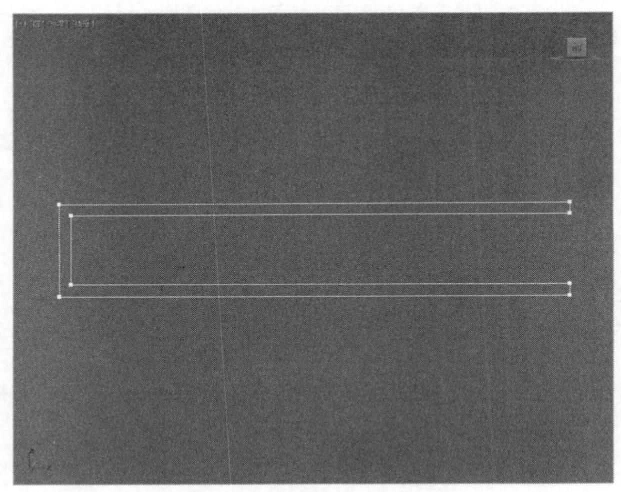

Step 04 进入“顶点”子层级，选择右侧的四个顶点，在“几何体”卷展栏中设置圆角值为2.5mm，再按回车键，如下图所示。

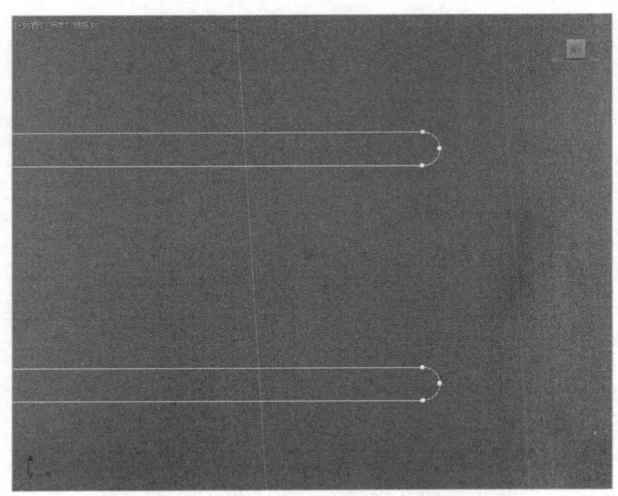

Step 05 在修改器列表中选择“挤出”选项，为样条线添加“挤出”修改器，在“参数”卷展栏中设置挤出数量值为290mm，效果如下图所示。

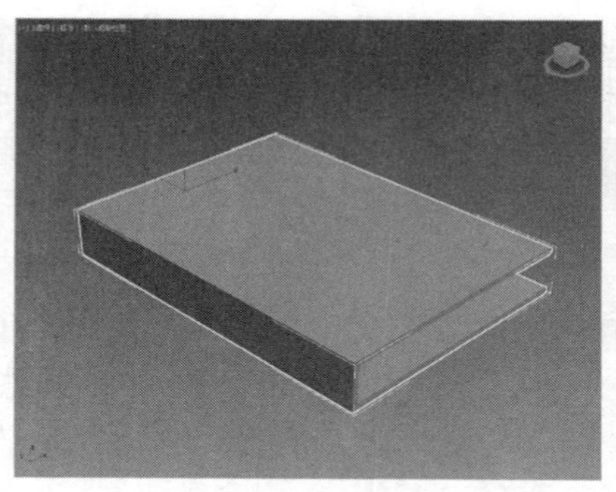

Step 06 右键单击“捕捉”开关按钮，在打开的“栅格和捕捉设置”对话框中勾选“顶点”选项，再关闭该对话框，如下图所示。

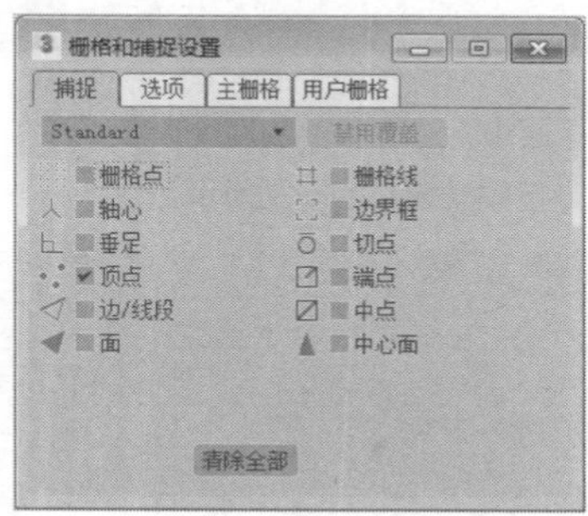

Step 07 在前视图中捕捉绘制矩形，如下图所示。

Step 08 单击鼠标右键，在快捷菜单中选择将其转换为可编辑样条线，进入“顶点”子层级，选择两个顶点，并调整控制柄，如下图所示。

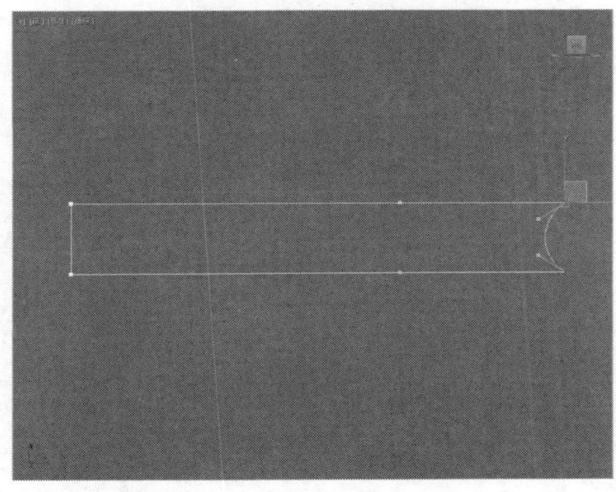

Step 09 为样条线添加“挤出”修改器，设置挤出值为270mm，调整模型位置与颜色，即可初步完成书籍模型的创建，如下图所示。

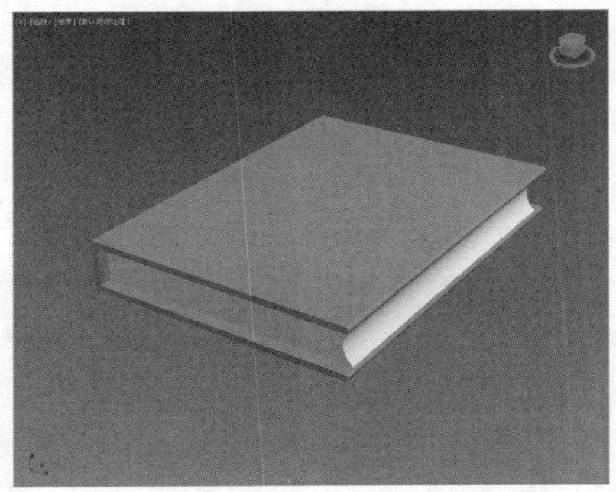

2. “倒角”修改器

“倒角”修改器与基础修改器类似，都可以产生三维效果，而且倒角修改器还可以模拟边缘倒角的效果。添加“倒角”修改器后，命令面板的下方将弹出“参数”及“倒角值”卷展栏，如下左图所示。

3.“车削”修改器

“车削”修改器通过旋转二维样条线创建三维实体，该修改器用于创建中心放射物体，用户也可以设置旋转的角度，更改实体旋转效果。在使用“车削”修改器后，命令面板的下方将显示“参数”卷展栏，如下右图所示。

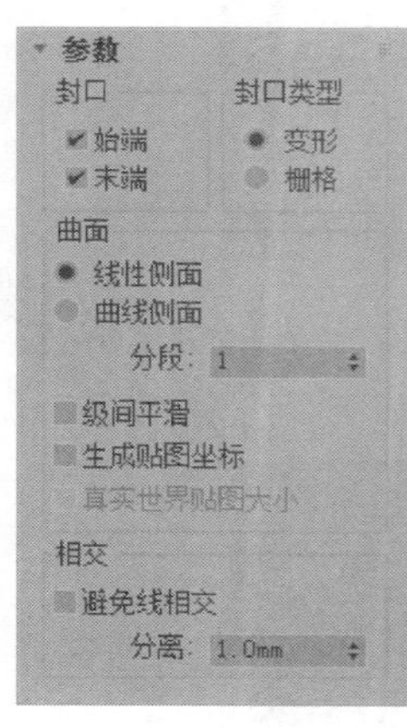

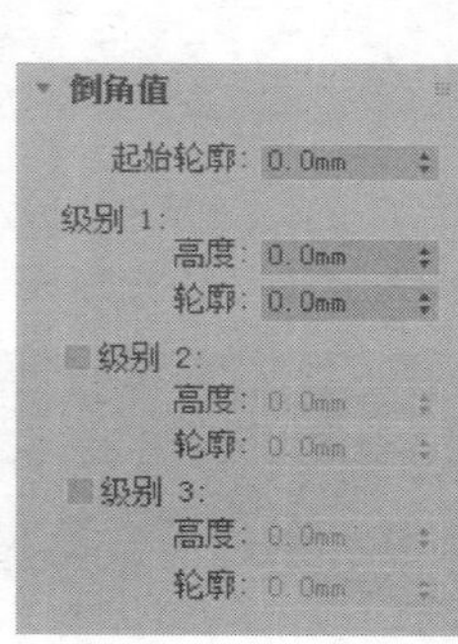

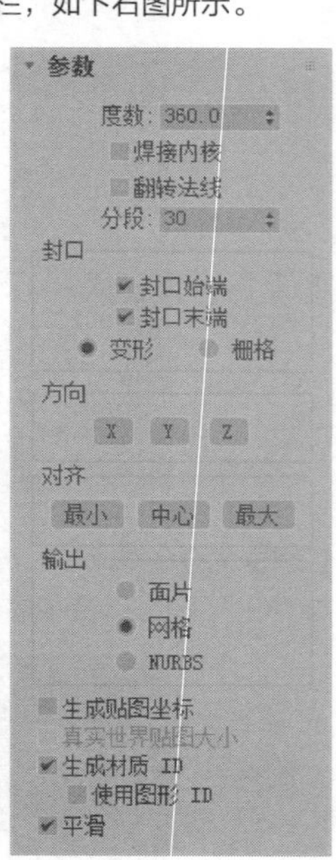

如下图所示为利用“车削”修改器制作的花瓶模型。

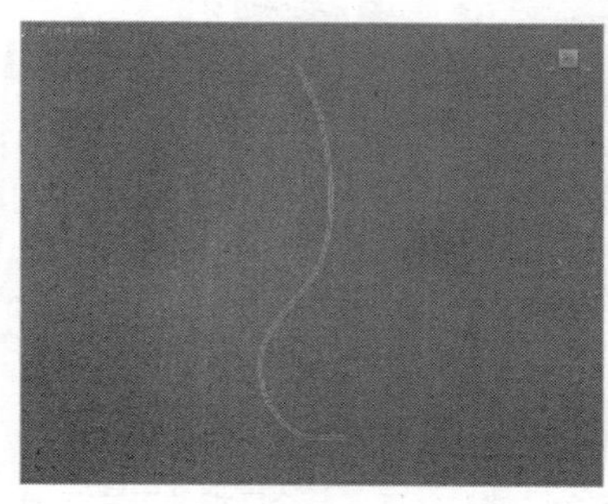

4. “弯曲”修改器

“弯曲”修改器可以使物体进行弯曲变形，用户也可以设置弯曲角度和方向等。该项修改器常被用于管道变形和人体弯曲等。

打开修改器列表框，单击“弯曲”选项，即可调用“弯曲”修改器，命令面板的下方将弹出修改弯曲值的“参数”卷展栏，如右图所示。

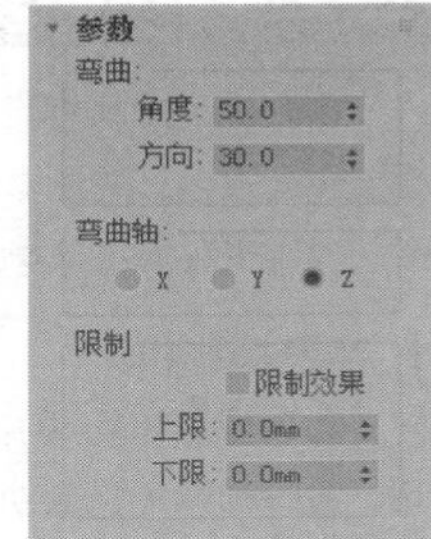

如下图所示为利用“弯曲”修改器制作的效果。

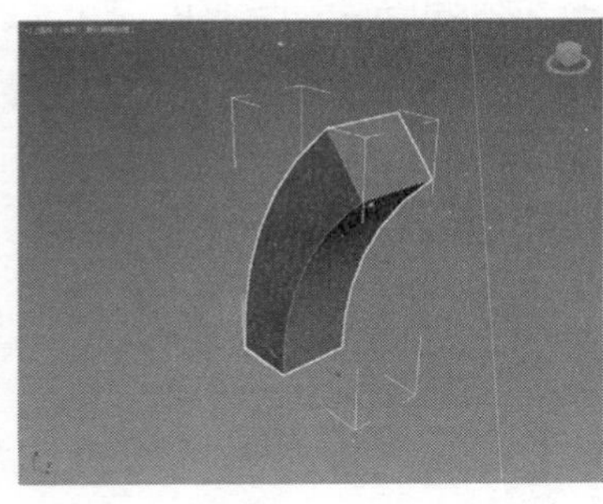

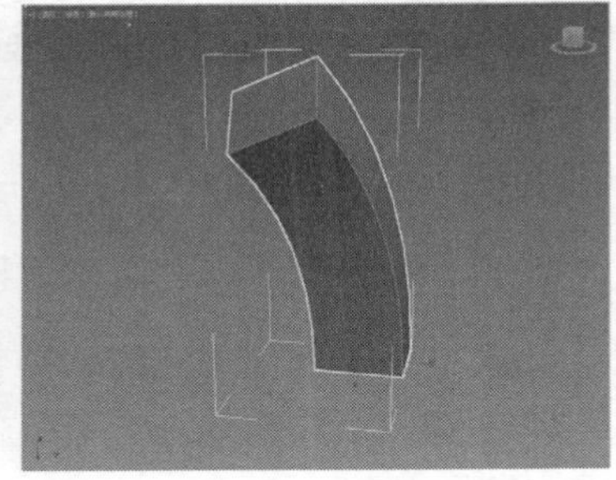

5. FFD修改器

为模型添加“FFD”修改器后，模型周围会出现橙色的晶格线框架，通过调整晶格线框架的控制点来调整模型的效果。通常使用该修改器制作模型变形效果。如下图所示为“FFD”修改器的“参数”卷展栏及制作出的效果。

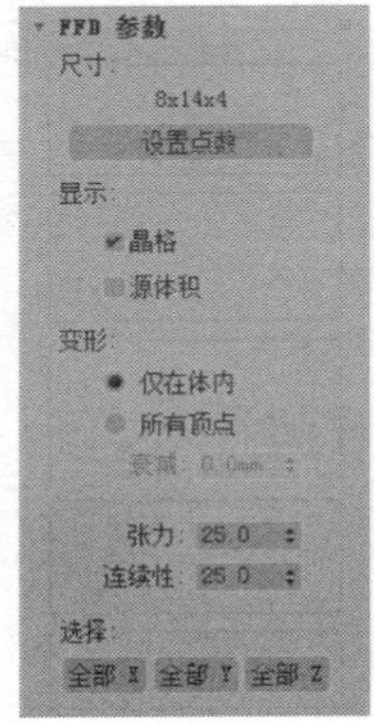

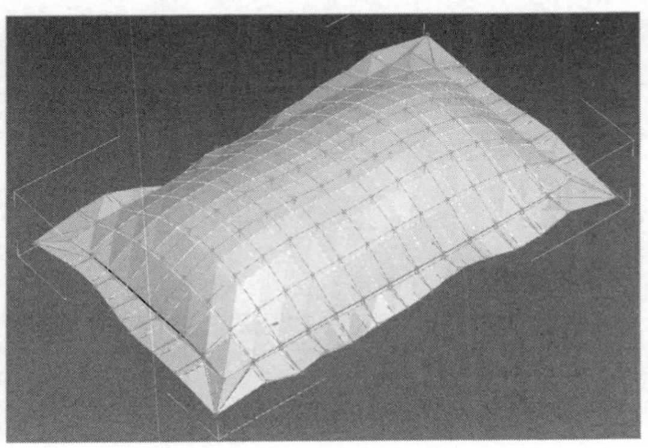

Lesson 06 摄影机

摄影机可以从特定的观察点来表现场景，模拟真实世界中的静止图像、运动图像或视频，并能够制作某些特殊的效果，如景深和运动模糊等。3ds Max中共提供三种摄影机类型，包括物理摄影机、目标摄影机和自由摄影机三种。

1. 物理摄影机

物理摄影机可模拟用户可能熟悉的真实摄影机设置，例如快门速度、光圈、景深和曝光。借助增强的控件和额外的视口内反馈，使创建逼真的图像和动画变得更加容易。它将场景的帧设置与曝光控制和其他效果集成在一起，是用于基于物理的真实照片级渲染的最佳摄影机类型。该摄影机主要参数卷展栏如下图所示。

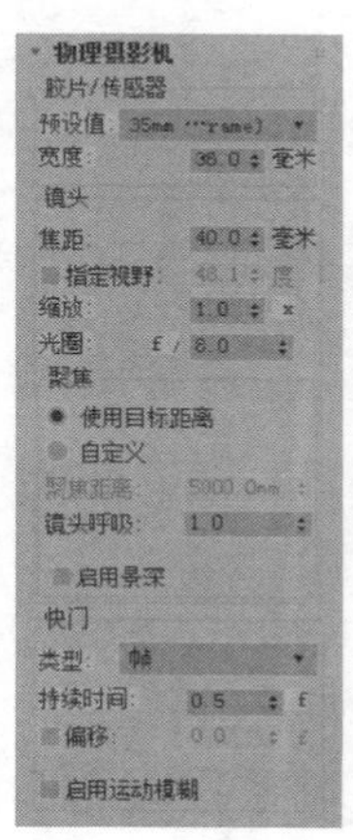

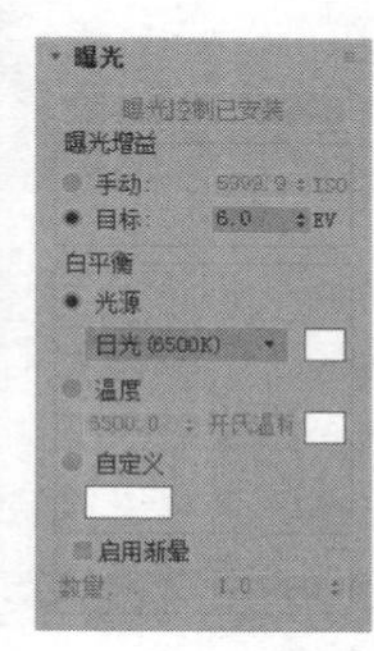

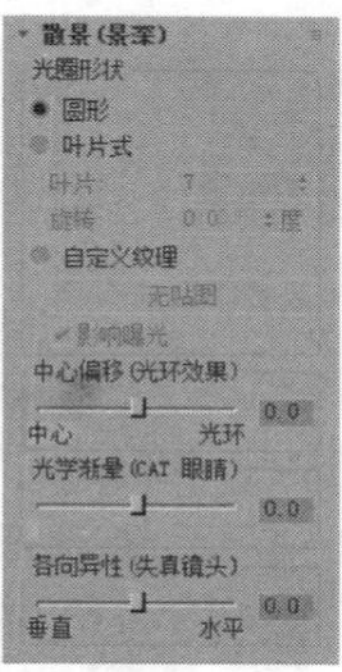

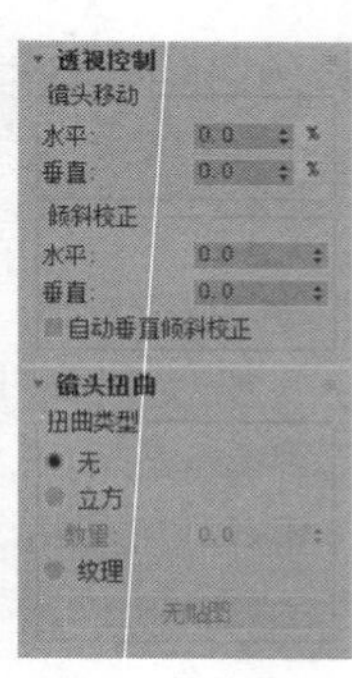

物理摄影机功能的支持级别取决于所使用的渲染器，具体介绍如下：

（1）默认扫描线渲染器

- 扭曲
- 景深
- 运动模糊

透视控制受支持，但是一些设置可能与某些场景不对应。

（2）Mental ray渲染器

- 支持所有物理摄影机设置。

（3）iray渲染器

- 扭曲
- 景深
- 透视控制 > 倾斜校正
- 近距/远距剪切平面
- 环境范围

（4）Quicksilver硬件渲染器

- 扭曲
- 运动模糊
- 散景 > 光圈形状

透视控制受支持，但是一些设置可能与某些场景不对应。

（5）第三方渲染器

VRay渲染器支持所有的物理摄影机设置，其他第三方渲染器具有与默认扫描线渲染器相同的限制，除非它们已经明确编码来支持物理摄影机。

2. 目标摄影机

目标摄影机用于观察目标点附近的场景内容，有摄影机、目标两部分，可以很容易地单独进行控制调整，并分别设置动画。该摄影机的参数卷展栏如下图所示。

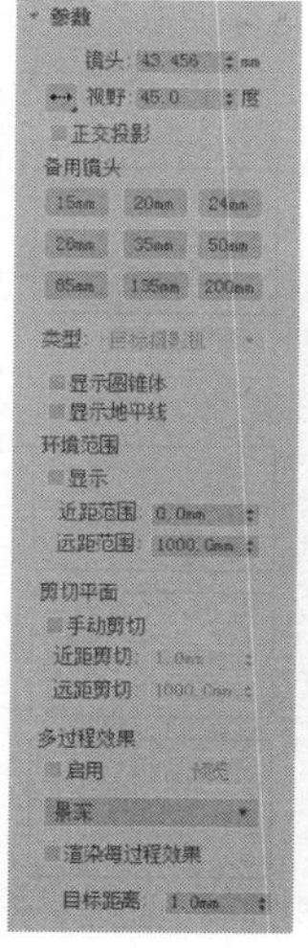

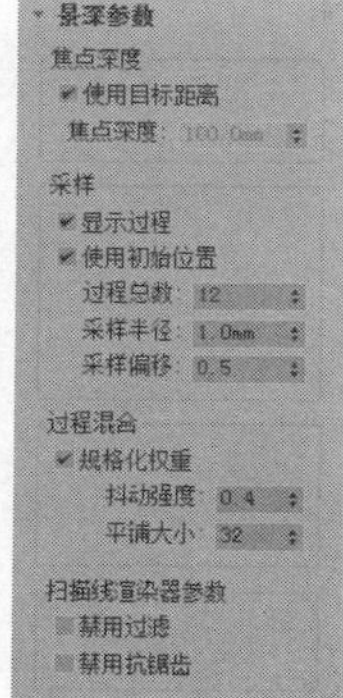

3. 自由摄影机

自由摄影机在摄影机指向的方向查看区域，与目标摄影机非常相似，就像目标聚光灯和自由聚光灯的区别。不同的是自由摄影机比目标摄影机少了一个目标点，自由摄影机由单个图标表示，可以更轻松地设置摄影机动画。该摄影机的参数面板与目标摄影机的参数面板相同，这里不再赘述。

Lesson 07 材质与贴图

材质是三维世界的一个重要概念，是对现实世界中各种材质视觉效果的模拟。在3ds Max中创建一个模型，其本身不具备任何表面特征，但是通过材质自身的参数控制可以模拟现实世界中的种种视觉效果。

材质类型

3ds Max中共提供了17种材质类型，每一种材质都具有相应的功能，如默认的“标准”材质可以表现大多数真实世界中的材质，或适合表现金属和玻璃的“光线跟踪”材质等，下面将对常用的几种材质类型进行介绍。

1.“标准”材质

“标准”材质是最常用的材质类型，可以模拟表面单一的颜色，为表面建模提供非常直观的方式。使用“标准”材质时可以选择各种明暗器，为各种反射表面设置颜色以及使用贴图通道等，这些设置都可以在参数面板中进行，如下图所示。

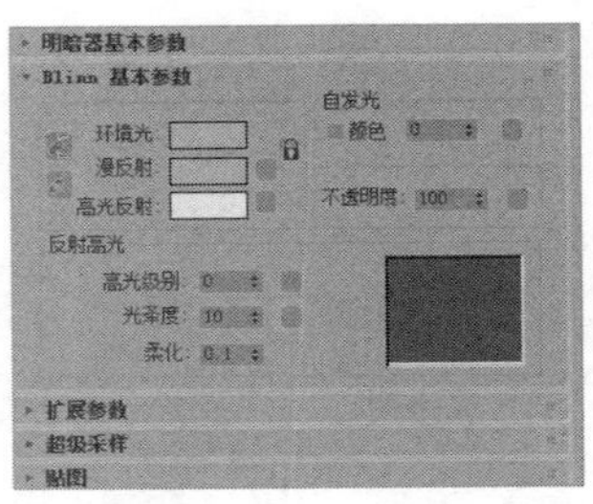

2.“建筑”材质

在3ds Max中提供了大量的建筑材质模板，通过调整物理性质和灯光的配和可以使材质达到更逼真的效果。将材质更改为“建筑”材质后，参数面板如下图所示。

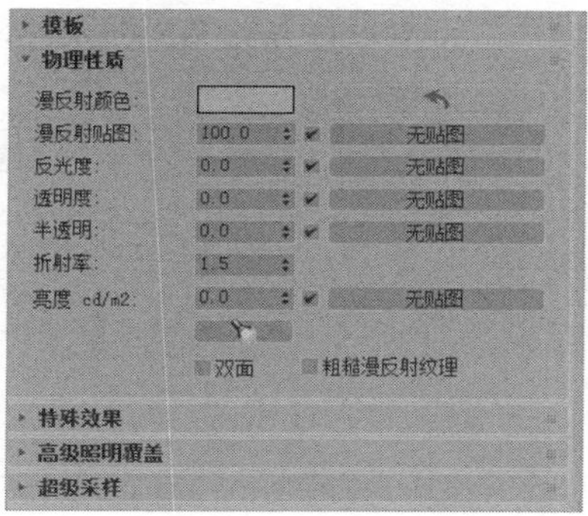

3.“混合”材质

“混合”材质可以将两种不同的材质融合在一起，控制材质的显示程度，还可以制作成材质变形的动画。

“混合”材质由两个子材质和一个遮罩组成，子材质可以是任何类型的材质，遮罩则可以访问任意贴图中的组件或者是设置位图等。它常被用于制作刻花镜、带有花样的抱枕和部分锈迹的金属等等。在使用混合材质后，参数面板如下图所示。

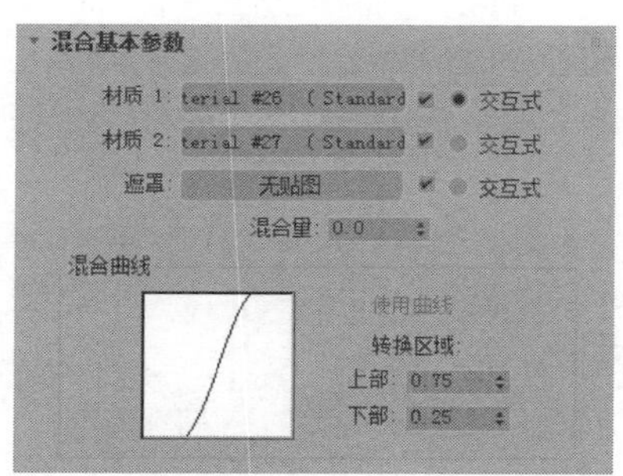

4.“合成”材质

“合成”材质最多可以合成10种材质，按照在卷展栏中列出的顺序从上到下叠加材质。它可通过增加不透明度、相减不透明度来组合材质，或使用“数量”值来混合材质，如下图所示为“合成”材质的参数面板。

合成基本参数
基础材质：（Standard） 合成类型
材质 1：无 A S M 100.0
材质 2：无 A S M 100.0
材质 3：无 A S M 100.0
材质 4：无 A S M 100.0
材质 5：无 A S M 100.0

5.“双面”材质

使用“双面”材质可以为对象的前面和后面指定两个不同的材质，如下图所示为“双面”材质的参数面板。

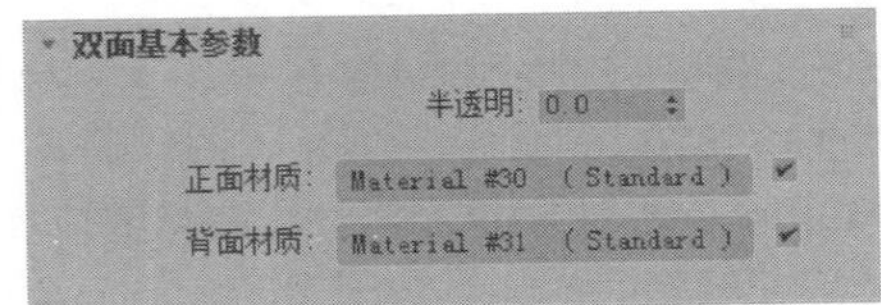

6.“多维/子对象”材质

“多维/子对象”材质是将多个材质组合到一个材质当中，将物体设置不同的ID材质后，使材质根据对应的ID号赋予到指定物体区域上。该材质常被用于包含许多贴图的复杂物体上。在使用“多维/子对象”材质后，参数面板如下图所示。

多维/子对象基本参数
6 设置数量 添加 删除
ID 名称 子材质 启用/禁用
1 无
2 无
3 无
4 无
5 无
6 无

7. “顶/底”材质

使用“顶/底”材质可以为对象的顶部和底部指定两个不同的材质，并允许将两种材质混合在一起，得到类似“双面”材质的效果，“顶/底”材质参数提供了访问子材质、混合、坐标等参数，其参数面板如下图所示。

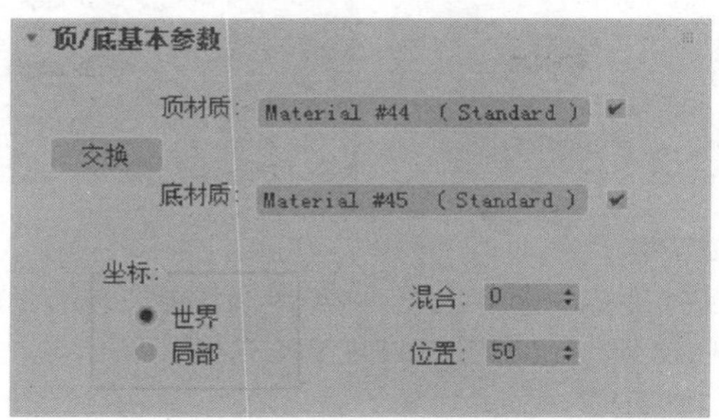

贴图类型

在3ds Max中包括30多种贴图，根据使用方法、效果等分为2D贴图、3D贴图、合成器、颜色修改器、其他等六大类。贴图可以模拟纹理、反射、折射及其他特殊效果，可以在不增加材质复杂度的前提下，为材质添加细节，有效改善材质的外观和真实感。

1. 2D贴图

3ds Max 的贴图可分为2D 贴图、3D 贴图、合成贴图等多种类型，不同的贴图类型产生不同的效果并且有其特定的行为方式，其中2D 贴图是二维图像，一般将其粘贴在几何体对象的表面，或者和环境贴图一样用于创建场景的背景。

（1）位图贴图

“位图”贴图就是将位图图像文件作为贴图使用，它可以支持各种类型的图像和动画格式，包括AVI、BMP、CIN、JPG、TIF、TGA等。“位图”贴图的使用范围广泛，通常用在漫反射贴图通道、凹凸贴图通道、反射贴图通道、折射贴图通道中。

（2）棋盘格贴图

“棋盘格”贴图可以产生类似棋盘的，由两种颜色组成的方格图案，并允许贴图替换颜色。如下图所示为棋盘格贴图的参数面板及贴图效果。

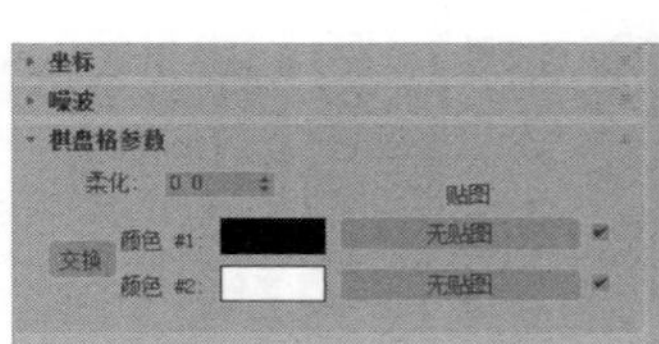

（3）渐变贴图

“渐变”贴图是指从一种颜色到另一种颜色进行着色，可以创建3种颜色的线性或径向渐变效果，其参数面板如下左图所示。

（4）渐变坡度贴图

“渐变坡度”贴图是可以使用许多颜色的高级渐变贴图，通常用在漫反射贴图通道中，在参数卷展栏中用户可以设置渐变的颜色及每种颜色的位置，还可以利用“噪波”选项组来设置噪波的类型和大小，使渐变色的过渡看起来不是那么的规则，从而增加渐变的真实程度，其参数面板如下右图所示。

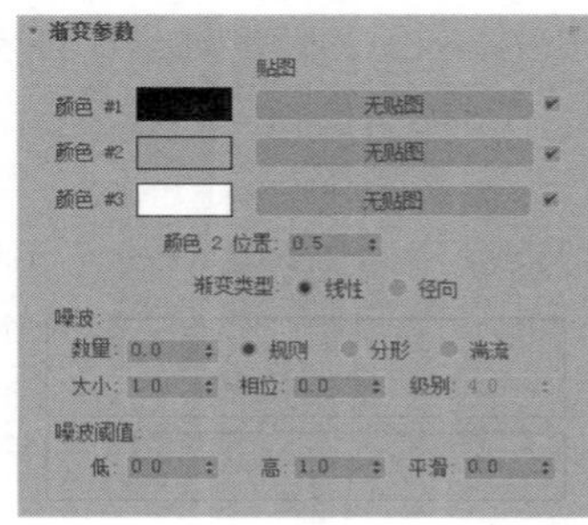

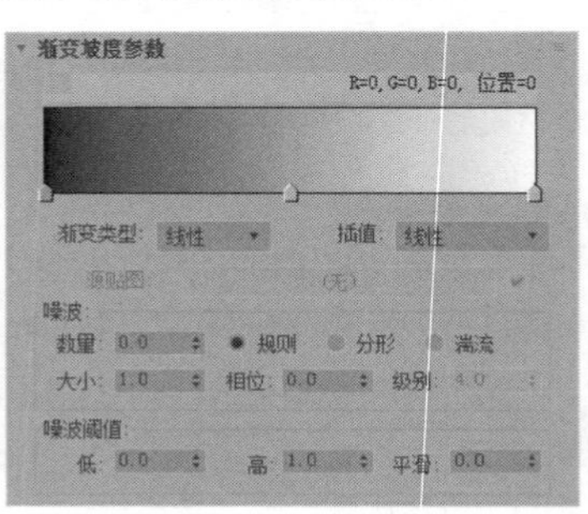

（5）漩涡贴图

“漩涡”贴图可以创建两种颜色或贴图的漩涡图案，其参数面板如下左图所示。漩涡贴图生成的图案类似于两种冰淇淋的外观。如同其他双色贴图一样，任何一种颜色都可用其他贴图替换，因此大理石与木材也可以生成漩涡。

（6）平铺

“平铺”贴图是专门用来制作砖块效果的，常用在漫反射通道中，有时也可以用在凹凸贴图通道中。

在“标准控制”卷展栏中有的预设类型列表中列出了一些已定义的建筑砖图案，用户也可以自定义图案，设置砖块的颜色、尺寸以及砖缝的颜色、尺寸等，其参数面板如下右图所示。

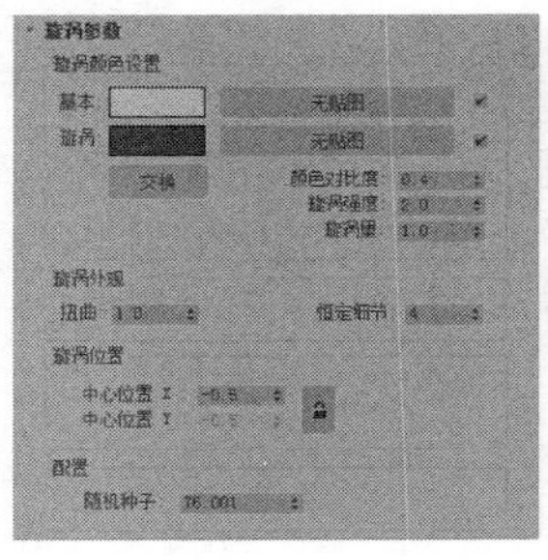

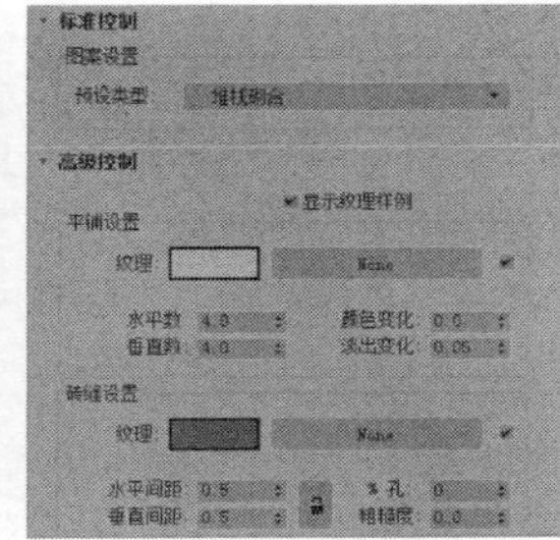

2. 3D贴图

3D贴图是根据程序以三维方式生成的图案，三维贴图具有连续性的特点，并且不会产生接缝效果。在3ds Max中有细胞、凹痕、衰减、大理石、噪波等十多种3D贴图类型。这里简单介绍几种比较常用的贴图类型。

（1）细胞

“细胞”贴图可生成用于各种视觉效果的细胞图案，包括马赛克瓷砖、鹅卵石表面甚至海洋表面。需要说明的是，在“材质编辑器”示例窗中不能很清楚地展现细胞效果，将贴图指定给几何体并渲染场景会得到想要的效果，其参数面板如下左图所示。

（2）凹痕

“凹痕”贴图根据分形噪波产生随机图案，在曲面上生成三维凹凸效果，图案的效果取决于贴图类型，其参数面板如下右图所示。

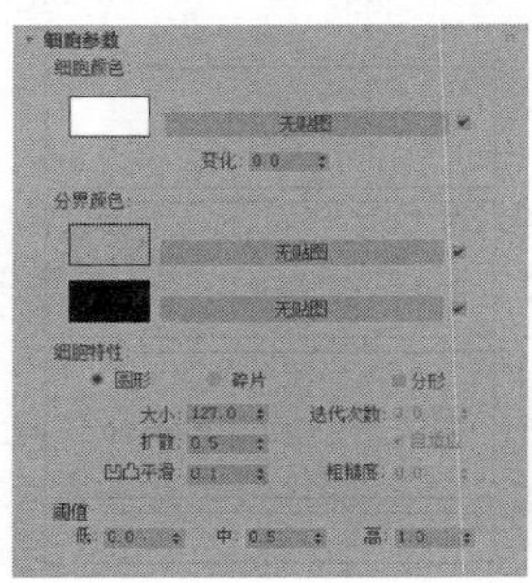

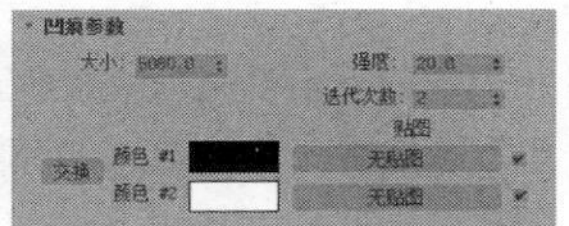

（3）衰减

“衰减”贴图是基于几何曲面上面法线的角度衰减生成从白色到黑色的值。在创建不透明的衰减效果时，衰减贴图提供了更大的灵活性，其参数面板如下左图所示。

（4）噪波

“噪波”贴图一般在凹凸通道中使用，用户可以通过设置“噪波参数”卷展栏来制作出紊乱不平的表面。“噪波”贴图基于两种颜色或材质的交互创建曲面的随机扰动，是三维形式的湍流图案，其参数面板如下右图所示。

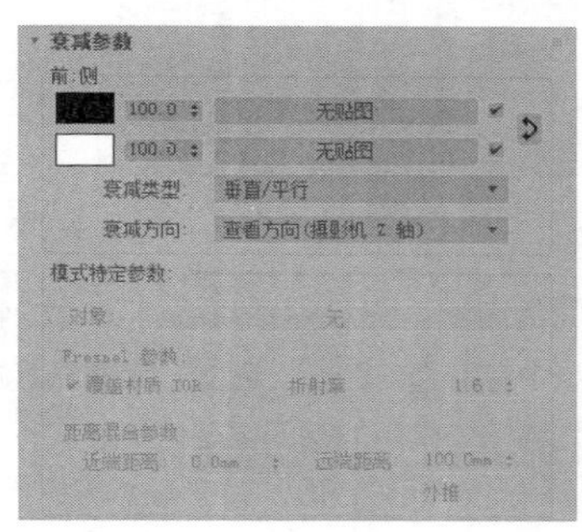

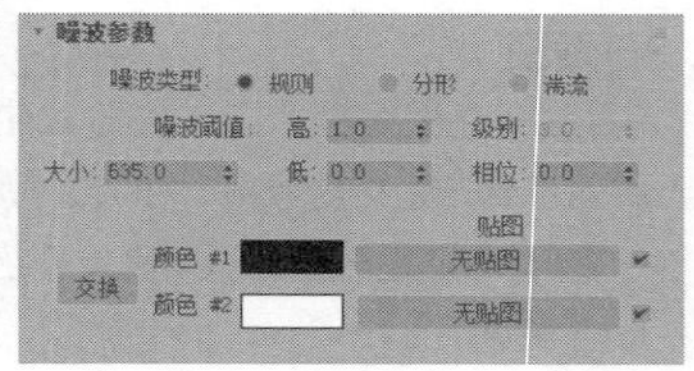

3. 合成器贴图

“合成器”贴图类型专用于合成其他颜色或贴图，将两个或多个图像叠加以将其组合。

（1）合成

“合成”贴图可以合成多个贴图，这些贴图使用Alpha通道彼此覆盖。与混合程序贴图不同，对于混合的量合成没有明显的控制。需要指出的是，视口可以在合成贴图中显示多个贴图。对于多个贴图的显示，显示驱动程序必须是OpenGL或者Direct3D。

（2）遮罩

使用“遮罩”贴图，可以在曲面上通过一种材质查看另一种材质，将遮罩控制应用到曲面的第二个贴图的位置。遮罩贴图的参数面板如下左图所示。

（3）混合

“混合”贴图可混合两种颜色或两种贴图，将两种颜色或材质合成在曲面的一侧，可以使用指定混合级别调整混合的量。混合贴图的参数面板如下右图所示。

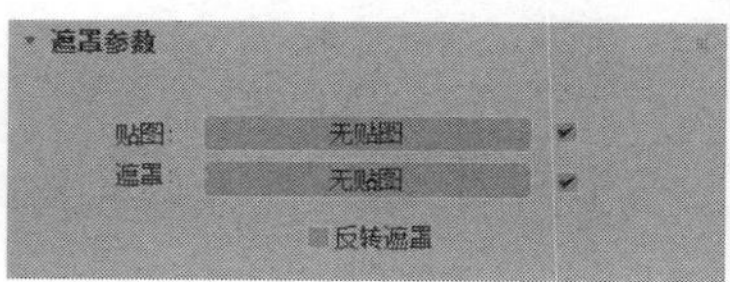

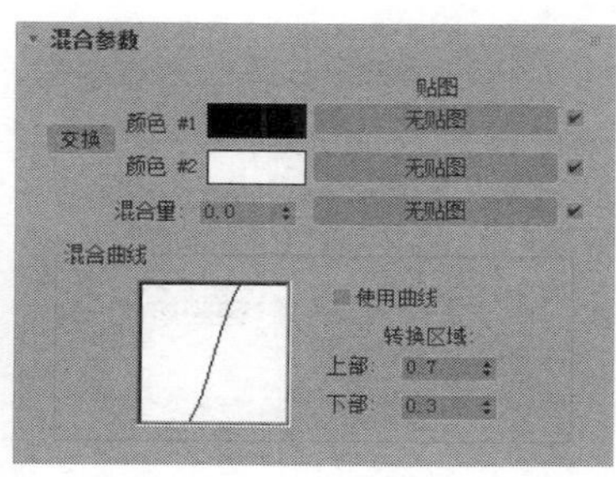

4. 颜色修正器

使用“颜色修改器”程序贴图可以改变材质中像素的颜色。

5. 其他贴图

其他类型贴图包括常用的多种反射、折射类贴图和摄影机每像素、法线凹凸等程序贴图。

Lesson 08 灯光技术

灯光是3ds Max中模拟自然光照最重要的手段，没有光便无法体现物体的形状、质感以及颜色等，可以说灯光是画面视觉信息与视觉造型的基础，是Max场景的灵魂。3ds Max中的灯光可以分为标准灯光和光度学灯光两类。

标准灯光

标准灯光是基于计算机的模拟灯光对象，该类型灯光主要包括泛光灯、聚光灯、平行光、天光以及mental ray常用区域灯光等多种类型。

1. 标准灯光种类

（1）泛光灯

泛光灯从单个光源向四周投射光线，其照明原理与室内白炽灯泡一样，因此通常用于模拟场景中的点光源，如下左图所示为泛光灯的照射效果。

（2）聚光灯

聚光灯包括目标聚光灯和自由聚光灯两种，但照明原理都类似闪光灯，即投射聚集的光束，其中自由聚光灯没有目标对象，如下右图所示。

（3）平行光

平行光包括目标平行灯和自由平行灯两种，主要用于模拟太阳在地球表面投射的光线，即从一个方向投射的平行光，如下左图所示为平行光照射效果。

（4）天光

天光是比较特别的标准灯光类型，可以建立日光的模型，配合光跟踪器使用，如下右图所示为天光的应用效果。

2. 标准灯光基本参数

当光线到达对象的表面时，对象表面将反射这些光线，这就是对象可见的基本原理。对象的外观取决于到达它的光线以及对象材质的属性，灯光的强度、颜色、色温等属性，这些因素都会对对象的表面产生影响。

在标准灯光的“强度/颜色/衰减”卷展栏中，可以对灯光的基本属性进行设置，如右图所示为参数卷展栏。

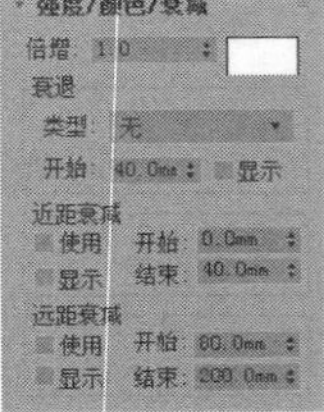

光度学灯光

光度学灯光是一种使用光度学数值进行计算的灯光，通过使用光度学（光能）值，可以更精确地定义和控制灯光，用户可以通过光度学灯光创建具有真实世界中灯光规格的照明对象，而且可以导入照明制造商提供的特定光度学文件。利用光度学灯光，结合光域网的应用，通过光能传递渲染器的渲染，可以达到较为逼真的光影效果，是室内效果图常用的一种表现灯光。

1. 光度学灯光种类

（1）目标灯光

3ds Max将光度学灯光进行整合，将所有的目标光度学灯光合为一个对象，可以在该对象的参数面板中选择不同的模板和类型，如40W强度的灯或线性灯光类型，如下左图所示为所有类型的目标灯光。

（2）自由灯光

自由灯光与目标灯光参数完全相同，只是没有目标点，如下右图所示。

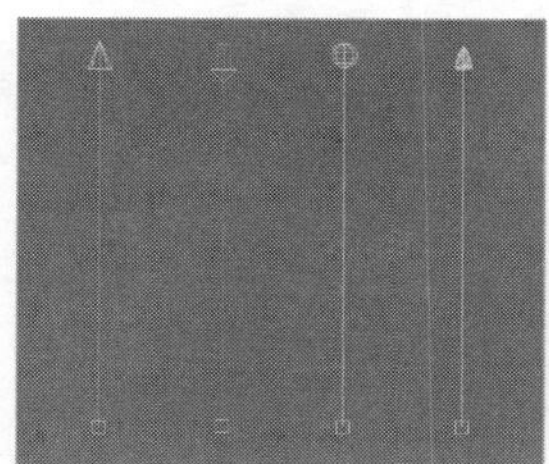

（3）太阳定位器

太阳定位器的存在是为了定位太阳在场景中的位置，类似于其他可用的太阳光和日光系统，太阳定位器使用的灯光遵循太阳在地球上某一给定位置的复合地理学的角度和运动，可以选择位置、日期、时间和指南针方向，也可以设置日期和时间的动画。

其参数卷展栏包含用于自定义太阳光系统的设置，如右图所示。

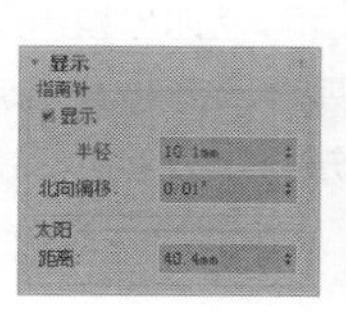

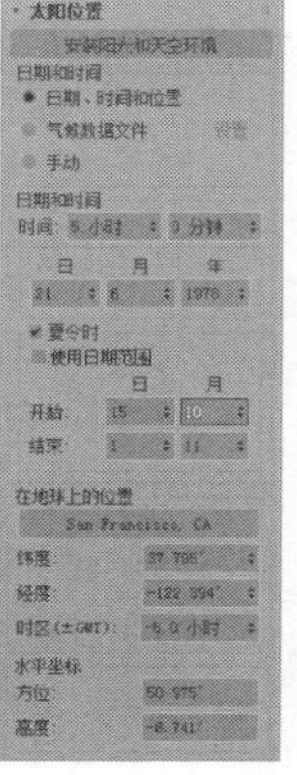

2. 光度学灯光基本参数

光度学灯光与标准灯光一样，强度、颜色等是最基本的属性，但光度学灯光还具有物理方面的参数，如灯光的分布、形状以及色温等。在光度学灯光的“强度/颜色/衰减”卷展栏中，用户可以设置灯光的强度和颜色等基本参数，如下左图所示。

光度学灯光提供了4种不同的分布方式，用于描述光源发射光线方向。在“常规参数”卷展栏中可以选择不同的分布方式，如下中图所示。

最常使用的是“光度学Web分布”方式，“光度学Web分布”是以3D的形式表示灯光的强度，通过该方式可以调用光域网文件，产生异形的灯光强度分布效果，如下左图所示为该模式原理。当选择“光度学Web”分布方式时，在相应的卷展栏中可以选择光域网文件并预览灯光的强度分布图，如下右图所示。

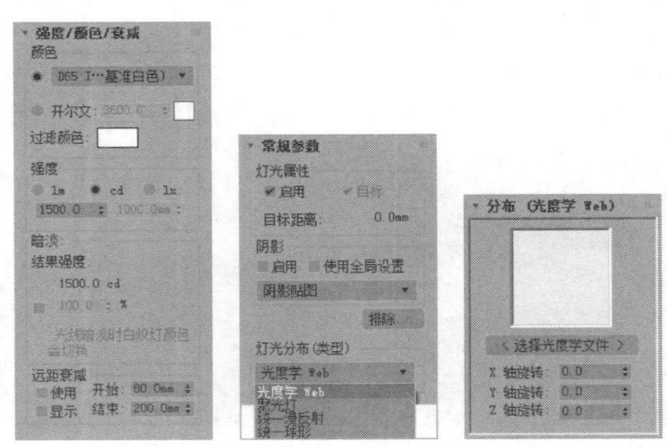

灯光阴影

对于标准灯光和光度学灯光中的所有类型的灯光，在“常规参数”卷展栏中，除了可以对灯光进行开关设置外，还可以选择不同形式的阴影方式。

1. 阴影参数

所有标准灯光类型都具有相同的阴影参数设置，通过设置阴影参数，可以使对象投影产生密度不同或颜色不同的阴影效果。阴影参数直接在“阴影参数”卷展栏中进行设置，如右图所示。

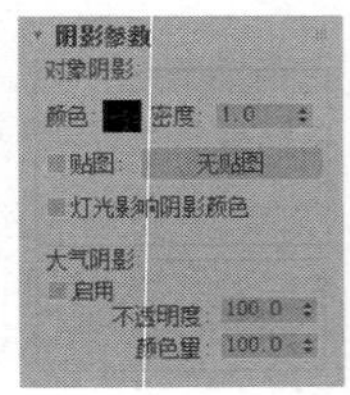

2. 阴影贴图

阴影贴图是最常用的阴影生成方式，它能产生柔和的阴影，并且渲染速度快。不足之处是会占用大量的内存，并且不支持使用透明度或不透明度贴图的对象。使用阴影贴图，灯光参数面板中会出现“阴影贴图参数”卷展栏，如下左图所示。

3. 区域阴影

所有类型的灯光都可以使用“区域阴影”参数。创建区域阴影，需要设置“虚设”区域阴影的虚拟灯光的尺寸。使用“区域阴影”后，会出现相应的参数卷展栏，在卷展栏中可以选择产生阴影的灯光类型并设置阴影参数，如下中图所示。

4. 光线跟踪阴影

使用“光线跟踪阴影”功能可以支持透明度和不透明度贴图，产生清晰的阴影，但该阴影类型渲染计算速度较慢，不支持柔和的阴影效果。选择“光线跟踪阴影”选项后，参数面板中会出现相应的卷展栏，如下右图所示。

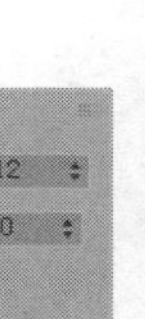

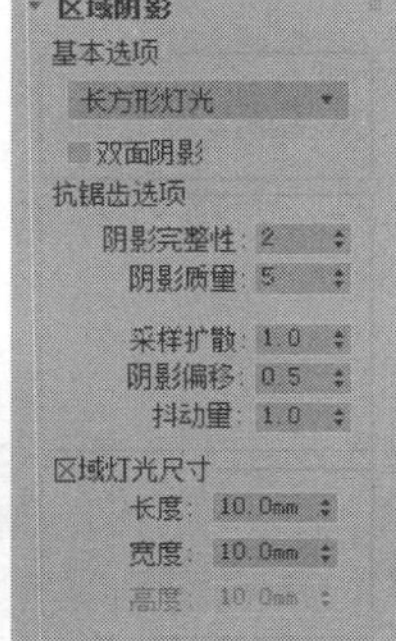

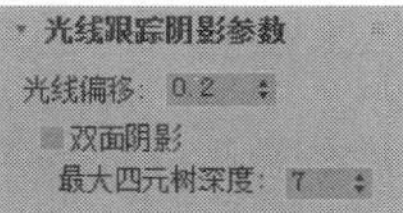

Lesson 09 渲染器

使用Photoshop制作作品时，可以实时看到最终的效果，而3ds Max是三维软件，对系统要求很高，无法承受实时预览，这时就需要一个渲染步骤，才能看到最终效果。当然渲染不仅仅是单击渲染这么简单，还需要适当的参数设置，使渲染的速度和质量都达到我们的需求。

使用3ds Max创作作品时，一般都遵循“建模 > 灯光 > 材质 > 渲染”这个最基本的步骤，渲染为最后一道工序（后期处理除外）。渲染的英文为Render，翻译为“着色”，也就是对场景进行着色的过程，它是通过复杂的运算，将虚拟的三维场景投射到二维平面上，这个过程需要对渲染器进行复杂的设置。如下图所示是一些比较优秀的渲染作品。

渲染器的类型

渲染器的类型很多，3ds Max中自带了5种渲染器，分别是NVIDIA iray渲染器、NVIDIA mental ray渲染器、Quicksilver硬件渲染器、VUE文件渲染器以及默认扫描线渲染器，如下图所示。此外，用户还可以使用外置的渲染器插件，比如VRay渲染器、Brazil渲染器等。这里主要介绍的是3ds Max自带的渲染器类型。

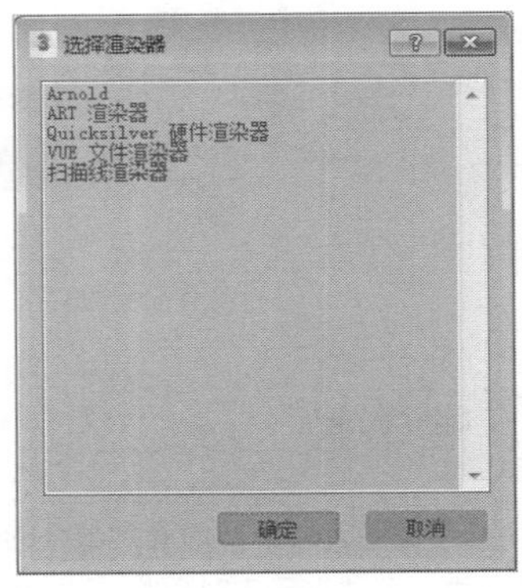

（1）NVIDIA iray渲染器

NVIDIA iray渲染器通过跟踪灯光路径来创建物理上的精确渲染，是一个将光线追踪算法推向极致的产品，利用这一渲染器，我们可以实现反射、折射、焦散、全局光照明灯其他渲染器很难实现的效果。

与其他渲染器相比，它几乎不需要进行设置，并且该渲染器的特点在于可以指定要渲染的时间长度、要计算的迭代次数，设置只需要启动渲染一段时间后，在对结果外观满意时可以将渲染停止。

（2）NVIDIA mental ray渲染器

mental ray是早期出现的两个重量级渲染器之一，其操作非常简便，效率也很高，它可以生成灯光效果的物理校正模拟，包括光线跟踪反射和折射、焦散和全局照明。因为该渲染器只需要在程序中设定好参数，便可智能地对需要渲染的场景进行自动计算，所以mental ray渲染器也叫做智能渲染器。

（3）Quicksilver 硬件渲染器

Quicksilver 硬件渲染器使用图形硬件生成渲染，该渲染器的一个优点是它的速度，默认设置提供快速渲染。

（4）VUE 文件渲染器

VUE 文件渲染器可以创建VUE(.vue)文件，而VUE 文件使用可编辑ASCII格式。

（5）扫描线渲染器

扫描线渲染器是默认的渲染器，默认情况下，通过“渲染场景”对话框或者Video Post渲染场景时，可以使用扫描线渲染器。扫描线渲染器是一种多功能渲染器，可以将场景渲染为从上到下生成的一系列扫描线。扫描线渲染器的渲染速度是最快的，但是真实度一般。

渲染器的设置

在默认情况下，执行渲染操作，可渲染当前激活视口。若需要渲染场景中的某一部分，则可以使用3ds Max提供的各种渲染类型来实现。3ds Max将渲染类型整合到了渲染场景对话框中，如下图所示。

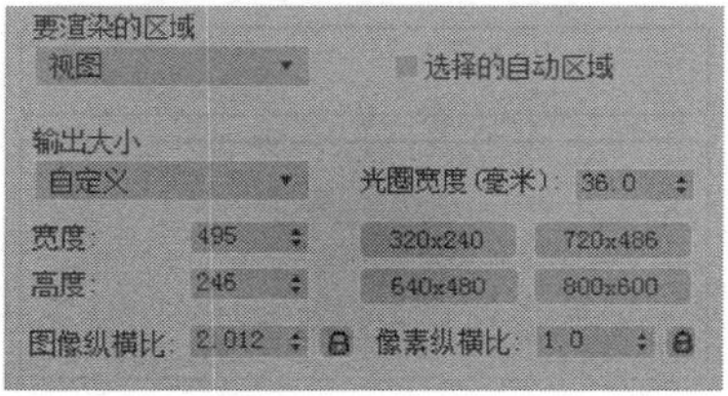

要渲染的区域
视图
选择的自动区域
输出大小
自定义
光圈宽度(毫米): 36.0
宽度: 495
高度: 246
320x240
720x486
640x480
800x600
图像纵横比: 2.012
像素纵横比: 1.0

（1）视图

“视图”为默认的渲染类型，执行“渲染>渲染”命令，或单击工具栏上的“渲染产品”按钮，即可渲染当前激活视口。

（2）选择对象

在“要渲染的区域”选项组中，选择“选定对象”选项进行渲染，将仅渲染场景中被选择的几何体，渲染帧窗口的其他对象将保持完好。

（3）范围

选择“区域”选项，在渲染时，会在视口中或渲染帧窗口上出现范围框，此时仅渲染范围框内的场景对象。

（4）裁剪

选择“裁剪”选项，可通过调整范围框，将范围框内的场景对象渲染输出为指定的图像大小。

（5）放大

选择“放大”选项，可渲染活动视口内的区域并将其放大以填充渲染输出窗口。

SketchUp轻松学

SketchUp也就是我们常说的“草图大师”，它是一款令人惊奇的设计工具，能够给建筑设计师带来边构思边表现的体验，产品可以打破建筑师设计思想表现的束缚，快速形成建筑草图，创作出建筑方案。因此，有人称它为建筑创作上的一大革命。

SketchUp融合了铅笔画的优美与自然笔触，可以迅速地建构、显示、编辑三维建筑模型，同时可以导出透视图、DWG或DXF格式的2D向量文件等尺寸正确的平面图形。建筑师在方案创作中可以使用SketchUp代替AutoCAD繁重的工作量，使建筑师可以更直接更方便地与业主和甲方交流，这些特性同样也适用于室内设计和景观设计。

Lesson 01 SketchUp基础知识
Lesson 02 SketchUp的基本操作
Lesson 03 SketchUp的高级操作
Lesson 04 场景效果处理
Lesson 05 文件的导入与导出

Lesson 01 SketchUp基础知识

下面将对SketchUp软件的应用领域、工作界面，以及工作环境的设置等内容进行介绍，通过这些知识可以更加深入了解SketchUp的应用。

SketchUp的软件特色

（1）界面简洁，易学易用，命令极少。完全避免了其它各类设计软件的复杂性，甚至不必懂得英语即可顺利操作。

（2）直接面向设计过程，使得设计师可以直接在电脑上进行十分直观的构思，随着构思的不断清晰，细节不断增加，最终形成的模型可以直接交给其它具备高级渲染能力的软件进行最终渲染。

（3）直接针对建筑设计、室内设计和景观设计，尤其是建筑设计。设计过程的任何阶段都可以作为直观的三维成品，甚至可以模拟手绘草图的效果。

（4）形成的模型为多边形建模类型，但是极为简洁，全部是单面，可以十分方便地导出给其它渲染软件。

（5）软件可以为表面赋予材质、贴图，并且有2D、3D配景形成的图面效果类似于钢笔淡彩。

（6）准确定位的阴影。可以设定建筑所在的城市、时间，并可以实时分析阴影，形成阴影的演示动画。

（7）完整的定制功能。所有命令都可以定义快捷键，使得工作流程十分流畅。

总之，SketchUp是一个表面上极为简单，实际上却令人惊讶的蕴含着强大功能的构思与表达的工具，传统铅笔草图的优雅自如，现代数字科技的速度与弹性，通过SketchUp得到了完美结合。

SketchUp的应用领域

SketchUp的应用领域除了室内设计、室外景观设计及建筑设计之外，还包括产品工业造型、游戏角色设计和游戏场景开发等领域，如下图所示。

室内场景效果

建筑场景效果

景观园林场景效果

SketchUp的工作界面

SketchUp的设计宗旨是简单易用，其默认工作界面也是十分简洁，界面主要由标题栏、菜单栏、工具栏、状态栏、数值控制栏以及中间的绘图区构成，如下图所示。

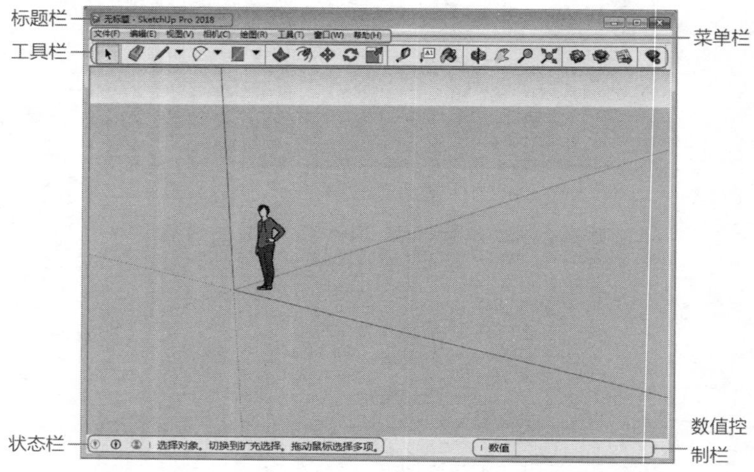

（1）标题栏

标题栏位于绘图窗口的顶部，其右端包含三个常见的控制按钮，即最小化、最大化、关闭按钮。用户启动SketchUp并且标题栏中当前打开的文件名为“无标题”时，系统将显示空白的绘图，表示用户尚未保存自己的作业。

（2）菜单栏

菜单栏显示在标题栏下方，提供了大部分的SketchUp工具、命令和设置，由“文件”、“编辑”、“视图”、“相机”、“绘图”、“工具”、“窗口”、“帮助”8个菜单构成，每个主菜单都可以打开相应的子菜单及次级子菜单，如下左图所示。

（3）工具栏

工具栏是浮动窗口，用户可随意摆放。默认状态下的SketchUp仅有横向工具栏，主要包括“绘图”、“测量”、“编辑”等工具组按钮。另外，通过执行“视图 > 工具栏”命令，在打开的“工具栏”对话框中也可以调出或者关闭某个工具栏，如下右图所示。

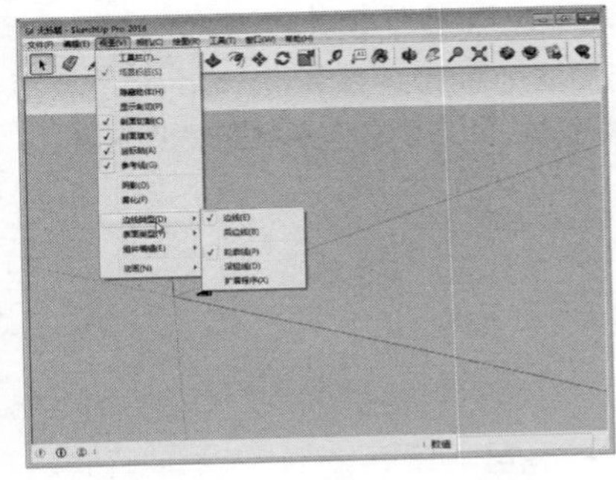

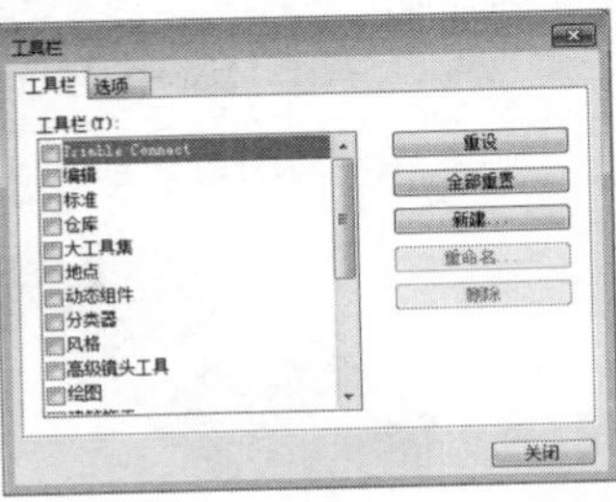

（4）状态栏

状态栏位于绘图窗口的下面，左端是命令提示和SketchUp的状态信息，用于显示当前操作的状态，也会对命令进行描述和操作提示。其中包含了地理位置定位、归属、登陆以及显示/隐藏工具向导四个按钮。

状态栏的信息会随着鼠标的移动、操作工具的更换及操作步骤的改变而改变，总的来说是对命令的描述，提供操作工具名称和操作方法。当操作者在绘图区进行任意操作时，状态栏就会出现相应的文字提示，根据这些提示，操作者可以更加准确地完成操作。

（5）数值控制栏

数值控制栏位于状态栏右侧，用于在用户绘制内容时显示尺寸信息。用户也可以在数值控制栏中输入数值，以操纵当前选中的视图。

在进行精确模型创建时，可以通过键盘直接在输入框内输入“长度”、“半径”、“角度”、“个数”等数值，以准确指定所绘图形的大小。

（6）绘图区

绘图区占据了SketchUp工作界面的大部分空间，与Maya、3ds Max等大型三维软件的平面、立面、剖面及透视多视口显示方式不同，SketchUp为了界面的简洁，仅设置了单视口，通过对应的工具按钮或快捷键快速地进行各个视图的切换，有效节省了系统显示的负数。

通过SketchUp独有的“剖面”工具能快速实现如下左图所示的剖面效果。

（7）SketchUp的视图效果

在使用SketchUp时，会频繁的对当前的视图方式进行调整（如切换视图、缩放视图、平移视图等），以确定模型的创建位置或观察当前模型的细节效果。因此，熟练地对视图进行操控是掌握SketchUp其他功能的前提。

设计师在三维作图时经常要进行视图间的切换，在SketchUp中切换视图主要是通过“视图”工具栏中的6个视图按钮进行快速切换，如下右图所示。

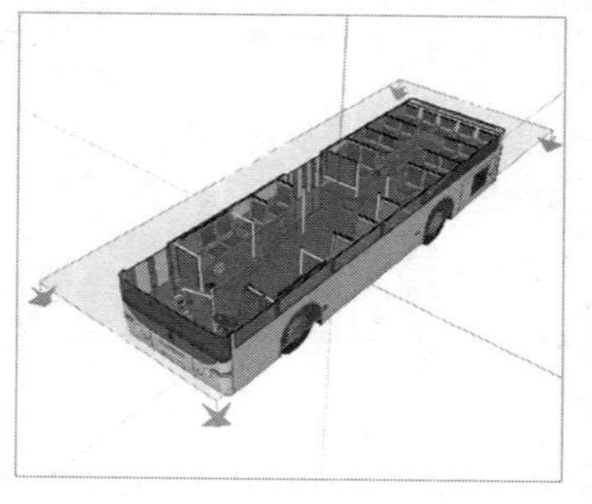

单击其中的按钮即可切换到相应的视图，依次为等轴视图、俯视图、前视图、右视图、后视图、左视图，如下图所示。

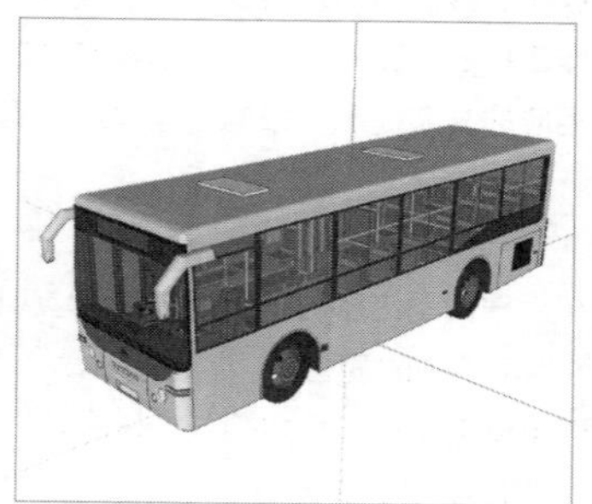

等轴视图

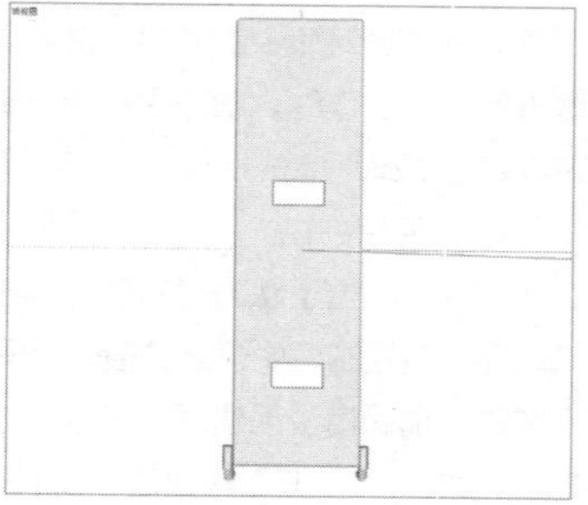

俯视图

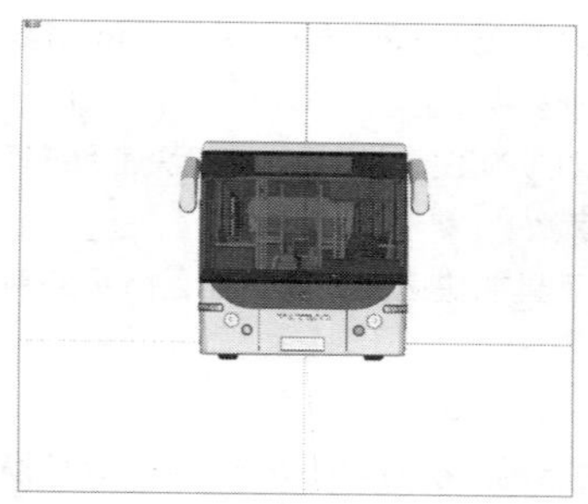

前视图

右视图

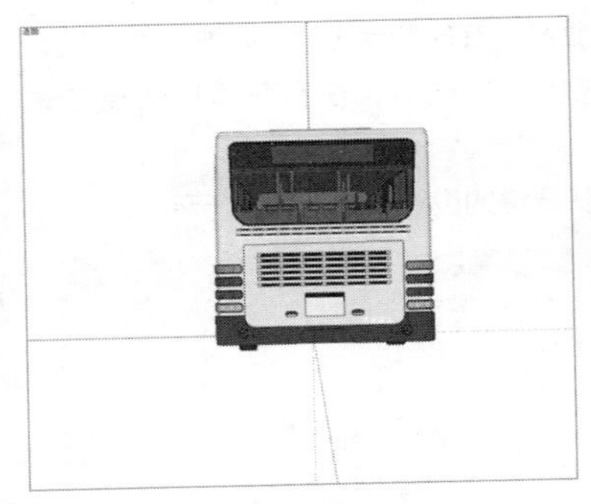

后视图

左视图

由于计算机屏幕观察模型的局限性，为了达到三维精确作图的目的，必须转换到最精确的视图窗口操作，设计者往往会根据需要即时调整视口到最佳状态，这时对模型的操作才最准确。

工作环境的设置

用户可以根据自己的操作习惯来设置SketchUp的绘图单位、快捷键等绘图环境，可以有效地提高工作效率。

1. 自定义快捷键

SketchUp为一些常用工具设置了默认快捷键，如下左图所示。用户也可以自定义快捷键，以符合个人的操作习惯，操作步骤如下：

Step 01 单击“窗口”命令，在弹出的快捷菜单中单击“系统设置”命令，如下右图所示。

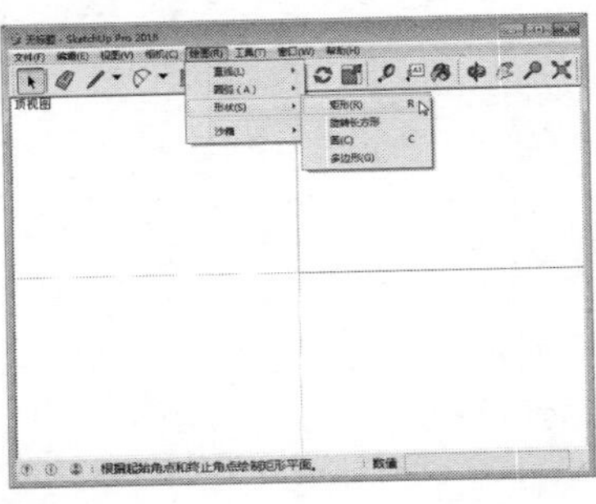

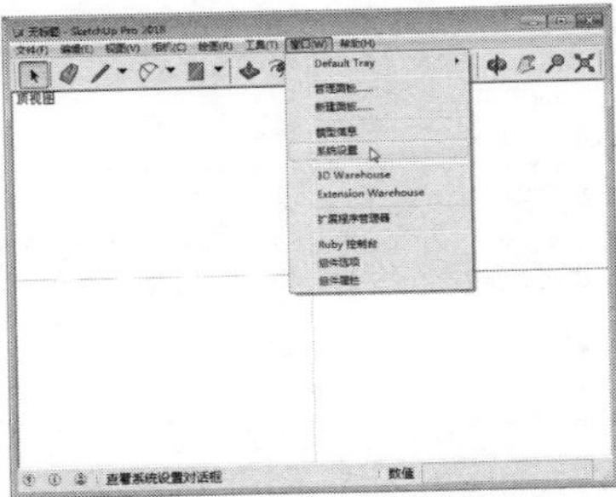

Step 02 打开“SketchUp系统设置”对话框，在左侧单击“快捷方式”选项，在“功能”列表中选择“根据等高线创建”选项，在右侧添加快捷方式“F5”，如下左图所示。

Step 03 单击“添加”按钮+，即可完成快捷键的设置，如下右图所示。

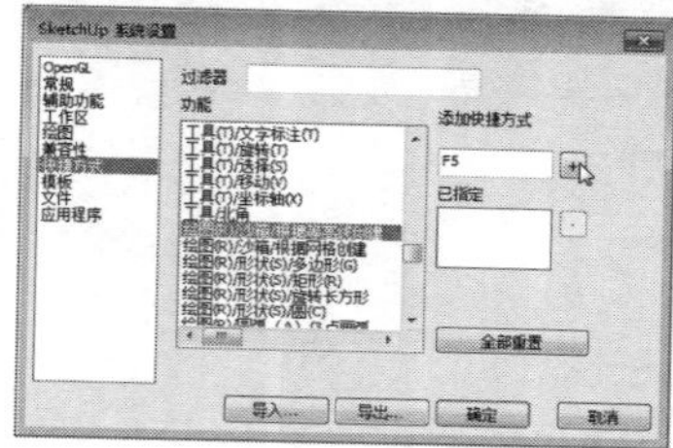

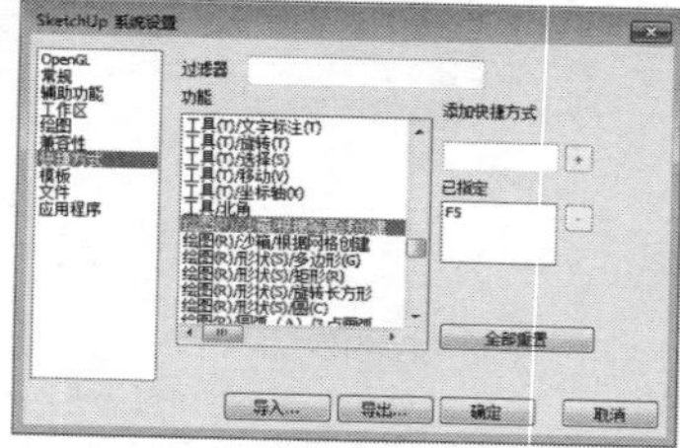

下面将对常见的快捷键设置进行介绍。

名称	图标	快捷键	名称	图标	快捷键
线段		L	矩形		B
圆弧		A	圆		C
多边形		N	不规则线段		F
选择		空格	油漆桶		X
橡皮擦		E	定义组件		G
移动		M	旋转		R
缩放		S	推拉		U
路径跟随		J	平行偏移		O
测量		Q	量角器		V
文字标注		T	尺寸标注		D
坐标轴		Y	三维文字		SHIFT+Z
视图旋转		鼠标中键	视图平移		H
视图缩放		Z	充满视图		SHIFT+
回复上个视图		F8	回到下个视图		F9
漫游		W	绕轴旋转		K

（续表）

名称	图标	快捷键	名称	图标	快捷键
透明显示		ALT+	添加剖面		P
消隐显示		ALT+2	线框显示		ALT+1
贴图显示		ALT+4	着色显示		ALT+3
等角透视		F2	顶视图		F3
前视图		F4	后视图		F5
左视图		F6	右视图		F7

2. 自定义工具栏

为了提高绘图效果，用户可以把不同的工具摆放在自己喜欢的位置。在此将对工具栏的自定义操作进行介绍。

Step 01 执行“视图＞工具栏”命令，打开“工具栏”对话框，如下左图所示。

Step 02 在列表中选择自己需要的工具栏选项，如下右图所示。

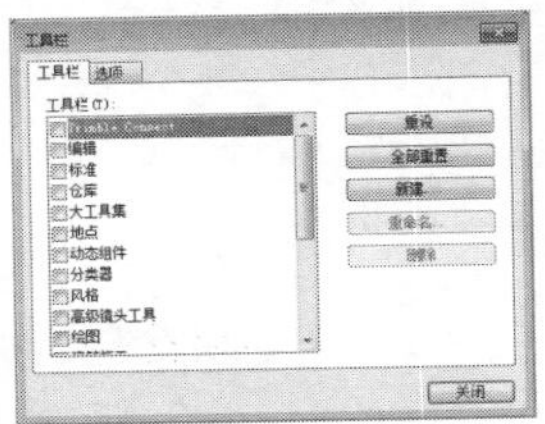

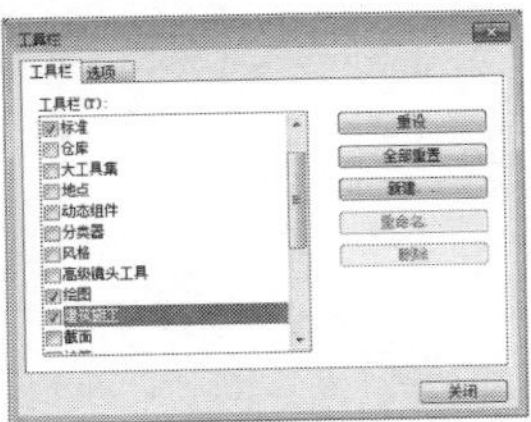

Step 03 关闭“工具栏”对话框，返回到工作界面，可以看到被调出的工具栏，如下左图所示。

Step 04 除了系统中原有的工具栏，用户还可以根据自己的绘图习惯创建自定义的工具栏，再次打开“工具栏”对话框，单击“新建”按钮，如下右图所示。

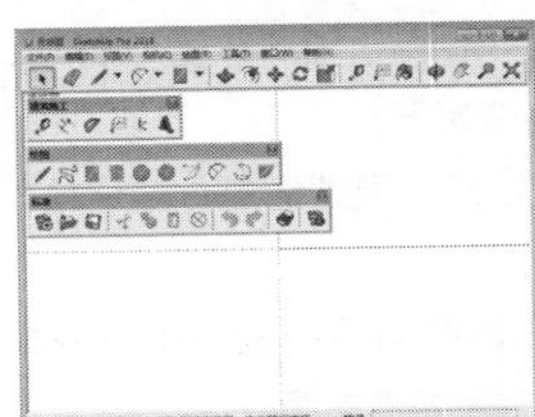

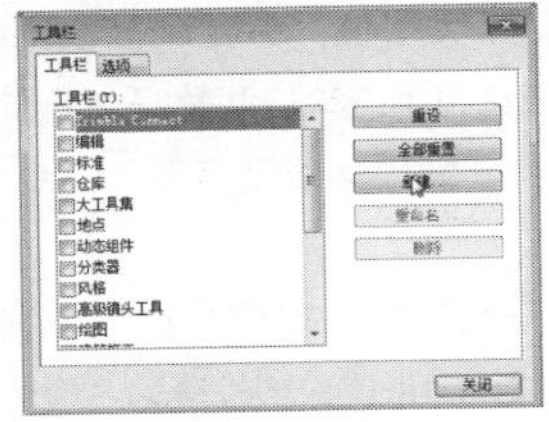

Step 05 在弹出的“工具栏名称”输入框中输入“自定义”，如下左图所示。

Step 06 单击“确定”按钮，在“工具栏”对话框中会自动增加“自定义”选项，在界面中也会增加一个空白的“自定义”工具栏，如下右图所示。

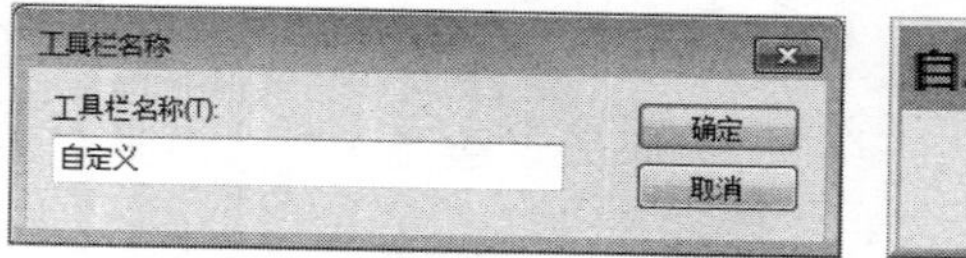

Step 07 调整“自定义”工具栏到合适位置，在左侧工具栏中选择自己需要的工具，这里选择“矩形”工具，按住鼠标左键将其拖曳到“自定义”工具栏中，如下左图所示。

Step 08 继续拖动其他工具到“自定义”工具栏中，完成“自定义”工具栏的制作，同时所拖动的工具将会从左侧工具栏中消失，如下右图所示。

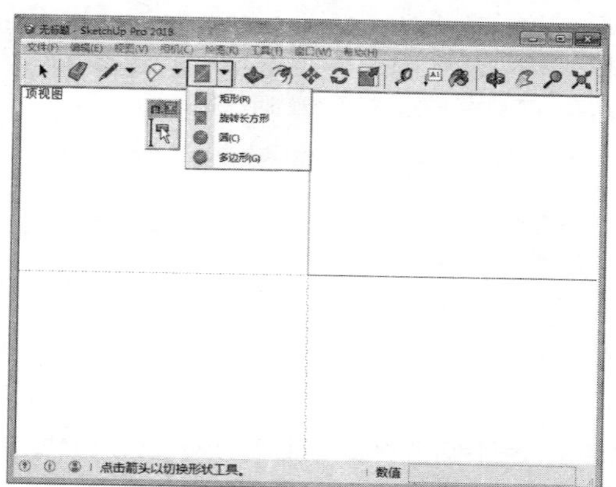

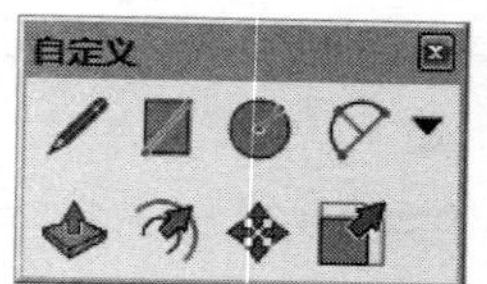

3. 设置场景单位

SketchUp在默认情况下是以美制英寸为绘图单位，而我国设计规范均以毫米（米制）为单位，精度则通常保持为0mm。因此在使用SketchUp时，第一步就应该将系统单位调整好，操作步骤如下：

Step 01 执行“窗口 > 模型信息”命令，打开“模型信息”对话框，如下左图所示。

Step 02 在左侧单击“单位”选项，在右侧的面板中设置单位格式为“十进制”，单位为“mm”，精确度为“0mm”，如下右图所示。

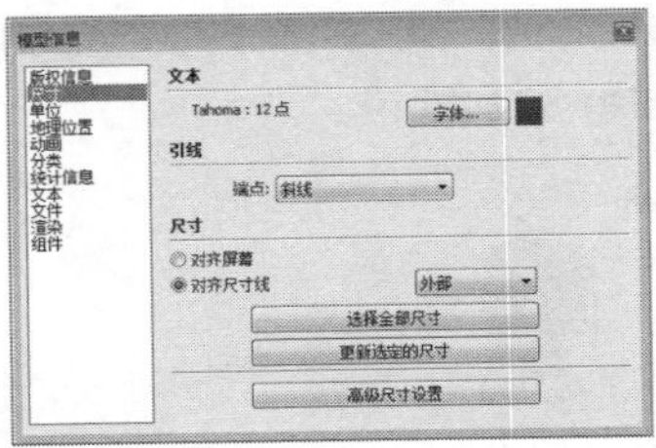

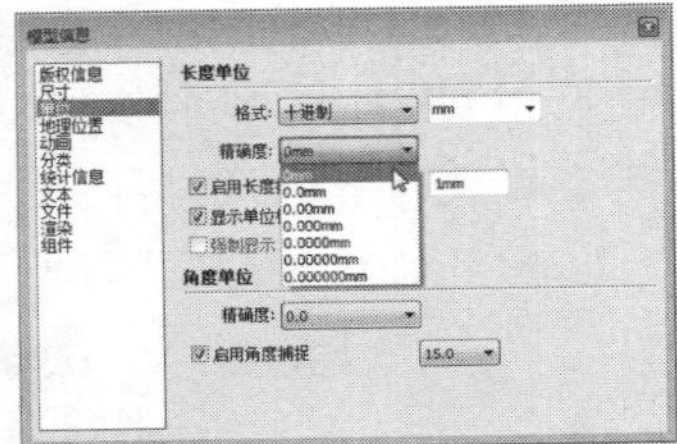

Lesson 02 SketchUp的基本操作

在初步了解SketchUp的工作界面后，接下来学习最基础的绘图操作。其中包括绘图工具、编辑工具、建筑施工工具等的使用方法与应用技巧。

“选择”工具

在SketchUp中，“选择”工具是一个很常用的工具，因此，将其快捷键定义为最方便的空格键，学习者应养成用完其他工具后随手按一下空格键的习惯，以结束命令并回到选择状态。

1. 一般选择

SketchUp中的“选择”命令可以通过单击工具栏中的“选择”按钮或者直接按键盘上的空格键来激活，操作步骤如下：

Step 01 单击“选择”按钮，或者直接按键盘上的空格键，激活“选择”工具，此时在视图内将出现一个箭头图标，如下左图所示。

Step 02 此时在任意对象上单击均可将其选择，这里选择座椅，可以看到被选择的对象以高亮显示，区别于其他对象，如下右图所示。

Step 03 若要继续选择其他对象，则要按住Ctrl键，当视图中的光标变成时，再单击下一个目标对象，即可将其加入选择，如下图所示。

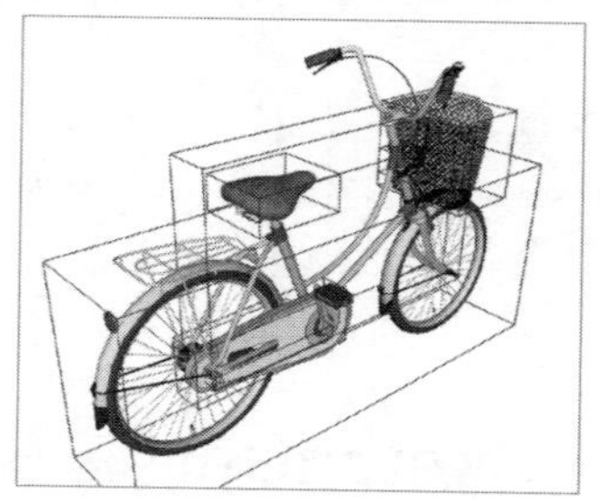

2. 框选与叉选

“框选”是指在激活“选择”工具后，使用鼠标从左至右划出如下左图所示的实线选择框，完全被该选择框包围的对象将会被选择，如下右图所示。

“叉选”是指在激活“选择”工具后，使用鼠标从右到左划出如下左图所示的虚线选择框，全部或者部分位于选择框内的对象都将被选择，如下右图所示。

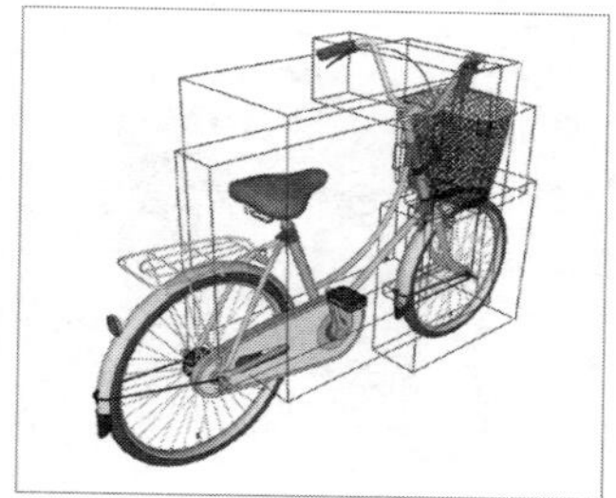

选择完成后，单击视图任意空白处，将取消当前所有选择。如果是想选择全部对象，则可以按Ctrl+A组合键执行。

3. 扩展选择

在SketchUp中，“线”是最小的可选择单位，“面”则是由“线”组成的基本建模单位，通过扩展选择，可以快速选择关联的面或线。

- 用鼠标单击某个“面”，则与这个面会被单独选择。
- 用鼠标双击某个“面”，则与这个面相关的“线”也将被选择。
- 用鼠标三击某个“面”，则与这个面相关的其他“面”、“线”都将被选择。

“擦除”工具

使用“擦除”工具可以删除绘图窗口中的图形物体，还可以隐藏或者柔滑边线。

（1）删除功能

激活“擦除”工具后，单击边线即可删除边线以及与边线相连的面，当需要删除多个物体时，按住鼠标左键并拖动鼠标掠过要删除的物体，此操作只对指针掠过的边线生效，对掠过的面无效。

（2）隐藏边线

使用“擦除”工具时按住Shift键可将选中的边线隐藏，而不是删除。

（3）柔化边线

激活“擦除”工具后，按住Ctrl键再单击边线可柔化边线；同时按住Ctrl+Shift键再单击边线，可以取消选中边线的柔化效果。

绘图工具

SketchUp的“绘图”工具栏中包含了“直线”、“手绘线”、“矩形”、“圆形”、“多边形”、“圆弧”和“扇形”等多种二维图形绘制工具，如下图所示。

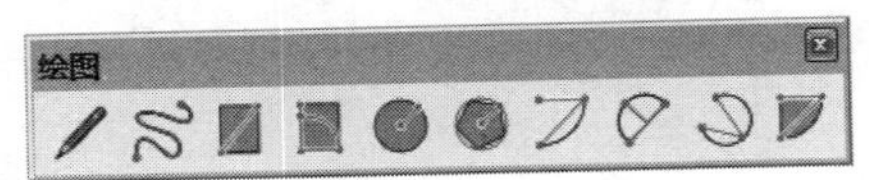

1. “直线”工具

直线是构成SketchUp模型中几何体的基本元素，线在三维空间中相互连接组合构成了面的框架，而面则是由这些线围合而成的。“直线”工具可以用来绘制单段直线、多段线段或者闭合的形体，也可以用来分割表面或修复被删除的表面。

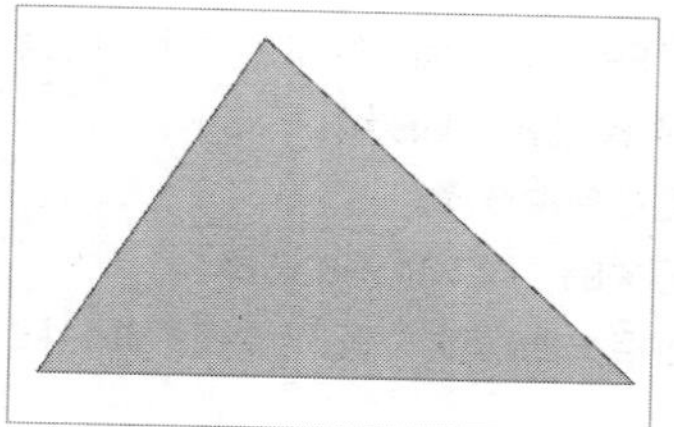

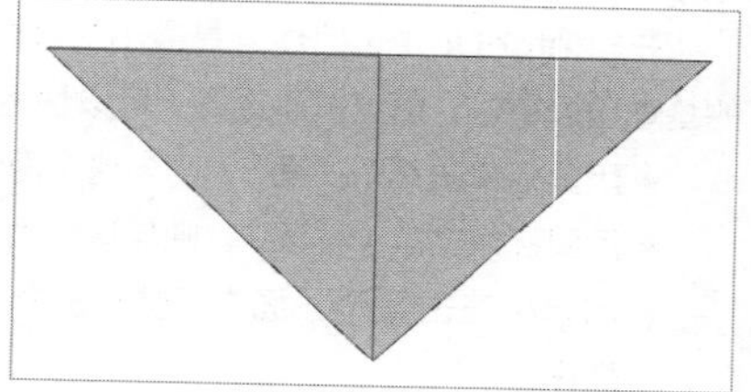

在SketchUp中，3条或3条以上的共面线段首尾相连便可以构成面。面被创建以后，“直线”工具就退出绘制状态，但仍处于激活状态，可以继续绘制线段。如果要退出当前绘制状态，可按空格键或Esc键。

2. “矩形”工具

“矩形”工具在体块分析、建筑开窗、分割表面等方面都有较大的使用频率，通过定位两个对角点来绘制规则的平面矩形，并且自动封闭成一个面。

在绘制矩形时，如果长宽比满足黄金分割比率，则在拖动鼠标定位时会在矩形中出现一条虚线表示的对角线，在鼠标指针旁会出现“黄金分割”的文字提示，如下左图所示。如果长度宽度相同，矩形中同样会出现一条虚线的对角线，鼠标指针旁会出现“正方形”的文字提示，如下右图所示，这时矩形为正方形。

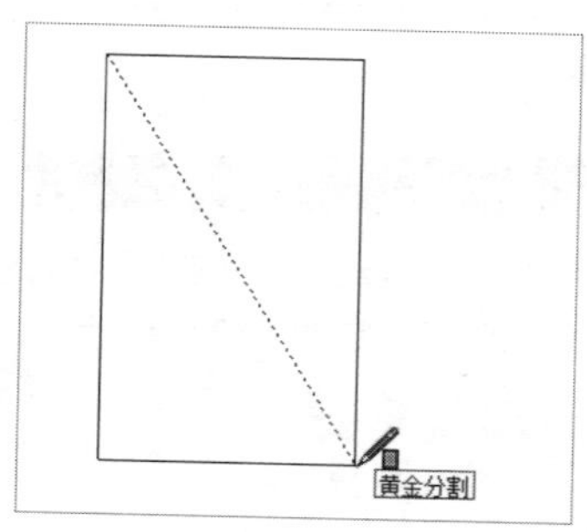

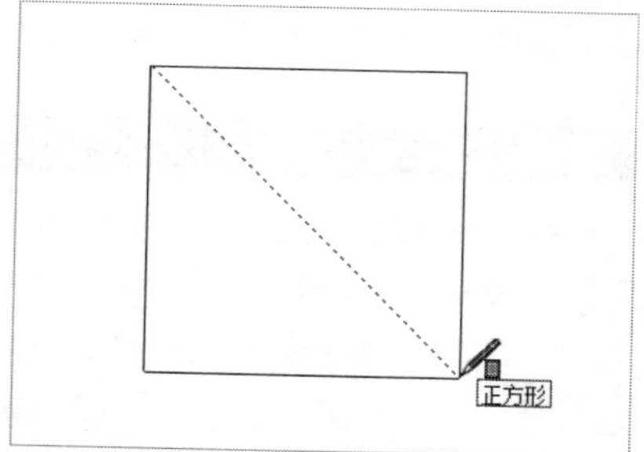

3. “圆弧”工具

圆弧的重要性仅次于线段，无论是在弯曲的路径还是截面上，只要涉及曲面，就离不开“圆弧”工具。圆弧和圆一样，都是由多个直线段连接而成的，圆弧是圆的一部分。在SketchUp中，圆弧包括圆弧、两点圆弧、三点画弧以及扇形四种绘制方式。

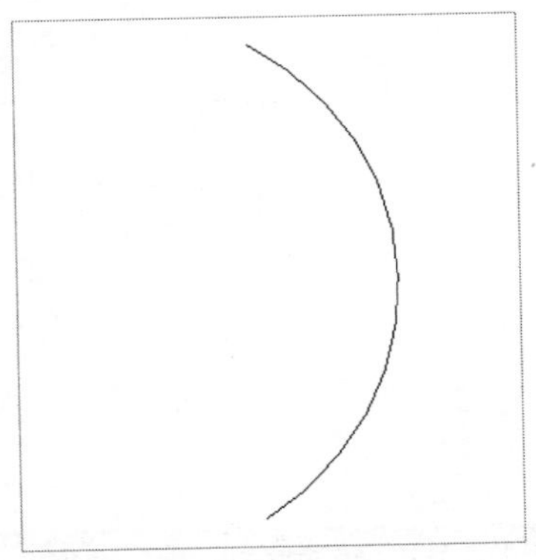

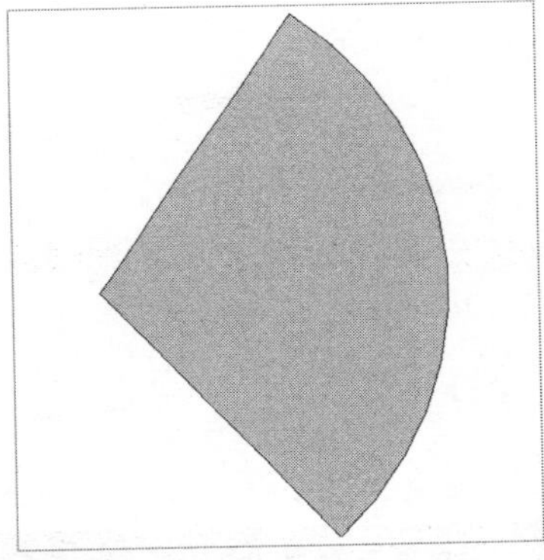

4.“圆形”工具

圆形作为一个几何形体，在各类设计中是一个出现较为频繁的构图要素。在SketchUp中，“圆形”工具可以用来绘制圆形以及生成圆形的“面”，也可以绘制多边形。

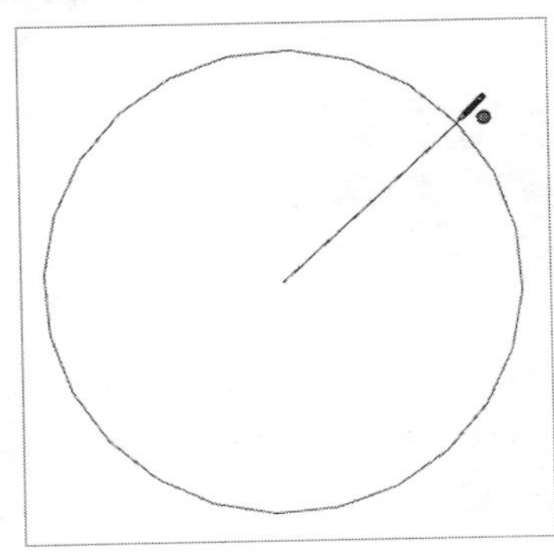

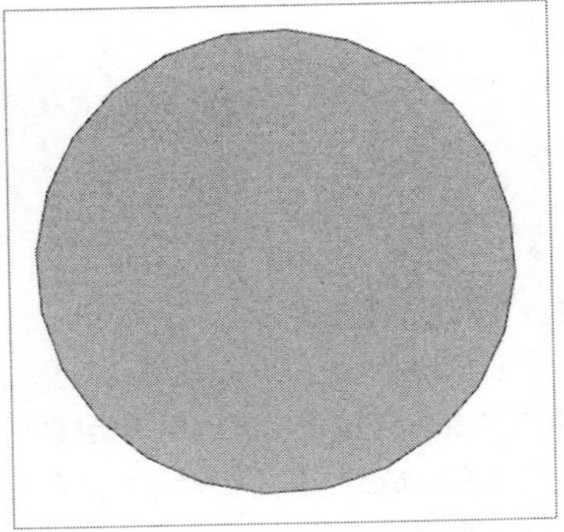

5.“多边形”工具

在SketchUp中使用 “多边形”工具可以创建边数大于3的正多边形。前面已经接介绍过圆与圆弧都是由正多边形组成的，所以边数较多的正多边形基本上就显示成圆形了。设置边数为10即可绘制出正十边形，如下图所示。

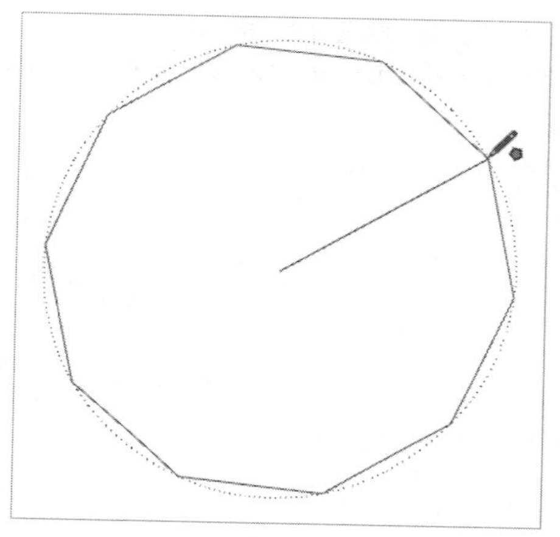

编辑工具

SketchUp的“编辑”工具栏包含了“移动”、“推/拉”、“旋转”、“路径跟随”、“缩放”以及“偏移复制”6种工具，如下图所示。其中“移动”、“旋转”、“缩放”以及“偏移复制”4个工具是用于对对象位置、形态的变换与复制，而“推/拉”和“路径跟随”两个工具主要用于将二维图形转变成三维实体。

1.“移动”工具

在SketchUp中，“移动”工具的功能绝不仅仅限于简单的移动操作，还可以复制几何体，也可以用来旋转组件。对物体的移动和复制都是通过“移动”工具完成的，只不过操作方法有所不同而已。

（1）移动功能

选中要移动的对象，激活“移动”工具，并在绘图区中指定一点作为移动的起始点，拖动鼠标，此时目标对象会随之移动，移动到目标点再单击即可完成移动操作。输入具体数值也可以移动对象，如输入200；也可以直接输入三维坐标，如输入“100,50,300”。

（2）复制功能

SketchUp中的复制功能隐藏在移动命令下。选择要复制的对象，再激活“移动”工具，按住Ctrl键，此时鼠标指针旁会出现一个＋号，单击并移动鼠标，即可看到被复制。

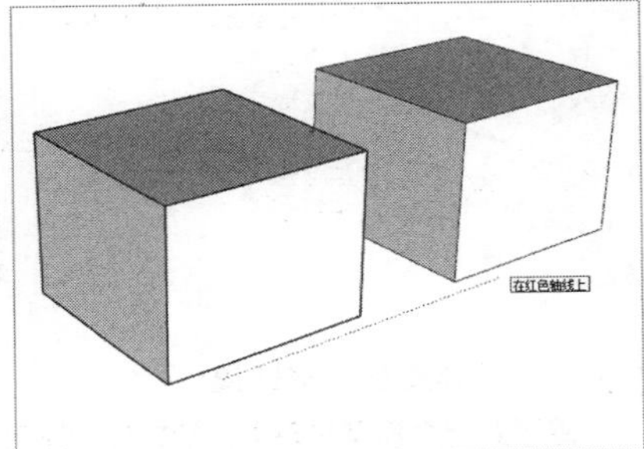

2.“旋转”工具

“旋转”工具可以在设定的单个旋转平面上旋转单个或多个对象，也可旋转对象中的某一元素，还可以在旋转的过程中对物体进行复制。使用“旋转”工具对对象的局部进行旋转时，该对象的其他部分也会被相应地拉伸和扭曲。

（1）旋转对象

下面将对旋转对象的基本操作方法进行介绍：

Step 01 打开模型，选择模型并激活“旋转”工具，如下左图所示。

Step 02 单击确定旋转轴心，再移动光标到一个定位点，如下右图所示。

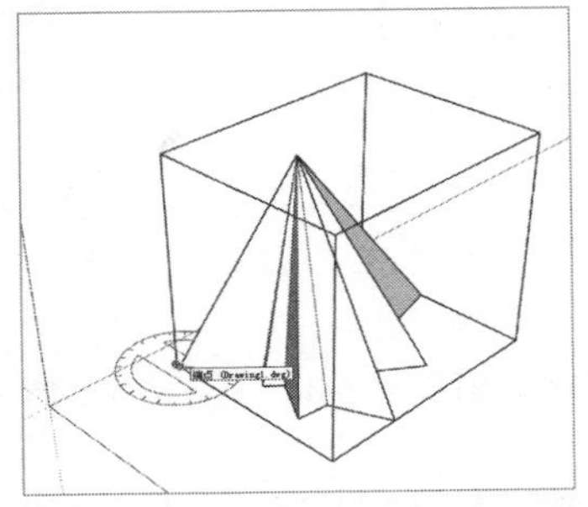

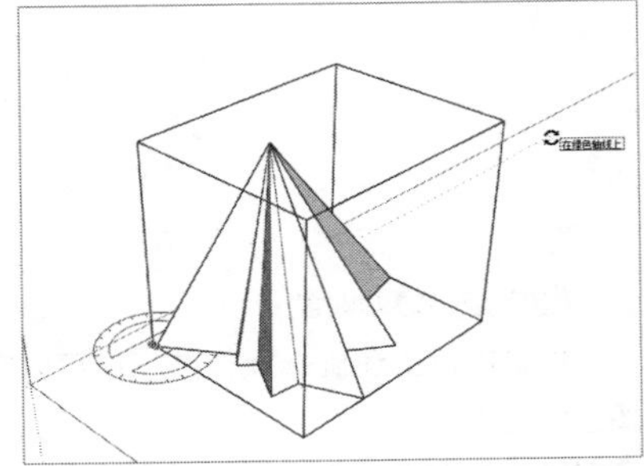

Step 03 单击确定该点，再移动光标调整旋转角度，如下左图所示。

Step 04 确认后单击鼠标即可完成本次操作，如下右图所示。

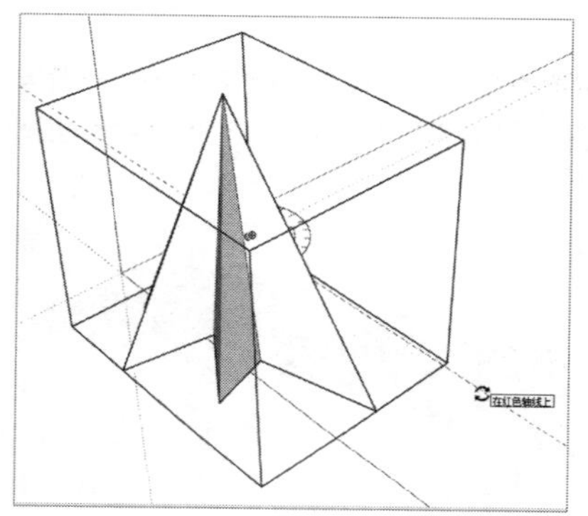

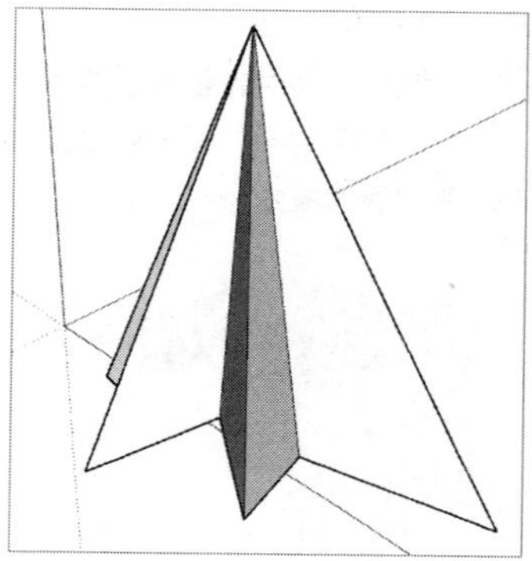

（2）旋转图形的局部对象

除了对整个模型对象进行旋转外，还可以对已经分割好的模型进行部分旋转，如下图所示为旋转面前后的效果：

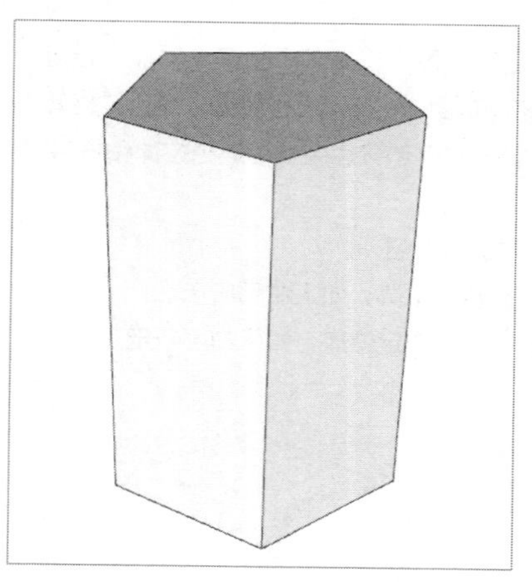

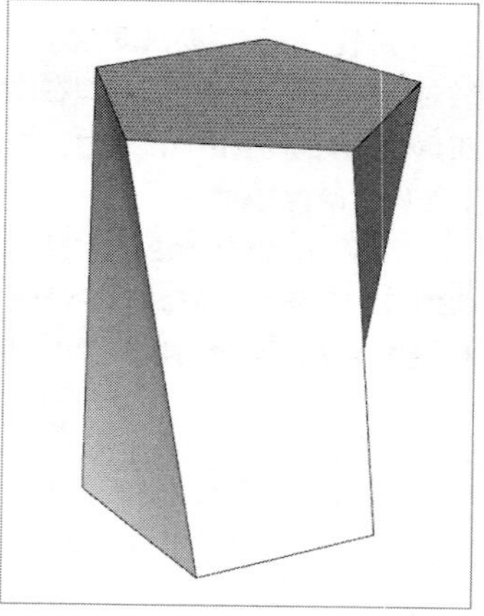

（3）旋转复制对象

除了执行上述旋转操作外，还可以在旋转时复制物体，具体操作步骤如下：

Step 01 选择对象，激活“旋转”工具，选择坐标中心为轴心点，如下左图所示。

Step 02 单击确认轴心点，沿绿色轴移动光标确定定位点，如下右图所示。

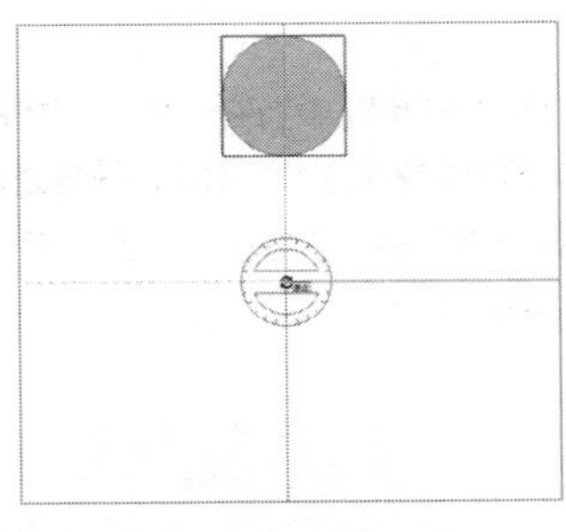
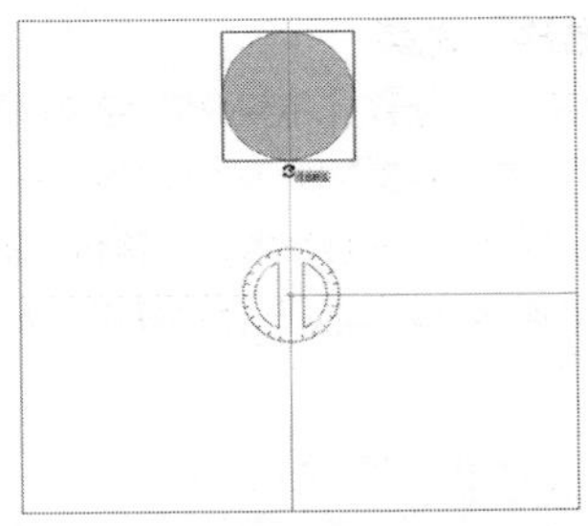

Step 03 单击鼠标确认，按住Ctrl键不放，移动光标至需要的位置，新复制的物体会随着光标移动，如下左图所示。

Step 04 单击鼠标确认，完成一个物体的旋转复制。接着在屏幕右下角的数值控制栏中输入“5*”，按Enter键确认，即可得到其他五个物体，如下右图所示。

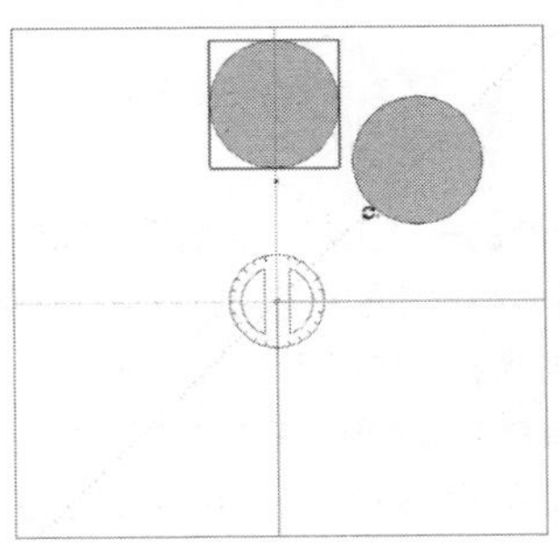
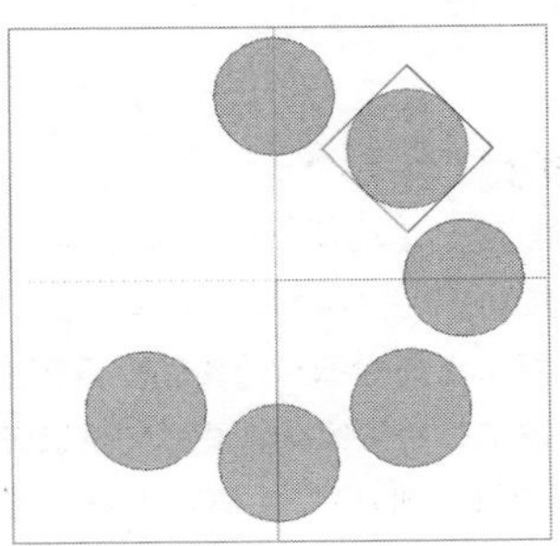

3. “缩放”工具

“缩放”工具主要用于对物体进行放大或缩小，可以是在X、Y、Z这三个轴同时进行等比缩放，也可以是锁定任意两个或单个轴向的非等比缩放。

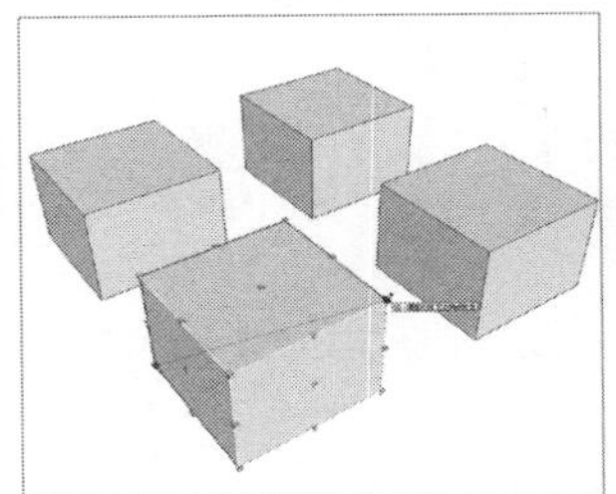
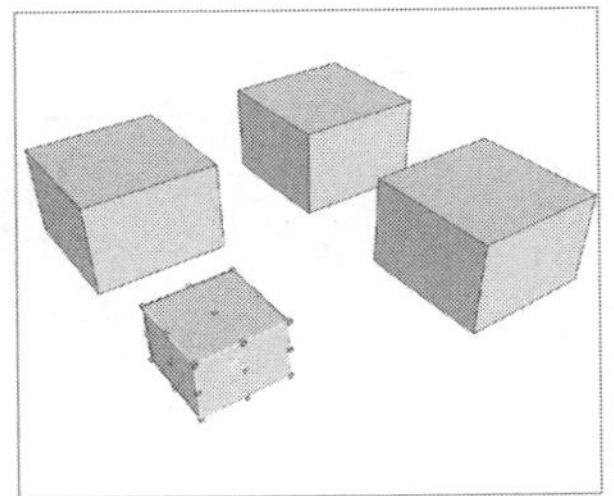

4.“偏移”工具

“偏移”工具可以将在同一平面中的线段或者面域沿着一个方向偏移一个统一的距离，并复制出一个新的物体。偏移的对象可以是面域、两条或两条以上首尾相接的线形物体集合、圆弧、圆或者多边形。“偏移”工具对于任意造型的面和线条均可以进行偏移操作，如下图所示。

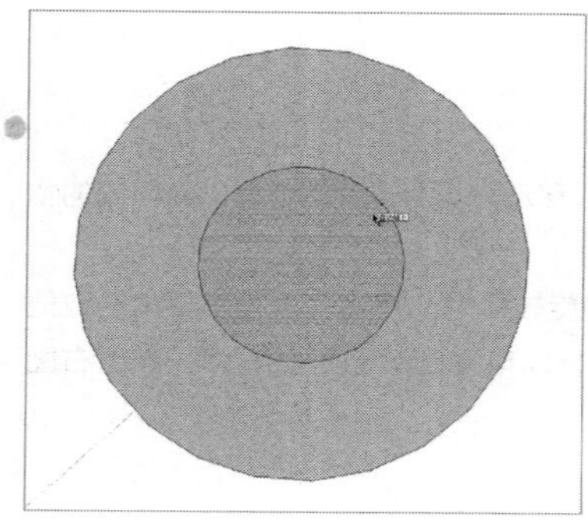

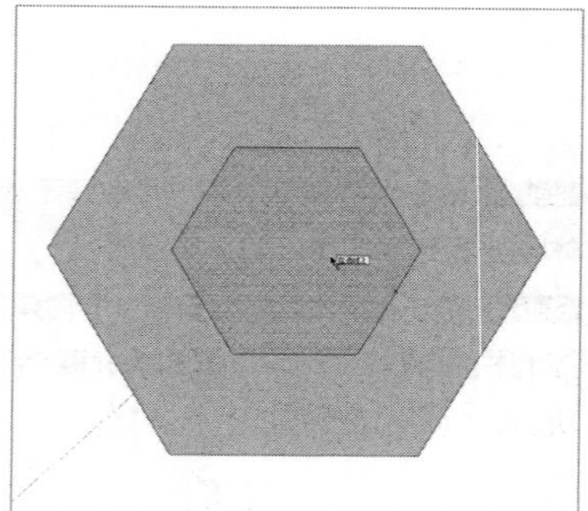

5.“推/拉”工具

“推/拉”工具是SketchUp很有特色的一个工具，利用该工具可以将一个推/拉成一个三维物体，而且可以方便轻松地更改其高度。此外，利用“推/拉”工具可以对模型中的表面进行扭曲和调整，如移动、挤压、结合以及减去表面，该工具对于体块的推敲和精确建模都非常适用。操作步骤如下：

Step 01 激活“推/拉”工具，将鼠标移动到已有的面上，可以看到已有的面会显示为被选择状态，如下图所示。

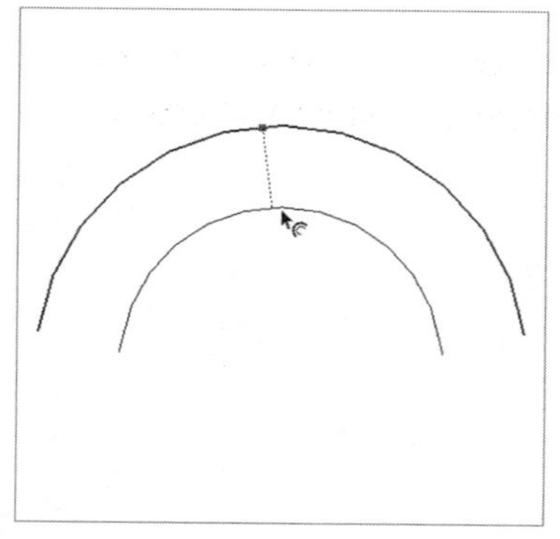

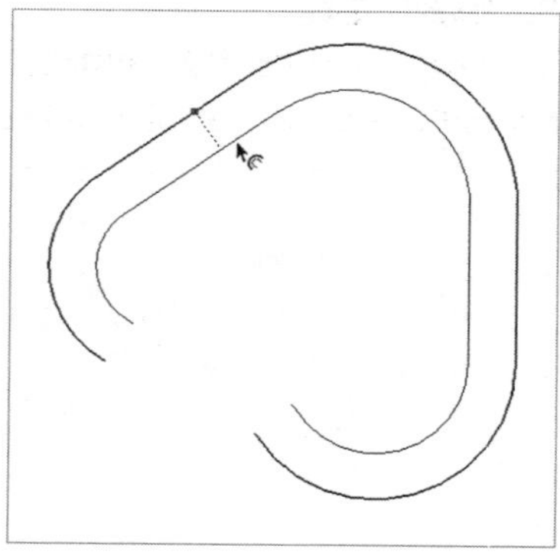

Step 02 单击鼠标并按住左键不放，拖动光标，已有的面就会随着光标的移动转换为三维实体，如下图所示。

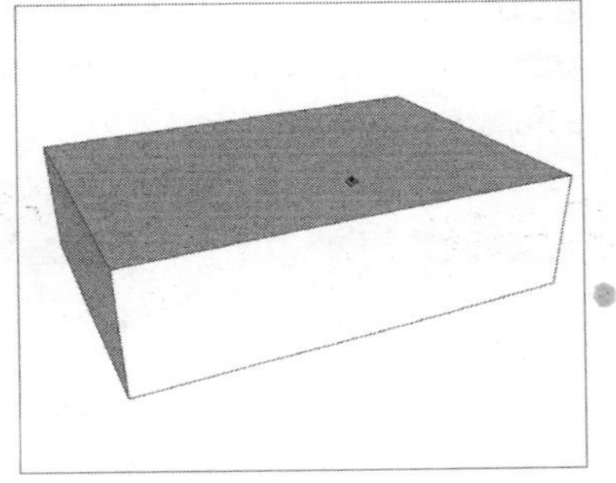

利用“推/拉”工具还可以对所有面的物体进行推/拉，或是改变体块的体积大小，只要是面就可使用“推/拉”工具来改变其形态、体积，如下图所示。

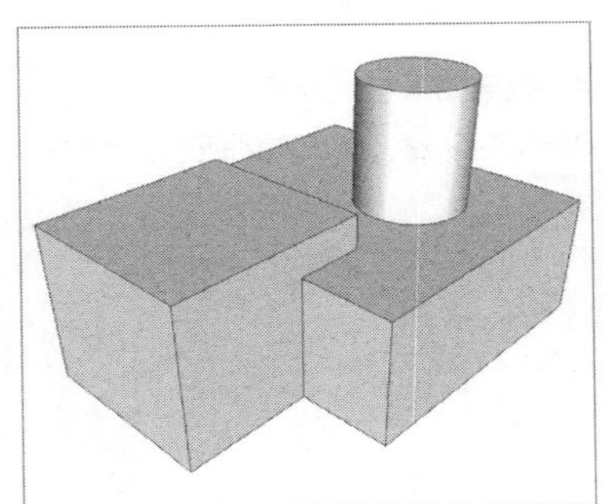

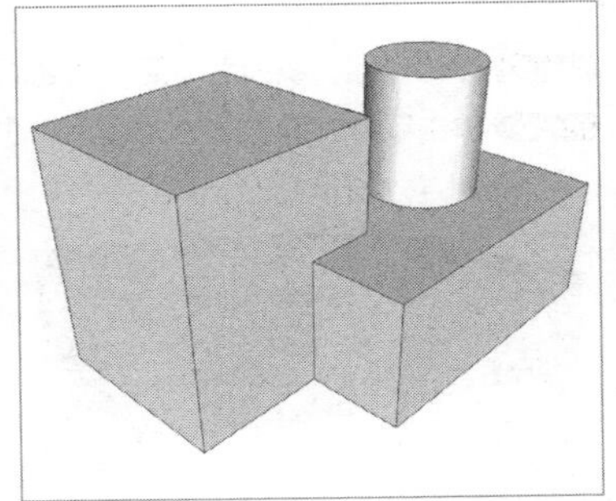

“推/拉”工具可以配合SketchUp的捕捉和推定功能，快速地将对象推拉至合适位置。推拉距离会同步显示在数值控制框内。在推拉操作时或完成推拉操作后，输入数值可以指定精确的推拉值，且在激活其他工具或进行别的操作之前可以反复输入数值，直到达到预期的效果为止。若输入负值，则表示反方向推拉。

6. “路径跟随”工具

“路径跟随”工具可以使截面沿着边线放样，使模型细节的添加十分方便，与3ds Max的放样命令有些相似，这是一种很传统的从二维到三维的建模工具。

利用“路径跟随”工具，可以在实体模型上直接制作出边角细节，在此将以绘制柱脚模型为例进行介绍，其具体的操作步骤如下：

Step 01 在实体表面绘制好柱脚轮廓截面，如下左图所示。

Step 02 激活“路径跟随”工具，单击选择轮廓截面，此时可以看到出现了参考的轮廓线，如下右图所示。

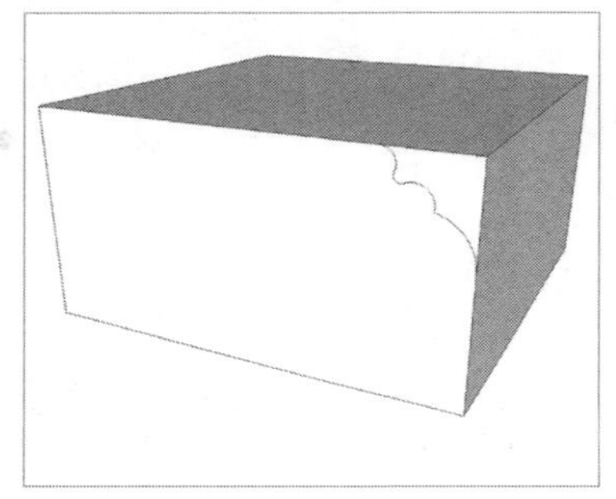
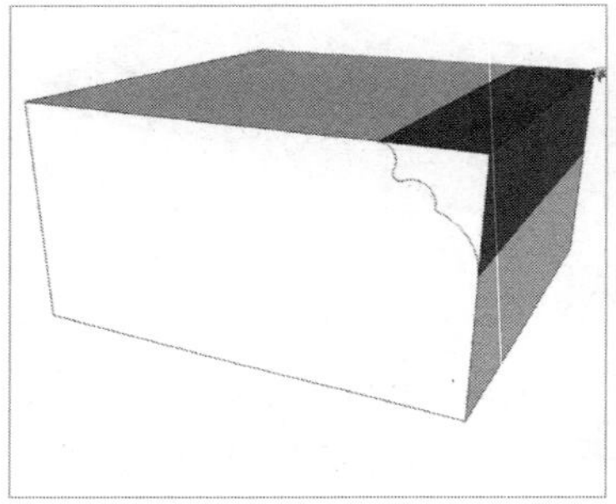

Step 03 移动光标，绕顶面一周，回到原点，效果如下左图所示。

Step 04 单击鼠标左键确认，即可完成柱脚模型的创建，如下右图所示。

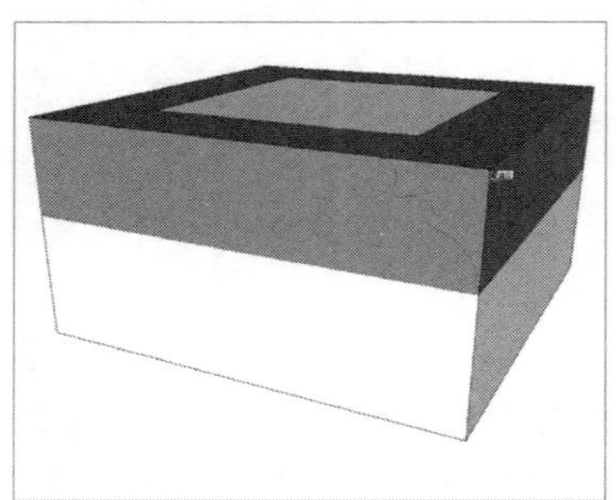

建筑施工工具

SketchUp建模可以达到很高的精确度，主要得益于功能强大的“建筑施工”工具。“建筑施工”工具栏包括“卷尺工具”、“尺寸”、“量角器”、“文字”、“轴”及“三维文字”工具，如下图所示。其中“卷尺”与“量角器”工具主要用于尺寸与角度的精确测量与辅助定位，其他工具则用于进行各种标识与文字创建。

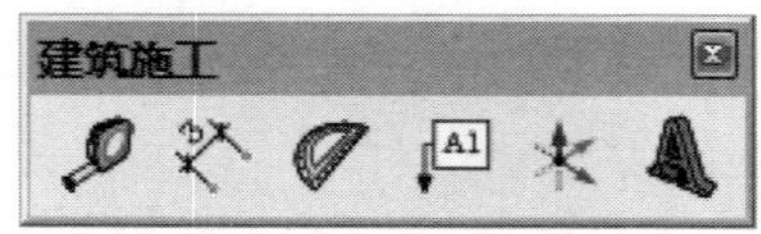

1. “卷尺”工具

“卷尺”工具也称为测量工具，利用该工具可以执行一系列与尺寸相关的操作，包括两点之间距离的测量、创建辅助线以及模型的全局缩放，尤其是绘制辅助线功能，在画图时必不可少。

（1）测量距离

下面将介绍测量距离的具体方法：

Step 01 打开模型，激活“卷尺”工具，当光标变成卷尺时单击确定测量起点，如下左图所示。

Step 02 拖动鼠标至测量终点，这是可以看到从起点到终点之间会显示一条红色的参考线，光标旁会显示出距离值字样，在数值控制栏中也可以看到显示的长度值，如下右图所示。

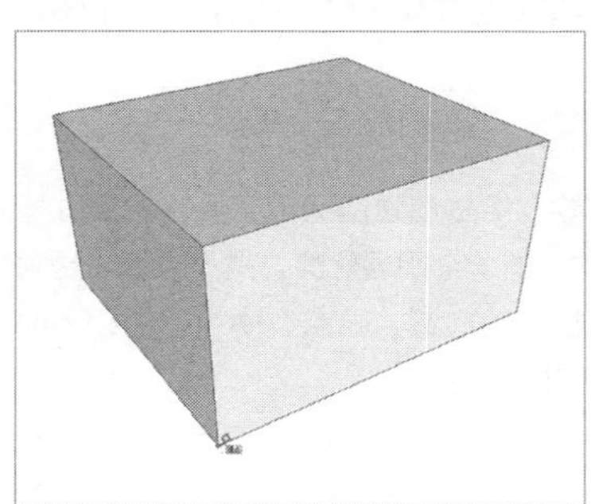

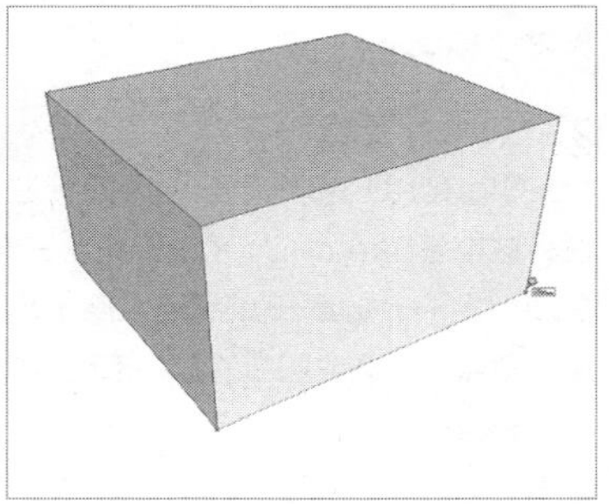

Step 03 再次单击鼠标左键确定测量的终点，即可完成本次测量，最后测得的距离值会显示在数值控制栏中。

（2）绘制辅助线

创建辅助线之前要先指定参照物，参照物可以是点、线、边线、其他的辅助线或绘图坐标轴。单击参照物，然后将鼠标指针移至要放置辅助线的位置并单击即可，放置过程中红鼠标指针拾取的起点和终点会显示一条参考线，如下图所示。

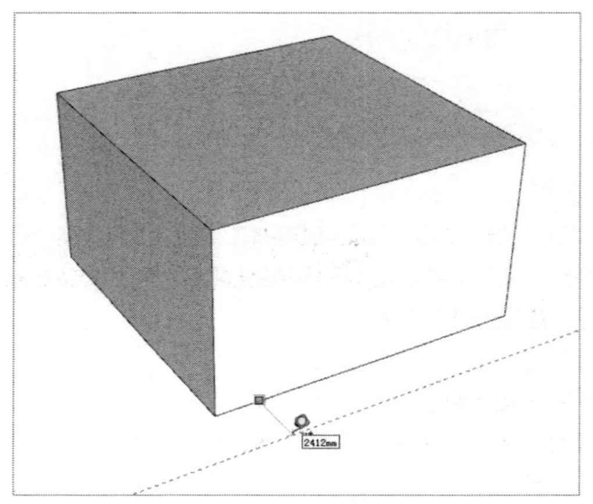

（3）模型全局缩放

全局缩放有助于将粗略的模型转换为精确模型，只需重新制定模型中两点的距离即可。该功能可以在需要精确尺寸前专注于体块和比例的研究，而不必为尺寸费神。

2.“尺寸”工具

SketchUp具有十分强大的标注功能，能够创建满足施工要求的尺寸标注，这也是SketchUp区别于其他三维软件的一个明显优势。其尺寸标注是附在模型上的，边线和点都可以用于尺寸标注的放置，端点、中点、边线上的点、角点以及圆或圆弧的圆心都可以应用尺寸标注。

SketchUp的尺寸标注是三维的，其引出点可以是端点、终点、交点以及边线，并且可以标注三种类型的尺寸，即长度标注、半径标注、直径标注，如下图所示。

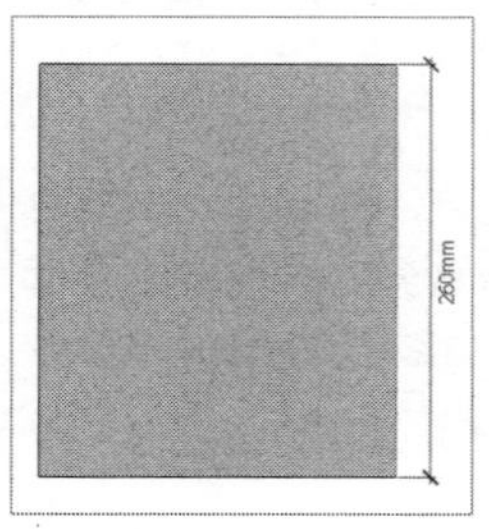

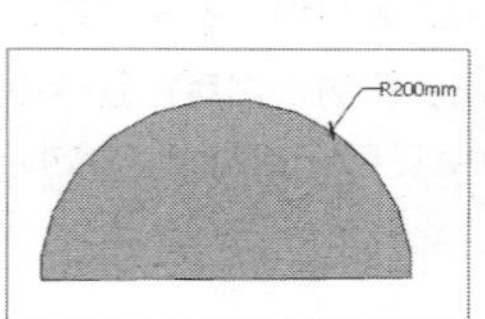

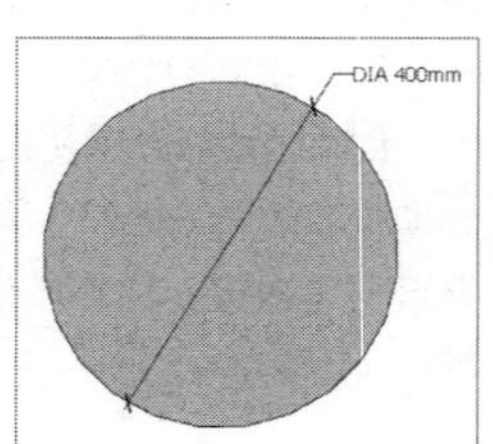

3. “量角器”工具

“量角器”工具可以用来测量角度，也可以用来创建所需要的辅助线。下面将对“量角器”工具的使用方法进行介绍：

Step 01 打开图形，激活“量角器”工具，当鼠标变成[图标]时，单击鼠标确定目标测量角的顶点，再移动至一条边的端点并单击，如下左图所示。

Step 02 再移动光标捕捉目标测量角的另一条边线，这时工作区中会自动创建一条辅助线，单击鼠标确认。测量完毕后，即可在数值控制栏中看到测量角度，辅助线也被保留，如下右图所示。

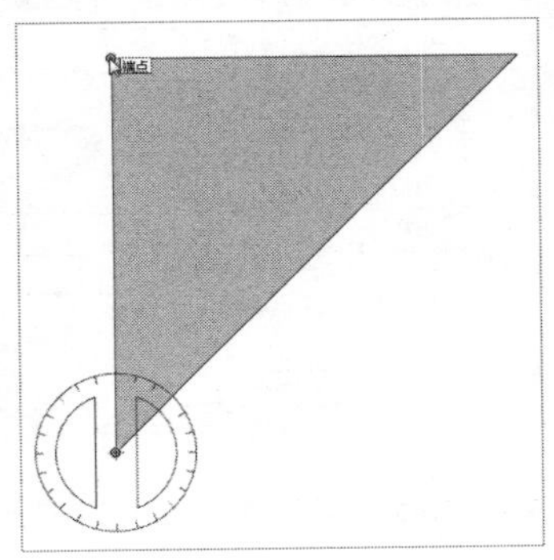

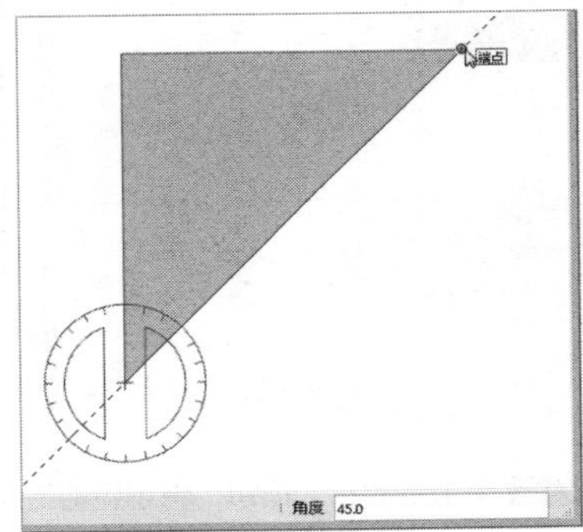

4. “文字”工具

在绘制设计图或者施工图时，在图形元素无法正确表达设计意图时可使用文本标注来表达，比如材料的类型、细节的构造、特殊做法以及房间面积等。

SketchUp的文本标注有系统标注和用户标注两种类型。系统标注是指标注的文本由系统自动生成，用户标注是指标注的文本由用户自己输入。

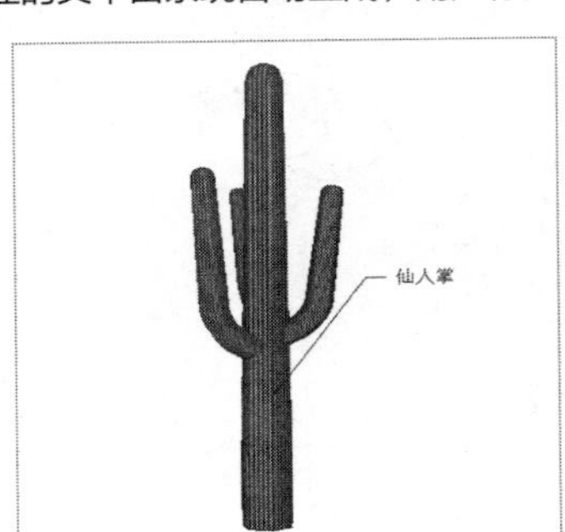

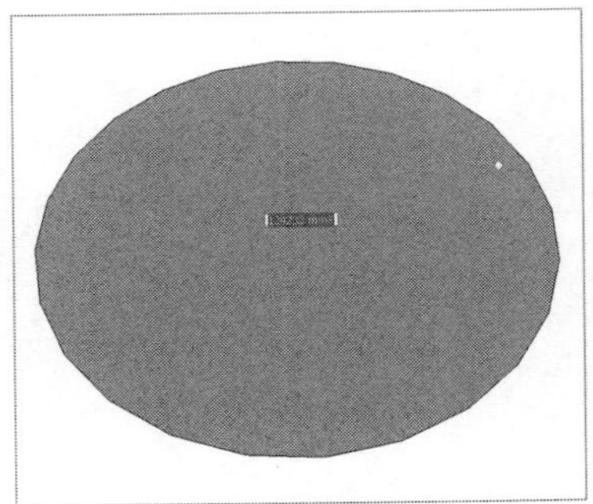

5. “三维文字”工具

三维文字主要用于场景中创建三维立体的文字模型，下面将对三维文字的使用方法进行介绍。

Step 01 激活“三维文字”工具，系统会自动弹出“放置三维文本”对话框，如下左图所示。

Step 02 输入需要的文本内容，设置文字字体、对齐方式及高度等参数，如下右图所示。

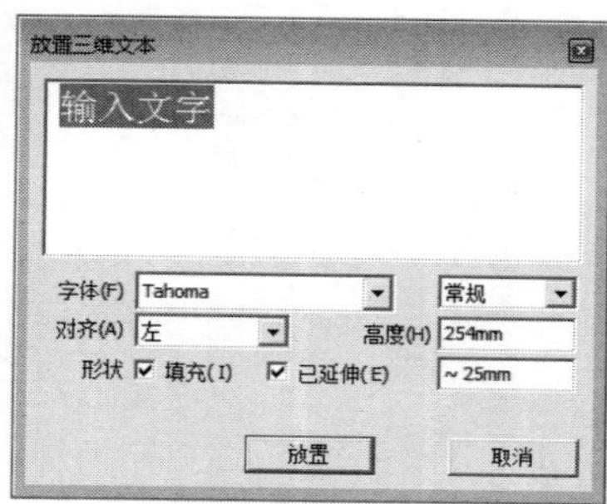

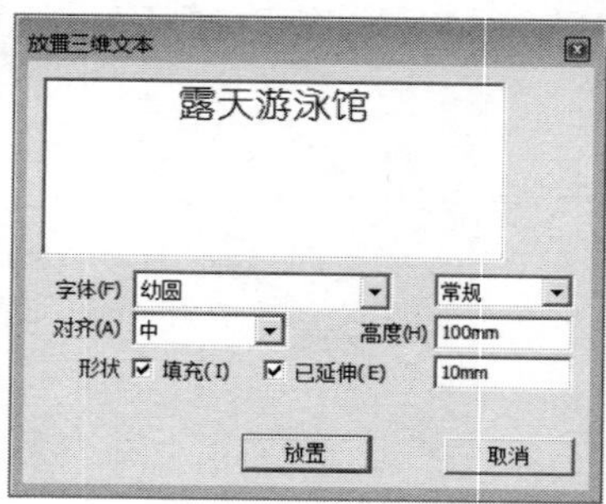

Step 03 单击“放置”按钮，将创建的三维文字放置到合适位置即可，如下左图所示。

Step 04 如此再创建其他的三维文字，完成路标模型的制作，如下右图所示。

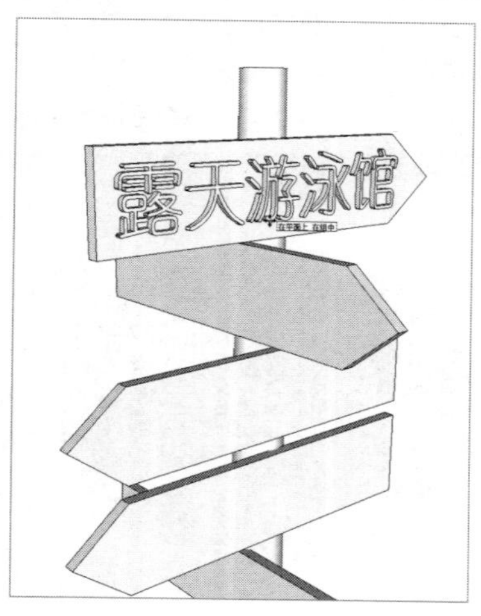

Lesson 03 SketchUp的高级操作

在前面章节中，详细介绍了SketchUp中各类绘图工具的应用，以及基本建模的方法。接下来将对一些高级建模功能和场景管理工具进行详细介绍。

组工具

SketchUp的组工具包含群组工具与组件工具，下面将这两者的基本知识及使用方法进行全面介绍。

1. 组件工具

组件工具主要用来管理场景中的模型，将模型制作成组件，可以精减模型个数，方便模型的选择。如果复制出多个，对其中一个进行编辑时，其他模型也会产生变化，这一点同3ds Max中的实例复制相似。此外，模型组件还可以单独导出，不但方便与他人分享，也方便以后再次利用。

创建组件的操作步骤如下：

Step 01 打开模型并全选，单击鼠标右键，在弹出的右键菜单中选择“创建组件”命令，如下左图所示。

Step 02 打开“创建组件”对话框，在名称文本框中输入组件名称，勾选“总是朝向相机”选项，系统会自动选择“阴影朝向太阳”选项，如下右图所示。

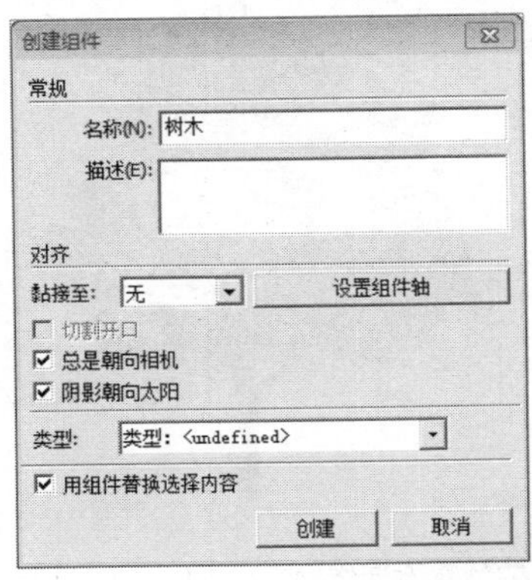

Step 03 单击“设置组件轴”按钮，在场景中指定轴点，如下左图所示。

Step 04 双击确定轴点，返回到“创建组件”对话框，单击“创建”按钮，即可完成组件的创建，如下右图所示。

Step 05 如需对组件进行修改，只需要单击鼠标右键，在弹出的快捷菜单中选择“编辑组件”命令即可，组件进入编辑状态后，周围会以虚线框显示，用户就可以对其进行编辑操作了，如下左图所示。

Step 06 执行“窗口 > 阴影”命令，打开“阴影设置”对话框，开启阴影显示，如下右图所示。

Step 07 激活绕轴观察工具，旋转视角，可以看到不管如何转换角度，模型总是正面朝向，如下图所示。

2. 群组工具

在SketchUp中，群组可以将部分模型包裹起来从而不受外界（其他部分）的干扰，同样也便于对其进行单独操作。因此合理地创建和分解群组能使建模更方便有序，提高建模效率，减少不必要的操作过程。

群组的嵌套即群组中包含群组。创建一个群组后，再将该群组同其他物体一起再次创建成一个群组，操作步骤如下：

Step 01 如下左图所示的场景中有多个群组，选择场景中的所有物体并单击鼠标右键，在弹出的快捷菜单中选择“创建群组”命令。

Step 02 单击场景中任意一个物体，就可以发现场景中的多个物体变成了一个整体，如下右图所示。

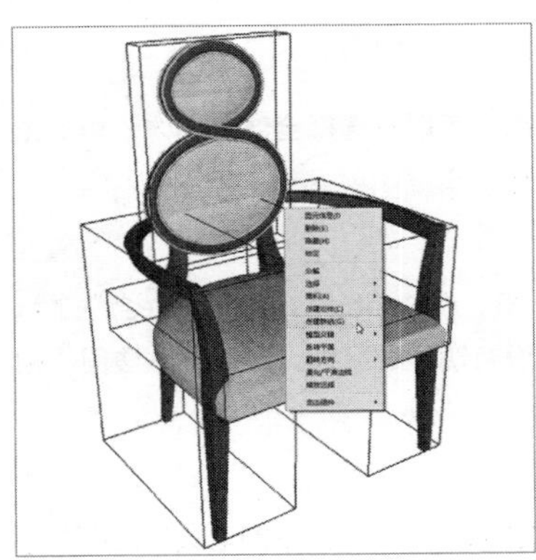

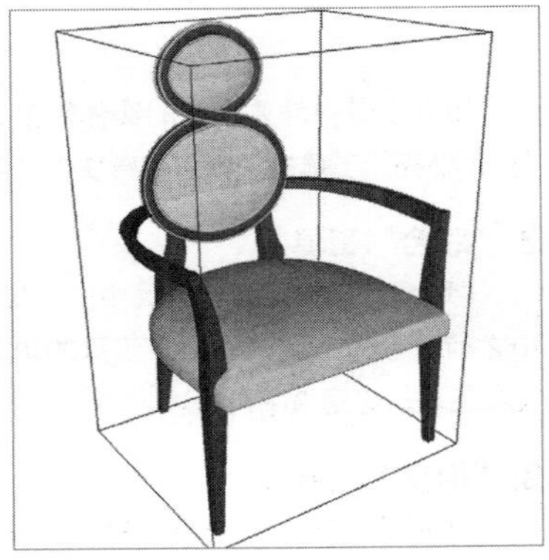

实体工具

SketchUp中的实体工具组包括“实体外壳”、“相交”、“联合”、“减去”、“剪辑”、“拆分”6个工具，如下图所示。下面将对这几种工具的使用方法逐一进行介绍。

1.“实体外壳”工具

“实体外壳”工具可以快速将多个单独的实体模型合并成一个实体，其具体的使用方法介绍如下：

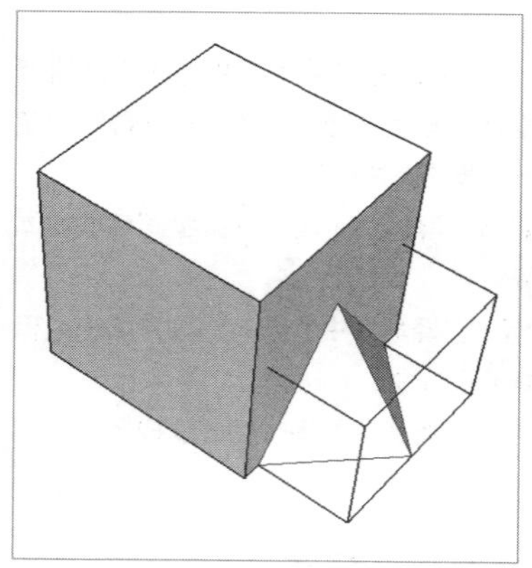

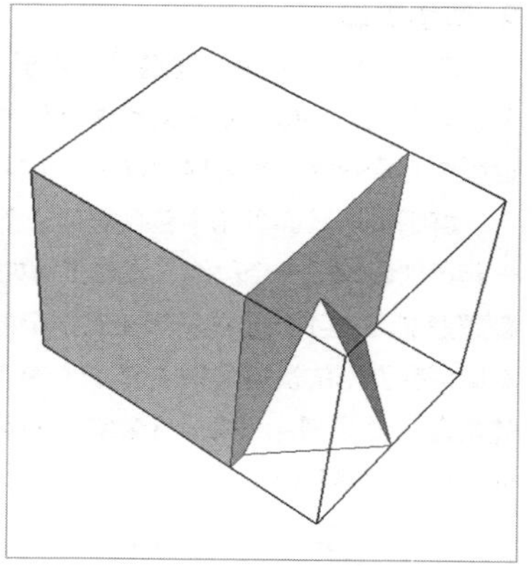

如果场景中需要合并的实体较多，用户可以先选择全部的实体，再单击“实体外壳”工具按钮即可进行快速的合并。

2.“联合”工具

“联合”工具即布尔运算中的并集工具，在SketchUp中，“联合”工具和之前介绍的“实体外壳”工具的功能没有明显的区别，其使用方法同“相交”工具，这里将不再赘述。

3.“相交”工具

“相交”工具也就是大家熟悉的交集工具，大多数三维图形软件都具有这个功能，交集运算可以快速获取实体之间相交的那部分模型。该工具的具体使用方法介绍如下：

Step 01 打开已有模型，激活“相交”工具，单击选择相交的其中一个实体，如下左图所示。

Step 02 再移动光标到另一个实体上并单击，如下右图所示。

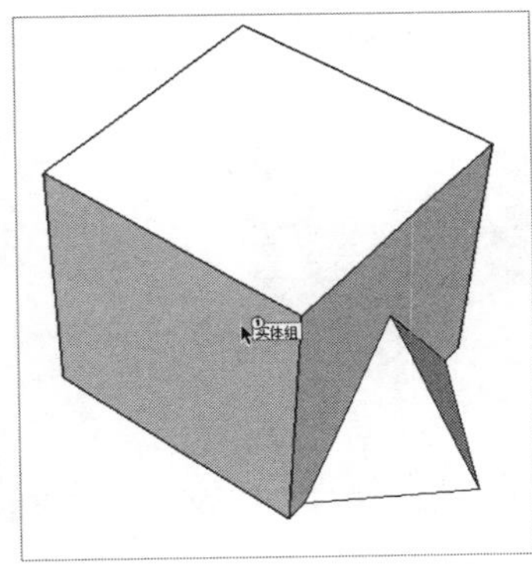

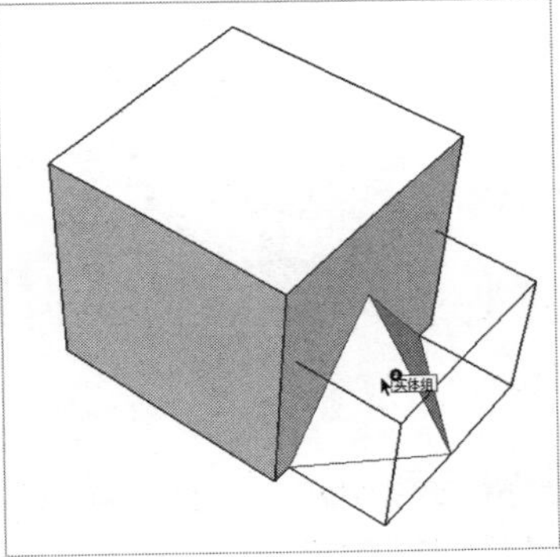

Step 03 如此即可或者两个实体相交部分的模型，如下图所示。

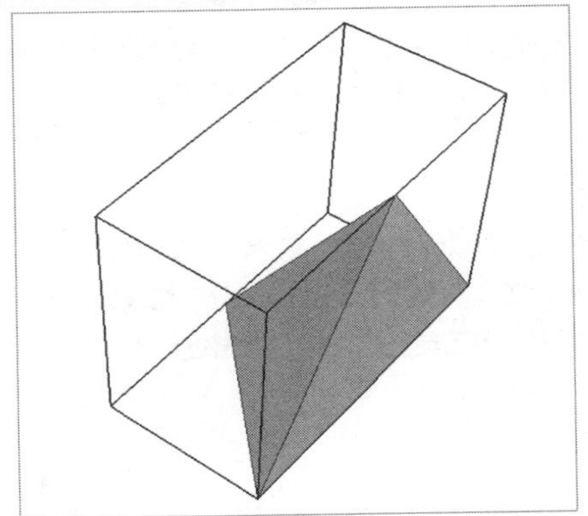

提示｜相交工具的应用

“相交”工具并不局限于两个实体之间，多个实体也可以使用该工具。用户可以先选择全部相关实体，再单击“相交”工具按钮即可。

4. “减去”工具

“减去”工具即差集工具，运用该工具可以将某个实体中与其他实体相交的部分进行切除，该工具的具体使用方法介绍如下：

Step 01 激活“减去”工具，单击相交的其中一个实体，如下左图所示。

Step 02 再单击另一个实体，如下右图所示。

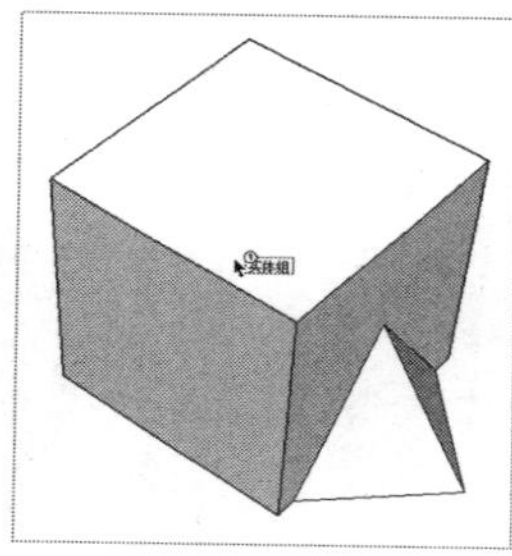

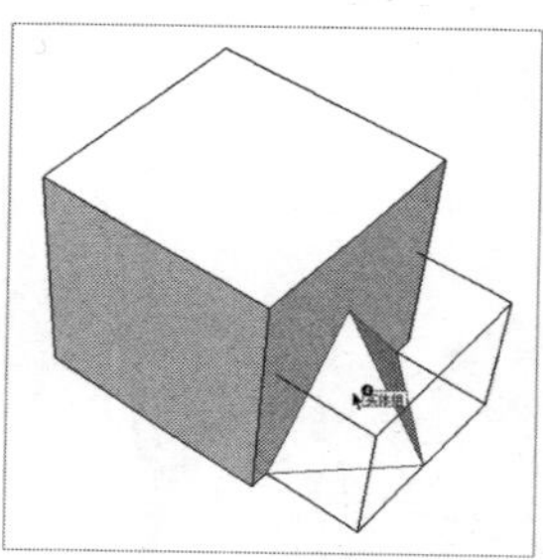

Step 03 运算完成后可以看到棱锥体被删除了与正方体相交的那部分，正方体也被删除，如下左图所示。

> **提示** | 使用“减去”工具
>
> 在使用“减去”工具时，实体的选择顺序可以改变最后的运算结果。运算完成后保留的是后选择的实体，删除先选择的实体及相交的部分。

5. “拆分”工具

“拆分”工具功能类似于“相交”工具，但是其操作结果在获得实体相交的那部分同时仅删除实体实体之间相交的部分，结果如下右图所示，其使用方法同“相交”、“减去”等工具，这里将不再赘述。

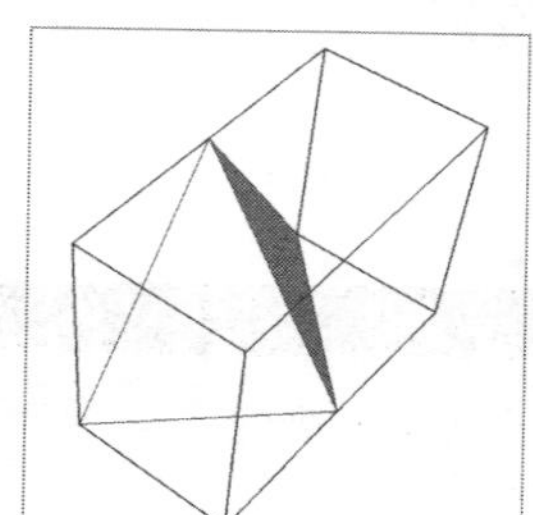

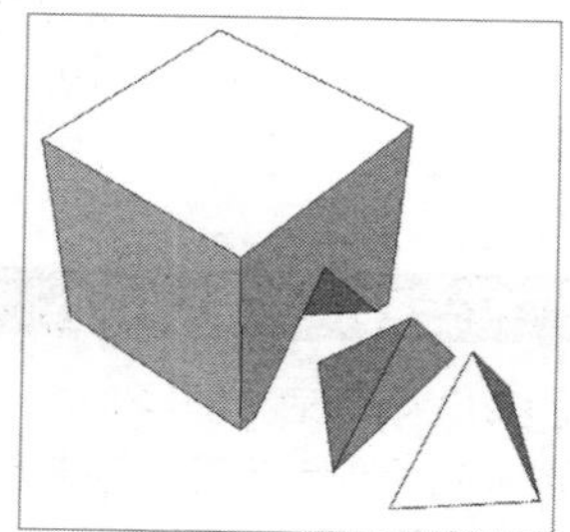

沙箱工具

SketchUp的沙箱工具可帮助用户创建、优化和更改3D地形。用户可以利用一组导入的轮廓线生成平滑的地形，添加坡地和沟谷，以及创建建筑地基和车道等。

沙箱工具栏中包含“根据等高线创建”、“根据网格创建”、“曲面起伏”、“曲面平整”、“曲面投射”、“添加细部”、“对调角线”7个工具，如下图所示。

1. 根据等高线创建

该工具的功能是封闭相邻的等高线以形成三角面。其等高线可以是直线、圆弧、圆形或者曲线等，该工具将自动封闭闭合或者不闭合的线形成面，从而形成有等高差的坡地。

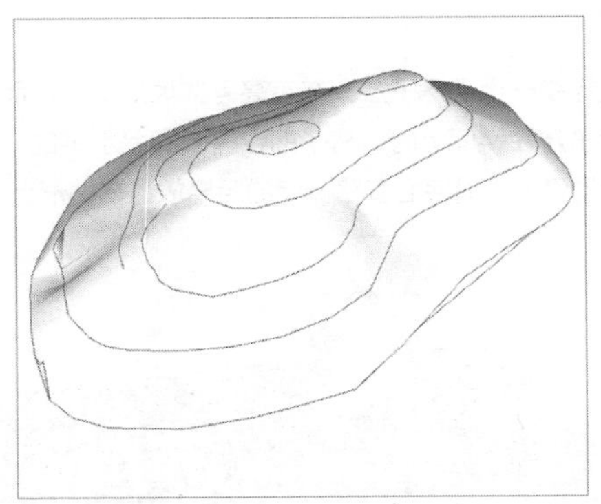

2. 根据网格创建

山区地形建模一直是规划和设计中的难点，传统的方法是根据等高线绘制，费时费力且效果不佳，最终会产生“梯田状”的地形，而且后期渲染效果也不逼真。根据网格创建山区地形，可以保证模型的精准、快速、逼真。

方格网并不是最终的效果，设计者还可以利用“沙箱”工具栏中的其他工具配合制作出需要的地形。

3. 曲面起伏

从该工具开始，后面的几个工具都是围绕上述两个工具的执行结果进行修改的工具，其主要作用是修改地形z轴的起伏程度，拖出的形状类似于正弦曲线，如下图所示。需要说明的是，此工具不能对组与组件进行操作。

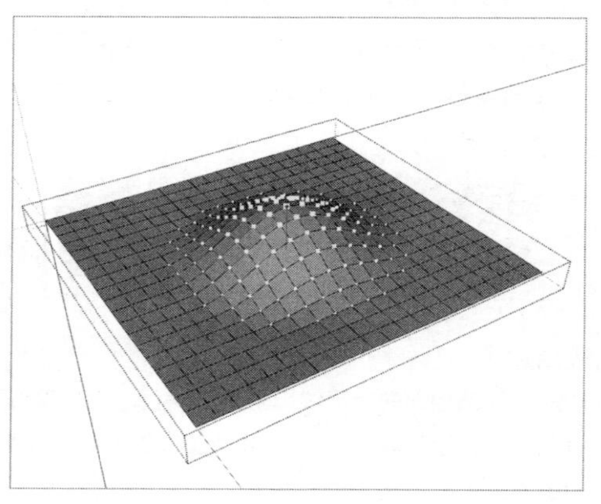

4. 曲面平整

该工具的图标是一个小房子放置在有高差的地形上，从而便不难看出该工具的用途。当房子建在斜面上时，房子的位置必须是水平的，也就是需要平整场地。该工具就是将房子沿底面偏移一定的距离放置在地形上，如下图所示。

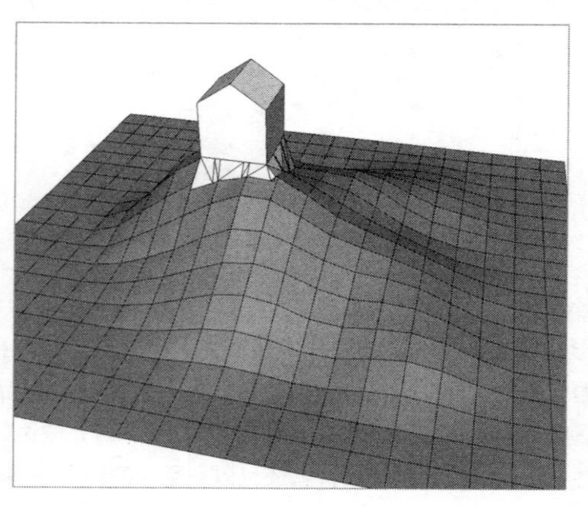

5. 曲面投射

曲面投射的功能就是在地形上放置路网，在山地上开辟出山路网，如下图所示。

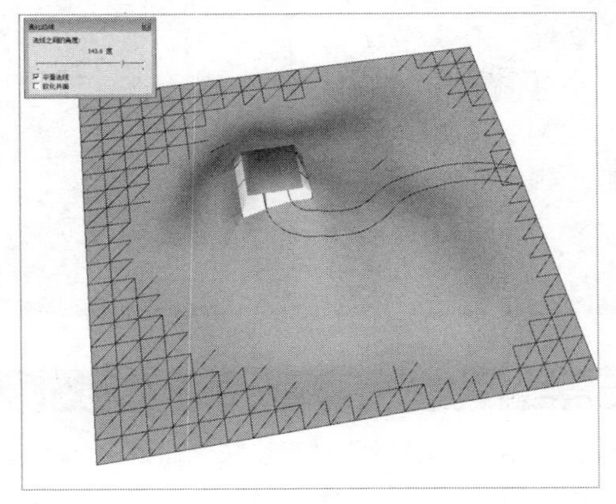

6. 添加细部

添加细部工具的功能是将已经绘制好的网格物体进一步细化，因为原有的网格物体的部分或者全部的网格密度不够，这就需要使用“添加细部”工具来进行调整，效果如下图所示。

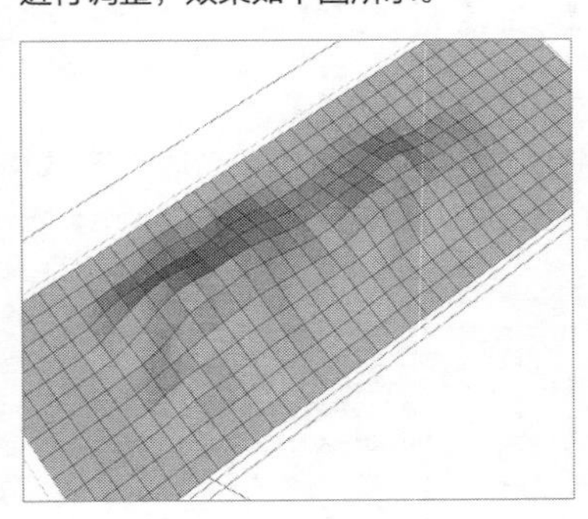

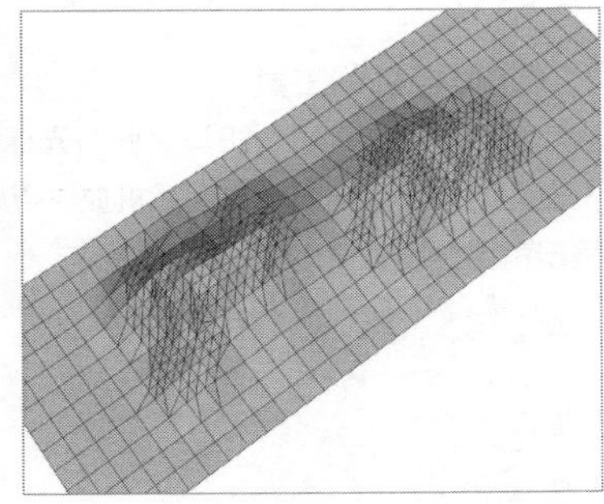

7. 对调角线

该工具的图标很直观的表达了其功能，即对一个四边形的对角线进行对调（变换对角线）。使用该工具，是因为有时软件执行的结果不会随着大局顺势而下，如下左图所示，因此需要手动来调整这个对角线。虽然有些是四边形，但是对角线都是隐藏的，激活对调角线工具后，将鼠标移动到对角线上，则对角线会以高亮显示，如下右图所示。

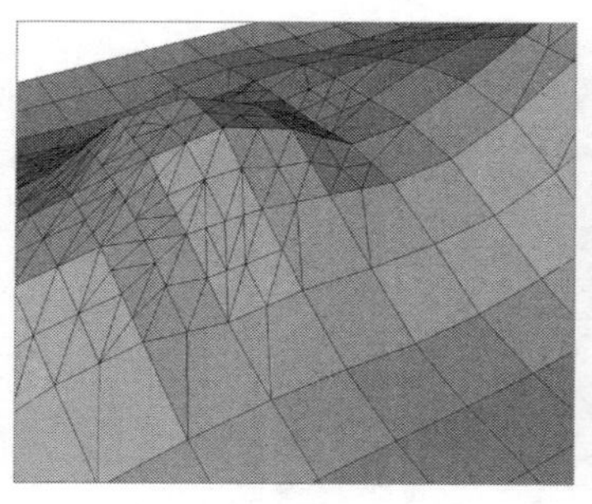
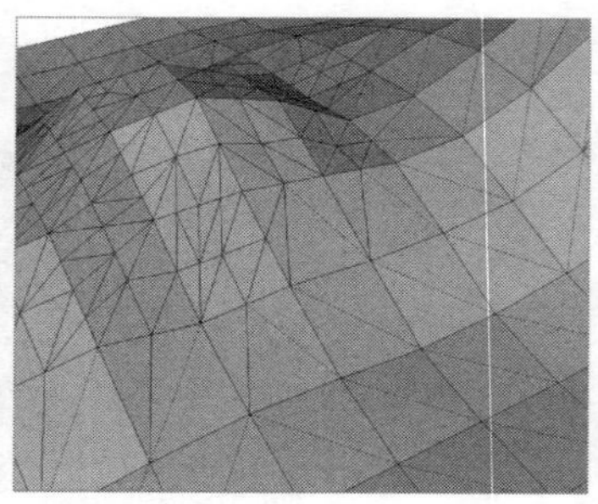

相机工具

相机工具栏中包括“环绕观察”、“平移”、“缩放”、“缩放窗口”、“充满视窗”、“上一个”、“定位相机”、“绕轴旋转”、“漫游”9个工具，如下图所示，其中“定位相机”和“绕轴旋转”工具用于相机位置与观察方向的确定，而“漫游”工具则用于制作漫游动画。

1.“定位相机”工具

激活“定位相机”工具，此时光标将变成，将光标放置到合适的点，如下左图所示。单击鼠标确定相机放置点，系统默认眼睛高度为1676.4mm，场景视角也会发生变化，如下图所示。

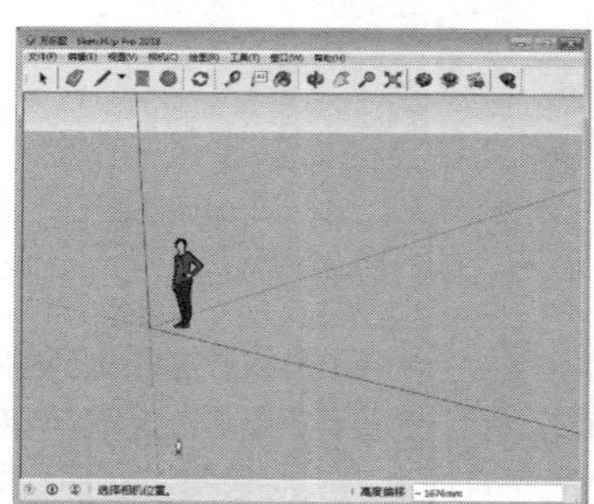

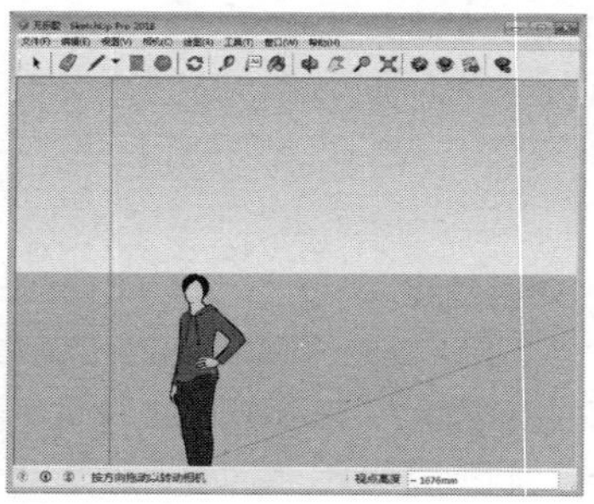

设置好相机后，旋转鼠标中键，即可自动调整相机的眼睛高度按住鼠标左键不放，拖动光标即可进行视角的转换，如下图所示。

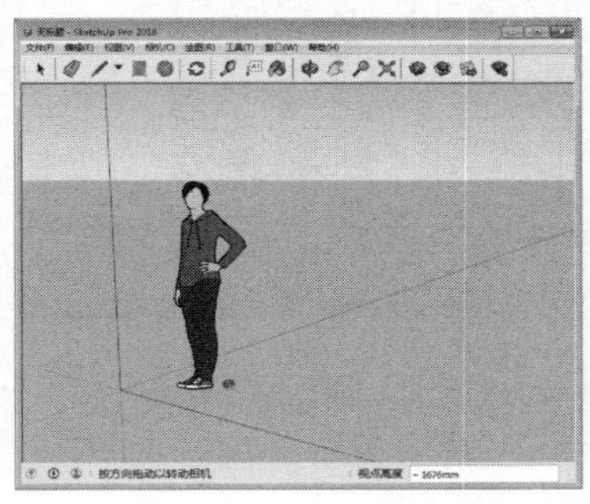

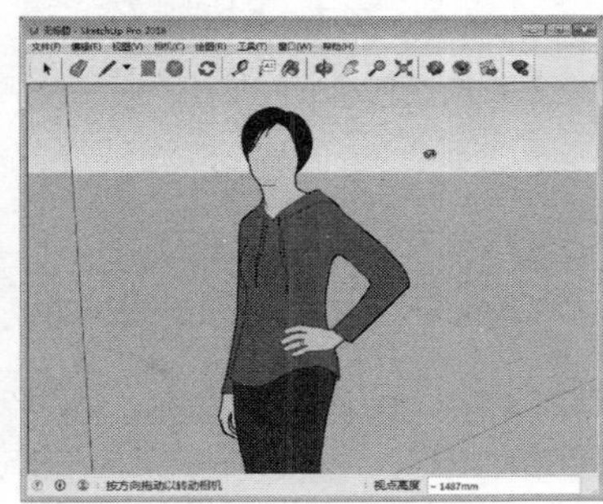

2. “漫游”工具

通过“漫游”工具，用户可以模拟出跟随观察者移动，从而在相机视图内产生连续变化的漫游动画效果。

启用“漫游”工具，光标将会变成，用户通过鼠标、Ctrl键以及Shift键就可以完成前进、上移、加速、旋转等漫游动作。使用方法介绍如下：

Step 01 打开模型，激活漫游工具，光标将变成，如下左图所示。

Step 01 在视图内按住鼠标左键向前推动摄影机即可产生前进的效果，如下右图所示。

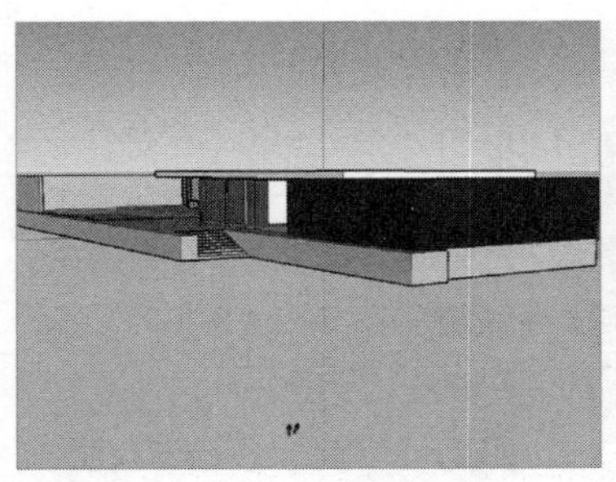

Step 03 按住Shift键上下移动鼠标，可以升高或者降低相机的视点，如下左图所示。

Step 04 按住Ctrl键推动鼠标，则会产生加速前进的效果，如下右图所示。

Step 05 按住鼠标左键移动光标，则会产生转向的效果，如下左图所示。

Step 06 按住Shift键与鼠标左键向左移动鼠标，则场景会向左平移，松开Shift键，按住鼠标左键向前移动，即可改变视角，如下右图所示。

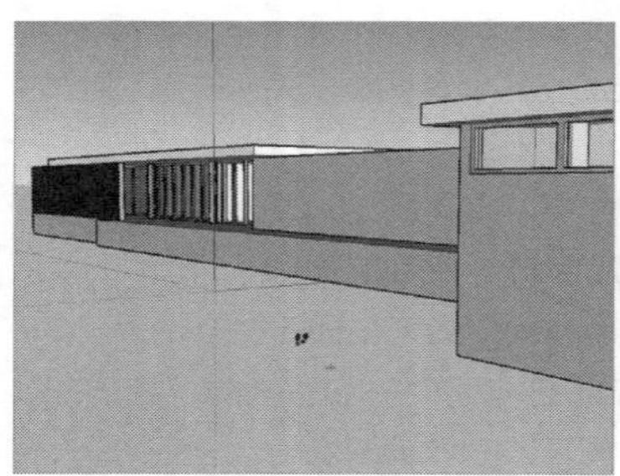
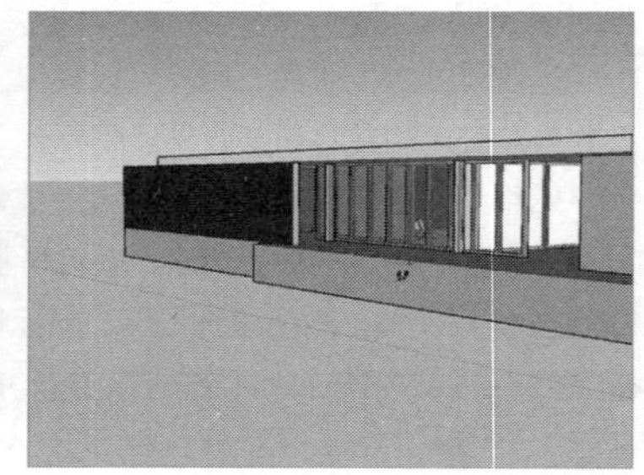

Lesson 04 场景效果处理

在学习完模型的绘制与编辑知识后，接下来将对各种场景效果的处理方法进行讲解。通过对该部分知识的学习，读者可以了解物体的显示效果的设置，熟悉光影效果的制作等操作技巧，掌握材质与贴图的使用与编辑。

物体的显示风格

SketchUp是一个直接面向设计的软件，为了能让客户更好地了解方案，就需要从各种角度、各种方式的显示效果来满足设计方案的表达。

SketchUp的“风格”工具栏中包含了“X光透视模式”、“后边线”、“线框显示”、“消隐”、“阴影”、“材质贴图”、“单色显示”7种显示模式，如下图所示。

（1）X光透视模式

该显示风格是可以将场景中所有物体都透明化，就像用X射线扫描的一样，如下图所示。在此模式下，可以在不隐藏任何物体的情况下方便的观察模型内部的构造。

（2）后边线

该显示风格是在当前显示效果的基础上以虚线的形式显示模型背面无法观察到的线条，如下图所示。在当前为“X射线”和“线框”模式下时，该模式无效。

（3）线框显示

该显示风格是将场景中的所有物体以线框的方式显示，如下左图所示。在这种模式下，所有模型的材质、贴图和面都是失效的，但是此模式下的显示效果非常的迅速。

（4）消隐

该显示风格将仅显示场景中可见的模型面，此时大部分的材质与贴图会暂时失效，仅在视图中体现实体与透明的材质区别，如下右图所示。

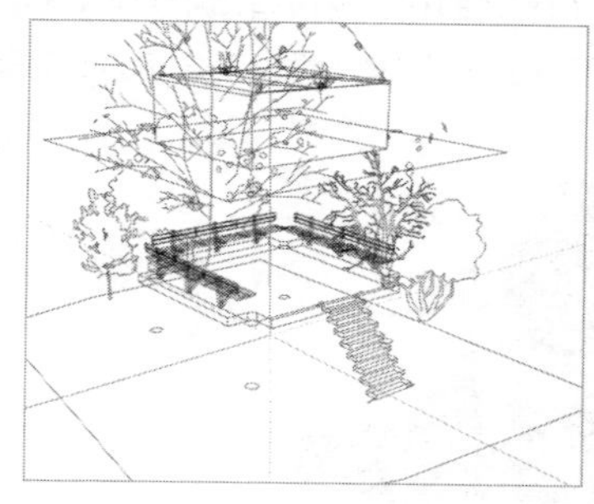

（5）阴影

该显示风格是介于“隐藏线”和“阴影纹理”之间的一种显示模式，在可见模型面的基础上，根据场景已经赋予过的材质，自动在模型表面生成相近的色彩，如下左图所示。在该模式下，实体与透明的材质区别也有体现，因此模型的空间感比较强烈。

（6）材质贴图

该显示风格是SketchUp中全面的显示模式，材质的颜色、纹理及透明度都将得到完整的体现，如下右图所示。

（7）单色显示

该显示风格是一种在建模过程中经常使用到的显示模式，以纯色显示场景中的可见模型面，以黑色显示模型的轮廓线，有着十分强的空间立体感，如右图所示。

材质与贴图

材质是模型在渲染时产生真实质感的前提，配合灯光系统可以使模型体现出颜色、纹理、明暗等，由于在SketchUp中只有简单的天光表现，所以这里的材质表现并不明显，但是正因如此，SketchUp的材质显示操作异常简单迅速。

下面将对材质的赋予与编辑操作进行详细的介绍。

Step 01 打开已有模型，如下左图所示。

Step 02 激活“材质”工具，打开材质编辑器，可以看到系统自带的原有材质文件，如下右图所示。

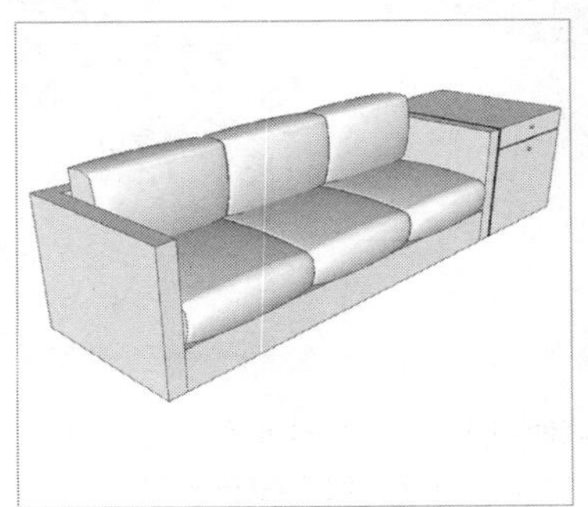

Step 03 为避免材质赋予错误，首先要选择好对象，这里选择沙发靠背及坐垫，如下左图所示。

Step 04 从材质编辑器中选择地毯和纺织品中的材质，如下右图所示。

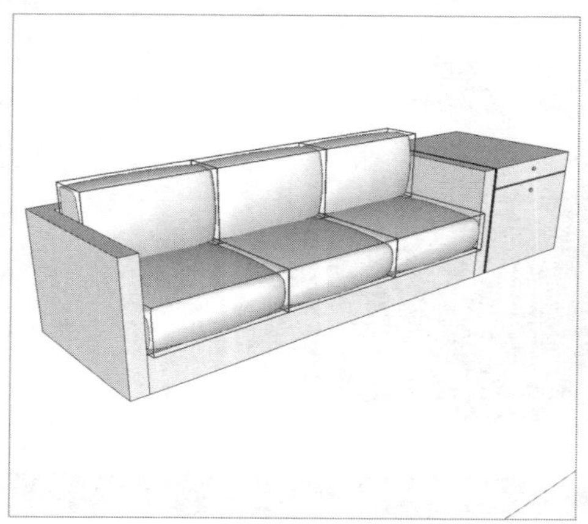

Step 05 将材质指定给已选择的模型，如下左图所示。

Step 06 继续选择原色樱桃木质纹材质，如下右图所示。

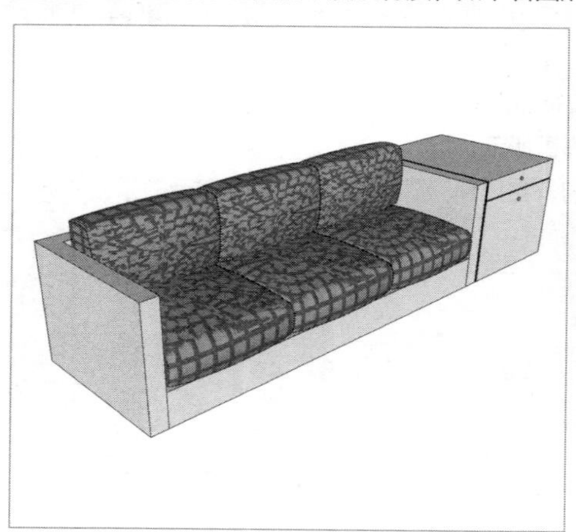

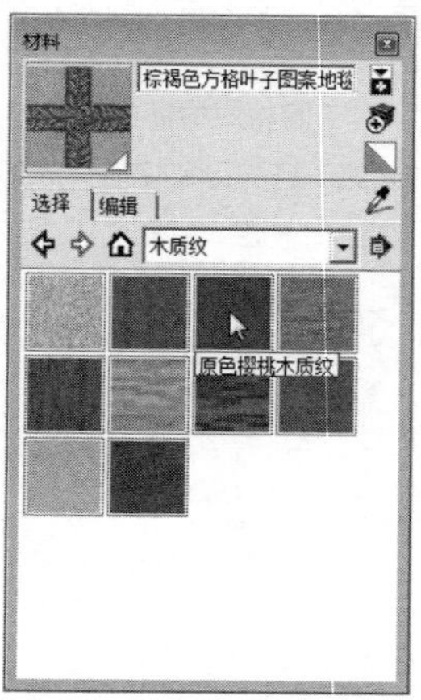

Step 07 将所选材质指定给沙发其他部件，如下左图所示。

Step 08 在材质编辑器中切换到“编辑”面板，如下右图所示。

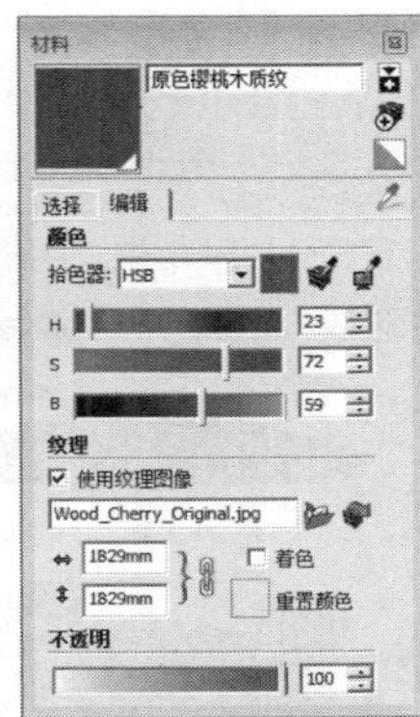

Step 09 调整材质颜色以及纹理贴图尺寸，如下左图所示。

Step 10 可以看到调整后的沙发效果如下右图所示。

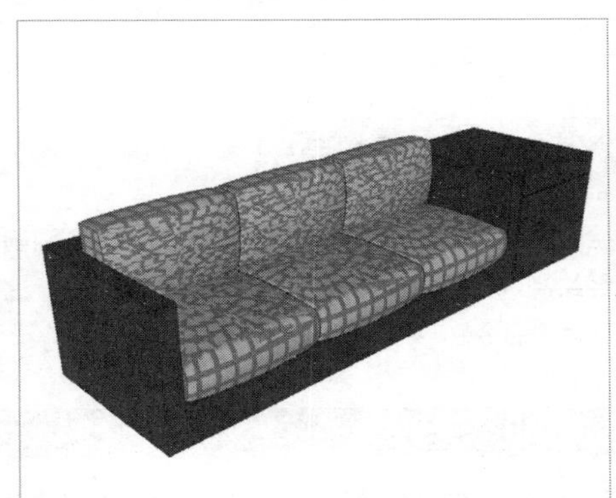

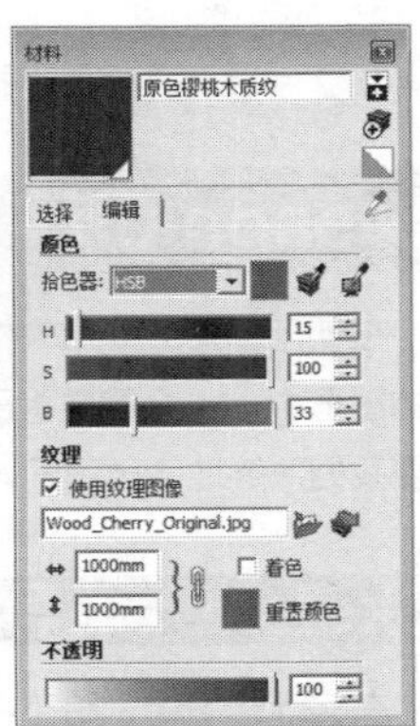

光影设定

物体在光线的照射下都会产生光影效果，通过阴影效果和明暗对比可以衬托出物体的立体感。SketchUp的阴影设置虽然很简单，但是其功能还是比较强大。

通过“阴影”工具栏可以对市区、日期、时间等参数进行十分细致的调整，从而模拟出十分准确的光影效果。执行“视图>阴影”命令，勾选“阴影”选项，即可打开“阴影”工具栏，如下图所示。

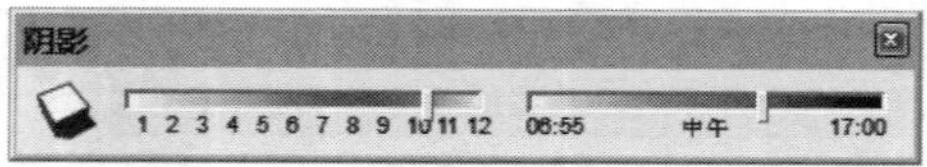

在SketchUp中，用户可以通过“阴影”工具栏中的“显示/隐藏阴影”按钮对整个场景的阴影进行显示与隐藏，如下图所示。

Lesson 05 文件的导入与导出

在使用SketchUp软件绘制图形时，通常需要将外部的图形导入到当前绘制的图形中，也会需要将已经绘制好的图形导出成为二维或三维的图形，这就需要我们熟练地使用到导入及导出命令。

SketchUp的导入功能

在实际绘图中，除了在SketchUp中直接建模外，还以通过导入文件来进行建模，比如导入AutoCAD文件、3DS文件等。下面将对其相关的导入操作进行逐一介绍。

1. 导入AutoCAD文件

在模型设计过程中，为了提高绘图效率，用户可以将AutoCAD图纸导入到SketchUp中，已将其作为三维设计模型的底图。下面将详细介绍AutoCAD图纸的导入操作。

Step 01 执行“文件＞导入”命令，打开“打开”对话框，设置文件类型并选择要导入的AutoCAD文件，如下左图所示。

Step 02 单击“选项”按钮，打开“导入AutoCAD DWG/DXF选项”对话框，设置比例单位为“毫米”，如下右图所示。

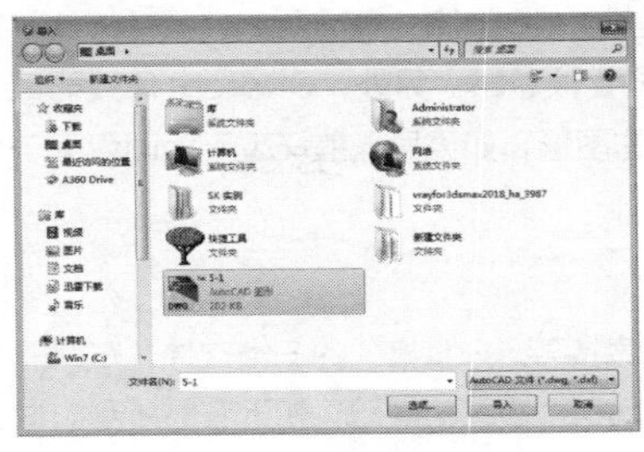

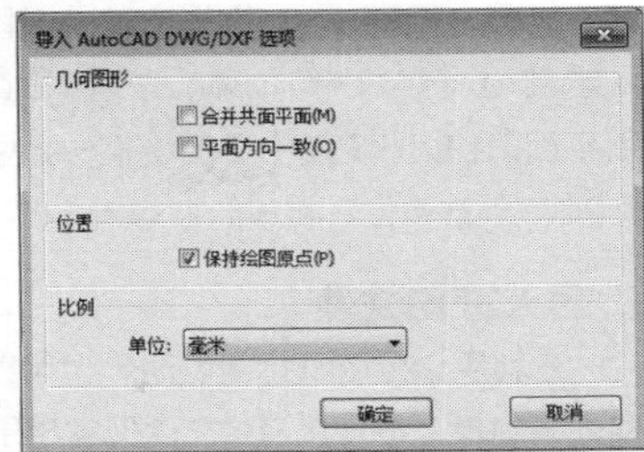

Step 03 设置完毕后即可导入文件，系统会弹出一个导入进度对话框，如下左图所示。

Step 04 导入完毕后，将弹出如下右图所示的提示框。

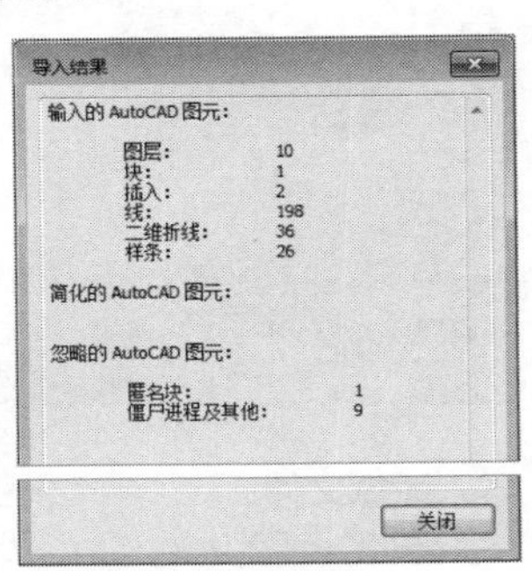

Step 05 关闭提示框，即可在视口中看到所导入的文件，如下左图所示。

Step 06 对比如下右图所示的AutoCAD中的图形效果，除了填充图案无法导入外，其他并无区别。

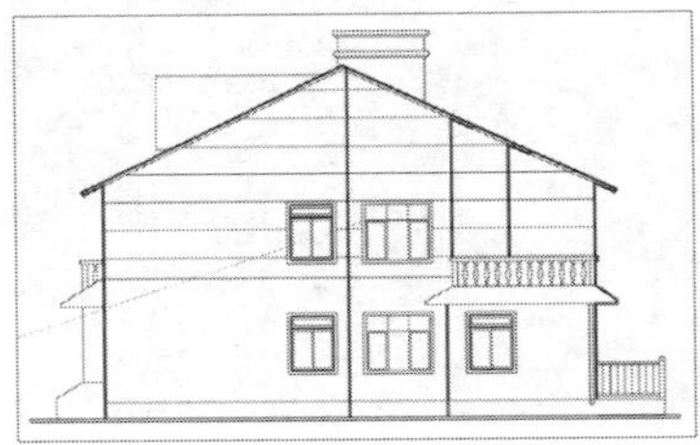

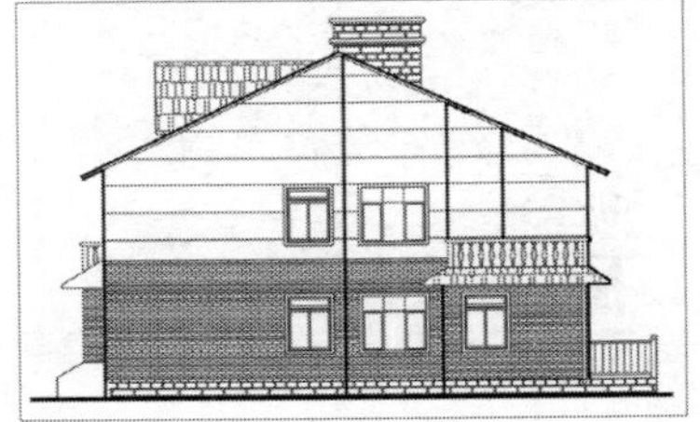

SketchUp目前支持的AutoCAD图形元素包括线、圆形、圆弧、圆、多段线、面、有厚度的实体、三维面、嵌套图块等，还可以支持图层。但是实心体、区域、Splines、锥形宽度的多段线、XREFS、填充图案、尺寸标注、文字和ADT/ARX等物体，在导入时将会被忽略。另外，SketchUp只能识别平面面积大小超过0.0001平方单位的图形，如果导入的模型平面面积低于0.0001平方单位，将不能被导入。

2. 导入3DS文件

在利用SketchUp绘图时，也可以直接导入3ds格式的三维文件，在此需要强调的是，在导入3ds文件很容易出现模型移位的问题，如下左图所示。这种情况下用户可以在3ds Max中将模型转换为可编辑多边形，然后将模型中的其他部分附加为一个整体即可，如下右图所示。

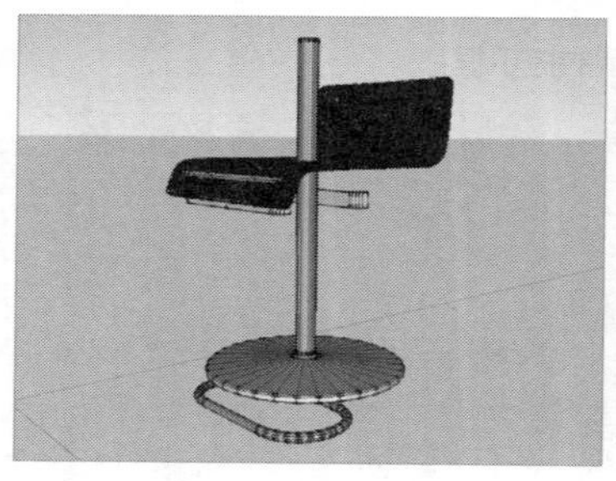

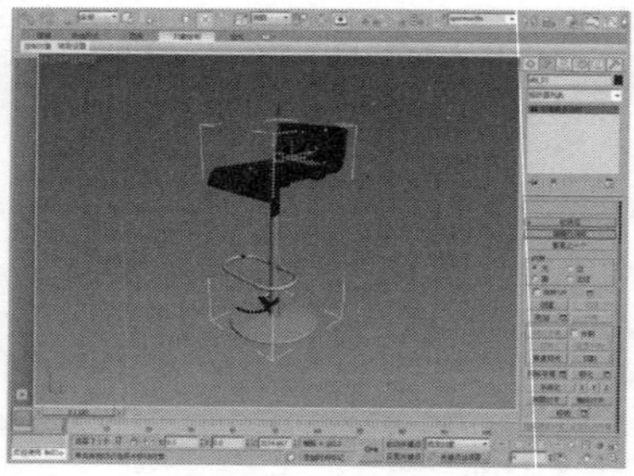

3. 导入图像文件

SketchUp还支持导入JPG、PNG、TIF等常用图像文件，如下图所示的蓝天白云背景就是导入的图像效果。

SketchUp的导出功能

为了更好地与其他建模软件交互使用，SketchUp应用程序支持导出为多种格式的文件，其中包括DWG/DXF格式、3DS格式、JPG格式、BMP格式等。本节将对各种格式文件的导出操作进行详细介绍。

1. 导出为DWG/DXF格式文件

为了方便在AutoCAD软件中编辑图纸，用户可以将SketchUp绘制好的图形导出为DWG/DXF格式，下面将对其中的两种导出情形进行详细介绍。

（1）导出三维模型

用户可以将SketchUp中的效果图导出为AutoCAD DWG文件，如下图所示。

（2）导出为二维剖切文件

用户可以将SketchUp中剖切到的图形导出为AutoCAD可用的DWG格式文件，从而在AutoCAD中加工成施工图，如下图所示。

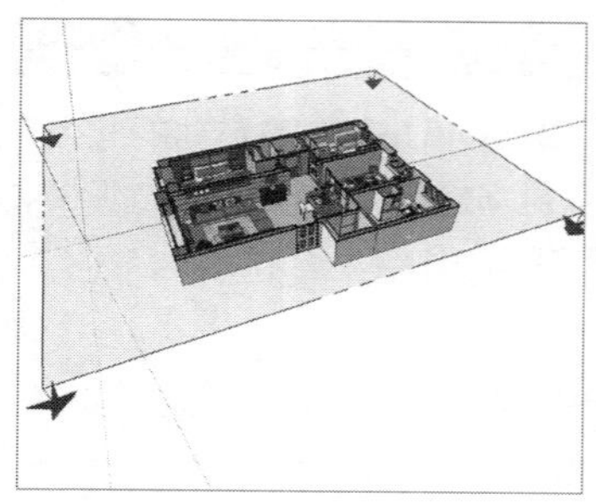
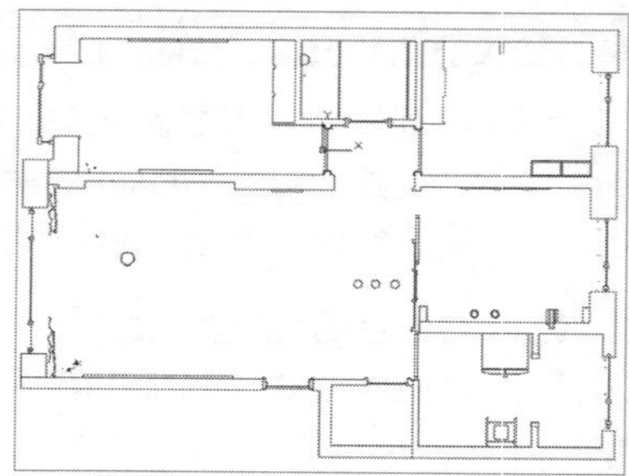

2. 导出为3ds格式文件

为了能够使用3ds Max应用程序进行后期的渲染处理，那么就很有必要将SketchUp绘制好的模型进行导出，这时应注意导出格式的选择，否则将无法完成后期的渲染操作。如下图所示为导出的3ds格式。

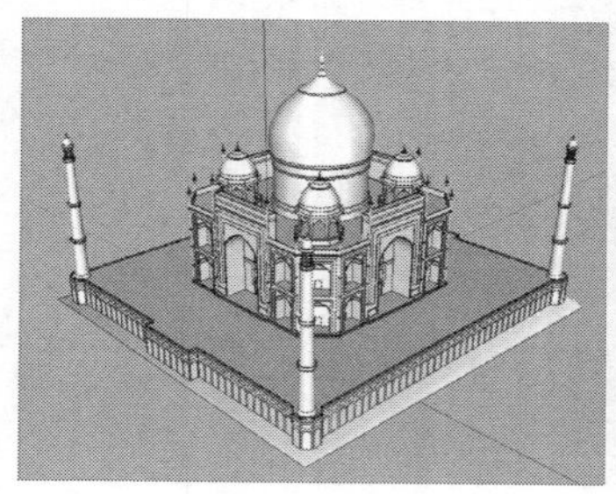
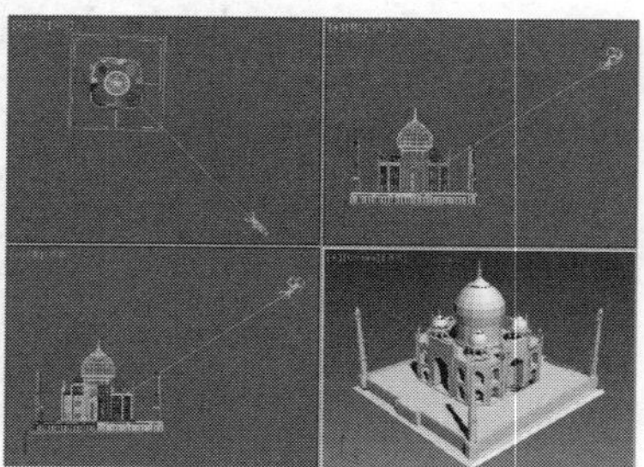

3. 导出为平面图像文件

为了便于其他用户的阅读，设计者可以将在SketchUp中设计好的效果导出图像文件，如JPG、BMP、TIF、PNG等，如下图所示。